国家“十一五”重点规划图书
进出口产品检验检疫技术丛书

丛书编委会

进出境动物检疫技术手册

上海出入境检验检疫局编写组　编著

中国标准出版社
北　京

内 容 简 介

本书为《进出口产品检验检疫技术丛书》的一个分册，主要讲述了我国、国际及主要贸易国家的动物检疫技术法规、标准，现场动物检疫技术，实验室检疫技术，进出境动物及其产品的检疫技术，重要动物疫病检疫技术（包括多种动物共患病，如口蹄疫及禽流感等），动物检疫用仪器设备及检疫试剂等内容。

本书适合进出境动物检疫的执法人员、企事业单位和检测机构的技术人员、动物及相关产品生产厂家的技术人员阅读。

图书在版编目(CIP)数据

进出境动物检疫技术手册/上海出入境检验检疫局编写组编著．—北京：中国标准出版社，2011

（进出口产品检验检疫技术丛书）

ISBN 978-7-5066-5841-6

Ⅰ．①进…　Ⅱ．①上…　Ⅲ．①动物-出入境-检疫-手册
Ⅳ．①S851.34-62

中国版本图书馆 CIP 数据核字（2010）第 201781 号

中国标准出版社出版发行
北京复兴门外三里河北街16号
邮政编码：100045
网址 www.spc.net.cn
电话：68523946　68517548
中国标准出版社秦皇岛印刷厂印刷
各地新华书店经销

*

开本 787×1092　1/16　印张 40.5　字数 958 千字
2011年5月第一版　2011年5月第一次印刷

*

定价 85.00 元

本书编写组名单

主　　编 徐朝哲

副主编（以姓氏笔画为序）

王华雄　刘学忠　李　健　陈志飞　黄忠荣

审定者（以姓氏笔画为序）

于书敏　王新武　刘学忠　李　健

陈建良　陈志飞　胡永强　徐朝哲

黄忠荣　梁成珠　游忠明　窦树龙

主要编著者（以姓氏笔画为序）

万明伟　王忠宽　王巧全　王　权

王　艳　印向峰　刘学忠　刘　定

刘俊平　李　健　李春阳　李树清

李　军　李小林　马占鑫　肖文清

张　强　张瑞灏　陈　沁　陈志飞

苏宝良　吴成云　沈卫东　邱　璐

周　彤　徐文军　徐　俊　夏　谦

黄忠荣　蒋　静　潘晓忠　熊　炜

序言

Xu Yan

进出口商品检验检疫工作对保护国家经济安全、人民身体健康和维护国际贸易正常运行非常重要。进出口商品检验检疫工作是一项法律规范严格、技术标准严密的工作，而对商品的检测则是这一工作的重要基础。检验检疫工作人员应能熟练运用检验检测标准、方法、手段，实施科学检测，为各项进出口商品检验检疫工作提供精准可靠的技术保障。

由检验检疫系统内专家和检测一线的专业工程技术人员联合编写的《进出口产品检验检疫技术丛书》是列入国家“十一五”重点规划的图书。其内容涵盖了食品、家电、玩具、纺织品、植物、动物、灯具、电子产品等领域，共列为十个分册。

该丛书具有很强的系统性和实用性，对一线检验检疫人员的工作具有很好的指导作用。

希望这套丛书的出版，有助于促进检验检疫人员的素质提高，有助于培养检验检疫实验室技术人才，有助于引导对检验检疫技术法规和标准的研究，有助于建立更为严密的检验检疫技术支撑体系，推动进出口商品检验检疫工作质量的全面跃升。

孙传忠

国家质量监督检验检疫总局　副局长

2011年4月

前言

动物检疫是防止动物疫情疫病传入和传出，避免重大疫情的灾害，保护国家农、牧、渔业生产安全和人类身体健康的重要措施，国际上每个国家都高度重视动物检疫工作。我国于20世纪20年代开始此项工作，取得了明显的业绩，有效避免了外来疫病的威胁，促进了对外贸易的发展。随着国际形势的变化，广大动物检疫工作人员、进出境动物及其产品的有关企业迫切希望能够有一本内容全面、操作可行的工具手册来满足日常业务工作的需要。

《进出境动物检疫技术手册》是《进出口产品检验检疫技术丛书》中的一本，是进出境动物检验检疫及监管工作的专业技术参考书，既可作为广大出入境检验检疫人员、兽医检疫人员的业务参考书，又可作为相关单位、院校的辅导教材。

本手册编著者在系统总结动物检验检疫或监管工作实践经验的基础上，依据最新版本的国家标准、国际标准、国外先进标准和行业标准，尤其结合最新的国内外动物疫病研究进展情况编制成册，旨在系统归纳我国进出境动物及其产品检疫方面的管理经验和检疫技术，为广大检疫人员和进出境相关单位提供全面细致、切实可行的技术参考。

全书共分3篇，第1篇进出境动物检疫概述及相关法规、标准；第2篇以法律法规为依据，以具体的口岸检疫操作为重点，详细阐述了进出境动物的检疫要求；第3篇重要动物疫病检疫技术，首先对常用检疫技术进行了介绍，然后依次介绍了多种动物共患病、牛病、羊病、马病、猪病、禽病、水生动物病及其他动物疫病的疫病简介、流行病学、检测方法等内容。近年来，免疫学和分子生物学技术发展迅猛，并在动物检验检疫实践中得到广泛应用。然而在日常动物检疫活动中，经典方法依旧在广泛使用，为了体现本书的系统性和实用性，编者在注重跟踪各种疫病检疫最新技术的基础上，依旧保留了那些具有实用价值的经典检疫方法。

为了保证手册内容的统一规范，上海出入境检验检疫局专门组织有关专家对书稿进行了多次全面细致的审改校订。编写本手册遵循“专、深、细”，解决问题力求具体的原则，选材在充分占有资料的基础上，遵循“基本、常用、关键、发展”的原则进行，努力做到准确、客观，保证本手册具有科学性、先进性和实用性。编写者大多数都是多年从事动物检疫技术与管理工作的专家，具有丰富的经验和能力。

由于编写时间紧迫，加之编者水平与经验所限，书中错误和不足之处难免，敬请读者提出宝贵意见，以供再版时改进。

编著者

2010年12月

Mu Lu

目录

第1篇　进出境动物检疫概述及相关法规、标准

第2篇　进出境动物检疫

第 1 篇

进出境动物检疫概述及相关法规、标准

第1章　进出境动物检疫

动物检疫是指为了防止或控制动物疫病的发生、流行与传播，遵照国家法律，运用强制性手段、国家标准、相关行业标准和有关规定以及其他科学技术方法对动物及动物产品进行的现场检查、临床诊断、实验室检验和检疫处理的一种行政行为。

实行动物检疫制度，是人类同自然灾害进行斗争总结出来的经验。最早的或初期的动物检疫的萌芽，都是因为在某一个国家或某一个地区的畜牧业受到动物疫病的袭击而遭到重大损失时才开始的。

1866年英国签署一项法令，批准采用紧急措施，扑杀因进境种牛带进的牛瘟所传染的全部病牛，这是最早的动物检疫。

1896年，清政府允许沙俄在我国东北修建中东铁路。为了解决修路人员的食品安全，1903年在中东铁路局建立了铁路兽医检疫处，对来自沙俄的各种肉食食品进行检疫。

1929年1月，中国工商部成立中国第一个商品检验机构——上海商品检验局。

1949年10月，人民政府接管了商品检验机构。中央贸易部国内贸易司设立了商品检验处，统一领导和管理全国商品检验机构和业务，在上海、重庆、天津等地设立商品检验局。

1981年8月25日，国家农委同意成立“农业部动植物检疫总所”，统一管理全国口岸动植物检疫所的检疫业务和人、财、物。

1991年10月30日在第七届全国人大常委会第二十二次会议上，审议通过了《中华人民共和国进出境动植物检疫法》，国家主席杨尚昆以中华人民共和国主席令第53号公布该法，自1992年4月1日起施行。

1998年，农业部动植物检疫局、卫生部卫生检疫局、国家进出境商品检验局合并成立国家出入境检验检疫局(CIQ SA)。

2001年4月，国家出入境检验检疫局和国家质量技术监督局合并组建国家质量监督检验检疫总局(AQSIQ)(简称国家质检总局)。

我国动物检疫的主要目的首先是防止动物疫情疫病传入和传出，避免重大疫情灾害，保护我国农、牧、渔业生产安全。其次，保护人类身体健康。动物及其产品与人的生活密切相关，许多疫病是人畜共患的传染病。据有关方面不完全统计，目前动物疫病中，人畜共患的传染病已达196种。动物检疫对保护人民身体健康具有非常重要的现实意义。第三，通过引入优良品种，生产出优质动物产品，可有效促进对外贸易的发展。

我国实施动物检疫依据的法律主要包括《中华人民共和国进出境动植物检疫法》(以下简称《进出境动植物检疫法》)、《中华人民共和国进出境动植物检疫法实施条例》和《中华人民共和国动物防疫法》(以下简称《动物防疫法》)及有关的配套法规，如《中华人民共和国进境动物一、二类传染病、寄生虫病名录》、《中华人民共和国禁止携带、邮寄进境的动物、动物产品及其他检疫物名录》等。《进出境动植物检疫法》是中国动植物检疫的一个重要法律，它对动物检疫的目的、任务、制度、工作范围、工作方式以及动检机关的设置和法律责任等做了明确的规定。《进出境动植物检疫法》和《动物防疫法》都是为了预防和消灭动物传染病、寄生虫病，保护畜牧业生产和人民身体健康而制定的。《进出境动植物检疫法》主要是进出境动物检疫方面的内容，《动物防疫法》是立足国内动物防疫和检疫方面的规定。

我国十分重视动物检疫工作，多年来，通过分布在全国各地从事动物检疫人员的共同努力，取得了举世瞩目的成绩。

1.1　进境检疫

1.1.1　进境动物检疫

1.1.1.1　进境动物的概念及范围

进境"动物"在这里指饲养、野生的活动物。其中大、中动物包括黄牛、水牛、牦牛、犀牛、马、骡、驴、骆驼、象、斑马、猪、绵羊、山羊、羚羊、鹿、狮、虎、豹、猴、豺、狼、貉、河马、海豚、海豹、海狮、平胸鸟（包括鸵鸟、鸸鹋和美洲鸵）等动物；小动物包括犬、猫、兔、貂、狐狸、獾、水獭、海狸鼠、鼬、实验用鼠、鸡、鸭、鹅、火鸡、鹌、雉鸡、鸽、各种鸟类等动物；水生动物和两栖爬行动物包括鱼（包括种苗）、虾、蟹、贝、海参、海胆、沙蚕、海豆芽、酸酱贝、蛙、鳖、龟、蛇、蜥蜴以及珊瑚类等。进境演艺动物特指入境用于表演、展览、竞技，而后须复出境的动物。进境宠物特指由旅客携带入境的伴侣犬、猫等。

1.1.1.2　议定书

输入动物或动物遗传物质前，先由两国政府动物检疫部门或兽医主管部门商定并签署动物及其遗传物质检疫议定书。两国之间未签署检疫议定书的，原则上不得引进动物、动物遗传物质。

1.1.1.3　进境动物检疫许可证的申请

输入动物、动物遗传物质应在签定贸易合同或赠送协议之前，货主或其代理人必须填写《进境动植物检疫许可证申请表》，向国家质检总局申办《进境动植物检疫许可证》。

1.1.1.4　原产地检疫

为了确保引进的动物健康无病，国家质检总局视进境动物的品种（如猪、马、牛、羊、狐狸、鸵鸟等种畜、禽）、数量和输出国的情况，依照我国与输出国签署的输入动物的检疫和卫生条件议定书规定，派兽医赴输出国配合输出国官方检疫机构执行检疫任务。其工作内容及程序主要包括同输出国官方兽医制定检疫工作方案、农场检疫、隔离检疫、实验室检疫和动物运输等。

1.1.1.5　报检

输入种畜禽，货主或其代理人应在动物入境前30天到隔离场所在地的检验检疫机关报检；输入其他动物，货主或其代理人应在动物入境前15天到隔离场所在地的检验检疫机关报检。

1.1.1.6　临床检疫

动物到达口岸时，检疫人员在卸运动物前登上运输工具，检查运输记录、审核动物检疫证书、核对货证，对动物进行临诊观察和检查。对运输工具、排泄物和污染场地等进行防疫性消毒处理。现场检疫未发现异常的，由检疫人员将动物押运至指定的动物隔离检疫场。

1.1.1.7　隔离检疫

入境动物必须进行隔离检疫。种用家畜一般在国家级隔离场隔离检疫，其他动物由国家质检总局根据隔离场的使用情况和输入动物饲养所需的特殊条件，在国家质检总局批准

的临时隔离场实施隔离检疫。输入种用大中家畜的隔离检疫期为45天,其他动物为30天。

1.1.1.8　放行和处理

根据现场检疫、隔离检疫和实验室检验的结果,对符合议定书或协议规定的动物出具《入境货物检验检疫合格证明》,准予入境。对不符合议定书或协议规定的动物按规定实施检疫处理,对检出患传染病、寄生虫病的动物,须实施检疫处理。检出农业部颁布的《中华人民共和国进境动物一、二类传染病、寄生虫病名录》中一类病的,全群动物或动物遗传物质禁止入境,作退回或销毁处理;检出《中华人民共和国进境动物一、二类传染病、寄生虫病名录》中二类病的阳性动物禁止入境,作退回或销毁处理,同群的其他动物放行;阳性的动物遗传物质禁止入境,作退回或销毁处理。检疫中发现有检疫名录以外的传染病、寄生虫病,但国务院农业行政主管部门另有规定的,按规定作退回或销毁处理。

1.1.2　进境动物产品检疫

1.1.2.1　动物产品的概念

动物产品是指来源于动物未经加工或者虽经加工但仍有可能传播疫病的产品,如生皮张、毛类、肉类、脏器、油脂、水产品、蛋类、血液、精液、胚胎、骨、蹄、角等。

1.1.2.2　检疫双边协定

与有关进境国或地区商签订进境的特定动物产品的检疫议定书。商定并认可出境国或地区向我国出境动物产品用的检疫证书(包括兽医卫生证书、兽医检验证书、卫生证书)的格式、内容、评语及文字。

对于动物源性食品,需我国认证认可监督委员会组织对加工企业进行考核和注册登记。

1.1.2.3　审批

进境属于《进境动植物检疫审批目录》中的动物产品应在对外签署合同或协议前依据《进境动植物检疫审批管理办法》的规定办妥《中华人民共和国进境动植物检疫许可证》(以下简称《许可证》),并按照《许可证》的要求在合同或协议中定明相关检验检疫要求。

1.1.2.4　报检

输入动物产品的货主或其代理人在货物进境前或进境时向口岸检验检疫机构报检。

1.1.2.5　口岸查验

输入动物产品到达后,检验检疫工作人员按规定登轮、登机、登车或在检验检疫机构指定的查验场实施检验检疫。

1.1.2.6　实验室检验

对需作实验室检验的,采样后检验检疫机构向货主或其代理人出具《抽/采样凭证》。

抽取样品后由实验室依据法律法规、国家标准和国家质检总局的有关规定对进境动物产品进行疫病、微生物、药物残留等方面的检验。

1.1.2.7　放行和处理

1) 查验及实验室检验合格的,出具《入境货物检验检疫证明》,作放行处理。

2) 查验或实验室检验不合格的,出具《入境货物检验检疫处理通知书》,按规定作退运、销毁或无害化等检疫处理。

1.2　出境检疫

1.2.1　出境动物检疫

向境外国家或地区输出供屠宰食用、种用、养殖、观赏、演艺、科研实验等用途的家畜、禽鸟类、宠物、观赏动物、水生动物、两栖动物、爬行动物、野生动物和实验动物等须依据输入国家或者地区与我国签定的双边检疫协定、我国的有关检验检疫规定以及贸易合同中订明的检验检疫要求确定进行检疫。

1.2.1.1　报检

输出动物的货主或其代理人应在动物出境前向启运地检验检疫机构报检，提交输入国法定和贸易合同规定的动物检验检疫要求以及与所输出动物有关的资料。

1.2.1.2　检疫

出境动物实施启运地隔离检疫和抽样检验、离境口岸实施临床检查制度。

1.2.1.3　出证

检验检疫机构对检验检疫合格的出境动物签发《动物卫生证书》，作放行处理；对检验检疫不合格的不予放行，并按规定实施检疫处理。

1.2.2　出境动物产品检疫

出境动物产品包括：动物源性食品和非食用性动物产品。动物源性食品是指全部可食用的动物组织以及蛋和奶，包括肉类及其制品（含动物脏器）、水生动物产品等。非食用性动物产品我国向国外或港澳特区输出未经加工或虽经加工但仍有可能传播有害生物，危害农、牧、渔业生产的发展和人体健康的来自动物的皮张类、毛类、骨蹄角、明胶、蚕茧、饲料用乳清粉、鱼粉、骨粉、肉粉、肉骨粉、血粉、油脂以及未列出的动物源性饲料及添加剂、动物源性中药材以及动物源性复合肥等。

根据国家质检总局相关规定，出境动物产品生产、加工、存放企业需要实施注册、监督管理。

1.2.2.1　报检

货主或其代理人应持贸易合同、信用证、发票、装箱单等单证，向检验检疫机构报检。

1.2.2.2　检验检疫

检验检疫机构根据国外检疫要求和对外贸易合同的要求，对出境动物产品的生产、加工、存放过程实施检验检疫和监督管理。

1.2.2.3　出证、放行和处理

根据现场检验检疫、感官检验检疫和实验室检验检疫结果，进行综合判定。

对判定为合格的，缮制有关单证予以放行，允许其产品出境。

对判定为不合格，不准其产品出境。部分动物产品可经过消毒、除害以及再加工、处理后合格的，准允出境；无法进行消毒、除害处理或者再加工仍不合格的，不准出境。

1.3　过境检疫

过境动物检疫是指对境外动物、动物产品在事先得到批准的情况下，途经中华人民共和国国境运往第三国实施的检疫。动物产品必须以原包装过境，在我国境内换包装的，按入境产品处理。根据《进出境动植物检疫法》及其实施条例，检验检疫机构对过境动物和动物产品依法实施检验检疫和全程监督管理。

1.3.1　过境动物检疫

过境动物必须是经输出国（地区）检验检疫合格，并有输出国（地区）官方机构出具的动物检疫证书。动物入境前，货主或其代理人须直接向国家质检总局提出动物过境检疫申请。

动物进境前或进境时,承运人或押运人应向《动物过境检疫许可证》指定的入境口岸检验检疫机构报检。动物到达入境口岸后,口岸检验检疫人员将对过境动物实施现场检验检疫,并在过境期间实施检疫监督,发现问题要及时处理。

过境动物离境时,承运人凭入境口岸检验检疫机构签发的《入境货物通关单》向出境口岸检验检疫机构申报,出境口岸检验检疫机构验证放行,不再实施检疫。

1.3.2 过境动物产品的检验检疫

承运人或押运人可在动物产品入境前或入境时向入境口岸检验检疫机构申请办理检验检疫手续。

检验检疫机构在入境口岸按以下要求对过境动物产品实施现场检验检疫,如查验货证、检查运输工具、防疫消毒处理等,发现不符合规定的,不准过境。

过境动物产品离境时承运人凭入境口岸检验检疫机构签发的《入境货物通关单》向出境口岸检验检疫机构申报,出境口岸检验检疫机构验证放行,不再实施检疫。

1.4 运输工具检疫

根据《进出境动植物检疫法》规定,除对装载动物、动物产品和其他检疫物进境、出境、过境的运输工具须实施动物检疫外,对来自动物疫区的船舶、飞机、火车、进境供拆船用的废旧船舶以及进境车辆均须实施动物检疫,防止动物传染病的传播与扩散。运输工具检疫是动物检疫工作一个重要的组成部分。

1.5 检疫处理

检疫处理指检验检疫机构单方面采取的强制性措施,即对违章入境或经检疫不合格的进出境动物、动物产品和其他检疫物采取的除害、扑杀、销毁、退回、截留、封存、不准入境、不准出境、不准过境等措施。

检疫处理总的原则是:在保证动(植)物病虫害不传入或传出国境的前提下,同时考虑尽量减少经济损失以促进对外贸易的发展。能作除害灭病处理的,尽可能不进行销毁。无法进行除害处理或除害处理无效的,或法律有明确规定的,要坚决做扑杀、销毁或者退回处理,做出扑杀、销毁处理决定后,要尽快实施,以免疫病进一步扩散。

检疫处理的方式主要包括:销毁、(扑杀)、退回和无害化处理(包括熏蒸、热处理、辐照、消毒或改作其他用途),此外,还有"不准出境"、"不准过境"等处理方式。

第2章　我国动物检疫法规及标准

2.1　检疫法规

2.1.1　《中华人民共和国进出境动植物检疫法》

1991年10月30日，中华人民共和国第十届全国人民代表大会常务委员会第二十二次会议通过了《中华人民共和国进出境动植物检疫法》(以下简称《进出境动植物检疫法》)，自1992年4月1日起施行。

《进出境动植物检疫法》立法的目的主要是为了防止动物传染病、寄生虫病和植物危险性病、虫、杂草以及其他有害生物的传入、传出，保护我国农、林、牧、渔业生产，促进国内外贸易发展以及保护人民身体健康。

进出境动植物检疫法中有关动物检疫的主要内容包括六个方面。第一，适用范围，主要包括检疫名录和检疫范围。第二，主管部门以及执法机构。第三，行政措施，依据《进出境动植物检疫法》规定，由行政执法机关采取强制性措施。如禁止进境措施、强制处理措施、紧急措施等。第四，检疫制度。检疫制度主要包括检疫审批制度(许可制度)、报检制度、调离检疫物批准制度、检疫物验放制度、废弃物处理制度、检疫监督管理等制度。第五，行政处罚。对10种违法行为进行处罚，罚款和吊销检疫单证两种形式，由口岸动植物检疫机关处罚。第六，检疫执法。动物检疫机关的检疫人员是检疫法的执法人员，具有检疫权、行政措施权、监督管理权等等。

2.1.2　《中华人民共和国进出境动植物检疫法实施条例》

《中华人民共和国进出境动植物检疫法实施条例》(以下简称《进出境动植物检疫法实施条例》)于1996年12月2日以中华人民共和国国务院令(第206号)发布，自1997年1月1日起施行。

根据《中华人民共和国进出境动植物检疫法》第四十九条规定，国务院根据本法制定实施条例。《进出境动植物检疫法实施条例》为行政法规，是依据动植物检疫法由国务院制定，是对《动植物检疫法》的具体化。

2.2　我国主要动物检疫标准

我国制定的有关动物检疫标准主要包括国家标准(GB)和行业标准如：检验检疫行业标准(SN)、农业行业标准(NY)、水产行业标准(SC)等。

2.2.1　国家标准

我国制定的动物检疫国家标准见表2-1。

表2-1　我国制定的动物检疫国家标准

标准号	标准名称
GB 16549—1996	畜禽产地检疫规范
GB 16550—1996	新城疫检疫技术规范

续表 2-1

标　准　号	标　准　名　称
GB 16551—1996	猪瘟检疫技术规范
GB 16567—1996	种畜禽调运检疫技术规范
GB 16885—1997	布鲁氏菌病监测标准
GB/T 17494—1998	马传染性贫血病间接 ELISA 技术规程
GB/T 17823—1999	中、小型集约化养猪场兽医防疫工作规程
GB/T 17998—1999	SPF 鸡　微生物学监测总则
GB/T 17999.1—1999	SPF 鸡　红细胞凝集抑制试验
GB/T 17999.2—1999	SPF 鸡　血清中和试验
GB/T 17999.3—1999	SPF 鸡　血清平板凝集试验
GB/T 17999.4—1999	SPF 鸡　琼脂扩散试验
GB/T 17999.5—1999	SPF 鸡　酶联免疫吸附试验　SPF 鸡　酶联免疫吸附试验
GB/T 17999.6—1999	SPF 鸡　胚敏感试验
GB/T 17999.7—1999	SPF 鸡　鸡白痢沙门氏菌检验
GB/T 17999.8—1999	SPF 鸡　试管凝集试验
GB/T 17999.9—1999	SPF 鸡　间接免疫荧光试验
GB/T 18088—2000	出入境动物检疫抽样
GB/T 18089—2000	蓝舌病微量血清中和试验及病毒分离和鉴定方法
GB/T 18090—2008	猪繁殖和呼吸综合征诊断方法
GB 14922.1—2001	实验动物　寄生虫学等级及监测
GB 14922.60—2001	实验动物　猕猴疱疹病毒1型(B病毒)检测方法
GB 14922.61—2001	实验动物　猴逆转D型病毒检测方法
GB 14922.62—2001	实验动物　猴免疫缺陷病毒检测方法
GB 14922.63—2001	实验动物　猴T淋巴细胞趋向性病毒1型检测方法
GB 14922.64—2001	实验动物　猴痘病毒检测方法
GB/T 14926.26—2001	实验动物　小鼠脑脊髓炎病毒检测方法
GB/T 14926.49—2001	实验动物　空肠弯曲杆菌检测方法
GB/T 14926.8—2001	实验动物　支原体检测方法
GB/T 18448.1—2001	实验动物　体外寄生虫检测方法
GB/T 18635—2002	动物防疫　基本术语
GB/T 18636—2002	蓝舌病诊断技术
GB/T 18637—2002	牛病毒性腹泻/粘膜病诊断技术
GB/T 18638—2002	流行性乙型脑炎诊断技术

续表 2-1

标　准　号	标　准　名　称
GB/T 18639—2002	狂犬病诊断技术
GB/T 18640—2002	家畜日本血吸虫病诊断技术
GB/T 18641—2002	伪狂犬病诊断技术
GB/T 18642—2002	猪旋毛虫病诊断技术
GB/T 18643—2002	鸡马立克氏病诊断技术
GB/T 18644—2002	猪囊尾蚴病诊断技术
GB/T 18645—2002	动物结核病诊断技术
GB/T 18646—2002	动物布鲁氏菌病诊断技术
GB/T 18647—2002	动物球虫病诊断技术
GB/T 18648—2002	非洲猪瘟诊断技术
GB/T 18649—2002	牛传染性胸膜肺炎(牛肺疫)诊断技术
GB/T 18651—2002	牛无浆体病快速凝集检测方法
GB/T 18652—2002	致病性嗜水气单胞菌检验方法
GB/T 18653—2002	胎儿弯曲杆菌的分离鉴定方法
GB/T 18935—2003	口蹄疫诊断技术
GB/T 18936—2003	高致病性禽流感诊断技术
GB/T 19167—2003	传染性囊病诊断技术
GB/T 19168—2003	蜜蜂病虫害综合防治规范
GB/T 19180—2003	牛海绵状脑病诊断技术
GB/T 19200—2003	猪水泡病诊断技术
GB/T 19438.1—2004	禽流感病毒通用荧光 RT-PCR 检测方法
GB/T 19438.2—2004	H5 亚型禽流感病毒荧光 RT-PCR 检测方法
GB/T 19438.3—2004	H7 亚型禽流感病毒荧光 RT-PCR 检测方法
GB/T 19438.4—2004	H9 亚型禽流感病毒荧光 RT-PCR 检测方法
GB/T 19439—2004	H5 亚型禽流感病毒 NASBA 检测方法
GB/T 19440—2004	禽流感病毒 NASBA 检测方法
GB 19441—2004	进出境禽鸟及其产品高致病性禽流感检疫规范
GB 19442—2004	高致病性禽流感防治技术规范
GB/T 19526—2004	羊寄生虫病防治技术规范
GB 15976—2006	血吸虫病控制和消灭标准
GB 16548—2006	病害动物和病害动物产品生物安全处理规程
GB 16568—2006	奶牛场卫生规范

续表 2-1

标　准　号	标　准　名　称
GB/T 14926.56—2008	实验动物　狂犬病病毒检测方法
GB/T 15805.1—2008	鱼类检疫方法　第1部分:传染性胰脏坏死病毒(IPNV)
GB/T 15805.2—2008	鱼类检疫方法　第2部分:传染性造血器官坏死病毒(IHNV)
GB/T 15805.3—2008	鱼类检疫方法　第3部分:病毒性出血性败血症病毒(VHSV)
GB/T 15805.4—2008	鱼类检疫方法　第4部分:斑点叉尾鮰病毒(CCV)
GB/T 15805.5—2008	鱼类检疫方法　第5部分:鲤春病毒血症病毒(SVCV)
GB/T 15805.6—2008	鱼类检疫方法　第6部分:杀鲑气单胞菌
GB/T 15805.7—2008	鱼类检疫方法　第7部分:脑粘体虫
GB/T 16550—2008	新城疫诊断技术
GB/T 16551—2008	猪瘟诊断技术
GB/T 17823—2009	集约化猪场防疫基本要求
GB/T 17999.1—2008	SPF鸡　微生物学监测　第10部分:SPF鸡　间接免疫荧光试验
GB/T 17999.2—2008	SPF鸡　微生物学监测　第1部分:SPF鸡　微生物学监测总则
GB/T 17999.3—2008	SPF鸡　微生物学监测　第2部分:SPF鸡　红细胞凝集抑制试验
GB/T 17999.4—2008	SPF鸡　微生物学监测　第3部分:SPF鸡　血清中和试验
GB/T 17999.5—2008	SPF鸡　微生物学监测　第4部分:SPF鸡　血清平板凝集试验
GB/T 17999.6—2008	SPF鸡　微生物学监测　第5部分:SPF鸡　琼脂扩散试验
GB/T 17999.7—2008	SPF鸡　微生物学监测　第6部分:SPF鸡　酶联免疫吸附试验
GB/T 17999.8—2008	SPF鸡　微生物学监测　第7部分:SPF鸡　胚敏感试验
GB/T 17999.9—2008	SPF鸡　微生物学监测　第8部分:SPF鸡　鸡白痢沙门氏菌检验
GB/T 17999.10—2008	SPF鸡　微生物学监测　第9部分:SPF鸡　试管凝集试验
GB/T 18089—2008	蓝舌病病毒分离、鉴定及血清中和抗体检测技术
GB/T 18090—2008	猪繁殖与呼吸综合征诊断方法
GB/T 18448.2—2008	实验动物　弓形虫检测方法
GB/T 21675—2008	非洲马瘟诊断技术
GB/T 22329—2008	牛皮蝇蛆病诊断技术
GB/T 22330.1—2008	无规定动物疫病区标准　第1部分:通则
GB/T 22330.2—2008	无规定动物疫病区标准　第2部分:无口蹄疫区
GB/T 22330.3—2008	无规定动物疫病区标准　第3部分:无猪水泡病区
GB/T 22330.4—2008	无规定动物疫病区标准　第4部分:无古典猪瘟(猪瘟)区
GB/T 22330.5—2008	无规定动物疫病区标准　第5部分:无非洲猪瘟区
GB/T 22330.6—2008	无规定动物疫病区标准　第6部分:无非洲马瘟区

续表 2-1

标 准 号	标 准 名 称
GB/T 22330.7—2008	无规定动物疫病区标准 第7部分:无牛瘟区
GB/T 22330.8—2008	无规定动物疫病区标准 第8部分:无牛传染性胸膜肺炎区
GB/T 22330.9—2008	无规定动物疫病区标准 第9部分:无牛海绵状脑病区
GB/T 22330.10—2008	无规定动物疫病区标准 第10部分:无蓝舌病区
GB/T 22330.11—2008	无规定动物疫病区标准 第11部分:无小反刍兽疫区
GB/T 22330.12—2008	无规定动物疫病区标准 第12部分:无绵羊痘和山羊痘(羊痘)区
GB/T 22330.13—2008	无规定动物疫病区标准 第14部分:无新城疫区
GB/T 22330.14—2008	无规定动物疫病区标准 第13部分:无高致病性禽流感区
GB/T 22332—2008	鸭病毒性肠炎诊断技术
GB/T 22333—2008	日本乙型脑炎病毒反转录聚合酶链反应试验方法
GB/T 22468—2008	家禽及禽肉兽医卫生监控技术规范
GB/T 22469—2008	禽肉生产企业兽医卫生规范
GB/T 22910—2008	痒病诊断技术
GB/T 22914—2008	SPF猪病原的控制与监测
GB/T 22915—2008	口蹄疫病毒荧光RT-PCR检测方法
GB/T 22916—2008	水泡性口炎病毒荧光RT-PCR检测方法
GB/T 22917—2008	猪水泡病病毒荧光RT-PCR检测方法
GB/T 23197—2008	鸡传染性支气管炎诊断技术
GB/T 23239—2009	伊氏锥虫病诊断技术

2.2.2 检验检疫行业标准

我国制定的动物检验检疫行业标准见表2-2。

表2-2 我国制定的动物检验检疫行业标准

标 准 号	标 准 名 称
SN 0331—1994	出口畜产品中炭疽杆菌检验方法
SN/T 0381—1995	出口活鱼检验规程
SN/T 0420—1995	出口猪肉旋毛虫检验方法(消化法)
SN/T 0751—1999	出口食品中嗜水气单胞菌检验方法
SN/T 0764—1999	出口家禽新城疫病毒检验方法
SN/T 1084—2002	副结核病皮内变态反应操作规程
SN/T 1085—2002	副结核病补体结合试验操作规程
SN/T 1086—2002	胎儿弯杆菌的分离鉴定方法
SN/T 1087—2002	牛Q热微量补体结合试验操作规程

续表 2-2

标　准　号	标　准　名　称
SN/T 1088—2002	布氏杆菌病平板凝集试验操作规程
SN/T 1089—2002	布氏杆菌病补体结合试验操作规程
SN/T 1090—2002	布氏杆菌病试管凝集试验操作规程
SN/T 1109—2002	新城疫微量红细胞凝集抑制试验操作规程
SN/T 1110—2002	新城疫病毒分离及鉴定方法
SN/T 1128—2002	赤羽病病毒微量血清中和试验操作规程
SN/T 1142—2002	马病毒性动脉炎微量血清中和试验操作规程
SN/T 1161—2002	衣原体感染检测方法　补体结合试验
SN/T 1164.1—2002	牛传染性鼻气管炎病毒分离操作规程
SN/T 1165.1—2002	蓝舌病竞争酶联免疫吸附试验操作规程
SN/T 1165.2—2002	蓝舌病琼脂免疫扩散试验操作规程
SN/T 1166.1—2002	水泡性口炎补体结合试验操作规程
SN/T 1166.2—2002	水泡性口炎微量血清中和试验操作规程
SN/T 1167—2002	鹿流行性出血病琼脂免疫扩散试验操作规程
SN/T 1168—2002	猴志贺氏菌检验操作规程
SN/T 1169—2002	猴沙门氏菌检验操作规程
SN/T 1164.2—2003	牛传染性鼻气管炎微量血清中和试验操作规程
SN/T 1171.1—2003	山羊关节炎　脑炎抗体检测方法　酶联免疫吸附试验
SN/T 1171.2—2003	山羊关节炎　脑炎抗体检测方法　琼脂免疫扩散试验
SN/T 1172—2003	鸡白血病检测方法　琼脂免疫扩散试验
SN/T 1173—2003	鸡病毒性关节炎抗体检测方法　酶联免疫吸附试验
SN/T 1174—2003	猴 D 型逆转录病抗体检测方法
SN/T 1177—2003	猴 B 病毒相关抗体检测方法
SN/T 1181.1—2003	口蹄疫病毒感染抗体检测方法　琼脂免疫扩散试验
SN/T 1181.2—2003	口蹄疫病毒抗体检测方法　微量血清中和试验
SN/T 1181.3—2003	食道咽部口蹄疫病毒探查试验
SN/T 1182.1—2003	禽流感抗体检测方法　琼脂免疫扩散试验
SN/T 1207—2003	猪痢疾短螺旋体分离培养操作规程
SN/T 1221—2003	鸡传染性支气管炎抗体检测方法　琼脂免疫扩散试验
SN/T 1222—2003	鸡白痢抗体检测方法　全血平板凝集试验
SN/T 1223—2003	绵羊进行性肺炎抗体检测方法　琼脂免疫扩散试验
SN/T 1224—2003	鸡败血支原体感染抗体检测方法　快速血清凝集试验

续表 2-2

标 准 号	标 准 名 称
SN/T 1225—2003	住白细胞虫病诊断方法　显微镜检查法
SN/T 1226—2003	禽痘抗体检测方法　红细胞凝集抑制试验
SN/T 1310—2003	猴结核皮内变态反应操作规程
SN/T 1314—2003	水貂阿留申病对流免疫电泳操作规程
SN/T 1315—2003	牛地方流行性白血病琼脂免疫扩散试验操作规程
SN/T 1316—2003	牛海绵状脑病组织病理学检查方法
SN/T 1182.2—2004	禽流感微量红细胞凝集抑制试验
SN/T 1350—2004	牛锥虫病补体结合试验方法
SN/T 1357—2004	茨城病免疫琼脂扩散试验方法
SN/T 1358.1—2004	马传染性贫血补体结合试验方法
SN/T 1370—2004	日本金龟子检疫鉴定方法
SN/T 1376.1—2004	牛传染性胸膜肺炎病原分离鉴定
SN/T 1376.2—2004	牛传染性胸膜肺炎补体结合试验方法
SN/T 1377—2004	从精液中分离马病毒性动脉炎病毒试验操作规程
SN/T 1378—2004	出入境大熊猫检验检疫规程
SN/T 1379.1—2004	猪瘟单克隆抗体酶联免疫吸附试验
SN/T 1382—2004	马流产沙门氏菌病凝集试验方法
SN/T 1394—2004	布氏杆菌病全乳环状试验方法
SN/T 1395.1—2004	禽衣原体间接红细胞凝集试验方法
SN/T 1396—2004	弓形虫病间接血凝试验
SN/T 1418—2004	鸭病毒性肝炎Ⅰ型病毒血清中和试验
SN/T 1419—2004	疖疮病细菌学诊断操作规程
SN/T 1420—2004	昏眩病诊断操作规程
SN/T 1421—2004	猪水泡病病毒微量血清中和试验
SN/T 1444—2004	大鼠流行性出血热间接免疫荧光试验
SN/T 1445—2004	动物流行性乙型脑炎微量血凝抑制试验
SN/T 1446.1—2004	猪传染性胃肠炎阻断酶联免疫吸附试验
SN/T 1447.1—2004	猪传染性胸膜肺炎阻断酶联免疫吸附试验
SN/T 1449—2004	马流行性淋巴管炎检疫方法
SN/T 1454—2004	鸡马立克氏病病毒分离与鉴定方法
SN/T 1467—2004	小鹅瘟病毒分离和琼脂免疫扩散试验方法
SN/T 1468—2004	鸡产蛋下降综合征血凝抑制试验操作规程

续表 2-2

标准号	标准名称
SN/T 1471.1—2004	鼻疽菌素点眼试验操作规程
SN/T 1472—2004	副结核病细菌学检查操作规程
SN/T 1473—2004	兔黏液瘤病琼脂免疫扩散试验操作规程
SN/T 1488—2004	兔病毒性出血症血凝抑制试验操作规程
SN/T 1501—2004	野兔热病原分离鉴定操作规程
SN/T 1358.2—2005	马传染性贫血琼脂凝胶免疫扩散试验操作规程
SN/T 1379.2—2005	猪瘟免疫荧光技术操作规程
SN/T 1395.2—2005	禽衣原体病琼脂免疫扩散试验操作规程
SN/T 1395.3—2005	禽衣原体病间接补体结合试验操作规程
SN/T 1447.2—2005	猪胸膜肺炎放线杆菌聚合酶链式反应操作规程
SN/T 1525—2005	布氏杆菌病微量补体结合试验方法
SN/T 1526—2005	马巴贝斯虫病检测方法　微量补体结合试验方法
SN/T 1551—2005	供港澳活猪产地检验检疫操作规范
SN/T 1554—2005	鸡传染性法氏囊病酶联免疫吸附试验操作规程
SN/T 1555—2005	鸡传染性喉气管炎琼脂免疫扩散试验操作规程
SN/T 1556—2005	鸡传染性鼻炎琼脂免疫扩散试验操作规程
SN/T 1557—2005	禽痘琼脂免疫扩散试验操作规程
SN/T 1558—2005	禽脑脊髓炎琼脂免疫扩散试验操作规程
SN/T 1559.1—2005	非洲猪瘟直接免疫荧光试验操作规程
SN/T 1559.2—2005	非洲猪瘟间接免疫荧光试验操作规程
SN/T 1559.3—2005	非洲猪瘟病毒红血球吸附试验操作规程
SN/T 1574—2005	猪旋毛虫病酶联免疫吸附试验操作规程
SN/T 1575—2005	鸡包涵体肝炎酶联免疫吸附试验操作规程
SN/T 1582—2005	引进外来有害生物及其控制物检疫规程
SN/T 1670—2005	进境大中家畜隔离检疫及监管规程
SN/T 1676—2005	山羊关节炎—脑炎病毒分离试验操作规程
SN/T 1678—2005	梨形虫病病原鉴定方法
SN/T 1679—2005	动物边虫病微量补体结合试验操作规程
SN/T 1685—2005	猴结核病旧结核菌素变态反应试验操作规程
SN/T 1686—2005	新城疫病毒中强毒株检测方法
SN/T 1687—2005	马流感血凝抑制试验操作规程
SN/T 1164.3—2006	牛传染性鼻气管炎酶联免疫吸附试验操作规程

续表 2-2

标　准　号	标　准　名　称
SN/T 1166.3—2006	水泡性口炎逆转录聚合酶链反应操作规程
SN/T 1379.3—2006	猪瘟中和免疫荧光试验操作规程
SN/T 1446.2—2006	猪传染性胃肠炎血清中和试验操作规程
SN/T 1691—2006	进出境种牛检验检疫操作规程
SN/T 1692.1—2006	非洲马瘟琼脂免疫扩散试验操作规程
SN/T 1692.2—2006	非洲马瘟血球凝集和血球凝集抑制试验操作规程
SN/T 1692.3—2006	非洲马瘟补体结合试验操作规程
SN/T 1693—2006	牛流行性热微量血清中和试验操作规程
SN/T 1694—2006	马媾疫微量补体结合试验操作规程
SN/T 1695—2006	马焦虫病微量补体结合试验操作规程
SN/T 1696—2006	进出境种猪检验检疫操作规程
SN/T 1697—2006	猪传染性胃肠炎病毒和猪呼吸道冠状病毒抗体阻断 ELISA 鉴别试验操作规程
SN/T 1698—2006	猪伪狂犬病微量血清中和试验操作规程
SN/T 1699.1—2006	猪流行性腹泻微量血清中和试验操作规程
SN/T 1699.2—2006	猪流行性腹泻病毒直接免疫荧光试验操作规程
SN/T 1699.3—2006	猪流行性腹泻间接斑点酶联免疫吸附试验操作规程
SN/T 1700—2006	动物皮毛炭疽 Ascoli 反应操作规程
SN/T 1748—2006	进出口食品中寄生虫的检验方法
SN/T 1754—2006	出入境口岸人禽流感诊断标准及监测规程
SN/T 1755—2006	出入境口岸人感染口蹄疫监测规程
SN/T 1128—2007	赤羽病检疫技术规范
SN/T 1129—2007	牛病毒性腹泻　黏膜病检疫规范
SN/T 1247—2007	猪繁殖和呼吸综合征检疫规范
SN/T 1255—2007	出入境动物检验检疫标准编写的基本规定
SN/T 1874—2007	猪细小病毒病聚合酶链反应操作规程
SN/T 1905—2007	牛病毒性腹泻　黏膜病反转录聚合酶链反应操作规程
SN/T 1906—2007	出口热带海水观赏鱼检验检疫规程
SN/T 1907—2007	副结核分析枝杆菌 PCR 检测技术操作规程
SN/T 1908—2007	泡菜等植物源性食品中寄生虫卵的分离及鉴定规程
SN/T 1917—2007	牛地方流行性白血病聚合酶链反应操作规程
SN/T 1918—2007	牛传染性鼻气管炎聚合酶链反应操作规程
SN/T 1919—2007	猪细小病毒病红细胞凝集抑制试验操作规程

续表 2-2

标　准　号	标　准　名　称
SN/T 1934—2007	出入境口岸土拉热监测规程
SN/T 1997—2007	进出境种羊检测操作规程
SN/T 1998—2007	进出境野生动物检验检疫规程
SN/T 1999—2007	牛病毒性腹泻　黏膜病抗原捕获酶联免疫吸附试验操作规程
SN/T 2018—2007	马鼻疽检疫技术规范
SN/T 2021—2007	牛无浆体病检疫技术规范
SN/T 2022—2007	牛温氏附红细胞体聚合酶链式反应操作规程
SN/T 2024—2007	出入境动物检疫实验室生物安全分级技术要求
SN/T 2025—2007	动物检疫实验室生物安全操作规范
SN/T 2028—2007	出入境动物检疫术语
SN/T 2032—2007	进境种猪临时隔离场建设规范
SN/T 2033—2007	绵羊地方性流行病微量补体结合试验操作规程
SN/T 2036—2007	牛副结核病酶联免疫吸附试验操作规程
SN/T 2067—2008	出入境口岸流行性乙型脑炎监测规程
SN/T 2093—2008	出入境人禽流感染疫交通工具卫生处理规程
SN/T 2120—2008	流行性溃疡综合征检疫技术规范
SN/T 2121—2008	流行性造血器官坏死病检疫技术规范
SN/T 2123—2008	出入境动物检疫实验样品采集、运输和保存规范
SN/T 2124—2008	大西洋鲑鱼三代虫检疫技术规范

2.2.3　农业行业标准

我国制定的动物检疫农业行业标准见表 2-3。

表 2-3　我国制定的动物检疫农业行业标准

标　准　号	标　准　名　称
NY 467—2001	畜禽屠宰卫生检疫规范
NY 5031—2001	无公害食品　生猪饲养兽医防疫准则
NY 5041—2001	无公害食品　蛋鸡饲养兽医防疫准则
NY 5047—2001	无公害食品　奶牛饲养兽医防疫准则
NY 5126—2002	无公害食品　肉牛饲养兽医防疫准则
NY 5131—2002	无公害食品　肉兔饲养兽医防疫准则
NY 5149—2002	无公害食品　肉羊饲料兽医防疫准则
NY/T 536—2002	鸡伤寒和鸡白痢诊断技术
NY/T 537—2002	猪放线杆菌胸膜肺炎诊断技术

续表 2-3

标　准　号	标　准　名　称
NY/T 538—2002	鸡传染性鼻炎诊断技术
NY/T 539—2002	副结核病诊断技术
NY/T 540—2002	鸡病毒性关节炎琼脂凝胶免疫扩散试验方法
NY/T 541—2002	动物疫病实验室检验采样方法
NY/T 542—2002	茨城病和鹿流行性出血病琼脂凝胶免疫扩散试验方法
NY/T 543—2002	牛流行热微量中和试验方法
NY/T 544—2002	猪流行性腹泻诊断技术
NY/T 545—2002	猪痢疾诊断技术
NY/T 546—2002	猪萎缩性鼻炎诊断技术
NY/T 547—2002	兔黏液瘤病琼脂凝胶免疫扩散试验方法
NY/T 548—2002	猪传染性胃肠炎诊断技术
NY/T 549—2002	赤羽病细胞微量中和试验方法
NY/T 550—2002	动物和动物产品沙门氏菌检测方法
NY/T 551—2002	产蛋下降综合征诊断技术
NY/T 552—2002	流行性淋巴管炎诊断技术
NY/T 553—2002	禽支原体病诊断技术
NY/T 554—2002	鸭病毒性肝炎诊断技术
NY/T 555—2002	动物产品中大肠菌群、粪大肠菌群和大肠杆菌的检测方法
NY/T 556—2002	鸡传染性喉气管炎诊断技术
NY/T 557—2002	马鼻疽诊断技术
NY/T 559—2002	禽曲霉菌病诊断技术
NY/T 560—2002	小鹅瘟诊断技术
NY/T 561—2002	动物炭疽诊断技术　动物炭疽诊断技术
NY/T 562—2002	动物衣原体病诊断技术
NY/T 563—2002	禽霍乱(禽巴氏杆菌病)诊断技术
NY/T 564—2002	猪巴氏杆菌病诊断技术
NY/T 565—2002	梅迪-维斯纳病琼脂凝胶免疫扩散试验方法
NY/T 566—2002	猪丹毒诊断技术
NY/T 567—2002	兔出血性败血症诊断技术
NY/T 568—2002	肠病毒性脑脊髓炎诊断技术
NY/T 569—2002	马传染性贫血病琼脂凝胶免疫扩散试验方法
NY/T 570—2002	马流产沙门氏菌诊断技术

续表 2-3

标　准　号	标　准　名　称
NY/T 571—2002	马腺疫诊断技术
NY/T 572—2002	兔出血病血凝和血凝抑制试验方法
NY/T 573—2002	弓形虫病诊断技术
NY/T 574—2002	地方流行性牛白血病琼脂凝胶免疫扩散试验方法
NY/T 575—2002	牛传染性鼻气管炎诊断技术
NY/T 576—2002	绵羊痘和山羊痘诊断技术
NY/T 577—2002	山羊关节炎　脑炎琼脂凝胶免疫扩散试验方法
NY/T 678—2003	猪伪狂犬病免疫酶试验方法
NY/T 679—2003	猪繁殖与呼吸综合征免疫酶试验方法
NY/T 680—2003	禽白血病病毒 p27 抗原酶联免疫吸附试验方法
NY/T 681—2003	鸡传染性贫血诊断技术
NY/T 683—2003	犬传染性肝炎诊断技术
NY/T 684—2003	犬瘟热诊断技术
NY 5260—2004	无公害食品　蛋鸭饲养兽医防疫准则
NY 5263—2004	无公害食品　肉鸭饲养兽医防疫准则
NY 5266—2004	无公害食品　鹅饲养兽医防疫准则
NY 764—2004	高致病性禽流感　疫情判定及扑灭技术规范
NY/T 765—2004	高致病性禽流感　样品采集、保存及运输技术规范
NY/T 766—2004	高致病性禽流感　无害化处理技术规范　高致病性禽流感　无害化处理技术规范
NY/T 767—2004	高致病性禽流感　消毒技术规范
NY/T 768—2004	高致病性禽流感　人员防护技术规范
NY/T 769—2004	高致病性禽流感　免疫技术规范
NY/T 770—2004	高致病性禽流感　监测技术规范
NY/T 771—2004	高致病性禽流感　流行病学调查技术规范
NY/T 772—2004	禽流感病毒 RT-PCR 试验方法
NY/T 904—2004	马鼻疽控制技术规范
NY/T 905—2004	鸡马立克氏病强毒感染诊断技术
NY/T 907—2004	动物布氏杆菌病控制技术规范
NY/T 909—2004	生猪屠宰检疫规范
NY/T 938—2005	动物防疫耳标规范
NY/T 1185—2006	马流行性感冒诊断技术

续表 2-3

标 准 号	标 准 名 称
NY/T 1186—2006	猪支原体肺炎诊断技术
NY/T 1187—2006	鸡传染性贫血病毒聚合酶链反应试验方法
NY/T 1188—2006	水泡性口炎诊断技术
NY/T 1244—2006	接触传染性脓疱皮炎诊断技术
NY/T 1247—2006	禽网状内皮增生病诊断技术
NY/T 5339—2006	无公害食品　畜禽饲养兽医防疫准则
NY/T 1465—2007	牛羊胃肠道线虫检查技术
NY/T 1466—2007	动物棘球蚴病诊断技术
NY/T 1467—2007	奶牛布鲁氏菌病 PCR 诊断技术
NY/T 1468—2007	丝状支原体山羊亚种检测方法
NY/T 1470—2007	羊螨病(痒螨/疥螨)诊断技术
NY/T 1471—2007	牛毛滴虫病诊断技术
NY/T 1620—2008	种鸡场孵化厂动物卫生规范

2.2.4　水产行业标准

我国制定的动物检疫水产行业标准见表 2-4。

表 2-4　我国制定的动物检疫水产行业标准

标 准 号	标 准 名 称
SC/T 3016—2004	水产品抽样方法
SC/T 7011.1—2007	水生动物疾病术语与命名规则　第1部分:水生动物疾病术语
SC/T 7011.2—2007	水生动物疾病术语与命名规则　第2部分:水生动物疾病命名规则
SC/T 7014—2006	水生动物检疫实验技术规范
SC/T 7201.1—2006	鱼类细菌病检疫技术规程　第1部分:通用技术
SC/T 7201.2—2006	鱼类细菌病检疫技术规程　第2部分:柱状嗜纤维菌烂鳃病诊断方法
SC/T 7201.3—2006	鱼类细菌病检疫技术规程　第3部分:嗜水气单胞菌及豚鼠气单胞菌肠炎病诊断方法
SC/T 7201.4—2006	鱼类细菌病检疫技术规程　第4部分:荧光假单胞菌赤皮病诊断方法
SC/T 7201.5—2006	鱼类细菌病检疫技术规程　第5部分:白皮假单胞菌白皮病诊断方法
SC/T 7202.1—2007	斑节对虾杆状病毒病诊断规程　第1部分:压片显微镜检查法
SC/T 7202.2—2007	斑节对虾杆状病毒病诊断规程　第2部分:PCR 检测法
SC/T 7202.3—2007	斑节对虾杆状病毒病诊断规程　第3部分:组织病理学诊断法
SC/T 7203.1—2007	对虾肝胰腺细小病毒诊断规程　第1部分:PCR 检测方法
SC/T 7203.2—2007	对虾肝胰腺细小病毒诊断规程　第2部分:组织病理学诊断法

续表 2-4

标　准　号	标　准　名　称
SC/T 7203.3—2007	对虾肝胰腺细小病毒诊断规程　第 3 部分:新鲜组织的 T-E 染色法
SC/T 7204.1—2007	对虾桃拉综合征诊断规程　第 1 部分:外观症状诊断法
SC/T 7204.2—2007	对虾桃拉综合征诊断规程　第 2 部分:组织病理学诊断法
SC/T 7204.3—2007	对虾桃拉综合征诊断规程　第 3 部分:RT-PCR 检测法
SC/T 7204.4—2007	对虾桃拉综合征诊断规程　第 4 部分:指示生物检测法
SC/T 7205.1—2007	牡蛎包纳米虫病诊断规程　第 1 部分:组织印片的细胞学诊断法
SC/T 7205.2—2007	牡蛎包纳米虫病诊断规程　第 2 部分:组织病理学诊断法
SC/T 7205.3—2007	牡蛎包纳米虫病诊断规程　第 3 部分:透射电镜诊断法
SC/T 7206.1—2007	牡蛎单孢子虫病诊断规程　第 1 部分:组织印片的细胞学诊断法
SC/T 7206.2—2007	牡蛎单孢子虫病诊断规程　第 2 部分:组织病理学诊断法
SC/T 7206.3—2007	牡蛎单孢子虫病诊断规程　第 3 部分:原位杂交诊断法
SC/T 7207.1—2007	牡蛎马尔太虫病诊断规程　第 1 部分:组织印片的细胞学诊断法
SC/T 7207.2—2007	牡蛎马尔太虫病诊断规程　第 2 部分:组织病理学诊断法
SC/T 7207.3—2007	牡蛎马尔太虫病诊断规程　第 3 部分:透射电镜诊断法
SC/T 7208.1—2007	牡蛎拍琴虫病诊断规程　第 1 部分:巯基乙酸盐培养诊断法
SC/T 7208.2—2007	牡蛎拍琴虫病诊断规程　第 2 部分:组织病理学诊断法
SC/T 7209.1—2007	牡蛎小胞虫病诊断规程　第 1 部分:组织印片的细胞学诊断法
SC/T 7209.2—2007	牡蛎小胞虫病诊断规程　第 2 部分:组织病理学诊断法
SC/T 7209.3—2007	牡蛎小胞虫病诊断规程　第 3 部分:透射电镜诊断法
SC/T 7103—2008	水生动物产地检疫采样技术规范

第3章 动物检疫常用术语

3.1 基础术语

动物 animals

指饲养的、野生的活动物，包括畜、禽、兽、水生动物、蚕、蜂、实验动物等。

陆生动物 terrestrial animals

特指家畜、家禽和蜜蜂。

家畜 livestock

指人工驯养的哺乳类动物，如马、奶牛、水牛、黄牛、牦牛、绵羊、山羊、猪、兔、骡、驴、骆驼等。

种畜 breeding livestock

指供繁殖用的成年公、母畜。

家禽 poultry

指人工驯养的禽类，如鸡、鸭、鹅、鸽子、鹌鹑等。

种禽 breeding birds

指以提供胚蛋为用途的禽。

初孵雏 day-old birds

指孵出后不超过 72 h 的幼雏。

水生动物 aquatic animals

指来自养殖或野生的，用于饲养、放养于水环境或供人类消费的鱼类、软体动物和甲壳动物、两栖动物等处于各个阶段的生命体包括卵和配子。

种用水生动物 broodstock

指性成熟的鱼、软体动物、甲壳类动物等。

观赏动物 ornamental animals

指供人类观赏的动物如观赏鸟、观赏鱼。

演艺动物 show business animals

指用于表演、展示活动的家养的或野生的动物，如虎、狮、熊、鹿、骆驼、猴、大熊猫、小熊猫、狗、猫、鸟、蛇、海豚、海狮、海豹等。

竞技动物 tournament animals

指供体育比赛使用的动物，常见的有马、犬、赛鸽等。

宠物 pets

指陪伴人类生活，为人类提供情感满足的动物，即伴侣动物，如狗。

野生动物 wildlife

指生存在天然自由状态下，或虽来源于天然自由状态，并已经过人工饲养但尚未发生进化变异、仍保存其固有习惯和生产能力的各种动物。

实验动物 experimental animals

指经人工饲育、对其携带的微生物实行控制、遗传背景明确或者来源清楚的、符合科学实验、药品及生物制品的鉴定及其他科学研究的要求，用于科学研究、教学、生产、鉴定以及其他科学实验的动物，如兔、豚鼠、小白鼠、猴子等。

卵 oocyte

指经过人工手段采集自雌性哺乳动物生殖器官，用以繁殖动物的生殖细胞。

精液 semen

指雄性动物生殖器官分泌出来的含有生殖细胞的液体，常特指人工授精的精液。

胚胎 embryo

指哺乳动物或鸟类活的受精卵正在母体或卵壳内发育的新生命体。

种蛋 hatching egg

指已受精的禽蛋，用于孵化后代或实验接种。

动物产品 animal products

指来源于动物，未经加工或者虽经加工但仍有可能传播疫病的产品，如生皮张、毛类、肉类、脏器、油脂、水产品、奶制品、蛋类、血液、精液、胚胎、骨、蹄、角等。

肉 meat

指动物体的所有可食用部分。

鲜肉 fresh meat

指没有经过可改变感官性状和理化特性处理的肉，包括冷冻肉、冷藏肉、肉末和机械分割肉。

肉制品 meat products

指经过某种处理，导致其感官性状和理化特性发生不可逆性改变的肉。

水产品 aquatic animal products

指死的水生动物及其来源于水生动物的产品。

蛋及蛋制品 egg and egg products

指鲜蛋、再制蛋、冰蛋品、干蛋品及其制品，但不包括种蛋。

鲜蛋 fresh eggs

指新鲜或冷藏的鸡蛋、鸭蛋、鹌鹑蛋等鲜禽蛋。

再制蛋 processed eggs

指皮蛋、咸蛋、糟蛋等。

冰蛋品 freezed egg products

指以新鲜蛋或冷藏蛋为原料，经加工处理、冷冻等过程而制成的冰全蛋、巴氏消毒冰全蛋、冰蛋黄、冰蛋白等。

干蛋品 dried egg products

指以新鲜蛋或冷藏蛋为原料，经打蛋、过滤、消毒、喷雾干燥或经发酵、干燥等过程而制成的全蛋粉、巴氏消毒全蛋粉、蛋黄粉、蛋白片(粉)等。

乳 milk

指通过一次或多次挤奶，从泌乳动物正常乳房获得、未添加也未抽提任何成分的分泌物。

乳制品 milk products

指对乳进行加工后获得的产品。

肠衣 animal casings

指采用健康家畜消化系统的食道、胃、小肠、大肠和泌尿系统的膀胱等器官，经过加工，保留所需要的组织。根据加工方法的不同，肠衣可分为盐渍肠衣和干制肠衣。用肠衣专用盐腌制的肠衣称为盐渍肠衣；而用自然光或烘房等将肠衣脱水、杀菌的肠衣称为干制肠衣。

油脂 oil and fat

指经加工而成的符合一定标准的动物油和脂肪的统称。如牛油等。

生皮张 peltry

指从动物身上剥离，未经鞣制加工的皮张，包括鲜皮、盐腌皮、风干皮、冷冻皮等。

鞣制皮 tanned skin

指生皮经过化学处理（鞣制）和机械加工后的产品，如蓝湿皮。

含脂毛 greasy wool

指从绵羊身上或绵羊皮上剪下的未经洗涤、溶剂脱脂、碳化及其他方法处理过的羊毛，如原毛等。

洗净毛 scoured wool

指经洗涤去除油脂、尘杂后的羊毛。

碳化毛 carbonized wool

指经过碳化处理、去除植物性杂质后的羊毛。

猪鬃 bristles

指从猪身上取下来的能适用于制刷原料用途的鬃毛的统称。

羽毛 feather

指禽类（包括家禽和野生禽鸟）体表所生长的毛，由毛片、绒子和毛梗组成。按使用价值分为装饰羽毛和填充羽毛。

肉骨粉 meat-and-bone meal

指从动物组织提取的固体蛋白质产品，包括任何蛋白质中间产物，但分子量小于10 000道尔顿的蛋白胨和氨基酸除外。

鱼粉 fishmeal

指用鱼或鱼制品的下脚料制成的粉状物。

其他检疫物 other quarantine objects

指动物疫苗、血清、诊断液、动植物废弃物等。

疫苗 vaccine

指用病原微生物、寄生虫或其组分或代谢产物经加工制成或者用合成肽或基因工程方法制成、用于人工主动免疫的生物制品。

有机肥 organic fertilizer

指主要来源于植物和/或动物，施于土壤以提供植物营养为主要功能的含碳物料。

生物制品 biological products

指用于诊断疾病的生物试剂，用于预防或治疗疾病的血清，用于预防疾病而进行免疫接种的疫苗，传染性因子的遗传物质，来自动物的内分泌组织等。

疾病 disease

指有临床和/或病理表现的感染。

动物传染病 communicable disease of animals

指由病原微生物引起的，具有一定的潜伏期和临诊表现，并具有传染性的动物疾病。

寄生虫病 parasitosis

指由暂时或永久地在宿主体内或体表营寄生生活的动物(寄生虫)引起的疾病。

人兽共患病 zoonosis

指在动物和人之间能够自然传播的疾病或感染。

突发疾病 emerging disease

指由于已有病原发生进化或变异导致出现一种新的感染，或一种已知疾病传播到一个新地方或传给了新的动物种群，或一种以前未认识的病原或首次诊断的疾病，其特点是对动物或公共卫生有重大影响。

生物安全实验室 biosafety laboratory

指对病原微生物进行试验操作时所产生的生物危害具有物理防护能力的实验室。根据防护水平高低，分为P1、P2、P3和P4四级实验室，其中P1实验室生物安全防护水平最低，P4实验室生物安全防护水平最高。

动物检疫 animal quarantine

指为了防止或控制动物疫病的发生、流行与传播，遵照国家法律，运用强制性手段和国家标准、相关行业标准和有关规定以及其他科学技术方法对动物及动物产品进行的现场检查、临床诊断、实验室检验和检疫处理的一种行政行为。

动物卫生状态 animal health status

指依据《陆生动物卫生法典》在相关章节所列某种动物疾病标准判定的一个国家或地区该种动物疾病的状态。

兽医食品卫生 veterinary food hygiene

指为确保供人或动物消费的动物产品安全和卫生，在生产、加工、贮存、运输和销售时，按有关法律法规要求，这些产品必须达到的卫生条件。

动物检疫审批 approval of importing animal and animal products

指国家出入境检验检疫机关或其授权的口岸出入境检验检疫机构依照《中华人民共和国进出境动植物检疫法》及其实施条例和《农业转基因生物安全管理条例》等有关规定，对输入的动物、动物产品或因科学研究等特殊需要引进的禁止进境动物以及过境动物、过境转基因动物产品、微生物等事先进行审核，并最终决定是否允许进境或过境的行政行为。

检疫处理 quarantine treatment

指检验检疫机构单方面采取的强制性措施，即对违章入境或经检疫不合格的进出境动物、动物产品和其他检疫物采取的除害、扑杀、销毁、退回、截留、封存、不准入境、不准出境、不准过境等措施。

官方兽医 official veterinarian

指国家兽医行政管理部门授权的兽医。其职责是执行与动物卫生和/或公共卫生有关的指定任务和对商品进行相关检查。必要时，依据《陆生动物卫生法典》1.2条款的相关规定出证。

应急预案 emergency plan

指为了有效预防、及时控制和消除突发重大动物疫情及其危害，指导和规范重大动物疫情的应急处理工作，最大程度地限制动物疫情的传播与扩散，减少重大动物疫情造成的危害，保障人民身体健康和农牧渔业生产安全而采取的一系列控制措施和处置方法。包括完善的应急指挥系统；强有力的应急工程救援保障体系；综合协调、应对自如的相互支持系统；充分备灾的保障供应体系；体现综合救援的应急队伍等。应急预案对突发公共事件的预测预警、信息报告、应急响应、应急处置、恢复重建及调查评估等机制做了明确规定，形成了包含事前、事发、事中、事后等各环节的一整套工作运行机制。

3.2　检疫审批术语

商品 commodity

指动物，食用性动物产品，动物饲料用、药用、外科用、农业或工业用的动物产品，精液，胚胎/卵子，生物制品和病原材料。

出境国 exporting country

指向其他国家输出商品的国家。

进境国 importing country

指商品最后运达的国家。

过境国 transit country

指向进境国运输商品，需要经其境地通过或在其边境口岸中途停留的国家。

装运地 place of shipment

指商品装进交通工具的地方或将商品交给中介机构运往国外的地方。

指运地 place of clearance of goods

指进境商品在进境国办理结关手续的地点。

目的地 destination

指进境商品的最终到达地。

疫区 epidemic area

指疫病爆发或流行所波及的区域。

非疫区 free zone

指依据《陆生动物卫生法典》规定，能满足无疫状态的条件，证明不存在某种特定疾病的地区。在该区域内及其边界，对动物和动物产品及其运输过程实施有效的适当的官方兽医控制。

缓冲区 buffer zone

指在一个无疫国或非疫区内建立一个区别于不同动物卫生状态的区，并基于疾病的流行病学特性而对该区采取措施，以防止致病原传入无疫国或非疫区。这些措施包括但不限于免疫、移运控制和增加疾病监督检查力度。

地区/区域 zone /region

指为了国际贸易需要，在一国境内界定一个具有特定疾病的独特卫生状态的动物亚群的地区，对该地区采取监督、控制和生物安全措施。

地区化 zoning

指基于人工或者自然的地理区域，为控制疾病而在一国境内划分不同区域。

区域化 regionalization

指基于相同的疾病流行状态和控制措施，将国家的部分地区或全部、相邻若干个国家的部分地区或全部划分为一个连片的区域，如将东南亚划分为禽流感疫区。

风险分析 risk analysis

指由危害因素确定、风险评估、风险管理和风险交流构成的整个过程。

风险 risk

指在特定时间内，对进境国的动物或人体健康造成危害的可能性及严重程度。

可接受风险 acceptable risk

指由成员国确定的、与保护国内动物和公共卫生相适应的风险水平。

危害 hazard

指对人或动物健康具有潜在负面影响的生物、化学或物理因子；或指动物或动物产品处于对人类或动物健康具有潜在负面影响的一种状态。

危害因素确定 hazard identification

指确定行将进境的商品可能传入病原体的过程。

有毒有害物质 poisonous and harmful materials

指对农牧渔业生产、人体健康和生态环境造成危害的生物、物理和化学物质。

风险评估 risk assessment

指对病原生物传入进境国、在进境国定植和传播的可能性及其造成的生物和经济危害的评估。

传入评估 introduction assessment

指对危害因素的传入途径以及通过该途径传入的可能性的评估。

发生评估 occurrence assessment

指危害因素传入后，对进境国农牧渔业生产、人体健康和生态环境造成危害的途径以及发生危害的可能性的评估。

后果评估 aftereffect assessment

指危害因素传入后，对进境国农牧渔业生产、人体健康和生态环境所造成的后果的评估。

定性风险评估 qualitative risk assessment

指用定性术语如高、中、低或者极低等表示风险可能性或者后果严重性的风险评估方式。

定量风险评估 quantitative risk assessment

指用数字表示风险分析结果的风险评估方式。

风险预测 risk forecast

指对传入评估、发生评估和后果评估的结果进行综合分析，以获得对进境风险的评估。

风险交流 risk communication

指风险评估人员、管理人员及其他有关方面之间相互交换风险信息的过程。

风险管理 risk management

指为降低风险水平而进行危害因素确定，控制措施选择和对所选措施进行实施的过程。

3.3 检疫术语

口岸检疫 port quarantine

指在口岸对出入国境的动物、动物产品、装载动物或动物产品或来自疫区的运输工具等进行的检疫和检疫处理。

进境检疫 importing quarantine

指对从国外输入境内的动物、动物产品及其运输工具等进行的检疫和检疫处理。

出境检疫 exporting quarantine

指对从我国口岸向国外输出的动物、动物产品及其他检疫物进行的检疫及检疫监督的过程。

过境检疫 transit quarantine

指对经过我国口岸运输的动物、动物产品及其他检疫物进行的检疫。

产地检疫 quarantine in producing area

指在动物及动物产品的生产地进行的检疫。

隔离检疫 quarantine

指依据检疫协议或有关标准,将拟出入境的动物置于与其他动物无直接或间接接触的隔离状态,在特定时间内进行必要的临床观察,必要时进行检验和检疫处理。

隔离场 quarantine station

指在兽医当局控制下隔离动物的设施。这种设施能使被隔离动物与其他动物无直接或间接接触,达到在隔离检疫期间防止特定病原传播的目的。

现场检疫 quarantine on the spot

指检验检疫人员通过视、听、闻或借助简单的工具在现场对动物或动物产品实施的检查。也包括必要时按相关规定进行的采样。

传染源 source of infection

指体内有病原体寄居、生长、繁殖,并能将其排出体外的动物或人。包括患病动物和带菌(毒)动物或人。

疫源地 nidus of infection

指有传染源存在或被传染源排出的病原体污染的地区。

自然疫源性疾病 disease of naturalnidus

指其病原体于天然条件下能在野生动物体内繁殖,在野生动物间传播,并在一定条件下可传染给人或畜禽的疫病。

自然疫源地 natural epidemicnidus

指存在自然疫源性疾病的地区。

病例 case

指感染某种病原,有或无临床症状的动物个体。

病原携带者 pathogen carrier

指体内有病原体寄居、生长和繁殖并有可能排出体外而无症状的动物或人。

患病动物 sick animals

指表现某疾病临床症状的动物。

感染动物 infected animals

指被病原体侵害并发生可见或隐性反应的动物。

疑似感染动物 suspicious infected animals

指与患病动物处于同一传染环境中，有感染该疫病可能的易感动物，如与患病动物同舍饲养、同车运输或位于患病动物临近下风的易感动物。

假定健康动物 supposed healthy animals

指发病动物的大群体中除患病或疑似感染动物以外的动物，对这些动物要采取隔离、紧急预防接种、观察和诊断等措施，直至确定为健康动物并经必要安全处理为止。

传染 infection

又称感染，指宿主中存在病原体。

潜伏期 incubation period

指从病原侵入动物机体到首次出现疾病临床症状的最长时间。

传染期 infective period

指受感染动物成为传染源的最长期限。

传播 transmission(ofepidemic)

指由传染源向外界或胎血循环散布病原体，通过各种途径再感染另外动物或人的过程。

传播途径 route of transmission

指病原体传播的路径。常见的有空气、饲料、水、土壤和虫媒等途径。

传播媒介 transmission vector

指从传染源将病原体传播给易感动物的各种外界环境因素。传播媒介可以是生物，也可以是无生命的物体。

传播方式 mode of transmission

指疫病传播的方法与形式。根据不同分类依据，分为水平传播、纵向(垂直)传播、机械传播、生物性传播、直接接触传播和间接接触传播等。

易感动物 susceptible animals

指对某种病原体或致病因子缺乏足够的抵抗力而易受其感染的动物。

诊断 diagnosis

指对疾病性质的确定。

临床诊断 clinical diagnosis

指通过现场观察和检查对病例的病性和病情做出判断的方法。

症状 symptom

指动物体因发生疾病而表现出来的异常状态。

发病率 morbidity

指动物群体在某期间内某病的新病例发生的频率。常以百分率表示。

死亡率 mortality

指动物群体在某期间内死亡总数与同期该群动物平均总数之比值，常以百分率表示。

病理学诊断 pathological diagnosis

指通过病理剖检或/和病理组织学检查，对病例的病性和病情做出判断的方法。

流行病学诊断 epidemiological diagnosis

指通过对病例的流行病学调查和分析，对其病性和病情做出判断的方法。

实验室诊断 laboratory diagnosis

指通过物理、化学、生物学等试验，对取自病例的样品进行检查，获取具有诊断价值的数据，而对病例的病性和病情做出判断的方法。

3.4　实验室检验术语

检验 inspection

指对有关特性的测量、测试、观察或校准，并做出评价的过程。

试验 test

指用于对某种感染或疾病做出阳性或阴性分类的一种程序。OIE《陆生动物疫苗和诊断手册》将其分为指定试验、替代试验、筛选试验和确诊试验；而《水生动物诊断手册》将其分为诊断性试验（适用于有临床症状的发病个体）、监测性试验（适用于表面健康个体）和确诊性试验（适用于对早期试验结果的确认）。

临界值/阈值 cut-off/threshold

指用于区分阴性和阳性结果的试验数值，可包括不确定或可疑区间。

敏感性 sensitivity

指已知感染参考动物试验呈阳性的比例。感染参考动物试验呈阴性即为假阴性。

特异性 specificity

指已知未感染参考动物试验呈阴性的比例。未感染参考动物试验呈阳性即为假阳性。

灭菌 sterilization

指杀灭物体上所有病原性和非病原性微生物（包括细菌繁殖体和芽胞）的方法。

病原体 pathogen

指能引起疾病的生物体，包括寄生虫和致病性微生物。

致病性微生物 pathogenicorganism

指能引起疾病的微生物，包括细菌、真菌、放线菌、螺旋体、支原体、衣原体、立克次体、病毒、类病毒等。

样品 sample

指取自动物、动物产品或环境、拟通过检验或试验反映动物个体、群体、产品或环境有关状况的材料或物品。

病料 pathologicalmaterials

指从动物活体或尸体采集的，含有或怀疑含有传染病或寄生虫病病原的拟送往实验室的样品。

室温 room temperature

指工作舒适的环境温度，一般指 18 ℃～25 ℃。

病原分离鉴定 isolation and identification of pathogen

指通过相应试验操作程序，从样品中取得病原体的纯培养物，并经过进一步试验对病原体进行定性的过程。

血清学试验 serological test

指借助抗原抗体在体外的相互反应而进行的各种试验。

分子生物学检验技术 molecular biological test technique

指根据核酸、蛋白质等生物大分子相互作用的原理，从分子水平对特定生物体或病原体进行检测的试验技术。包括核酸杂交、聚合酶链式反应、限制性片段长度多态性分析、免疫印迹、生物芯片技术等。

3.5 疫情与免疫术语

疫情 epidemic situation，epizootie situation

指动物疫病发生、发展及相关情况。

疫情报告 report on epidemic situation

指按照政府规定，兽医和有关人员及时向上级领导机关所作的关于疫病发生、流行情况的报告。

法定报告疾病 notifiable disease

指兽医行政部门制定的疾病名录内的疾病。这些疾病一旦被发现或怀疑，按国家法规规定必须尽早报告兽医主管当局。

流行病学单位 epidemiological unit

指暴露于病原的机会大致相同的有特定流行病学关系的一组动物。可以是因为共享一个环境如同一栏，或有共同的管理措施，通常是指同群动物。但是流行病学单位也可指一个居民村的动物或同一个建筑内的动物。流行病学单位因不同疾病，甚至是不同病原株而异。

暴发 outbreak of disease or infection

指一个流行病学单位内发生一个或多个病例或感染。

疫点 epidemic spot

指发生疫病的自然单位（圈、舍、场、村）。疫点在一定时期内成为疫源地。

受威胁区 risk area

指与疫区相邻，并存在该疫区疫病传入危险的地区。

流行病学调查 epidemiological survey

指对疫病或其他群发性疾病的发生频率、分布、发展过程、原因及自然和社会条件等相关影响因素进行系统调查，以查明疫病发展趋向和规律，评估防治效果的过程。

监测 surveillance

指为了发现疾病或病原而对特定动物群体或亚群进行的调查。监测的频率和类型取决于病原或疾病的流行病学和动物的出栏量。

监视 monitoring

指对特定动物群体或亚群及其环境进行连续调查以监测疾病流行或病原特性变化的过程。

预防 prophylaxis

指采取措施防止疫病发生和流行的过程。

免疫 vaccination

指通过对易感动物接种一种含有受控疾病适当抗原的疫苗而使易感动物成功获得免疫的过程。

强制性免疫 compulsory vaccination

指以行政甚至法律手段执行的免疫接种。

计划免疫 planned vaccination

指依据国家或地方消灭、控制疫病的要求，有计划进行的免疫接种。

紧急免疫 emergency vaccination

指为扑灭、控制某种疫病，在疫区或疫点对易感动物尽快进行的突击性免疫接种。

免疫监测 immunesurveillance

普检或抽检动物群体的抗体水平，以监控群体的免疫状态，为实施计划免疫和增强免疫提供依据。

净化 cleaning

指对某发病单元如某养殖场、地区或国家采取一系列措施，达到消灭和清除传染源的一种手段。

3.6 检疫处理术语

封存 sealing up

指将可能携带病原体的物品存放在指定地点，并采取阻断性措施(如隔离、密封等)以杜绝病原体传播的一种检疫处理方式。物品封存后需经检验检疫机构同意后方可移动和解封。

销毁 destroy

指将动物尸体、违章入境或经检疫不合格的动物、动物产品及其他检疫物进行焚烧、深埋、化制等无害化处理，以彻底消灭其所携带的病原体的一种检疫处理方式。

退回 withdrawal

指在检验检疫机构的监管下，将违章入境或经检疫不合格的进境动物、动物产品和其他检疫物退回输出国或地区的一种检疫处理方式。

扑灭 elimination

指在一定区域内，采取紧急措施以迅速消灭某一疫病的一种检疫处理方式。

隔离 isolation

指将疫病感染动物、疑似感染动物和病原携带动物与健康动物在空间上间隔开，并采取必要措施切断传播途径，以杜绝疫病继续扩散的一种检疫处理方式。

封锁 block

指某一疫病暴发后，为切断传播途径，禁止人、动物、车辆或其他可能携带病原体的物品在疫区与其周围区之间出入的一种检疫处理方式。

扑杀 stamp out

指将被某疫病感染的动物(有时包括可疑感染动物)全部杀死并进行无害化处理，以彻底消灭传染源和切断传播途径的一种检疫处理方式。

扑杀政策 stamping-out policy

指某一疾病确诊后，在兽医行政管理部门授权下，宰杀感染动物及同群可疑感染动物，并在必要时宰杀直接接触或可能引起病原传播的间接接触动物。牧场内所有易感动物，不论是否已经免疫接种均应宰杀，尸体应予焚烧或深埋，或应用可消除被宰动物尸体或其产物传播疫病的其他方法处理。

扑杀政策同时要配合《陆生动物卫生法典》规定的方法进行清洁消毒。

改良扑杀政策 modified stamping-out policy

指在扑杀政策不能完全执行时，经与OIE联系后，采取部分执行的一种扑杀政策。

根除 eradication

指在一个国家或地区内消灭病原。

控制 control

指采取措施使疫病不再继续蔓延和发展的过程。

消毒 disinfection

指在彻底清洗后，为消除动物疾病包括人兽共患病在内的传染性病原和寄生性病原而采取的行动。适用于牧场、交通工具及被直接或间接污染的各种物体。

驱虫 repelling-parasite

指应用药物驱除、杀灭宿主动物体内或体表寄生虫的过程。

杀虫 disinfestation

指杀灭引起疾病的节肢动物或潜在携带动物疾病，包括人兽共患病传染病原的媒介昆虫的过程。

无害化处理 bio-safety disposal

指用物理、化学或生物学方法或这些方法的组合等处理带有或疑似带有病原体的动物尸体、动物产品或其他物品的过程，其目的是消灭传染源，切断传播途径，破坏毒素，保障人畜健康安全。

第 2 篇

进出境动物检疫

第4章　进境动物及其产品的风险分析

4.1　概述

一般而言，“风险”是指某一事件有害结果发生的可能性。进境动物和动物产品对进境国来说存在一定程度的风险，这种风险可以是传入一种或几种疾病或其他有毒有害物质。进境动物和动物产品风险分析就是要对这种潜在的风险进行分析和预测。美国、加拿大、新西兰、澳大利亚等国早在20世纪80年代末就相继开展了这方面的工作，并把风险分析作为兽医行政决策的重要依据之一。我国的进境动物和动物产品的风险分析工作起步比较晚。2002年，国家质检总局颁布了《进境动物和动物产品风险分析管理规定》，我国进境动物和动物产品的风险分析工作正式有了制度上的保障和规范，从此，风险分析工作在进出境动物和动物产品的检验检疫工作中得到了进一步的应用。本章将主要介绍进境动物和动物产品风险分析的基本内容和一些相关知识。

4.1.1　进境动物和动物产品风险分析的意义

动物和动物产品由于可携带有害物质（如病原微生物）使其在国际贸易上具有很大的特殊性和复杂性。一方面，许多国家期望通过引进优良畜禽品种来改良本国畜禽品种，促进畜牧业及相关产业的发展，通过引进动物产品来满足人民生活需要。但在引进动物及动物产品的同时，不可避免地伴随着传入动物疫病的风险。为此，决策部门在制定进境动物及动物产品政策时不得不把这种风险置于优先考虑的位置，因为一旦传入动物疫病，它所造成的危害和损失要比引进动物及动物产品所产生的效益大得多。所以，科学决策事关重大，风险分析正是为科学决策提供依据的一种重要方法。另一方面，有些国家为了维护本国利益，也以传入动物疫病为借口，制定苛刻的检疫技术标准和管理要求，限制甚至禁止别国的动物及其产品进入。为了保证动物及动物产品的国际间贸易安全、公平、合理地进行，世界贸易组织（WTO）和世界动物卫生组织（OIE）分别在其《实施卫生与植物卫生措施协议》（SPS协议）和《国际动物卫生法典》等重要文件中要求对进境动物及动物产品进行风险分析，并确立了风险分析的一些基本原则和争端解决机制。由此可见，风险分析不仅是科学决策的需要，也是使动物检疫工作能够符合国际惯例的需要。

4.1.2　进境动物和动物产品的风险构成

关于进境动物和动物产品的风险，《进境动物和动物产品风险分析管理规定》是这样解释的：“进境动物和动物产品的风险是指动物传染病、寄生虫病病原体、有毒有害物质随进境动物、动物产品传入的可能性及其对农牧渔业生产、人体健康和生态环境造成的危害。”由此可见，进境动物和动物产品的风险由两部分组成，一是危害因子传入的可能性；二是危害因子传入后所产生的后果。如果危害因子不存在，那么风险也就不存在。通常情况下，进境动物和动物产品的风险是以传入某种有害物质的可能性和所引起后果的严重性来衡量的。我们可以简单用风险$=P\times M\times C$（P：可能性，M：量级，C：结果）来表示，如果P、M或C一项或多项为零的话，那么整个风险值就为零。

4.1.3 进境动物和动物产品的风险分析过程

简而言之，风险分析是对未来某一事件的潜在危害发生的可能性做出预测的过程。比如，飞机飞行过程中存在失事的可能，为了保证飞行安全，飞机起飞前要对能造成飞机失事的各种不利因素（统称为危害因子），如飞机各部件的机械性能、飞行气候、地勤指挥系统等进行检查、分析和评估，并采取措施使飞机失事的可能性降低到最低或可接受水平。这种为了保证飞机飞行安全而采取的一系列检查、分析、评估的过程实际上就是一个风险分析过程。风险分析理论如今已广泛应用于工程建设、环境保护、医疗卫生、农业生产等许多领域。进境动物和动物产品的风险分析只是风险分析的一个具体应用，它包括危害确认、风险评估、风险管理和风险交流四个过程（见图 4-1）。

危害确认是指确定进境动物或动物产品是否存在危害因素（如病原体）的过程。如果危害因素不存在，就不再进行风险评估。

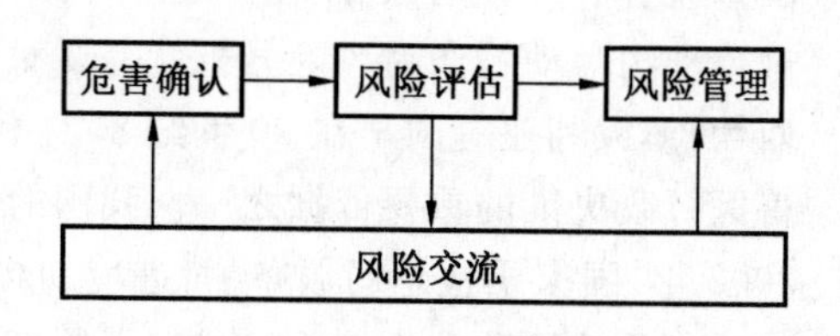

图 4-1　进境动物和动物产品风险分析的过程

风险评估是在确认危害因素存在的情况下，对危害因素传入、扩散的可能性及其造成危害程度进行评估。

风险管理是在风险评估的基础上，制定并实施相应的措施以降低风险的过程。

风险交流是指在风险分析过程中与有关各方进行信息交流和沟通的过程。

4.1.4　风险分析工作原则

《进境动物和动物产品风险分析管理规定》中明确，开展风险分析应当遵循下列原则：

（1）以科学为依据。

风险分析是要为科学决策提供依据。进境动物和动物产品风险分析的最终结果是要为进境国和出境国提供一个清楚可接受的同意或不同意进境的理由。所以，风险分析必须以科学为依据，采用最新的科学研究成果。风险评估应该以科学数据为基础，并且尽可能采用定量信息。

（2）执行或者参考有关国际标准、准则和建议。

进境动物及动物产品的风险分析主要有两个通用国际标准，一是 WTO 发布的《实施卫生和植物卫生措施协议》（SPS 协议），二是世界动物卫生组织（OIE）发布的《国际动物卫生法典》。

（3）透明、公开和非歧视原则。

进境动物及动物产品风险分析涉及病原学、传染病学、统计学等多学科知识，是一项复杂的系统工作。由于人们认识水平的局限和客观存在的不确定性，如数据的不确定或不完整等，使风险分析具有很大的不确定性（uncertainty）。因此，在风险分析过程中要同所有的利益相关团体进行充分的交流和磋商。选择风险评估专家的过程也要透明，所选择的专家应与评估结果没有利益冲突。总之，风险分析整个过程要透明、一致，并全面文件化、非歧视。

（4）不对国际贸易构成变相限制。

SPS 协议规定成员国可以采取措施对人类、动植物进行保护，但这些措施必须以科学为依据，不能武断使用，不对有类似情况的国家进行歧视性区别对待，也不能对贸易构成变相限制。SPS 协议鼓励 WTO 成员国根据已有的国际标准、准则和建议制定其卫生措施。但

如果有合理的科学证据，或者如果认为有关国际条文规定的保护水平还不够，成员国也可以选择采用比国际条文规定更高一级的保护标准。在这种情况下，该成员国有义务进行风险评估，并做出相应的风险管理手段。

4.1.5 风险分析国际标准

进境动物及动物产品的风险分析主要有两个通用国际标准，一是WTO发布的《实施卫生和植物卫生措施协议》(SPS协议)，二是世界动物卫生组织(OIE)发布的《国际动物卫生法典》。

SPS协议中规定成员国可以采取措施对人类、植物和动物进行保护，鼓励各个国家确定适合自己国情水平的可接受风险程度，并依据此确定货物进出境的风险管理策略。各个国家进境货物时必须达到所要求的卫生标准。应用的方法可以界定为以下内容：

(1)保护人或动物不会有受到进境食物中的添加剂、污染物、毒素或导致疾病的有机生物体影响的风险；

(2)保护人的生命不会受到动物或植物携带的疾病的影响；

(3)保护动物或植物不会受到有害生物、疾病或携带疾病的有机生物体的影响；

(4)防止或限制有害物入境、定殖或扩散对一个国家所导致的其他损害。

成员国有义务只在必要的程度层面应用相应的方法和措施，要在科学原则的基础上确定必要的和合理的程度，尤其是在风险分析方面。方法应该依据业已存在的国际标准为基础，对于动物方面有世界动物卫生组织的《陆生动物卫生法典》和《水生动物卫生法典》。成员国必须以本国实际风险评估情况为基础确定SPS协议要求的卫生措施。如有要求，需告知有哪些因素被考虑进去了，所使用的评估程序和所确定的能够接受的风险水平。尽管许多政府已经将风险评估应用到其国家的食品安全以及动植物卫生方面，实施《卫生和植物卫生措施协议》(SPS协议)，仍然鼓励所有的世贸组织成员国政府对于所有的相关产品更广泛使用系统的风险评估。

实施《卫生和植物卫生措施协议》(SPS协议)要求风险评估需要包括每种疾病或有害物传入该国、定殖或传播的可能性以及可能产生的生物和经济方面的后果。该国可以采取相应的卫生检疫措施，以达到适当的保护水平(也被称为可接受的风险水平)。SPS协议承认OIE为负责制修订影响动物和动物产品国际贸易的国际动物卫生标准、准则和建议的相关国际组织。

OIE的《陆生动物卫生法典》，是所有的兽医当局、进出境机构、流行病学专家以及其他所有国际贸易涉及各方的参考文件。在法典第一部分第三章详细的规定了进境风险分析原则及程序，为国际贸易进行透明、客观和防御性风险分析提出了指导性原则。

4.2 风险分析的过程

4.2.1 危害确认

危害确认是对进境商品中可能携带的致病因子进行鉴定的过程，是风险分析的第一步，也是关键的一步。如果危害因素不能得到确认，也就无从进行风险评估和风险管理。《进境动物和动物产品风险分析管理规定》第八条明确指出："对进境动物、动物产品、动物遗传物质、动物源性饲料、生物制品和动物病理材料应当进行危害因素确定。"第九条指出危害因素是指：

(1)《中华人民共和国进境一、二类动物传染病寄生虫名录》所列动物传染病、寄生虫病病原体；

(2) 国外新发现并对农牧渔业生产和人体健康有危害或潜在危害的动物传染病、寄生虫病病原体；

(3) 列入国家控制或者消灭计划的动物传染病、寄生虫病病原体；

(4) 对农牧渔业生产、人体健康和生态环境可能造成危害或者负面影响的有毒有害物质和生物活性物质。

OIE从2005年版的《陆生动物卫生法典》起已取消了A类病和B类病名录，代之拟定了有危害疫病准则，即：

1）是否造成国际传播？

2）是否在本地的动物群体内显著传播？

3）是否有传播给人的可能性？

4）是否为新出现的疫病？并据此确定了94种疫病的新名单。

OIE动物疫病清单中规定的疾病是全球公认的最重要的影响国际贸易、人类和动物健康和生产的疫病。为此，在进境动物和动物产品风险分析危害确认时，应综合考虑上述这些因素。当然根据贸易货物的性质和加工程度可以排除某类危害因素。例如：胃肠道寄生虫与进境精液和胚胎的风险无关(因为在生物学上精液和胚胎成为潜在的传播该微生物的媒介是不合理的)。同样从动物中提取的激素类产品由于经过了几次过滤程序，从而可以排除某种大小的细菌和病毒。在排除某类疫病时，应该将该类疫病的描述和排除理由一并写出。同时，建立危害因素清单时，我们还可以参照OIE疫情通报情况。

一般情况下如果进境国不存在某致病因子，则没有必要进入下一步的风险评估阶段。如果存在致病因子，则确认致病因子的株型是否为进境国的法定报告株型。如果是，则进入风险评估阶段。如果致病因子的株型与法定报告的株型不同，则确认进境国有无控制计划。如果有，也进入风险评估阶段。

列出危害因素后，我们必须尽可能全面地确定危害因素清单，以确保没有明显的漏洞，危害因子可按表4-1所列形式总结。

表4-1　危害因子的总结形式

疫病	病原体	外来病	名录分类	官方控制	强毒株	危害因素
口蹄疫	小RNA病毒科口蹄疫病毒属	是	一类	不清楚	不清楚	是
结核病	结核分枝杆菌	不是	二类	是	不是	是
牛白血病	反转录病毒科牛白血病病毒	不是	二类	不是	不是	不是

4.2.2　风险评估

风险因素确认之后，就需要对所存在的风险进行评估。这一步要解决的问题是：在不采取任何措施的情况下，引进某种动物或动物产品引起进境国动物发生某种疫病的风险有多大；采取一系列降低风险措施后，引进某种动物或动物产品引起进境国动物发生某种疫病的风险有多大。这一阶段最重要的就是科学、合理、全面地收集所有有关数据、资料和信息，对

所存在的风险因素进行评估。找出降低风险的措施，得出进境某种动物或动物产品使进境国动物发生某种疫病的风险概论，为决策者决策时提供科学依据。

风险评估包括传入评估、发生评估、后果评估和风险估计互相联系的四个步骤。风险评估方法有定性风险评估、定量风险评估和半定量风险评估三种。对于很多疫病，特别是OIE《动物卫生法典》中所列的疫病，已有很多国际标准，对可能出现的风险也已有广泛的一致意见。在这种情况下，只要有定性分析就可以了，不必做定量分析。定性分析也是目前兽医常规决策中最常使用的方法。

在风险评估的过程中，我们应该注意把握OIE陆生动物卫生法典推荐的几项原则：

(1) 风险评估应灵活处理实际情形中的各种复杂情况。风险评估必须包容各种动物商品、与进境和每种疾病特性有联系的多重危害、检查监测体系、接触情况以及资料类型和信息量。

(2) 风险评估中可以使用定性和定量风险评估方法。

(3) 风险评估应该文件完备，并附有科技文献和其他资料，包括专家意见。

(4) 各种风险评估方法应一致，并必须透明。

(5) 风险评估应列出不确定项、推测及其对最后风险估计的影响。

(6) 风险评估力度可随进境商品量的增加而加大。

(7) 风险评估应能修改，在获取新的信息时进行更新。

4.2.2.1 传入评估

传入评估是阐明通过进境活动向某一特定环境引入病原体的生物学途径，并定性或定量计算全过程发生的概率。也就是说，传入评估是要阐明每种危害因素在特殊条件下传入的概率及因各种活动、事件或措施所引起的变化。

传入评估应当考虑以下因素：

(1) 生物学因素，如动物种类、年龄和品种；病原嗜好部位；免疫注射、检验、治疗和隔离检疫。

(2) 国家因素，如传播媒介，人和动物数量，文化和习俗，地理、气候和环境特征。

(3) 商品因素，如进境商品种类、数量和用途，生产加工方式，废弃物的处理。

进境动物或者动物产品在出境国生长、加工或运输过程中危害因素发生的生物途径称为传入场景，即从出境国动物来源直至动物或动物产品抵达进境国。对其中每个步骤的传入的概率进行评估，就是整个传入评估的过程。例如对进境肉的传入评估步骤：

步骤1(R1)：从含有感染动物的畜群中选择到达屠宰年龄的动物；

步骤2(R2)：感染的个体被屠宰；

步骤3(R3)：一个感染的动物没有被检出，宰前宰后检查中病原体也没有被剔除；

步骤4(R4)：病原体存在于动物胴体内；

步骤5(R5)：屠宰后随着肉酸碱度变化，肉中的病原体没有被破坏；

步骤6(R6)：通过冷冻、储藏和运输，肉中的病原体没有被破坏。

对某些病原体必须考虑加工过程中的污染，比如肠道微生物。相关病原体的物理特性也决定了其造成污染的可能性，所以在传入评估过程中了解危害因素的特性也是十分必要的。如果传入评估中证明危害因素没有传入风险，即可做出风险评估结论。

4.2.2.2 发生评估

发生评估亦称接触评估，是指危害因素传入后，对农牧渔业生产、人体健康和生态环境造成危害的途径以及发生危害的可能性的评估。

发生评估根据接触的量、时间、频度、期限和途径(如食入、吸入或虫咬)以及接触动物种类和人群数量等其他特征的特定接触条件来计算接触危害因素的概率。需考虑以下因素:

(1) 生物学因素,如易感动物、病原性质等;

(2) 国家因素,如传播媒介,人和动物数量,文化和习俗,地理、气候和环境特征;

(3) 商品因素,如进境商品种类、数量和用途,生产加工方式,废弃物的处理。

例如进境肉中的危害因素传入我国后,在接触评估中我们需要考虑的因素可能会包括:

如果肉被消费,那么需要考虑评估其运输加工过程中的工作人员、消费者;若没有被消费,可能会发生的接触因素包括:

(1) 肉安全处理;

(2) 接触商品猪;

(3) 接触农家猪(非商品化饲养少于10头);

(4) 接触野猪;

(5) 接触其他易感群,如啮齿动物、肉食或以腐肉为食的禽类;

(6) 与人类接触。

同样,如果发生评估中证明危害因素在我国不造成危害的,风险评估结束。

4.2.2.3　后果评估

后果评估是评估危害因素发生和传播的可能性,然后估计对生物、环境和经济所造成的影响。

直接后果:动物感染、发病及生产损失;对公共卫生的影响;对环境的影响,包括控制措施的副效应对自然环境的影响,甚至某些疫病的暴发可能会使濒危物种灭绝,影响生物多样性。

间接后果:检测和控制费用;补偿费用;潜在的贸易损失。在国内,可能会引起消费者需求改变,影响相关产业;国际上,会引起贸易制裁,导致丧失国际市场。

环境后果:对旅游业和社交娱乐活动造成损失。

以疯牛病为例,英国暴发疯牛病后,在国内引起牛肉制品消费的恐慌;国际上,英国牛及牛肉制品被封锁。某些曾经进境英国牛或牛肉的国家同样遭受到了疯牛病的质疑。

4.2.2.4　风险估计

风险估计是传入评估、发生评估和后果评估的内容综合分析,对危害发生做出风险预测。包括从危害因素确认到产生有害结果的整个风险途径的计算。

4.2.3　风险评估方法

风险评估中常采用的方法有定性方法和定量方法,实际中有时还会用到定性和定量相结合的半定量方法。定性分析是依据先例进行主观估计和判断,用定性术语,如高、中、低、可以忽略、不可忽略等表示可能性或后果的严重性。定量分析是用数学模型将不同部分的有机体或病害的流行病学等特征进行量化,同样,也将结果用数字表示。定性分析中由于缺乏必要的信息,常常会加入专家的一些观点。半定量方法是指对定性的程度给予部分量化,但所给出的数字与可能性或结果的实际状况不一定能构成准确的关系。

定量风险分析和定性风险分析的优缺点见表4-2。

表 4-2　定量和定性风险分析的优缺点

项目	定性风险分析	定量风险分析
结果	文字表述	数字表述
优点	简单易做，合理数量的信息投入，易于沟通	需要更多信息，能更好体现变异性和不确定性
缺点	不能更好地包含不确定性	需要更多资料
	不够详尽	需要更加专业
	过于简单化	相对较难沟通

4.2.3.1　定性风险评估

定性风险分析是对有关的货物因素和危害因素的流行病学方面进行合理的逻辑推理，以便确定危害因素传入和接触的可能性，以及传入后造成后果的严重性。常用非数字术语如“高”、“中等”、“低”、“可忽略‘等来表达风险水平。根据风险发生的概率和造成影响的严重性可将风险分为四级，即：

第一级：高发生率和高影响性；

第二级：高发生率和低影响性；

第三级：低发生率和高影响性；

第四级：低发生率和低影响性。

一般来说，定性风险分析有两种方法，通过这两种方法可使用生物学途径推导疾病传入或接触的定性可能性。第一种方法，每条途径都被确定为一个连续步骤系列，在描述传入或接触总体可能性时需考虑所有的路径；另一种方法，可以为每个步骤分配定性可能性值，将各步骤合并后得出传入或接触的总体可能性。

4.2.3.2　定量风险评估

定量风险评估可分为确定性评估(点估计)和可能性评估(概率评估)。

点估计把数据输入为单一的数字，例如平均值或 95%置信区间上限值(一般是表示“最坏的情况”，即 worst case 分析)。点估计应用比较简便，节省时间，但是点估计的不足在于对风险情况缺乏全面、深入的理解，通常忽略评估信息的“变异性”和“不确定性”。如“最坏情况”评估通常是描述一个完全不可能发生的设想，即所有的情况都做最坏的估计，由此得到的评估结果常常在现实中是不客观的，容易带来对风险问题的错误理解。一般来说，“最坏情况”的评估只是作为最保守的估计。

概率评估把数据输入为一个可能的取值范围，该范围内所有值的概率组成一个概率分布。进行概率评估需要评估者具备相关专业知识，并对所分析的系统有较充分的了解。概率评估的结果中尤其强调了数据的“变异性”和“不确定性”，考虑了几乎所有的可能性及其可能的发生方式。认识到真实世界存在的变化性，包括有关对真实情况了解程度的不确定性。

定量风险评估需要收集大量的数据，评估时需要利用概率及概率分布理论，分析和计算相对比较复杂，有时不得不应用相关的工具及计算软件等，如@RISK。这个过程包括：

(1) 定义需要评估的风险。

(2) 识别危害因子和确定评估类型。

(3) 概述数学模型原始框架,即将危害因子的各种生物学途径绘成图表后会为建立数学模型提供一个有用的概念性框架。多数情况下,用场景树的形式描述这个生物学途径。

(4) 确定输入变量和获取数据,选择适当的概率分布,建立一个分布函数。

(5) 重复模拟,修正模型框架。

(6) 敏感性分析,通过模型的敏感性测试得出哪些数据对最终结果影响较大。

(7) 清晰描述模型。

4.2.3.3　半定量风险评估

半定量分析方法是给定性风险评估中各要素赋予数值后形成对风险的总体度量,数值可以是概率范围或评分。用于风险发生和风险接触的半定量分析方法可分为两大类:半定量评分和概率范围。两种方法都描述事件的可能性,但概率范围更坚实和透明,这更符合WTO要求风险分析遵循的核心准则。以其原则参见表4-3。

表4-3　半定量风险评分和概率范围

可能性值	内　　容	半定量评分	概率范围
很高	几乎可以肯定事件发生	6	$0.9 \leqslant P < 1$
高	事件很可能发生	5	$0.7 \leqslant P < 9$
中等	事件可能发生	4	$0.3 \leqslant P < 0.7$
低	事件可能不发生	3	$0.01 \leqslant P < 0.3$
很低	事件很可能不发生	2	$0.000\,001 \leqslant P < 0.01$
可忽略的	几乎可以肯定事件不发生	1	$0 \leqslant P < 0.000\,001$

半定量评分和概率范围需要提出一种方法,能够近似准确地定性估计传入或接触场景的每一个步骤,并能以有组织的、透明的和可重复的公式合并,提供技术上比较合理的最后可能性的估计值。要求半定量可能性评估的方法能够包括多接触途径,并对接触途径进行权重比较。给某种场景分配的权重数是反映其相对重要性的概率,或该事件发生的可能性,所有权重数之和应等于1。某种场景的接触风险概率的积和它的权重数可以用于估计该场景接触的部分概率。最后对所有接触的概率求和,就可以估计易感动物在进境国被接触的全部概率。

4.2.4　风险管理

风险管理是应用风险评估的结论,确定是否需要进行风险管理以及采用措施的力度。由于零风险并非适宜的选择方案,因此,风险管理的指导原则应当是对'风险'进行管理,以达到符合要求的合理可行的安全程度。避免危害因素通过货物进入而增加进境国相关疾病的发生频率甚至造成流行,但同时要确保对贸易的负面影响降到最低限度。

关于风险管理的卫生措施应首选OIE的国际标准,执行卫生措施应符合标准的宗旨。

4.2.4.1　零风险和ALOP

在贸易中保持零风险几乎是一个不可能达到的目标,应该认识到贸易是和风险相关联的,应不断改进政策和措施管理这些风险,这就需要确定可接受的风险水平。WTO /SPS协议又称之为"适当保护水平(ALOP)"。适当的动物卫生保护水平(ALOP),是指WTO成员为保护其境内人类、动物的生命或健康而采取动物卫生(SPS)措施时,认为适当的保护水平。适当的动物卫生保护水平(ALOP),是采取任何SPS措施的依据。若SPS措施适用于国际贸易,须再进行进境风险分析,通过风险评估计算出的风险要与国家的ALOP进行比

较，从而采取相应的SPS措施。各畜牧业发达国家大都确立了适合本国国情的ALOP。如澳大利亚定性表达其ALOP，即实施SPS高水平保护，将风险降低到非常低的水平，而不是零风险水平。

4.2.4.2 风险管理涉及内容

（1）确定可接受风险水平

风险评估的结论与可接受风险水平相比，如果风险是不可忽略的，即超过了适当保护水平，那么就需要进行一些风险管理或卫生措施。根据SPS协议，各国必须将SPS措施建立在适当的实际风险评估基础上，如果有要求，需要告知所考虑的因素、使用的评估程序以及确定的可接受风险水平。风险管理采用的卫生措施作为进境许可必须实施的条件，可以应用在以下几个领域：

1）保护人类和动物免受食物中添加剂、污染物、毒素和致病生物体产生的风险；

2）保护人类生命免受植物或动物携带的疫病的侵害；

3）保护动物或植物免受有害生物、疫病或致病生物体的侵害；

4）防止或限制有害生物的入境、定殖或传播而导致的其他的损害。

可接受的风险水平可以用许多方式来表示，例如，参照现有动物检疫要求、OIE法典建议或要求、根据评估的经济损失提出指数、同其他国家接受的风险水平比较等。并且，应根据风险分析前几个阶段收集的信息来进行。

总的风险是根据审议传入可能性和经济及环境影响评估结果来确定的。若发现风险不可接受，则风险管理的第一步就是确定降低至可接受水平或低于可接受水平的动物检疫措施；若风险已经可以接受或者由于无法管理（例如自然扩散）而必须接受，则没有理由采取措施。

（2）风险管理方案选择

选择一种或多种措施，避免疫病入境、定殖和传播，或者将风险控制在适当保护水平，同时要确保遵守以下原则：以科学为依据；考虑OIE法典建议的卫生措施；对人和动物生命或健康的必要保护程度；对贸易负面影响降到最小程度，不应变相对贸易不合理限制；合理使用卫生措施；对各贸易国家的非歧视性原则；措施必须切实可行。

实施、检测和审议所采取的措施能够保证将风险控制在可接受水平，如果掌握了新的信息和技术，应该对风险管理策略进行审议和适当的修改

4.2.5 风险交流

风险交流是在风险分析期间，从潜在受影响方或当事方收集风险和危害信息和意见，并向进出境国家决策者或当事方通报风险评估结果或风险管理措施的过程。这是重复过程，应该从风险分析的最初开始贯穿整个风险分析过程，保证所有的相关方都能够参与到这个过程中。

风险交流应该是公开、相互、反复和透明的信息交流，参与单位包括出境国当局及其他当事人，如国内外企业、生产者及消费者等。这也是风险分析必要的过程。通过交流，可以将官方的政策向进出境商进行解释，使其经常意识到进境存在风险，而不仅仅是利润。交流的方式可以是出版风险分析报告，供相关方面参考；也可以召开会议宣布分析结果等形式。

4.3　计算机和信息技术在风险分析中的应用

4.3.1　@Risk 软件

在定量风险评估时常用到@Risk 软件，@Risk 是加载到 Excel 上专门用于风险分析的专业软件，由美国 Palisade 公司开发（详见该公司网页：www.palisade.com）。@Risk 为 Excel 增添了高级模型和风险分析功能。可以在建立模型时应用各种概率分布函数，在开展风险分析和数学模拟时非常有用。由于本章篇幅有限，详细内容可登陆该公司网站查询。

4.3.2　Handirisk 风险分析专家系统

Handirisk 软件是新西兰麦思大学兽医流行病学中心研发专业用于风险分析的计算机专家系统。可以用定性、半定量、定量方法评估风险，使用者可以建立自己的模板，定义传入评估、发生评估和后果评估的步骤。定义完成后，模板可用于多个风险分析。在每个风险分析中，可以建立单个范本，为给定的场景指定输入数据和分布函数。每一阶段引证参考资料，记录输入数据和选择分布函数，保证了风险分析结构清晰、透明，且可重复。具体应用可参照软件帮助和用户手册，本章不再累述。

目前，我们对进境动物风险评估的分析方法主要还是采取以定性分析为主的专家评判的方法。然而，对各种影响风险的因素的定量化分析确是风险分析中科学分析的重要基础工作。尽管许多因素为定性因素，但仍有量化（或标量化）的必要，因为只有通过量化，才能使不同种类和不同类型的风险分析结果具有可比性，而最终为检疫决策提供更为确切的科学依据。各国都在不断探索有害生物风险评估和分析的方法。

4.4　进境动物疫病风险评估模拟模型的建立

W. Terry Disney 等在研究信心增加法时详细描述了进境动物风险分析的模拟模型的建立过程。这一模型是为了分析出境鲜冻鸡肉时把禽类疾病流向商业环节中鸡肉制品的风险，使用蒙特卡洛法分析来随机模拟进境国市场和食品供应链疫病突发传染的概率。每一事项发生的概率都用标准统计的方法作了表达。一种疾病暴发的概率是通过模拟出境国禽肉公司的不同批次和其不确定性而得出的。该模型使用的是由 Palisade 公司运用微软 Excel编写的@Risk 软件。这一模拟模型能够进行有效的进境动物疫病风险分析，并在此基础上进一步建立模型对进境风险的后果评估进行预测，帮助有关方完成风险分析，充分地考虑各方面的利益而完成进境决策。

4.5　我国风险分析的现状

1995 年 11 月，中华人民共和国检验检疫局在广州正式成立了进出境动物疫病分析委员会，使动物疫病风险分析工作有了组织架构。2001 年 12 月 11 日，我国正式成为 WTO 成员国之后，有关进出境的贸易政策就必须符合 WTO 的规则，为此，在进出境动物及动物产品的检验检疫方面，风险分析也越来越重要。2002 年 11 月 18 日，国家质量监督检验检疫总局审议通过了《进境动物和动物产品风险分析管理规定》（以下简称《管理规定》），使进境动物和动物产品的风险分析工作步入科学化、标准化和规范化轨道。但由于我国这方面的工作起步比较晚，目前所采用的分析方法多数是简单的定性分析，缺乏对风险分析更深层次内容的研究，比如数学模型的建立、计算机信息技术的应用等等。

第5章 进境动物检疫

5.1 概述

进境动物检疫的目的是保护我国农、牧、渔业生产安全。采取一切有效的措施免受国外重大疫情的灾害，是检验检疫部门的重要职责。进境动物是否优质、健康，进境动物检疫工作是关键。此外，许多疫病是人畜共患病。据有关方面不完全统计，目前动物疫病中，人畜共患病近200余种。1996年在世界范围内引起的疯牛病(BSE)风波由于和人类健康有关而波及全球。因此，进境动物检疫对保护我国人民身体健康同样具有非常重要的意义。

进境动物必须在入境口岸进行隔离检疫。输入马、牛、羊、猪等种用动物，须在国家检验检疫机关设立在北京、天津、上海、广州的4个国家动物隔离检疫场进行隔离检疫；输入其他动物，须在国家检验检疫机关批准的进境动物临时隔离场进行隔离检疫。在隔离检疫期间，口岸检验检疫机关负责对进境动物监督管理，对进境动物进行详细的临床检查，并做好记录；对进境动物按有关规定采样，并根据我国与输出国签订的双边检疫议定书或我国的有关规定进行实验室检验。大中动物的隔离期为45天，小动物隔离期为30天，需延期隔离检疫的必须由国家检验检疫机关批准。近年来，国家质检总局对优良品种种畜的引进也加大了支持力度。除充分利用好现有的4个国家动物隔离检疫场外，国家质检总局还批准在口岸建立了多家适应海运种畜的大型临时动物隔离检疫场，以满足不断增长的进境种畜隔离检疫的需要。

目前，我国政府已与荷兰、蒙古、朝鲜、阿根廷、乌拉圭、巴西等国政府签署了动物检疫和动物卫生合作协定；并先后与美国、加拿大、阿根廷、乌拉圭、巴西、日本、新西兰、澳大利亚、泰国、蒙古、英国、法国、丹麦、德国、荷兰、意大利、奥地利、芬兰、以色列、博茨瓦纳、津巴布韦、俄罗斯、哈萨克斯坦等国家签署了双边输入、输出牛、羊、猪、马、禽、兔等动物的单项检疫议定书。

5.2 进境动物检疫要求

5.2.1 进境动物的概念及范围

进境动物在这里指饲养、野生的活动物。其中大、中动物包括黄牛、水牛、牦牛、犀牛、马、骡、驴、骆驼、象、斑马、猪、绵羊、山羊、羚羊、鹿、狮、虎、豹、猴、豺、狼、貉、河马、海豚、海豹、海狮、平胸鸟(包括鸵鸟、鸸鹋和美洲鸵)等动物；小动物包括犬、猫、兔、貂、狐狸、獾、水獭、海狸鼠、鼬、实验用鼠、鸡、鸭、鹅、火鸡、鹤、雉鸡、鸽、各种鸟类等动物；水生动物和两栖爬行动物包括鱼(包括种苗)、虾、蟹、贝、海参、海胆、沙蚕、海豆芽、酸酱贝、蛙、鳖、龟、蛇、蜥蜴以及珊瑚类等。

进境演艺动物特指入境用于表演、展览、竞技，而后须复出境的动物。

进境宠物特指由进境旅客随身携带入境的宠物犬或猫。

5.2.2 进境动物检疫疫病的分类

1992年6月8日农业部公布了《中华人民共和国入境动物一、二类传染病、寄生虫病名录》，规定了对进境动物和动物产品检疫的疫病共97种，其中一类病15种，二类病82种。1999年2月12日农业部又公布了一、二、三类动物疫病名录，其中一类动物疫病14种，二类动物疫病61种，三类动物疫病41种，共116种疫病。国家对进境动物疫病的检疫名单的确定，主要是依据该病对国内畜牧业、渔业生产的危害程度和该病在我国的分布情况，同时参考国际组织的规定。

5.2.3　进境动物检疫依据

对进境动物将依照《进出境动植物检疫法》、《进出境动植物检疫法实施条例》、《进境动物检疫管理办法》、《进境鱼检疫工作程序(试行)》、《进境虾检疫工作程序(试行)》和《进境蛙检疫工作程序(试行)》及其他相关规定进行检疫。对每批进境动物具体检哪些疫病，将按照我国与输出国所签定的双边动物检疫议定书的要求执行。但不排除对其他有可疑症状传染病的检疫。

对进境演艺动物将依照《进境演艺动物检疫管理办法》实施检疫。

对进境宠物将依照《中华人民共和国农业部、中华人民共和国海关总署关于旅客携带伴侣犬、猫入境的管理规定》进行检疫。

5.2.4　进境动物检疫流程

5.2.4.1　进境动物检疫许可证的申请

输入动物、动物遗传物质应在签定贸易合同或赠送协议之前，货主或其代理人向国家质检总局申办《进境动植物检疫许可证》。直属检验检疫局根据申请材料及输出国家的动物疫情、我国的有关检疫规定等情况，进行《中华人民共和国进境动植物检疫许可证》(以下简称《进境动植物检疫许可证》)的初审，并将初审信息提交国家质检总局，国家质检总局对同意进境的动物签发《进境动植物检疫许可证》(《进境动植物检疫许可证》的申请过程详见动植物检疫审批专题)。

进境旅客随身携带的宠物无须办理《进境动植物检疫许可证》。

5.2.4.2　境外产地检疫

为了确保引进的动物健康无病，国家质检总局视进境动物的品种(如猪、马、牛、羊、狐狸、鸵鸟等种畜、禽)、数量和输出国的情况，依照我国与输出国签署的输入动物的检疫和卫生条件议定书规定，派兽医赴输出国配合输出国官方检疫机构执行检疫任务。其工作内容及程序如下：

(1) 同输出国官方兽医商定检疫工作

了解整个输出国动物疫情，特别是本次拟出境动物所在省(州)的疫情，确定从符合议定书要求的省(州)的合格农场挑选动物；初步商定检疫工作计划。

(2) 挑选动物

确认输出国输出动物的原农场符合议定书要求，特别是议定书要求该农场在指定的时间内(如3年、6个月等)及农场周围(如周围20 km范围内)无议定书中所规定的疫病或临诊症状等，查阅农场有关的疫病监测记录档案、询问地方兽医、农场主有关动物疫情、疫病诊治情况；对原农场所有动物进行检查，保证所选动物必须是临诊检查健康的。

(3) 原农场检疫

确认该农场符合议定书要求，检查全农场的动物是健康的，监督动物结核或副结核的皮内变态反应或马鼻疽点眼试验及结果判定；到官方认可的负责出境检疫的实验室，参与议定书规定动物疫病的实验室检验工作，并按照议定书规定的判定标准判定检验结果；符合要求

的阴性动物方可进入官方认可的出境前隔离检疫场，实施隔离检疫。

(4) 隔离检疫

确认隔离场为输出国官方确认的隔离场；核对动物编号，确认只有农场检疫合格的动物方可进入隔离场；到官方认可的实验室参与有关疫病的实验室检验工作及结果判定；根据检验结果，阴性的合格动物准予向中国出境；在整个隔离检验期，定期或不定期地对动物进行临诊检查；监督对动物的体内外驱虫工作；对出境动物按照议定书规定进行疫苗注射。

(5) 动物运输

拟定动物从隔离场到机场或码头至中国的运输路线并监督对运输动物的车、船或飞机的消毒及装运工作，并要求使用药物为官方认可的有效药物。运输动物的飞机、车、船不可同时装运其他动物。

5.2.4.3 报检

《动植物检疫法实施条例》规定：输入种畜禽，货主或其代理人应在动物入境前30天到隔离场所在地的检验检疫机关报检；输入其他动物，货主或其代理人应在动物入境前15天到隔离场所在地的检验检疫机关报检。报检时提供：报检员证、入境动物检疫许可证、贸易合同、协议、发票、正本动物检疫证书(可在动物入境时补齐)，并预交检疫费。

旅客携带宠物进境，每人仅限1只，报检时必须提供输出国出具的动物检疫证书和疫苗接种证明。

5.2.4.4 进境现场检疫

在货物到达进境口岸前，货主或其代理人要提前预报准确的到港时间，并做好通关和卸运准备。检疫人员对运输动物的车辆要提前进行消毒处理。

现场检疫人员应在卸运动物的场地设立简易隔离标志，并对场地进行消毒，闲杂人员不得靠近运输工具。检疫人员在卸运动物前登上运输工具，检查运输记录、审核动物检疫证书、核对货证，对动物进行临诊观察和检查。对动物的临诊观察包括精神状态、被毛、站立或俯卧姿势，天然孔或排泄物有无异常，如在机舱或甲板上散放的动物还要观察口腔、眼结膜及步履状态。特别要注意观察有无口蹄疫、非洲猪瘟、水泡病、禽流感、新城疫等一类传染病的临诊症状。如发现国家规定的一类传染病症状或不明原因的大批死亡，须拒绝卸货并立即上报上一级检验检疫机关，经进一步确认为一类传染病时作“不准入境，全群退回”或“全群扑杀、销毁”处理；如发现个别动物死亡或临诊不正常，在确认为非一类传染病后，准予卸货，将死亡动物消毒、销毁。

对运输、卸运动物的工具、动物排泄物、废水、铺垫物、外包装物和卸运场地进行消毒或无害化处理。对装载动物的飞机、船舶消毒后出具《运输工具消毒证书》。现场检疫结束后，如未发现异常，动物由检疫人员押运至指定的动物隔离场。进境动物在进境口岸检验检疫机构管辖范围外隔离检疫的，由入境口岸检验检疫机构完成现场检疫后签发《入境货物通关单》，通知隔离检疫场所在地口岸检验检疫机构。运输途中车辆要封闭，严防动物脱逃和铺垫物泄漏，运输全程须由检疫人员押运。

对入境演艺动物现场检疫结束后，如未发现异常，出具《入境货物通关单》，将动物运至演出地。在入境后至演出地的运输途中由入境口岸的检验检疫人员对其进行检疫监督管理。主办单位或其代理人须执行如下规定：不得将入境演艺动物与其他动物用同一运输工具运输；运输途中车辆要封闭，严防动物脱逃和铺垫物泄漏。

运输途中动物的排泄物、垫料以及途中死亡的动物等废弃物需收集到不泄漏的容器中，严禁沿途抛洒，抵达演出地时在演出地口岸检验检疫机构的监督下作无害化处理。

在入境演艺动物抵达演出地前，主办单位或其代理人应向演出地口岸检验检疫机构申报。演艺动物抵达演出地时，入境口岸检验检疫机构派出的检疫人员向演出地检验检疫机构办理检疫监管交接手续，演出地检验检疫机构进一步实施现场检疫。

经现场检疫合格后将动物运至经演出地检验检疫机构批准的临时饲养场地饲养，由演出地检验检疫机构实施检疫监管。

主办单位或其代理人在演艺期间须执行如下规定：入境演艺动物不得与境内演艺动物在同一时期内同一场地演出；饲料须来自非疫区并符合兽医卫生要求；对演出场地和饲养场地定期清扫、消毒并对废弃物作无害化处理；禁止无关人员进入临时饲养场地；发现入境演艺动物患病、死亡或丢失时须立即向演出地口岸检验检疫机构报告，不得私自处理。

演艺动物须运往下一演出地点或出境时，演出地检验检疫机构应派出检疫人员监督将入境演艺动物运至下一演出地或出境口岸。

入境演艺动物出境时，出境口岸检验检疫机构应核对数量和核查演出期间检疫监督管理情况，并根据所去国家或地区的检疫要求实施检疫，出具动物检疫证书或《检疫放行通知单》。

5.2.4.5　隔离检疫

隔离检疫是严防国外动物疫病传入我国所采取的一项重要措施。在隔离检疫期应严格按照《国家入境动物隔离检疫场管理办法》和《进出境动物临时隔离检疫场管理办法》实施检疫、管理。

国家入境动物隔离检疫场（简称隔离场）由国家质检总局统一安排使用，凡需使用隔离场的单位提前3个月到国家质检总局办理预定手续。使用单位须向口岸检验检疫机构预付50%的隔离场租用费，不能在预定的时间使用隔离场，须重新办理预定手续。因故取消使用预定的隔离场，应及时通知国家质检总局。由于没有在预定时间使用隔离场造成的经济损失，由预定使用单位承担。进出境动物临时隔离检疫场（简称临时隔离场）指由口岸检验检疫机构依据《进出境动物临时隔离检疫场管理办法》和《国家入境动物隔离检疫场标准（试行）》批准的，供出境动物或有关入境动物检疫时所使用的临时性场所。临时隔离场由货主提供。每次批准的临时隔离场只允许用于1批动物的隔离使用。在动物隔离检疫期，临时隔离场的防疫工作受口岸检验检疫机构的指导和监督。

种用家畜一般在正式隔离场隔离检疫，其他动物由国家质检总局隔离场的使用情况和输入动物饲养所需的特殊条件，可安排在临时隔离场隔离检疫。输入种用家畜隔离检疫期为45天，其他动物为30天。

隔离场不能同时隔离检疫两批动物，每次检疫期满后须至少空场30天才可接下一批动物。每次接动物前对隔离厩舍和隔离区至少消毒3次，每次间隔3天。对于水生动物的临时隔离场，要用口岸检验检疫机构指定的方法、药物，在动物进场前7～10天进行消毒处理。

隔离检疫期对动物的饲养工作由货主承担，饲养员应在动物到达前至少7天，到口岸检验检疫机构指定的医院做健康检查。患有结核病、布氏杆菌病、肝炎、化脓性疫病及其他人畜共患病的人员不得进驻隔离场。在隔离场内不得食用与进境动物相关的肉食及其制品。货主在隔离期不得对动物私自用药或注射疫苗。动物隔离检疫期间所用的饲草、饲料必须

来自非动物疫区，并用口岸检验检疫机构指定的方法、药物熏蒸处理合格后方可使用。

一般在动物进场7天后开始对动物进行采血、采样用于实验室检验。样品的扦取必须按照农业部颁布的《进出境动物、动物产品检疫采样标准》及其他相关标准进行。

采血的同时可进行结核病、副结核病等的皮内变态反应实验或马鼻疽的点眼实验。

隔离场的兽医需每天对动物进行临诊检查和观察。临诊检查可包括两方面的内容：首先做整体及一般检查，如：体格、发育、营养状况、精神状态，体态、姿势与运动、行为、被毛、皮肤、眼结膜、体表淋巴结、体温、脉搏及呼吸数等。另外可根据需要进行其他系统的检查，如：心血管系统、呼吸系统、消化系统、泌尿系统、生殖系统、神经系统等。发现有临诊症状的动物要及时单独隔离观察、检查。

对水生动物应进行以下方面的检查：

(1) 动物群体有无死亡现象。尤其对于鱼、虾、贝等，要注意有无动物大量死亡的迹象。

(2) 动物群体活动是否正常。如：观察鱼群游动是否正常，有无狂游、停游或游动不平衡等现象；观察虾群中虾弹跳是否有力，有无浮头等现象；观察贝类潜沙、游走、游动是否正常，排出孔排水是否有利等现象；观察蛙对外界反应是否敏捷，食欲是否正常等。

(3) 动物的体表是否正常。如：观察鱼体色是否变黑，体表是否有溃疡、脓疱、出血点、白点，鱼眼球是否突出，身体有无畸形、鳃丝，鳍有无出血、腐烂，鳃上是否黏液过多，体表有无寄生生物等现象；观察虾体表有无黑斑、白斑，甲壳上是否有溃疡、附着物，虾体透明度是否异常，有无浊白现象，附肢是否变红等；对于贝类观察其贝壳是否紧闭，贝壳上有无穿孔，剖开后外套膜和斧足是否有腐烂、上面是否有脓疱，鳃部是否正常，外套膜内有无寄生生物等现象；对于海胆要看棘是否有脱落，表皮层是否有变色、组织坏死、组织脱落、表皮损伤等现象；对于蛙类要看其体表有无出血斑块、溃烂、水肿、黏膜充血等现象。

如发现有异常情况，应采取样品送实验室作进一步检验。

在隔离检疫期如发现规定检疫项目以外的动物传染病或寄生虫病可疑迹象的，应进一步实施检疫，并将结果及时报告国家质检总局。

对死亡动物要在专门的解剖室进行剖检、采集病料，查明病因，尸体做无害化处理。

5.2.4.6　实验室检验

实验室检验是最终出具检疫结果的重要依据。实验项目和结果判定标准依照中国与输出国签定的动物检疫议定书(条款)、协定和备忘录或国家质检总局的审批意见执行。检出阳性结果或发现重要疫情须及时上报上级检验检疫机构，并通知隔离场采取进一步隔离措施。

实验室检验须在隔离期内完成，如遇特殊情况需延长隔离期的须提前向上一级检验检疫机构申报。

5.2.4.7　检疫结果的判定和出证

对检疫结果判定应严格按照我国与输出国签定的双边检疫议定书或协议中的规定执行，并参考国际标准和国家标准。对实验室检验结果阳性的动物应出具动物卫生证书。

5.2.4.8　检疫处理

根据现场检疫、隔离检疫和实验室检验的结果，对符合议定书或协议规定的动物出具《入境货物检验检疫合格证明》，准予入境。对不符合议定书或协议规定的动物按规定实施检疫处理。对检出患传染病、寄生虫病的动物，须实施检疫处理。检出农业部颁布的《中华人民共和国进境动物一、二类传染病、寄生虫病名录》中一类病的，全群动物或动物遗传物质禁止入境，作退回或销毁处理；检出《中华人民共和国进境动物一、二类传染病、寄生虫病名录》中二类病的阳性动物禁止入境，作退回或销毁处理，同群的其他动物放行；阳性的动物遗传物质禁止入境，作退回或销毁处理。检疫中发现有检疫名录以外的传染病、寄生虫病，但国务院农业行政主管部门另有规定的，按规定作退回或销毁处理。

5.2.4.9 资料归档

对检验检疫中的临诊记录、原始试验记录、文字记载和声像资料要及时归档。试验材料、血清、病理材料、分离到的菌株、毒株要妥善保存至少半年。

隔离检疫结束后2周内，将进境动物检疫工作总结和《进境种畜流向记录表》一并报国家质检总局。

5.3 大中动物检疫

5.3.1 适用范围

进境大中动物检疫。

5.3.2 检疫许可

(1) 进境大中动物（猪、马、牛、羊等）应在国家级隔离检疫场或经批准的临时隔离检疫场隔离检疫。

(2) 大中动物临时隔离检疫场的使用条件和要求：

1) 基础设施应符合隔离检疫场的建设标准；

2) 按照质检总局关于进境动物临时隔离检疫场管理的有关规定制定相应的管理制度；

3) 隔离检疫场的拥有者和使用者须遵守有关规定并签订租用协议；

4) 所在地检验检疫局须具备承担进境大中动物（牛、羊、猪）检疫及实验室基本能力；

5) 隔离检疫场基础设施建设符合国家有关规定并具有合法的土地使用证明文件；

6) 入境口岸具备停靠、装卸动物的条件和能力。

(3) 隔离检疫场使用的核准：

1) 首次使用须凭国家质检总局批准使用的文件办理有关手续。

2) 再次使用的，使用单位向所在地直属检验检疫局提交关于使用隔离检疫场的申请表，所在地检验检疫机构应根据企业申请和有关规定，对隔离检疫场设施的维护、防疫和检验检疫管理措施落实情况进行检查。根据隔离检疫场与使用单位的合作情况、各项隔离饲养和检验检疫准备工作情况及对存在问题的整改情况，提出初审意见，并附隔离检疫场的所有者与使用者的租用协议（协议内容包括双方的权利与义务并注明租用费用），报国家质检总局审核。

3) 临时隔离检疫场两次使用的间隔时间不应少于1个月。在此间隔期间，临时隔离检疫场内不得饲养动物，并在检验检疫机构监督下对场地进行彻底消毒处理。

4) 通过国家质检总局验收的临时隔离检疫场，必须保持原有临时隔离检疫场设施的完整性、有效性，对临时隔离检疫场的改建、扩建必须得到检验检疫机构的同意和批准，隔离设施的重大改变必须报国家质检总局批准。

(4) 不符合要求处理：动物进境前，对违反临时隔离检疫场管理规定，疏于管理，擅自改变隔离检疫设施，情节严重的，应取消临时隔离检疫场资格。

对临时隔离检疫场周围环境、疫情及隔离设施改变，无法满足隔离检疫要求的，应停止隔离检疫场的使用。

5.3.3　检疫审批

（1）货主或其代理人须在贸易合同或协议签订前，在中华人民共和国进境动植物检疫许可证管理系统（电子审批系统）上申请办理《中华人民共和国进境动植物检疫许可证》（以下简称《检疫许可证》）或填写《进境动植物检疫许可证申请表》，同时提交临时隔离检疫场许可证，向出入境检验检疫机构申办《检疫许可证》。

（2）国家质检总局负责进境动物的进境检疫许可证的办理工作。

（3）对不符合检疫要求的申请，直属局或国家质检总局将签发《进境动植物检疫许可证未获准通知单》通知货主或其代理人。

5.3.4　产地检疫

根据双边检疫议定书的规定，需要实施产地预检的，由国家质检总局选派人员到国外进行产地检疫。其工作内容及程序如下：

（1）同输出国官方兽医商定检疫工作

了解整个输出国动物疫情，特别是本次拟出境动物所在省（州）的疫情，确定从符合议定书要求的省（州）的合格农场挑选动物；初步商定检疫工作计划。

（2）挑选动物

确认输出国输出动物的原农场符合议定书要求，特别是议定书要求该农场在指定的时间内（如3年、6个月等）及农场周围（如周围20 km范围内）无议定书中所规定的疫病或临诊症状等，查阅农场有关的疫病监测记录档案、询问地方兽医、农场主有关动物疫情、疫病诊治情况；对原农场所有动物进行检查，保证所选动物必须是临诊检查健康的。

（3）原农场检疫

确认该农场符合议定书要求，检查全农场的动物是健康的，监督动物结核或副结核的皮内变态反应或马鼻疽点眼试验及结果判定；到官方认可的负责出境检疫的实验室，参与议定书规定动物疫病的实验室检验工作，并按照议定书规定的判定标准判定检验结果；符合要求的阴性动物方可进入官方认可的出境前隔离检疫场，实施隔离检疫。

（4）隔离检疫

确认隔离场为输出国官方确认的隔离场；核对动物编号，确认只有农场检疫合格的动物方可进入隔离场；到官方认可的实验室参与有关疫病的实验室检验工作及结果判定；根据检验结果，阴性的合格动物准予向中国出境；在整个隔离检验期，定期或不定期地对动物进行临诊检查；监督对动物的体内外驱虫工作；对出境动物按照议定书规定进行疫苗注射。

（5）动物运输

拟定动物从隔离场到机场或码头至中国的运输路线并监督对运输动物的车、船或飞机的消毒及装运工作，并要求使用药物为官方认可的有效药物。运输动物的飞机、车、船不可同时装运其他动物。

5.3.5　报检

（1）货主或其代理人应在大、中家畜进境前30天，向入境口岸局和指运地检验检疫机构报检，填写《入境货物报检单》，并提交有效《检疫许可证》、合同等，每份《检疫许可证》只允许进境一批动物。

(2) 受理报检后,检验检疫人员应做好隔离检疫场消毒和现场检疫、实验室检验的准备工作。

(3) 不符合要求处理:无有效《检疫许可证》的,不得接受报检。如动物已抵达口岸的,视情况作退回或销毁处理,并根据《中华人民共和国进出境动植物检疫法》的有关规定,进行处罚。

5.3.6　现场检疫

(1) 对入境运输工具停泊的场地、所有装卸工具、中转运输工具进行消毒处理,上下运输工具或者接近动物的人员接受检验检疫机构实施的防疫消毒。

(2) 动物到达后,登机(轮、车)核查输出国官方检疫部门出具的有效动物检疫证书(正本),并查验证书所附有关检测结果报告是否与相关检疫条款一致,动物数量、品种是否与《检疫许可证》相符。检疫证书须符合下列要求:检疫证书一正一副或多副,且正本必须随动物同行,不得涂改,除非由政府授权兽医修改后签上其姓名,否则涂改无效;检疫证书应包含以下内容:

1) 输出动物的数量。

2) 收发货人的名称、地址。

3) 输出国官方检疫部门的兽医官签字。

4) 输出国官方检疫部门的印章。

5) 符合《检疫许可证》要求的检疫证书评语。

(3) 查阅运行日志、货运单、贸易合同、发票、装箱单等,了解动物的启运时间、口岸、途径国家和地区,并与《检疫许可证》的有关要求进行核对。

(4) 登机(轮、车)清点动物数量、品种,并逐头(只)进行临床检查。

(5) 经现场检疫合格后,签发《入境货物通关单》。同意卸离运输工具。

(6) 派专人随车押运动物到指定的隔离检疫场。

(7) 对运输工具、停机坪、码头等相关场所、器材进行消毒,签发运输工具消毒证书,上下运输工具或者接近动物的人员接受检验检疫机构实施的防疫消毒。

(8) 不符合要求处理:

1) 凡不能提供有效检疫证书的,视情况作退回或销毁处理。

2) 现场检疫发现动物发生死亡或有一般可疑传染病临床症状时,应做好现场检疫记录,隔离有传染病临床症状的动物,对铺垫材料、剩余饲料、排泄物等作无害化处理,对死亡动物进行剖检。根据需要采样送实验室进行诊断。

3) 现场检疫时,发现进境动物有《中华人民共和国进境动物一类、二类传染病、寄生虫病名录》中所列的一类传染病、寄生虫病临床症状的,必须立即封锁现场,采取紧急防疫措施,通知货主或其代理人停止卸运,并以最快的速度报告国家质检总局和地方人民政府。

4) 未按《检疫许可证》指定的路线运输入境的,按《中华人民共和国进出境动植物检疫法》的规定,视情况作处罚或退回、销毁处理。

5) 未经检验检疫机构同意,擅自卸离运输工具的,按《中华人民共和国进出境动植物检疫法实施条例》的规定,对有关人员给予处罚。

6) 动物到港前或到港时,产地国家或地区突发动物疫情的,根据国家质检总局颁布的相关公告、禁令执行。

5.3.7　隔离检疫

（1）隔离检疫期，大、中动物为45天，小动物为30天，如需延长的，须报国家质检总局批准。

（2）根据有关隔离场管理办法的规定，在动物进场前对隔离检疫场实施消毒处理。所有装载动物的器具、铺垫材料、废弃物均须经消毒或无害化处理后，方可进出隔离检疫场。

（3）饲养、管理人员必须经县级以上医院体检合格后方可进入隔离检疫场。大中动物隔离检疫时，相关饲养和管理人员应提前7天进入隔离检疫场。

（4）进入隔离检疫场的饲料应来自非疫区，使用前须作熏蒸消毒处理。

（5）动物进场后，检疫人员应立即着手对动物的圈号和标识进行登记，采血后实施规定项目的免疫注射。

（6）动物在隔离期间，饲养、管理人员应遵守动物隔离检疫场的有关规定。

（7）实验室检疫：

1）采样

动物进场后3～7天，第一次采血样，并按规定填写《送样单》送实验室；第一次采样工作完成14天后，进行第二次采血，根据需要可采集精液等样品。并按规定填写《送样单》送实验室。

——只需进行一次采血的大中家畜：新西兰牛、乌拉圭牛、南非马、丹麦马、荷兰马、俄罗斯联邦马、澳大利亚马、美国马、新西兰马、法国马、奥地利马、澳大利亚羊、新西兰羊、美国猪（需同时采集粪拭子）、加拿大猪、丹麦猪（需同时采集粪拭子）、瑞典猪、芬兰猪（需同时采集粪拭子）、法国猪、英国猪（需同时采集粪拭子）。

——需进行二次采血的大中家畜：瑞典马、爱尔兰马、澳大利亚牛（在第一次采血21天后）。

2）检疫项目（具体详见有关条款）

——澳大利亚牛

结核病：用牛型和禽型结核菌素（PPD）做尾根部皮内试验，无反应为阴性。结果判读时间为接种后48 h初判，72 h终判。

副结核病：ELISA或用副结核菌素或禽型结核菌素颈部皮内注射，注射部位皮厚肿胀不超过2 mm为阴性；或者在尾根部注射，无反应为阴性。

蓝舌病：琼脂免疫扩散试验，或者竞争ELISA。来自新南威尔士州的指定地区、昆士兰州、北部地区和西澳南纬28°以北地区的牛，须加做以下3个项目：补体结合试验，血清稀释1∶5为阴性。血液鸡胚接种，连传3代检查病毒，为阴性。公牛做精液接种鸡胚，培养2代检查病毒，为阴性。

牛地方性白血病：琼脂免疫扩散试验（gP24）或ELISA，淋巴结不肿大。

牛传染性鼻气管炎：酶标或微量血清中和试验，血清稀释1∶2为阴性。种公牛做精液病毒分离。

黏膜病：外周血白细胞用瘟病毒抗原捕捉ELISA检查病毒为阴性；或者血清病毒分离，组织培养两代，培养物用免疫过氧化物酶技术检查病毒。

赤羽病：中和试验1∶4为阴性；或ELISA。

——新西兰牛

结核病:用牛型结核菌素(PPD)在尾根部进行试验。72 h无可触摸的或可见的变化为阴性,用牛型和禽型结核菌素(PRD)做颈部试验。皮厚肿胀差小于4 mm为阴性。

副结核病:用副结核菌素(PPD)在颈部皮做内试验,皮厚肿胀差不超过2mm为阴性。补体结合试验或ELISA,1∶5小于50%的结合或ELISA为阴性。

牛地方性白血病:用gP24和gP51抗原做琼脂免疫扩散试验或ELISA为阴性,临床检查淋巴结不肿大。

牛传染性鼻气管炎:做ELISA或血清中和试验(原血清)为阴性。

黏膜病:按OIE《标准诊断手册》进行血清病毒分离试验,组织培养二代,培养物用免疫荧光试验或免疫过氧化酶试验检查病毒为阴性。

——乌拉圭牛

口蹄疫:进行非结构蛋白ELISA试验;出现阳性结果的牛进行病毒分离试验(probang试验)以确认。

结核病:牛型结核菌素PPD尾根部皮内试验无反应为阴性。

副结核病:ELISA试验。

布氏杆菌病:ELISA试验;或平板凝集试验。

牛地方流行性白血病:琼脂扩散试验(gP抗原)或ELISA试验。

牛病毒性腹泻:做病毒分离试验,用免疫过氧化物酶染色法检查,或C-ELISA(抗原捕捉)试验。

——南非马

非洲马瘟:补体结合试验,血清稀释1∶4少于50%结合为阴性(如果输出马已接种非洲马瘟疫苗,应记录补体结合试验滴度)。

马脑病:血清中和试验,血清稀释1∶4为阴性,或补体结合试验,血清稀释1∶4,小于50%结合为阴性(对于血清阳性的马,应记录其血清中和试验或补体结合试验滴度)。

马传染性贫血:琼脂免疫扩散试验或酶联免疫吸附试验为阴性。

马鼻肺炎:血清中和试验,血清稀释1∶4为阴性。

马媾疫:补体结合试验,血清稀释1∶4小于50%结合为阴性。

——瑞典马

马病毒性动脉炎:微量血清中和试验,血清稀释1∶4为阴性。

马鼻肺炎:未注射疫苗的马匹,做一次血清中和试验1∶2为阴性;注射过疫苗的马匹,则有效抗体滴度大于1∶64,并须做两次血清中和试验,采血间隔14天,第二次试验滴度不高于第一次试验一个滴度为阴性。

马流产沙门氏菌病:试管凝集试验,血清稀释1∶320为阴性。

马流感(A型流感):做两次血凝抑制试验,采血间隔14天,第二次试验滴度不高于第一次试验一个滴度为阴性。

马传染性子宫炎:在生殖器官采样,进行病原分离,结果为阴性。

——爱尔兰马

马病毒性动脉炎:微量血清中和试验(加补体),血清稀释1∶4为阴性。

马流感:做两次血凝抑制试验,采血间隔14天,第二次试验滴度不高于第一次试验一个滴度为阴性;如马匹进境前注射过疫苗,须在检疫证书中注明注苗日期、疫苗种类、剂量及制

造厂商。

马鼻肺炎(EHV-1型):病毒分离试验,结果为阴性。产地检疫期间,马鼻肺炎血清中和试验有效抗体滴度低于1∶64的马匹,应注射一个剂量的疫苗,疫苗由爱尔兰方面提供。

马流产沙门氏菌病:试管凝集试验,血清稀释1∶320为阴性。

——丹麦马

马鼻肺炎:血清中和试验,血清稀释1∶4为阴性。对血清阳性的马,应记录血清中和试验滴度。

马脑脊髓炎:血清中和试验,血清稀释1∶4为阴性,或补体结合试验,血清稀释1∶4,小于50%结合为阴性(对于血清阳性的马,应记录其血清中和试验或补体结合试验滴度)。

马传染性贫血:琼脂免疫扩散试验或酶联免疫吸附试验为阴性。

马媾疫:补体结合试验,血清稀释1∶5小于70%结合为阴性。

马病毒性动脉炎:血清中和试验,血清稀释1∶4为阴性。

——荷兰马

马鼻肺炎:对未注射马鼻肺炎疫苗的马匹进行血清中和试验,血清稀释1∶4为阴性;对已注射马鼻肺炎疫苗的马匹,进行两次血清中和试验(间隔14天),第二次试验抗体滴度不高于第一次试验抗体滴度的四倍为阴性;或病毒分离试验,用马鼻腔黏液按照世界动物卫生组织(OIE)的推荐标准进行聚合酶链式反应(PCR)检查病毒,结果为阴性。

马副伤寒:试管凝集试验,血清稀释滴度小于1∶320为阴性。

马传染性贫血:琼脂免疫扩散试验为阴性。

马焦虫病(巴贝西焦虫):补体结合试验,血清1∶5稀释,小于50%结合为阴性;或者间接免疫荧光试验,血清1∶80稀释为阴性。血液涂片镜检,结果为阴性。

马病毒性动脉炎:血清中和试验,血清稀释1∶4为阴性。

马鼻疽:补体结合试验,血清1∶5稀释小于50%结合为阴性;或者鼻疽菌素试验,结果为阴性。

——俄罗斯联邦马

马鼻肺炎:血清中和试验,血清稀释1∶4为阴性。

马副伤寒:试管凝集试验,血清稀释滴度小于1∶320为阴性。

马传染性贫血:琼脂免疫扩散试验为阴性。

马焦虫病(巴贝西焦虫):补体结合试验,血清1∶5稀释,小于50%结合为阴性;血液涂片镜检,结果为阴性。

马病毒性动脉炎:血清中和试验,血清稀释1∶5为阴性。

马媾疫:血液涂片镜检和补体结合试验,血清1∶5稀释小于50%结合为阴性。

——澳大利亚马

马鼻肺炎:二次血清中和试验,间隔14天,第二次滴度不高于第一次试验滴度为阴性。

马传染性贫血:琼脂免疫扩散试验为阴性。

马病毒性动脉炎:

公马:血清中和试验,血清稀释1∶4为阴性。如果注射疫苗,二次病毒中和试验,间隔14天,没有滴度升高为阴性。

母马和去势马:二次病毒中和试验,间隔14天,没有滴度升高为阴性。

——美国马

马传染性贫血：琼脂免疫扩散试验为阴性。

马病毒性动脉炎：血清中和试验，血清稀释1∶4为阴性。

马沙门氏菌流产：试管凝集试验，血清稀释1∶320以下为阴性。

马脑脊髓炎：两次血球凝集抑制试验，采血间隔14～20天，第二次试验不高于第一次试验一个滴度为阴性。

马流感：两次血球凝集抑制试验，采血间隔14～20天，第二次试验不高于第一次试验一个滴度为阴性。

钩端螺旋体病：微量凝集试验，血清稀释1∶100为阴性。

——新西兰马

马病毒性动脉炎：血清中和试验，血清稀释1∶4为阴性。

马腺疫：鼻腔拭子培养细菌。

——法国马

马传染性贫血：琼脂免疫扩散试验为阴性。

马病毒性动脉炎：微量血清中和试验（加补体），血清稀释1∶4为阴性。

马流产沙门氏菌：试管凝集试验，血清稀释1∶320以下为阴性。

马鼻腔肺炎：血清中和试验1∶2为阴性。注射疫苗的马匹，血清中和试验，有效抗体在1∶64时，应重新注射疫苗。

马流感：两次血球凝集抑制试验，采血间隔14～20天，第二次试验不高于第一次试验一个滴度为阴性。

马传染性子宫炎：生殖器官采样，做病原分离试验。

——奥地利马

马传染性贫血：琼脂免疫扩散试验为阴性。

马病毒性动脉炎：血清中和试验，血清稀释1∶8为阴性。

马流产沙门氏菌：试管凝集试验，血清稀释1∶320以下为阴性。

马鼻腔肺炎：采血、鼻拭子和阴道拭子用敏感细胞培养3代，分离病毒，做中和试验鉴定病毒。

马焦虫：血液涂片镜检，至少检查100个视野。

——澳大利亚羊

山羊衣原体病：补体结合试验，血清稀释1∶4小于50%结合为阴性。

副结核病：补体结合试验，血清稀释1∶8小于50%结合为阴性或ELISA为阴性。用禽型结核菌素（PRD）在颈部做皮内试验，注射部位皮厚肿胀差不超过2mm为阴性。

蓝舌病：琼脂免疫扩散试验或竞争ELISA，来自新南威尔士州的指定地区、昆士兰州、北部地区和西澳南纬28°以北地区的羊，须加做以下3个项目：补体结合试验，血清稀释1∶5小于50%结合为阴性；血液鸡胚接种，连传3代检查病毒，为阴性；公羊做精液接种检查。

鹿流行性出血症：琼脂扩散试验。

布氏杆菌病：羊流产布氏杆菌病做补体结合试验，小于10 IU/mL为阴性，试管凝集试验，小于15 IU/mL为阴性；绵羊布氏杆菌病做补体结合试验，血清稀释1∶20小于50%结合为阴性（仅适用于公羊）。

边界病：血清病毒检查，组织培养连续两代，培养物用免疫荧光试验或过氧化物酶染色试验检查病毒。或者 AC-ELISA。

黏膜病：血清病毒检查，组织培养连续两代，培养物用免疫荧光试验或过氧化物酶染色试验检查病毒。或者 AC-ELISA。

山羊关节脑炎：琼脂扩散试验或者 ELISA(仅适用于公羊)。

赤羽病：中和试验 1∶4 为阴性或者 ELISA。

——新西兰羊

结核病：用牛型结核菌素(PPD)做颈部或尾根皮内试验、颈部皮厚差不得超过 2 mm 或尾根部无反应为阴性。

副结核病：用副结核菌素(PPD)在颈部皮内注射，皮厚差不超过 2 mm 为阴性。补体结合试验(血清 1∶5 稀释小于 50%结合)或琼脂扩散试验或吸收 ELISA 为阴性。

边界病：按 OIE《标准诊断手册》进行血清病毒分离试验，组织培养连续二代，培养物用免疫荧光或免疫过氧化物酶试验检查病毒为阴性；或用血液白细胞进行抗原捕获 ELISA 为阴性。

山羊关节炎脑炎：琼脂免疫扩散试验或 ELISA 为阴性(仅适用于山羊)。

绵羊布氏杆菌病(仅对绵羊)：补体结合试验(血清稀释 1∶20)，结合小于 50%为阴性。

——美国猪

猪密螺旋体痢疾：猪密螺旋体病原分离(粪拭子培养)为阴性。

猪布氏杆菌病：试管凝集试验或 ELISA 试验。试管凝集试验滴度小于 30 IU/mL 或 1∶25为阴性。

猪伪狂犬病：血清中和试验，血清稀释 1∶4 为阴性；或 ELISA 试验为阴性。

猪传染性胃肠炎：血清中和试验，血清稀释 1∶8 为阴性，如果出现阳性，则阳性者再做阻断 ELISA 试验结果为阴性(美方负责向中方提供阻断 ELISA 试验的试剂，所提供的试剂数量为血清中和试验阳性数的一倍)。

结核病：用牛型和禽型结核菌素(PPD)在耳根部做皮内试验，无反应为阴性。

猪传染性胸膜肺炎：ELISA 试验或补体结合试验。补体结合试验，血清稀释 1∶10 为阴性。

猪繁殖与呼吸综合征：ELISA 试验、单层免疫酶试验或间接免疫荧光抗体试验。间接免疫荧光抗体试验血清稀释 1∶20 为阴性(包括欧洲毒株和美国毒株；美方负责向中方提供试验所需试剂)。

——加拿大猪

猪生殖和呼吸系统综合征：间接免疫荧光抗体试验，血清稀释 1∶20 为阴性或者 ELISA 试验为阴性(加拿大出口商将负责向中国提供一次本试验所需试剂)。

猪布氏杆菌病：补体结合试验，血清稀释 1∶10，结合小于 50%为阴性或平板凝集试验，为阴性。

猪传染性胃肠炎：血清中和试验，血清稀释 1∶8 为阴性，如果出现阳性，则阳性者再做阻断 ELISA 试验，结果应为阴性(加拿大出口商将负责向中国提供一次本试验所需试剂)。

猪细小病毒病：

没有注射过疫苗的猪做血球凝集抑制试验，1∶16 为阴性。

注苗的猪，不做试验，但要求出具免疫证书，证明是在运往中国前至少30天注苗，并注明注苗日期、剂量、疫苗种类及制苗厂商，此证书必须随动物运输。

结核病：用牛型和禽型结核菌素(PPD)在耳根部做皮内试验，无反应为阴性。

猪传染性胸膜肺炎(1,5和7型)：所有猪必须用ELISA试验或补体结合试验，ELISA试验为阴性，补体结合试验，血清稀释1∶10，结合小于50%为阴性。

——丹麦猪

猪痢疾：猪密螺旋体病原菌分离(粪拭子培养)为阴性猪。

布氏杆菌病：试管凝集试验，滴度小于30 IU/mL为阴性。

猪支原体肺炎：经检查无支原体肺炎的临床症状。

伪狂犬病：血清中和试验1∶4为阴性或酶标试验为阴性。

传染性胃肠炎：阻断ELISA试验为阴性。

猪细小病毒病：血球凝集抑制试验1∶16为阴性，如果注射过疫苗，可不做血球凝集抑制试验。

结核病：牛型和禽型结核菌素(PPD)做皮内试验，皮厚增加不超过2mm为阴性。

传染性胸膜肺炎(Ⅱ型)：补体结合试验1∶10为阴性或ELISA试验为阴性。

猪蓝耳病(PRRS)：间接免疫荧光抗体试验(IFA)，血清稀释1∶20为阴性；或免疫过氧化物酶单层细胞试验，结果为阴性。

血清病毒检查，细胞培养两代，培养物用间接免疫荧光抗体试验(IFA)或免疫过氧化物酶试验检查病毒为阴性。

萎缩性鼻炎：没有萎缩性鼻炎临床症状。

——瑞典猪

布氏杆菌病：试管凝集试验，滴度小于30 IU/mL为阴性；补体结合试验，滴度小于20 IU/mL为阴性。

猪伪狂犬病：血清中和试验，血清稀释1∶4为阴性。

猪细小病毒病：血球凝集抑制试验，滴度1∶16为阴性(如果注射疫苗，可以不做试验，但在证书中须注明注苗日期、剂量、疫苗种类及制苗厂商)。

结核病：用牛型和禽型结核菌素(PPD)在耳根部做皮内试验，无反应为阴性。

猪传染性胸膜肺炎：补体结合试验，1∶10为阴性。

——芬兰猪

布氏杆菌病：补体结合试验，滴度1∶10结合小于50%为阴性。试管凝集试验，滴度小于30 IU/mL为阴性：或缓冲布氏杆菌抗原试验，结果为阴性。

结核病：猪型和禽型结核菌素(PPD)耳根皮内试验，皮厚差不超过2 mm为阴性。如果发现有一头猪为猪型结核菌素阳性，则全群猪都不得输往中国。

猪血痢：猪密螺旋体病原菌分离(粪便拭子培养)为阴性。如果检出一头阳性猪，全群猪不得进入隔离检疫场。

猪传染性胃肠炎：血清中和试验，血清稀释1∶8为阴性或阻断ELISA为阴性。

猪瘟：荧光抗体病毒中和试验(FAVN)或ELISA为阴性。

猪生殖与呼吸综合征：免疫过氧化物酶单层试验(1PMA)或ELISA为阴性。

——法国猪

布氏杆菌病：缓冲抗原试验；补体结合试验，滴度小于 20 IU/mL。

猪伪狂犬病：血清中和试验，滴度小于 1∶4 为阴性或 ELISA 试验为阴性。

猪传染性胃肠炎：血清中和试验，血清稀释 1∶8 为阴性。

猪传染性胸膜肺炎：ELISA 试验。

猪瘟：血清中和试验，滴度小于 1∶25 为阴性。

蓝耳病：ELISA 试验结果为阴性。

——英国猪

猪密螺旋体痢疾：猪密螺旋体病原分离（粪拭子培养）或荧光抗体试验。

布氏杆菌病：试管凝集试验，滴度小于 30 IU/mL。

结核病：用牛型和禽型结核菌素（PPD）按国际标准（欧洲药典）在耳根部做皮内试验，经 72 h 判定皮厚差不超过 2 mm 或无发红及水肿反应为阴性。

猪细小病毒病：血球凝集抑制试验，滴度 1∶16 为阴性（如果注射疫苗，可以不做试验，但在证书中须注明注苗日期、剂量、疫苗种类及制苗厂商）。

猪传染性胃肠炎：血清中和试验，血清稀释 1∶8 为阴性，如果出现阳性，则阳性者再做阻断 ELISA 试验。英方负责向中方提供阻断 ELISA 试验的试剂，所提供的试剂数量为血清中和试验阳性数的一倍。

猪传染性胸膜肺炎：以传染性胸膜肺炎Ⅱ型抗原做补体结合试验，滴度 1∶10 为阴性。

猪蓝耳病（PRRS）：血清病毒检查，细胞培养两代，培养物用免疫过氧化物酶单层细胞试验检查病毒为阴性。免疫过氧化物酶单层细胞试验（IPMA）为阴性。

（8）不符合要求处理：

1）隔离期内检测结果阳性，立即采取下列措施：

——单独隔离，由专人负责管理。

——对污染场地、用具和物品进行消毒。

——严禁转移和急宰。

2）对死亡动物必要时进行尸体剖检，分析死亡原因，并作无害化处理；相关过程要留有影像资料。

3）检出一类传染病、寄生虫病的动物，连同其同群动物全群退回或者扑杀处理并销毁尸体。

4）检出二类传染病、寄生虫病的，对阳性动物作退回或者扑杀处理并销毁尸体，同群动物在隔离检疫场隔离观察。

5）检出《中华人民共和国一类、二类动物传染病、寄生虫病的名录》之外对农牧业有严重危害的其他疾病的，作除害、退回或销毁处理。经除害处理合格的，准予进境。

6）发现重大疫情的及时上报国家质检总局。

7）隔离期间发现擅自将隔离检疫的动物调离出隔离检疫场的，对有关单位和人员给予处理。

8）隔离期内，发现未按防疫要求执行的，检验检疫人员应及时予以纠正，并加强监管。

5.3.8 检疫放行与检疫处理

（1）隔离期满，且实验室检验工作完成后，对动物作最后一次临床检查，合格的动物由隔离场所在地检验检疫机构出具《入境货物检验检疫证明》放行。

（2）对不合格的动物出具《动物检疫证书》。

（3）须作检疫处理的，出具《检验检疫处理通知书》。

5.3.9　资料归档

（1）隔离检疫结束后，总结和整理检疫过程中的所有单证、原始记录、有关资料，并存档。

（2）隔离检疫结束后2周内，将进境动物检疫工作总结和《进境种畜流向记录表》一并报国家质检总局。

5.3.10　依据

进境大中动物检疫的依据如下：

1）《中华人民共和国进出境动植物检疫条约集》（共两卷，含修改部分）

2）《国家进境动物隔离检疫场隔离办法》（动植检动字[1995]7号）

3）《进出境动物临时隔离检疫场管理办法》（动植检动字[1996]123号）

4）《派出动物检验检疫人员管理办法》（征求意见稿）

5）《中华人民共和国进出境动植物检疫法》

6）《中华人民共和国进出境动植物检疫法实施条例》

7）《中华人民共和国一类、二类动物传染病、寄生虫病的名录》（[92]）农（检疫）字第12号）

8）《出入境动植物检验检疫风险预警及快速反应管理规定实施细则》（国质检动[2002]80号）

9）《进出境动植物检疫收费管理办法》（计价格[1994]795号）

10）《国家计委、财政部关于第二批降低收费标准的通知》（计价格[1999]1707号）

11）《进境动物检疫管理办法》（总检动字[1992]10号）

12）关于加强进境动物临时隔离检疫场管理的通知（国质检动函[2004]106号）

13）关于进一步规范和明确进境大中动物检验检疫工作程序及要求的通知（国质检动函[2004]440号）

14）SN/T 1491—2004《进境牛羊临时隔离场建设的要求》

15）《中华人民共和国国家质量监督检验检疫总局和乌拉圭畜牧业、农业和渔业部关于中国从乌拉圭输入牛的检疫和卫生要求议定书》（2005年2月18日）

5.4　鸟类检疫

5.4.1　适用范围

进境鸟类检疫。

5.4.2　检疫许可

（1）进境禽鸟类临时隔离检疫场须由所在地直属检验检疫机构按照有关隔离检疫场管理办法的要求，对货主或其代理人提供的隔离检疫场地进行考核，并出具《临时隔离检疫场使用许可证》。

严禁在高致病性禽流感疫区（疫点周围3 km）及其受威胁区（距疫区周边5 km）内设置临时隔离检疫场，要求临时隔离检疫场选择在疫点周围50 km外。

在发生高致病性禽流感疫情地区临时隔离检疫场设立的审批，必须在有关政府部门解

除对疫区的控制措施并确认无高致病性禽流感疫情后方可恢复申请。

(2) 不符合要求处理：不符合隔离检疫场管理办法要求的，货主或其代理人可另选场地，符合要求的，出具《临时隔离检疫场使用许可证》。

5.4.3　检疫审批

(1) 货主或其代理人须在贸易合同或协议签订前，应向所在地直属检验检疫局申办《中华人民共和国进境动植物检疫许可证》(以下简称《检疫许可证》)，申请办理时，提交《进境动植物检疫许可证申请表》和临时隔离检疫场许可证。直属检验检疫局应认真做好初审工作并报国家质检总局进行终审。自直属局收到《许可证》申请表和有关材料后 7 个工作日内应完成初审及报国家质检总局终审工作。

向国家质检总局申办《检疫许可证》，申请办理时，提交《进境动植物检疫许可证申请表》和临时隔离检疫场许可证。

(2) 不符合要求处理：对不符合检疫要求的申请，国家质检总局将签发《进境动植物检疫许可证申请未获准通知单》，通知货主或其代理人。

5.4.4　产地检疫

国家质检总局根据需要选派人员到国外进行产地检疫。其工作内容及程序如下。

(1) 同输出国官方兽医商定检疫工作

了解整个输出国禽鸟类疫情，特别是本次拟出境禽鸟类所在省(州)的疫情，确定从符合议定书要求的省(州)的合格农场挑选动物；初步商定检疫工作计划。

(2) 挑选禽鸟

确认输出国输出禽鸟的原农场符合议定书要求，特别是议定书要求该农场在指定的时间内(如 3 年、6 个月等)及农场周围(如周围 20 km 范围内)无议定书中所规定的疫病或临诊症状等，查阅农场有关的疫病监测记录档案、询问地方兽医、农场主有关动物疫情、疫病诊治情况；对原农场所有禽鸟进行检查，保证所选动物必须是临诊检查健康的。

(3) 原农场检疫

确认该农场符合议定书要求，检查全农场的禽鸟是健康的，监督并进行禽流感、新城疫或沙门氏菌病检测试验及结果判定；到官方认可的负责出境检疫的实验室，参与议定书规定禽鸟疫病的实验室检验工作，并按照议定书规定的判定标准判定检验结果；符合要求的阴性禽鸟方可进入官方认可的出境前隔离检疫场，实施隔离检疫。

(4) 隔离检疫

确认隔离场为输出国官方确认的隔离场；核对确认只有农场检疫合格的禽鸟方可进入隔离场；到官方认可的实验室参与有关疫病的实验室检验工作及结果判定；根据检验结果，阴性的合格禽鸟准予向中国出境；在整个隔离检验期，定期或不定期地对禽鸟进行临诊检查；对出境禽鸟按照议定书规定进行疫苗注射。

(5) 禽鸟运输

拟定禽鸟从隔离场到机场或码头至中国的运输路线并监督对运输禽鸟的车、船或飞机的消毒及装运工作，并要求使用药物为官方认可的有效药物。运输禽鸟的飞机、车、船不可同时装运其他动物。

5.4.5　报检

(1) 货主或其代理人在禽鸟进境前 30 日报检，填写《入境货物报检单》，并提交有效《检疫许可证》、合同等单证。

(2) 审核单证:

1) 审核许可证是否有效。

2) 每份《检疫许可证》只允许进境一批禽鸟类,不得分批核销。

(3) 受理报检后,检验检疫人员应做好隔离检疫场消毒、现场检疫和实验室检验的准备工作。

(4) 不符合要求处理:无有效《检疫许可证》的,不得接受报检。如动物已抵达口岸的,视情况做退回或销毁处理,并根据《中华人民共和国进出境动植物检疫法》的有关规定,进行处罚。

5.4.6 现场检疫

(1) 准备工作:

1) 对入境的车辆(飞机)的停泊场地应用有效消毒药物预先进行喷洒消毒。

2) 对停泊场地的所有装卸工具以及中转运输工具进行预防性消毒处理。

3) 准备好现场检疫所需要的所有工具和器皿。

(2) 动物到达后,登车(船、飞机)核查输出国有关检疫检验局出具的检疫证书,并查验货证是否相符。

(3) 查阅运行日志、货运单、贸易合同、发票、装箱单等,了解动物的启运时间、口岸、途经国家和地区,并与《检疫许可证》的有关要求进行核对。

(4) 登机(轮、车)清点动物数量、品种,并进行临床检查。

(5) 对动物作体表消毒。

(6) 对上下交通工具或接近动物的人员实施防疫消毒。

(7) 经现场检查合格后,签发《入境货物通关单》,同意卸离运载工具。

(8) 派专人随车押运禽鸟到指定的隔离检疫场。

(9) 对运输工具、停机坪、码头等相关场所、器材进行消毒,签发运输工具消毒证书,上下运输工具或者接近禽鸟的人员接受检验检疫机构实施的防疫消毒。

(10) 不符合要求处理:

1) 无有效检疫证书的,进境禽鸟做退回或销毁处理。

2) 发现动物死亡或有一般可疑传染病临床症状时,应做好现场检疫记录,隔离有传染病临床症状的动物,对铺垫材料、剩余饲料、排泄物等作除害处理,将死亡禽鸟运离现场,做病理解剖,根据需要,采样送实验室进行诊断。

3) 发现进境动物有《中华人民共和国进境动物一类、二类传染病、寄生虫病名录》中所列的一类传染病、寄生虫病临床症状的,必须立即封锁现场,采取紧急防疫措施,通知货主或其代理人停止卸运,并以最快的速度报告国家质检总局和地方人民政府。

4) 未按《检疫许可证》指定的路线运输入境的,按《中华人民共和国进出境动植物检疫法》的规定,视情况作处罚或退回、销毁处理。

5) 未经检验检疫机构同意,擅自卸离运输工具的,按《中华人民共和国进出境动植物检疫法实施条例》的规定,对有关人员给予处罚。

6) 动物到港前或到港时,产地国家或地区突发动物疫情的,根据国家质检总局颁布的相关公告、禁令执行。

5.4.7 隔离检疫

(1) 隔离检疫期为30天,如需延长隔离期限的,须报请国家质检总局动植司批准。

(2) 隔离检疫场消毒:禽鸟进境前1～2周,须对隔离检疫场圈舍、平台等进行清扫,并消毒3次。

(3) 所有装载禽鸟的器具、铺垫材料、废弃物均须经消毒或无害化处理后,方可进出隔离检疫场。

(4) 饲养、管理人员必须经县级以上医院体检合格后,方可进入隔离检疫场从事隔离饲养管理动物工作。

(5) 确认进入隔离检疫场的饲料来自非疫区。

(6) 动物进场后,检疫人员应立即着手对动物的笼号和标识进行登记。

(7) 实验室检验:

1) 采样

禽鸟类进场后4～7天,逐头采集血样和泄殖腔试子,并按规定填写《送样单》送实验室。

2) 检疫项目

——荷兰禽鸟

禽流感(H5和H7):按照GB/T 18936—2003《高致病性禽流感诊断技术》或者国际动物卫生组织(OIE)推荐的方法。

新城疫:血凝抑制试验,结果应为阴性。

鹦鹉热:补体结合试验,结果应为阴性。

沙门氏菌(鸡白痢和禽伤寒):试管凝集试验,结果应为阴性。

禽副黏病毒(1、2、3型):泄殖腔拭子鸡胚培养查毒,结果应为阴性。

——肯尼亚禽鸟

禽流感(H5和H7):按照GB/T 18936—2003《高致病性禽流感诊断技术》或者国际动物卫生组织(OIE)推荐的方法。

沙门氏菌(包括败血、白痢、肠炎沙门氏菌和其他致病性沙门氏菌):泄殖腔拭子培养(5个拭子合并成一个检验样品),结果为阴性。

新城疫病毒及其他副黏病毒:泄殖腔拭子样品接种鸡胚分离病毒,培养三代,每代用5个鸡胚,结果应为阴性。

鹦鹉热(鸟疫、衣原体病):补体结合试验,血清稀释1∶8。

A型流感病毒及其他正粘病毒:泄殖腔拭子样品接种鸡胚分离病毒(培养三代,每代用5个鸡胚),结果为阴性。

——澳大利亚禽鸟

禽流感(H5和H7):按照GB/T 18936—2003《高致病性禽流感诊断技术》或者国际动物卫生组织(OIE)推荐的方法。

新城疫:血凝抑制试验为阴性;泄殖腔拭子样品鸡胚培养分离病毒,至少培养两代,结果应为阴性。

沙门氏菌:平板或试管凝集试验,结果为阴性。

——加拿大禽鸟

禽流感(H5和H7):按照GB/T 18936—2003《高致病性禽流感诊断技术》或者国际动物卫生组织(OIE)推荐的方法。

新城疫:血凝抑制试验,结果应为阴性。

沙门氏菌:试管凝集试验,结果为阴性。

衣原体（鹦鹉热和鸟疫）：补体结合反应或直接免疫荧光试验。

——法国禽鸟

禽流感：按照 GB/T 18936—2003《高致病性禽流感诊断技术》或者国际动物卫生组织（OIE）推荐的方法。

新城疫：血凝抑制试验，结果应为阴性。

鸡白痢和禽伤寒：平板凝集或试管凝集试验，如结果呈阳性，再做病原分离并定型，以区别假阳性。

禽副黏病毒（2、3 型）：血凝抑制试验，结果应为阴性。

鹦鹉热（鸟疫、衣原体病）：补体结合试验，滴度小于 1∶8。

——津巴布韦禽鸟

禽流感（H5 和 H7）：按照 GB/T 18936—2003《高致病性禽流感诊断技术》或者国际动物卫生组织（OIE）推荐的方法。

新城疫：血凝抑制试验，血清稀释 1∶8 为阴性。

沙门氏菌（包括败血、白痢、肠炎沙门氏菌和其他致病性沙门氏菌）：泄殖腔拭子培养（5 个拭子合并成一个检验样品），结果为阴性。

新城疫病毒及其他副黏病毒：泄殖腔拭子样品接种鸡胚分离病毒，培养三代，每代用 5 个鸡胚，结果应为阴性。

A 型流感病毒及其他正黏病毒：5 个泄殖腔拭子样品接种鸡胚培养查毒（培养三代，每代用 5 个鸡胚），结果为阴性。

——进境观赏鸟

禽流感：H5 和 H7 抗原血凝抑制试验（血清稀释 1∶8 为阴性）。

新城疫：血凝抑制试验或 ELISA 为阴性（如注射过疫苗可不做检验）。

鹦鹉热：补体结合试验或间接血凝抑制试验，结果应为阴性。

5.4.8　检疫监督

（1）及时更换消毒池内的消毒液，以保持消毒液的有效浓度。定期对隔离检疫场地进行清洗、消毒，保持动物体、棚舍、池和所有用具的清洁卫生；做好灭鼠，防盗、防毒等工作。

（2）所有工作人员进出临时隔离检疫场应进行更衣、换鞋、换帽等程序，并经消毒池消毒后出入隔离检疫场所。

（3）保证隔离检疫场有专人看护动物，严禁无关人员接近动物饲养区；不准将生禽肉制品、内脏、蛋、骨、皮、毛等禽产品及与检疫无关的任何动物及其制品带入隔离检疫场。

（4）保证隔离检疫场有专职饲养员饲养动物，饲养员须定期做健康检查，饲喂工具和工作服必须每天消毒。

（5）动物排泄物、垫料、污物、污水须经无害化处理后方可排出临时隔离检疫场；所有工作服及有关用具均须经消毒处理后方可带离隔离检疫场所。

（6）所有禽鸟产的蛋不得移出隔离区，待检疫结束后再做处理。

（7）隔离期间，饲养员填写《进出境动物隔离现场记事本》。

（8）由隔离检疫场驻场兽医做好日常防疫、疾病治疗和监管工作，及时发现和解决问题，并认真填写《进出境动物隔离检疫监管记录》。

（9）不符合要求处理：

1）对隔离期内患病的或检测结果阳性的动物，立即采取下列措施：

——单独隔离，由专人负责管理。

——对污染场地、用具和物品进行消毒。

——严禁转移和急宰。

2）对死亡动物必要时进行尸体剖检，分析死亡原因，并作无害化处理；相关过程要留有影像资料。

3）检出一类传染病、寄生虫病的动物，连同其同群动物全群退回或者扑杀处理并销毁尸体。

4）检出二类传染病、寄生虫病的，对阳性动物作退回或者扑杀处理并销毁尸体，同群动物在隔离检疫场隔离观察。

5）发现《中华人民共和国一类、二类动物传染病、寄生虫病的名录》之外对农牧业有严重危害的其他疾病的，作除害、退回或销毁处理。经除害处理合格的，准予进境。

6）发现重大疫情的及时上报国家质检总局。

7）隔离期间发现擅自将隔离检疫的动物调离出隔离检疫场的，对有关单位和人员给予处罚。

8）隔离期内，发现未按防疫要求执行的，检验检疫人员应及时予以纠正，并加强监管。

5.4.9 检疫放行与检疫出证

（1）隔离期满，且实验室检验工作完成后，对动物作最后一次临床检查，合格的动物由隔离检疫场所在地检验检疫机构出具《入境货物检验检疫证明》放行。

（2）对经隔离检疫不合格的动物出具《动物检疫证书》。

（3）须作检疫处理的，出具《检验检疫处理通知书》。

（4）资料归档：

1）隔离检疫结束后，总结和整理检疫过程中的所有单证、原始记录、有关资料，并存档。

2）隔离检疫结束后2周内，将进境动物检疫工作总结和《进境种畜流向记录表》一并报国家质检总局。

5.4.10 依据

出境鸟类检疫的依据如下：

1）《中华人民共和国从进境国输入禽鸟类的检疫和卫生条件》

2）《进出境动物临时隔离检疫场管理办法》（动植检动字[1996]123号）

3）《派出动物检疫人员管理办法》（讨论稿）

4）《中华人民共和国进出境动植物检疫法》

5）《中华人民共和国进出境动植物检疫法实施条例》

6）《中华人民共和国一类、二类动物传染病、寄生虫病的名录》（[92]农（检疫）字第12号）

7）《出入境动植物检验检疫风险预警及快速反应管理规定实施细则》（国质检动[2002]80号）

8）《关于加强进境活禽和种蛋检验检疫工作的通知》（国质检动函[2004]71号）

9)《进境禽类、种蛋的检疫管理试行办法》([88]总检动字第5号)

5.5　水生动物检疫

5.5.1　种用及观赏水生动物

5.5.1.1　适用范围

进境种用及观赏水生动物检疫。

5.5.1.2　检疫许可

申请种用、观赏水生动物进境的企业向所在地检验检疫机构提交《进出境动物临时隔离检疫场申请表》。

(1) 临时隔离检疫场必须具备的条件

1) 远离交通主干道和居民生活区。

2) 有完善的安全卫生管理制度。

3) 水源充足,水质良好,无污染,各项指标均应符合中华人民共和国渔业水域水质标准(GB 11607—1989《渔业水质标准》)的有关要求。

4) 未存放国家质检总局和农牧部门公布的违禁药物,严格遵守用药管理制度。

5) 有完善的疫情登记报告制度。

6) 有满足需要的供氧、供电设施。

7) 如实记录日常用药、投料、消毒情况。

8) 有至少一名具有基本水生动物养殖、疫病防治技术的人员。

9) 一年内,周围50 km范围内未发生重大水生动物传染性疾病。

10) 申请入境的水生动物数量与隔离车间养殖面积相适应。

11) 备有隔离检疫观察池供可能患病的水生动物隔离治疗使用。

12) 有废水、废料无害化处理措施。

(2) 考核批准

1) 现场考核:检验检疫机构派员按进出境动物临时隔离检疫场的条件要求进行考核。

2) 发证:经考核合格的,直属局出具《进出境动物临时隔离检疫场许可证》。

(3) 临时隔离场有效期4个月。

(4) 不符合要求处理:通知申请单位整改或另选场址。

5.5.1.3　检疫审批

(1) 实行网上电子审批,直属检验检疫机构对企业递交的《进境动植物检疫许可证申请表》和《进境动植物临时隔离检疫场许可证》进行初审,初审合格的许可证申请表报国家质检总局终审。

(2) 符合要求的,国家质检总局签发《检疫许可证》;不符合要求的,直属检验检疫局或国家质检总局签发《进境动植物检疫许可证申请表未获准通知单》,通知货主或其代理人。

5.5.1.4　报检

(1) 货主或其代理人应在动物进境前向入境口岸和指运地检验检疫机构报检,提交有效《检疫许可证》、合同等。

(2) 受理报检后,检验检疫人员应做好隔离场消毒和现场检疫、实验室检疫的准备工作。

(3) 不符合要求处理:无有效《检疫许可证》或《动物检疫证书》的,不得接受报检。如动物已抵达口岸的,视情况作退回或销毁处理,并根据《中华人民共和国进出境动植物检疫法》的有关规定,进行处罚。

5.5.1.5 检验检疫

(1) 现场检验检疫

1) 核查货证是否相符(包括品种数量等)。检查输出国家地区出具的官方检疫证书是否有效。

2) 了解动物的运输情况,如装运日期、途径地点和停留地点、装卸、换水等。

3) 包装容器是否完好及保温供氧条件是否符合条件:输往中国的水生动物的包装必须是全新的或者经过消毒,符合中国卫生防疫要求,并能够防止渗漏。外包装应当标明养殖场注册编号、水生动物品种和数(重) 量;内包装袋透明,便于检查。水生动物的每一个包装容器,应当保证只盛装一种水生动物,数量适当,能够满足动物生存和福利等需要。包装用水或冰必须达到中国渔业水质标准,不得含有危害动物和人体健康的病原微生物、其他有毒有害物质以及可能破坏水体生态环境的水生植物。铺垫材料应当经过消毒除害处理,不得带有土壤和危害动植物和人体健康的有害生物,并对生态环境无害。

4) 临床检查动物精神状态、死亡情况、体表有无寄生虫及病变。

5)监督企业对运输容器作消毒处理,对包装铺垫物和死淘动物做无害化处理。

6)《检疫许可证》注明的"指运地(结关地)"和"目的地"不同的,指运地检验检疫机构进行现场检疫,合格的,出具《入境货物通关单》,并调离至目的地。

7) 采样(指运地、结关地检验检疫机构采样)送实验室。

8) 填写《抽/采样凭证》和《样品送检单》。如实填写《现场检验检疫记录单》。

(2) 实验室检验

1) 检验项目:《检疫许可证》上列明的项目、国家质检总局警示通报或有关文件要求、双边协议、合同规定的项目。

2) 方法:参照国家有关标准或 OIE 标准《水生动物疾病诊断手册》(2009 版)。

(3) 不符合要求处理

1) 无输出国家或地区官方出具的《动物检疫证书》和/或国家质检总局签发的《检疫许可证》的,作退回或销毁处理。

2) 发现有大批量(50%以上)不明原因死亡时,不得卸货,全部退回或销毁处理,对污染场地、运载工具进行彻底消毒。

3) 对来自疫区的水生动物,应当实施退运或者销毁处理。

4) 现场需要开拆包装加水或者换水的,所用水必须达到中国规定的渔业水质标准,并经消毒处理。

5) 对废弃的原包装、包装用水或冰及铺垫材料,按照动植物检疫法及其条例的有关规定处理。

6) 货证不符的,作退回或销毁处理。包装破损的,要求货主现场整理及更换包装,对污染的场地进行消毒处理,对更换下来的包装按照动植物检疫法及其条例的有关规定处理。

5.5.1.6　隔离检疫

(1) 隔离检疫期30天,须隔离观察的可适当延长。

(2) 对原包装物、装载用水或冰和铺垫材料作消毒处理,水生动物经药浴后放入指定的养殖场地隔离检疫。

(3) 隔离检疫期间,按照《检疫许可证》要求和其他有关规定实施检验检疫。

(4) 对死亡动物必要时进行尸体剖检,分析死亡原因,并作无害化处理;相关过程要留有影像资料。

(5) 检出传染病的,按规定进行处理。

(6) 废水需经消毒池处理后排放。

(7) 在隔离检疫期内不得擅自调离动物。

隔离检疫期满,检验检疫合格的,解除隔离状态,允许进境单位投放养殖环境或销售;检验检疫不合格的,按照动植物检疫法及其条例的有关规定处理。

(8) 隔离期满后,监督企业对隔离场进行严格消毒。

5.5.1.7　检疫出证及检疫监督

(1) 检疫出证:

1) 隔离期满,且实验室检验工作完成后,对动物做最后一次临床检查,合格的动物由隔离场所在地检验检疫机构出具《入境货物检验检疫证明》放行。

2) 对经隔离检疫不合格的动物出具《动物检疫证书》。

3) 须作检疫处理的,出具《检验检疫处理通知书》。

(2) 检验检疫机构发现进境水生动物不符合中国检验检疫要求的,应当将检验检疫结果上报国家质检总局,并按《出入境动植物检验检疫风险预警及快速反应管理规定实施细则》的规定启动进境风险预警系统,加强对来自同一国家或者地区进境水生动物的检验检疫。

(3) 检疫监督按照国家质检总局的有关文件执行。

5.5.1.8　资料归档

全部检验检疫工作结束后,总结和整理检疫过程中的所有单证、原始记录、有关资料,并存档。

5.5.1.9　依据

种用及观赏水生动物检疫依据如下:

1) 中华人民共和国从智利输入人工养殖大鲮鲆鱼苗的检疫与卫生要求

2) 中华人民共和国从英国输入人工养殖大鲮鲆鱼苗的检疫与卫生要求

3) 中华人民共和国从法国输入人工养殖大鲮鲆鱼苗的检疫与卫生要求

4) 中华人民共和国进境大鲮鲆鱼卵的检疫与卫生要求

5) 从美国进境南美白对虾的检疫和卫生要求

6) 从日本输入河豚鱼卵的检疫和卫生要求

7) 从台湾引进活鱼的检疫和卫生要求

8) 进口鲈鱼卵的检疫和卫生要求

9) 进口鲈鱼苗的检疫和卫生要求

10）进口鲟鱼卵的检疫和卫生要求
11）进口鲟鱼苗的检疫和卫生要求
12）从马来西亚进口观赏鱼的检疫要求
13）从俄罗斯进口卡拉白鱼的检疫要求
14）中国从厄瓜多尔进口侧叶脂塘鳢(Dormitator Latifrons)的检疫和卫生要求
15）中华人民共和国进口鲑鱼的检疫和卫生要求
16）中华人民共和国进口鲑鱼卵的检疫和卫生要求
17）从韩国进口活虾的检疫和卫生要求
18）从美国进口红鱼(似石首鱼)的检疫和卫生要求
19）从台湾引进草虾的检疫和卫生要求
20）中国输入牙鲆鱼的检疫和卫生要求
21）中国输入牙鲆鱼卵的检疫和卫生要求
22）中国从以色列进口罗非鱼的检疫和卫生要求
23）从台湾引进黄蜡昌鱼(又名狮鼻鲳鱼参)的检疫和卫生要求
24）从美国进口斑点叉尾鮰的检疫和卫生要求
25）中国从美国输入牛头鮰鱼苗检疫与卫生要求

5.5.2　食用水生动物

5.5.2.1　适用范围

进境食用水生动物检疫。

5.5.2.2　检疫审批

(1) 货主或者其代理人须在贸易合同或协议签订前，在国家检验检疫电子审批系统网上办理《中华人民共和国进境动植物检疫许可证》(以下简称《检疫许可证》)。

(2) 国家质检总局负责进境水生动物的进境《检疫许可证》的办理工作。

(3) 符合要求的，国家质检总局签发《检疫许可证》；不符合要求的，直属局或国家质检总局签发《进境动植物检疫许可证申请表未获准通知单》，通知货主或其代理人。

5.5.2.3　报检

进境食用水生动物的报检按《出入境检验检疫报检规定》执行。实行电子报检的按《出入境检验检疫电子报检管理办法(试行)》执行。

(1) 水生动物运抵进境口岸时，货主或者其代理人应当按照有关规定向检验检疫机构报检。检验检疫机构查验《检疫许可证》、输出国家或者地区出具的官方检疫证书、合同/信用证、发票、装箱单等。

(2) 受理报检后，检验检疫人员应做好暂存场所消毒和现场检疫、实验室检验的准备工作。

(3) 不符合要求处理：无输出国家或者地区官方机构出具的有效动物健康证书，或者未依法办理检疫审批手续的，检验检疫机构根据具体情况，对进境水生动物作退回或销毁处理。

5.5.2.4　检验检疫

(1) 现场检验检疫

1) 核查货证是否相符(包括品种数量等)。

2）了解动物的运输情况，如装运日期、途经地点和停留地点、装卸、换水等。

3）包装容器是否完好及保温供氧条件是否符合要求：输往中国的水生动物的包装必须是全新的或者经过消毒，符合中国卫生防疫要求，并能够防止渗漏。外包装应当标明养殖场注册编号、水生动物品种和数（重）量；内包装袋透明，便于检查。水生动物的每一个包装容器，应当保证只盛装一种水生动物，数量适当，能够满足动物生存和福利等需要。包装用水或冰必须达到中国渔业水质标准，不得含有危害动物和人体健康的病原微生物、其他有毒有害物质以及可能破坏水体生态环境的水生植物。铺垫材料应当经过消毒除害处理，不得带有土壤和危害动植物和人体健康的有害生物，并对生态环境无害。

4）临床检查动物精神状态、死亡情况、体表有无寄生虫及病变。

5）监督企业对运输容器作消毒处理，对包装铺垫物作无害化处理。

6）《检疫许可证》注明的“指运地”和“目的地”不同的，指运地检验检疫机构进行现场检疫，合格后出具四联式《入境货物通关单》。

（2）检验检疫（指运地检验检疫机构采样）

1）取样：取样工具和容器必须清洁并经严格消毒，避免样品被污染。根据实际情况参照以下取样标准和方法进行取样：

参照 GB/T 18088—2000《出入境动物检疫采样》

参照 SN/T 0381—1995《出口活鱼检验规程》。

2）填写：《抽/采样凭证》和《样品送检单》。

3）检测：应根据实际情况，在完成风险分析的基础上有针对性地选择项目进行检测。确定检测项目的原则：要按照双边协议等有关规定、《进境动植物检疫许可证》和《风险预警通报》上列明的检验检疫要求进行检验检疫；应根据所进境水生动物的品种、用途、产地等，是养殖类水生动物还是捕捞类水生动物等有针对性地选择检测项目；应将以往检测情况、其他口岸检测情况及国外有关信息作为重要参考因素。根据具体情况针对性的选择检测项目：

微生物项目：细菌总数、大肠菌群、沙门氏菌、致病性大肠杆菌、霍乱弧菌、副溶血弧菌、金黄色葡萄球菌、单核细胞增生李斯特杆菌等。

养殖用药（仅限养殖类）：土霉素、恶喹酸、氯霉素、磺胺类、硝基呋喃类、己烯雌酚、孔雀石绿、结晶紫等。

农残：有机氯、有机磷等。

环境污染物：铅、镉、砷、汞、甲基汞、多氯联苯等。

添加物：亚硫酸盐、甲醛及其他防腐剂等。

其他项目：组胺（鱼类）、贝类毒素（贝类）、寄生虫（鱼类，异尖线虫等）。

4）方法：参照国家有关标准或 OIE 标准《水生动物疾病诊断手册》。

（3）不符合要求处理

1）无输出国家或地区官方出具的《动物检疫证书》或国家质检总局签发的《检疫许可证》的，作退回或销毁处理。

2）发现有大批量（50%以上）不明原因死亡时，不得卸货，全部退回或销毁处理，对污染场地、运载工具进行彻底消毒。

3）对来自疫区的水生动物，应当实施退运或者销毁处理。

4）现场需要开拆包加水或者换水的，所用水必须达到中国规定的渔业水质标准，并经消毒处理。对废弃的原包装、包装用水或冰及铺垫材料，按照动植物检疫法及其条例的有关规定处理。

5）货证不符的，作退回或销毁处理。

6）包装破损的，要求货主现场整理或更换包装，对污染的场地进行消毒处理，对更换下来的包装按照动植物检疫法及其条例的有关规定处理。

5.5.2.5　检疫监督

监测项目按国家质检总局的有关文件执行。

5.5.2.6　查验放行

（1）不需实验室检验检疫的，查验合格后放行。

（2）需实验室检验检疫的，抽样、查验后放行。

（3）检验检疫机构发现进境水生动物不符合中国检验检疫要求的，应当将检验检疫结果上报国家质检总局，并按《出入境动植物检验检疫风险预警及快速反应管理规定实施细则》的规定启动进境风险预警系统，加强对来自同一国家或者地区进境水生动物的检验检疫。

5.5.2.7　资料归档

检验检疫工作结束后，施检人员将相关单据归档，保存期一年。

5.5.2.8　依据

进境食用水生动物检疫的依据如下：

1）《进境水生动物检验检疫管理办法》（国家质检总局2003年第44号令）。

2）中国与输出国家或地区政府签定的双边检疫协议、议定书和备忘录等。

3）法律、行政法规和规范性文件的有关规定和检疫要求，强制性检疫标准或其他必须执行的检疫要求或标准。

4）《中韩水生动物检验检疫协议》。

5）《出入境动植物检验检疫风险预警及快速反应管理规定》及其实施细则。

6）韩国出口中国水生动物卫生证书样本。

7）泰国输华水生动物卫生证书样本。

5.6　竞技动物检疫

5.6.1　港澳地区赛马检疫

5.6.1.1　适用范围

进境港澳马检疫。

5.6.1.2　检疫许可

（1）进境马应在北京、上海、天津、广州四个国家级隔离检疫场隔离检疫，或在直属检验检疫机构考核合格的临时隔离检疫场进行隔离检疫。

（2）不符合要求处理：动物进境前，凡发现有违反隔离检疫场管理办法有关规定的，可随时取消临时隔离检疫场资格。

5.6.1.3　检疫审批

货主或其代理人须在贸易合同或协议签订前，填写《进境动植物检疫许可证申请表》，使用临时隔离检疫场的，同时提交临时隔离检疫场许可证，向国家质检总局申办《进境动植物检疫许可证》(以下简称《检疫许可证》)。

5.6.1.4　产地检疫

由国家质检总局根据需要选派人员赴港澳进行产地检疫。其工作内容及程序如下：

(1) 同输出地官方兽医商定检疫工作

了解整个输出地动物疫情，特别是本次拟输入动物所在地的疫情，初步商定检疫工作计划。

(2) 挑选动物

确认输出地输出动物的原农场符合议定书要求，特别是议定书要求该农场在指定的时间内(如3年、6个月等)及农场周围(如周围20 km范围内)无议定书中所规定的疫病或临诊症状等，查阅农场有关的疫病监测记录档案、询问地方兽医、农场主有关动物疫情、疫病诊治情况；对原农场所有动物进行检查，保证所选动物必须是临诊检查健康的。

(3) 原农场检疫

确认该农场符合议定书要求，检查全农场的动物是健康的，监督动物结核或副结核的皮内变态反应或马鼻疽点眼试验及结果判定；到官方认可的负责出境检疫的实验室，参与议定书规定动物疫病的实验室检验工作，并按照议定书规定的判定标准判定检验结果；符合要求的阴性动物方可进入官方认可的出境前隔离检疫场，实施隔离检疫。

(4) 隔离检疫

确认隔离场为输出地官方确认的隔离场；核对动物编号，确认只有农场检疫合格的动物方可进入隔离场；到官方认可的实验室参与有关疫病的实验室检验工作及结果判定；根据检验结果，阴性的合格动物准予向中国出境；在整个隔离检验期，定期或不定期地对动物进行临诊检查；监督对动物的体内外驱虫工作；对出境动物按照议定书规定进行疫苗注射。

(5) 动物运输

拟定动物从隔离场到机场或码头至大陆的运输路线并监督对运输动物的车、船或飞机的消毒及装运工作，并要求使用药物为官方认可的有效药物。运输动物的飞机、车、船不可同时装运其他动物。

5.6.1.5　报检

(1) 货主或其代理人应在马进境前30日向入境口岸和指运地检验检疫机构报检，填写《入境货物报检单》，并提交有效《检疫许可证》、合同等，每份《检疫许可证》只允许进境一批马。

(2) 受理报检后，有关检疫人员应做好隔离检疫场消毒和现场检疫、实验室检验的准备工作。

(3) 不符合要求处理：无有效《检疫许可证》的，不得接受报检。如动物已抵达口岸的，视情况作退回或销毁处理，并根据《中华人民共和国进出境动植物检疫法》的有关规定，进行处罚。

5.6.1.6　现场检疫

装运入境马的运输工具抵达口岸时按以下步骤实施现场检疫。

(1) 对入境运输工具停泊的场地、所有装卸工具、中转运输工具进行消毒处理，上下运输工具或者接近动物的人员接受检验检疫机构实施的防疫消毒。

(2) 动物到达后，登机(车、船)核查港澳特区政府有关部门出具的有效检疫证书，并查验货证是否相符。

(3) 检疫证书须符合下列要求：检疫证书一正一副，且正本必须随货同行，并附有关检测结果报告；检疫证书内容必须打印，手写无效；检疫证书应体现相关的检疫卫生要求，并包含以下内容：

1) 输出马的数量及完整标志。

2) 收发货人的姓名地址。

3) 港澳特区政府有关部门的兽医官签字。

4) 港澳特区政府有关部门的印章。

5) 不得涂改，除非由港澳有关部门授权兽医修改后签上其姓名，否则涂改无效。

(4) 查阅运行日志、货运单、贸易合同、发票、装箱单等，了解马匹的启运时间、启运口岸、运输路线，并与《检疫许可证》的有关要求进行核对。

(5) 清点马匹数量，进行临床检查。

(6) 经现场检疫合格后，签发《入境货物通关单》和运输工具消毒证书，同意卸离运输工具。

(7) 派专人随车押运马匹到指定的隔离检疫场进行隔离检疫。

(8) 对运输工具、停机坪、码头等相关场所、器材进行消毒，签发运输工具消毒证书，上下运输工具或者接近动物的人员接受检验检疫机构实施的防疫消毒。

(9) 不符合要求处理：

1) 凡不能提供有效检疫证书的，及时报告总局以便确定该批马的出境是否合法，并作出相应的处理。

2) 现场检疫发现动物死亡或有一般可疑传染病临床症状时，应做好现场检疫记录，隔离有传染病临床症状的动物，对铺垫材料、剩余饲料、排泄物等作除害处理，对死亡动物进行剖检。根据需要采样送实验室进行诊断。

3) 现场检疫发现进境动物有《中华人民共和国进境动物一类、二类传染病、寄生虫病名录》中所列的一类传染病、寄生虫病临床症状的，必须立即封锁现场，采取紧急防疫措施，通知货主或其代理人停止卸运，并以最快的速度报告国家质检总局和地方人民政府。

4) 未按《检疫许可证》指定的路线运输入境的，按《中华人民共和国进出境动植物检疫法》的规定，视情况作处罚或退回、销毁处理。

5) 未经检验检疫机构同意，擅自卸离运输工具的，按《中华人民共和国进出境动植物检疫法实施条例》的规定，对有关人员给予处罚。

6) 动物到港前或到港时，港澳突发动物疫情的，根据国家质检总局颁布的相关公告、禁令执行。

5.6.1.7 隔离检疫

(1) 隔离检疫期30天(种用马45天)，如需延长的，须报国家质检总局批准。

(2) 根据有关隔离检疫场管理办法的规定，在动物进场前对隔离检疫场实施消毒。所有装载动物的器具、铺垫材料、废弃物均须经消毒或无害化处理后，方可进出隔离检疫场。

(3) 饲养、管理人员必须经县级以上医院体检合格后，方可进入隔离检疫场从事隔离饲养管理动物工作。

(4) 确认进入隔离检疫场的饲草,是否来自非疫区,使用前应作熏蒸处理。

(5) 动物进场后,检疫人员应立即着手对动物的圈号和标识进行登记。

(6) 动物在隔离期间,饲养、管理人员应遵守动物隔离检疫场的有关规定。

(7) 预防性治疗:隔离检疫期间,用双氢链霉素 25 mg/kg,对钩端螺旋体病进行预防性治疗两次,需间隔 14 天,第一次注射应在动物到达后立即实施。

(8) 实验室检验:

1) 采样:马匹进场后 3～7 天,采集血样,并按规定填写《送样单》送实验室。

2) 检验项目:

马传染性贫血:琼扩试验或酶联免疫吸附试验为阴性。

马焦虫病:免疫荧光抗体试验为阴性。

(9) 不符合要求处理:

1) 隔离期内患病和检测结果阳性的,立即采取下列措施:

——单独隔离,由专人负责管理。

——对污染场地、用具和物品进行消毒。

——严禁转移和急宰。

2) 对死亡动物必要时进行尸体剖检,分析死亡原因,并作无害化处理;相关过程要留有影像资料。

3) 检出一类传染病、寄生虫病的动物,连同其同群动物全群退回或者扑杀处理并销毁尸体。

4) 检出二类传染病、寄生虫病的,对阳性动物作退回或者扑杀处理并销毁尸体,同群动物在隔离检疫场隔离观察。

5) 检出《中华人民共和国一类、二类动物传染病、寄生虫病的名录》之外对农牧业有严重危害的其他疾病的,作除害、退回或销毁处理。经除害处理合格的,准予进境。

6) 发现重大疫情的及时上报国家质检总局。

7) 隔离期间发现擅自将隔离检疫的动物调离出隔离检疫场的,对有关单位和人员给予处理。

8) 隔离期内,发现未按防疫要求执行的,检验检疫人员应及时予以纠正,并加强监管。

5.6.1.8　检疫放行与检疫处理

(1) 隔离期满,且实验室检验工作完成后,对动物做最后一次临床检查,合格的动物由隔离检疫场所在地检验检疫机构出具《入境货物检验检疫证明》。

(2) 对不合格的动物出具《动物检疫证书》。须作检疫处理的,出具《检验检疫处理通知书》。

5.6.1.9　资料归档

(1) 隔离检疫结束后,总结和整理检疫过程中的所有单证、原始记录、有关资料,并存档。

(2) 隔离检疫结束后 2 周内,将进境动物检疫工作总结和《进境种畜流向记录表》一并报总局。

5.6.1.10　依据

输入港澳赛马检疫依据如下:

1)《内地从香港特区输入马的检疫和卫生要求》

2)《内地从澳门特区输入马的检疫和卫生要求》

3)《国家进境动物隔离检疫场隔离办法》(动植检动字[1995]7号)

4)《进出境动物临时隔离检疫场管理办法》(动植检动字[1996]123号)

5)《派出动物检验检疫人员管理办法》(征求意见稿)

6)《中华人民共和国进出境动植物检疫法》

7)《中华人民共和国进出境动植物检疫法实施条例》

8)《中华人民共和国进境动物一、二类传染病、寄生虫病名录》([92]农(检疫)字第12号)

9)《出入境动植物检验检疫风险预警及快速反应管理规定实施细则》(国质检动[2002]80号)

10)《进出境动植物检疫收费管理办法》(计价格[1994]795号)

11)《国家计委、财政部关于第二批降低收费标准的通知》(计价格[1999]1707号)

12)《进境动物检疫管理办法》(总检动字[1992]10号)

5.6.2 非港澳地区赛马检疫

5.6.2.1 适用范围

来自非港澳地区的进境参赛马检疫。

5.6.2.2 检疫许可

货主或代理人马匹入境前,提供既满足《出入境临时隔离检疫场管理办法》的要求和条件,又适合赛马训练的隔离检疫场所,经直属检验检疫机构考核之后,并出具临时隔离检疫场使用许可证。

5.6.2.3 检疫审批

货主或其代理人须在协议签订前,填写《进境动植物检疫许可证申请表》,同时提交临时隔离检疫场许可证,向国家质检总局申办《进境动植物检疫许可证》(以下简称《检疫许可证》)。

5.6.2.4 报检

(1) 货主或其代理人应在马进境前30日向入境口岸和指运地检验检疫机构报检,填写《入境货物报检单》,并提交有效《检疫许可证》、合同等,每份《检疫许可证》只允许进境一批马。

(2) 受理报检后,有关检疫人员应做好隔离检疫场消毒和现场检疫、实验室检验的准备工作。

(3) 不符合要求处理:无有效《检疫许可证》的,不得接受报检。如动物已抵达口岸的,视情况作退回或销毁处理,并根据《中华人民共和国进出境动植物检疫法》的有关规定,进行处罚。

5.6.2.5 现场检疫

(1) 对入境运输工具停泊的场地、所有装卸工具、中转运输工具进行消毒处理,上下运输工具或者接近动物的人员接受检验检疫机构实施的防疫消毒。

(2) 动物到达后,登机(轮、车)核查输出国官方检疫部门出具的有效动物检疫证书(正本),并查验证书所附有关检测结果报告是否与相关检疫条款一致,动物数量、品种是否与《检疫许可证》相符。检疫证书须符合下列要求:检疫证书一正一副或多副,且正本必须随动物同行,不得涂改,除非由政府授权兽医修改后签上其姓名,否则涂改无效;检疫证书应包含以下内容：

1）输出动物的数量。

2）收发货人的名称、地址。

3）输出国官方检疫部门的兽医官签字。

4）输出国官方检疫部门的印章。

5）符合《检疫许可证》要求的检疫证书评语。

（3）查阅运行日志、货运单、装箱单等，了解动物的启运时间、口岸、途径国家和地区，并与《检疫许可证》的有关要求进行核对。

（4）登机（轮、车）清点动物数量、品种，并进行临床检查。

（5）经现场检疫合格后，签发《入境货物通关单》。同意卸离运输工具。

（6）派专人随车押运动物到指定的隔离检疫场。

（7）对运输工具、停机坪、码头等相关场所、器材进行消毒，签发运输工具消毒证书，上下运输工具或者接近动物的人员接受检验检疫机构实施的防疫消毒。

（8）不符合要求处理：

1）凡不能提供有效检疫证书的，视情况作退回或销毁处理。

2）现场检疫发现动物发生死亡或有一般可疑传染病临床症状时，应做好现场检疫记录，隔离有传染病临床症状的动物，对铺垫材料、剩余饲料、排泄物等作除害处理，对死亡动物进行剖检。根据需要采样送实验室进行诊断。

3）现场检疫时，发现进境动物有《中华人民共和国进境动物一类、二类传染病、寄生虫病名录》中所列的一类传染病、寄生虫病临床症状的，必须立即封锁现场，采取紧急防疫措施，通知货主或其代理人停止卸运，并以最快的速度报告国家质检总局和地方人民政府。

4）未按《检疫许可证》指定的路线运输入境的，按《中华人民共和国进出境动植物检疫法》的规定，视情况作处罚或退回、销毁处理。

5）未经检验检疫机构同意，擅自卸离运输工具的，按《中华人民共和国进出境动植物检疫法实施条例》的规定，对有关人员给予处罚。

6）动物到港前或到港时，产地国家或地区突发动物疫情的，根据国家质检总局颁布的相关公告、禁令执行。

5.6.2.6　隔离检疫

（1）隔离检疫期 30 天，如需延长的，须报总局批准。

（2）根据有关隔离检疫场管理办法的规定，在动物进场前对隔离检疫场实施消毒。所有装载动物的器具、铺垫材料、废弃物均须经消毒或无害化处理后，方可进出隔离检疫场。

（3）饲养、管理人员必须经县级以上医院体检合格后，方可进入隔离检疫场从事隔离饲养管理动物工作。

（4）确认进入隔离检疫场的饲草，是否来自非疫区，使用前应作熏蒸处理。

（5）动物进场后，检疫人员应立即着手对动物的圈号和标识进行登记。

（6）动物在隔离期间，饲养、管理人员应遵守动物隔离检疫场的有关规定。

（7）实验室检验：

1）隔离检疫期间，按 GB/T 18088—2000 标准和《检疫许可证》的要求进行采样，并按规定填写《送样单》送实验室。

2）依据《检疫许可证》和相关的检疫议定书的要求检疫。

(8) 隔离期内患病的和检测结果阳性的，立即采取下列措施：

1）单独隔离，由专人负责管理。

2）对污染场地、用具和物品进行消毒。

3）严禁转移和急宰。

(9) 对死亡动物必要时进行尸体剖检，分析死亡原因，并作无害化处理；相关过程要留有影像资料。

(10) 检出一类传染病、寄生虫病的动物，连同其同群动物全群退回或者扑杀处理并销毁尸体。

(11) 检出二类传染病、寄生虫病的，对阳性动物作退回或者扑杀处理并销毁尸体，同群动物在隔离检疫场隔离观察。

(12) 检出《中华人民共和国一类、二类动物传染病、寄生虫病的名录》之外对农牧业有严重危害的其他疾病的，作除害、退回或销毁处理。经除害处理合格的，准予进境。

(13) 发现重大疫情的及时上报国家质检总局。

(14) 隔离期间发现擅自将隔离检疫的动物调离出隔离检疫场的，对有关单位和人员给予处理。

(15) 隔离期内，发现未按防疫要求执行的，检验检疫人员应及时予以纠正，并加强监管。

5.6.2.7　检疫放行及检疫处理

(1) 隔离期满，且实验室检验工作完成后，对动物做最后一次临床检查，合格的动物由隔离检疫场所在地检验检疫机构出具《入境货物检验检疫证明》放行。

(2) 对经隔离检疫不合格的动物出具《动物检疫证书》。

(3) 须作检疫处理的，出具《检验检疫处理通知书》。

5.6.2.8　资料归档

(1) 隔离检疫结束后，总结和整理检疫过程中的所有单证、原始记录、有关资料，并存档。

(2) 隔离检疫结束后2周内，将进境动物检疫工作总结和《进境种畜流向记录表》一并报国家质检总局。

5.6.2.9　依据

非港澳地区赛马检疫依据如下：

1)《进出境动物临时隔离检疫场管理办法》(动植检动字[1996]123号)

2)《中华人民共和国进出境动植物检疫法》

3)《中华人民共和国进出境动植检疫法实施条例》

4)《中华人民共和国一类、二类动物传染病、寄生虫病的名录》([92]农(检疫)字第12号)

5)《出入境动植物检验检疫风险预警及快速反应管理规定实施细则》(国质检动[2002]80号)

6)《进出境动植物检疫收费管理办法》(计价格[1994]795号)

7)《国家计委、财政部关于第二批降低收费标准的通知》(计价格[1999]1707号)

8）《进境动物检疫管理办法》（总检动字[1992]10号）

5.6.3　参赛信鸽检疫

5.6.3.1　适用范围

进境参赛信鸽检疫。

5.6.3.2　隔离场许可

（1）所有参赛信鸽视为一批信鸽进行隔离检疫，驯养比赛场地作为隔离检疫场。按进出境隔离检疫场管理规定和参赛信鸽隔离检疫场动物卫生要求进行考核，考核合格的，出具进境动物临时隔离检疫场许可证。

（2）信鸽进入隔离场前至少一个月，场内不得饲养《进境动植物检疫许可证》（以下简称《检疫许可证》）规定之外的任何动物。信鸽进境前，凡发现有违反进出境隔离检疫场管理规定的，应取消临时隔离场资格。

5.6.3.3　检疫审批

境外参赛信鸽由承办单位或其代理人填写《进境动植物检疫许可证申请表》，同时提交临时隔离场许可证和举办赛事获批准证明，向国家质检总局申办《检疫许可证》。一个国家一份许可证。许可证必须在动物入境前办妥。

5.6.3.4　报检

（1）承办单位或其代理人应在信鸽进境30日前，分别向入境口岸和指运地检验检疫机构报检，填写《入境货物报检单》，并提交有效《检疫许可证》和参赛国家或地区官方出具的检疫证书等，每份《检疫许可证》只允许进境一批信鸽。

（2）受理报检后，检验检疫人员应做好隔离场消毒和现场检疫、实验室检验的准备工作。

（3）不符合要求处理：无有效《检疫许可证》的，不得接受报检。如动物已抵达口岸的，视情况作退回或销毁处理。

5.6.3.5　现场检疫

（1）核对检疫证书的有效性及随附单证。

（2）核对信鸽羽数及脚环号码。

（3）实施临床检查。

（4）经现场检疫合格后，签发《入境货物通关单》。

（5）对运输工具、场地进行消毒。

（6）派专人押运到隔离场。

（7）不符合要求处理：

1）境外参赛信鸽无有效动物证书或货证不符的，作退回或销毁处理。

2）现场检疫发现信鸽发生死亡或有可疑传染病临床症状时，应做好现场检疫记录，隔离有传染病临床症状的动物，对死亡动物进行剖检。根据需要采样送实验室进行诊断。

3）现场检疫时，发现进境动物有一类传染病、寄生虫病临床症状的，立即封锁现场，采取紧急防疫措施，通知货主或其代理人停止卸运，并以最快的速度报告国家质检总局和地方人民政府。

4）未按《检疫许可证》指定的路线运输入境的，按《中华人民共和国进出境动植物检疫法》的规定，视情况作处罚或退回、销毁处理。

5）未经检验检疫机构同意，擅自运递的，按《中华人民共和国进出境动植物检疫法实施条例》的规定，对有关人员给予处罚。

6）信鸽进境前或进境时，产地国家或地区突发动物疫情的，根据国家质检总局颁布的相关公告、禁令执行。

5.6.3.6　隔离检疫

（1）参赛信鸽须进行隔离检疫，原则上实行一个国家一个鸽舍。

（2）隔离场须设立明显标志，警示无关人员禁止入内。在隔离检疫期间，除驯养人员之外，未经检验检疫机构书面许可，其他任何人员不得进入信鸽隔离检疫场。进出隔离检疫场的人员必须登记。驯养员不得将其他禽鸟及其产品带入驯养区。

（3）隔离检疫期间实行检疫人员进行检疫监管。进行临床检查，对病、死信鸽进行检疫和采样送检，并负责监管饲养、用药、免疫、防疫、消毒等情况。

（4）实验室检验：参赛信鸽入场后，按《检疫许可证》要求和GB/T 18088—2000《进出境动物检疫采样标准》采样进行实验室检验。

（5）在检验检疫机构的监督下，经隔离检疫合格的信鸽在解除隔离前，进行鸽用新城疫疫苗免疫。

（6）隔离期内检测结果阳性，立即采取下列措施：

1）不得驯放。

2）对污染场地、用具和物品进行消毒。

3）检出一类传染病、寄生虫病的动物，连其同群动物全群退回或者扑杀处理并销毁尸体。

4）检出二类传染病、寄生虫病的，对阳性动物作退回或者扑杀处理并销毁尸体，同群动物在隔离场隔离观察。

5）检出《中华人民共和国一类、二类动物传染病、寄生虫病的名录》之外对农牧业有严重危害的其他疾病的，作除害、退回或销毁处理。经除害处理合格的，准予进境。

（7）发现重大疫情的及时上报国家质检总局。

（8）隔离期间发现擅自将隔离检疫的动物调离出隔离场的，对有关单位和人员给予处罚。

（9）隔离期内，发现未按防疫要求执行的，检验检疫人员应及时予以纠正，并加强监管。

（10）检验检疫机构派员对参赛信鸽实施全程监管。

5.6.3.7　检疫放行及检疫处理

（1）检疫合格的，出具《入境货物检验检疫证明》。

（2）对不合格的动物出具《动物检疫证书》。

（3）须作检疫处理的，出具《检验检疫处理通知书》。

5.6.3.8　资料归档

检疫结束后，总结和整理检疫过程中的所有单证、原始记录、有关资料，并存档。

5.6.3.9　依据

进境参赛信鸽检疫依据如下：

1）《进出境动物临时隔离检疫场管理办法》（动植检动字[1996]123号）

2）《中华人民共和国进出境动植物检疫法》

3)《中华人民共和国进出境动植物检疫法实施条例》

4)《中华人民共和国一类、二类动物传染病、寄生虫病的名录》([92]农(检疫)字第12号)

5)《出入境动植物检验检疫风险预警及快速反应管理规定实施细则》(国质检动[2002]80号)

5.6.4　演艺动物检疫

5.6.4.1　适用范围

进境演艺动物检疫。

5.6.4.2　检疫许可

(1) 演出承办单位应在入境口岸和各演出场所就近设立临时动物隔离检疫场。

(2) 直属检验检疫机构按照有关管理办法的要求对临时动物隔离场进行考核,合格的签发《进境动物临时隔离场许可证》。

(3) 不符合要求处理:动物进境前,凡发现有违反隔离场管理办法的有关规定的,可取消临时隔离场资格。

5.6.4.3　检疫审批

演出承办单位须在演出合同或协议签订前,填写《进境动植物检疫许可证申请表》,连同入境口岸的《进境动物临时隔离场许可证》和其他材料向国家质检总局申办《进境动植物检疫许可证》(以下简称《检疫许可证》)。

5.6.4.4　报检

(1) 演出承办单位应在演艺动物进境前5～7日向入境口岸和指运地检验检疫机构报检,填写《入境货物报检单》,并提交《检疫许可证》、合同等,每份《检疫许可证》只允许进境一批演艺动物。

(2) 受理报检后,检验检疫人员应做好隔离场消毒监管和现场检疫的准备工作。

(3) 不符合要求处理:无有效《检疫许可证》的,不得接受报检;如动物已抵达口岸的,作退回或销毁处理,并根据《进出境动植物检疫法》的有关规定进行处罚。

5.6.4.5　现场检疫

(1) 对入境运输工具停泊的场地、所有装卸工具、中转运输工具进行消毒处理。

(2) 对上下运载工具和接近动物的人员做预防性消毒。

(3) 动物到达后,登机(车、船)核查输出国家或地区政府出具的检疫证书(正本),并查验货证是否相符。

检疫证书须符合下列要求:检疫证书一正一副,且正本必须随货同行;检疫证书内容必须打印,手写无效。涂改须有官方兽医的签名,否则无效。

检疫证书应确认本国近两年内没有发生过《中华人民共和国进境动物一、二类传染病、寄生虫病名录》所列相关动物的一类传染病、寄生虫病,并包含以下内容:

1) 输出动物的数量。

2) 收发货人的名称、地址。

3) 输出国官方检疫部门的兽医官签字。

4) 输出国官方检疫部门的印章。

5) 符合《检疫许可证》要求的检疫证书评语。

(4) 查阅运行日志、演出合同、装箱单等，了解演艺动物的启运时间、启运地、途经地区，并与《检疫许可证》的有关要求进行核对。

(5) 清点演艺动物数量，进行临床检查。

(6) 经现场检疫合格后，在检验检疫人员的监督下卸离运输工具。

(7) 派专人随车押运演艺动物到已获批准的演出所在地临时隔离场，由演出所在地检验检疫机构进行隔离检疫。

(8) 对运输工具、停机坪(码头或停车场)等相关场所、器材等进行消毒；对铺垫材料、剩余饲料、排泄物、废弃物进行无害化处理。

(9) 不符合要求处理：

1) 凡不能提供有效检疫证书的，作退回或销毁处理。

2) 现场检疫发现动物发生死亡或有一般可疑传染病临床症状时，应做好现场检疫记录，隔离有传染病临床症状的动物，对铺垫材料、剩余饲料、排泄物等作除害处理，对死亡动物进行剖检。根据需要采样送实验室进行诊断。

3) 现场检疫时，发现进境动物有《中华人民共和国进境动物一类、二类传染病、寄生虫病名录》中所列的一类传染病、寄生虫病临床症状的，按重大疫病应急预案处理。

4) 未按《检疫许可证》指定的路线运输入境的，按《中华人民共和国进出境动植物检疫法》的规定处理。

5) 未经检验检疫机构同意，擅自卸离运输工具的，按《中华人民共和国进出境动植物检疫法实施条例》的规定给予处罚。

6) 动物到港前或到港时，产地国家或地区突发动物疫情的，根据国家质检总局颁布的相关公告、禁令执行。

5.6.4.6 隔离检疫

(1) 入境口岸隔离检疫期为7～15天。

(2) 根据有关隔离场管理办法的规定，在动物进场前对隔离场实施消毒。所有装载动物的器具、铺垫材料、废弃物、排泄物、分泌物均须经消毒或无害化处理后，方可进出隔离场。

(3) 进入隔离场的饲草应来自非疫区，使用前须作熏蒸处理。

(4) 动物进场后，检验检疫人员应立即逐头(只)造册登记、作临床检查。

(5) 动物在隔离期间应遵守动物隔离场的有关规定。

(6) 按《检疫许可证》要求进行实验室检疫。

5.6.4.7 检疫放行与检疫处理

(1) 隔离期内发现患病或死亡的动物，立即采取下列措施：

单独隔离，由专人负责管理；采集病料送实验室检验；对动物停留过的地方和污染的用具、物品进行消毒；严禁转移和急宰；死亡动物应保留完整，必要时进行尸体剖检，并作无害化处理，根据需要出具死亡证明(写明动物种类、名称、特征、死因和死亡日期等)。

(2) 经检疫确诊患有传染病的动物，同批动物应予隔离观察30天或限期离境。

(3) 隔离期间发现擅自将隔离检疫的动物调离出隔离场的，对有关单位和人员给予处罚。

(4) 隔离期内，发现未按防疫要求执行的，检验检疫人员应及时予以纠正，并加强监管。

5.6.4.8 检疫监督

(1) 承办人须将具体演出场所和时间事前报到达地检验检疫机构批准。

(2) 增加或变更演出地的,承办人应事先报国家质检总局批准。

(3) 进境演艺动物在中国演出期间和运输途中,应由检验检疫机构进行全程检疫监管。上一演出地检验检疫机构负责将演艺动物押运至下一演出地,并与下一演出地检验检疫机构办理交接手续。

(4) 演艺动物进境后,除在演出和运输途中外,应停留在临时隔离场内。

(5) 演艺动物在中国期间的铺垫材料、废弃物、排泄物、分泌物和剩余饲料均须在检验检疫机构监督下做无害化处理。

(6) 饲喂演艺动物的饲草应来自非疫区,使用前须作熏蒸处理。

(7) 所在地检验检疫机构应派员对演艺动物进行日常临床检查。

(8) 演艺动物有病、死的,按"隔离检疫"的相关规定进行处理。

(9) 对演艺动物的运输车辆、演出场地、饲养场地消毒进行监督。

(10) 演出结束后,各有关检验检疫机构应做好演艺动物的检疫、监管和交接记录的整理归档。

5.6.4.9 离境检疫

(1) 最后演出地检验检疫机构负责该批演艺动物的离境检疫工作。

(2) 演出承办单位应在演艺动物离境前向最后演出地检验检疫机构报检,填写《出境货物报检单》,并提交有效《检疫许可证》、合同和该批演艺动物在中国境内的全程监管记录等。

(3) 检验检疫机构受理报检后,应查阅演出合同、装箱单等,了解演艺动物的离境口岸、离境时间、途径地区,并与《检疫许可证》的有关要求进行核对。

(4) 对动物逐头进行临床检查。

(5) 经现场检疫合格后,签发《动物卫生证书》、《出境货物通关单》或《出境货物换证凭单》和《运输工具消毒证书》。

(6) 演艺动物抵达离境口岸后,离境口岸检验检疫机构经核对单证无误、临床检查合格后,准予出境。

5.6.4.10 资料归档

隔离检疫结束后,总结和整理检疫过程中的所有单证、原始记录、有关资料,并存档。

5.6.4.11 依据

进境演艺动物检疫依据如下:

1)《关于做好俄罗斯国家马戏团来华演出期间动物检疫监管工作的通知》(动函[1999]202)

2)《进出境动物临时隔离检疫场管理办法》(动植检动字[1996]123号)

3)《派出动物检验检疫人员管理办法》(征求意见稿)

4)《中华人民共和国进出境动植物检疫法》

5)《中华人民共和国进出境动植物检疫法实施条例》

6)《中华人民共和国一类、二类动物传染病、寄生虫病的名录》([92]农(检疫)字12号)

7)《出入境动植物检验检疫风险预警及快速反应管理规定实施细则》(质检动[2002]80号)

8)《进出境动植物检疫收费管理办法》(计价格[1994]795号)

9)《国家计委、财政部关于第二批降低收费标准的通知》(计价格[1999]1707号)

10)《进境动物检疫管理办法》(总检动字[1992]10号)

5.7　伴侣动物检疫

5.7.1　适用范围

进境犬、猫及进境澳大利亚兔检疫。

5.7.2　检疫许可

(1) 进境犬、猫及进境澳大利亚兔临时隔离检疫场须由所在地直属检验检疫机构按照国家隔离检疫场管理办法的要求,对货主或其代理人提供的隔离场地进行考核,考核合格的,出具《临时隔离检疫场使用许可证》。

(2) 不符合要求处理:不符合国家隔离检疫场管理办法要求的,直属检验检疫机构通知货主或其代理人另选场地。

5.7.3　检疫审批

(1) 货主或其代理人在贸易合同或协议签订前,须填写《进境动植物检疫许可证申请表》,连同入境口岸的《进境动物临时隔离场许可证》和其他材料向国家质检总局申办《进境动植物检疫许可证》(以下简称《检疫许可证》)。

(2) 不符合要求处理:对不符合检疫要求的申请,国家质检总局将签发《进境动植物检疫许可证申请未获准通知单》,通知货主或其代理人。

5.7.4　报检

(1) 货主或其代理人在犬、猫及兔进境前30日报检,填写《入境货物报检单》,并提交有效《检疫许可证》、合同等单证。

(2) 审核单证:

1) 审核许可证是否有效。

2) 每份《检疫许可证》只允许进境一批犬、猫及澳大利亚兔,不得分批核销。

3) 受理报检后,检验检疫人员应做好隔离场消毒、现场检疫和实验室检验的准备工作。

4) 不符合要求处理:无有效《检疫许可证》的,不得接受报检。如动物已抵达口岸的,作退回或销毁处理,并根据《中华人民共和国进出境动植物检疫法》的有关规定进行处罚。

5.7.5　现场检疫

(1) 准备工作:

1)对入境的车辆(飞机)的停泊场地应用有效消毒药物进行喷洒消毒。

2)对停泊场地的所有装卸工具以及中转运输工具进行预防性消毒处理。

3)准备好现场检疫所需要的所有工具和器皿。

(2) 动物到达后,核查输出国官方检疫机关出具的检疫证书,并查验货证是否相符。

1) 进境犬类

① 从德国及俄罗斯进境的犬,应检查有无伪狂犬病血清中和试验内容,同时证书中应注明:所注疫苗种类、注射剂量、注射日期、疫苗免疫期和生产厂商;临床检查结果,驱虫和消毒所用药物的名称、剂量、生产厂商以及实施上述工作的日期和地点。

② 对从澳大利亚、英国、美国和加拿大进境的犬,无具体实验室检测项目要求,重点检

查疫苗免疫、驱虫消毒的情况。

③ 对《检疫许可证》中声明输出国须按照《中华人民共和国输入犬的检疫和卫生要求》检疫的，官方动物检疫证书应符合下列要求：

——发货人（出口商）全称及地址；收货人（进口商）全称及地址。

——临床检查结果。

——实验室检验项目、方法及结果并附实验室结果报告单。

——驱虫和消毒所用药物的名称、剂量、生产厂商以及实施上述工作的日期和地点。

——所注疫苗种类、注射剂量、注射日期、疫苗免疫期和生产厂商。

——《动物检疫证书》必须有官方兽医签字，并加盖官方印章。

——证书内容必须打印，手写无效。涂改须有官方兽医的签名，否则无效。

2）进境猫类

应在证书中注明：所注疫苗种类、注射剂量、注射日期、疫苗免疫期和生产厂商；临床检查结果，驱虫和消毒所用药物的名称、剂量、生产厂商以及实施上述工作的日期和地点。

对《检疫许可证》中声明输出国须按照《中华人民共和国输入猫的检疫和卫生要求》检疫的，官方动物检疫证书应符合下列要求：

——发货人（出口商）全称及地址；收货人（进口商）全称及地址。

——临床检查结果。

——实验室检验项目、方法及结果并附实验室结果报告单。

——驱虫和消毒所用药物的名称、剂量、生产厂商以及实施上述工作的日期和地点。

——所注疫苗种类、注射剂量、注射日期、疫苗免疫期和生产厂商。

——《动物检疫证书》必须有官方兽医签字，并加盖官方印章。

——证书内容必须打印，手写无效。涂改须有官方兽医的签名，否则无效。

3）进境澳大利亚兔类

官方动物检疫证书应含有下列内容：

——发货人（出口商）全称及地址；收货人（进口商）全称及地址。

——临床检查结果。

——兔在隔离场隔离至少 30 天。

——实验室检验项目、方法及结果并附实验室结果报告单。

——驱虫和消毒所用药物的名称、剂量、生产厂商以及实施上述工作的日期和地点。

——所注疫苗种类、注射剂量、注射日期、疫苗免疫期和生产厂商。

——《动物检疫证书》必须有官方兽医签字，并加盖官方印章。

——证书内容必须打印，手写无效。涂改须有官方兽医的签名，否则无效。

（3）清点动物数量，并进行临床检查。

（4）对运输工具、包装材料及污染场地做有效消毒处理。

（5）对检疫证书合格、货证相符的进境犬、猫及进境澳大利亚兔，检验检疫机构派员押运到指定隔离检疫场所。

（6）不符合要求处理：

1）对无有效检疫证书或没有检疫证书的进境犬、猫及进境澳大利亚兔，作退回或销毁处理。

2）现场检疫发现动物发生死亡或有可疑传染病迹象时，应做好现场检疫记录，隔离有

传染病临床症状的进境动物，对铺垫材料、剩余饲料、排泄物等作无害化处理，对死亡动物应送实验室检测。

3) 未经检验检疫机构同意，擅自卸离运输工具的，按《中华人民共和国进出境动植物检疫法实施条例》的规定，进行处罚。

4) 动物到港前或到港时，产地国家或地区突发动物疫情的，按照国家质检总局颁布的相关公告、禁令执行。

5.7.6 隔离检疫

(1) 隔离检疫期为30天。如疫病快速诊断项目检测结果全部为阴性，且物主居住地基本符合兽医卫生防疫要求，口岸检验检疫机构可允许伴侣动物在隔离7天后改为在物主家中隔离。入境后须调往外省市的伴侣动物，在隔离场隔离检疫7天，合格后可调离到外省市。如需延长隔离期限的，须报国家质检总局批准。

(2) 隔离场消毒：动物进场前一周，须对隔离舍作彻底清洁消毒处理。伴侣动物进入隔离场的，首先进入观察室，对其进行编号，并做好登记。随后对伴侣动物进行狂犬病、犬瘟热、犬传染性肝炎、细小病毒病(犬、猫)、猫冠状病毒病、弓形虫病(犬、猫)等疫病项目的快速检测。疫病快速检测结果为阴性的，转入隔离舍，疫病快速筛选结果为阳性的，转入病畜隔离舍。

(3) 经筛选诊断结果为阳性的，采集样品，挑选下列项目送实验室检测：狂犬病、犬瘟热、犬传染性肝炎、细小病毒病、猫冠状病毒病、弓形虫病。

(4) 隔离期间一旦发现可疑传染病临床症状的，现场兽医应立即采血样或粪尿样送实验室检验，并将伴侣动物转移至病畜隔离舍，对现场实施消毒处理。

(5) 隔离期间如发生除狂犬病以外的其他疾病的，按照物主的要求，进行治疗或放弃治疗。

(6) 隔离期间由专人负责饲养和防疫工作。

(7) 隔离检疫期间，口岸检验检疫机构定期派人前往隔离场实施监管，检查“进出境动物隔离现场记事本”填写情况，并认真做好“进境宠物监管表”的填写工作。

5.7.7 实验室检验

(1) 采样

犬、猫及兔在进境后7天逐只采集血样，并填好《送样单》送检。

(2) 检疫项目

按照《检疫许可证》要求，分别选做下列试验：

1) 进境犬类

① 伪狂犬病：血清中和试验，血清稀释1∶4为阴性。

② 布氏杆菌病：用犬型布氏杆菌抗原做血清凝集试验，血清稀释1∶10为阴性。

③ 狂犬病：中和试验，中和抗体滴度必须不低于0.5 IU/mL。

④ 对从德国和俄罗斯进境的犬，只须做伪狂犬病血清中和试验，血清稀释1∶4为阴性。

2) 进境猫类

① 猫泛白细胞减少症：用猫肾、肺原代细胞进行细胞培养中和试验，根据核内包涵体的有无做出判定；或利用FPV能凝集猪红细胞的特性，检查血清中的抗体。

② 猫冠状病毒：电镜检查，取粪便用氯仿处理，低速离心，取上清液，滴于铜网上，经磷

钨酸负染后，用电镜观察是否有特殊形态的病毒粒子。

③ 猫弓形虫病：应用染料试验（需抗原、补助因子、染料）免疫诊断法，如被检血清在1∶32以上的滴度有50%的虫体有着色，判为阳性。空白对照应全部着色，阳性对照应全不着色。

3）进境澳大利亚兔

① 兔病毒性出血症：未经对兔病毒性出血症免疫的兔，血球凝集抑制试验或竞争ELISA；经对兔病毒性出血症免疫的兔，血球凝集抑制试验，检测抗体，不低于1∶10。

② 兔黏液瘤病：琼脂扩散试验或ELISA。

③ 如果兔表现出魏氏梭菌病、兔球虫病、兔疥癣病的临床症状，还应对其实施检测：

——魏氏梭菌病，粪拭子采样，做细菌学检测；

——兔球虫病，采取动物粪便样本，显微镜检查；

——兔疥癣病，刮取动物皮屑，对皮屑进行显微镜检查。

5.7.8　检疫监督

（1）及时更换消毒池内的消毒液，以保持消毒液的有效浓度。定期对隔离场地进行清洗、消毒，保持动物体、棚舍、池和所有用具的清洁卫生；做好灭鼠，防盗、防毒等工作。

（2）所有工作人员进出临时隔离场应进行更衣、换鞋、换帽等程序，并经消毒池消毒后出入隔离场所。

（3）保证隔离场有专人看护动物，严禁无关人员接近动物饲养区；不准将与兔相关动物的生肉制品、内脏、蛋、骨、皮、毛等动物产品带入隔离场地。

（4）保证隔离场有专职饲养员饲养动物，饲养员须定期做健康检查，饲喂工具和工作服必须每天消毒。

（5）动物排泄物、垫料、污物、污水须经无害化处理后方可排出临时隔离场；所有工作服及有关用具均须经消毒处理后方可带离隔离场所。

（6）动物产下的幼崽不得移出隔离区。

（7）隔离期间，饲养员填写《进出境动物隔离现场记事本》。

（8）由隔离场驻场兽医做好日常防疫、疾病治疗和监管工作，及时发现和解决问题，并认真填写《进出境动物隔离检疫监管记录》。

5.7.9　检疫处理

（1）擅自调离或处理隔离期间动物的，按《中华人民共和国进出境动植物检疫法实施条例》的规定给予处罚。

（2）隔离检疫期间检出一类动物传染病的，应启动和实施进出境重大动物疫病应急预案。

（3）隔离检疫期间检出二类动物传染病的，对阳性动物做退回或扑杀处理，同群其他动物进行隔离观察。

5.7.10　检疫出证

（1）隔离期满，且实验室检验工作完成后，对动物做最后一次临床检查，合格的动物由隔离场所在地检验检疫机构出具《入境货物检验检疫证明》放行。

（2）对隔离检疫不合格的动物出具《动物检疫证书》。

（3）须作检疫处理的，出具《检验检疫处理通知书》。

5.7.11　资料归档

总结和整理检疫过程中的所有单证、原始记录、有关资料，并存档。

5.7.12　依据

进境伴侣动物检疫依据如下：

1)《进出境动物临时隔离检疫场管理办法》(动植检动字[1996]123号)

2)《中华人民共和国进出境动植物检疫法》

3)《中华人民共和国进出境动植物检疫法实施条例》

4)《进境动植物检疫审批管理办法》(国家质检总局2002年25号令)

5)《出境食用动物饲料检验检疫管理办法》(国家质检总局令2001年第5号)

6)《出入境动植物检验检疫风险预警及快速反应管理规定实施细则》(质检动[2002]80号)

7)《进出境动植物检疫收费管理办法》(计价格[1994]795号)

8)《国家计委、财政部关于第二批降低收费标准的通知》(计价格[1999]1707号)

9)《进境动物检疫管理办法》(总检动字[1992]10号)

10)《国家质检总局关于做好供港食用动物药物残留检验监测工作的通知》(国质检动函[2001]638号)

11)《中华人民共和国一类、二类动物传染病、寄生虫病的名录》([92]农(检疫)字第12号)

12) 关于发布《进出境动物、动物产品检疫采样管理办法》及其采样标准的通知([92]农(检疫)字第12号)

13)《中华人民共和国国家质量监督检验检疫总局和澳大利亚农渔林业部关于中国从澳大利亚输入兔的检疫和卫生要求议定书》

14)《中华人民共和国输入犬的检疫和卫生要求》

15)《中华人民共和国从德国输入犬的检疫和卫生条件》

16)《中华人民共和国从俄罗斯输入犬的检疫和卫生条件》

17)《中华人民共和国从澳大利亚输入犬的检疫和卫生条件》

18)《中华人民共和国从英国输入犬的检疫和卫生条件》

19)《中华人民共和国从美利坚合众国输入犬的检疫和卫生条件》

20)《中华人民共和国从加拿大输入犬的检疫和卫生》

5.8　实验动物检疫

5.8.1　适用范围

进境实验动物。

5.8.2　检疫许可

(1) 进境实验动物临时隔离检疫场须由所在地直属检验检疫机构按照有关隔离检疫场管理办法的要求，对货主或其代理人提供的隔离检疫场地进行考核，并出具《临时隔离检疫场使用许可证》。

(2) 对货主或其代理人提供的临时隔离场地及设施进行考核，考核内容如下：

1) 外环境条件：选址无污染、无噪声的僻静处；院落整齐、清洁、定期消毒；设有专用的

垃圾、动物尸体存放、焚烧和处理场地；附近不得饲养非实验用的家禽和家畜。

2）动物饲育室建筑条件：中、小型动物饲育室进出境不得直接对外、门窗严密，应有防昆虫的纱门纱窗、天花板光洁，能消毒、地面平坦，地面及墙壁能洗刷、具有封闭式下水道、具有换气装置及防野鼠的设备。

3）笼、饲育的环境条件：应使用易于清洗消毒及操作的笼具、饲具及饮水用具须能进行消毒，并需要使用不生锈的材料制作。

4）饲育室内环境条件：根据实验动物和实验动物设施的分级标准，分普通动物（开放系统）、清洁动物（半屏障系统）和无特殊病原体动物与无菌动物（屏障系统或隔离系统）。考核条件应视实际进境动物级别而定，并要求申请单位提供相应的级别证书。作为隔离检疫用的饲育室应具有防止疫情传播和交叉污染的各项措施，并设有明显的隔离区域标志。

5）实验动物环境指标应符合表5-1所列要求：

表5-1　实验动物环境指标

项　目	开放系统（普通）	简易屏障系统（清洁）	屏障系统（SPF）	隔离系统（无菌）
温度/℃	18～29	18～29	18～29	18～29
湿度/%	40～70	40～70	40～70	40～70
换气次数/（次/h）	10	10	10	10
气流速度/（m/s）	0.18	0.18	0.18	0.18
压差/Pa（mmH_2O）	24.5(2.5)	24.5(2.5)	24.5(2.5)	24.5(2.5)
洁净度（级）	>100 000	>10 000	>1 000	>100
氨浓度/（mg/m^3）	15	15	15	15
噪声/dB	≤60	≤60	≤60	≤60
照度/lx	150～300	150～300	150～300	150～300

6）管理条件：要有动物隔离饲育室的卫生防疫制度、岗位负责制度等。有详细的工作记录。配备洗澡卫生设施，人员工作时一律穿戴配发的洁净工作服、工作帽、口罩、手套、工作鞋。铺垫物要消毒，应达到清洁、干燥、无毒、无虫、无感染源、无污染、不可吃、能吸水。

7）特殊要求：进行同位素、致癌物或传染性动物实验时，其设施条件应符合国家相应的法规和条例。

(3) 经考核合格，出具《临时隔离检疫场使用许可证》。要求货主或其代理人填写《临时隔离场申请表》。

(4) 不符合要求处理：不符合隔离检疫场管理办法要求的，直属检验检疫机构通知货主或其代理人另选场地。

5.8.3　检疫审批

(1) 货主或其代理人须在贸易合同或协议签订前，在中华人民共和国进境动植物检疫许可证管理系统（电子审批系统）上申请办理《检疫许可证》，直属检验检疫机构对申请企业提交的《进境动植物检疫许可证申请表》进行初审，初审合格后递国家质检总局终审。

(2) 符合要求的，国家质监总局签发《检疫许可证》；不符合要求的，直属局或国家质检总局签发《进境动植物检疫许可证申请未获准通知单》，通知货主或其代理人。

(3) 不符合要求处理：对不符合检疫要求的申请直属局或国家质检总局签发《进境动植

物检疫许可证申请未获准通知单》，通知货主或其代理人。

5.8.4　报检

(1) 货主或其代理人应在实验动物进境前30日向入境口岸和指运地检验检疫局报检，填写《入境货物报检单》，并提交有效《检疫许可证》、合同等单证。

(2) 审核单证：审核许可证是否有效。每份《检疫许可证》只允许进境一批实验动物，不得分批核销。

(3) 受理报检后，有关检疫人员应监督临时隔离场进行防疫消毒、现场检疫和实验室检验的准备工作。

(4) 不符合要求的处理：无有效《检疫许可证》的，不得接受报检。如动物已抵达口岸的，视情况作退货或销毁处理，并根据《中华人民共和国进出境动植物检疫法》的有关规定，进行处罚。

5.8.5　现场检疫

(1) 准备工作：

1) 对入境的车辆(飞机)的停泊场地应用有效消毒药物进行喷洒消毒。

2) 对停泊场地的所有装卸工具以及中转运输工具进行预防性消毒处理。

3) 准备好现场检疫所需要的所有工具和器皿。

(2) 动物核查输出国官方检疫机关出具的检疫证书，并查验货证是否相符。

1) 从德国及俄罗斯进境的实验动物，应检查有无伪狂犬病血清中和试验内容，同时证书中应注明：所注疫苗种类、注射剂量、注射日期、疫苗免疫期和生产厂商；临床检查结果，驱虫和消毒所用药物的名称、剂量、生产厂商以及实施上述工作的日期和地点。

2) 对从澳大利亚、英国、美国和加拿大进境的实验动物，无具体实验检测项目要求，重点检查疫苗免疫、驱虫消毒的情况。

3) 对《检疫许可证》中声明输出国须按照《中华人民共和国输入实验动物的检疫和卫生要求》检疫的，官方动物检疫证书应符合下列要求：

① 发货人(出口商)全称及地址；收货人(进口商)全称及地址。

② 临床检查结果。

③ 实验室检验项目、方法及结果并附实验室结果报告单。

④ 驱虫和消毒所用药物的名称、剂量、生产厂商以及实施上述工作的日期和地点。

⑤ 所注疫苗种类、注射剂量、注射日期、疫苗免疫期和生产厂商。

⑥《动物检疫证书》必须有官方兽医签字，并加盖官方印章。

⑦ 证书内容必须打印，手写无效。涂改必须有官方兽医的签名，否则无效。

(3) 清点动物数量，并进行临床检查。

(4) 对运输工具、包装材料及污染场地做有效消毒处理。

(5) 对检疫证书合格、货证相符的进境实验动物，检验检疫机构派员押运到指定隔离检疫场所。

(6) 不符合要求的处理：

1) 对无有效检疫证书或没有检疫证书的实验动物，作退回或销毁处理。

2) 现场检疫发现实验动物发生死亡或有可疑传染病迹象时，应做好现场检疫记录，隔离有传染病临床症状的实验动物，对铺垫材料、剩余饲料、排泄物等作除害处理，将死亡动物单独运离现场，做病理解剖。采样送实验室进行检测。

3）未按《检疫许可证》指定的路线运输的，视情况作退货或销毁处理，并进行处罚。

4）实验动物到港前或到港时，产地国或地区突发动物疫情按照国家质检总局颁布的相关公告、禁令执行。

5.8.6　隔离检疫

（1）隔离检疫期：进境实验动物为30天，如需延长的，须报总局批准。

（2）隔离场消毒：动物进场前一周，须对隔离舍作彻底清洁消毒处理。

（3）根据国家有关隔离场管理办法、《实验动物管理办法》和《实施细则》的规定，在动物进场前对隔离场实施消毒。所有装载动物的器具、铺垫材料、废弃物均须经消毒或无害化处理后，方可进出隔离场。

1）检查进入隔离场的饲料，是否来自非疫区，使用前须作熏蒸处理。

2）监管要求：

① 对不同等级的实验动物，应按照相应的微生物控制标准进行管理，其垫料也应进行相应处理，达到清洁、干燥、吸水、无毒、无虫、无感染源、无污染；

② 实验动物必须按照不同来源的实验动物，分开饲养；

③ 对必须进行预防接种的实验动物，应取得检验检疫机构同意后，进行预防接种；

④ 隔离期内的实验动物不得挪出临时隔离场进行实验。

5.8.7　实验室检疫

（1）原则上，对无特殊病原体与无菌动物不进行实验室项目的检测。对微生物情况不明的实验动物，根据双边或多边条款进行相关项目的检测。

（2）采样：实验动物进境后7天逐只采取血样，并填好《送样单》送检。

（3）检疫项目：按照《检疫许可证》要求，选做下列试验：

1）伪狂犬病：血清中和试验，血清稀释1∶4为阴性。

2）布氏杆菌病：用实验动物型布氏杆菌抗原做血清凝集试验，血清稀释1∶10为阴性。

3）狂犬病：中和试验，中和抗体滴度必须不低于0.5 IU/mL。

4）对从俄罗斯和德国进境的实验动物，只需做伪狂犬病血清中和试验，血清稀释1∶4为阴性。

5.8.8　检疫监督

（1）隔离期内发现患病、实验室检测结果呈阳性或死亡的动物，立即采取下列措施：

1）单独隔离，由专人负责管理；

2）采集病料送实验室检疫鉴定；

3）对饲育室室内外、患病动物停留过的地方和污染的用具、物品进行消毒；

4）死亡动物应保留完整，必要时进行尸体解剖，并作无害化处理；

5）取得检验检疫机构同意后，对可能被传染的实验动物，进行紧急预防接种。

（2）检出一类传染病的实验动物，连同其同群动物全群退回或者扑杀处理并销毁尸体。

（3）检出二类传染病、寄生虫病的，对阳性动物作退回或者扑杀处理并销毁尸体，同群其他动物在隔离场隔离观察。

（4）检出《中华人民共和国一类、二类动物传染病、寄生虫病的名录》之外，对农牧业和人类健康有严重危害的其他实验动物烈性传染病、人畜共患病的，作除害、退回或销毁处理，

向有关医学实验动物管理委员会报告。

(5) 发生人畜共患病时，必须立即采取紧急措施，防止疫情蔓延。对有关人员要进行严格检疫、监护和预防治疗。

(6) 发生传染病流行时对饲养室内外环境要采取严格的消毒、杀虫、灭鼠措施。同时要封锁、隔离整个饲养区；解除隔离时应当经消毒、杀虫、灭鼠处理后，经检测无疫情发生和超过潜伏期后，方可对外开放。

(7) 发现重大疫情的及时上报总局。

(8) 隔离期间发现擅自将隔离检疫的实验动物调离出隔离场的，对有关人员给予处罚，并由其对产生的后果，承担相应的法律责任。

(9) 隔离期内，发现未按防疫要求执行的，检疫人员应及时予以指出，并加强监管。如因此引起重大动植物疫情的，对有关人员给予处罚，并由其对产生的后果，承担相应的法律责任。

5.8.9　检疫处理

(1) 根据实验室检测项目、实际检测实验动物头份及隔离检疫期间涉及的有关费用，收取检疫费。

(2) 隔离期满，且实验室检疫工作完成后，对实验动物作最后一次临床检查，合格的动物由隔离场所在地口岸局出具《入境货物检验检疫证明》放行。

(3) 对不合格的动物出具《动物检疫证书》，供货主或其代理人向国外索赔。须作检疫处理的，出具《检验检疫处理通知单》。

(4) 归档隔离检疫结束后，总结和整理检疫过程中的所有单证、原始记录、有关资料，并存档。

(5) 每批动物隔离检疫结束后，隔离场、实验室应及时将各种记录、资料整理归档。

5.8.10　依据

进境实验动物检疫依据如下：

1)《实验动物管理条例》(1988 年 10 月 31 日国家科委 2 号令)

2)《医学实验动物管理实施细则》(1998 年卫生部令第 55 号)

3)《上海市实验动物管理办法》

4)《国家进境动物隔离检疫场隔离办法》(动植检动字[1995]7 号)

5)《进出境动物临时隔离检疫场管理办法》(动植检动字[1996]123 号)

6)《中华人民共和国进出境动植物检疫法》

7)《中华人民共和国进出境动植物检疫法实施条例》

8)《中华人民共和国一类、二类动物传染病、寄生虫病的名录》([92]农(检疫)字第 12 号)

9)《出入境动植物检验检疫风险预警及快速反应管理规定实施细则》(国质检动[2002]80 号)

10)《进出境动植物检疫收费管理办法》(计价格[1994]795 号)

11)《国家计委、财政部关于第二批降低收费标准的通知》(计价格[1999]1707 号)

12)《进境动物检疫管理办法》(总检动字[1992]10 号)

5.9　野生动物检疫

5.9.1　适用范围

进境野生动物检疫。

5.9.2 临时隔离场许可

(1) 进境野生动物临时隔离检疫场须由所在地直属检验检疫机构按照国家隔离检疫场管理办法的要求，对货主或其代理人提供的隔离场地进行考核，考核合格的，出具《临时隔离检疫场使用许可证》。

(2) 不符合要求处理：不符合国家隔离检疫场管理办法要求的，直属检验检疫机构通知货主或其代理人另选场地。

5.9.3 检疫审批

(1) 货主或其代理人在贸易合同或协议签订前，须在国家检验检疫电子审批系统网上办理《进境动植物检疫许可证》(以下简称《检疫许可证》)。申请办理时，须向所在地直属检验检疫机构提交《临时隔离检疫场使用许可证》、国家濒危物种进出境管理办公室签发的"野生动植物允许进出境证明书"复印件及临时隔离检疫场平面图。

(2) 不符合要求处理：对不符合检疫要求的申请，国家质检总局将签发《进境动植物检疫许可证申请未获准通知单》，通知货主或其代理人。

5.9.4 产地检疫

由国家质检总局选派人员到国外进行产地检疫。其工作内容及程序如下。

(1) 同输出国官方兽医商定检疫工作

了解整个输出国动物疫情，特别是本次拟出境动物所在省(州)的疫情，确定从符合议定书要求的省(州)的合格农场挑选动物；初步商定检疫工作计划。

(2) 挑选动物

确认输出国输出动物的原农场符合议定书要求，特别是议定书要求该农场在指定的时间内(如3年、6个月等)及农场周围(如周围20 km范围内)无议定书中所规定的疫病或临诊症状等，查阅农场有关的疫病监测记录档案，询问地方兽医、农场主有关动物疫情、疫病诊治情况；对原农场所有动物进行检查，保证所选动物必须是临诊检查健康的。

(3) 原农场检疫

确认该农场符合议定书要求，检查全农场的动物是健康的，监督动物结核或副结核的皮内变态反应或马鼻疽点眼试验及结果判定；到官方认可的负责出境检疫的实验室，参与议定书规定动物疫病的实验室检验工作，并按照议定书规定的判定标准判定检验结果；符合要求的阴性动物方可进入官方认可的出境前隔离检疫场，实施隔离检疫。

(4) 隔离检疫

确认隔离场为输出国官方确认的隔离场；核对动物编号，确认只有农场检疫合格的动物方可进入隔离场；到官方认可的实验室参与有关疫病的实验室检验工作及结果判定；根据检验结果，阴性的合格动物准予向中国出境；在整个隔离检验期，定期或不定期地对动物进行临诊检查；监督对动物的体内外驱虫工作；对出境动物按照议定书规定进行疫苗注射。

(5) 动物运输

拟定动物从隔离场到机场或码头至中国的运输路线并监督对运输动物的车、船或飞机的消毒及装运工作，并要求使用药物为官方认可的有效药物。运输动物的飞机、车、船不可同时装运其他动物。

5.9.5　报检

(1) 货主或其代理人在野生动物进境前30日报检，填写《入境货物报检单》，并提交有效《许可证》、合同等单证。

(2) 审核单证：

1) 审核《检疫许可证》是否有效。

2) 每份《检疫许可证》只允许进境一批野生动物，不得分批核销。

3) 受理报检后，检验检疫人员应做好隔离场消毒、现场检疫和实验室检验的准备工作。

(3) 不符合要求处理：无有效《检疫许可证》的，不得接受报检。如动物已抵达口岸的，作退回或销毁处理，并根据《中华人民共和国进出境动植物检疫法》的有关规定，进行处罚。

5.9.6　现场检疫

(1) 登机(车、轮)检查前，检验检疫人员应对所有动物接触的运输工具和装卸器具进行有效的防疫消毒，并检查防漏、防逃措施是否落实。

(2) 登机(车、轮)查询启运时间、口岸、途经国家或地区，查看运行日志，并与《检疫许可证》的要求进行核对。审核有关单证，查核输出国家或地区官方检疫机关出具的检疫证书。

(3) 登机(车、轮)进行临床检疫，观察动物的精神状态、营养状况、呼吸、站立姿势等有无异常，被毛是否光润，有无体表寄生虫、皮肤病等，分泌物、排泄物是否正常。观察是否有一类动物传染病或寄生虫病症状。

(4) 对上下交通工具或接近动物的人员实施防疫消毒。

(5) 经现场检查合格后，签发《入境货物通关单》，同意卸离运输工具。

(6) 对有关场所、器材进行消毒。

(7) 不符合要求处理：

1) 不能提供有效检疫证书或货证不符的，作退回或销毁处理。

2) 未按《许可证》指定的路线运输入境的，按《中华人民共和国进出境动植物检疫法》的规定，作处罚或退回、销毁处理。

3) 发现动物死亡或有一般可疑传染病临床症状时，应做好现场检疫记录，隔离有传染病临床症状的动物，对铺垫材料、剩余饲料、排泄物等作除害处理，将死亡动物运离现场，做病理解剖，根据需要，采样送实验室进行诊断。

4) 未经检验检疫机构同意，擅自卸离运输工具的，按《中华人民共和国进出境动植物检疫法实施条例》的规定，对有关人员给予处罚。

5) 动物到港前或到港时，产地国或地区突发动物疫情的，按照国家质检总局发布的相关公告、禁令执行。

5.9.7　隔离检疫

(1) 进境野生动物的隔离检疫期一般为30天，若需延长，要报国家质检总局批准，并书面通知货主。

(2) 动物进场前1～2周，需对隔离场圈舍、平台等进行清扫，使用认可的药物消毒3次。

(3) 所有装载动物的器具、铺垫材料、废弃物均须经消毒或无害化处理后，方可进出隔离场。

(4) 确认进入隔离场的饲草、饲料来自非疫区，饲草使用前须熏蒸处理。

(5) 动物进场后，检疫人员应立即着手对动物的圈号和标识进行登记。

(6) 驻场检疫人员职责：

1) 每天对动物作临床观察 2～3 次，并做好详细的驻场记录。

2) 发现死亡野生动物应立即报告，通知所在地检验检疫机构对死亡野生动物尸体及时进行剖检，取样送实验室检验，确定死因。

3) 及时隔离阳性反应或有疑似传染病症状的野生动物。

4) 检查监督场内的防疫消毒，指导对患病野生动物的治疗用药和饲养管理。

(7) 实验室检验：

1) 在空腹状态下逐头采样，填写送样单后及时送有关实验室检验。

2) 采血、皮试必须注意安全，必要时先麻醉动物，待保定后再进行采血、皮试工作。

3) 根据我国与输出国家(地区)签订的有关动物检疫议定书、贸易合同中订明的检验检疫项目、《检疫许可证》中规定的有关项目确定检验项目。

4) 检验方法采用国家公布或国际认可的检测办法。

5) 做好检验记录，并注意保存检验样品。检验完毕后，实验室应向送检单位出具检疫结果报告单。

(8) 检疫处理：

1) 对隔离期内患病的或检测结果阳性的动物，立即采取下列措施：

① 单独隔离，由专人负责管理。

② 对污染场地、用具和物品进行消毒。

2) 严禁转移和急宰。必要时对死亡动物进行尸体剖检，分析死亡原因，并作无害化处理；相关过程要留有影像资料。

3) 检出一类传染病、寄生虫病的动物，连同其同群动物全群退回或者扑杀处理并销毁尸体。

4) 检出二类传染病、寄生虫病的，对阳性动物作退回或者扑杀处理并销毁尸体，同群动物在隔离场隔离观察。

5) 发现《中华人民共和国一类、二类动物传染病、寄生虫病的名录》之外对农牧业有严重危害的其他疾病的，作除害、退回或销毁处理。经除害处理合格的，准予进境。

6) 发现重大疫情的，按重大疫病应急预案办理。

7) 隔离期间发现擅自将隔离检疫的动物调离出隔离场的，对有关单位和人员给予处罚。

8) 隔离期内，发现未按防疫要求执行的，检验检疫人员应及时予以纠正，并加强监管。

5.9.8　检疫出证

(1) 隔离期满，且实验室检验工作完成后，对动物作最后一次临床检查，合格的动物由隔离场所在地检验检疫机构出具《入境货物检验检疫证明》放行。

(2) 不合格的动物出具《动物检疫证书》。

(3) 须作检疫处理的，出具《检验检疫处理通知书》。

5.9.9　资料归档

隔离检疫结束后，总结和整理检疫过程中的所有单证、原始记录、有关资料，并存档。

5.9.10　从部分国家进境野生动物应检疫病(见表 5-2)

表 5-2　从部分国家进境野生动物应检疫病

品种	进境国	应检疫病		检验方法	判定标准
狐狸	美国	布氏杆菌病	布氏杆菌流产	补体结合试验，1∶10 稀释	小于 50%的结合
			犬属布氏杆菌病	试管凝集试验，1∶50 稀释	1∶50 为阴性
			犬属布氏杆菌病	快速平板凝集试验	
		狂犬病		注射疫苗	
		伪狂犬病		中和试验	按美国常规标准判定
	丹麦	犬瘟热		琼脂免疫扩散试验	
		犬属布氏杆菌病		玻片凝集试验	
		伪狂犬病		血清中和试验	1∶4 为阴性
		细小病毒病		血球凝集抑制试验	
	芬兰	犬瘟热		琼脂免疫扩散试验	
		犬属布氏杆菌病		玻片凝集试验	
貂	美国	水貂阿留申病		对流免疫电泳试验	
		伪狂犬病		血清中和试验	1∶4 为阴性
	加拿大	水貂阿留申病		对流免疫电泳试验	
	丹麦	水貂阿留申病		对流免疫电泳试验	
鹿	新西兰	绵羊布氏杆菌病		补体结合试验	滴度小于 20 IU/mL 为阴性
		结核病		禽型、牛型结合菌素皮试	颈部皮厚增加不超过 2 mm，尾根部无反应为阴性
		副结核病		副结合菌素颈部皮试	无反应为阴性
				补体结合试验	1∶10 为阴性
		牛传染性鼻气管炎		ELISA 或血清中和试验	原血清为阴性
		黏膜病		血清病毒分离，培养物用免疫荧光试验或免疫过氧化酶试验检查病毒	
	哈萨克斯坦	口蹄疫		VIA 琼脂免疫扩散试验	抗原为阴性
				血清中和试验(A.O.C 型)	血清稀释 1∶8 为阴性
		结核病		禽型、牛型结合菌素颈部皮试	颈部皮厚增加不超过 2 mm 为阴性
		布氏杆菌病		试管凝集试验	滴度小于 15 IU/mL 为阴性
				补体结合试验	滴度小于 10 IU/mL 为阴性
		副结核病		副结合菌素颈部皮试	无反应为阴性
		蓝舌病和鹿流行性出血病		琼脂免疫扩散试验	
大象	南非	口蹄疫		VIA 琼脂免疫扩散试验、中和试验或 ELISA	

第6章 出境动物检疫

6.1 概述

出境动物系指我国向境外国家或地区输出供屠宰食用、种用、养殖、观赏、演艺、科研实验等用途的家畜、禽鸟类、宠物、观赏动物、水生动物、两栖动物、爬行动物、野生动物和实验动物等。检验检疫机构对出境动物根据《中华人民共和国进出境动植物检疫法》及其实施条例以及相关法律法规的规定实施检验检疫。检验检疫的内容依据输入国家或者地区与我国签订的双边检疫协定、我国的有关检验检疫规定以及贸易合同中订明的检验检疫要求确定。检验检疫的程序一般包括注册登记、检疫监督管理、受理报检、隔离检疫和抽样检验、运输监管、离境检疫和签发证单等方面。

我国是一个农业大国,畜禽、水产等养殖业在我国农业生产和外贸出境中占有举足轻重的地位,产品卫生质量的好坏在一定程度上直接影响我国养殖业和外贸的发展。特别是我国加入 WTO 后,境外国家和地区对我国出境的动物提出越来越高的检疫要求,包括口蹄疫、水泡病、禽流感、新城疫等多项传染病、病原菌,盐酸克伦特罗、氯霉素等多项药物残留和重金属等有毒有害物质的检验检疫。为此,各有关出境企业,必须切实抓好生产、加工、包装、运输各个环节的管理,建立全面质量管理体系,加强免疫防疫,有效地控制疫情发生,科学合理地使用饲料、饲料添加剂和药物,确保产品质量,力争把出境动物的风险降到最低程度。在有关部门的共同努力下,我国的种用畜禽、食用动物、观赏动物相继突破了美国、日本、欧盟等国家或地区的禁令,出境数量连年增加。迄今为止,我国已与多个国家签订了动物检疫议定书。为规范供港澳畜禽的检验检疫工作,国家质检总局先后颁布了供港澳活牛、活羊、活猪、活禽水产品、食用动物饲料检验检疫等多项管理规定,各地检验检疫机构依照这些管理规定对供港澳活动物实施了全程监管措施。

6.2 出境大中动物检疫

6.2.1 输入国家/地区进境检疫要求

在实施出境大中动物检疫之前,要搜集和研究各输入国家/地区进境大中动物及其制品的检疫要求。例如下述我国与马来西亚、巴基斯坦签订的进境肥育牛和羊的检疫和卫生要求协议书,供参考。

6.2.1.1 原中华人民共和国动植物检疫局与马来西亚兽医局关于马来西亚从中华人民共和国进境屠宰和育肥牛检疫和卫生条件的谅解备忘录

原中华人民共和国动植物检疫局与马来西亚兽医局就以下出境/进境条件达成一致意见:

1. 中华人民共和国口岸动植物检疫机关出具动物检疫证书证明

a. 动物输出时,没有任何传染病的临床症状;

b. 输出动物在输出国的……(写明口岸、省/地区)至少饲养 6 个月;

c. 动物输出地……(写明口岸/省/地区)在动物输出前 6 个月内没有口蹄疫、牛瘟、炭

疽、牛肺疫、牛海绵状脑病以及没有任何牛鼻气管炎、牛白血病和水泡性口炎的临床症状；

d. 输出动物在装运前，用双氢链霉素对钩端螺旋体病治疗两次，间隔 7 天，用药量为 25 mg/kg；

e. 每批动物在输出前，至少在认可的隔离场所检疫 10 天；

f. 动物所用饲料和垫草在装运上船舶/飞机前，应先进行熏蒸，熏蒸工作应得到中华人民共和国动植物检疫官员的认可并由其出具证书。运输动物的船舶/飞机启运后，不得在任何中途港口添加草料或饲料。

2. 在中华人民共和国的检疫要求

a. 动物在输出前，至少在认可的隔离场所检疫 10 天，隔离的动物组成同一批次；

b. 输出牛在隔离检疫期间，不得与其他动物相接触；如果检出本文 1. c 项中的任何一种疫病，整批动物将拒绝输入马来西亚；

c. 所有运输牛的装载容器、车辆、船舶或飞机以及其他运输设备，应在中华人民共和国境内用官方认可的消毒药剂在动物装运前进行消毒。

3. 动物抵达马来西亚的检疫要求

a. 一旦办完官方的进境手续，整批动物应立即运往最近的检疫场所或马来西亚兽医局认可的农场；

b. 输入动物在运往育肥农场或屠宰场前，应在检疫场所或认可的农场停留至少 10 天；

c. 输入动物只能作育肥和最终屠宰用，如在农场作其他用途，则须有兽医当局的书面许可。

4. 进境许可

根据动物检疫证书的原件和其他相关文本，马来西亚兽医总局长或其他由他授权的兽医官将签发进境许可证。

5. 此谅解备忘录于签字之日起生效。

6.2.1.2　中华人民共和国国家质量监督检验检疫总局和巴基斯坦食品农牧业部关于中国向巴基斯坦输出或过境绵羊、山羊的检疫和卫生要求议定书

中华人民共和国国家质量监督检验检疫总局（以下简称“中方”）和巴基斯坦食品农牧业部（以下简称“巴方”）经过友好协商，决定就中华人民共和国向巴基斯坦输出或过境绵羊、山羊的检疫和卫生要求缔结如下协议：

第一条

中方负责对输出或过境的绵羊、山羊检验检疫，并出具动物卫生证书。动物卫生证书应符合下列条件：

（一）中方须事先向巴方提交动物卫生证书样本，并经巴方确认后生效；

（二）动物卫生证书内容包括：

1. 输出绵羊、山羊的数量；

2. 临床检查结果；

3. 所注射的疫苗种类；

4. 使用驱虫和消毒药的名称和日期；

5. 启运时间、口岸以及运输工具名称；

6. 出口商和进口商的名称和地址；

7. 证书的签发时间，中方兽医官的签名和姓名的印刷体；

8. 中国出入境检验检疫机构的官方印章；

9. 如为过境，须注明巴基斯坦进境口岸、离境口岸、过境路线和过境目的地国。

（三）动物卫生证书须一正本和两副本，正本必须随货同行。

（四）动物卫生证书须用中文或英文打印，手写（除兽医官签字）或涂改无效。

第二条

中方确认，输出或过境的绵羊、山羊在过去6个月内没有口蹄疫、水泡性口炎、裂谷热、小反刍兽疫、传染性胸膜肺炎、牛结节疹、炭疽、蓝舌病、绵羊痘和山羊痘、山羊传染性胸膜肺炎、痒病的临床症状。

第三条

出境或过境前，绵羊、山羊在中方认可的隔离场所检疫30天。绵羊、山羊在进入隔离场前，应逐头接受临床检查，无本议定书第二条所列动物疫病的临床症状。

第四条

在隔离检疫期间，输出的绵羊/山羊须符合下列条件：

1. 对每头绵羊/山羊定期做临床检查，未发现本议定书第二条中所列传染病的临床症状；

2. 对每头绵羊/山羊注射O型口蹄疫灭活苗；

3. 对钩端螺旋体病用有效抗生素治疗一次；

4. 在中方兽医人员监督下，用中方批准的药物驱除绵羊/山羊体内外寄生虫。

第五条

运输绵羊、山羊的装载容器、车箱、船舱以及其他运输设备，应进行清洗并用有效消毒剂进行消毒，并采取适当的措施以防止动物排泄物散播至运输工具外。

第六条

出境或过境前24小时内，隔离场中所有的绵羊、山羊均须接受临床检查且临床表现健康。

第七条

巴方同意来自中国的绵羊、山羊经巴基斯坦过境运输至第三国并根据国内有关法律法规提供必要的协助和便利。

第八条

在巴基斯坦境内，按照巴基斯坦动物检疫法和世界动物卫生组织陆生动物卫生法典的有关规定执行。

第九条

在中国开始出境前，巴基斯坦的专家可对中国出境绵羊和山羊的原农场进行考察。在议定书执行过程中，如有必要，巴基斯坦专家可按照双方商定的日程对有关农场再次进行考察。

第十条

中方确认向巴基斯坦出境的绵羊和山羊在养殖的任何时期的日粮中不含猪的产品或副产品。

第十一条

经双方同意，可对本议定书进行修改。

第十二条

对本议定书解释和执行的任何争议，双方将通过友好协商予以解决。

第十三条

本议定书自签字之日起生效，有效期两年，如未终止则自动延长两年。任何一方提前3个月通知另一方后可终止本议定书。在有效期内所采取的措施应按本议定书执行完为止。

第十四条

本议定书于2005年4月5日在伊斯兰堡签订，以中文和英文写成，一式两份，双方各执一份，两种文本同等作准。

6.2.2 产地疫情调查

到产地兽医主管部门（产地县级以上兽医站）了解以注册场为点在半径50 km范围内过去3年内相关动物的疫病发生、流行、处理等情况。

6.2.3 出境动物饲养场的注册

输入国家或地区要求对出境动物饲养场注册登记的，按以下程序进行：

（1）出境动物饲养场或其代理人应向饲养场所在地直属检验检疫机构提出注册登记申请，提交《申请表》并提供下列资料一式三份，同一单位所属的位于不同地点的饲养场应分别申请：

1）《企业法人营业执照》（验正本交复印件）。

2）饲养场平面图和彩色照片。

3）饲养场饲养管理制度及动物卫生防疫制度。

（2）注册条件：申请注册的饲养场必须符合国家质检总局发布的出境动物注册饲养场条件和动物卫生基本要求。

（3）材料审核：对申请注册所提供的材料的真实性和准确性进行审核。

（4）现场考核：检验检疫机构派员对照出境动物注册饲养场条件和动物卫生基本要求进行现场考核，必要时抽样送实验室检验。

（5）批准注册：审核考核合格的，准予注册，由所在地直属检验检疫机构发给《出境动物饲养场注册登记证》，给予注册登记号，并报国家质检总局备案。实行一场一证一注册登记号制度，注册登记证有效期5年。

（6）年度审核：对取得检疫注册资格的饲养场每年进行一次年度审核。

（7）注册变更：饲养地停产、迁址或变更法人的，须报告批准注册的直属检验检疫机构，迁址或变更法人的，需经重新审核考核、确认注册登记。

（8）不符合要求处理：对审核考核不合格的，提出整改意见，整改后重新审核。未按要求整改的，不予注册。

不按规定接受年审的、年审不合格的、填写《出境动物饲养场监督管理手册》时弄虚作假的限期改进，逾期不改的，取消其注册登记。

6.2.4 出境动物群疫情监测

对注册饲养场实施疫情监测。发现重大疫情时，须立即采取紧急预防措施，并于12 h内向国家质检总局报告。

6.2.5 注册(或备案)动物饲养场的检疫监督

对注册饲养场实行监督管理制度,定期或不定期检查注册饲养场的动物卫生防疫制度的落实情况、动物卫生状况、饲料及药物的使用等,并填入出境动物注册饲养场管理手册。

对注册饲养场实施疫情监测。发现重大疫情时,须立即采取紧急预防措施,并于12 h内向国家质检总局报告。

对出境食用动物的注册饲养场按《出境食用动物残留监控计划》开展药物残留监测。

注册饲养场免疫程序必须报检验检疫机构备案,严格按规定的程序进行免疫,严禁使用国家禁止使用的疫苗。

注册饲养场应建立疫情报告制度。发生疫情或疑似疫情时,必须及时采取紧急预防措施,并于12 h内向所在地检验检疫机构报告。

注册饲养场不得饲喂或存放国家和输入国家或者地区禁止使用的药物和动物促生长剂。对允许使用的药物和动物促生长剂,要遵守国家有关药物使用规定,特别是停药期的规定,并须将使用药物和动物促生长剂的名称、种类、使用时间、剂量、给药方式等填入管理手册。

注册饲养场须保持良好的环境卫生,切实做好日常防疫消毒工作,定期消毒饲养场地和饲养用具,定期灭鼠、灭蚊蝇。进出注册场的人员和车辆必须严格消毒。

6.2.6 出境动物隔离检疫

输入国家或地区对出境活动物有隔离检疫要求的,出境单位应提供临时隔离场或隔离区。检验检疫机构按照有关隔离场管理办法的要求对临时隔离场或隔离区进行考核和管理。

输入国家或地区同意在注册场实施隔离检疫的,从注册饲养场输出的活动物可在注册饲养场内设定的隔离区进行隔离检疫。

出境前按规定隔离期进行隔离检疫。

进行群体临床健康检查,必要时,进行个体临床检查。

根据需要,对检验检疫合格的动物加施检验检疫标志。

6.2.7 出境动物实验室检疫

采样送实验室进行规定项目的实验室检验。

6.2.8 出证

检验检疫合格的,出具《动物卫生证书》、《出境货物通关单》或《出境货物换证凭单》。

检验检疫不合格的,不准出境。

6.2.9 监装

根据需要,对出境动物实行装运前检疫和监装制度。确认出境动物来自检验检疫机构注册饲养场并经隔离检疫合格的动物群;临床检查无任何传染病、寄生虫病症状和伤残;运输工具及装载器具经消毒处理,符合动物卫生要求;核定出境动物数量,必要时检查或加施检验检疫标识或封识。

6.2.10 后续管理(国外检疫情况以及应对)

检疫结束后,总结和整理检验检疫过程中的所有单证、原始记录、有关资料,并存档。及时跟踪了解该批动物抵达输入国以后的隔离检疫过程、隔离检疫结果以及检疫处理等情况,并将有关情况汇总、分析,及时上报或通报有关部门。

6.3 出境食用水生动物检疫

6.3.1 输入国家/地区进境检疫要求

6.3.1.1 我国的质量标准体系

我国出境水产品的主要目标市场是日本、美国、韩国、欧盟,我国现有与水产品相关的食品卫生标准9项,水产品产品标准中有国家标准5项,行业标准101项(其中水产行业标准68项,农业行业标准即无公害食品标准33项)。在水产行业标准中基础标准5项、检测方法标准12项、操作规范7项、鲜冻水产品标准有14项、淡盐干制水产品标准13项、干熟水产品5项、以及水产调味品、鱼糜制品及内脏制、化工产品、鱼粉鱼油等标准10项,已形成了一个涉及多学科的较完善的标准体系。我国标准中主要技术指标、污染物指标与国际标准(CAC标准)及欧盟、美国、日本、韩国的规定基本是一致的,但由于整个管理体系的运转不够完善,我国所采用的检验方法技术落后,对产品中微量成分的检出率少等诸多原因导致我国的水产品出境频频受阻。引起了我国政府的高度重视,同时在2001年我国启动了无公害食品行动计划,全国各级主管部门及生产企业高度重视食品安全,同时我国的标准制修订部门在近几年的标准制定工作中,重视采用国际标准,及时修订了原来与国际标准不相适应的标准及相应的质量安全指标的规定,在制修订水产品的国家及行业标准时,及时调整、修订主要的安全技术指标,使其与国际标准及先进的国外标准相一致。

6.3.1.2 欧盟质量标准体系

欧盟涉及食品和农产品的标准及法规指令共有500多个,包括欧洲标准(EN)及欧共体指令法规(EEC/EC)。这些标准及法规、指令的规定并未针对具体产品,都是对大类产品的安全指标的具体规定及对检测标准的要求,但其规定严格,进入欧洲市场必须符合这些标准和指令规定。欧盟标准制定完成后,对世界其他国家的农产品生产、管理,特别是贸易产生了很大影响。欧盟水产品中药残限量的规定及食品中污染物限量规定与我国现行的国家法规及标准中的规定基本一致,但欧盟对这些物质的限量的检验方法比我国现行的标准检验方法要先进,欧盟应用先进的仪器设备,检验方法及检出限也高于我国的规定,许多指标数据要求精确到小数点后二三位。

6.3.1.3 美国质量标准体系

美国早在1997年开始在水产品出口企业实行HACCP的管理,美国农产品安全体系重视预防和以科学为基础的风险分析和预防,即美国的食品安全法律、法规及政策都考虑了风险,并有相应的预防措施。美国有关食品安全的法律法规为食品安全制定了非常具体的标准以及监管程序。联邦政府负责食品安全的部门与地方政府的相应部门一起,构成了一套综合有效的安全保障体系,对食品从生产到销售的各个环节实行严格的监管。美国在进境管理上,除了坚持多年来实行的进境产品卫生许可证制度和美国食品药物管理局(FDA)的良好食品生产规范(GMP),ISO 9000系列质量认证和水产品危害分析关键控制点等注册认证制度。近年来又实行反生物恐怖法,实行《食品企业注册法规》、《进出境食品预先通报法规》,对出境美国食品注册和通报制度实施范围广,手续繁杂、措施严厉,也对我国水产品出境美国造成冲击,对中国水产品出口企业造成直接影响。

6.3.1.4 日本质量标准体系

日本有《食品卫生法》、《日本药事法》、《日本渔用药物使用指南》等对食品的安全性进行管理，厚生大臣从公众卫生的观点出发，可以制定供销售食品或添加剂的生产、加工、使用、烹调及保存方法的标准，以及供销售食品或添加剂的成分规格。根据上述规定制定了标准或规格，不得以不符合标准的方法生产、加工、使用、烹调或保存食品或使用添加剂；不得销售或进境以不符合标准的方法生产、加工的食品或添加剂；亦不得生产、进境、加工、使用、烹调、保存或销售不符合其规格的食品或添加剂。

6.3.1.5　韩国质量标准体系

韩国水产品进境绝大部分已经是市场自由化，政府管理水产品进境的主要措施为关税水平（10%～20%）、检验检疫、卫生标准等。韩国政府为了保护本国水产业免受或者少受市场开放和进境产品增加的冲击，抓住水产品管理难度大、质量不易控制等特性，利用卫生标准和检验检疫等非关税壁垒重重设限。因此，我国相关水产品企业应了解韩国卫生标准和检验检疫等方面的管理规定，保证向韩输出水产品符合其管理规定的要求，促进对韩水产品贸易的顺利进行；同时要不断提高水产品自身质量，注意打品牌、树形象，进一步开拓韩国水产品市场。中、韩检疫部门已签署《中韩水产品进出境卫生管理协定》，对我输韩水产品卫生标准做了详细规定。

6.3.2　产地疫情调查

中国是水产养殖的第一大国，养殖水产品产量占全世界的70%。近年来，随着我国水产养殖业的不断发展、养殖密度的不断提高、水产品及水生动物贸易的不断扩大，我国水生动物疫病日趋严重，一些高致病力的重大水生动物疫病不断出现，流行范围不断扩大，给养殖者造成巨大的经济损失。而且某些水生动物疫病病原也可以感染人，已对水产品质量安全、水域生态环境和人们身体健康造成很大威胁，严重影响了我国水产品出境，制约了我国水产养殖业可持续健康发展。水生动物一种疾病的暴发流行，往往可以淘汰一种产业。

2000年以来在全国30个省采取“试点—扩大试点—全面推开”分步骤稳步推进的方式组织实施产地疫情调查；重大疾病、国家疫病、暴发性疾病采取快报，一般性疾病采用月报的方法；监测、疾病种类也由最初的指定逐步过渡到各地根据当地病害状况自主确定，形成了开放式的监测。经过努力，目前已形成了以各级行政、推广站为主的五级监测体系，基层监测点超过3 000个，监测面积占养殖面积的7.8%，能对养殖品种78～80种、150～180种疾病种类进行监测，每年能收到10万多组数据。根据各地报送的数据，编制每月的《水产动植物病情月报》。

6.3.3　出境动物饲养场的注册

2007年10月1日开始施行的《出境水生动物检验检疫监督管理办法》规定：

(1) 注册登记条件：

出境水生动物养殖场、中转场申请注册登记基本条件：

1）周边和场内卫生环境良好，无工业、生活垃圾等污染源和水产品加工厂，场区布局合理，分区科学，有明确的标识；

2）养殖用水符合国家渔业水质标准，具有政府主管部门或者检验检疫机构出具的有效水质监测或者检测报告；

3）具有符合检验检疫要求的养殖、包装、防疫、饲料和药物存放等设施、设备和材料；

4）具有符合检验检疫要求的养殖、包装、防疫、饲料和药物存放及使用、废弃物和废水

处理、人员管理、引进水生动物等专项管理制度；

5）配备有养殖、防疫方面的专业技术人员，有从业人员培训计划，从业人员持有健康证明；

6）中转场的场区面积、中转能力应当与出境数量相适应。

（2）出境食用水生动物非开放性水域养殖场、中转场申请注册登记除符合基本条件外，还应当符合下列条件：

1）具有与外部环境隔离或者限制无关人员和动物自由进出的设施，如隔离墙、网、栅栏等；

2）养殖场养殖水面应当具备一定规模，一般水泥池养殖面积不少于20亩，土池养殖面积不少于100亩；

3）养殖场具有独立的引进水生动物的隔离池；各养殖池具有独立的进水和排水渠道；养殖场的进水和排水渠道分设。

（3）出境食用水生动物开放性水域养殖场、中转场申请注册登记除符合基本条件外，还应当符合下列条件：

1）养殖、中转、包装区域无规定的水生动物疫病；

2）养殖场养殖水域面积不少于500亩，网箱养殖的网箱数一般不少于20个。

（4）注册登记申请：

出境水生动物养殖场、中转场应当向所在地直属检验检疫局申请注册登记，并提交下列材料（一式3份）：

1）注册登记申请表；

2）工商营业执照（复印件）；

3）养殖许可证或者海域使用证（不适用于中转场）；

4）场区平面示意图及彩色照片（包括场区全貌、场区大门、养殖池及其编号、药品库、饲料库、包装场所等）；

5）水生动物卫生防疫和疫情报告制度；

6）从场外引进水生动物的管理制度；

7）养殖、药物使用、饲料使用、包装物料管理制度；

8）经检验检疫机构确认的水质检测报告；

9）专业人员资质证明；

10）废弃物、废水处理程序；

11）进境国家或者地区对水生动物疾病有明确检测要求的，需提供有关检测报告。

直属检验检疫局应当对申请材料及时进行审查，根据下列情况在5日内做出受理或者不予受理决定，并书面通知申请人：

1）申请材料存在可以当场更正的错误的，允许申请人当场更正。

2）申请材料不齐全或者不符合法定形式的，应当当场或者在5日内一次书面告知申请人需要补正的全部内容，逾期不告知的，自收到申请材料之日起即为受理。

3）申请材料齐全、符合法定形式或者申请人按照要求提交全部补正申请材料的，应当受理申请。每一注册登记养殖场或者中转包装场使用一个注册登记编号。同一企业所有的不同地点的养殖场或者中转场应当分别申请注册登记。

(5) 注册登记审查与决定：

直属检验检疫局应当在受理申请后5日内组成评审组，对申请注册登记的养殖场或者中转场进行现场评审。评审组应当在现场评审结束后5日内向直属检验检疫局提交评审报告。

直属检验检疫局收到评审报告后，应当在10日内分别做出下列决定：

1) 经评审合格的，予以注册登记，颁发《出境水生动物养殖场/中转场检验检疫注册登记证》(以下简称《注册登记证》)，并上报国家质检总局。

2) 经评审不合格的，出具《出境水生动物养殖场/中转场检验检疫注册登记未获批准通知书》。进境国家或者地区有注册登记要求的，直属检验检疫局评审合格后，报国家质检总局，由国家质检总局统一向进境国家或者地区政府主管部门推荐并办理有关手续。进境国家或者地区政府主管部门确认后，注册登记生效。《注册登记证》自颁发之日起生效，有效期5年。经注册登记的养殖场或者中转场的注册登记编号专场专用。

(6) 注册登记变更与延续：

出境水生动物养殖场、中转场变更企业名称、法定代表人、养殖品种、养殖能力等的，应当在30日内向所在地直属检验检疫局提出书面申请，填写《出境水生动物养殖场/中转包装场检验检疫注册登记申请表》，并提交与变更内容相关的资料(一式三份)。变更养殖品种或者养殖能力的，由直属检验检疫局审核有关资料并组织现场评审，评审合格后，办理变更手续。养殖场或者中转场迁址的，应当重新向检验检疫机构申请办理注册登记手续。因停产、转产、倒闭等原因不再从事出境水生动物业务的注册登记养殖场、中转场，应当向所在地检验检疫机构办理注销手续。获得注册登记的出境水生动物养殖场、中转包装场需要延续注册登记有效期的，应当在有效期届满30日前按照本办法规定提出申请。直属检验检疫局应当在完成注册登记、变更或者注销工作后30日内，将辖区内相关信息上报国家质检总局备案。

6.3.4　注册(或备案)动物饲养场的检疫监督

(1) 检验检疫机构按照下列依据对出境水生动物实施检验检疫：

1) 中国法律法规规定的检验检疫要求、强制性标准；

2) 双边检验检疫协议、议定书、备忘录；

3) 进境国家或者地区的检验检疫要求；

4) 贸易合同或者信用证中注明的检验检疫要求。

(2) 出境野生捕捞水生动物的货主或者其代理人应当在水生动物出境3天前向出境口岸检验检疫机构报检，并提供下列资料：

1) 所在地县级以上渔业主管部门出具的捕捞船舶登记证和捕捞许可证；

2) 捕捞渔船与出境企业的供货协议(含捕捞船只负责人签字)；

3) 检验检疫机构规定的其他材料。

(3) 进境国家或者地区对捕捞海域有特定要求的，报检时应当申明捕捞海域。出境养殖水生动物的货主或者其代理人应当在水生动物出境7天前向注册登记养殖场、中转场所在地检验检疫机构报检，报检时应当提供《注册登记证》(复印件)等单证，并按照检验检疫报检规定提交相关材料。不能提供《注册登记证》的，检验检疫机构不予受理报检。除捕捞后直接出境的野生捕捞水生动物外，出境水生动物必须来自注册登记养殖场或者中转场。注

册登记养殖场、中转场应当保证其出境水生动物符合进境国或者地区的标准或者合同要求，并出具《出境水生动物供货证明》。中转场凭注册登记养殖场出具的《出境水生动物供货证明》接收水生动物。产地检验检疫机构受理报检后，应当查验注册登记养殖场或者中转场出具的《出境水生动物供货证明》，根据疫病和有毒有害物质监控结果、日常监管记录、企业分类管理等情况，对出境养殖水生动物进行检验检疫。经检验检疫合格的，检验检疫机构对装载容器或者运输工具加施检验检疫封识，出具《出境货物换证凭单》或者《出境货物通关单》，并按照进境国家或者地区的要求出具《动物卫生证书》。检验检疫机构根据企业分类管理情况对出境水生动物实施不定期监装。

(4) 出境水生动物用水、冰、铺垫和包装材料、装载容器、运输工具、设备应当符合国家有关规定、标准和进境国家或者地区的要求。出境养殖水生动物外包装或者装载容器上应当标注出境企业全称、注册登记养殖场和中转场名称和注册登记编号、出境水生动物的品名、数(重)量、规格等内容。来自不同注册登记养殖场的水生动物，应当分开包装。经检验检疫合格的出境水生动物，不更换原包装异地出境的，经离境口岸检验检疫机构现场查验，货证相符、封识完好的准予放行；在离境口岸换水、加冰、充氧、接驳更换运输工具的，应当在离境口岸检验检疫机构监督下，在检验检疫机构指定的场所进行，并在加施封识后准予放行；出境水生动物运输途中需换水、加冰、充氧的，应当在检验检疫机构指定的场所进行。产地检验检疫机构与口岸检验检疫机构应当及时交流出境水生动物信息，对在检验检疫过程中发现疫病或者其他卫生安全问题，应当采取相应措施，并及时上报国家质检总局。

(5) 检验检疫机构对辖区内取得注册登记的出境水生动物养殖场、中转场实行日常监督管理和年度审查制度。国家质检总局负责制订出境水生动物疫病和有毒有害物质监控计划。直属检验检疫局根据监控计划制定实施方案，上报年度监控报告。取得注册登记的出境水生动物养殖场、中转场应当建立自检自控体系，并对其出境水生动物的安全卫生质量负责。取得注册登记的出境水生动物养殖场、中转场应当建立完善的养殖生产和中转包装记录档案，如实填写《出境水生动物养殖场/中转场检验检疫监管手册》，详细记录生产过程中水质监测、水生动物的引进、疫病发生、药物和饲料的采购及使用情况，以及每批水生动物的投苗、转池/塘、网箱分流、用药、用料、出场等情况，并存档备查。养殖、捕捞器具等应当定期消毒。运载水生动物的容器、用水、运输工具应当保持清洁，并符合动物防疫要求。取得注册登记的出境水生动物养殖场、中转场应当遵守国家有关药物管理规定，不得存放、使用我国和进境国家或者地区禁止使用的药物；对允许使用的药物，遵守药物使用和停药期的规定。中转、包装、运输期间，食用水生动物不得饲喂和用药，使用的消毒药物应当符合国家有关规定。

(6) 出境食用水生动物饲用饲料应当符合下列规定：

1) 国家质检总局《出境食用动物饲用饲料检验检疫管理办法》；

2) 进境国家或者地区的要求；

3) 我国其他有关规定。

鲜活饵料不得来自水生动物疫区或者污染水域，且须经检验检疫机构认可的方法进行检疫处理，不得含有我国和进境国家或者地区政府规定禁止使用的药物。

(7) 取得注册登记的出境水生动物养殖场应当建立引进水生动物的安全评价制度。引进水生动物应当取得所在地检验检疫机构批准。引进水生动物应当隔离养殖30天以上，根据安全评价结果，对疫病或者相关禁用药物残留进行检测，经检验检疫合格后方可投入正常生产。引进的食用水生动物，在注册登记养殖场养殖时间需达到该品种水生动物生长周期的三分之一且不少于2个月，方可出境。出境水生动物的中转包装期一般不超过3天。取得注册登记的出境水生动物养殖场、中转场发生国际动物卫生组织(OIE)规定需要通报或者农业部规定需要上报的重大水生动物疫情时，应当立即启动有关应急预案，采取紧急控制和预防措施并按照规定上报。检验检疫机构对辖区内注册登记的养殖场和中转场实施日常监督管理的内容包括：

1）环境卫生；

2）疫病控制；

3）有毒有害物质自检自控；

4）引种、投苗、繁殖、生产养殖；

5）饲料、饵料使用及管理；

6）药物使用及管理；

7）给、排水系统及水质；

8）发病水生动物隔离处理；

9）死亡水生动物及废弃物无害化处理；

10）包装物、铺垫材料、生产用具、运输工具、运输用水或者冰的安全卫生；

11）《出境水生动物注册登记养殖场/中转场检验检疫监管手册》记录情况。

(8) 检验检疫机构每年对辖区内注册登记的养殖场和中转场实施年审，年审合格的在《注册登记证》上加注年审合格记录。检验检疫机构应当给注册登记养殖场、中转场、捕捞、运输和贸易企业建立诚信档案。根据上一年度的疫病和有毒有害物质监控、日常监督、年度审核和检验检疫情况，建立良好记录企业名单和不良记录企业名单，对相关企业实行分类管理。从事出境水生动物捕捞、中转、包装、养殖、运输和贸易的企业有下列情形之一的，检验检疫机构可以要求其限期整改，必要时可以暂停受理报检：

1）出境水生动物被国内外检验检疫机构检出疫病、有毒有害物质或者其他安全卫生质量问题的；

2）未经检验检疫机构同意擅自引进水生动物或者引进种用水生动物未按照规定期限实施隔离养殖的；

3）未按照本办法规定办理注册登记变更或者注销手续的；

4）年审中发现不合格项的。

注册登记养殖场、中转场有下列情形之一的，检验检疫机构应当注销其相关注册登记：

1）注册登记有效期届满，未按照规定办理延续手续的；

2）企业依法终止或者因停产、转产、倒闭等原因不再从事出境水生动物业务的；

3）注册登记依法被撤销、撤回或者《注册登记证》被依法吊销的；

4）年审不合格且在限期内整改不合格的；

5）一年内没有水生动物出境的；

6）因不可抗力导致注册登记事项无法实施的；

7）检验检疫法律、法规规定的应当注销注册登记的其他情形。

6.4 出境观赏鱼检疫

6.4.1 输入国家/地区进境检疫要求

出境观赏鱼是指供出境的以观赏为目的的种用和非种用的海水鱼和淡水鱼。淡水鱼又分冷水观赏鱼和热水观赏鱼。冷水观赏鱼俗名金鱼,是中国古代劳动人民通过对野生鲫鱼的长期优化、选种、培育而成的。可以讲是中国独有的,现在越来越受到世界各国人民的喜爱。观赏鱼既然是从野生鲫鱼转化而来的,所以观赏鱼的某些疾病特别是某些病毒传染病和水生动物是可以相互传染的。各国对进境观赏鱼的检疫要求是鉴于对水生动物的检疫要求而制定的。现分述如下。

6.4.1.1 世界动物卫生组织(OIE)对水生动物要申报的疾病名单

世界动物卫生组织国际兽疫局(OIE)在《国际水生动物卫生法典》中规定对各国的社会经济和/或公共卫生以及在水生动物及其产品的国际贸易中具有重要意义的疾病,必须按法典向 OIE 报告。这些疾病包括:流行性造血器官坏死病(EHN)、传染性造血器官坏死病(IHN)、马苏大麻哈病毒病(OMVD)、鲤春病毒血症(SVC)、病毒性出血性败血症(VHS)。

综合来看世界各国对进境观赏鱼共同的检疫和卫生要求:无论是海水类还是淡水类养殖鱼,必须来自于在官方兽医部门监控下的企业,即来自注册的渔场。淡水观赏鱼在运输过程中,必须使用达到饮用水微生物要求的水。使用专用的运输集装箱,其中不能有来自任何地方的杂物。包装材料是新的或经过消毒的。在装运日由官方兽医进行检查,没有发现疾病临床症状。

6.4.1.2 其他国家和组织对进境观赏鱼的检疫要求

除了以上共性外每个国家有自己的检疫要求,分述如下。

(1) 欧盟进境观赏鱼的要求是渔场向官方主管部门申报的疫病:流行性造血器官坏死病(EHN)、传染性鲑鱼贫血症(ISA)、病毒性出血性败血症(VHS)、传染性造血器官坏死病(IHN)、锦鲤疱疹病毒病(KHV)、任何疑似或者怀疑可能对鱼产生重大影响的任何疾病。发货前的六个月内,这群鱼没有发现重大疾病;两年内没有发生过流行性造血器官坏死病(EHN)、传染性鲑鱼贫血症(ISA)。发货前两年内没有引入卫生状况比本饲养场水平低的活鱼、鱼卵及精子。装货日没有发现动物疾病的临床症状。渔场不是来自于为了消灭以下疾病而将进行销毁或宰杀的鱼类:流行性造血器官坏死病(EHN)、传染性鲑鱼贫血症(ISA)、病毒性出血性败血症(VHS)、传染性造血器官坏死病(IHN)、鲤春病毒血症(SVC)、疖病、红嘴病(ERM)或其他任何病原体引起的疾病。

(2) 欧盟内部每个国家对进境观赏鱼的要求并不相同,其中意大利对进境观赏鱼的要求:每批货物在发运前必须在实验室进行沙门氏菌和霍乱菌的检验。

(3) 西班牙对进境冷水观赏鱼的要求:输出的动物没有为了阻止疾病流行而被计划销毁和宰杀,输出的动物不是来自因动物疫病原因被封锁的渔场,也没有和发生有关疾病的动物接触过,输出动物所在渔场 30 公里范围内没有 OIE 名录中的疾病,输出前 6 个月内没有水生动物疫情发生。

(4) 波兰对进境冷水观赏鱼的要求:渔场没有发现传染性造血器官坏死病(IHN)、鲤春病毒血症(SVC)、病毒性出血性败血症(VHS)。

(5) 澳大利亚对进境观赏鱼的要求:进境鱼要在澳大利亚的检验检疫当局取得进境许

可证后方能进境。进境后隔离7天进行临床观察,是否有传染性疾病症状。最近6个月没有重大疾病。出境国家和地区在2年之内没有鲤春病毒血症(SVCV)、金鱼造血器官坏死症(GFHNV)。在出境的7天内用2%的NACL清洗驱虫。

(6) 美国对进境冷水观赏鱼的要求:一年之内进行2次检测鲤春病毒血症(SVC),2次检测相距至少3个月。检测时水温在13 ℃～20 ℃。连续检测至少2年,结果为阴性。出境前72小时官方兽医没有发现SVC的临床症状。

(7) 日本对进境观赏鱼的要求:输出的动物来自中国出入境检验检疫机构认可的无鲤春病毒血症(SVCV)和锦鲤疱疹病毒病(KHV)的渔场。中国出入境检验检疫机构采用OIE推荐的方法对该渔场进行鲤春病毒血症(SVCV)和锦鲤疱疹病毒病(KHV)的监测,渔场在动物出境前两年内没有发生鲤春病毒血症(SVCV)和锦鲤疱疹病毒病(KHV)。日本检验检疫当局凭我们出具的《动物卫生证书》给予进境观赏鱼的进境许可证。

(8) 金鱼出境到约旦、阿联酋、加拿大、罗马尼亚等国家要求输出的动物来自中国出入境检验检疫机构认可的无传染性造血器官坏死病(IHN)、鲤春病毒血症(SVC)、病毒性出血性败血症(VHS)的渔场。

(9) 希腊要求《动物卫生证书》有效期10天。

(10) 南非对进境观赏鱼的要求是输出的金鱼来自中国出入境检验检疫机构认可的无锦鲤疱疹病毒病(KHV)的渔场。中国出入境检验检疫机构采用OIE推荐的方法对该渔场进行锦鲤疱疹病毒病(KHV)的监测,渔场在动物出境前两年内没有发生锦鲤疱疹病毒病(KHV)。《动物卫生证书》有效期10天。

6.4.2　产地疫情调查

见6.4.4出境动物群疫情监测。

6.4.3　出境动物饲料场的注册

对出境观赏渔场执行注册登记制度。

(1) 注册登记条件

周边和场内卫生环境良好,无工业、生活垃圾等污染源和水产品加工厂,场区布局合理,分区科学,有明确的标识;养殖用水符合国家渔业水质标准,具有政府主管部门或者检验检疫机构出具的有效水质监测或者检测报告;具有符合检验检疫要求的养殖、包装、防疫、饲料和药物存放等设施、设备和材料;具有符合检验检疫要求的养殖、包装、防疫、饲料和药物存放及使用、废弃物和废水处理、人员管理、引进水生动物等专项管理制度;配备有养殖、防疫方面的专业技术人员,有从业人员培训计划,从业人员持有健康证明;中转场的场区面积、中转能力应当与出境数量相适应;场区位于水生动物疫病的非疫区,过去2年内没有发生国际动物卫生组织(OIE)规定应当通报和农业部规定应当上报的水生动物疾病;养殖场具有独立的引进水生动物的隔离池和水生动物出境前的隔离养殖池,各养殖池具有独立的进水和排水渠道,养殖场的进水和排水渠道分设;具有与外部环境隔离或者限制无关人员和动物自由进出的设施,如隔离墙、网、栅栏等;养殖场面积水泥池养殖面积不少于20亩(1亩＝666.6 m^2),土池养殖面积不少于100亩;出境淡水水生动物的包装用水必须符合饮用水标准;出境海水水生动物的包装用水必须清洁、透明并经有效消毒处理;养殖场有自繁自养能力,并有与养殖规模相适应的种用水生动物。

(2) 注册登记申请

出境水生动物养殖场、中转场应当向所在地直属检验检疫局申请注册登记,并提交下列材料(一式三份):注册登记申请表,工商营业执照(复印件),养殖许可证或者海域使用证(不适用于中转场),场区平面示意图及彩色照片(包括场区全貌、场区大门、养殖池及其编号、药品库、饲料库、包装场所等),水生动物卫生防疫和疫情报告制度,从场外引进水生动物的管理制度,养殖、药物使用、饲料使用、包装物料管理制度,经检验检疫机构确认的水质检测报告,专业人员资质证明,废弃物、废水处理程序,进境国家或者地区对水生动物疾病有明确检测要求的,需提供有关检测报告。每一注册登记养殖场或者中转包装场使用一个注册登记编号。同一企业所有的不同地点的养殖场或者中转场应当分别申请注册登记。

(3) 注册登记审查与决定

直属检验检疫局应当在受理申请后5日内组成评审组,对申请注册登记的养殖场或者中转场进行现场评审。评审组应当在现场评审结束后5日内向直属检验检疫局提交评审报告。直属检验检疫局收到评审报告后,应当在10日内分别做出下列决定:经评审合格的,予以注册登记,颁发《出境水生动物养殖场/中转场检验检疫注册登记证》(以下简称《注册登记证》),并上报国家质检总局;经评审不合格的,出具《出境水生动物养殖场/中转场检验检疫注册登记未获批准通知书》。进境国家或者地区有注册登记要求的,直属检验检疫局评审合格后,报国家质检总局,由国家质检总局统一向进境国家或者地区政府主管部门推荐并办理有关手续。进境国家或者地区政府主管部门确认后,注册登记生效。《注册登记证》自颁发之日起生效,有效期5年。注册登记的养殖场或者中转场的注册登记编号专场专用。

(4) 注册登记变更与延续

出境水生动物养殖场、中转场变更企业名称、法定代表人、养殖品种、养殖能力等的,应当在30日内向所在地直属检验检疫局提出书面申请,填写《出境水生动物养殖场/中转包装场检验检疫注册登记申请表》,并提交与变更内容相关的资料(一式三份)。变更养殖品种或者养殖能力的,由直属检验检疫局审核有关资料并组织现场评审,评审合格后,办理变更手续。养殖场或者中转场迁址的,应当重新向检验检疫机构申请办理注册登记手续。因停产、转产、倒闭等原因不再从事出境水生动物业务的注册登记养殖场、中转场,应当向所在地检验检疫机构办理注销手续。获得注册登记的出境水生动物养殖场、中转包装场需要延续注册登记有效期的,应当在有效期届满30日前按照本办法规定提出申请。直属检验检疫局应当在完成注册登记、变更或者注销工作后30日内,将辖区内相关信息上报国家质检总局备案。

6.4.4 出境动物群疫情监测

我国对出境观赏鱼执行注册制度。注册渔场每年两次进行疫病检测。针对观赏鱼出境的实际情况,以及OIE的相关规定和各主要进境国的检疫要求,对观赏鱼进行鲤春病毒血症(SVCV)、锦鲤疱疹病毒病(KHV)、鱼灭鲑气单胞菌、传染性胰脏坏死病毒(IPNV)、传染性造血器官坏死病(IHN)的检测。

6.4.5 注册饲养场的检疫监督

对出境观赏鱼场的检疫监督做到以下几点:

(1) 日常监督管理和年审制度

检验检疫机构对辖区内取得注册登记的出境观赏鱼养殖场、中转场实行日常监督管理和年度审查制度。取得注册登记的出境观赏鱼养殖场、中转场应当建立完善的养殖生产和中转包装记录档案，如实填写《出境水生动物养殖场/中转场检验检疫监管手册》，详细记录生产过程中水质监测、水生动物的引进、疫病发生、药物和饲料的采购及使用情况，以及每批水生动物的投苗、转池/塘、网箱分流、用药、用料、出场等情况，并存档备查。养殖、捕捞器具等应当定期消毒。运载观赏鱼的容器、用水、运输工具应当保持清洁，并符合动物防疫要求。对出境观赏鱼所用饲料如果使用鲜活饵料作为饲料，那么鲜活饵料不得来自水生动物疫区或者污染水域，且须经检验检疫机构认可的方法进行检疫处理，禁止饲喂同类水生动物（含卵和幼体）鲜活饵料。取得注册登记的出境观赏鱼养殖场应当建立引进水生动物的安全评价制度。引进水生动物应当取得所在地检验检疫机构批准。引进观赏鱼应当隔离养殖30天以上，根据安全评价结果，对疫病进行检测，经检验检疫合格后方可投入正常生产。

(2) 发生疫情和企业分类管理

取得注册登记的出境观赏鱼养殖场、中转场发生国际动物卫生组织（OIE）规定需要通报或者农业部规定需要上报的重大水生动物疫情时，应当立即启动有关应急预案，采取紧急控制和预防措施并按照规定上报。检验检疫机构对辖区内注册登记的养殖场和中转场实施日常监督管理的内容包括：环境卫生、疫病控制；有毒有害物质自检自控；引种、投苗、繁殖、生产养殖、饲料、饵料使用及管理；药物使用及管理；给、排水系统及水质；发病水生动物隔离处理、死亡水生动物及废弃物无害化处理；包装物、铺垫材料、生产用具、运输工具、运输用水或者冰的安全卫生；《出境水生动物注册登记养殖场/中转场检验检疫监管手册》记录情况。检验检疫机构每年对辖区内注册登记的养殖场和中转场实施年审，年审合格的在《注册登记证》上加注年审合格记录。检验检疫机构应当给注册登记养殖场，中转场，捕捞、运输和贸易企业建立诚信档案。根据上一年度的疫病和有毒有害物质监控、日常监督、年度审核和检验检疫情况，建立良好记录企业名单和不良记录企业名单，对相关企业实行分类管理。

(3) 不符合要求处理

从事出境观赏鱼中转、包装、养殖、运输和贸易的企业有下列情形之一的，检验检疫机构可以要求其限期整改，必要时可以暂停受理报检：出境观赏鱼被国内外检验检疫机构检出疫病、有毒有害物质或者其他安全卫生质量问题的；未经检验检疫机构同意擅自引进观赏鱼或者引进种用观赏鱼未按照规定期限实施隔离养殖的；未按照本办法规定办理注册登记变更或者注销手续的；年审中发现不合格项的。

注册登记养殖场、中转场有下列情形之一的，检验检疫机构应当注销其相关注册登记：注册登记有效期届满，未按照规定办理延续手续的；企业依法终止或者因停产、转产、倒闭等原因不再从事出境水生动物业务的；注册登记依法被撤销、撤回或者《注册登记证》被依法吊销的；年审不合格且在限期内整改不合格的；一年内没有水生动物出境的；因不可抗力导致注册登记事项无法实施的；检验检疫法律、法规规定的应当注销注册登记的其他情形。

6.4.6　隔离检疫

出境观赏鱼出境装运前，应调入循环过滤水池或清水池储养并停食，进行隔离检疫，挑除不健康或规格没有达标的观赏鱼。在隔离期间应对观赏鱼进行有效消毒，一般采用2%左右的氯化钠或者高锰酸钾以去除体表寄生虫。有条件的出境观赏鱼场应控制隔离池的水温，一般在10 ℃左右，以降低观赏鱼的活动，提高其存活率。3至5天后，经隔离检疫合格后方可包装出境。

6.4.7 出证

每个国家对出境观赏鱼均有自己的检疫要求和证书格式。

6.4.8 监装

观赏鱼出境时，检验检疫人员应不定期的到出境鱼场对出境观赏鱼进行监装。主要查看观赏鱼的健康状况、出境观赏鱼外包装或者装载容器上标志等情况。包装上应当标注出境企业全称，注册登记养殖场和中转场名称及注册登记编号，出境观赏鱼的品名、数(重)量、规格等内容。来自不同注册登记养殖场的水生动物，应当分开包装。

6.4.9 后续监管

出境观赏鱼如在国外检出疫病，特别国际动物卫生组织(OIE)规定需要通报或者农业部规定需要上报的重大水生动物疫情时。我们应当立即启动有关应急预案，采取紧急控制和预防措施并按照规定上报。对出境的观赏鱼养殖场进行封场，抽样检测，如确定该观赏鱼养殖场确有国际动物卫生组织(OIE)规定需要通报或者农业部规定需要上报的重大水生动物疫情时，对鱼池可用过量石灰进行喷洒消毒。对死亡观赏鱼进行深埋。池塘经日光曝晒后方可饲养观赏鱼。经过连续2年疫病监测阴性后方可出境。

6.5 供港活猪检疫

6.5.1 输入地区检疫要求

内地供应香港鲜活冷冻商品的历史源远流长，其中内地供港活猪已达日供应5000头左右，占香港市场95%以上。从政治上讲，做好对香港市场的供应特别是鲜活商品的供应，体现了党和政府、内地人民对香港同胞的深情厚意，有利于香港的长期繁荣稳定，对最终实现祖国的和平统一具有深远的意义，所以要以“确保香港繁荣稳定、确保香港市民吃上安全肉”为我们的工作宗旨。

6.5.1.1 香港食环署对供港活猪药残方面的要求

供港活猪8种受禁止使用的化学物：乙类促效剂类(盐酸克伦特罗、沙丁胺醇、莱克多巴胺)，抗生素(氯霉素、阿伏霉素)，人造霉素(已二烯雌酚、已烯雌酚、已烷雌酚)。

供港活猪不得有以下37种高残留药物及化学物：羟氨苄青霉素、氨苄青霉素、杆菌肽、苄青霉素、卡巴氧、头孢噻呋、金霉素、磷氯青霉素、多粘菌素、丹奴氟沙星、双氯青霉素、二氢链霉素、二甲硝咪唑、强力霉素、英氟沙星、红霉素、氟甲喹、呋喃他酮、呋喃唑酮、庆大霉素、伊维菌素、交沙霉素、柱晶白霉素、林可霉素、甲硝唑、新霉素、恶喹酸、土霉素、沙拉氟沙星、大观霉素、链霉素、磺胺药类、四环素、替尔谋宁、甲氧苄氨嘧啶、泰尔菌素、维及霉素。

6.5.1.2 香港食环署对供港活猪疫病方面的要求

供港活猪不得患有猪瘟、猪丹毒、猪肺疫、猪水泡病、口蹄疫、狂犬病、日本脑炎等动物传染病和寄生虫病。

6.5.2 产地疫情调查

检验检疫监督管理部门负责与地方农业主管部门联系和协调，了解当地动物疫病的流行病学情况，根据实际情况划分各类疫病的疫区。检验检疫执行管理部门负责在日常检查工作中，了解当地动物疫病的流行病学情况，及时上报检验检疫监督管理部门。

6.5.3 供港活猪饲养场的注册

6.5.3.1 注册审核

检验检疫监督管理部门负责协调、监督、管理本地区供港活猪的检验检疫工作，并对供

港活猪饲养场进行注册并审核发证。

6.5.3.2　注册考核

检验检疫执行管理部门负责供港活猪饲养场的注册考核、年审和日常监督管理，对供港活猪实施疫病、药物的检验检疫和违规饲养企业的处罚工作。

检验检疫执行管理部门对供港活猪饲养企业提供的资料进行书面审核，并根据国家局制定的《供港澳活猪注册饲养场的条件和动物卫生基本要求》，对供港活猪饲养场实施现场考核。

供港活猪饲养企业向检验检疫执行管理部门提出注册申请，须递交《供港澳活猪饲养场检验检疫注册申请表》、《企业法人营业执照》复印件、饲养场平面图和彩色照片（包括场区全貌，进出场和生产区通道及消毒设施，猪舍内景和外景，兽医室、病猪隔离区、死猪处理设施、粪便处理设施、出场隔离检疫舍、种猪进场隔离区等）、饲养场饲养管理制度及动物卫生防疫制度等相关资料。

供港活猪注册饲养场工作人员必须身体健康并定期体检，严禁患有人畜共患病的人员在供港活猪注册饲养场工作。

供港活猪注册饲养场必须严格执行自繁自养的规定。引进的种猪，须来自非疫区的健康群；种猪入场前，经供港活猪注册饲养场兽医逐头临床检查，并经隔离检疫 45 天以上，合格后，方可转入生产区种猪舍。

供港活猪注册饲养场必须保持良好的环境卫生，做好日常防疫消毒工作，定期灭鼠、灭蚊蝇，消毒圈舍、场地、饲槽及其他用具；进出供港活猪注册饲养场的人员和车辆必须严格消毒。

对于书面申请材料齐全、现场考核符合要求的供港活猪饲养场，采集尿样进行盐酸克伦特罗的检测，每月 2 次，每次 2 份；采集尿样进行氯霉素、沙丁胺醇、莱克多巴胺、己烯雌酚、己烷雌酚、己二烯雌酚等违禁药物的检测，每月 1 次，每次各 1 份，连续监测 6 个月。

尿样连续检测结果呈阴性的，检验检疫执行管理部门将申请注册资料一式二份，报检验检疫监督管理部门审核、发证，并报国家质检总局备案。

注册以饲养场为单位，实行一场一证制度，每一个供港活猪注册场使用一个注册编号，并使用专用针印机。

注册证自颁发之日起生效，有效期 5 年。有效期满后继续生产供港活猪的饲养场，须在期满前 6 个月按照本办法规定，重新提出申请。

检验检疫执行管理部门对供港活猪注册饲养场实行年审制度。对逾期不申请年审，或年审不合格且在限期内整改不合格的，取消其注册资格，吊销其注册证。

当供港活猪注册饲养场场址、企业所有权、名称、法定代表人、备案兽医需要变更时，检验检疫执行管理部门应及时要求其办理变更手续并报检验检疫监督管理部门；需改、扩建的，也应事先向检验检疫执行管理部门书面申请，在征得检验检疫执行管理部门同意后，方可进行。

6.5.4　供港活猪的疫病和药残监测

6.5.4.1　供港活猪的疫病监测

供港活猪的疫病检疫项目包括猪瘟、猪丹毒、猪肺疫、猪水泡病、口蹄疫、狂犬病、日本脑炎等动物传染病和寄生虫病，根据年度免疫监测计划进行相应疫病的免疫抗体监测，根据监

测结果验证或调整有关免疫程序。

要求供港活猪饲养场建立一日一报的疫情报告制度。发生重大疫情或疑似重大疫情时，必须采取紧急防疫措施，并于12 h之内报告。

6.5.4.2 供港活猪的药残监测

根据年度《供港食用动物药物残留监控抽样及检验监测实施方案》对所有供港活猪饲养场实施“8＋37”药残监测。

供港活猪饲养场使用的药物，必须提供生产厂家的药检证明，禁止购买、存放或使用违禁药物及成分不明的药物。

6.5.5 供港活猪饲养场的检验检疫监督

对供港活猪的检验检疫工作的重点是对供港活猪饲养场的日常监督管理工作。检验检疫机构必须通过一系列的管理手段，使供港活猪注册饲养场的饲养管理规范化、科学化，从源头上确保供港活猪都是健康和安全的。检验检疫人员通过深入注册饲养场进行前期监管，规范其饲养和生产，为检验检疫出证提供技术性保证。

日常监督管理工作是指检验检疫机关的兽医官，在日常中到注册猪场、装车发运点等现场进行的检验检疫工作。以现场检疫和临床检疫为主，隔离检疫和实验室检疫为辅。具体实施细则充分考虑到供港活猪的经营特点、家畜流行病学、检验检疫人员的技术水平和工作经验。

6.5.5.1 日常监督管理频率

每个注册饲养场每月1～2次。

6.5.5.2 日常监督管理的检查内容

遵守法律法规规定(27号令、44号公告等)情况；《供港活猪饲养场动物卫生基本要求》的维护和持续改进情况；供港活猪注册饲养场制定的经检验检疫局认可的《疫病防疫制度》、《卫生管理制度》、《种猪引进管理制度》、《用药管理制度》、《饲料及添加剂使用管理制度》等的实施情况和相关记录；《管理手册》的填写情况；供港活猪健康状况。

6.5.5.3 日常监督管理的实施方式

不定期、事先不通知，要求做好监督管理的有关记录。供港活猪注册饲养场发生严重动物疫情的，应立即暂停其活猪供港3个月。暂停期满，经审查各项防疫整改措施落实到位的，准予恢复供港；没有落实到位的，取消供港资格。日常监督检查中，首次发现的问题交场方确认后准予整改，但同一问题连续或累计发现两次的，取消供港资格。

6.5.6 供港活猪的隔离检疫

根据外贸出口公司的申报计划，检验检疫执行管理部门的派出兽医或备案兽医对分栏期间的供港活猪实施临床检疫。检疫合格的，结合日常监管的评定结果，予以加盖针印。已加盖针印的供港活猪应相对隔离饲养。

6.5.7 供港活猪的实验室检疫

动植物与食品检验检疫技术中心(简称食品中心)负责对供港活猪组织样、血样、尿样、饲料及药物样品根据当年度的检测计划，进行相关项目的实验室检测工作。

6.5.8 出证

检验检疫执行管理部门应要求外贸公司在供港活猪出栏前至少7天申报出口计划。检验检疫执行管理部门应要求外贸公司在供港活猪出栏启运24 h前报检。检验检疫执行管理部门应完成现场检疫与监装后出证。检疫合格的，授权兽医官签发《动物卫生证书》，证书有效期为14天。

6.5.9　监装

检验检疫执行管理部门应监督检查外贸公司实施经检验检疫局认可的供港活猪运输、装运、押运等工作相关的消毒防疫制度和押运员管理制度。供港活猪的运输必须由检验检疫机构培训考核合格的押运员负责押运。检验检疫执行管理部门对供港活猪实行监装制度。

监装时，检验检疫执行管理部门专职兽医会同备案兽医监督外贸出口公司对站台、场地、车辆、用具等进行有效清洗和消毒，未经消毒不得装车。每日装车结束后，即对生产区所有场地进行清洗和消毒，整个装卸区域每周1～2次大消毒。

供港活猪饲养场派专人使用专用车辆于发运前2 h将供港活猪押运至发运站后，检验检疫执行管理部门专职兽医会同备案兽医审核供港活猪注册饲养场提交的装车单、地方兽医站签发的《供港猪专用兽医证书》，对装运列车前的供港活猪再次实施临床检疫，核实数量，检查标识加施情况并监督装运，对来自不同注册场的活猪尽可能分厢装载。

须确认供港活猪是来自相应的注册饲养场并经隔离检疫合格的猪群；临床检查无任何传染病、寄生虫病症状和伤残情况；运输工具及装载器具经消毒处理，符合动物卫生要求；核定供港活猪数量，检查检验检疫标志加施情况等。

检出一般疾病或外伤的，不准出运。

发现疑似重大疫病或重大疫病时，检验检疫人员应会同备案兽医立即控制现场，停止装运或出运，并报告主管领导，经请示后按要求处理。发生重大疫情的发运站应暂停使用，经彻底消毒处理后，方可恢复。填写《供港澳活猪检验检疫原始结果记录单》。

6.5.10　后续管理

检验检疫执行管理部门应根据注册饲养场历年守法情况、重大疫病发生情况、日常监督检查情况、药物残留监测情况等重要信息汇总建立综合性数据库。根据上一年度评定结果来酌情减少或增加下一年度的检测、监测和监督检查的频率。

为加强对供港活猪饲养场的科学管理，做好供港活猪检验检疫工作，保证供港活猪的安全，在供港猪饲养场中形成“优胜劣汰”的动态管理机制，促进供港活猪业务发展，在供港活猪饲养场管理工作中实行分类管理操作办法。

分类管理的等级分类以对供港活猪饲养场各类检查为依据，以分类检查表的总积分为标准，对所有供港活猪饲养场进行分类管理，分类等级不搞终身制，每一年度根据分类检查表的总积分重新分类。

为了引起各饲养场的高度重视，分类管理将和出口活猪量相结合。为了体现出分类管理的特点，检验检疫执行管理部门将根据具体情况给以奖励或处罚。

定期组织供港猪场场长、备案兽医、押运员进行业务知识培训，对考试合格者颁发上岗证，所有备案兽医、押运员必须持证上岗。

第7章 进境动物产品检疫

7.1 概述

进境动物产品包括食用性动物产品和非食用动物产品。本章主要介绍进境肉类、肠衣、水产品、毛、皮、骨、蹄、角、饲料、饲料添加剂、精液、胚胎等的检疫。

所有进境动物产品受国家质检总局最新公布的《禁止从动物疫病流行国家/地区输入的动物及其产品一览表》及有关禁令公告的限制。进境动物产品的货主或者代理人应当在贸易合同签订前办理检疫审批手续(国家质检总局2004年第111号公告规定的产品除外),取得《中华人民共和国进境动植物检疫许可证》(以下简称,《检疫许可证》)。在合同中订明我国法定检疫要求,并订明必须附有输出国家/地区官方出具正本检疫证书,其要求应符合我国有关检疫规定。进境国家规定的禁止或限制进境的动物产品,还需特许审批。

7.2 进境肉类检疫

7.2.1 进境肉类的国外生产企业的注册

申请注册的国外生产企业所在国家(地区)的兽医服务体系、公共卫生管理体系须经中国国家认证认可监督管理委员会评估合格。

申请注册的国外生产企业所在国家(地区)应为非中国政府禁止的动物疫情疫区。

申请注册的国外生产企业须是经所在国家(地区)主管当局批准的并在其有效监管之下的企业,其卫生条件应符合中国法律法规和标准规范的有关规定。

符合以上条件的国外生产企业,在向中国国家认证认可监督管理委员会提出申请、并在被审查合格予以注册后才能向中国输出肉类产品。已正式注册的国外生产企业需遵守中国政府的规定,接受中国政府的监督,否则,吊销其注册资格。

国家质检总局根据与输出国或地区签订的双边检疫协定(包括检疫协议、议定书、备忘录等)的规定、国外生产企业注册情况、输出国家或地区的动物疫情情况,经风险分析,制定《允许进境肉类产品的国家或地区及相应的品种和用途名单》,并对该名单及时更新公布。有关国家进境肉类的注册厂号及用途须在国家质检总局最新公布的名单之内。

7.2.2 进境肉类的检疫审批

国家质检总局对进境肉类产品实行检疫审批制度。进境肉类产品的收货企业应当在贸易合同签订前办理检疫审批手续,取得进境动植物检疫许可证。进境肉类产品只能从国家质检总局发放的检疫许可证指定的口岸进境。

(1) 进境肉类产品需要申请检疫审批。

申请办理检疫审批手续的单位(以下简称申请单位)应当是具有独立法人资格并直接对外签订贸易合同或者协议的单位。

申请单位在进境口岸检验检疫机构进行初审,需要向口岸直属检验检疫局提供以下材料:

1) 申请单位的法人资格证明文件(验正本交复印件);

2）　肉类入境后在国家质检总局公布存放的定点企业生产、加工、存放的，必须提交与定点企业签订的生产、加工、存放的合同；

3）　来自同一产地同一品种肉类的前一次的《检疫许可证》(含核销表)；

4）　检验检疫机构要求的其他材料。

(2) 口岸直属检验检疫机构需对申请单位提交的材料进行初审。主要包括：

1）　申请表填写是否齐全、规范，申请单位是否有独立的法人资格，是否是直接外签约单位；

2）　输出和途经国家或地区有无相关的动物疫情或污染元素；

3）　是否符合中国有关法律法规的规定；

4）　是否符合中国与输出国家或地区签订的双边协议；

5）　进境后需要对生产、加工过程实施检疫监管的，审查其运输、生产、加工、存放及处理等环节是否符合检疫防疫及监管要求，根据生产、加工企业的加工能力核定其申请数量；

6）　进境时分批核销的肉类，应当审核来自同一产地同一品种肉类的前一次《检疫许可证》的核销情况；

7）　同一申请单位申请来自同一输出国家或地区的同一品种肉类，一次只能申请一份《检疫许可证》。

(3) 审批核准。口岸直属检验检疫机构初审合格的，由初审机构签署初审意见；初审不合格的，将申请材料退回申请单位。

当进境肉类产品的入境口岸与指运地分属不同直属局辖区时，初审工作由入境口岸和指运地直属局共同完成。

(4) 总局根据各直属局的初审意见，负责检疫审批的终审工作，自收到初审机构提交的初审材料之日起30个工作日内签发《检疫许可证》或者《检疫许可证申请未获批准通知单》。经特殊审批获准进境的肉类产品只限用于来料加工后复出境和进境单位自用，加工和自用剩余品按规定进行检疫处理。

(5) 许可证的使用和管理。

《检疫许可证申请表》、《检疫许可证》和《检疫许可证申请未获批准通知单》由国家质检总局统一印制和发放。《检疫许可证》由国家质检总局统一编号。

《检疫许可证》的有效期分别为3个月或者一次有效。除对活动物签发的《检疫许可证》外，不得跨年度使用。

按照规定可以核销的进境动植物产品，在许可数量范围内分批进境、多次报检使用《检疫许可证》的，进境口岸检验检疫机构应当在《检疫许可证》所附检疫物进境核销表中进行核销登记。

1) 有下列情况之一的，申请单位应当重新申请办理《检疫许可证》：

① 变更进境检疫物的品种或者超过许可数量百分之五以上的；

② 变更输出国家或者地区的；

③ 变更进境口岸、指运地或者运输路线的。

2) 有下列情况之一的，《检疫许可证》失效、废止或者终止使用：

① 超过有效期的自行失效；

② 在许可范围内，分批进境、多次报检使用的，许可数量全部核销完毕的自行失效；

③ 国家依法发布禁止有关检疫物进境的公告或者禁令后，已签发的有关《检疫许可证》自动废止；

④ 申请单位违反检疫审批的有关规定，国家质检总局可以终止已签发的《检疫许可证》的使用。

(6) 申请单位取得许可证后，不得买卖或者转让。口岸检验检疫机构在受理报检时，必须审核许可证的申请单位与检验检疫证书上的收货人、贸易合同的签约方是否一致，不一致的不得受理报检。

7.2.3　进境肉类的口岸报检

(1) 肉类产品进境前或者进境时，收货单位或者其代理人应当委托具有报检资格的单位或个人持进境动植物检疫许可证、输出国家或者地区政府官方签发的检验检疫证书(正本)、原产地证书、贸易合同、信用证、提单、发票等有效单证向进境口岸检验检疫机构报检。口岸检验检疫机构须作以下审核：

1) 鉴别检疫证书真伪。检疫证书必须是输出国家或地区官方出具的正本原件。须符合我国规定的国外证书版本、防伪特性，需有官方印章及官方兽医签名，目的地须注明为中华人民共和国，不得涂改。澳大利亚肉类检验检疫证书详见[《关于澳大利亚向我国出境肉证书的认证问题的通知》(国检办函[1998]45号)]；加拿大肉类检验检疫证书详见[《关于下发加拿大食品署肉类产品检验证书的通知》(质检食函[2004]85号)]；美国肉类检验检疫证书详见[《关于下发美国新版卫生证书的通知》(质检食函[2004]143号)]，新版证书的格式为"FSIS表格 9295-(01/12/2004)"(证书左下角标明)，证书版面有防伪鹰形水印；新西兰肉类检验检疫证书印章在紧贴徽章下面会刻有"官方兽医"(official veterinarian)或"官方检查员"(official inspector)文字(国质检食函[2005]第374号)。

2) 检疫证书上的收货人、贸易合同的签约方应与《许可证》上的申请进境单位一致；报检单、报关单、检疫证书、贸易单证上的品名要与《许可证》一致。

3) 检疫证书注明的加工厂注册号必须在质检总局最新公布的《允许进境肉类产品的国家或地区以及相应的品种和用途名单》之内。

4) 核对货主提供的《进境动植物检疫许可证》第一联与检验检疫机构留档的第二联是否相符，如实核销进境数量，严禁在核销表上涂改、修改，保证核销工作的透明度和准确性。审核许可证上申请进境单位、品名等应与检疫证书、报检单、报关单及其他贸易单证一致；许可证上注明的加工企业注册号必须在最新公布的《允许进境肉类产品的国家或地区以及相应的品种和用途名单》之内。

5) 审核许可证的有效期。

6) 审核许可证的审批内容。

7) 审核其他贸易单证，提单、合同、委托协议、发票、装箱清单等是对以上两个单证的必要补充。要注意商品名称、收货人、供货商、起运地、起运时间、运输工具等项目的前后一致。

(2) 对无输出国家或地区政府官方检验检疫证书或者检验检疫证书不符合要求的，以及无有效进境检疫许可证的，口岸检验检疫机构不得受理报检，并对货物做退回或销毁处理。

(3) 经香港中转进境肉类产品的报检：

1) 经香港中转进境肉类产品的界定。经香港中转进境肉类产品是指以合法手段在香港行政辖区内的锚地或码头转换运输工具或卸载转运内地的进境肉类产品。

2）中转进境预检。经香港中转进境的肉类产品，货主或其代理人须向经质检总局授权的中检香港公司申请中转预检。中检香港公司要按照总局有关要求，预检后施加新的封识并出具证书。经香港中转的肉类产品，内地入境口岸检验检疫机构必须加验香港中检公司签发的检验证书正本。没有香港中检公司的检验证书正本，不得受理报检。

7.2.4　进境肉类的口岸现场检疫

(1) 对装运进境肉类产品的集装箱须在口岸检验检疫机构的监督下实施箱体防疫消毒处理。未经检验检疫机构许可，不得卸离运输工具。货物卸离运输工具、办妥通关手续后，将货物运至检验检疫机构指定的场所进行检验检疫。

(2) 口岸检验检疫机构对进境肉类产品实施现场检验检疫程序：

1）单证审核。口岸实施开箱查验的一线检验员在对货物实施开箱检验前需对报检资料进行审阅，并对卫生证书、检疫许可证等单证的有效性及有关检疫要求再次审核。

2）现场开箱查验：

① 开箱前：检查集装箱温度记录是否符合要求；核对集装箱号码、铅封号与卫生证书是否一致；

② 开箱后：先观察箱内堆放情况是否正常、包装纸箱或标识是否更换或重新加贴、有无不合理的人为移动等，如有则要增加查验纸箱数量并按照规定比例掏箱，必要时到备案存放冷库核查；正常情况下，按照"三层五点"的原则，对一个集装箱内每个注册厂同类的产品的抽查基数为10件(少于10件的全部验查)随机选择感观检验。

③ 查验包装：外包装上应当有明显的中英文标识，标明品名、规格、生产日期、保质期、储存温度、卫生证书号码(注意证书备注栏中的关联证书号码)、注册号、保存条件，目的地必须注明为中华人民共和国，有无"不适合人类食用"等字样；内包装必须使用无毒、无害的全新材料，并注明品名和注册号；产品须在保质期内，内、外包装注册号须一致且与卫生证书一致。

④ 打开纸箱包装查验货证是否相符；查验有无腐败变质；有无出血、病变、化脓灶、病变性疖结等；硬杆毛、黄黑皮、血水等含量是否超标；有无夹带、动物尸体、寄生虫；瞒报和漏报的其他注册号或品种产品；有无异味、有无其他有害、不可食用杂物杂质等。对有条件允许进境高风险国家和地区30月龄以下的剔骨牛肉，有无完全剔除脊柱和头骨、脑、眼、脊髓、扁桃体、回肠末端或其他异常情况等。疑似受病原体污染或腐败变质的，应当采样送检，并对货物做封存处理。

⑤ 集装箱内卫生检验。箱内必须清洁卫生，无异味，无其他污染物。

⑥ 掏箱：批批实施现场查验，100%开箱。查验对装载满箱的，应按20%的比例掏箱查验(打通道进入箱底1/2以上)，必要时可调离到指定备案冷库卸货核查；如发现有违规夹带的，对该进口商以后进境的货物按照监测采样水平Ⅰ实施。掏箱时要求掏箱人员戴好防护用品，如一次性鞋套、手套、口罩，棉衣等。

⑦ 消毒。感官、采样或掏箱查验工作完毕后，要对人员接触到的包装纸箱、集装箱门口等区域用百毒杀进行表面喷洒消毒。

⑧ 再次加封。现场检验完毕后监督由检验检疫机构指定的人员对集装箱施加CIQ专用封识，做好加封记录以备核查。

(3) 采样：

1) 采样要求：经现场检验检疫未见异常的，按以下规定进行抽样送实验室检测(肉类产品每个集装箱为1个批次)。

① 采集的样品应尽量考虑代表性、随机性，采集的数量应能反映该批肉类卫生质量和满足检验检疫项目对样品量的需要。如有不同注册号拼装的集装箱，应区别采样，并予以不同编号送实验室检测。

② 需要进行微生物学检验的样品，其采样工具、容器必须经灭菌、消毒处理，并按无菌操作进行采样；每一批样品采集完毕后需对工具进行彻底清洗、消毒后才能进行下一次采样，严禁不同品种肉类的采样工具混用。具体程序：采样前用30 W紫外线灯对采样室照射25 min；采样人员在采样前先清洗双手，用75%酒精棉球消毒，穿好工作服，戴好口罩、灭菌手套和工作帽；对被取样肉类产品用1∶600百毒杀进行外包装喷洒消毒。

③ 凡需进行微生物学检验的样品，须及时送检，不能及时送检的应将样品暂存于与运输过程类似的环境中。

2) 采样、制样标准(见表7-1)：

表7-1 采样制样标准

批量货物总数/件	抽检货物的采样件数/件	每份样品量/g
≤100	7	300～500
101～250	8	300～500
250～10 000	9	300～500
>10 000	10	300～500

按以上标准采样后进行制样，并根据检测项目涉及的实验室制出1～3份混样后，供各实验室检验、复验、备查。

3) 监测采样水平分类：

① 采样水平Ⅰ：对来自同一国家同一类别的肉类产品，批批采样并送实验室检测；

② 采样水平Ⅱ：对来自同一国家同一类别的肉类产品，每5批采样1批并送实验室检测；

③ 采样水平Ⅲ：对来自同一国家同一类别的肉类产品，每10批采1批并送实验室检测；

④ 采样水平Ⅳ：列入国家质检总局预警通报的，按预警通报规定的采样水平采样。

4) 监测采样实施和转换：

① 对来自同一国家(地区)的同一类别肉类产品按采样水平Ⅰ连续10批采样送检未发现问题的，自动转换到采样水平Ⅱ；对来自同一国家(地区)的同一类别肉类产品按采样水平Ⅱ连续10批采样送检未发现问题的，则自动转换到采样水平Ⅲ；在按采样水平Ⅱ和采样水平Ⅲ采样送检期间，检测不合格的，均退回至采样水平Ⅰ，重新开始。

② 执行年度进境肉类产品残留监控任务期间，如监控发现残留超标或阳性的，应对来自同一国家(地区)的同类别产品从采样水平Ⅰ开始对超标或阳性监控项目进行专项检测。

③ 对列入国家质检总局风险预警通报的进境肉类产品按通报要求的采样水平执行(采样水平Ⅳ)。预警通报中规定对输出国家或地区的生产加工企业暂停进境的，按预警通报要

求执行，直至解禁。

(4) 采样室要求：

1) 有专用采样室，带上、下水管道，有洗涤水斗、固定紫外消毒灯和易于清洁的工作台。

2) 采样室应有必要仪器设备配置：冷冻冰柜(2台或以上)、移动式紫外灯、高压灭菌器或其他替代品(微波、臭氧)、电动锯刀、锯刀、剪刀、食品级采样袋、灭菌手套、酒精灯、大号整理箱等。

3) 各项采样室规章制度明确、上墙。

7.2.5　实验室检测

(1) 抽样水平及检测项目的确定

根据输出国家或者地区的动物疫情状况、兽药使用状况、外源性污染物污染状况、国际国内造成重大食品安全问题的致病原及总局警示通报等，确定对某个国家输华肉类的采样水平及需检测项目，并及时更新。

加强对易造成肉类污染的微生物的检测。肉类产品的微生物学检验项目包括强制性进行细菌总数、沙门氏菌、致病性大肠杆菌(包括O157和O157:H7)检验和监测性进行单核细胞增生李斯特杆菌、弯曲杆菌等检验；肉制品还必须强制性进行金黄色葡萄球菌检验。

国家质检总局下发的《动物源性食品有毒有害物质残留监控计划》和《进境动物源性食品安全监控计划》中规定的抽样水平和检测项目。

《检疫许可证》规定的检测项目。

实验室应当对送检样品进行感官特性检验，检查其新鲜度、色泽、气味是否正常；是否有毛、血、粪污等杂质；是否有出血、淤血等，必要时进行挥发性盐基氮、蒸煮试验。

(2) 实验室检测

实验室按照一线检验机构委托的检测项目进行检验检疫。

(3) 疫病监测项目

口蹄疫病原分离；禽流感或新城疫荧光RT-PCR，发现阳性的分离病原。

7.2.6　检疫放行与处理

(1) 放行处理

现场开箱感官检疫合格未取样的进境肉类产品，正常出具单证《进境动物源性食品出、入库通知单》放行。

(2) 口岸现场感官检疫不合格处理

现场开箱感官检疫合格被取样的进境肉类产品，出具《抽/采样凭证》，并在备注栏内注明“未得出检验检疫结果前，不得加工、销售、使用”，允许货物运至许可证指定冷库存放，在实验室出具检测结果且合格后方可放行。

货证不相符，作退回或者销毁处理；部分货物货证不相符，可进行分拣销毁，如也在质检总局最新公布的《允许进境肉类产品的国家或地区以及相应的品种和用途名单》之内，且收货企业提出补充卫生证书的，在补交有效证书后方可放行。

感官检验不符合GB 2707—2005，GB 16869—2005规定的，做退运或销毁处理；如少部分不符合规定的，可在检验检疫机关的监督下，作部分分拣销毁处理。

截获疫区产品、货物腐败变质或者受有害杂质污染的，作退回或者销毁处理。

货物包装标识不符合规定的，作退回或者销毁处理；如收货企业提出整改要求，可允许

将货物运至检验检疫机构认可的仓储冷库进行整改，在检验检疫机构认可其整改效果后方可放行。

（3）实验室检疫不合格处理

检出一、二类动物疫病病原及有毒有害物质残留超标的，如口蹄疫、疯牛病、痒病、禽流感、新城疫、镉、汞（以 Hg 计）等，作退回或销毁处理。

检出一般微生物指标超标，如沙门氏菌非强致病性菌株、致病性大肠杆菌（除 O157：H7）、单增李斯特菌或空肠弯曲杆菌等的，可在检验检疫机关的监督下，作熟制加工、辐照等无害化处理。

检出致病菌，如沙门氏菌强致病性菌株、大肠杆菌 O157：H7 的，作退回、销毁或无害化处理。

检出我国政府禁止使用的药物或含量超过有关标准的，作退运或销毁处理。

（4）进境不合格肉类产品的生物安全处理

1）运送过程中，需存放于密闭、不渗水的容器中，装卸前后需对盛装容器、运输工具进行消毒。

2）焚毁。将肉类产品投入焚化炉或用其他方法烧毁碳化。

3）掩埋。本方法不适用检出炭疽等芽孢杆菌类病菌、疯牛病及痒病病毒的肉类产品。具体掩埋要求是进行无害化处理。

（5）出具单证

对进境肉类产品抽样后，必须出具《抽/采样凭证》；货主或者其代理人未取得检验检疫机构出具的《入境货物检验检疫证明》前，不得擅自转移、生产、加工、使用进境肉类产品。

对未取样，但需入备案冷库仓储或调离出冷库的货物，由各口岸机构先出具《动物源性食品出、入库通知单》交货主或货运代理，作为该批货物的出入库凭证。

经检验检疫合格的，签发《入境货物检验检疫证明》，准予生产、加工、使用；

经检验检疫不合格的，签发《检验检疫处理通知书》，在检验检疫机构的监督下，作退回、销毁或者无害化处理；

货主要求出具卫生项目检测结果的，签发《卫生证书》；需对外索赔的，签发兽医卫生证书。

不合格处理的告知和监督实施。检验检疫机构在出具《检验检疫处理通知书》后的 2 个工作日之内，应告知货主或代理，并对其监督实施。

7.2.7　进境肉类的冷库监管与后续监督

（1）进境肉类产品指定存储冷库检验检疫要求

指定存储冷库的基本条件是交通、运输便利、位于进境口岸辖区范围内，具备有方便搬运的运作空间，冷库容量达 3 000 t（来料加工企业自有的冷库除外）。应当位于无污染源的区域，环境卫生应当符合环保要求，库区路面应当铺设水泥并保持平坦不积水。库房密封，有防虫、防鼠、防霉设施。库房温度应当达到－18 ℃以下，昼夜温差不超过 1 ℃。保持无污垢、无异味，环境卫生整洁，布局合理。应当设有温度自动记录装置，库内应当装备非水银温度计。建立包括以下内容的卫生质量体系：

1）卫生质量方针和卫生质量目标；

2）组织机构及其职责；

3）生产人员管理；

4）环境卫生要求；

5）冷库及设施卫生要求；

6）储存、运输卫生的控制；

7）质量记录控制；

8）质量体系内部审核。

（2）进境肉类产品仓储冷库的申请备案注册

满足上述条件的冷库需向同一地区检验检疫机构提出仓储进境肉类产品资格申请，经检验检疫机构考核合格、给予备案注册登记后方能进行进境肉类仓储业务。申请冷库需提交以下材料：

1）向口岸检验检疫机构申领《进境肉类产品仓储申请表》并如实填写完整；

2）营业执照正本（交复印件）；

3）企业平面图（交复印件）；

4）冷库平面图，注明申请仓储的仓间，并对申请仓间进行编号（交复印件）。

经检验检疫机构考核合格、正式注册备案后方能进行进境肉类产品仓储业务。备案仓储冷库要遵守国家有关法律法规及检验检疫机构有关规定，积极配合检验检疫机构进行年审，如发现违法行为或年审考核不合格，取消备案仓储资格。

（3）进库管理

备案仓储冷库应当建立入库登记核查制度，指定专人负责管理进境肉类产品的入库登记（包括货物资料的登记、货主资料的登记）、卫生与防疫工作，并配合检验检疫机构的检疫监督管理。

备案仓储冷库对入库的进境肉类产品需要查验检验检疫机关出具的检验检疫单证及其有效性，并保留其复印件。凡发现货证不符、散装的进境肉类产品一律不许进库，并及时通知检验检疫机构。

不同产品（包括不同品种、不同产地）不得在库内的同一区域混合堆放，国内产品不能与进境产品存放于同一库内。保持过道整洁，不准放置障碍物品。在该批进境肉类产品完全入库后，仓储冷库需及时挂桩脚卡，注明该批货物的品名、数重量、产地、注册号、入库日期、入库单位等，以备检验检疫机构核查。

备案仓储冷库应当填写《进境肉类产品指定存储冷库质量监督管理手册》，以备检验检疫机构核查。备案仓储冷库如发现有非法进境的肉类产品，应当及时向检验检疫机构报告。

（4）出库管理

备案仓储冷库对出库的进境肉类产品需要查验检验检疫机关出具的《入境货物检验检疫证明》第一联正本，并保留复印件。产品出库时，由专人负责做好出库登记。产品出库后及时清理残留物并进行有效的消毒处理。无检验检疫机关出具的《入境货物检验检疫证明》或未经检验检疫机构许可出库的进境肉类产品，备案仓储冷库不得擅自放行出库。

（5）检验检疫机构对货物的监管

监管范围：需整改包装、分拣处理、被采样尚未出具检测结果及经检测确定为不合格的进境肉类。

监管内容包括：

1）对货物的监管。包装整改的效果、分拣情况及具体数量、被采样尚未出具检测结果及经检测确定为不合格的进境肉类是否存放在指定冷库、有无擅自使用等。

2）对冷库的监管。备案冷库的出入库记录、手续等是否完备，货物是否存放在备案仓间内；货物有无桩脚卡、桩脚卡填写是否齐全；冷库仓间内是否整洁、有无不同产品、不同产地肉类混合堆放现象、是否有非法进境肉类；冷库温度及温度记录仪是否正常；检查有无其他违规情况。

监管水平：对于需整改包装、分拣处理、被采样尚未出具检测结果的进境肉类，可根据实际情况进行确定，一般可抽取其中的10%～20%进行监管；对经实验室检测不合格的进境肉类产品100%实施监管。

(6) 检验检疫机构对备案仓储冷库的监督管理

备案仓储冷库应当为检验检疫人员提供必要的检验检疫和监督管理设施。

备案仓储冷库的监督管理工作由直属检验检疫机构组织实施，其内容包括：定期或者不定期派员到备案仓储冷库检查存储、出入库登记、质量体系的运行、遵守检验检疫法律法规等情况，包括有无存放非法进境肉类产品、有无发现非法进境肉类产品不如实向检验检疫机构报告以及存放期间擅自开拆或者损毁检验检疫标志、封识等情况。

检验检疫机构在检查时，发现有违反有关规定的，应当责令其限期改正；情节严重的，可以警告、暂停存储进境肉类产品或者取消备案仓储冷库资格。

备案仓储冷库每月将上月出入库进境肉类产品的统计表报检验检疫机关，并接受检验检疫机关核查。

备案仓储冷库修缮或者因其他情况需要改变结构时，应当取得检验检疫机构的同意，并在其指导下做好防疫工作。

进境肉类产品出入库装卸过程中的废弃物，应当按照检验检疫机构的要求，集中在指定地点作无害化处理。

检验检疫机构依法对指定存储冷库实施检疫监督时，冷库负责人应当密切配合，不得隐瞒情况或者拒绝接受检查。

7.3　进境肠衣的检疫

本节所指肠衣类产品是指采用健康牲畜消化系统的食道、胃、小肠、大肠及泌尿系统的膀胱等器官，经过加工，保留所需要的组织。根据加工方法的不同，肠衣可分为盐渍肠衣、干制肠衣和冷冻肠衣。用肠衣专用盐腌制的肠衣称为盐渍肠衣，如：盐渍猪肠衣、盐渍绵羊肠衣、盐渍山羊肠衣等；用自然光或烘房等将肠衣脱水干、杀菌的肠衣称为干制肠衣，如：干猪肠衣、干羊肠衣等；直接把肠衣冷冻起来的肠衣称为冷冻肠衣，如：冷冻猪肠衣、冷冻绵羊肠衣、冷冻山羊肠衣等。

7.3.1　进境检疫要求

禁止从国家质检总局最新公布的《禁止从动物疫病流行国家/地区输入的动物及其产品一览表》内的相关国家/地区进境相关产品。

进境的肠衣必须持有输出国家/地区官方出具正本检疫证书，其内容应符合我国有关检疫规定。

国家质检总局对进境肠衣类产品实行检疫审批制度。进境肠衣类产品的货主应当在贸易合同签订前办理检疫审批手续，取得《中华人民共和国进境动植物检疫许可证》（以下简称《检疫许可证》）。

进境肠衣必须符合《检疫许可证》规定的检疫要求。

7.3.2　进境检疫许可

进境肠衣的企业或代理人应向生产、加工、存放地直属检验检疫机构提交《中华人民共和国进境动植物检疫许可申请表》（以下简称《申请表》），检验检疫机构接到申请材料后对其进行初审。

初审时要求货主提供以下材料：

1）申请单位的法人资格证明文件（验正本交复印件）；

2）外经贸部门批准企业享有进出境权的文件（验正本交复印件）；

3）如申请单位非国家质检总局批准的注册登记生产企业，但货物进境后的生产、加工、存放企业为国家质检总局批准的注册登记生产企业，申请单位须提供与注册登记生产企业签订的生产、加工、存放的合同；

4）同一单位第二次申请时，应附上一次《检疫许可证》（含核销表）。

生产、加工、存放地直属检验检疫机构需对申请单位提交的材料进行初审。主要包括：申请表填写是否齐全、规范，申请单位是否有独立的法人资格，是否是直接外签约单位；输出和途经国家或地区有无相关的动物疫情或污染元素；是否符合中国有关法律法规的规定；是否符合中国与输出国家或地区签订的双边协议；进境后需要对生产、加工过程实施检疫监管的，审查其运输、生产、加工、存放及处理等环节是否符合检疫防疫及监管要求，根据生产、加工企业的加工能力核定其申请数量。

初审合格后生产、加工、存放地直属检验检疫机构应将初审材料和《申请表》递交国家质检总局，办理《检疫许可证》。

若结关地为外省市的，初审合格后生产、加工、存放地直属检验检疫机构应将初审材料和《申请表》递交结关地直属检验检疫机构进行复审。复审合格后，由结关地直属检验检疫机构应将复审材料和《申请表》递交国家质检总局，办理《检疫许可证》。

7.3.3　注册登记

产地注册。根据国家相关法律法规，对向我国输出肠衣的国外企业实行注册管理制度，国外肠衣企业必须符合向我国输出肠衣加工企业的卫生要求并取得我国的注册，向我国输出肠衣加工企业在我国的申请与考核，按《进境食品国外生产企业注册登记管理办法》办理。

国家质检总局对进境肠衣的生产、加工、存放企业实行注册登记制度。生产、加工、存放进境肠衣的企业，应向所在地检验检疫机构申请办理注册登记。

申请时应提供如下材料：

1）书面申请（内容包括企业的简介、使用或加工进境肠衣的种类、需要进境量、年加工能力或使用量、仓储条件和能力、使用的目的或加工的终产品、终产品的用途）；

2）企业的工商营业执照、组织机构代码证（验正本交复印件）；

3）企业厂区平面图（复印件）；

4）加工工艺流程图（应注明流程中温度处理的时间、使用化学试剂的种类、浓度和 pH 值等情况，使用的有关设备的名称）；

5）企业的兽医卫生防疫工作领导小组名单及职责（组长应由法人担任）；

6）企业的兽医卫生防疫制度（内容包括出入库管理制度、防疫消毒制度、防虫灭鼠措施、固形废弃物的处理措施、污水处理措施等）；

7）接触肠衣工作人员的卫生防疫措施（包括免疫接种证明）；

8）所在地县级以上环保部门允许排放污水的证明文件；

9）图片资料（包括厂门、厂区内外全景、车间全景、各加工工序涉及的设施、用具和工人操作的照片、消毒处理设施及用具消毒过程、外包装和废弃物的处理、原料、成品库等图片）。

所在地直属检验检疫机构对申报材料进行审核，并考核企业的生产、加工、存放能力，核定进境数量，检查防疫措施的落实情况。考核合格后，由所在地直属检验检疫机构将考核结果上报国家质检总局动植司。

国家质检总局对各直属局推荐的材料进行审核，审核合格后通知有关直属局和申请企业。

7.3.4　报检受理

进境肠衣的进境单位或其代理人，在货物入境口岸向辖区检验检疫机构，按照《出入境检验检疫报检规定》等有关要求办理入境货物报检手续。

肠衣类产品进境前或者进境时，货主或者其代理人应当持《检疫许可证》、《检疫许可证》报检预核销单、输出国家或者地区政府官方签发的检验检疫证书（正本）、原产地证书、贸易合同、信用证、提单、发票等有效单证向进境口岸检验检疫机构报检；检验检疫机构对报检所提交的单证进行审核，符合要求的，受理报检，并对审批数量进行网上核销。

检验检疫机构根据国家发改委、财政部《出入境检验检疫收费办法》（发改价格[2003]2357号）的文件规定收取检验检疫费用。

7.3.5　现场检疫

货物卸离运输工具、办妥通关手续后，将货物运至检验检疫机构指定的场所进行检验检疫。口岸检验检疫机构对进境肠衣实施现场检验检疫内容如下。

（1）单证审核

口岸一线检验员在对货物实施检验前需对报检资料再次审核。包括：检疫证书必须是输出国家或地区官方出具的正本原件；检疫证书上的收货人、贸易合同的签约方应与《检疫许可证》上的申请进境单位一致；报检单、报关单、检疫证书、贸易单证上的品名要与《检疫许可证》一致；许可证上申请进境单位、品名等应与检疫证书、报检单、报关单及其他贸易单证一致；审核许可证的有效期；审核许可证的审批内容；审核其他贸易单证，提单、合同、委托协议、发票、装箱清单等是对以上两个单证的必要补充。要注意商品名称、收货人、供货商、起运地、起运时间、运输工具等项目的前后一致。查询肠衣的启运时间、港口、途经国家或地区。

（2）现场开箱查验

开箱前，检查集装箱箱体卫生情况是否符合要求；核对铅封号、集装箱号码与报检资料是否一致。开箱后，核对单证与货物的名称、数（重）量、产地、包装、唛头标记是否相符。查验包装：外包装上需有明显的中英文标签，标明品名、产地、生产日期、企业注册号和目的地等内容。目的地必须注明为中华人民共和国。内包装必须使用无毒、无害的全新材料。查验产品：检查肠衣的感官特性是否符合我国的相关国家标准和有关规定，色泽、气味是否正常，有无腐败变质、有无粪便等杂质。

根据《检疫许可证》的检疫要求，对受污染的运输工具的有关部位、场地、集装箱外表、货物外包装进行防疫消毒处理。

根据《检疫许可证》的检疫要求，按有关规定采取样品，送实验室检测。

现场查验合格的，入境口岸检验检疫机构出具《入境货物通关单》；《检疫许可证》要求对需调离到指运地检验检疫机构检验检疫的，出具《入境货物通关单》，调离到指运地。指运地检验检疫：进境单位或代理人凭《入境货物通关单》第二联及有关单证向指运地检验检疫机构申报；指运地检验检疫机构按《检疫许可证》、《入境货物通关单》的内容要求，核对进境货物的名称、数(重)量、产地、包装、唛头标记等，并按规定采样作实验室检测；货物卸离运输工具后，应及时对运输工具的有关部位及装载货物的容器、包装外表、铺垫材料、污染场地等进行防疫消毒处理。

(3) 采样

由检验检疫机构按照 GB/T 18088—2000《出入境动物检疫采样》采取样品，并出具《抽/采样凭证》负责采样；采样时，应避免样品被污染，使用专用样品袋存放样品；采样后在样品袋上应加贴标签，标明样品名称、样品编号、数量、采样地点、采样人及采样时间等；采样完毕后，样品按规定包装后附《送检单》送有关实验室进行检测。

7.3.6　实验室检验

实验室检测项目如下：

1) 常见微生物、重金属等有毒有害物质的检测；

2)《检疫许可证》和风险警示通报规定的检测项目；

3) 疫病监测项目：口蹄疫病原分离；发现阳性的分离病原。

实验室检验完毕后，向送检单位出具《检验检疫结果报告单》。实验室检验合格的样品，自检验检疫结果报告单发出后，须保存1个月方可处理；实验室检验不合格的样品，自检验检疫结果报告单发出后，须保存6个月方可处理。

7.3.7　检疫放行与检疫处理

(1) 对货证相符、现场检疫和实验室检疫合格的产品作放行处理，签发《入境货物检验检疫证明》，允许其存放、加工使用。

(2) 无输出国家或者地区政府官方出具的有效检疫证书，或者进境前未依法办理检疫审批手续的，口岸检验检疫机构可以根据具体情况，对货物作退回或销毁处理。

(3) 现场查验发现货物存在色泽、气味异常，腐败变质、有粪便等杂质污染等感官项目不合格的，出具《检验检疫处理通知书》，作退回或销毁处理。

(4) 货物来自禁止进境的国家或地区(名单见国家质检总局更新发布的《禁止从动物疫病流行国家/地区输入的动物及其产品一览表》)，或货证不符的，一律作退回或销毁处理。

(5) 检出危险性疫病的，出具《兽医卫生证书》，作退回或销毁处理。实验室应立即通知施检部门，施检部门应立即对进境货物进行封存并对货物污染的场地、仓库实施防疫消毒处理；按照《出入境动植物检验检疫风险预警及快速反映管理规定实施细则》的有关规定，将情况上报国家质检总局。

7.3.8　后续监管

进境肠衣的后续监管工作如下：

1) 检疫监督工作，由生产、加工、存放地检验检疫机构完成。

2）确认进境产品在注册登记企业加工、使用或存放。

3）检查注册登记企业的兽医卫生条件，落实兽医卫生防疫制度的情况。

4）督促其按照批准的工艺进行加工或使用。

5）督促其对存放、加工或使用进境肠衣的场所、工作台、设备、搬运工具、装载容器等及时进行防疫消毒处理。

6）督促其对存放、加工或使用过程中产生的下脚料、废弃物进行无害化处理。

7）督促其工作人员按照国家有关职业病防治的规定定期体检及预防接种疫苗。上下班洗手消毒更衣换鞋，工作服定期消毒处理。

8）督促其建立健全相关生产记录和相应的统计资料。

7.4 进境水产品的检疫

7.4.1 进境检疫要求

进境水产品要符合下列要求：

1）中国法律法规规定的检疫要求，强制性检疫标准或其他必须执行的检疫要求或标准。

2）中国与输出国家或地区政府签订的双边检疫协议、议定书、合作备忘录。

3）《进境动植物检疫许可证》列明的检疫要求。

4）贸易合同或信用证订明的检疫要求。

7.4.2 进境检疫审批

根据国家质检总局2004年第111号公告之规定，进境水产品不再需办理《检疫许可证》。

7.4.3 国外生产企业注册

国家认证认可监督管理部门对列入《实施企业注册的进境食品目录》的水产品，实施国外生产加工企业注册登记制度。列入《实施企业注册的进境食品目录》的水产品，未获得的国外生产加工企业注册登记的，不得进境。

7.4.4 报检受理

按照《出入境检验检疫报检规定》、《出入境检验检疫代理报检管理规定》及有关规定执行；实行电子报检的按《出入境电子报检管理办法（试行）》执行。

（1）报检时间和地点

货主或代理人应在货物入境前或入境时向入境口岸检验检疫机构报检。如在贸易合同中有对外索赔出证条款的，应在索赔期前不少于20天内向到货口岸或货物到达地的检验检疫机构报检。转关货物在入境口岸申报，到达指运地后，向指运地检验检疫机构报检。

（2）报检资料的提供和审核

1）报检资料的提供。报检时应按规定提供贸易合同或信用证、产地证、发票、装箱单、提单等有关单证，并附输出国或地区的官方正本检疫证书。代理报检的，须提供“代理报检委托书”。

2）报检资料的审核。检务部门审核检疫证书、产地证书、提单、发票、合同、装箱单等相关贸易单证，符合要求后受理报检。重点审核报检单填写内容是否完整，检验检疫要求是否明确，所附单证是否齐全有效，不得涂改。

3）证书内容要求：应该符合《进境水产品输出国家或者地区官方检验检疫证书基本要

求》(见国家局令31号,《进出境水产品检验检疫管理办法》),应提供进境水产品输出国家或地区官方出具的检疫证书正本原件。韩国输华水产品的检疫证书,须符合经两国政府认可备案的检疫证书样本的要求。应登陆“进境动物产品国外检疫证书核对系统”审核是否为国家质检总局确认的检疫证书样本。其他检疫证书应完全符合《进出境水产品检验检疫管理办法》(国家质检总局第31号令)附件2所规定的基本要求。不符合上述要求的均视为无效检疫证书,一般不得受理报检。国内远洋捕捞船只在公海自行捕捞并直接运回国内的水产品,应提供自捕证明(免税证明),经核实后可以免交检疫证书。

从韩国进境水产品,其生产企业须在国家认监委在华注册名单内;对未列入注册名单的韩国企业所生产的水产品不得接受报检。

需实施进境食品标签审核的水产品按有关规定执行。

运输过程中使用木质包装材料的水产品参考沪检动[2006]130号文(关于印发《上海口岸进境货物木质包装检疫监督管理办法》的通知)有关规定执行。

进境水产品在报检时,须由收货单位提供加盖公章的书面承诺,确保将水产品采样批调离至上海地区水产品备案冷库仓储。

预包装食品尚未获得《进境食品标签审核证书》的,须取得《进境食品标签审核证书》后方可报检。

7.4.5　现场检疫

现场检验检疫必须在卸货之前进行,海运和空运的现场检验检疫地点一般在码头或公司仓库内,场地必须清洁、无污染。各查验科室应具备专门的采样室,由专业人员对进境水产品实施检验检疫。

(1) 现场开箱、开仓查验

由海运进境的水产品,要先对运输工具进行查验,核对集装箱号、封签号,检查冷冻仓(柜)的冷藏及温度记录情况,有无进水、漏水、漏油造成产品水湿、霉变、污染等情况,检查运输工具内是否有异味,是否有农药、化肥等有毒有害物质及病媒昆虫危害痕迹;熏蒸剂的使用及清除情况。由空运进境的水产品,也需查看现场环境,运输工具(货舱等)的卫生状况及冷藏情况,然后再实施查验。

经由海运进境的水产品,对集装箱进行100%开箱查验。经由空运进境的水产品,也需要进行100%查验。核对单证与货物的品名、数(重)量、产地、运输工具(船名、航次、航班号、集装箱号等)、发货人、收货人、生产加工厂名称或注册号(韩国水产品须确认是否为在华注册企业)等是否相符;包装、铅封号、检验检疫标志或标识等是否相符。同时注意检查集装箱的温度记录装置是否工作正常,存放冷冻水产品的飞机货舱温度是否正常。进境水产品包装基本要求应符合《进出境水产品检验检疫管理办法》(国家质检总局第31号令)附件3(进境水产品包装基本要求)规定之内容,内外包装上还应当有牢固、清晰、易辨的中英文标识(外包装上的具体内容应为:品名、规格、生产日期、保质期、注册厂号、冷藏要求、目的地、原产地)。内包装应当全新、无毒。

正常情况下,按照“三层五点”的原则,对一个集装箱内每个注册厂同类的产品的抽查基数为10件(少于10件的全部查验)随机选择感观检验。

对进境装箱实施批批现场查验,100%开箱。对装载满箱的查验,应按20%的比例掏箱查验(打通道进入箱体1/2以上),必要时可调离到指定备案冷库卸货核查;如发现有违规夹

带的，对该进口商以后进境的货物按照监测采样水平I实施，掏箱时要求掏箱人员带好防护用品，如一次性鞋套、手套、口罩，棉衣等。对每1个集装箱至少随机选择5个以上感官检查点，对非集装箱运输的水产品按5%件数进行开包感官检验（如船运散舱运输、空运散装运输的，每仓最少查验5件，少于5件的，每件查验），对进境水产品的体表形态、鲜活程度、色泽、气味、肉质的弹性和洁净程度，以及血、粪、生活害虫等有害杂质污染等感官指标进行综合评定；必要时作解冻试验（解冻试验可参阅SN/T 0378—1995《出口冷冻水产品解冻方法》）。

现场查验结束后，应监督经认可的企业用1∶600倍10%百毒杀稀释液对集装箱体表（海运水产品）、装载容器（海运、空运、陆运水产品）、外表包装、铺垫材料、可能被污染场地、工器具等进行喷洒实施防疫消毒处理，集装箱、飞机货舱密闭至少30 min。

对外包装不符合《进出境水产品检验检疫管理办法》（国家质检总局第31号令）中附件3（进境水产品包装基本要求）规定的，可以责令收货人在指定备案冷库整改，直到符合要求。

现场检验检疫有以下情况发生者，可当场判为不合格，退货或销毁处理。

1）货证不符；

2）经现场感官检查，发现进境水产品有腐败变质或有害杂质污染的，或水产品已明显处于不符合食用标准的；

3）夹带有异物、禁止进境物、其他动物尸体、寄生虫等异常情况。

（2）采样/抽样

根据相关规定执行抽样比例。货主申请抽样或现场检验检疫时发现有疑似疫情、腐败变质等其他特殊情况的，检验检疫机构可结合现场查验的实际情况，抽样送实验室检测。

采样量按照GB/T 18088—2000标准确定样品份数。

采样注意事项：

1）采样前用30 W紫外线灯对采样室照射25 min。

2）采样人员在采样前先清洗双手，再用75%酒精棉球消毒，穿好工作服，戴好口罩、灭菌手套和工作帽。

3）需要进行微生物学检验的样品，其采样工具、容器必须经灭菌、消毒处理，并按无菌操作进行采样。

4）采样时必须区分样品的生产日期、批号。如有拼箱的情况，应区分不同的厂号或注册号，并建立相应抽采样批次的专项检验记录，内容包括报检号、进境日期、类别、进境国家（地区）、采样情况、送检项目、不合格情况、处理方式。

（3）现场检疫放行与调离

对现场检验检疫合格且未列入采样送检范围的产品批次，出具《进境动物源性食品出、入库通知单》，并由国家质检总局批准的签证兽医签发《入境货物检验检疫证明》准予生产、加工或销售、使用。

列入采样送检范围的产品批次，在采样工作完成后，由口岸查验机构监督对被采样的集装箱加施封条（海运入境），出具《抽/采样凭证》，注明集装箱号、加封号、境外注册厂号，并在备注栏内注明"未经检验检疫合格，不得加工、使用、销售"。通知货主按报检时提供的保证书，尽快将采样批调离至相关备案冷库存放。24 h后核查"采样批流向系统"中冷库方、收货人登录信息情况。

7.4.6 实验室检疫

各查验部门必须保证货物在必要储存状态下送达实验室部门。

检测部门一般在收到样品后8天内完成检测工作(外委托做动物源性成分鉴定、病原分离等特殊项目检测等特殊情况除外)。对疑似不合格样品的确证工作在5天内完成。各查验部门接到实验室部门发现疑似不合格样品的通知后应及时与报检单位联系,由其通知进境商不得动用相关产品。

7.4.7 检疫放行与检疫处理

对检验检疫合格的采样批,签发《入境货物检验检疫证明》,准予生产、加工或销售、使用。检测不合格的采样批,填报《业务重大事项》、《进出境食品、化妆品检验检疫重要风险预警信息表》。在48 h之内,签发《检验检疫处理通知书》,告知货主对不合格产品作熟制、改变用途、退货或销毁处理。已上市销售或加工使用的水产品,应立即通知货主进行召回、封存、销毁或实施无害化处理。必要时应现场封存相关产品,同时做好相关调查记录。原则上,检出重大动物疫病、寄生虫病或发现强致病性菌株、不符合国家法定标准的农兽药、重金属等,作退货或销毁处理;检出非强致病性菌株,作其他无害化处理。

对于作重大事项上报的货物,应及时将相关报检单、检测结果单、国外检疫证书、《检验检疫处理通知书》等检验检疫单证复印件由直属检验检疫局整理汇总并上报国家质检总局。需退货的,出具《入境货物检验检疫情况通知单》;需对外索赔的,出具《兽医卫生证书》。不合格处理的告知和监督实施:在出具《检验检疫处理通知书》后的2个工作日之内,应告知货主或代理,并尽快监督实施。

7.4.8 冷库监管与后续监督

完成口岸查验工作后,所有采样批货主须凭《抽/采样凭证》尽快调离至指定备案冷库仓储。进境水产品指定备案冷库应符合《进境动物产品加工仓储兽医卫生防疫条件》,凭相关《抽/采样凭证》或《出入库通知单》办理入库手续。按批次的10%进行符合性抽查,并填写《进境动物源性食品指定冷库管理监管手册》。冷库须按时将报表寄往各入境口岸机构。

7.5 进境羊毛的检疫

本节所称的羊毛是指进境的含脂的原羊毛、水洗毛等。

7.5.1 进境原羊毛产品生产、加工、存放企业的注册登记

生产、加工、存放的进境原羊毛产品的企业,应向所在地检验检疫机构申请办理注册登记。申请注册登记的企业应提供如下材料:

1)书面申请。内容包括企业的简介、使用或加工进境产品的种类、需要进境量、年加工能力或使用量、仓储条件和能力、使用的目的或加工的终产品、终产品的用途。

2)企业厂区平面图(复印件)。

3)加工工艺流程图(应注明流程中温度处理的时间、使用化学药剂的种类、浓度和pH值等情况,使用的有关设备的名称)。

4)营业执照(验正本交复印件)。

5)企业的兽医卫生防疫工作领导小组及职责。

6)兽医卫生防疫制度。包括:出入库管理制度;防疫消毒制度;防虫、灭鼠措施;固形废弃物的处理措施;污水处理措施。

7）接触动物产品人员的卫生防疫措施。

8）县级以上环保部门允许排放污水的证明文件。

9）图片资料，包括：厂门、厂区内外全景、车间全景、各加工工序涉及的设施、用具和工人操作的照片、消毒处理设施及用具消毒过程、外包装和废弃物的处理、原料库、成品库等照片。

辖区直属检验检疫机构负责组织有关人员对申报材料的审核以及对申请的生产、加工、存放企业的兽医卫生条件考核，并考核企业的生产、加工、存放能力，核定进境数量，落实防疫措施的情况。考核合格后，由所在地直属检验检疫机构将考核结果上报国家质检总局动植司。

国家质检总局对各直属局上报的推荐材料进行审核，并将审核结果通知有关直属局和申请企业。

7.5.2　检疫审批

（1）申请单位或其代理人通过网上进境动植物检疫许可证申报系统向进境动物产品生产、加工、存放地直属检验检疫机构提交《中华人民共和国进境动植物检疫许可证申请表》（以下简称《申请表》），同时提供相关材料，检验检疫机构接到申请材料后对其进行初审。

初审时，要求货主提供以下资料：

1）进境单位的营业执照复印件；

2）外经贸部门批准企业享有进出境权的文件复印件；

3）如申请单位非国家质检总局批准的注册登记生产企业，但货物进境后的生产、加工、存放单位为注册登记生产企业，须提供与国家质检总局批准的注册登记生产企业签订的协议（或合同）；

4）同一单位第二次申请时，应附上一次《中华人民共和国进境动植物检疫许可证》（以下简称《检疫许可证》）（含核销表），或提供该《检疫许可证》的编号以供网上核销。

检验检疫机构对该注册生产企业的加工能力、卫生防疫条件等进行考核，考核合格的出具考核报告。

初审合格后，直属检验检疫局将《申请表》提交国家质检总局终审，相关随附材料存档备查。

终审合格的，由受理许可证申请的直属检验检疫局打印《检疫许可证》，并将相关联寄往申请单位和有关检验检疫机构。

（2）不符合要求处理。申请的进境量超过检验检疫机关核定的生产能力，不予办理检疫审批初审；不能提供有效初审材料的也不予办理检疫审批。

7.5.3　报检

（1）要求申请单位或其代理人提供以下单证：《入境货物报检单》；国家质检总局签发的有效的《检疫许可证》第一联正本；输出国或地区官方检验检疫机构出具的检疫证书正本；贸易合同、产地证书、信用证、发票等单证。

入境口岸局在受理时，审核报检单填写内容是否完整、准确、真实，所附单证是否齐全、一致、有效，并核对货主提供的《检疫许可证》第一联正本与《检疫许可证》第二联是否相符，在第一联背面的核销表上核销实际的进境数量。

（2）不符合要求的处理。无输出国家或地区政府检验检疫机构出具的有效检疫证书，或未依法办理检疫审批手续的，检验检疫机构可以根据具体情况，作退回或者销毁处理。发现有变造、伪造单证的，应没收，并按有关规定处理。

7.5.4　现场检疫

(1) 检验检疫内容主要包括：查询该批货物的启运时间、港口，途经国家或地区；核对货物的品种、名称、数量、唛头标识、集装箱号、产地等与单证是否相符；查验有无腐败变质，容器包装是否完好。符合要求的，允许卸离运输工具。发现散包、包装容器破裂的，由货主或其代理人负责整理完好，方可卸离运输工具。

货物卸离运输工具后，应及时对运输工具的有关部位、货物的装载容器、包装外表、铺垫材料、污染的场地进行防疫消毒处理。

现场检疫合格的，入境口岸检疫机关按如下处理：

1) 对洗净毛、毛条、炭化毛，出具《入境货物通关单》，根据有关规定采取样品，送实验室检验。

2) 根据《检疫许可证》的检疫要求对需调离到指运地口岸检验检疫机构检验检疫的，出具《入境货物通关单》调离到指运地检验检疫机构进行检验检疫并监督储存、加工、使用。

(2) 不符合要求的处理。现场查验不合格的，出具《检验检疫处理通知书》，作无害化处理、退回或者销毁处理。经无害化处理合格的，准予进境。凡来自禁止进境国家、货证不符的一律销毁或退回处理。

7.5.5　指运地口岸申报检疫

(1) 货主或其代理人凭有关单证向指运地检验检疫机构申报。指运地检验检疫机构按《检疫许可证》、《入境货物通关单》等单证的内容，核对进境货物的名称、数(重)量、产地、包装、唛头标记等，观察货物是否存放在进境专用库，货证是否相符，货物的流向、数(重)量是否与单证一致，是否带有病虫害杂草，按规定采样进行检验检疫。

货物卸离运输工具后，应即时对运输工具的有关部位、装载货物的容器、货物包装外表、铺垫材料、污染场地等进行消毒处理。

(2) 不符合要求的处理。发现带有病虫害杂草的，立即作检疫无害化处理。发现货证不符，货物流向、数(重)量与单证不一致的，按有关规定进行处理。

7.5.6　采样

按照《关于发布＜进境动物、动物产品采样管理办法＞及采样标准的通知》采取检疫样品，向货主出具《抽/采样凭证》，样品应严密包装后并附《送检单》送有关实验室进行炭疽检验。

根据 SN/T 0473—1995《进境毛类检验规程》标准，对原毛进行钻芯和抓毛取样，并进行制样。做现场检验和送实验室检验。根据 ZBW 21002—1986《进境洗净毛检验规程》采样。

检疫采样见表 7-2。

表 7-2　检疫采样

批量总件数/件	抽检采样数/件	每份样品量/g	批量总件数/件	抽检采样数/件	每份样品量/g
≤100	7	50	251～10 000	9	50
101～250	8	50	＞10 000	10	50

7.5.7　实验室检验

按照《中华人民共和国进出境动物检疫规程手册》对原毛的样品进行炭疽杆菌检验并出具检验报告。根据有关规定和检验标准进行检验并出具检验报告。

7.5.8　检疫出证

(1) 经检疫合格的，由检验检疫机构出具《入境货物检验检疫合格证明》或《检验证书》，允许其存放、加工、使用。

(2) 不符合要求的处理。检出炭疽病的按照国家质检总局发布的《出入境动植物检验检疫风险预警及快速反应管理规定实施细则》(国质检动[2002]80号)和《出入境口岸炭疽病紧急监测和控制预案》办理。

口岸现场查验或实验室发现问题，货主或其代理人要求对外索赔的，按照有关要求出具相关证书。

7.5.9　检疫监督

确认每批进境的动物产品在注册登记企业加工、使用或存放，检查其兽医卫生条件，落实兽医卫生防疫制度的情况，督促其按照加工、使用单位申请进境产品定点生产企业资格时批准的工艺进行加工或使用，对存放、加工或者使用进境动物产品的场所、工作台、搬运工具等及时消毒处理，对存放、加工过程中产生的下脚料、废弃物进行无害化处理。

企业工作人员应按照国家有关职业病防治的规定定期体检及预防接种疫苗。上下班洗手、消毒、更衣、换鞋，工作服定期消毒处理并建立供核查的相关生产记录和相应的统计资料。

监督管理中发现其兽医卫生条件不合格以及没有落实防疫措施，根据具体情况限期整改，整改验收后，才接受下一次报检。

7.6　进境皮张的检疫

本节所称的皮张是指进境盐渍、直接晾晒或盐渍后再晾晒等处理的动物原皮或经初加工的灰皮、浸酸皮。

7.6.1　进境检疫许可

(1) 申请单位或其代理人通过网上进境动植物检疫许可证申报系统向进境动物产品生产、加工、存放地直属检验检疫机构提交《中华人民共和国进境动植物检疫许可证申请表》(以下简称《申请表》)，同时提供相关材料，检验检疫机构接到申请材料后对其进行初审。

(2) 不符合要求的处理。《申请表》申报的生产、加工、存放进境皮张的企业若非注册登记企业，检验检疫机构不予初审；不能提供有效的初审材料的，不予办理检疫审批；提出申请时，该企业的实际进境量已超过国家质检总局核准的年生产、加工、存放能力，不予以审批；从禁止进境国家或地区进境动物皮张的，不予受理初审。

7.6.2　企业注册登记

(1) 生产、加工、存放进境动物皮张的企业向其所在地直属检验检疫机构申请注册登记。

申请注册登记时应提供下列材料：

1) 企业书面申请(内容包括企业的简介、使用或加工进境皮张的种类、需要进境量、年加工能力或使用量、仓储条件和能力、使用的目的或加工的终产品、终产品的用途)；

2）营业执照(验正本交复印件)；

3）企业厂区平面图(复印件)；

4）加工工艺流程图(应注明流程中温度处理的时间、使用化学试剂的种类、浓度和pH值等情况、使用的有关设备和仪器的名称)；

5）企业的兽医卫生防疫工作领导小组及职责；

6）兽医卫生防疫制度，包括：出入库管理制度；防疫消毒制度和防虫、灭鼠措施；固形废弃物的处理措施；污水处理措施。

7）接触动物源性原料人员的卫生防疫制度；

8）县级以上环保部门允许排放污水的证明文件；

9）图片资料：厂门、厂区内外全景、车间全景、各加工工序涉及的设施、用具和工人操作的照片、消毒处理设施及用具、外包装和废弃物的处理、原料库、成品库。

申请企业所在地直属检验检疫机构对申请材料进行审核，考核企业的兽医卫生防疫条件、加工能力和各项防疫制度和措施的落实情况，核定进境数量。考核合格的，由所在地直属检验检疫机构将考核结果上报国家质检总局动植司。

国家质检总局动植司对各直属局推荐的材料进行审核，审核结果通知有关直属局和申请企业。

(2) 不符合审核要求的处理。兽医卫生防疫条件不合格，或没有落实防疫措施的，限期整改。提供的材料与事实不符，不接受申请。建立的制度、措施不符合防疫要求，须重新修改后再申报。

7.6.3　报检受理

(1) 进境单位或其代理人在货物进境前或进境时向入境口岸检验检疫机构报检。

报检时提供以下单证：

1）《入境货物报检单》；

2）国家质检总局签发的有效的《检疫许可证》第一联正本；

3）输出国家或地区官方检验检疫机构出具的检疫证书正本；

4）贸易合同、产地证书、信用证、发票、装箱清单、提单等单证。

入境口岸检验检疫机构受理报检时，核对货主提供的《检疫许可证》第一联正本与《检疫许可证》第二联是否相符，并在第一联背面的核销表上核销实际的进境量，或进行网上核销，核销工作由两个工作人员完成，电子报检随附单证的审核由施检人员再收取随附单证时实施。

进入保税区备案的保税产品，只实施检疫，暂不作品质检验。当调出保税区办理进境手续时，再做品质检验，并办理检疫许可核销手续。

来料加工的产品只实施检疫，不做品质检验。

转关的产品暂由指运地检验检疫机构实施检验检疫。国家质检总局另有规定的除外。

生皮张(盐渍、盐湿皮、浸酸皮、板皮)须原包装、原集装箱直运中国。

报检单位应在1个工作日内移交现场检验检疫部门。

(2) 报检审单不符合要求的处理。无输出国家或者地区官方检疫机构出具的有效检疫证书，或者未依法办理检疫审批手续的，或《检疫许可证》超过有效期的，口岸检验检疫机构可以根据具体情况，作退回或者销毁处理。发现有变造、伪造单证的，按有关规定处理。

7.6.4 现场检疫

现场检疫主要包括查询动物皮张的启运时间、港口、途径国家或地区；核对单证与货物的名称、数(重)量、产地、包装、唛头标志是否相符；检查有无腐败变质、虫体，包装是否完好。符合要求的，允许卸离运输工具。发现散包、容器破裂的，由进境单位或者代理人负责整理完好，方可卸离运输工具。在入境口岸结关的货物，对运输工具的相关部位、场地及货物的外包装表面进行消毒处理；在指运地结关的货物，对集装箱实施箱体外表的消毒处理。

现场检验检疫合格的，出具《入境货物通关单》。根据《检疫许可证》的检疫要求，对需调离到指运地实施检验检疫的，出具《入境货物通关单》，调离到指运地。

现场查验不合格的，出具《检验检疫处理通知书》，作除害、退回或者销毁处理。经除害处理合格的，准予进境。凡来自禁止进境国家或地区的、或货证不符的，一律作销毁或退回处理。

检疫采样。生产加工存放进境动物皮张的注册企业所在地检验检疫机构负责抽取检验检疫所需样品，现场抽样检验检疫按有关标准执行。

采样用具。主要包括剪子，使用前应洗涤干净，包装，干热灭菌消毒，采样袋应用新的、完整未开封的灭菌瓶、袋。

采样方式。检疫采样在每张皮的腿部或腋下边缘部位，割(或剪)取样皮，样品应在常温下保存，并放于阴凉处。采完一个样品，应写好标签，做好详细记录，以便核对。

采样标准：

1) 大、中动物(牛、马、猪、羊)整张原皮每个样品大小为 2 cm^2，采样标准如下：

① 总张数 1～50 张，按 1～5 张采样；

② 51～100 张，按总张数 10%，采样；

③ 101～500 张，按总张数 5%采样；

④ 501～1 000 张，按总张数 3%采样；

⑤ 1 000 张以上，按总张数 1%采样。

2) 大、中动物分割皮、小动物原皮每个样品大小为 2 cm^2，采样标准如下：

① ≤100 张，取 7 张皮样；

② 101～250 张，取 8 张皮样；

③ 251～10 000 张，取 9 张皮样；

④ ≥10 000 张，取 10 张皮样。

每件抽检货物形成 1 份样品，原则上不能混样。样品可根据实际情况在口岸或货运终点抽取。

按规定采取样品后，贴上 CIQ 样品标签，在 1 个工作日内妥善保存送检测中心检测。

单证。现场采集样品后，必须出具《抽/采样凭证》，并在备注栏注明“未得出检验检疫结果之前，不得加工、销售、使用”。每份样品开具 1 份内部委托单(或电子单证)，连同样品一起送达(或传达)检测中心。经现场检验检疫合格的动物产品，根据检疫许可证的规定需实施后续监管的，口岸机构应在 1 个工作日内通知相关的监管机构。流向为本地的，出具《进境动物业务联系单》，并随附检疫许可证；流向为外地的，出具《入境货物检验检疫情况通知单》。

7.6.5 实验室检疫

(1) 检验项目和标准:

1) SN/T 0331—1994 出口畜产品中炭疽杆菌检验方法;

2) SN/T 0843—2000 进出口盐湿山羊皮检验规程;

3) SN/T 0849—2000 进出口盐湿牛皮检验规程;

4) SN/T 1329—2003 进出口制革原料皮检验规程;

5) SN/T 0940—2000 进出口盐湿猪皮检验规程;

6) SN/T 0110—1992 进口生山羊板皮、绵羊板皮检验规程;

7) SN/T 1330—2003 进出口生、熟毛皮检验规程。

检验完毕,实验室向送样单位出具《检验结果报告单》。样品自发出检验检疫报告后须保存6个月方可处理。经实验室检验合格的样品,全部运到指定的场所作销毁处理。对皮革类使用5%氢氧化钠浸泡,5 min~10 min后作废弃处理,对毛皮类使用2% HCl+5% NaCl溶液浸泡40 h后废弃。

(2) 不合格的处理。炭疽检验阳性的,整批货物作退回或销毁处理。

7.6.6 检疫放行与检疫处理

经检验合格的,检验检疫机构签发《入境货物检验检疫证明》。检出不合格结果,须及时报送直属检验检疫局。经检疫发现炭疽杆菌阳性的,口岸机构应签发《兽医卫生证书》,发现携带危险性害虫、杂草籽的,口岸机构应签发相应的植检证书。发现上述两种情况,口岸机构应同时签发《检验检疫处理通知书》,并监督货主或其代理人作无害化处理。品质、数(重)量检验不合格,需对外索赔的,应在索赔期内签发《检验证书》。

7.6.7 后续监督

注册企业所在地检验检疫机构确认进境的动物皮张在注册企业生产、加工、存放。检查企业兽医卫生防疫条件和兽医卫生防疫制度的落实情况。进境动物皮张须专仓堆放,指定专人负责保管,并建立供核查的出入库记录和相应的统计资料。在存放、使用或加工进境动物皮张的场所的进出通道、门前设置适于人和车辆消毒的消毒槽(垫),并定期更换消毒药。

企业应对存放、加工进境动物皮张的场所、工作台及设备、搬运工具、装运容器等进行消毒处理,按照申请注册登记时批准的工艺进行生产、加工,对生产、加工过程中产生的下脚料、废弃物进行无害化处理。企业工作人员应定期体检和预防接种,其工作服应定期消毒,进出生产、加工场所时应洗手、消毒、更衣、换鞋。监督过程中发现其兽医卫生条件不合格,或没有落实防疫措施,限期整改,整改合格的,才受理下一次的报批。

7.7 进境羽绒羽毛的检疫

本节所称羽绒羽毛类产品是指未经水洗的羽绒羽毛。

7.7.1 进境检疫要求

禁止直接或间接从发生禽流感的国家/地区进境羽绒羽毛类产品;向中国输出羽绒羽毛类产品的国家或者地区无中国政府规定的动物疫情、污染因素,且主管当局应当与国家质检总局签订检验检疫议定书,明确有关检验检疫要求。检验检疫机构按照检验检疫议定书和中国法律法规的有关规定实施检验检疫。

所有进境的羽绒羽毛类产品,必须持有输出国家/地区官方出具正本检疫证书,其内容应

符合我国有关检疫规定；国家质检总局对进境羽绒羽毛类产品实行检疫审批制度。进境羽绒羽毛类产品的货主应当在贸易合同签订前办理检疫审批手续，取得《中华人民共和国进境动植物检疫许可证》（以下简称《检疫许可证》）；进境羽绒羽毛类产品只能从国家质检总局发放的《许可证》指定的口岸进境；进境羽绒羽毛类产品必须符合《检疫许可证》规定的检疫要求。

7.7.2　进境检疫许可

进境羽绒羽毛的企业或代理人应向生产、加工、存放地直属检验检疫机构提交《中华人民共和国进境动植物检疫许可申请表》（以下简称《申请表》），检验检疫机构接到申请材料后对其进行初审；

初审时要求货主提供以下材料：

1）申请单位的法人资格证明文件（验正本交复印件）；

2）外经贸部门批准企业享有进出境权的文件（验正本交复印件）；

3）如申请单位非国家质检总局批准的注册登记生产企业，但货物进境后的生产、加工、存放企业为国家质检总局批准的注册登记生产企业，申请单位须提供与注册登记生产企业签订的生产、加工、存放的合同。

4）同一单位第二次申请时，应附上一次《检疫许可证》（含核销表）。

生产、加工、存放地直属检验检疫机构需对申请单位提交的材料进行初审。主要包括：申请表填写是否齐全、规范，申请单位是否有独立的法人资格，是否是直接外签约单位；输出和途经国家或地区有无相关的动物疫情或污染元素；是否符合中国有关法律法规的规定；是否符合中国与输出国家或地区签订的双边协议；进境后需要对生产、加工过程实施检疫监管的，审查其运输、生产、加工、存放及处理等环节是否符合检疫防疫及监管要求，根据生产、加工企业的加工能力核定其申请数量。

初审合格后生产、加工、存放地直属检验检疫机构应将初审材料和《申请表》递交国家质检总局，办理《检疫许可证》。

若结关地为外省市的，初审合格后生产、加工、存放地直属检验检疫机构应将初审材料和《申请表》递交结关地直属检验检疫机构进行复审。复审合格后，由结关地直属检验检疫机构应将复审材料和《申请表》递交国家质检总局，办理《检疫许可证》。

7.7.3　注册登记

国家质检总局对进境羽绒羽毛类产品生产、加工、存放企业实行注册登记制度；生产、加工、存放进境羽绒羽毛类产品的企业，应向所在地检验检疫机构申请办理注册登记；申请时应提供以下材料：

1）书面申请（内容包括企业的简介、使用或加工进境羽绒羽毛的种类、需要进境量、年加工能力或使用量、仓储条件和能力、使用的目的或加工的终产品、终产品的用途）；

2）企业的工商营业执照、组织机构代码证（验正本交复印件）；

3）企业厂区平面图（复印件）；

4）加工工艺流程图（应注明流程中温度处理的时间、使用化学试剂的种类、浓度和 pH 值等情况，使用的有关设备的名称）；

5）企业的兽医卫生防疫工作领导小组名单及职责（组长应由法人担任）；

6）企业的兽医卫生防疫制度（内容包括出入库管理制度、防疫消毒制度、防虫灭鼠措施、固形废弃物的处理措施、污水处理措施等）；

7）接触羽绒羽毛工作人员的卫生防疫措施（包括免疫接种证明）；

8）所在地县级以上环保部门允许排放污水的证明文件；

9）图片资料（包括厂门、厂区内外全景、车间全景、各加工工序涉及的设施，用具和工人操作的照片、消毒处理设施及用具消毒过程，外包装和废弃物的处理，原料、成品库等图片）。

所在地直属检验检疫机构对申报材料进行审核，并考核企业的生产、加工、存放能力，核定进境数量，检查防疫措施的落实情况。考核合格后，由所在地直属检验检疫机构将考核结果上报国家质检总局动植司。

国家质检总局对各直属局推荐的材料进行审核，审核合格后通知有关直属局和申请企业。

7.7.4　报检受理

进境羽绒羽毛类产品的进境单位或其代理人，在货物入境口岸向辖区检验检疫机构，按照《出入境检验检疫报检规定》等有关要求办理入境货物报检手续。

羽绒羽毛产品进境前或者进境时，货主或者其代理人应当持《检疫许可证》、《检疫许可证》报检预核销单、输出国家或者地区政府官方签发的检验检疫证书（正本）、原产地证书、贸易合同、信用证、提单、发票等有效单证向进境口岸检验检疫机构报检；检验检疫机构对报检所提交的单证进行审核，符合要求的，受理报检，并对审批数量进行网上核销。

检验检疫机构根据国家发改委、财政部《出入境检验检疫收费办法》（发改价格[2003]2357号）的文件规定收取检验检疫费用。

7.7.5　现场检疫

货物卸离运输工具、办妥通关手续后，将货物运至检验检疫机构指定的场所进行检验检疫。口岸检验检疫机构对进境羽绒羽毛实施现场检验检疫的内容是：

单证审核。口岸一线检验检疫人员在对货物实施查验前需对报检资料再次审核。

现场开箱查验。开箱前，检查集装箱箱体卫生情况是否符合要求；核对铅封号、集装箱号码与报检资料是否一致；开箱后，核对单证与货物的名称、数（重）量、产地、包装、唛头标记是否相符。

查验包装。查看包装是否完好，是否有雨淋水渍情形或其他污染，如有木质包装应检查是否有IPPC标记及有无树皮、虫蛀存在，必要时作熏蒸消毒处理。

打开包装查看羽绒羽毛的毛形与规格是否一致，颜色、气味是否正常，是否有虫蛀、霉烂现象，是否夹带有禽类的粪便，是否夹带有稻草等植物性杂质。

根据《许可证》的检疫要求，对受污染的运输工具的有关部位、场地、集装箱外表、货物外包装进行防疫消毒处理，按有关规定采取样品，送实验室检测。

现场查验合格的，入境口岸检验检疫机构出具《入境货物通关单》；《检疫许可证》要求对需调离到指运地检验检疫机构检验检疫的，出具《入境货物通关单》，调离到指运地。

指运地检验检疫：进境单位或代理人凭《入境货物通关单》第2联及有关单证向指运地检验检疫机构申报；指运地检验检疫机构按《检疫许可证》、《入境货物通关单》的内容要求，核对进境货物的名称、数（重）量、产地、包装、唛头标记等，并按规定采样作实验室检测；货物卸离运输工具后，应及时对运输工具的有关部位及装载货物的容器、包装外表、铺垫材料、污染场地等进行防疫消毒处理。

采样。由检验检疫机构按照GB/T 18088—2003《出入境动物检疫采样》采取样品，并

出具《抽/采样凭证》负责采样。样品按规定包装后附《送检单》送有关实验室进行检测，无实验室检验检疫项目的不采样。

7.7.6　实验室检验

按照《许可证》的检疫要求，或根据有关标准的要求，进行相关项目的检验检疫。实验室检验完毕后，向送检单位出具《检验检疫结果报告单》。实验室检验合格的样品，自检验检疫结果报告单发出后，须保存1个月方可处理；实验室检验不合格的样品，自检验检疫结果报告单发出后，须保存6个月方可处理。

7.7.7　检疫放行与检疫处理

对货证相符、现场检疫和实验室检疫合格的产品作放行处理，签发《入境货物检验检疫证明》，允许其存放、加工使用。

无输出国家或者地区政府官方出具的有效检疫证书，或者进境前未依法办理检疫审批手续的，口岸检验检疫机构可以根据具体情况，对货物作退回或销毁处理；现场查验发现货物存在虫蛀、霉烂等感官项目不合格的，出具《检验检疫处理通知书》，作除害、退回或销毁处理。经除害处理合格的，准予进境；货物来自禁止进境的国家或地区（名单见《禁止从动物疫病流行国家/地区输入的动物及其产品一览表》），或货证不符的，一律作退回或销毁处理；检出危险性疫病的，实验室应立即通知施检部门，施检部门应立即对进境货物进行封存并对货物污染的场地、仓库实施防疫消毒处理；按照《出入境动植物检验检疫风险预警及快速反应管理规定实施细则》的有关规定，将情况上报国家质检总局。

7.7.8　后续监管

检疫监督工作，由生产、加工、存放地检验检疫机构完成。检验检疫人员应确认进境产品在注册登记企业加工、使用或存放，并检查注册登记企业的兽医卫生条件，落实兽医卫生防疫制度的情况；督促企业按照批准的工艺进行加工或使用，对存放、加工或使用进境羽绒羽毛的场所、工作台、设备、搬运工具、装载容器等及时进行防疫消毒处理，对存放、加工或使用过程中产生的下脚料、废弃物进行无害化处理，企业工作人员要按照国家有关职业病防治的规定定期体检及预防接种疫苗。上下班洗手消毒更衣、换鞋，工作服定期消毒处理并建立健全相关生产记录和相应的统计资料。

7.8　进境动物源性饲料的检疫

动物源性饲料产品是指以动物或动物副产物为原料，经工业化加工、制作的单一饲料。主要包括：肉粉（畜和禽）、肉骨粉（畜和禽）、鱼粉、鱼油、鱼膏、虾粉、鱿鱼肝粉、鱿鱼粉、乌贼膏、乌贼粉、鱼精粉、干贝精粉、血粉、血浆粉、血球粉、血细胞粉、血清粉、发酵血粉、动物下脚料粉、羽毛粉、水解羽毛粉、水解毛发蛋白粉、皮革蛋白粉、蹄粉、角粉、鸡杂粉、肠黏膜蛋白粉、明胶、乳清粉、乳粉、巧克力乳粉、蛋粉、蚕蛹、蛆、卤虫卵、骨粉、骨灰、骨炭、骨制磷酸氢钙、虾壳粉、蛋壳粉、骨胶、动物油渣、动物脂肪、饲料级混合油等。

7.8.1　进境检疫要求

进境动物源性饲料应符合我国对相关产品的法定检疫要求，经输出国或地区检疫合格，并附有输出国家或地区政府动植物检疫机构出具的检疫证书。

7.8.2　进境检疫许可

根据《中华人民共和国动植物检疫法》之规定，对进境的动物源性饲料实施进境检疫许可制度，输入单位在签订合同或协议之前，应事先办理检疫审批手续。

检疫审批受理机构为动物源性饲料加工、存储地所在地直属检验检疫局或入境口岸所在地直属检验检疫局，审核机构为国家质检总局。

动物源性饲料加工、存储地所在地直属检验检疫局承担管辖范围内经国家质检总局批准并公布的进境动物产品生产、加工、存放企业的日常检疫监督工作。

7.8.3　注册登记

国家质检总局对允许进境饲料的国家或者地区的生产企业实施注册登记制度。境外生产企业应当符合输出国家或者地区法律法规和标准的相关要求，并达到与中国有关法律法规和标准的等效要求，经输出国家或者地区主管部门审查合格后向国家质检总局推荐。国家质检总局对推荐材料进行审查。对于审查合格的，经与输出国家或者地区主管部门协商后，派出专家到输出国家或者地区对其饲料安全监管体系进行审查，并对申请注册登记的企业进行抽查。对抽查不符合要求的企业，不予注册登记；对抽查符合要求的及未被抽查的其他推荐企业，予以注册登记。具体见《进出口饲料和饲料添加剂检验检疫监督管理办法》（国家质检总局第118号令）。

7.8.4　动物源性饲料仓储仓库注册登记

（1）申请：申请办理进境动物源性饲料存储仓库的企业（以下简称申请人）应当向所在地检验检疫机构提出申请，提交相关资料。

（2）受理：所在地检验检疫机构收到申请人的书面申请后，按照相关规定进行资料审查，并于当日做出受理或不受理决定。对资料审查合格的予以受理。对资料审查不合格的不予受理，退回申请资料，并书面陈述不受理的原因。

（3）现场考核：所在地检验检疫机构受理申请后，在10个工作日内派出专业考核组（不得少于3人，不得多于5人）按照相关规定对申请企业进行现场考核，并填写现场考核表。对考核合格的，连同企业申请资料（一式两份）书面上报直属检验检疫机构；对考核不合格的，退回申请资料并陈述不合格项。

（4）初审：直属检验检疫机构收到申请人所在地检验检疫机构的报告和企业申请资料后，在10个工作日内完成初审，在初审过程中可根据辖区内各检验检疫分支机构的工作情况对申请企业进行抽查。对初审合格的，拟订注册登记编号，向国家质检总局书面推荐，并随附现场考核表及企业申请资料一份；对初审不合格的，书面陈述不合格项，可提出整改建议。

（5）审核：国家质检总局每月进行一次注册登记审核工作，审核工作在收到直属检验检疫机构的书面推荐及企业申请资料后20个工作日内完成。对审核合格的，予以注册登记，并列入进境动物源性饲料仓储仓库注册登记企业名单予以公布；对审核不合格的，陈述不合格项，不予登记。

（6）注册登记证书：获准注册登记的生产、加工、存放企业由直属检验检疫机构分发国家质检总局颁发注册登记证书。

（7）资料存档：国家质检总局只存直属检验检疫机构的书面推荐函，企业申请注册登记的资料由直属检验检疫机构和所在地检验检疫机构存档备查。

7.8.5　报检受理

按照《出入境检验检疫报检规定》、《出入境检验检疫代理报检管理规定》及有关规定执

行;实行电子报检的按《出入境电子报检管理办法(试行)》执行。

货主或代理人应在货物入境前或入境时向入境口岸检验检疫机构报检。如在贸易合同中有对外索赔出证条款的,应在索赔期限前不少于20天内向到货口岸或货物到达地机构报检。口岸检验检疫机构按规定受理报检,审核《预核销单》信息与网上《检疫许可证》内容是否相符、核销进境数量,收取经核销的《预核销单》,不得涂改;审核、收取输出国家或地区官方机构签发的正本检疫证书(卫生证书)以及产地证书、农业部签发的《进境登记证》、提单、合同、装箱单、发票、报关单等贸易单证。确认证单与报检信息无误后出具《入境货物通关单》,并按规定计收检验检疫费用。

7.8.6　现场检疫

现场检验检疫内容主要包括以下几个方面:

(1) 审单:审核单证(报检单、《检疫许可证》、检疫证书、产地证书、农业部登记许可证、合同、装箱单、提单、发票、报关单等)与货物的名称、重(数)量、产地、包装、集装箱号、唛头标记等是否相符;

(2) 现场检验检疫:

1) 核对货证。核对单证与货物的名称、数(重)量、输出国家或地区、生产加工企业名称、包装、集装箱号、封识等是否相符。

2) 感观抽查。随机抽查集装箱内的货物,查验有无腐败变质或严重污染、检疫害虫、容器包装是否完好。

3) 不合格情况及处理。经现场检验检疫发现有下列情况的,应暂扣货物,并拍照、取证。

货证不符;腐败变质或者超过保质期;夹带有异物、禁止进境物、其他动物尸体、寄生虫等异常情况;

倘若发现上述情况,检验检疫人员应在现场查验结束后48 h内以《业务重大事项》逐级上报主管部门。根据主管部门最终处理意见出具《检验检疫处理通知书》,并监管货主作退货、销毁或药物熏蒸等无害化处理。

(3) 根据实验室检测比例及实验室检测项目,按照相关操作规程现场抽取相应样品送检验检疫技术中心检测。

(4) 对运输工具和装载动物源性饲料的容器、包装外表、铺垫材料、污染场地等进行预防性消毒处理。

(5) 口岸机构现场检验检疫完毕后,需实施后续检疫监督的,出具相应单证,并及时通知属地局对货物实施检疫监管。

7.8.7　实验室检疫

检验检疫技术中心应该按照相关操作规程、合同等规定的方法、标准、流程完成实验室检测,并及时出具检验检疫结果。经检验检疫技术中心检测发现检测结果不合格,应及时将不合格结果通知上级主管部门和检验检疫委托机构。检验检疫技术中心应妥善保存不合格样品的留样,以备复验。保存期至该批产品处理结束后6个月或直至诉讼结束。

7.8.8　检疫放行与检疫处理

(1) 进境动物源性饲料经检测不合格的,检验检疫机构应出具《检验检疫处理通知单》,通知并监管货主或代理按规定作退回、销毁或药物熏蒸等无害化处理,并按有关规定做好后续监督工作，处理完毕出具相关的证书，同时将不合格情况以业务重大事项形式报上级主管部门。

(2) 需退货的，出具《入境货物检验检疫情况通知单》。

(3) 需对外索赔的，出具《兽医卫生证书》。

7.9　进境饲料添加剂的检疫

饲料添加剂的门类多、品种杂，如药物类添加剂、各营养成分类添加剂、口味(感官)类添加剂、保存或保护饲料成分类添加剂，等等。本节所指添加剂仅为来源于动物产品的提取物，即：动物源性成分添加剂、以及预混合饲料和配合饲料中为动物源性成分的添加剂(不包括单一成分的大宗动物源性饲料，如：鱼粉、肉骨粉等)。添加剂通常为工厂化生产的标准化产品，其成分和含量一般比较均匀和固定。

7.9.1　进境检疫要求

(1) 禁止进境：禁止直接或间接从发生牛海绵状脑病(BSE，俗称"疯牛病")的国家/地区进境含反刍动物源性成分的添加剂；禁止从有痒病(scrapie)的国家/地区进境含羊源蛋白成分的添加剂；禁止在供反刍动物(特别是食用的反刍动物)饲喂的配合饲料中加入同源(即反刍动物源)性成分的添加剂。(禁止进境物不包括乳制品)

(2) 检疫(卫生)证书：饲料添加剂输出国家/地区官方出具检疫证书，其要求符合农业部和原国家检验检疫局 2001 年联合发布的第 144 号公告之规定。

(3) 办理《进境动植物检疫许可证》(以下简称《检疫许可证》)：已取得农业部签发的《产品登记证》的饲料添加剂，方可由进境(经营)单位向饲料添加剂入境地的直属检验检疫机构递交网上申请手续和有关资料，通过规定的审批程序和要求办理《检疫许可证》。

进境饲料添加剂必须符合《检疫许可证》规定的检疫要求。

7.9.2　注册登记

国家质检总局对允许进口饲料的国家或者地区的生产企业实施注册登记制度。境外生产企业应当符合输出国家或者地区法律法规和标准的相关要求，并达到与中国有关法律法规和标准的等效要求，经输出国家或者地区主管部门审查合格后向国家质检总局推荐。国家质检总局对推荐材料进行审查。对于审查合格的，经与输出国家或者地区主管部门协商后，派出专家到输出国家或者地区对其饲料安全监管体系进行审查，并对申请注册登记的企业进行抽查。对抽查不符合要求的企业，不予注册登记；对抽查符合要求的及未被抽查的其他推荐企业，予以注册登记。具体见《进出口饲料和饲料添加剂检验检疫监督管理办法》(国家质检总局第 118 号令)。

7.9.3　报检受理

进境动物源性饲料添加剂的进境单位或其代理人，在货物入境口岸向辖区检验检疫机构，按照《出入境检验检疫报检规定》等有关要求办理入境货物报检手续。

报检人填写"入境货物报检单"(包括 CIQ 系统的数据预录入)、提供有关报检资料，并对申报内容和提供资料须尽审核义务。报检人在申报入境货物检验检疫时应提供如下证单：贸易合同/信用证、发票、提单/运单、《检疫许可证》、《产品登记证》复印件、原产地证、货物明细单、装箱单、输出国官方检疫证书、质量证书(必要时)、重量证书(必要时)、其他按规定应提供的证单。检验检疫机构的报检受理人员对报检资料进行完整性、一致性和有效性

的审核。检验检疫机构根据国家发改委、财政部《出入境检验检疫收费办法》(发改价格[2003]2357号)的文件规定收取费用。

7.9.4　现场检疫

(1) 单证与货物的审核:查看单证之间的一致性和有效性,审核官方检疫(卫生)证书的完整性和有效性,查询货物运输过程的有关信息;核对单证与实际货物是否一致、相符,即检查集装箱号与封识、货物的名称、品牌、数(重)量、产地、包装、生产批号、保质期、唛头标志等是否与所附单证相符。

(2) 现场感官检查:检查是否存在异味、霉烂、变质、有害物质污染、有害生物侵害、杂物、掺假等。

(3) 抽样:

一般要求:与采样需求和样品保存相匹配的采样用具和样品容器,必须是清洁、干燥和无菌;采样过程应避免周围环境不良因素的影响,防止样品被污染;如果货物包装比较小,可整件采样(不开封);所有样品必须及时做好标识、贴上标签;

代表性采样:对现场感官检查没有发现异常的货物,根据产品生产批号随机取样,按表7-3所列标准采样:

表7-3　采样标准

批量货物的总数/t	抽检货物的采样数/件	每份样品的量/g
≤100	7	100～500
101～250	8	
251～10 000	9	
>10 000	(最多10)	

注:将上述抽检样品进行混样制成检测样品[(250～500)g/样品],每100 t制成1个检疫样品(每批不少于2个检疫样品)。

选择性采样:经现场感官检查发现异常情况的货物,除进行"代表性采样"外,还需作选择性采样,即针对异常处有选择的采取样品(如:霉烂、虫害等),其样品量以能满足相关的检测和留样需要为限。

7.9.5　实验室检疫

根据各种饲料添加剂的不同特性,经过综合风险评估,对不同商品实施有针对性的、动态的管理,科学地确定具体商品的检测项目,即从以下项目中科学的选择一个或多个项目进行检测。

常见微生物、重金属等有毒有害物质的检测;《检疫许可证》和风险警示通报规定的检测项目;禁止进境物质成分的检测;禁止添加或限量添加物质的定性检测或定量检测;在获取《产品登记证》过程中没有申报、并且有理由证明可能存在的某些未经风险评估的物质成分的检测;应当标明而没有标明的某些物质成分的检测(如转基因成分);品质检验、商品成分鉴定(必要时,以确认是否存在商业欺诈)。

7.9.6　检疫放行与检疫处理

对货证相符、现场检疫和实验室检疫合格的产品作放行处理,签发《入境货物检验检疫证明》;对经检验检疫不合格产品,根据国家法律法规规定作如下相应处理,同时签发有关证单。货证不符产品,作退货处理;微生物不合格产品,根据具体情况作销毁、退货或无害化处理;经无害化处理后的合格产品,应准予进境;检出禁止进境物质成分的产品,以及检出禁止添加物质的产品,一律作销毁或退货处理;其他不合格产品,根据具体情况作销毁、退货或与其相适应的检疫处理;经检疫处理后合格产品应准予进境,否则,一律销毁或退货。

7.9.7　后续监管

进境饲料添加剂在入境检验检疫期间的暂时存储仓库,其仓储条件应符合检验检疫机构规定的兽医卫生防疫要求,并接受检验检疫机构的监督管理;未经检验检疫合格的进境产品,一律不准销售、使用;所有不合格产品的检疫处理,必须在检验检疫人员的监督下实施。

7.10　进境动物遗传物质的检疫

本节所称动物遗传物质是指大中家畜的冷冻精液和胚胎。

7.10.1　备案

(1) 进境动物遗传物质的使用单位应在所在地直属检验检疫机构备案,填写《进境动物遗传物质使用单位备案表》,并符合以下要求和提供材料:

1) 具有单位法人资格;

2) 具有熟悉动物遗传物质保存、运输、使用技术的专业人员;

3) 具备进境动物遗传物质的专用存放场所及其他必要的设施;

4) 具有相关进境动物遗传物质使用的管理制度。

(2) 直属检验检疫局将《进境动物遗传物质使用单位备案表》复印件报总局备案。

7.10.2　检疫审批

(1) 初审。直属检验检疫机构根据兽医卫生防疫要求,对申请进境动物遗传物质的存放、使用场所进行考核。

(2) 审批。货主或其代理人须在贸易合同或协议签订前,在中华人民共和国进境动植物检疫许可证管理系统(电子审批系统)上申请办理《检疫许可证》,直属检验检疫机构对申请企业提交的《进境动植物检疫许可证申请表》和《进境动物遗传物质使用单位备案表》进行初审,初审合格后递交国家质检总局终审。

符合要求的,国家质检总局签发《检疫许可证》;不符合要求的,直属局或国家质检总局签发《进境动植物检疫许可证申请未获准通知单》,通知货主或其代理人。

7.10.3　出国检疫

国家质检总局选派兽医人员赴输出国进行产地检疫;或对已获得国家质检总局资格注册登记的输出国人工授精/胚胎移植中心定期进行考核。

7.10.4　报检

(1) 货主或其代理人,应在动物遗传物质进境前30天向入境口岸和指运地检验检疫机构报检,填写《入境货物报检单》,并提供有效《检疫许可证》、合同等,每份《检疫许可证》只允许进境一批动物遗传物质。

(2) 受理报检后,检验检疫人员应做好现场检疫、实验室检验的准备工作。

(3) 不合格要求处理:无有效《检疫许可证》的,不得接受报检。如动物遗传物质已抵达口岸的,视情况作退回或销毁处理,并根据《中华人民共和国进出境动植物检疫法》及其实施条例的有关规定,进行处罚。

7.10.5　现场检疫

（1）核对货物与检疫证书是否相符，检疫证书应符合下列条件：

1）检疫证书至少一正两副，并附有关试验报告，检疫证书随输出动物遗传物质一起运输；

2）证书加盖输出国官方的印章和主管兽医的签字；

3）证书内容必须打印，手写无效；

4）证书中应有相关证明和描述（略）。

（2）检查装载容器是否发生泄漏。

（3）检查装载容器内的液氮情况，是否需要补充。

（4）查阅产地证书、运行日志、货运单、贸易合同、发票、装箱单等，了解货物的起运时间、港口、途径国家和地区，并与《检疫许可证》的有关要求进行核对。

（5）现场检疫合格后，出具《入境货物通关单》，调往《检疫许可证》指定的地点实施检验检疫。

1）在入境口岸检验检疫机构辖区内检验检疫的，出具两联《入境货物通关单》。

2）需调离入境口岸检验检疫机构辖区检验检疫的，出具四联《入境货物通关单》。

（6）不合格要求处理：

1）凡无检疫证书或证书无效的，及时与国家质检总局取得联系，由两国主管机关根据双方签订的条款来确定该批动物遗传物质的出境是否合法，并做出相应的处理。

2）未按《检疫许可证》指定的路线运输的，按《进出境动植物检疫法》的规定，视情况作处罚、退货或销毁处理。

3）装载容器发生泄漏或需要补充液氮时，检验检疫机构监督容器的更换或补充液氮。

4）输出国突发动物疫情时，根据国家质检总局颁布的相关公告、禁令执行。

7.10.6　实验室检疫（冷冻精液）

（1）采样

每头供精动物取3支冻精合为一个样品，出具《抽/采样凭证》，填写《送样单》并送实验室。

（2）实验室检验

1）美国牛、加拿大牛、澳大利亚牛

——蓝舌病：病毒分离试验，盲传三代，第一代鸡胚静脉接种，第二代鸡胚卵黄囊接种，第三代接种敏感细胞（BHK21、VERO或C6/36）并用免疫荧光试验进行鉴定，结果为阴性；或PCR试验结果为阴性。

——牛传染性鼻气管炎/传染性脓疱性阴道炎：病毒分离试验，结果为阴性；PCR试验结果为阴性。

——牛病毒性腹泻/黏膜病：病毒分离试验，敏感细胞培养两代，培养物用免疫过氧化物酶试验或免疫荧光试验鉴定，结果为阴性；PCR试验结果为阴性。

2）新西兰牛

——牛传染性鼻气管炎/传染性脓疱性阴道炎：病毒分离试验，结果为阴性；PCR试验结果为阴性。

——牛病毒性腹泻/黏膜病：病毒分离试验，敏感细胞培养两代，培养物用免疫过氧化物酶试验或免疫荧光试验鉴定，结果为阴性；PCR 试验结果为阴性。

3）德国牛、荷兰牛、法国牛

——副结核病：ELISA 或皮内变态反应。

——牛布氏杆菌病：试管凝集试验（滴度小于每毫升 30IU 为阴性），或补体结合反应，或 ELISA 试验。

——牛结核病：皮内结核菌素（牛型、禽型）试验。

——牛地方流行性白血病：AGID 试验或 ELISA。

——牛病毒性腹泻/黏膜病：血清病毒分离，培养两代，每代 6 天，用免疫荧光试验（IFT）或免疫过氧化物酶试验（IPX）。

——胎儿弯杆菌病：阴茎包皮冲洗物做胎儿弯曲杆菌分离培养，或取包皮冲洗物做免疫荧光（IFT）检查。

——胎儿毛滴虫病：阴茎包皮冲洗物做分离培养或用免疫荧光（IFT）检查结果为阴性。

——传染性牛鼻气管炎：血清中和试验（原血清）或 ELISA 试验结果为阴性。

——钩端螺旋体：供体动物用 MAT 检查 8 个血清型的钩端螺旋体。

4）澳大利亚绵羊和山羊

——黏膜病和边界病：病毒检查，结果应为阴性。

——蓝舌病：供精公羊来自西澳南纬 28°以北地区、新南威尔士州指定地区、昆士兰州及北部地区的（查阅检疫证书），精液接种鸡胚连传三代检查病毒，结果应为阴性。

5）新西兰绵羊

——边界病：用犊羊肾细胞培养两代，每代培养 6 天，分离病毒，结果应为阴性。

（3）不合格要求处理

实验室检验不合格的，按照动植物检疫法及其实施条例进行处理。

7.10.7 检疫出证

（1）经检验合格的，出具《入境货物检验检疫证明》。

（2）不合格的出具《兽医卫生证书》。

（3）需做检疫处理的，出具《检验检疫处理通知单》。

7.10.8 检疫监督

检验检疫机构对动物遗传物质的存放、使用实施监督管理。存放、使用单位应做到：

1）输入的动物遗传物质单独存放。

2）专人负责动物遗传物质存放和使用过程中的动物卫生防疫工作。

3）受体动物经临床检查健康。

4）做好动物遗传物质使用记录，记录应包括使用时间、使用单位、使用数量等。

5）受体动物及其后裔应给予标识，并建立饲养档案。

6）动物遗传物质使用完后，总结使用情况，将《进境动物遗传物质检疫监管档案》报检验检疫监管机构备案。

7.10.9 资料归档

检验检疫结束后，总结和整理检疫过程中的所有单证、原始记录、有关资料，并存档。每年 1 月 31 日前将本辖区内上一年度进境动物遗传物质的监管档案资料统计整理后上报总局动植物检疫监管司。

7.11　进境其他非食用性动物产品的检疫

本节中的进境其他非食用性动物产品是指动物源性骨、蹄、角及其产品，明胶，蚕茧，油脂，含有动物成分的有机肥料等非食用性动物产品。

骨、蹄、角的范围：进境新鲜、风干、冷冻、冷藏保存的骨、蹄、角及机械处理的碎骨、碎蹄、碎角等的检验检疫。

动物性油脂的限定范围：经压榨、萃取、熬煮等方法(供人类食用的高温炼制的动物油脂除外)加工的非食用用途的工业用途的动物脂肪。

蚕茧类产品的限定范围：进境用作缫丝和绢纺原料的桑(柞)蚕茧及其加工产品蚕(茧)丝(绵)和副产品。

明胶。

动物源性有机肥料：由动物的毛、蹄角、骨和骨粉，鱼、肉、蛋类的废弃物经过物理或化学方法加工而成的用于改善土壤条件、促进植物生长的肥料。不包括以及不含有动物粪、尿。

7.11.1　准入条件

所有进境其他非食用性动物产品受质检总局最新公布的《禁止从动物疫病流行国家/地区输入的动物及其产品一览表》及有关禁令公告的限制。

所有进境其他非食用性动物产品都需要检疫审批。进境其他非食用性动物产品的收货企业应当在贸易合同签订前办理检疫审批手续，取得进境动植物检疫许可证。

进境其他非食用性动物产品只能从国家质检总局发放的检疫许可证指定的口岸进境。

7.11.2　检疫审批

申请进境其他非食用性动物产品(高温炼制的动物油脂除外)的单位或其代理人按照进境动物产品检疫审批的有关规定和程序，到注册登记企业所在地直属检验检疫机构和国家质检总局办理检疫审批手续。

(1) 初审

申请单位或其代理人在货物加工、存放地直属检验检疫机构进行检疫审批初审，初审时需提交以下材料：

1)《中华人民共和国进境动植物检疫许可证申请表》；

2) 进境单位的营业执照(验正本交复印件)；

3) 商务部门批准企业享有进出境权的文件(验正本交复印件)；

4) 申请单位或其代理人需提供质检总局批准注册生产企业的批准文件或与注册加工企业签订的协议书；

5) 同一单位第二次申请时，应附上一次《中华人民共和国进境动植物检疫许可》(含核销表)；

6) 货主或其代理人法人资格证明文件；

7) 检验检疫机构发放的报检单位登记证；

8) 境外生产、加工企业的生产工艺流程；

9) 蚕丝等产品不再进行初审(季节性开放口岸除外)，申请进境单位可将《中华人民共和国进境动植物检疫许可证申请表》送至质检总局办理检疫审批。

初审合格后，由初审检验检疫机构出具对注册登记生产企业的考核报告(包括该企业加工能力、进境数量、防疫卫生等情况)。

(2) 审批

申请单位或其代理人持初审材料和考核报告向质检总局提交《中华人民共和国进境动植物检疫许可证申请表》,办理检疫审批。

对符合审批规定的,国家质检总局在规定时间内签发《进境动植物检疫许可证》。

(3) 不符合要求的处理

《中华人民共和国进境动植物检疫许可证申请表》申报的生产、加工、存放进境其他非食用性动物产品的企业为非注册登记企业,检验检疫机构不得受理报批。不能提供有效的初审材料的,不予办理检疫审批。本次申请前,该企业的实际进境量已超过质检总局核准的年生产、加工、存放能力,不予审批。从国家公布的禁止进境其他非食用性动物产品的国家进境的,不予办理检疫审批。

7.11.3　进境其他非食用性动物产品的口岸报检

(1) 报检

其他非食用性动物产品进境前或者进境时,货主或者其代理人应当委托具有报检资格的单位或个人持进境动植物检疫许可证、输出国家或者地区政府官方签发的检验检疫证书(正本)、原产地证书、检疫许可证第一联正本、报检单、贸易合同、信用证、提单、发票等有效单证向进境口岸检验检疫机构报检。如在贸易合同中有对外索赔出证条款的,应在索赔期限前不少于20天内向到货口岸或指运地检验检疫机构报检;检验检疫机构对报检单位提交的单证进行审核:

1) 审核申请进境货物是否来自有关动物疫区,是否属禁止进境物。

2) 审核《入境货物报检单》。

3) 审核官方检疫证书是否真实有效,是否是国外官方最新公布的证书版本,签名兽医官笔迹是否相符;新西兰动物产品检验检疫证书印章在紧贴徽章下面会刻有“官方兽医”(official veterinarian)或“官方检查员”(official inspector)文字(国质检食函[2005]第374号)。

4) 审核《检疫许可证》,核对报检单位提供的《检疫许可证》第一联正本与《检疫许可证》第二联是否相符,并在第一联背面的核销表上核销实际的进境量;使用预核销单报检时,审核《预核销单》信息与网上《检疫许可证》内容是否相符,收取经核销的《预核销单》,不得涂改。

5) 审核合同、发票、提单、装箱单等是否齐全有效。

6) 审核检疫证书上收货人与《检疫许可证》上申请单位、合同签约方是否一致;检疫证书上的产品信息与《检疫许可证》许可进境的要求是否一致、与贸易单证是否一致。

7) 以上条件均符合要求的,受理报检,并出具《入境货物通关单》。

8) 按规定计收检验检疫费用。

(2) 不符合审单要求的处理

无输出国家或地区官方检疫机关出具的有效检疫证书,或者未依法办理检疫审批手续无法提供检疫许可证,或检疫许可证超过有效期的,口岸检验检疫机构对货物做销毁或退运处理。进境数量超过《检疫许可证》规定数量5%以上的,不得受理报检。其他单证及许可证要求提供的单证提供不全的,不得受理报检;发现变造、伪造单证的,不得受理报检,并按

有关规定进行处理。

(3) 货物指运地报检

按许可证要求,货物调离至指运地检验检疫的,进境单位或其代理人应当委托具有报检资格的单位或个人向当地检验检疫机构报检,并提交如下材料:

1)《入境货物报检单》;

2)《入境货物通关单》;

3)《检疫许可证》第一联正本;

4) 口岸检验检疫机构签发的《入境货物情况通知单》;

5) 指运地检验检疫机构要求的其他单证。

7.11.4 口岸现场检疫

(1) 对装运进境其他非食用性动物产品的集装箱应当在进境口岸检验检疫机构的监督下实施箱体防疫消毒处理。未经检验检疫机构许可,进境其他非食用性动物产品不得卸离运输工具。卸离运输工具后将集装箱运至口岸检验检疫机构指定查验场所开箱检疫。

口岸一线检验人员在开箱前需对报检资料的内容进行审阅,了解货物情况及检疫要求,并对检疫证书、许可证等的有效性再次审核。

(2) 开箱检疫。核对集装箱号、货物品名、数(重)量、产地、包装标识及其内容、唛头等是否与证书相符。检验有无腐败变质、病变、粪污、啮齿动物或者病媒昆虫,有无瞒报、漏报,是否夹带疫区禁止进境物,产品加工程度是否与提供资料相符,包装是否完好,木质包装是否符合要求。对运输工具、集装箱体表、货物或其外包装进行消毒。对木质包装按《进境木质包装检疫管理办法》有关规定进行检验检疫;监督施加 CIQ 专用封条,并做好记录以备核查。

(3) 采样。进境其他非食用性动物产品是否需采样,要严格按照《检疫许可证》的规定或收货企业的要求进行,一般情况下在完成现场检验后无须采样。

进境其他非食用性动物产品的《检疫许可证》许可的加工、存放企业在口岸检验检疫机构辖区以外地区的,在口岸机构完成现场检疫且合格后,出具《入境货物检验检疫情况通知单》通知加工、存放企业所在检验检疫机构进行监管(无须检疫审批的如高温炼制油脂除外)。口岸检验检疫机构不对货物采样。

1) 采样方式。骨、蹄、角、蚕丝类、明胶、肥料等产品采样,须在检疫消毒处理前进行。动物性油脂的采样工作一般要求在口岸现场完成,如类似灌装、桶装等现场无法进行或现场易造成人为污染等情况,可到收货企业或存放企业进行。对灌装、桶装等大容器包装的液态油脂,取样前必须摇动或用无菌棒搅拌均匀;取样时先将取样用具浸入液体内略加漂洗,然后再取所需量的样品,装入灭菌盛样容器,取样量应不超过其容量的 3/4,以便检验前将样品摇匀;对于小包装液态或固态油脂,为防止污染,可取原包装。

2) 采样工具。采样所用刀、剪、铲、扦样管等采样前须经灭菌处理,在采完一个样品后须进行再度灭菌处理后方能再次采样,一个采样工具不得混采混用。

3) 保存器具及条件。保存器具须采用崭新的、完整未开封的、经过灭菌的、牢固的、不与样品发生化学反应的瓶、袋。已采好的样品须保存在与货物存放近似的环境下,并根据样品特性选择常温、冷藏或冷冻保存。

4）采样标准。根据 GB/T 18088—2000 制定取样标准。

骨、蹄、角、蚕丝类、明胶、肥料等产品采样标准见表 7-4：

表 7-4　骨、蹄、角、蚕丝类、明胶、肥料等产品采样标准

批量总数/t	抽样采样数/个	每份样品的量/g	批量总数/t	抽样采样数/个	每份样品的量/g
≤100	7	20～50	251～10 000	9	20～50
101～250	8	20～50	>10 000	≤10	20～50

动物性油脂的采样标准见表 7-5：

表 7-5　动物性油脂的采样标准

批量总数/件	抽样采样数/件	每份样品的量/g	批量总数/件	抽样采样数/件	每份样品的量/g
≤100	7	100～200	251～10 000	9	100～200
101～250	8	100～200	>10 000	≤10	100～200

采样后向货主出具《抽/采样凭证》。

（4）被采样货物在检测结果出具前，需存放于口岸检验检疫机构辖区的仓储处，在未得到口岸检验检疫机构许可，不得擅自提运、使用。

（5）指运地检验检疫。指运地检验检疫机构按《检疫许可证》、《入境货物情况通知单》和《入境货物通关单》等单证内容，核对进境货物的名称、数（重）量、产地、包装、唛头等是否相符；货物卸离运输工具后，应及时对运输工具及装载货物的容器、包装、铺垫材料、污染区域进行消毒处理。对货物进行感官检疫。对货物进行取样，实施实验室检疫。对货物的生产、加工、存放等过程进行监管，并做好监管记录。

（6）品质检验。需实施法定检验的进境其他非食用性动物产品，生产、加工、存放企业在口岸辖区内的，由口岸机构负责品质检验；需实施法定检验的进境其他非食用性动物产品，生产、加工、存放企业在口岸辖区外的，由口岸机构签发《入境货物通关单》，由指运地检验检疫机构实施品质检验（收货企业提出在口岸实施品质检验的除外）；进入保税区的保税产品，一般只实施检疫，当调出保税区办理进境手续时，再实施品质检验；来料加工的其他非食用性动物产品，一般只实施检疫，不作品质检验。

7.11.5　实验室检验

（1）骨、蹄、角、蚕丝类、明胶、肥料等产品的实验室检验。

1）检测方法：

① OIE《诊断实验和疫苗手册》规定方法、国家标准（GB）方法、检验检疫行业标准（SN）方法等实施实验室检疫。

② 按照 GB、SN 方法或引用国外先进检测方法进行。

③ 按照贸易合同约定方法、GB、SN 方法或引用国外先进方法实施品质检验。

2）检验项目与标准：

① 根据《检疫许可证》的检验检疫要求进行。

② 根据质检总局警示通报或公告进行检验。

③ 其他有关规定和要求进行其他项目的检验。

④ 根据收货企业要求，进行部分项目的检验。

⑤ 原蚕茧类产品需按照《检疫许可证》要求进行检疫或按照《中华人民共和国进出境动物检疫规范》进行蚕微粒子病检疫(已加捻的成品丝除外)。

(2) 样品送达实验室后,应立即对照送检单证核查样品,检查样品包装、标记的完整性,有无被污染、腐败、变质等现象。样品如不能及时进行检测,应存放于常温阴冷处保存,并做好保存记录。对被检测样品需留样,保存6个月或诉讼结束后方可处理。

7.11.6　检疫处理与放行

(1) 对不符合规定货物的处理

现场检验货证不符、来自疫区禁止进境国家、腐败变质或受其他有毒有害污染物严重污染的,一律做退运或销毁处理。发现瞒报、漏报货物,需对瞒报、漏报货物做销毁处理,如收货企业提出补充有效卫生证书及有关《检疫许可证》,可对货物暂作封存,待补充后放行。

经检验货物的加工程度与申报不符的,做销毁或退运处理;检出蚕微粒子病的,按照《出入境动植物检验检疫风险预警快速反应管理规定实施细则》的有关规定上报总局,对货物做销毁或退运处理,同时施检部门对污染场地、仓储处进行检疫处理。现场检验发现杂草、泥土、粪污、啮齿动物或者病媒昆虫的,需做有效消毒、无害化等卫生处理。现场检验货物包装或标识、唛头等不符的,责令收货企业整改合格后方能使用。

(2) 检疫放行与出证

经口岸现场感官检验合格不采样的、加工、存放企业在口岸检验检疫机构辖区以外地区的货物,口岸检验检疫机构签发《入境货物检验检疫情况通知单》和《入境货物通关单》,通知货物加工、存放地检验检疫机构对货物的加工、存放情况进行后续监管,口岸检验检疫机构对货物正常放行。

经口岸采样的、加工、存放企业在口岸检验检疫机构辖区以外地区的货物,口岸检验检疫机构签发《抽/采样凭证》,将货物暂时存放于口岸检验检疫机构辖区内的仓储处,在实验室出具检测合格报告后,出具《入境货物检验检疫证明》,货物正常放行,另外再开具《入境货物检验检疫情况通知单》和《入境货物通关单》,通知货物加工、存放地检验检疫机构对货物的加工、存放情况进行后续监管。

经口岸现场感官检验合格不采样的、加工、存放企业在口岸检验检疫机构辖区以内地区的货物,口岸检验检疫机构签发《入境货物检验检疫证明》,口岸检验检疫机构对货物的加工、存放情况进行后续监管;

经口岸采样的、加工、存放企业在口岸检验检疫机构辖区以内地区的货物,口岸检验检疫机构签发《抽/采样凭证》,在实验室出具检测合格报告后,出具《入境货物检验检疫证明》,货物正常放行,口岸检验检疫机构对货物的加工、存放情况进行后续监管。

对于不合格货物,出具《检验检疫处理通知书》,对货物做无害化、销毁或退运处理。经检验检疫不合格货物,收货企业或其代理人提出对外索赔的,按规定出具有关证书。

7.11.7　生产、加工、存放进境其他非食用性动物产品企业的注册登记

生产、加工、存放进境其他非食用性动物产品的企业须向企业所在地的检验检疫机构申请注册登记。申请时需提交以下材料:

1) 企业书面申请(内容包括企业的简介、使用或加工进境产品的种类、需要进境量、年加工能力或使用量、仓储条件和能力、使用的目的或加工的终产品、终产品的用途)。

2) 营业执照(验正本交复印件)。

3）企业建设平面图（复印件）。

4）加工工艺流程图（应注明流程中温度处理的时间、使用化学试剂的种类、浓度和pH值等情况、使用的有关设备和仪器的名称）。

5）企业的兽医卫生防疫工作领导小组及职责。

6）兽医卫生防疫制度。包括：出入库管理制度；防疫消毒制度和防虫、灭鼠措施；固体废弃物的处理措施；污水处理措施。

7）接触动物源性原料人员的卫生防疫制度。

8）县级以上环保部门允许排放污水的证明文件。

9）图片资料包括：工厂、厂区内外全景，车间全景，各加工工序涉及的设施、用具和工人操作的照片，消毒处理设施及用具，外包装和废弃物的处理，原料库、成品库等图片。

申请企业所在地直属检验检疫机构对申报材料进行审核，考核企业的兽医卫生防疫条件、加工能力和各项防疫制度和措施的落实情况，核定进境数量。考核合格的，由所在地直属检验检疫机构将考核结果上报国家质检总局动植司。

国家质检总局动植司对各直属检验检疫机构推荐的材料进行审核，审核结果通知有关直属检验检疫机构和申请企业。

不符合要求的处理。兽医卫生防疫条件不合格，或没有落实防疫措施，限期整改。提供的材料与事实不符，不接受申请。建立的制度和措施不符合防疫要求，须重新修改申报材料。

7.11.8　后续监管

注册企业所在地检验检疫机构监督每批进境其他非食用性动物产品在注册企业进行生产、加工或存放；检查企业兽医卫生防疫条件和兽医卫生防疫制度地落实情况；进境其他非食用性动物产品须专仓堆放，指定专人负责保管，并建立供核查地出库记录和相应地统计资料；在存放、使用或加工进境其他非食用性动物产品的场所的进出通道、门前设置适于人和车辆消毒地消毒槽（垫），并定期更换消毒药；监督企业对存放、加工或使用进境其他非食用性动物产品的场所、工作台、加工设备、搬运工具、装载容器等及时消毒处理；监督企业按照申请注册登记是批准地工艺流程进行生产、加工；对生产、加工过程中产生的下脚料、废弃物进行无害化处理；工作人员工作服应定期消毒；工作人员进出生产、加工场所应洗手消毒更衣换鞋。

不符合要求的处理。监督过程中发现其兽医卫生条件不合格，或未落实防疫制度的，限期整改，整改合格的，才受理下一次的报批。

第8章 出境动物产品检疫

8.1 概述

为了防止动物疫病伴随动物产品的进境传入，以及保证进境动物产品的安全卫生，世界上各个国家/地区都对进境动物产品制定了检验检疫法规，特别是发达国家更是制定并实施完整的严格的检验检疫规定。世界贸易组织（WTO）、国际兽医组织（OIE）为了避免各国的检疫措施影响正常的动物产品国际贸易，对动物产品的检疫要求也进行了规范，统一标准。OIE发布的《动物卫生法典》规定了动物产品国际贸易中检疫的基本要求；美国、欧盟、澳大利亚、日本、韩国、加拿大、俄罗斯等我国的主要贸易国都制定了进境肉类、水产品等食用性动物产品和非食用性动物产品的检验检疫规定。

我国制定实施的《中华人民共和国进出境动植物检疫法》及《中华人民共和国进出境动植物检疫法实施条例》、《中华人民共和国进出口商品检验法》及《中华人民共和国进出口商品检验法实施条例》对出境动物产品的检验检疫作了明确规定。

8.1.1 范围

出境动物产品按照用途一般分为非食用性动物产品和食用性动物产品。

非食用性动物产品包括皮张、鬃毛类、羽绒、骨粉、骨胶、血粉、肝素钠、骨蹄角、动物性饲料等。

食用性动物产品包括肉禽蛋及其制品、肠衣、水产品等。

8.1.2 检疫程序

出境动物产品检验检疫包括：注册登记、报检、核对检验检疫依据、现场检验检疫、实验室检验检疫、结果评定、检疫处理、出证放行或不准出境。

8.1.3 注册登记

8.1.3.1 出境非食用动物产品的生产、加工企业的注册登记

（1）出境非食用动物产品的生产、加工企业应向所在地检验检疫机构申请办理注册登记。申请注册登记的企业应提供如下材料：

1）书面申请，内容包括企业的简介、使用或加工出境产品的种类、需要出境量、年加工能力或使用量、仓储条件和能力、使用的目的或加工的终产品、终产品的用途）。

2）企业厂区平面图（复印件）。

3）加工工艺流程图（应注明流程中温度处理的时间、使用化学药剂的种类、浓度和pH值等情况，使用的有关设备的名称）。

4）营业执照（验正本交复印件）。

5）企业的兽医卫生防疫工作领导小组及职责。

6）兽医卫生防疫制度包括出入库管理制度，防疫消毒制度，防虫、灭鼠措施，固体废弃物的处理措施，污水处理措施。

7）接触动物产品人员的卫生防疫措施。

8）县级以上环保部门允许排放污水的证明文件。

9）图片资料包括厂门、厂区内外全景，车间全景，各加工工序涉及的设施、用具和工人操作的照片、消毒处理设施及用具消毒过程，外包装和废弃物的处理设施，原料、成品库等照片。

所在地直属检验检疫机构负责对申报材料进行审核以及对申请的生产、加工、存放企业的兽医卫生条件进行考核，并考核企业的生产、加工及存放能力、核定出境数量、落实防疫措施的情况。考核合格后，由所在地直属检验检疫机构将考核结果上报国家质检总局动植司。国家质检总局动植司对各直属局推荐的材料进行审核，并将审核结果通知有关直属局和申请企业。输入国家或地区有注册要求的，由国家质检总局动植司统一对外推荐。

（2）不符合要求处理：兽医卫生条件不合格以及没有落实防疫措施的，限期整改；提供的材料与事实不符，不受理申请；建立的制度和措施、工艺流程不符合防疫要求，须重新修改申报材料。

8.1.3.2 出境食用性动物产品的加工企业的注册登记

出境食用性动物产品的加工企业，按照国家质检总局2002年20号令公布的《出口食品生产企业卫生注册登记管理规定》，向所在地检验检疫申请卫生注册登记。

申请卫生注册的出境食用性动物产品生产企业，应当按照《出口食品生产企业卫生要求》建立卫生质量体系。申请卫生登记的出境食用性动物产品生产企业，应当根据产品特点并参照《出口食品生产企业卫生要求》建立卫生质量体系。出境食用性动物产品生产企业在新建、扩建或者改建前，应当向所在地的直属检验检疫局申请选址、设计的卫生审查，审查合格方能施工。出境食用性动物产品生产企业在生产出境食品前，应当向直属检验检疫局申请卫生注册或者卫生登记，填写并提交《出口食品生产企业卫生注册/登记申请书》（一式三份）。总厂、分厂、联营厂以及不在同一厂区的加工车间应当分别提出申请。

出境食用性动物产品生产企业在提交《出口食品生产企业卫生注册/登记申请书》时，应当提供本企业的卫生质量体系文件、厂区平面图、车间平面图、工艺流程图等有关资料。

直属检验检疫局接受出境食品生产企业提交的卫生注册申请书和有关资料后，组成由主任评审员任组长、1～2名具备资格的评审员参加的评审组，在10个工作日内完成该申请书和有关资料的审核。经审核不符合要求的，受理申请的直属检验检疫局应当在10个工作日内通知出境食品生产企业在30日内补正，逾期未补正的，视为撤回申请；经审核符合要求的，由评审组组长负责制订评审计划，并与出境食品生产企业商定评审的具体时间，按时进行评审。评审依据：《出口食品生产企业卫生要求》。对列入《卫生注册需评审HACCP体系的产品目录》的出境食用性动物产品生产企业的评审依据为《出口食品生产企业卫生要求》和国际食品法典委员会《危险分析和关键控制点（HACCP）体系及其应用准则》。《卫生注册需评审HACCP体系的产品目录》由国家认监委公布和调整。

评审组在进行现场评审前，应当将评审的目的、依据、范围、方法和要求告知出境食品生产企业，并听取其有关情况的报告。评审组应当采取提问、查阅记录、现场检查、抽样验证等方式进行评审并做好记录。在评审结束后，评审组应当将评审情况告知出境食品生产企业，对存在的问题提出不符合项报告和限期改进的意见。出境食品生产企业应当在限期内将整改情况报告受理申请的直属检验检疫局。评审组组长在评审工作结束后，应当向直属检验检疫局提交评审报告。

直属检验检疫局对评审组提出的评审报告和出境食品生产企业的整改情况进行审核，并在15个工作日内做出评审结论。对评审不合格的，签发评审不合格通知；对评审合格的，批准注册并颁发卫生注册证书。证书编号规则由国家认监委另行公布。评审不合格的出境食用性动物产品生产企业，自不合格通知发出之日起6个月内不得重新提出卫生注册申请。重新提出申请的，在申请前应当认真整改。

卫生注册证书和卫生登记证书有效期为3年。卫生注册证书由国家认监委统一印制，由直属检验检疫局向卫生注册企业颁发。卫生登记证书由国家认监委统一印制，以直属检验检疫局名义向卫生登记企业颁发。

8.2　出境禽肉类检疫

8.2.1　适用范围

适用于出境禽肉类产品的检疫和监督管理。禽肉类产品指活禽屠宰加工后，可供人类食用的任何部分，包括整禽（净肠）、禽肉、禽翅、禽腿、禽副产品[禽头、禽脖、禽内脏、禽脚（爪）、禽骨架]，鲜、冷、冻禽肉类。用于屠宰的家禽应来自经检验检疫机构备案的养殖基地。

8.2.2　检疫依据

中国法律法规规定的检疫要求，强制性检疫标准或其他必须执行的检疫要求或标准；中国与输入国家或地区政府签订的双边检疫协议、议定书、备忘录等；输入国或地区检疫要求；贸易合同或信用证订明的检疫要求。

8.2.3　报检

按照《出入境检验检疫报检规定》及相关规定执行。

（1）时间和地点

出境禽肉产品应于出境前向检验检疫机构报检。产地为出境口岸检验检疫机构辖区的，直接向出境口岸检验检疫机构报检；产地在出境口岸检验检疫机构辖区外的，向产地检验检疫机构报检。货物运抵出境口岸后，货主或代理人应在办理海关手续前向出境口岸检验检疫机构申报。

（2）报检资料的提供

报检人应按规定填写出境货物报检单，并提供对外贸易合同（售货确认书或函电）和/或信用证、发票、装箱单、厂检合格单、出境商品运输包装性能检验结果单、有效的卫生注册（登记）证明等。预包装产品还需提供《食品标签审核证书》。

办理口岸通关查验手续的，须提供产地检验检疫机构签发的“出境货物换证凭单”（正本）。代理出境货物报检的，需提供委托人出具的书面委托书。

（3）报检资料审核

检验检疫人员接到报检资料后，应审核以下内容：报检申请单填写内容是否完整；检验检疫要求是否明确；卫生注册（登记）证书是否有效；单证是否齐全；并审核单证的一致性、有效性。

（4）撤销和重新报检

报检人申请撤销报检时，应书面说明原因，经批准后方可办理撤销手续；报检后30天内未联系检验检疫事宜的，作自动撤销报检处理。

有下列情况之一的，应重新报检：超过检验检疫有效期的；变更输入国家或地区而有不同检验检疫要求的；改换包装或重新拼装的；已撤销报检又需出境的。

8.2.4　检疫

(1) 检疫方式

出境禽肉产品实行产地检验检疫出证、出境口岸查验通关放行的管理模式。产地检验检疫机构对养殖过程、生产加工过程实施监督管理与对产品实施检验检疫相结合的方式。

产地检验检疫机构受理出境报检后，对出境禽肉实施检验检疫，合格后按国家质检总局与进境国的有关规定签发兽医/卫生证书、出境货物换证凭单。对出境禽肉需在异地口岸出境放行通关的，出境口岸检验检疫机关按原国家出入境检验检疫局《出境货物查验规定》(国检法[2000]63号)有关规定，审查产地检验检疫机构出具的出境货物换证凭单(正本)等单证并结合口岸查检方式办理放行通关。

出境禽肉经产地检验检疫机构检验检疫合格后直接出境的，产地检验检疫机构放行通关，并按国家质检总局与进境国的有关规定签发兽医/卫生证书。

(2) 现场检疫

1) 生产出境禽肉产品的禽应来自安全非疫区；禽饲养场应获得产地检验检疫机构的备案(供港澳地区冰鲜禽肉的禽饲养场应获得产地检验检疫机构的注册)。检验检疫机构的兽医应加强对禽肉加工企业兽医的监督管理，禽肉加工企业的兽医应加强禽饲养过程中的卫生防疫与用药管理，严格执行《出口肉禽饲养用药管理办法》的有关规定。

2) 检验检疫机构派出兽医应加强对禽肉屠宰企业、养殖基地生产加工全过程的监管。供禽肉加工企业屠宰的活禽应随附官方认可兽医出具的《动物产地检疫合格证明》、《动物健康监管证》、《动物及动物产品运载工具消毒证明》等单证(供港澳地区冰鲜禽肉的禽应随附当地检验检疫机构出具的《畜禽产地检疫合格证明》)，并经官方认可兽医检疫合格后方准宰杀。屠宰后须经官方认可兽医严格宰后检疫，严格生产中的卫生管理。出境禽肉企业检测有关微生物与药物残留项目合格后，方可用于出境。

3) 包装的检验检疫。检查包装箱的品名、唛头、批次、加工厂名称、地址、注册代号、加工/屠宰日期等应与单证相符，包装物应清洁、牢固、无破损、无发霉等。发现散包、容器破裂的，由货主或代理人负责整理完好。

4) 对货物的检疫。主要检查货物的色泽、气味、品质是否正常，有无风干、血污及冰霜以及冷冻状况等，有无杂质、羽毛，规格是否与合同、信用证等相符，数(重)量是否与报检数重量相符。出境禽肉产品应当在生产后6个月内、冰鲜肉应当在72小时内出境，出境国或地区另有要求的除外。

5) 对运输工具的检疫。主要检查运输工具的温控效果、清洁卫生、密封效果、虫害污染、异味等。

6) 检验检疫机构根据需要，可以按照有关规定对检验检疫合格的出境禽肉产品、包装容器、运输工具加施检验检疫标志或标识。

7) 对实施验证查验的货物，口岸检验检疫机构凭产地检验检疫机构签发的“换证凭单”验证放行。口岸检验检疫机构在查验中发现问题应及时与产地检验检疫机构联系处理。

(3) 抽样

1) 按照《官方取样程序》、GB/T 18088—2000《出入境动物检疫抽样》办法抽取样品。抽样要由检验检疫机构人员负责抽样、抽样工具和容器必须清洁、干燥、无异味。抽样时应避免样品被污染。并应完整准确填写《抽/采样凭证》。

2）样品送检。填写“实验室检测联系单”，并注明样品编号、检测项目、要求、采样日期、送样人等相关内容，连同样品一起尽快送检验室，避免样品发生变化影响检测结果。

（4）实验室检验

按我国国家标准GB 16869—2000《鲜、冻禽产品》标准以及进境国的要求进行检验监测，包括沙门氏菌、致病性大肠杆菌、单核细胞增生性李斯特氏菌、空肠弯曲杆菌等。必要时进行禽新城疫、禽流感病原或抗体检测。实验室应详细记录检测数据和结果。

（5）检疫记录

对出境禽肉产品检验检疫完毕后，必须认真做好检验检疫原始记录。原始记录应包括报检单位名称、报检单号、生产企业名称、品名（规格）、报检数量、检验检疫依据、检验检疫时间、地点、抽样数量、实验室检验检疫的项目、检验检疫结果评定等内容。抽样数量、检验项目、检验要求及检验结果评定必须严格按合同（信用证）及检验规程中的规定进行。

检验检疫原始记录应真实、全面地反映检验检疫的实际情况，保证检验检疫记录的原始性、真实性和有效性。检验检疫记录应保存两年。

（6）结果评定

1）经检验检疫符合检验检疫要求的，产地检验检疫机构签发《出境货物换证凭单》/《出境货物通关单》，根据要求出具相关兽医卫生证书。

2）出境口岸检验检疫机构根据产地检验检疫机构出具的《出境货物换证凭单》和/或需经查验的，查验合格后，签发《出境货物通关单》，予以放行。

3）经检验检疫不符合检验检疫依据要求的，判定为不合格，不得出境，并签发《出境货物不合格通知单》。如涉及安全卫生等强制性检验检疫项目不合格的，要向上一级检验检疫机构报送“出入境检验检疫风险预警信息报表”。

（7）样品管理

样品的存放、管理按《进出境动物、动物产品检疫采样管理办法及其采样标准》的规定执行。样品需贴上标签，样品标签应填写以下内容：商品名称、报检号、取样日期、取样人。样品要造册登记，其主要栏目应有：商品名称、取样日期、报检单位、存样起止日期、存样及最后处理的经手人等。

8.2.5　出证

（1）证书用语要求

出境禽肉的兽医/卫生证书格式与内容应以国家质检总局与进境国兽医当局签订的协议、并由国家质检总局下发的证书格式与内容为主。证书证稿的用语应该力求公正、准确、真实、可靠，并符合检务部门的要求。单证证稿格式按照检务部门有关规定执行。

（2）证稿拟制

证稿拟制和签发应符合《出入境检验检疫签证管理办法》的规定。本检验检疫机构辖区内首次出境禽肉产品时，应首先确认是否有统一规定格式和内容的证书。无统一规定的证书时，由施检人员根据有关检验检疫要求和结果拟制证稿，经部门负责人审核，并报直属检验检疫局主管处室审核同意后，由授权签字人或官方兽医审核签发；同时报国家质检总局备案；必要时须经进境国家或地区政府主管部门确认。再次向同一国家或地区输出同样的产品时，一般不得重新制作新的版本。

(3) 单证签发

1) 检务部门接单审核、签发《出境货物通关单》;打印兽医/卫生、健康、检验证书等,由监管/主管兽医签字发证,进境国或地区主管当局需要备案兽医签字的,由备案兽医签字后发证。

2) 经检验检疫不合格的,由施检人员拟制《不合格通知单》证稿并签字,经部门负责人审核,由授权签字人或官方兽医审核签发。

3) 检验检疫证书有效期:已经出具检验检疫证书(单证)出境禽肉类产品应在2个月内出境,2个月后出境的应重新检验检疫。

8.2.6　监督管理

(1) 派出兽医监督管理

检验检疫机构对出境禽肉类加工企业实行派出兽医检验检疫监督制度。出境禽肉类生产的全过程须在派出兽医的监督下进行,否则不得出境。

(2) 监督管理内容:

1) 企业的卫生质量方针和卫生质量目标;组织机构及其职责;加工检验人员的卫生管理;环境卫生;污水处理情况;车间及设施卫生;原料、辅料卫生;生产、加工卫生;包装、储存、运输卫生;有毒有害物品的控制;产品的卫生质量检验;企业卫生质量体系的有效运行情况;卫生注册编号使用管理;执行法律法规情况等。

2) 检验检疫机构的兽医应监督检查进厂活鸡应随附有效的检疫合格证明,屠宰厂宰前宰后兽医检验情况,出境禽肉企业药残检测体系的运行情况,以及家禽疫病病原的检疫等。

3) 检验检疫机构的兽医应监督检查备案肉鸡饲养场肉鸡饲养过程中的卫生防疫与饲养用药情况以及出境禽肉企业兽医对肉鸡场的监管检查等。

(3) 监督管理方式

1) 日常监督管理。由检验检疫机构派员对出境禽肉产品的卫生注册企业实施日常监督管理。

2) 定期监督管理。直属检验检疫局组织对卫生注册企业定期实施监督检查。对出境禽肉卫生注册企业,一般每年至少组织一次全面的监督检查。对获得国外注册的禽肉企业,应至少每半年(或生产季节)进行一次全面的监督检查。定期监督检查应当包括日常监督检查中发现问题的改正情况。

(4) 批次管理

检验检疫机构的兽医应加强出境禽肉产品的批次管理。出境禽肉企业可按不同的品种、规格、饲养场来源与生产日期作为批次登记。出境禽肉企业必须建立有效的产品追溯体系,不同饲养场来源的禽肉产品应做不同的标识,确保出境的禽肉产品能追溯到相应的饲养场。

(5) 装运监管

检验检疫机构的派出兽医应监督检查出境禽肉的装运情况。

(6) 监管记录

检验检疫人员进行监督管理时,必须将监管检查情况认真填入《出口食品生产企业日常监管记录》,一式二份,由检验检疫监管人员和厂方负责人分别签字存查,以作下次检查时评价整改的依据。

8.2.7 证单资料

整理检验检疫过程中的有关记录、资料，并按有关档案管理规定归档。

8.3 出境肉类(含肠衣，不含禽肉类)检疫

8.3.1 适用范围

适用于出境冰鲜和冷冻猪肉、牛肉、羊肉、马肉、骡肉、驴肉及其副产品(如肠衣)的检验检疫与监管工作。用于屠宰的家畜应来自经检验检疫机构备案的养殖基地。

8.3.2 检疫依据

进出境动植物检疫、食品卫生检验法律法规、行政规章和规范性文件等规定的检疫要求；中国政府与输入国或地区政府签订的双边检验检疫协议、议定书、备忘录等规定的检疫要求；检疫国际标准、国家标准、行业标准；贸易合同、信用证等检疫要求。

8.3.3 报检

(1) 时间和地点

按照《出入境检验检疫报检规定》及有关规定执行，实行电子报检的按《出入境检验检疫电子报检管理办法(试行)》执行。

(2) 报检资料的提供

货主或其代理人在报检时应向出入境检验检疫机构提供以下单证：出境货物报检单、卫生注册证书、合同/信用证、发票、装箱单或出境货物明细单、厂检合格单、包装性能检验结果单、其他需提供的补充函电、文件等；预包装肉制品还需提供《食品标签审核证书》；需出境口岸查验的畜肉类产品还须提供《出境货物换证凭单》。

(3) 报检资料审核

报检单填写内容是否完整、准确和真实；所附单证是否齐全；资料的一致性、有效性。

(4) 撤销和重新报检

报检人申请撤销报检时，应书面说明原因，经批准后方可办理撤销手续；报检后30天内未联系检验检疫事宜的，作自动撤销报检处理。有下列情况之一的，应重新报检：超过检验检疫有效期的；变更输入国家或地区而有不同检验检疫要求的；改换包装或重新拼装的；已撤销报检又需出境的。

8.3.4 检疫

(1) 检疫方式

对生产加工过程实施监督管理与对成品实施检验检疫相结合的方式。

(2) 现场检疫

1) 检疫：审核屠宰动物的产地检疫合格证书和工厂的宰前、宰后检验检疫和无害处理记录，并抽样对照检查。

2) 感观检验：检验产品的加工质量以及有无毛污、血污、血冰、冰霜、粪污、皮块、碎骨、杂质、风干、变质、异味，以及放血是否充分等。在充足的自然光线条件下，目测色泽正常与否，必要时可抽本批产品2～3块缓化或蒸煮检验，煮沸及新鲜度检验按GB 2708《牛肉、羊肉、兔肉卫生标准》、GB 2707《鲜(冻)畜肉卫生标准》鉴定。

3) 包装检验：外包装纸箱应清洁、牢固、干燥、无发霉、无破损等并应按规定印制标记唛头、规格、重量、品名、生产日期、企业名称、注册编号，内包装应符合GB 9691《食品包装用聚乙烯树脂卫生标准》，产品应按规定加施卫生标志、检疫验讫印章。

4）预包装产品标签检验：预包装食品按《进出口食品标签检验管理办法》执行。

（3）抽样

1）抽样依据：按照《官方取样程序》、GB/T 18088—2000《出入境动物检疫抽样》办法抽取样品。抽样要由检验检疫机构人员负责抽样、抽样工具和容器必须清洁、干燥、无异味。抽样时应避免样品被污染。并应完整准确填写《抽/采样凭证》。

2）样品送检：填写"实验室检测联系单"，并注明样品编号、检测项目、要求、采样日期、送样人等相关内容，连同样品一起尽快送检验室，避免样品发生变化影响检测结果。

（4）实验室检验

1）微生物检验：所有出境畜肉类产品均应强制性检验致病性大肠杆菌、沙门氏菌、单核细胞增生性李斯特杆菌、空肠弯曲杆菌等致病菌，出境新加坡肉类还要检验细菌总数、粪大肠菌群、金黄色葡萄球菌，出境其他国家肉类按进境国要求检验。

2）病原体监测：按国家质检总局要求抽样监测。

（5）检验检疫记录

1）检验检疫原始记录应包括报检单位和生产企业名称（注册号）、报检单号、品名、批号、规格、数（重）量、货物包装及抽样情况、检验时间、地点、检验项目、检验检疫依据、结果判定等基本要素。

2）检验检疫原始记录应真实、全面地反映检验检疫全过程的实际情况，必须保持检验检疫的原始性、真实性和有效性，检验员在检验检疫过程中必须认真、准确地填写原始记录并自核，核查无误后签名。

3）检验检疫记录应及时归档，保存两年。

（6）结果判定和处理

检验检疫结果符合检验检疫依据的判定为合格，不符合检验检疫依据的判定为不合格。

8.3.5　出证

（1）证书用语要求

对俄出境畜肉《兽医卫生证书》用语使用1996年8月8日中俄双方共同签署的《兽医卫生证书》格式13（猪肉）和《兽医卫生证书》格式14（牛肉）。供港澳畜肉兽医（卫生）证书使用国家质检总局2001年8月13日下发的《关于加强供港畜禽肉检疫检验工作的通知》（国质检函[2001]307号）规定的输港牛肉、猪肉、羊肉、马肉的证书用语。对新加坡出境畜肉使用新加坡农业食品兽医管理局（AVA）制定的兽医卫生证书用语。对其他国家出境畜肉证书用语根据进境国要求并结合我国的有关规定签发证书。

（2）证稿拟制

根据现场检验检疫结果、实验室检测报告，由施检人员及时拟制证稿、部门负责人审核后由授权兽医签发。检验检疫证稿应符合有关法律法规和国际贸易通行做法，用词准确、文字通顺、符合逻辑，并按规范的证稿拟制。涉及品质检验的证稿应包括抽（采）样情况、检验检疫依据、检验检疫结果、评定意见四项基本内容。

（3）单证签发

本检验检疫机构辖区内首次出境某一类产品时，应首先确认是否有统一规定格式和内容的证书。无统一规定的证书时，由施检人员根据有关检验检疫要求和结果拟制证稿，经部门负责人审核，并报直属检验检疫局主管处室审核同意后，由授权签字人或官方兽医审核签

发，同时报国家质检总局备案，必要时须经进境国家或地区政府主管部门确认。再次向同一国家或地区输出同样的产品时，一般不得重新制作新的版本。检务部门接单复审、校对合格后制证。畜肉的兽医（卫生）证书由国外官方机构或国家质检总局备案的官方兽医签发，其他证书可由授权签字人签发。

8.3.6 监督管理

（1）监督管理内容

1）对出境畜肉类产品的生产、加工、存放企业实行卫生注册管理。出境畜肉加工企业经考核符合《出口食品生产企业卫生要求》，并取得检验检疫机构颁发的卫生注册证书后，方可生产、加工出境产品，进境国要求进行兽医卫生注册的，须取得进境国兽医卫生注册后，方可生产出境产品；出境企业不得从非注册生产、加工、存放企业组织畜肉类产品出境。

2）检查企业是否持续符合规定的卫生注册条件。

3）卫生质量体系包括 HACCP 食品安全体系是否有效地运行。

4）卫生注册编号、卫生标志和检疫验讫印章使用管理情况。

5）出境肉用屠宰家畜的饲养管理和出境产品原料、辅料和成品的安全卫生质量状况及出境检验检疫等情况。

（2）监督管理方式

1）日常监督管理：由检验检疫机构派员对卫生注册的出境畜肉加工企业实行日常监督管理制度。对家畜的饲养管理、收购、生产加工、检验检疫、储存和发运实施全过程监督管理，并填写《出口食品生产企业检验检疫监管记录》，确保出境畜肉类产品在驻厂兽医的监督下生产和装运。

2）定期监督检查：检验检疫机构对畜肉加工企业，每年至少组织一次全面检查，对获得国外卫生注册的企业，应当至少每半年（或生产季节）进行一次全面检查，定期检查应当包括日常监督管理中发现问题的改进情况。

8.3.7 证单资料

整理检验检疫过程中的有关记录、资料，并按有关档案管理规定归档。

8.4 出境水产品检疫

8.4.1 适用范围

适用于出境水产品检验检疫与监管工作。出境人工养殖的水产品原料应来自经检验检疫机构备案的养殖基地。海捕水产品的捕捞船舶应获得检验检疫机构的备案注册。

8.4.2 检疫依据

中国法律法规规定的检疫要求，强制性检疫标准或其他必须执行的检疫要求或标准；中国与输入国家或地区政府签订的双边检疫协议、议定书、备忘录等；输入国或地区检疫要求；贸易合同或信用证订明的检疫要求。

8.4.3 报检

（1）报检时间、地点

出境水产品应于出境前向检验检疫机构报检。产地为出境口岸检验检疫机构辖区的，直接向出境口岸检验检疫机构报检；产地在出境口岸检验检疫机构辖区外的，向产地检验检疫机构报检。货物运抵出境口岸后，货主或代理人应在办理海关手续前向出境口岸检验检疫机构申报。

(2) 报检资料的提供

报检人应按规定填写出境货物报检单,并提供对外贸易合同(售货确认书或函电)和/或信用证、发票、装箱单、厂检合格单、出境商品运输包装性能检验结果单、有效的卫生注册(登记)证明等。预包装产品还须提供《食品标签审核证书》。必要时,须提供养殖地供货证明。办理口岸通关查验手续的,须提供产地检验检疫机构签发的“出境货物换证凭单”(正本)。代理出境货物报检的,须提供委托人出具的书面委托书。

(3) 报检资料的审核

报检申请单填写内容是否完整,检验检疫要求是否明确,卫生注册(登记)证书是否有效;单证是否齐全;并审核单证的一致性、有效性。

(4) 撤销和重新报检

报检人申请撤销报检时,应书面说明原因,经批准后方可办理撤销手续;报检后30天内未联系检验检疫事宜的,作自动撤销报检处理。有下列情况之一的,应重新报检:超过检验检疫有效期的;变更输入国家或地区而有不同检验检疫要求的;改换包装或重新拼装的;已撤销报检又需出境的。

8.4.4 检疫

(1) 检疫内容

水生动物疫病、安全卫生项目、标签、标记及唛头等,必要时进行品种鉴定。

(2) 检疫方式

对生产加工过程实施监督管理与对产品实施检验检疫相结合的方式。

(3) 现场检验检疫

1) 包装应卫生、完整、牢固;包装上的名称、规格、标记等应符合输入国(地区)、合同、信用证要求,标记应清晰、规范。

2) 品种、数重量应与报检内容相符。

3) 货物品质应良好,无腐败变质现象。

4) 安全卫生项目按检验检疫依据要求抽样送实验室检测。

5) 审查相关记录是否符合要求。

6) 对运输工具实施检验检疫,要点为:运输和装卸水产品的包装容器、工具、设备条件必须符合卫生要求,防止水产品污染,不得与有毒有害物质混装运输,曾运过有毒有害物质的运输工具不准装运水产品。

7) 口岸检疫:

口岸检验检疫机构按照《出境货物口岸查验规定》对出境淡水水产品实施查验,经查验合格的予以放行。在口岸并批或中转出境的,货物必须存放于卫生注册(登记)的冷库,否则,口岸局不予受理查验。

查验项目:查验外包装标记、唛头、品名、规格、批次是否货证相符,内包装是否完整卫生,产品的色泽、形状、气味是否正常,产品有无风干、脂肪酸败和外来杂质等项目,认为产品异常的,须抽样检验。

在审核单证及查验中,凡有以下情况之一者,必须重新检验检疫或补检。

① 换证凭单中的项目与合同、信用证要求不一致或检验项目不全的。

② 运输温度及包装受损可能影响其品质。

③ 换证凭单超过有效期，应对品质、重量、规格、包装等项目进行检验。

对实施验证查验的货物，口岸检验检疫机构凭产地检验检疫机构签发的换证凭单验证放行。口岸检验检疫机构在查验中发现问题应及时与产地检验检疫机构联系处理。

(4) 抽样

1) 抽样依据：出境水产品的抽样按各品种相应的检验检疫行业标准或GB/T18088－2000《出入境动物检疫采样》、《官方取样程序》等规定进行。

2) 抽样要求：由检验检疫机构人员负责抽样；抽样工具和容器必须清洁、干燥、无异味。抽样时应避免样品被污染，并应完整、准确填写《抽采样凭证》。并由货主和采样者双方签字。第一联交货主，第二联存档。

3) 样品送检：抽样后，填写"实验室检测联系单"，并注明样品编号、检测项目、要求、采样日期、送样人等相关内容，连同样品一起尽快送检验室，避免样品发生变化影响检测结果。需检测微生物的，应尽可能在采样后4 h内送检；易挥发的，应密闭保存；冷冻食品，应在解冻前送检等。

(5) 实验室检疫

按照总局规定进行微生物和水生动物疫病病原的检验。实验室应详细记录检测数据和结果，检测结束后出具《检验鉴定结果报告单》。

(6) 检疫记录

应做好检验检疫原始记录，记录内容应包括：加工出境单位名称、报检号、品名、生产日期或批号、检验检疫依据、抽样依据、检验项目（感官、微生物、理化项目等）、检疫项目（有害生物、病症等）、包装及抽采样情况、检验时间、地点、检测报告单号、结果及判定等基本要素。原始记录应由施检人员、复核人员签名。检验检疫原始记录应真实、全面地反映检验检疫的实际情况，保证检验检疫记录的原始性、真实性和有效性。检验检疫记录应保存两年。

(7) 结果判定和处理

检验检疫结果符合要求的，产地检验检疫机构签发《出境货物换证凭单》，同时根据要求出具相关证书；既是产地又是口岸的检验检疫机构只需出具《出境货物通关单》，同时根据要求出具相关证书。检验检疫机构根据需要，可以按照有关规定 对检验检疫合格的出境水产品、包装容器、运输工具等加施检验检疫标志。检疫结果不符合要求的，签发"出境货物不合格通知单"，不予出境。

8.4.5 出证

(1) 证书用语要求证书证稿的用语应公正、准确、真实、可靠，并符合检务部门的要求。单证证稿格式按照检务部门有关规定执行。

(2) 证稿拟制和单证签发：证稿拟制和签发应符合《出入境检验检疫签证管理办法》的规定。本检验检疫机构辖区内首次出境某一淡水水产品时，应首先确认是否有统一规定格式和内容的证书。无统一规定的证书时，由施检人员根据有关检验检疫要求和结果拟制证稿，经部门负责人审核，并报直属检验检疫局主管处室审核同意后，由授权签字人或官方兽医审核签发；同时报国家质检总局备案；必要时须经进境国家或地区政府主管部门确认。再次向同一国家或地区输出同样的产品时，一般不得重新制作新的版本。经检验检疫不合格的，由施检人员拟制《不合格通知单》证稿并签字，经部门负责人审核，由授权签字人或官方兽医审核签发。

8.4.6　监督管理

(1) 主要内容

包括企业的卫生质量方针和卫生质量目标;组织机构及其职责;加工检验人员的卫生管理;环境卫生;污水处理情况;车间及设施卫生;原料、辅料卫生;生产、加工卫生;包装、储存、运输卫生;有毒有害物品的控制;产品的卫生质量检验;企业卫生质量体系或 HACCP 体系运行情况;执行法律法规情况。

(2) 监督管理的方式

日常监督管理。由检验检疫机构派员对出境水产品的卫生注册企业实施日常监督管理。

定期监督管理。直属检验检疫局组织对卫生注册企业定期实施监督检查。对水产类卫生注册企业,一般每年至少组织一次全面的监督检查。对获得国外注册的水产企业,应至少每半年(或生产季节)进行一次全面的监督检查。定期监督检查应当包括日常监督检查中发现问题的改正情况。

(3) 监督管理记录

检验检疫人员进行监督管理时,必须将监管检查情况认真填入《出口食品生产企业日常监管记录》,一式二份,由检验检疫监管人员和厂方负责人分别签字存查,以作下次检查时评价整改的依据。对发现存在严重问题的企业应于 5 日内实施跟踪监督检查。

8.4.7　证单资料

整理检验检疫过程中的有关记录、资料,并按有关档案管理规定归档。

8.5　出境毛、皮、骨蹄角检疫

8.5.1　适用范围

适用出境的皮张类、毛类、骨蹄角及其产品。出境动物产品生产、加工、存放企业的注册登记。

8.5.2　检疫依据

中国法律法规规定的检疫要求,强制性检疫标准或其他必须执行的检疫要求或标准;中国与输入国家或地区政府签订的双边检疫协议、议定书、备忘录等;输入国或地区检疫要求;贸易合同或信用证订明的检疫要求。

8.5.3　报检

(1) 货主或代理人应在报关或装运前 7 天向产地检验检疫机关报检。对输入国家有特殊要求、检验检疫周期较长的,可视情况适当提前。要求货主或其代理人提供以下单证:《出境货物报检单》、贸易合同、信用证、厂检合格证明等单证。出境口岸检验检疫局受理报检时,审核报检单填写内容是否完整、准确、真实,所附单证是否齐全、一致、有效。审核检验检疫要求是否明确、有无特殊要求。电子报检随附单证的审核由施检人员在收取随附单证时实施。

(2) 不符合要求处理:发现有变造、伪造单证的,应没收,并按有关规定处理;单证不全、不一致、无效的,不受理报检,待补齐有关单证后重新报检。

8.5.4　检验检疫

(1) 现场查验

核查货物与报检资料是否相符，数量、重量、规格、批号、内外包装、标记、唛头与所提供

资料是否一致。生产、加工、存放过程是否符合相关要求。厂检单、原料产地的县级以上农牧部门出具的动物产品检疫证明是否齐全。产品储藏情况是否符合规定，必要时对其生产、加工过程进行现场检查核实。

(2) 抽样

根据相应标准或合同指定的要求进行抽样。抽样应具有代表性、典型性、随机性，样品应代表或反映货物的真实情况，并满足检验检疫的需要。抽样数重量应符合相应的标准，不得低于最低采样量，也不得高于最高采样量。样品的保存温度和条件以及送样时间，应符合规定的要求。

(3) 感官检验

对抽取的样品进行感官检验检疫，检查内容包括：外观、色泽、弹性、组织状态、黏度、气味、异物、异色以及其他相关的项目的检验检疫。

(4) 实验室检验检疫

根据适用的标准和要求进行品质、理化、微生物、寄生虫等实验室检验检疫。

8.5.5 出证

根据现场检验检疫、感官检验检疫和实验室检验检疫结果，进行综合判定。填写《出境货物检验检疫原始记录》，记录内容包括：检验检疫时间、地点、检验检疫依据、品名、数(重)量、抽样数量、出境国别、注册号、现场检验检疫情况、核销箱单情况、检验检疫人员、评定意见等。判定为合格的，拟制《出境货物通关单》或《出境货物换证凭单》、《兽医卫生证书》等相关证书。判定为不合格的，不准出境。对经过消毒、无害化以及再加工处理后合格的，准予出境；对无法进行消毒、无害化处理或者再加工后仍不合格的，不准出境。

不符合要求处理：对检验检疫不合格的，出具《不合格通知单》。

8.5.6 离境口岸查验

凭《出境货物换证凭单》换发《出境货物通关单》，分批出境的，须在《出境货物换证凭单》上核销。按照出境货物口岸查验的相关规定查验。不符合要求处理：如果包装不符合要求，须更换包装；货证不符的，不准放行。

8.5.7 检验检疫监督管理

对出境动物产品的生产、加工及存放过程实施检验检疫监督管理。

(1) 监管内容：包括检查其兽医卫生条件，落实兽医卫生防疫制度的情况。督促生产加工企业按照注册生产企业要求的工艺流程对有关出境动物产品进行生产或加工。督促对生产、加工及存放出境动物产品的场所、工作台、设备、搬运工具以及装载容器等及时进行消毒处理。督促对存放、加工过程中产生的下脚料、废弃物进行无害化处理。督促企业工作人员按照国家有关职业病防治的规定定期体检及预防接种疫苗。上下班洗手、消毒、更衣、换鞋，工作服定期消毒处理。督促生产企业建立供核查的相关生产记录和相应的统计资料。

(2) 检验检疫监管方式：包括定期监管和不定期抽查监管。

8.5.8 资料归档

总结和整理检验检疫过程中的所有单证、原始记录、有关资料，并交检务部门存档。

8.6 出境其他动物产品检疫

8.6.1 出境其他动物产品检疫的范围

指出境明胶、干酪素、肝素钠、硫酸软骨素、蚕茧、含有动物成分的有机肥料等非食用性动物产品。

8.6.2　生产、加工、存放企业的注册登记

(1) 出境其他动物产品的企业应到所在地检验检疫机构申请办理注册登记。

(2) 申请注册登记的企业应提供以下材料：

1) 书面申请(内容包括企业的简介、使用或加工出境产品的种类、需要出境量、年加工能力或使用量、仓储条件和能力、使用的目的或加工的终产品、终产品的用途)；

2) 营业执照、组织机构代码证、农牧主管部门批准材料、排污许可证(复印件)；

3) 厂区平面图、车间平面图；

4) 每个产品的工艺流程图(应注明加工过程中的关键参数,如热处理的温度和时间、使用化学试剂的种类和浓度等;以及使用有关设备的名称等情况)；

5) 关键部位照片(厂大门、主厂房、原辅料仓库、成品库、主要加工设备、外包装和废弃物的处理设施、检验设施等)；

6) 组织结构图、部门及职责；

7) 检验技术人员情况(学历、岗位、培训情况)；

8) 主要原辅料清单以及产地、供应商名称；

9) 质量手册和产品标准；

10) 兽医卫生防疫制度、接触动物产品人员的卫生防疫措施；

11) 产品追溯和召回制度；

12) 检验检疫机构要求提供的其他材料。

(3) 所在地直属检验检疫局对企业的申请材料审核后,按照《进出境饲料和饲料添加剂检验检疫监督管理办法》对申请的企业考核。考核合格后,由所在地直属检验检疫局将考核结果上报国家质检总局。

(4) 国家质检总局对直属检验检疫局推荐的材料审核,并将审核结果通知有关直属检验检疫局和申请企业。

(5) 进境国或地区有注册要求的,由直属检验检疫局统一对外推荐。

(6) 不合格要求处理：

1) 申请材料不齐的,补齐后重新申请。

2) 提供的材料与事实不符,不接受申请。

3) 兽医卫生条件不合格、没有落实防疫措施的,限期整改。

4) 质量体系未有效运行、运行失控的,整改后重新申报材料。

8.6.3　报检

(1) 货主或代理人应在报关或装运前7天向产地检验检疫机构报检。对进境国家或地区有特殊要求、检验检疫周期较长的,可视情况适当提前。

(2) 要求货主或代理人提供以下单证：

1)《出境货物报检单》；

2) 贸易合同、信用证、发票、装箱单、厂检合格证明等单证。

(3) 口岸局受理出境报检时,审核报检单填写的内容是否完整、准确、真实,所附单证是否齐全、一致、有效;审核检验检疫要求是否明确、有无特殊要求。电子报检随附单证的审核由施检人员在收取随附单证时实施。

(4) 不合格要求处理：

1) 发现变造、伪造单证的，应没收并按有关规定处理。

2) 单证不全、不一致、无效的，不受理报检，待补齐有关单证后重新报检。

8.6.4 检验检疫

(1) 现场检验检疫

1) 核查货物与报检资料是否相符，数量、重量、规格、批号、内外包装、标记、唛头与所提供资料是否一致。

2) 生产、加工、存放过程是否符合相关要求。

3) 厂检单、原料产地的县级以上农牧部门出具的动物产品检疫证明是否齐全。

4) 产品储藏情况是否符合规定，必要时对其生产、加工过程进行现场检查核实。

(2) 抽样

1) 根据相应标准或合同、进境国或地区的要求进行抽样。

2) 样品的保存条件以及送样时间，应符合规定的要求。

(3) 感官检验检疫

对抽取的样品进行感官检验检疫，检查内容包括：外观、色泽、形态、黏度、气味、异物以及其他相关的项目的检验检疫。

(4) 实验室检验检疫

根据相关标准和要求进行品质、理化、微生物、农兽药残留等实验室检验。

8.6.5 出证

(1) 根据现场检验检疫、感官检验检疫和实验室检验检疫结果，进行综合判定。填写《出境货物检验检疫原始记录》，内容包括：检验检疫时间、地点、检验检疫依据、品名、数重量、抽样数量、出境国别、注册号、现场检验检疫情况、核销箱单情况、检验检疫人员、结果评定等。

(2) 判定为合格的，出具《出境货物通关单》或《出境货物换证凭单》、《兽医卫生证书》等相关证书。

(3) 判定为不合格的，不准出境，出具《出境货物不合格通知单》。对经过消毒、无害化以及再加工处理后合格的，准予出境；对无法进行消毒、无害化或者加工处理仍不合格的，不准出境。

8.6.6 离境口岸查验

(1) 凭《出境货物换证凭单》换发《出境货物通关单》；分批出境的，须对《出境货物换证凭单》核销。

(2) 按照出境货物口岸查验的相关规定检验检疫。

(3) 不合格要求处理：

1) 包装不符合要求，须更换包装；

2) 货证不符的，不准放行。

8.6.7 检验检疫监督管理

(1) 对出境饲用动物蛋白及油脂的生产、加工、储存过程实施检验检疫监督管理。

(2) 日常监督管理包括：

1) 检查企业兽医卫生条件、兽医卫生防疫制度的落实情况；

2）监督企业按照注册规定的工艺流程对出境产品进行生产加工；

3）监督企业对生产、加工、储存出境产品及其原料的场所、设备、工器具以及运输工具等进行消毒处理；

4）监督企业对生产加工过程中产生的下脚料、废弃物进行无害化处理；

5）监督企业实验室工作；

6）审核企业各个环节的原始记录和相应的统计资料。

(3) 对日常监管中发现企业质量体系运行失控、造成产品安全卫生隐患的，责令企业整改并禁止相关产品出境；发现企业质量体系运行严重失控、造成产品安全卫生严重隐患的，责令企业暂停出境，待整改验收合格后，方可恢复出境资格。

8.6.8　资料归档

总结和整理检验检疫过程中的所有单证、原始记录、有关资料，并交检务部门存档。

8.6.9　部分进境国或地区对出境其他动物产品的检疫要求

8.6.9.1　明胶

(1) 欧盟的检疫要求

以下的官方兽医申明：我已经阅读并了解(EC)No 1774/2002法规，证明上述明胶：

1）明胶的构成符合以下卫生要求。

2）明胶的构成不打算供人类食用。

3）为了杀死病原体，根据(EC)No 1774/2002法规第11章的适用部分和第17章，在由主管当局批准、生效和监督的工厂制备和储存。

4）由以下动物副产品制备：

——根据共同体立法适合人类食用，但由于商业原因并不打算供人类食用的屠宰动物部分；和/或

——根据共同体立法，来自适合人类食用的屠体、因不适合人类食用而废弃但没有传播人类或动物疾病的迹象的屠宰动物部分；和/或

——根据共同体立法，来自在屠宰场经宰前检验、检验结论适合人类食用可供屠宰的动物的皮和兽皮。

5)该明胶：在满足卫生条件下包装、打包、储存和运输，特别是包装和打包在专用房间进行。

为了杀死病原体，皮和兽皮的加工过程中确保原料经过滤和消毒的净化方法、连续加热一个或数个小时后提取，包括pH值调节、一次或多次漂洗、酸碱处理。

(2) 美国、韩国、越南的检疫要求

明胶，是一种基于猪和牛的皮肤生产的动物蛋白胶。其原料经严格分类、在一定高温下处理；然后经过滤、蒸发、干燥的过程，变成一种没有气味和味道的淡黄色、半透明颗粒。它溶解于水，无任何防腐剂或其他有害成分。明胶在全球市场上被普遍公认为一种环保产品，被广泛用于手工制作和工业黏合剂、乳化剂、化妆品、包装、装订、火柴，等等，不打算在任何阶段改用于人类或动物的食物。在加工过程中，没有与来自美国农业部认为受疯牛病影响地区的反刍动物物质混合。

(3) 日本的检疫要求

1）出境明胶来自非疫区且符合中国兽医要求。

2）出境明胶在生产中未受规定的风险物质（脑壳、脊髓、回肠末端）污染；高压清洗并深加工以去除所有杂质。

8.6.9.2 肝素钠

美国的检疫要求如下：

1）上述肝素钠来自符合中国兽医要求、非疫区的健康猪。

2）该肝素钠用源自中国的猪由……（企业名称、批次号）生产。

3）加工设施不接收，储存或加工联邦法规 94.18 代码 9 所列来自疯牛病地区的反刍物质。

4）在制造过程中该肝素钠经 pH 值 10.5 或更高、至少 36 个小时处理。

8.6.9.3 胰蛋白酶

日本、韩国、越南的检疫要求如下：

1）该批产品来自非疫区并符合中国兽医要求。

2）胰蛋白酶从牛的胰腺中提取。

8.6.9.4 维生素

日本、韩国、越南的检疫要求如下：

1）该物质不含动物源性原料。

2）出境/加工设施不接收，储存或加工任何动物源性原料。

3）该物质被证实不含疯牛病。

4）该产品用于饲料添加剂，不会损害动物健康。

第9章 进出境其他动物检疫物的检疫

9.1 概述

“其他动物检疫物”是指动物源性的疫苗、血清、诊断液、废弃物等。随着生物工程技术特别是分子生物学的不断进步，动物源性生物材料和兽医生物制品作为生物医药研究的基础材料和载体，其进出境日趋频繁，具有种类复杂、来源广泛、风险不一、保藏要求高等特点。目前我国一些现代生物与医药企业正大力发展“两头在外”的生物医药研发外包服务产业，在全球范围内承揽各类新药开发合同，挤身全球研发外包竞争，已初步形成涵盖新药研发各阶段的“外包”服务链，存在进出境动物源性生物材料和兽医生物制品的需求。

在国际合作的新形势下，分析进出境其他检疫物的新特点，力争在风险可控、可测、可承受的前提下，形成既监管有效，又通关便捷的机制，扶持和促进产业发展，是检验检疫不断探索的新方向。本章主要介绍进出境动物源性生物材料和兽医生物制品的检验检疫。

9.2 进境动物源性生物材料和兽医生物制品的检疫

9.2.1 适用范围

进境动物源性生物材料（如动物组织、细胞、血液、标本、培养基等）和兽医生物制品（如诊断试剂、抗体、疫苗等）的检验检疫。

9.2.2 审批

(1) 申请单位或其代理人通过网上进境动植物检疫许可证申报系统向直属检验检疫机构提交《中华人民共和国进境动植物检疫许可证申请表》（以下简称《申请表》），同时提供相关材料，检验检疫机构接到申请材料后对其进行初审。

1) 培养基应说明是否含有反刍动物源性物质；如果培养基含反刍动物源性物质，应说明是否来自非疯牛病国家的健康动物。

2) 疫苗中的灭活苗和弱毒苗已经农业部兽药主管部门审批并作为商品化的，不需要检疫审批；而作为毒种引进的，则需要特许审批。

(2) 经审查合格，国家质检总局动植司签发《中华人民共和国进境动植物检疫许可证》（以下简称，《检疫许可证》）；对不符合检疫要求的申请，直属局或国家局将签发《进境动植物检疫许可证申请未获准通知单》，通知货主或代理人。

9.2.3 报检

(1) 货主或其代理人应在特许进境物进境前向入境口岸检验检疫机构办理报检手续。

(2) 报检时提交《检疫许可证》，货物装运清单和输出国或其他区官方准许输出证明和检疫证书。兽医生物制品还需提供农业部兽药主管部门的进境许可证。

(3) 不符合要求处理：无有效《检疫许可证》、输出国或地区官方准许输出证明和卫生证书的，作退回或销毁处理。兽医生物制品无农业部兽药主管部门进境许可证的，不受理

报检。

9.2.4 入境口岸现场检疫

(1) 查验《检疫许可证》,审核报检单及随附的资料。

(2) 查验包装是否完好,有无残损与渗漏现象。

(3) 许可进境手续完备,报检单证齐全的准予进境,签发《入境货物通关单》。

(4) 不符合要求处理:如包装破损、残缺、有渗漏,作退回或销毁处理。

9.2.5 指运地口岸检疫监管

(1) 监管使用单位兽医卫生制度的落实情况。

(2) 监管进境动物源性生物材料和兽医生物制品存放、使用情况,查阅有关记录。

9.2.6 资料归档

所有资料由检务部门归档。

9.3 特许进境动物病原微生物(毒种、菌种)的检疫

9.3.1 适用范围

特许进境动物病原微生物(毒种、菌种)的检验检疫工作程序。

9.3.2 申请特许进境单位认可

申请特许进境单位必须具备:

1) 已获国家科研项目计划任务。

2) 需引进特许进境病原微生物须经中国科学院和中国农业科学院各三名以上同行专家签名认可。

3) 具有研究、存放病原微生物的实验室和设备。

4) 必须有完善的安全防范设备和措施。

9.3.3 特许审批

(1) 申请单位填写《申请表》,各直属检验检疫局办理特许审批手续,直属局进行初审,符合要求的,出具"考核报告"连同其他资料报送国家质检总局。

(2) 申请单位应交验以下材料和资料:

1) 国家科研项目计划任务书。

2) 专家认可同意引进特许进境病原微生物的原件。

3) 申请报告,内容包括引进目的、研究计划、研究流程图、安全防范措施,说明病原体的学名、来源、代次、传代方法、特性、保存方式、安全性、鉴定方法、标准、用途。

(3) 经审查合格,国家质检总局动植司签发《检疫许可证》;对不符合检疫要求的申请,直属局或国家局将签发《进境动植物检疫许可证申请未获准通知单》,通知货主或代理人。

9.3.4 报检

(1) 货主或其代理人应在特许进境物进境前向入境口岸检验检疫机构办理报检手续。

(2) 报检时提交《检疫许可证》,货物装运清单和输出国或其他区官方准许输出证明和检疫证书。

(3) 不符合要求处理:无有效《检疫许可证》、输出国或地区官方准许输出证明和卫生证书的,作退回或销毁处理。

9.3.5 入境口岸现场检疫

(1) 查验《检疫许可证》,审核报检单及随附的资料。

(2) 查验包装是否完好,有无残损与渗漏现象。

(3) 许可进境手续完备,报检单证齐全的准予进境,签发《入境货物通关单》。

(4) 不符合要求处理:如包装破损、残缺、有渗漏,作退回或销毁处理。

9.3.6　指运地口岸检疫监督

(1) 检查使用单位安全防范措施的落实情况。

(2) 定期或不定期派员了解病原体存放、使用情况,查阅有关记录。

(3) 发生泄漏等意外情况时,使用单位必须在4小时内向所在检验检疫机构报告,由直属检验检疫机构及时向国家质检总局报告,并采取措施,做好消毒工作,防止病原体扩散。

9.3.7　资料归档

进境病原体所有资料由检务部门归档。

9.4　出境动物源性生物材料的检疫

9.4.1　适用范围

出境动物源性生物材料(如动物组织、细胞、血液、标本、培养基等)的检验检疫。

9.4.2　注册登记

(1) 出境动物源性生物材料的生产企业应到所在地检验检疫机构申请办理注册登记。

(2) 申请注册登记的企业应提供如下材料:

1) 书面申请(内容包括企业信息、出境产品的种类、用途等);

2) 营业执照复印件;

3) 独立法人资格证明;

4) 动物防疫管理制度;

5) 饲养管理制度(如果适用);

6) 生产和加工过程中投入品查验登记及管理制度;

7) 相关生产、加工设施的平面图和照片等;

8) 检验检疫机构要求提供的其他材料。

(3) 所在地直属检验检疫局对企业的申请材料审核后,对申请企业考核。考核合格的,给予注册登记资格,并由所在地直属检验检疫局上报国家质检总局。

(4) 不合格要求处理:

1) 申请材料不齐的,补齐后重新申请;

2) 提供的材料与事实不符,不接受申请;

3) 动物防疫条件不合格、质量体系未有效运行的,限期整改。

9.4.3　报检

(1) 货主或代理人应在报关或装运前7天向产地检验检疫机构报检。进境国家或地区有特殊要求、检验检疫周期较长的,可视情况适当提前。

(2) 要求货主或代理人提供以下单证:

1)《出境货物报检单》;

2) 贸易合同、信用证、发票、装箱单、厂检单等单证。

(3) 口岸局受理出境报检时,审核报检单填写的内容是否完整、准确、真实,所附单证是否齐全、一致、有效;审核检验检疫要求是否明确、有无特殊要求。电子报检随附单证的审核

由施检人员在收取随附单证时实施。

（4）发现变造、伪造单证的，应没收并按有关规定处理。

9.4.4　检验检疫

（1）核查货物与报检资料是否相符，数量、重量、规格、批号、内外包装、标记、唛头与所提供资料是否一致。

（2）生产、加工、存放过程是否符合相关要求。

（3）查验包装是否完好，有无残损与渗漏现象。

（4）进境国家或地区以及合同、信用证有特殊检测项目要求的，增加这些项目的检测。

9.4.5　出证

（1）判定为合格的，出具《出境货物通关单》或《出境货物换证凭单》、《兽医卫生证书》等相关证书。

（2）判定为不合格的，不准出境，出具《出境货物不合格通知单》。

9.4.6　离境口岸查验

（1）凭《出境货物换证凭单》换发《出境货物通关单》；分批出境的，须对《出境货物换证凭单》核销。

（2）按照出境货物口岸查验的相关规定检验检疫。

9.4.7　检验检疫监督管理

（1）检查企业动物防疫条件、动物防疫制度的落实情况；

（2）检查有动物房的企业饲养管理制度的落实情况；

（3）检查企业对生产加工过程中产生的废弃物、动物尸体进行无害化处理；

（4）检查企业实验室工作；

（5）检查企业各个环节的原始记录和相应的统计资料。

9.4.8　资料归档

总结和整理检验检疫过程中的所有单证、原始记录、有关资料，并交检务部门存档。

第10章 运输工具的检疫

10.1 运输工具和集装箱检疫概述

国际航行船舶、国际列车、航空器等运输工具和集装箱作为传播动植物疫情的载体，目前已列为专项的检疫内容。这在中国以前近一个世纪的动植物检疫历史中是没有的。可以说，是改革开放发展了动植物检疫对运输工具、包装物的检疫工作。目前，中国出入境检验检疫机关既对进出境动植物、动植物产品及其他检疫物本身严格实施检疫，同时又依法实施动植物及其制品的包装物、运输工具和集装箱各类检疫项目，以堵塞可能传播动植物疫情的所有渠道，展示出全方位执行进出境动植物检疫的格局，以此来全面贯彻实施《中华人民共和国进出境动植物检疫法》(以下简称《进出境动植物检疫法》)。

我国开展进出境运输工具检疫始于20世纪80年代初。随着改革开放的逐渐深入和对外贸易及国际友好往来的发展，为适应形势发展的需要，农业部在总结各地植检工作实践经验的基础上，于1980年3月22日印发了《关于对外植物检疫工作的几项补充规定》，要求"进境植物、植物产品及其运输工具都应实施检疫，但在检疫程序上可根据不同产品类别，区别掌握"。1982年，国务院颁布《中华大民共和国进出境动植物检疫条例》，其中明文规定对"运载动植物、动植物产品的车、船、飞机"，"可能带有检疫对象的其他货物和运输工具"实施检疫。集装箱既是特殊的装载容器，更有运输工具的功能。各种运输工具来往于国际间，可能带有各种动植物的疫情。对此首先引起警觉并采取了检疫措施的是经济较发达国家，如美国、前苏联等国要求我国输出农畜产品除出具产品检疫证书外，同时出具运输工具检疫证书。我国为了保证这部分出境贸易的顺利进行，首先开始对运输出境农畜产品的火车、轮船执行"适应性检疫"。根据几个口岸局掌握的情况：进境的船舶一般带虫率为30%～90%，携带禁止进境物水果、生肉的船舶占40%，来自动植物疫区的集装箱占进境集装箱总数的52%，很多集装箱空箱及装有非应检物的实箱带有稻草等植物残留物、动物尸体或土壤，这些数据说明了开展运输工具检疫的必要性。从80年代开始，我国又对进境废旧钢船实施检疫，从中及时截获大量违禁的水果、猪肉等物品，并查获了谷斑皮蠹、四纹豆象等国际性检疫害虫。长期以来，为确保供港澳的活畜、禽及其产品稳定健康，严防境外口蹄疫、非洲猪瘟、禽流感、疯牛病等敏感疫情的传入，坚持对来往港澳与内地的火车、汽车进行防疫性消毒。此外，对集装箱实施检疫也收到了明显效果。据统计：进境集装箱的带虫率是10%，带土壤及其他动植物残留物甚至带某些动物尸体的不清洁率是70%。装运废纸、废钢材等杂物的进境集装箱也普遍带有较严重的动植物疫情。

自1992年正式执行《进出境动植物检疫法》以来，在全国各口岸全面开展了进出境运输工具检疫业务。按照规定，对来自动植物疫区的进境运输工具，所有进出境、过境装载动植物、动植物产品及其他检疫物的运输工具，包括集装箱均实施检疫检查或检疫监督。

10.2 《进出境动植物检疫法》及其实施条例有关运输工具检疫的规定

10.2.1 《进出境动植物检疫法》的相关规定

第二条 进出境的动植物、动植物产品和其他检疫物，装载动植物、动植物产品和其他

检疫物的装载容器、包装物，以及来自动植物疫区的运输工具，依照本法规定实施检疫。

第四条　口岸动植物检疫机关在实施检疫时可以行使下列职权：

（一）依照本法规定登船、登车、登机实施检疫；

第六条　国外发生重大动植物疫情并可能传入中国时，国务院应当采取紧急预防措施，必要时可以下令禁止来自动植物疫区的运输工具进境或者封锁有关口岸；受动植物疫情威胁地区的地方人民政府和有关口岸动植物检疫机关，应当立即采取紧急措施，同时向上级人民政府和国家动植物检疫机关报告。

第十三条　装载动物的运输工具抵达口岸时，口岸动植物检疫机关应当采取现场预防措施，对上下运输工具或者接近动物的人员、装载动物的运输工具和被污染的场地作防疫消毒处理。

第二十三条　要求运输动物过境的，必须事先商得中国国家动植物检疫机关同意，并按照指定的口岸和路线过境。装载过境动物的运输工具、装载容器、饲料和铺垫材料，必须符合中国动植物检疫的规定。

第二十六条　对过境植物、动植物产品和其他检疫物，口岸动植物检疫机关检查运输工具或者包装，经检疫合格的，准予过境；发现有本法第十八条规定的名录所列的病虫害的，作除害处理或者不准过境。

第三十四条　来自动植物疫区的船舶、飞机、火车抵达口岸时，由口岸动植物检疫机关实施检疫。发现有本法第十八条规定的名录所列的病虫害的，作不准带离运输工具、除害、封存或者销毁处理。

第三十五条　进境的车辆，由口岸动植物检疫机关作防疫消毒处理。

第三十六条　进出境运输工具上的泔水、动植物性废弃物，依照口岸动植物检疫机关的规定处理，不得擅自抛弃。

第三十七条　装载出境的动植物、动植物产品和其他检疫物的运输工具，应当符合动植物检疫和防疫的规定。

第三十八条　进境供拆船用的废旧船舶，由口岸动植物检疫机关实施检疫，发现有本法第十八条规定的名录所列的病虫害的，作除害处理。

10.2.2 《进出境动植物检疫法实施条例》的相关规定

第二条　下列各物，依照进出境动植物检疫法和本条例的规定实施检疫：

（二）装载动植物、动植物产品和其他检疫物的装载容器、包装物、铺垫材料；

（三）来自动植物疫区的运输工具；

（四）进境拆解的废旧船舶；

第三十八条　过境动物运达进境口岸时，由进境口岸动植物检疫机关对运输工具、容器的外表进行消毒并对动物进行临床检疫，经检疫合格的，准予过境。进境口岸动植物检疫机关可以派检疫人员监运至出境口岸，出境口岸动植物检疫机关不再检疫。

第三十九条　装载过境动植物、动植物产品和其他检疫物的运输工具和包装物、装载容器必须完好。经口岸动植物检疫机关检查，发现运输工具或者包装物、装载容器有可能造成途中散漏的，承运人或者押运人应当按照口岸动植物检疫机关的要求，采取密封措施；无法采取密封措施的，不准过境。

第四十六条　口岸动植物检疫机关对来自动植物疫区的船舶、飞机、火车，可以登船、登

机、登车实施现场检疫。有关运输工具负责人应当接受检疫人员的询问并在询问记录上签字，提供运行日志和装载货物的情况，开启舱室接受检疫。口岸动植物检疫机关应当对前款运输工具可能隐藏病虫害的餐车、配餐间、厨房、储藏室、食品舱等动植物产品存放、使用场所和泔水、动植物性废弃物的存放场所以及集装箱箱体等区域或者部位，实施检疫；必要时，作防疫消毒处理。

第四十七条　来自动植物疫区的船舶、飞机、火车，经检疫发现有《进出境动植物检疫法》第十八条规定的名录所列病虫害的，必须作熏蒸、消毒或者其他除害处理。发现有禁止进境的动植物、动植物产品和其他检疫物的，必须作封存或者销毁处理；作封存处理的，在中国境内停留或者运行期间，未经口岸动植物检疫机关许可，不得启封动用。对运输工具上的泔水、动植物性废弃物及其存放场所、容器，应当在口岸动植物检疫机关的监督下作除害处理。

第四十八条　来自动植物疫区的进境车辆，由口岸动植物检疫机关作防疫消毒处理。装载进境动植物、动植物产品和其他检疫物的车辆，经检疫发现病虫害的，连同货物一并作除害处理。装运供应香港、澳门地区的动物的回空车辆，实施整车防疫消毒。

第四十九条　进境拆解的废旧船舶，由口岸动植物检疫机关实施检疫。发现病虫害的，在口岸动植物检疫机关监督下作除害处理。发现有禁止进境的动植物、动植物产品和其他检疫物的，在口岸动植物检疫机关的监督下作销毁处理。

第五十条　来自动植物疫区的进境运输工具经检疫或者经消毒处理合格后，运输工具负责人或者其代理人要求出证的，由口岸动植物检疫机关签发《运输工具检疫证书》或者《运输工具消毒证书》。

第五十一条　进境、过境运输工具在中国境内停留期间，交通员工和其他人员不得将所装载的动植物、动植物产品和其他检疫物带离运输工具；需要带离时，应当向口岸动植物检疫机关报检。

第五十二条　装载动物出境的运输工具，装载前应当在口岸动植物检疫机关监督下进行消毒处理。装载动植物、动植物产品和其他检疫物出境的运输工具，应当符合国家有关动植物防疫和检疫的规定。发现危险性病虫害或者超过规定标准的一般性病虫害的，作除害处理后方可装运。

10.3　交通工具的动物检疫

10.3.1　国际航行船舶的动物检疫

10.3.1.1　入境船舶的动物检疫

入境船舶必须在最先抵达口岸的指定地点接受检疫，办理入境检验检疫手续。船方或者其代理人在船舶预计抵达口岸24小时前向检验检疫机构申报，填报入境检疫申报书。检验检疫机构对申报内容进行审核，确定以下检疫方式，并及时通知船方或者其代理人。对存在下列情况之一的船舶应当实施锚地检疫或靠泊检疫：

1）来自动物疫区，国家有明确要求的；

2）装载的货物为活动物的；

3）废旧船舶；

4）检验检疫机构工作需要的。

对旅游船、军事船、要人访问所乘船舶等特殊船舶以及遇有特殊情况的船舶，经船方或者其代理人申请，可以实施随船检疫。

接受入境检疫的船舶，必须按照规定悬挂检疫信号，在检验检疫机构签发入境检疫证书或者通知检疫完毕以前，不得解除检疫信号。除引航员和经检验检疫机构许可的人员外，其他人员不准上船；不准装卸货物、行李、邮包等物品；其他船舶不准靠近；船上人员，除因船舶遇险外，未经检验检疫机构许可，不得离船。实施入境检验检疫时，船方或者其代理人应当向检验检疫机构提交《国际航行船舶入境检疫签证申报书》、《总申报单》、《货物申报单》、《船员名单》、《旅客名单》、《船用物品申报单》、《压舱水报告单》及载货清单等有关资料。检疫官员在船方人员的陪同下，重点检查船上的生活区、货（客）舱、厨房、食品舱、冷藏室以及压舱水等，同时监督其存放动物废弃物、泔水等容器场所。检验检疫人员数量一般不应少于2人。

经检疫合格的船舶，签发《运输工具检疫证书》；对须实施卫生无害化处理的，应当向船方出具《检验检疫处理通知书》，并在处理合格后，签发《运输工具检疫处理证书》。如发现疫情，须做好统计上报工作。

10.3.1.2　出境船舶的动物检疫

出境的船舶在离境口岸接受检验检疫，办理出境检验检疫手续。出境的船舶，船方或者其代理人应当在船舶离境前4小时内向检验检疫机构申报，办理出境检验检疫手续。

对装运出境易腐烂变质食品、冷冻品的船舱，必须在装货前申请适载检验，取得检验证书。未经检验合格的，不准装运。对装载动物、动物产品出境的船舶，应按国家有关动物防疫和检疫的规定实施动物检疫。检验检疫人员数量一般不应少于2人。船舶在取得《运输工具检疫证书》。对需实施无害化处理的，作无害化处理并取得《运输工具检疫处理证书》后，方可装运。如发现疫情，须做好统计上报工作。

10.3.1.3　检疫处理

对有下列情况之一的船舶，应当实施卫生无害化处理：发现有动物一类、二类传染病、寄生虫病；装载活动物入境和拟装运活动物出境的；废旧船舶；发现有来自动物疫区的动物产品。

对船上的染疫动物实施退回或者扑杀、销毁，对可能被传染的动物实施隔离。发现禁止进境的动物、动物产品的，必须作封存或者销毁处理。对来自动物疫区且国家明确规定应当实施卫生无害化处理的压舱水需要排放的，须在排放前实施相应的卫生无害化处理。对船上的生活垃圾、泔水、动物性废弃物，应当放置于密封有盖的容器中，在移下前实施必要的卫生无害化处理。对船上的伴侣动物，要求船方须在指定区域隔离。

10.3.1.4　监督管理

检验检疫机构对航行或者停留于口岸的船舶实施监督管理。船舶在口岸停留期间，未经检验检疫机构许可，不得擅自排放压舱水、移下垃圾和污物等，任何单位和个人不得擅自将船上自用的动物、动物产品及其他检疫物带离船舶。船舶在国内停留及航行期间，未经许可不得擅自启封动用检验检疫机构在船上封存的物品。对船舶上的动物性铺垫材料进行监督管理，未经检验检疫机构许可不得装卸。

检验检疫机构对从事船舶卫生无害化处理，船舶生活垃圾、泔水、动植物废弃物等收集处理的单位实行卫生注册登记管理。

10.3.2　航空器的动物检疫

入境航空器必须在最先抵达口岸的指定地点接受检疫，办理入境检验检疫手续。对存在下列情况之一的航空器应当实施检疫：

1）来自动物疫区，国家有明确要求的；

2）装载的货物为活动物的；

3）检验检疫机构工作需要的。

接受入境检疫的航空器，必须按照规定由其或代理人填交《总申报单》、《货物申报单》等有关资料。检疫官员重点检查食品舱、配餐间并监督其客（货）舱内的动物遗弃物。检验检疫人员数量一般不应少于2人。

经检疫合格的航空器，签发《运输工具检疫证书》；对须实施卫生无害化处理的，应出具《检验检疫处理通知书》，并在处理合格后，签发《运输工具检疫处理证书》。

对装载动物、动物产品出境的航空器，应按国家有关动物防疫和检疫的规定实施动物检疫。在取得《运输工具检疫证书》，对需实施无害化处理的，作无害化处理并取得《运输工具检疫处理证书》后，方可装运。

对有下列情况之一的航空器，应当使用对旅客、飞机和环境无害的药剂实施卫生无害化处理：发现有动物一类、二类传染病、寄生虫病；装载活动物入境和拟装运活动物出境的；发现有来自动物疫区的动物产品。

检验检疫机构对航行或者停留于口岸的航空器实施监督管理。航空器在口岸停留期间，未经检验检疫机构许可，不得擅自移下垃圾和污物等，任何单位和个人不得擅自将航空器上的动物、动物产品及其他检疫物带离。航空器在国内停留及航行期间，未经许可不得擅自启封动用检验检疫机构在航空器上封存的物品。对航空器上的动物性铺垫材料进行监督管理，未经检验检疫机构许可不得装卸。

对航空器上的染疫动物实施退回或者扑杀、销毁，对可能被传染的动物实施隔离。发现禁止进境的动物、动物产品的，必须作封存或者销毁处理。

如发现疫情，须做好统计上报工作。

10.3.3　国际列车的动物检疫

入境国际列车必须在最先抵达口岸的指定地点接受检疫，办理入境检验检疫手续。对存在下列情况之一的国际列车应当实施检疫：

1）来自动物疫区，国家有明确要求的；

2）装载的货物为活动物的；

3）检验检疫机构工作需要的。

接受入境检疫的国际列车，必须按照规定由其或代理人填交《国际列车入境检疫签证申报单》、《垃圾消毒处理记录单》、《国际列车装载食品饮水清单》等有关资料。检疫官员重点检查食品舱、配餐间并监督其客（货）舱内的动物遗弃物。检验检疫人员数量一般不应少于2人。

经检疫合格的国际列车，签发《运输工具检疫证书》；对须实施卫生无害化处理的，应出具《检验检疫处理通知书》，并在处理合格后，签发《运输工具检疫处理证书》。

对装载动物、动物产品出境的国际列车，应按国家有关动物防疫和检疫的规定实施动物检疫。在取得《运输工具检疫证书》，对需实施无害化处理的，作无害化处理并取得《运输工具检疫处理证书》后，方可装运。

对有下列情况之一的国际列车，应当使用对旅客、列车和环境无害的药剂实施卫生无害化处理：发现有动物一类、二类传染病、寄生虫病；装载活动物入境和拟装运活动物出境的；发现有来自动物疫区的动物产品。

检验检疫机构对航行或者停留于口岸的国际列车实施监督管理。国际列车在口岸停留期间，未经检验检疫机构许可，不得擅自移下垃圾和污物等，任何单位和个人不得擅自将国际列车上的动物、动物产品及其他检疫物带离。国际列车在国内停留及行驶期间，未经许可不得擅自启封动用检验检疫机构在国际列车上封存的物品。对国际列车上的动物性铺垫材料进行监督管理，未经检验检疫机构许可不得装卸。

对国际列车上的染疫动物实施退回或者扑杀、销毁，对可能被传染的动物实施隔离。发现禁止进境的动物、动物产品的，必须作封存或者销毁处理。如发现疫情，须做好统计上报工作。

10.4 集装箱的动物检疫

10.4.1 入境集装箱的动物检疫

根据检验检疫有关法律法规的规定，集装箱入境前，无论重箱还是空箱，必须向检验检疫机构报检，申请检验检疫。

接到入境集装箱报检后，检验检疫人员应审核报检人提交的相关资料或电子报检信息，按照我局规定的抽查比例确定抽查箱数和箱号，通知货主或其代理人将集装箱调至指定检验检疫查验场地，并提前进行预报，联系检验检疫机构人员现场查验。现场检验检疫查验人员数量不应少于2人。

开箱前，以目视方法核查集装箱箱号、封识号与报检单据是否一致，查看集装箱箱体是否完整；检查集装箱箱体是否标有免疫牌；检查集装箱外表包括角件、叉车孔、地板下部等处是否带有软体动物(非洲大蜗牛)等。对现场开箱查验的集装箱应同时检疫检查有无活动物、动物尸体、动物残留物等，如有要采样，进行分类鉴定及检测。

查验不合格的，对该批集装箱应扩大抽检比例开箱查验，继续发现不合格再次扩大抽检比例，直至整批集装箱全部开箱查验。

查验发现有下列情况之一的，需实施检疫处理：检疫发现有国家公布的一、二类动物传染病、寄生虫病名录和对农、林、牧、渔业有严重危险的其他病虫害的；携带动物尸体、动植物残留物的；来自动物疫区的。无有效检疫处理方法或性质恶劣的，连同集装箱作退运处理。

对所有完成检验检疫查验(检疫处理)的集装箱，由检验检疫人员施加封识，并做好原始记录。

现场查验合格的，签发检验检疫证明或合格证书，并将有关材料登记归档。经过检疫处理、其他无害化处理后符合检验检疫要求的集装箱，依照规定签发熏蒸/检疫处理证书、合格证明，并将有关材料登记归档。依照规定必须做销毁或退运处理的，签发相应的检验检疫证书，按照规定移交海关、环保部门处理或直接监督销毁，并将有关材料登记归档。

如发现疫情，须做好统计上报工作。

10.4.2 出境集装箱的动物检疫

对装载动物、动物产品出境的集装箱，应按国家有关动物防疫和检疫的规定实施动物检疫。在取得《运输工具检疫证书》，对须实施无害化处理的，作无害化处理并取得《运输工具检疫处理证书》后，方可装运。

第11章 旅客携带进境的动物及其产品的检疫

11.1 概述

对进境旅客携带动物及其产品实施检验检疫,是国家主权的体现,是国际间的通行惯例。虽然通过旅客携带方式使动物及其产品在国际间移动的数量是比较少的,但是这部分动物及其产品品种繁多、原产地难确定,存在传播动物疫病的潜在风险,而且情况比较复杂。为防止动物传染病和寄生虫等随人们的活动在国际间传播,保障本国畜牧业生产安全,世界上大多数国家对进境旅客携带动物及其产品有明确的规定和严格的检疫措施。根据《中华人民共和国进出境动植物检疫法》及其《实施条例》的有关规定,进境旅客携带动物及其产品必须接受出入境检验检疫机构的检疫。我国从1959年开展了对旅客携带物的动物检疫工作,有效防止了许多动物疫病传入我国。随着我国改革开放的不断深入,出入境人员大幅增加,同时,随着全球一体化趋势,国际间人员往来日益频繁,旅客携带的动物及其产品种类愈来愈繁多、使用范围愈来愈广泛、原产地越来越难确定,加之国际上动物疫情十分复杂、发展变化较快,对我国的农业生产和人民生活有很大的影响,因此,做好旅客携带进境的动物及其产品的检验检疫工作十分重要,口岸检验检疫机关对旅客携带动物及其产品的检疫对发现动物传染病和寄生虫病显得尤为重要。

11.2 检验检疫依据

旅客携带进境的动物及其产品检验检疫的依据如下:

《中华人民共和国进出境动植物检疫法》;

《中华人民共和国进出境动植物检疫法实施条例》;

国家质检总局2003年第56号令《出入境人员携带物检疫管理办法》;

其他相关法律法规。

11.3 旅客携带进境的动物及其产品的检疫流程

11.3.1 准备工作

1)在检疫查验现场设立检验检疫申报柜台、查验台、标识和办公室。

2)在旅客进境通道设立旅客携带物投弃箱,并设置检验检疫宣传栏,及时公布有关法律法规和公告等。

3)配备用品:规格筛、剪刀、镊子、毛刷、试管、器皿、放大镜、检疫处理设备、杀虫消毒药品等用具和药品。

4)配备X光机和检疫犬。

5)配齐《出入境人员携带物留验/处理凭证》、《入境货物报检单》等单证。

6)密切关注进境航班信息,了解航班抵达时间和始发地、入境旅客信息等情况,做好检疫准备工作。

11.3.2　进境申报

1）根据我国检验检疫法律法规规定，进入我国境内的旅客、交通工具员工、享有外交特权与豁免权的人员携带动物及其产品必须接受检验检疫。

2）进境人员携带"进境旅客携带《中华人民共和国进出境动植物检疫法》管制物品名单"（以下简称"管制物品名单"）内物品的，进境时应主动申报并接受检验检疫机关检疫。

3）检验检疫人员在检验检疫柜台接受进境旅客对其携带的动物及其产品的申报或咨询。

11.3.3　现场检疫

（1）现场查验

检验检疫人员在进境旅客查验现场和检验检疫查验台实施检疫查验，根据需要对旅客进行询问、查验，使用 X 光机和检疫犬进行检查，必要时开包（箱）检查。对海关移交的进境旅客携带动物及其产品要及时办理交接手续，并实施检验检疫。

（2）动物及其产品检疫

检查进境旅客携带的动物及其产品是否属《中华人民共和国禁止携带、邮寄进境的动物、动物产品及其他检疫物名录》中所列物品。检查进境旅客是否携带动物产品。检查进境旅客是否携带伴侣动物犬、猫（每人仅限携带一只），并实施临床检疫和隔离检疫。对现场不能得出检验检疫结果的旅客携带进境动物及其产品，须送实验室分别做动物传染病、寄生虫的检验。

11.3.4　中转旅客携带动物及其产品的检疫

（1）旅客随身携带进境的动物及其产品主要由第一口岸检验检疫机构实施检疫查验，第二口岸检验检疫机构对中转至第二口岸的旅客随身携带进境的动物及其产品实施检疫查验。

（2）旅客托运行李，从第一口岸卸载下机的旅客托运进境的动物及其产品由第一口岸检验检疫机构实施检疫查验，从第二口岸卸载下机的旅客托运进境的动物及其产品由第二口岸检验检疫机构实施检疫查验。

（3）如飞机装载进境动物目的地为第二口岸，第一口岸检验检疫机构负责飞机在第一口岸停留期间的监管，到达第二口岸后，第二口岸检验检疫机构采取现场预防措施，对上下飞机或接近动物的人员、装载动物的飞机和被污染的场地作卫生处理。

（4）旅客携带伴侣动物在第一口岸进境的，由第一口岸检验检疫机构对该伴侣动物实施检疫、监管。进境旅客中转至第二口岸的，由第二口岸检验检疫机构对该伴侣动物实施检疫、监管。

11.3.5　处理与放行

（1）对进境旅客携带动物及其产品不属于"禁止入境物名录"的，经现场检疫未发现疫病的，随检随放。

（2）进境人员携带《中华人民共和国进出境动植物检疫法》第一章第五条所列禁止进境物以及农业部 1992 年公布执行的《中华人民共和国禁止携带、邮寄进境的动物、动物产品及其他检疫物名录》中的动物及其产品，一律作退回或销毁处理，出具《出入境人员携带物留验/处理凭证》。

（3）因科学研究等特殊需要引进国家禁止进境物的，须提供国家质检总局批准的《进境动植物检疫许可证》，手续齐备，受理报检，并移交实验室检疫。

(4) 旅客携带的动物及其产品经检疫发现传带《中华人民共和国进境动物一、二类传染病、寄生虫病名录》规定疫病的，作退回或销毁（捕杀）处理。

(5) 对查验现场不能得出检疫结果，需做实验室检疫或隔离检疫的，由出入境检验检疫机构出具《出入境旅客携带物留验/处理凭证》，截留检疫合格的，携带人持“留验/处理凭证”向出入境检验检疫机构领回，逾期不领的，作自动放弃处理。

(6) 旅客携带宠物犬、猫进境的：不能提供输出国家或地区官方出具的动物健康证书和有效的狂犬病疫苗注射证明的，作限期退回或捕杀处理。宠物犬、猫临床检疫发现有动物传染病、寄生虫病症状的，应及时采取隔离措施。宠物犬、猫隔离检疫不合格的，作限期退回或捕杀处理。

(7) 旅客携带未加工或虽已加工但仍有可能传播动物传染病、寄生虫病的动物产品予以截留销毁，并出具《出入境人员携带物留验/处理凭证》。

(8) 限期退回的动物及其产品，旅客需在检验检疫机关监督下退回限期退回的携带人必须在规定时间内持“留验/处理凭证”领取并携带出境，逾期不领的，作自动放弃处理。

(9) 须办理检疫许可证的动物及其产品，旅客没有事先办理的，限期补办有关手续。逾期未办理的作销毁处理。

11.3.6　归档

全部检疫手续办理完毕后，应及时将在整个检疫过程中形成的资料整理归档，如《出入境人员携带物留验/处理凭证》、《进境动植物检疫许可证》、输出国或地区官方动物健康证书和狂犬病疫苗注射证明等。

11.4　旅客携带进境的动物及其产品（宠物犬、猫除外）的检疫

口岸检验检疫机关对可能携带动物及其产品而未申报的，可以进行查询、抽检，使用X光机透视检查和检疫犬检查，必要时可以开包（箱）检查。

11.4.1　检验检疫人员检查

根据国际或地区航班的始发站和经停站，可以掌握航班的旅客组成以及中转信息，从而可以根据进境旅客所去过的国家或地区的特产和文化特点等，有针对性地重点检查该航线旅客可能携带的禁止进境的动物及其产品。根据多年来上海空港口岸检验检疫旅检检疫查验情况的总结分析，目前在上海机场查验口岸，进境旅客携带动物及其产品的种类和来源国存在以下人员和区域特征：

(1) 来自韩国的航班，以来华旅客的老年团和移居中国的韩国人携带禁止进境动物及其产品的为多，韩国旅客通常携带鱼、小鱼干和鱿鱼干等水产品以及火腿肠和香肠等肉制品。由于韩国人在携带鱼干的同时会携带紫菜，而厚叠紫菜在X光机上的图像跟鱼干相似，容易混淆，因此在检疫工作中要注意区别。

(2) 来自日本航班的旅客及驻华商务人士所携带的动物及其产品品种繁多，除了冰鲜鱼、鱼子/明太子、蟹、贝类、鲍鱼等水产品外，经常携带有各类肉制品如牛肉、小肉肠等，此外还有奶酪等奶制品。从2007年下半年以来，上海空港口岸屡屡发现有日本旅客大量携带生牛肉企图非法走私入境，由于走私日本牛肉获利巨大，不法分子想方设法，通过频繁更换携带者、分散抵达航班、改变外包装规格、使用特殊气味物品逃避检疫犬巡查等各种手段，不断

调整偷运策略企图逃避检疫，口岸检验检疫机关则要不断总结分析偷运者的新动向，相应采取应对措施，严打不法行为。

(3) 来自欧洲的航班是检查肉制品和奶酪的重点航班，因为意大利、西班牙、德国等欧洲国家历来以盛产火腿和香肠等肉制品以及奶酪出名。目前与上海浦东机场通航的欧洲城市主要是德国的法兰克福和慕尼黑、荷兰的阿姆斯特丹、法国的巴黎以及意大利的米兰等大规模航空港，而这些航空港同时也是欧洲重要的中转枢纽，几乎所有来自欧洲及少数来自南美洲等国家和地区的旅客都会经由这些航空枢纽进入我国国境，因此这类进境旅客行李中通常会携带多以自用为主的各种肉制品和奶酪。

(4) 随着近年来我国同非洲、中东及阿拉伯地区贸易旅游联系的增多，阿联酋的迪拜和卡塔尔的多哈便成了这些国际和地区旅客往来中国的重要中转口岸，因此来自这两个地区航班的旅客所携带的动物及其产品品种繁多、来源复杂，是携带物查验的重点航班。从中能查获各种动物及其产品，尤以中东口味的奶酪为主，从迪拜和多哈中转来我国的穆斯林携带牛肉、鸡肉等肉制品的可能性比较大。同时中国公民前往这些地区旅游或打工的人数越来越多，不少旅客和务工回国人员会带回动物骨蹄角类工艺品、标本及象牙制品等，根据我国检验检疫法律法规，这些动物产品是禁止携带入境的。

(5) 来自港澳台的地区航班的旅客比较常见的是携带香肠、鱼类和禽类，以往来自台湾的旅客常由香港、澳门等地中转抵达上海，所以从来自这些地方的航班中经常能查获台湾香肠、卤肉等动物产品。近年来也有不少台湾旅客转道韩国济州等地到达上海，因此现在来自韩国的航班中，从台湾旅客的携带物中经常能发现这些具有台湾特色的肉制品。

(6) 来自各港口城市的海员多数会携带各种海产品干货，如鱼翅、鱼肚、海马干、鱿鱼干和海参干等。

11.4.2　X光机检查

(1) X光机图像颜色的含义：有机物通常为橘黄色，大多数动物及其产品在X光机图像中呈橘黄色，如火腿、新鲜鱼类、奶酪等；无机物通常为蓝色，动物及其产品在X光机图像中基本不会呈蓝色；混合材料通常为绿色，如动物骨骼、动物牙齿、动物角类、贝壳等；穿不透物品通常为红色，暂无具体实例。

结合旅客携带物在X光机图像上所呈现的颜色和其本身的形状，常见进境旅客禁止携带的动物及其产品特征如下：

1) 肉类：X光机图像呈橘黄色，根据形状可以判断火腿、香肠等；

2) 禽类：X光机图像呈橘黄色，如果是整只鸡鸭等禽类可以比较容易的从形状上判断。由于蛋壳呈绿色，因此鸡鸭蛋等在X光机图像上表现为橘黄色的椭圆形外有一圈绿色的环圈；

3) 海产品类：新鲜海产品X光机图像多数呈橘黄色，鱼干可呈黄绿相间的颜色，海参干和珊瑚等呈深浅不同的绿色。

4) 奶酪：通常呈橘黄色，如果是厚奶酪颜色较深可呈棕色，还可通过形状判断，如圆盒包装的小三角奶酪。

5) 动物骨、角、牙等：X光机图像多呈绿色。

(2) 容易混淆的X光机图像：由于形状、密度或者成分相似的原因，肉块与肥皂、沐浴露、洗发乳和木雕易混淆，小鱼干与厚叠紫菜易混淆，象牙手镯与封箱带卷易混淆，在实际检疫工作中要注意辨别。

11.4.3　检疫犬检查

选择具有体型适中、对人亲和力较强、兴奋性高、搜索欲望强烈、作业时间较长等特点的犬种，如"斯宾格"犬经培养训练成为检疫犬。在基础能力培养阶段，建立犬对各类动物及其产品的气味联系，如肉制品、水产品等。然后进行摸拟现场能力训练，对犬所建立的气味联系进行巩固，并使犬对相关气味做出正确反应。

使用检疫犬进行查验的优越性：

有针对性、有重点地对旅客携带进境的动物及其产品进行查验，提高工作效率。针对重点航班采用检疫犬实施查验，能在大量的旅客中锁定可疑目标，尤其是在航班集中到达的时段，检疫犬能从庞大的客流中搜索到携带动物及其产品的旅客，可以大大提高现场检疫查验工作的效率。

使用检疫犬查验，可以在进境旅客尚未提取托运行李时，提前在行李提取转盘上实施查验，更加有利于锁定可疑目标，提高现场查验的准确率，可以避免盲目开包(箱)检查。

使用检疫犬查验，禁止携带的动物及其产品的检出率明显提高。经过训练的检疫犬对动物及其产品比较敏感，特别是对少量的动物及其产品，如一根肉肠、小包鱼类等也能迅速做出准确的反应，因此现场检出率明显提高。

11.5　旅客携带进境宠物犬、猫的检疫

11.5.1　进境许可

(1) 旅客携带宠物犬、猫进境时，每人限带1只。

(2) 根据输出国家或地区或航空公司的要求，需要旅客出示我国官方宠物进境许可证的，物主或其代理人应于入境前5～7个工作日，向检验检疫机构申请办理《宠物进境许可证明》。

11.5.2　进境申报

(1) 旅客携带宠物进境时，须主动向入境口岸的检验检疫机构申报，并提交输出国家(地区)官方检疫机构出具的正本动物健康证书和疫苗接种证书(或免疫登记本正本及复印件)，以及个人入境证明。

(2) 入境口岸检验检疫机构在接受申报后，须进行现场验证工作，审核动物健康证书和疫苗接种证书的有效性，包括核对动物的品种、特征及数量与动物健康证书的各项内容是否相符；核对疫苗接种证书中所用疫苗的品种和免疫有效期；使用免疫登记本的，核对正本与复印件后留下复印件作为凭证。动物健康证书的有效期一般掌握为自签发之日起14天内，疫苗接种证书(免疫登记本)的有效期以证书或登记本上注明的有效期为准，且必须注明进行了狂犬病疫苗接种。

(3) 不能提供有效动物健康证书、疫苗接种证书或超出规定携带限量的，口岸检验检疫机构对宠物予以截留；对隐瞒申报者，截留有关动物，并按照《出入境人员携带物检疫管理办法》和相关规定对隐瞒申报者予以罚款。口岸检疫机构对入境宠物进行截留后，出具《出入境人员携带物留验/处理凭证》。

(4) 由口岸检验检疫人员告知入境旅客携带宠物的检验检疫程序，并要求旅客签署《入境宠物隔离检疫须知》。

11.5.3　现场检疫

(1) 装载容器和场地的处理

口岸检验检疫人员对动物的装载容器和污染场地等进行消毒处理。

(2) 临床检疫

一般性观察，注意其精神、营养状况、呼吸、站立姿势等有无异常。有无临床症状，如：眼目是否灵敏有神、精神是否狂躁不安或抑郁；被毛是否光润、粗乱；有无体表寄生虫、皮肤病；呼吸是否均匀、有无咳喘、有无体温异常；四肢有无行步不稳、共济失调；分泌物、排泄物是否正常等。凡发现有传染病可疑症状的，口岸检验检疫人员应立即采取隔离措施，及时做好现场封锁和防疫消毒工作。

常见宠物犬、猫传染病临床表现：

1) 狂犬病：狂犬病可分为狂暴型、麻痹型和顿挫型。

——狂暴型：潜伏于房屋或犬舍的阴暗地方，情绪反常，唤之不出；有的表现不安，前爪抓地，变换蹲卧地点，不安地走动，注意力提高，或无原因地空咬；食欲反常或废食，吞咽时颈部伸长，性欲亢进；口不闭合，唾液增多，有大量黏稠唾液流出；由不安和兴奋变为剧烈狂躁，然后沉郁；有斜视惊恐表现，有的狂乱攻击人畜或自咬，有的无目的地逃窜，易咬伤人畜，给病犬喂水，可引起狂暴发作，俗称"恐水症"。

——麻痹型：患犬在先见短期兴奋不久就进入麻痹，精神沉郁，喉头、下颌下垂，后躯麻痹无力，流涎，张口，舌伸出口外，吞咽困难，很快病犬由头部、后躯局部麻痹发展四肢全身麻痹，并常在1～2天内死亡。

——顿挫型：病犬临床上不表现可见的症状，精神食欲正常，但在其脑和唾液中有时带毒，并可使被其咬伤的人畜感染发病。

2) 犬瘟热：根据临床观察，总的来说可归纳为三种，也有这三种之外的混合感染。

——呼吸道感染型：病犬初期眼湿流泪，鼻流水样分泌物，打喷嚏，体温升高到39.5 ℃～41 ℃双相热型。第二次体温升高后，病犬精神倦怠，食欲减退，渴欲增加，持续一周或两周，也可更长时间。此后，犬突然食欲废绝，鼻镜干裂，眼鼻分泌物由水样转变为脓性，咳嗽，呼吸困难，甚至发生肺炎，腹部皮肤有丘疹脓包。

——急性肠炎型：病犬突然食欲废绝，看眼结膜炎症就可以判断病程长短。犬不吃食，后拉稀便，呈黏稠胶冻样，或红褐色水样，有特殊腥臭味，间或呕吐。犬病迅速发展，很快脱水，体温变化不明显。往往无异常眼分泌物，部分犬后期出现神经症状。

——神经型：病犬多有前两型的发病前期表现。而后病犬突然发生神经症状，惊厥，尖叫，肌肉抽搐，昏迷或癫痫样发作，肌肉抽搐多见于颈面部。多于1～2天内死亡。继发于呼吸道感染型及急性肠炎型之后神经症状，主要表现为共济失调，后躯麻痹。

3) 犬传染性肝炎：初期症状与犬瘟热很相似。病犬精神沉郁，食欲不振，渴欲明显增加，甚至出现两前肢浸入水中狂饮，这是本病的特征性症状。病犬体温升高达40 ℃以上，并持续4～6天。呕吐与腹泻较常见，若呕吐物和粪便中带有血液，多预后不良。多数病犬剑状软骨部有痛感。急性症状消失后7～10天，部分犬的角膜混浊，呈白色乃至蓝白色角膜田，称为"炎性蓝眼"，数日后可消失。齿龈有出血点。该病虽叫肝炎，但很少出现黄疸。若无继发感染，常于数日内恢复正常。

4）犬细小病毒：临床表现有两种病型，即出血性肠炎型和急性心肌炎型。

——出血性肠炎型：潜伏期7～14天。各种年龄的犬均可发生，3～4月龄乳幼犬最为多发。主要表现为急性出血性腹泻、呕吐、沉郁、发热、白细胞显著减少的综合症状。病犬突然发病，精神沉郁，食欲废绝，呕吐，体质迅速衰弱。不久，发生腹泻，呈喷射状向外排出。粪便呈黄色或灰黄色，覆有多量黏液和伪膜，尔后粪便呈番匣汗样，发出特别难闻的腥臭味。病犬迅速脱水，眼窝凹陷，皮肤弹性减退。体温升高至40 ℃～41 ℃，但也有体温始终不高的。有的病犬腹泻可持续1周多。

——心肌炎型：此型多见于4～6周龄的幼犬。发病初期精神尚好，或仅有轻度腹泻，个别病例有呕吐。常突然发病，可视黏膜苍白，病犬迅速衰弱，呼吸困难，心区听诊有心内杂音，常因急性心力衰竭而突然死亡。死亡率为60%～100%。

5）猫泛白细胞减少症：又称猫瘟热或猫传染性肠炎，是由猫泛白细胞减少症病毒(FPV)引起的，该病毒属细小病毒科细小病毒属。本病潜伏期2～9天，最急性型，动物不显临床症状而立即倒毙，往往误认为中毒。急性型24 h内死亡。亚急性型病程7天左右。第一次发热体温40 ℃左右，24 h左右降至常温，2～3天后体温再次升高，呈双相热型，体温达40℃。病猫精神不振，被毛粗乱，厌食，呕吐，出血性肠炎和脱水症状明显，眼鼻流出脓性分泌物。妊娠母猫感染FPV，可造成流产和死胎。

6）猫冠状病毒：猫的冠状病毒能引起传染性腹膜炎，这是猫科动物的一种慢性进行性传染病，临床上以腹膜炎、大量腹水聚积及死亡率高为特征，没有呼吸道炎症。猫的冠状病毒对外界环境的抵抗力差，可以被一般常用的消毒药杀灭。临床病历多数是亚急性型病例，呈双相热，首次发烧达40℃左右；病猫精神沉郁，厌食、呕吐；呕吐物初为食物，后变为黄绿色胃液，出现顽固性呕吐现象；一般在发病3～4天出现腹泻，后期粪便中带血，呈咖啡色；脱水、眼窝下陷；验血白细胞总数迅速减少。

7）猫弓形虫病：

——急性型：病猫发热，体温常在40℃以上。精神差，厌食，嗜睡，呼吸困难。有时出现呕吐和腹泻。孕猫可发生死胎和流产。

——慢性型：食欲不振，消瘦和贫血，有时出现神经症状。孕猫也可发生流产和死胎。

8）犬皮肤螨虫感染：主要分为蠕形螨和疥螨两种。蠕形螨感染主要表现为毛囊红肿、脓疱、脱毛，最初先从眼周，上、下颌，唇周开始，起先并不瘙痒，严重时扩散到颈部、四肢、腹下部、股内侧，引起皮肤红肿、脱毛、皮脂溢出、皮屑脱落，有小脓肿，皮肤瘙痒、增厚、色素沉着。疥螨感染主要表现为皮肤严重瘙痒、脱毛，皮肤变厚、色素沉着。

9）犬皮肤真菌病：本病俗称癣，是犬最常见的皮肤病，可人畜共患。最典型症状为脱毛，圆形鳞斑；也有不脱毛、无皮屑但局部有丘疹、脓疱或呈起的红斑性脱毛斑或结节。

现场检疫结束，检疫人员填写《出入境人员携带物留验/处理凭证》、《进境宠物业务联系单》后，将伴侣动物运往隔离场圃进行隔离检疫。

(3) 隔离检疫

1）进境宠物隔离期限为30天。如疫病快速诊断项目检测结果全部为阴性，且物主居住地基本符合兽医卫生防疫要求，口岸检验检疫机构可允许伴侣动物在隔离7天后改为在物主家中隔离。入境后须调往外省市的宠物，在隔离场圃隔离检疫7天，合格后可调离到外省市。

2）宠物进入隔离场圃后，首先进入观察室，对其进行编号，并做好登记。随后对宠物进行狂犬病、犬瘟热、犬传染性肝炎、细小病毒病（犬、猫）、猫冠状病毒病、弓形虫病（犬、猫）等疫病项目的快速检测。疫病快速检测结果为阴性的，转入隔离舍，疫病快速筛选结果为阳性的，转入病畜隔离舍。

3）经筛选诊断结果为阳性的，采集样品，挑选下列项目送实验室检测：狂犬病、犬瘟热、犬传染性肝炎、细小病毒病、猫冠状病毒病、弓形虫病。

4）隔离期间一旦发现可疑传染病临床症状的，现场兽医应立即采血样或粪尿样送食品中心检验，并将宠物转移至病畜隔离舍，对现场实施消毒处理。

5）隔离期间如发生除狂犬病以外的其他疾病的，按照物主的要求，予以治疗或放弃治疗。

6）隔离检疫期间由专人负责饲养和防疫工作。动物进入前，须对圈舍、饲具、平台、通道、场地等进行清扫，并消毒。根据产地国的疫情流行情况，相对固定饲养区域。每个宠物都应配备专用饲料和清扫用具，不接受物主提供的饲料。隔离检疫期间应实行拴养或圈养，严禁进境犬、猫离开隔离场所或转作他用，严禁与其他动物接触。发现有可疑传染病症状或发生动物死亡的，应立即向口岸检验检疫机构报告，不得擅自处理死亡动物。

7）隔离检疫期间，口岸检验检疫机构定期派人前往隔离场所实施监管，检查《进出境动物隔离现场记事本》填写情况，并认真做好《进境宠物监管表》的填写工作。

（4）检疫放行/检疫处理

1）宠物隔离检疫满7天后，如相关疫病检测项目的结果全部为阴性，且物主居住地基本符合兽医卫生防疫要求，检验检疫机构可允许宠物在物主家中继续隔离检疫到满30天为止。对符合继续到物主家中隔离的，物主必须到隔离场领取宠物，检验检疫机构凭物主正本护照和《出入境人员携带物留验/处理凭证》放行，物主逾7天不领取或留下的联系方式7天内无法与物主取得联系的，该宠物视作无主物。不符合放行条件或其他原因在隔离场暂养的，宠物继续在隔离场隔离检疫到最多满30天。

2）确诊为狂犬病的，按有关规定作扑杀处理。确诊为犬瘟热和细小病毒病的，在隔离期间经治疗未愈的，作限期退回或扑杀处理。

3）对于未能提供相关有效单证而被截留的入境宠物，物主应在7天内补交相关单证，逾期未补交的，作限期退回或扑杀处理；对于超出规定携带限量和隐瞒申报的入境宠物，作限期退回或扑杀处理。所有需限期退回的动物，限物主在7天内办理退运手续，逾期未办理退运手续或物主书面声明自动放弃的，视同无人认领物品，作没收处理，没收宠物经隔离检疫合格的，进行拍卖处理，隔离检疫不合格的，进行扑杀处理。

4）动物在进行检疫处理前，口岸检验检疫机构出具《检验检疫处理通知书》，并提前通知物主。口岸检验检疫机构在完成扑杀、化制、深埋等无害化处理后，出具《动物检疫证书》。

5）宠物经检疫结束后，入境宠物的所有申报资料，由口岸检验检疫机构审核后统一归档保存。

11.6　禁止进境、携带和管制物品名单

11.6.1　《进出境动植物检疫法》第一章第五条规定的禁止进境物

（1）动植物病原体（包括菌种、毒种等）、害虫及其他有害生物；

（2）动植物疫情流行的国家和地区的有关动植物、动植物产品和其他检疫物；

（3）动物尸体；

（4）土壤。

11.6.2　中华人民共和国禁止携带、邮寄进境的动物、动物产品和其他检疫物名录

动物：鸡、鸭、锦鸡、猫头鹰、鸽、鹌鹑、鸟、兔、大白鼠、小鼠、豚鼠、松鼠、花鼠、蛙、蛇、蜥蜴、鳄、蚯蚓、蜗牛、鱼、虾、蟹、猴、穿山甲、猞猁、蜜蜂、蚕等。

动物产品：精液、胚胎、受精卵、蚕卵、生肉类、腊肉、香肠、火腿、腌肉、熏肉、蛋、水生动物产品、鲜奶、乳清粉、皮张、鬃毛类、蹄骨角类、血液、血粉、油脂类、脏器等。

其他检疫物：菌种、毒种、虫种、细胞、血清、动物标本、动物尸体、动物废弃物以及可能被病原体污染的物品。

11.6.3　进境旅客携带《中华人民共和国进出境动植物检疫法》管制物品名单（试行）

（1）动植物病原体（包括菌种、毒种等）、害虫及其他有害生物、动物病理组织（含切片）、动物尸体、土壤。

（2）饲养、野生的活动物，如鸟、蛇、猴、畜禽、蟹、贝、蚕、蜂、犬、猫、鼠、蛙、蚯蚓、蜗牛等。

（3）精液、胚胎、种蛋、受精卵等动物繁殖材料。

（4）动物肉类、内脏及其制品、蛋品、乳品、动物水产品、动物油脂、动物粉、皮张、鬃毛、骨蹄角、动物性药材，以及来源于动物未经加工或虽经加工但仍有可能传播疾病的产品。

（5）各种粮食、棉麻、油料、蔬菜、花卉、林木等栽培植物、野生植物的种子、种苗以及其他繁殖材料。

（6）粮食、豆类、棉麻类、烟叶、果类、籽仁、蔬菜、植物性药材、木制品、饲料、切花、竹藤柳草制品等来源于植物未经加工或虽经加工仍有可能传播病虫害的产品。

（7）动物疫苗、血清、诊断液、细胞、植物分子生物材料、动植物标本等其他检疫物。

第12章 检疫处理

12.1 概述

检疫处理泛指检验检疫机构依据相关规定单方面要求采取的强制性措施，即对进境或经检疫不合格的进出境动物、动物产品和其他检疫物采取的预防性消毒、无害化、扑杀、销毁、退运、截留、封存、不准入境、不准出境、不准过境等措施。检疫无害化处理在程序上应是口岸检验检疫机构根据检验检疫结果，对不合格的检疫物签发《检验检疫处理通知书》，通知货主或其代理人进行处理。检疫处理必须在检疫人员的监督下进行，检疫无害化处理后，货主可根据需要向检验检疫机构申请出具相关对外索赔证书。

12.2 检疫处理的原则

检疫处理的原则是：

1）为防止动物病虫害传入或传出国境，检疫处理要讲究及时性；

2）进出境动物及其产品的污染场所和装卸工器具、来自动物疫区的集装箱、动物产品外包装等，应实施预防性消毒处理；

3）截获疫情的动物及其产品，有有效无害化处理方法的，实施无害化处理；对无法进行有效无害化处理，或法律有明确规定的，要坚决做扑杀、销毁或者退运处理。

12.3 检疫处理的种类

12.3.1 预防性消毒

通过物理、化学和其他方法消除或杀灭环境中、畜体表面、集装箱体表或动物产品外包装上可能存在的病原微生物，以切断传播途径预防传染性疾病发生和传播的一项重要预防措施。

12.3.2 无害化处理

无害化处理是检疫处理中最常用的处理方式，它是通过物理、化学、生物等技术方法来杀灭有害生物，防止有害生物的传播、扩散。检疫无害化处理方法包括：化学处理方法和非化学处理方法。化学处理方法有熏蒸处理、药剂浸泡处理等方法，其中熏蒸处理由于具有经济、实用、效果显著，成为应用最广泛的处理方法之一。非化学处理方法有热处理、辐照处理、微波处理等。

12.3.3 扑杀

对检疫不合格的动物，即依照法律规定，发现“进境动物传染病、寄生虫病名录”所列的一类、二类传染病、寄生虫病，所作的不用放血方法进行宰杀，以消灭传染源。

12.3.4 销毁

即用化学处理、焚烧、深埋或其他有效方法，彻底消灭病原体、有毒有害物质及其载体。

12.3.5 退运

对尚未卸离运输工具的不合格检疫物，可用原运输工具退回输出国；对已卸离运输工具的不合格检疫物，在不扩大传染的前提下，由原入境口岸在检验检疫机构的监督下退回输出国。

12.3.6　截留

对旅客携带的检疫物，经现场检疫认为需要无害化或销毁的签发《出入境人员携带物留验/处理凭证》，作为检疫处理的辅助手段。

12.3.7　封存

在国际航行船舶检疫中对来自疯牛病、口蹄疫、新城疫等疫区的相关肉类产品，通常采取的限制移动、使用的检疫处理措施。

12.3.8　其他

检疫处理还有不准进境、不准出境、不准过境等处理方式。

12.4　动物检疫处理技术及其应用

12.4.1　入境动物检疫处理

应对拟作转载入境动物的运输车辆用10%百毒杀水剂按1∶200倍水稀释液作预防性消毒处理。动物入境时，检验检疫人员在口岸现场(机场、码头)检验动物装载情况及动物临床健康状况。若发现有动物死亡或有临床症状，则应分析具体情况，包括因病死亡，机械性死亡、气温等物理性死亡，分别作出处理。

对死亡的动物应及时移送指定地点做病理剖检，并采样送实验室检验，死亡的动物尸体转运到指定地点进行焚烧销毁等无害化处理并出具证明进行索赔或作其他处理；有疾病临床症状的动物，若超过半数动物死亡，则禁止卸离运输工具，作全群退运处理，并上报国家出入境检验检疫局。

动物铺垫材料、剩余饲料和排泄物等，由货主及其代理人在检疫人员的监督下，通常如用10%百毒杀水剂1∶200倍水稀释液作消毒无害化等熏蒸、消毒或高温处理。

隔离检疫和实验室检验的检疫处理：根据隔离检疫和实验室检验的结果对该批动物作综合判定并作相应处理。如发现"进境动物传染病、寄生虫病名录"所列的一类传染病、寄生虫病，按规定作全群退运或全群扑杀销毁处理；如发现二类传染病或寄生虫病，对患病动物作退运或扑杀、销毁处理，同群其他动物放行至指定地点继续观察，由当地检验检疫机构或兽医部门负责监管；对经检疫合格的入境动物由口岸检验检疫机构在隔离期满之日签发有关单证(入境货物检验检疫证明)予以放行；对检出规定检疫项目以外的对畜牧业有危害的其他传染病或寄生虫病的动物，由国家质检总局根据其危害程度作出退回或扑杀、销毁等检疫处理决定。

对旅客携带的宠物，不能交验输出国(或地区)官方出具的检疫证书和狂犬病免疫证书或超出规定限量的，作暂时扣留处理。旅客应在口岸检验检疫机构规定的期限内办理退回境外手续，逾期未办理或旅客声明自动放弃的，视同无人认领物品，由口岸检验检疫机构进行检疫、处理。

12.4.2　出境动物检疫处理

根据输出国的检疫卫生要求或双边协定书中的检疫要求，经检验检疫不合格的动物不准出境，根据具体情况作退回原产地或者扑杀销毁处理，发现重大疫情要及时上报国家质检总局并向当地及原产地畜牧兽医部门通报，及时采取措施，扑杀疫情。

12.4.3 入境动物产品检疫处理

(1) 非食用性动物产品检疫处理

进境皮张、原毛、羽绒、鬃、蹄角、油脂、蚕茧等工业加工用动物产品,应对运输工具的有关部位及装载动物产品的容器、外包装、铺垫材料、被污染场地等通常用10%百毒杀水剂按1∶200比例稀释进行预防性消毒处理。对进境原毛现场检疫中发现带有大量骨、脂肪、羊粪球等杂质,应以不同情况分别作出无害化、退运或销毁处理。对进境生皮张、原羊毛发现截获仓储性害虫者,通常用梅花牌复配熏蒸剂(10%环氧乙烷+50%硫酰氟+40%二氧化碳)15 g/m^3 熏蒸无害化处理8 h~10 h。

(2) 动物源性饲料检疫处理

进境鱼粉等动物源性饲料经实验室检测发现沙门氏菌等有害生物,通常用环氧乙烷(2.2 kg/m^3,19 ℃~33 ℃熏蒸67 h)实施无害化处理。来自疯牛病疫区的猫狗饲料检出牛源成分,应作销毁或退运处理。

(3) 食用性动物产品检疫处理

进境冻鸡爪发现有大量黄皮,冻鸡翅、冻鸡翼硬杆毛超标;食用性畜禽产品发现药残超标;进境水产品汞等有害物质超标等情况应作退运或销毁处理。进境食用性畜禽产品实验室检测发现有害生物指标超标则应实施加热、辐照等无害化处理或退运、销毁处理。

在国际航行船舶检疫中,发现来自疯牛病、口蹄疫、新城疫等疫区的相关肉类产品,应限制移动、使用,作封存处理;同时对泔水、动物性废弃物及其存放场所用20%氰戊菊酯乳油+10%百毒杀水剂混配剂(1 000 mL水中加20%氰戊菊酯乳油1 mL和10%百毒杀水剂1.67 mL)进行喷洒消毒处理。

对旅客携带的食用性动物产品,经现场检疫认为需要无害化或销毁的签发《出入境人员携带物留验/处理凭证》,作截留处理。

12.4.4 进境集装箱体表消毒

对来自高致病性禽流感、口蹄疫、新城疫、古典猪瘟、小反刍兽疫疫情流行国家和地区的集装箱,在集装箱到达口岸后及时(通常用10%百毒杀水剂按1∶100比例稀释喷洒)实施集装箱体表预防性消毒处理。

12.4.5 出境动物产品检疫处理

经检疫不合格又无有效方法作无害化处理的,不准出境。

12.5 消毒、无害化处理常用药品及用法

(1) 梅花牌复配熏蒸剂:(10%环氧乙烷+50%硫酰氟+40%二氧化碳)梅花牌复配熏蒸剂适用于羊毛、皮张的熏蒸无害化处理。15 g/m^3 作用8 h~10 h。

(2) 20%氰戊菊酯乳油+10%百毒杀水剂混配剂:1 000 mL水中加20%氰戊菊酯乳油1 mL和10%百毒杀水剂1.67 mL,适用于动物源性泔水、装载动物产品容器、外表包装、铺垫材料、可能被污染场地、工器具等进行喷洒。

(3) 10%百毒杀水剂:1∶100倍水稀释液,适用于运输工具、集装箱体表等消毒;1∶600倍水稀释液适用于食用性动物产品外包装消毒;1∶200倍水稀释液适用于非食用性动物产品外包装等消毒。

(4) 甲醛溶液:含37%~40%甲醛的水溶液,熏蒸时工作浓度为甲醛溶液40 mL/m^3,

高锰酸钾 30 g/m³,熏蒸 12 h～24 h,熏蒸时房间封闭,熏蒸后通风换气。适用于受污染的房间,仓库及船舱表面。

(5) 2%碱性戊二醛或强化酸性戊二醛(商品名 Sonacide):喷雾或浸泡,10 min 杀灭一般病毒,1 min～10 min 杀灭细菌繁殖体,10 min～30 min 杀灭结核杆菌,5 min～10 min 杀灭真菌,3 h 杀灭芽胞。适用于木质、搪瓷、陶瓷、金属和玻璃器械、纺织品及橡皮制品。

(6) 环氧乙烷:1.9 kg/m³,25 ℃～50 ℃熏蒸 87 h 或 2.2 kg/m³,19 ℃～33 ℃熏蒸 67 h,由于环氧乙烷具有很强的穿透力,因此最好在密闭的金属容器内进行,或密闭房间内进行。适用于羊毛熏蒸。对于皮张的熏蒸用药为 0.4 kg/m³,25 ℃～50 ℃,40 h 或 0.7 kg/m³,25 ℃～50 ℃,20 h。

(7) 漂白粉:次氯酸钙(32%～36%),氯化钙(29%),氧化钙(10%～18%),氢氧化钙(15%),水(10%),2%～20%喷洒或浸泡 15 min～2 h。适用于畜舍、用具、污水、车船、土壤、墙壁、地面和路面等。处理污水时有效氯含量应为 50 mg/L～2 000 mg/L。

(8) 次氯酸钙:0.3%～6%喷洒或浸泡 15 min～2 h,消毒对象同漂白粉。

(9) 过氧乙酸(Persteril):喷雾或浸泡,0.04%～1%,作用 0.5 h～2 h,适用于畜舍、车、船、用具、服装、畜禽体表等。熏蒸 1 g/m³～3 g/m³,相对湿度 50%～80%,1 h～2 h,适用于室内空气。

(10) 来苏儿(甲酚):浸泡或喷洒,1%～5%,0.5 h～2 h,适用于污染物表面消毒,如地面、墙壁、衣服和实验室污染物品、畜舍等。

(11) 氢氧化钠:1%～3%溶液喷洒,适用于畜舍、车、船、非金属用具、地面、道路。

(12) 碳酸钠:4%溶液喷洒,洗刷,适用于畜禽舍、车、船、用具、地面、道路及衣服等。

第 3 篇

重要动物疫病检疫技术

第13章 动物检疫常用诊断方法与技术

13.1 国际贸易中常用方法

依据国际动物卫生组织(OIE)2009年技术手册提供的诊断试验表,一些动物疫病常用国际贸易诊断试验方法见表13-1。

表13-1 OIE2009年技术手册提供的动物疫病常用诊断试验方法

病名	指定试验	候选试验
炭疽	—	—
口蹄疫	ELISA,VN	CF
水泡性口炎	CF,ELISA,VN	—
猪水泡病	VN	ELISA
牛瘟	ELISA	VN
小反刍兽疫	VN	ELISA
牛肺疫	CF,ELISA	—
结节性疹	—	VN
裂谷热	VN	HI,ELISA
蓝舌病	Agent id.,ELISA,PCR	AGID,VN
绵羊痘和山羊痘	—	VN
非洲马瘟	CF,ELISA	VN,real-time PCR
非洲猪瘟	ELISA	IFA
猪瘟	NPLA,FAVN,ELISA	—
禽流感	病原性检测的病毒分离	AGID,HI
新城疫	病毒分离	HI
伪狂犬病	ELISA,VN	—
西尼罗热	—	—
棘球蚴病(包虫病)	—	—
钩端螺旋体病	—	MAT
狂犬病	ELISA,VN	
副结核病(约内氏病)	—	DTH,ELISA
心水病	—	ELISA,IFA
螺旋疽病	—	Agent id.
牛布氏杆菌病	BBAT,CF,ELISA,FPA	—
牛生殖道弯杆菌病	Agent id.	—
牛结核病	结核菌素试验	干扰素试验

续表 13-1

病　名	指定试验	候选试验
地方流行性牛白血病	AGID,ELISA	PCR
传染性牛鼻气管炎	PCR,VN,ELISA, Agent id.(仅精液)	—
毛滴虫病	Agent id.	黏液凝集试验
牛边虫病	—	CF,卡片凝集试验
牛巴贝西虫病	—	CF,ELISA,IFA
囊尾蚴病	—	—
嗜皮菌病	—	—
梨浆虫病	Agent id.,IFA	—
出血性败血症	—	Agent id.
牛海绵状脑病	—	—
绵羊副睾炎(绵羊型布氏杆菌)	CF	ELISA
山羊和绵羊布氏杆菌病(除绵羊型布氏杆菌以外)	BBAT,CF,ELISA,FRA	布氏杆菌素试验
传染性无乳症	—	生长抑制试验
山羊关节炎/脑炎和梅迪-维斯那	AGID,ELISA	—
山羊传染性胸膜肺炎	CF	—
绵羊地方性流产(绵羊衣原体病)	—	CF
马传染性子宫炎	Agent id.	—
马媾疫	CF、	IFA,ELISA
马脑脊髓炎(东方型或西方型)	—	HI,CF,PRN
马传染性贫血	AGID	ELISA
马流感	—	HI
马焦虫病	CF,IFA	—
马鼻肺炎	—	VN
马鼻疽	马来因试验,CF	—
马病毒性动脉炎	VN,Agent id.	—
螨虫病	—	Agent id.
委内瑞拉马脑脊髓炎	—	HI,CF,PRN
流行性淋巴管炎	—	—
日本脑炎	—	—
猪萎缩性鼻炎	—	—
猪布氏杆菌病	BBAT,CEF,ELISA,FPA	—

续表 13-1

病　　名	指　定　试　验	候　选　试　验
旋毛虫病	Agent id.	ELISA
肠病毒性脑脊髓炎(捷申病)	—	VN
传染性胃肠炎	—	VN,ELISA
传染性囊病(甘保罗病)	—	AGID,ELISA
马立克氏病	—	AGID
禽霉形体病(鸡败血霉形体)	—	Agg.,HI
禽衣原体病	—	CF
禽伤寒和白痢	—	Agg.,Agent id.
鸡传染性支气管炎	—	VN,HI,ELISA
鸡传染性喉气管炎	—	AGID,VN,ELISA
禽结核病	—	结核菌素,Agent id.
鸭病毒性肝炎	—	—
鸭病毒性肠炎(鸭瘟)	—	—
禽霍乱(禽巴氏杆菌病)	—	—
黏液瘤病	—	AGID,CF,IFA
土拉杆菌病	—	Agent id.
兔病毒性出血症	—	HI,ELISA
蜂壁虱病	—	—
美洲蜂幼虫腐臭病	—	—
欧洲蜂幼虫腐臭病	—	—
蜂小孢子虫病	—	—
瓦螨病	—	—
利什曼病	—	Agent id.
恶性卡他热	—	VN,IFA
Q 热	—	CF
沙门氏杆菌菌病	—	Agent id.
牛病毒性腹泻	Agent id.	—
锥虫病	Agent id.	IFA
绵羊肺腺瘤病	—	—
绵羊内罗毕病	—	—
痒病	—	—
边界病	—	—
苏拉病	Agent id.	—
猪生殖和呼吸综合征	—	ELISA,IFA,IPMA
尼帕病毒病	—	—
禽痘	—	—

13.2 动物传染病诊断方法的验证原则

试验验证是确定某一方法是否适用于某一特殊用途的评价过程。经验证试验所得结果能证明某分析物(例如抗体)的存在,并可对试验对象的状况进行预测。但是,对传染病诊断试验,验证标准的确定和定义非常模糊,验证程序也没有标准化。影响试验性能的可变因素可分成三类:

1) 样品——宿主/微生物相互作用,影响血清样品中的分析物成分和含量;

2) 检测体系——物理、化学、生物和技术人员等相关因素,影响检测出样品中特定检测物的能力;

3) 检测结果——检测体系所获检验结果的能力,可用于准确预测分析物在宿主中的状况。

影响血清样品中分析物成分和含量的因素主要取决于宿主,其中有些是固有的(如年龄、性别、品种、营养状况、怀孕、免疫反应等),有些是获得性的(如被动获得性抗体,免疫或感染引发的主动免疫性)。非宿主因素,如样品污染或变质,也可影响样品中的分析物。

干扰检测系统检测准确性的因素包括:仪器、操作者失误、试剂的选择和标定(生物和化学的)、对照的精确性和可接受的限度、反应容器、水质、缓冲液与稀释剂的 pH 值和离子属性、培养温度和时间、由密切相关杂质引发的差错,如交叉反应性抗体、风湿因子或嗜异抗体。

影响试验结果准确反映宿主感染或分析物状况能力的因素为:诊断的敏感性、诊断特异性以及目标种群中疾病流行状况。敏感性和特异性是根据对所选的参考动物取样进行试验获得的。选择参考动物的方法对评估的准确性至关重要。参考动物对所有宿主的代表程度和所检测目标动物群的环境因子,对阐述试验结果有很大影响。比如,有经验的诊断人员知道,用于北欧牛的样品诊断试验用于诊断明显不同的非洲牛群不见得有效。

准确反应动物感染状况的阳性或阴性试验结果的能力,是验证试验中应考虑的最重要内容。这种能力不仅依赖于高度精确和准确的试验以及对敏感性和特异性的评估,而且还受目标动物群体感染流行情况的很大影响。如果对畜群现行疫病流行没有基本了解,就会影响阳性或阴性试验结果的解释。

某项试验在评估其有效性之前,必须考虑诸多变量。然而,关于试验评估是否有时间限制,只是在试验本身条件已经完善和标准化后才进行验证,或是一边试验一边进行验证,尚没有一致结论。一项试验方法在用于检测目标群时,应使受检动物误为假阳性或假阴性的情况降到最低限度,并贯穿于确认过程的各个阶段。这就要求试验方法设计合理、有文献依据、试剂适宜,而且操作人员应训练有素,从而保证试验方法在实验室内保持一致、稳定。

一项试验的建立和验证是一个循序渐进的过程,至少包括5个阶段:

1) 确定应用的试验方法的可行性;

2) 试剂和技术路线的选择、优化和标准化;

3) 确定试验性能特点;

4) 持续监测试验性能;

5) 试验在常规应用中保持并提高确认标准。

实际上,目前广泛应用的许多传统技术没有经过所述的正式验证过程。本章用检测抗

体的间接酶联免疫吸附试验(ELISA)来说明试验验证的原则,这是因为该项试验中特异性和非特异性成分信号都被放大,用此方法主要在于提出试验验证过程中需要解决的难题。同样原则也适用于其他复杂或简单试验的验证。

13.2.1 可行性研究

可行性研究是新试验验证的第一阶段,要明确所选试剂和技术路线在背景活性最低时区分有关病原抗体浓度范围的能力。可行性研究也提供可重复性和分析的敏感性及特异性的最初估价。

13.2.1.1 对照样品

选择4或5个可疑病原抗体水平从高到低的系列样品。此外,需要一不含抗体的样品。在可行性研究中,这些样品用于优化试验试剂和技术路线,然后作为对照样品。样品应能代表目标群已知的感染和非感染动物,以后要用作验证试验的目标样品。样品最好逐个动物采集,但也可以是代表许多动物的混合样品。较好的作法是每个样品准备的量大(如10 mL),分成几等份,每份0.1 mL,置−20 ℃储存。取一份样品,融化后用于实验,用后最好丢弃。所有试验可用相同冻融次数及相同来源的血清(血清重复冻融可使抗体变性,所以应避免)。试验都用同样来源的血清,而不是在试验之间换用各种不同的血清,差异就可减少,这也有利于对重复使用样品的数据追踪。如有可能,最好应采用国际标准血清,这样可使建立的试验方法和标准试验方法协调一致。

13.2.1.2 选择方法获取规范结果

规范化是根据每次试验中对照样品值校正所有样品的原始试验结果,规范化的数据表达方法应在可行性研究结束前确定,最好不要拖到可行性研究结束之后。使用规范化数据比较每天及不同实验室间的试验结果最准确。比如,在ELISA系统中,原始的光密度(吸收)值是绝对值,受环境温度、试验参数和光度计的影响。间接ELIS数据规范化,可通过用各种方式表达吸收值来进行。简单而有用的方法是吸收值用每个板上单一强阳性血清对照的百分比来表示。通过血清对照获得的标准曲线得出的计算结果可使规范化过程更加严格,但这需要更加复杂的运算方法,如线性回归或对数分析。该方法更加精确,因为它不只是依赖于强阳性对照样品进行数据规范化,且用一些血清对照校正预期值,绘制标准曲线,从中推算样品值。对于那些通过样品滴定确定终点值的试验,如血清(病毒)中和试验,每次试验结果的采用与否都得依据对照值是否在预定界限。

数据规范化无论采用什么方法,对可能引起变异的试剂应另设对照,以免试验验证前功尽弃。那些对照的规范值应在预定限值内(如在每个对照物多次试验平均值的标准差内),确保某些试验样品错划情况在可接受的风险范围内。

13.2.2 试验的建立及标准化

方法可行性确定后,下一步是建立方法、标准化所选择的试剂与试验步骤。

13.2.2.1 选择最适反应物浓度和技术参数

先确定合适反应板(通常用两三种不同类型的微量板,每种有不同的吸附特性,取阴性和强阳性样品选择结果明显、背景活性最小的那种板),吸附在板上的抗原以及血清、酶-抗体结合物和底物溶液的最佳浓度/稀释度,是通过每个反应物对其他相应反应物作“棋盘式”滴定来确定的。另外还要确定试验各操作步骤最适反应时间,化学和物理的变量包括:培养温度与时间、稀释剂、冲洗液与封闭缓冲液的类型、pH值和摩尔浓度;以及每步试验所用的

仪器(如可获最佳重复性的移液器和洗涤器)。每步试验中,用一个已知反应水平的待分析物的一个或多个标准血清,精确评估、优化各反应物与技术路线。

13.2.2.2　重复性初步评估

重复性(每次试验中或各个试验间的一致性)对于进一步建立试验方法是必须的。测试每块板(板内变化)上所有样品的实验结果和每次试验中及各次试验间不同板上相同样品的板间变化计算重复性。如 ELISA,在这一验证阶段通常用原始吸收值,因为用来计算标准值的强阳性对照血清的试验结果在试验初建时是否可以重复还不能肯定。初步评价重复性时,每个样品分 5 次至少用 5 块板进行三到四次重复试验就够了。变异系数(重复样品的标准差/重复样品的平均值)一般小于原始吸收值的 20%。如果在试验中或试验间对于多数样品变异明显大(>30%),应多做些初始研究,以决定试验是否稳定,或者是否应放弃试验。

13.2.2.3　确定试验敏感性和特异性

试验的敏感性是待测分析物的最小可检测量,特异性是试验不与其他分析物发生交叉反应的程度。敏感性可经终点稀释分析测定,表示再也检测不出抗体的血清稀释度。特异性是用感染后产生交叉反应抗体的动物血清进行测定。如果某试验用与其他试验同样效价的血清限制性稀释检测不到抗体,或者检测相关性感染动物采集的血清时经常发生交叉反应,应重新校正或变换试剂或者放弃试验。但是,如果某项试验的特异性低而敏感性较高,在需要对大量样品进行筛检又有特异性很高的试验进行确诊时,这种试验就可作筛检试验。

13.2.3　测定试验特征

如果试验的可行性、初期建立和标准化研究说明本试验有实际应用价值,那么下一步就要确定试验的各项特性。

13.2.3.1　诊断敏感性和诊断特异性

(1) 原则和定义

诊断敏感性和诊断特异性是试验验证的主要参数,是计算其他参数及从中推导试验结果的基础。所以,评估诊断灵敏性和诊断特异性必须尽可能准确。这些数据最好是通过测试一系列参考动物的样品获得,这些参考动物的生活史和待检疾病感染状况是已知的。诊断敏感性是该方法在已知感染参考动物中检测出阳性的比例,感染动物呈阴性就认为是假阴性结果。诊断特异性是未感染参考动物试验呈阴性的比例,未感染参考动物试验呈阳性就认为是假阳性结果。如果所确认的某试验是要用于一般动物群的检测,那么用于测试诊断敏感性和诊断特异性的参考样品数量和来源至关重要。

可以根据已知感染/接触状况的动物来计算测定诊断敏感性和诊断特异性所需的、有统计学意义的参考样品数量。因为必须考虑诸多可变因素,所以需从已知感染动物中选择 300 个以上的参考样品、从已知未感染动物选择 1 000 个以上的样品,分别初步检测诊断敏感性和诊断特异性的数值。而要得到这么多参考动物可能是有困难的,开始可选用少量动物,当有更多参考动物时再测定诊断敏感性和诊断特异性。这是初步测评诊断敏感性和诊断特异性的唯一可行途径。

(2) 新试验的比较标准

血清学中,“比较标准”是一个方法或几个方法结合,用于对新试验方法进行比较。虽然通常用“黄金标准”这个词来描述比较标准,但只能限于那些明确判定动物是否感染的方法。黄金标准方法包括了确切病原分离或特殊病征的组织病理学标准。一些分离方法本身就有

重复性和敏感性的问题，很难得到黄金标准，所以经常需要相对的比较标准。相对标准包括其他血清学试验和实验感染或免疫动物的试验结果。采用黄金标准比较时，计算诊断敏感性和诊断特异性是最可靠的。只有当采用相对的比较标准时，评价新试验方法的诊断敏感性和诊断特异性才可能受影响，因为相对标准的误差会带进新试验方法的评价中。

(3) 精确性、重复重现性和准确性

重复性和重现性是对试验精确性的评价。精确性是对一个样品重复试验结果离散性尺度的反映，离散度小说明试验精确。诊断试验的重复性有两个因素：一次试验中每个样品的复份（通常两个或三个）间的一致性；每个对照样品的规范值在两次试验间的一致性。重现性是不同实验室试验样品结果的一致性。准确性是一个已知活性（如滴度或浓度）的标准样品的试验值和预期值的一致性。如果试验结果与标准预期值不同，一个试验系统可能是精确的但不一定准确。一个试验应至少重复10次，最好是20次才能初步合理评价这些参数。

准确性可通过每次试验中采用一个或多个标准（已知滴度、浓度等的样品）来评价。如果待检物（如滴度、浓度）的量在每次试验时先与初代或二代参考标准对照确定，那么对照血清可以作为标准物。在一些实验室检测试验方法的重现性，至少用10个样品，最好为复份总计20个样品，进行一致性试验（技术路线、反应物和对照）。这些样品要代表目标动物群中分析物的全部预期浓度范围。每个样品得到的集合结果范围偏离预期值的幅度，是试验重现性的一个检测指标。实验室间数据的一致程度是检查该试验是否有效的又一个依据。

13.2.3.2　临界值（阳性/阴性阈值）的选择

为测试新试验方法的诊断敏感性和诊断特异性，首先必须将试验结果简化为阳性类或阴性类，在结果中确定一个临界值（阈值或决定限）。介绍三个不同的方法：

1) 根据未感染和已感染参考动物试验结果的频率分布计算临界点，此临界值可以通过目测频率分布、分析接受者/操作者特性或通过选择既有利诊断敏感性也有利诊断特异性的要求来确定。

2) 根据未感染参考动物确定临界值，它提供的是诊断特异性而不是诊断敏感性的评估值。

3) 从事先不知道感染状况的目标动物群中随机采集血清的试验结果得到一个"内在临界值"，虽然用这个方法没有得到诊断敏感性和诊断特异性的评估值，但当积累到确诊性数据后就能确定了。

如果已知感染和未感染动物检测值的分布中有大量重叠，这时不只选一个临界值，而是要选两个临界值，确定一个高诊断敏感性（例如包括感染动物检测值的99%）和一个高诊断特异性（例如未感染动物检测值的99%）效值，然后在这些百分比之间的值将分成可疑的或模棱两可的，这需要用确诊性试验进行确认或重新做试验。

13.2.3.3　诊断敏感性和特异性的计算

选择一个临界值可将试验结果分成阳性或阴性。临界值确定后，标准血清的试验结果如与黄金标准（或其他比较标准）的结果相一致，则可分成真阳性（TP）或真阴性（TN）。如与标准不一致，则划入假阳性（FP）或假阴性（FN）。诊断敏感性用TP/（TP＋FN）计算，而诊断特异性用TN/（TN＋FP）计算，结果通常用百分比表示。

13.2.3.4　试验方法的标化

当有国际标准方法用于检测某种分析物时，可将国际标准方法同另外正发展的方法进行性能比较，这要求在两个试验方法中使用同样的对照和/或标准血清。如有国际标准血清（阴性、弱阳性和强阳性），则应该在试验方法比较中采用。

13.2.4　试验性能监测

一项试验结果只有在其能推算出准确的结果时才有效。常见的错误是假定一项试验的诊断敏感性为99%和诊断特异性为99%，在目标动物群中大约每100个试验就会产生一个假阳性和一个假阴性。这样的试验可能是精确而准确的，但产生的试验结果不能准确反映感染状况。比如如果要检测的动物群体只有1/1 000的发病率，动物试验假阳性率是1%（99%诊断特异性），对于该群动物，每100个试验，就会有10个假阳性1个真阳性。

由此可见，只有大约9%的阳性试验结果能准确地预测动物感染，这时试验结果有91%是错误的。这说明阳性或阴性试验结果预测感染状况的能力依赖于目标动物感染的流行情况。

13.2.5　保持和提高验证标准

一项经验证的试验需要不断的监测和维护，以保持其性能。一旦试验用于常规诊断，内部质量控制要通过不间断地监测试验来估价重复性和准确性。实验室间的重现性每年至少应该评估两次。用于性能测试的血清应含有所代表目标动物群动物中的所有待检物浓度。由于影响血清学诊断试验性能的变化因素太多，所以增加从已知感染状况的动物采集标准血清的数量是十分必要的。在诊断敏感性和诊断特异性评价中，发生错误的机会可以由增加样品量而减少。另外当试验转移到一个完全不同的地区使用时，应该用采自生活在当地条件下的动物血清再做试验进行重新验证。

当对照血清样品快要用完时，必须在还没有耗尽时就制备并反复测试其替代品。新对照样品在原对照样品用完之前应先作10～20轮试验，以确定与原对照的比例关系。当其他试剂，如捕获抗体的抗原必须替换时，应该与原有试剂同样的标准进行制备，并用为此目的设计的血清至少做5轮。只要可能，一次只应变换一种试剂而不应变换多种，以避免评估多种变量时出现的复杂问题。

13.3　常用实验室检疫技术

13.3.1　病毒蚀斑技术

1952年，Dulbecco把噬菌体空斑技术应用于动物病毒学，从而使病毒蚀斑技术（Virus plaque formation）成为许多病毒的滴定和研究方法。

13.3.1.1　原理

病毒感染细胞后，由于固体介质的限制，释放的病毒只能由最初感染的细胞向周边扩展。经过几个增殖周期，便形成一个局限性病变细胞区，此即病毒蚀斑。从理论上讲，一个蚀斑是由最初感染细胞的一个病毒颗粒形成的，因而该项技术常用于病毒颗粒计数和分离病毒克隆。但在实际操作中，常出现几个病毒颗粒同时感染一个细胞的情况，影响滴定的准确性和克隆的纯一性，为此，接种的病毒液要充分分散和稀释。对于细胞结合性病毒如MDV，需用单层细胞；对细胞释放性病毒，即可用固相介质悬浮的细胞，也可用单层细胞，但后者需用琼脂等固体介质盖在细胞上，以防释放的病毒在液体介质中流动。固体介质的浓

度由病毒的大小而定，大病毒用浓度较低的介质，小病毒用浓度较高的介质，以便将蚀斑的生长速度控制在适宜的范围内。小蚀斑需用显微镜观察，1 mm～10 mm 的大蚀斑可用肉眼计数。为便于肉眼观察，常用中性红等染料染色。因病变细胞不吸收中性红，病变细胞区便呈现无色蚀斑。病毒悬液的滴度以每毫升蚀斑形成单位(PFU/mL)来表示。例如，3 个细胞瓶的平均蚀斑是 58，接种量为 0.2 mL，病毒的稀释度为 2.5×10^3，则病毒原液的滴度为：$58\div0.2\times2.5\times10^3=7.25\times10^5$(PFU/mL)。

13.3.1.2　技术应用

蚀斑技术可以应用于分离病毒的克隆(无性繁殖纯系)、病毒或血清的滴定，也可用蚀斑形态和大小研究病毒的生物学特性。

(1) 病毒生物学纯化(Virus biological purification)

在进行血清中和试验时，常常会出现标准病毒株的滴度下降，因而影响试验的准确性，这种情况多见于虫媒病毒。这可能是由于原始毒种的混杂，或者已有许多变异病毒粒子存在其中，甚至出现数量众多的缺陷病毒所致。这时有必要把手上掌握的标准毒株进行纯化，应用病毒蚀斑技术，挑选出各个不同的纯化病毒，亦称“克隆株”。克隆后的病毒经敏感细胞增殖，测定其滴度，选用合适的毒株用于血清中和试验。为了更有效地进行纯化，必须在覆盖营养琼脂之前用营养液洗去单层细胞上未被吸附的病毒。同时要控制好稀释的浓度，一个培养瓶中的蚀斑数目最好不超过 10 个，挑取在其附近 10 mm 都是健康细胞的蚀斑。挑取后的病毒应传两代或两代以上。一般认为，中性红染料会由于“光敏”作用而抑制病毒蚀斑的形成和破坏宿主细胞，因此，加了中性红覆盖层的培养物应在暗处培养。

(2) 蚀斑减少中和试验(plaque reduction neutralization test)

蚀斑减少中和试验是检测血清中和抗体的一种敏感性较高的方法，试验以使蚀斑数减少 50%的血清稀释度作为其效价。试验使用定量的病毒(100 PFU)与不同稀释度的等量血清混合后感作，接种预先准备好的单层细胞，再覆盖上营养琼脂置 37 ℃二氧化碳培养箱培养，数天后分别统计蚀斑数，用 Karber 法计算该血清的蚀斑中和效价。其操作原理与传统的血清中和试验大致相同。由于本试验的操作比较烦琐，目前在国内极少应用，国际上也没有把它作为一种各国都接受的诊断方法，仅在 OIE 国际动物卫生法典(第六版)中列为对裂谷热的规定诊断方法之一。

13.3.1.3　操作实例

(1) 赤羽病病毒(AKV)的滴定或纯化

于 55 mm 直径的灭菌塑料培养皿中培养绿猴肾细胞(Vero)，形成单层。细胞培养时间约 3～4 天，接种量约为 2 000 000 个/mL 细胞。选取单层细胞全部覆盖，不留有空洞的培养皿用作试验。用细胞培养液对 AKV 病毒作 10 倍倍比稀释至 10^{-7} 并保存于 4 ℃。每个稀释度病毒液接种 3 个平皿。接种前弃去细胞培养液，用 5 mL PBS 或细胞培养液冲洗单层细胞，然后弃去冲洗液。每个平皿分别加入 0.2 mL 病毒稀释液，对照组只用细胞培养液代替，置 37 ℃二氧化碳培养箱吸附 1 h，每 15 min 摇动一次，以便使病毒均匀分布。冲洗未被吸附的病毒。取 2 倍浓缩的细胞培养液加入等量的 1.5%琼脂(预热)中，每个平皿加入 7 mL，待冷却凝固后于 37 ℃二氧化碳培养箱培养约 2 天，平皿需倒置。取 2 倍浓缩的细胞培养液加入等量的 2%琼脂(预热)中，每个平皿加入 5 mL，置平台待冷却凝固后于 37 ℃二氧化碳培养箱中培养至次日。求每组三个培养皿的蚀斑平均数，组间蚀斑数的差异应符合

稀释度的规律(即若10^{-2}组平均100个蚀斑,则10^{-3}组平均应在10个左右),否则应考虑重新试验。以平均蚀斑数乘以病毒稀释的倍数再乘以5,即为每毫升病毒原液的蚀斑数。选取特征性的若干蚀斑,分别以弯头吸管在琼脂层下吸取蚀斑以收获病毒,然后分别接种到预先制备的单层细胞培养瓶中进行增殖或传代。本试验采用BHK_{21}细胞,可应用于牛流行热病毒(BEFV)。

(2) 蓝舌病病毒(BTV)血清型鉴定试验(纸片法)

1) 抗体纸片制备

取已知各种血清型毒株以1×10^7蚀斑形成单位接种绵羊,接种后3～4周采血分离血清。制备直径0.5 mm的中性滤纸片,121 ℃15 min灭菌后保存于干燥环境。取上述滤纸片浸入不同血清型的免疫血清后真空冻干,保存于4 ℃冰箱备用,使用前以灭菌水湿润。

2) 病毒接种

用直径6 cm的塑料培养皿培养BHK_{21}或Vero细胞使成单层。以10^3PFU/0.2 mL被检蓝舌病病毒接种于细胞上,吸附1 h。洗去未被吸附的病毒,弃去洗液。

3) 覆盖琼脂

取2倍浓缩的细胞培养液加入等量的1.5%琼脂,每个平皿加入7 mL,置平台冷却凝固。在琼脂面上按梅花形图案放上不同型的血清滤纸片,并做好记号。把平皿放置在37 ℃二氧化碳培养箱培养2天。真空吸出平皿中的滤纸片。取2倍浓缩的细胞营养液加入等量的2%琼脂,每个平皿加入5 mL,重新置37 ℃二氧化碳培养箱培养2～3天,待明显蚀斑抑制环出现。

4) 结果判定

出现明显抑制蚀斑形成(即滤纸片位置下仍保持活细胞被染色)的免疫血清即为该被检病毒的血清型。本试验方法同时可应用于鹿流行性出血病病毒(EHDV)与蓝舌病病毒(BTV)的鉴别。

(3) 新城疫病毒(NDV)分离

取疑似患病禽的组织用细胞培养液匀浆,离心沉淀后取上清液。用16孔微量培养板制备鸡成纤维原代细胞。细胞长成单层后吸去培养液,向每孔滴加0.1 mL被检病料,置37 ℃吸附2 h后弃残液。制备1%琼脂的BME,置40 ℃～50 ℃水浴待用。吸取上述琼脂加入培养板各孔,每孔0.5 mL,使冷却凝固成覆盖层。把培养板倒置,在37 ℃二氧化碳培养箱培养48 h。制备含0.002%中性红的1%琼脂的BME,40 ℃～50 ℃水浴待用。吸取上述琼脂加入培养板各孔,每孔0.5 mL,使冷却凝固成第二覆盖层。把培养板倒置,在37 ℃二氧化碳培养箱继续培养,48 h内观察结果。挑出蚀斑下的细胞做病毒的进一步增殖和鉴定。本试验方法在样品中病毒含量少的情况下比单纯用细胞培养分离要敏感。

13.3.2 免疫荧光技术

免疫荧光技术(Immunofluorescence technique)又称荧光抗体技术。它是在免疫学、生物化学和显微镜技术的基础上建立起来的一项技术。免疫荧光技术包括荧光抗体技术和荧光抗原技术,因为荧光色素不但能与抗体球蛋白结合,用于检测或定位各种抗原,也可以与其他蛋白质结合,用于检测或定位抗体,但是在实际工作中荧光抗原技术很少应用,所以人们习惯称为荧光抗体技术,或称为免疫荧光技术。该技术的主要特点是:特异性强、敏感性高、速度快。主要缺点是:非特异性染色问题尚未完全解决,结果判定的客观性不足,技术程

序还比较复杂。

13.3.2.1 原理与方法

免疫学的基本反应是抗原-抗体反应。由于抗原抗体反应具有高度的特异性，所以当抗原抗体发生反应时，只要知道其中的一个因素，就可以查出另一个因素。免疫荧光技术就是将不影响抗原抗体活性的荧光色素标记在抗体（或抗原）上，与其相应的抗原（或抗体）结合后，在荧光显微镜下呈现一种特异性荧光反应。

（1）直接染色法

将标记的特异荧光抗体直接加在抗原标本上，经一定温度和时间的染色，洗去未参加反应的多余荧光抗体，在荧光显微镜下便可见到被检抗原与荧光抗体形成的特异性结合物而发出的荧光。直接染色法的优点是：特异性高，操作简便，比较快速。缺点是：一种标记抗体只能检查一种抗原，敏感性较差。直接法应设阴、阳性标本对照，抑制试验对照。

（2）间接染色法

如果检查未知抗原，先用已知未标记的特异抗体（第一抗体）与抗原标本进行反应，作用一定时间后，洗去未反应的抗体，再用标记的抗抗体即抗球蛋白抗体（第二抗体）与抗原标本反应，如果第一步中的抗原抗体互相发生了反应，则抗体被固定后与荧光素标记的抗抗体结合，形成抗原-抗体-抗抗体复合物，再洗去未反应的标记抗抗体，在荧光显微镜下可见荧光。在间接染色法中，第一步使用的未用荧光素标记的抗体起着双重作用，对抗原来说起抗体的作用，对第二步的抗抗体又起抗原作用。如果检查未知抗体则抗原标本为已知的待检血清为第一抗体，其他步骤和检查抗原相同。

由于免疫球蛋白有种属特异性，因此标记的抗球蛋白抗体必须用第一抗体同种的动物血清球蛋白免疫其他动物来制备。

间接染色法的优点是既能检查未知抗原，也能检查未知抗体；用一种标记的抗球蛋白抗体，能与在种属上相同的所有动物的抗体结合，检查各种未知抗原或抗体，敏感性高。缺点是：由于参加反应的因素较多，受干扰的可能性也较大，判定结果有时较难，操作烦琐，对照较多，时间长。间接法应设阴、阳性标本对照，还应设有中间层对照（即中间层加阴性血清代替阳性血清）。

（3）抗补体染色法

抗补体染色法简称补体法，是间接染色法的一种改良，首先由 Goldwasser 等建立。本法利用补体结合反应的原理，用荧光素标记抗补体抗体，鉴定未知抗原或未知抗体（待检血清）。染色程序也分两步：先将未标记的抗体和补体加在抗原标本上，使其发生反应，水洗，然后再加标记的抗补体抗体。如果第一步中抗原抗体发生反应，形成复合物，则补体便被抗原抗体复合物结合；第二步加入的荧光素标记的抗补体抗体便与补体发生特异性反应，使之形成抗原-抗体-补体-抗补体抗体复合物，发出荧光。

抗补体染色法具有和间接法相同的优点，此外，还有其独特的优点：即只需要一种标记抗补体抗体，便能检测各种抗原-抗体系统。因为补体的作用没有特异性，它可以与任何哺乳动物的抗原-抗体系统发生反应。它的缺点是参与反应的成分多，染色程序较复杂，比较麻烦。

除上述三种方法外，还在此基础上演变出一些方法，如双层法、夹心法、混合法、三层法、抗体-抗补体法，等等。

13.3.2.2　荧光抗体的制备

(1) 免疫血清的制备及免疫球蛋白的提纯

制备高效价的特异性抗血清是免疫荧光技术成功的前提。为此,用于免疫的抗原必须高度提纯,尽可能不含其他非特异性的抗原物质,血清的效价与特异性是矛盾的,通常以高效价的免疫血清为好,因为用这种血清制备荧光抗体,即使其中含有少量非特异抗体,也可以通过稀释法将其除去。为提高血清效价,在制备免疫原时,通常采用大剂量加佐剂,长程免疫,其中以弗氏不完全佐剂最常用。即按抗原1份、无水羊毛脂1份、液体石蜡2份混合,待充分乳化后,免疫动物,即可能获得高效价的免疫血清。用于荧光素标记的免疫血清,需提纯后使用,这样不但可以提高抗体的效价,而且还可以排除γ球蛋白以外的蛋白质,减少非特异性荧光的出现。在免疫荧光技术中所应用的特异性抗体,主要是IgG类,其提纯方法很多,但以饱和硫酸铵盐析法比较简便,也可用分子筛层析法(即葡聚糖凝胶过滤)以及离子交换层析法等,或先用盐析法精提,然后再经层析柱进一步纯化。

(2) 荧光色素的标记

能够产生明显荧光并能作为染料使用的有机化合物称为荧光色素或荧光染料。用于标记抗体的荧光色素,必须具有化学上的活性基因,能与蛋白质稳定结合,且不影响标记抗体的生物活性及抗原抗体的特异性结合。适于标记蛋白的荧光色素主要有异硫氰酸荧光黄(fluorescein isothiocyanate,FITC),四乙基罗达明(rho-damine B200,RB200)和四甲基异硫氰基罗达明(tetramethyl rhodamine isotheynate,TMRITC)。实际上目前应用最多的只有异硫氰酸荧光黄一种。

1) FITC标记

FITC为黄色结晶形粉末,分子质量为389,易溶于水和酒精等溶剂中,溶解后呈黄绿色荧光,最大吸收光谱为490 nm～495 nm。FITC的溶液不稳定,易因水解或迭聚而变质,故需在配好后2 h内应用。FITC含有异硫氰基,在碱性条件下能与IgG的自由氨基(主要是赖氨酸的ε-氨基)结合,形成荧光抗体结合物。一个分子的IgG有86个赖氨酸残基,但一般最多只能标记15～20个。

① 直接标记法:取抗体球蛋白溶液10 mL、碳酸盐缓冲液3 mL、生理盐水17 mL混合,在4 ℃电磁搅拌下加FITC 3 mg(先溶解在3 mL缓冲液中),在4 ℃继续搅拌4 h～6 h,将结合物通过已平衡好的Sephadex G25柱,以除去未结合的游离荧光素。

② 透析标记法:将抗体球蛋白溶液用碳酸盐缓冲液(0.25 mol/L,pH9.0)调到0.01 kg/L,并装入透析袋中,按蛋白质量的1/20称取FITC溶于10倍抗体溶液量的碳酸盐缓冲液中,将透析袋浸没于FITC液中,4 ℃搅拌16 h～18 h,取出透析袋于0.01 mol/L,pH7.2 PBS中透析4 h,将结合物通过已平衡好的Sephadex G25柱,去除游离荧光素。

2) RB200标记

本品为无定形褐红色粉末,不溶于水,易溶于酒精和丙酮,性质稳定,可长期保存,分子量为580,最大吸收光谱为570 nm,呈明亮的橙色荧光,因与FITC的黄绿色有明显区别,故被广泛用于对比染色或用于两种不同颜色的荧光抗体的双重染色。方法为:取1 g RB200及五氯化磷(PCl_5)2 g放乳钵中研磨5 min(在毒气操作橱中),加10 mL无水丙酮,放置5 min,随时搅拌,过滤,用所得溶液进行结合。将每毫升血清用1 mL生理盐水及1 mL碳酸盐缓冲液(0.5 mol/L,pH9.5)稀释,逐滴加入0.1 mL RB200溶液,随加随搅拌,在

0 ℃～4 ℃继续搅拌12 h～18 h。

3) TMRITC标记

TMRITC为紫红色粉末，性能比较稳定，分子质量为443，最大吸收光谱为550 nm，呈橙红色荧光。其结合方法与FITC的直接标记法相同，只是所加色素量为蛋白质量的1/30～1/40，结合时间持续16 h～18 h。

4) 影响标记的主要因素

温度、时间、酸碱度和标记量4个因素。温度低，标记时间长；温度高，标记时间应短。FITC 0 ℃～4 ℃以6 h～12 h为宜，20 ℃～25 ℃以1 h～2 h为宜，37 ℃以30 min～45 min为宜。pH低时，标记较慢，pH值偏高(大于10)，抗体易变性，pH值9.0～9.5最为适宜。抗体蛋白含量低，标记慢，以每毫升含20 mg～25 mg蛋白为宜。至于标记方法，各有特点，但均不能去除非特异荧光素。透析法适用于小体积的标记。

(3) 标记抗体的纯化

抗体标记以后，应立即进行纯化处理，以消除或降低非特异性染色。其步骤如下：标记抗体溶液透析或凝胶过滤，去除游离荧光色素(粗制荧光抗体)，DEAE-纤维素层析，去除过度标记的蛋白分子(精制荧光抗体)，抗原交叉吸收或组织制剂吸收，去除特异交叉反应的标记抗体(免疫纯荧光抗体)。

根据免疫荧光试剂的具体用途，纯化的方法可以不同，并不是每一种荧光试剂都须经过以上全部过程。对于某些细菌诊断试剂，只要除去游离荧光素就可以，检测病毒抗原的荧光抗体一般要求下述处理。

1) 游离荧光素的去除

去除标记过程中未与蛋白质结合的游离荧光素，是纯化标记试剂的最基本要求，不经过这一步处理，任何免疫荧光试剂都不能应用。

① 半透膜透析法：利用荧光色素分子可以通过半透膜，而蛋白分子则因分子量大不能通过的原理，逐步将游离色素除去。先将标记好的抗体溶液装于透析袋或玻璃纸袋内，注意使液面上留有一定空间，扎紧袋口，先用流动自来水透析5 min，再转入PBS(0.01 mol/L，pH7.2)或生理盐水中继续透析，外液量至少大于内液量100倍，透析应在低温(0 ℃～4 ℃)下进行，每天换液3～4次，整个透析时间约需1周左右，时间过长容易造成蛋白质变性，影响荧光抗体的质量。取透析液(外液)以紫外线灯检查，若无荧光出现，即可停止透析。

② 凝胶过滤法：利用荧光色素分子和蛋白质分子量的悬殊差别，通过分子筛除去游离荧光素，一般1 h以内即能完成操作，但最好与透析法结合进行。先将标记抗体溶液透析4 h，除去大部分游离荧光素和其他小分子物质以后，再进行凝胶过滤，这样有利于保护凝胶柱，延长使用时间。凝胶柱sephadex G25和G50装好后，以洗脱液(0.001 mol/L或0.005 mol/L PBS，pH(7.0～7.2))平衡，然后加入样品，样品与柱床容积的比例1∶2以下皆可。样品全部进入柱床后，即可进行洗脱。此法可使游离荧光素完全除去，同时荧光抗体可以100%回收。

2) 过度标记的蛋白分子的去除

去除游离荧光素后，结合物中存在的未标记的和过度标记的蛋白质，是降低染色效价和出现非特异性染色的主要因素。常用的方法是DEAE-纤维素或DEAD-葡聚糖凝胶层析，

结合物通过层析柱后，过度标记的部分(易出现非特异性)被吸附，过低标记的或未标记的部分(易降低敏感性)自由流出，从而可以得到荧光素与蛋白质结合比最适的部分。

DEAE-纤维柱用PBS平衡后，柱上端放一大小合适的滤纸片，打开下口，调解流速至每分钟10～20滴左右，待柱上液面剩一薄层PBS时，用吸管滴加标记样品，样品进入柱床尚离一薄层时，用适量PBS冲洗管壁，然后用大量0.01 mol/L，pH7.2 PBS洗脱，用20%磺基水杨酸液试测洗脱液。待蛋白出现阳性反应时即可收集，蛋白反应阴转时停止收集，该洗脱液即为纯化的标记抗体。

3) 特异交叉或额外应用性标记抗体的去除

去除特异交叉或额外应用标记抗体，常用组织粉末吸收法，最常用的是肝粉，这一步处理对标记抗体来说，损失是很大的，一般可省去这一步。

4) 标记抗体的鉴定

经过以上各种程序所获得的精制荧光抗体，使用前须做特异性测定、敏感性鉴定以及纯度测定后，才可正式用于荧光抗体染色。

13.3.2.3　荧光抗体染色

(1) 标本的固定

在荧光抗体试验中，染色标本的固定是个很重要的步骤。通过固定，不仅要使标记的抗体易于接近抗原，从而发生反应，而且要求标本中的抗原活性不受损失，同时还要保护其自然形态和位置。因此，根据所研究的抗原和组织细胞种类的不同，相应地采用不同的固定方法。应用最广泛的固定液是丙酮和乙醇，其次是甲醇、甲醛、丙烯醛等。切片标本大多用乙醇固定，组织培养标本主要用丙酮固定。固定液的浓度：丙酮为100%、乙醇为100%或95%、甲醛为10%、甲醇为100%。固定的温度和时间变化很大，温度从－70 ℃至37 ℃都有应用，时间一般在10 min～30 min。

(2) 染色

1) 直接染色法

于标本片上滴加适当稀释的荧光抗体，置湿盒内，37 ℃感作30 min后取出。先以pH7.2 PBS冲洗，继以自来水冲洗5 min左右，最后以蒸馏水冲洗，自然干燥或吹干。滴加缓冲甘油封片(无荧光甘油9份，pH7.2 PBS 1份)镜检。已知抗原标本加1～2滴PBS或不加，应无荧光出现。已知抗原加正常同种动物标记球蛋白溶液染色，应无荧光。标本滴加同种未标记抗体感作30 min后，再加标记抗体，镜检应无荧光现象。标记抗体与种属抗原标本染色，应无荧光出现。标记抗体与已知抗原染色，应呈强荧光反应。对照染色可根据条件适当选择。

2) 间接法染色

标本经固定后，于被检标本上滴加已知未标记的抗体(或抗原)置湿盒37 ℃感作30 min。先以pH7.2 PBS冲洗，然后浸泡于三缸PBS中，每缸3 min并注意振荡。弃掉PBS，用吸水纸吸干。滴加相应的抗球蛋白荧光抗体，置湿盒37 ℃感作30 min。同上以PBS浸洗3次，最后用蒸馏水洗1次，缓冲甘油封片后镜检。被检标本加抗球蛋白荧光抗体，应无荧光出现。标本先以相应正常动物的血清处理30 min，水洗后再以抗球蛋白抗体染色，应无荧光出现。已知阳性标本加相应的特异性免疫血清，然后再以抗球蛋白荧光抗体染色，应出现特异的明亮荧光。

13.3.3　免疫酶技术

免疫酶技术是继免疫荧光技术和放射免疫测定技术之后发展起来的又一种免疫标记技术。

13.3.3.1　原理

免疫酶技术是根据抗原与抗体特异性结合，以酶作标记物，酶对底物具有高效催化作用的原理而建立的。酶与抗体或抗原结合，既不改变抗体或抗原的免疫反应的特异性能，也不影响酶本身的酶学活性。酶标抗体或抗原与相应的抗原或抗体相结合后，形成酶标抗体-抗原复合物。复合物中的酶在遇到相应的底物时，催化底物分解，使供氢体氧化而成有色物质。有色物质的出现，客观地反映了酶的存在。根据有色产物的有无及其浓度，即可间接推测被检抗原或抗体是否存在以及其数量，从而达到定性或定量的目的。

13.3.3.2　分类

免疫酶技术在方法上分为两类，一类用于组织细胞中的抗原或抗体成分检测和定位，称为免疫酶组织化学法或免疫酶染色法；另一类用于检测液体中可溶性抗原或抗体成分，称为免疫酶测定法。

(1) 免疫酶染色法

标本制备后，先将内源酶抑制，然后便可进行免疫酶染色检查。其基本原理和方法与荧光抗体法相同，只是以酶代替荧光素作为标记物，并以底物产生有色产物为标志。免疫过氧化物酶试验是免疫酶染色法中最常用的一种。常规免疫酶染色法可分直接和间接两种方法。

1) 直接法

用酶标记特异性抗体，直接检测微生物或其抗原。在含有微生物或其抗原的标本固定后，消除其中的内源性酶，用酶标记抗体直接处理，使标本中的抗原与酶标抗体相结合，然后加底物显色，进行镜检。

2) 间接法

将含有微生物或其抗原的组织或细胞标本，用特异性抗体处理，使抗原抗体结合，洗涤清除未结合的部分，再用酶标记抗体进行处理，使其形成抗原-抗体-酶标记抗体复合物，最后滴加底物显色，进行镜检。

间接法虽然多一步骤，但比直接法特异性强，使用范围广。因为只要用一种酶标记一种动物的球蛋白抗体，就可以检测该种动物的任何一种抗体。此外，酶标记第二抗体可用葡萄球菌 A 蛋白 SPA 或生物素与亲合素系统等代替，亦成功地用于许多抗原和抗体的检测。同时，在不同程度上提高了检测方法的特异性与敏感性。

13.3.3.3　酶结合物的制备与纯化

在免疫酶技术中，能否制备高质量的酶结合物是试验成败的关键。为获得高质量的酶标记抗体，首先要有纯度高、活性强的酶和抗体。高质量的抗体可通过提取纯化获得。目前，应用最广泛的是辣根过氧化物酶，其次有碱性磷酸酶、酸性磷酸酶、葡萄糖氧化酶、β-D 半乳糖苷酶。用于抗体和抗原标记的酶应无毒性、分子量小、特异性和纯度高、活性强、稳定，且易结合抗体或抗原而不明显影响彼此的活性。

辣根过氧化物酶(Horseradish peroxidase，HRP)，是从植物辣根中提取的一种过氧化物酶。它是由无色酶蛋白和深棕色铁卟啉构成的一种庶糖蛋白，含有多种同功酶，分子量约为 40 000，等电点在 pH(5.5～9.0)之间。该酶在 pH(5～10)，50 ℃以下最稳定，在稀溶液中易失活，在−80 ℃保存最佳。氰化物、重氮化合物、氟化物和硫化物等对之抑制作用。由于铁卟啉为HRP的活性基团，在403 nm波长下呈现最大的光吸收，而与酶反应无关的其他蛋白质，在275 nm波长出现一个光吸收峰，因此可用光密度比值来表示酶的纯度。通常用德文(Reinhoit Zahl)的缩写字母RZ表示，即酶的纯度RZ＝OD_{403} nm/OD_{275} nm，RZ越大，酶的纯度越高；RZ越小，酶的纯度越低。高质量酶的RZ应该大于3，RZ值2.5以上方可使用。

酶制剂另一个质量标准是活性单位(U/mg)，标记用的HRP活性应达到250 U/mg以上。酶活性是以红培酚(purpurogailn)单位表示的，即以焦性没食子酸辣(pyrogallol)为供氢体、在pH6.0，20 ℃时20 s内形成1 μg红培酚为一个单位。

酶标记抗体的制备方法很多，目前应用最广泛的有过碘酸钠法和戊二醛法。

(1) 改良过碘酸钠法

将5 mg HRP溶于0.5 mL蒸馏水中，加入新配制的0.06 mol/L $NaIO_4$水溶液0.5 mL，混匀置冰箱30 min，取出加入0.16 mol/L乙醇水溶液0.5 mL，室温放置30 min后加入含5 mg纯化抗体的水溶液(或PBS)1 mL，混匀并装透析袋，以0.05 mol/L、pH9.5碳酸盐缓冲液缓慢搅拌透析6 h(或过夜)使之结合，然后加$NaBH_4$溶液(5 mg/mL)0.2 mL，置冰箱2 h。将上述结合物混合液加入等体积饱和硫酸铵，冰箱放置30 min；离心，将所得沉淀物溶于少许0.02 mol/L pH7.4PBS中，并对之透析过夜。次日再离心除去不溶物，即得酶-抗体结合物，加0.02 mol/L pH7.4PBS至5 mL，测定后，冷冻干燥或低温保存。

(2) 戊二醛一步法

在1.0 mL含5 mg免疫球蛋白的0.1 mol/L pH6.8磷酸缓冲液(PB)中，加入12 mL HRP。缓慢搅拌并逐滴加入1%戊二醛溶液0.05 mL。室温下继续搅拌2 h或旋转3 h，然后搅拌并滴加等量100%饱和硫酸铵，于4 ℃冰箱静止60 min，3 000 r/min离心沉淀30 min。将沉淀物用50%饱和硫酸铵洗涤2次，再将沉淀物溶于少量0.02 mol/L pH7.4PBS中，4 ℃冰箱透析24 h，中间换液3次，最后测OD_{403} nm和OD_{256} nm，计算结合物酶含量、IgG量以及其摩尔比值。

(3) 戊二醛二步法

取HRP 5 mg溶于pH9.5、0.05 mol/L的碳酸盐缓冲液(CBS)中，滴入25%戊二醛0.1 mL混匀，37 ℃水浴2 h。取出后加220 g/L NaCl 0.1 mL，充分混匀后4 ℃冰箱10 min预冷。加入预冷至4 ℃的无水乙醇2.4 mL，于塑料离心管内颠倒混匀后立即1 000 r/min离心10 min，弃上清液，将沉淀用冷至4 ℃的80%乙醇洗1次，将离心管倒置，使乙醇流尽(必要时用滤纸拭去)。用PBS 0.5 mL溶解沉淀，加入待标记的抗体溶液0.5 mL(含IgG 5 mg～10 mg)混合后4 ℃过夜，加入适量中性甘油后分装，－20 ℃保存。

分光光度计分别于280 nm和403 nm波长测定酶标结合物的光密度(OD)，并计算出OD_{403} nm与OD_{280} nm之比值以及HRP与抗体的摩尔比。

结合物中HRP浓度(mg/mL)＝OD_{280} nm×0.4

结合物中IgG浓度(mg/mL)＝(OD_{280} nm－OD_{403} nm)×0.3×0.62

酶/抗体摩尔比＝(HRP浓度/IgG浓度)×4

用酶结合物中与抗体相应的抗原直接包被聚苯乙烯反应板，采用ELISA直接法测定酶结合物效价，通常本法制备的酶结合物作1∶10 000稀释时，其OD_{490} nm仍在1.0以上。

13.3.3.4　免疫酶染色法的操作程序(以间接法为例)

(1) 染色标本制备

用于免疫酶染色的标本有组织切片(冰冻切片、石蜡切片)、组织乳剂涂片、组织压印片以及组织培养单层细胞标本等。这些标本的制备方法与免疫荧光技术相同。

(2) 固定

标本制备后,应选用适当的固定剂进行固定。选用的固定剂应既不影响抗原的活性,又不妨碍抗体的进入,有利于抗原和抗体的结合。微生物抗原的固定剂一般用甲醇、乙醇和丙酮,以冷条件下的固定为宜,固定时间为 10 min～15 min。

(3) 消除内源酶

用酶结合物作细胞内抗原定位时,由于有些组织和细胞内含有内源性过氧化物酶,可与标记的过氧化物酶在显色反应上发生混淆,因此必须在滴加酶结合物之前,消除内源性酶。即可用 0.3%～3%的过氧化氢室温处理标本 15 min～30 min,用 0.1%苯肼 37 ℃作用 1 h,或用 0.074%盐酸乙醇液(100 mL 乙醇中含 0.2 mL 浓盐酸)室温处理 15 min,再移入 PBS 和生理盐水中处理 15 min,还可用 1%～3% H_2O_2 甲醇处理单层细胞标本和组织乳剂涂片标本,同时起到固定和消除内源酶的作用。

(4) 消除背景染色

在免疫酶染色法中,消除背景染色是一个关键问题。背景染色有时是特异的,如病变组织的炎性浸润、组织坏死和自溶等,都可引起抗原扩散和移位,造成背景染色。然而,大量的是非特异性背景染色,主要是由于组织成分对免疫球蛋白的非特异粘附所致,这在第一抗体最易发生。可用与第一抗体不同种类的正常动物血清作预处理,最好用来自与酶标记等二抗同种动物的血清做预处理。如是切片标本可以 3% H_2O_2 作用后,再用 10%卵白蛋白作用 30 min,还可用保温液即 0.05%吐温－20 和含 0.190 牛血清白蛋白(BSA)的 PBS 对细胞标本进行预处理以达到消除背景染色的目的。

(5) 感作

滴加最适浓度的抗血清,在湿盒内 37 ℃感作 30 min,使其形成抗原抗体复合物。

(6) 标记

用 pH7.4 的 PBS 充分泡洗标本后,滴加最适浓度的酶标记抗 IgG 抗体使其形成抗原-抗体-抗 IgC 抗体-酶复合物。

(7) 加底物

用 PBS 充分泡洗后,加 3,3-二氨基联苯二胺(DAB)-H_2O_2 底物溶液,避光显色 15 min～30 min。

(8) 检查

冲洗后肉眼观察或借助普通光学显微镜检查,抗原所在部位呈现棕黄色。在上述染色过程中,第一抗体和酶标记二抗的最佳使用浓度应以棋盘滴定预先选择,不宜过低或过高,过低会影响检出敏感性,过高则呈现非特异性染色。

13.3.4　中和试验

动物受到病毒感染后,体内产生特异性中和抗体,并与相应的病毒粒子呈现特异性结合,因而阻止病毒对敏感细胞的吸附,或抑制其侵入,使病毒失去感染能力。中和试验(Neutralization Test)是以测定病毒的感染力为基础,比较病毒受免疫血清中和后的残存感染力为依据，来判定免疫血清中和病毒的能力。

中和试验常用的有两种方法：一种是固定病毒量与等量系列倍比稀释的血清混合，另一种是固定血清用量与等量系列对数稀释（即十倍递次稀释）的病毒混合。然后把血清-病毒混合物置适当的条件下感作一定时间后，接种于敏感细胞、鸡胚或动物，测定血清阻止病毒感染宿主的能力及其效价。如果接种血清病毒混合物的宿主与对照（指仅接种病毒的宿主）一样地出现病变或死亡，说明血清中没有相应的中和抗体。中和反应不仅能定性而且能定量，故中和试验可应用于病毒株的种型鉴定、血清抗体效价测定、分析病毒的抗原性。毒素和抗毒素亦可进行中和试验，其方法与病毒中和试验基本相同。

用组织细胞进行中和试验，有常量法和微量法两种，因微量法简便、结果易于判定、适于作大批量试验，所以近来得到了广泛的应用。

13.3.4.1 固定血清-稀释病毒法（病毒中和试验）

(1) 病毒毒价的测定

衡量病毒毒价（毒力）的单位过去多用最小致死量（MLD），即经规定的途径，以不同的剂量接种试验动物，在一定时间内能致全组试验动物死亡的最小剂量。但由于剂量的递增与死亡率递增不呈线性关系，在越接近100%死亡时，对剂量的递增越不敏感。而一般在死亡率越接近50%时，对剂量的变化越敏感，故现多改用半数致死量（LD_{50}）作为毒价测定单位，即经规定的途径，以不同的剂量接种试验动物，在一定时间内能致半数试验动物死亡的剂量。用鸡胚测定时，毒价单位为鸡胚半数致死量（ELD_{50}）或鸡胚半数感染量（EID_{50}）。用细胞培养测定时，为组织细胞半数感染量（$TCID_{50}$）。在测定疫苗的免疫性能时，则用半数免疫量（IMD_{50}）或半数保护量（PD_{50}）。

1) LD_{50}的测定（以流行性乙型脑炎病毒为例）。

将接种病毒并已发病濒死的小鼠，无菌法取脑组织，称重、加稀释液充分研磨，配制成10^{-1}悬液，3 000r/min 离心 20 min，取上清液，以10倍递次稀释成10^{-1}，10^{-2}，10^{-3}，…，10^{-9}，每个稀释度分别接种5只小鼠，每只脑内注射0.03 mL，逐日观察记录各组的死亡数。按 Reed 和 Muench 氏法计算。

2) EID_{50}的测定（以新城疫病毒为例）

将新鲜病毒液10倍递次稀释成10^{-1}，10^{-2}，10^{-3}，…，10^{-9}不同稀释度，分别接种9～10日龄鸡胚尿囊腔，鸡胚必须来自健康母鸡，并且没有新城疫抗体。每只鸡胚接种0.2 mL，每个稀释度接种6只鸡胚为一组，以石蜡封口，置37 ℃～38 ℃培养，每天照蛋，24 h之内死亡的鸡胚弃掉，24 h之后死亡的鸡胚置4 ℃保存。连续培养5天，取尿囊液作血球凝集试验，出现血凝者判阳性，记录结果计算EID_{50}。

3) $TCID_{50}$的测定（以裂谷热病毒为例）

将RVF标准毒用维持液作10倍稀释，取长成良好单层的细胞，用PBS洗一次后，接种1 mL病毒，置37 ℃作用30 min，加入维持液，置37 ℃二氧化碳培养箱培养至80%细胞出现病变，收获病毒，冻融两次或者超声波裂解，3 000 r/min 离心 10 min，取上清液，测定病毒$TCID_{50}$并分装小瓶，置−70 ℃冰箱保存备用。将制备的标准病毒抗原，用维持液将其作10倍递增稀释至10^{-8}，每个滴度接种细胞培养板8个孔，每孔50 μL，随后每孔加入细胞悬液（3×10^{5}mL）100 μL和细胞维持液50 μL。同时每板设8孔细胞对照。置37 ℃二氧化碳培养箱，逐日观察至第6天，记录细胞病变，按 Karber 法或 Reed-muench 方法计算$TCID_{50}$/50 μL。

（2）中和试验

1）病毒稀释度的选择

选择病毒稀释度范围，要根据毒价测定的结果而定，如病毒的毒价为 10^{-6}，则试验组选用 $10^{-2} \sim 10^{-8}$，对照组选用 $10^{-4} \sim 10^{-8}$，其原则是：最高稀释度要求动物全存活（或无细胞病变），最低稀释度动物全死亡（或均出现细胞病变）。

2）血清处理

用于试验的所有血清在用前须作加温灭活，来自不同动物的血清，灭活的温度和时间是不同的。一般为 56 ℃ 30 min。

3）病毒的稀释

按选定的病毒稀释度范围，将病毒液作 10 倍递次稀释，使之成为所需要的稀释度。

4）感作

将不同稀释度病毒与病毒等量的免疫（或被检）血清、正常阴性血清充分摇匀后，放 37 ℃感作 1 h。

5）接种

按“病毒价测定”中所述接种方法接种试验动物（或鸡胚、组织细胞）。观察持续时间，根据病毒和接种途径而定。

6）中和指数据计算

按 Reed 和 Muench 两氏法（或 Karber 法）分别计算试验组和对照组的 LD_{50}（或 EID_{50}、$TCID_{50}$）

$$中和指数=\frac{试验组\ LD_{50}(EID_{50}、TCID_{50})}{对照组\ LD_{50}(EID_{50}、TCID_{50})}$$

假如试验组 LD_{50} 为 $10^{-2.2}$，对照组 LD_{50} 为 $10^{-5.6}$。则中和指数为 $10^{3.3}$，$10^{3.3}=1\ 995$，也就是说该待检血清中和病毒的能力比正常血清大 1 995 倍。

7）结果判定

固定血清-稀释病毒法进行中和试验，当中和指数大于 50，表示待检血清中有中和抗体；中和指数在 10～50 为可疑；若中和指数小于 10 为无中和抗体。

13.3.4.2　固定病毒-稀释血清法（血清中和试验）

（1）病毒毒价的测定（微量法）

1）病毒的制备

将病毒接种于单层细胞，37 ℃吸附 1 h 后加入维持液，置温箱培养。逐日观察，待细胞病变（CPE）达 75%以上，收获病毒悬液冻融或超声波处理，以 3 000 r/min 离心 10 min，取上清液，定量分装成 1 mL 小瓶置－70 ℃保存备用，选用的病毒须对细胞有较稳定的致病力。

2）病毒毒价测定

取置－70 ℃冰箱保存的病毒一瓶，将病毒在 96 孔培养板上作 10 倍递进稀释，每孔病毒悬液量为 50 μL，每个稀释度作 8 孔，每孔加入 100 μL 细胞悬液，每块板的最后一行设 8 孔细胞对照，制备细胞悬液的浓度以使细胞在 24 h 内长满单层为度。把培养板置 5% CO_2 温箱 37 ℃培养，逐日观察细胞病变，记录结果。按 Reed 和 Muench 氏法计算 $TCID_{50}$。

（2）中和试验

1）血清的处理

动物血清中,含有多种蛋白质成分对抗体中和病毒有辅助作用,如补体、免疫球蛋白和抗补体抗体等。为排除这些不耐热的非特异性反应因素,用于中和试验的血清须经加热灭活处理。各种不同来源的血清,须采用不同温度处理,猪、牛、猴、猫及小鼠血清为 60 ℃;水牛、狗及地鼠血清为 62 ℃;马兔血清为 65 ℃;人和豚鼠血清为 56 ℃。加热时间为 20 min～30 min。60 ℃以上加热时,为防止蛋白质凝固,应先以生理盐水作适当稀释。

2) 稀释血清

取已灭活处理的血清,在 96 孔微量细胞培养板上,用稀释液作一系列倍比稀释,使其稀释度分别为原血清的 1∶2,1∶4,1∶8,1∶16,1∶32,1∶64,每孔含量为 50 μL,每个稀释度作 4 孔。

3) 病毒

取－70 ℃冰箱保存的病毒液,按经测定的毒价作 $200TCID_{50}$ 稀释(与等量血清混合,其毒价为 $100TCID_{50}$)。如本例病毒价为 $10^{-6.3}$,所以应将病毒作 $2\times10^{-4.3}$ 稀释。

4) 感作

每孔加入 50 μL 病毒液,封好盖,置于 37 ℃温箱中和 1 h。病毒与血清混合,0 ℃下,不发生反应,4 ℃以上中和反应即可发生。常规采用 37 ℃作用 1 h,一般病毒都可发生充分的中和反应。但对易于灭活的病毒可置 4 ℃冰箱感作,不同耐热性的病毒感作温度和时间应有所不同。

5) 加入细胞悬液

在制备细胞悬液时,其浓度以在 24 h 内长满单层为度。血清病毒中和 1 h 后取出,每孔加入 100 μL 细胞悬液,置 5% CO_2 37 ℃温箱培养,自培养 48 h 开始逐日观察记录,144 h 终判。由于各种病毒引起细胞病变时间不同,终判时间应根据病毒致细胞病变的快慢而定。

6) 设立对照

为保证试验结果的准确性,每次试验都必须设置下列对照,特别是在初次进行该种病毒的中和试验时,尤为重要。

阳性和阴性血清对照:阳性和阴性血清与待检血清进行平行试验,阳性血清对照应不出现细胞病变,而阴性血清对照应出现细胞病变。

病毒回归试验:每次试验每一块板上都设立病毒对照。先将病毒作 0.1、1、10、100、1 000 $TCID_{50}$ 稀释,每个稀释度作 4 孔,每孔加 50 μL。然后每孔 100 μL 细胞悬液。0.1$TCID_{50}$ 应不引起细胞病变,而 $100TCID_{50}$ 必须引起细胞病变,否则该试验不能成立。

血清毒性对照:为检查被检血清本身对细胞有无任何毒性作用,设立被检血清毒性对照是必要的。即在组织细胞中加入低倍稀释的待检血清(相当于中和试验中被检血清的最低稀释度)。

正常细胞对照:即不接种病毒和待检血清的细胞悬液孔。正常细胞对照应在整个中和试验中一直保持良好的形态和生活特征,为避免培养板本身引起试验误差,应在每块板上都设立这一对照。

7) 结果判定和计算

当病毒回归试验,阳性、阴性、正常细胞对照、血清毒性对照全部成立时,才能进行判定。被检血清孔出现 100%CPE 判为阴性,50%以上细胞出现保护者为阳性。固定病毒稀释血清中和试验的结果计算,是计算出能保护 50%细胞孔不产生细胞病变的血清稀释度,该稀

释度即为该份血清的中和抗体效价。

13.3.4.3 影响中和试验的因素

影响中和试验的因素如下：

1）病毒毒价的准确性是中和试验成败的关键，毒价过高易出现假阴性，过低会出现假阳性。在微量血清中和试验中，一般使用100 $TCID_{50}$～500 $TCID_{50}$。

2）用于试验的阳性血清，必须是用标准病毒接种易感动物制备的。

3）细胞量的多少与试验有密切关系，细胞量过大或过小易造成判断上的错误，一般以在24 h内形成单层为宜。

4）毒价测定的判定时间应与正式试验的判定时间相符。

13.3.5 酶联免疫吸附试验

自从Engvall和Perlman(1971)首次报道建立酶联免疫吸附试验(Enzyme-Linked ImmunosorbentAssays，ELISA)以来，由于ELISA具有快速、敏感、简便、易于标准化等优点，使其得到迅速的发展和广泛应用。尤其是采用基因工程方法制备包被抗原，采用针对某一抗原表位的单克隆抗体进行阻断ELISA试验，大大提高了ELISA的特异性，加之电脑化程度极高的ELISA检测仪的使用，使ELISA更为简便实用和标准化，从而使其成为最广泛应用的检测方法之一。目前ELISA方法已被广泛应用于多种细菌和病毒等疾病的诊断。在动物检疫方面，ELISA在猪传染性胃肠炎、牛副结核病、牛传染性鼻气管炎、猪伪狂犬病、蓝舌病等的诊断中已成为广泛采用的标准方法。

13.3.5.1 基本原理

ELISA方法的基本原理是酶分子与抗体或抗抗体分子共价结合，此种结合不会改变抗体的免疫学特性，也不影响酶的生物学活性。此种酶标记抗体可与吸附在固相载体上的抗原或抗体发生特异性结合。滴加底物溶液后，底物可在酶作用下使其所含的供氢体由无色的还原型变成有色的氧化型，出现颜色反应。因此，可通过底物的颜色反应来判定有无相应的免疫反应，颜色反应的深浅与标本中相应抗体或抗原的量呈正比。此种显色反应可通过ELISA检测仪进行定量测定，这样就将酶化学反应的敏感性和抗原抗体反应的特异性结合起来，使ELISA方法成为一种既特异又敏感的检测方法。

13.3.5.2 用于标记的酶

用于标记抗体或抗抗体的酶须具有下列特性：有高度的活性和敏感性，在室温下稳定，反应产物易于显现，能商品化生产。目前应用较多的有辣根过氧化物酶(HRP)、碱性磷酸酶、葡萄糖氧化酶等，其中以HRP应用最广。

(1) 辣根过氧化物酶(HRP)

过氧化物酶广泛分布于植物中，辣根中含量最高，从辣根中提取的称辣根过氧化物酶(HRP)，是由无色酶蛋白和深棕色的铁卟啉构成的一种糖蛋白(含糖量18%)，分子量约40 000，约由300个氨基酸组成，等电点为pH(3～9)，催化反应的最适pH值因供氢体不同而稍有差异，一般多在pH5左右。此酶溶于水和50%饱和度以下的硫酸铵溶液。酶蛋白和辅基最大吸收光谱分别为275 nm和403 nm。

酶的纯度以RZ表示：$RZ=OD_{403}/OD_{275}$。纯酶的RZ多在3.0以上，最高为3.4。RZ在0.6以下的酶制品为粗酶，非酶蛋白约占75%，不能用于标记。RZ在2.5以上者方可用于标记。HRP的作用底物为过氧化氢，催化反应时的供氢体有几种：

1）邻苯二胺(OPD)，产物为橙色，可溶性，敏感性高，最大吸收值在 490 nm，可用肉眼观察判别，容易被浓硫酸终止反应，颜色可在数小时内不改变，是目前国内 ELISA 中最常用的一种；

2）联大茴香胺(OD)，产物为橘黄色，最大吸收值在 400 nm，颜色较稳定；

3）5-氨基水杨酸(5-AS)：产物为深棕色，最大吸收值在 449 nm，部分溶解，敏感性较差；

4）邻联甲苯胺(OT)产物为蓝色，最大吸收值在 630 nm，部分溶解，不稳定，不耐酸，但反应快，颜色明显。

(2) 碱性磷酸酶

系从小牛肠黏膜和大肠杆菌中提取，由多个同功酶组成。它们的底物种类很多，常用者为硝基苯磷酸盐，廉价无毒性。酶解产物呈黄色，可溶，最大吸收值在 400 nm。酶的活性以在 pH10 反应系统中、37 ℃ 1 min 水解 1 μg 磷酸苯二钠为一个单位。

13.3.5.3　抗体的酶标记方法及标记效果测定

(1) 标记方法

良好的酶结合物取决于两个条件：即高效价的抗体和高活性的酶。抗体的活性和纯度对制备标记抗体至关重要，因为特异性免疫反应随抗体活性和纯度的增加而增强。在酶标记过程中，抗体的活性有所降低，故需要纯度高、效价高及抗原亲和力强的抗体球蛋白，最好使用亲和层析提纯的抗体，可提高敏感性，而且可稀释使用，减少非特异性吸附。

酶与抗体交联，常用戊二醛法和过碘酸盐氧化法。郭春祥建立的 HRP 标记抗体的改良过碘酸钠法简单易行，标记效果好，特别适用于实验室的小批量制备。其标记程序为：将 5 μg HRP 溶于 0.5 mL 蒸馏水中，加入新鲜配制的 0.06 mol/L 的过碘酸钠($NaIO_4$)水溶液 0.5 mL，混匀置 4 ℃冰箱 30 min，取出加入 0.16 mol/L 的乙二醇水溶液 0.5 mL，室温放置 30 min 后加入含 5 g 纯化抗体的水溶液 1 mL，混匀并装透析袋，以 0.05 mol/L、pH9.5 的碳酸盐缓冲液于 4 ℃冰箱中慢慢搅拌透析 6 h(或过夜)使之结合，然后吸出，加 5 g/mL 硼氢化钠($NaBH_4$)溶液 0.2 mL，置 4 ℃冰箱 2 h，将上述结合物混合液加入等体积饱和硫酸铵溶液，置 4 ℃冰箱 30 min 后离心，将所得沉淀物溶于少许 0.02 mol/L、pH7.4 PBS 中，并对之透析过夜(4 ℃)，次日离心除去不溶物，即得到酶标抗体，用 0.02 mol/L、pH7.4 PBS 稀释至 5 mL，进行测定后，冷冻干燥或低温保存。

(2) 酶标抗体标记效果测定

测定内容包括酶和抗体活性、结合物中酶含量和 IgG 含量、酶与 IgG 摩尔比值以及结合率。

1）酶与抗体的活性

常用琼脂扩散或免疫电泳法，使抗原与抗体形成沉淀线，经 PBS 漂洗 1 天，再以蒸馏水浸泡 1 h，将琼脂凝胶片浸于酶底物溶液中着色，如果出现应有的颜色反应，再用生理盐水浸泡，颜色仍然不褪，表示结合物既有酶的活性，也有抗体活性。良好的结合物在显色后，琼扩滴度应在 1∶16 以上。另一个测定方法是用系列稀释的酶标抗体直接以 ELISA 方法进行方阵滴定，此法不仅可以测定标记效果，还可以确定酶标抗体的使用浓度。

2）结合物的定量测定

一般是对结合物中酶和 IgG 进行定量测定。常用紫外分光光度计于 403 nm 和 280 nm

进行测定，然后按下列公式计算：酶量(mg/mL)＝OD_{403}×0.42，IgG 量(mg/mL)＝(OD_{280}－OD_{403}×0.4)×0.94×0.62。对于过碘酸钠氧化法制备的标记抗体量，按下列公式计算：IgG 量(mg/mL)＝(OD_{280}－OD_{403}×0.34)×0.62。已知酶量和 IgG 量后，即可计算出标记抗体的摩尔(mol)比值。HRP/IgG 摩尔比值＝HRP(mg/mL)/IgG(mg/mL)×4。结合物酶总量＝HRP(mg/mL)×结合物溶液量，结合物产率＝结合物酶总量/标记时加入酶量×100%。

用于 ELISA 的结合物的酶量为 400 g/mL 时效果一般，为 500 g/mL 时效果较好，达 1 000 g/mL时效果最好。一般认为 moL 比值为 0.7 时效果一般，1.0 时效果较好，1.5～2.0时最好。酶结合率为 7%时效果一般，为 9%～10%较好，达 30%以上时最好。

13.3.5.4　ELISA 方法的基本类型、用途

根据 ELISA 所用的固相载体而区分为三大类型：一是采用聚苯乙烯微量板为载体的 ELISA，即我们通常所指的 ELISA(微量板 ELISA)；另一类是用硝酸纤维膜为载体的 ELISA，称为斑点 ELISA(Dot-ELISA)；再一类是采用疏水性聚脂布作为载体的 ELISA，称为布 ELISA(C-ELISA)。在微量板 ELISA 中，又根据其性质不同分为间接 ELISA、双抗体夹心 ELISA、双夹心 ELISA、竞争 ELISA、阻断 ELISA 及抗体捕捉 ELISA。间接 ELISA 主要用于检测抗体，双抗体夹心 ELISA 主要用于检测大分子抗原。双夹心 ELISA 与双抗体夹心 ELISA 的主要区别在于，它是采用酶标抗抗体检查多种大分子抗原，它不仅不必标记每一种抗体，还可提高试验的敏感性。竞争 ELISA 主要用于测定小分子抗原及半抗原，其原理类似于放射免疫测定。阻断 ELISA 主要用于检测型特异性抗体，该方法现已成为猪传染性胃肠炎(TGE)、猪伪狂犬病(PR)及猪胸膜肺炎(AP)的主要检测方法。抗体捕捉 ELISA 主要用于检测 IgM 抗体。由于 IgM 抗体出现于感染早期，所以检测出 IgM，则可作为某种疾病的早期诊断。抗体捕捉 ELISA 根据所用标记方式不同可分为标记抗原、标记抗体、标记抗抗体捕捉 ELISA 等几种，其中以标记抗原捕捉 ELISA 比较有代表性。与常规的微量板 ELISA 比较，Dot-ELISA 具有简便、节省抗原等优点，而且结果可长期保存；但其也有不足，主要是在结果判定上比较主观，特异性不够高等。C-ELISA(Cloth-ELISA)是加拿大学者于 1989 年建立的一种新型免疫检测技术，该方法是以疏水性聚脂布(Hydrophobic Polyester Cloth)即涤纶布为固相载体，这种大孔径的疏水布具有吸附样品量大，可为免疫反应提供较大的表面积，提高反应的敏感性，且容易洗涤，不需特殊仪器等优点。其基本原理与 Dot-ELISA 类似，只是载体不同。

13.3.6　红细胞凝集试验

13.3.6.1　血凝和血凝抑制试验

某些病毒或病毒的血凝素，能选择性地使某种或某几种动物的红细胞发生凝集，这种凝集红细胞的现象称为血凝(hemagglutination，HA)，也称直接血凝反应。当病毒的悬液中先加入特异性抗体，且这种抗体的量足以抑制病毒颗粒或其血凝素，则红细胞表面的受体就不能与病毒颗粒或其血凝素直接接触，这时红细胞的凝集现象就被抑制，称为红细胞凝集抑制(hemagglutination inhibition，HI)反应，也称血凝抑制反应。

(1) 原理

血凝原理因不同的病毒而有所不同，如痘病毒对鸡的红细胞发生凝集并非是病毒本身，而是痘病毒的产物类脂蛋白的作用。流感病毒的血凝作用是病毒囊膜上的血凝素与红细胞

表面的受体糖蛋白相互吸附而发生的。病毒的血凝现象大致可以分为3种类型。

1）可逆转型

血凝素与病毒颗粒易分开，经超速离心后，病毒颗粒沉淀于管底，血凝素则游离于上清液内。这种血凝素凝集红细胞的现象是可逆的，即被凝集的红细胞释放了吸附于表面的血凝素后，可再与该血凝素发生凝集，如天花、鼠疫等病毒。

2）不可逆转型

血凝素与病毒颗粒结合得比较紧密，不经过特殊处理血凝素不能与病毒颗粒分开，这种病毒引起的红细胞凝集，是不可逆转的。在一定的温度（37 ℃）下，病毒释放出一种能破坏红细胞表面受体糖苷键的N-乙酰神经氨酸酶，当病毒颗粒从红细胞表面游离出来后红细胞表面受体已被破坏而失去了再凝集病毒的能力，如流感病毒、鸡新城疫病毒等。

3）凝集条件严格型

有些病毒及其血凝素凝集红细胞的条件很严格，不仅对不同种动物的红细胞有严格的选择，即是对同种动物，由于性别和年龄的不同，对红细胞的凝集性能亦有差异。如流行性乙型脑炎对公鹅的红细胞凝集性能比对经产老龄母鹅的红细胞凝集性能好，除此之处，病毒颗粒或其血凝素凝血时对缓冲液的pH值、温度及盐浓度等的要求均很严格。

（2）红细胞悬液的配制

用5 mL一次性无菌注射器，先吸取2 mL阿氏液，而后无菌采取所需动物的静脉血2 mL，随即注入盛有10 mL左右阿氏液的三角烧瓶内，迅速摇匀，置4 ℃过夜，次日将血液经无菌纱布过滤至离心管内，经200 r/min离心10 min，弃上清液，加5～10倍的生理盐水洗3次，每次2 000 r/min离心5 min，最后一次2 000 r/min离心10 min，弃上清液，沉淀即为可供配制红细胞悬液的血球泥。用最适pH值的PBS液配成0.33%的红细胞悬液。

（3）方法（流行性乙型脑炎为例）

血凝和血凝抑制试验有常量和微量法，它们除了用量和用具有所不同之外，其他如试验方法、程序、参与要素及其浓度、pH值、作用时间、温度和判定等都一样。微量法省时、省料、高效。目前世界各国广泛使用。

1）微量血凝试验操作

血凝素凝血效价常常受试验条件和试验技术及温度、时间等因素的影响，因此为了正确起见，当血凝素最适pH值确定后还需用最适pH值的红细胞悬液来测定血凝素的效价，能使RBC100%凝集的最高血凝素稀释度为一个血凝单位，在血凝素抑制试验中用4个血凝单位。但一般采用50%红细胞凝集作为一个血凝单位，因为50%红细胞凝集的变化比较敏感，所以在血凝抑制试验中用8个血凝单位的血凝素。

2）微量血凝抑制试验

① 被检血清的处理

在正常动物的血清中都存在有非特异性的血凝抑制因子，这就影响了血凝抑制试验的结果。为此，在血凝抑制试验之前，必须将血清经过处理，除去血清非特异性血凝抑制因子，血清（被检、阳性、阴性）处理有白陶土法和冷丙酮法两种：

a）冷丙酮法：被检血清0.2 mL→加冷丙酮4 mL→塞紧振荡55 min→离心3 000 r/min，5 min→弃上清液，抽气干燥1 h→加pH9.0BHS 2 mL→振荡溶解后→56 ℃灭活30 min→加8%红血球0.05 mL→混匀放37 ℃水浴30 min→300 r/min离心10 min，上清液即为待

检血清。

b）白陶土法：被检血清0.1 mL→加25%白陶土0.5 mL→振荡混匀置37 ℃ 1 h→加PH9.0BHS液0.5 mL→混匀→6 000 r/min离心5 min→56 ℃灭活30 min→加8%红血球0.05 mL→混匀放37 ℃水浴30 min→300 r/min离心10 min，上清液即为待检血清。

② 微量血凝抑制试验的操作

a）取洁净的96孔U型微量血凝板，在第一排（横）1～6孔的上侧标上被检血清的稀释度，第7孔为被检血清对照，第8孔为红细胞对照。第一行（纵）各孔外侧边标上被检血清号及阴性血清和阳性血清对照。

b）每排的2、3、4、5、6、8各孔加0.4%pH9.0的BABS液25 μL。

c）在每排的1、2、7孔内加入经处理过的与外侧边标记相应的被检血清、阴性血清和阳性血清。

d）用25 μL的自动稀释器或稀释棒，插入第二行各孔，经充分稀释后蘸取25 μL至第四行各孔，依次倍比稀释至第六行，并从第六行各孔中蘸取25 μL弃掉，第七行各孔作血清对照，第八行作血球对照。

e）除7、8行各孔之外每孔加入8个单位血凝素25 μL。

f）7、8行各孔补加0.4%pH9.0的BABS液25 μL，振荡20 s，置室温30 min。

g）各孔分别加入最适pH的0.33%红细胞悬液25 μL，各孔总量为75 μL，振荡20 s，置室温30 min，观察结果。

③ 结果判定

♯：红细胞在孔底形成小团滴，边缘光滑整齐，周围无凝集。

+++：红细胞在孔底形成小团滴，但边缘不整齐，周围有少量凝集。

++：红细胞在孔底形成环状，周围约有50%凝集。

+：红细胞大部分凝集，但孔底还有红细胞沉淀成滴状，边缘不整齐。

-：红细胞全部凝集，并均匀分布，孔底形成薄膜状。

如果上述各对照组均能成立，则试验结果是可信的。根据凝集程度，确定血凝抑制滴度，以能完全抑制红细胞凝集的最高被检血清稀释度为血凝抑制滴度，被检血清稀释终点“++”时应判为阳性。

（4）血凝和血凝抑制试验的应用

直接血凝试验主要用于血库中红细胞抗原的分型、病毒抗原的鉴定等。血凝抑制试验主要用来测定血清中抗体的滴度、病毒的鉴定、监测病毒抗原的变异、流行病学的调查、动物群体疫情的监测等。

（5）影响血凝和血凝抑制试验的因素

1）实验室使用的玻璃器材及血凝板均要洁净，血凝板使用完应及时处理，避免残留的酸、碱和沉着的红细胞影响结果。

2）红细胞有动物的种类及个体差异，因此同批实验应使用同批红细胞，一旦出现红细胞变色和污染就不得作用。

3）病毒及其血凝素如保存不当，或者反复多次冻融也会影响试验结果。

4）血清中非特异性抑制因素会影响实验结果，故试验前一定要用白陶土或冷丙酮处理。血清在加温或保存过程中一旦出现沉淀也容易引起非特异性凝集，这可用红细胞吸附或通过离心来除去。

5）如滴定双份血清、抗原分析或比较动物群体抗体水平时应安排在同一次试验进行。各参与要素和器具都应使用同一批次，以免材料的不同而影响实验结果。

6）判定结果一定要在规定的时间观察，每次试验应在一定的温度下进行，如流感病毒在 37 ℃时会从红细胞表面释放出来，因此，炎热的夏天最好在 4 ℃下观察结果。

7）试验时加量要准确，才能保证实验结果的正确性和重复性。

13.3.6.2　间接血凝试验和反向间接血凝试验

(1) 原理

凝集反应中抗体球蛋白分子与其特异的抗原相遇时，在一定的条件下，便可形成抗原抗体复合物，由于这种复合物分子团很小，如果抗原抗体的含量过少时，则不够形成肉眼可见的凝集。若设法将抗原结合或吸附到比其体积大千万倍的红细胞表面上，则只要少量的抗体就可以使红细胞通过抗原抗体的特异性结合而出现肉眼可见的凝集现象。这就大大地提高了凝集反应的敏感性。于是人们将红细胞经过鞣酸或其他偶联剂处理后，使得多糖抗原或蛋白质抗原被红细胞表面的受体结合或吸附，这种被抗原致敏的红细胞遇到相应的抗体时，在一定的条件下，由于抗原抗体的特异性结合而间接地带动着红细胞的凝集，这一反应称为间接血凝反应。若在抗血清中先加入与致敏血球相同的抗原，在一定的条件下，经过一定时间后再加上这种抗原致敏的红细胞就不再发生红细胞的凝集，即抑制了原有的血凝反应，这种现象称为间接血凝抑制反应。同样，如果用抗体球蛋白致敏红细胞上，也能与相应的抗原在一定的条件下起凝集反应，这称为反向间接血凝试验。当在与致敏红细胞的抗体相应的抗原液中，先加入相应的特异性抗体，在一定的条件下，经过一定的时间后再加入这种抗体致敏的红细胞，由于抗原先和特异性抗体结合，这种抗体致敏的红细胞就不能与抗原起反应，呈现血凝抑制现象，这叫反向凝抑制试验。

一般抗原致敏红细胞比较容易，而用抗体致敏红细胞比较困难，主要原因是抗血清中蛋白质的成分很复杂，其中除了具有抗体活性的免球蛋白之外，还有非抗体活性的免疫球蛋白，这两种免疫球蛋白很难使之分开，而且这两种免疫球蛋白均能同时结合或吸附在红细胞表面，一旦非抗体活性免疫球蛋白在红细胞表面达到一定数量时，致敏的红细胞就不能再与相应的抗原形成可见的凝集。因此，一般实验室均用抗原来致敏红细胞。

(2) 材料

1）红细胞悬液

很多动物的红细胞，如绵羊、家兔、鸡、鸽子、马、猴子及人的 O 型血都可用来作为间接血凝试验的红细胞载体，实验室多选用绵羊细胞。选择健康的绵羊，无菌自颈静脉采血，并将其注入盛有 4 倍绵羊血量的阿氏液的三角烧瓶内，不时摇动 3 min～5 min，置 4℃过夜，次日将保存在阿氏液内的红细胞液经灭菌纱布过滤后用生理盐水洗 3～4 次，每次 2 000 r/min离心 5 min，最后一次 2 000 r/min 离心 10 min，用生理盐水配成 0.5%～1%的红细胞悬液，4 ℃保存，备用期不超过一周。

2）红细胞的醛化

① 醛化原则：用新鲜红细胞无论是致敏的或未致敏的保存期都很短，临时致敏也不方便，且不同批次或不同动物个体的差异，造成对系统研究工作前后结果不一，影响诊断，故目前都采用醛化红细胞。醛化的方法随醛类的不同(有甲醛、戊二醛及丙酮醛)而异，但醛化的

原则是一样的，如加醛之前红细胞必须充分洗涤，除净红细胞表面的血浆蛋白；加醛固定过程中红细胞最终浓度为10%；开始加入醛的浓度不宜过浓；醛化作用温度要低，否则红细胞容易变异；在整个醛化过程中要不时地振摇，使醛类与红细胞充分均匀地接触。目前国内都采用戊二醛，因为戊二醛醛化过程简单，在短时期即可完成，且致敏的效果也比较好。

② 醛化方法：红细胞用0.15 mol/L 的 pH7.2 的 PBS 液配成4%的悬液，在冰浴的条件下加入 2.5%的戊二醛，边加边摇，使最终浓度为 0.4%(即 100 mL4%的红细胞悬液内加入16 mL 2.5%的戊二醛)，在 4 ℃固定 1 h，摇匀后用生理盐水洗涤 4～5 次，最后用生理盐水配成 10%的红细胞悬液。加 1∶10 000(终浓度)NaN_3，4 ℃保存备用。

③ 再醛化(双醛化法)：在第二步用生理盐水洗涤单醛化的红细胞后，将红细胞用0.15 mol/L的 pH7.2 的 PBS 液配成 4%的悬液，再用丙酮醛(最终浓度 1.5%)作第二次醛化，4 ℃固定 17 h，不断摇晃，洗涤后配成 4%的红细胞悬液，加入 1∶10 000(最终浓度)NaN_3，4 ℃保存备用。

3) 鞣酸处理红细胞

为了进一步提高间接血凝敏感性，经醛化后的红细胞必须再经鞣酸处理，因为鞣酸本身也是一种血凝素，其高浓度时会使红细胞凝集，低浓度时使红细胞处于不稳定状态，故经适当浓度的鞣酸处理后，致敏的红细胞能使试验敏感性大大提高，其操作如下：

① 称取适量优质鞣酸用 pH7.2 的 PBS 液配成 1∶20 000 的溶液，须现用现配。

② 将 4 ℃保存的醛化红细胞，用生理盐水洗 2～3 次，并用生理盐水配成 2.5%的红细胞悬液，与等量的 1∶20 000 的鞣酸混合，置于 37 ℃水浴 10 min～15 min，取出用 pH7.2 的PBS 液洗一次，再用 pH7.2 的 PBS 液配成 2.5%的红细胞悬液。

4) 鞣酸化红细胞的致敏

将抗原(或抗体)结合或吸附于红细胞表面称为致敏，已结合或吸附抗原(或抗体)的红细胞称为致敏红细胞。致敏物质可为糖类或蛋白质。多糖抗原比较容易致敏，可吸附于未经处理的红细胞表面。而蛋白质抗原或抗体需要有别的成分参与方能致敏红细胞，如常用的鞣酸法、联苯胺法、金属离子法等。

① 致敏红细胞的最适抗原或抗体用量的测定：致敏红细胞的抗原或抗体的用量过低就不能得到血凝的最高效价，而过高亦不能再提高反应的敏感性，因此在正式试验之前都必须确定致敏用的抗原抗体的最适用量。方法是将抗原或抗体作倍比稀释，分别致敏红细胞后，再与相应的抗血清或抗原作血凝反应，出现最高血凝效价的最少抗原(或抗体)称为一个致敏单位，正式试验使用两个致敏单位即可。

② 致敏方法：取两个单位的致敏抗原(或抗体)1 mL，加 pH6.4 的 PBS 液 4 mL，再与2.5%鞣化红细胞混合均匀后于 37 ℃作用 30 min，经 2 000 r/min 离心 5 min，沉淀的红细胞用含有 1%已灭能的健康兔血清的 pH7.2 PBS 液洗涤 2 次，充分洗涤游离的抗原或抗体，再用含 1%健康兔血清的 pH7.2 的 PBS 液配成 2%的致敏红细胞悬液，一般病毒抗原致敏的红细胞应立即使用，4 ℃保存也不超过 48 h，为了延长致敏红细胞的保存期，将洗涤后的致敏红细胞用含 4%健康兔血清的 pH7.2 PBS 液配成 10%的致敏红细胞悬液加 0.01%的硫柳汞摇匀，分装于灭菌安瓶，1 支 1 mL，低温真空干燥，冻干以后的致敏红细胞其凝集效价不变，亦无自凝现象，在 4 ℃～6 ℃可保存 6 个月，冻干致敏红细胞使用时，每支加pH7.2 的 PBS 液 5 mL 摇匀后使用。

5）兔血清稀释液

取5～7只健康的成年兔，心脏采血，分离血清，所得各血清经检查无菌后混合，56 ℃灭能30 min，凉后加等量的2%戊二醛红细胞悬液摇匀，置37 ℃作用30 min之后2 000 r/min离心15 min，上清液即为2倍稀释的兔血清，分装置－20 ℃保存，可长期使用。同时取pH7.2PBS液98 mL，加2倍稀释的兔血清2 mL，即为1%兔血清的pH7.2PBS稀释液，现用现配。

（3）方法（猪支原体肺炎）

1）微量血凝板的标记

① 取洁净的96孔V型血凝板，数量视试验需要。

② 在微量板的第一排（横）各孔上边标上血清的稀释度，最后一孔作致敏的红细胞对照。

③ 在微量板第一行（纵）各孔的外侧边标上被检血清号及对照用的阴性血清、阳性血清。

2）微量间接血凝试验的操作

① 用25 μL的连续加液器，每孔加入含1%兔血清pH7.2PBS稀释液25 μL。

② 用25 μL的移液器分别吸取25 μL的被检血清、阴性血清、阳性血清加入第一行与标记相应的各孔内。

③ 用微量自动稀释器或稀释棒，插入第一行各孔内，经充分稀释后醮取25 μL移至第二行的各孔内，再经充分稀释后醮取25 μL至第三行各孔内，依次倍比稀释至倒数第二行为止，并从这一行各孔内弃掉25 μL。

④ 各孔分别加入1%的致敏红细胞悬液25 μL。

⑤ 在微型振荡器上振荡2 min，置室温2 h后观察结果。

3）结果判定

♯：100%红细胞凝集，凝集颗粒均匀地分布在整个孔底，呈薄状。

＋＋＋：75%红细胞凝集，孔底红细胞呈滴状，凝集边缘不整齐。

＋＋：50%红细胞凝集，孔底形成环状，周围有凝集颗粒，但不成膜状。

＋：25%红细胞凝集，孔底形成一个小团，但小团边缘不整齐，周围有少量凝集。

－：红细胞完全不凝集，红细胞在孔底形成小团，小团边缘整齐，周围无凝集颗粒。

若各对照组成立，试验结果可信，被检血清稀释终点以“＋＋”应判为阳性。反向间接血凝试验的操作和判断与间接血凝试验一样，反向间接血凝试验仅仅是用抗体致敏红细胞来检测组织悬液或细胞培养液中的抗原。

（4）间接血凝和反向间接血凝的应用

间接血凝和反向间接血凝试验是以红细胞为载体，根据抗原抗体的特异性结合的原理，用已知抗原或抗体来检测未知抗体或抗原的一种微量、快速、敏感的血清学方法，用途很广。

1）测定非传染性疾病的抗体，如类风温性关节炎的类风湿性RF因子及自身抗体、激素抗体等。

2）测定传染性疾病的抗体，用于流行病学的调查，如布氏杆菌病、螺旋体病、猪的霉形体肺炎等。

3）用间接血凝试验作某些病毒、细菌的鉴定和分型。

4）间接血凝试验可用于血浆中IgG和其他蛋白组分的测定及对免疫球蛋白的基因分析。

5）间接血凝试验用于进出境动物及其产品的检疫，如用间接血凝试验检疫进境猪的霉形体肺炎、用反向间接血凝试验检查进境肉品中口蹄疫病原体等。

（5）影响间接血凝试验结果的因素

1）试验者在各个步骤中操作要精确，加量要准确，所用器材必须洁净，液体试剂要无菌，这是保证实验结果正确的前提。

2）作为致敏红细胞的抗原或抗体一定要经过纯化，否则会出现非特异性反应，同时要求抗原和抗体有一定的浓度和效价。

3）致敏红细胞对温度、时间和pH值都有一定要求。温度一般在37 ℃、时间为30 min、pH值为6.4。

4）不同动物种类和不同个体的动物的红细胞致敏的敏感性亦有差异，因此同一批试验一定要用同一批的红细胞。

5）健康兔血清稀释液一定要现用现配，鞣化的红细胞也应立即致敏。

13.3.7　补体结合试验

补体是一组正常血清蛋白成分，可被免疫复合物激活产生具有裂解细胞壁的因子。如果该过程发生在红细胞表面上则导致红细胞裂解而出现溶血。利用这种反应来检测血清中的抗体或(抗原)，称作补体结合试验(Complement Fixation test，CF)。CF准确性高，容易判定，对抗原纯化要求不严格，因而普遍用于传染病的诊断。该试验的不足之处是操作烦琐，尤其是对所用试剂的准备和量化要求较严。

13.3.7.1　原理

CF包括两个系统，第一为反应系统，又称溶菌系统，即已知抗原(或抗体)、被检血清(或抗原)和补体。第二系统为指示系统(亦称溶血系统)，即溶血素+绵羊红细胞，溶血素即抗绵羊红细胞抗体。补体常用豚鼠血清，它对红细胞具有较强的裂解能力。补体只能与抗原-抗体复合物结合并被激活产生溶血作用。因此如果试验系统中的抗原和抗体是对应的，形成了免疫复合物，定量的补体就被结合，这时加入指示系统，由于缺乏游离补体，就不产生溶血，即为阳性反应。反之试验系中缺乏抗原或特异性抗体，不能形成免疫复合物，补体就游离于反应液中，被指示系统即溶血素+绵羊红细胞免疫复合物激活，而发生溶血，即阴性反应。为了测定阳性血清中抗体的效价，可将血清作系列稀释，其结果是由完全不溶血逐步达到完全溶血，发生50%溶血的血清最高稀释倍数为该血清的抗体效价。

在进行CF主试验之前，抗原、补体、绵羊红细胞和溶血素必须经仔细测定。所加补体的量必须准确，补体少导致不完全溶血，出现假阳性结果；反之，超量的补体不能被反应系统的免疫复合物完全结合从而出现假阴性结果。超量的抗原影响补体的结合，抗原不足不能完全结合补体。

在CF操作中，经常遇到的一个问题是被检血清存在“抗补体作用”。即被检血清在无抗原存在的情况下结合补体。这有多种可能的原因，主要原因是血清取自感染动物，在血清中存在免疫复合物；或者血清被细菌污染，通过其他途径激活了补体。

13.3.7.2　分类

补体结合试验分直接法、间接法和固相法。

(1) 直接法:该法为最常用的操作方法,在试管中加抗原、被检血清和补体,在一定温度下感作一定时间后,加溶血素和红细胞,再感作一定时间后判定结果。直接法又根据试剂量的差异分为常量法和微量法。常量法试剂总量一般为 0.5 mL,微量法一般为 0.125 mL。前者在试管内进行,后者在 U 形底的 96 孔微量反应板内进行。

(2) 间接法:该法用于禽类血清抗体的测定(如鸭、火鸡、鸡等)。因其血清抗体与相应的抗原形成复合物后不能结合豚鼠补体,需再加一种抗该抗原的兔抗体,后者形成复合物后可结合豚鼠补体,然后再加补体和溶血系统成分。与直接法相比间接法多加一种特异性免疫抗体,多进行一次感作。其结果判定正好与直接法相反。发生溶血时表示抗原已和血清中的抗体结合,阻止了兔抗体与抗原的结合,补体仍然游离存在,然后与溶血系统结合,发生溶血,即为间接 CF 阳性;反之,若血清中无相应的抗体存在,抗原则与兔抗体结合形成免疫复合物结合补体,不发生溶血,即为间接 CF 阴性。

(3) 固相法:原理与直接法相同,其不同点是所有的反应是在琼脂糖凝胶反应皿中进行。其操作程序为先将溶血素致敏的红细胞液加入融化后冷至 55 ℃的 1%琼脂糖凝胶中,混匀,倾注入特制的塑料反应皿内。待其凝固后打孔,孔径为 6 mm,孔距不得小于 8 mm。然后将在 37 ℃温箱中感作一定时间的抗原+被检血清+补体混合物取 25 μL 加入孔中,37 ℃感作一定时间,观察溶血环的直径以确定结果的阴阳性。

13.3.7.3　操作方法

以牛边虫病直接 CF 的常量法加以详细介绍。

(1) 制备绵羊红细胞悬浮液

1) 采血

绵羊(最好母绵羊)颈静脉无菌采血。将 40 mL 的血与 60 mL 阿氏液混匀,冷藏备用。供血羊一次采血量最多不要超过 200 mL,采血间隔不少于 6 周。

2) 洗红细胞

将 10 mL 阿氏液保存的绵羊血通过纱布过滤倒入 40 mL 刻度离心管内,另加 30 mL 巴比妥缓冲液(VBS),混匀。在水平转子离心机上离心 10 min(500*g*)。吸弃上清液,加 VBS 至原来的量,再次离心,如此离心洗涤三次。吸弃上清液。每管约加 10 mL VBS,混匀。将悬液倒入 15 mL 容量的刻度离心管中,离心 10 min(500*g*)。储存于 4 ℃～8 ℃冰箱备用。红细胞可保存 5～6 天。

3) 制备 5%绵羊红细胞悬浮液

① 选择一管洗过的红细胞。如果红细胞与液面间出现溶血应再离心洗涤,直至清亮。若多次洗涤仍有溶血,则表示红细胞太脆或缓冲液有问题,应弃去不用。

② 记录红细胞的毫升数,吸弃上清液,用 VBS 稀释红细胞,使成为 5%的红细胞悬液(1 mL红细胞+19 mL VBS)。

③ 为了精确配制悬液可用分光光度计检测红细胞的浓度(波长 550 nm)。取 1 mL 约 5%的细胞悬液,加 19 mL 的蒸馏水混匀。用分光光度计检测其透光度。如果红细胞的浓度不等于 5%,可加 VBS 或离心去除 VBS 校正浓度。一般在最初配制悬液时稍浓于所需浓度,校正时只加一定量的 VBS 即可。

4) 致敏红细胞

将 5%的红细胞悬液与等量适当稀释的溶血素混和,置室温 15 min,混和时总是将溶血

素加到细胞液中。

(2) 配制标准比色管

1) 准备血红素液

取10 mL 5%的红细胞悬液,加到15 mL的刻度离心管中,离心5 min(500g)。吸弃上清液,加蒸馏水至9.5 mL,混匀,这时红细胞完全溶解,液体应是清亮的。加进0.5 mL 17%的氯化钠液,混匀,使其保持等渗。

2) 配制比色管

按表13-1配制标准比色管,试管规格为12 mm×75 mm。因所用抗原、血清、补体和溶血素均为无色液体,所以用VBS代替。

表13-1 标准比色管的配制

溶血度/%	0	10	20	30	40	50	60	70	80	90	100
血红素/mL	0.0	0.01	0.02	0.03	0.04	0.05	0.06	0.07	0.08	0.09	0.1
5%红细胞/mL	0.1	0.09	0.08	0.07	0.06	0.05	0.04	0.03	0.02	0.01	0.0
VBS/mL	0.4	0.4	0.4	0.4	0.4	0.4	0.4	0.4	0.4	0.4	0.4
	混匀后离心										

(3) 溶血素的效价测定

1) 稀释溶血素(见表13-2)。

表13-2 溶血素的稀释

稀释度	溶血素量/mL		生理盐水量/mL
1:100	溶血素原液*	0.2	19.8
1:500	1/100溶血素	1.0	4.0
1:700	1/100溶血素	1.0	6.0
1:800	1/100溶血素	1.0	7.0
1:900	1/100溶血素	1.0	8.0
1:1 000	溶血素原液*	2.0	18.0
1:1 200	1/100溶血素	0.5	5.5
1:1 400	1/100溶血素	0.5	6.5
1:1 600	1/100溶血素	0.5	7.5
1:1 800	1/100溶血素	0.5	8.5
1:2 000	1/100溶血素	0.5	9.5
1:2 200	1/1 000溶血素	2.0	2.4
1:2 500	1/1 000溶血素	2.0	3.0
1:2 800	1/1 000溶血素	2.0	3.6
1:3 000	1/1 000溶血素	1.0	2.0
1:4 000	1/1 000溶血素	1.0	3.0
1:5 000	1/1 000溶血素	1.0	4.0

*如果溶血素用等量甘油保存,所需量加倍。

2）配制 100 mL5%的绵羊红细胞悬液并致敏。

取 17 个试管，每管加 1.5 mL 5%的红细胞悬液，然后分别加不同稀释倍数的溶血素 1.5 mL，混匀。室温静置 15 min。

3）配制 1/50 稀释的补体。

4）用不同稀释倍数的溶血素致敏的红细胞分别测定。

5）查出 50%溶血时 1/50 稀释的补体用量，并换算为未经稀释的补体用量（方法：50%溶血时 1/50 稀释的补体用量除以 50）。

6）一个单位的未经稀释的补体用量作为纵坐标，溶血素的稀释倍数作为横坐标，绘制 50%溶血曲线。取保持 50%溶血时补体用量最低而溶血素稀释倍数最高的溶血素的稀释度作为溶血素试验用效价。本例所测溶血素的效价为 1∶2 000，试验用稀释度为 1∶1 800。

（4）补体效价的测定

1）试验当天打开一瓶补体，解冻。若是冻干的补体需加定量蒸馏水复原。

2）取 0.2 mL 补体加 9.8 mL VBS（低温）作 1/50 稀释。按表 13-3 测定补体效价。补体原液置 3 ℃～4 ℃保存。

表 13-3　补体效价的测定举例

试管号	1	2	3	4	5	6
1/50 补体/mL	0.01	0.02	0.03	0.04	0.05	0.06
VBS/mL	0.29	0.28	0.27	0.26	0.25	0.24
致敏红细胞/mL	0.2	0.2	0.2	0.2	0.2	0.2

将试管置 37 ℃水浴锅内，感作 30 min，每 5 min 振荡一次。

3）以溶血度为横坐标、补体用量为纵坐标绘制曲线。找出 50%溶血的补体所用量，为一个单位补体。

4）补体效价计算。用于 CF 的补体用量为 3 个单位补体。

（5）抗原效价的测定

1）将抗原和阳性血清分别做两倍系列稀释。

2）方阵试验：

试验程序：1 mL 抗原＋0.1 mL 血清＋0.1 mL 补体→4 ℃～9 ℃18 h→＋0.2 mL 致敏红细胞→37 ℃水浴 30 min→判定结果。同时建立下列对照管：一、二和三个单位补体对照。

3）测定结果：

一个单位补体对照 50%溶血；二个单位补体对照和三个单位补体对照 100%溶血；红细胞对照不溶血。

（6）正式试验

首先对被检血清和阴、阳性对照血清稀释，60 ℃水浴灭活 30 min，然后做进一步稀释。一般阳性血清应多做几个稀释度。

13.3.8　琼脂凝胶免疫扩散试验

凝胶中抗原-抗体沉淀反应最早于 1905 年为研究利泽甘氏现象而首先应用。1932 年本方法应用于鉴定细菌菌株，但当时在凝胶中出现的沉淀带仍被认为是利泽甘氏现象。1946 年 Oudin 在试管中进行了免疫扩散试验，对抗原混合物进行分析。1948 年 Elek 和

Ouchterlony分别建立了琼脂双向双扩散法，可以同时鉴定、比较两种以上抗原或抗体，并相继研究了免疫扩散的理论依据，使免疫化学分析技术向前迈进了一大步。

随着科学技术的进步，免疫扩散法与其他技术结合产生了许多新的技术，如免疫电泳、酶免疫扩散等，使之在生物学和医学等领域得到更广泛的应用。应该注意的是：无论是在定量或定性试验中，只有在抗血清中存在足够浓度的抗体情况下才能检出抗原，反之亦然。

13.3.8.1　原理

琼脂或琼脂糖是一种含有硫酸基的多糖体，高温时能溶于水，冷后凝成凝胶，内部形成一种多孔的网状结构，而且孔径很大，可允许大分子物质（分子量可达百万以上）自由通过。孔径的大小还决定于琼脂浓度，琼脂浓度大，孔径相对较小，琼脂浓度小，孔径相对较大。1%琼脂凝胶的孔径约为85 nm。由于琼脂或琼脂糖具有很好的化学稳定性，凝胶后含水量大，透明度好，来源方便，易处理，因此是一种很好的扩散介质。

抗原和抗体的分子量一般都在20万以下，在凝胶中从高浓度区域向低浓度区域扩散时所受的阻力很小，基本上呈自由扩散形式。由于不同抗原分子的分子量、结构、形状和电荷量不同，因此其扩散系数不同，在凝胶中扩散速度也就不同。当抗原与相应抗体经扩散后在凝胶中相遇，形成抗原抗体复合物，若两者在相遇处比例适当，则形成最大的复合物。由于复合物的分子量增大，颗粒增大，因而不再继续扩散而产生沉淀，呈现出线状或带状，这种沉淀就形成了一个"特异性屏障"，凡在免疫学上与其相同的抗原或抗体分子不能通过，而性质不同的那些分子可以通过这个屏障而继续扩散，直到形成它们自己的复合物为止。这样，不同抗原所形成的沉淀各有各的位置，从而有可能将混合物分离开来，进行比较研究。此种反应称为琼脂凝胶扩散，或琼脂扩散，或免疫扩散，其形成的线状或带状的"特异性屏障"称为免疫沉淀线或免疫沉淀带，简称沉淀线或沉淀带。

（1）特异性和交叉性

抗原是指能刺激机体产生抗体和致敏淋巴细胞，并能与之结合引起特异性免疫反应的物质。抗原分子表面具有特殊构型的、有免疫活性的化学基团，称为抗原决定簇。抗体是在抗原刺激下产生，并能与抗原特异性结合的免疫球蛋白，一个抗体分子上有两个可变区，可变区决定了每种抗原决定簇均有其对应的一种抗体。抗血清是针对某种抗原不同抗原决定簇的抗体混合物，一般从经免疫动物的血清中获得，因此称抗血清。

抗原决定簇与其对应的抗体结合，形成抗原抗体复合物，这是一对一的反应过程，具有高度的特异性。所有血清学反应都是以此为基础的，因此具有高度的特异性，琼脂凝胶免疫扩散试验也不例外，同样具有高度特异性。

一种抗原往往具有多种抗原决定簇。不同抗原可能存在相同的抗原决定簇。同一种抗体分子与不同抗原中存在的与该抗体相对应的相同抗原决定簇之间的反应就是血清学反应中的交叉反应。应当注意，这种交叉反应也是特异性的，而且是血清学反应所固有的。琼脂扩散试验同样也存在一定的交叉反应。因此，琼脂扩散试验的特异性还依赖于抗原或抗体的纯度。提供具有高纯度和高特异性的抗原或抗血清，对琼脂扩散试验的特异性是至关重要的。可使用单克隆抗体以提高反应特异性。

有时抗体分子与抗原决定簇的结合反应并不总是一对一的，抗体分子有时会与不对应的、但在化学结构上极其相似的抗原决定簇结合，这就是非特异性反应。非特异性反应的产生并不总是由于抗体对抗原决定簇的识别错误所引起，与反应有关的其他因素如离子强度、

pH 值等也会造成非特异性反应的产生。

(2) 敏感性

琼脂扩散试验的敏感性依赖于琼脂的浓度、凝胶的厚度、黏性抗原、抗体的浓度。比较而言，单扩散试验的敏感性要高于双扩散试验。

在单扩散试验中，加入到凝胶中的抗体浓度对敏感起决定作用。若浓度较小，则敏感性就高；反之，敏感性就低。

就双扩散试验而言，试验的敏感性还依赖于抗原孔和抗体孔之间的距离，以及抗原、抗体的相对深度。孔间距减小，敏感性提高；孔间距增大，敏感性降低。抗原抗体的相对浓度对试验的敏感性也是很重要的。例如，当孔间距为 5 mm，抗原孔中加入 0.01 μg 抗原(卵清蛋白)，则可检出其相应的抗体(兔抗卵清蛋白抗体)量为抗体孔中至少含有 0.1 μg 抗体。而当将抗原量提高到 0.1 μg 时，则需要每孔中含 1.0 μg 抗体才可检出。

(3) 各试验因素对琼脂扩散试验结果的影响

1) 电介质

抗原抗体反应有两个阶段，反应的第二段通常需要电介质存在。电介质能降低抗原抗体复合物表面的阴电荷，可促使沉淀。但电介质浓度太高或太低都会影响试验结果。最常用的电介质是 NaCl 溶液、Tris-HCl 缓冲液、巴比妥缓冲液、PBS 等。

2) pH 值

大多数抗原抗体反应的最适 pH 值为(6～8)。当反应的 pH 值接近蛋白质(抗原或抗体)的等电点时，会造成抗原或抗体的自凝或非特异性凝集或沉淀，从而影响其正常扩散。

3) 温度

反应时的温度直接关系到反应速度。适当提高反应温度可使分子运动加快，从而加速反应进程。过高的温度会造成复合物的重新解离，甚至因蛋白质变性而造成凝集或沉淀，从而影响了结果。

4) 湿度

适当的湿度在琼脂扩散试验中也是很重要的。湿度过小造成琼脂凝胶中的水分蒸发，使凝胶干枯甚至干裂，造成凝胶体积缩小，密度加入，影响扩散。如果湿度过大，使水蒸汽在盒盖上凝成水滴，掉在琼脂板上或抗原、抗体孔内，同样会影响试验结果。

13.3.8.2　琼脂扩散试验的分类

琼脂扩散试验根据扩散方向可分为单向扩散(one-dimensional diffusion)和双向扩散(two-dimensional diffusion)两类。扩散物质向一个方向直线扩散者称为单向扩散；扩散物质同时向两个互相垂直的方向扩散，或向四周辐射扩散者称为双向扩散。根据扩散物质的种类又可分为单扩散(simple diffusion)和双扩散(double diffusion)。单扩散是指在一对抗原抗体中仅有一种成分扩散，而另一种成分不扩散所进行的试验；双扩散是指在一对抗原抗体中两者均彼此扩散所进行的试验。

据此，琼脂扩散试验可分为以下四种类型：即单向单扩散试验、单向双扩散试验、双向单扩散试验、双向双扩散试验。在检疫实践中最为常用的是双向双扩散试验，一般所称的琼脂扩散试验多指双向双扩散试验。

(1) 单向单扩散试验(simple diffusion in one-dimension)

Oudin 于 1946 年首次记述了本方法，因此也称为 Oudin 法。本法主要用于对抗原成分

的分析研究和抗原鉴定等。目前已少用。

1）方法

① 试管准备

单向单扩散试验常在细的小试管、毛细管或特制的玻璃小管内进行。这种管的常用规格为：内径1.5 mm～2.0 mm、管壁厚0.2 mm～0.5 mm，长100 mm。由于琼脂凝胶一般不易着于玻璃表面，为防止试验样品从凝胶和管壁间的小缝渗漏，因此最好事先用琼脂凝胶包被小管内壁。包被的方法是将小管在60 ℃～70 ℃水浴中预热（勿让水进入小管内），用加样器加入0.2% 60 ℃～70 ℃的琼脂，然后用加样器吸弃琼脂，将小管置4 ℃使附于壁上的琼脂冷凝。最后将附于管壁的琼脂凝胶中的水分用真空泵抽干或阴干。用于包被的琼脂凝胶中不能加入任何盐分，否则干后会有盐晶析出，影响试验结果。

② 琼脂凝胶制备

琼脂凝胶常用缓冲液配制。琼脂（agar）或琼脂糖（agarose）的最终质量分数为0.2%～0.5%，同时可加入最终质量分数为0.01%的硫柳汞或叠氮钠作为防腐剂。将琼脂溶解后冷至45 ℃时加入最终浓度为1∶4～1∶20的对应抗血清，混合均匀。趁热将含有抗血清的琼脂细心地加入到已准备好的小管内，加入的高度为35 mm～40 mm，冷凝后于4 ℃湿盒内保存备用。

③ 加样与扩散

在含有抗血清的琼脂上层滴加高度约为3 mm待测抗原，然后置湿盒内于恒温下扩散。扩散时常用温度为37 ℃。

2）结果判定与分析

① 反应特点

a）抗原在含有抗血清的琼脂凝胶中扩散形成浓度梯度，在比例适当处形成沉淀带。此沉淀带随着抗原向前扩散而移动，至达到平衡状态。最初形成的沉淀带由于抗原浓度随着抗原扩散而逐渐增大，造成抗原过剩而重新溶解，故沉淀带的后缘模糊，而前缘（leading edge）则是齐平的。

b）当反应物中仅存在一对抗原抗体时，则只出现一条沉淀带；当存在两对或两对以上抗原抗体时，则理论上每对抗原抗体可形成各自的沉淀带。

② 各试验因素对结果的影响

抗原抗体界面至沉淀带前缘的距离称为沉淀带的穿透力（penetration）。

a）穿透力与扩散时间的平方根成线性正比关系；

b）穿透力与抗原的初始浓度成正比；

c）穿透力与凝胶中的抗体浓度成反比。

（2）双向单扩散试验（simple diffusion in two-dimension）

双向单扩散也称辐射扩散（radial diffusion）。其特点与单向单扩散试验基本相同，但操作更为简便易行，也可用于抗原的定量分析。因此应用更为广泛。试验在平皿或玻璃板上进行。琼脂的最终质量分数为0.8%～1.0%。琼脂凝胶中抗血清的浓度根据抗体效价和试验需要而定。琼脂凝胶厚度为2 mm～3 mm。在凝胶中打直径为2 mm～5 mm的小孔，孔内滴加抗原液。抗原从小孔向四周扩散，在比例适当处与凝胶中的抗体结合，形成肉眼可见的白色沉淀环，进行定量试验时，通常是固定抗血清浓度稀释抗原。先测定已知浓度的抗原形成的沉淀环的大小，并画出标准曲线，再测定待测抗原形成的沉淀环大小，与标准曲线比较，即可计算出待测抗原的浓度含量。

(3) 单向双扩散试验(double diffusion in one-dimension)

单向双扩散试验是1953年由oakley在单向单扩散试验中的基础上发展起来的。试验原理和反应特点与双向双扩散试验基本相同(详见双向双扩散试验)。与单向单扩散试验相比，本法的扩散距离小，敏感性和精度较差；与双向双扩散试验相比，本法的操作复杂，所以目前很少应用。

(4) 双向双扩散试验(double diffusion in two-dimension)

双向双扩散试验是由Elek和Ouchterlony于1948年在同一时期分别建立的，习惯上也称为Ouchterlony法。这是一种目前在诊断实验室中最为常用的血清学试验。一般所称的琼脂扩散试验即指本方法。

1) 琼脂凝胶板的制备

① 试验用板或平皿的准备：试验用板或平皿可以是玻璃制品，也可以是塑料制品。无论用何种制品，均应无色透明，表面平整光滑，厚度均一。玻璃制品经久耐用，表面不易有划痕等损伤，但不易附着琼脂凝胶；塑料制品与琼脂凝胶的粘附性好，但不耐用。实验室可根据自己的情况选用。试验用板或平皿在制备琼脂凝胶板之前应充分洗净。

② 琼脂凝胶制备：试验中常用优质琼脂糖制备琼脂凝胶。用pH(7.0～7.2)、1/15 mol/L PBS加入最终质量分数为0.8%～1.0%的琼脂或琼脂糖。为防腐需要，可加入最终质量分数为0.01%的叠氮钠或硫柳汞，于0.105 MPa～0.112 MPa高压5 min使琼脂溶化，然后置2 ℃～5 ℃保存备用。用前水浴中溶化。

③ 制板：琼脂凝胶板的制备目前主要有两种方法，即单层法和双层法。由于玻璃制品不易附着琼脂凝胶，因此用双层法较为满意；而塑料制品易附着琼脂凝胶，用单层法即可取得满意效果。

单层法：在板上浇一层2 mm～3 mm厚的试验用琼脂凝胶即可。

双层法方法一：首先在玻璃板上制一层厚度为1 mm的2%的琼脂凝胶，待冷凝后再在其上铺一层厚度为2 mm～3 mm的试验用琼脂凝胶。打孔仅在上层。

双层法方法二：先在板上铺一层不含任何盐分的0.5%琼脂凝胶，厚度以0.5 mm～1 mm为宜。待冷凝后阴干或于80 ℃～90 ℃烘干，然后再在其上浇一层厚度为2 mm～3 mm的试验用琼脂凝胶。

2) 打孔、加样与扩散

琼扩试验的打孔模型有许多种。在检疫中常用的是以正六边形状为基本模型。试验中，各孔的孔径一般为3 mm～5 mm，中央孔和周边孔边缘之间的距离为2 mm～5 mm，加样时以所加样的液面与凝胶平面齐平为准。加样完毕后，将板置一密闭湿盒内于37 ℃扩散24 h～72 h，然后判定结果。

3) 结果判定和分析

① 在单一反应体系中(即仅有一个抗原孔和一个抗体孔，抗原和抗体可以是混合物)。

a) 理论而言，不同抗原与其相应的抗体反应形成各自的沉淀线，沉淀线的位置在两个反应孔之间。

b) 就一对抗原抗体而言，若两者浓度相当，则沉淀线位于两反应孔的中间；若两者浓度

相关较大，则沉淀线将移向低浓度一方。

c）若某一对抗原抗体的扩散系数相同，则沉淀线呈直线状；否则沉淀线呈弧形，并弯向扩散系数小的一方。

② 在多反应体系中(即有多个抗原孔和抗体孔)，沉淀线除具有单一反应体系的特点外，相邻孔形成的沉淀线之间可出现干扰、抑制、偏离和融合等连接情况，以此可判断出两个相邻孔中的反应物的关系。

第14章　多种动物共患病检疫技术

14.1　炭疽(Anthrax)

14.1.1　疫病简述

炭疽(Anthrax)是由炭疽杆菌(*Bacillus anthracis*)所致的一种人畜共患的急性、热性、败血性传染病。常呈散发性或地方流行性。兽类炭疽以急性、热性、败血性为主要发病特点,以天然孔出血、血液呈煤焦油样凝固不良、皮下及浆膜下结缔组织出血性浸润、脾脏显著肿大为主要病变特征;而人炭疽则以皮肤疹疱、溃疡、坏死、焦痂和周围组织广泛水肿为主要临床表现特点。炭疽在世界各国均有发生,呈地方性流行或散发,各种家畜、野生动物和人都有不同程度的易感性。草食动物最易感,其中以马、牛、绵羊、山羊及鹿的易感性最强;骆驼、水牛及野生草食兽次之;猪的感受性较低;狗和猫也能感染,但感受性很低。许多野生动物也可感染发病如河马、角马、斑马、水牛、黑猩猩、鹿、狼、狐、豺、貉、獾、豹、狮等。家禽在自然情况下一般不感染。实验动物中以豚鼠、小鼠和家兔较敏感,大鼠易感性较差。侵害人类见于农牧业人员和动物产品生产人员,人的感受性大致同于猪,主要表现为皮肤型,也有肺型、口咽型和胃肠型。炭疽杆菌可以形成有高度抵抗力而长期存活的芽孢,因而被其芽孢污染的环境,成为炭疽自然疫源地,在污染的溪谷、滩地、凹地和草场,特别在洪灾期间和洪灾之后常有发生。这使得炭疽的流行有明显的季节性,常在夏季放牧时期流行或暴发。其他季节也可发生,但主要为散发病例。干旱或多雨都是促进炭疽爆发的因素。干旱季节的放牧时期,地面草短,牲畜易于接近污染的土壤,河水干枯,牲畜饮用污染的河底浊水;或大雨后洪水泛滥,易使沉积在土壤中的炭疽芽胞泛起,并随水流扩大污染范围。这些因素均可使放牧牲畜易于接触到炭疽芽胞,从而造成爆发或流行。凡能使牲畜抵抗力降低的因素,均能成为炭疽的诱因,如使役等引起过劳、饥饿、寒冷、长途运输等。

患病动物和因本病死亡的动物尸体是本病的传染源。病畜可由分泌物和排泄物将炭疽杆菌排出到外界环境中,死亡动物由天然孔流出的血液中含有大量炭疽杆菌,尸体本身也含有大量病原,从而使场地受到污染,而炭疽杆菌与大气接触后在一定条件下即可形成对外界环境具有强大抵抗力的芽胞。因此,若未能对病畜分泌物、排泄物、血液、尸体及受污染的场地进行及时、适当和严格的消毒处理,受污的场地、土壤、水源等可成为长久的疫源地。炭疽的传播途径主要是消化道、呼吸道、皮肤黏膜等。通过饲料、饮水经消化道感染是动物炭疽病最主要的感染途径。经皮肤感染则是由于伤口受炭疽杆菌或炭疽芽胞的污染,或曾叮咬过炭疽病畜或尸体的虻类、吸血蝇类刺螫健康动物而致。经呼吸道感染是由于吸入混有炭疽芽胞的灰尘引起,在动物中经此途径感染的比较少见。

14.1.2　病原特征

炭疽杆菌是炭疽病的病原体,其孢子通过皮肤创口、被污染的食物或空气进入体内而引起人或动物发病。导致炭疽病患者死亡的主要原因是炭疽杆菌在血液中的大量繁殖并产生毒素。炭疽杆菌为芽孢杆菌属的革兰氏阳性大杆菌,芽孢椭圆形,位于菌体中央,菌体大小

为(1.0 μm～1.2 μm)×(3 μm～5 μm)。幼龄培养物革兰氏染色呈阳性,着色均匀,鲜明。老龄培养物多着色不均或呈阴性。呈长链或短链状排列,菌体两端平齐,竹状。炭疽杆菌在普通培养基中不形成荚膜,但若在血液、血清琼脂上或在碳酸氢钠琼脂上,于10%～20% CO_2 环境中培养则易形成荚膜。此外,在动物机体内一般形成荚膜,形成荚膜是炭疽芽孢杆菌的重要特征之一,其他种类的芽孢杆菌很少见形成荚膜。

炭疽杆菌的菌体和芽胞对外界的抵抗力是不同的。菌体的抵抗力不强,与一般细菌相似,而芽胞有坚强的抵抗力。炭疽杆菌在腐败尸体和血液中,在温暖的天气经2～3天即死亡。在干燥的血涂片中可存活1个月以上,直射的阳光下6 h～15 h、煮沸2 min～5 min即死亡,60 ℃经30 min～60 min可被全部杀死。在－15 ℃的鲜肉中存活2周以上。常用的消毒剂一般都能在短时间内杀死炭疽杆菌。炭疽芽胞有很强的抵抗力。在干燥的土壤中可存活数十年之久。在150 ℃干热条件下经60 min方可被杀死,在－5 ℃或－10 ℃冷冻可存活4年以上。100 ℃加热2 h可杀死悬浮在生理盐水中的全部芽胞。121 ℃高压灭菌需5 min～10 min才能杀死全部芽胞。必须注意,在实验室的染色标本上,芽胞仍能存活不死,并有引起实验室感染之毒力。炭疽芽胞在皮张、毛发及毛织品中能存活34年,在水中可生存1.5～3年。含炭疽芽胞的肉腌渍一个半月,芽胞仍不死亡。强氧化剂如高锰酸钾、漂白粉对芽胞杀灭力较强,3% 漂白粉20 min、0.1%升汞10 min即可杀死芽胞。5%甲醛2 h、10%甲醛4 min～5 min即可杀灭芽胞。来苏儿,石炭酸和酒精对炭疽芽胞的杀灭作用很差。

炭疽在自然感染时的潜伏期一般为1～3天,人工感染潜伏期为1～5天。炭疽为一般传染病,检出阳性动物时,阳性个体作扑杀、销毁或退回处理。并且须采取以下措施:

(1) 对场地、用具、设施的消毒:住过病畜的畜舍、畜栏、用具及地面应彻底消毒。消毒液可用有效氯不少于25%的漂白粉溶液。金属用具可用火焰喷射或灼烧消毒。其他用具如帆布制品、棉织品等可于1% 苏打溶液煮沸90 min。病死畜躺过的地面,应把表土除去15 cm～20 cm,取下的土应与20%漂白粉溶液混合后再行深埋。对屠宰场,所有消毒工作应于宰后6 h内完成。消毒范围由检验地直到放血处,其中包括车间地面、设备、2 m以内的墙壁和血液收集池及其用具等。

(2) 对尸体、肉尸、内脏等的处理:炭疽尸体、肉尸、内脏、皮毛、血液、骨、蹄、角等应置密闭容器运至指定地点化制或销毁。尸体不能解剖,也可就地深埋或烧掉,深埋不得浅于2 m,尸体底部及表面应撒上厚层漂白粉。接触尸体的运输工具及其他用具,用完后须经严格消毒。

(3) 对皮张、毛类的处理:

1) 炭疽病皮张盐酸消毒法。本方法是将炭疽皮张浸泡于30 ℃的盐酸和食盐的水溶液中40 h,以达消毒目的。溶液在使用全过程中必须保持含有2% 盐酸和15% 食盐,且温度须保持30 ℃。由于在消毒过程中盐酸可能和皮张本身及附带物结合,使盐酸浓度减小,因此须随时补加盐酸(至少应在20 h内补加一次)。皮张和溶液的比例为1∶10。

2) 皮张、毛类的环氧乙烷熏消毒法。羊毛消毒环氧乙烷用量为2.2 kg/m^3,25 ℃～28 ℃,熏蒸67 h,或1.9 kg/m^3,25 ℃～50 ℃,87 h。皮张消毒:0.4 kg/m^3 作用40 h或0.7 kg/m^3 作用20 h。

14.1.3　OIE 法典中检疫要求

2.2.1.1条　目前尚无证据证实，炭疽病患病动物在出现临床和病理学症状前可以传播本病。及早发现疫情，对感染场所实施检疫，销毁患病动物和污染物，以及屠宰场和奶牛场采取的适当卫生措施，可确保供人消费的动物源性产品安全可靠。本《法典》规定：炭疽病潜伏期为20天。炭疽病在全国范围内应为法定申报疫病。诊断试验和疫苗标准参阅《手册》。

2.2.1.2条　进境反刍动物、马科动物和猪时，进境国兽医行政管理部门应要求出具国际兽医证书，证明动物：

1）装运之日无炭疽病临床症状；

2）装运前20天内，一直在官方报告无炭疽病病例的养殖场内饲养；或者

3）装运至少20天前，6个月之内进行过免疫接种。

2.2.1.3条　进境农业或工业用动物（反刍动物、马科动物和猪）源性产品时，进境国兽医行政管理部门应要求出具国际兽医证书，证明这些产品：

1）来自无炭疽病临床症状的动物；或

2）经处理确保杀死炭疽杆菌菌体和芽孢，处理方式参照附录×××（研究中）推荐的程序。

2.2.1.4条　进境供人消费的鲜肉和特制肉制品时，进境国兽医行政管理部门应要求出具国际兽医证书，证明这些动物源性产品：

1）经宰前宰后检验，没有炭疽病症状；

2）不是来自于炭疽病控制检疫的养殖场，并且：a）在屠宰前20天内没有发现炭疽病例；b）在屠宰前42天没有注射炭疽疫苗。

2.2.1.5条　进境兽皮、革制品和毛（反刍动物、马科动物和猪）时，进境国兽医行政管理部门应要求出具国际兽医证书，证明这些动物源性产品：经宰前宰后检验，没有炭疽病症状；不是来自于炭疽病控制检疫的养殖场。

2.2.1.6条　进境羊毛时，进境国兽医行政管理部门应要求出具国际兽医证书，证明这些动物源性产品：

1）来自于在剪毛时没有炭疽病症状的动物；

2）来自于上次剪毛之后没有报告有炭疽病例的养殖场。

2.2.1.7条　进境供人类消费的奶、奶制品时，进境国兽医行政管理部门应要求出具国际兽医证书，证明这些产品：

1）来自于挤奶时没有炭疽病症状的动物；或

2）经相当于巴氏消毒法（在研究中）的热处理。

14.1.4　检测技术参考依据

（1）国外标准

OIE手册：Manual of Diagnostic Tests and Vaccines for Terrestrial Animals 2004，Anthrax (Chapter 2.2.1)

（2）国内标准

GB 17015—1997　炭疽诊断标准及处理原则

SN/T 1214—2003　国境口岸处理炭疽杆菌污染可疑物品操作规程

SN/T 1700—2006　动物皮毛炭疽 Ascoli 反应操作规程

SN 0331—1994　出境畜产品中炭疽杆菌检验方法

NY/T 561—2002　动物炭疽诊断技术

14.1.5　检测方法概述

根据症状，如突然死亡，并伴随天然孔出血，僵尸不全，或当地畜群史等可怀疑炭疽。若怀疑是炭疽，可采集一小滴血液，用玻片制作薄涂片。这可在耳静脉切一小口或用一注射器在任一易采取的静脉采血制片（必须注意避免污染环境或污染操作人员），将血涂片风干，浸入 95%～100% 酒精固定 1 min，并用多色亚甲蓝（美蓝）染色。若发现大量的成双或短链排列带荚膜“车箱”形杆菌则可确诊为炭疽。用天然孔出血棉拭子制作的涂片也可揭示荚膜杆菌，但可能被其他微生物或人为污染，也可采血进行培养鉴定。

动物如怀疑感染炭疽，最好不要进行尸体剖检，以防止芽孢污染环境。有些国家已立法，禁止尸体解剖。尸体剖检记录应完整，可能会有不完全一致的特征性病变，这些病变可能会与其他传染性疾病或中毒引起的急性死亡的病变相似。炭疽尸体处理者的风险因素：95%的人型炭疽是皮肤型，是由于处理感染动物的尸体、皮毛、肉或骨而引起发病。炭疽杆菌不是侵入性的，需经伤口感染。兽医和动物管理人员处理可疑病料时应穿戴乳胶手套和防护工作服，切勿揉攘眼睛和脸部。空气中肺型炭疽杆菌芽孢的危险性较小，吸入感染剂量的可能性几乎为零。胃肠型炭疽的危险只有在个体吃了被交叉感染的肉或其他食物后才会出现。

从事动物副产品加工的人员，如制革、制毯、骨加工和其他有关工业的人员应重视吸入感染剂量的危险（工业炭疽）。实验室工作人员处理可疑感染炭疽的标本或培养营养型炭疽杆菌时，应采用被广泛接受的细菌学技术。如需进行肉汤培养或会出现悬浮芽孢，要强制使用符合诊断规程的房间做实验室。实验完毕，组织或培养物应放入包或盒中高压灭菌，随后焚烧。现在不用实验动物作诊断，若用则需将笼子和垫料高压灭菌，之后焚烧垫料，注意处理垫料时尽量不要产生灰尘。

14.1.5.1　病原鉴定

对大多数细菌实验室而言，鉴定感染的新鲜血液或组织中以及在血琼脂平板上生长的荚膜炭疽杆菌较为简单，鉴定末期菌血症不明显的猪和食肉动物的病例或死前产生抗体的动物的病例较为困难。从陈旧腐败的尸体、制作的标本（骨、肉、皮）或环境采样（污染的土壤）中发现营养型炭疽菌也较困难，程序苛刻又很费力。

（1）新鲜样品

观察荚膜：强毒力荚膜炭疽杆菌可存在于死亡动物的新鲜组织和血液样品中。取病料涂片，干燥后以多色美蓝染色。荚膜染为粉红色，菌体染为深蓝色。菌体呈成对或成短链排列，末端直截（链有时连接呈火车车厢状——所谓“车厢”现象）。革兰氏染色和常规姬姆萨染色不能染出荚膜，于营养琼脂上或营养肉汤上进行有氧培养的炭疽杆菌无荚膜，但当几小时后，在数毫升血液（马血最好）中培养出有毒力的芽孢杆菌，可见荚膜，随后当营养型炭疽菌在含有 0.7% 的重碳酸钠的营养琼脂上和有 CO_2（20%最理想）存在的条件下培养时，也可产生荚膜。琼脂配制：在 90 mL 水中加入营养琼脂粉到 100 mL，高压灭菌，水浴冷却至 50 ℃，加入 10 mL 过滤消毒的（0.22 μm～0.45 μm 的过滤器）7% 的重碳酸钠溶液，混匀倒入平皿，无荚膜的营养型炭疽菌会形成黏性菌落，制成薄的涂片显微镜下观察，多色美蓝染

色可见荚膜。

制备染色用涂片：只需小滴的血液或组织液，小而薄的涂片最好，干燥后加热固定，滴加染液（大约 20 μL）于涂片上，并使之扩展覆盖成圈，1 min 后以水冲洗，冲洗水以次氯酸盐溶液消毒，用滤纸吸干，干燥后于 10 倍物镜下观察短链呈短发样，再于 1 000×油镜下观察蓝黑色菌体周围的粉红色荚膜。为避免实验室污染，使用后的载玻片、吸水纸应高压消毒或置于次氯酸消毒剂中消毒。

Brownn 和 Cherry 1955 年报道过一种炭疽杆菌噬菌体敏感性试验，这种试验方法可在血琼脂或营养琼脂平皿上划线接种，也可分用一个平皿（即在一个平皿上做多个试验）。取可疑组织划线接种后，滴加 10 μL～15 μL 的噬菌体溶液于划定区域的一侧，另一侧滴加 10 单位的青霉素圆纸片，待噬菌体液渗干，置于 37℃培养，并设对照。培养几小时后，若为炭疽杆菌，滴加噬菌体液的地方无细菌生长，因为溶解了炭疽杆菌，可见青霉素圆片周围有空白的区域（注：抗噬菌体溶解的炭疽杆菌很少遇见，同样抗青霉素的菌种也少见报道）。

聚合酶链反应：全面证明毒力可采用聚合酶链试验（PCR），模板 DNA 可由营养琼脂培养的新鲜炭疽杆菌菌落制备，将 25 μL 接种环生长物加到灭菌蒸馏水或去离子水中悬浮，加热至 95 ℃10 min，随后至 4 ℃冷却，短时间离心，上清液可用于 PCR 试验。PCR 试验在 50 μL容器中进行。

（2）陈旧腐败病料、处理过的材料、环境样品（土壤）中病原的鉴定

这些病料多半有腐生菌污染，这些腐生菌在非限制性培养基上可以无限制地生长。建议采用下述程序：

① 将样品加入 2 倍体积的灭菌蒸馏水或去离子水中，混和，放于 62.5 ℃±0.5 ℃水浴中 15 min。

② 按 10 倍连续稀释至 10^{-2} 或 10^{-3}，每个稀释样品取 10 μL～100 μL 接种于血琼脂平板。取 250 μL～300 μL 接种 PLET 琼脂。所有平板置 37 ℃培养。

③ 血琼脂平板过夜培养后即进行观察，PLET 培养 48 h 后观察。按前面关于新鲜病料鉴定，观察有无典型菌落。

鉴定或验证可疑炭疽杆菌菌落，可按上述方法进行。按此方案在血琼脂平板上很少发现炭疽杆菌，而在 PLET 上发现较多，血平板的成本虽低，但回报很差，故还是得不偿失。

已有用 PCR 直接检测土壤和环境样品中炭疽杆菌的报道，但这些方法目前还未成为常规方法，其敏感性至少低于上述传统的 PLET 方法 100 倍。

若用其他方法不能分离病菌时，可采用动物接种。但由于动物垫草中形成的芽孢可能感染人以及人对动物的保护意识不断加强，该方法仅在被确证安全后方可进行。试验动物可选用成年小白鼠或豚鼠。如检测样品为土壤或其他严重污染的样品，试验前应以破伤风抗血清和气性坏疽抗血清处理试验动物。以热“休克”方法（62.5 ℃15 min）按前面培养方法处理样品，小白鼠皮下接种 0.05 mL～0.1 mL 样品，豚鼠可皮下接种 0.2 mL～0.4 mL，若强毒力炭疽可在 48 h～72 h 内致死小鼠（豚鼠），取血液或/和脾抹片，用多色美蓝进行荚膜染色，或将感染组织进一步用培养基分离培养，然后运用适当方法加以证实。

（3）免疫学检测和诊断

炭疽杆菌与腊状芽孢杆菌的抗原性非常接近，唯一不是共同拥有的是炭疽毒素抗原，可用免疫学方法来区别这两种病原微生物。但该毒素抗原是在生长指数阶段产生的，此外还

有炭疽荚膜，在很大程度上限制了免疫学方法用于常规检测。

1911年Ascoli建立了以兔抗血清检测炭疽杆菌抗原的方法，当抗血清与热稳定炭疽杆菌抗原混合时可发生沉淀反应。该方法用来检测生产动物副产品的动物组织中炭疽杆菌抗原。由于炭疽杆菌热稳定抗原与其他杆菌抗原有交叉性，故该反应特异性不强，后来使用较少。试验过程如下：取5 mL含终浓度为1%乙酸的生理盐水，加入约2 g样品，煮沸5 min，冷却后以滤纸过滤，取几滴兔血清置于小试管（抗血清少时可用毛细管），将滤过液轻轻加在抗血清的上面，15 min后出现沉淀带即判为阳性，同时要设立已知阳性、抗原悬浮液（阳性对照）和盐水（阴性对照）作对照。应用免疫荧光试验观察荚膜的研究已取得了一定的进展，但仍未用于常规诊断方法。

14.1.5.2　血清学试验

动物的血清学检查对于炭疽的诊断历来不太需要，大多数血清学试验的目的是研究人和极少数动物的体液反应，评估免疫效力，以及通过检测自然获得性抗体来了解炭疽在野生动物和家畜的流行病学情况。目前倾向使用的血清学方法是酶联免疫吸附试验（ELISA）。

14.1.5.3　过敏性试验（Anthraxin™）

在中欧和东欧国家，用炭疽菌素TM做皮试，是于1962年在前苏联获得首次许可的，后来便广泛用于人和动物的回顾性诊断和疫苗免疫力的评估。这是一种广泛生产的热稳定蛋白质/多糖/核酸复合物，最初从注射过ST1或炭疽杆菌Zenkowsky系疫苗的动物水肿液中获得。该试验包括皮内注射0.1 mL的炭疽杆菌液和在注射后24 h～48 h持续观察其红斑和硬结症状，通过炭疽杆菌的细胞免疫反应可观察到这种迟发型的过敏反应。据报道该试验可用于最初72%的感染，至今已作31年的回顾性的病例诊断。

14.2　伪狂犬病（Aujeszky's disease，AD）

14.2.1　疫病简述

伪狂犬病是由伪狂犬病病毒（Pseudorabies virus，PRV）引起的一种以发热和脑脊髓炎为主要特征的急性传染病，多种家畜、野生动物和人均可感染此病。该病属于典型且极难防疫的自然性疾病之一。猪是PRV最主要的贮存宿主和传染来源，主要引起妊娠母猪流产、死胎成木乃伊胎及产弱胎等，哺乳仔猪及断乳仔猪高热、呼吸困难、显著的中枢神经障碍症状，死亡率高，成年猪通常呈隐性感染，死亡率低，但感染猪因病毒的免疫抑制作用而增加对其他疾病的易感性，从而增加死亡率。1902年匈牙利学者奥耶斯基首先报道本病，他从牛、狗和猫中发现了病毒，可在兔和豚鼠中连续传染。本病呈世界性分布，已有40多个国家发生此病，在整个欧洲都有发生和流行，造成程度不同的灾难性经济损失。东欧特别是巴尔干国家，是重要的常发病地区。20世纪70年代，本病在东欧和西欧许多国家明显增多。本病在美国属于重要传染病，1813年已证明美国存在此病，1961—1962年在印第安那州由强毒株引起本病蔓延开来。本病在伊朗、中东和拉丁美洲都有报道。印度、日本、新西兰、东南亚、亚洲一些国家和地区也有发生，中国也有此病的报道。澳大利亚未见报道。在非洲北部一些国家也有此病的报道。此病对许多经济动物都有致死性，特别是对牛、羊、猪，其中对猪可引起严重的经济损失，妊娠母猪可大批流产，仔猪大批死亡。尤其严重的是，猪是本病的主要贮主，特别是价值高的良种猪场一旦暴发本病，就要全场更新猪种，世界上养猪国家几乎都把该病列为重点防治疾病之一。

14.2.2　病原特征

本病的病原是伪狂犬病毒(PRV),又称猪疱疹病毒Ⅰ型(SHV-Ⅰ),它属于疱疹病毒科疱疹病毒甲亚科水痘病毒属。PRV是疱疹病毒科中感染范围和致病性较强的一种,病毒定位于中枢神经系统,为隐性感染,在应激时被激活。试验证明,囊膜同感染的发生有密切关系,但没有囊膜的裸露核衣壳同样具有感染性,其感染力则比成熟病毒低4倍。PRV核心含双股DNA,其中G+C约73%,是疱疹病毒中含量最高的。本病病毒的抵抗力较强,44 ℃5 h仍有28%的存活。55℃～60℃30 min～50 min可灭活,70℃10 min～15 min、80℃3 min、100℃时立刻灭活。一般情况下在畜舍内干草上的病毒存活的时间,夏季约30天、冬季可达46天;含毒病料在50%甘油盐水中于0 ℃～6 ℃条件下154天后,其感染力仅轻度下降,保存到3年时仍有感染力;在腐败条件下,病料中的病毒经11天左右失去感染力。PRV对乙醚、氯仿等脂溶物质,福尔马林和紫外线照射等敏感。纯酒精作用30 min、5%石炭酸2 min可灭活,但0.5%的石炭酸作用32天以上还有感染力。2%福尔马林作用20 min、0.5%～1%氢氧化钠能迅速灭活病毒。胰蛋白酶等酶能灭活本病毒,但不损坏衣壳,其破坏作用可能涉及整个囊膜或仅为囊膜上与感染细胞结合的受体。－70 ℃适合于病毒培养物的保存,冻干的培养物可保存数年。血清学方法证明本病毒只有一个型,世界各地的毒株都一致。病毒的毒力则有强弱不同的区别。英国分离的毒株对牛羊的毒力很低,美国过去发现个别流行地区的病毒毒株的毒力有所增强,可引起成年猪死亡,认为是由于病毒在流行过程中出现了强毒力毒株。试验证明了这种强毒力株在血清学上并无变化,只是在细胞培养物的感染滴度明显增高。本病毒与人的疱疹病毒、B病毒以及鸡马立克氏病病毒用直接荧光抗体法检查时都有微弱的交叉反应。迄今还未证明本病毒有能凝集禽类和哺乳动物红细胞的血凝素。

PRV与其他疱疹病毒的只能感染一种或几种动物不同,其宿主范围广,自然的易感动物有牛、山羊、绵羊、猪、猫、狗、獾、小狼、鹿、小鼠、大鼠、兔、浣熊等。人工接种可感染的有豚鼠、雪貂、猴、野猪、豺、鼬、蝙蝠、秃鹰、鸡、鸭、鹅、麻雀、鸽、火鸡、驴、马。对人工接种有抗受力的有猿、黑猩猩、蛙、蛇、龟、猪虱。研究证实牛、绵羊、狗、猫和小白鼠都比猪易感,几乎都是致死性的,猪对本病有较强的抵抗力,是本病病原的主要天然贮主。病毒一旦使动物发病致死之后病毒也就消失了,除非病毒在尸体内消失之前又被易感动物吃进而传播,否则就不能构成传播。马虽然也易感但很少发生,即使感染,症状也轻并容易康复。本病的传染途径除了经口、鼻传染之外,经研究证实通过空气、飞沫传播本病也是重要的传染途径。本病病毒通过空气传播的距离可达1 km～2 km。有的靠近发病猪舍的牛舍内的牛,被证明是从病猪舍出来的飞沫通过空气传播而感染了本病。接触传染主要通过排毒动物的口鼻接触引起。被病毒污染的饲料和垫草、场地以及其他物品都可成为传染媒介。

由于猪是本病病毒的主要贮主,一般毒力的毒株对成年猪不引起可见的临诊症状,然后病毒在某些神经节部位潜伏下来使猪保毒。毒力强的毒株则同样能引起部分成年猪发病甚至致死。公、母猪配种可相互感染,怀孕母猪的PRV可垂直传播感染子宫内胎儿,仔猪可因食入母猪乳汁而感染,吸血昆虫也可传播本病。初生仔猪可从母猪初乳中的母源抗体得到保护,但不能防止仔猪排毒。不论是接种疫苗产生主动免疫或用被动免疫的方法都不能防止传染。重要的是构成隐性带有强毒的猪往往是在接种疫苗后再感染强毒而形成的。发病的公猪可以通过配种传染母猪。发病的妊娠母猪可引起流产,分泌物和流产胎儿散布病

毒而传播本病。除猪以外，鼠类被认为是本病的第二位传播者。由于鼠类经常进入猪舍、饲料库，死于本病的鼠如被其他动物吃食则造成传播。但野生动物在保毒和传播本病的问题上有些学者认为还缺乏确切的资料。例如大鼠对本病的抵抗力比绵羊大上千倍，但一旦被传染也是致死性的。没有被感染的鼠则未见产生抗体和传播本病，这些鼠仍然对本病易感。所以野大鼠被认为在本病的保毒和传播上无特殊重要性。除猪以外的其他经济价值大的家畜都对本病易感，绵羊、山羊、猫和狗感染本病都是致死性的，还未见有产生抗体的康复动物。牛也有同样的易感性，但已有极个别的母牛患病后康复的报告。牛和猪之间的传染由直接接触或通过污染物的传染是较常见的。如病猪的鼻分泌物接触牛的皮肤伤口而引起传染或污染了的猪残料把病传给牛。狗和猫的感染则多是由于吃了被污染的东西。

本病的潜伏期由于感染途径和动物种类不同有所差异。一般潜伏期为3～6天，短的为36 h，长的可达10天。临床症状为唾液增多、体温升高、精神萎顿以及痉挛、呼吸困难、繁殖障碍、生长停滞、失重及高死亡率为主，其中临床表现随年龄不同有很大差异。

14.2.3　OIE法典中检疫要求

2.2.2.1条　具备下述条件的国家或地区可视为无伪狂犬病(AD)或暂时无伪狂犬病的国家或地区：

1）经风险分析，明确导致AD发生的所有潜在因素和历史情况；

2）该病在全国范围内为法定申报疫病，并且，所有疑似AD临床病例均经田间和实验室检查；

3）实施监测计划，鼓励报告易感动物的疑似AD临床病例；

4）全国所有有猪的饲养场都在兽医行政管理部门的了解和监控之中；

5）当家养猪离开它们最初的饲养场时，有一表明原产场永久的识别号码，建立可靠的追踪程序，以便查找其原饲养场。已分离出病毒，或实验室血清学试验阳性(全部抗体或IgE抗体)的饲养场可确定为AD感染饲养场。诊断试验和疫苗标准参阅《手册》。

2.2.2.2条　无AD国家或地区

1）资格认可

如没有正式实施具体监测计划，至少25年没有本病发病报告(历史上无本病)，及至少在过去10年中，具备以下条件，该国可视为无AD病：a)该病为法定报告疫病；b)已实施早期检测系统；c)已实施了防止病毒侵入国家或地区的措施；d)没有实施AD的免疫接种；e)证实没有野猪感染，或者已实施措施防止AD病毒从野猪传染给家养猪；不具备上述条件的国家，但达到以下条件时，也可视该国为无AD病国家：f)实施动物卫生条例2年以上，控制2.2.2.6条所列物品流通，防止本病感染饲养场；g)禁止家养猪免疫接种AD疫苗至少2年以上；h)从未报告过AD疫情的国家或地区在资格认可前3年，根据附录3.8.×(待研究)对所有养猪场实施代表性进行样品血清学调查，结果阴性；血清学调查是以种猪群为基础，或无种猪的饲养场，则以一定数量的肥育猪为基础，直接检测全病毒抗体；或i)如果该国或地区已报告有AD，并实施了监测和控制计划，检测每个感染场并根除AD；监测计划按附录3.8.×(研究中)准则进行，并证明至少2年内国家内或地区内无AD的临床、病毒学或血清学证据。

某国家要达到无疫状态，则该国所有地区必须达到无疫状态。有野猪的国家或地区，应当实施措施防止AD病毒从野猪传播给家养猪。

2）维持无 AD 状态

一个国家或地区要保持无疫状态，应符合下列条件：a)定期对种猪群按照附录 3.8.×（待研究）准则进行具有统计学意义的 AD 全病毒抗体检测；b)该国或地区进境 2.2.2.6 条所列物品应符合本节有关条款规定的条件；c)禁止 AD 免疫接种；d)实施措施防止 AD 病毒从野猪传播给家养猪。

3）恢复无 AD 状态

无疫国家或地区的某个饲养场暴发 AD，那么该国家或地区要恢复无 AD 状态应符合：a)扑杀疫点所有猪，并且，在实施措施之时和之后，对所有与感染饲养场有直接或间接接触的饲养场及发病饲养场周围 5 km 半径以内的所有猪饲养场进行包括临床检查、血清学和/或病毒学试验在内的流行病学调查，证明这些饲养场未被感染，或 b)已实施了 gE 缺失苗免疫接种，并且：ⅰ)对免疫接种的饲养场进行血清学检测（鉴别型 ELISA），证明无 AD 感染；ⅱ)除急宰猪以外，禁止感染饲养场猪外流，直到试验证明无 AD 感染；ⅲ)所有感染动物已屠宰；ⅳ)在实施ⅰ)到ⅲ)措施期间及之后，通过对所有与感染饲养场有直接或间接接触的猪饲养场及发病饲养场周围 5 km 半径以内的所有猪场进行了包括临床检查、血清学和/或病毒学试验在内的流行病学调查，证明这些饲养场无感染。

2.2.2.3 条　暂时无 AD 国家或地区

1）资格认可

具备下述条件的国家或地区可视为暂时无 AD 的国家或地区：a)实施动物卫生条例至少 2 年，控制 2.2.2.6 条所列物品流通，防止饲养场感染本病的国家或地区；b)如果该国或地区从未报告发生 AD，应对所有养猪场根据附录 3.8.×规定准则（研究之中）采集代表性样品（可信度还达不到无疫要求）进行血清学调查，结果阴性，血清学调查是以种猪场为基础，或无种猪的饲养场，则以一定数量的肥育猪为基础直接检测全病毒抗体。c)如果该国或地区已报告了 AD，已实施了监测和控制计划检测感染的饲养场并净化这些饲养场 AD，至少 3 年内该国或地区群体发生率不超过 1%，并且该国家或地区至少有 90% 的饲养场认可为无 AD；d)有野猪的国家或地区，应当实施措施防止 AD 病毒在野生猪和家养猪之间传播。

2）保持暂时无疫状态

一个国家或地区要保持暂时无疫状态，应符合下列要求：a)持续实施上述措施；b)感染饲养场的百分比保持在 1% 以下；c)国家或地区进境 2.2.2.6 条所列物品应符合本节相关条款规定的进境条件。

3）恢复暂时无疫情状态

暂时无疫国家或地区内饲养场的感染率超出 1%，就应取消其暂时无 AD 状态，并且经 1)c)规定的血清学检测确认感染饲养场百分率小于 1% 至少维持 6 个月，才能恢复其暂时无 AD 状态。

2.2.2.4 条　AD 感染国家或地区

不符合无 AD 或暂时无 AD 条件的国家或地区视为 AD 感染国家或地区。

2.2.2.5 条　无 AD 饲养场

1）资格认可

确认饲养场无 AD，应当满足以下条件：a)饲养场受兽医机构控制；b)至少一年无 AD

临床的病毒学或血清学的证据；c)饲养场引进猪、精液和胚胎/卵符合本节相关条例中对这些物品的进境条件；d)饲养场至少12个月内没有免疫接种AD疫苗，并且，以前免疫接种种猪无gE抗体；e)饲养场的种猪经AD全病毒血清学试验结果阴性，采样程序按照附录3.8.×(待研究)规定准则进行；试验必须进行两次，间隔两个月；没有种猪的饲养场，则取一定数量的育肥猪或断奶猪检测一次；f)对感染饲养场5 km半径内的饲养场和这个地区内已知未感染的饲养场的监测和控制计划已经开始实施。并且，已知在这个地区没有感染的饲养场。

2）保持无疫状态

对于AD感染的国家或地区的饲养场，应当每4个月进行一次在1)e)所描述的试验程序。对于暂时无AD的国家或地区的饲养场，应当每年进行一次在1)e)所描述的试验程序。

3）恢复无AD

如果无疫饲养场感染了AD，或无疫饲养场周围5 km半径内暴发了疫情，则在符合以下条件前应当停止无AD饲养场的资格：

a）感染饲养场：ⅰ)扑杀饲养场所有的猪，或ⅱ)转移所有感染动物后30天内，所有种猪经2次间隔2个月的AD全病毒血清学试验，结果阴性；

b）在5 km半径内的其他饲养场，每个饲养场的种猪已进行了AD全病毒(未免疫接种的饲养场)或gE抗体(免疫接种的饲养场)的血清学试验，结果阴性，适用的采样程序见以上1)e)。

2.2.2.6条　国家兽医行政管理部门在同意从其他国家进境或过境运输下列物品时应当考虑是否有感染AD的风险：

1）家养猪和野猪；

2）家养猪和野猪精液；

3）家养猪和野猪胚胎；

4）猪杂碎(头、胸腔和腹腔内脏)以及包含猪杂碎的产品；

5）病理材料和生物制品(见1.4.6节和1.5节)。其他国际贸易商品应当考虑没有扩散AD的可能性。

2.2.2.7条　从无AD的国家或地区进境家养猪时，兽医行政管理部门应当要求出具国际兽医证书，证明动物：

1）在装运之日无AD的临床症状；

2）来自无AD国家或地区的饲养场；

3）未接种过AD疫苗。

2.2.2.8条　从暂时无AD的国家或地区进境种用或饲养用家养猪时，兽医行政管理部门应当要求出具国际兽医证书，证明动物：

1）在装运之日无AD临床症状；

2）出生后一直在无AD的饲养场饲养；

3）未接种过AD疫苗；

4）在装运前15天经AD全病毒血清学试验，结果阴性。

2.2.2.9条　从AD感染国家或地区进境种用或饲养用家养猪时，兽医行政管理部门应当要求出具国际兽医证书，证明动物：

1）在装运之日无 AD 的临床症状；

2）出生后一直在无 AD 的饲养场饲养；

3）未接种过 AD 疫苗；

4）在原饲养场或检疫站隔离，并且，经两次 AD 全病毒血清学试验间隔不超过 30 天，结果阴性，第二次试验在装运前 15 天前进行。

2.2.2.10 条　从 AD 感染的国家或地区或暂时无 AD 的国家或地区进境屠宰用家养猪时，兽医行政管理部门应当要求出具国际兽医证书，证明动物：

1）已实施了检测感染饲养场和根除 AD 的监控计划；

2）动物：a)不是作为根除计划内而淘汰的；b)在装运之日无 AD 的临床症状；c)出生后一直在无 AD 的饲养场饲养；d)在装运前 15 天作过 AD 免疫。[注：出境国和进境国都应当实施适当的预防措施，以保证猪直接由装运地运输到屠宰场立即屠宰]

2.2.2.11 条　从无 AD 国家或地区进境野猪时，兽医行政管理部门应当要求出具国际兽医证书，证明动物：

1）在装运之日无 AD 临床症状；

2）在无 AD 国家捕获；

3）未接种过 AD 疫苗；

4）在检疫站隔离，并且，经两次 AD 全病毒血清学试验间隔不超过 30 天，结果阴性，第二次试验在装运前 15 天前进行。

2.2.2.12 条　从无 AD 的国家或地区进境猪精液时，兽医行政管理部门应当要求出具国际兽医证书，证明动物：

1）供精动物：a)在采精之日无 AD 临床症状；b)采精时在无 AD 国家或地区的饲养场或人工授精中心饲养。

2）精液采集、加工和贮存符合附录 3.2.3 的规定要求。

2.2.2.13 条　从暂时无 AD 国家或地区进境猪精液时，兽医行政管理部门应当要求出具国际兽医证书，证明动物：

1）供精动物：a)采精前在位于无 AD 国家或地区的饲养场或人工授精中心至少饲养 4 个月，并且，对所有公猪每 4 个月进行一次 AD 全病毒血清学试验，结果阴性；b)在采精之日无 AD 的临床症状。

2）精液采集、加工和贮存符合附录 3.2.3 规定要求。

2.2.2.14 条　从 AD 感染国家或地区进境猪精液时，兽医行政管理部门应当要求出具国际兽医证书，证明动物：

1）供精动物：a)进入人工授精中心前至少在无 AD 的饲养场饲养 6 个月；b)采精前至少在无 AD 的人工授精中心饲养 4 个月，并且，每 4 个月对所有公猪进行 AD 全病毒血清学试验，结果阴性；c)采精前 10 天或采精后 21 天之间，AD 全病毒血清学试验阴性；d)在采精之日无 AD 的临床症状。

2）精液采集、加工和贮存符合附录 3.2.3 规定要求。

2.2.2.15 条　从无 AD 国家或地区进境猪胚胎时，兽医行政管理部门应当要求出具国际兽医证书，证明动物：

1）供体母猪：a)采集胚胎之日无 AD 临床症状；b)采集胚胎之日在无 AD 国家或地区

的饲养场饲养。

2）胚胎的采集、加工和贮存符合附录3.3.4的规定要求。

2.2.2.16 条　从暂时无AD国家或地区进境猪胚胎时，兽医行政管理部门应当要求出具国际兽医证书，证明动物：

1）供体母猪：a)采集胚胎之日无AD的临床症状；b)采集胚胎前至少在无AD的国家或地区的饲养场饲养3个月。

2）胚胎的采集、加工和贮存符合附录3.3.4规定要求。

2.2.2.17 条　从AD感染国家或地区进境猪胚胎时，兽医行政管理部门应当要求出具国际兽医证书，证明动物：

1）供体母猪：a)采集胚胎之日无AD的临床症状；b)采集胚胎前在无AD的国家或地区的饲养场至少饲养3个月；c)采集胚胎前10天内经AD全病毒血清学试验，结果阴性。

2）胚胎的采集、加工和贮存符合附录3.3.4规定要求。

2.2.2.18 条　从无AD国家或地区进境猪杂碎（头、胸腔和腹腔脏器）或含废弃物产品时，兽医行政管理部门应当要求出具国际兽医证书，证明该批或含杂碎的产品来自无AD国家或地区的饲养场。

2.2.2.19 条　从暂时无AD国家或地区或AD感染的国家或地区进境猪杂碎（头、胸腔和腹腔脏器）时，兽医行政管理部门应当要求出具国际兽医证书，证明整批杂碎原产动物：

1）自出生后一直在无AD的饲养场饲养；

2）在至批准的屠宰运输场期间没有接触过未确认为无AD饲养场的动物。

2.2.2.20 条　从暂时无AD国家或地区或AD感染的国家或地区进境含猪杂碎（头、胸腔和腹腔脏器）的产品时，兽医行政管理部门应当要求出具国际兽医证书，证明：

1）用于制作本产品的整批杂碎符合2.2.2.19条的规定条件；

2）产品经加工确保杀灭AD病毒；并且

3）加工后已实施了必要的预防措施，防止接触任何来源的AD病毒污染。

14.2.4　检测技术参考依据

（1）国外标准

OIE手册：Manual of Diagnostic Tests and Vaccines for Terrestrial Animals 2004，Aujeszky's disease (Chapter 2.2.2.)

（2）国内标准

SN/T 1698—2006　猪伪狂犬病微量血清中和试验操作规程

NY/T 678—2003　猪伪狂犬病免疫酶试验方法

GB/T 18641—2002　伪狂犬病诊断技术

14.2.5　检测方法概述

虽然病毒分离有助于对死于本病或出现临床症状的猪进行临时性诊断，但对于呈隐性感染猪的诊断，则要求用其他技术和血清学试验。除了猪以外，许多动物均能在产生明显的血清学应答之前就死亡。

14.2.5.1　病原鉴定

（1）病毒分离

从病猪唾液或未断奶死亡小猪尸体分离到病毒和观察到临床症状（如猪的流产或草食

动物、肉食动物的脑炎)可确诊本病。分离病毒,脑和扁桃体是最好的样品。牛感染本病后的特征是瘙痒。对隐性感染猪,三叉神经中病毒含量最高,但隐性感染病毒通常较难分离。

将样品用生理盐水或培养基制成匀浆,900 g 离心 10 min。取上清液接种敏感细胞系。多种细胞系或原代细胞对伪狂犬病病毒敏感,但常用猪肾细胞(即 PK-15 细胞),细胞培养液应含有抗生素(青毒素 200 IU/mL,链霉素 100 μg/mL,多黏菌素 100 μg/mL,两性霉素3 μg/mL)。

细胞接毒 24 h～72 h 后,出现细胞病变(CPE),有时也需培养 5～6 天。细胞单层出现双折光性细胞,并逐渐增多,然后完全脱落,还有形成合胞体,形态和大小各异。如果没有出现明显的细胞病变,则建议盲传一代。对感染的细胞碎片在盖玻片上作 H.E 染色,若出现典型的疱疹病毒嗜酸性核内包涵体以及染色质边缘化等特征性变化,可进一步证实病毒的存在。可用免疫荧光、免疫过氧化物酶或特异性抗血清中和试验鉴定病毒。

病毒分离可确诊伪狂犬病,但如果分离不到病毒,并不意味着该动物未被感染。

(2) 聚合酶链反应鉴定伪狂犬病病毒

聚合酶链反应(PCR)可用于检测分泌物或组织样品中伪狂犬病病毒基因组。设计的引物必须能扩增出 PRV DNA 链中的保守序列,例如已知的病毒增殖中必需糖蛋白基因 gB 或 gD 的部分序列。扩增产物可用一种互补探针,在琼脂糖凝胶上检测,或用 Southern 印迹杂交均可。最近的一些技术使用酶标探针的液相杂交法,主要通过探针和适当的底物温育后呈现一种有色反应来鉴定。"套式 PCR"是 PCR 技术的改进型,它使用两组引物,其中一组引物位于另一组引物所扩增出片段的内部,在两步反应中,只要选好合适的杂交温度,则该技术的灵敏度和特异性就会有所提高。总的来说,与常规的病毒分离技术相比,PCR 技术有快速的优点,一天内初步诊断,两天内即可确诊。采用最先进的仪器能使整个试验过程一天内完成。但由于该试验的特性所决定:需要采取许多防范措施以避免样品在试验前被外源 DNA 或实验室环境污染。

14.2.5.2　血清学试验

不管采用哪一种血清学方法,使用 OIE 标准血清都应出现阳性结果。这种血清可从 OIE 设在法国的伪狂犬病参考实验室索取,也可根据数据说明重新制备。国际贸易中推荐试验的敏感性至少应能检出 1∶2 稀释的 OIE 标准血清。过去认为病毒中和试验是一种参考血清学方法,目前已被能进行大规模检测的 ELISA 方法所代替。新近又建立了乳胶凝集试验。经过开发可用以检测抗体,这种试剂盒已经商业化投放市场。

(1) 病毒中和试验(国际贸易指定试验)

根据病毒血清混合物温育时间的长短(37 ℃1 h 或 4 ℃24 h)和补体存在与否,可用不同的方法在细胞培养物上进行病毒中和试验(VN)。多数实验室采用无补体 37 ℃作用 1 h 的方法,其特点是简易、快速。但采用 4 ℃作用 24 h 的方法更有助于检测出抗体,而且敏感性比作用 1 h 高出 10～15 倍。在国际贸易中,这种检测方法应具有更高的敏感性,能检测 1∶2稀释的 OIE 标准参考血清。病毒中和试验并不能区别疫苗接种和野毒感染产生的抗体。这是 OIE《国际动物卫生法典》"全病毒诊断试验"要求的两种方法之一。

(2) ELISA 试验(国际贸易指定试验)

ELISA 比用不含补体的血清做 1 h 中和试验的敏感性高得多。但对某些弱阳性血清,采用 24 h 病毒中和试验比较容易,而另外一些样品采用 ELISA 方法可能会更好。各种商

品化的 ELISA 试剂盒可用直接或竞争技术检测抗体水平，各厂商在抗原、结合物或底物的制备方法，以及在作用时间和结果的判定方面各不相同。其共同优点是能迅速检测大量样品，进行自动化操作和用计算机分析结果。有些试剂盒如“复合”疫苗，还能区分疫苗免疫和自然感染动物。

14.3　蓝舌病(Bluetongue,BT)

14.3.1　疫病简述

蓝舌病又称绵羊卡他热，是一种主要发生于绵羊的非接触性虫媒病毒传染病，以发热、白细胞减少、颊黏膜和胃肠道黏膜严重卡他性炎症为主要特征。蓝舌病于 1876 年首先在南非发生，1905 年被正式报道，并在很长一段时间内只发生于非洲大陆。后来在欧洲、亚洲、非洲、美洲和大洋洲的 50 多个国家陆续发生，在 24 个 BTV 血清型中，非洲分离出 23 个，亚洲 16 个，大洋洲 8 个，美洲 12 个，我国分离的血清型主要为 BTV1、BTV10 和 BTV16，值得注意的是，很多国家发现了蓝舌病毒抗体，但未发现任何病例。

BTV 主要感染绵羊，所有品种的绵羊都可感染，牛和山羊次之，野生动物中鹿和羚羊易感。绵羊以细毛羊更敏感，尤为纯种美利奴羊。在南非，感染发病的主要是羔羊；在美国，易感品种感染发病的主要是 5 岁左右的成年羊。除绵羊外，牛对蓝舌病病毒易感，但以隐性感染为主，只有部分牛表现出体温升高等症状。山羊和野生反刍动物如鹿、麋、羚羊、沙漠大角羊等也可感染蓝舌病病毒，但一般不表现出症状。山羊较绵羊、牛有更强的抵抗力。仓鼠、小鼠等啮齿动物可感染蓝舌病病毒，也有人从野兔体内分离出病毒，除此之外，非反刍动物未见感染过蓝舌病病毒的报道。

由于蓝舌病是一种虫媒病毒病，它的发生、传播与环境因素和放牧方式有很大关系，蓝舌病主要发生在温暖、湿润等适宜于媒介昆虫生长活动的季节，经常在河谷、水坝附近，沼泽地放牧的动物更易感染和发病。如果在日出之前和日落之后将动物关养于厩舍，可大大减少动物感染发病的机会。在美国，动物发病主要在夏末秋初，一般在第一次降霜以后，发病动物会明显减少。库蠓(*Culivoides*)是 BTV 的主要传播媒介。因此，蓝舌病多呈地方性流行，病的发生、流行与库蠓等昆虫的分布、习性和生活史关系密切，具有明显的季节性，即晚夏与早秋多发。库蠓吮吸病毒血症动物的血液后，病毒在库蠓唾液腺内增殖，8 h 内病毒浓度急剧升高，6～8 天达到高峰，此时的病毒浓度可升高约 10 000 倍，高浓度的病毒可维持很长时间，使库蠓终生具有感染性，但还没有证据证明库蠓可将病毒通过卵巢传染给后代。库蠓在世界上已知有 800～1 000 种，我国已知有 113 种。在非洲和中东，传播蓝舌病的主要库蠓为淡翅库蠓和 *C. imicola*，美国和加拿大主要是 *C. variipennis* 和 *C. insignis*，欧洲为 *C. imicola*，拉丁美洲为 *C. insignis* ，澳洲为 *C. fulvus*、*C. actoni*、*C. wadai* 和 *C. brevitarsis*。亚洲对蓝舌病病毒的媒介缺乏深入研究，在其他大陆可传播蓝舌病病毒的库蠓品种如 *C. wadai*、*C. fulvus*、*C. brevitarsis* 和 *C. imicola* 等在亚洲都有分布。库蠓在叮咬动物、吸吮感染 BTV 的血液后约 7～10 天为病毒携带传染期，此时绵羊被带毒库蠓叮咬 1 次就足以引起感染。除库蠓外，还有许多昆虫亦可传播 BTV，已有沼蚊、羊蜱蝇、螯蝇、虻、牛虱、羊虱和蜱等机械传播本病的报道。BTV 可经胎盘感染胎儿，引起流产、死胎或胎儿畸型，胎儿感染的病毒血症可持续到产后 2 个月。BTV 也可潜伏于公畜精液中，但已证实不存在长期潜伏的 BTV，感染仅可能在公畜发生病毒血症时通过交配传播给母畜和胎儿，所以从蓝舌病流行的国家进境精液有一定的危险。牛胚胎不会传播蓝舌病，即使采自病毒血症期的胚胎，只要透明带完整，按照一不定程序冲洗，也很安全。但采自感染绵羊的胚胎有可能传播蓝舌病。易感动物对口腔途径感染有很强的抵抗力，发病动物的分泌物和排泄物内病毒含量极低，不会引起蓝舌病的传播，其产品如肉、奶、毛等也不会传播蓝舌病病毒。

14.3.2　病原特征

蓝舌病病毒属呼肠孤病毒科环状病毒属蓝舌病亚群的成员，为该属的代表种，已发现它有 24 个血清型。未提纯的蓝舌病病毒，特别是在有蛋白质存在的情况下有较强的抵抗力，它可在干燥血清或血液中长期存活达 25 年，也可长期存活于腐败的血液中，病毒在康复动物体内能存活 4 个月左右，对紫外线和 γ 射线有一定抵抗力，对乙醚、氯仿和 0.1 %去氧胆酸钠有一定抵抗力，在 50 %甘油中于室温下可保存多年，但 3 %福尔马林、2 %过氧乙酸和 70 %酒精可使其灭活，BTV 在 20 ℃、4 ℃和－7 ℃时稳定，－20 ℃时不稳定，提纯的病毒即使在低温的条件下也不稳定。BTV 对酸抵抗力较弱，含有酸、碱、次氯酸钠、吲哚的消毒剂很容易杀灭 BTV，pH 值(5.6～8.0)稳定，pH 值 3.0 能迅速灭活，不耐热，60 ℃30 min 灭活，75 ℃～95 ℃可迅速失活。BTV 有血凝素，可凝集绵羊及人的 O 型红细胞，其血凝活性与 VP2 有关，血凝抑制试验可用于 BTV 分型。现已证实 BTV 至少有 24 个血清型，1992年 Davis 等从肯尼亚分离的一株 BTV 与已知的 24 个型进行中和试验，其结果不同于任何一个现存的血清型，因此还可能存在新的血清型。通过补结试验、琼扩和荧光抗体试验检测 VP7 可用于群特异性抗原的检测，再进一步检测 VP2 进行定型。

蓝舌病的潜伏期一般为 5～12 天(短的只有 2 天，长的可达 15 天)，多在感染后6～8 天发病明显，表现为发热体温升高至 39 ℃～42 ℃，发热持续期平均为 6 天，大多数病例在体温升高期间出现明显的蓝舌病的特征症状，如精神萎顿、食欲丧失、大量流涎、口腔黏膜充血、水肿，或表现口腔黏膜表层坏死溃疡、咽水肿、唇及舌水肿呈紫色出现糜烂，水肿可一直延伸至颈部、胸部及腋下，蹄冠淤血、肿胀部疼痛致使跛行，并常因胃肠道病变而引起血痢。随着病程的发展，动物的鼻漏由水样发展成黏液浓性，进而形成结痂，引起严重的呼吸困难、喘气。最急性病例因肺水肿而呼吸困难。嘴唇皮肤充血可延伸到整个面部、耳和身体的其他部位，特别是腋下、腹股沟、会阴和下肢更加明显，轻微擦碰即可引起广泛的皮下出血。羊毛生长异常，甚至成块脱落。蹄部病变一般出现在体温消退期，但偶尔也见于体温高峰期。开始蹄冠带充血，很快可见蹄外膜下点状出血，患畜因疼痛而不愿站立、行走，有些动物蹄壳脱落。有些病例因废食、脱水，引起肌肉严重的变性和坏死，使动物很快消瘦和虚弱，这种病例需要很长时间才能恢复，口鼻和口腔病变一般在 5～7 天愈合。动物的死亡率与许多因素有关，一般为 20%～30%，如果感染发生在阴冷、湿润的深秋季节，死亡率要高很多，可达 90%。蓝舌病可感染多种反刍动物，只有绵羊表现出特征症状，所有品种的绵羊都对蓝舌病易感，但不同品种和同一品种的不同个体感染后有完全不同的临诊表现，美利奴和欧洲肉羊等高度易感品种多发病死亡，非洲土种绵羊等有一定抵抗力的品种一般只出现轻度的体温升高。牛比绵羊更容易感染蓝舌病，但症状较轻，发病的动物很少，一般呈良性经过。牛的临诊症状主要为一种过敏反应，表现为体温升高到 40 ℃～41 ℃，肢体僵直或跛行，呼吸加快，流泪，唾液增多，嘴唇和舌肿胀，口腔黏膜溃疡。妊娠期感染蓝色舌病病毒，胎儿会发生脑积水或先天畸形。

感染后 3～6 天可从血液内检测出病毒，7～8 天后病毒血症达到高峰，然后逐渐下降，

绵羊的病毒血症持续 2～3 周，牛的病毒血症持续可达 6～7 周。感染后 6～8 天病毒中和抗体滴度开始升高，此时体温上升，初期的组织学病变也同时出现。蓝舌病病毒与血细胞有密切联系，血浆内的病毒浓度很低，感染动物在病毒血症和体温升高前，出现泛白细胞减少症，实验证明，病毒在单核细胞、巨噬细胞、嗜中性细胞和内皮细胞内繁殖。血红细胞结合有大量病毒，但尚不清楚病毒是否存在于红细胞内。与绵羊不同，牛蓝舌病的临诊表现主要是 IgE 介导的过敏反应，如果牛在感染过蓝舌病病毒或相关病毒后再次感染蓝舌病病毒，血清 IgE 特异性蓝舌病病毒抗体明显升高，导致组织胺、肾上腺素等释放，引起症状和病变的发生。

蓝舌病为严重传染病和虫媒病毒病，检出阳性动物，全群动物作扑杀、销毁或退回处理。为防止本病传入，进境动物应选择在昆虫媒介不活动的季节。

14.3.3　OIE 法典中检疫要求

2.1.9.1 条　本《法典》规定，蓝舌病病毒(Bluetongue virus，BTV)感染期为 100 天。全球 BTV 分布史表明该病主要分布在北纬 40°与南纬 35°之间。诊断试验标准参阅《手册》。

世界上述范围中无 BT 临床症状的国家或地区的 BTV 状况应通过动态监测监视计划(计划实施遵照 1.3.6 节条款)来确定。该计划是根据本病流行病学进行设计，即侧重气候和地理因素，库蠓生物学和/或易感动物血清学。并可根据由于历史、地理和气候因素，反刍动物和库蠓数据或靠近流行或发病区而风险较高而调整。随机和有目的的血清学监测，在检出 2%牛(如牛的数量不足，可用其他反刍动物)阳性率中，其可信度须在 95% 以上。

在世界上述范围之外但与感染国家或不是无疫区接壤的国家或地区应采用与上相同的监测计划，至少应在与感染国家或地区临近的 100 km 的边界内执行。

2.1.9.2 条　无 BTV 国家或地区

若蓝舌病为整个国家的法定通报疫病，并符合下列条件时可视为无 BTV 国家或地区：

1) 该国家或地区位于北纬 40°以北或南纬 35°以南，且不与 BTV 感染国家或地区接壤；或者

2) 按 2.1.9.1 条所叙监测计划证明该国或地区在过去两年内无任何 BTV 证据，且在过去 12 个月任何反刍动物没有接种过蓝舌病疫苗；或者

3) 监测计划表明在该国或地区没有库蠓证据。为保持无疫情状态，应根据该国或地区的地理位置持续执行 2.1.9.1 条末段之规定。

监测表明无 BTV 媒介的无 BTV 国家或地区不会因为从感染国家或地区进境血清学阳性或感染动物、精液或胚胎/卵而失去其无疫状态。与感染国家或地区接壤的无 BTV 国家或地区应设立 2.1.9.1 条所述的监测区，监测区内动物应进行持续监测。监测区的边界应当清楚划定，并考虑与 BTV 感染有关的地理和流行病学因素。

2.1.9.3 条　季节性无 BTV 地区

季节性无 BTV 地区是指在一年中某段时期内，感染国家或地区中通过监测证明没有 BTV 传播或成年库蠓的地区。

在执行 2.1.9.7 条、2.1.9.10 条和 2.1.9.14 条规定时，季节性无 BTV 时期是从(监测计划证明的)最后一次 BTV 传播证据之后那天或成年库蠓停止活动之后开始。在执行 2.1.9.7 条、2.1.9.10 条和 2.1.9.14 条时，季节性无 BTV 时期包括：

1）至少在历史资料记载的蓝舌病开始活动的最早时间28天之前；或者

2）如果当前气候资料或监测计划数据表明库蠓活动提前，则季节性无BTV时期立即结束。

监测表明季节性无BTV地区无BTV传播媒介，那么即使从感染国家或地区进境血清学阳性动物或感染的动物、精液或胚胎/卵，则不影响其季节性无BTV地区状况。

2.1.9.4条　BTV感染国家或地区

过去两年中有BTV报告的国家或地区即为BTV感染国家或地区的。

2.1.9.5条　各国兽医行政管理部门同意进境或经其国土过境运输来自其他国家的下列商品时，应当考虑是否有感染BTV的风险：

1）反刍动物和其他BTV易感草食动物；

2）这类动物的精液；

3）这类动物的胚胎/卵；

4）（这类动物的）病理材料和生物制品（见1.4.6节和1.5章）。

其他商品在进行国际贸易时，可认为不存在传播BTV的可能性。

2.1.9.6条　从无BTV国家或地区进境反刍动物和其他BTV易感草食动物时，兽医行政管理部门应要求出具国际兽医证书，证明动物：

1）自出生之日或装运前至少100天，一直在无BTV的国家或地区饲养；或

2）在无BTV国家或地区至少饲养28天，并经血清学方法如BT竞争ELISA试验或BT AGID试验进行BTV抗体检测，结果阴性，并于装运前一直在无BTV的国家或地区饲养；或

3）至少在无BTV的国家或地区饲养7天，并经采集血液样品进行BTV分离试验或PCR试验，结果阴性，并于装运前一直在无BTV国家或地区饲养；并且

4）如果动物从无BTV地区出境：a)在运往装运地期间没有经过感染区，或b)在通过感染区时防范库蠓袭击。

2.1.9.7条　从季节性无BTV地区进境反刍动物和其他BTV易感草食动物时，兽医行政管理部门应要求出具国际兽医证书，证明动物：

1）装运前至少100天一直在无BTV国家或地区饲养；或

2）装运前至少28天一直在季节性无BTV地区的无BTV时期饲养，并且在此期间，经两次血清学方法如BT竞争ELISA试验或BT AGID试验进行BTV群特异抗体检测，至少间隔7天，第一次进场后21天进行，结果均为阴性；或

3）装运前至少14天一直在季节性无BTV地区的无BTV时期饲养，并且在此期间经两次采集血液样品进行BTV分离试验或PCR试验，间隔不少于7天，首次试验在进场后7天进行，结果均为阴性；且

4）如果动物从无BTV区出境：a)在运往装运地时没有经过感染区，或b)在通过感染区时防范库蠓袭击。

2.1.9.8条　从BTV感染国家或地区进境反刍动物和其他BTV易感草食动物时，兽医行政管理部门应要求出具国际兽医证书，证明动物：

1）装运前至少100天防范库蠓袭击；或

2）装运前至少28天防范库蠓袭击，并且在此期间进行两次血清学试验检测BTV群特

异抗体，如BT竞争ELISA试验或BT AGID试验，间隔不少于7天，结果均为阴性，第一次至少在进入检疫站后21天后进行；或

3）装运前至少14天一直在防库蠓的地方饲养，并且在此期间两次采集血液样品进行BTV分离试验或PCR试验，间隔不少于7天，首次试验至少在进入检疫站7天后进行，结果均为阴性；且

4）在运往装运地时防范库蠓袭击。

2.1.9.9条　从无BTV国家或地区进境反刍动物和其他易感草食动物精液时，兽医行政管理部门应要求出具国际兽医证书，证明：

1）供精动物：a)采精前至少100天和采精期间一直在无BTV国家或地区饲养，或b)最后一次采精之后的28天～60天之间，进行如BT竞争ELISA试验或BT AGID试验的血清学试验检测BTV群特异抗体，结果阴性，或c)采精开始和采精结束，采集血液进行BTV的病毒分离试验和PCR试验，在采精期间至少每隔7天进行一次病毒分离试验，或每隔28天进行一次血液样品的PCR试验，结果阴性；

2）精液的采集、加工和贮存符合附录3.2.1或附录3.2.2规定。

2.1.9.10条　从季节性无BTV地区进境反刍动物和其他易感草食动物精液时，兽医行政管理部门应要求出具国际兽医证书，证明：

1）供精动物：a)采精前至少100天及采精期间一直在季节性无BTV地区的无BTV时期饲养，或b)采精期间至少每隔60天和最后一次采精之后的28天～60天之间，进行血清学试验如BT竞争ELISA试验或BT AGID试验检测BTV群特异抗体，结果阴性，或c)采精开始和采精结束，采集血液进行BTV的病毒分离试验和PCR试验，在采精期间至少每隔7天进行一次血液样品的BTV病毒分离试验，或每隔28天进行一次血液样品的PCR试验，结果阴性；

2）精液采集、加工和贮存符合附录3.2.1或附录3.2.2规定。

2.1.9.11条　从BTV感染国家或地区进境反刍动物和其他易感草食动物精液时，兽医行政管理部门应要求出具国际兽医证书，证明：

1）供精动物：a)采精前至少100天及采精期间防范库蠓袭击，或b)采精期间至少每隔60天和最后一次采精之后的28天～60天之间，进行血清学试验如BT竞争ELISA试验或BT AGID试验检测BTV群特异抗体，结果阴性，或c)采精开始和采精结束，采集血液进行BTV的病毒分离试验和PCR试验，在采精期间至少每隔7天采集血液进BTV病毒分离试验，或每隔28天进行血液样品的PCR试验，结果阴性；

2）精液采集、加工和贮存符合附录3.2.1或附录3.2.2规定。

2.1.9.12条　进境牛新鲜胚胎/卵时，无论出境国是否有BTV，兽医行政管理部门都应要求出具国际兽医证书，证明胚胎/卵的采集、加工和贮存符合附录3.3.1或附录3.3.9及相关规定。

2.1.9.13条　从无BTV国家或地区进境反刍动物(除牛以外)和其他BTV易感草食动物新鲜胚胎/卵时，兽医行政管理部门应要求出具国际兽医证书，证明：

1）供体母畜：a)采集前至少100天及采集期间一直在无BTV国家或地区饲养，或b)采集之后的28天～60天之间进行如BT竞争ELISA试验或BT AGID试验的血清学试验检测BTV群特异抗体，结果阴性，或c)采集之日进行血液样品的病毒分离试验，或PCR试

验,结果阴性;

2) 胚胎/卵的采集、加工和贮存符合附录3.3.2,附录3.3.6或附录3.3.7及相关规定。

2.1.9.14条 从季节性无BTV地区进境反刍动物(除牛以外)和其他BTV易感草食动物新鲜胚胎/卵和牛冷冻胚胎时,兽医行政管理部门应要求出具国际兽医证书,证明:

1) 供体母畜:a)采集胚胎/卵之前至少100天及采集期间一直在季节性无BTV地区的无BTV时期饲养,或;b)采集之后的28天～60天之间进行如BT竞争ELISA试验或BT AGID试验的血清学试验检测BTV群特异抗体,结果阴性;或c)采集之日进行血液样品的病毒分离试验,PCR试验,结果阴性。

2) 胚胎/卵的采集、加工和贮存符合附录3.3.2,附录3.3.6或附录3.3.7及相关规定。

2.1.9.15条 从BTV感染国家或地区进境反刍动物(除牛以外)和其他BTV易感草食动物冷冻胚胎/卵和牛冷冻胚胎时,兽医行政管理部门应要求出具国际兽医证书,证明:

1) 供体母畜:a)采集胚胎/卵之前至少100天及采集期间防范库蠓袭击;或b)采集之后的28天～60天之间进行如BT竞争ELISA试验或BT AGID试验的血清学试验检测BTV群特异抗体,结果阴性;或c)采集之日进行血液样品的BTV病毒分离试验,或PCR试验,结果阴性。

2) 胚胎/卵的采集、加工和贮存符合附录3.3.2,附录3.3.6或附录3.3.7及相关规定。

14.3.4 检测技术参考依据

(1) 国外标准

OIE手册:Manual of Diagnostic Tests and Vaccines for Terrestrial Animals 2004, Bluetongue (Chapter 2.1.9.)

(2) 国内标准

GB/T 18636—2002 蓝舌病诊断技术

GB/T 18089—2000 蓝舌病微量血清中和试验及病毒分离和鉴定方法

SN/T 1165.2—2002 蓝舌病琼脂免疫扩散试验操作规程

SN/T 1165.1—2002 蓝舌病竞争酶联免疫吸附试验操作规程

14.3.5 检测方法概述

蓝舌病是感染绵羊和其他家畜和野生反刍动物,如山羊、牛、鹿、大角羊、多种非洲羚羊和其他偶蹄动物非接触性传染病,在牛、山羊等家畜通常不出现临床症状,在绵羊和一些野生反刍动物出现临床症状。其感染后果由多数感染动物不表现症状到绵羊、鹿和某些野生反刍动物发生一定比例的死亡。尽管牛对BTV的感染频率高于绵羊,但明显症状很少见,即使发病也比绵羊的症状轻得多。症状从亚临床到以发炎和充血导致的面部、眼睑和耳朵出血和黏膜溃疡为特征的急性发热性反应,面颊部和臼齿相对的舌面大范围糜烂,舌高度充血肿胀、水肿,伸出口腔。严重病例舌面发绀,充血也可扩展到身体其他部位,特别是会阴、腋下和腹股沟,经常有严重的肌肉变性。皮炎可导致毛发脱落,蹄冠炎表现为蹄冠状边缘出血并导致羊跛行。急性BT引起绵羊死亡时,表现为肺泡充血,肺严重水肿,支气管充满泡沫,胸腔可能积有数升体积的浆液,心包有点状出血,许多病例接近肺动脉根处明显出血。

14.3.5.1 病原鉴定

(1) 病毒分离(国际贸易指定试验)

对家养和野生反刍动物的诊断程序是一样的。常用的病毒分离系统有多种,但最有效

的两种是鸡胚和绵羊。如果血液样品中病毒含量很低，诸如病毒感染后几周的病例，接种绵羊再鉴定 BTV 仍然是很有用的方法。用体外细胞培养来分离病毒比较方便，但成功率比用体内系统低得多。要知道，病毒群中并不是所有 BTV 病毒粒子在基因和氨基酸水平上都是一样的，而且仅有很小可能是极小比例存在于血液中的病毒粒子的主要蛋白质上，有相应的氨基酸序列结合在培养的细胞上并在其中繁殖。由于这一原因，将含少量病毒粒子的病毒血症血液直接接种培养细胞分离病毒效果差。在鸡胚(ECE)上传一代最多两代可容易地生产出高滴度病毒制备物，它在培养细胞中似具有更高的复制能力，证明是分离 EHDV 的较敏感技术。

1）鸡胚分离

① 从发热动物中采血并放进加有肝素或乙二胺四乙酸(EDTA)或柠檬酸钠等抗凝剂的试管，用灭菌 PBS 洗 3 次并重悬于 PBS 或等渗的 NaCl 溶液中，于 4 ℃存放，或立即用于病毒分离。

② 血样不能长时间冷冻保存，血样应保存在草酸盐-石碳酸甘油(OPG)中，如果可以冷冻，要保存在乳糖蛋白胨缓冲液－70 ℃或温度更低的的冰箱，冷冻保存，病毒在－20 ℃长时间保存后不稳定。

③ 已死的动物，分离病毒的最好器官是脾和淋巴结。器官和组织应在 4 ℃运至实验室，捣碎，放入 PBS 或等渗盐水中。使用下述与血液相同的处理方法。

④ 将洗涤的血细胞溶于双蒸水中或在 PBS 中经超声波处理，取 0.1 mL 静脉接种 6～12 枚 10～12 日龄鸡胚，此方法有难度并需预先练习。

⑤ 33.5 ℃湿盒中孵育，每日照蛋，24 小时内死亡的胚视为非特异死亡。

⑥ 将 2～7 天内死胚置于 4 ℃保存。杀死 7 天活胚，感染的鸡胚通常出血。去头后，匀浆(死胚和存活 7 天胚的匀浆要分开)，离心，去掉沉渣。

⑦ 上清中的病毒用抗原捕获 ELISA 或继续在组织培养扩增后用间接免疫荧光或免疫过氧化物酶法鉴定。

⑧ 脑和肝中的病毒也可用抗原捕获 ELISA 检测。⑨如果接种的样品不致死鸡胚，取第一代鸡胚盲传到第二代鸡胚，继续传代。这也可在组织培养上进行。

2）细胞培养分离

血细胞裂解物中的病毒可用脑内接种新生鼠或加在仓鼠肾原代细胞或继代细胞 BHK21、非洲绿猴肾细胞(VERO)、L 细胞、白纹伊蚊(AA)细胞上培养。初次分离直接加到细胞上，分离效果往往不如经 ECE 传代的效果好。最有效的分离为，可将第一代 ECE 匀浆接种于 AA 细胞，再检测抗原或同时接种于哺乳动物细胞如 BHK21 或 VERO。在 37 ℃ 5% 的 CO_2 培养箱中培养的细胞要观察 5 天 CPE。如无 CPE，则须在组织培养上接种第二代。出现 CPE 的细胞营养液的 BTV 的鉴定用抗原捕获 ELISA、免疫荧光、免疫酶或病毒中和试验予以证实。

3）用绵羊分离病毒

① 可用从 10 mL～500 mL 血液制备的洗涤红细胞，或 10 mL～50 mL 组织悬液接种绵羊。一次皮下接种 10 mL～20 mL。为分离病毒可大剂量静脉注射。

② 接种的绵羊要养 28 天，并用琼扩(AGID)或竞争 ELISA 检测抗体。

（2）病毒群特异性鉴定

用经典方法对环状病毒分离株进行血清群鉴定，是用它们与特异性标准阳性血清发生的反应，以检测病毒的蛋白成分如 VP7，它在各病毒群中都很保守。因在 BT 和 EHD 血清群成员之间存在有交叉反应，应用多克隆抗 BT 抗血清进行荧光反应时，微弱的免疫荧光可造成错判，把分离的 EHD 错判成 BT。解决此问题可用 BT 群特异性单抗，一些实验室已研制出此类群特异性单抗。常用的定型方法是中和试验。

中和试验能特异性地鉴定目前已知的 24 个血清型，并能对新分离的 BTV 进行定型或鉴定血清中的抗体，对于未定型的分离病毒，首先了解当地 BTV 地区型，可以避免和所有 24 个型进行中和试验，特别是那些已经对 BTV 定型的地区。目前有多种有效的应用组织培养方法进行中和试验检测抗 BTV 抗体的方法，常用的细胞株有 BHK、VERO、L929。应用豚鼠和兔制备的抗血清和用牛和羊制备的抗血清相比，血清学试验的交叉反应较少。试验时必需有对照抗血清，以保证试验结果的准确性。

（3）聚合酶链反应（PCR）（国际贸易指定试验）

PCR 技术已可对环状病毒作分群鉴定，提供定型和病毒株来源信息。这可在接到样品（如感染羊的血液）的几天内完成，而传统病毒分离鉴定方法，至少需 3～4 周的时间才能定群、定型，并且无法对其可能来源提供信息。至今所用的寡核苷酸引物分别来自：RNA7（VP7 基因）、RNA6（NS1 基因）、RNA3（VP3 基因）、RNA2（VP2 基因），扩增片段一般很短，通常为几百个核苷酸，也可以为整个基因片段。下面详细介绍 RNA6 的 101 核苷酸的扩增。来自高度保守基因，如 VP3、VP7、NS1 基因片段的引物可用于血清群鉴定，即可与 BTV 群各成员反应和用于地域型鉴定，即可以与同一区域型的所有病毒分离株反应，而来自 VP2 基因序列的引物可用于血清型的鉴定。已知 BTV 基因呈现地理区域分离株的差异，这一认识提供了完善 BTV 流行病学研究的好机遇，通过检测 RNA3 和 RNA6 两部分的核酸序列就可了解该病毒是否来自澳大利亚、北美或南非。这似乎提示对世界其他地区的 BTV 分离株进行序列分析可以更精细地辨别其地理分布。

据观察，在不能够分离病毒之后的时间里，还能在至少 30 天，有时达 90 天，仍可用 PCR 从感染犊牛或绵羊血液中检出 BTV 核酸。当被检血液对病毒分离是阳性（有感染性）和另部分被检血液病毒分离是阴性而 PCR 是阳性时，结果表明只有媒介昆虫吸食感染性血液才能繁殖和传播该病毒，而媒介昆虫吸食仅 PCR 阳性的血液则不出现病毒繁殖和传播。因此，对 PCR 诊断的解释应慎重。PCR 程序可检病毒的特异性核酸，但未必表示有可感染的病毒存在。

14.3.5.2　血清学试验

可用多种方法检测感染动物产生的抗病毒抗体，具体方法视试验类型和敏感性而定。动物感染均会产生群特异性抗体和型特异性抗体，如果以前该动物未感染过 BTV，那么该动物感染一株 BTV 后产生的中和抗体对该病毒是特异的。不同血清型的蓝舌病毒对动物多重感染时，产生的抗体也能中和以前没感染过的血清型病毒。对这一现象有两条解释，首先，几种血清型有共同的单抗特定中和位点，其次，病毒也有着大量共同位点，包括存在一种型中的中和形式位点和存在于其他型的非中和形式位点。

（1）补体结合试验（CF）

直到 1982 年仍广泛应用补体结合试验检测 BTV 抗体，后来被免疫扩散试验取代，尽管

某些国家仍在使用CF。

(2) 琼脂扩散试验(国际贸易指定试验)

检测抗BTV抗体的AGID试验方法易于操作,抗原容易制备。从1982年开始此方法成为国际动物贸易中的标准检测方法。但是AGID检测BTV的一个缺点是其特异性不足,即可检测到其他环状病毒,特别是EHD群中的病毒抗体。这个事实以及读结果时的主观性,促使了ELISA方法的建立,以特异性地检测抗BTV抗体。较好的标准方法是竞争ELISA。

(3) 竞争酶联免疫吸附试验ELISA(国际贸易指定方法)

竞争或阻断ELISA能检测BTV特异性抗体而不和其他环状病毒发生交叉反应。使用群特异性单抗群中的任一种都具有特异性,如Mab3－17A3或Mab20E9,许多实验室研制生产单抗,通常有些区别,但都和主要核心蛋白VP7的氨基末端区域结合。在竞争ELISA中,被检血清中的抗体和单抗竞争性地与抗原结合。

14.4 布氏杆菌病(Brucellosis)

14.4.1 疫病简述

布氏杆菌病是由布氏杆菌(*Brucella*)引起,以流产和发热为特征的人兽共患病。在家畜中最易感布氏杆菌的动物有牛、猪、山羊、绵羊和犬,其主要症状是母畜流产,公畜睾丸炎和副性腺炎。除感染多种家畜和野生动物,布氏杆菌也可感染人,特别是羊布氏杆菌对人的威胁最大,引起相似的临床症状和病理损伤,如睾丸炎或附睾炎、不育、生殖器官及胎膜发炎、流产、不孕、关节炎、气管炎及各种组织的局部病灶等,导致巨大的经济损失和严重的公共卫生问题。人感染布氏杆菌后,需要长时间的抗生素治疗,而且往往会留下严重的后遗症,早在20世纪50年代,布氏杆菌即为美军成功研发的第一个细菌武器,因此也是生物反恐的一个重要潜在对象。布氏杆菌病广泛分布于世界各地,常引起不同程度的流行,给畜牧业和人类健康带来严重危害,因此在布氏杆菌流行的国家,消除布病一直是公共健康计划中最重要的目标之一。1970年FAO/WHO布氏杆菌病专家委员会根据布氏杆菌宿主差异、生化反应特点及菌体表面的不同结构,把布氏杆菌分为6个生物种20个生物型,即羊布氏杆菌(*B. melitensis*)含3个型、牛布氏杆菌(*B. abortus*)含9个型、猪布氏杆菌(*B. suis*)含5个型、沙林鼠布氏杆菌(*B. neotomae*)、绵羊附睾布氏杆菌(*B. ovis*)和犬布氏杆菌(*B. canis*),在我国流行的主要是羊、牛和猪种布氏杆菌,其中以羊布氏杆菌更多见。自然状态下布氏杆菌有粗糙型(Rough,R)和光滑型(Smooth,S)两种,S型细菌细胞壁中含有O链的脂多糖(LPS),而R型布氏杆菌LPS中的O链缺失。LPS是刺激机体产生抗体的主要有效成分,而O链在血清学诊断中起着重要的作用。

14.4.2 病原特征

布氏杆菌为球杆菌或短杆菌,其中羊布氏杆菌为球杆状,牛、猪布氏杆菌为短杆状,大小为(0.6 μm～1.5 μm)×(0.5 μm～0.7 μm),无鞭毛,一般无荚膜,不能产生芽胞,革兰氏染色阴性,不呈两极浓染。细菌涂片呈密集菌丛,成对或单个排列及短链较少,姬姆萨染色呈红色。各种与生物型菌株之间,形态及染色特性等方面无明显差异。本菌为需氧或兼性厌氧菌,在普通培养基上可生长,以在肝汤和马铃薯培养基上生长最好。最适pH值为(6.6～7.4),最适培养温度为36 ℃～37 ℃。牛种和绵羊副睾种初分离时需要10%CO_2环境。菌落为无色透明、圆形、表面光滑和隆起、均质,菌落中央常有细小颗粒。在肉汤等液体培养基

中生长，不形成菌膜，液体均匀混浊。羊种菌生长不需要CO_2，在蛋白胨培养基上不产生硫化氢(H_2S)，在碱性品红和硫堇存在时能生长。光滑型菌株以M抗原为主。牛种菌生长需要5%～10%的CO_2，产生中等量的H_2S(个别株不产生)。多数在碱性品红存在时生长，但被硫堇所抑制，以M抗原为主。猪种菌生长需氧，产生大量H_2S(个别株不产生)，能在硫堇存在下生长，通常受碱性品红所抑制。光滑型菌株通常与A单相血清凝集(不同生物型间有差异)。沙林鼠种菌生长不需要CO_2，产生H_2S，在硫堇存在下生长，被品红抑制，有A表面抗原。绵羊副睾种菌生长需要5%～10%CO_2，不产生H_2S，在硫堇和品红存在下能生长，属粗糙型布氏杆菌，不与A、M单因子血清凝集，与粗糙型血清凝集。犬种菌生长不需CO_2，不产生H_2S，在硫堇存在下生长，但被品红所抑制，初代分离为粗糙型或黏液型菌，不与A、M单因子血清凝集，与粗糙型血清凝集。布氏杆菌的抗原成分复杂，1932年Wilson和Miles提出光滑型布氏杆菌有M和A两种抗原成分，后来有的学者从血清学上证明牛种菌所含的两种成分比为M∶A=1∶20，羊种菌为M∶A=20∶1，猪种菌介于中间，粗糙型菌株不含M和A抗原。布氏杆菌对各种物理和化学因子比较敏感。巴氏消毒法可以杀灭该菌，70 ℃10 min也可杀死，高压消毒瞬间即亡。对寒冷的抵抗力较强，低温下可存活1个月左右。该菌对消毒剂较敏感，2%来苏儿3 min之内即可杀死。该菌在自然界的生存力受气温、湿度、酸碱度影响较大，pH7.0及低温下存活时间较长。

作为一种重要的人畜共患病，布氏杆菌病广泛地不同程度地存在于世界各地，除人和羊、牛、猪最易感染外，其他动物如鹿、骆驼、马、犬、猫、狼、兔、猴、鸡、鸭及一些啮齿动物等都可自然感染。被感染的人或动物，一部分呈现临床症状，大部分为隐性感染而带菌，成为传染源。在各种动物中，羊、牛、猪是布病的主要传染源，母畜较公畜易感，成年家畜较幼畜易感，三种型布氏杆菌均能感染人，以羊种菌最严重，猪种次之，牛种最轻。病畜和带菌动物是本病的传染源，受感染的妊娠母畜是最危险的传染源，其在流产或分娩时将大量布氏杆菌随胎儿、胎衣、羊水排出体外，污染周围环境。流产后的阴道分泌物及乳汁中均含有布氏杆菌。感染后患睾丸炎的公畜精液中也有布氏杆菌的存在。本病呈地方性流行，新疫区常使大批妊娠动物流产，老疫区流产减少，但关节炎、子宫内膜炎、胎衣不下、屡配不孕、睾丸炎等逐渐增多。本病的主要传播途径是消化道，但经皮肤、结膜的感染也有一定的重要性。通过交配在公畜和母畜之间可相互感染，在我国猪布氏杆菌病主要通过此途径传播。此外本病还可经吸血昆虫的叮咬而传播。动物感染布氏杆菌后都有一个菌血症的阶段，但病菌很快定位于它所适应的脏器或组织中，不定期地随乳汁、精液、脓汁，特别是从母畜流产胎儿、胎衣、羊水、子宫和阴道分泌物中排出体外。因此，如果消毒及防护不当极易造成环境污染，扩大传播面积。

本病多见于牧区，一年四季均可发生，但有明显的季节性。如羊种布氏杆菌病春季开始发生，夏季为高峰期，秋季下降，而牛种布氏杆菌病夏秋季发病率稍高。据各种布氏杆菌病的分布率分析证明，气侯、地理条件及与之相关的放牧方式与本病的发生有直接的关系。如在植物繁茂的温带以牛种菌布病为多，而在地中海地区植被贫瘠，以养羊为主的相同地带则以羊种菌感染为多。

牛布病潜伏期为2周至6个月，一般为30天。妊娠母牛的主要表现是流产，流产一般发生于妊娠后的6～8个月，已经流产过的母牛如果再流产，一般比第1次流产时间要迟。流产前2～3天出现分娩预兆征候，如阴道和阴唇潮红、肿胀，从阴道流出淡红色透明无臭的分泌物。流产后多数伴发胎衣不下，阴道内继续排出污灰色或棕红色液体，有时恶臭，亦可

发生子宫内膜炎及卵巢囊肿而长期不孕。排出的胎衣呈淡黄色胶胨样浸润，有些部位覆有纤维蛋白絮状物和脓汁。流产的胎儿胃特别是第Ⅳ胃中有淡黄色或白色黏液性絮状物。公牛可发生睾丸炎和附睾炎，急性病例睾丸肿痛可能伴有中度发热、食欲不振、精液中常含有大量布氏杆菌，慢性期病例精液排菌量减少，常呈间歇性排菌，有的牛可持续排菌数年，这类病牛常见关节炎、滑液囊炎、淋巴结炎或脓肿。绵羊和山羊常见流产和乳房炎，流产发生于妊娠后的 3～4 个月。母山羊常常连续发生 2～3 次流产。公山羊生殖道感染则发生睾丸炎。有的病羊出现跛行、咳嗽。绵羊副睾种布氏杆菌感染其症状局限于副睾，常引起副睾肿大和硬结。非怀孕母羊也可感染，但一般是一过性的。怀孕母羊易感染，常发生胎盘炎，引起流产和死胎。猪最明显的症状是流产，出现暂时性或永久性不育、睾丸炎、跛行、后肢麻痹、脊椎炎，偶尔发生子宫炎、后肢或其他部位出现溃疡。猪感染布病常呈隐性经过，少数猪呈现典型症状，表现为流产、不孕、睾丸炎、后肢麻痹及跛行，短暂发热或无热，很少发生死亡，流产可发生于任何孕期，由于猪的各个胎儿的胎衣互不相连，胎衣和胎儿受侵害的程度及时期并不相同，因此，流产胎儿可能只有一部分死亡，而且死亡时间也不同。在怀孕后期（接近预产期）流产时，所产的仔猪可能有完全健康者，也有虚弱者和不同时期死亡者，而且阴道常流出黏性红色分泌物，经 8～10 天虽可自愈，但排菌时间却较长，需经 30 天以上才能停止。公猪发生睾丸炎时，呈一侧性或两侧性睾丸肿胀、硬固、有热痛，病程长，后期睾丸萎缩，失去配种能力。犬布病多为隐性感染，以不发热、体表淋巴结轻度肿大为特征，少数出现发热。感染布病的母犬，妊娠 40～50 天发生流产、产死胎和排出绿褐色恶露。公犬常发生单侧或双侧睾丸炎、睾丸萎缩、附睾炎、前列腺炎及淋巴结炎。其他动物如马可感染布氏杆菌的各个种，尤其对牛种和猪种菌最易感。病马常发生脓性滑液囊炎，常见“马肩瘘管”或“马颈背疮”，骆驼患病出现散发性流产。

动物感染布氏杆菌后，机体出现免疫生物学应答，如凝集抗体的产生，调理吞噬反应等。在此基础上出现的抗体在补体存在的情况下可杀灭病菌。动物感染过程中，由于抗原的刺激可产生下列能用血清学诊断方法查出的抗体：17S 和 19S 凝集素、补体结合抗体和沉淀素，这对布氏杆菌病的诊断和防制具有重要的意义。

14.4.3　OIE 法典中检疫要求

14.4.3.1　猪布氏杆菌病（Swine brucellosis）

2.6.2.1 条　诊断试验标准见《手册》。

2.6.2.2 条　无布氏杆菌病的猪群

猪群符合下列条件，可视为无布氏杆菌病猪群：

1）接受官方兽医监督；

2）过去 3 年中，没有发生过猪布氏杆菌感染。所有可疑病例都须进行实验室检验；

3）同一饲养场中饲养的所有牛，均官方无或无布氏杆菌病。

2.6.2.3 条　进境种用或饲养用猪时，进境国兽医行政管理部门应要求出具国际兽医证书，证明动物：

1）装运之日无猪布氏杆菌病临床症状；

2）来自无猪布氏杆菌病的猪群；

3）装运前 30 天，经猪布氏杆菌病诊断试验，结果阴性。

2.6.2.4 条　进境屠宰用猪时，进境国兽医行政管理部门应要求出具国际兽医证书，证明动物：

1）在无猪布氏杆菌病猪群中饲养；或

2）不是猪布氏杆菌病扑灭计划中的淘汰猪。

2.6.2.5条　进境猪精液时，进境国兽医行政管理部门应要求出具国际兽医证书，证明：

1）采精之日，供精动物无猪布氏杆菌病临床症状；

2）供精动物在无猪布氏杆菌病猪群中饲养；

3）供精动物在采精前30天，经猪布氏杆菌病诊断试验，结果阴性；

4）精液中不含布氏杆菌凝集素；

5）精液采集前60天，供精动物一直在出境国无猪布氏杆菌病饲养场或AI中心的猪群饲养；

6）精液的采集、加工及贮存符合附录3.2.3规定。

14.4.3.2　牛布氏杆菌病(Bovine brucellosis)

2.3.1.1条　诊断试验和疫苗标准参阅《手册》。

2.3.1.2条　无牛布氏杆菌病国家或地区

可确认为无牛布氏杆菌病的国家或地区须满足下列条件：

1）发生牛布氏杆菌病及任何可疑症状必须强制性向国家申报；

2）一个国家或地区的牛群必须在官方兽医监控之下，并且确定其布氏杆菌病的感染率不超过整个国家或地区统计牛群的0.2%；

3）每个牛群必须定期进行牛布氏杆菌病血清学试验，可采用环状试验，也可不用；

4）至少3年内未接种过布氏杆菌疫苗；

5）所有阳性牛均被扑杀；

6）无疫情国家或地区引进动物时，必须从官方无牛布氏杆菌病或无布氏杆菌病的牛群引进。对于未接种过疫苗的动物，引进前需隔离饲养，并经两次牛布氏杆菌诊断试验，间隔30天，试验结果均为阴性时，可以不受本条款规定限制。以上试验对产犊不足14天的母牛无效。

某一国家，如其所有牛群均经官方宣布具备无牛布氏杆菌病资格，并且过去5年内一直未发现阳性反应者，该国家可以考虑是否继续采用远程控制系统。

2.3.1.3条　官方无牛布氏杆菌病牛群

满足以下条件的牛群，可确认为官方无布氏杆菌病牛群：

1）由官方兽医监控；

2）至少过去3年内，没有接种过牛布氏杆菌病疫苗动物；

3）过去6个月内，牛群所有牛只均无感染牛布氏杆菌病的迹象，任何可疑的病例（如早产牛）都必须接受必要的实验室检查；

4）所有超过1岁的牛只（去势公牛除外）都必须经两次血清学试验，间隔12个月，结果阴性。即使整个牛群每年都做常规检验，或者进行过与国家兽医行政管理部门其他要求相一致的试验，也都必须进行这样的血清学试验；

5）引入该牛群的牛只必须来自官方无牛布氏杆菌病的牛群。

如果引进牛只从未接种过疫苗，且来自无布氏杆菌病牛群，并且在引入牛群前30天内进行过缓冲布氏杆菌抗原试验和补体结合试验，结果均为阴性时，可以不受本条款规定限

制。新近生产或即将生产的母牛应于产后 14 天重复检验，因为本试验对 14 天内生产过的母牛的检验，通常认为无效。

2.3.1.4 条　无牛布氏杆菌病牛群

满足以下条件的牛群，可确认为无布氏杆菌病牛群：

1）由官方兽医监控；

2）疫苗接种计划者没有疫苗接种计划；

3）如果母牛应用活疫苗免疫，则必须在 3～6 月龄之间进行，且免疫母牛必须作好永久性标记；

4）所有超过 1 岁的牛只，都应按前面官方无牛布氏杆菌病的牛群 4）的规定进行监控；然而，30 月龄以下的牛只，如在 6 月龄前接种活疫苗，则可能对缓冲布氏杆菌抗原试验呈阳性，对补体结合试验呈阴性；

5）牛群中引进的牛只必须来自官方无牛布氏杆菌病的牛群，或无牛布氏杆菌病牛群，或来自无牛布氏杆菌病的国家或地区。

对于引入前即予隔离饲养，并经两次牛布氏杆菌病血清学试验，间隔 30 天，结果均为阴性的动物，可不受本条款规定限制。对于生产后不足 14 天的母牛，这些试验可以认为无效。

2.3.1.5 条　进境种用或饲养用牛（去势公牛除外）时，进境国兽医行政管理部门应要求出具国际兽医证书，证明动物：

1）装运之日无牛布氏杆菌病临床症状；

2）装运前 6 个月内，一直在无官方报道发生过牛布氏杆菌病牛群中饲养；

3）装运前 30 天内，一直在某一无牛布氏杆菌病国家或地区，或官方无牛布氏杆菌病的牛群中饲养，并经牛布氏杆菌病血清学试验，阴性结果；或

4）装运前 30 天内，一直在某一无牛布氏杆菌病的牛群中饲养，并经缓冲布氏杆菌抗原试验和补体结合试验，结果均阴性；并且，如果牛只来自与上述各条不相符的牛群，则：

5）装运前隔离饲养，并经两次牛布氏杆菌病血清学试验，间隔时间不少于 30 天，结果均阴性，第二次试验必须在装运前 15 天内进行。对于产犊后不足 14 天的母牛，这些试验视为无效。

2.3.1.6 条　进境屠宰用牛（去势公牛除外）时，进境国兽医行政管理部门应要求出具国际兽医证书，证明动物：

1）装运之日无牛布氏杆菌病临床症状；

2）不是在牛布氏杆菌病扑灭计划中要淘汰的动物；

3）在无牛布氏杆菌病国家或地区饲养；或

4）在官方无牛布氏杆菌病的牛群中饲养；或

5）在无牛布氏杆菌病的牛群中饲养；或

6）装运前 30 天内，经牛布氏杆菌病血清学试验，结果阴性。

2.3.1.7 条　进境牛的精液时，进境国兽医行政管理部门应要求出具国际兽医证书，证明：

1）精液来自 AI 中心，其检验程序包括缓冲布氏杆菌抗原试验和补体结合试验。

2）如果精液不是来自 AI 中心，供精动物必须符合下列条件：a)在无牛布氏杆菌病的国家或地区饲养；或 b)在官方无布氏杆菌病的牛群中饲养，采精之日无牛布氏杆菌病临床症

状，且精液采集前30天内经缓冲布氏杆菌抗原试验，结果阴性；或c)在无牛布氏杆菌病的牛群中饲养，采精之日无牛布氏杆菌病临床症状，且精液采集前30天内经缓冲布氏杆菌抗原试验和补体结合试验，结果阴性；或d)精液采集之日无牛布氏杆菌病临床症状，精液采集前30天经缓冲布氏杆菌抗原试验和补体结合试验，结果阴性，且精液检验无布氏杆菌凝集素。

精液采集、加工和贮存符合附录3.2.1规定。

2.3.1.8条　进境体内牛胚胎时，进境国兽医行政管理部门应要求出具国际兽医证书，证明：胚胎/卵的采集、加工和贮存符合附录3.3.1或附录3.3.9相关规定。

2.3.1.9条　进境体外生产牛的胚胎/卵时，进境国兽医行政管理部门应要求出具国际动物健康证书，证明：

提供的母畜必须：a)在无布氏杆菌病的国家或地区饲养；或b)在官方无牛布氏杆菌病的牛群中饲养，按照附录3.1.1进行过相关试验。卵受精用的精液符合附录3.2.1规定；胚胎/卵的采集、加工和贮存符合附录3.3.1相关规定。

14.4.3.3　绵羊附睾炎(绵羊种布氏杆菌)(Ovine Epididymitis, *Brucella Ovis*)

2.4.1.1条　诊断试验和疫苗标准见《手册》。

2.4.1.2条　无绵羊附睾炎绵羊群

满足下述条件的绵羊群，可视为无绵羊附睾炎羊群：

1) 受官方兽医监控；

2) 过去1年内，羊群无绵羊附睾炎临床症状；

3) 羊群中所有绵羊都有永久性标记。

如果部分或所有公羊作过免疫接种，该羊群仍应视为无疫羊群。

2.4.1.3条　进境种用或饲养用(去势雄性动物除外)绵羊时，进境国兽医行政管理部门应要求出具国际兽医证书，证明动物：

1) 装运之日无绵羊附睾炎临床症状；

2) 来自无绵羊附睾炎羊群；

3) 6月龄以上的绵羊，在装运前置原产饲养场内隔离饲养30天，并经羊布氏杆菌诊断试验，结果阴性；或

4) 对于本条2)项规定以外的绵羊群，动物在装运前隔离观察，经两次羊布氏杆菌诊断试验，结果阴性，间隔30～60天，第二次试验于装运前15天内进行。

2.4.1.4条　进境绵羊精液时，进境国兽医行政管理部门应要求出具国际兽医证书，证明：

1) 供精动物：a)采精之日无绵羊附睾炎临床症状；b)来自无绵羊附睾炎羊群；c)采精前60天内，一直在出境国饲养，饲养场或AI中心的所有动物均无绵羊附睾炎；d)采精前30天内，经羊布氏杆菌诊断试验，结果阴性；

2) 精液不含绵羊种布氏杆菌或或其他布氏杆菌抗体。

14.4.3.4　山羊和绵羊布氏杆菌病(不包括绵羊种布氏杆菌)(Caprine and Ovine Brucellosis, excluding *Brucella Ovis*)

2.4.2.1条　诊断试验和疫苗标准见《手册》。

2.4.2.2条　官方无山羊和绵羊布氏杆菌病国家或地区

1) 资格认可

官方认可的无山羊和绵羊布氏杆菌病国家或地区须符合下列条件：a)至少过去5年内，须

对发生或怀疑发生的山羊和绵羊布氏杆菌病作强制性申报;b)该国家或地区的所有绵羊和山羊群,均受官方兽医监控;并且 c)99.8%羊群经官方认可为无山羊和绵羊布氏杆菌病;或 d)至少过去 5 年内,没有发生绵羊或山布氏杆菌病病例的报告,且至少 3 年山羊或绵羊没有免疫接种。

2) 维持官方无疫状态

一个国家或地区,要维持其官方无山羊和绵羊布氏杆菌病状态,每年须对国家或地区内的饲养场或屠宰场内的山羊和绵羊群,进行有代表性的血清学抽样调查,如果羊群内的山羊和绵羊布氏杆菌病流行率超过 0.2%,抽样调查的山羊和绵羊布氏杆菌病的检测可信度至少应达到 99%。但根据 1 项 d)款由官方认可为无此疫病的国家或地区,不必进行维持无疫检测。

2.4.2.3 条 官方无山羊和绵羊布氏杆菌病的绵羊或山羊群

1) 资格认可

官方认可的无山羊和绵羊布氏杆菌病绵羊或山羊群须符合下列要求:a)受官方兽医监控;b)至少 1 年内,无山羊和绵羊布氏杆菌病临床、细菌学和免疫学证据;c)羊群内山羊或绵羊没有进行布病免疫接种,或在 2 年前作过免疫接种,并有永久标记;d)6 月龄以上的所有山羊和绵羊,经两次布氏杆菌病诊断试验,结果阴性,试验间隔为 6～12 个月。根据 2.4.2.2 条1)项 d)款认可的无疫病国家或地区内的羊群,无须进行诊断试验;e)经认可后,羊群只有在本群出生的山羊和绵羊或符合 2.4.2.5 条要求引进的羊。

2) 维持官方无疫状态

一个羊群,要维持官方无山羊和绵羊布氏杆菌病状态,每年须对羊群内动物进行布病抽样检测,结果阴性。对于 1 000 头以下的羊群,样本须包括:a)所有未去势 6 月龄以上公羊;b)上次试验后所有新引进的动物;c)25%青年母羊,样本中母羊数量不应少于 50 头,如羊群内母羊不足 50 头,则应全部取样检测。

对于超过 1 000 头的羊群,每年应对该群体动物进行血清学抽样调查,如果某羊群中山羊和绵羊布氏杆菌病的流行率超过 0.2%,抽样调查检测可信度应达到 99%。

一个国家或地区其 99%畜群经官方认可无山羊和绵羊布氏杆菌病时,羊群每间隔 3 年应进行一次监测检验,感染群应扑杀。

但如果羊群位于据 2.4.2.2 条 1)项 d)段认可的官方无此疫病的国家或地区,则无须进行维持无疫检测。不论疫病监测试验周期及无疫病状态获取的途径如何,羊群引进山羊和绵羊都必须依照 2.4.2.5 条规定进行。

3) 官方无疫状态的中止和恢复

经山羊和绵羊布氏杆菌病诊断试验后,若有山羊和绵羊呈阳性反应,则羊群应中止官方无布病状态,且只有符合下述条件后才可恢复:a)一旦得知诊断结果,立即从羊群中清除所有感染和接触动物;b)其他所有 6 月龄以上绵羊和山羊经两次山羊和绵羊布氏杆菌病诊断试验,结果阴性,间隔时间不少于 3 个月。

2.4.2.4 条 无山羊和绵羊布氏杆菌病的山羊或绵羊群

1) 资格认可

无山羊和绵羊布氏杆菌病绵羊或山羊群,须符合下列要求:a)由官方兽医监控;b)至少过去 1 年内未发现山羊和绵羊布氏杆菌病的临床、细菌学和免疫学证据;c)如果部分或所有绵羊或山羊作过山羊和绵羊布氏杆菌病免疫接种,应在 7 月龄前进行;d)所有 6 月龄以上未免疫接种的绵羊和山羊,及所有 18 月龄以上免疫接种过的个体,经两次布氏杆菌病诊断试验,结果阴性,间隔不超过12个月,但不少于6个月;e)资格认可后,羊群中只有在本群内出生的或按2.4.2.6条规定引进的山羊和绵羊。

2)维持无疫状态

一个羊群,要维持其无山羊和绵羊布氏杆菌病状态,羊群内所有动物须抽样检验,结果阴性。对于1 000头以下的羊群,样本须包括:a)所有免疫接种过的18月龄以上,和未免疫接种过的6月龄以上的未去势公羊;b)上次检查后引进的羊;c)25%青年母羊,18月龄以下免疫接种过的母羊除外;样本中母羊数量不应少于50头,但当羊群母羊不到50头时,则应包括所有相关母羊。

对于超过1 000头的羊群,每年应对该羊群18月龄以下免疫接种过的母羊除外的动物进行血清学抽样调查,如果羊群山羊和绵羊布氏杆菌病的流行率超过0.2%,该抽样调查检测可信度应达到99%。羊群引进山羊和绵羊必须按2.4.2.6条规定进行。

3)无疫状态的中止和恢复

对于超过18月龄的免疫接种过的绵羊或山羊,或6月龄以上的未免疫接种过的动物,在进行山羊和绵羊布氏杆菌病诊断试验时,如呈阳性反应,则羊群应中止无布病状态,且只有符合下述条件后才可恢复:a)一旦得知诊断结果,即刻从羊群中清除所有感染和接触动物;b)其他所有18月龄以上免疫接种过的绵羊和山羊,及6月龄以上未免疫接种羊,经两次山羊和绵羊布氏杆菌病诊断试验,结果阴性,间隔时间不少于3个月。

4)状态改变

确认无山羊和绵羊布氏杆菌病羊群进行官方无疫病资格,须符合下述要求,且至少达2年以上:一直无山羊和绵羊布氏杆菌病;从未接种过布病疫苗;羊群引进的绵羊和山羊均符合2.4.2.5条规定;最后,所有6月龄以上的绵羊和山羊,经山羊和绵羊布氏杆菌病诊断试验,结果阴性。

2.4.2.5条　从官方无山羊和绵羊布氏杆菌病畜群引进种用或饲养用(去势公羊除外)绵羊和山羊时,进境国兽医行政管理部门应要求出具国际兽医证书,证明动物:

1)装运之日无山羊和绵羊布氏杆菌病临床症状;

2)来自官方无绵羊或山羊布氏杆菌病的山羊或绵羊群;或

3)来自无绵羊或山羊布氏杆菌病的绵羊或山羊群;且

4)从未接种过布病疫苗,或者,如果接种过疫苗,最后一次疫苗接种应在至少2年前进行;并且

5)一直在原产地饲养场隔离饲养,并经两次山羊和绵羊布氏杆菌病诊断试验,结果阴性,间隔不少于6周。

2.4.2.6条　从非官方无山羊和绵羊布氏杆菌病畜群引进种用或饲养用(去势公羊除外)绵羊和山羊时,进境国兽医行政管理部门应要求出具国际兽医证书,证明动物:

1)装运之日无山羊和绵羊布氏杆菌病临床症状;

2)来自无绵羊和山羊布氏杆菌病或官方无绵羊或山羊布氏杆菌病的绵羊和山羊群。

2.4.2.7条　进境屠宰用(去势公羊除外)绵羊和山羊时,进境国兽医行政管理部门应要求出具国际兽医证书,证明动物:

1)装运之日无山羊和绵羊布氏杆菌病临床症状;

2)来自装运前42天,无布氏杆菌病病例的绵羊或山羊群。

2.4.2.8 条　进境绵羊和山羊精液时，进境国兽医行政管理部门应要求出具国际兽医证书，证明：

1）供精动物：a)在采精之日无山羊和绵羊布氏杆菌病临床症状；b)在官方无山羊和绵羊布氏杆菌的绵羊或山羊群中饲养；或c)在无山羊和绵羊布氏杆菌病的绵羊或山羊群中饲养，并在采精前30天，经两种不同方法对同一血样进行山羊和绵羊布氏杆菌病诊断试验，结果阴性。

2）精液的采集、加工和贮存符合附录3.2.2规定。

2.4.2.9 条　进境绵羊和山羊胚胎/卵时，进境国兽医行政管理部门应要求出具国际兽医证书，证明：

1）供体母羊：a)在官方无山羊和绵羊布氏杆菌病的畜群饲养，且采集之日无布氏杆菌病临床症状；或b)在无山羊和绵羊布氏杆菌病的绵羊或山羊群中饲养，采集之日无布氏杆菌病的临床症状，且在采集前30天，用两种不同方法对同一血样进行山羊和绵羊布氏杆菌病诊断试验，结果阴性。

2）胚胎/卵的采集、加工和贮存符合附录3.2.2规定。

14.4.4 检测技术参考依据

（1）国外标准

OIE手册：Manual of Diagnostic Tests and Vaccines for Terrestrial Animals 2004，Bovine brucellosis (Chapter 2.3.1.)，Ovine epididymitis (Brucella ovis) (Chapter 2.4.1.)，Caprine and ovine brucellosis (excluding Brucella ovis) (Chapter 2.4.2.)，Porcine brucellosis (Chapter 2.6.2.)

（2）国内标准

SN/T 1088—2002　布氏杆菌病平板凝集试验操作规程

SN/T 1089—2002　布氏杆菌病补体结合试验操作规程

SN/T 1090—2002　布氏杆菌病试管凝集试验操作规程

NY/T 907—2004　动物布氏杆菌病控制技术规范

SN/T 1394—2004　布氏杆菌病全乳环状试验方法

SN/T 1525—2005　布氏杆菌病微量补体结合试验方法

14.4.5 检测方法概述

14.4.5.1 牛的布氏杆菌病

牛的布氏杆菌病通常是由流产布氏杆菌生物型引起。在某些国家，特别是南欧和西亚，牛与绵羊或山羊混合饲养，因此本病也可由马耳他布氏杆菌引起，猪种布氏杆菌很少感染牛。布氏杆菌病是引起不孕而需重配的一个原因，在某些热带国家，布氏杆菌病通常表现水囊瘤且常殃及腿关节，可能是感染的唯一明显标志，水囊瘤液经常染有布氏杆菌。单峰骆驼和双峰骆驼也患布氏杆菌病，与接触感染了流产布氏杆菌和马耳他布氏杆菌的大、小型反刍动物有关。除此之外，在家养水牛中也有布氏杆菌病。它也发生于非洲水牛和各种非洲羚羊。这些动物的布氏杆菌症状与牛相似。

布氏杆菌病容易传播感染人，引起一种急性发热性疾病（流产布氏杆菌：波浪热；马耳他布氏杆菌：马耳他热），急性期后可以发展成慢性型，引起肌肉-骨骼系统和其他器官的严重并发症。职业性接触常致病，本病也可通过结膜或擦伤的皮肤感染。食入感染的奶制品构成主要的公共卫生危害。实验室操作活的培养物或动物的污染材料是很危险的，必须在严格的生物安全三级控制条件下进行。

(1) 病原鉴定

对所有流产牛都应怀疑是布氏杆菌病并要进行调查，临床症状不具特征性，而畜群史对诊断有帮助。把胎盘子叶、阴道排泄物和胎儿肺、肝和皱胃内容物进行涂片、加热或酒精固定后，用改良的萋-尼氏、科斯特氏、革兰氏或麦基亚维罗氏方法染色，或用荧光素或过氧化物酶标记的抗体结合物染色。细胞内出现大量堆集物，弱抗酸性布氏杆菌形态细菌或具有免疫特性着色的细菌，则可判定为布氏杆菌病。鉴于其他病原可能具有相似形态(如贝氏科克氏体、衣原体)或免疫学交叉反应性(如耶尔森氏菌属)，因此解释结果时应谨慎。目前正在开发能从各种生物样品中检测病原的DNA探针或聚合酶链反应方法。

胎盘子叶、阴道排泄物、胎儿组织或其皱胃内容物，或其水囊瘤液应于合适的选择性固体培养基上培养。有许多种适合的培养基，如血清葡萄糖琼脂(SDA)、胰蛋白脉大豆琼脂(TSA)和血液琼脂，这些培养基或许要补加杆菌肽(25 μg/mL ＝ 25 000 U)放线菌酮(50 mg)，多黏菌素B (5 μg/mL＝5 000 U)和万古霉素(20 μg/mL)。加有这些抗菌物的SDA也称作Farrell氏改良SDA。培养基中再加上血清可促进某些布氏杆菌菌株的生长。也可培养乳汁或初乳以及死后采集的组织样品，如母畜的乳腺、子宫、乳房上、髂内淋巴结和公畜的睾丸、附睾、精囊、附属腺、外腹股沟和髂内淋巴结。不论是公畜还是母畜，耳朵下颌和咽后淋巴结均是很好的细菌分离材料。组织应尽可能无菌采集，用Colworth粉碎器或类似的器具研碎有利于分离培养。

乳、初乳和某些组织样品中的布氏杆菌数目可能会比流产物中少，因而建议进行增菌培养。对于乳，通过离心并从奶油和离心沉淀中培养改进了分离的结果。离心增菌可应用于液体培养基，包括加有两性霉素B(1 μg/mL)和万古霉素(20 μg/mL)抗生素混合物的血清葡萄糖肉汤，胰蛋白胨大豆肉汤或布氏肉汤。增菌培养要在37 ℃含5%～10%(体积分数)的CO_2中培养6周，每周在固体选择性培养基上作继代培养。也可采用同一个瓶子的固体和液体双相培养基，以减少继代培养次数。所有培养基必须进行严格的质量检查且必须支持营养要求严的菌株的生长，例如少量接种的流产布氏杆菌生物2型的生长。

布氏杆菌菌落生长缓慢，营养要求严格，对可疑分离物应作革兰氏染色或Stamp氏染色检查。如见到布氏杆菌形态的细菌(革兰氏阴性或stamp氏阳性小球杆菌或末端钝圆和边缘稍凸起的短杆菌)，则应用布氏杆菌特异性抗血清检查其凝集作用，作变异检查。变异检查操作简单，即将菌落悬浮于0.001 kg/L吖啶黄溶液中，粗糙型菌落出现凝集；或者进行结晶紫染色，粗糙型菌落染成红色，而光滑型菌落染成浅黄色。如果菌落是光滑型的，则应用光滑型牛种布氏杆菌抗血清或最好用A和M表面抗原特异单价抗血清进行试验。若为非光滑型菌落，分离物应用布氏杆菌R抗原的抗血清进行测试。

与布氏杆菌抗血清凝集反应阳性时，即可推定该分离物为布氏杆菌。最好在参考实验室进行全面系统鉴定。另外，也可用氧化代谢试验(用Warburg测压法或Gilson呼吸测量法定量或用薄层色谱法定性测定)、PCR或噬菌体溶解试验作布氏杆菌种的鉴定(噬菌体溶解模式取决分离物的菌相，必须准确确定)。根据细菌在碱性品红和硫堇(最终浓度为20 μg/mL)中生长情况、产硫化氢(用乙酸铅试纸测定)、生长对二氧化碳需要情况以及对A、M或R特异性抗血清的凝集模式来确定生物型。每个试验必须用参考株作对照。

流产布氏杆菌 S19 疫苗株或马耳他布氏杆菌 Rev. 1 进行鉴定需作进一步试验。首先，流产布氏杆菌 19 号疫苗株的特征是：生长不需二氧化碳，含氨苄青祥素（3 μg/mL 5 IU/mL）、硫堇[2 μg/mL 和赤藓醇 2 mg/mL（所有体积的最后浓度）]能抑制生长，能高度利用 L-谷氨酸盐，对豚鼠残留毒力低等是 S19 疫苗株的特征。马耳他布氏杆菌 Rev. 1 株具有马耳他布氏杆菌生物 I 型的正常特性，但是在普通培养基上生长更慢，在每毫升含有 20 μg碱性品红或硫堇或每毫升含 3 μg 氨苄青霉素的培养基中不生长，但确实能在每毫升含 2.5 μg 或 5 μg 链霉素的培养基中生长，其有很弱的尿素酶活性，对豚鼠和小鼠毒力弱。通过几种特征来鉴别流产布氏杆菌菌株 RB51，这些特征是：粗糙型的形态（通过结晶紫染色和在吖啶黄溶液中凝集来判定），加有利福酶素后抑制生长（其浓度为每毫升培养基 250 μg），不能产生 O 型多糖（OPS）；也可通过特异的 PCR 来鉴定。间接法是给 BALB/C 小鼠注射 4×10^8 个 RB51 活菌来检查 OPS 抗体的诱导，其血清学反应应该是阴性的。RB51 的此种特性可使动物接受这种疫苗的多次接种而不引起血清学的变化。

（2）血清学试验

在每一种和所有的流行病学情形下，还没有一种合适的血清学试验。对于影响试验方法和试验结果判定等相关的所有因素都应加以考虑。应该强调的是，血清凝集试验（SAT）在检测牛布氏杆菌病中不令人满意，因此不主张将其用于国际贸易。尽管如此，某些欧共体成员国依然在国际贸易中要求动物个体在 SAT 试验中反应不超过 30 IU。

欧共体也标定了补体结合试验（CF）的上限为 20 个 ICFTU（国际补体结合试验单位）。CF 比 SAT 更敏感、特异，也有标准化单位体系。某些酶联免疫吸附试验和荧光偏振试验在诊断操作特性上与 CF 相当，甚至更好，又因这些试验操作简单且比较稳定，因此，可优先应用。

在国家或地区水平上控制布氏杆菌病时，通常很有必要采用一种快速方便的试验来做出筛查，然后对反应阳性的样品采用一种更加特异的验证试验来进行验证。缓冲布氏杆菌抗原试验（BBATs），即虎红平板试验（RBT）和缓冲平板凝集试验（BPAT），以及 ELISA 和荧光偏振试验，都是适合的筛查方法。应该用一种合适的验证试验对阳性反应产品进行复查。

对其他动物，例如水牛（*Bubalus bubalus*）、野牛（*Bison bison*）、牦牛（*Bos grun-niens*）、驼鹿（*Cerves canadeusis*）和骆驼（*Camelus bactrianus* 和 *C . dromedarius*），牛布氏杆菌感染与感染牛的过程相似。对这些动物可以采用相同的血清学检查方法，但每种试验方法都应进行验证。

在 RBT 和 CF 试验中，采用含有 1000 国际单位和 ICFTU 的 OIE ISS（以前称 WHO 第二国际抗流产布氏杆菌血清）。另外，有 3 种 OIE ELISA 标准血清可供采用。这些血清包括一种强阳性血清、一种弱阳性血清和一种阴性标准血清。主要的参考标准是那些与所有其他标准进行过比较和校正过的。这些参考标准可用于国家参考实验室，应该采用这些标准建立二级标准或国家级标准，在此基础上制定工作标准用于诊断实验室的常规方法。

1）酶联免疫吸附试验（国际贸易指定试验）

已介绍了用不同抗原制剂、抗球蛋白酶结合物和底物显色剂的多种间接 ELISA（iELISA）。可以获得几种商品化的间接 ELISA 方法，这些方法通过广泛的田间试验已得到确认，而且正被广泛使用。为了国际间的一致，国家参考实验室应采用这 3 种 OIE 的 ELISA 标准血清以检查或校准试验方法。试验应作校准，强阳性 OIE ELISA 标准血清的光密度值代表了典型剂量反应曲线的平台线性部分上的一个点，弱阳性 OIE ELISA 标准血清反应的光密度值应处于同样的剂量-反应曲线中阳性阴性临界以上线性部分。阴性血清和缓冲液对照反应的光密度值应总是小于临界值。iELISA 高度敏感,但不能鉴别流产布氏杆菌 19 号免疫接种产生的抗体和病原菌株诱导产生的抗体。因此,在检测免疫接种过的牛时更应将 iELISA 当作一种筛选方法而不是确认的方法。

2)竞争 ELISA

采用流产布氏杆菌 OPS 表位之一的特异单抗所作的竞争 ELISA 较间接 ELISA 特异性更高。这主要是因为选择了比交叉反应抗体(通常是低亲和性的 IgM)更具亲和力的单克隆抗体。竞争 ELISA 可以排除绝大多数流产布氏杆菌 19 株免疫接种产生的残留抗体的反应。单克隆抗体及其独特的特异性和亲和性的选择对本试验会产生显著的影响。如同任何以单克隆抗体为基础的试验,在获取单克隆抗体或杂交瘤时,也必须考虑到国际上认可和其广泛的使用性。对几种竞争 ELISA 已有描述。为了国际上统一,国家参考实验室应采用 3 种OIE ELISA 标准血清,以检查或校准所用的方法。试验应作校准以便于强阳性 OIE ELISA 标准血清的光密度值代表了典型剂量-反应曲线中平台上线性部分上的一个点(接近最大抑制)。弱阳性 OIE ELISA 标准血清反应的光密度值应处于同样的剂量-反应曲线中阳性阴性临界以上的线性部分(中等抑制)。阴性血清和缓冲液/单抗对照反应的光密度值应小于临界值(最小抑制)。

3) 缓冲布氏杆菌杭原试验(国际贸易规定试验)

① 虎红平板凝集试验

将灭活流产布氏杆菌 99 菌株或 1119-3 株菌体离心沉淀,例如在 4 ℃下 23 000 *g* 离心 10 min,制备虎红平板凝集试验抗原,按 1 g 菌体加 22.5 mL 石炭酸盐水的比例,将沉淀菌体均匀地悬浮(注意:在制备菌体浓缩液时如果使用羧甲基纤维素纳盐作为沉淀剂,则染色前,菌体悬液必须用带 AMF-CUNO ZETA 的滤器去掉不溶性残渣)。每 35 mL 菌液加 1 mL 0.01 kg/L 虎红水溶液,混合物在室温搅拌 2 h,用脱脂棉过滤。然后 10 000*g* 离心沉淀染色菌体,按 1 g 菌体加 7 mL 稀释液(2.11 g 氢氧化钠溶于 353 mL 的石炭酸溶液中,再加 95 mL 乳酸后,用石炭酸生理盐水补至 1 056 mL)的比例均匀地悬浮菌体,悬浮液应为紫红色,离心样品上清液无染色剂。悬液的 pH 值应为 3.65±0.05。经脱脂棉过滤后,再通过 Sartorius 3430 号玻璃纤维滤器过滤两次,将悬液压积调整到 8%,用 OIE 标准血清校准过的血清作最后标化,并置 4℃暗处保存,不能冻结。按标准虎红平板凝集试验步骤使用抗原时,抗原应与用 0.5%石炭酸生理盐水 1/45 稀释的 OIE 标准阳性血清出现清晰的阳性反应,而不与 1/55 稀释的血清反应。也可采用确定的血清与新的和以前标化的几批抗原进行比较。可用虎红平板凝集试验筛选血清样品。将血清 20 μL～30 μL 与等量抗原在白搪瓷板上混合,使其形成直径约 2 cm 的区域,室温下轻微摇晃 4 min,然后观察凝集反应。凡出现可见凝集反应者均判为阳性,本试验敏感,特别是对免疫过的动物。阳性样品应该用补体结合试验或 ELISA 进行重复检查。假阴性反应可能会发生,但可以通过对动物经间隔至少 3 个月以后复检而查出。

② 缓冲布氏杆菌平板凝集试验

取血清 80 μL 与 30 μL 的抗原在玻板上标出的 4 cm×4 cm 的范围内搅匀,接着将板倾斜旋转 3 次,以使二者均匀散开,然后将板置常温下(20 ℃～25 ℃)湿盒内孵育 4 min。再取出如前述旋转 3 次再孵育 4 min。取出板,边转边观察凝集情况。任何可见的凝集均判

为阳性。与虎红平板凝集试验一样，此法也很敏感，尤其是对免疫过的动物。阳性样品应用 ELISA 或补体结合试验进行对检查。对假阴性反应至少隔 3 个月后对动物进行复查。

4）补体结合试验（国际贸易指定试验）

补体结合试验操作复杂，需有良好的实验设施和训练有素的人员作准确的滴定和保存试剂，尽管如此，该试验仍在广泛使用，而且还是公认的确诊方法。该试验有多种术式，无论何种术式应用微量板就都变得方便易行。在血清、抗原和补体孵育时热结合或冷结合都可用，37 ℃时为 30 min，而 4 ℃时则为 14 h～18 h。所有的稀释都用巴比妥缓冲盐水来制备。此缓冲盐水的母液为 1 L 蒸馏水加有 42.5 g 氯化钠、2.875 g 的巴比妥酸、1.875 g 巴比妥钠、1.018 g 硫酸镁和 0.147 g 的氯化钙。用前此母液再加 4 倍体积的 0.04%明胶溶液。指示系统是 3%的已用等体积兔抗绵羊红细胞的血清（溶血素）致敏过的新鲜绵羊红细胞悬液。

5）荧光偏振试验

文献称荧光偏振试验（FPA）仍有前景。或许在合适的条件下该法适于应用。这种方法是检测抗原/抗体相互作用的一种简便技术，在实验室或田间都可操作使用。本法属同源性分析，分析物不需进行分离，因而该法快捷。本试验的原理是溶液中的分子作随机转动。分子的大小是影响转动速率的主要因素，与其成反比关系。因而小分子较大分子转动得快。如果给分了标记上荧光色素，通过 68.5°角度的转动时间即可通过测量水平和垂直的偏振光强度来确定。因而，大分子比转动快的小分子发射更多的偏振光。大多数 FPA 试验中，分子量小于 50 kD 的小分子量的抗原用荧光素标记，然后加到待检血清或其他欲检其抗体的液体中。若有抗体，与标记抗原结合后就会降低其转动速度，这可以测得出来。诊断布氏杆菌病时，流产布氏杆菌光滑型 LPS 的小分子量片段 OPS，标记上异硫氰酸荧光素，用作抗原。将此抗原加到稀释的血清或全血中，抗体含量可在 2 min 内用荧光偏振试验分析测定出来。FPA 可以在玻璃试管或 96 孔板上操作。牛血清稀释 1/100，若使用 EDTA 处理的血液（肝素处理血往往可增加试验的可变性），则稀释为 1/50，稀释液为 0.1 mol/L 的磷酸缓冲液 pH7.2 含有 0.15 mol/L 氯化钠、0.1%叠氮钠和 0.05%十二烷基硫酸钠。混合后用荧光偏振分析仪获取偏光分布的起始读数。加上经滴定标记抗原，混合，大约 2 min 后，第 2 个读数就会出现在 FPM 上。FPM 读数（用微偏振单位 mP 来表示）超出设定的临界水平表明是阳性反应。典型的临界水平是 90 mP 单位，不过试验应该用标准参考血清做出校准。应包括有对照的强阳性、弱阳性和阴性血清以及 S19 免疫血清。FPA 诊断牛布氏杆菌的特异性和敏感性几乎与竞争 ELISA 相同。诊断新近免疫过流产布氏杆菌 19 株的牛的特异性大于 99%。

（3）其他试验

筛查奶牛群的一个极其有效的方法是检测大罐乳。这种来源的乳样比血样既便宜又容易多次采集。当检验出阳性后，所有供奶的牛都应作血液检测。全乳间接 ELISA 是最敏感和最特异的方法，尤其在检测大群牛时更有价值。若作 ELISA 不方便，全乳环状试验（MRT）是一种合适的选样方法。也可用间接 ELISA 检测个体动物。另一个可选样使用的免疫方法是布氏杆菌素皮肤试验，若采用纯化的标化的抗原制备物时可用来筛查未免疫牛群。

1）全乳间接 ELISA

如同血清间接 ELISA，有多种全乳间接 ELISA 可采用，有几种商品化的间接 ELISA

试剂盒，已在广泛的田间试验中得到验证，且正在广泛应用。为达国际统一，国家参考实验室应选用3种OIE ELISA标准血清来检查或校准具体的实验方法。检测奶样通常作较血清低很多的稀释。检测奶样不用竞争ELISA。

2）全乳环状试验

对泌乳动物，MRT可用来筛查牛群的布氏杆菌病。对大群牛（多于100头泌乳牛），本试验的敏感性会降低其可靠性。对新近免疫的牛（免疫后不超过4个月），或者对含有异常乳（如初乳或因患乳房炎而产生的异常乳）的样品，可能会发生假阳性反应。

3）布氏杆菌素皮肤试验

由于布氏杆菌素试验的敏感性低，检不出感染动物个体，因此，本试验不能单独作为正式的诊断试验。在国际贸易中，也不适合用它。不过，本试验具有极高的特异性，这样布氏杆菌素阳性的而血清学阴性的动物可视作感染动物。另外，本试验的结果有助于解释在无布病的地区感染有交叉反应的细菌而造成的血清学反应。重要的是使用标化提纯布氏杆菌素不含光滑型LPS抗原，因为它会产生非特异性炎性反应，干扰以后的血清学检验。另一种是由羊种布氏杆菌粗糙型菌株制备的INRA。尽管布氏杆菌素皮下试验是布病诊断中最为特异的一种方法，不应单独依据畜群中少数动物出现阳性皮内反应而做出诊断，而应有可靠的血清学试验如ELISA进一步证实。

14.4.5.2　绵羊种布氏杆菌

绵羊种布氏杆菌引起羊生殖道感染，表现为附睾炎、非习惯性流产及羔羊死亡率增加。经母羊的被动性传播是常见的感染途径，但从公羊传播公羊也很普遍。感染的母羊能通过阴道排泄物和乳汁排出绵羊种布氏杆菌，所以可确认从母羊传播至公羊、泌乳母羊传给羔羊是本病主要传播途径。

公羊睾丸存在生殖道病变的确认（一侧或偶尔两侧附睾炎）可显示在某个特定畜群已出现此病感染。但临床诊断不太敏感，因为只有50%感染公羊出现附睾炎。而且，因其他细菌也能引起附睾炎，临床诊断特异性不高。经常报道能引起公羊附睾炎的是精液放线杆菌、伴放线放线杆菌、羊嗜组菌（*Histophilus ovis*）、嗜血杆菌、羊假结核棒状杆菌、马耳他布氏杆菌和鹦鹉衣原体。特别值得注意的是很多附睾炎病变是无菌的，是由损伤引起的精子肉芽肿。尽管牛、山羊和鹿可以进行人工感染，但自然发病病例未见报道。目前，无人感染的报道，绵羊种布氏杆菌病不是人兽共患病。但在马耳他布氏杆菌和绵羊种布氏杆菌共同存在区域，要特别小心，运输、处理样品以及试验时要用防渗漏容器。

（1）病原鉴定

1）样品采集渗漏

从活体采集样品分离绵羊种布氏杆菌最有价值样品是精液、阴道拭子和乳汁。电刺激射精后，可用拭子从包皮腔里很易采集到精液如果无电取精器，可在自然交配后，用拭子采集无布氏杆菌病的母羊阴道。但是，要想减少样品污染，需把阴茎拉出，清洗后，射出的精液要收集在灭菌瓶子里。对于解剖后分离绵羊种布氏杆菌，从分离率而言较好的器官是附睾、输精管、壶腹及腹股沟淋巴结、母羊子宫、髂内及乳房上淋巴结。但要获得最佳敏感度，要充分观察其他组织和淋巴结（脾、颅、肩胛、股前和睾丸淋巴结）病变情况下，可采集死羊羔和胎衣。流产或死产胎儿中理想培养物是皱胃内容物和肺。收集后，用于培养的样品装在冰瓶里尽快送到实验室，室温72 h后病原依然存活，存于4 ℃，最好冻结组织样品能提高存

活率。

2）染色方法

用 Stamp 氏法染色检查精液或阴道涂片，在许多感染动物中能检查到典型的球杆菌。检查 stamp 染色的疑似组织（公羊生殖道、髂内淋巴结、胎衣及胎儿皱胃内容物和肺）也可得出快速初步诊断。但是，这些样品中也可能含有其他形态或染色特征相似的细菌（马耳他布氏杆菌、伯氏立克次氏体、衣原体），增加了无工作经验者的诊断难度。镜检结果应要经常用微生物培养来验证。

3）培养

最直接的诊断方法是用适宜培养基进行细菌学分离。精液、阴道拭子或乳汁可直接涂于装有适宜培养基的平皿上，置 10%CO_2 37 ℃培养。组织样品用捣碎器或匀浆器切碎并用小量无菌盐水或 PBS 研磨后再接种。细菌一般 3 天后开始生长，但无生长的培养物 8～10 天后才能丢弃。3～5 天后可见绵羊种布氏杆菌菌落 0.5 mm～2.5 mm，粗糙型、圆形、带闪光且凸起。可在非选择性培养基上分离绵羊种布氏杆菌，例如加 10%羊或牛血清的血琼脂或加 5%～10%无菌羊血的血琼脂培养基。但是，接种物通常会有其他细菌，能掩盖绵羊种布氏杆菌。因此，常规培养基不适用，最好采用选择性培养基。有各种不同的绵羊种布氏杆菌选择性培养基，推荐采用 Brow 等改良的方法。

4）鉴定和定型

绵羊种布氏杆菌是非溶血性细菌，圆形、凸起，边缘整齐，倾斜观察常是非光滑型，吖啶黄试验阳性。绵羊种布氏杆菌无尿素酶活性，不能使硝酸盐还原成亚硝酸盐，接触酶阳性，氧化酶阴性，不产生 H_2S，虽然在甲基紫存在时不生长，但在标准浓度的碱性品红和硫堇中能生长。培养物不能被常规试验浓度或 104RTD 的 Tb. WB 和 Iz 布氏杆菌噬菌体溶解，但能被 R/C 噬菌体溶解。大多数实验室未配备完整的鉴定方法，所以需要实用的初步鉴定方案。根据生长特性，用斜的反射光直接观察，革兰氏或 Stamp 氏染色、接触酶、氧化酶、尿素酶和吖啶橙试验能鉴定大多数绵羊种布氏杆菌。但最终定型要在布氏杆菌鉴定和定型方面有经验的参考试验室完成。最近，研究出一种琼脂电泳检测布氏杆菌，可以区分绵羊种布氏杆菌与其他种布氏杆菌。

（2）血清学试验

最有效而广泛采用的试验是双向琼脂凝胶免疫扩散试验（AGID）、补体结合试验（CF）及间接酶联免疫吸附试验（ELISA）。一些国家已采用几种标准诊断技术用于诊断绵羊种布氏杆菌，但 OIE 和欧盟规定国际贸易要用 CF。现已确定 AGIDI 敏感性与 CF 相同，而且操作简单。虽然没有标准化，许多独立试验结果表明 ELISA 比 CF 和 AGID 更敏感，特异，目前还没有国际上通用的诊断绵羊种布氏杆菌的标准方法。

补体结合试验（国际贸易指定试验）没有标准的方法，但常采用微量法。一些证据表明冷结合比热结合敏感，但特异性低。而且，冷结合时羊血清常出现抗补体反应。建议用几种方法来进行 CF，采用不同浓度的新鲜绵羊红细胞（SRBC）（一般为 2%～3%的悬液）。用等体积的兔抗 SRBC 血清（即溶血素）致敏，此溶血素含有几倍（通常为 2～5 倍）于在滴定好的豚鼠补体存在时能使 SRBC 100%溶血所要求的最低浓度。在一个单位体积中致敏 SRBC 50%或 100%溶血，此时独立测出的补体量（按此法有或无抗原存在）定义为 50%或 100%溶血单位（C'H50 或 C'H100）。每次试验前要测定补体含量，通常用微量法测定最佳

C'H50。试验中一般采用1.25～2C'H100或5～6C'H50。CF试验时的标准稀释液是巴比妥缓冲盐水(VBS)，有商品化的片剂供应，被检血清60 ℃～63 ℃灭活30 min，用VBS稀释(双倍稀释)。根据以前测定的滴度稀释HS抗原(2.5 mg/L～2 mg/mL)(棋盘法滴定)。通常，只测试一个血清稀释度(一般为1/10)。

比较研究显示ELISA的敏感性高于AGID和CF。这些研究发现由于存在ELISA阴性AGID阳性血清，AGID和ELISA相结合可得到最佳敏感度。但CF和ELISA结合或CF和AGID结合应用不能提高单独用ELISA的敏感度。另外，由于CF试验有其他一些重大缺点，例如复杂性、血清灭活，一些血清抗补体活性，用溶血血清操作起来困难及前带现象，在大范围内控制本病时，如果把CF作为标准试验，要考虑这些不利因素。AGID简单、敏感，结果容易解释，建议可在非专业化实验室常规诊断时应用。

14.4.5.3　猪布氏杆菌病

猪布氏杆菌病是由猪种布氏杆菌生物1、2或3型引起，它几乎存在于每个养猪国家。一般流行率低，但在某些地区例如南美和东南亚，流行极为严重。据报道在美国南部某些州和澳大利亚昆士兰野猪发现猪布氏杆菌生物1型感染。在昆士兰，猎杀野猪和处理产品的人也感染此病。本病传播一般是饲喂污染了分娩或流产物和子宫分泌物的饲料。猪喜欢吃流产胎儿和胎膜。交配及人工授精都可传播本病。猪同反刍兽一样，出现菌血症之后，猪种布氏杆菌定居于生殖道细胞上。在雌性，主要侵袭胎盘和胎儿，而对雄性，侵袭一个或多个器官：睾丸、附睾、输精管和尿道球腺。在公畜，病变常是单侧的，组织增生，最后形成脓肿，以硬化和萎缩为特征。各个关节产生关节炎，有时发生脊椎炎。母猪患布氏杆菌病后最常见的表现在妊娠早期或任何阶段都可发生流产。阴道分泌物不常见，不出现流产但能引起不育。公畜中布氏杆菌病可能持续存在，生殖道病变可暂时或永久影响其性活力。公猪也会在精液中排出布氏杆菌，性器官无明显异常，也不影响性活力。公母畜关节和腱鞘肿胀，跛行，有时后躯瘫痪。大部分在6个月内康复，但有许多仍然呈永久性感染。由猪种布氏杆菌生物2型所引起的布氏杆菌病与生物1型和3型不同，从宿主范围看除家养和野猪外，也能感染欧洲野兔，在地理分布上，感染仅限于斯堪的那维亚、欧洲大部和巴尔干半岛。猪种布氏杆菌常见生物型(1和3)是危害人类严重的病原菌，操作和处理有潜在感染性材料时要谨慎，特别是实验室培养后大大提高了病菌数量。处理猪种布氏杆菌培养物的所有实验室和感染动物的污染材料都应在严格的生物安全措施下处理，推荐用生物3级控制措施。

(1) 病原鉴定

对猪布氏杆菌病而言，培养方法至少同血清学方法一样敏感。因几乎所有猪养殖企业的产品要通过屠宰场，在此处可有效地应用一些检查方法(血清学和培养法)。采集后的样品要用冰瓶保存并尽快送到实验室。

来自活畜的适合于培养的样品包括胎儿、胎盘、阴道拭子、精液、关节渗出液和脓肿。感染动物肉尸淋巴结只有有限数量的病原，例如下颌、咽喉、胸淋巴结及来自可疑病变部位的材料有希望分离出猪种布氏杆菌。在地方流行性区域，特别是认为常规血清学试验方法不可靠时，取人工授精中心的精液进行常规培养检查。在许多地区，传统乡村养猪已发展成为较大型商业场，因此提高了人工授精的利用率。用无布氏杆菌公猪的精液来进行人工授精为控制猪种布氏杆菌病提供了有价值的帮助。显然，不小心使用了受感染猪精液会引起无法估量的损失。

用于培养其他畜种布氏杆菌的培养基也适用于培养猪种布氏杆菌。是否添加5%血清不太重要，但含有5%血清的基础培养基对于分离、培养物维持和定型更合适。不要求加CO_2。要用选择性培养基来培养有外源菌污染的材料。大多情况用下述步骤即可：每升融化的培养基冷至56 ℃时加入50 mg放线菌酮、25000单位杆菌肽和6000单位硫酸多黏菌素B，然后倾注平皿。如果选择性要求更高，可在上述选择性培养基中每升加入20 mg万古霉素、5 mg萘啶酸和100000单位制霉菌素。可用琼脂或肉汤培养基，将琼脂平板置37 ℃培养箱内至少要培养7天，每天观察细菌的生长情况，在肉汤中（10 mL试管）置室温下培养20天。每4天取0.1 mL肉汤接种到琼脂上，如前述培养。在自然情况下，猪种布氏杆菌毫无例外地形成光滑型菌落。

猪种布氏杆菌生物1，2和3型都有A表面抗原决定簇，可用单因子A血清玻片凝集试验来初步鉴定。在专门的参考实验室进行种和型的鉴定。氧化代谢试验用于区分猪种布氏杆菌和其他光滑型布氏杆菌时特别有用，因它们能利用尿素代谢中的氮基酸例如精氨酸。可用分子遗传学方法来进行分类学研究和检测样品中的布氏杆菌，用于牛种布氏杆菌的方法同样适用于猪布氏杆菌。

（2）血清学试验

猪个体常规诊断还没有可靠的血清学方法。主要问题是2～3月龄断奶仔猪易感猪种布氏杆菌，但它们诱导产生抗体反应的能力有限。这些常规试验采用的抗原是依靠光滑型脂多糖（LPS）决定其活性，这种LPS含有“O”链多糖，其抗原性同结肠炎耶氏菌血清型0.9的LPS相同，因而就不能区分这两种菌感染所产生的抗体，而某些地区结肠炎耶氏菌感染普遍存在。猪血清有时包含非特异性抗体，可能为IgM，降低了常规血清学试验特别是标准凝集试验的特异性。可以用荧光偏振试验来清除这些非特异性。CF还有另外一个缺点，猪补体与豚鼠补体相互作用，产生一个前补体活性，降低了试验的敏感性。据报道CF试验敏感性低至38%和49%。因此，不宜采用本试验来诊断猪个体的布氏杆菌病。对于国际和其他贸易，例如购买公猪，了解猪群及其所处地区本病流行状况比检测动物个体更重要。尽管如此，欧盟和其他一些国家仍然坚持只有血清凝集滴度小于30IU和CF试验滴度小于20ECFTU（国际CF试验滴度）的猪才能进行国际贸易。

1）酶联免疫吸附试验

已建立了间接和竞争酶联免疫吸附试验（ELISA）用于诊断猪个体的布氏杆菌和筛检大批血清样品。与凝集试验相比，竞争ELISA敏感性和特异性更好，因此推荐用于确诊。

2）荧光偏振试验

用荧光偏振试验（FPA）检测猪种布氏杆菌抗体的重要性和检测牛种布氏杆菌的相同，试管法是将血清作1/25稀释，玻片法是将血清作1/10稀释。

3）缓冲布氏杆菌凝集试验（国际贸易规定试验）

如果仅用于筛检目的或猪群普查，推荐采用缓冲布氏杆菌凝集试验（BBAT）即虎红平板凝集试验（RBT）和缓冲平板凝集试验（BPAT）。因感染猪的猪布氏杆菌所有生物型与大多数牛种布氏杆菌生物群具有相同免疫显性A抗原，因此牛种布氏杆菌抗原也可用于检测猪血清。

（3）变态反应（过敏反应）试验

东欧和前苏联（USSR）和中国广泛使用变态反应试验诊断猪群的布氏杆菌病，特异性非常高。但变态反应的敏感性同血清学试验(BBATS)相似,诊断猪个体时不可靠。血清学阴性的感染动物皮试阳性,反过来也有这种情况。因此如果可能,应同时进行两种试验。变态反应试验的有效成分是蛋白质,应该与结肠炎耶氏菌血清型0.9没有交叉反应,至少在理论上如此。但作者还未能证实此特性。

已采用许多不同的变态反应原来诊断本病。有一种变态反应原如酸水解产物,也称布氏杆菌水解物(brucellysate)或称布氏杆菌索F片段,制备简单,能有效地用于猪群体的检测,目前仍有一些国家在使用。本反应原尽管含有某些多糖,本制品不刺徽产生凝集素或补体结合抗体,也不致敏动物。

14.5　棘球蚴病(Echinococcosis/Hydatidosis)

14.5.1　疫病简述

棘球蚴病(Echinococcosis)又称包虫病((Hydatidosis),是由数种棘球绦虫(*Echinococcus granulosus*;*Eg*)的续绦期幼虫——棘球蚴寄生于绵羊、山羊、马、猪、骆驼及人的肝、肺等脏器组织中所引起的一种严重的人兽共患疾病。该病几乎遍及世界各国,广泛流行于亚洲、南欧、拉丁美洲、大洋洲及冰岛等畜牧业发达的国家和地区,其成虫细粒棘球绦虫的终末宿主包括犬、狼、狐等20余种肉食动物,中间宿主除人外,还有绵羊、山羊、牛、猪、驼等家畜、野生草食兽及啮齿类约60余种动物。近年普查结果显示,人群患病率在0.6%～5%,绵羊的棘球蚴感染率在3%～90%,家犬的成虫感染率在7%～70%。棘球蚴病反复感染循环于人畜、畜畜、畜兽及兽兽之间,严重危害畜牧业生产,威胁人类健康,造成巨大的经济损失。

目前分类学认为致病棘球绦虫有4个种:细粒棘球绦虫(*Echinococcus granulosus*, *Eg*)、多房棘球绦虫(*Echinococcus multilocularis*, *Em*)、少节棘球绦虫(*Echinococcus oligarthrus*)和福氏棘球绦虫(*Echinococcus vogeli*)。这4个种在成虫和幼虫期形态截然不同,并可引起不同类型的棘球蚴病。我国有两种棘球蚴病即细粒棘球蚴病(囊型包虫病cystic echinococcosis,CE)和多房棘球蚴病(泡型包虫病alveolar echinococcosis,AE)。自然地理和气候因素在棘球蚴病传播流行的过程中起着非常重要的作用。在法国Franche-Comté地区,狐狸是当地多房棘球蚴病最重要的终宿主,有研究表明,在平原地带狐狸感染率较低,而在中度海拔的高原则感染率较高,当草场比例大于35%时,狐狸的感染率为63%;而当草场比例小于20%时,感染率仅为19%。草场的存在为大量中间宿主动物提供了良好的生存环境,这促进了多房棘球蚴病在狐狸中的传播流行。细粒棘球绦虫具有较广泛的宿主适应性,宿主动物的高感染率势必会影响细粒棘球蚴病的传播流行。在塞浦路斯,羊细粒棘球绦虫的感染率为75%,土耳其为93%,在印度水牛细粒棘球绦虫的感染率为36%。在中国青海省,牦牛的平均感染率为54%,绵羊的平均感染率为53%。绵羊和牦牛是棘球绦虫重要的中间宿主,而如此高的感染率,大大增加了人患细粒棘球蚴病的危险。此外,山羊、黄牛、猪、马、骡、驴、骆驼等数量虽少但其作用也不容忽视,这些家畜都是棘球绦虫潜在的中间宿主,是细粒棘球蚴病潜在的危险因素。细粒棘球蚴病的流行离不开社会因素的作用,人的生产活动、生活习惯等很大程度上影响着细粒棘球蚴病在人群中的传播流行。在乌拉圭,研究显示人体细粒棘球蚴病与居民使用沟塘水或水槽水有着很大的关联,同时当地居民点都用栅栏围起,犬在此区域内活动频繁,栅栏内所种蔬菜被犬粪污染的机率较大,从而促进了细粒棘球蚴病的流行。给犬喂食未煮熟的内脏,是重要的危险因素。在日本,饲

养家畜(牛、猪)和使用井水、塘水是引起多房棘球蚴病的主要危险因素。在德国,多房棘球蚴病的危险因素是饲养猫、犬或耕作。犬粪中多房棘球绦虫虫卵对环境(水源)的污染也是造成人体多房棘球蚴病高度流行的主要危险因素。同时由于人类的一些活动(如森林砍伐和城市扩张)改变了地理景观的结构,增加了家犬和猫感染多房棘球绦虫的机会,对多房棘球蚴病在人群中的传播有着极其重要的影响。有研究表明,村庄周围用栅栏围起的牧场面积越大,则人群多房棘球蚴病的患病率就越高,这是由于公共牧场面积的不断减少,加剧了过度放牧,这样会导致小型哺乳动物数量增加,而导致多房棘球蚴病在人群中的传播流行。

14.5.2 病原特征

棘球属绦虫的终宿主为狗、猫、狐等食肉类动物,成虫寄生于小肠,人和其他中间宿主被终宿主粪便中的虫卵所感染。续绦期绦虫(棘球蚴)寄生于中间宿主,主要在肝脏,也可寄生于腹腔、肺、脑等处,引起相应部位的包虫病(棘球蚴病)。许多地区为细粒棘球绦虫和多房棘球绦虫混合流行区。囊型包虫病发病率较高,病灶周围有完整的包囊,手术易于切除。泡型包虫病病灶周围无包膜,呈外生性、浸润性生长,手术难以切除完全。

棘球绦虫幼虫称棘球蚴(*hydatid cyst*),为圆型或不规则的囊状体,由囊壁、生发囊、原头蚴、囊砂和囊液组成,有的还有子囊和孙囊,囊壁外由宿主的纤维组织包绕。犬、狼等终末宿主将细粒棘球绦虫的虫卵和孕节随粪便排出体外,虫卵污染了饲草和饮水,当牛、羊等中间宿主吞食虫卵后而受感染。进入消化道的六钩蚴,钻入肠壁经血流或淋巴循环至全身各处,以肝、肺两处最多,约经6～12个月的生长方可发育为有感染性的棘球蚴。当犬和其他的食肉动物吞食棘球蚴后,经40～50天的发育即可发育为细粒棘球绦虫。虫体在犬体内寿命为5～6个月。

环境因素对棘球绦虫虫卵的感染力有直接影响,虫卵对高温和干燥耐受力较低,45 ℃ 3 h或43 ℃4 h即可失去感染力;虫卵在很低的温度下也不能长时间存活,－83 ℃48 h或－196 ℃20 h即死亡。棘球绦虫在不同宿主体内的成熟率也不同,用数量相近的细粒棘球绦虫人工感染图尔长纳犬和内罗毕犬,虫体在2种犬体内的成熟率明显不同。

进行综合性防治是杜绝该病传播和发生的主要途径。手术摘除棘球蚴或切除被感染的器官虽可靠、有效,但应用于家畜的治疗则甚少。患棘球蚴病畜的脏器一律进行深埋或烧毁,以防被犬或其他肉食兽吃入;做好饲料、饮水及圈舍的清洁卫生工作,防止被犬粪污染;驱除犬的绦虫,要求每个季度进行1次。驱虫药用氢溴酸槟榔碱时,剂量按每千克体重1 mg～4 mg,绝食12 h～18 h后,口服。也可选用吡喹酮,剂量按每千克体重5 mg～10 mg,口服。服药后,犬应拴留1昼夜,并将所排出的粪便及垫草等全部烧毁或深埋处理,以防病原扩散。

14.5.3 OIE法典中检疫要求

2.2.3.1条 诊断试验标准参阅《手册》。

3.1.3.1条 进境犬、猫和其他家养或野生食肉动物时,进境国兽医行政管理部门应要求出具国际兽医证书,证明这些动物在装运前做过棘球蚴治疗,并确认治疗措施是有效的。

14.5.4 检测技术参考依据

(1) 国外标准

OIE手册:Manual of Diagnostic Tests and Vaccines for Terrestrial Animals 2004, Echinococcosis/hydatidosis(Chapter 2.2.3.)

(2) 国内标准

NY/T 1466—2007　动物棘球蚴病诊断技术

14.5.5　检测方法概述

14.5.5.1　病原鉴定

中间宿主的诊断需要检查器官中生长的卵囊子囊的形态,特别是在肝和肺中多见。犬或其他食肉动物棘球蚴病的诊断,需从其粪便和小肠中找到棘球绦虫。

(1) 棘球蚴病的诊断

有许可证的屠宰场可以对家畜的棘球蚴病做出诊断,对野生动物的诊断只能靠野外检查。样品要用4%～10%福尔马林盐水固定和防腐,也可以冷藏和冷冻保存供以后检查。可以在许多器官中直接观察到棘球蚴,但对大动物如绵羊和牛,必须用手触摸或剖开观察。猪、绵羊和山羊可感染水泡绦虫(*T. hydatigena*),当这两种寄生虫在肝脏中都存在时,很难将它们区别开来。猪蛔虫也可在绵羊肝脏形成"白点",增加诊断难度。对野生动物如哺乳动物和啮齿动物鉴别诊断时,应考虑几种其他的绦虫幼虫。样本经福尔马林固定后,可用常规组织学染色。棘球绦虫中绦期的一个独特的特征是:具有PAS阳性的无细胞堆积层(有或无核胚芽层膜)。在育囊内或在包囊沙中的原头节的存在也是其诊断特征。细粒棘球蚴的基因型一般从保存于90%的乙醇中原头节获得DNA。

(2) 食肉动物成年绦虫诊断

研究野生动物绦虫病都用剖检的方法,如果是家犬应选择安死术。需要强调的是,必须作棘球绦虫成虫的分离鉴定工作,因为通常条件下检查粪便时不可能对棘球绦虫卵和其他绦虫卵做出鉴别。被检动物死后,需尽快取出小肠,并结扎两端。如材料不用冷冻或4%～10%的福尔马林固定,则应迅速检查,否则虫体在24 h内会被消化。4%～10%福尔马林不会杀死虫卵。将新鲜小肠切成数段,浸泡于37 ℃盐水中待检查,附着于肠壁上的虫体可以用放大镜看到并计数(细粒棘球蚴和福氏棘球绦虫)。为精确计数,未固定的肠段最好切成4～6段,切开浸于37 ℃盐水中30 min,以便释放虫体,肠内容物冲洗到另一容器中,作细致检查,用刮片刮肠壁,病料煮沸后过筛冲洗除去颗粒,冲下来的内容物和碎屑置于黑色器皿中,用放大镜和光学显微镜作虫体计数。通常在犬小肠的1/3段发现细粒棘球蚴。

黏膜刮取物:用于棘球蚴检查而剖检的狐狸(或犬)的尸体或小肠,剖检前应当在－70 ℃～80 ℃冷冻3～7天。多房棘球蚴的卵可抵抗－50 ℃的冷冻。应当在显微镜下刮取小肠黏膜,并且将黏附物取下置于一个方形塑料彼得里培养皿中。刮取时应在120倍的实体显微镜下边滑动边检查。建议将小肠分前、中、后三段,每段各刮取5处黏膜,共15个。一般在小肠的第二段的中间发现多房棘球蚴。

样品保存:由于虫体脆弱,所以作形态研究时最好用巴氏吸管把虫体移到生理盐水中。洗去杂质,静置约30 min,虫体停止活动后,将上层液体去掉,加5%～10%的冷福尔马林(5 ℃)或FAA固定液(80 mL95%的乙醇,10 mL37%～40%甲醛,5 mL冰醋酸)再作用12 h。

染色:用蒸馏水将虫体洗15 min,于Mayeir's副胭脂红染液(1.0 g胭脂红酸,0.5 g氯化铝,4.0 g氯化钙,100 mL70%乙醇)染色12 h～24 h。浸入0.5%～10%盐酸溶液数秒钟去掉多余的染料。然后在浓度递增的乙醇(35%、50%、70%、85%、95%、100%)分别脱水15 min,在100%乙醇中浸2次。用二甲苯除去酒精(10 min),再用甲基水扬酸盐或木馏油

去污。在用任何适当的基质和树脂如香脂、picolyte 等进行包埋之前，应用二甲苯清洁样品几分钟。

进行以上检查时，工作人员有被感染的危险，应采取相应措施避免感染。感染材料在－80 ℃冰冻 48 h 或－70 ℃4 天可去掉污染。焚烧口罩、手套及围裙。尽管氢氧化钠能够杀死一部分卵，但化学消毒不可靠。污染材料加热消污。降低湿度(40%)、提高室温(30 ℃)至少 48 h 实验室可达到消除传染。最近，一些以简化和改进终末宿主群流行病学调查和可以诊断活动物感染为目的的方法已经建立。

(3) 槟榔素检查与监测

槟榔素用于检查狗群中绦虫感染情况，它作为驱虫药现已被吡喹酮(抗蠕虫药)代替，槟榔素是抗副交感神经药，引起出汗，刺激唾液、泪腺、胃、胰、肠等组织腺体。增加肠道紧张性与平滑肌运动，从而引起排便。肝脏是主要解毒场所。槟榔素也直接作用于虫体，使虫体麻痹，但不致死，使虫体从肠壁上掉下来。药物必须口服，虫体随粪便排出。这一般用于细粒棘球蚴的初诊，但是，仍然有 15%～25%的犬不能排便。对于含盐酸槟榔素 25 mg/片的药片，可以接受的剂量如下：最少 1 片/14 kg 体重，最多 1 片/7 kg 体重，最适 1 片/10 kg 体重。怀孕母犬和心脏异常的动物不宜用槟榔素。由于一些犬对泻药不敏感，建议追加氢溴酸槟榔素作为灌肠剂，但是，用此方法成虫可能在这个阶段还没有麻痹，导致假阴性出现。因此，这些犬应当在用药 3～4 天后再用药 1 次。犬服药后排便至少要有两个过程：第一步是排粪，这不必介意，随后会排出黏液。此时，将排出的黏液分成几份，分别进行检查，一般不推荐这样做，因为很难查出绦虫。最好是黏液样品(约 4 mL)用 100 mL 自来水稀释，并盖上一薄层煤油(或石蜡)(约 1 mL)，煮沸 5 min。煤油的作用是避免起泡沫，减少气味。工作人员有感染本病的危险，因此工作时应当穿工作服、靴子、一次性手套和口罩。连裤服用后应煮沸消毒，靴子用 10%氢氧化钠溶液消毒，排泄物取样后尽快煮沸。第一次排泄的犬可能继续排出成虫、节片和虫卵，因此，在排泄和进水后应当停留 2 h，槟榔素检测后，犬停留的地点应当用煤油和火焰喷雾。

(4) 粪抗原试验

最近槟榔素检测法，粪抗原夹心 ELISA 检测抗体两种试验方法都已成熟，并且显示了很好的特异性，由于动物感染棘球蚴后 10～14 天内即可快速检测到粪抗原，而且随着虫体的排出，抗体水平很快下降。试验敏感性和特异性分别是 70%和 98%。槟榔素试验既可定性，又能定量，是犬感染绦虫流行病学的基本的和最有价值的方法。进一步的研究显示，在犬群中常规检测细粒棘球蚴时，粪抗原试验比槟榔素试验更有实用价值。在狐狸的细粒棘球蚴监测时，这个试验与剖检比较仍然是决定性的诊断。特异性粪抗原 ELISA 试验现已经成熟，并且以其充分的特异性和敏感性被认为可取代槟榔素试验。在犬和其他终末宿主的特异性的棘球蚴的检测中，棘球蚴粪抗原的检测种特异性在 98%左右，并且整体敏感性约 70%，然而，当平均虫数大于 50～100 时，敏感性可达到 100%，犬、澳洲野狗、狐狸和狼的检测已成功地采用粪抗原 ELISA 试验，更重要的是，也可以检测红狐和家犬的多房棘球蚴感染。当捕获 ELISA 用于检测细粒棘球蚴的 FS 抗体又用于其细胞节片抗体时，多房棘球蚴感染的敏感性可降低，尽管属特异性仍没有变。多克隆或单克隆粪抗原 ELISA 试验，主要是针对多房棘球蚴的早期感染而不是针对于细粒棘球蚴的感染，试验表现了较高的敏感性和特异性，细粒棘球蚴的检测敏感性较差。然而，少数寄生的多房棘球蚴粪抗原 ELISA 的敏感性低于剖检时的黏膜涂片法。棘球蚴用于检测粪便中粪抗原的精确性还没有明确。对于狐狸多房棘球蚴的检查,剖检是费时的工作,ELISA粪抗原检查是另一个可选的检查。狐狸粪便样品应当从直肠而不是小肠中取得,犬和狐狸的棘球蚴粪抗原可在20 ℃下保存1周。

(5) DNA识别方法

终末宿主感染细粒棘球蚴和多房棘球蚴的鉴别诊断可以用扩增粪便中多房棘球蚴卵的PCR DNA来完成。多房棘球蚴Ulsn RNA基因引物是种特异性的,表现100%的特异性。实际操作时,建议监测终末宿主(例如:狐狸)用粪抗原试验,确诊用PCR DNA试验。在欧洲,多房棘球蚴的传播一般发生在细粒棘球蚴的地区或出现非常频繁的地区在其他地区包括近东地区(土耳其和伊朗),中亚,俄罗斯和中国,两种病可能同时发生。多房棘球蚴感染的进一步诊断要求调查寄生虫的间歇性排卵和持续性的排卵的DNA。细粒棘球蚴还没有通用的PCR/DNA试验。DNA杂交方法还没有通用于家畜中间宿主的细粒棘球蚴的检查。然而,这些方法的重要性在于对细粒棘球蚴的流行病学分离鉴定。对于野生动物或异常的家畜多房棘球蚴中间宿主小的病变,DNA杂交技术可能有用。

14.5.5.2　血清学试验

(1) 中间宿主

用于人的免疫学试验,在动物中缺乏敏感性和特异性,不能代替剖检。

(2) 终末宿主

对用于犬类棘球蚴病的免疫学诊断方法进行了大量的研究,随着包囊的消化,虫卵发育、生长、寄居等各个阶段形成的抗原就会暴露于犬的小肠,这时很容易测出感染犬血清中的六钩蚴和原头蚴抗体。但不能判定是近期感染还是以往感染,因此,没有用于临床。

14.6　口蹄疫(Foot and mouth disease,FMD)

14.6.1　疫病简述

口蹄疫是由口蹄疫病毒(FMDV)引起的偶蹄动物的一种急性、热性、高度接触性传染病,它被世界动物卫生组织(OIE)列为动物传染病之首,也是《中华人民共和国进出境动植物检疫法》和农业部规定的动物一类传染病。口蹄疫易感动物包括牛、水牛、绵羊、山羊、骆驼和猪等20个科的70多种家畜和野生偶蹄哺乳动物。

口蹄疫是一种古老的疫病。几乎世界上所有的国家或地区历史上都曾经发生过口蹄疫。在全球的七个洲中,只有南极洲没有口蹄疫。目前,口蹄疫在世界上的分布仍然广泛,一般相隔10年左右就有一次较大的流行,世界上许多国家和地区都不同程度地正在遭受口蹄疫的危害或者威胁。据OIE 2002年5月公布的"无口蹄疫国家"名单,目前61个国家无口蹄疫,并依据是否注射疫苗和整个国家或者部分地区口蹄疫的情况,分为4种类型:不注苗无口蹄疫国家、注苗无口蹄疫国家、不注苗部分地区无口蹄疫的国家、注苗部分地区无口蹄疫的国家。目前"不注苗无口蹄疫国家"有澳大利亚、奥地利、比利时、保加利亚、加拿大、智利、丹麦、德国、希腊、冰岛、墨西哥、荷兰等54个国家。

口蹄疫的自然易感动物是偶蹄兽,但不同偶蹄兽的易感性差别较大。牛最易感,发病率几乎达100%,其次是猪,再次是绵羊、山羊及20多科70多个种的野生动物,如黄羊、驼鹿、马鹿、长颈鹿、扁角鹿、麝、野猪、瘤牛、驼羊、羚羊、岩羚羊、跳羚。大象也曾发生过口蹄疫感

染。狗、猫、家兔、刺猬间有发生。猪和牛的临床表现最严重(也有猪发病而牛不发病),羊只表现亚临床感染。人对口蹄疫易感性很低,仅见个别病例报告。

口蹄疫的传播途径广泛,可通过直接接触、间接接触和气源传播等多种方式迅速传播。直接接触发生于同群动物之间,包括圈舍、牧场、集贸市场、运输车辆中动物的直接接触。间接接触传播主要是通过畜产品,以及受污染的场地、设备、器具、草料、粪便、废弃物、泔水等传播。猪主要是通过食入被病毒污染的饲料而感染,并可大量繁殖病毒,是病毒的主要增殖宿主。空气传播是口蹄疫重要的传播方式,特别是对远距离的传播更具流行病学意义,数个感染性病毒颗粒即可引起动物发病。空气中病毒的来源主要是患畜呼出的气体、圈舍粪尿溅洒、含毒污染尘屑等形成的含毒气溶胶。这种气溶胶在适宜的温度和湿度环境下,通常可传播到 10 km 以内的地区,但传播到 60 km(陆地)或 300 km(海上)以外地区的可能性是存在的,因此口蹄疫常发生远距离跳跃式传播和大面积暴发,迅速蔓延形成大流行。

潜伏期和正在发病的动物是最重要的传染源。感染动物在表现临床症状前 24 h 就开始向外排毒,牛感染后 9 h～11 天为排毒期,猪也大致如此。病毒可随呼出的气体及尿液、鼻液、水疱液及水疱皮、乳汁、精液和粪便等排出而污染环境,肉和动物副产品在一定条件下可能携带病毒。病毒粒子飘浮于空气中,可随风传播到很远的地方,空气的温度、湿度及太阳光照等与病毒的空气传播有很大关系。病毒一般先在咽喉、食道(O/P)部上皮产生一级水泡,随后出现病毒血症,扩散到全身组织器官后,病毒优先选择口、蹄等部位定居产生二级水泡。急性期约 1 周,然后病情逐渐减轻,幼龄动物可因心肌炎而死亡。病毒可在动物的咽、食道部上皮内持续存在很长时间,故检测 FMD 可刮取 OP 液检查是否有病毒存在,通过这一方法也可检测病毒在某种动物体内持续感染的时间。在反刍动物,可从感染数周至数年的动物咽、食道部分泌物中分离到病毒,在自然感染和免疫动物均可产生持续性感染,这种持续感染的机理还不清楚。康复的动物和接种疫苗的动物可能成为病毒携带者,尤其是牛和水牛。病毒在牛的口咽部可存活 30 个月,水牛会更长。羊一般带毒 9 个月,鹿为 2～3 个月。非洲大水牛是 SAT 型病毒的主要储存宿主。带毒动物一旦接触易感畜群,则很有可能导致本病暴发流行。

14.6.2　病原特征

口蹄疫病毒(Foot and mouth disease virus,FMDV)属小 RNA 病毒科 FMDV 属(*Aphthovirus*)的成员,该小 RNA 病毒科在医学和兽医学上具有重要地位,该科包含许多重要的人和动物病毒,如人的脊髓灰质炎病毒、甲肝病毒、柯萨奇病毒、脑-心肌炎病毒、鼻病毒等,重要的动物病毒还有猪水疱病病毒、肠道病毒。最近将 A 型马鼻炎病毒也列入口蹄疫病毒属,其基因组结构与 FMDV 非常相似。通过交叉保护试验和血清学试验确定 FMDV 有 7 个血清型,即 O、A、C、亚洲 1 型(Asia1)和南非 1、2、3 型(SAT1、SAT2、SAT3),及 65 个以上的血清亚型。根据 7 个血清型的同源性将其分为两群,即 O、A、C 和 Asia1 型为一群,SAT1、SAT2、SAT3 为一群,两群之间的血清型同源性仅为 25%～40%,群内同源性可达 60%～70%,血清型之间无交叉免疫现象。O、A、C 型 FMDV 的毒力和抗原性均易发生变异,几乎遍布亚、非、拉、欧各洲;SAT1、SAT2、SAT3 主要分布在非洲,Asia1 型主要分布在亚洲。北美洲、中美洲、加勒比海地区及大洋洲为 FMDV 的清净区。

阳光直射能迅速杀灭 FMDV,这主要是温度和干燥的作用。埋于深层的病毒可受到保护。空气中的病毒的存活主要受相对湿度的影响，相对湿度在大于60%时，病毒存活良好。病毒在4℃比较稳定，冷冻和冷藏对病毒具有保护作用。温度高于50℃后，随着温度的升高，病毒被灭活的数量增多。80℃～100℃可立即杀灭病毒。病毒适宜于中性环境，最适pH为7.4～7.6，pH小于6或大于9可灭活病毒。2%NaOH、4%碳酸钠、0.2%柠檬酸可杀灭病毒。病毒对石炭酸、乙醚、氯仿等有机溶剂具有抵抗力。病毒可在乳鼠、乳兔、鸡胚和仔猪肾、仓鼠肾、犊牛肾、犊牛甲状腺等原代细胞和BHK21(幼仓鼠肾)、IB-RS-2(仔猪肾)、PK15(猪肾)等传代细胞系中增殖。

14.6.3　OIE法典中检疫要求

2.1.1.1条　本《法典》规定，FMD的潜伏期为14天。本节中，反刍动物还包括骆驼科动物。

在国际贸易中，本节的内容不仅适用于感染FMDV出现临床症状的情况，也适用于感染FMDV没有出现临床症状的情况。FMDV感染定义如下：

1）从动物或动物源性产品中分离到FMDV；或

2）从一个或多个下列动物样品中鉴定出一种以上的FMD血清型特异的FMD病毒抗原或FMD病毒RNA，表现FMD症状的动物从流行病学上与已确诊或可疑FMD暴发有关的动物；或怀疑曾与FMDV接触或关联的动物；或

3）从一个或多个流行病学资料显示疑有FMD暴发动物，或出现与新感染FMDV相关临床症状的动物中发现有非疫苗引起的FMDV结构或非结构蛋白的抗体。

诊断和疫苗的标准详见《手册》。

2.1.1.2条　非免疫无FMD国家

拟列入非免疫无FMD国家名单时，该国必须具备：

1）有定期和快速的动物疾病报告记录。

2）向OIE报告：a)在过去12个月内没有发生过FMD；b)在过去12个月内没有发现FMDV感染的任何证据；c)在过去12个月中没有进行FMD免疫接种，并有资料证实对FMD和FMDV感染有有效的监测体系，以及执行预防和控制FMD的常规措施。

3）停止免疫接种措施后，未曾进境过FMD免疫接种的动物。

OIE只有在认可所报送的证据材料后，才会将该国列入非免疫无FMD国家名单。

2.1.1.3条　免疫无FMD国家

拟列入免疫接种的无FMD国家名单时，该国家必须具备：

1）有定期和快速的动物疾病报告记录。

2）向OIE报告，宣布过去2年内没有发生过FMD，且在过去的12个月内没有FMDV感染的任何证据，并有文献证明：a)对FMD实施有效的疾病监测体系，并执行预防和控制FMD的常规措施；b)为防预FMD进行常规免疫接种；c)且所用疫苗符合《手册》规定的标准。

OIE只有在认可所报送的证据材料后，才会将该国列入免疫的无FMD国家名单。

如果免疫无FMD国家希望转变为非免疫无FMD国家，则要求该国家停止免疫接种后需等待12个月并需提供在这段时间内没有FMDV感染的证据。

2.1.1.4条　非免疫无FMD地区

在免疫的无FMD国家或部分地区仍有FMD感染的国家内，可建立非免疫的无FMD

地区，非疫区与国内其他地区或相邻感染国家由监测带、或自然或地理屏障隔离，并实施有效防止感染 FMD 病毒入侵的卫生措施。国家内建立非免疫接种的无 FMD 地区时，应当：有定期和快速的动物疾病报告记录；向 OIE 递交报告，表明想建立非免疫的无 FMD 地区，并且：在过去 12 个月内没有爆发过 FMD；在过去 12 个月内没有发现 FMDV 感染的证据；在过去 12 个月内没有进行过 FMD 免疫接种；该地区在停止免疫接种后，没有引进过免疫接种动物，除 2.1.1.8 条中所指的外；提供资料证明，在非免疫的无 FMD 地区存在有效的监测体系及监测带；详细描述：为阻止和控制 FMD 和 FMDV 感染的而采用的常规措施；无疫区和监测带的边界；防止 FMD 入侵无疫区的体系（尤其是如果采用了 2.1.1.8 条所述的程序）；并提供证据，证明上述各项工作得到有效监督。OIE 只有在认可所呈报的证据材料后，才会将此无疫区列入非免疫接种的无 FMD 地区名单。

2.1.1.5 条　免疫的无 FMD 地区

未实施免疫接种的无 FMD 地区的国家，或国内部分地区仍有感染的国家可建立免疫接种的无 FMD 地区。对动物园动物、稀有动物、种畜或实验用动物进行免疫接种就是例子。免疫无疫区与国内其他地区及相关毗邻感染国家由缓冲带、自然或地理屏障隔离，能够有效防止病毒入侵。在国内建立免疫的、无 FMD 地区应该：有定期和快速的动物疾病报告记录；向 OIE 报告要建立免疫的无 FMD 地区，该地区在过去 2 年中没有爆发过 FMD；资料证明所用疫苗符合《手册》规定的标准；详细说明：预防和控制 FMD 的常规措施；免疫的无 FMD 地区和缓冲带的边界；防止 FMD 入侵无疫区的体系（尤其是执行 2.1.1.8 条程序的地区）；并提供证据证明各项工作得到有效监督并实施；提供材料证明在免疫接种的无 FMD 地区有敏感的、经常性的 FMD 监测体系。OIE 只有在认可呈报的证据材料后才会将该无疫区列入免疫接种的无 FMD 地区名单。如果免疫无 FMD 地区所在的国家希望将该地区转变为为非免疫接种的无 FMD 地区，则要求在免疫停止后等待 12 个月并提供能证明在这段时间内没有 FMDV 感染的证据。

2.1.1.6 条　FMD 感染国家或区

FMD 国家指既没有达到非免疫无口蹄疫国家标准又没有达到免疫的无口蹄疫国家标准的国家。FMD 感染区指既没有达到非免疫接种的 FMD 地区标准也没有达到免疫接种的无 FMD 地区标准的地区。

2.1.1.7 条　恢复无疫状态

1) 如在非免疫无 FMD 国家或地区暴发 FMD 或出现 FMDV 感染的情况，要重获非免疫无 FMD 状态需按如下要求等待一段时间：a）采取扑杀政策和血清学监测措施的地方需在最后一例病例消失后等待 3 个月；或 b）采取扑杀政策，紧急免疫和血清学监测的地方需在最后一例免疫动物被屠宰后等待 3 个月；或 c）采取扑杀政策，但紧急免疫后并不屠宰所有的免疫动物，而用检测 FMDV 非结构蛋白抗体的方法进行血清学监测来证明免疫动物没有感染 FMDV 的地方须在最后一例病例或最后一次免疫（根据最近发生的事件）后等待6 个月。

2) 如在免疫无 FMD 国家或地区暴发 FMD 或出现 FMDV 感染的情况，要重获免疫无 FMD 状态需按如下要求等待一段时间：a）采取扑杀、血清学监测、紧急免疫，并采用检测 FMDV 非结构蛋白抗体的方法进行血清学监测来证明非 FMDV 感染的地方须在最后一例病例消失后等待 6 个月；或 b）采取扑杀政策的地方须在最后一例病例消失后等待 12 个月。

2.1.1.8 条　FMD 易感动物在国内从感染区运往无疫区

FMD 易感活畜只有通过机械运输到最近的位于缓冲区或监测区的指定屠宰场立即屠宰时才能离开感染区。若缓冲带或监测带内没有屠宰场，FMD 易感活畜可以运到无疫区最近屠宰场实施急宰，条件是：

1）调运前至少 30 天，原产地饲养场动物没有 FMD 临床症状；

2）调运前动物在原产场内至少饲养了 3 个月；

3）调运前至少 3 个月，原产地饲养场 10 km 半径内没有发生过 FMD；

4）动物须在兽医当局监督下，从原产地饲养场用经过清洗消毒的车辆直接运至屠宰场，并不得与其他易感动物接触；

5）该屠宰场不得批准供出境之用；

6）从这些动物获得的所有产品必须视作是被感染产品，并须经杀毒处理；尤其是肉品须按附录 3.6.2.1 要求进行加工处理；

7）运输车辆及屠宰场用后必须立即进行彻底清洗及消毒。

因其他原因，需移到运进无疫区的动物必须在兽医当局监督下先进检疫站，并用适当试验确定这些动物无感染。

2.1.1.9 条　各国兽医行政管理部门在同意直接或间接进境，或同意经其国土过境运输来自其他国家的下列动物及动物产品时，必须考虑有无 FMD 风险：

1）家养和野生反刍动物和猪；

2）反刍动物和猪的精液；

3）反刍动物和猪的胚胎/卵；

4）家养和野生反刍动物及猪的鲜肉；

5）没有按附录 3.6.2.1 规定处理，确保杀死 FMD 病毒的家养或野生反刍动物和猪的肉品；

6）人用、动物饲料用或工业用的动物源性产品；

7）药用或医用动物源性产品；

8）未灭菌的生物制品。

当进行其他日用品的国际贸易时应考虑到这些物品无传播 FMDV 的潜在能力。

2.1.1.10 条　从非免疫无 FMD 国家或地区进境 FMD 易感动物时，兽医行政管理部门应要求出具国际兽医证书，证明动物：

1）装运之日无 FMD 临床症状；

2）自出生起或至少过去 3 个月内一直在无 FMD 国家或地区饲养。

2.1.1.11 条　从非免疫无 FMD 国家或地区进境家养反刍动物和猪时，兽医行政管理部门应要求出具国际兽医证书，证明动物：

1）装运之日无 FMD 临床症状；

2）自出生起或至少过去 3 个月内一直在无 FMD 国家或地区饲养；

3）当目的地为非免疫无 FMD 国家或地区时，未曾进行过免疫接种，并且 FMD 病毒抗体试验为阴性。

非免疫无 FMD 国家还可要求附加担保条件。

2.1.1.12 条　从 FMD 感染国家或地区进境家养反刍动物和猪时，兽医行政管理部门

应要求出具国际兽医证书，证明动物：

1）在装运之日无 FMD 临床症状；

2）自出生起，a）若出境国实行强制性扑杀政策，至少过去 30 天，b）若出境国不实行扑杀政策，则在过去 3 个月内，一直在原产地饲养场饲养，并且在原产地饲养场 10 km 半径内，在上述 a）和 b）项规定时期内没有发生过 FMD；

3）检疫前在场内隔离 30 天，FMD 诊断试验（食道探杯试验和血清学试验）呈阴性；这期间周围 10 km 范围内没有发生过 FMD；

4）装运前在检疫站滞留 30 天，检疫期结束时 FMD 诊断试验（食道探杯试验和血清学试验）呈阴性，这期间，周围 10 km 范围内没有发生过 FMD；

5）从检疫站到装运地的运输中没有接触过任何感染源。

2.1.1.13 条　从非免疫无 FMD 国家或地区进境家养反刍动物和猪的新鲜精液时，兽医行政管理部门应要求出具国际兽医证书，证明：

1）供精动物：a）在精液采集之日无 FMD 临床症状；b）动物至少在采精前 3 个月是在非免疫无 FMD 国家或地区饲养；

2）精液的采集、加工和贮存严格按附录 3.2.1 或附录 3.2.3 要求进行。

2.1.1.14 条　从非免疫无 FMD 国家或地区进境家养反刍动物和猪的冷冻精液时，兽医行政管理部门应要求出具国际兽医证书，证明：

1）供精动物：a）在精液采集之日及此后 30 天内无 FMD 临床症状；b）动物在采精之前至少 3 个月是在非免疫无 FMD 国家或地区饲养；

2）精液采集、加工和贮存严格按附录 3.2.1 或附录 3.2.3 要求进行。

2.1.1.15 条　从免疫无 FMD 国家或地区进境家养反刍动物和猪精液时，兽医行政管理部门应要求出具国际兽医证书，证明：

1）供体动物：a）在采精之日及此后 30 天内无 FMD 临床症状；b）至少采精前 30 天内在无 FMD 国家或地区饲养；c）若目的地是非免疫无 FMD 国家或地区：ⅰ）未曾进行过免疫接种，并对 FMD 病毒抗体试验呈阴性；或ⅱ）至少免疫接种过两次，末次免疫于采精前不超过 12 个月，不少于 1 个月。

2）AI 中心其他动物在采精前一个月内未曾进行免疫接种。

3）精液：a）采集、加工和贮存严格按附录 3.2.1 或附录 3.2.3 要求进行；b）从采集到出境至少在无 FMD 国家贮存一个月，在此期间，供精动物所在饲养场的其他动物均无任何 FMD 症状。

2.1.1.16 条　从 FMD 感染国家或地区进境家养反刍动物和猪精液时，兽医行政管理部门应要求出具国际兽医证书，证明：

1）供体动物：a）在采精之日无 FMD 临床症状；b）采精前 30 天所在饲养场无动物引进，且精液采集前后 30 天内，饲养场周围 10 km 范围内没有 FMD 发生；c）未曾进行 FMD 免疫接种，并对 FMD 病毒抗体试验结果阴性；或 d）至少免疫接种过两次，末次免疫于精液采集前不超过 12 个月不少于 1 个月。

2）AI 中心其他动物在精液采集前 1 个月内未进行过免疫接种。

3）精液：a）严格按附录 3.2.1 或附录 3.2.3 规定进行采集、加工和贮存；b）若供精动物在采精前曾进行过免疫接种，则应进行病毒分离试验结果阴性；c）从采精到出境应至少贮存1个月，在此期间，供精动物所在饲养场的中所有动物均无任何FMD症状。

2.1.1.17条　从(免疫接种或非免疫接种的)无FMD国家或地区进境牛新鲜胚胎/卵时，兽医行政管理部门应要求出具国际兽医证书，证明：

1) 供体母牛：a) 在采集时无FMD临床症状；b) 出生起或至少采集前3个月，一直在无FMD国家或地区饲养。

2) 胚胎/卵严格按附录3.3.1或附录3.3.9规定进行采集、加工和贮存。

2.1.1.18条　从FMD感染国家或地区进境牛胚胎/卵时，兽医行政管理部门应要求出具国际兽医证书，证明：

1) 供体母牛：a) 在采集时无FMD临床症状；b) 采集前30天一直在没有引进过动物的饲养场所饲养，且采集前后30天，饲养场周围10 km范围内没有发生过FMD。

2) 胚胎/卵严格按附录3.3.1或附录3.3.9及相关规定采集、加工和贮存。

2.1.1.19条　从非免疫无FMD国家进境牛冷冻胚胎/卵时，兽医行政管理部门应要求出具国际兽医证书，证明：

1) 供体母牛：a) 在采集之日及此后30天内无FMD临床症状；b) 自出生或至少采集前3个月内一直在无FMD国家或地区饲养。

2) 严格按照2.1.1.13条、2.1.1.14条或2.1.1.15条及相关的规定进行灭菌。

3) 胚胎/卵严格按附录3.3.1或附录3.3.9及相关规定采集、加工和贮存。

2.1.1.20条　从免疫无FMD国家进境牛冷冻胚胎/卵时，兽医行政管理部门应要求出具国际兽医证书，证明：

1) 供体母牛：a) 在采集之日无FMD临床症状；b) 自出生或至少采集前3个月内一直在无FMD国家或地区饲养；c) 如果该国家或地区正在申报非免疫无口蹄疫国家或地区：ⅰ) 已不再接种疫苗，并在进行FMD病毒抗体检测，结果阴性，或ⅱ) 已接种过疫苗两次，最末一次接种在采集前至少1个月但不超过12个月。

2) 采集前的1个月，饲养场内无其他接种疫苗的动物。

3) 严格按照2.1.1.13条、2.1.1.14条或2.1.1.15条及相关的规定进行灭菌。

4) 胚胎/卵严格按附录3.3.1或附录3.3.9及相关规定采集、加工和贮存。

2.1.1.21条　从非免疫无FMD国家或地区进境FMD易感动物鲜肉时，兽医行政管理部门应要求出具国际兽医证书，证明生产这批肉品的动物：

1) 自出生之日一直在非免疫接种无FMD国家或地区饲养，或从非免疫无FMD国家或地区进境；

2) 在批准的屠宰场宰杀，宰前宰后进行FMD检验，结果合格。

2.1.1.22条　当从免疫的无FMD国家或地区进境新鲜牛肉(不包括蹄、头和内脏)时，兽医行政管理部门应要求出具国际兽医证书，证明：

1) 生产这批肉品的牛：a) 屠宰前至少3个月一直在无FMD国家或地区饲养；b) 在屠宰场屠宰(位于非疫区，如动物原产地为该区域)，并接受宰前宰后FMD检验，结果合格。

2) 来自剔骨胴体：a) 主要淋巴腺已摘除；b) 屠宰剔骨后于2 ℃以上至少熟化24 h，胴体两侧背长肌中部的pH值在6.0以下。

如果肉品是出境到FMD疫情相同的国家或地区或出境到所用疫苗毒型相同的感染国家，则可以不要求熟化或及剔骨工序。

2.1.1.23条　从免疫无FMD国家或地区进境猪和除牛外的反刍动物的鲜肉或肉制品时，兽医行政管理部门应要求出具国际兽医证书，证明生产这批肉的动物：

1）自出生后一直在该国或地区饲养，或是从（免疫的或非免疫）无FMD国家或地区进境；

2）没有进行过（FMD）免疫接种；

3）在屠宰场屠宰（位于非疫区，如动物原产地为该区域），并经过宰前宰后检验，结果合格。

2.1.1.24条　从对牛实施强制性系统免疫的官方控制计划的FMD感染国家或地区进境新鲜牛肉（不包括头、蹄和内脏）时，兽医行政管理部门应要求出具国际兽医证书，证明：

1）生产这批肉品的动物：屠宰前至少3个月一直在出境国饲养；在此期间，牛产地一直对牛进行定期FMD免疫接种，并采取官方控制活动；至少已免疫接种两次，从末次免疫到屠宰时不超过12个月，但不少于1个月；过去30天内，一直在半径10 km范围内没有发生FMD的饲养场饲养；用事先经过清洗消毒的车辆，从原产场直接运达屠宰场，其间不得与不符合出境要求的其他动物接触；在屠宰场屠宰，该屠宰场：a）由官方指定出境专用；b）在屠宰前消毒后到出境装运发货期间，没有检测到FMD；c）屠宰前后24 h进行宰前宰后检验，结果合格。

2）生产这批肉品的剔骨胴体：主要淋巴结已摘除；屠宰后置2 ℃以上至少熟化24 h，胴体两侧背长肌中部pH值在6.0以下[注：为了防止传入新的FMD毒株，FMD感染国家从另一感染国家进境（新鲜牛肉）时，也适用2.1.1.24条]。

2.1.1.25条　从FMD感染国家或地区进境家养反刍动物和猪肉制品时，兽医行政管理部门应要求出具国际兽医证书，证明：

1）该批所有肉制品的动物在屠宰场宰杀，并接受宰前宰后FMD检验，结果合格；

2）按附录3.6.2.1条程序进行加工处理，保证杀灭FMD病毒；

3）加工后须遵守各种必要的注意事项，防止接触任何潜在的FMD病毒源。

2.1.1.26条　当从（免疫的或非免疫）无FMD国家进境人食用乳和乳制品及动物饲料用或工业用动物（FMD易感动物）源性产品时，兽医行政管理部门应要求出具国际兽医证书，证明生产这些产品的动物自出生起一直在无FMD国家或地区饲养，或者从（免疫的或非免疫）国家或地区进境。

2.1.1.27条　从FMD感染国家或地区进境牛奶和奶酪时，兽医行政管理部门应要求出具国际兽医证书，证明：

1）这些产品：a）收集牛奶时，产畜群没有因FMD而采取过任何限制措施；b）产品根据附录3.6.2.5、附录3.6.2.6规定的程序进行加工处理，保证杀灭FMD病毒；

2）产品加工处理后遵守了各项必要的注意事项，防止接触到任何潜在的FMD病毒源。

2.1.1.28条　从FMD感染国家或地区进境奶粉和奶制品时，兽医行政管理部门应要求出具国际兽医证书，证明：

1）制造这些产品的牛奶符合2.1.1.27条规定的要求；

2）产品加工处理后遵守了各项必要的注意事项，防止接触到任何潜在的FMD病毒源。

2.1.1.29条　当从FMD感染国家进境（家养或野生反刍动物和猪的）血和肉粉时，兽医行政管理部门应要求出具国际兽医证书，证明加工这些产品的程序中包括加热至内部最低温度为 70 ℃至少 30 min。

2.1.1.30 条　从 FMD 感染国家进境(家养或野生反刍动物和猪的)毛、绒、鬃、原皮和皮张时,兽医行政管理部门应要求出具国际兽医证书,证明:

1) 这些产品按照附录 3.6.2.4 程序进行加工处理,保证杀灭 FMD 病毒;

2) 产品收集或加工处理后,采取必要措施,防止接触任何潜在的 FMD 病毒源。

兽医行政管理部门可以不限制授权进境,经其国土过境运输半成品皮革和皮张(灰皮、浸酸裸皮及半成品皮革如蓝湿皮和坯革),条件是这些产品是经制革工业用的普通化学及物理方式进行加工。

2.1.1.31 条　从 FMD 感染国家或地区进境稻草和草料时,兽医行政管理部门应要求出具国际兽医证书,证明这些物品:

1) 没有动物源性材料污染;

2) 已经采用如下方法处理,如果打成包,则处理作用能达到包的中心:a) 在密闭仓内最低 80 ℃蒸汽处理,至少 10 min,b) 或用 35%～40%商品福尔马林溶液在密闭室,最低 19 ℃至少熏蒸 8 h;或

3) 在获准出境前已至少打捆 3 个月(正在研究中)。

2.1.1.32 条　从(免疫的或非免疫)无 FMD 国家或地区进境 FMD 易感野生动物的皮张及其材料制作的装饰品时,兽医行政管理部门应要求出具国际兽医证书,证明生产这些产品的动物出生后一直在该国家或地区饲养,或者是(从免疫或非免疫)无 FMD 国家或地区进境。

2.1.1.33 条　从 FMD 感染国家进境 FMD 易感动物的皮张及其材料制作的装饰品时,兽医行政管理部门应要求出具国际兽医证书,证明这些产品已按附录 3.6.2.7 的程序进行加工处理,保证杀灭 FMD 病毒。

注:来自感染国家或地区的动物产品可以不要求出具国际兽医证书,条件是这些产品要按照进境国兽医行政管理部门许可的方式,运送到其许可和批准的场所,并按附录3.6.2.2、附录 3.6.2.3 和附录 3.6.2.4 相关要求进行加工生产,确保杀灭 FMD 病毒。

14.6.4　检测技术参考依据

(1) 国外标准

欧盟指令:Council Directive Introducing Measures for the Control of Foot and Mouth Disease(EU/EC 85/511/EEC-1985);

OIE 手册:Manual of Diagnostic Tests and Vaccines for Terrestrial Animals 2004, Foot and mouth disease(NB: version adopted May 2006)(Chapter 2.1.1)

(2) 国内标准

GB/T 18935—2003　口蹄疫诊断技术;

SN/T 1181.1—2003　口蹄疫病毒感染抗体检测方法　琼脂免疫扩散试验;

SN/T 1181.2—2003　口蹄疫病毒抗体检测方法　微量血清中和试验;

SN/T 1181.3—2003　食道咽部口蹄疫病毒探查试验;

SN/T 1755—2006　出入境口岸人感染口蹄疫监测规程。

14.6.5　检测方法概述

通过临床表现和病理变化可做出初步诊断。实验室诊断包括病原鉴定和血清学试验。

选用鼠，或选择牛甲状腺细胞、犊牛肾细胞、羔羊肾细胞，或者 BHK-21、IB-RS-2 细胞系分离病毒，用 ELISA 或补体结合试验鉴定。近年来，应用 PCR 技术鉴定病毒的研究工作发展很快。血清学试验主要有病毒中和试验和阻断 ELISA。琼脂扩散试验多用来检测病毒非结构蛋白抗体。

14.6.5.1　病毒分离

病毒分离送检样品应采自两头以上正在发病的动物，病料最好是新鲜水泡皮，水泡液也可，约需 10 mL。水泡皮应采 10 g 左右，采后加入等量 pH7.6 含 10%胎牛血清的组织培养液。若未能及时采集到发病动物的病料，可从刚发过病的动物中采集，此时病料可包括抗凝血、血清和用探杯刮取的牛羊食道咽部分泌物。对死亡动物，应从淋巴结、甲状腺和心肌采集样品。以上所有样品加入保护液后，应立即冻存(最好−70 ℃)，并在冰冻状态下(可采用干冰)快速送达诊断实验室。在“冷链”条件不理想的情况下应采集双份样品，将样品置于 pH7.6、含 50%甘油的 0.04 mol/L 磷酸缓冲液中，用装有冷却剂的保温瓶送往实验室。实验室接到送检样品后应立即着手工作。如用于检测病毒的样品含毒量不足，应首先分离扩增病毒。分离扩增病毒可使用乳鼠或组织培养细胞。

由于肠道病毒和鼻病毒均可引起相同的 CPE，所以收获的培养物必须进行鉴定。鉴定可使用反转录多聚酶链反应、补体结合反应试验、病毒中和试验和酶联免疫吸附试验等方法来具体鉴定出境口蹄疫的型别。

14.6.5.2　反转录-聚合酶反应(RT-PCR)技术

在无菌室内将采集的动物组织，如淋巴结、脊髓、肌肉等除去被膜及其他结缔组织，尽量选取中心洁净的部分。依据检测试验的要求，将各种组织分别剪碎，用研钵加灭菌石英砂磨碎；或将组织样品分组合成大样，用组织捣碎机磨碎。然后加 0.04MPBS(pH7.4)制成 1∶5 悬液。置室温(20 ℃左右)2 h 以上，或 4 ℃冰箱过夜。3 000 r/min 离心 10 min，取上清液作为检测材料。以已知病毒材料，如 FMDV 感染乳鼠或细胞为阳性对照。与待检病料同时提取总 RNA，再反转录 PCR 扩增。其扩增产物作为电泳对照样品。

14.6.5.3　病毒中和试验

待检血清 56 ℃水浴灭能 30 min。口蹄疫病毒 O、A、亚洲 1 型及 SVDV 中和试验用种毒分别适应于 BHK21 或 IB-RS-2 单层细胞。收获的病毒液测定 $TCID_{50}$ 后，分成 1 mL 装的小管，−60 ℃保存备用。

将血清作 2 倍连续稀释，一般含 4 个稀释度(如 1∶4～1∶32)。如有特殊需要，可作 6 个稀释度(1∶4～1∶128)。血清对照、空白对照、细胞对照、病毒对照。稀释病毒至 200$TCID_{50}$/50 μL。然后加入各血清稀释度孔和病毒及阳性对照孔，每孔 25 μL。加盖，37 ℃振荡 1 h。将 2 日龄～3 日龄单层丰满、形态正常的细胞按常规消化，离心(1 000 r/min，10 min)收集细胞，加细胞营养液制成 1×10^6/mL～2×10^6/mL 细胞悬液(pH7.4)。然后加入除空白对照孔外的各试验孔，每孔 50 μL。加盖，37 ℃振荡 10 min。置二氧化碳培养箱 37 ℃静止培养 2 d～3 d。细胞的 CPE 很典型，在普通显微镜下易于识别，通常在 48 h 后用倒置显微镜观察即可判定结果。试验成立的条件：标准阳性血清孔无 CPE 出现。细胞对照孔中细胞生长已形成单层，形态正常。病毒对照孔无细胞生长，或有少量病变细胞存留。血清中和滴度为 1∶45 或更高者判为阳性。血清中和滴度为 1∶16～1∶32 判为可疑，需进一步采样作试验，如第二次血清滴度 1∶16 或高于 1∶16 判为阳性。

14.6.5.4 液相阻断酶联免疫吸附试验(LpB-ELISA)

捕获抗体用FMD病毒7个血清型146S抗原的兔抗血清,将该血清用pH7.6碳酸盐/重碳酸盐缓冲液稀释成最适浓度。抗原用BHK-21细胞培养增殖FMD毒株制备,并进行预滴定,以达到某一稀释度。豚鼠抗FMDV146S血清,预先用NBS(正常牛血清)阻断,稀释剂为含0.05%吐温20、5%脱脂奶的PBS(PBSTM)。将该检测抗体稀释成最适浓度。兔抗豚鼠Ig-辣根过氧化物酶(HRP)结合物,用NBS阻断,用PBSTM稀释成最适浓度。

口蹄疫诊断检疫研究的目标是快速、准确和敏感,除前面介绍的几种方法外,在血清学诊断方面,还有荧光抗体、乳胶凝集试验、免疫电泳、免疫电镜、放射免疫沉淀、放射免疫扩散、放射状溶血、Dot-ELISA等方法。目前国际兽疫局正推荐标准化的ELISA法,并有代替中和试验和补反试验的趋势。除血清学诊断方法外,人们还借用生物化学和分子生物学技术开展了口蹄疫病毒和检疫诊断研究。20世纪70年代末、80年代初已经建立和广泛应用的技术有口蹄疫病毒多肽等电点聚焦电泳(Isoelectric Focusing,IEF)、寡核苷酸指纹图(Oligonucleotide Fingerprinting),两种方法可根据电泳图谱的相似程度判断被检病毒是否相同或相近。故可用于疫源追踪调查,作为法律解决纠纷的依据。但此两种方法操作复杂不能成为常规诊断方法。

14.7 日本脑炎(Japanese encephalitis,JE)

14.7.1 疫病简述

日本脑炎是由日本脑炎病毒(Japanese encephalitis virus,JEV)引起的严重威胁人畜健康的一种中枢神经系统的急性传染病,它以蚊子作为传播媒介,以高热、狂暴或沉郁等神经症状为特征,其传播和流行具有明显的季节性和一定的地理分布区,多发于夏秋蚊类大量孳生的季节。

日本脑炎病毒又称乙型脑炎病毒,简称乙脑病毒,属于黄病毒科(Flaviridae)黄病毒属,黄病毒科有74种病毒,大多数经蚊和蜱传播,其他重要的人类病原性黄病毒包括:黄热病、登革热1～4型、蜱传脑炎和圣路易脑炎病毒等。已被命名的5个病毒复合组中,日本脑炎病毒复合组病毒拥有最多的10个成员,分别是在东亚和东南亚一带流行的日本脑炎病毒(Japanese encephalitis virus, JEV)、原流行于非洲的西尼罗病毒(West Nile virus,WNV)、在澳大利亚流行的摩莱谷脑炎病毒(Murray Vally encephalitis virus,MVEV)、在西半球流行的圣路易斯脑炎病毒(St. Louis encephalitis virus,SLEV)、在巴西流行的Cacipacore病毒、在非洲流行的Yaounder病毒、Usutu病毒、Koutango病毒、Alfuy病毒和Kokobera病毒。

由JEV引起的流行性乙型脑炎主要在东亚的一些国家(日本、朝鲜、印度和中国等)和东南亚各国流行。我国是流行性乙型脑炎的高发区,除西藏、青海、新疆为非流行区域外,其他省市均为乙型脑炎的流行区,尤其在潮湿多雨的南方地区,最容易发生乙型脑炎。我国目前已发现的蚊约有360余种,危害较大的常见种类有10余种,其中传播日本脑炎的蚊媒主要有3种:淡色库蚊(*Culex pipiens pallens*),家栖蚊种,也是我国北部地区班氏丝虫病的主要媒介;致倦库蚊(*Cx. pipiens qu inquefasciatus*),也是我国南部地区班氏丝虫病的主要媒介;三带喙库蚊(*Cx. tritaeniorhynchus*),最为常见的野栖性蚊种之一,

主要吸食猪、牛等的血液，兼吸人血，是我国日本脑炎的主要媒介。亚洲每年乙脑病例有5万多人，其中约有万人被致死，因此流行性乙型脑炎是亚洲公共卫生的重要问题之一。

流行性乙型脑炎属于自然疫源性疾病，猪被认为是JEV最重要的自然增殖动物，它是JEV传播主要中间宿主和扩散宿主，也是主要的传染源。猪流行性乙型脑炎与人流行性乙型脑炎密切相关，预防猪感染本病是防止人患乙脑的重要措施。同时，乙脑也是猪的重大疫病之一，能引起怀孕母猪流产、死胎及弱胎，公猪睾丸炎，仔猪呈神经症状，其暴发常给养猪业带来巨大的经济损失。

14.7.2　病原特征

日本乙型脑炎病毒（JEV）属黄病毒科、黄病毒属。JEV病毒颗粒呈球形，直径约40 nm，有囊膜，衣壳呈20面体对称。病毒对外界的抵抗力不强，50 ℃ 30 min即可灭活，但在－70 ℃低温或冷冻状态下可存活数年，在－20 ℃可保存1年，但是毒价降低；在50%的甘油生理盐水中4 ℃可存活6个月以上。病毒保存的最佳pH为7.5～8.5，在pH7以下或者pH10以上活性迅速下降。该病毒对化学药物敏感，常用的消毒药（如2%的苛性钠、3%的来苏儿等）对其都有良好的抑制和杀灭作用。猪的日本乙型脑炎病毒具有凝血活性，能够凝集鸡、鸭、羊等多种动物的红细胞，病毒在感染动物的血液中存留时间很短，主要存于病猪的脑和脑脊液中、死亡胎儿组织、血液、脾脏和肿胀的睾丸中。JEV基因组为单股正链RNA，其基因组长度约为11 kb，其中5′端有Ⅰ型帽状结构，3′端无polyA尾，该病毒基因组RNA具有感染性，携带全部遗传信息，在病毒增殖时直接起mRNA作用。

猪的日本乙型脑炎主要通过蚊子叮咬而传播，库蚊、伊蚊和按蚊等都可以成为本病的传播媒介。蚊子感染乙型脑炎病毒后可终身带毒，甚至能够携带病毒过冬、经卵传代。所以本病的发生具有明显的季节性，每年天气炎热的7～9月份最容易发生本病，随着天气转凉，蚊虫减少，发病率也随之降低。本病多呈散发、隐性感染，感染初期出现短期的（3～5天）病毒血症，成为危险的传染源。而且猪饲养量大、更新快，总是保持着大量新的易感猪，所以在传播病毒方面影响很大。另外猪感染日本乙型脑炎病毒后，病毒在猪的体内大量增殖，并且有短期的病毒血症，所以认为猪可能是由蚊子向人类传播过程中的病毒增殖动物。本病毒感染妊娠母猪，可引起流产和胎儿死亡，从而证明本病毒感染妊娠母猪，可通过胎盘屏障侵害胎儿。

人工感染潜伏期为3～4天，临床表现为突然发病，肥育猪和仔猪体温升高到40 ℃～41 ℃，呈稽留热型，高热持续几天不下；病猪精神沉郁、嗜睡、喜卧、食欲减退、饮欲增加、结膜潮红、粪便干燥呈球状，表面常常附有白色黏液，尿呈深黄色。个别仔猪表现神经症状，磨牙、空嚼、转圈运动、视力障碍、乱冲乱撞、最后后肢麻痹，倒地死亡。妊娠母猪常在妊娠后期发生流产，流产时乳房膨大，有乳汁流出，流产后胎衣滞留。胎儿多为死胎，大小不等或为木乃伊胎。本病导致妊娠母猪异常分娩的特征之一是同窝的流产胎儿大小不一，有时差别很大。此外分娩日期多数超过预产期数日，有一定数量的母猪因为整窝胎儿木乃伊化而不能排出体外，长期滞留在子宫内；也有的母猪发生胎衣不下，最终引起母猪子宫内膜炎而导致繁殖障碍。在蚊子的体内，乙型脑炎病毒不破坏细胞，侵入2天后在脂质体的吞噬细胞或血液内增殖。病毒抗原广泛分布于各组织器官内，感染几天后可能会选择性的感染中枢神经系统；再过1～2天，可以在唾液中发现病毒。

14.7.3 检测技术参考依据

(1) 国外标准

OIE 手册：Manual of Diagnostic Tests and Vaccines for Terrestrial Animals 2004，Japanese encephalitis (Chapter 2.5.14.)

(2) 国内标准

WS 214—2001 流行性乙型脑炎诊断标准及处理原则

SN/T 1312—2003 国境口岸森林脑炎监测规程

SN/T 1705—2006 出入境口岸森林脑炎检验规程

SN/T 1445—2004 动物流行性乙型脑炎微量血凝抑制试验

GBZ 88—2002 职业性森林脑炎诊断标准

GB/T 18638—2002 流行性乙型脑炎诊断技术

14.7.4 检测方法概述

通过血清学和分子生物学研究发现了毒株间存在变异，但也证明日本乙型脑炎病毒只有一个血清型。确诊马日本脑炎主要靠病毒分离。从病马或死马分离病毒，成功率一般很低，这可能是因为该病毒在某些环境下不稳定，也可能与被感染的马体内存在抗体有关。临床症状、血清学与病理学检查都有助于诊断本病。通过酶免疫试验检测脑脊翻液中特异性 IgM 和 IgG 抗体病，也有可能对本病做出诊断。取病马脑纹状体、脑皮质或丘脑作为病毒分离材料，也可取脊髓和血液作病毒分离。样品采集后须立即冷藏。如果不能立即进行病毒分离，样品需在－80 ℃保存。对可能有感染性的所有样品都须在生物控制条件下处理，以防感染人。人可因划伤而感染，并引起脑炎。

14.7.4.1 病原鉴定

脑组织和脊髓样品用 pH7.4、含 2%小牛血清或 0.75%牛血清白蛋白、100 μg/mL 链霉素和 100 U/mL 青霉素的缓冲盐水制成 10%悬液。小牛血清应不含日本脑炎抗体。上述悬液以 1 500 g 离心 15 min，取上清液脑内接种 2～4 日龄乳鼠，每鼠 0.02 mL，观察 14 天。小鼠可能无明显临床症状，但食欲明显减退，腹部白色乳斑消失，继而皮肤从粉红色变成暗红色，出现痉挛后小鼠死亡。采集濒死鼠或死亡鼠的脑组织，于－80 ℃保存，以作进一步传代。取第二代感染鼠脑经蔗糖/丙酮抽取后制成抗原，作病毒鉴定。通常用 Clarke 和 Casals 二氏介绍的方法，检验这种抗原对鹅或 1 日龄雏鸡红细胞（pH6.0～7.0 之间，梯度差为 0.2）的凝集能力。简而言之，用不同 pH 值的稀释液将红细胞稀释成 1∶24 细胞悬液。在 96 孔 U 形板上，将提取的抗原用 25 μL 加样器进行系列稀释，然后每孔加 25 μL 稀释好的红细胞悬液，37 ℃孵育 1 h，观察血凝情况。如果抗原能凝集红细胞，则用日本脑炎抗体进行血凝抑制试验（HI）鉴定。原代鸡胚或仓鼠肾细胞以及白纹伊蚊（*Aedes albopictus*）C6/36 克隆细胞系，均可用于病毒分离。取自可疑感染动物的脑组织或血液等样品和鼠脑悬液均可接种于这些细胞培养物。再利用黄病毒及日本脑炎病毒的特异性单克隆抗体，通过间接荧光试验来鉴定细胞培养物中的病毒。

14.7.4.2 血清学试验

血清学试验对检测马群中疾病的流行、病毒的地理分布以及马接种疫苗后抗体水平都是较有用的。用血清学方法诊断感染马时，要务必记住在流行地区的马可能已隐性感染一段时间，或已接种了疫苗。康复期血清中和抗体滴度比急性期明显上升是确定感染的有效证据。当然，还得考虑每一种血清学试验的特异性。在世界上的某些地区，在对日本脑炎做出确切诊断之前，还必须做一些相关病毒的检验。例如，在澳大利亚和巴布亚新几内亚，存在抗原性上与日本脑炎病毒密切相关的默里河谷(Murray Valley)脑炎病毒。

(1) 病毒中和试验

用鸡胚原代细胞，在VERO细胞或BHK细胞进行的蚀斑减数试验是敏感和可靠的。日本脑炎病毒(Nakayama株或JaGAr-01株)能通过脑内接种1日龄鼠传代。采集濒死鼠或死亡鼠，将其脑用含10%犊牛血清pH7.2的PBS缓冲液制成10%悬液。将悬液在4 ℃下5000 g 离心20 min，上清液分装后－80 ℃保存。

(2) 血凝抑制试验

血凝抑制试验是诊断日本脑炎最常用的一种方法，但与其他黄病毒有交叉反应。因此，在进行本试验时，血清必须先用丙酮或高岭土处理，然后用同型红细胞吸附，以便除去非特异性红细胞凝集素。鹅或1日龄雏鸡红细胞在pH6.6～7.0条件下使用最佳。本试验用处理过的血清和8单位的标准抗原进行，一些国家可从市场上购得标准抗原。

(3) 补体结合试验(CF)

血清学诊断有时采用CF。所用的抗原是感染鼠脑丙酮/乙醚抽提物。

14.8 钩端螺旋体病(Leptospirosis)

14.8.1 疫病简述

钩端螺旋体病(简称钩体病)，又称外耳氏病(Weil’s disease)，是由致病性钩端螺旋体(Leptospira interrogans，简称钩体)引起的一种以发热、黄疸、血红蛋白尿和流产为主要症状的人兽共患病。德国医师Weil在1886年最早发现本病。钩端螺旋体病分布广泛，世界五大洲均有此病，目前主要发生在亚洲、非州、中美洲、南美洲的一些国家，欧洲、大洋洲及北美洲一些国家每年仍有散发病例。人主要是通过间接接触受带菌动物(野鼠、家畜等)尿液污染的水体、土壤而感染本病，但也可在畜牧养殖、屠宰、加工过程中直接接触病原体而被感染。

我国是受钩体病危害十分严重的国家，全国除新疆、甘肃、青海、宁夏外，其他省(市)、自治区均发现有人和动物感染，其中以长江流域及其以南各省区最为常见，自1955年本病被列入法定报告传染病以来，全国累计发病人数已超过250万人，平均病死率约为1%。钩端螺旋体的动物宿主非常广泛，几乎所有的温血动物都可感染，其中鼠类因生殖快、继代快而成为重要宿主和健康带菌者，起着终身带菌传播媒介的作用。我国南方的主要传染源是鼠类，北方则主要是猪。钩端螺旋体主要存在于宿主的肾脏当中，随尿排出体外造成环境污染。人在参加田间活动、防洪、捕鱼等接触污染水源时，钩体能穿过正常或破损的皮肤和黏膜，引起人体发病。人和家畜进食被病鼠排泄物污染的食物或饮水时，钩体可经消化道黏膜进入机体，也可经胎盘感染胎儿引起流产；此外，在菌血症期间钩体还可经吸血昆虫传播。本病在世界各地均有发生，尤其是在热带、亚热带地区多发；也有明显的季节性，一般夏、秋多雨，洪水泛滥的季节是流行高峰期。各种年龄的家畜均可感染，但以幼畜为多。

14.8.2 病原特征

本病的病原是钩端螺旋体，钩端螺旋体属螺旋体目，形态呈细长丝状，螺旋整齐而致密，一端或两端弯曲如钩，中央有一根轴丝，用姬姆萨染色法，在暗视野中观察，呈细小的珠链状。革兰染色阴性，不易着染。Fontana 镀银染色呈棕褐色。20 世纪 80 年代和 90 年代应用表型特征和分子遗传特征进行分类研究分为 7 个亚种：

① L. Interrogans Sensu Stricto；

② L. Borgpeterseni；

③ L. inadai；

④ L. nogachii；

⑤ L. Santarosai；

⑥ L. weilli；

⑦ L. kirschneri。

钩端螺旋体在水田、池塘、沼泽及淤泥中可存活数周至数月，对干燥、热、日光直射的抵抗力均较弱，56 ℃10 min 或者 60 ℃10 s 即可杀死，对常用消毒剂如 0.5%来苏儿、0.1%石炭酸、1%漂白粉等敏感，10 min～30 min 可杀死，对青霉素、金霉素等抗生素敏感。但本菌对低温有强的抵抗力，在－70 ℃下可以保持毒力数年。各种动物感染钩端螺旋体后的临床症状不尽相同，总体呈现传染率高，发病率低的规律。猪多为隐性感染，成年猪多无明显症状，仔猪病初体温升高可达 41.5 ℃以上，结膜潮红，食欲不振，便秘；有的猪腹泻，尿呈红色；妊娠母猪常于产仔前 10 天左右流产，流产率高达 20%～70%，有的猪产弱仔或死胎。马带菌期可长达 210 天，体温上升，食欲减少或废绝，皮肤和黏膜黄染，血尿，孕马流产。有的马匹还可以引起周期性眼炎甚至失明。牛感染后少数发病，病牛体温上升，食欲减少，反刍停止，结膜黄染和贫血，血尿，血便，腹泻；怀孕母牛流产，奶牛产奶量下降，乳汁色红、黏稠。犬通常出现黄疸，眼结膜呈黄染，触诊肝和肾区有疼痛感。尿液呈微棕色，放置空气中呈绿色。人感染钩端螺旋体后通常表现为发热、头疼、乏力、呕吐、腹泻、淋巴结肿大、肌肉疼痛等，严重时可见咯血、肺出血、黄疸皮肤黏膜出血、败血症甚至休克。多数病例退热后可痊愈，如治疗不及时可引起死亡。

钩端螺旋体诊断根据流行病学、临床症状和病理变化，可做出初步诊断。确诊则需进行病原体检验和血清学反应检验。由于钩端螺旋体易于崩解、破坏而死亡，因此作病原学诊断时应采集新鲜病料样品，一般在体温升高时采血，离心后取上层血清在暗视野下用显微镜检查钩端螺旋体。病后期取尿液高速离心 2 h，取沉淀物按上述镜检，亦可用脑脊髓直接在暗视野下镜检。细菌分离培养一般在培养基中加兔或绵羊血清和磷酸盐缓冲液，28 ℃内培养，7～20 天内开始生长。动物接种豚鼠、幼犬和幼兔，要观察约 20～30 天，一般接种后 3 周发病。目前常用的血清学反应有凝集溶解试验，用已知抗原与被检血清凝集反应，在显微镜下观察。若血清稀释 1∶400 有阳性反应，则为阳性，若血清稀释到 1∶100～1∶200，有阳性反应，为可疑。补体结合反应，效价 1∶10 为阳性反应。此外还有酶联免疫吸附试验、间接免疫荧光技术等方法进行检验。

14.8.3　OIE 法典中检疫要求

2.2.4.1 条　诊断试验和疫苗标准参阅《手册》。

2.2.4.2 条　进境种用或饲养用家养反刍动物、马科动物和猪时，进境国兽医行政管理部门应要求出具国际兽医证书，证明动物：

1）装运之日无钩端螺旋体病临床症状；

2）装运前 90 天内，一直在官方报告无钩端螺旋体病临床症状的养殖场内饲养；

3）装运前14天及装运之日各注射一次双氢链霉素，剂量为25 mg每公斤体重（本项待修改）；

4）如进境国有要求，应作钩端螺旋体病诊断试验，结果阴性。

2.2.4.3条　进境反刍动物和猪的精液时，进境国兽医行政管理部门应要求出具国际兽医证书，证明精液的采集、加工和贮存符合附录3.2.1或附录3.2.2或附录3.2.3的有关规定。

2.2.4.4条　进境反刍动物和猪体内胚胎/卵时，进境国兽医行政管理部门应要求出具国际兽医证书，证明胚胎/卵的采集、加工和贮存符合附录3.3.1，附录3.3.2，附录3.3.3，附录3.3.4或附录3.3.8有关规定。

2.2.4.5条　进境反刍动物和猪体外生产的胚胎/卵时，进境国兽医行政管理部门应要求出具国际兽医证书，证明：

1）供体动物：a）采集胚胎/卵之日无钩端螺旋体病临床症状；b）装运前90天内，一直在官方报告无钩端螺旋体病临床症状的养殖场内饲养；

2）用于采集、加工和保存胚胎/卵的所有液体中含有有效的抗生素成分；

3）用于使卵受精的精液符合2.2.4.3条要求条件；

4）胚胎/卵的采集、加工和贮存符合附录3.3.1，附录3.3.2，附录3.3.3，附录3.3.4或附录3.3.8有关规定。

14.8.4　检测技术参考依据

（1）国外标准

OIE手册：Manual of Diagnostic Tests and Vaccines for Terrestrial Animals 2004，Leptospirosis（Chapter 2.2.4.）

（2）国内标准

GB 15995—1995　钩端螺旋体病诊断标准及处理原则

GB/T 14926.46—2001　实验动物　钩端螺旋体检测方法

SN/T 1717—2006　出入境口岸钩端螺旋体病监测规程

SN/T 1487—2004　输入性啮齿动物携带钩端螺旋体的检测方法

WS 290—2008　钩端螺旋体病诊断标准

14.8.5　检测方法概述

钩端螺旋体实验室诊断方法的应用、解释和价值，随动物或畜群的病史、感染期与感染血清型的不同而变化。下列症状可怀疑为急性钩端螺旋体病：突发性无乳症（成年产奶牛和绵羊）、黄疸和血红蛋白尿（特别是仔畜）、脑膜炎、狗的肾炎及肝炎。下列症状可考虑为慢性钩端螺旋体病：流产、死产、产弱仔（可能早产）、不孕症，以及马周期性眼炎。钩端螺旋体感染造成的两大慢性微生物遗患给疫病诊断造成了很大困难，即病原可以在动物肾脏、生殖道内定居和长期存在。慢性感染动物可终身携带病原体，成为感染其他动物或人的传染源。

14.8.5.1　病原鉴定

从疑似急性钩端螺旋体病症状的动物血液和乳中分离到钩端螺旋体具有诊断价值，然而极少能从血液中分离到病原，因为菌血症呈一过性，往往不与临床症状同时出现。剖检时所采多个器官中存在钩端螺旋体感染，具有诊断价值。仅在生殖道、肾脏、尿中检测到钩端螺旋体，只能说明动物是带菌者。即使在动物尿中没有检到钩端螺旋体，也不能排除它是一个慢性肾脏带菌者，而只能说明在检查时，没有排出可检量的钩端螺旋体。收集尿液时，先给动物服用利尿剂，可以提高检出率。流产或死产胎儿的体液、内脏器官（主要是肾、肝、肺、脑或肾上腺）存在钩端螺旋体，可诊断母畜患有慢性钩端螺旋体病，并且已感染胎儿。只要没有抗生素残留，组织未发生自溶，组织样品保存在适宜的温度（4 ℃），尿样有适合的 pH，分离钩端螺旋体是最灵敏的诊断方法。如果组织和体液不能迅速送达实验室作钩端螺旋体培养，样品必须保存在 4 ℃以防其他细菌的生长和组织发生自溶。用液体培养基或含 5-氟尿嘧啶（100 μg/mL～200 μg/mL）的 1%牛血清白蛋白（BSA）溶液作样品运输培养基。

用半固态（0.1%～0.2%琼脂）牛血清白蛋白培养基作分离培养，培养基内含吐温-80 或吐温-80 和吐温-40 混合物。用多种选择性药物控制污染，如 5-氟尿嘧啶、萘啶酸、磷霉素以及由利福霉素、多黏菌素、新霉素、5-氟尿嘧啶、杆菌肽和放线菌酮组成的合剂。使用选择性药物，尤其是 Adler 等人用过的那些药物，可能减少病原体分离机会，特别是从只有少量活钩端螺旋体存在的组织。许多钩端螺旋体株能被选择培养基中的复合抗菌药物抑制。半固态培养基中加入 0.5%～1%兔血清有助于一些较难分离株的分离。培养物应置 29 ℃±1 ℃至少孵育 16 周，最好 26 周。阳性培养的检测所需时间随钩端螺旋体血清型和样品中存在的钩端螺旋体数量的不同而变化。每隔 1～2 周，培养物应用暗视野显微镜检查。100 W光源和精密的显微镜非常重要。

也可用免疫化学染色技术，例如免疫荧光，免疫过氧化物酶，免疫磷酸酶以及免疫金染色来检验钩端螺旋体是否存在。这些方法常用于那些不适于培养的病料诊断或要求作快速诊断。由于这些方法都需要一定数量的病原，所以它们不适用于慢性携带状态的钩端螺旋体诊断，因为这种状态下，病原量可能很少或只有局部存在。虽然苯胺染料和银染料常用于组织病理诊断，但苯胺染料不能充分染色钩端螺旋体，而银染法灵敏度不高，特异性也不好。

最初的报道表明，DNA 探针和省时的免疫荧光试验，是检测钩端螺旋体非常有用的技术。但野外病料的进一步鉴定很少用 DNA 探针，部分诊断实验室和多数参考实验室则使用 PCR 技术。目前有许多 PCR 引物，其中一些具有钩端螺旋体属特异性，而另一些具有血清型特异性。PCR 方法敏感，但有时缺乏特异性。钩端螺旋体诊断用 PCR 进行质量控制，必须特别注意实验设计，避免试剂污染和相应样品的污染。另外，样品处理要求严格，必须随动物、组织、体液等不同需要，采用不同的处理方法。

鉴定钩端螺旋体分离物只有专业实验室才能进行。通过如下试验鉴定钩端螺旋体培养物。为了完全鉴定，必须运用多种方法综合确定：

1）分离物是致病性的还是腐生性的？

2）分离物属于何种钩端螺旋体？

3）分离物的血清群和血清型。

鉴定纯培养物为致病性的，还是腐生性的，需要进行如下试验：感染动物的能力、对 8-氮杂鸟嘌呤的相对抵抗力、脂酶活性、对盐和温度的耐受性、23S rDNA PCR 扩增片段以及 DNA 的 G+C 含量。

钩端螺旋体新种鉴定是以 DNA-DNA 杂交分析系统为基础，在大多数情况下可用每种血清型的标准株进行分析。对某些新的血清型，也可以通过检测临床分离株确定新基因种的名称。属于单一血清型的分离物通常属于相同的种，但也不一定是这样。野外分离样品的品种鉴定仍要花费较长的时间，但可以用 16SrDNA 序列分析或 16S 或 23S 保守 RNA 基因分析。

肾脏钩端螺旋体的分离株用交叉凝集试验可鉴定到血清群，用交叉-凝集-吸收试验可

进一步鉴定到血清型。目前绝大多数分离物是用更为省时的方法来进行的，如因子分析法、单克隆抗体法、限制性内切酶分析法和PCR。不过，这些方法的结果可能与交叉凝集吸收法的结果不完全一致。

14.8.5.2　血清学试验

血清学试验是临床确诊、确定感染群和开展流行病学研究最常见的实验室方法。动物发病几天内出现钩端螺旋体抗体，可以持续数周、数月甚至几年。不幸的是，动物慢性感染时，抗体滴度常低到不可测的水平。为解决这个问题，需要用更敏感的方法来检测慢性感染动物尿中或生殖道中病原。显示血清群和血清型特异性不同水平的多种血清学试验已有大量报道。可用于兽医诊断方面有2种，即显微凝集试验（MAT）和酶联免疫吸附试验（ELISA）。

（1）显微凝集试验（MAT）

用活抗原进行MAT是应用最广泛的一种血清学方法。它是评价所有其他血清学试验的一种参考试验，是进出境检验方法。为了获得最佳灵敏度，应使用本国动物中存在的所有血清群分离株，最好是所有已知血清型代表株。血清学筛选试验和临床感染动物中钩端螺旋体分离均可以表明血清群的存在与否。使用当地分离株比标准株更能提高试验的敏感性，但标准株有助于不同实验室间的结果判定。MAT的特异性好，其他细菌抗原与钩端螺旋体没有明显交叉反应。但是，钩端螺旋体血清型之间有明显的交叉反应，动物感染某一种血清型、在MAT中可能产生其他血清型抗体。MAT法对单个动物急性感染的诊断很有价值，康复期的血清样品中抗体滴度比急性期升高4倍，就可以确诊。但对个别动物慢性感染诊断，如流产诊断、肾或生殖器官带菌鉴定，这种试验存在严重的局限性，尤其对于宿主适应的钩端螺旋体感染，如牛的哈德乔血清型感染，当抗体滴度在1/100或以上时，试验的感敏性只有41%，而且即使将诊断最低滴度降到1/10，试验的敏感性也不过67%。胎儿血液中存在抗体具有诊断意义。

血清学诊断钩端螺旋体病时，需要考虑血清型与临床症状。对于牛波摩那流产，因为急性感染期就出现临床症状，所以流产时通常出现高抗体滴度。哈德乔流产病，抗体滴度差异很大，一些呈阴性，而另一些抗体滴度很高。在哈德乔急性感染期，抗体滴度很高，产奶量下降。在判定MAT结果时，还要考虑免疫接种史，广泛性免疫接种使许多动物血清学呈阳性反应。

（2）酶联免疫吸附试验（ELISA）

用不同抗原制剂、试验程序和试验载体，如平板和纤维素试纸，开发了多种ELISA测抗体的方法，一般来说ELISA方法较敏感，但其血清型特异性较MAT差。欧洲已经研制出测定犬抗钩端螺旋体IgG和IgM的ELISA方法。犬感染后1周，在凝集抗体形成之前，ELISA就能测出协抗体，从第2周起，就可测到IgG抗体，并持续很长时间。犬呈急性钩端螺旋体病IgM滴度高，IgG较低，免疫或有钩端螺旋体病史的犬IgG滴度高，而IgM则较低。检测牛、猪和绵羊的抗钩端螺旋体抗体也已有类似的方法。ELISA主要是检测新近感染的IgM。整个IgGELISA法用于鉴定易感动物的攻毒试验。ELISAs还用于检测牛奶中的哈德乔钩端螺旋体。

14.9　副结核病（Paratuberculosis）

14.9.1　疫病简述

副结核病又称约内氏病（Johne's　disease），是一种由副结核分枝杆菌（*Mycobacterium*

paratuberculosis)引起的反刍兽的传染病。副结核分枝杆菌最先由 Johne 和 Frothingham 于 1895 年发现。首先在牛，随后在绵羊和山羊发现该病，副结核病最经常见于家养和野生反刍动物，并呈世界性分布。在马、猪、鹿和羊驼中也曾有本病报道。自然条件下，本病在牛群中传播是由于牛从污染环境中食入副结核分枝杆菌而造成。动物一旦感染，本病可在饲养畜群中持续发生。感染母牛的奶或者是被病牛粪便污染的牛奶，仍是犊牛的一种潜在的感染源。本病的特征是病畜表现慢性卡他性肠炎，呈长期顽固性腹泻，致使畜体极度消瘦，肠黏膜增厚并形成皱褶。该病给畜牧业带来很大损失，仅在美国动物性食品方面的损失每年就可达到(2.0～2.5)亿美元。

该病最初发现在各种家畜中，包括肉牛、奶牛、绵羊、山羊和鹿等反刍动物。近年来的调查表明野生动物在该病的流行过程中扮演着重要角色，目前已有包括野牛、驼鹿、野兔、狐狸以及灵长类动物如狒狒、猕猴等感染副结核分枝杆菌的报道。另外，副结核分枝杆菌还与人类的克罗恩氏病(Crohn's disease，CD)有潜在的联系，已有学者成功地从克罗恩氏病病人分离到副结核分支杆菌。克罗恩氏病又称人末端回肠重症性肠炎，该病患者的临床症状与副结核病动物的相似。许多研究人员认为副结核分支杆菌可能是克罗恩氏病的病原。奶牛患临床型副结核病时，会向奶中排出低浓度活的副结核分支杆菌，每 50 mL 奶中可含 50 个群落形成单位(cfu)。从英国市场上的奶样品中已发现副结核分支杆菌 DNA，而且从市场销售的消毒牛奶样品也分离到活的副结核分支杆菌。细菌培养结果表明，18 份奶样品中的 9 份 PCR 阳性样品和 36 份奶样品中的 6 份 PCR 阳性样品均培养出了副结核分支杆菌。这说明现行牛奶消毒方法并不能完全杀灭牛奶中的副结核分支杆菌。

牛副结核病广泛流行于世界各国，以奶牛业和肉牛业发达的国家受害最为严重。中国于 1953 年首次报道发现此病。副结核分枝杆菌主要引起牛(尤其是乳牛)发病，幼年牛最易感。牛感染副结核分支杆菌后直到 2～5 岁时才会出现临床症状。其感染途径主要是经口感染。病变为小肠末端出现广泛性肉芽肿，从而导致吸收不良、进行性消瘦。病牛表现出慢性腹泻，体重迅速减轻，弥漫性水肿，奶产量和繁殖力下降。牛在亚临床感染阶段，排菌数较少；但在出现临床症状时，每天排出的粪便中含有大量副结核分支杆菌。据估计，该病给美国养牛业每年造成的损失在 15 亿美元以上。除牛外，绵羊，山羊，骆驼等动物也可发病。本病是一种不易被人察觉的慢性传染病，平时不会造成突如其来的，引人注目的损失，但感染地区畜群的死亡率可达 2%～10%，严重感染群偶尔可升高至 25%，而且此病很难从畜群中根除，其对养牛业所造成的损失往往超过某些传染病。

14.9.2 病原特征

副结核分枝杆菌为长 0.5 μm～1.5 μm，宽 0.2 μm～0.5 μm 的革兰氏阳性菌，具抗酸染色的特性。病菌存在于肠黏膜感染部分，肠系膜淋巴结以及粪便中，在进行性病例，病菌可通过淋巴结屏障而进入其他器官。副结核分枝杆菌于 1913 年首次由 Twort 和 Ingrom 在人工培养基上培养出来。在培养基中加入一定量的甘油和非致病性抗酸菌的浸出液有利于其生长。本菌对酸碱度变化不敏感，在 pH6.2～7.2 范围内生长最好。本菌在固体培养基上生长缓慢，在 38 ℃～39 ℃条件下约经 6～8 周才能出现菌落，菌落是小的，分散的，呈灰白色；随着时间的增长而逐渐变大。在液体培养基中，如肝肉汤或血清肉汤中，本菌生长于液体表面，在 2～3 个月内呈薄而灰白，有皱纹的菌膜。副结核分枝杆菌对热和化学药品的抵抗力与结核菌相同，对外界环境的抵抗力较强，在污染的牧场，厩肥中可存活数月至一

年，在牛乳和甘油盐水中可保存10个月。对湿热抵抗力不大，60 ℃30 min或80 ℃1 min～5 min可杀灭。

牛、绵羊、山羊、骆驼和鹿对本病有易感性，主要引起牛发病，幼年牛最易感。病畜是本病的主要传染来源，不仅呈现明显临诊症状的开放性病畜，而且隐性期内的患畜也可向外排菌。病畜的排泄物，尤其是粪便内含有大量细菌。在一部分病例，病原菌可进入血流，因而可随乳汁和尿排出体外。怀孕母牛还可通过子宫传给犊牛。传播途径主要是动物采食了污染的饲料、饮水经消化道而感染。犊牛还可通过吸吮病牛乳汁感染，胎儿经胎盘也可以感染。动物患病后，病程的发展特别缓慢，从发病到死亡往往间隔较长的时间，虽然幼年牛对本病最为易感，但潜伏期长，可达6～12个月，甚至更长，一般在2～5岁时才表现出临诊症状，母牛在怀孕期、分娩期以及泌乳期易于出现临诊症状。本病呈散发性，有时也可成为地方性流行。

本病为典型的慢性传染病。病畜初期往往没有明显的症状，以后逐渐明显。最常见的症状有进行性消瘦、体重下降、骨骼肌萎缩、腹泻和进行性黏膜苍白。起初为间隙性腹泻，后变为经常性的顽固拉稀。对具有明显临诊症状的开放性病牛，细菌性检查阳性的病牛要及时扑杀处理；对变态反应阳性或血清学检测阳性牛要集中隔离，分批淘汰；对变态反应疑似牛，隔15～30天检疫一次，连续三次呈疑似反应的牛应作阳性牛处理。被污染的牛舍、栏杆、饲槽、用具、绳索、运动场等，要用生石灰、来苏儿、苛性钠、漂白粉、石炭酸等消毒液进行喷雾、浸泡或冲洗。

14.9.3　OIE法典中检疫要求

2.2.6.1条　关于诊断试验和疫苗标准参阅《手册》。

2.2.6.2条　进境种用或饲养用家养反刍动物时，进境国兽医行政管理部门应要求出具国际兽医证书，证明这些动物：

1）装运之日无副结核病临床症状；

2）装运前5年，一直在官方报告无副结核病临床症状的畜群饲养；

3）装运前30天经副结核病诊断试验，结果阴性。

14.9.4　检测技术参考依据

（1）国外标准

OIE手册：Manual of Diagnostic Tests and Vaccines for Terrestrial Animals 2004，Paratuberculosis (Johne's disease)(Chapter 2.2.6.)

（2）国内标准

SN/T 1472—2004　副结核病细菌学检查操作规程

SN/T 1085—2002　副结核病补体结合试验操作规程

SN/T 1084—2002　副结核病皮内变态反应操作规程

NY/T 539—2002　副结核病诊断技术

14.9.5　检测方法概述

副结核病免疫动物，可产生迟发型变态反应和血清抗体。免疫接种可防止临床疾病，但并不一定能防止感染，因此，如果要诊断免疫动物是否感染此病，则只能检测粪便中结核分枝杆菌存在与否。

对于动物个体，尤其以前尚未诊断过有副结核病农场的动物，必须通过实验室试验来验证临床诊断。然而，如果临床症状较典型，而且本病已经在畜群中存在，那么仅仅根据临床表现即可做出诊断。副结核病的确诊需要根据剖检观察或组织病理变化检查，以及副结核分枝杆菌分离培养的结果来判定。

证实临床可疑动物是否患有副结核病有多种方法，包括粪便涂片检查、粪便培养、粪便或组织的DNA探针检查，血清学检查和尸体剖检及组织学检查。

检测畜群的亚临床感染状况以判定感染的流行情况，以便制定控制措施，因为任何试验都不是100%敏感，所以通过处理阳性反应动物控制本病，应每隔半年或一年反复检测，清除血清学反应阳性或粪便排菌动物，但即便如此，如果不改变畜舍的卫生状况和饲养管理水平以减少病原体在畜群中传播，想彻底控制本病也并非总能成功的。

14.9.5.1　病原鉴定

(1) 尸体剖检

副结核病不能只根据对肠壁增厚的表面观察而做出诊断，从十二指肠到直肠，都应剖开，暴露黏膜。临床症状的严重性与肠的病变程度之间没有密切的关系。黏膜层，尤其是回肠末端的黏膜，应作病理性增厚和皱褶检查。将肠壁拿到明亮处，看到分散的斑块时，即为早期的病变，肠系膜淋巴结可能肿大和水肿。感染黏膜和淋巴结切片的涂片，都应作萋-尼氏染色，并作具有副结核分枝杆菌形态学特征的抗酸菌的显微镜检查，但并非所有病例都存在抗酸菌，因此，诊断时，最好采集多处肠壁和肠系膜淋巴结，样品经固定(10%福尔马林盐水)后进一步作组织学检查，样品切片经苏木紫红及萋-尼氏染色后检查。病理损伤包括黏膜固有层，淋巴结和肠系膜淋巴皮质有大的淡紫上皮样细胞和多核朗罕氏巨细胞浸润，在这两种细胞中有成丛的或单个的抗酸菌存在，但并非一定能发现，朗罕巨细胞常常见到并含有少数病原菌。绵羊和山羊的病变与牛的病变类似。除了肠和相关淋巴结有时产生结节的干酪性坏死和钙化外，经常仅有黏膜增厚，在羊驼上可见到肠系膜淋巴结肿大。

(2) 细菌学检查(显微镜检查)

粪便涂片用萋-尼氏染色后作镜检。如果发现小的、强抗酸菌丛(三个或三个以上)，即可做出副结核病的诊断。在无菌丛的情况下，发现单个抗酸菌时，不能确诊，此法的缺点在于只有大约1/3的病例可通过粪便涂片镜检得到证实，而且在粪便中还存其他抗酸微生物。

(3) 细菌学检查(细菌培养)

副结核分枝杆菌感染主要涉及肠道和盲肠。粪便和肠组织样品中的其他细菌，大大超过了副结核分枝杆菌。接种后5～14周内可能见到副结核分枝杆菌的菌落。生长在含有分枝杆菌素的Herrold氏培养基的最初菌落，很小(直径1 mm)，无色，透明，呈半球状，边缘圆而平，表面光滑并闪光。继续培养，菌落变暗，增大(4 mm或5 mm)。随着菌落增大，菌落形态发生变化，由光滑变得粗糙，由半球型变成乳头状。

不常见的带明亮黄色素的绵羊菌株很难在人工培养基上生长。据报道，无色素的绵羊菌株生长状况较牛菌株差，如果不延长培养时间，培养基上无细菌生长，即应作为阴性而废弃。为了鉴别副结核分枝杆菌，应将少量的可疑菌落接种在含和不含分枝杆菌素的相同培养基上作传代培养，以判定对分枝杆菌素的需求。(如果出现大量细菌，则实验不可靠)。

(4) DNA探针

DNA探针技术已发展成一种检测诊断样品中副结核分枝杆菌和快速鉴定病菌分离物的手段。由于其独特的特异性，可区别副结核分枝杆菌和其他分枝杆菌，尤其是禽型分枝杆

菌组中的分枝杆菌。已有报告称，使用 IS 900 作为一种 DNA 探针，通过使用聚合酶链反应(PCR)的 DNA 的酶扩增，可特异性地鉴定牛粪便样品中的副结核分枝杆菌。检测从粪便样品中分离出来的分枝杆菌的 IS900 序列，以及通过 PCR 技术扩增 IS 900 序列的 DNA 片段，已发展为一种商品化诊断试剂盒。这种试验的试剂盒适合于实验室检验。与粪便培养相比，诊断敏感性较差。

14.9.5.2　血清学试验

通常用于检查牛副结核分枝杆菌的血清学方法有补体结合试验(CF)、酶联免疫吸附试验(ELISA)，体液免疫有关的琼脂凝胶免疫扩散试验(AGID)和细胞免疫有关的 r 干扰素试验。

14.9.5.3　迟发型过敏反应(DTH)

试验是在剪过毛的部位皮内注射 0.1 mL 禽型纯化蛋白衍生物(PPD)结核菌素或副结核菌素(禽型结核菌素与副结核菌素的敏感性和特异性相似)，通常在颈中部 1/3 处注射。在注射前和注射后 72 h 用卡尺测量皮肤厚度，皮厚增加 2 mm 以上应视为出现 DTH。应该指出的是，鹿的阳性反应可能表现为形成弥漫性斑点，而不是明显的肿胀，因而判定结果时更为困难，这种动物出现任何肿胀都应判为阳性反应。DTH 试验价值有限。禽型结核杆菌复合物过敏的动物，在动物界很普遍，因而它们对禽型结核素或副结核菌素都缺乏高度的特异性。群体试验，只能揭示致敏动物很普遍，因此，它只能用作一项控制计划开始前的预备性试验。

14.10　Q 热(Q Fever)

14.10.1　疫病简述

Q 热是一种由贝氏立克次氏体(*Rickettsia coxiella burneti*)引起的能使人和多种动物感染而产生发热的一种疾病。动物感染多为隐性经过，但妊娠牛、绵羊和山羊感染可引起流产。Q 热病原可通过病畜或其分泌物感染人类，可引起人的发热、头痛、肌肉酸痛和呼吸道炎症。1937 年 Derrick 在澳大利亚的昆士兰发现并首先描述此病，因当时原因不明，故称该病为 Q 热("Q"是 Query 的第一个字母，即疑问之意)。本病在全世界分布很广，随着对 Q 热研究的深入，许多原来以为不存在本病的国家和地区，也相继发现 Q 热流行。目前，除斯堪的纳维亚半岛的一些国家及新西兰等尚无明确病例报告外，其他开展 Q 热血清学或病原学普查的地区均发现本病。我国 Q 热的发现和研究开始于 20 世纪 50 年代初，据不完全统计，我国目前至少有 17 个省、市、自治区已证实有 Q 热。由于 Q 热在临床上无特别的症状和体征，因而与其他热性传染病难以鉴别，误诊率特别高，应引起足够重视。

贝氏立克次氏体遍及全球，有广泛的宿主，各种野生和家养哺乳动物、节肢动物和鸟类都可感染此病，其中多种啮齿动物、蜱、螨、飞禽，甚至爬行类还可以成为其储存宿主，牛、绵羊、山羊、猪、马、犬、骆驼、鸡、鸽和鹅对 Q 热有自然易感性。在自然界中，该病可在野生动物及其体外寄生虫之间循环传播形成自然疫源地，而在家养反刍动物中则不依赖于野生动物的传播周期也能流行，与蜱无关的感染环节可见于家畜群中，尤其是牛。有些欧洲国家患不育症的畜群中有 80%都含有本病原体。在蜱侵犯的地区，绵羊和山羊均具有特殊的危险性。这类反刍动物是人类和其他动物非常重要的传染源。感染动物可通过其乳汁、胎盘、分娩后的分泌物以及排泄物大量排出病原体。

由于贝氏立克次氏体在胎盘绒毛滋养层内增殖，因而胎盘和羊水中都含有大量的贝氏立克次氏体，在分娩过程中就会污染周围环境。健康动物通过直接接触或通过带毒乳汁或生殖道分泌物污染的饲料、饮水经消化道和呼吸道感染；感染蜱则通过叮咬感染动物的血液使病原在其体腔、消化道上皮细胞和唾液腺繁殖，在经过叮咬或排出病原经由破损的皮肤使健康动物感染。在蜱的组织和细胞中，贝氏立克次氏体密度非常高。在实验感染的蜱的粪便中，发现贝氏立克次氏体可高达1 010个/g。常温下干粪中的贝氏立克次氏体至少可存活1年。自然界的贝氏立克次氏体主要存在于蜱和脊椎动物，特别是啮齿类动物中。贝氏立克次氏体有很强的抵抗力，很少受干旱、潮湿或高温等恶劣环境条件的影响，因此可严重污染尘土。干旱、大风与各种动物的排泄物污染尘土而造成的感染播散有明显的关系。人主要是在管理、诊治和动物产品加工过程中经消化道、呼吸道、损伤的皮肤等途径感染，也可通过摄入未经消毒的患病动物乳产品感染。

14.10.2　病原特征

本病病原为贝氏立克次氏体，属立克次体群的柯克斯体属。Q热立克次氏体一般为革兰氏阴性，但在某些条件下可呈阳性，其体积大小不等，长0.4 μm～1.0 μm，直径为0.2 μm～0.4 μm，能通过细菌滤器。贝氏立克次氏体的形态并非一致。用密度梯度离心法可分离到“小细胞变异体”(SCV)和“大细胞变异体”(LCV)。经胚卵繁殖后，SCV和LCV这两种变异体又可分化成许多的SCV和LCV。其超微结构彼此不同，前者为一种致密的、具有高电子密度的核状小体，在外膜下，可见到一个源于细胞质膜的复合内膜结构，其成分可能为肽聚糖的致密层；后者的体积较前者大，形态更多样，电子密度低。经胚卵传代后，可见到贝氏立克次氏体的第三种结构，在周围胞浆间隙里，有些LCV含有电子密集体，被认为是“内孢子样结构”。

Q热立克次氏体也能在自然界生存，无须节肢动物作为媒介也能以飞沫方式传染，使人和动物发生感染。Q热立克次氏体可在鸡胚卵黄囊和细胞培养物中繁殖，其在生长阶段存在相的变异。蜱在保存自然界的贝氏立克次体中似乎起着重要作用。无蜱地区，尽管人类Q热散发病例可以增加，但暴发少见。相反，在有蜱地区，Q热则反复暴发，当地局部人群为散发，而易感人群包括新迁至该地区者则常趋于暴发。狗和猫(尤其是无主狗、猫)被蜱叮咬和吞食感染了病原体的胎盘膜或被其捕捉到的动物后就具有了传染性。立克次氏体可完整地通过这些动物的肠道，并通过粪便播散于广大地区。瑞士的两次血清流行病学调查发现，狗的立克次氏体抗体阳性率为29%和45%。德国的调查发现，狗和猫的血清抗体阳性率分别为13%和26%。野禽和家禽特别是鸽子和麻雀也有此种感染。人类感染立克次氏体并导致临床发病的最常见的人侵途径是吸入了感染的灰尘或气溶胶。摄入污染的食物(如未经消毒的奶汁)也可导致感染和血清抗体阳转，但临床上罕见显性发病。接触动物或其制品的人，如饲养员、兽医和屠宰工人，很可能受到感染。

动物感染后多呈亚临床经过，但绵羊和山羊有时出现食欲不振，体重下降、产奶量减少和流产、死胎等现象；牛可出现不育和散在性流产。多数反刍动物感染后，该病原定居在乳腺、胎盘和子宫，随分娩和泌乳时大量排出。少数病例出现结膜炎、支气管肺炎、关节肿胀、乳房炎等症状。人感染Q热贝氏立克次体可表现为亚临床型、急性型或慢性型，其临床表现多样。急性Q热表现为驰张热、畏寒、虚弱、出汗、头痛、肌肉酸痛，常伴有肺炎、肝炎等；慢性Q热表现为心内膜炎、肉芽肿性肝炎、骨髓炎等。

贝氏立克次氏体对外界的抵抗力很强，一旦发生疫情，应加强对疫源地的封锁。对鼠、

蜱等宿主动物要加强杀灭，对感染区动物的皮毛应用环氧乙烷消毒。病原在4℃的鲜肉中可存活30天，在腌肉中至少存活150天。奶煮沸10 min以上可杀灭病原。0.5%～1.0%的来苏尔作用3 h可杀灭病原。70%酒精在10 min内可杀死立克次氏体。

14.10.3　OIE法典中检疫要求

无。

14.10.4　检测技术参考依据

(1)·国外标准

OIE手册：Manual of Diagnostic Tests and Vaccines for Terrestrial Animals 2004，Q fever(Chapter 2.2.10.)

(2) 国内标准

SN/T 1087—2002　牛Q热微量补体结合试验操作规程

14.10.5　检测方法概述

14.10.5.1　病原鉴定

病料应采自刚流产不久的胎儿、胎盘和阴道分泌物，也可采集乳汁或初乳样品。伯纳特柯克斯体可用不同的方法证实，这取决于病料的类型和诊断的目的。

对怀疑为立克次氏体感染而引起流产的病例，应采取胎盘组织在载玻片上作涂片。涂片可用快速法(Stamp法)染色，即用2%碱性复红液染色，随后用0.5%的乙酸快速脱色，再用1%美蓝或孔雀绿复染。涂片于500倍显微镜下检查，在蓝色或绿色背景下，能见到大量被染成粉红的细小的杆状菌体。有时很难查出，因为菌体很小[(0.3 μm～1.5 μm)长×0.25 μm宽]，但因其数量很多，在蓝色或绿色背景下呈现红色团块状。在显微镜下，伯纳特柯克斯体可能与鹦鹉热衣原体和布氏杆菌相混淆，采用相同染色方法时，衣原体在显微镜下为轮廓清晰的圆形小体，与球状相似。而布氏杆菌较大(0.6 μm～1.5 μm长、0.5 μm～0.7 μm宽)，染色深，外形更清晰。在显微镜检查的基础上，结合血清学阳性结果，通常可达到常规诊断的目的。染色镜检如果不能作出判定，可用间接免疫荧光实验来确诊。人的阳性对照血清或豚鼠的阳性血清通常用来检测丙酮固定的胎盘涂片中柯克斯体病原。标记异硫氰酸荧光素的抗人或豚鼠IgG的抗体已用于该病原的检测。最好用已知的柯克斯体、衣原体及布氏杆菌的阳性玻片作比较。

实验室进行特殊研究时，则必须用细胞培养物分离病原体。当显微镜检查已揭示存在大量的伯纳特柯克斯体，而且只有少量的其他细菌污染时，则可经鸡胚接种直接分离病原。为此将一部分胎盘用含青链霉素的PBS制成匀浆，低速离心后，将稀释好的上清液接种到5日龄的鸡胚卵黄囊中，弃去接种后5天内的死胚，收集已孵化10～15天的鸡胚卵黄囊。将卵黄囊壁触片染色检查，以验证无细菌污染，同时验证是否有伯纳特柯克斯体存在。为获得一株纯培养的分离物，应进一步传代。显微镜下观察到伯纳特柯克斯体，则足以做出确诊。

对污染严重的样品，如胎盘或只含少量伯纳特柯克斯体液体样品如乳汁，则需要进行动物接种试验，以小鼠或膝鼠接种最理想。但最好使用豚鼠，因为其易感性比小鼠高10倍左右。在腹腔接种后，监测试验动物的体温和抗体状态，如果体温升高，则扑杀动物，取出脾脏处理后接种鸡胚，以分离病原。这种方法通常与接种了相同样品的豚鼠的血清学试验配合进行。豚鼠血清在接种后21天采集，阳性结果即可证实为伯纳特柯克斯体感染。

在医学方面，新近研发出一种小量细胞培养法，称“硬壁小瓶细胞培养法”，对于病毒培养基，业已商品化。改进后可用于分离细胞内细菌如伯纳特柯克斯体。“硬壁小瓶细胞培养”系统见文献。将人的胚胎肺成纤维细胞在带盖（1 cm^2）小瓶中培养，把样品接入。在离心状态下培育 1 h（为了促进细菌吸附和进入细胞）。培养 6 天后，染色镜检伯纳特柯克斯体，鉴定需要用异硫氰酸荧光素标记的抗伯纳特柯克斯体的单抗或用多抗做直接免疫荧光试验。兽医可用该方法做大量样品检测。伯纳特柯克斯体细胞培养的详细资料见文献。

其他方法也可用于伯纳特柯克斯体的检测，如用于组织检测的捕获 ELISA 和免疫组织学技术以及 DNA 扩增。免疫组织学技术中，组织用石蜡包埋，用免疫过氧化物酶染色，可以证实组织细胞（如心瓣膜）中的伯纳特柯克斯体。PCR 技术现已广泛用于检测细胞培养物和临床病料中的伯纳特柯克斯体 DNA，该技术比标准的培养技术更灵敏。选用 htpAB 临近的重复序列或 23SrRNA 基因的中间序列作为引物，有条件的实验室可以使用这一技术。

14.10.5.2 血清学试验

可采用多种方法，但最常用的有三种方法：间接荧光抗体（IFA）试验、酶联免疫吸附试验（ELISA）和补体结合（CF）试验。过去使用的一些血清学试验不再用于常规诊断，这些方法是微量凝集技术，毛细血管凝集试验和变态试验。

14.11 狂犬病（Rabies）

14.11.1 疫病简述

狂犬病，又名恐水病（Hydrophobia），是由狂犬病病毒（Rabies virus，RV）引起的人和其他温血哺乳动物的一种急性致死性疾病，其感染谱极为广泛，包括狐、狼、鼠、浣熊、猫、蝙蝠、兔、牛、羊、马、犬等动物，以肉食的犬科和猫科动物最为易感。该病是以侵犯中枢神经系统为主的急性传染病，临床特征是恐水、怕风、咽肌痉挛和进行性麻痹等，尤以恐水症状为突出，一旦发病，死亡率高达 100%。

几乎所有的温血动物都对狂犬病病毒易感，犬是本病毒的敏感宿主和贮存宿主之一，在狂犬病的传播过程中起主要作用。狂犬病主要通过动物咬伤后唾液中的狂犬病病毒经破损皮肤或黏膜侵入体内，在局部组织的神经节繁殖，并进一步侵犯中枢神经系统，最终扩散至外周神经和唾液腺。此外，还有通过消化道、呼吸道以及动物间密切接触等途径感染狂犬病的报道。狂犬病在临床上常表现病毒性脑脊髓炎，但是症状常常因动物的个体差异而又有不同的表现，需与其他病毒性脑炎进行鉴别诊断。狂犬病是一种古老的自然疫源程序性疫病，呈全球性分布，只有南极洲和少数岛国（日本、挪威、冰岛、芬兰、瑞典、英国、马来西亚、新加坡、新西兰等）无狂犬病发生，但在亚洲、非洲和南美洲一些地区，狂犬病的发生还在增加。亚洲是狂犬病高发地区，估计每年有近 40 000 人死于狂犬病，约占全球因犬伤死亡的 90%。亚洲狂犬病发病率以印度为最高，中国、菲律宾、孟加拉、巴斯基坦、越南、泰国等也相当高。非洲普遍存在狂犬病且大面积流行，病原型别复杂，感染来源更复杂，最早发现的狂犬病病毒的 4 个血清型中有 3 个存在于非洲，除家犬、猫外，非洲南部至少有 30 种属于 5 个科的肉食动物被确诊患狂犬病。欧洲由于实行针对狐狸的口服免疫策略，近 10 年来，动物狂犬病已明显下降，其流行病学也发生了改变，西欧国家采取了对犬进行免疫，同时对犬进行严格管理，已基本上控制或消灭了人、畜狂犬病。狂犬病在中、南美洲长期以来一直是严重的公共卫生和经济问题，其中阿根廷、玻利维亚、巴西、哥伦比亚、厄瓜多尔、危地马拉、洪都拉斯等国疫情较重。北美洲狂犬病呈地区性流行，以野生动物为主，自 1996 年以来，狂犬病发病

率一直保持下降趋势，但蝙蝠作为传染源引起的人狂犬病无下降趋势。澳大利亚原本是一个无狂犬病的国家，1998年Skerratt等从果蝠中分离出澳大利亚蝙蝠狂犬病病毒，引起了公众的注意。

14.11.2　病原特征

狂犬病病毒属弹状病毒科(Rhabdoviridae)狂犬病病毒属(*Lyssavirus*)。完整病毒粒子外形似炮弹或枪弹状，长130 nm～200 nm，直径75 nm，其表面外壳有脂蛋白双层囊膜，囊膜外面镶嵌有1 072～1 900个8 nm～10 nm长的纤突糖蛋白，其排列整齐，于负染标本中表现为六边形蜂房型结构。每个糖蛋白呈同源三聚体形式，是病毒唯一的糖基化蛋白，也是其主要表面抗原。狂犬病病毒的N蛋白基因高度保守，应用RT-PCR方法测定狂犬病病毒的基因序列，可从分子水平上对RV进行病毒检测和基因分型。1993年Bourhy等根据RV核蛋白基因的N末端500个核苷酸的相似百分率，将其分为6个基因型：基因型1(狂犬病病毒，RABV)、基因型2(拉各斯蝙蝠病毒，LBV)、基因型3(莫科拉病毒，MOKV)、基因型4(杜梅海洛病毒，DUVV)、基因型5(欧洲蝙蝠狂犬病病毒1，EBLV-1)、基因型6(欧洲蝙蝠狂犬病病毒2，EBLV-2)。1998年Skerratt等从澳大利亚的蝙蝠中分离出狂犬病病毒的基因型7(澳大利亚蝙蝠狂犬病病毒，ABLV)。7个基因型又可分为2个进化组，第一组包括基因型1、4、5、6和7，第二组含基因型2和3，同组内病毒的抗体与其他病毒可产生交叉反应，不同组病毒之间不能产生交叉免疫保护。基因1型RV和基因6型的关系最密切，基因2型和3型、基因4型和5型彼此密切相关。在上述各种病毒中，2～6型仅在非洲和欧洲发现，5型和6型在欧洲蝙蝠中比较普遍，虽感染人的病例不多，但几乎每个型病毒都曾致死人。

狂犬病病毒需在幼仓鼠肾传代细胞内增殖，也可在原代鸡胚成纤维细胞增殖。病毒能凝集鹅和1日龄鸡的红细胞。该病毒在pH3～11稳定，可在－70 ℃或冻干于0 ℃～4 ℃保存时存活多年。狂犬病病毒能抵抗组织的自溶及腐烂，冻干条件下长期存活，室温中不稳定，反复冻融可使病毒灭活。另外，用干燥法、紫外线和X射线照射、日光、胰蛋白酶、丙内酯、乙醚和去污剂也可迅速灭活狂犬病毒。人和各种畜禽对本病都有易感性。自然界中许多野生动物(犬、猫科)都可以感染，尤其是犬科野生动物(野犬、狐和狼等)，常成为病毒的贮存宿主和人畜狂犬病的传染源。无症状和顿挫型感染的动物可长期通过唾液排毒，成为人畜的重要传染源。西印度群岛和中南美洲各地发现的蝙蝠(吸血蝙蝠、食果蝙蝠和食虫蝙蝠)的唾液腺携带狂犬病病毒。本病的传播由患病动物咬伤后引起感染，亦有通过口服使小鼠和大鼠人工感染和通过直肠使仓鼠感染，或在蝙蝠洞窟中通过气源途径使多种野生动物感染的报道。

狂犬病病毒为嗜神经病毒，致死性传染病，一但发病几乎是100%的死亡。病毒可在唾液腺的上皮细胞内大量增殖，并进入唾液。病毒通过咬伤而进入易感动物的皮下组织，然后沿感觉神经纤维由外周进入中枢。

狂犬病潜伏期通常长达1～3个月，几乎所有的哺乳动物都感染，带毒动物的种类因地域不同而不同。狂犬病的临床特征是病畜呈现狂躁不安和意识紊乱，最后发生麻痹死亡。人患狂犬病后，常有害怕喝水的突出临床表现，有时甚至看到液体就发生咽喉痉挛，故又称恐水病。犬、猫的潜伏期为2～8周，但可能延长至几个月，临诊上表现为狂暴型和沉郁型(麻痹型)。狂暴型的症状为狂躁不安，厌食，躁狂，攻击人畜或自咬，大量流涎，有时隐匿，最后摇晃和麻痹，并于3～4天内死亡。沉郁型狂犬病呈短期兴奋，随后共济失调、麻痹，下颌

下垂，最后因全身衰竭和呼吸麻痹而死亡。牛、羊、鹿狂犬病呈不稳定、兴奋、攻击和顶撞壁等症状，大量流涎，最后麻痹死亡。马的症状相似，有时呈破伤风症状。

14.11.3 OIE法典中检疫要求

2.2.5.1条 本《法典》规定，狂犬病的潜伏期为6个月，家养食肉动物的感染期从最初出现临床症状前15天开始至动物死亡。诊断试验和疫苗标准参阅《手册》。

2.2.5.2条 无狂犬病国家

具备下述条件的国家可视为无狂犬病国家：

1）本病为法定申报疫病；

2）实施有效的疫情监测系统；

3）贯彻执行所有防止和控制狂犬病的规章制度，包括实施有效的进境程序；

4）过去2年内，人或其他任何种类动物从未证实发生过本地的狂犬病感染；但分离到欧洲蝙蝠狂犬病病毒(EBL1或EBL2)无影响；

5）在检疫站以外，过去6个月内从未证实发生过进境食肉动物的病例。

2.2.5.3条 从无狂犬病国家进境家养哺乳动物和限制条件下饲养的野生哺乳动物时，兽医行政管理部门应要求出具国际兽医证书，证明动物：

1）装运之日无狂犬病临床症状；

2）自出生或装运前6个月内一直在无狂犬病国家饲养，或按2.2.5.5条，2.2.5.6条或2.2.5.7条规定条件进境。

2.2.5.4条 从无狂犬病国家进境非限制条件下饲养的野生哺乳动物时，兽医行政管理部门应要求出具国际兽医证书，证明动物：

1）装运之日无狂犬病临床症状；

2）在与狂犬病感染国家有相当距离的无狂犬病国家捕获。距离应视出境动物种类及感染国的动物种类而定。

2.2.5.5条 从被认为狂犬病感染国家进境犬和猫时，进境国兽医行政管理部门应要求出具国际兽医证书，证明动物：

1）装运前48 h内无狂犬病临床症状；并且/或者

2）接种过狂犬病疫苗：a）装运前6个月到1年间进行初次免疫接种，动物初次免疫接种的最小年龄为3个月；b）在装运前1年内进行加强免疫；c）应用病毒灭活苗进行免疫；

3）免疫接种前做好永久性标记(包括微芯片)(标识号码应在证书中注明)；

4）装运前3个月到24个月之间，进行一次抗体中和滴定试验，其血清含量至少0.5 IU/mL；或者

5）未接种过狂犬病疫苗，或不能符合上述1)、2)、3)、4)各项条件时，进境国可根据本国动物卫生法规定条件，置本国检疫站隔离观察。

2.2.5.6条 从被认为狂犬病感染国家进境家养反刍动物、马科动物和猪时，兽医行政管理部门应要求出具国际兽医证书，证明动物：

1）装运之日无狂犬病临床症状；

2）装运前6个月，一直在至少12个月内没有报告发生过狂犬病的养殖场饲养。

2.2.5.7条 从被认为狂犬病感染国家进境实验室饲养的啮齿动物和兔类动物，及限制条件下饲养的兔类动物或野生哺乳动物(非人类灵长目动物除外)时，兽医行政管理部门

应要求出具国际兽医证书，证明动物：

1）装运之日无狂犬病临床症状；

2）自出生或装运前 12 个月，一直在至少 12 个月内没有报告有狂犬病病例的养殖场饲养。

2.2.5.8 条　从被认为狂犬病感染国家进境非限制条件下饲养的非食肉或非灵长目野生哺乳动物时，兽医行政管理部门应要求出具国际兽医证书，证明动物：

1）之日无狂犬病临床症状；

2）前置检疫站隔离饲养 6 个月。

2.2.5.9 条　从被认为狂犬病感染国家进境犬冷冻精液时，兽医行政管理部门应要求出具国际兽医证书，证明供精动物精液采集后 15 天无狂犬病临床症状。[注：有关非人类灵长目动物，请参考 2.10.1 条]

14.11.4　检测技术参考依据

（1）国外标准

OIE 手册：Manual of Diagnostic Tests and Vaccines for Terrestrial Animals 2004, Rabies(Chapter 2.2.5.)

（2）国内标准

GB/T 14926.56—2001　实验动物狂犬病病毒检测方法

GB/T 18639—2002　狂犬病诊断技术

GB 17014—1997　狂犬病诊断标准及处理原则

14.11.5　检测方法概述

由于没有特征性临床症状，或缺乏尸检特征性病变，诊断狂犬病不得不依靠实验室试验。尽管这些血清学证据也能用于一些流行病学调查上，但由于本病宿主动物血清阳转迟、死亡率高，故很少获得感染动物的血清学证据。

14.11.5.1　病原鉴定

狂犬病病原鉴定有多种实验室方法，《WHO 狂犬病实验室技术》第四版对这些方法进行了详细的介绍和标准化。这些方法的性能、特异性和可靠性各不相同。它们通常应用脑组织，也可应用其他组织（如唾液腺），但效果较差。在脑组织中，狂犬病病毒在海马角、小脑和延髓中含量特别高，为得到这部分组织，有必要在解剖室中打开颅腔取出整个脑组织。在一些情况下（如野外或大面积流行病学研究采样时），可应用简易方法穿过枕骨大孔或眶窝采样。

（1）样品运输

在送检可疑材料（动物头或脑样品）的过程中，不能造成人为的污染，脑组织必须置于一个无缝且坚固的容器中（动物头应用吸水性材料包裹），再放入有冰袋的塑料袋中密封保存。必须遵守“危险材料”运输的有关规定。若上述条件不能满足，可采用不同的保护技术，选用保护性措施依采用的诊断方法而定：福尔马林易使病毒失活，经此处理的样品，不能用于病毒分离，但可采用改良直接荧光抗体试验、免疫组化试验或组织学试验进行诊断。将小块脑组织保存在含 50%甘油的 PBS 液中，可使其在室温下保持感染性的时间延长。由于病毒没被灭活，所有实验室方法均可适用。（注意：如果使用甘油，要用 PBS 洗几次，如用丙酮固定，荧光强度可能减弱。）

(2) 样品采集

通常是在解剖室内打开颅腔收集脑组织，根据诊断需要取不同的样品。如果实验技术人员没有进行系统培训或是在野外操作，可能会有风险，在这种情况下，有两种方法可在不打开颅腔的情况下收集脑组织。

1) 枕骨大孔采集脑样品：用一个 5 mm 直径饮料吸管或一个 2 mL 一次性塑料吸管，朝着一只眼睛的方向插入枕骨大孔，从脑脊球中收集样品，包括：小脑底部、海马角、延髓的皮质和髓质部等。

2) 反向眼窝采集脑样品：本技术是用套针在眼窝后壁钻孔，再将塑料吸管穿入孔，所采样品与前种方法相同，不过它是以相反的方向进行。

(3) 常规实验室试验

实验室诊断有三种方法：

1) 组织学诊断特征性细胞病变：狂犬病包涵体(Negribody)与病毒蛋白聚集相对应，不过常规染色技术只能测定这些结构嗜酸性染色。免疫组织化学试验是诊断狂犬病的唯一组织学特异性方法。用未经固定的组织直接涂片，以塞勒氏(Seller)方法染色，1 h 后得出诊断结果。通常组织学实验，如 Mann's 试验，通过石蜡包埋的步骤，用已固定的病料，实验在 3 天内得出结果。不管用哪种染色方法，只要发现胞质嗜酸性包涵体就可证明被感染。这些组织学方法已逐渐淘汰，尤其是 Seller 法，因为它们对腐败病料敏感。如果病料保存良好，福尔马林固定 20 天以上还能检出很高的阳性率。如果病料已腐败或者甚至是新鲜样品，组织学方法会产生 15%～40%的假阴性。这些技术的优点在于不需要昂贵的实验设备，病料固定后不需要低温保存，这在热带地区非常重要。

2) 免疫化学试脸鉴定狂犬病毒抗原

荧光抗体试验是 WHO 和 OIE 共同推荐的诊断狂犬病最常用的方法，它可直接检测涂片，也能用于检测细胞培养物或被接种的小鼠的脑组织中狂犬病抗原是否存在。对于新鲜病料，FAT 可在几小时内得出可靠结果，准确率 95%～99%。FAT 敏感性取决于样品(如动物种类和自溶程度)、狂犬病毒(狂犬病病毒或狂犬病相关病毒)和操作人员的熟练程度。免疫动物样品的敏感性要低些。直接诊断狂犬病，可用海马角、小脑或延髓制成的涂片，以高质量的冷丙酮固定，用一滴特异的结合物染色。抗狂犬病荧光结合物可在实验室制备，或专对全病毒或专对狂犬病核蛋白的商品化多克隆抗体的结合物，或者是用几种单克隆抗体混合而制备的。在 FAT 中，通过荧光显示病毒核衣壳的特异性聚集。甘油保存的样品经冲洗后可用于 FAT。如果样品是用福尔马林固定的，只有经酶处理后才能用于 FAT。

免疫化学试验其敏感性与 FAT 相同，但必须注意非特异性假阳性结果。训练有素的技术人员可在很大程度上减少这一风险。必须注意，如果是用丙酮固定新鲜涂片，该方法要比 FAT 增加一温孵步骤。福尔马林固定的组织切片进行免疫组织化学反应时可用过氧化物酶结合物。酶联免疫吸附试验(ELISA)检测狂犬病抗原是免疫化学试验的另一种形式。这种狂犬病快速酶免疫诊断试验(RREID)试剂盒已商品化。实验中取一个包被有狂犬病病毒特异性核蛋白抗体的酶标板，加组织匀浆离心的上清液感作。抗狂犬病核衣壳抗体与过氧化物酶结合物，可揭示任何结合的抗原。这种试验结果可用肉眼判读，用仪器判读更好，它能自动化并对大规模流行病学调查很有用。FAT 和 RREID 的符合率达 96%到 99%。这一常规试验对狂犬病相关病毒不敏感，因此在这种情况下推荐使用狂犬病快速酶

免疫诊断试验。

3）接种未灭活狂犬病毒复制的检测

这些试验是检测组织培养物或动物的组织悬液的传染性。如果FAT结果不能确定或FAT阴性而已知受感染的情况下可采用这些试验。

小鼠接种试验选用无特定病原体(SPF)小鼠5～10只，3～4周龄(体重12 g～14 g)，或一窝2日龄新生乳鼠，脑内接种含抗菌素的等渗缓冲液配成的0.2 kg/L脑组织匀浆(皮层、海马角、小脑、延髓)悬液上清。青年鼠观察28天，所有死亡鼠均用FAT检测狂犬病病毒。若是狐狸狂犬病街毒株，一般会在接种后9天开始死亡。为加快在新生乳鼠出结果，可以在乳鼠接种后5天、7天、9天和11天分别用FAT检测。这种体内试验尤其是使用SPF鼠成本相当高，出结果不快，应尽可能不用。一旦结果为阳性，一只鼠脑可收获大量病毒，便于作毒株鉴定。

细胞培养试验以美国标准菌种收藏中心标记为CCL-131的一种成神经细胞瘤细胞系，用于狂犬病的常规诊断。该细胞在5%胎牛血清的DMEM培养基上生长，在5% CO_2 36 ℃中培养，其敏感性曾与BHK-21细胞作过比较。该细胞系对该毒株敏感无需适应步骤，不过用之前应对本地优势病毒变异株的易感性进行检测。狂犬病病毒在细胞上的复制可通过FAT显示。至少18 h才能得到实验结果(病毒在细胞上的一个繁殖周期)，通常需要培养48 h，在有的实验室达4天。本试验与小鼠接种试验敏感性相同，但比小鼠接种试验费用少，出结果快，可避免使用活的动物。若实验室有细胞，应以细胞培养代替之。应指出的是，一份样品通常采用多种试验方法检测(至少在人有接触时应如此)。

4）其他鉴定方法

在专门实验室(如OIE或WHO参考实验室)除用上述实验外还增加了单克隆抗体、核酸探针及聚合酶链反应(PCR)，再加上DNA测定基因区序列作病毒定型，这样能够区别疫苗株和野毒株，还可弄清野毒株的地理分布。

14.11.5.2　血清学试验

由于患病动物血清阳转迟、患狂犬病的动物存活率低，因此产生抗体的百分比也很低，故血清学试验很少用于流行病学调查。对狂犬病病毒宿主进行口服免疫已经成为控制狂犬病的首选方法。在为口服免疫接种行动所作的跟踪调查中，采用抗狂犬病G蛋白抗体在细胞培养上做病毒中和试验效果最好。然而野外采集的血清质量低劣，这种用细胞做的病毒中和试验因细胞对毒性太敏感，可能产生假阳性反应。对这些样品，采用一种用狂犬病病毒糖蛋白包被的酶标板做间接ELISA试验，与在细胞上做病毒中和试验具有同样的敏感性和特异性。

(1) 细胞培养病毒中和试验：荧光抗体病毒中和试验(国际贸易指定试验)

荧光抗体病毒中和试验(FAVN)的原理是：将一定量的狂犬病病毒(适应细胞培养的CVS毒株)在体外中和，然后接种对狂犬病病毒敏感的细胞幼仓鼠肾细胞BHK-21、C13细胞或MNA细胞。血清滴度为50%以上的反应孔中病毒100%被中和的血清稀释度。滴度用国际单位表示，在相同的试验条件下与标准血清的中和反应浓度作比较。这种采用96孔微量板的微量滴定方法由Smith等改进，后由Zalan和Perrin等作了修改。

(2) 快速荧光斑点抑制试验(RFFIT)测定狂犬病病毒中和抗体(国际贸易指定试验)

用标准荧光显微镜可发现残留病毒。血清中和试验的终点滴度的定义为：50%的观察显微镜视野中发现有一个或更多的感染细胞的最高血清的稀释倍数。这一值可用数学中插值法而得到。另一种替代方法是100%中和滴度,记录100%攻毒接种物被中和的最高血清稀释倍数,观察视野中无感染细胞。就这两种滴定方法而言,被检血清的抗体滴度(用IU/mL表示)可由比较每次试验中设定的国内标准参考血清而得到。应该指出的是:RF-FIT试验采用BHK-21细胞而不是用成神经瘤细胞同样有效。这种修改的方法已经有论文发表。

(3) 小鼠病毒中和试验

本试验的原理是用变量的被测血清在体外中和恒量狂犬病毒[$50LD_{50}$(50%致死量)/0.03 mL攻毒标准株CVS],37 ℃作用90 min。将病毒-血清混合液接种到3周龄小鼠脑内(0.03 mL/只)。血清滴度即血清-病毒混合液使50%的小鼠(不中和时100%致死)获保护的血清最高稀释度。这种滴度是将标准血清的中和稀释度在相同的试验条件下与之作比较,并以国际单位表示。

实验时解冻一安瓿攻毒标准株病毒,配制成含$100LD_{50}$/0.03 mL的悬液(应考虑在注射前加入等体积检验血清形成的2倍稀释)。通过滴定4个稀释度的病毒制备液,每一稀释度种5只小鼠,检查进行试验时病毒的实际用量[允许范围($30LD_{50}$～$300LD_{50}$)/0.03 mL]。被检血清置56 ℃ 30 min将补体灭活。试验必须设标准血清,以检查滴定条件。稀释液与配制病毒的液体相同。在每一稀释血清中加入等量的含$100LD_{50}$/0.03 mL的病毒液,混合后在37 ℃水浴90 min,然后浸入冰浴中止反应,以减少病毒被灭活。在接种过程中,不马上接种的试管,应置4 ℃保存。将每一稀释度的病毒—血清混合液脑内接种5只小鼠,0.03 mL/只,接种后到第21天记录死亡率,接种后4天内死亡的为非特异性死亡(由应激、感染等引起)。血清滴度的计算采用与国际标准血清相比较的方法,并以国际单位表示。

14.12 裂谷热(Rift valley fever,RVF)

14.12.1 疫病简述

裂谷热是一种急性、发热、由蚊子作为传染媒介的病毒性传染病。该病主要感染反刍动物绵羊、山羊和牛,在疫病流行期间偶然情况下也会引起人类发病,其他动物易感性较低。该病能引起怀孕动物流产和幼小动物死亡,1周龄内的羊羔死亡率可达95%～100%,感染性随年龄增加而降低。本病的流行周期约为5～10年,人患病症状类似严重流感或登革热的症状,以发热、头痛和关节痛等为特征,少数出现出血热和脑炎,偶可引发视网膜炎以至失明,病死率约1%。本病的宿主尚不清楚,伊蚊和库蚊都是传染媒介。人通过吸入或接触病毒的血液,特别是接触流产的病畜而受感染。本病于1912年最先报道于肯尼亚,1931年在裂谷地区(Rife valley)的一只发病绵羊分离出病毒,故称为裂谷热。本病自20世纪30年代在东非的埃及、肯尼亚、苏丹、索马里和坦桑尼亚等国有9次大流行,在南非的纳米比亚、南非、津巴布韦等国大流行11次,在西非毛里塔尼亚大流行1次,2000年以后于阿拉伯半岛、沙特阿拉伯发生2次大流行。裂谷热在南非的两次主要流行是在1950～1951年和1974～1976年,每次都引起100多万只羔羊死亡。1977～1980年埃及大流行时死亡600余人,总患者数估计可达20万人,并引起大量动物的死亡。本病的流行周期可能与雨季雨量变化有关,1997年出现世界性厄尔尼诺现象导致的特大暴雨光顾肯尼亚和索马里时就暴发了本病

大流行。近年来，裂谷热的发生呈上升趋势。2000 年 9 月首次报道在非洲大陆以外地区(如：也门和沙特阿拉伯)暴发裂谷热，这增加了该病向亚洲和欧洲其他地区传播扩散的可能性。

14.12.2　病原学

裂谷热病毒属布尼病毒科白蛉热病毒属(*Phlebovirus*)。裂谷热病毒为 RNA 病毒，具包膜，直径 90 nm～100 nm，核酸分 L、M 和 S 共 3 个节段，L 节段编码 RNA 多聚酶，M 节段编码病毒包膜蛋白，均为负链 RNA。S 节段编码核蛋白和非结构蛋白，部分为负链，其他部分为正链，即呈所谓双义(ambisense)结构。由 M 节段编码的包膜糖蛋白 G1 或 G2 两者均具红细胞凝集能力与中和试验抗原决定簇，补体结合反应抗原则同部分 S 节段编码的 N 蛋白相关。病毒大小为 30 nm～94 nm，能在冻结或冻干状态下长期存活(如：血清中的病毒可在－4 ℃存活 3 年，在 4 ℃存活 1 个月，在室温存活 3 个月，抗凝全血中的病毒可在 22 ℃存活 1 周)。该病毒在 56 ℃需 40 min 才能灭活，1∶1 000 稀释的福尔马林和巴斯德氏消毒法可使之灭活。病毒在 pH 为 7～8 时很稳定，在 pH3 迅速灭活，当 pH 低于 6.2 时，即使是在－60 ℃也会很快失去活性。病毒对乙醚和去氧胆酸盐敏感。

绵羊、山羊、牛、水牛、骆驼和人是裂谷热病毒的主要感染者。其中绵羊发病最严重，其次是山羊，其他的敏感动物包括羚羊、长颈鹿、驴、啮齿动物、狗和猫等，骆驼感染呈无症状经过。该病毒在脊椎动物寄主和蚊子之间循环，许多种类的蚊子传播该病毒，伊蚊、库蚊和按蚊是动物病流行的主要媒介，不同地区蚊种被证明是优势媒介，另以厩螫蝇及普通库蠓也可实验性感染或分离出病毒。在人类感染中，比被感染蚊虫叮咬尤为重要的传播途径是屠宰感染动物操作中的经皮感染以及气溶胶呼吸道传播。被感染动物的远距离移动以及由于风向促进媒介昆虫的移动会造成该病远距离的传播。由于飞机携带感染昆虫或人的移动所导致疫病在大陆之内的潜在危险值得注意。

裂谷热的潜伏期很短，一般不超过 3 天，有些病例可能不到 24 h。本病可引起怀孕母畜流产和新生仔畜高度死亡以及肝炎症状。发病率在羊群中可高达 100%，在 1 周龄以内羔羊中，死亡率可高达 95%～100%；在断奶羔羊中死亡率为 40%～60%；母羊的死亡率大概不超过 20%；各种年龄牛的死亡率平均约 10%，不过许多怀孕母牛都流产。此病在绵羊中是最急性的，其症状是死亡或驱赶时突然倒地，急性病例潜伏期非常短，然后是发热、脉搏加快、步态不稳、呕吐、流黏液性鼻液，在 24 h～72 h 内死亡。其他症状可见有出血性腹泻和可视黏膜瘀血斑或瘀血点。亚急性病例主要发生在成年绵羊。在 3～4 天潜伏期后，出现发热并伴随有厌食和虚弱。黄疸通常是主要的症状，还有一些羊出现呕吐和腹痛的症状。羔羊潜伏期 12 h～18 h，在 24 h～48 h 内死亡。早期表现为高热，41 ℃的双相热，食欲减少，不愿活动。随后出现步态蹒跚，呕吐、鼻流黏液脓性分泌物，腹泻并发血样下痢。最急性的病例可能不显任何症状，突然死亡。怀孕母羊常在羔羊死亡前发生流产，成年羊与羔羊症状相似，但较轻。牛的症状和绵羊的类似，但症状较轻。犊牛常在发生严重症状后死亡。人类的发病潜伏期 3～6 天，主要临床症状是视网膜损伤，个别的病例可导致暂时性或永久性失明，症状有发热、头痛、关节痛、肌痛、面及眼结合膜充血，有时上腹不适、便秘。病后第 2～4 日出现黄疸、出血(出血点、大片出血、吐血、黑粪、牙龈出血)，肝功能损害，部分病人可有肝坏死，预后差，50%病人死亡。部分病人在发热期后 5～10 日，热度再升，伴眩晕，有脑膜炎表现，脑脊液蛋白质增加，白细胞增加，以淋巴细胞为主。部分病人在发病的 2～7 日

后发生眼病、中心视野丧失或视网膜炎等，常为双侧，40%～50%有永久性视野损伤。几乎全部病例均出现肝炎，严重的有出血性体征。

在进境动物中一旦检出该病，对阳性动物作扑杀、销毁处理，同群动物在隔离场或其他指定地点隔离观察。到目前为止，预防这种病的主要措施是注射疫苗，避免蚊虫叮咬，及时喷洒药物灭蚊，控制和铲除蚊蝇孳生地。人用灭活疫苗宜用于具有接触条件的人员例如研究者、旅行者、疫区兽医、屠宰场员工等高危人群。初次接种后1周，4周时复种，并须于1年后加强接种1次。

14.12.3　OIE法典中检疫要求

2.1.8.1条　本《法典》规定，裂谷热(Rift vally fever，RVF)的潜伏期为30天。关于诊断试验和疫苗标准参阅《手册》。

2.1.8.2条　无RVF国家

一个国家，如果RVF为法定申报疫病，并在过去3年内从未证实发生过临床或血清学RVF病例，且此期间未从被认为RVF感染国家进境过任何易感动物时，可视为无RVF国家。如无RVF国家从RVF感染国进境易感动物时，若有证据证明进境符合2.1.8.7条规定的标准，则进境国仍为无RVF感染国家。

2.1.8.3条　RVF感染国家

一个国家，如果过去3年内曾证实发生过RVF，或此期间曾应用过RVF活苗，则可认为是RVF感染国家。

2.1.8.4条　无RVF国家兽医行政管理部门可禁止进境，或禁止经其领地过境运输来自被认为RVF感染国家的家养和野生反刍动物。

2.1.8.5条　从无RVF国家进境家养反刍动物时，兽医行政管理部门应要求出具国际兽医证书，证明动物：

1）装运之日无RVF临床症状；

2）自出生或至少过去30天内一直在无RVF国家饲养。

2.1.8.6条　从无RVF国家进境野生反刍动物时，兽医行政管理部门应要求出具国际兽医证书，证明动物：

1）装运之日无RVF临床症状；

2）来自无RVF国家；并且，如果原产国与被认为RVF感染国家具有共同边界，则：

3）装运前置检疫站隔离30天；

4）经诊断试验，RVF结果阴性；

5）在检疫期间及运往装运地的过程中，防止媒介昆虫叮咬。

2.1.8.7条　从被认为RVF感染国家进境家养和野生反刍动物时，兽医行政管理部门应要求出具国际兽医证书，证明：

1）免疫动物：装运之日无RVF临床症状；装运前21～90天内曾应用符合OIE标准的疫苗作过免疫；装运前30天，在官方兽医监督下置原产地国检疫站饲养，此间无RVF临床症状；

2）未免疫动物：装运之日无RVF临床症状；进入检疫站前30天内，经RVF诊断试验，结果阴性；装运前30天内，在官方兽医监督下置原产国检疫站饲养，此期间无RVF临床症状；进入检疫站后14天内，经RVF诊断试验，结果阴性；在检疫站到装运地的运输过程中，

防止昆虫媒介叮咬。

14.12.4 检测技术参考依据

(1) 国外标准

OIE 手册:Manual of Diagnostic Tests and Vaccines for Terrestrial Animals 2004,Rift valley fever(Chapter 2.1.8.)

(2) 国内标准

SN/T 1711—2006 出入境口岸裂谷热监测规程

14.12.5 检测方法概述

人感染 RVF 后表现不一,通常是隐性经过,或伴发中度至严重非致死性的流感样症状,少数患者可发展为眼损伤、脑炎或通常引起死亡的出血性肝炎。RVF 病毒属Ⅲ级生物防护标准的病原,曾经引起实验人员的严重感染,实验人员必须首先经过免疫,实施Ⅲ级生物安全标准操作,或配带呼吸保护设备。接触感染动物或作尸体解剖时务必小心。

目前还未发现 RVF 病毒的分离株和实验室传代株的特异性抗原差异,但已证明各病毒株的致病性存在差异。埃及等国家蚊蝇较多,动物寄主较少,人的感染主要是通过媒介蚊。RVF 首先在人群中发现,人群中的病例较畜群中多,家畜可能仅表现为隐性感染。RVF 通常流行在非洲,在同一时间涉及一个地区的几个国家。这些情况伴随着特大降雨的周期循环,较少发生于半干旱区(30～35 年的周期),或较频繁地(3～10 年周期)发生在较大雨量的草原区。如发生不寻常的大雨之后,发生流产并同时出现高致死性疫病,该病又以肝坏死和肝出血为特征,在新生羔羊和犊牛尤为明显,同时农场工人或处理生肉的人发生感冒症状,这时可怀疑发生 RVF。工作人员在处理 RVF 可疑肉制品和组织样品时须采取防护措施。

14.12.5.1 病原鉴定

从发热期动物的抗凝血,死亡动物的肝脏、脾脏、大脑,流产胎儿中可分离到 RVF 病毒。初次分离通常采用仓鼠、幼鼠、成年鼠或各种培养细胞。

病毒的鉴定也可通过阳性血清的中和试验进行,可用蚀斑减少中和试验(PRN)、VERO 或 CER 细胞的微量中和试验,小鼠腹腔接种中和试验。

检测病毒也可通过肝、脾、大脑压片和冷冻切片的直接或间接免疫荧光染色进行。有时可用琼脂凝胶免疫扩散试验检测组织或发热期血清中的病毒抗原,该法较为迅速。利用反转录多聚合酶链反应(RT-PCR)检测病毒 RNA 也可做出快速诊断。

在 RT-PCR 之后对 NS(S)蛋白编码区进行序列分析,此法已用于系统发育分析以鉴定 RVF 病毒的两个不同谱系,一个是埃及的,另一个是撒哈拉的,这使得该技术成为分子流行病学的有力工具。对患病动物肝脏进行组织病理学检查可揭示特征性细胞病变,而免疫染色可对感染细胞中的 RVF 病毒抗原进行特异性鉴定。这是一种重要的诊断手段,肝脏和其他组织可放在福尔马林中以供诊断之用,这有利于对距实验室较远的地区的样品进行处理和运输。

14.12.5.2 血清学试验

中和试验包括微量中和试验(VN)、蚀斑减少中和试验(PRN)、小白鼠中和试验,主要用于检查不同动物血清中的 RVF 病毒特异性抗体。中和试验特异性高,可检查畜群早期感染,但只能用活病毒进行试验,不适合疫区外使用。

酶联免疫吸附试验(ELISA)、血凝抑制试验(HI)、琼脂凝胶免疫扩散试验(AGID)、免疫荧光试验、放射性免疫检测试验、补体结合试验,均可用于检测 RVF,这些检测结果与白蛉热病毒属的其他血清型有交叉性,这些试验可用灭活抗原进行,可用于无 RVF 国家。

ELISA 具有较高的可靠性和灵敏度,可利用几种抗原检测 RVF 特异性抗体。其详情和诊断试剂可从 OIE 的 RVF 参考实验室获得。

HI 试验可用于 RVF 非流行地区,先期感染白蛉热而非 RVF 血清群病毒的动物血清,与 RVF 抗原反应滴度可达 40,少数可达 320。RVFV 疫苗免疫后,HI 抗体滴度可达 640,少数可达 1280,自然感染 RVFV 时,HI 滴度通常更高。

(1) 病毒中和试验

VN 试验可用于检测自然感染和免疫动物的抗体,具有较高的特异性,可用于检测各种动物的血清。一般说这一方法用于测定免疫接种效果,且可以得出可靠的结果,虽该法不太敏感,且有中和抗体以外因素也会对抗 RVF。VN 所用抗原为高度致弱适应小白鼠的 Smith-bum 株,经改进后,适于细胞培养,抗原冻干后于 4 ℃保存。检测时应滴定原种毒,并稀释至每 25 μL 溶液中含 $100TCID_{50}$(50%组织培养感染剂量)。

(2) 酶联免疫吸附试验

该试验较灵敏,可于数小时内提供 RVF 抗体的证据。抗原、标准血清、操作程序均可从参考试验室获得。有一种 IgM 捕获 ELISA,可用一份血清样品诊断出新近感染。

(3) 血凝抑制试验

制备的贮备抗原可冻结保存,或冻干后于 4 ℃保存,采用 Clarke 和 Casals 报道的灭活鼠肝抗原。将抗原稀释,使其在每个血凝单位(HAU)中的抗原量凝集 50%红细胞(RBC)数的 4 倍或 8 倍。首先将血清于 56 ℃灭活 30 min,以白陶土或丙酮处理,去除血清中的非特异性抑制物。采集普通雄性白鹅血液。将 RBC 离心、洗涤 3 遍,以等渗盐水配成 0.3%的细胞悬液。血清使用前以等体积的 RBC 于 4 ℃吸附 1 h。每次试验设立阳性和阴性血清对照,只有当对照血清呈现预期结果试验才有效。滴度低于 1/40 的血清为阴性,滴度介于 1/40 和 1/320 的血清为可疑,滴度高于 1/320 的血清为阳性。无其他白蛉热血清群病毒感染的国家,HI 滴度低于 1/10 判为阴性,1/10 至 1/20 为可疑,高于 1/20 判为阳性。

尽管 HI 的特异性稍逊,但它适于监测之用。各种白蛉热病毒之间发生明显的交叉反应,但同源病毒滴度高于异源病毒。据实验,RVF 以外的各种白蛉热病对反刍动物不致病,它们激发的抗体不致造成 RVF 诊断中的混淆。

14.13　牛瘟(Rinderpest,RP)

14.13.1　疫病简述

牛瘟又名牛疫(Cattle plague)、东方牛疫(Oriental cattle plague)、烂肠瘟、胀胆瘟、百叶干、传牛、大症、牛烧摆,是由牛瘟病毒引起的牛、水牛等偶蹄动物的病毒性急性传染病,其主要表现为发热、黏膜坏死等特征,其病程短,发病率和死亡率很高,可达 95%以上。牛瘟是一种古老的传染病,曾广泛分布于欧洲、非洲、亚洲,但从未在美洲、澳大利亚和新西兰发生,曾给世界养牛业造成了毁灭性的打击。牛瘟首次发生于里海盆地,随着到处掠夺的军队传遍了欧洲和亚洲,导致了动物死亡和灭绝。在欧洲每 40～50 年就大发生 1 次,经牛瘟感染过的地区,牛只数目大量减少。在欧洲暴发最大的一次是 1865 年英国因进境芬兰牛而造成

该国牛瘟发生，当时共扑杀了 50 万头牛才将疫情控制。亚洲被欧洲学者认为是牛瘟的起源地，至今牛瘟在巴基斯坦、印度和斯里兰卡仍呈地方流行性，与流行地区接壤的国家，特别是中东有散发。我国在 1949 年以前牛瘟几乎遍及全国各省、自治区，每隔约三五年或十年左右发生一次大流行，死亡的牛多达数十万头。建国后，由于防御体制的健全完善，不同地区疫苗的研制开发，使该病得以有效控制，1956 年以来再无本病发生。

FAO 在实施一项全球根除牛瘟的计划(GREP)，这一计划的实施将引起牛瘟发生国家名单的迅速变化，非洲和亚洲的基因序列分析，将历史上和当代的病毒分离株列为不重叠的三个谱系。在非洲的中部和西非已达 10 年未报道有牛瘟发生，但在苏丹的南部一系仍呈地方性流行，经常不断地威胁到坦桑尼亚、肯尼亚、乌干达。另一令人关注的相似情况是在肯尼亚的中部(1952 年)和肯尼亚的南部(1994 年)分离到二系的病毒，随后病毒传播到邻国坦桑尼亚，长期隐性感染的可能性必须引起足够的注意。自 1995 年以来，埃塞俄比亚未发现牛瘟。巴基斯坦亚洲系病毒仍然呈地方流行，但印度次大陆和斯里兰卡没有病毒。在西亚的也门和沙特阿拉伯确信消灭牛瘟尚为时过早。

14.13.2　病原特征

牛瘟病毒(Rinderpest virus，RPV)是引起牛瘟的病原体。RPV 与小反刍兽疫瘟、犬瘟热、麻疹等病毒同为副黏病毒科麻疹病毒属的成员，它们相互之间有交叉免疫性。牛瘟病毒或麻疹病毒可保护狗抵抗犬瘟热病毒强毒的攻击。但牛接种犬瘟热病毒后不能抵抗牛瘟病毒。牛瘟病毒对裂谷热病毒有干扰作用，牛瘟弱毒株对强毒株也有干扰作用。牛瘟病毒只有一个血清型，但从地理分布及分子生物学角度将其分为三个型，即亚洲型、非洲 1 型和非洲 2 型。牛瘟病毒非常脆弱，离开动物体数小时内就会失活。牛瘟病毒对许多消毒剂敏感，因为它的体积大，有液态包膜，并对酸碱都很敏感，在通常应用的消毒剂中，强碱的消毒作用最好，甘油、酚、甲醛都能很快破坏牛瘟病毒的感染力。在自然环境下，干燥极易使本病毒失去活力，直射阳光的温度如为 34 ℃，在 2 h 内即可杀灭。本病毒在腐败物内不易存活。排泄物内的病毒，一般可于 36 h 内死亡，如果置于黑暗处，温度为 12 ℃～22 ℃ 54 h 内仍具有感染性，本病毒在牧场存活不超过 36 h，在印度，牧场被牛瘟病毒污染后，经阳光直接暴晒 8 h仍可引起动物感染，如果牧场有树荫，病毒可生存 24 h。在不洁净的牛舍内，病毒的生存期为 18 h～48 h。病牛的皮张在日光下暴晒 48 h 后病毒被灭活。若牛皮盐渍后置于阴湿处，病毒可生存 4～12 天。风干的骨骼经 30 天后还有传染性，肉内的病毒可生存 3～5 天，也有报告可生存 12 天。氯仿、甲醛液、桉叶油、胆汁等都有致弱本病毒的能力。

本病主要感染牛及其他偶蹄类动物，包括牛、水牛、绵羊、山羊。牛的易感染性也有很大的不同，牦牛对本病最易感，犏牛次之，水牛、黄牛再次之，欧美牛多年来与本病无接触，故一般高度易感。亚洲呈地方流行性地区的本地牛的抵抗力要强得多，但某些品种的牛似乎比另一些品种更易感。在印度，山地牛比平原牛要易感得多。在许多南亚国家，水牛对牛瘟易感，有时甚至比本地牛还易感。绵羊、山羊对自然感染有相当强的抵抗力，一些野生的有蹄类动物(如：野猪、非洲水牛、牛型扭角羚、牛头羚、黑斑羚、瞪羚、淡黄鹿、长颈鹿等)、猪、骆驼和非洲疣猪，据说都有轻度的易感性。骆驼感染后症状不明显，而且不会传染给其他动物。欧洲猪可能被感染，但很少引起严重疾病。亚洲猪更易感，并且能将该病毒再传染给牛。现已证明，牛瘟病毒可在兔、豚鼠、小鼠、仓鼠、狗、雪貂、非洲巨鼠(*giant rat*)、中国的大眼贼(*suslik* 黄鼠、花金鼠)等体内繁殖。猿猴类中有能感染的，也有不能感染的。大鼠和豪猪对牛瘟病毒有坚强的抵抗力。牛瘟病牛是主要传染源。症状明显的病牛和处于潜伏期中的症状不明显的牛均能从口鼻分泌物和排泄物中大量排毒，尤以鼻液、尿液中含量最高，经直接接确或经消化道感染。牛瘟的自然感染，大都是健康牛与病牛的直接接触感染，在病牛呼出的气体、眼和鼻分泌物、唾液、粪便、精液、尿和奶中都能发现病毒，因而病畜可以沿着交通线散播疫病，特别是有些病畜症状非常轻微，却能排出大量病毒，更易传播。亚临诊感染的绵羊和山羊将牛瘟传染给牛，受了感染的猪通过直接接触能把病毒传播给其他猪或牛，病毒能在猪体内持续存活 36 天之久。目前虽然不能肯定野生反刍动物是家养动物的传染源，但在有牛瘟发生的情况下，它们在传播本病方面起着重要作用。

家养动物是野生动物的传染源，尽管在南非、坦桑尼亚有大量易感的野生动物，但还是成功的消灭了牛瘟。牛瘟的传染途径为消化道。饲喂病牛的血、尿、粪、鼻分泌物和汗，都能引起感染。牛瘟可经空气短距离传播，但可能性很小，如果病畜与健畜相隔 10 m，而无其他间接传播媒介，健畜不致发病。被污染的肉可能传播本病，因为欧洲的猪因食入被污染的肉而得病，但感染肉的传播比较少见。病猪可通过直接接触把病毒传播给另外的猪或牛，被认为危险性低。牛瘟常呈周期性大流行。流行期间，疫情随运输路线扩展。流行后，耐过牛获得免疫。间隔一定时期后，随着毫无免疫能力的小牛数量的增加、易感牛只密度的增大，牛瘟又发生大流行。牛瘟流行有明显的季节性。过去在中国发病最多的季节是 12 月份和次年 4 月份间，主要由于家畜和畜产品的交易及冬春季节牧场畜群转移所致。另外也可能由于冬季气温低，病毒在外界生存期较长所致。牛瘟的潜伏期视牛的品种、感染途经、病毒毒株的致病力和感染量以及动物的健康状况和饲养管理条件等因素而有差异。人工感染（皮下注射血毒）时潜伏期一般为 2～3 天，自然感染一般认为 3～9 天，特殊情况下（如弱毒株感染）可延长到 17 天。

牛瘟病毒通过消化道侵入血液和淋巴组织，主要在脾和淋巴结中迅速繁殖，然后传遍全身各组织内。一般在病牛发热前一天出现病毒血症，持续 10 天。大致为动物体温愈高，血中含毒量也愈大。血中病毒约在达到中等浓度时，即可引起宿主的组织变化，出现症状。

14.13.3　OIE 法典中检疫要求

2.1.4.1 条　本《法典》规定，牛瘟的潜伏期为 21 天。禁止接种牛瘟疫苗是指禁止对任何易感染动物使用牛瘟疫苗和禁止对任何大反刍动物及猪使用异种疫苗。不进行牛瘟免疫的动物是指：

1）大反刍动物及猪：既没有接种牛瘟疫苗也没有接种异种疫苗。

2）小反刍动物：没有接种牛瘟疫苗。

诊断试验和疫苗标准见《手册》。

2.1.4.2 条　无牛瘟感染国家

符合附录 3.8.2 的要求的国家可视为无牛瘟感染国家。在无牛瘟感染国家局部暴发牛瘟，重新确认无牛瘟感染状态的时间为：

1）实施扑杀政策，禁止免疫接种，并进行血清学监测，最后一例牛瘟消灭后 6 个月；或

2）实施扑杀政策和紧急免疫接种（免疫动物有永久性标记清楚标识）和血清学监测，最后一个免疫动物宰杀 6 个月后；或

3）不实施扑杀政策而采取紧急免疫接种（接种动物有永久性标记清楚标识）和血清学监测，最后一例病例或最后免疫接种（无论何种情况，以后发生者为准）后 12 个月。

2.1.4.3条　无牛瘟国家或地区

符合附录3.8.2要求的国家或地区可视为无牛瘟国家或地区。

2.1.4.4条　暂时无牛瘟国家或地区

符合附录3.8.2要求的国家或地区可视为暂时无牛瘟国家或地区。

2.1.4.5条　感染牛瘟国家或地区

不符合无感染牛瘟国家、无牛瘟国家或地区、暂时无牛瘟国家或地区的要求时，即视为感染牛瘟国家或地区。

2.1.4.6条　国家兽医行政管理部门在同意进境或经其国土过境运输下列商品时，应考虑是否有牛瘟风险：

1）反刍动物和猪；

2）反刍动物和猪的精液；

3）反刍动物和猪的胚胎；

4）动物（反刍动物和猪）源性产品；

5）病理材料和生物制品（见第1.4.6节和第1.5章）。

本节所指，反刍动物还包括骆驼科动物。

2.1.4.7条　从无牛瘟感染国家进境反刍动物及猪时，兽医行政管理部门应该要求出具国际兽医证书，证明动物：

1）装运之日无牛瘟临床症状；

2）自出生或装运之前至少30天一直在无牛瘟国家饲养。

2.1.4.8条　从无牛瘟国家或地区进境家养反刍动物和猪及控制条件下饲养的野生反刍动物及猪时，兽医行政管理部门应该要求出具国际兽医证书，证明动物：

1）装运之日无牛瘟临床症状；

2）自出生或至少过去3个月一直在无牛瘟国家饲养；

3）未接种过牛瘟疫苗；

4）装运前在原产场隔离30天，经两次牛瘟诊断试验，间隔至少21天，结果阴性；

5）从原产场到装运地之间，运输过程中没有触及任何感染源。

2.1.4.9条　从无牛瘟国家或地区进境非控制条件下饲养的野生反刍动物及猪时，兽医行政管理部门应该要求出具国际兽医证书，证明动物：

1）装运之日无牛瘟临床症状；

2）来自无牛瘟国家或地区；

3）未接种牛瘟疫苗；

4）装运前置检疫站30天，经两次牛瘟诊断试验，间隔至少21天，结果阴性；

5）从检疫站到装运地之间，运输过程中没有触及任何感染源。

2.1.4.10条　从暂时无牛瘟国家或地区进境家养反刍动物和猪及在控制条件下饲养的野生反刍动物和猪时，兽医行政管理部门应该要求出具国际兽医证书，证明动物：

1）装运之日无牛瘟临床症状；

2）自出生或进入下述3)所指的检疫站之前至少21天一直在原产地饲养；

3）未接种牛瘟疫苗，装运前在检疫站隔离30天，经两次牛瘟诊断试验，间隔至少21天，结果阴性。

2.1.4.11 条　从感染国家或地区进境家养反刍动物和猪及控制条件下饲养的野生反刍动物和猪时，兽医行政管理部门应该要求出具国际兽医证书，证明动物：

1）该国家或该地区，常规接种牛瘟疫苗。

2）在运往检疫站之前至少21天，出境动物原产地10公里范围内没有发生过牛瘟；动物：装运之日无牛瘟临床症状；自出生或进入到下述检疫站之前至少21天，一直在原产场饲养；未接种过牛瘟疫苗，装运前在检疫站隔离30天，经两次牛瘟诊断试验，间隔至少21天，结果阴性；从检疫站到装运地之间运输过程中没有触及任何感染源。

3）装运前30天，检疫站周围至少10公里范围内没有发生过牛瘟。

2.1.4.12 条　从无牛瘟或无牛瘟感染国家、无牛瘟地区进境家养反刍动物及猪的精液时，兽医行政管理部门应该要求出具国际兽医证书，证明：

1）供精动物：采精之日无牛瘟临床征状；采精前，至少在无牛瘟或无牛瘟感染国家或地区、无牛瘟地区饲养3个月。

2）精液的采集、处理和贮存严格符合附录3.2.1、附录3.2.2或附录3.2.3有关规定进行。

2.1.4.13 条　从暂时无牛瘟国家或地区进境家养反刍动物及猪的精液时，兽医行政管理部门应该要求出具国际兽医证书，证明：

1）供精动物：采精之日没有牛瘟临床症状；在附录3.8.2的3)a)款所指禁止免疫接种前进行牛瘟免疫接种；或未接种过牛瘟疫苗，在采精前，经两次牛瘟诊断试验，至少间隔21～30天，结果阴性。

2）精液的采集、处理和贮存符合附录3.2.1、附录3.2.2或附录3.2.3有关规定。

2.1.4.14 条　从感染牛瘟国家和地区进境家养反刍动物及猪的精液时，兽医行政管理部门应该要求出具国际兽医证书，证明：

1）在该国或该地区，进行常规牛瘟免疫接种。

2）供精动物：采精之日无牛瘟临床症状；采精前21天饲养场没有引进牛瘟易感动物，而且在采精前后21天里饲养场周围10公里范围没有发生过牛瘟；采精前至少3个月接种过牛瘟疫苗；或未接种过牛瘟疫苗，并在采精前30天，经两次牛瘟诊断试验，至少间隔21天，结果阴性。

3）精液的采集、处理和贮存符合附录3.2.1、附录3.2.2或附录3.2.3有关规定。

2.1.4.15 条　从无牛瘟或无牛瘟感染国家、无牛瘟地区进境家养反刍动物及猪胚胎时，兽医行政管理部门应该要求出具国际兽医证书，证明：

1）胚胎采集时，供体母畜一直在无感染牛瘟国家、无牛瘟地区的饲养场饲养；

2）胚胎的采集、处理和贮存符合附录3.3.1、附录3.3.2、附录3.3.4、附录3.3.6或附录3.3.7有关规定。

2.1.4.16 条　从暂时无牛瘟国家或地区进境家养反刍动物及猪胚胎时，兽医行政管理部门应该要求出具国际兽医证书，证明：

1）供体母畜：在胚胎采集之日及此后21天，无牛瘟临床症状；在胚胎采集前21天，所在饲养场没有引进过牛瘟易感动物；在附录3.8.2的3)a)所指禁止免疫接种之前进行了牛瘟疫苗接种；或未接种过牛瘟疫苗，并在采集胚胎前30天，经两次牛瘟诊断试验，间隔为21天，结果阴性。

2）胚胎的收集、处理和贮存符合附录 3.3.1、附录 3.3.2、附录 3.3.4、附录 3.3.6 或附录 3.3.7 有关规定。

2.4.4.17 条　从牛瘟感染国家或地区进境家养反刍动物及猪的胚胎时，兽医行政管理部门应该要求出具国际兽医证书，证明：

1）在该国或该地区，进行常规牛瘟免疫接种。

2）供体母畜及其饲养场的其他所有动物在胚胎采集之日及此后 21 天，无牛瘟临床症状；在胚胎采集前 21 天内，所在饲养场没有引进过牛瘟易感动物；在胚胎采集前 3 个月进行过牛瘟疫苗接种；或未接种牛瘟疫苗，并在胚胎采集前 30 天，经两次牛瘟诊断试验，至少间隔 21 天，结果阴性；胚胎的采集、处理和贮存符合附录 3.3.1、附录 3.3.2、附录 3.3.4、附录 3.3.6 或附录 3.3.7 有关规定。

2.1.4.18 条　从无牛瘟感染国家进境反刍动物及猪的鲜肉或肉制品时，兽医行政管理部门应该要求出具国际兽医证书，证明生产该批产品的动物，自出生或屠宰前至少 3 个月一直在该国饲养。

2.1.4.19 条　从无牛瘟国家或地区进境家养反刍动物及猪的鲜肉或肉制品时，兽医行政管理部门应该要求出具国际兽医证书，证明：

1）生产该批产品的动物，自出生或屠宰前至少 3 个月一直在该国饲养；

2）动物在无牛瘟地区的批准的屠宰场屠宰。

2.1.4.20 条　从暂时无牛瘟国家或地区进境家养反刍动物及猪的鲜肉（不包括内脏）时，兽医行政管理部门应该要求出具国际兽医证书，证明：

1）生产这批产品的动物：在屠宰前 24 h 无牛瘟临床症状；在屠宰前至少 3 个月内一直在该国或地区饲养；自出生或运往批准的屠宰场前至少 30 天，一直在原产场饲养；在附录 3.8.2 的 3)a) 款所指禁止免疫接种前进行过牛瘟疫苗接种；或没有接种过牛瘟疫苗，并在屠宰前 21 天经牛瘟诊断试验，结果阴性。

2）生产这批产品的去骨胴体已摘除主要淋巴结。

2.1.4.21 条　从牛瘟感染国家或地区进境家养反刍动物及猪的鲜肉（不包括内脏）时，兽医行政管理部门应该要求出具国际兽医证书，证明：

1）该国家或地区为预防牛瘟采取常规免疫接种。

2）生产该批产品的动物：屠宰前 24 h 无牛瘟临床症状；屠宰前至少 3 个月，一直在该国或地区饲养；自出生或运往批准的屠宰场之前至少 30 天，一直在原产场饲养，在此期间，该原产场周围半径 10 公里范围内没有发生过牛瘟；运往批准的屠宰场前至少 3 个月进行过牛瘟免疫接种；用经清洗消毒过的车辆装运，从原产场直接运往批准的屠宰场，途中没有接触过其他不符合出境条件的动物；在批准的屠宰场屠宰，该屠宰场从屠宰前消毒到本批产品发货之日没有检测到牛瘟。

3）生产这批肉品的去骨胴体已摘除主要淋巴结。

2.1.4.22 条　从暂时无牛瘟国家或地区、牛瘟感染国家或地区进境家养反刍动物及猪的肉制品时，兽医行政管理部门应该要求出具国际兽医证书，证明：

1）加工肉制品的鲜肉须符合 2.1.4.20 条或 2.1.4.21 条有关规定；或

2）肉制品加工方法符合 3.6.2.1 条规定之一程序，确保杀灭牛瘟病毒；

3）加工后采取必要措施，防止肉制品接触任何可能的牛瘟病毒源。

2.1.4.23条　从无牛瘟感染国家、无牛瘟国家或地区进境供人消费的乳和乳制品及动物饲料或工业或农业用动物(牛瘟易感动物)源性产品时,兽医行政管理部门应该要求出具国际兽医证书,证明生产这些制品的动物,自出生或至少过去3个月一直在该国或地区饲养。

2.1.4.24条　从暂时无牛瘟国家或地区、牛瘟感染国家或地区进境奶和酪时,兽医行政管理部门应该要求出具国际兽医证书,证明:

1) 这些产品:挤奶时,产品原产畜群没有因牛瘟而采取过任何限制措施;产品加工按3.6.2.5条和3.6.2.6条规定之一程序进行,保证杀灭牛瘟病毒;

2) 加工后采取必要措施,防止接触任何潜在的牛瘟病毒源。

2.1.4.25条　从暂时无牛瘟国家或地区、牛瘟感染国家或地区进境奶粉和乳制品时,兽医行政管理部门应该要求出具国际兽医证书,证明:

1) 制作这些产品的奶符合上述要求;

2) 加工后采取必要措施,防止奶粉或乳制品接触任何潜在的牛瘟病毒源。

2.1.4.26条　从暂时无牛瘟国家或地区、牛瘟感染国家或地区进境(家养或野生反刍动物和猪的)血粉、肉粉时,兽医行政管理部门应要求出具国际兽医证书,证明这些制品加工方法包括热处理,使其内部温度最低达70℃,至少30 min。

2.1.4.27条　从暂时无牛瘟国家或地区、牛瘟感染国家或地区进境(家养或野生反刍动物或猪的)绒毛、粗毛、鬃毛、生革及生皮时,兽医行政管理部门应该要求出具国际兽医证书,证明:

1) 这些产品按3.6.2.2条、3.6.2.3条和3.6.2.4条规定之一程序进行了加工处理,确保杀灭牛瘟病毒;

2) 加工后采取必要措施,防止产品接触任何潜在的牛瘟病毒源。

兽医行政管理部门可以非限制批准,进境或经其国土过境运输半处理皮革(灰皮,盐渍毛皮,半处理革——例如湿蓝、油坯革),如果这些产品经皮革行业中常用的普通化学和机械处理。

2.1.4.28条　从暂时无牛瘟国家或地区、牛瘟感染国家或地区进境(家养或野生反刍动物及猪的)蹄、爪、骨、角及相应猎获陈列品和娱乐用品原料时,兽医行政管理部门应要求出具国际兽医证书,证明这些制品:

1) 彻底干燥,其上无任何皮肤、肉或肌腱痕迹;并且/或者

2) 经过充分消毒;

注:来自暂时无牛瘟国家或地区或感染国家或地区的动物产品可以不要求出具国际兽医证书,前提是这些产品要按照进境国兽医行政管理部门许可的方式,运送到其许可和批准的场所,并按3.6.2.2条、3.6.2.3条和3.6.2.4条相关要求进行加工生产,确保杀灭牛瘟病毒。

14.13.4　检测技术参考依据

(1) 国外标准

OIE手册:Manual of Diagnostic Tests and Vaccines for Terrestrial Animals 2004, Rinderpest(Chapter 2.1.4.)

(2) 国内标准

NY/T 906—2004　牛瘟诊断技术

14.13.5　检测方法概述

14.13.5.1　病原鉴定

诊断牛瘟有多种实验室方法。但重要的是应了解某些传统方法的局限性及在有共同感染牛瘟和小反刍兽疫(PPR)史的国家,有小反刍兽存在情况下牛瘟诊断的复杂性。考虑到要在全球根除牛瘟的目标,即使是在那些仍被认为是地方流行的国家,任何一次暴发均有着重要的流行病学意义。因此,对来自所有暴发区的临床或病理诊断为牛瘟的样品,须按常规送到实验室确诊。

虽然快速诊断方法越来越普遍,但由于病毒分离在未来的流行病学及病理学研究中的作用,使得保留常规病毒分离在诊断中应是绝对必要的。

可用白细胞组织培养牛瘟病毒,即将全血采集到肝素或EDTA(乙二胺四乙酸)中,使抗凝剂最终浓度分别为10 IU/mL和0.05 mg/mL。充分混合后将样品于冰上送往实验室,但不能冻结。也可用死亡动物的脾、肩前淋巴结或肠系膜淋巴结样品分离病毒。这些样品可置0 ℃以下。

分离病毒时,将抗凝血以2 500g离心15 min,使之在血浆和红细胞之间产生一个血沉棕黄层。尽可能的全部取出,与20mL生理盐水混合,并再离心一次,以洗去存在于血浆中的中和抗体。最后,将沉积的细胞团悬浮于细胞培养的维持培养基中,并取2mL接种到已形成单层的绒猴类淋巴母细胞B95a、原代犊牛肾细胞或非洲绿猴肾(VERO)细胞的旋转培养管中,定期换液,并用显微镜观察特征性细胞病变效应(CPE),即细胞折射性增强、变圆、圆缩并伴随拉丝现象(即胞浆拉长成桥状形成星状细胞)以及合胞体形成等。利用检测感染细胞碎片中特异性麻疹病毒沉淀原,可部分地鉴别病毒分离物,或用单克隆抗体标记的免疫荧光方法进行完全鉴定。也可选用0.2 kg/L淋巴结或脾脏悬液作病毒分离。即将浸渍在无血清维持液中的固体组织研磨或剪碎制成,而后接种单层细胞。

只对牛,既可以用琼脂免疫扩散试验(AGID),也可用反向对流免疫电泳(CIEP)试验作快速诊断,以检测存在于感染动物眼分泌物中的沉淀抗原。既可在疾病的前期采集分泌物,也可在糜烂期采集。方法是用棉拭子在上下眼睑采集分泌物。

在牛瘟和小反刍兽疫同时存在的国家中,由于临床观察或检测沉淀抗原不能区别这两种病,因此对绵羊或山羊中的牛瘟样疾病必须进行诊断。虽然接种实验动物也可做出鉴别诊断,但是,使用免疫捕获ELISA试验则更快,更有实用价值。已建立鉴定PPR和牛瘟的反转录聚合酶链反应(RT-PCR)方法,其DNA产物同样适用于基因序列分析。

14.13.5.2　血清学试验

(1) 竞争酶联免疫吸附试验(国际贸易指定试验)

竞争ELISA试验适用于感染牛瘟病毒的任何品种动物血清抗体的检测。本试验依据是阳性被检血清和牛瘟抗H蛋白MAb与牛瘟抗原结合的竞争能力。被检样品中存在此种抗体,将阻断MAb与牛瘟抗原结合。随后加酶标记的抗小鼠结合物和底物/显色溶液,作为这一固相测定法,必须保证排除非结合反应物。

(2) 病毒中和试验

标准的病毒中和试验是在犊牛肾或VERO细胞转管培养基中进行的。本试验可用于测量单个血清抗体水平,或用于疫苗试验或进境敏感牛抗体水平的定量测定。在这种情况下,血清稀释度为1∶2时能测出抗体即为阳性。微量法已有报道,在血清浓度高时,该试验可能出现非特异性中和反应(在某些正常血清中存在的某种因子不能使病毒渗入到指示细胞中去)。在老的试管法中,这些因子可以通过改变维持液而除去,然而微量法不能除去,也就导致微量法不如试管法敏感。如果最后血清稀释度为 1∶10,这种影响可以消失。这些相关因子的特性还没有研究过。

14.14　旋毛虫病(Trichinellosis)

14.14.1　疫病简述

旋毛虫病是由旋毛虫(*Trichinella spiralis*)引起的一种危害非常严重的食源性人兽共患病,是世界各国屠宰动物首检和强制性必检的病种,主要因生食或半生食含有旋毛虫幼虫囊包的猪肉及其他动物肉类所致。它不仅对人类的健康构成严重的威胁,其发病人数及死亡率居三大食源性人兽共寄生虫病之首(旋毛虫、囊虫及棘球蚴),而且给畜牧业生产也造成的巨大的经济损失。近年来,虽然由于猪肉旋毛虫检疫工作的加强,食猪肉引起的旋毛虫病的发病率有下降趋势,但随着人们饮食习惯的改变,因食野生动物肉类引起的本病暴发则逐渐增多,如在美国和加拿大,已发生多起因食熊肉、海象及美洲狮肉引起的本病暴发。

旋毛形线虫是英国学者 Peacock 1828 年首次于伦敦人体中发现。后来证实由此虫引起的旋毛虫病,是一种世界分布的人兽共患寄生虫病,可感染人和 150 多种动物。目前全世界都有本病的发生,尤其以欧美地区为多。自从发现该病 150 多年以来,尽管人们一直努力试图将其控制或消灭,但在过去 20 年内世界上许多地区又出现了该病,现已将其列入再度肆虐的疾病(reemerging disease)。旋毛虫病在 18—19 世纪曾在欧洲国家严重流行,如 1860—1890 年间仅在德国就发生了 100 多次本病暴发,每次暴发患者 30 多人,平均死亡率为 5%。但二战后在欧共体国家已无因食用工业化养殖的猪肉而引起人体旋毛虫病的报道。在欧共体猪旋毛虫病仅见于芬兰南部和西班牙部分地区,限于用传统方法饲养或野地放养的猪,但用此种方法饲养的猪如今在欧共体只占很小的比例。目前在欧共体发生的人体旋毛虫病主要是因食用马肉、野生动物肉类或从东欧进境的猪肉制品而引起。在欧洲国家如比利时、卢森堡、西班牙、德国及希腊等地的居民有食用马肉的习惯,但均为熟食,而法国和意大利每年消费的马肉占整个欧共体马肉消费量的 71%,并且在欧共体只有这两个国家的居民有生食马肉的习惯,故因食马肉引起的旋毛虫病暴发仅见于法国和意大利。在 13 次暴发中,12 次是由从北美(美国、加拿大及墨西哥)和东欧(波兰及前南斯拉夫)进境的马肉所致。以往认为食草动物的食物中不含肉类而不会感染旋毛虫,食草动物自然感染旋毛虫的原因可能是其饲料中掺入了含有旋毛虫的猪肉屑、泔水或用洗肉水拌草料,或是放牧时食入了被腐烂动物尸体污染的青草所致。目前许多国家已将动物源性蛋白作为食草动物的饲料,尤其是在秋季和冬季屠宰动物之前,将动物源性蛋白作为育肥的措施,增加了感染旋毛虫的机会。

虽然子宫内感染少见,但在豚鼠中已证实有垂直传播。在自然界中感染旋毛虫的野生动物有 150 多种,包括食虫目、有袋目、翼手目、贫齿目、灵长目、复齿目、啮齿目、鲸目、食肉目、偶蹄目及骆驼附目等。野生动物间旋毛虫病的传播主要因这些动物互相残杀吞食或食入因本病死亡的动物尸体所致,从而引起野生动物旋毛虫病,亦称为森林型旋毛虫病(*Slyvatic trichinellosis*)。随着生态环境的改变,在世界上一些地区的野生动物数量已明显增多,从而促进了森林型旋毛虫病的传播。随着猪肉中旋毛虫检疫的加强、猪旋毛虫病的控制

和感染率的降低以及人们饮食习惯的改变，野生动物肉类作为人体旋毛虫病传染源的重要性日渐明显，虽然目前多数国家已将野生动物列入法律保护范围，但偷猎后的野生动物肉类未经兽医检验旋毛虫而食用的危险性更大。

14.14.2　病原特征

旋毛虫属于嘴刺目(Order Encplida)毛形科(Family Trichinellidae)，毛形属(*Genus Trichinella*)。自 1835 年 Owen 定名以来，人们认为毛形属只有一个种即旋毛虫种(*Trichinella spiralis*)。20 世纪 70 年代以后，各国学者根据形态学、生物学、生物化学、免疫学、遗传学对宿主适应性以及地理分布等不同特性，认为毛形属存在新种或种内变异。Garkavi(1972)报告在前苏联浣熊肌肉中发现一种与以前报告不同的旋毛虫，命名为伪旋毛虫(*Trichinella pseudospiralis*)。第五次国际旋毛虫会议将旋毛虫属分为 8 种，即旋毛虫(*Trichinella spiralis*)、乡土旋毛虫(*Trichinella nativa*)、布氏旋毛虫(*Trichinella britovi*)、伪旋毛虫(*Trichinella pseudospiralis*)、米氏旋毛虫(*Trichinella murrelli*)、纳氏旋毛虫(*Trichinella nelsoni*)、巴布亚旋毛虫(*Trichinella papuae*)及津巴布韦旋毛虫(*Trichinella zimbabwensis*)，而每种旋毛虫的地理分布、宿主及对人体的致病作用等并不完全相同。我国主要存在 2 个旋毛虫种，即猪源 *Trichinella spiralis* 种及犬源 *Trichinella nativa* 种，我国南方及中原各省人旋毛虫病主要由猪的 *Trichinella spiralis* 种引发，而东北地区则主要由犬的 *Trichinella nativ* 种引发。根据肌肉感染时期能否形成包囊，可将旋毛虫分两大类，一类是在宿主肌肉组织中能形成包囊(如：*Trichinella spiralis*，*Trichinella nativa*，*Trichinella britovi*，*Trichinella murrelli*，*Trichinella nelsoni*)，另一类是在肌细胞中不形成包囊(如：*Trichinella pseudospiralis*、*Trichinella papuae*、*Trichinella zimbabwensis*)。可形成包囊的种类只感染哺乳动物，由 3 个虫种组成的无包囊种类，其中的 1 个种只感染哺乳动物，另外两个种感染哺乳动物和爬行动物。除了包囊的存在和可能的某些虫体大小不一样外，旋毛虫的所有种和基因型在其整个发育阶段在形态上是无法区分开的。因此只能用分子生物学方法等来鉴定旋毛虫的种类，其中最常用的是聚合酶链反应(PCR)方法。

旋毛虫(*T. spiralis*)呈世界性分布，在温带和赤道附近地区，由于受感染的猪和其他类动物大量输入大陆。旋毛虫主要的宿主是家养猪和野猪以及褐色鼠、犰狳、猫、狗和野生的食肉动物等。由于马是草食动物，普遍认为它是一类少见的宿主。然而，感染了旋毛虫的马是威胁人类健康的重要因素之一，尤其在欧盟。该虫种是世界上众多患者和引起死亡的主要病原体，由于雌性虫体能生较多的新生幼虫和在体内能发生较强的免疫反应，其致病性较其他虫种强。

乡土旋毛虫(*T. nativa*)，又称北方旋毛虫，是亚洲、北美和欧洲寒冷地带森林中食肉动物的主要病原体。在 1 月份－4 ℃是该种在南方地带分布的分界线。该虫种的主要宿主是陆栖动物和海洋中的食肉动物。但是，在爱沙尼亚的 2 头野猪和中国的 1 头猪体内有鉴定出这个种的报道。这个种的主要生物学特征是其幼虫能在食肉动物肌肉中低温条件下(－18 ℃)存活常达 5 年之久。人类感染主要发生于寒冷地带的居民，如加拿大、格陵兰和西伯利亚等。

布氏旋毛虫(*T. britovi*)是栖息于森林的食肉动物感染的主要病原体，这些食肉动物主要集中在气候温和的地带，如伊伯利亚、哈萨克、伊朗和土耳其等。近年该虫种在几内亚共和国有检测出的报道。从流行病学和分子生物学方面来看，该虫种也在地中海的非洲国家

存在。布氏旋毛虫幼虫能在冷冻的食肉动物肌肉中存活 11 个月，在冰冻的猪肉中存活 3 周，这比乡土旋毛虫的存活时间短得多。在法国、意大利、西班牙和土耳其，感染了布氏旋毛虫的患者是因为吃了自由散养的猪肉、马肉等。由于布氏旋毛虫雌虫能产出的新生幼虫比乡土旋毛虫少得多，目前由这个种引起的人类死亡还没有资料报道。

米氏旋毛虫(*T. murrelli*)是新北区域的温带气候栖息于森林的食肉动物感染的病原体。其分布的北边界可能是−6 ℃等温线，南边界仍然未知。这在整个美国和靠近美国的加拿大部分地区做过调查。这个虫种对猪和鼠具有低感染力。

纳氏旋毛虫(*T. nelsoni*)，又称南方旋毛虫，是从东非的肯尼亚到南非区域栖息于森林地区的肉食动物旋毛虫病的主要的病原体。偶尔在野猪和人体内能检测出此种虫体。这个种类的虫体具有低的致病性，但当人感染后肌肉中虫体数目过多时，也可能导致死亡。相对于其他物种来说，*T. nelsoni* 对猪和鼠有较低的感染力。在家养猪体内还没有感染该虫种的资料报道。

伪旋毛虫(*T. pseudospiralis*)是哺乳动物和鸟类的旋毛虫病的病原体，广泛分布于澳大利亚、大洋洲和新北区。伪旋毛虫比旋毛虫、北方旋毛虫和南方旋毛虫小。2000 年在法国曾发生过一起因食野猪肉引起的伪旋毛虫病暴发流行。

巴布亚旋毛虫(*T. papuae*)到目前为止，仅仅在新几内亚岛发现该虫种，它能感染哺乳动物和爬行类动物。野猪是这个种类的主要宿主。目前根据大亚基核糖体 DNA，在新几内亚岛鉴定出两个不同的亚种。在试验条件下，它能感染鼠和红狐狸，但不能感染赤道附近的淡水鱼类。

津巴布韦旋毛虫(*T. zimbabwensis*)是在津巴布韦和衣索比亚的鳄鱼等体内发现的。在实验室条件下，这个种类能感染家养猪、猴子、鼠和狐狸，虽然没有发现感染哺乳动物，但哺乳动物确实是合适的宿主。

14.14.3　OIE 法典中检疫要求

2.2.9.1 条　关于诊断试验标准参阅《手册》。

2.2.9.2 条　进境新鲜猪肉(家养和野生)时，进境国兽医行政管理部门应要求出具国际兽医证书，证明该批猪肉：来自批准的屠宰场屠宰并经检验的家猪，或经检验的野猪；并且旋毛虫检验阴性；或来自在无家养猪旋毛虫病的国家或地区出生和饲养的家猪；或已经过加工，保证杀灭所有旋毛虫幼虫。

2.2.9.3 条　一个国家或地区符合下列条件时，可视为无家养猪旋毛虫病：

1) 猪旋毛虫病在该国为法定报告疫病。

2) 实施有效的疫病报告系统，能及时发现旋毛虫病例。而且，或

3) 应用批准的试验方法对猪群进行常规监测，明确该国家或地区家养猪群不存在猪旋毛虫病感染。监测程序提供阴性结果的条件是：a) 如果猪旋毛虫病的发病率超过 0.02%，则应在 5 年时间内对屠宰母猪群中进行一次具有统计学意义的血清学抽样调查，抽样规模应保证达到 95%的检出率；并且，在这 5 年期间，每年还应对屠宰猪群进行连续的具有统计学意义的抽样检测，如果该病发病率超过 0.01%，抽样规模应保证达到 95%的检出率；并且：b) 如果猪旋毛虫病的发病率超过 0.2%，每 3 年应对屠宰母猪群进行一次血清学抽样调查，抽样规模应保证达到 95%的检出率。这时，抽样数量可以减少到年屠宰量的 0.5%。或

4) 出境国或地区需达到下述条件：a) 至少 5 年时间内，家养猪群没有发生旋毛虫病的报告；

b) 对野生易感动物设有常规监测计划，且未发现旋毛虫病的临床、血清学或流行病学证据。

5) 在最终确诊发生感染，和/或猪只饲喂过污染食物的地点，应加强上述3)项中所列的定期监测。

6) 任何可疑病例均应在田间水平进行追踪、检疫和实验室检验。

7) 一旦旋毛虫病得到确诊，感染畜舍应由官方兽医控制，采取扑杀政策，并控制啮齿类动物传播疾病。

8) 所有废弃食物均由官方控制。

9) 人群暴发旋毛虫病时，应予调查，以确定引发本病的动物来源。

2.2.9.4 条　无疫猪群(研究中)。

2.2.9.5 条　进境马科动物(家马和野马)鲜肉时，进境国兽医行政管理部门应要求出具国际兽医证书，证明该批肉品：

1) 来自在批准的屠宰场　屠宰并且/或者经检验的马科动物；并且

2) 旋毛虫检测阴性；

3) 已经过加工，确保杀灭所有旋毛虫幼虫。

14.14.4　检测技术参考依据

(1) 国外标准

OIE 手册：Manual of Diagnostic Tests and Vaccines for Terrestrial Animals 2004, Trichinellosis(Chapter 2.2.9)

(2) 国内标准

GB/T 18642—2002　猪旋毛虫病诊断技术

SN/T 1574—2005　猪旋毛虫病酶联免疫吸附试验操作规程

SN/T 0420—1995　出口猪肉旋毛虫检验方法(消化法)

14.14.5　检测方法概述

旋毛虫病由于其在公共卫生方面的重要性而显得非常重要。旋毛虫的成虫可见于人、猪、小鼠、熊和其他食肉动物小肠，也见于喂食含有感染啮齿动物或污染的饲料的马属动物。这种寄生虫有直接生活史，雌虫卵胎生。幼虫蜕皮后进入乳糜管，然后到淋巴、静脉血，尽管有部分死亡，生存下来的则寄生在随意肌，特别是膈肌和舌肌内，在马属动物还有咬肌内寄生。人的旋毛虫病是一种非常严重的疾病，甚至可导致死亡。虫体在小肠内有轻度影响，但当幼虫移行到随意肌时可出现严重症状。该病通过食入未煮熟的感染的肉而感染。控制方法是：对肉品严格检查，食入时要蒸煮和冷冻(肉要蒸煮、加工或腌制)，预防已暴露被感染的肉，包括野生动物、啮齿类动物未加蒸煮的肉品。野生动物应视为潜在的传染源，其肉品应做全面的检查和蒸煮。由于对寒冷有强的耐受力，故被旋毛虫感染这些冷冻的肉品对公共卫生也有危害。

14.14.5.1　病原鉴定(国际贸易指定试验)

寄生虫直接检查一般专指宰后胴体检查，但宰前活体检查法已有人报道过。直检法的敏感性与被检的组织量和采集组织的位置有关。通常采用的方法是旋毛虫镜检技术，其敏感性为3个蚴虫/1 g组织。而混合样品消化法的敏感性为1个蚴虫/g组织。直接法能直接鉴定出感染后17天的猪，这与肌肉内的包囊蚴已对新宿主具有侵染力的时间是一致的，只要包蚴是活的，那么直接法就长期有效。在有大量组织(100 g)可供消化情况下，本法的

敏感性就大为提高。直接检查法，特别是旋毛虫检查法的缺点是，耗时、费力、开支大。

旋毛虫病的直接诊断常用的是下面两种方法：

(1) 旋毛虫镜检或组织压片法

取膈脚肌作为检查样品，将其切成至少28块，每块大小约为2 mm×10 mm。也可取其他部位的样品，如舌、咬肌及腹肌。但为了作敏感性比较，应采用较大的样品。将组织块放在两块玻片之间，用力挤压成半透明状。然后，通过一台特别的投射显微镜，即旋毛虫镜或者一台15～40倍的常规显微镜作虫体检查。在单个肌细胞上可见卷缩的幼虫。由于幼虫有囊，肌细胞的形状为卵圆形。在严重感染时在单个肌细胞上可见多个幼虫。不形成囊的旋毛虫属，包括拟气门属及其相关属可在肌细胞外见到并不卷缩形状的幼虫。

(2) 消化法

肌肉组织可用消化液消化，这样能使肌囊中释放出活的旋毛虫。欧盟内部常用四种方法：

① 人工消化单个样品或混合样品。

② 机械混合样品消化沉降技术。

③ 用滤器分离技术的机械性混合样品消化法。

④ 混合样品磁力搅拌法。

(3) 虫种鉴定

在肌肉组织取旋毛虫进行鉴定对于评估旋毛虫的流行病学和对人体的危害很重要。可用设在意大利罗马的世界动物卫生组织(OIE)参考实验室的标准鉴定虫型。

14.14.5.2　血清学试验

用于检验寄生虫特异性抗体的ELISA试验为动物屠宰前后的血清血液检验提供了一种快速的方法。它能检测到100 g组织中只有一个包蚴的低水平感染。感染猪和马已研制成功几种高度特异性的抗原制品。它们对猪旋毛虫病的诊断具有高度的特异性。经屠宰检查对照，ELISA试验假阳性<0.3%，但对每克组织感染1个以上蚴虫的猪敏感。由于旋毛虫所有型虫种都含有旋毛虫分泌抗原(ES)，所以在ELISA实验中采用分泌性(ES)抗原来检测旋毛虫的存在。其他非ELISA试验的血清学方法(如间接免疫荧光试验)缺乏特异性，不适用检测旋毛虫感染。

猪旋毛虫病血清学诊断的缺点是，在感染猪群出现小部分的假阴性结果。这样的结果是因为轻度、中等程度感染的猪体内的抗体应答的动力学起动慢或感染了森林旋毛虫的缘故。这种慢速度的抗体形成，意味着感染后几周内不能作出诊断。感染后猪的血清学反应至少持续6个月不下降。据报道马的抗体水平仅能维持几个月。这与幼虫在肌肉中的下降相一致。所以马的血清学试验检测方法价值有限。对于野生捕猎动物中的抗体反应所知有限。血清学试验与消化法比较，其优点是在检查轻度感染旋毛虫的动物时敏感性提高，这种敏感性对检查农场是否存在持续感染非常有用。而取样为1g的消化试验，只能检查比每克中有3个幼虫更严重的结果，有些动物在感染后21～35天血清仍可呈阳性，因此，血清学检查在监测计划中是很有价值的，在屠宰检查时可替代消化试验。由于旋毛虫感染通常少见，随机取样并不可靠，应当进行群体检验，这就需要制定整体监测方案。

用ELISA诊断旋毛虫病时，使用的抗原为旋毛虫的分泌性抗原。这种分泌性抗原是由分子量为45 kDa～55 kDa的糖蛋白组成的。商业用的ELISA是双抗体夹心法，它使用过氧化物酶标记的抗猪血清。测定时间短，所需时间不应超过1 h。

14.15 土拉菌病(Tularemia)

14.15.1 疫病简述

土拉菌病,又称野兔热和鹿蝇热,是一种主要感染野生啮齿动物并可传染给家畜和人类的自然疫源性疾病。它由土拉菌引起,可通过节肢动物叮咬、摄入、吸入及与感染组织直接接触而传播。该病以体温升高,淋巴结肿大、脾和其他内脏点状坏死变化为特征。本病1911年首先发现于美国加利福尼亚州的土拉县(Tulare county),Mccoy首次从当地的黄鼠身上分离出土拉菌,以后在美洲、欧洲和亚洲的一些国家陆续报告本病。

本病在世界上分布很广,主要分布在北半球,美国(49个州)、加拿大、墨西哥、委内瑞拉、厄瓜多尔、哥伦比亚、挪威、瑞典、奥地利、法国、比利时、荷兰、德国、芬兰、保加利亚、阿尔巴尼亚、希腊、瑞士、意大利、前南斯拉夫、前苏联、泰国、日本、喀麦隆、卢旺达、布隆迪、西非诸国等均有流行。由于本病的传播方式多种多样,易感动物广泛,容易形成自然疫源性,因而难以消灭。在公共卫生方面也意义重大,毛皮、肉类加工人员,农业、林业、畜牧业、渔业工作人员都容易受到感染。动物感染野兔热会造成严重的经济损失,如美国羊群中的多次流行,曾造成大批动物死亡,康复的羊群大都体质衰弱,羊毛断裂,脱落,严重影响毛皮产量和质量,对旅游业也有一定的影响。

土拉菌病发病的高峰出现在1939年,当时报告了2 291例病例,并在整个20世纪40年代保持了较高的发病水平。此后,在50年代和60年代病例出现了实质性的下降,并保持在相对稳定的数目上。在美国,大多数土拉菌病通过节肢动物叮咬而感染,特别是被蜱叮咬,或接触受染动物,特别是兔子。近年来发病只在晚春和夏季出现季节性增高,此时正是节肢叮咬最为常见的时候。在美国,土拉菌病的暴发一直都与处理鹿鼠、蜱叮咬、鹿蝇叮咬和刈草有关。散发病例与饮水污染和各种实验室暴露有关。土拉菌病是一种自然疫源性疾病,其宿主多、传播途径呈多样化,故对本病进行彻底消灭疫源地较为困难,主要预防措施是个人防护,特别是预防接种。该菌致病性强,可大量生产,可通过多种途径用于细菌战。

14.15.2 病原特征

本病病原为土拉热弗朗西氏菌(*Francisella tularensis*),该菌原属巴氏杆菌属,现为弗朗西氏菌属(*Francisella*)。根据对家兔等实验动物的致病性及分解甘油的能力不同,土拉弗朗西氏菌被分为旧北区变种(欧亚变种,也称B型菌)和新北区变种(美洲变种,也称A型菌),A型菌多数能分解甘油,毒力强,B型菌多数不分解甘油,对人毒力弱,此外,尚有介于两者之间的变种。

土拉弗朗西氏菌是一种多形态的细菌,在动物血液中近似球形,在培养物中呈球状、杆状、豆状、丝状和精子状等,大小约为(0.2 μm～1 μm)×(1 μm～3 μm),无鞭毛,不能运动,不产生芽孢,在动物体内可形成荚膜。革兰氏染色阴性,美蓝染色两极着染,经3%盐酸酒精固定标本,用碳酸龙胆紫或姬姆萨染液极易着色。该菌为专性需氧菌,营养要求较高,在普通琼脂和肉汤中均不生长,只在加入胱氨酸、半胱氨酸、血液或卵黄的培养基中生长,常用的凝固卵黄培养基,接种材料含菌量较大时,能形成具有光泽的菌落,表面凹凸不平,边缘整齐。病料如接种葡萄糖胱氨酸血液琼脂,很容易形成突起、边缘整齐的菌落。该菌在鸡胚绒毛尿囊膜上也能生长,在卵黄囊中生长茂盛。最适生长温度35 ℃～37 ℃,pH(6.8～7.2)。

若从动物或人体初次分离，一般培养需3～5天。生化特性测定时，在固体培养基和液体培养基中需加胱氨酸和马血清，pH值恒定才能进行。本菌发酵糖及醇的能力较弱，所有菌株都能发酵葡萄糖，产酸不产气，多数菌株发酵甘露糖和麦芽糖，不发酵乳糖、蔗糖、鼠李糖、木胶糖、半乳糖、阿拉伯糖、甘露醇和山梨醇，在含半胱氨酸的培养基中能产生H_2S，不形成吲哚，能分解尿素，还原硫黄、美蓝、孔雀绿，不还原刚果红，过氧化氢酶阳性。

本菌对外界的抵抗力很强，在低温条件下和在水中能长时间生存，在4℃的水中或潮温的土壤中能存活4个月以上，且毒力不降低，在动物尸体中，低温下可存活6～9个月，在肉品和皮毛中可存活数十天，但对理化因素的抵抗力不强，在直射阳光下只能存活20 min～30 min，紫外线照射立即死亡，60℃以上高温和常用消毒剂可很快将其杀死。

易感动物广泛，野生棉尾兔、水鼠、海狸鼠及其他野生动物，家畜、家禽都易感染发病，人因食用未经处理的病肉或接触污染源而感染发病。已发现有136种啮齿动物是本菌的自然储存宿主。该病的传播媒介为吸血昆虫，共有83种节肢动物能传播该病，主要有蜱、螨、牛虻、蚊、蝇类、虱等，通过叮咬的方式将病原体从患病动物传给健康动物，被污染的饮水、饲料也是重要的传染源。本病一年四季均可流行，一般多见于春末、夏初季节，也有在秋末冬初发病较多的报道。野生啮齿动物中常呈地方性流行，大流行见于洪水或其他自然灾害时，肉用动物中，绵羊尤其羔羊发病较为严重，损失较大。

14.15.3　OIE法典中检疫要求

2.8.2.1条　本《法典》规定，土拉杆菌病潜伏期为15天(兔属野兔)。诊断试验标准，请参阅《手册》。

2.8.2.2条　无土拉杆菌病国家

至少在过去2年内未发现过土拉杆菌病，并且在先前感染地区土拉杆菌病细菌学或血清学调查呈阴性结果的国家，可视为无土拉杆菌病。

2.8.2.3条　土拉杆菌病感染区

出现下列情况时，某地可视为土拉杆菌病感染区：

1）在最后一例病例确诊后至少1年内；并且

2）对该地区蜱的细菌学调查为阴性；或

3）家兔和野兔的常规血清学检验为阴性。

2.8.2.4条　无土拉杆菌病国家兽医行政管理部门可禁止进境，或禁止经其国土过境运输来自土拉杆菌病感染国家的活野兔。

2.8.2.5条　从被认为土拉杆菌病感染国家进境活野兔时，兽医行政管理部门应要求出具国际兽医证书，证明动物：

1）装运当日无土拉杆菌病临床症状；

2）不是在土拉杆菌病感染区饲养；

3）进行过驱虫(蜱)处理；并且

4）装运前置检疫站隔离饲养15天。

14.15.4　检测技术参考依据

(1) 国外标准

OIE手册：Manual of Diagnostic Tests and Vaccines for Terrestrial Animals 2004, Tularemia(Chapter 2.8.2)

（2）国内标准

SN/T 1934—2007　出入境口岸土拉热监测规程

14.15.5　检测方法概述

人对弗朗西斯杆菌有极高的易感性，能通过简单的接触发生感染。为了避免人类感染，必须采取适当的预防措施，如在采集病理样品的过程中要戴上手套、口罩和眼罩。实验接种动物及其排泄物对人特别危险。

14.15.5.1　病原鉴定

可经涂片或组织切片鉴定土拉热弗朗西斯杆菌，也可通过培养或动物接种试验进行鉴定。由于杂菌大量繁殖，很难从死亡的动物和尸体内分离到弗朗西斯杆菌。死后剖检所见病变也具有易变性，增加了诊断的难度。因此，尽管难以获得诊断试剂，但免疫学或免疫组化法的诊断方法仍是最可取的。因而，在具备了试剂、掌握了方法的那些实验室，有时推荐使用固定了的样品进行诊断分析。

（1）制备涂片

用肝、脾、骨髓、肾和肺等组织或血液在显微镜载玻片上作成压印片。病料中菌数很多，但可能因其太小（0.2 μm～0.7 μm）而被忽略。用间接或直接荧光抗体染色法可证实该菌，该技术是一种安全、快速和特异性的诊断方法。经革兰氏染色后，本菌呈革兰氏阴性，散在，点状，非常细小，几乎看不出，而且难以与沉淀的染料区分开。

（2）组织切片

组织切片中的细菌可以用荧光抗体试验（FAT）等免疫组化法加以鉴定。肝、脾和骨髓等被检病料经中性福尔马林固定和石蜡包埋后切片。切片先与兔抗土拉热血清反应，洗涤后再用异硫氰酸荧光素标记的羊抗兔血清染色，最后在荧光显微镜下检查，在坏死灶和血液中可见到大量的病菌。

（3）细菌培养

土拉热弗朗西斯杆菌在普通培养基上不生长，只有极个别的菌株在初次分离时能在血琼脂上生长。接种后37 ℃培养。濒死动物的心血、肝、脾和骨髓都可用于本菌分离。培养弗朗西斯杆菌需要使用以下特殊培养基：

1）弗朗西斯培养基（Francis medium）

蛋白脉琼脂加0.1%胱氨酸（或半胱氨酸）和1%葡萄糖，凝固前加8%～10%兔、马或人的脱纤血。

2）麦康凯（McCoy）和查平氏（Chapin）培养基

60 g蛋黄加40 mL生理盐水，充分混匀，加热到75 ℃使其凝固即可。

3）改良Thayer-Martin琼脂

以葡萄糖、半胱氨酸琼脂（GCA）培养基为基础，加上血红蛋白和Iso VitaleX。

以上培养基4 ℃可保存8～10天。本菌在McCoy培养基上形成细小、凸起、圆形的透明菌落，在弗朗西斯培养基和改良Thayer-Martin琼脂上生长良好，形成黏稠、乳白色、融合的菌落。通常需要在37 ℃下培养48 h才能形成菌落。

4）含维生素B_1的CCA琼脂（BBL）：加入血液后，即成GBCA，可用来取代Down等报道的原始的非商品化培养基。此培养基为在1 L蒸馏水或无离子水中加入58 g培养基干粉，边加热边搅拌，充分混匀后沸浴1 min，分装试管，118 ℃～121 ℃高压灭菌15 min。

如果用量是1 L，在118 ℃～121 ℃高压灭菌30 min后，冷却至45 ℃～48 ℃时，无菌加入25 mL人红细胞泥或50 mL兔或绵羊DE脱纤血，充分混匀后，倒成平板。使用前37 ℃培养24 h，以降低表面水汽和进行无菌检验。

鉴别土拉热弗朗西斯杆菌的标准包括在普通培养基上不生长和独特的菌体形态，以及特异性荧光抗体试验和玻片凝集反应的结果。本菌不运动，无芽孢，两极着色，培养24 h后菌体形态均匀一致，老龄培养菌则具多形性。分离到的细菌，可借助土拉杆菌高免血清凝集试验或动物接种试验进行鉴定。北美地区存在两型土拉杆菌，可通过是否发酵甘油将A、B区分开。也可通过下列方法区别土拉热弗郎西斯杆菌型别：以A型和B型土拉热弗朗西斯杆菌16Sr　RNA特异性探针进行核酸杂交，或以16rDNA分子特异序列为模板的聚合酶链反应（PCR）进行鉴定。PCR能在属、种及亚种水平上进行鉴定。

(4) 病理样品毛细管沉淀试验

脾、肝和骨髓等组织，加入3～5倍量的生理盐水在研钵内以灭菌的砂子进行研磨，然后把该混悬液转移到一支试管中，加入2倍量的乙醚，振摇，室温下静置4 h～5 h，再次振摇，静置过夜。吸取水相2 000*g*离心30 min，吸取含有抗原的上清，加入到加有土拉热血清的毛细管中。毛细管置37 ℃下静置3 h，然后4 ℃过夜，出现沉淀环为阳性。

(5) 动物接种试验

动物接种危险性极大，一般不作为常规鉴定试验，仅在具有生物安全设施及生物安全笼具的条件下进行。因此，使用实验动物进行诊断必须谨慎小心。用培养物接种实验动物可以证明分离物的特性。接种病理样品可以直接检查土拉热弗郎西斯杆菌。鼠的易感性比豚鼠高，但常用后者，因为豚鼠的病变比小鼠更易判定，而且小鼠常在病变形成前即死亡。实验动物发病的唯一症状是轻度贫血和淋巴细胞与单核细胞增多。腹腔接种用于纯培养物传代。小鼠所有接种途径（如皮下、皮上和静脉）均能引起感染并且无例外地都在2～10天内死亡。

接种豚鼠常取脚垫内途径，3～4天后出现淋巴结炎，如果这种反应非常明显，则在5～6天时扑杀豚鼠。经皮接种（用病料涂擦刮过毛的皮肤），可以选择性地把弗朗西斯杆菌从含其他杂菌的病料中分离出来。死后检查，可见淋巴结肿大和淋巴结周围炎，接种部位水肿，有时有出血，脾肿大，有散在性小结节，肝脏肿大，但未见坏死灶。血液、脾脏和肝脏的涂片中见有大量的病菌。

14.15.5.2　血清学试验

诊断人土拉杆菌病目前是用血清学试验，对动物的诊断价值不大，因为动物在产生抗体以前常常已经死亡。动物的血清学试验主要用于那些对土拉杆菌有较强抵抗力的动物（如绵羊、牛、猪、狗、驼鹿或鸟类）进行流行病学调查，检验材料可以是血清，也可以是肺脏抽提物。

(1) 试管凝集试验

应用最普遍的血清学方法是试管凝集试验。试验在试管中进行，加入固定量的抗原与1/10、1/20、1/40等不同稀释度的血清，振摇20 min或37 ℃水浴1 h之后置室温下过夜后判读结果。凝集沉淀物可用肉眼观察到或最好用放大镜看得更清楚。上清液清澈透亮的试管为阳性管。值得注意的是应排除与牛种布氏杆菌和羊种布氏杆菌的交叉反应。

(2) 酶联免疫吸附试验（ELISA）

全菌体或亚细胞成分都可作为回忆性抗原而激发免疫球蛋白IgA、IgM和IgG反应。自然发病2周后，即可由血清中检出抗体。常规诊断试验中采用经加热灭活（65 ℃ 30 min）

的全菌体作为抗原，并按常规方法将抗原包被到塑料板上。待检血清作系列稀释，如为阳性，与酶标抗体反应后即可肉眼看出颜色反应。也可以阴性血清作对照用分光光度计读取试验结果。

14.16　水泡性口炎(Vesicular stomatitis，VS)

14.16.1　疫病简述

水泡性口炎，又名鼻疮(Sore nose)、口疮(Sore mouth)、伪口疮(Pseudoaphthosis)、烂舌症、牛及马的口溃疡，是由水泡性口炎病毒所引起的、高度接触性人畜共患传染病，以口和蹄部产生水泡性损伤为特征。水泡性口炎最早于 1926 年和 1927 年在美国报道，为马的水泡性疾病，随后在牛群和猪群中也发现了该病。VS 使牛和马的生产能力下降而造成巨大的经济损失，国际兽疫局(OIE)将其列为 A 类传染病，我国列为二类传染病。水泡性口炎首先发现于马、骡，以后见于牛、猪、鹿，羊不发生自然感染，人偶然感染，人感染后出现急性热类似流感和登革热的症状。关于 VSV 在自然界储存宿主的周期环境，目前所知很少，一般认为哺乳动物是 VSV 在自然界循环中的最终宿主。一些学者认为动物是因食用已感染的动植物而受感染的，或吸血昆虫通过叮咬受感染植物而带毒，然后再通过叮咬把病毒传给动物。家畜和其他多种野生动物可感染 VSV，临床症状与水泡疹(VE)、猪水泡病(SVD)和口蹄疫(FMD)不易区别。

本病主要发生于美洲，在法国、巴西和南非也有过报道，至今该病仍主要散发于美洲大陆的美国东南部、中美洲和加拿大，在墨西哥、巴拿马、厄瓜多尔、秘鲁、委内瑞拉和哥伦比亚呈地方性流行。人、绵羊、山羊和其他野生动物也能感染。通常 VSV 可从疫区通过人、马、胚胎、精液和动物产品迅速传播到非疫区。从白蛉和蚊子体内分离到病毒的事实表明 VS 可通过昆虫传播，VS 的发生具有季节性。该病呈周期性流行，在美国大约每 10 年有一次大流行，其间伴有小规模的暴发，南美流行的次数更多。在热带和亚热带国家 2～3 年发生一次大流行，在温带国家 5～10 年发生一次大流行。VSV 的传播机制尚不清楚，目前有两个假说。第一种假说认为，在 VSV 自然感染中，节肢动物是主要传染源。事实上，已从白蛉和蚊子体内分离到 VSV，对其他昆虫研究获得的证据也支持 VSV 可通过昆虫传播的假说，但是，通过节肢动物的感染机制还不清楚。第二种假说认为 VSV 是存在于牧场的一种植物病毒，而动物只是流行链中的最后环节。

14.16.2　病原特征

VSV 主要有 2 个血清型，代表株为印第安纳株(VSV-IN)和新泽西株(VSV-NJ)，它们分别于 1925 年和 1926 年初次分离鉴定。迄今已发现 VSV 有 14 个病毒型，在抗原性方面有不同程度的差异，但在毒粒结构、基因组成、转录调控和病毒蛋白等方面均类同。VSV 可引起细胞凋亡，在一些因素(干扰素、细胞因子)的作用下可以改变或消弱杀死细胞的活性而获得持续感染细胞的能力，ts(温度突变株)可能就获得了持续感染状态细胞的能力。病毒以两种方式侵入细胞。病毒首先以子弹形粒子的平端吸附于细胞表面，病毒囊膜与细胞膜融合后将核衣壳释放于细胞浆内。另一方式为细胞表面膜内陷，将整个病毒粒子包围吞入，在胞浆内形成吞饮泡，吞饮泡内的病毒粒子在细胞酶的作用下裂解将核酸释放于胞浆内。

14.16.3　OIE 法典中检疫要求

2.1.2.1 条　水泡性口炎(VS)的潜伏期为 21 天。诊断试验标准参阅《手册》。

2.1.2.2条 无VS国家

具备下述条件的国家可视为无VS国家：VS为该国家法定申报疾病；过去两年内一直没有发现VS的临床、流行病学及其他迹象。

2.1.2.3条 无VS国家同意进境，或同意经其领地过境运输反刍动物、猪和马科动物及其精液和胚胎时，兽医行政管理部门应考虑到是否存在VS风险。

2.1.2.4条 从无VS国家进境家养牛、绵羊、山羊、家猪和马匹时，兽医行政管理部门应要求出具国际兽医证书，证明动物：

1）装运之日无VS临床症状；

2）自出生或至少过去21天内一直在无VS国家饲养。

2.1.2.5条 从无VS国家进境野牛、绵羊、山羊、猪、马科动物和鹿时，兽医行政管理部门应要求出具国际兽医证书，证明动物：

1）装运之日无VS临床症状；

2）来自无VS国家；并且，如果原产国与VS感染国家具有共同边界，则

3）装运前置检疫站隔离观察30天，并在检疫开始至少21天后接受VS诊断试验，结果阴性；

4）在检疫期间及运往装运地的过程中，应避免昆虫媒介的叮咬。

2.1.2.6条 从被认为VS感染国家进境家养牛、绵羊、山羊、家猪和马匹时，兽医行政管理部门应要求出具国际兽医证书，证明动物：

1）装运之日无VS临床症状；

2）自出生或至少过去21天内一直在官方报告无VS的饲养场饲养；或

3）装运前置检疫站隔离观察30天，并在检疫开始至少21天后接受VS诊断试验，结果阴性；

4）在检疫期间及运往装运地的过程中，免受昆虫媒介叮咬。

2.1.2.7条 从被认为VS感染国家进境野牛、绵羊、山羊、猪、马科动物和鹿时，兽医行政管理部门应要求出具国际兽医证书，证明动物：

1）装运之日无VS临床症状；

2）装运前置检疫站隔离观察30天，并在检疫开始至少21天后接受VS诊断试验，结果阴性；

3）在检疫期间及运往装运地的过程中，免受昆虫媒介叮咬。

2.1.2.8条 从被认为无VS国家或地区进境反刍动物、猪和马属动物的体内胚胎时，兽医行政管理部门应要求出具国际兽医证书，证明：

1）采集胚胎时供体母畜在无VS国家或地区饲养；

2）胚胎的采集、加工和存储符合附录3.3.1、附录3.3.2、附录3.3.3、附录3.3.4、附录3.3.6、附录3.3.7、附录3.3.9及相关章节的规定。

2.1.2.9条 从被认为VS感染国家或地区进境反刍动物、猪和马属动物的体内胚胎时，兽医行政管理部门应要求出具国际兽医证书，证明：

1）供体母畜：a）至少在采集前的21天及采集过程中，饲养场没有VS感染的报告；b）在胚胎采集前的21天进行VS诊断，结果阴性；

2）胚胎的采集、加工和存储符合附录3.3.1、附录3.3.2、附录3.3.3、附录3.3.4、附录

3.3.6、附录 3.3.7、附录 3.3.9 及相关章节的规定。

14.16.4　检测技术参考依据

(1) 国外标准

OIE 手册:Manual of Diagnostic Tests and Vaccines for Terrestrial Animals 2004,Vesicular Stomatitis(Chapter 2.1.2)

(2) 国内标准

NY/T 1188—2006　水泡性口炎诊断技术

SN/T 1166.2—2002　水泡性口炎微量血清中和试验操作规程

SN/T 1166.3—2006　水泡性口炎逆转录聚合酶链反应操作规程

SN/T 1166.1—2002　水泡性口炎补体结合试验操作规程

14.16.5　检测方法概述

人在接触 VS 动物或感染 VS 病毒时,在正常情况下只产生类似流感症状,而无水泡。这表明,涉及 VS 病毒的所有操作,包括来自动物的感染材料,均应有足够的生物安全设施。

水泡液、未破裂的水泡上皮或新破裂的水泡上皮是最好的诊断样品。这些样品可以从口腔的损害部采集,除此之外,还可从蹄和产生水泡的其他部位采集。为了避免伤及协助人员和使动物免受痛苦,建议采样前给动物服用镇静剂。上皮样品放在含有酚红的 pH7.6 的 Tris 缓冲胰蛋白肉汤中,样品必须在 4 ℃下 24 h 内运送到实验室。如果 Tris 缓冲胰蛋白肉汤不适用,上皮样品可以冻结和放在盛有干冰的密闭的瓶内安全运输,必须防止二氧化碳(CO_2)渗漏到瓶子中去,以免破坏病毒。作 CF 试验用的抗原样品必须保存在 pH(7.2~7.6)的甘油/磷酸盐缓冲液中(注:甘油对 VS 病毒有毒性,并可能降低病毒分离的敏感性,仅在作 CF 试验时用于保存样品)。

当不能从牛体上采集上皮组织时,可以用探杯采集食道/咽(OP)黏液样品。可以采用猪的咽喉拭子送实验室作病毒分离。该材料应放在 Tris 缓冲胰蛋白肉汤中送到实验室。OP 液必须置于冰袋(24 h 内)或干冰上(超过 24 h)运输。

当不可能采到供病原鉴定的样品时,可用恢复期动物的血清样品进行特异性抗体检测。为了检查抗体转阳升高情况,可每间隔 2 周,采集同一个动物的双份血清样品。

14.16.5.1　病原鉴定

为了鉴定 VS 病毒和与水泡病相鉴别,应将怀疑含有 VS 病毒的野外样品澄清悬液送实验室作免疫学试验。若要做病毒分离,可将同一样品接种到适当的细胞中培养。非洲绿猴肾细胞(VERO)、幼仓鼠肾细胞(BHK-21)和 IB-RS-2 细胞培养物可作水泡病鉴别诊断。VS 病毒在这三个细胞系中均能产生细胞病变效应(CPE),FMD 病毒能在 BHK-21 和 IB-RS-2 产生 CPE,SVD 病毒只能在 IB-RS-2 产生 CPE。此外其他细胞系以及一些动物器官的原代细胞培养物,也对 VS 病毒具有敏感性。

可通过 8~10 日龄鸡胚的尿囊膜接种、2~7 日龄未断乳小鼠的任何途径接种或 3 周龄小鼠的脑内接种来复制和分离 VS 病毒。在这三种情况下,VS 病毒在接种后 2~5 天之间均可引起死亡。

对于马和牛,最敏感的途径是舌皮内接种,猪接种蹄的冠状带或口鼻部。接种 2~4 天后,可在嘴、乳头和蹄部的上皮组织见到水泡性损害。接种后的牛和马是否第二次出现水泡,主要取决于所使用的 VS 病毒株。猪的口鼻部是经常感染的部位。

如果细胞培养物产生CPE,上清液可用来做病原鉴定试验,而培养的细胞可以用特异性VS荧光抗体进行染色。也可用死亡小鼠和鸡胚分割的骨骼肌组织悬液及上皮样品悬液作类似试验,小鼠的脑组织是最好的病毒分离材料。

由于弹状病毒(VS病毒)、小核糖核酸病毒(FMD病毒和SVD病毒)和嵌杯病毒VE病毒具有不同的形态特征,在水泡液和上皮组织中存在大量病毒颗粒,电子显微镜可作为鉴别该病毒科成员的有效诊断工具。

实验室鉴定病毒抗原最好的免疫方法是酶联免疫吸附试验(ELISA)和补体结合(CF)试验。也可用VS病毒NJ型和IND型的已知抗血清在组织培养物、未断乳的小鼠和鸡胚中作病毒中和(VN)试验,但该试验更耗费时间。

(1) 酶联免疫吸附试验(ELISA)

间接夹心ELISA(IS-ELISA)是目前VS和其他水泡病病毒血清型鉴定广泛选用的诊断方法。特别是用IND血清型三个亚型代表株的病毒颗粒制备的,一套多价兔/豚鼠抗血清的ELISA方法,可以鉴定VS病毒IND血清型的所有毒株。对于VS病毒NJ毒株的检测,单价兔/豚鼠抗血清试剂盒最合适。

(2) 补体结合试验(CF)

ELISA比CF试验更好,因为它更敏感,不受前补体和抗补体因子的影响。当得不到ELISA试剂时,可进行CF试验。

(3) 核酸识别法

聚合酶链式反应(PCR)可用于扩增VS病毒基因组中某些小片段。这项技术可以检测到组织、水泡液样品和细胞培养物中VS病毒的RNA,但不能确定是否有病毒感染。一般说来,PCR技术不作筛检VS病毒病例的常规方法。

14.16.5.2 血清学试验

为了进行血清特异性抗体的定性和定量,最好用ELISA和VN试验。补体结合试验可用于早期抗体的定量。

(1) 酶联免疫吸附试验(国际贸易指定试验)

液相阻断ELISA(LP-ELISA)是VS病毒抗体检测和定量的首选方法。建议以病毒糖蛋白作为抗原,因为该抗原无感染性,检测中和抗体反应出现假阳性比VN试验要低。从1∶4开始,将每份待检血清在U型微量滴定板中以2倍连续稀释,每个稀释度加双孔,将等体积的VS病毒NJ或IND的糖蛋白(70%反应的稀释物)加到每个孔中,37 ℃孵育1 h,然后将50 μL混合物转移到固相ELISA板中,置旋转振荡器上37 ℃反应30 min。结果解释:按照Spearmann-Karber方法,以阴性血清对照降到50%时的log10表示50%终点滴度。滴度大于1.3(1∶20稀释)时判为阳性。竞争酶联免疫吸附试验(国际贸易指定试验)已被研制成功。

(2) 病毒中和试验(国际贸易指定的试验)

VN试验在平底微量组织培养板上进行,用灭活血清检样、1 000 $TCID_{50}$ NJ或IND型VS病毒和预先制备Vero单层细胞或IB-RS-2细胞悬液检测未中和病毒。

(3) 补体结合试验(国际贸易指定的试验)

可用CF试验定量检测早期体,这种CF试验敏感性低,且经常受到前补体或非特异因子的影响。

第15章 重要牛病检疫技术

15.1 地方流行性牛白血病(Enzootic bovine leukemia,EBL)

15.1.1 疫病简述

地方流行性牛白血病是牛的一种慢性、进行性、接触传染性肿瘤病,其特征为淋巴样细胞恶性增生、全身淋巴结肿大、进行性恶病质和高度病死率。本病早在19世纪末即被发现,目前分布广泛,几乎遍及全世界养牛的国家,在某些牛群中血清阳性率高达60%,是影响世界养牛业发展的重要传染病之一。

EBL大约在19世纪出现在欧洲,20世纪初传播到美洲大陆,随后通过从北美洲进境牛又传回欧洲和其他国家。1974年我国首次发现本病,继而在安徽、江苏、陕西、北京、辽宁、黑龙江、江西等省市均有报道。1969年,美国Miller等自地方流行性牛白血病的末梢淋巴细胞中,培养分离出C型病毒粒子,并用这种粒子感染牛和绵羊,均发生了淋巴肉瘤。从此,称此C型粒子为牛白血病病毒(Bovine leukemia virus,简称BLV),阐明了地方流行性牛白血病是牛白血病毒引起的传染病。

15.1.1.1 病原

牛白血病病毒是一种外源致癌反转录病毒,与人类嗜T淋巴细胞病毒1、2结构和功能相似。BLV主要感染B淋巴细胞,存在于感染动物淋巴细胞的DNA中。这种感染可导致持久的淋巴球过多症。本病毒属于反录病毒科(Retroviridae)、丁型反录病毒属(*Delta retrovirus*)。病毒粒子呈球形,也有呈杆状的,直径80 nm~120 nm,芯髓直径60 nm~90 nm,芯髓由核芯和芯壳组成。核芯通常为电子散射力强的物质构成,但也有的是电子散射力低的中空结构。有的似乎呈双核芯存在于病毒膜内。核芯壳形态多为圆形,现也有杆形、椭圆形和不正形。外包双层囊膜,膜表面附有纤突,长约10 nm~15 nm,膜内含有丝状和点状结构。核衣壳呈20面体对称,中心是由两条35sRNA组成的倒置二聚体,呈螺旋状卷曲。病毒核酸为单股RNA,由8714个核苷酸组成,其结构组成可简单表示为5'-LTR-gag-pol-env-pXBL-3'-LTR,如图15-1所示。

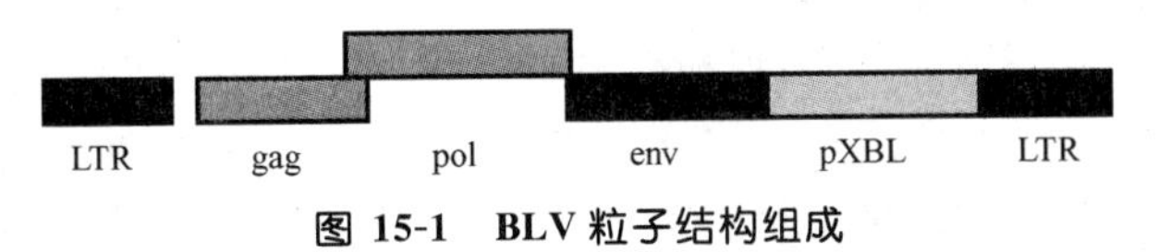

图15-1 BLV粒子结构组成

BLV粒子大约由1%的RNA,60%~70%的蛋白质,20%~30%的类脂和1%的糖组成。病毒有多种蛋白质:基质蛋白(MA,15kD),核衣壳蛋白(CA,24kD),核蛋白(NC,12kD),反转录酶(RT,70kD),穿膜蛋白(TM,30kD),囊膜糖蛋白(SU,51kD),两个调节蛋白tax(38kD)和rex(18kD),另有一种10kD的蛋白质,来自gag前体蛋白。病毒抗原主要是囊膜糖蛋白抗原和内部结构蛋白抗原。囊膜上的糖基化蛋白,主要有gp35、gp45、gp51、gp55、gp60、gp69,芯髓内的非糖基化蛋白,主要有p10、p12、p15、p19、p24、p80,其中以gp51和p24的抗原活性最高,用这两种蛋白作为抗原进行血清学试验,可以检出特异性抗体。本病毒具有凝集绵羊和鼠红细胞的作用。

病毒以前病毒的形式整合到血淋巴细胞和肿瘤细胞的DNA中，病毒也可以出现在各种体液中，如鼻、支气管液体，唾液，牛奶等。BLV的RNA没有感染性，病毒能产生反转录酶，它依赖反转录酶合成DNA前病毒。病毒可用羊胎肾传代细胞系和蝙蝠肺传代细胞系进行培养。将感染本病毒的细胞与牛、羊、人、猴等细胞共同培养，可使后者形成合胞体。

BLV对外界环境的抵抗力不强，对去污剂等脂溶剂比较敏感，福尔马林、B-丙内酯、氧化剂、乙醚、脱氧胆酸钠、羟胺、十二烷基硫酸钠和铵离子能迅速破坏其传染性。加热、低pH、非等渗和干燥的条件下可使病毒失活。56 ℃ 30 min、60 ℃以上病毒迅速丧失活性。紫外线照射、反复冻融等多种方式均可杀灭该病毒。

15.1.1.2　流行病学

自然条件下本病主要发生于牛，绵羊、瘤牛、水牛、水豚也能感染。所有品种的牛均有易感性，奶牛的发病率高于肉用牛。动物在任何年龄段包括胚胎期都可感染BLV，但主要发生于成年牛，对幼龄感染率低。随着年龄的增长而增高，其发病高峰在6～8岁。典型的淋巴肉瘤则见于3岁以上的牛。人工接种除牛外，绵羊、山羊、黑猩猩、猪、兔、蝙蝠、野鹿均能感染。牛对持续性淋巴细胞增多症的易感性和可能形成的肿瘤由遗传决定。病毒在导致免疫缺陷中的作用和增加淘汰率的问题上还有争论。一般测定母牛的感染率为13.5%，公牛为10.4%。在温热带地区，蚊蛇较多的地方感染率较高。

感染病牛终生带毒，成为传染源。EBL的传播方式有垂直传播和水平传播两种：前者包括先天性传染在内，由母牛体内子宫胎盘将病毒传递给胎儿；后者则由病毒污染的器械、兽医采血、注射、手术、人工授精、生物制剂的应用、吸血昆虫的刺螫等而传染。新生犊牛吃带病毒牛的初乳、常乳及其制品等，也可传染发病。饲养管理不当、营养不良、环境条件太差及强应激都会使发病率和死亡率明显增高。除此之外，某些微量元素的过多摄入会增加牛对BLV诱癌的敏感性。

目前尚无证据证明本病毒可以感染人，但要作出本病毒对人完全没有危险性的论断还需进一步研究。

15.1.1.3　临床症状

牛感染此病毒后，受宿主遗传因素的控制，有3种表现形式：

1）在多数情况下，只产生BLV抗体，而不表现临床症状，无白血病(AL)。

2）只有1/3的感染牛发生淋巴细胞增生(PL)，表达CD5的B细胞克隆增加，细胞表面的免疫球蛋白(SIgM)水平增加，并出现髓细胞样标记。

3）不到5%的感染牛在经过1～8年的潜伏期后，发生致死性淋巴肉瘤(LS)，因PL易发展成为LS，常认为PL是LS的前兆。大多数牛整个病程不出现白细胞增多症。

15.1.2　OIE法典中检疫要求

2.3.4.1条　诊断试验标准参阅《手册》。

2.3.4.2条　无地方流行性牛白血病的国家或地区

1）资格认可

至少在过去三年内符合下列条件的国家或地区，可视为无地方流行性牛白血病(Enzootic bovine leukosis, EBL)的国家或地区。a)所有疑似淋巴肉瘤的肿瘤，都报告兽医当局，并送实验室用适当诊断方法进行检查；b)一经证实或不能排除动物患有EBL时，所有肿瘤

患畜都要追溯至其出生后所在的牛群，该牛群中所有24月龄以上的动物都须进行EBL诊断试验；c)至少99.8%牛群无EBL。

2）维持无疫状态

一个国家或地区要维持无EBL状态，必须符合：a)如果一个国家或地区牛群的EBL流行率超过0.2%时，每年要对该国家或地区的牛群随机抽样，进行血清学调查，EBL检测的可信度应超过99%；b)有进境牛（屠宰用牛除外）须符合2.3.4.4条规定；c)进境牛精液和胚胎/卵必须分别符合2.3.4.5条和2.3.4.6条相关规定。

2.3.4.3条 无EBL牛群

1）资格认可

牛群必须符合下列条件，可视为无EBL牛群。a)过去两年内，无论EBL的临床、宰后检验，还是诊断试验，都无EBL存在的证据；b)过去12个月内，所有24月龄以上的动物都应用同一试验方法进行两次EBL诊断试验，间隔不少于4个月，结果阴性；c)第一次试验后引入该群的动物都必须符合2.3.4.4条规定；d)第一次试验后引入该牛群的所有精液、胚胎/卵必须分别符合2.3.4.5条和2.3.4.6条规定。

2）维持无疫病状态

牛群要保持无EBL资格，在抽样之日24月龄以上的牛只必须进行EBL诊断试验，结果阴性。试验间隔时间不得超过36个月，并应持续符合上述1)a)，1)c)和1)d)段之条件。

3）中止和恢复无疫状态

无EBL牛群，如有牛只对牛白血病诊断试验或病毒学试验（正在研究中）呈阳性反应，则应中止该牛群的无EBL牛群资格，直到符合下列条件，才可恢复原无疫状态：a)从最后一次阴性反应后出现的阳性动物及其后裔必须立即清除，然而阳性动物的后代动物，PCR试验阴性者（正在研究中）仍可保留在原牛群中；b)在所有阳性动物及其后裔被清除至少4个月后，剩余动物再经EBL诊断试验，结果必须阴性，具体方法按1)b)段要求进行。

2.3.4.4条 进境种用或饲养用牛时，进境国兽医行政管理部门应要求出具国际兽医证书，证明动物：

1）来自无EBL国家或地区；或

2）无EBL牛群；或

3）下列三个条件：a)动物饲养在满足下列条件的牛群：ⅰ)最近两年中，无论是EBL的临床检查，宰后检验，还是EBL诊断试验，都没有发现EBL存在的证据；ⅱ)所有超过24月龄的动物，在过去12个月经两次随机EBL血液抽样诊断试验，间隔至少4个月，结果阴性；或者离开牛群到兽医当局认可的隔离站后，经两次诊断试验，间隔至少4个月，结果阴性。b)装运前30天内经EBL诊断试验，结果阴性。c)如果年龄不足2岁，则其亲生母牛须在最近12个月内两次随机EBL血样诊断试验，间隔至少4个月，结果阴性。

2.3.4.5条 进境牛精液时，进境国兽医行政管理部门应要求出具国际兽医证书，证明：

1）公牛采集精液时，在无EBL牛群饲养；

2）供精公牛年龄不足2岁，则其亲生母牛血清学检验须阴性；

3）公牛须进行两次随机EBL血样诊断试验，结果阴性，第一次试验至少是在精液采集前30天，第二次至少应在采集精液后90天；

4）精液的采集、加工和贮存符合附录3.2.1的规定。

2.3.4.6条　进境牛胚胎/卵时，进境国兽医行政管理部门应要求出具国际兽医证书，证明胚胎/卵的采集、加工和储存符合附录3.3.1，附录3.3.2或附录3.3.3相关规定。

15.1.3　检测技术参考依据

（1）国外标准

1）欧盟指令：Council Decision Introducing a Supplementary Community Measure for the Eradication of Brucellosis，Tuberculosis and Leucosis in Cattle(EU/EC 87/58/EEC-1986)

2)OIE：Manual of Diagnostic Tests and Vaccines for Terrestrial Animals：ENZOOTIC BOVINE LEUKOSIS(CHAPTER 2.3.4)

（2）国内标准

1）SN/T 1917—2007　牛地方流行性白血病聚合酶链反应操作规程

2）SN/T 1315—2003　牛地方流行性白血病琼脂免疫扩散试验操作规程

3）NY/T 574—2002　地方流行性牛白血病琼脂凝胶免疫扩散试验方法

15.1.4　检测方法概述

病毒可用外周淋巴细胞培养分离，然后用电镜或测定BLV抗原进行鉴定。在外周血或肿瘤中可用聚合酶链反应(PCR)检查前病毒DNA。血清学方法应用最广的是琼脂凝胶免疫扩散(AGID)和酶联免疫吸附试验(ELISA)测定血清和奶中的抗体。有许多国家以这些试验为基础，成功地消灭了本病。其他方法如放射免疫测定(RIA)也可用。

15.1.4.1　病原鉴定

（1）病毒分离

1.5 mL血置于乙二胺四乙酸(EDTA)中，用泛影葡胺/甲泛影钠密度梯度离心分离单核细胞。然后同2×10^6胎牛肺(FBL)细胞放40 mL含20%胎牛血清的MEM培养3～4天，病毒在细胞中产生合胞体。单核细胞也可用24孔塑料板短期培养培养3天，不加FBL。培养物上清液可用放射免疫分析(RIA)、ELISA和AGID测定p24和gp51抗原。BLV粒子和BLV前病毒可通过电镜和PCR分别进行检测。

（2）聚合酶链反应

许多科学工作者应用聚合酶链反应(PCR)检测BLV前病毒。从病毒基因组gag、pol和env设计引物，都分别获得成功。套式PCR经凝胶电泳并染色是最快而敏感的方法。该方法是以编码gp51引物的env基因设计引物。该基因高度保守，基因和抗原通常存在于所有感染动物并贯穿整个感染过程。这种技术限用于拥有研究分子病毒学条件的实验室。通常要采取预防和控制程序，以保证试验的正确性。另外已有几个测定BLV前病毒的PCR程序已发表。在下列条件下，套式PCR可用于检测单个动物的BLV感染。PCR不适用对群体检测，但可以作为血清学辅助的验证试验。

15.1.4.2　血清学试验

EBL血清学诊断方法多数都是针对血清中抗病毒的抗体。牛感染BLV会持续终生，并产生持续抗体反应，第一次感染后可在3～16周内测出抗体，母源抗体可持续6～7个月。被动抗体与主动感染产生的抗体无法区别，然而主动感染可通过PCR检测技术来确定BLV前病毒。被动抗体可保护犊牛抵抗感染。母牛在围产期，因抗体从循环系统转移至初

乳，使用AGID方法检测不到血清抗体。因此，母牛在这个阶段（临产前2～6周，临产后1～2周），使用AGID检测出的阴性结果，不可作为结论。然而可用AGID检测第一阶段的初乳抗体。最易测出的是针对病毒gp51和p24的抗体。应用最多的常规方法是AGID和ELISA试验测定糖蛋白gp51抗体，因其出现较早，这些试验操作方法已经建立。ELISA试验使用的OIE标准弱阳性和阴性血清为冻干品，并经辐射灭活，来自于OIE在英国的参考实验室。

（1）酶联免疫吸附试验（ELISA）（国际贸易指定的试验）

间接法或阻断法都可采用，两种方法均有用于血清和牛奶抗体检测的试剂盒出售。有些ELISA试验用于混合样品的检验相当灵敏。ELISA的灵敏度大约是AGID的10到100倍。在自然感染的动物体内，只能检测到4种抗病毒的抗体（抗gp51、gp30、p24和p51抗体），但以抗gp51和p24抗体为主，所以现在建立的ELISA检测方法都是针对这两种抗体。

（2）琼脂凝胶免疫扩散（国际贸易指定方法）

琼脂凝胶免疫扩散是在BLV感染诊断上运用得最多的血清学方法之一，也是国际贸易指定试验，其主要针对BLV的结构蛋白（gp51、gp60、p24等）。AGID具有简单、可靠、特异性强等优点，但其灵敏度低，不适用于感染早期的检测，而且不能区分母源抗休和疫苗免疫抗体，易受感染牛病毒性腹泻病毒的影响，不能用于乳样品的检测（Ressang AA et al, 1981）。AGID试验在敏感性方面的要求是E4作1/10稀释被检出为阳性。

（3）放射免疫测定法（radioimmunoassay，RIA）

放射免疫技术是把放射性同位素测定的敏感性和抗原抗体反应的特异性结合起来，在体外定量测定多种具有免疫活性物质的一项技术。其中标记抗原/抗体去检测未知抗原/抗体的方法为放射免疫测定法。由于BLV感染牛产生的抗体主要是抗p24和gp51的抗体，在建立EBL的RIA检测方法时，主要利用放射同位素标记p24和gp51抗原，用于检测抗p24和gp51抗体。RIA成为早期人们检测BLV的主要方法之一。Levy D等（1977）利用同位素125I标记BLVp24建立了RIA方法，与补体结合试验和免疫扩散试验进行了比较，RIA方法具有更高的灵敏性，并用该方法对不同来源的牛血清进行了检测分析，大约2/3的EBL血液学可疑牛血样RIA分析呈阳性，另有1/3无临床症状的牛血样经RIA检测呈阳性。Bossmann H等（1959）用125I分别标记BLVgp30、gp51和p24，建立了EBL RIA检测方法，并对193份血清进行了检测，其中有16份血清三种方法检测均呈阴性，另外的177头份血清中，175份gp51-RIA检测呈阳性，172份p24-RIA检测呈阳性，164份gp30-RIA检测呈阳性，这其中有159份三种方法检测均呈阳性。结果显示gp51-RIA方法要好于gp30-RIA和p24- RIA，可用于EBL的检测。

除了上述血清学方法之外，补体结合试验和血清中和试验也是在早期研究和诊断中常用的方法。

15.1.4.3　合胞体试验

合胞体是逆转录病毒致细胞病变的主要形态学特征之一，是病毒感染细胞通过膜上的糖蛋白使感染细胞相互融合而形成的。BLV特异性诱导合胞体形成的发现，使合胞体试验成为早期人们检测EBL的主要方法之一。此法是将病牛外周血淋巴细胞与代谢旺盛的指示细胞共同培养，经过培养细胞出现多核病变。合胞体试验的指示细胞有很多，其中非生产性小鼠肉瘤病毒转化的猫CC81细胞对感染BLV的淋巴细胞形成的合胞体更大和更易辨认，而且能适应在体外继续生长，在长期培养后保持它的合胞体形成的能力，所以通常选择CC81细胞的亚系F81作为指示细胞。M. Onuma等(1980)将FLK细胞(BLV持续感染细胞)与不同的指示细胞共同培养，其中人双倍体细胞和F81细胞在培养24 h就出现较强的多核细胞病变，并对提取的牛外周血淋巴细胞进行了检测，其中89%补体结合试验检测阳性的血样合胞体检测呈阳性，而补体结合试验检测阴性的血样合胞体检测都呈阴性，可用于EBL的诊断。

15.1.5　疾病防治

在BLV感染母牛所产犊牛中抗BLV gp51的母源抗体对保护犊牛免受BLV感染很重要。然而，试验用灭活BLV，固定感染FLK细胞和纯化gp51接种动物仅能产生短期保护力。也发现散发性牛白血病病毒在BL3细胞系生长的活细胞接种牛也能产生短期的保护作用。可能产生这种保护力的是与肿瘤相关的一种移植抗原。绵羊细胞仅合成env基因产物gp51、gp30和主要结构抗原p24，牛可产生血清学反应，但必须反复接种这种细胞才能保护牛。一种表达BLV gp51的重组疫苗病毒接种绵羊可以产生保护力；但不出现可以测出的中和抗体。Portetelle等人发现接种这种重组疫苗病毒，虽然抗gp51抗体衰退，但仍能保护绵羊。因此设想有细胞介导免疫参与部分抗病作用。现已获得表达gp51的重组疫苗，用病毒及含有BLV的env基因编码序列的酵母，试用于保护绵羊已获得成功。虽然近来关于BLV的免疫性质的了解已有所进展，但现仍没有合适的商品疫苗来控制EBL。

由于EBL没有理想的疫苗和治疗方法，因此要加强牛场和牛群的检测。采用临床、血清学(AGID、ELISA)等方法进行普查或抽检，明确有无EBL以及流行程度，并采取相应的措施，进行防制。BLV阳性牛应及早淘汰，防止扩大传染。由外地购入或进境牛只，必须进行实地检疫，确定为阴性的才可引进，并做45天隔离观察和再次检测，阳性牛必须立即捕杀处理。本地检测阳性牛禁止出卖或出境。每年对牛舍进行2～4次消毒，其他用具也应定期消毒，特别是使用的医疗器械，应尽量避免多次反复使用，并在使用后做消毒处理。一般消毒药能很快杀死病毒。各种消毒药物杀死BLV的最低浓度分别为苯酚2%、消毒灵0.01%、氢氧化钠1%、消毒劲0.05%、漂白粉0.5%、高锰酸钾0.02%、二氯乙氰尿酸钠0.01%、百毒杀0.05%、新洁尔灭0.05%、福尔马林4%、过氧乙酸0.02%。

EBL污染牛群，通过定期检疫，淘汰阳性牛，选择阴性牛，建立新的健康牛群。不饲养有白血病家族史的种公牛，并定期进行检疫，出现抗体阳性的应立即淘汰，精液应废弃。污染牛群出生的犊牛，在其喂初乳前实施检疫，阴阳性犊牛均送往专门的场地喂养，并在6～8个月时再次检疫，阳性者送隔离区饲养或淘汰，阴性送假定污染牛群饲养。经常对饲养人员进行有关EBL的知识教育，加强他们对防治本病的意识，进出牛群或牛场的人员，必须更换工作服，并做好消毒措施。

15.1.6　部分商品化试剂说明及供应商

牛地方流行性白血病商品化试剂盒：瑞典SVANOVIR生产的试剂盒“ELISA test for the detection of gp51 specific antibodies in serum and milk”用于检测血清和牛奶中牛白血病病毒gp51特异抗体。

原理：奇数孔包被感染BLV细胞，若样品中有BLV抗体，则其可与孔中Ag结合。再加入HRP酶形成复合物。洗板后，加底物呈蓝色(阳性呈蓝色)。加终止液，变为黄色，测

OD_{450}。同时，偶数孔上包被有正常的细胞，用奇数孔的OD—偶数孔的OD得到修正OD。

样品：每孔需血清（或血浆）4 μL：新鲜、冷藏或冻存都可，或：100 μL撇去浮物的牛奶（每孔100 μL），牛奶需离心2000g 15 min去除上层脂质层。

联系方式：Email：info@svanova.com，customer.service@svanova.com

电话：46-18-654900，46-18-654915，传真：46-18-654999

15.2 牛海绵状脑病（Bovine spongiform encephalopathy，BSE）

15.2.1 疫病简述

牛海绵状脑病俗称疯牛病（Mad-cow disease），也叫朊病毒病，是一种慢性、致死性、传染性、食源性的人畜共患病，以中枢神经系统退化为主要特征，是动物传染性海绵状脑病（Transmissible spongiform encephalopathy，TSE）中的一种。主要表现行为反常、运动失调、轻瘫、体重减轻、脑灰质海绵状水肿和神经元形成空泡。特殊的致病因子Prion不仅能在动物之间相互传染，而且有可能通过食品、化妆品、药品、血液等传染给人，引起人类的疾病主要有库鲁病（Kuru）、新型克-雅氏病（vCJD）、格氏综合征（GSS）等，严重地威胁到人类的身体健康和生命安全，给社会也造成巨大的经济损失。

该病最初在1985年4月英国苏格兰的阿什福特农场出现可疑病例，1986年11月对病牛作了病理组织学检查，发现脑组织被侵蚀产生许多海绵样小孔，定名为牛海绵状脑病，并确诊此病为牛的一种新病。1987年由Wells等首次报道。1988年迅速扩散到英国的44个郡和威尔士、苏格兰。从20世纪80年代至1995年底估计BSE病例已超过15万头，并有3万多头牛死于BSE。由于同时还发现了一些怀疑由于吃食了病牛肉、奶产品而被感染的人类海绵状脑病，因而引发了一场震动世界的轩然大波。目前，除英国外，爱尔兰、瑞典、瑞士、法国、德国、阿曼、意大利、葡萄牙、荷兰、丹麦、美国、加拿大、比利时等国家和地区都有BSE病例或可疑病例的报道，最近几年，又波及到日本等国。

15.2.1.1 病原

BSE的病原为与痒病病毒相类似的一种朊病毒，是痒病（Scrapie）病原跨越了“种属屏障”引起牛感染，甚至可能是绵羊痒病病原的“突变株”。在1996年8月11～16日在以色列耶路撒冷举行的国际病毒分类委员会第十届会议上，专家们一致认为：BSE及痒病类疾病的病原为亚病毒中的朊病毒（Prion，“Proteinaceous infectious particle”的缩写，也有人翻译为蛋白侵染因子或普里安）。朊病毒引起的疾病不仅具有传染性，而且具有遗传性。人类的克-雅病、杰斯综合症等都与朊病毒有关。朊病毒从一个物种传播到另一个物种一般都伴随着潜伏期的延长，这种现象称为物种屏障。朊病毒的传播具有种属特异性和株系特异性的特点。Fraser等应用BSE病牛脑组织匀浆接种小白鼠，结果产生了与痒病相似的临床症状和病变，首次证明BSE具有传染性，并证明BSE病原是病毒性病原体。后来实验表明，取病牛脑组织匀浆接种健康牛，经过较长的潜伏期（1～2年），可引起健康牛感染。Wells等用电子显微镜检验病牛新鲜脑抽提物，曾检出具有异常病毒感染特征的痒病相关纤维SAF（Scrapie Associated Fibrils）。SAF已发现于自然感染和人工感染痒病的绵羊脑组织内，也见于人克-雅病、库鲁病、杰斯综合症等患者的脑组织内。经Hope等对脑微纤维的分子生物学研究，更证明BSE病原的痒病类性质。

美国加州大学Prusiner博士对朊病毒的结构提出了3种可能的假设：

1）“壳包核酸”假说，即朊病毒含有一种被蛋白质包裹着的核酸，它为朊病毒编码蛋白，这种结构与其他病毒相似，只是核酸受到严密的保护，难以遭到外界因素的破坏；

2）蛋白质外面连着一小段多聚核苷酸片段，可能是宿主细胞为朊病毒编码的基因；

3）“朊病毒”假说，即朊病毒原本就是一种不含核酸的蛋白质，多肽链的合成是在缺乏核酸模板下进行的，由细胞蛋白翻译后加工修饰形成的。

由于在朊病毒提纯样品中检测不到核酸的存在，加上朊病毒蛋白 PrP，即蛋白酶抗性蛋白(proteinase resistant protein，PrP)的发现，目前，大多数学者赞同 Prusiner 教授提出的朊蛋白假说。

朊蛋白假说认为疯牛病是由生物体内的一种正常蛋白发生构象畸变而引起的，把这种蛋白称为朊病毒蛋白(Prion protein，PrP)，简称朊蛋白，其正常构象转变为异常构象是引发该类疾病的主要原因。异常构象的朊蛋白通过消化道经淋巴、外周神经最后定位到脑部，以指数增长的方式催化朊蛋白发生构象改变，变构后的异常朊蛋白在脑部大量凝集沉淀，逐渐地在脑细胞中形成星形胶质细胞和微小胶质细胞，使脑组织海绵体化、空泡化，甚至产生淀粉样斑等。从而引起脑部神经功能紊乱，致使机体患病，又因此种蛋白构象的改变在自然条件下是不可逆的，最终导致动物死亡。

朊蛋白(PrP)主要分布于动物神经元细胞表面，是机体正常表达的一种糖蛋白，存在于脑、脾、肠、唾液腺、胎盘及所有神经元、淋巴细胞、单核细胞和血小板等，由单拷贝染色体基因的单一外显子所编码。朊蛋白基因(PRNP)广泛存在于哺乳动物细胞，人类、小鼠和牛编码的 PrP 基因分别位于第 20、2 和 13 号染色体上。在人类的 PRNP 中，密码子 135～231 位可形成 3 个 α 螺旋及 2 个 β 折叠，102(Pro-Leu)、117(Ala-Val)及 198(Phe-Ser)可发生引起 GSS 的点突变。对 BSE 病牛的研究表明，PrPSc 分子就是朊病毒的主要组成成分，它在脑组织中的含量高低是发病与否的直接原因。PrPSc 非常微小，可以通过各种型号的细菌滤器，表明它是病毒或小于病毒的病原体，但又具有一些非典型病毒的特征：首先，多种理化处理不影响其感染性。病原体比一般的细菌或病毒对物理、化学处理的抵抗力都强，对热、酸碱、紫外线、离子辐射、乙醇、福尔马林、戊二醛、超声波、非离子型去污剂、蛋白酶等能使普通病毒或细菌灭活的理化因子具有较强的抗性。如患病的脑组织匀浆，在 134 ℃～138 ℃持续 1 h 或冷冻干燥后干热至 360 ℃仍具有感染力；37 ℃下 200 mL/L 福尔马林处理 18 h 或 3.5 mL/L 福尔马林处理 3 个月不能使之完全灭活，室温下在 100 mL/L～120 mL/L的福尔马林中可存活 28 个月，病牛脑组织经常规福尔马林固定，不能使其完全灭活；在2 mL/L的 NaOH 溶液中浸泡 2 h，其感染力仍然存在；用核酸酶、羟胺或 Zn^{2+} 等能破坏核酸的化学试剂或用紫外线照射和离子辐射均不能使其彻底灭活，也不能改变其侵染性；在pH(2.1～10.5)范围内稳定；十二烷基磺酸钠(SDS)、尿素、苯酚等蛋白质变性剂能使之灭活，含 2%有效氯的次氯酸钠 1 h 或 90%的石炭酸 24 h 处理可使之灭活。动物组织中的病原，经过油脂提炼后仍有部分存活，病原在土壤中可存活 3 年。其次，本病原体既不刺激机体产生免疫反应，也不影响机体对其他感染的免疫应答。这与病牛中枢神经系统损伤后不表现炎性反应一致。由于这类病原感染后潜伏期长，病原异常稳定且不受免疫反应影响，故称这类病毒为“非常规的慢病毒”。

15.2.1.2　流行病学

目前公认疯牛病的传染源是被痒病病原污染的反刍动物性蛋白饲料。英国 20 世纪

70年代至80年代初给牛饲喂了大量以反刍动物骨肉粉为原料的蛋白饲料，这种饲料是以绵羊、牛、鸡的脏器高温处理生成的，而饲料生产者为降低成本，降低了加工时的温度，生产工艺逐步由使用碳氢化合物溶剂提取的批次法改为连续法，未能灭活原料中的痒病病原体。

英国牛感染BSE源于喂食经病原体污染的、由同类动物肉、血液、凝胶、脂肪等加工制成的饲料，经消化道传染。病原体存在于正常脑细胞里，但能发生变异。变异过程可通过喂食受到变异细胞污染的饲料在动物之间传播。BSE不仅可通过污染的饲料经消化道或在实验室经脑内接种发生水平传播，还可通过怀孕母牛的胎盘等垂直传播给子代。而美国和冰岛的科学家对BSE蔓延又有新解释，认为BSE的传播与农场干草中的螨虫有关。传播途径主要存在以下6种：

1）消化道为主要途径：主要通过食用感染或污染的牛、羊肉及制品，其次为使用动物脂肪、筋胶制造的糖果、食品等，英国用牛脑和脊髓匀浆作黏合剂生产汉堡包、香肠、酥饼等而进入食物链，表明经口感染为主要途径；

2）破损皮肤、黏膜：使用牛、羊组织（器官）生产化妆品（口红、羊胎素、嫩肤霜等），在Kuru地区举行剖食人脑的宗教仪式中接触患者脑组织，经手涂抹到口、鼻、眼结膜、黏膜；在屠宰加工牛、羊肉的过程中亦存在感染危险；

3）血液途径：使用或接种牛血清、牛肉浸膏生产的疫苗等；用人、动物组织（垂体、胸腺）生产的胸腺肽、生长激素等；

4）医源性：使用污染的器械、组织移植（角膜、硬脑膜）等，脑部电极植入造成感染，肌肉注射污染的生长因子造成100多例CJD，约占1%～2%；

5）吸血媒介：借助蜱吸血造成啮齿动物和哺乳动物间的感染或传播；病区牧场中的螨类与MCD的蔓延和传播有关；

6）Z型传播：牛、羊间存在水平和垂直传播；动物实验表明：PrP感染具高剂量依赖性，非肠道途径比口服途径更易传播。

除人以外，易感动物有牛、羊、小鼠、猴、鹿、羚羊、水貂、猫、狗、猪、鸡甚至其他一些野生动物等。牛发病年龄为3～11岁，但多见于3～5岁的成年牛，其中以4岁牛发病最多。灵长类感染牛海绵状脑病的时间是牛、猪、绵羊、山羊和鼠的两倍，比人的克-雅氏病传给狨的时间还长，是狨传给狨的三倍，这说明灵长类和其他品种的动物可能存在种间屏障。

BSE具有流行性或地方性散发，发病与气温、季节、牛的性别、泌乳期和妊娠期等因素无关。在大不列颠岛的所有品种的牛均可感染，品种多达18种。奶牛群的发病率明显高于肉牛群，原因是两种牛的饲养方式不同：奶牛通常在断奶前的六个月饲喂含肉骨粉的混合饲料；而哺乳肉牛则很少饲喂这种饲料。牛海绵状脑病患牛的比例与牛群的大小成正比，牛群越大，就需要越多的饲料，那么购买被污染的饲料的比率就更大。病例对比试验表明，小牛饲料中含有肉骨粉，是发生牛海绵状脑病的最大风险因素。

15.2.1.3 分布

除英国外，已有爱尔兰、瑞士、法国、比利时、卢森堡、荷兰、德国、葡萄牙、丹麦、意大利、西班牙、列支敦士登、阿曼、日本、斯洛伐克、芬兰、奥地利17个国家和地区发生了疯牛病。截至2007年8月，OIE的资料显示，按照OIE法典的规定，澳大利亚、阿根廷、新西兰、新加坡和乌拉圭为无BSE国家；巴西、加拿大、智利、瑞士、中国台湾和美国为控制了BSE的国家。冰岛和巴拉圭为暂时无BSE的国家。我国尚未见有BSE存在的报道。

15.2.1.4　临床症状

BSE的潜伏期变化很大，为2～8年不等，甚至更长，平均为4～5年，故发病牛年龄多为4～6岁，2岁以下罕见。迄今发现最小的病牛为22月龄，最大为15岁。流行病学统计表明，大多数病牛是出生后1年内被感染的。小牛感染BSE的危险性是成年牛的30倍，这可能与牛肠道生理机能和非特异性免疫随年龄增长而发生改变有关。

该病原主要侵害中枢神经系统，出现神经症状，以及中枢神经组织的海绵样变性和神经元细胞的空泡化。50%的病例在挤奶时乱踢乱蹬，部分病例抗拒检查，特别是抗拒头部检查。绝大多数病畜食欲良好，但79%的病畜膘情下降或体重减轻，60%的乳量减少。血液学和生化检查一般无异常。病初6～8周病势发展较快，病情加重。病程一般为1～4月，少数长达1年左右。终因极度衰竭、麻痹，卧地不起而死亡。

15.2.2　OIE法典中检疫要求

2.3.13.1条　本章建议的目的仅用于管理牛（家牛和瘤牛）体内中出现的牛海绵状脑病（BSE）病原与人类和动物健康有关的风险。

1）不管出境国、出境地区或区域牛群的BSE风险状况如何，当批准进境或运输下列商品及由这些商品生产的所有产品（不含牛的其他组织成分）时，兽医主管部门不应提出任何与BSE条件相关的要求：a）牛奶和牛奶制品；b）精液和在体内形成的牛胚胎，胚胎的收集、处理符合国际胚胎移植协会的要求；c）皮和革；d）专用皮、革制备的明胶和胶原质；e）无蛋白的牛脂（不可溶杂质重量不超过0.15%）及其衍生物；f）磷酸二钙（无蛋白和脂肪痕迹）；g）来源于30月龄或小于30月龄牛的去骨肉（不包括机械分割肉），屠宰前没有经过击晕处理，使用颅腔注射空气（气体）或脑脊髓穿刺，并且经过宰前、宰后检疫，处理过程避免2.3.13.14条所列组织的污染；h）血和血的副产品，来源于屠宰前没有经过击晕处理，使用颅腔注射空气（气体）或脑脊髓穿刺的牛。

2）当批准进境或运输在这章中所列的其他产品时，兽医行政部门应要求出境国家、地区或区域牛群状况符合本章中规定的与BSE风险相关的条件。

诊断试验的标准在《陆生动物诊断手册》中有描述。

2.3.13.2条　确定一个国家、地区或区域牛群BSE状况的标准如下：

1）基于1.3节进行的风险分析结果，确定所有BSE发生的潜在因素及历史状况。国家应该每年进行风险评估，以确定这些状况是否变化。

a）分析评估

通过下列内容，评价BSE通过潜在的污染商品可能已被引入该国家、地区或区域的可能性，或已经出现在该国家、地区或区域的可能性：ⅰ）该国、地区或区域的本土反刍动物是否有BSE因子，如果有，找出流行证据；ⅱ）本土反刍动物肉骨粉及油渣的生产情况；ⅲ）进境的肉骨粉及油渣的情况；ⅳ）进境的牛、绵羊、山羊；ⅴ）进境的动物饲料及其成分；ⅵ）进境用于人类消费的反刍动物源性产品，这些产品可能含有2.3.13.13条列出的组织成分，这些组织成分已用于饲喂牛的可能性；ⅶ）已进境的用于牛食用的反刍动物源性产品，在实施评估过程中，对上述商品的任何流行病学调查的结果都应该列入评价内容中。

b）接触评估

若分析评估确定了风险因素，通过考虑下列因素进行接触评估，包括牛接触BSE病原的可能性：ⅰ）反刍动物源性肉骨粉或油渣，或污染了这些成分的饲料，被牛食用进入再循

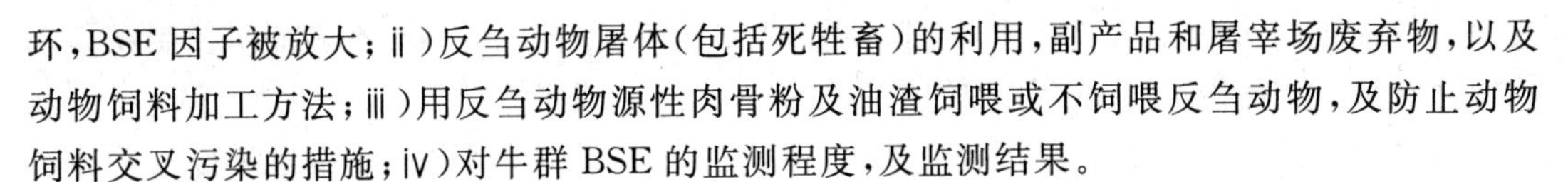

环,BSE因子被放大;ⅱ)反刍动物屠体(包括死牲畜)的利用,副产品和屠宰场废弃物,以及动物饲料加工方法;ⅲ)用反刍动物源性肉骨粉及油渣饲喂或不饲喂反刍动物,及防止动物饲料交叉污染的措施;ⅳ)对牛群BSE的监测程度,及监测结果。

2)对兽医、农场主以及与牛的运输、销售和屠宰有关的工人进行持续教育,鼓励他们及时报告所有与附录3.8.4中所确定的与BSE临床症状相符合的病例。

3)对临床症状与BSE相符的所有牛进行强制性申报和检查。

4)根据上述所述监测系统的大致要求,采集大脑和其他组织,依据《陆生动物诊断手册》,在认可实验室内进行检测。

当风险评估显示无风险时,该国家应依据附录3.8.4进行B型监测。当风险评估显示有风险时,该国家应依据附录3.8.4进行A型监测。

2.3.13.3条　无BSE国家或地区

如果满足下列条件,来自于该国家、地区或区域牛的产品可视为无BSE病原传播风险:

1)为了确定历史状况和存在的风险因素,根据2.3.13.2条1)所述进行了风险评估,并且该国家已经宣布为了掌握每一个确定的风险,已采取了合理的措施有相当一段时间;

2)该国家已经宣布依据附录3.8.4的要求,已安排了B型监测,并且依据表1,已经达到相应的目标;

3)或者

a)从未发生过BSE病例或者;如果有,但是该国家已经宣布每一例BSE病例是由于进境输入的原因,并且已经完全消灭,并且;ⅰ)至少7年遵守了2.3.13.2条2)～4)所述的各项标准;并且ⅱ)该国家已经宣布通过合适的控制和审核标准,至少8年既没有用肉骨粉也没有用油渣饲喂反刍动物。或者

b)如果有本土的病例,每一个病例都是发生在至少11年前;并且ⅰ)至少7年遵守了2.3.13.2条2)～4)所述的各项标准;并且ⅱ)该国家已经宣布通过合适的控制和审核标准,至少8年内既没有用肉骨粉也没有用油渣饲喂反刍动物;并且ⅲ)所有BSE病例,包括:所有的牛在1岁时,与BSE病例一起饲喂,并且在那个时期,调查研究显示饲喂同样有潜在污染的饲料,或者如果调查的结果不确定,在同一群出生的所有牛只,包括只出生12个月的,应作为BSE病例;这些病例如果还活着,应该终身被识别,并且它们的活动被限制,在屠宰或死亡时,被彻底销毁。

2.3.13.4条　BSE被控制的国家或地区

如果满足下列情况,来自于该国家、地区或区域的牛产品可视为已控制传播BSE风险。

1)为了确定历史状况和存在的风险因素,根据2.3.13.2条1)中所述已进行了风险评估,并且该国家已经宣布正在采取合适的措施以处理所有的已确定的风险,但是这些措施没有实施相当长的时间。

2)该国家已经宣布依据附录3.8.4的要求,已安排了A型监测,并且依据表1,已经达到有关的目标;一旦达到有关的目标点,B型监测可能会代替A型监测。

3)或者

a)从未发生过BSE病例;或者有,但是已经宣布每一例BSE病例是由于进境输入的原因,并且已经完全消灭,并且符合2.3.13.2条2)～4)的标准。通过合适的控制水平和审核标准证实,未使用来源于反刍动物的肉骨粉或油渣饲喂反刍动物。但是至少适用下列条件

之一：ⅰ)遵守 2.3.13.2 条 2)～4)所述的各项标准没有达到 7 年；ⅱ)不能证明控制反刍动物源性肉骨粉或油渣饲喂反刍动物的措施已经有 8 年。或者

b) 有本土的 BSE 病例，并符合 2.3.13.2 条 2)～4)所述的各项标准；通过合适的控制和审核标准，证明既没有用来源于反刍动物的肉骨粉也没有用其油渣饲喂反刍动物，但以下两种情况中至少有一种适用：ⅰ)遵守 2.3.13.2 条 2)～4)所述的各项标准没有达到7年；ⅱ)不能证明控制反刍动物源性肉骨粉或油渣饲喂反刍动物的措施已经有8年；并且所有BSE病例，以及：所有的牛，在1岁前与BSE病例一起饲喂，并且在那个时期，调查研究显示饲喂同样有潜在污染的饲料，或者如果调查的结果不确定，在同一群出生的所有牛，包括出生12个月内的牛，应视为BSE病例；这些病例如果还活着，应该终身被识别，并且它们的活动被限制，在屠宰或死亡时，被彻底销毁。

2.3.13.5 条　未确定 BSE 风险的国家或地区

如果不能宣布符合了相关的要求，那么该国家、地区或区域的牛群可视为未确定 BSE 风险。

2.3.13.6 条　当从无 BSE 风险的国家、地区或区域进境时，兽医行政部门应要求：所有的牛产品不应含有 2.3.13.1 条 1)所列内容。国际兽医证书应证明该国家、地区或区域符合 2.3.13.3 条中的条件。

2.3.13.7 条　当从无 BSE 风险的国家进境牛时，兽医行政部门应要求出具的国际兽医证书证明：

1) 通过终身识别系统鉴别这些动物不是 2.3.13.3 条 3)b)ⅲ)中所述的感染牛。

2)自出生之日起，禁止用反刍动物源性肉骨粉及其油渣饲喂反刍动物的禁令已经被有效地执行。

2.3.13.8 条　当从控制 BSE 风险的国家、地区或区域进境牛时，兽医行政部门应要求出具的国际兽医证书证明：

1) 该国家、地区或区域符合 2.3.13.4 条中的条件。

2) 通过终身识别系统鉴别这些动物不是 2.3.13.3 条 3)b)ⅲ)中所述的感染牛。

3) 自出生之日起，禁止用反刍动物源性肉骨粉及其油渣饲喂反刍动物的禁令已经有效地执行。

2.3.13.9 条　当从未确定 BSE 风险的国家、地区或区域进境牛时，兽医行政部门应要求出具的国际兽医证书证明：

1) 禁止用反刍动物源性肉骨粉及其油渣饲喂反刍动物，该禁令已有效地执行。

2) 所有 BSE 病例，以及：a)所有的牛在1岁前，与 BSE 病例一起饲喂，并且在那个时期，调查研究显示饲喂同样被潜在污染的饲料；或者 b)如果调查的结果不确定，在同一群出生的所有牛只，包括出生12个月内的，应作为 BSE 病例；这些病例如果还活着，应该终身被识别，并且它们的活动被限制，在屠宰或死亡时，被彻底销毁。

3) 出境的牛：a)通过终身鉴定系统确定，这些牛不是上述两点描述的感染牛。b)自出生之日起，至少在2年内，禁止用反刍动物源性肉骨粉及其油渣饲喂反刍动物的禁令已经被有效地执行。

2.3.13.10 条　当从无 BSE 风险的国家、地区或区域进境新鲜牛肉及其肉制品(除了那些在 2.3.13.1 条 1)中所列出的产品)时，兽医行政部门应要求出具的国际兽医证书

证明：

1）该国家、地区或区域符合 2.3.13.3 条中的要求；

2）用于生产鲜肉及其肉制品的牛通过了宰前及宰后的检疫；

3）在那些无 BSE 风险但有本土病例存在的国家，用于生产鲜肉及其肉制品的牛是在有效执行反刍动物禁止饲喂反刍动物源性肉骨粉和油脂禁令之后出生的。

2.3.13.11 条　当从控制 BSE 风险的国家、地区及区域进境新鲜牛肉及其肉制品（除了在 2.3.13.1 条 1）所列物品）时，兽医行政部门应要求出具的国际兽医证书证明：

1）该国家、地区或区域符合 2.3.13.4 条中的相关条件。

2）用于生产鲜肉及其肉制品的牛通过了宰前和宰后检疫。

3）用于生产出境鲜肉及其肉制品的牛，在屠宰前没有经过击晕处理，而是使用颅腔注射空气（气体）或脑脊髓穿刺致死。

4）新鲜肉或制品的生产和加工方式确保不含有或不污染：a）在 2.3.13.14 条 1）和2）点中所列的组织，b）头骨和脊柱的机械分割肉来源于超过 30 月龄的牛。

2.3.13.12 条　当从 BSE 风险不确定的国家、地区或区域进境新鲜牛肉及其肉制品（除了在 2.3.13.1 条 1）中所列的物品）时，兽医行政部门应要求出具的国际兽医证书证明：

1）用于生产鲜肉及其肉制品的牛来源于：a）不用反刍动物源性肉骨粉及其油渣饲喂；b）通过了宰前和宰后检疫；c）在屠宰前没有经过击晕处理，而是使用颅腔注射空气（气体）或脑脊髓穿刺致死。

2）新鲜肉或制品的生产和加工方式确保不含有或不污染：a）在 2.3.13.14 条 1）和3）点中所列的组织，b）在去骨过程中，未接触神经和淋巴组织，c）头骨和脊柱的机械分割肉来源于超过 12 月龄的牛。

2.3.13.13 条

1）来源于在 2.3.13.2 条中所确定的，但有本土 BSE 病例的国家、地区或区域的反刍动物源性肉骨粉、油渣或者任何含有这些成分的日用品，如果这些产品来源于禁止用反刍动物源性肉骨粉和油渣饲喂禁令执行前出生的牛，则这些产品不能用于贸易。

2）来源于在 2.3.13.4 条和 2.3.13.5 条中所确定的国家、地区或区域的反刍动物源性的肉骨粉及其油渣，或者含有这些产品的商品，不能用于国际贸易。

2.3.13.14 条

1）来源于在 2.3.13.4 条和 2.3.13.5 条中所确定的国家、地区或区域的任何年龄牛的下列物品及任何被其污染的物品不能进行交易用来制备食物、饲料、肥料、化妆品，以及药品（包括生物制品或医疗器械）。这些物品是：扁桃体、末端回肠。用这些物品（除非在这章中的其他章节中提到）制备的蛋白制品、食物、饲料、肥料、化妆品、药品（包括生物制品或医疗器械）也不能进行交易。

2）来源于在 2.3.13.4 条中所确定的国家、地区或区域的牛，如果在屠宰时，已经超过 30 月龄，那么该牛的以下物品，包括被其污染的任何物品不能进行交易用来制备食物、饲料、肥料、化妆品，以及药品（包括生物制品或医疗器械）。它们是：脑、眼、脊髓、头骨、脊柱。用这些物品制备的蛋白制品、食物、饲料、肥料、化妆品、药物制剂或医疗用具也不能进行交易。

3）来源于在 2.3.13.5 条中所确定的国家、地区或区域的牛，如果在屠宰时，已经超过

12月龄，那么该牛的以下物品，包括被其污染的任何物品不能进行交易，这些物品不能用于制备食物、饲料、肥料、化妆品，以及药品（包括生物制品或医疗器械），它们是脑、眼、脊髓、头骨、脊柱。用这些物品制备的蛋白制品、食物、饲料、肥料、化妆品、药品（包括生物制品或医疗器械）也不能进行交易。

2.3.13.15条　由骨骼制备的明胶和胶原质，并计划用于食物或饲料、化妆品以及包括生物制品或者医疗用具在内的药物制剂，进境国家的兽医行政部门应要求出具国际兽医证书证明：

1）该商品来自于无BSE风险的国家、地区或区域。或者

2）该商品来自于控制BSE风险的国家、地区或区域，并且用于生产这些商品的牛通过了宰前和宰后的检疫；并且：a）超过30月龄的牛，在屠宰时，其头骨已经被除去；b）骨头经过了以下步骤的处理：ⅰ）脱脂；ⅱ）酸化；ⅲ）酸或碱处理；ⅳ）过滤；ⅴ）大于138℃消毒灭菌最少4 s，或者以等同或更好的处理过程以减少传染性（如高压加热）。或者

3）来自于未确定BSE风险的国家、地区或区域，并且用于生产这些商品的牛通过了宰前和宰后的检疫；并且：a）超过12月龄的牛，在屠宰时，其头骨和椎骨已经被除去；b）骨头经过了以下步骤的处理：ⅰ）脱脂；ⅱ）酸化；ⅲ）酸或碱处理；ⅳ）过滤；ⅴ）大于138℃消毒灭菌最少4 s，或者以等同或更好的处理过程以减少传染性（如高压加热）。

2.3.13.16条　对于计划用于食物、饲料、肥料、化妆品以及包括生物制品或医疗用具在内的医药品的牛脂和磷酸二钙，进境国家的兽医行政部门应要求出具国际兽医证书证明：

1）该商品来自无BSE风险的国家、地区或区域；或者

2）这些商品来自控制BSE风险的国家、地区或区域；用于生产这些商品的牛通过了宰前和宰后检疫，并且这些商品不是使用2.3.13.14条1）和2）中所列的组织制备的。

2.3.13.17条　对于计划用于食物、饲料、肥料、化妆品以及包括生物制品或医疗用具在内的医药品的牛脂衍生物（不包括用2.3.13.1条定义的无蛋白油脂生产的产品），进境国家的兽医行政部门应要求出具的国际兽医证书证明：

1）该商品来自于无BSE风险的国家、地区或区域；或者

2）生产这些商品的牛脂符合在2.3.13.16条中的规定；或者

3）利用高温高压，通过水解、皂化或者酯交换反应进行生产。

15.2.3　检测技术参考依据

（1）国外标准

1）欧盟指令：COMMISSION DECISION granting a temporary derogation from Directive 82/894/EEC as regards the frequency of notification of primary outbreaks of bovine spongiform encephalopathy Notified under document number C(2003)3561; Text with EEA relevance(EU/EC 2003/724/EC-2003)

2）OIE：Manual of Diagnostic Tests and Vaccines for Terrestrial Animals：BOVINE SPONGIFORM ENCEPHALOPATHY(CHAPTER 2.3.13)

（2）国内标准

GB/T 19180—2003　牛海绵状脑病诊断技术

SN/T 1316—2003　牛海绵状脑病组织病理学检查方法

NY/T 558—2002　牛海绵状脑病诊断技术

15.2.4 检测方法概述

BSE 的诊断方法很多，包括临床检查（对可见症状的分析）、PrP 的生物学测定法、组织病理学检查、PrPSc 的免疫学检测（免疫细胞化学染色、免疫印迹、组织印迹、ELISA）、SAF 检查、感染性（Infectivity）的生物学试验和 PrP 基因分析等，其中的 PrPSc 检测是 BSE 的特异诊断方法。它不仅可用于死后的组织病理学检查，还可用于活体（脑、扁桃体）的生前诊断。不过，目前所得到的抗体多数都不能区分 PrPSc 和 PrPC，诊断的特异性取决于抗蛋白酶消化后 PrP 核心片段（PrP27～30）的存在。对于疯牛病来讲，临床症状和组织学检查不能作为特异的诊断方法，只能作为一种辅助诊断材料。SAF 的电镜检查是比较准确的一种诊断手段，但由于检测技术复杂、要求设备费用昂贵，不宜作为日常检测的方法推广使用。感染性的生物学试验，需时太长，只能在研究中应用。免疫细胞化学法是一种特异性和敏感性均为 100％的疯牛病诊断方法，但这种方法至少需要数天时间，所以不适宜用于大规模的普查，但它是目前确诊疯牛病的敏感方法。

15.2.4.1 生物学检测

将感染因子接种实验动物，观察动物的发病情况。该方法时间长、费用高，可用终点滴定或潜伏期法评估其感染性，感染性可用平均潜伏期与接种剂量曲线来计算。同种动物之间的传播效率最高，不同种动物之间的传播具有种属屏障。

15.2.4.2 免疫学检测技术

（1）蛋白杂交法（Western blotting）

该方法是目前国际上用于确诊疯牛病的方法之一，是检测蛋白质的一种免疫印迹法。蛋白杂交法主要用于脑组织中 PrPSc 检测。该方法能检测出 PrPSc 的相对分子质量及糖基化情况，PrPSc 的糖基化类型可用于区分不同类型的 BSE，因此该方法不仅可以检测 PrPSc 而且可对 BSE 进行分型。由于样品需要蛋白酶 K 预处理，不可避免的造成 PrPC 和少量 PrPSc 降解，影响了该方法的敏感性。

由于在 BSE 或其他传染性脑病中检测不到免疫反应，因而无法使用血清学试验。但 PrPSc 具有部分抵抗蛋白酶 K（PK）消化的能力，而 PrPC 却可被 PK 完全消化。Western blotting 法就是利用 PrPSc 的这一特性对其进行检测的。该试验（Prionics（r）-Check Western）1998 年第一次作为瑞士官方认可的检测疯牛病的方法，1999 年欧盟委员会对该方法进行了评估，认为其特异性和敏感性都是 100％。溶解的牛脑组织也可以用此试验进行疯牛病检测。该试验还可以检测出患疯牛病但脑组织还没有出现病理变化的牛。

Western blotting 试验只需要几个小时，所以可用于大规模的疯牛病检测中。目前，Prionics AG 公司在 Prionics（r）-Check Western 的基础上已经开发出了 Prionics（r）-Check LIA 快速筛选方法，这种方法可以完全自动化。筛选出来的可疑样品再用 Prionics（r）-Check Western 和 ICC（免疫细胞化学法，Immunocytochemistry ）进行确诊。

（2）ELISA 方法

ELISA 方法目前应用最广泛，使用的抗体也有多个，其中大部分为单克隆抗体。根据其原理分为以下两类：

1）构象依赖性免疫试验：基于 PrPC 和 PrPSc 存在不同抗体亲和力，同时检测样品中 PrPC 和 PrPSc，据报道 Scrapie 感染仓鼠脑提取物中检测灵敏度为 5pg/mL，当存在过量 PrPC 或样品来源于 PrP 基因敲除小鼠时，其灵敏度降为 1 ng/mL～2 ng/mL；

2）不同表位PrP抗体的“双抗夹心法”：检测Scrapie仓鼠脑匀浆中PrP时，检测限为100 pg/mL～500 pg/mL，用羊重组PrP做出的标准曲线可检出低于100 pg/mL的PrP。用两种单抗捕捉检测PrPSc，灵敏度和特异度均为100%，而且样品处理过程简单，整个过程可自动化操作，适合大规模筛选。

(3) 免疫组织化学法

免疫组织化学法既可以对PrPSc进行定性、定量研究，还可以定位。PrPSc主要存在于中枢神经系统，在不同宿主分布存在差异。BSE在脑、脊髓、视网膜中含量最多，其次为脾、扁桃体、淋巴结、回肠。脑组织中以延髓，尤其是脑闩中含量最高。脑组织免疫组织化学检测PrPSc只能用于死后诊断。

(4) 毛细管电泳

该技术是目前为止唯一报道可以检测血中PrP的方法。其原理是将抗原抗体竞争实验与毛细管电泳结合起来。与PrP同源的合成多肽，荧光标记后，以一定比例与抗PrP抗体共同孵育，抗体的量足以使50%多肽结合，向该混合物中加入待检血清，血清中PrP与多肽竞争结合抗体，游离和结合的多肽在毛细管电泳时，可以被激光诱导的荧光区分开，当血清中存在PrP时，与多肽竞争的结果是游离多肽/结合多肽比例下降；当血清中无PrP时，游离多肽/结合多肽比例不变。该方法可以检测到80 amino/每个标记多肽，能检测出部分Scrapie感染的羊血清中的PrP，用于人血清中PrP的检测还未见报道。缺点是难以标准化，结果的判断靠信号比，不是实际的PrP含量。

英国的农渔食品部(MAFF)对毛细管免疫电泳(ICE)方法颇感兴趣，它可通过血样检测羊骚痒病和类似的麋鹿慢性消瘦病，这一方法是朊病毒与荧光标记的人工合成的正常朊病毒蛋白竞争结合抗体，然后通过毛细管免疫电泳分离和分析，如果能应用于牛将是一种重大突破，然而BSE和羊骚痒病有很大差异，并且人们尚不了解血流中最终感染各阶段有多少朊病毒存在。

15.2.4.3 光谱分析法

目前有两种光谱分析方法可检测PrPSc：

1）多光谱紫外荧光分析：用该技术检测263K感染的仓鼠和ME7感染的小鼠脑组织中纯化的PrPSc，发现PK处理和未处理的263K、ME7性质上存在差异，可根据其光谱来鉴定和区别PrPSc，该方法检测限可达pM级；

2）共聚焦双色荧光相关波谱分析：利用该技术可检测溶液中荧光标记的单分子，待检分子发射的荧光光子被激光识别后，聚在一个点上，在单光子检测上成像，与荧光标记的PrP特异抗体结合成PrPSc凝集物，通过荧光强度测定来检测和量化。为提高灵敏度和特异性，可同时使用双色标记，该方法快速、需要样品量小，检测限为2×10^{-6}，比Western blotting敏感20倍，在CJD患者20%脑脊液中可检出PrPSc。

15.2.4.4 能与PrP特异性结合的因子检测PrP

(1) 血纤溶酶原对PrP的沉淀作用

血清中的纤溶酶原可以其赖氨酸位点与Scrapie相关PrP及其蛋白酶抗性PrP27～30结合，但不与PrPC结合，其结合可被赖氨酸竞争抑制，这种结合可能具有构象特异性，尿素或盐酸胍变性后的PrPSc对蛋白酶敏感，不再与血纤维蛋白溶酶原结合。血清与纤维蛋白溶酶原不同，它不与未经消化的脑匀浆PrPSc结合，关于血纤维蛋白溶酶原对CJD患者脑

匀浆 PrPSc 的沉淀作用仍在进一步研究中。PrPSc 与血纤维蛋白溶酶原的结合，只发生在特异去污剂条件下，在该条件下 PrPSc 以凝集形式存在，GPI 锚与细胞膜结合的微区域“raft”被破坏，而 PrPC 与血纤维蛋白溶酶原的结合，只发生在“raft”完好状态下。

(2) 合成的 RNA 分子(aptamer)与 PrPSc 特异结合

利用 SELEX 技术筛选出可与 PrPSc 特异性结合的 RNA 分子(aptamer)，获得的 RNA aptamer 能与表达叙利亚金黄地鼠 Ha PrP23～231GST 融合蛋白结合而不与 HaPrP90-231GST 融合蛋白结合，RNA aptamer 与 PrP 的结合位点在 PrP-N 末端 23～52 位氨基酸，该段富含 GGGG，用 U 取代 G 后，其结合作用被破坏，单个 RNA aptamer 能与野生 C-BL/6 小鼠、叙利亚金黄地鼠、牛脑匀浆 PrP 特异性结合，与 PrP 敲除小鼠脑匀浆不反应，与 Scrapie 感染小鼠脑匀浆 PrP27～30 也不反应。aptamer 与 PrP 的特异性结合可被反义 aptamerRNA 或突变 aptamer(GGGG 富含区域中用 U 替代 G)进一步证实。

(3) 原钙黏连素-2

原钙黏连素-2 是 PrP 的细胞受体，与牛 PrPSc 及小鼠、人、牛 PrPC 具有高度的亲合力，用原钙黏连素-2 包被酶标板可用于 PrP 检测。

另外，PCR 方法检测 PrP 已由几家实验室提出并正在进行研究，该方法利用能与 DNA 和抗体结合的双特异性分了检测 PrP，其灵敏度从 500 个分子到 70fg。目前，该方法还不能用于组织粗提物中的 PrP 检测，避免其他蛋白的非特异性扩增是非常重要的，但该方法在灵敏度上超过其他方法。Saborio 等报道了用类似 PCR 体外扩增 PrPSc 的方法，称为蛋白错误折叠循环扩增(protein misfolding cyclic amplification，PMCA)。该方法基于体外少量 PrPSc 能使大量 PrPSc 构象发生转换，生成 PrPRes，形成 PrPC 凝集物用超声处理后生成许多小的 PrPSc 单位，再以这些小单位为“模板”，以 PrPC 为“原料”继续合成 PrPSc，多次循环之后，扩增产物中 97%以上的蛋白具有蛋白酶抗性，蛋白酶消化后，Western Blotting 检测 PrPSc，其检测限为 6 pg～12 pg 或(0.2 mol～0.4 mol)×(10 mol～15 mol)。该方法灵敏度高，为 PrPSc 的检测开辟了新的领域。

由于在感染 PrPSc 时不产生抗体，无免疫反应，感染前期症状不明显，所以目前 BSE 诊断方法大部分是检测脑组织中的 PrPSc，且往往是在疾病的后期。因此，尽快研制出检测 BSE 的高灵敏度手段十分紧迫。德国 Boehringer Ingelheim 公司已经在全世界范围内提出了一项在动物活体的血液样本中检测 PrP 方法的专利。拜耳公司声称，他们已经研制出一种可以检测血液经净化后 PrP 是否已被有效去除的方法。德国马克斯-普朗克生物物理化学研究所的科研人员发明了通过测试骨髓来确认人畜是否患上 BSE 的新方法。俄罗斯科学家用培育出来的带有彩色标记、能攻击正常和变异 PrP 的一种抗体，甄别变异和非变异的 PrP，从而断定被检测的牛是否已经染病。瑞士科学家发现，采用超声波轰击含有微量的导致 BSE 的 PrPSc 生物组织样本，可使 PrPSc 含量升高，从而为用血液样品诊断 BSE 提供了方便。

1999 年 11 月，欧盟从 30 个检测方法中选出 4 种方法作为检测 BSE 的评估。授权 3 公司技术方法用于检测疯牛病：

1) 瑞士 Prionics 公司的免疫印迹法：Pronics 公司的免疫印迹法采用 Western blot 法检测朊病毒蛋白，需要 6 h 就能出检测结果，这种方法现在被瑞士政府和英国授权用于牛的 BSE 管理，并可用于对潜伏期动物进行 BSE 检测。这种方法已经用于超过 30000 样本的检测。

2）爱尔兰 Enfer Scientific 公司的 ELISA 法：该方法用一种新的抽取技术，是采用化学荧光使用一种多细胞抗-PrP 抗体，检测约 24 h 出结果。这种检测方法已被爱尔兰政府应用感染 BSE 的牛监测，并且已经检测了多达 110000 样本。

3）法国和英国的 Bio-Rad 公司的夹心免疫法：CEA/Bio-Rad 公司的 Platelia 试剂采用夹心免疫法，约 4 h 出结果，该方法是使用两个单克隆抗体（是两个不同的抗原决定基 Epitope）的一种夹心免疫法，第一个抗体在固相中被包被，而第二个抗体则是用共价酶做标记，PrP 通过测量这种酶的活性来检测。该方法尤其适用于有大量样本的情况，与传统接种动物的方法平行对比，检测感染 BSE 牛脑组织稀释样本，结果表明准确性好，有可能用于检测处于潜伏期的标本。目前该公司正着力于对血液标本检测的研究和开发。

4）EGG Wallac 的免疫荧光方法：EGG Wallac 的基于免疫荧光方法的 Delfia 试剂，敏感性比较高，该方法检测是使用两个单克隆靶 PrP 的非竞争性检测方法，其检测的性能有待进一步提高，经过欧盟的评价，因结果不理想未获欧盟授权使用，但英国的农渔食品部（MAFF）同意将其用于检测英国的牲畜已进行确诊，并推荐由欧盟再次评估。目前欧盟正考察其他几种检测方法，并非常欢迎其他研究者的检测方法。

15.2.4.5 其他的检测方法

俄罗斯动物保护研究所和俄罗斯科学院生物有机化学研究所专家们共同开发出了用人工抗体和一种特殊的酶检测疯牛病的方法，牛脑组织中有一种叫做普里昂的蛋白质。感染疯牛病后普里昂蛋白质发生变异。俄罗斯科学家用人工方法合成了普里昂蛋白质，并培育出了有彩色标记、能攻击正常的普里昂蛋白质的一种抗体。在对牛脑组织进行检测前，专家们先向脑组织中注入一种特殊的酶，这种酶只能与正常的普里昂融合在一起。由于人工抗体带有彩色标记，故显微镜下所有普里昂蛋白质周围都会出现彩色亮点。通过观察这些蛋白质是否与特殊酶发生融合，便可以分辨出是否有变异普里昂蛋白质（未与特殊酶融合的）存在，从而可以断定被测的牛是否患上 BSE。

我国北京出入境检验检疫局和重庆大学共同开发的压电生物芯片检测系统，采用压电片、分别固定在压电片上下两面的微型电极阵列和共用电极、疯牛病朊蛋白抗体阵列，来构成疯牛病病原检测压电生物芯片。疯牛病朊蛋白抗体通过吸附、键合、交联、包埋或自组装方法，一一对应地固定在微型电极阵列的各电极上。当抗体与对应朊蛋白进行免疫化学反应时，通过测量谐振频率可实时检测相应各种朊蛋白的信息，对其进行定性和定量分析。适用于疯牛病病原的早期、高效和快速诊断。

15.2.5 疾病防治

世界各国都在寻找快速检测和杀灭 BSE 病原的方法，目前尚无治疗和预防的药剂，预防和控制的根本措施是禁止饲喂以反刍动物骨肉粉为原料的饲料；烧毁病牛或疑似病牛以及痒病病羊。世界卫生组织就疯牛病有关事宜提出了如下建议：

1）避免食物链被可传染性海绵状脑组织病变的动物污染；

2）所有国家必须坚持对疯牛病进行长期监测并建立强制性疫情报告制度；

3）感染疯牛病的病牛的牛奶、牛肉、动物胶、动物脂仍然可以食用；

4）药品工业所需原材料应从那些对疯牛病进行长期监测且报告的疯牛病病例极少或几乎没有的国家进境；

5）政府部门应对感染疯牛病的病原动物进行清除；

6）各国应大力支持有关可传染性海绵状脑病的研究。

（1）已发生 BSE 的国家采取的防制措施

为防制 BSE 和防止 BSE 危害人类健康，英国自 1988 年 6 月开始制定了一系列防制措施，同时采纳 1996 年 4 月的 WTO BSE 专家会议的建议后，英国的 BSE 的疫情已逐步得到控制。主要点有：

1）建立 BSE 的持续监察和强制申报制度；

2）呈现 BSE 症状动物的任何部分或产品不得进入人和动物的食物链；

3）全部扑杀、销毁 BSE 病畜、可疑病畜及其产品，严禁 BSE 下水（SBO）出境和消费；

4）禁止反刍动物饲料中使用反刍动物组织；

5）对某些特定产品重新进行安全性评价。

（2）未发生 BSE 的国家的防制措施

除采用英国的防制措施外：

1）禁止由英国进境活牛、牛胚胎和精液、脂肪、MBM 等牛的产品；

2）有计划地对过去从英国进境的牛和以胚胎和精液生产的牛进行兽医卫生监控；

3）对具有神经症状的病牛必须采取脑组织，进行病理学检查，以确定是否是 BSE；·旦发现可疑病牛，立即隔离、消毒并上报上级兽医机构，进行确诊并采取相应措施。

（3）消毒防制措施

消毒预防仅能尽可能减少感染因子的活性，但不能完全灭活：

1）蒸气高压消毒 134 ℃～138 ℃ 45 min；

2）20 ℃条件下，1 mol/L NaOH 处理 1 h；

3）20 ℃条件下，2%有效氯的次氯酸钠处理 1 h。

（4）遗传防制措施

1）用转基因技术培育抗朊病毒病的牛、羊；

2）采用治疗手段，阻止 PrPC 转变为 PrPSc，现试图寻求和研制使 PrPC 结构稳定的药物、改变蛋白质作用的药物和使 PrPSc 结构失稳的药物。

我国对 BSE 一直十分重视，农业部已先后发出《关于严防牛海绵状脑病传入我国的通知》和《关于重申严防牛海绵状脑病传入我国的通知》，严格禁止从发生牛海绵状脑病的国家进境活牛、牛精液与胚胎，牛肉及其制品，肉品、骨粉等动物饲料，同时要求加强口岸进境物品及入境旅客与邮包的检疫，严防疯牛病传入我国。由于采取了一系列防范措施，迄今为止，除香港地区外，我国尚无该病的任何报道。

15.3　牛结节疹（Lumpy skin disease，LSD）

15.3.1　疫病简述

牛结节疹，又称疙瘩皮肤病，是由病毒引起牛的一种以发热、皮肤和内部脏器黏膜发生局限性坚硬结节、消瘦、淋巴结肿大和皮肤水肿为特征的传染病，有时引起死亡。由于该病引起牛的生产性能下降，尤其是乳牛，并能损伤牛皮，因而对牛经济价值产生重大影响。本病 1929 年首次发现于赞比亚，1943 年传入博茨瓦那，然后传入南非，在南非感染超过 8 百万头牛，造成严重的经济损失。1957 年传入肯尼亚，同时发生绵羊痘，1970 年 LSD 从北部

传入苏丹，到1974年该病向西传到了尼日利亚，1977年在毛里塔尼亚、马里、加纳和利比里亚也有该病报道。在1981—1986年期间在坦桑尼亚、肯尼亚、津巴布维、索马里和喀麦隆也发生过LSD流行，据报道其发病牛的死亡率为20%。1988年埃及发生LSD，1989年以色列发生LSD，以色列是通过实验室证实在非洲以外发生LSD的唯一个案，通过扑杀所有已感染和与其接触的牛群后将该病消灭。本病目前仅发生于非洲。LSD是OIE规定的通报疾病。

15.3.1.1 病原

本病病原牛结节疹病毒(Lumpy skin disease virus，LSDV)为痘病毒科(Poxviridae)、山羊痘病毒属(*Capripoxvirus*)的成员之一，其他两个成员为绵羊痘病毒(Sheeppox virus)和山羊痘病毒(Goatpox virus)。该病毒从抗原性上与引起绵羊和山羊的痘病毒无法区分。本病毒的代表株是Neethling株。LSDV基因组为单分子的线状双股DNA，病毒粒子的形态与痘病毒相似，长350 nm，宽300 nm，核衣壳为复合对称，有囊膜。于负染标本中，表面结构不规则，由复杂交织的网带状结构组成。病毒在胞浆内复制，以胞吞方式出芽释放病毒子，不裂解细胞。迄今分离的病毒株只有一个血清型。其理化特性与山羊痘病毒类似，可于pH(6.6～6.8)环境中长期存活，在4 ℃甘油盐水和组织培养液存活4～6个月，37 ℃ 5天仍能存活。干燥病变中的病毒可存活1个月以上。本病毒耐冻融，置－20℃以下保存，可保持活力数年。对氯仿和乙醚敏感。

病毒可在鸡胚绒毛尿囊膜上增殖，并引起痘斑，但鸡胚不死亡。接种5日龄鸡胚，随后置33.5 ℃孵育，6天后收毒，可获得很高的病毒量，对细胞培养物的感染滴度可达$10^{4.5}$ $TCID_{50}$。病毒可在犊牛、羔羊肾、睾丸、肾上腺和甲状腺等细胞培养物中生长。牛肾(BEK)和仓鼠肾(BHK-21)等传代细胞也适于病毒增殖。细胞病变产生较慢，通常在接种10天后才能看到细胞变性。提高生长液中乳白蛋白水解物含量至2%，可使病变提前到接种后3天出现。感染细胞内出现胞浆内包涵体，用荧光抗体检测，可在包涵体内发现病毒抗原。已经适应于细胞培养物内生长的病毒，可在接种后24 h～48 h内使细胞培养物内出现长梭形细胞。病毒大多呈细胞结合性，应用超声波破坏细胞，可使病毒释放到细胞外。

15.3.1.2 流行病学

牛不分年龄和性别，都对本病易感。绵羊和山羊也可能感染。家牛(Bos taurus)比瘤牛(Bos indicus)较为易感，亚洲水牛也易感。在家牛当中细皮Channel Island品种发病严重，产乳牛则更危险。LSD病毒不感染人类。病畜唾液、血液和结节内都有病毒的存在，病牛恢复后可带毒3周以上，所以一般认为本病的传播是由于健牛与病牛直接接触所致，但是迄今尚无这方面的直接证据。吸血昆虫可能传播病毒，因为在各种蚊虫中能查出本病病毒，但是本病也可发生于昆虫极少的冬季。因此，本病的传播途径和方式，有待进一步阐明。

15.3.1.3 临床症状

潜伏期7～14天，野外该病的潜伏期仍未知。病牛发热4～12天后在皮肤上出现很多结节(疙瘩)，结节硬而突起，界限清楚，触摸有痛感，大小不等，直径一般为2 cm～3 cm，少者1～2个，多者可达百余个。从开始发烧后第11天，排出含有LSD病毒的排泄物。结节最先出现于头、颈、胸、背等部位，有时波及全身。严重病例，在牙床和颊内面常有肉芽肿性病变。结节可能完全坏死，破溃，但硬固的皮肤病变可能存在几个月甚至几年之久。病牛体表淋巴结肿大，四肢可能水肿，病畜不愿走动。发生鼻炎、结膜炎，胸下部、乳房和四肢常有

水肿，产乳量下降，孕牛经常发生流产，公牛可能导至永久性或暂时性无生育能力。病牛还常表现呼吸困难、食欲不振、精神萎顿、流涎，从鼻内流出黏-脓性鼻液等症状。发病率5%～45%，病死率不超过1%，但犊牛可达10%。LSD临床的发病严重程度与病毒株和宿主有关，即使在同一品种的牛群中，在相同的条件下一起饲养，所表现的临床症状差异较大，有的大部分表现为亚临床型，有的发生高死亡率。

15.3.2　OIE法典中检疫要求

2.3.14.1条　本《法典》规定，结节性皮肤病(Lumpy skin disease，LSD)的潜伏期为28天。关于诊断试验和疫苗标准请参阅《手册》。

2.3.14.2条　无LSD国家

视为无LSD国家应该：LSD为法定报告疫病；至少在过去3年内未发生过LSD。

2.3.14.3条　无LSD国家兽医行政管理部门可禁止进境，或禁止经其领地过境运输来自被认为LSD感染国家的下列物品：

1) 家养和野生牛科动物；

2) 牛科动物精液。

2.3.14.4条　从无LSD国家进境家养牛时，兽医行政管理部门应要求出具国际兽医证书，证明动物：

1) 装运之日无LSD临床症状；

2) 来自无LSD国家。

2.3.14.5条　从无LSD国家进境野生牛时，兽医行政管理部门应要求出具国际兽医证书，证明动物：

1) 装运之日无LSD临床症状；

2) 来自无LSD国家；并且，如果原产地国与被认为LSD感染国家具有共同边界，则：

3) 装运前置检疫站隔离28天。

2.3.14.6条　从被认为LSD感染国家进境家养牛时，兽医行政管理部门应要求出具国际兽医证书，证明动物：

1) 装运之日无LSD临床症状；

2) 装运前30天内未接种过LSD疫苗；或

3) 装运前不超过3个月曾接种过LSD疫苗；

4) 自出生或至少过去28天内一直在官方报告无LSD的饲养场饲养；

5) 装运前置检疫站隔离观察28天。

2.3.14.7条　从被认为LSD感染国家进境野牛时，兽医行政管理部门应要求出具国际兽医证书，证明动物：

1) 装运之日无LSD临床症状；

2) 装运前置检疫站隔离28天。

2.3.14.8条　从无LSD国家进境牛精液时，兽医行政管理部门应要求出具国际兽医证书，证明供精动物：

1) 精液收集之日及此后28天内无LSD临床症状；

2) 在无LSD国家饲养。

2.3.14.9条　从被认为LSD感染国家进境牛精液时，兽医行政管理部门应要求出具国际兽医证书，证明供精动物：

1）精液采集之日及此后28天内无LSD临床症状；

2）精液采集前28天，一直在出境国饲养，此期间饲养场或精液采集中心无LSD的官方报告，且饲养场或精液采集中心位于非LSD感染区。

2.3.14.10条　从无LSD国家进境农业或工业用动物（牛）源性产品时，兽医行政管理部门应要求出具国际兽医证书，证明生产这些产品的动物，自出生或至少过去28天一直在无LSD国家饲养。

2.3.14.11条　从被认为LSD感染国家进境农业或工业用动物（牛）源性产品时，兽医行政管理部门应要求出具国际兽医证书，证明这些产品已经过处理，确保杀灭LSD病毒。

2.3.14.12条　从被认为LSD感染国家进境生牛皮时，兽医行政管理部门应要求出具国际兽医证书，证明这些物品装运前至少已贮存40天。

15.3.3　检测技术参考依据

（1）国外标准

OIE：Manual of Diagnostic Tests and Vaccines for Terrestrial Animals ：LUMPY SKIN DISEASE（CHAPTER 2.1.7）

（2）国内标准

暂无。

15.3.4　检测方法概述

结合牛临床发生全身性节结皮肤病史和表皮淋巴腺肿大等特征，使用透射电子显微镜检查活组织病料或干燥痂皮，观察典型羊痘病毒粒子，是实验室鉴定LSD的最快方法。使用羊羔的睾丸细胞培养LSDV能获得高产量病毒，LSDV也可以在牛、山羊、绵羊组织培养中生长。组织培养中使用免疫过氧化物酶和免疫荧光方法检测病毒抗原，该病毒也能被特异性抗血清中和。

15.3.4.1　病原鉴定

（1）样品采集、运输和制备

用作病毒分离和抗原检测的病料样品应为活体组织采样或死后采取的皮肤结节、肺病变或淋巴结，最好是在发生临床症状后一周内，形成中和抗体之前采取样品，用于病毒分离和ELISA检测。中和抗体出现后采集的样品可以作PCR检测，可检测出陈旧病变灶中带毒达35天的样品。在羊痘病毒血症（形成全身性病变之前或形成全身性病变4天内）期间，加有肝素或EDTA抗凝剂的白细胞层，可以用作病毒分离。组织学检查的样品应包括病变的外周区域，采取样品后立即放入体积为样品10倍的10%福尔马林溶液中。福尔马林中的组织样品没有特别的运输要求。加有抗凝剂，用作病毒分离的白细胞层血液样品应立即放入冰块中，最好是尽快处理。实际上，在样品处理前，4 ℃可保存2天，但不能冷冻，也不能置于室温环境中。作病毒分离和检测抗原的组织样品应加冰块保存于4 ℃或－20 ℃。如果没有冷藏设施要进行长距离运送样品，保存液中应加入10%甘油，运输的组织块要够大，以避免保存液穿透，活体样品的中央部分用作病毒分离。对进行组织学检查的病料应按标准的技术方法处理，进行HE染色。对病毒分离和检测抗原的病料用无菌的剪子和镊子剪碎，然后放入含有灭菌沙粒的无菌乳钵中，加入含有青霉素钠（1 000 IU/ mL）、硫酸链霉素（1 mg/mL）、制霉菌素（100 IU/ mL）或二性霉素B（2.5 μg/ mL）和新霉素（200 IU/ mL）

的等体积灭菌 PBS，用磨杵进行捣碎。将悬液冻融三次，然后使用台式离心机 600g 离心 10 min进行初步澄清样品。未凝固的血液 600g 离心 15 min 可以得到白细胞层。使用灭菌移液器将白细胞层移入 5 mL 冷却的双蒸水中。30 s 后加入 5 mL 冷却的双倍浓度培养基与之混合。将混合物 600g 离心 15 min，弃上清液，将沉淀物重新悬浮于 5 mL Glasgow Modified Eagle's medium(GMEM)生长培养液中，再 600g 离心 15 min，得到的沉淀物再悬浮于 5 mL 新鲜的 GMEM 培养液中。也可以使用 Ficoll 梯度法从加有肝素的样品中分离出白细胞层。

(2) 分离培养

LSDV 可以在牛、山羊和绵羊组织培养中生长，但初代和第二代羔羊睾丸(LT)细胞培养最为易感，尤其是从纯种产毛绵羊分离的 LT 细胞。样品准备如上，取 1 mL 离心的上清液或白细胞层接种于 25 cm^2 培养瓶，置 37 ℃吸附 1 h。然后用温 PBS 冲洗，加入 10 mL 含有抗生素和 2%胎牛血清的适当培养液，如 GMEM。如有可能，可以感染含有 LT 细胞的组织培养管、飞片或显微镜玻片培养细胞。每天检查培养瓶中细胞病变(CPE)，如果培养基变混浊就更换，直到第 14 天为止。感染的细胞形成特征性 CPE，细胞膜缩小，细胞变圆，核染色体发生边移。最初只见有少量的 CPE，最早感染后 2 天可以出现。在感染后 4～6 天，CPE 扩展到整个单层细胞。如果在感染后 14 天，还没有明显的 CPE 出现，将培养物冻融三次后，将离心的上清液再接种新鲜的 LT 培养瓶培养。如果使用了载玻片，在刚出现 CPE 时或之前，将载玻片取出，用丙酮固定，进行 HE 染色。如果发现有嗜伊红胞浆内包涵体，其大小不等，有些占细胞核一半，周围有一清晰的晕轮，则可诊断为痘病毒的感染。如果在培养基中加有抗 LSD 病毒的血清，则可防止或推迟 CPE 产生。假 LSD 疱疹病毒能产生 Cowdry A 型核内包涵体。形成多核体并不是羊痘病毒感染的特征，与引起假 LSD 疱疹病毒不同。引起 LSD 的许多羊痘病毒株已适应鸡胚绒毛尿囊膜生长，但建议不在初次分离病毒时使用。

(3) 电子显微镜检测

离心前，将活体组织制备成悬液进行透射电镜检查。其方法是将带有被戊胺蒸气辉光放电激活 pileoform 碳底物的正六面体 400 目电镜筛网浮于 parafilm 或腊板上加一滴悬液。1 min 后，将网移入一滴 pH7.8 的 Tris/EDTA 缓冲液上，停留 20 s，加入 pH7.2 1%磷钨酸，停留 10 s。然后用滤纸吸干，凉干后置于电镜检查。羊痘病毒粒子呈砖状，覆盖有短管状物质，大小为 290 nm×270 nm。宿主细胞膜可能包围一些病毒粒子，尽量多检查些病毒粒子以便确认它们外观特征。

羊痘病毒粒子与正痘病毒粒子无法区分，除了在牛中不常见的牛痘和奶牛痘病毒外，其他正痘病毒不引起全身性感染，也没有其他的正痘病毒引起牛发病。但是牛痘病毒可以引起免疫力减退的青年牛发生全身感染。相反，正痘病毒经常引起水牛发生皮肤病，称为水牛痘，通常表现为乳头形成痘疱病变，也可以引起其他部位如会阴部、股中段和头部发生病变。通过电镜不容易将引起水牛痘的正痘病毒与羊痘病毒区分开。引起牛丘疹性口炎的副痘病毒和伪牛痘病毒粒子较小，呈卵圆形，每个病毒子被一条连续的管状物质包裹，形成条纹状。羊痘病毒与引起假结节疹的疱疹病毒也是截然不同的。

(4) 免疫学方法检测

1) 荧光抗体试验

用荧光抗体试验方法可以鉴定感染的玻片上细胞培养的或组织培养中的羊痘病毒抗原。将培养物洗净、晾干并在冷丙酮中固定 10 min。用免疫牛血清进行的间接法需要较深的背景并且也容易产生非特异性，而直接法可使用康复牛血清（或患羊痘后恢复期的绵羊或山羊），或者用提纯的羊痘病毒高免兔制备的血清。由于抗细胞培养物抗体可能引起交叉反应问题，因而使用未感染的组织培养物作为阴性对照。

2）琼脂免疫扩散试验

琼脂免疫扩散试验可以用来检测羊痘病毒的沉淀抗原，但是其不足之处是由于副痘病毒与该抗原相同。

3）酶联免疫吸附试验

由于克隆出羊痘病毒抗原性强的 p32 结构蛋白，因而有可能用表达的组合抗原进行诊断试剂的生产，包括生产 p32 单一特异性的多克隆抗血清和单克隆抗体。有了这些试剂就可以进行具有高度特异性的酶联免疫吸附试验（ELISA）。通过将纯化羊痘病毒接种兔制备高免兔抗血清，在 ELISA 反应板中可以捕获活组织悬液和组织培养上清液中的羊痘病毒抗原。使用 p32 群特异性结构蛋白免疫豚鼠制备的血清和使用商业的辣根过氧化物酶标记的兔抗豚鼠免疫球蛋白以及底物溶液即可以检测出抗原的存在。

(5) 核酸技术

通过血清学技术不可能区分牛、绵羊或山羊的羊痘病毒毒株。但是可以用 HindⅢ消化纯化的 DNA，对各分离株产生的基因片段进行比较。这一方法可以鉴别不同品种动物中分离出的毒株之间的差异。但是有时结果也不一致，这是由于品种间的毒株发生明显的变化，野毒株之间发生重组等。使用标记探针来鉴别正痘病毒方法还不能用于鉴别羊痘病毒。

15.3.4.2 血清学试验

病毒中和试验是最为特异性的血清学试验，但由于对 LSD 的免疫力主要是以细胞介导免疫为主，因而这种试验方法对已感染过 LSD，中和抗体水平低的动物就不够敏感。琼脂扩散试验和间接荧光抗体试验由于与其他痘病毒发生交叉反应，因而特异性较差。Western blotting 方法采用 LSD 病毒的 p32 抗原和待检血清进行反应，既敏感又特异，但昂贵又不易施行。通过采用适当的载体表达 p32 抗原进行酶联免疫吸附试验为提供切实可行的标准血清学试验方法打下基础。

(1) 病毒中和试验

可以用已定量的病毒滴度（100 $TCID_{50}$）来滴定待检血清，也可以用已定量的待检血清来滴定标准病毒株，以便计算出中和指数。由于羊痘病毒对组织培养敏感性不同，因而很难保证使用了准确的 100 $TCID_{50}$ 病毒量，所以计算出中和指数则较为合理。试验采用 96 孔平底适用于组织培养的微量平板；也可以对使用的体积作适当调整后在组织培养管中进行试验，但这样就很难读出培养管中的反应终点。据报道使用非洲绿猴肾细胞（VERO）进行病毒中和试验得到试验结果较为一致。

(2) 琼脂免疫扩散试验

由于 AGID 试验羊痘病毒与牛丘疹性口炎和假牛痘的副痘病毒发生交叉反应，不能作为 LSD 诊断的血清学试验。有交叉反应易得出假阳性结果，但敏感性低，同样也易得出假阴性结果。

(3) 间接荧光抗体试验

在飞片或显微镜载玻片上培养的羊痘病毒感染的组织可用于间接荧光抗体试验。试验中应包括有未感染的对照组织培养物,阳阴性血清对照。感染的组织和对照的培养物在−20 ℃丙酮中固定10 min后,贮藏于4 ℃。用PBS从1/20或者1/40开始稀释待检血清,使用异硫氰酸荧光素标记的抗牛γ-球蛋白鉴定阳性。感染后抗体效价可能超过去1/1 000。对血清的筛选可采用1/50和1/500两种稀释度。

(4) Western-blot试验

用抗羊痘病毒感染的细胞溶解物与抗血清进行Western-blot试验,尽管该试验昂贵又难以实施,但仍为检测羊痘病毒结构蛋白抗体提供了既敏感又特异的方法。

(5) 酶联免疫吸附试验

目前还没有羊痘病毒的ELISA抗体,正在研究开发表达的羊痘病毒P32结构蛋白和抗P32蛋白的单克隆抗体。

15.3.5　疫病防治

到目前为止,无论从牛、绵羊、山羊分离出的所有羊痘病毒毒株经检测表明它们具有相同的免疫抗原。致弱的牛源毒株和绵羊、山羊毒株一直被用作弱毒疫苗。已有两种弱毒疫苗在非洲使用,一种是南非的Neethling株鸡胚化弱毒苗,另一种是绵羊痘毒株用细胞培养弱毒株。近年来应用鸡胚化弱毒疫苗也获得良好效果。试验证实,疫苗接种的牛可产生高度中和抗体反应,病后恢复牛也具有较高滴度的中和抗体,并可持续数年,对再感染的免疫力超过半年,因此,新生犊牛可经初乳获得这种抗体,可在其体内持续存在6个月。

本病无特效治疗药物。对病牛隔离,已破溃的结节采用外科方法处理,彻底清创,注入抗菌消炎药物或用1%明矾溶液、0.1%高锰酸钾溶液冲洗,溃疡面涂擦碘甘油。为了防止并发症,可使用抗生素和磺胺类药物。对发病畜舍、用具可用碱性溶液、漂白粉等消毒,粪便堆积经生物热发酵处理。平时应加强饲养卫生管理,有病牛存在的地区可对健康牛接种疫苗。东非地区曾用绵羊痘病毒给牛接种,以预防此病。

15.4　牛生殖道弯曲杆菌病(Bovine genital campylobacteriosis)

15.4.1　疫病简述

牛生殖道弯曲杆菌病过去也称作弧菌病,是一种由胎儿弯曲杆菌亚种引起的以不孕、早期胚胎死亡和流产为特征的牛的性传染病。除牛外,绵羊也感染此病。母牛感染后呈生殖道炎症、不妊、胚胎早期死亡,孕牛后期流产,流产率为5%～20 %。公牛感染后带菌,成为传染源。该病给养牛业造成了严重的经济损失。1959年首次分离出该病的病原菌,近年来,国内外从动物和人类分离到弯曲菌的报道日益增多,在许多国家有较高的发病率,且与人类疾病密切相关,因此已作为重要的人畜共患病而已引起广泛重视。

15.4.1.1　病原

胎儿弯曲杆菌(*Campylobacter fetus*)在1959年由Florent发现,由于形态的缘故,和弧菌同属一类,在当时被称为*Vibro fetus*。由于在DNA中G + C的含量极低,mole %大约是33～36 。所以在1974年*Campylobacter spp*. 自成一属,而*Vibro fetus*从此也被更正为*Campylobacter fetus* 。在弯曲菌属(*Campylobacter*)细菌中,引起动物和人类疾病的主要是胎儿弯曲菌(*C. fetus*)和空肠弯曲菌(*C. jejuni*)两个种,前者又分为两个亚种:即胎儿弯曲菌胎儿亚种(*C. fetus subsp. fetus*)和胎儿弯曲菌性病亚种(*C. fetus subsp. venerealis*)。牛生殖器官弯曲杆菌病是由对牛生殖系统有较强寄生性的胎儿弯曲菌性病亚种引起的。在牛的肠道中经常发现胎儿亚种,它的致病作用较小,能引起散发性流产。

弯曲菌为革兰氏阴性的细长弯曲杆菌,大小为(0.2 μm～0.5 μm)×(0.5 μm～5.0 μm),呈弧形、S形或海鸥形。在老龄培养物中呈螺旋状长丝或圆球形,运动力活泼,无芽孢。一端或两端着生单根无鞘鞭毛,长度为菌体的2～3倍。弯曲菌为微需氧菌,在含10%二氧化碳的环境中生长良好。37℃生长,15℃不生长。不发酵也不氧化碳水化合物,生长不需要血清或血液,但于培养基内添加血液、血清,有利于初代培养。对1%牛胆汁有耐受性,这一特性可利用于纯菌分离。不水解尿素,此点可与螺旋杆菌相鉴别。吲哚、甲基红和VP试验阴性,还原硝酸盐。无脂酶活性,氧化酶阳性。不产生色素。弯曲菌对干燥、阳光和一般消毒药敏感。58 ℃加热5 min即死亡。在干草、厩肥和土壤中,于20 ℃～27 ℃可存活10天,于6 ℃可存活20天。在冷冻精液(－79 ℃)内仍可存活。弯曲菌的抗原结构较复杂,已知的有O、H和K抗原。

胎儿弯曲菌性病亚种,菌体两端尖,(0.2 μm～0.3 μm)×(1.5 μm～5.0 μm),在老龄培养物中可长成疏松弯曲螺旋杆菌的丝状体,尤其是琼脂板上的老龄培养物可呈球形或类球状体。微需氧,最佳微需氧条件为5%O_2、10%CO_2和85%N_2的混合气体环境。最适生长温度37 ℃,25 ℃生长,42 ℃一般不生长。最适pH为7.0。营养要求较高,培养常用血培养基和布氏培养基。初次分离在琼脂培养基上可生长成光滑型、雕花玻璃型、粗糙型及黏液型菌落。最常见的是光滑型,直径为0.5 mm。无色而略呈半透明。在血琼脂上不溶血。在肉汤中呈轻度均匀浑浊,在麦康凯琼脂上生长微弱。不还原亚硒酸盐。根据是否含有热稳定的菌体表面抗原及S层蛋白,性病亚种血清型为A型。本菌抵抗力不强,易为干燥、直射阳光及弱消毒剂等所杀死。对多种抗生素敏感。

15.4.1.2　流行病学

病原的传播主要发生在自然交配期间,隐性带菌公牛精液中的胎儿弯曲杆菌通过人工授精增加了该病传播的危险。健康带菌公牛的包皮是该病原菌的自然贮主。胎儿弯曲杆菌性病亚种引起牛的不育和流产,存在于生殖道、流产胎盘及胎儿组织中,不能在肠道内繁殖,其感染途径是交配或人工授精,本菌只感染牛,迄今未见有人感染的报道。

患病动物和带菌者是传染源。母牛通过交配感染胎儿弯曲菌后一周,即可从子宫颈-阴道黏液中分离到病菌,感染后3～4周,菌数最多。多数感染牛群经过3～6月后,母牛有自愈趋势,细菌阳性培养数减少,公牛与有病母牛交配后,可将病菌传给其他母牛达数月之久。

15.4.1.3　临床症状

母牛在交配感染后,病菌一般在10～14天侵入子宫和输卵管中,并在其中繁殖,引起发炎。母牛感染初期,阴道为卡他性炎症,黏液分泌增多,有时可持续3～4个月,阴道黏膜潮红。黏液常清澈,偶尔稍混浊。同时还有子宫内膜炎,特别是子宫颈部分,但临诊上不易确诊。孕母牛早期胚胎死亡,不断虚情,发情周期不规则或延长多次授精才能怀孕。成年病母牛表现为亚急性或慢性型,或间歇性不孕。牛经第一次感染获得痊愈后,对再感染一般具有抵抗力,即使与带菌公牛交配,仍能受孕。

有些怀孕母牛的胎儿死亡较迟,则发生流产。流产多发生于怀孕的第5～6个月。流产率约5%～20%。早期流产,胎膜常随之排出,如发生于怀孕的第五个月以后,往往有胎衣

滞留现象。胎盘的病理变化最常为水肿，胎儿的病变与在布鲁氏菌病所见者相似。

公牛一般没有明显的临床症状，精液也正常，至多在包皮黏膜上发生暂时性潮红，但精液和包皮可带菌。

15.4.2　OIE 法典中检疫要求

2.3.2 节　牛生殖道弯曲杆菌病(Bovine Genital Campylobacteriosis)

2.3.2.1 条　诊断试验标准参阅《手册》。

2.3.2.2 条　进境种用母牛时，兽医行政管理部门应要求出具国际兽医证书，证明：

1）动物为处女青年母牛；或

2）动物一直在报告无牛生殖道弯曲杆菌病的牛群中饲养；并且/或者

3）如果动物已经配过种，对阴道分泌培养物进行牛生殖道弯曲杆菌病原检验，结果阴性。

2.3.2.3 条　进境种用公牛时，进境国兽医行政管理部门应要求出具国际兽医证书，证明：

1）动物 a)从未用于自然交配；或 b)动物只与处女青年母牛配过种；或 c)在报告无牛生殖道弯曲杆菌病的养殖场饲养；

2）精液和阴茎包皮样品经培养，和/或与此相关的试验，对牛生殖道弯曲杆菌病原进行检验，结果阴性。

2.3.2.4 条　进境牛精液时，进境国兽医行政管理部门应要求出具国际兽医证书，证明：

1）供精动物：a)从未用于自然交配；或 b)动物只与处女青年母牛配过种；或 c)在报告无牛生殖道弯曲杆菌病的养殖场或人工授精中心饲养；

2）精液培养物和包皮样本培养，进行牛生殖道弯曲杆菌病原检验，结果阴性。

15.4.3　检测技术参考依据

(1) 国外标准

OIE：Manual of Diagnostic Tests and Vaccines for Terrestrial Animals ：BOVINE GENITAL CAMPYLOBACTERIOSIS(CHAPTER 2.3.2)

(2) 国内标准

暂无。

15.4.4　检测方法概述

根据抗原和生化特性，性病亚种可分为两个生化型：胎儿弯曲杆菌性病亚种性病生化型和胎儿弯曲杆菌性病亚种中间型。对于血清型，胎儿弯曲杆菌性病亚种的所有菌株属于 A 型，而胎儿弯曲杆菌胎儿亚种属于 A 型或 B 型。DNA 同源性和最新限制性片段的研究，还没有显示性病亚种和胎儿亚种之间的主要差异。然而根据两者之间流行病学的差异，仍认为将这些菌株分为两个亚种的分类鉴定是正确的。从流行病学来讲，由于性病亚种对生殖器官有较强的寄生性，所以它是两者中最重要的一种。

根据胎儿弯曲杆菌的细菌学方法或免疫荧光方法可诊断胎儿弯曲杆菌病。可直接使用所采样品、运输或增菌后的样品做细菌学培养。如果样品采集后 6 h 或更长时间不能送往实验室，应该使用运输培养基。对于发送到实验室的样品，如果不能使用运输培养基，必须置于隔热的容器内(温度保持为 4 ℃～30 ℃)，避光保存。

15.4.4.1　病原菌鉴定(国际贸易指定试验)

从公牛、母牛或流产胎儿体内取样,根据病原菌分离或者特异性免疫反应的结果,诊断牛生殖器官弯曲杆菌病。公牛采集精液或包皮垢;母牛用抽吸或灌洗阴道法或棉球吸取法采集阴道黏液。流产胎儿也可用类似的方法采集,其胃内容物湿涂片也可在暗视野或相差显微镜下检查病原。该菌在微需氧环境下,37 ℃培养3天能形成长约15 μm,宽0.5 μm的螺旋状弯曲的革兰氏阴性杆菌。免疫荧光也可用来鉴定病原。

(1) 样品的采集

1) 公牛包皮黏液或分泌物、精液

用刮取、吸取或冲洗的方法采集包皮黏液或包皮垢。同样,也可以在使用人造阴道采集精液后,用20 mL～30 mL磷酸盐缓冲液(PBS)冲洗人造阴道得到包皮垢。

包皮的冲洗方法:将20 mL～30 mL pH7.2灭菌PBS注入包皮囊,用力按摩15 s～20 s后,用灭菌瓶收集浸洗液,并立即密封后送往实验室。

精液的采集应尽可能在无菌条件下进行。精液装入无菌试管后,应立即密封。刮取或吸取的包皮垢样品和精液样品可用PBS稀释,或直接接种到培养基或增菌培养基(运输和增菌培养基TEM,Stuart或SBL培养基)上。平皿运输培养基密封后用隔热包装送往实验室(温度为4 ℃～18 ℃),并避免光照。

2) 母牛阴道黏液、子宫颈阴道黏液

用棉拭子、吸取或冲洗阴道腔采集样品。为了保证所取样品的质量,采样时最好使用可以灭菌处理的扩张器。

清洗外阴部后,用接有灭菌导管的注射器将20 mL～30 mL无菌PBS注入阴道腔内,反复抽出和注入4～5次,最后收集到灭菌瓶内,并立即密封后送往实验室。也可以用纱布塞采集样品:在PBS注入阴道腔后,将灭菌的纱布塞置于阴道内,并保持5 min～10 min后取出。采集的阴道黏液样品可以用PBS稀释,也可以直接接种到培养或增菌培养基上。

3) 流产胎儿、胎盘

当发生流产时,胎盘和胎儿的胃内容物、肺脏和肝脏是最好的样品。取样时,最好在无菌条件进行,并且在冷藏条件(4 ℃～8 ℃)下用隔热的包装送往实验室。

(2) 样品的处理

样品到达实验室后,应该直接接种到培养基上,或者处理后以便下一步使用。

1) 阴道样品:对于非常黏稠的阴道黏液,可能需要加入等量的半胱氨酸溶液(盐酸半光氨酸水溶液浓度为0.25 g/100mL、pH7.2,并用滤膜过滤)进行液化。液化15 min～20 min后,将稀释和液化了的黏液接种到分离培养基上。若黏液不是非常黏稠的,可以直接接种,或用等量pH7.2的PBS进行稀释。

2) 流产胎儿、胎盘:胎儿胃内容物可直接接种到合适的培养基上。内部器官或从器官所取的实验材料用火焰表面消毒后,进行匀浆,匀浆液直接接种到培养基上。用灭菌生理盐水或PBS冲洗胎盘膜,消除表面的污染物,并刮取绒毛膜上的绒毛,将刮取物接种到培养基上。

3) 运输和增菌培养基(TEM):可使用多种TEM。如Clark培养基(澳大利亚),Lander培养基(英国),SBL培养基(法国)及Foley和Clark培养基(美国)。一些TEM含有放线菌酮,因为它潜在的毒性,这个抗真菌剂很快会不再应用,分离胎儿弯曲杆菌胎儿亚种可以用含两性霉素B的培养基。

(3) 胎儿弯曲杆菌的分离

1) 分离培养基:目前,许多培养基可用于牛生殖器官弯曲杆菌病的细菌学诊断。如:具有放线菌酮的 Skirrow 培养基,该培养基含有选择因子:硫酸多黏菌素 B(2.5 IU/mL),甲氧苄氨嘧啶(5 μg/mL),万古霉素(10 μg/mL),放线菌酮(50 μg/mL)。还含有 5%~7%溶血的脱纤马血,然而,添加 5%~7%的脱纤羊血更好。

2) 接种及培养:样品可直接接种或通过 0.65 孔径滤膜过滤后接种。每一样品可以接种一个基础培养基平皿和一个选择性培养基平皿。接种后,应将接种物均匀涂开,便于形成单个菌落。平皿于 37 ℃±1 ℃下在 5%~10%O_2,5%~10 %CO_2 和最好有 5%~9%氢气的气体环境培养。不同方法需要不同的气体环境。培养基和培养环境的条件可以用胎儿弯曲杆菌胎儿亚种和性病亚种两个对照菌株进行系统检验。每一次分离培养都应建立对照,但每天不必设立两个对照,除非使用不同批次的培养基。

3) 判定:培养 2~5 天后,胎儿弯曲杆菌在所推荐培养基上形成菌落。它生长缓慢,特别是对于污染的样品。为防止污染菌落的过度生长,需要每天观察培养基,对疑似胎儿弯曲杆菌的菌落传代。3~5 天培养后,菌落直径为 1 mm~3 mm 大小,淡粉红色,圆形,凸起,光滑和发亮,边缘整齐。培养物至少培养 6 天。

(4) 微生物的确认

1)显微镜形态观察:胎儿弯曲杆菌有运动性,这个特性在传代培养后可能消失。胎儿弯曲杆菌经常为细的弯曲杆菌,(0.3 μm~0.4 μm)宽×(0.5 μm~0.8 μm)长。在存活期可能同时观察到短的形态(逗号形状),中间形态(S 形状)和长的形态(具有几个螺旋的螺旋状)。菌体相互分离。老龄培养物可能含有球状菌。

2) 生化实验:胎儿弯曲杆菌氧化酶和过氧化氢酶阳性。

3) 胎儿弯曲杆菌不生长在有氧环境中。

(5) 胎儿弯曲杆菌种的鉴定

这些试验必须用纯培养物。并应该使用一种标准悬浮液,浊度不大于或等于 McFarland1 号浊度。

(6) 免疫荧光试验

该试验可直接对菌体进行鉴定,也可以对所分离的菌株进行确诊试验。但不能区分胎儿弯曲杆菌的两个亚种。

(7) 胎儿弯曲杆菌的分子生物学鉴定

以 PCR 为基础特异的鉴定胎儿弯曲杆菌及其亚种的分子生物学方法已有报道。

15.4.4.2 血清学试验检测

抗体测定包括阴道黏液凝集试验和酶联免疫吸附试验(ELISA)。阴道黏液凝集试验适用于畜群的普查,但不能确定个体感染动物。取样时动物应仔细选择,因为即便是感染的畜群也有动物免遭感染。牛感染后,抗体产生有一个延迟期,而且凝集素在动物发情期趋于消失。酶联免疫吸附试验(ELISA)灵敏度虽高,但只用于畜群普查而不适于个体诊断。

(1) 阴道黏液凝集试验

本试验适用于畜群胎儿弯曲杆菌感染的普查,但不适用于个体的确诊。本法仅能查出 50%的感染动物。最好在感染后 37~70 天取阴道黏液进行试验,但抗体的产生可能推迟 3~4 个月。有些母牛几年内仍保持阳性反应,而另一些母牛 2 个月内即转阴。大约 50%的阳性母牛6个月内转为阴性。阴道冲洗样品假定是已经用生理盐水作了1∶5稀释样品。棉塞样品浸泡在7 mL的生理盐水中，放4 ℃过夜，挤出棉塞液体，作为阴道黏液凝集试验样品。阴道黏液凝集试验的抗原是血琼脂上生长48 h的胎儿弯曲杆菌性病亚种培养物。这是通过20～30块血琼脂平皿上的传代培养，或是将菌体的PBS悬浮液吸入含血琼脂的Roux(胡克斯氏罐)培养瓶内轻摇，在培养基表面均匀涂布。在37 ℃于含有85%N_2，10% CO_2及5%O_2的微氧条件下，培养2天。收集培养物，悬浮于0.5%的福尔马林盐水中。如使用Roux瓶培养，则可使用加10 mL的福尔马林盐水和玻璃珠洗下培养物。悬液经纱布过滤除去粗渣，6000*g*离心20 min，离心洗涤三次后，再次悬浮于0.25的福尔马林盐水中贮存1周。滴定抗原时，用福尔马林盐水作系列稀释。每个稀释度加相应的双倍稀释的牛抗胎儿弯曲杆菌血清。每个试管中血清和抗原各0.5 mL。混匀后，37 ℃感作18 h。恰当的抗原滴度，应是在最高稀释度时与阳性血清样品至少出现50%凝集。

(2) ELISA

在胎儿弯曲杆菌性病亚种引起流产后，用ELISA检测阴道黏液中针对特异性抗原的IgA抗体有价值。几个月内，这些抗体在阴道黏液中长时间存在，而且其浓度持续不变。在恢复早期(一般流产一周后)，当黏液变得清亮时就可以采样。

15.4.5　疫病防治

胎儿弯曲杆菌胎儿亚种疫苗能够对胎儿弯曲杆菌性病亚种进行交叉免疫，这是因为两个菌株具有共同的抗原。已知胎儿弯曲杆菌有两个抗原群，不耐热的"H"型鞭毛抗原和热稳定的"O"型菌体抗原。此外，还有一种荚膜或"K"抗原。疫苗必须同时具备这些抗原。该疫苗是一种经福尔马林灭活的单一或多菌株的油乳剂疫苗。在感染群，所有品种的动物，包括公牛、母牛和小母牛在牛生殖器官弯曲杆菌病诊断后，可以接种免疫。对感染公牛，在第二次免疫时也可用抗菌素治疗，这是因为在感染末期，免疫接种并非总是有效。治疗包括非肠道注射硫酸链霉素水溶液(25 mg/kg)和用5 g链霉素冲洗包皮。在第二年，免疫公牛和新的小母牛；从第三年起，每年只免疫公牛。对于未感染群，每年只接种免疫一次公牛。由于牛弯曲菌性流产主要是交配传染，因此，淘汰有病种公牛，选用健康种公牛进行配种或人工授精，是控制本病的重要措施。

牛群暴发本病时，应暂停配种三个月，同时用抗生素治疗病牛，一般认为局部治疗较全身治疗有效。流产母牛，特别是胎膜滞留的病例，可按子宫炎常规进行处理，向子宫内投入链霉素和四环素族抗生素，连续用5天。对病公牛，首先施行硬脊膜轻度麻醉，将阴茎拉出，用含多种抗生素的软膏或锥黄素软膏涂擦于阴茎上和包皮的黏膜上。也可以用链霉素溶于水中冲洗包皮，连续3～5天。公牛精液也可用抗生素处理，但由于许多因素的影响，常不能获得100%的功效。

防治本病的最好方法是实行人工授精，种公牛确无此病，或在每毫升精液中加入500单位青霉索和0.5 mg链霉素，然后进行人工授精，不会传播此病；母牛在配种前4个半月和配种前10天各注射1次弯曲菌苗，公牛也应免疫接种，均可控制此病发生。

15.5　毛滴虫病(Trichomonosis)

15.5.1　疫病简述

毛滴虫病是由寄生于牛生殖系统的三毛滴虫属的胎儿三毛滴虫引起的一种传染性与寄

生虫性疾病。该病广泛分布于世界各地,引起牛尤其是奶牛流产和不育,曾带来严重的经济损失。随着人工授精技术的广泛应用,该病的流行已经大为减少。不过,在肉牛群中,或在人工授精技术尚未广泛应用的地方,该病仍十分严重。

15.5.1.1　病原学

胎儿三毛滴虫(*Tritrichomonas. foetus*)在分类上属动物鞭毛纲(Zoomastigophorea)、毛滴虫目(Trichomonadida)、毛滴虫科(Trichomonadidae),是一种有鞭毛、呈梨子状的真核原生动物。新鲜阴道分泌物中,胎儿三毛滴虫呈梨形、纺锤形,混杂于上皮细胞与白细胞之间。姬氏染色标本中,长 8 μm～ 18 μm 、宽 4 μm～9 μm。细胞前半部有核,核前有动基体,由动基体伸出鞭毛 4 根,前鞭毛 3 根,后鞭毛 1 根以波动膜与虫体相连,末端游离。体内有一轴柱,位于虫体前部,穿过虫体中线向后延伸,其末端突出于体后端,虫体呈活泼的蛇形运动,用相差或暗视野显微镜最好测定,病料放置时间过长,虫体缩短,近似圆形,不宜辨认。虫体主要存在于母牛阴道和子宫内、公牛的包皮腔、阴茎黏膜和输精管等处,胎儿的胃和体腔内、胎盘和胎液中,均有大量虫体。虫体以黏液、黏膜碎片、红细胞等为食,经胞口摄入体内,或以内渗方式吸取营养。在牛的肠道内存在有非致病性的毛滴虫种,胎儿毛滴虫和从猪体内分离到的猪毛滴虫在形态和血清学上难以区分。胎儿三毛滴虫对外界抵抗力较弱,对热敏感,但对冷的耐受性较强,大部分消毒药很容易杀灭该病原。胎儿毛滴虫可在体外培养,首选培养基为戴蒙德氏培养基、克劳信培养基和毛滴虫培养基,这些培养基可在市场上买到。目前在美国已开发出可以使毛滴虫生长且不必吸出培养液直接进行检查的培养基。

该病原体有三个血清型,分别是贝尔法斯特型、曼利型和布里斯班型,都具有同等的致病力。病原体在 5℃或者冷冻保存的纯精液或稀释精液中均能存活。

15.5.1.2　分布

呈世界性分布。贝尔法斯特株主要发生于欧洲、非洲和美国;布里斯班株主要发生于澳大利亚;仅有少量发病是由曼利株引起的。在北美已分离出其他虫株 ,但尚未进行定型。

15.5.1.3　生活史

胎儿三毛滴虫主要寄生在母牛的阴道和子宫内,公牛的包皮鞘内。母牛怀孕后寄生于胎儿的第四胃内以及胎盘和胎液中。虫体以纵二分裂方式进行繁殖,未观察到有性繁殖形式及包囊。通过交配传播;在人工授精时则因精液中带虫或人工授精器械的污染而造成传染。

15.5.1.4　流行病学

(1) 感染源

发病动物和带虫动物为主要的传染源。公牛感染后,发生黏液脓性包皮炎,在包皮黏膜上出现粟粒大的小结节,排黏液,有痛感,不愿交配。随着病情的发展,由急性炎症转为慢性,症状消失,但仍带虫,成为传染的主要来源。公牛是主要的保虫宿主,成为长期携带者,但许多母牛能自愈。正是由于这种原因,来自公牛的样品通常作为疾病的诊断或控制效果的参考样品。

(2) 传播途径

该病主要经交媾传播,人工授精或产科检查用具消毒不彻底也可以间接传播。

(3) 易感动物

牛生殖道毛滴虫病是由鞭毛原生动物胎儿毛滴虫引起的一种疾病。牛是胎儿毛滴虫的自然宿主，猪、马、獐也可能是它的自然宿主。

15.5.1.5　临床症状

成年奶牛感染后最初 3～6 天阴门及阴道前庭黏膜水肿。1～2 周，前庭黏膜鲜红，表面有许多小红斑点和结节，而后变成充满淡黄色液体的疱，破溃后形成糜烂、溃疡。随后，生殖道开始有浑浊或脓性分泌物排出，渗出物逐渐减少。奶牛患该病后，阴部发痒，常举尾、摇尾，在栏柱上或其他物体上磨擦外阴部，频频做排尿姿势。主要表现为阴道炎、子宫颈炎及子宫内膜炎。当发生脓性子宫内膜炎时，患牛体温升高、泌乳量下降、食欲减退。成群不发情、不妊娠或妊娠后 1～3 个月流产。某些病例尽管发生传染，但不出现流产，妊娠继续并生下足月正常犊牛，感染该病的牛群会出现不规则的发情、子宫脱垂、子宫积脓和早期流产。母牛一般在感染或流产后，至少在哺乳期康复，并具有免疫性。公牛感染主要发生在包皮腔，感染后极少或根本不出现临床反应，4～5 岁的公牛感染后不能自行康复，并成为永久性传染源，3 岁以下公牛可能为一过性感染。公牛感染毛滴虫数量很少，主要集中在穹部和阴茎头周围，慢性感染无可见病变。

15.5.2　OIE 法典中检疫要求

2.3.6.1 条　诊断试验标准参阅《手册》。

2.3.6.2 条 进境种用母牛时，进境国兽医行政管理部门应要求出具国际兽医证书，证明：

1）装运之日，动物无毛滴虫病临床症状；

2）动物在报告没有发生毛滴虫病的牛群饲养；并且/或者

3）对于已配过种的母牛，采集阴道黏液直接镜检和培养，结果阴性。

2.3.6.3 条　进境种公牛（自然交配或人工授精）时，进境国兽医行政管理部门应要求出具国际兽医证书，证明：

1）动物在装运之日，无毛滴虫病临床症状；

2）动物在报告无毛滴虫病的牛群饲养；并且/或者

3）未曾进行过自然交配；或

4）仅与处女小母牛进行过交配；或

5）阴茎包皮样品直接镜检和培养检查，结果阴性。

2.3.6.4 条　进境牛精液时，进境国兽医行政管理部门应要求出具国际兽医证书，证明：

1）供精动物从未自然交配过；或

2）供精动物仅与处女小母牛进行过交配；或

3）供精动物所在的养殖场或 AI 中心，从未有过毛滴虫病的发病报道；

4）阴茎包皮样品直接镜检和培养检查，结果阴性；

5）精液的采集、加工和贮存符合附录 3.2.1 规定。

15.5.3　检测技术参考依据

（1）国外标准

OIE：Manual of Diagnostic Tests and Vaccines for Terrestrial Animals ：TRICHOMONOSIS (CHAPTER 2.3.6)

(2) 国内标准

暂无。

15.5.4 检测方法概述

15.5.4.1 病原鉴定

应首先进行畜群繁殖情况的调查。凡畜群繁殖异常，早期流产，母畜常需经多次发情交配始能受孕；常见阴道分泌物增加，子宫蓄脓等情况出现时，应怀疑为本病。此时应查找虫体，加以确诊。

(1) 直接样品或培养物的病原鉴定(国际贸易指定试验)

根据临床病史、早期流产、多次复配不孕或发情不规则等可作出初步诊断，确诊需从胎盘液、流产胎儿的胃内容物、子宫清洗液、子宫积脓排出物或阴道黏液查出虫体。在感染畜群最可靠的诊断病料是包皮、阴道冲洗物或包皮刮取物。在西欧、欧盟要求收集包皮冲洗物或在母畜进行阴道黏液凝集试验。不同情况下毛滴虫的数量有所不同。在流产胎儿、流产后几天和新近感染母牛子宫里均含有大量虫体。感染后 12～20 天的母牛阴道黏液内也含有大量虫体，在一个发情周期内毛滴虫的数量也有所不同，发情后 3～7 天内毛滴虫的数量最多。感染的公牛虫体主要在包皮黏膜和阴茎，一般并不侵入黏膜下组织。采集包皮样本应在上次操作后 1 周进行，这样可通过人工授精管或人工阴道的冲洗物等方法获得。可用生理盐水冲洗阴道，或者用塑料或玻璃移液管和一长的橡胶管灌洗子宫采集检查样品。不同的收集样本方法已进行了比较。样品应置 37℃ 保存，防止粪便污染，以免混进与胎儿毛滴虫相混淆的其他肠道原生动物。采集的疑似病料直接涂在载玻片或以生理盐水 2～3 倍稀释后滴在载玻片上，加盖玻片，200 倍暗视显微镜检查。胎毛滴虫在新鲜病料中，呈西瓜籽形或长卵圆形，在白细胞与上皮细胞之间活泼地进行蛇形游动。可看到前鞭毛 3 根，后鞭毛 1 根。运动的虫体不易看出鞭毛。若检样必须送实验室检验，且 24 h 内不能送达者则应将检样接种于运输培养基(如 Winter 氏培养基或含有 5% 胎牛血清的磷酸盐缓冲液或加脱脂奶粉可不加抗生素)或用田间培养塑料袋。运输过程中病原体应防止温度过高，最好保持在 5 ℃～38 ℃ 。外观污染的检样，应将被检材料沉淀，然后检验沉淀物。尽管一些实验室对样本用甲醇固定，碘和市售的 Wright-Giemsa 进行染色，但一般并不需要进行染色作出更详细、更准确的诊断。

如果病原体太少难以作出准确鉴定，应该用培养基进行培养。由于在大多数情况下，病原体的数量较少以致直接检查不能作出阳性诊断，因此通常必须进行病原体培养。有几种培养基可供选用：CPLM (半光氨酸胨肝浸剂麦芽糖)培养基、BGPS (牛肉提取葡萄糖胨血清)培养基、戴蒙德毛滴虫培养基和 Oxoid 氏毛滴虫培养基。应强调的是，接种培养基样品应是无菌的，样品采集后尽可能快的操作。另外由于许多培养基不稳定，所以要确定培养基的有效期。病原体可根据形态特征进行鉴定。样品可用显微镜直接检查。培养基可在接种后第 1 天到第 10 天用显微镜间隔检查。

(2) 聚合酶链反应(PCR)

以分子为基础的 PCR 技术已用于毛滴虫鉴定。随着在培养液、子宫液和阴茎包皮垢中毛滴虫诊断手段的改进，DNA 探针技术得到发展。根据特异性已发现 0.85kb 序列是最好的候选探针。为改善其敏感性，根据该探针的序列设计两个引物 TF1 和 TF2，此引物可利用 PCR 扩增该寄生虫特异的 DNA 。用 IsoQuick 核酸提取试剂盒提取 DNA ，该方法快、简便、可靠,能检测培养液中单一虫体或包皮垢中的10个病原体,牛包皮垢中TaqDNA聚合酶抑制剂的出现降低了培养方法的敏感性,但提供了操作简便、快速(1天)和增加了处理样品的数量等优点。最近报道根据rRNA基因亚单位序列应用PCR和DNA酶免疫试验,获得了相似结果。然而,在某些情况下,培养是阳性的样本PCR检测不出来,相反PCR阳性结果而培养为阴性。因此,尽管这项技术较准确,但在取代培养作为常规诊断试验前应用该技术诊断牛毛滴虫感染仍需做大量工作。

15.5.4.2 血清学试验

20世纪40年代,发展起来的黏液凝集试验和皮内诊断试验,仍然具有局限性,特别是其敏感性和特异性限制了其应用。尽管这种方法检测培养物中病原体较检测子宫颈和阴道黏膜抗原敏感,一些根据抗原捕获ELISA试验的血清学诊断方法已经建立。应用单克隆抗体的免疫组化技术已表明了其可确定福尔马林固定组织的毛滴虫病原体。

(1) 黏液凝集试验

由于抗体水平随发情周期而变化,20世纪40年代建立的黏液凝集试验只能检出约60%的自然感染母牛。从子宫颈采集黏液样品,最好在发情后几天采集。在子宫颈黏液中的抗体大约在感染后6周出现并持续几个月。亦可在包皮分泌物中检出抗体。黏液凝集试验对群体试验是最有用的,它能检出潜伏感染或近期感染。该法具有特异性,不会与胎儿弯曲杆菌或牛布氏杆菌发生交叉反应,但缺乏敏感性。

(2) 皮内毛滴虫素(Tricin)试验

皮内试验诊断牛毛滴虫病已有报道。注射位置是在颈部皮肤,与结核菌素试验的位置相似。皮内注射毛滴虫素抗原0.1 mL,30 min~60 min后测定反应。阳性反应为肉眼可见的浅斑和皮肤增厚大于2 mm。

(3) 免疫组织化学法

由于流产胎儿无解剖和组织学病变,所以诊断必须鉴定病原体。已有应用单克隆抗体的免疫组织化学技术,从福尔马林固定的胎盘或牛流产的胎肺检测毛滴虫的报道。免疫组织化学染色是应用市售的链霉素生物素-亲合素标记系统和毛滴虫的单克隆抗体来完成的。方法是脱蜡的4 mm的切片和McAb孵育,接着用非免疫的羊血清封闭。用缓冲液洗涤3次后,切片和生物素标记的羊抗鼠和抗兔IgG37 ℃结合30 min。经3次缓冲液洗涤后,过氧化物酶标记的链霉抗生物素蛋白37 ℃作用30 min。酶用含3%AEC(3-amino-9-ethyl-carbazole)的N,N-二甲基甲酰胺稀释。切片用Gill Ⅱ 苏木素负染3 min,冲洗,并在缓冲液中漂洗1 min。此方法已用于胎毛滴虫引起的流产的诊断。

15.5.5 疫病防治

引进种公牛时要做好检疫工作,淘汰阳性种公牛;推广人工授精,避免公母畜之间传染;在进行人工授精时,应仔细检查公牛的精液,确认无毛滴虫感染时方可利用;患牛与健康牛要分开饲养,一切用具要分开,并严格消毒,防止母牛间传染。

对于本病的治疗:

1) 在患牛发情时用药,采用人用滴虫灵(栓剂)10剂,溶化后迅速注入患牛子宫及阴道内,一天一次,连用3次;

2) 应用1%甲硝唑、0.1%雷夫诺尔冲洗患牛阴道、子宫,并尽量将冲洗液导出。隔日1次,连用3~4次。期间未冲洗日可采用碘甘油或5%~10%的磺胺软膏涂擦患牛阴道或

将药物注入患牛子宫内。

有商品化的母牛用全细胞疫苗可供使用。有单价苗，也有含胎儿弯曲杆菌和钩瑞螺旋体的多联苗。这些产品可以对母牛提供有效的保护，但对公牛效果不理想。这与澳大利亚早期的研究结果有差异。该研究认为使用胎儿毛滴虫的糖蛋白或膜可以有效地保护，甚至清除公牛的感染。

青年母牛注射含胎儿弯曲杆菌的疫苗后，在血清和阴道黏液内产生特异的抗体。研究发现部分有效的灭活全细胞疫苗不能预防感染，但可以在妊娠前清除母牛的感染。在研究应用胎儿毛滴虫的表面膜抗原或重组抗原制造更有效的疫苗。

15.6 牛巴贝斯虫病(Babesiosis)

15.6.1 疫病简述

牛巴贝斯虫病旧称为牛焦虫病，是由顶复器门(Apicomplexa)、孢子纲(Sporozoea)、梨形虫亚纲(Piroplasmia)、梨形虫目(Piroplasmide)、巴贝斯科(Babesicdae)、巴贝斯属(*Babesie*)的若干巴贝斯虫种寄生在牛红细胞内引起的一种需经硬蜱传播的牛的血液原虫病。牛巴贝斯虫病是一种世界性血液原虫病，以急性型为多见。

本病首例患牛1896年发现于美国南部的宾夕法尼亚洲，病原体是由罗马尼亚学者Babes从当地患牛血液中首先发现的。目前报道至少有18种巴贝斯虫对家畜、实验动物及人具有致病性，其中寄生于牛的巴贝斯虫主要有6种，即双芽巴贝斯虫(*Babesia bigemina*)、牛巴贝斯虫(*Babesia bovis*)、东方巴贝斯虫(*B. orientalis*)、卵形巴贝斯虫(*B. ovata*)、分歧巴贝斯虫(*Babesia divergens*)和大巴贝斯虫(*Babesia major*)。牛巴贝斯虫和双芽巴贝斯虫是引起牛发病的最重要的两个种。牛巴贝斯虫病发病急、病程短、死亡率高。我国30个省市自治区都有分布，每年导致大约25万头牛死亡，给畜牧业带来巨大经济损失。

15.6.1.1 病原

双芽巴贝斯虫(*B. bigemina*)，为大型虫体，其长度大于红细胞的半径，呈圆环形、椭圆形、单梨籽形、双梨籽形和不规则形，血液涂片以姬姆萨染色，虫体的原生质为浅蓝色，核为深紫色，往往位于虫体边缘，染色质为两团，圆形的核有时从虫体中逸出，虫体中心呈空泡状，不着色而透明，典型的双梨籽形虫体两尖端多以锐角相连，其长度4 μm～5 μm。圆环形虫体的直径为2 μm～3 μm。

牛巴贝斯虫(*Babesia bovis*)在红细胞内的梨形虫为小型虫体，呈梨籽形、圆形和不规则形。虫体长度均小于红细胞半径，成双的梨籽形虫体两尖端相对，排列成钝角，有的几乎两尖端相向呈一字形排列。圆形虫体的染色质分布在一边，中央透亮成“戒指”状，一般位于红细胞中央。梨籽形虫体的大小为(1.8 μm～2.8 μm)×(0.8 μm～1.2 μm)；圆形虫体直径为1.3 μm～1.7 μm。微小牛蜱饱血雌蜱淋巴中的成熟大裂殖子大小为(9.0 μm～22.0 μm)×(1.5 μm～6.0 μm)，平均13.76 μm×3.14 μm。一般地说，牛巴贝斯虫比分歧巴贝斯虫有更大的致病性。

东方巴贝斯虫(*B. orientalis*)，虫体呈梨形(单个或成双)、环形、椭圆形、圆点形及杆状。梨形虫体，单梨形多于双梨形，双梨形虫体两尖端相连呈钝角，极个别的呈锐角或平行排列，虫体大小为(1.2 μm～1.5 μm)×(2.0 μm～2.6 μm)，平均为1.3 μm×2.2 μm，位于红细胞中间；环形虫体呈指环形；圆点状(边虫形)虫体呈圆球状，色深蓝，虫体位于红细胞边缘或近中央处，大小为(1.0 μm～1.1 μm)×(1.1 μm～1.2 μm)；椭圆形虫体两端钝圆，其大小为(1.6 μm～1.8 μm)×(2.1 μm～2.4 μm)；杆形虫体一端略粗，另一端细长，或两端粗细接近，染色质位于一端或两端，其大小为(2.8 μm～3.7 μm)×(0.6 μm～0.8 μm)。

卵形巴贝斯虫(*B. ovata*)，虫体形态具有多形性的特征，呈卵形、圆形、出芽形、阿米巴形、单梨籽形、双梨籽形及退化形，虫体内有1～2个深紫色球形或不规则的染色质团，有时分布于虫体边缘，形成前端较宽的带状核质。虫体中央往往不着色，形成空泡，这种虫体大多集中于血液涂片的末梢。球形核的外逸现象较常见，可观察到正在外逸或刚刚逸出的球形体，核逸出之后，虫体呈现出上述的空泡。双梨籽形虫体较宽大，一般大于红细胞半径，位于红细胞中央，两尖端成锐角或不相连。在疾病发展过程中，双梨籽形虫体往往发生褪变，变得窄而小，有时排列成钝角，或两尖端相向，颇像牛巴贝斯虫。感染红细胞一般寄生1～2个虫体，个别可寄生4个。典型单梨籽形和双梨籽形虫体大小范围为(2.3 μm～3.9 μm)×(1.1 μm～2.1 μm)，平均为3.57 μm×1.71 μm。

分歧巴贝斯虫(*Babesia divergens*)，是一种小型虫体，比牛巴贝斯虫(*Babesia bovis*)还要小。虫体形态为成双的梨籽形虫体呈钝角，而且角度很大，有的几乎两尖端相向，常位于红细胞的边缘。梨籽形虫体的大小为2.4 μm×1.0 μm，圆形虫体为2.0 μm。

大巴贝斯虫(*Babesia major*)，为大型虫体，梨籽形虫体的长度为2.71 μm～4.21 μm，小于双芽巴贝斯焦虫(*B. bigemina*)，但却大于卵形巴贝斯虫(*B. ovata*)，成对的梨籽形虫体与这两个种有些相似，圆形虫体的直径为1.8 μm，虫体一般位于红细胞的中央。

15.6.1.2　分布

双芽巴贝斯虫(*B. bigemina*)广泛分布于中南美洲、南欧、北非、南非、南亚、澳大利亚等地，我国的甘肃、陕西、河南、山东、安徽、辽宁、浙江、江苏、云南、贵州、湖北、湖南、江西、福建、广西、广东、西藏、台湾等省、自治区均有报道。牛巴贝斯虫(*Babesia bovis*)，分布于南欧、中东、前苏联、澳大利亚、墨西哥等中南美洲国家，在我国的河北、河南、陕西、安徽、湖北、湖南、福建、西藏、贵州、云南、江苏、江西、辽宁等省都有过报道。

东方巴贝斯虫(*B. orientalis*)，该虫仅见报道于中国湖北，在福建、江西报道的水牛巴贝斯虫也可能与该种相同，但未进行比较研究。卵形巴贝斯虫(*B. ovata*)，分布于日本、韩国，在我国最初分离自河南，现在贵州、吉林、甘肃也见有报道。分歧巴贝斯虫(*Babesia divergens*)，分布于欧洲、前苏联等地。大巴贝斯虫(*Babesia major*)，分布于北非、欧洲、前苏联等地。

15.6.1.3　生活史

蜱吸食感染动物的血液时吸入病原体，虫体进入蜱肠上皮细胞中发育，而后进入血淋巴内，再进入马氏管，经复分裂后移居蜱卵内。当幼蜱孵出发育时进入肠上皮细胞再进行复分裂，然后进入肠管和血淋巴。当幼蜱蜕化为若蜱后，进入蜱的唾液腺。若蜱叮咬易感动物时传播虫体。

15.6.1.4　流行病学

(1) 病原来源

病牛、隐性感染牛、康复牛均为本病的重要感染源。

(2) 传播途径

本病主要由蜱传播，病原体可以在它们体内经卵传递。蜱的各个发育阶段(幼蜱、若蜱、成蜱)都可以感染牛。虫体经微小牛蜱、镰形扇头蜱和二棘血蜱等中间宿主传播。当蜱叮咬

牛体时，虫体随蜱的唾液进入牛体，随即由血液进入红细胞，在红细胞内以成对出芽的方式进行繁殖。双芽巴贝斯虫的主要传播媒介为多种蜱，包括微小牛蜱(*B. microplus*)、无色牛蜱(*B. decoloratus*)、环形牛蜱(*B. annulatus*)、外翻扇头蜱(*R. evertsi*)、囊形扇头蜱(*R. bursa*)、附尾扇头蜱(*R. appendiculatus*)、刻点血蜱(*H. punctata*)。

牛巴贝斯虫主要传播媒介为蓖子硬蜱(*I. ricinus*)、全沟硬蜱(*I. persulcatus*)、微小牛蜱(*B. microplus*)、环形牛蜱(*B. annulatus*)、澳大利亚牛蜱(*B. australis*)、盖氏牛蜱(*B. geigyi*)、囊形扇头蜱(*R. bursa*)；东方巴贝斯虫的传播媒介为镰形扇头蜱(*R. haemaphysaloides*)。卵形巴贝斯虫的传播媒介为长角血蜱(*H. longicornis*)，分歧巴贝斯虫的主要传播媒介是蓖子硬蜱(*I. ricinus*)，其他重要的传播媒介包括血蜱属和肩头蜱属各种。大巴贝斯虫的传播媒介为刻点血蜱(*H. punctata*)，在我国已证实仅有微小牛蜱。

(3) 易感动物

在一般情况下，两岁以内的犊牛发病率高，但症状轻微，死亡率低；成年牛发病率低，但症状较重，死亡率高，特别是老、弱及劳役过重的牛，病情更为严重。就年龄来说，本病多发生于1～7个月的犊牛，8个月以上的犊牛发病较少；成年牛多系带虫者，但当机体抵抗力减弱(受营养不良、劳役过度等的影响)时，则引起复发。当地牛对本病有抵抗力，良种牛和由外地引入的牛易感性较高，症状严重，病死率高。

双芽巴贝斯虫感染黄牛、奶牛、水牛、瘤牛；牛巴贝斯虫感染黄牛、獐、红鹿；东方巴贝斯虫主要感染水牛；卵形巴贝斯虫主要感染黄牛；分歧巴贝斯虫感染牛，偶尔感染人；大巴贝斯虫主要感染黄牛。

(4) 流行特征

本病的发生具有一定的散发性、地方性及季节性，该病的发生以夏秋季节为多。带虫现象可持续2～3年。由于牛感染巴贝斯虫后处在带虫免疫状态，当生理条件、地理环境改变、以及蜱活动旺盛的季节，可能会导致该病暴发流行。

15.6.1.5 临床症状

双芽巴贝斯虫病：临床上本病的特征症状是：发热(高达41.9 ℃)、黄疸、贫血、呼吸困难、血尿和血便。潜伏期约为5～10天，病初，体温升高，可达41.5 ℃，呈稽留热，精神沉郁，喜卧，食欲减退，反刍迟缓，常有便秘现象；随着病程的发展，2～3天后，脉搏增快而弱，呼吸促迫，迅速消瘦，贫血，黄疸；病的后期，病牛极度虚弱，食欲废绝，可视黏膜苍白，排恶臭的褐色粪便及特征性的血红蛋白尿。急性病例，病程可持续1周；轻型病例，在血红蛋白尿出现3～4天后，体温下降，尿色变清，病情逐渐好转。双芽巴贝斯虫感染时不发生感染红细胞的血管内堆积。

牛巴贝斯虫病：本病的潜伏期为9～12天，牛巴贝斯虫感染以高烧、共济失调、厌食和全身周期性休克为特征。作为感染红细胞在脑毛细血管中聚集的结果常常伴有神经症状。在急性病例，循环血中最大的虫血症(感染红血胞的百分数)小于1%，这与双芽巴贝斯虫感染形成鲜明对照，双芽巴贝斯虫感染引起的寄生物血症常常超过10%，有时甚至高达30%。出现虫体后3天左右体温迅速升高，稽留3～8天；随体温升高，出现精神沉郁，食欲减退，消瘦，结膜苍白，腹泻或便秘，呼吸粗厉，心律不齐，有轻微的黄疸。随着病程的延长，极度消瘦，卧地不起，食欲废绝，交替腹泻和便秘，最后体温降至36 ℃以下，衰竭而死。有的牛在出现虫体10天以后，体温恢复正常，逐渐自愈。

东方巴贝斯虫病：一般水牛无明显的临床症状，但切脾后可呈现症状。

卵形巴贝斯虫病：一般牛的临床症状较轻，但其慢性消耗性病程使试验牛濒临死亡。

分歧巴贝斯虫病：分歧巴贝斯虫比牛巴贝斯虫致病性小，而虫血症和临床症状与双芽巴贝斯虫感染类似。

15.6.2　OIE 法典中检疫要求

2.3.8 节　牛巴贝斯虫病(Bovine Babesiosis)

2.3.8.1 条　诊断试验和疫苗标准参阅《手册》。

2.3.8.2 条　从被认为牛巴贝斯虫病感染国家进境牛时，无牛巴贝斯焦虫病国家兽医行政管理部门应要求出具国际兽医证书，证明动物：

1) 装运之日无牛巴贝斯虫病临床症状；并且

2) 自出生起，在过去的两年内在无牛巴贝斯虫病地区饲养；或者

3) 装运之日无牛巴贝斯虫病临床症状；并且

4) 装运前 30 天内作过牛巴贝斯虫病检测，结果阴性；并且

5) 使用有效药物进行过治疗，如应用咪唑苯脲，一次性注射剂量为 2 mg/kg，或双脒苯脲 10 mg/kg(研究中)；并且在上述任何一种情况下；

6) 在装运前使用杀螨剂作过处理，确保彻底清除蜱类寄生虫。

15.6.3　检测技术参考依据

(1) 国外标准

OIE：Manual of Diagnostic Tests and Vaccines for Terrestrial Animals：BOVINE BABESIOSIS(CHAPTER 2.3.8)

(2) 国内标准

暂无。

15.6.4　检测方法概述

依据临床典型症状(高热、贫血、血尿、黄疸、消瘦等)、结合流行病学特征(以夏秋季多发、新引进奶牛易感、在牛体及牧草上有蜱存在等)可以做出初步诊断。确诊需要进行实验室检查，从高热期症状典型病牛的耳静脉采血，涂片镜检，发现有一定数量虫体即可确诊。

15.6.4.1　病原鉴定

死亡动物的样品应包括薄的血液推片以及脑皮质、肾、肝、肺和骨髓的抹片。器官抹片的制法是：在新鲜的器官切面上制成压印片，亦可取一小块组织放在两张清洁的显微镜玻片中间压碎，顺长边拖拉玻片，这样在每张玻片上均留下一薄膜，即压片。抹片风干，在无水甲醇中固定 5 min，在 10％姬姆萨染液中染色 20 min～30 min，这种方法特别适合于诊断牛巴贝斯虫感染，如果牛死亡已超过 24 h，用此法诊断不可靠。然而，在死亡 1～2 天内，从腿部血管的血液中常常可检出寄生物。

活动物样品应包括厚薄两种血片。最好从末梢血液制取血片，如耳尖和尾尖等处，因为牛巴贝斯虫更普遍地存在于末梢血管中。双芽巴贝斯虫和分歧巴贝斯虫同样通过血管系统分布全身。如果无法从末梢血液制取抹片，应该用乙二胺四乙酸(EDTA)做抗凝剂(即 1 mg/mL)无菌采取静脉血液，一般不用肝素作抗凝剂，因为它会影响涂片的染色特性。样品在送达实验室之前，最好保存在 5 ℃的冷凉环境下，在采血的几个小时内亦应如此。薄的血片，自然干燥，无水甲醇固定 1 min，10％姬姆萨染液中染色 20 min～30 min。血片制好

后最好尽快染色，以确保适当的染色清晰度。将一小滴血（约 50 μL）置于洁净的玻片上制备厚的血片，自然干燥，无水甲醇固定 5 min，5%的姬姆萨染液染色 20 min～30 min。

所有抹片用油镜检查，牛巴贝斯虫是一个小的寄生物，位于红细胞的中央，长约 1 μm ～1.5 μm，宽 0.5 μm～1.0 μm，常常发现两个虫体互相成钝角在一起。分歧巴贝斯虫也是一个小寄生物，形态学上与牛巴贝斯虫很相似，可是钝角虫体常位于红细胞的边缘。双芽巴贝斯虫虫体则大得多，常常成对被发现，但两虫体互相成锐角。双芽巴贝斯虫呈典型的梨形，但可见许多不同形态的单一虫体，其大小是长 3 μm～3.5 μm，宽 1 μm～1.5 μm，成双的虫体常常可见有两个红染的小点位于每个虫体内（牛巴贝斯虫和分歧巴贝斯虫总是只有一个），在急性病例，牛巴贝斯虫虫血症很少达到 1%，双芽巴贝斯虫和分歧巴贝斯虫的虫血症高得多。厚的血液涂片非常适用于轻度牛巴贝斯虫感染的诊断，器官抹片也是如此。该法以直接在动物血液内观察到虫体为依据、方法简便、易行；但敏感性差，对染虫率较高的急性病例检出率较高，而对隐性感染的病例则检出率较低。

确诊可疑动物感染了巴贝斯虫可采用如下方法，颈静脉采取可疑动物血液 500 mL，颈静脉接种于已知无巴贝斯虫的摘脾犊牛，监测犊牛是否被感染。分歧巴贝斯虫可感染蒙古沙土鼠。近年来，体外培养方法已用于鉴定轻度感染动物和病原分离。用适当的培养设施，体外分离病原技术与活体分离病原同样敏感。包括使用 DNA 探针技术在内的几个检验程序和多聚酶链反应技术已用于轻度巴贝斯虫感染的检测，DNA 探针检测技术是目前最为敏感的诊断方法。这些技术比显微镜检查更敏感，但不如体内或体外病原分离技术敏感。

15.6.4.2 血清学检验

由于动物感染巴贝斯虫后，可产生明显的抗体应答。因而为巴贝斯虫病的免疫诊断提供了血清学基础。巴贝斯虫的血清学诊断方法在 20 世纪 60 年代初见于国外报道。Mahoney（1962）首次把补体结合试验（CF）应用于牛病诊断，但该病的假阴性较多，且不同虫种之间存在交叉反应。Curnow（1967 ）用间接血凝试验（IHAT）诊断本病，认为其特异性与敏感性与 CF 相似。间接荧光抗体试验（IFA）是检测牛巴贝斯虫和分歧巴贝斯虫抗体应用最广泛的一种方法，IFA 曾用于双芽巴贝斯虫的血清学检验，但由于血清学存在交叉反应，难以作出特异性诊断。Fujinaca 和 Minarni（1981）比较了间接荧光抗体技术（IFAT）与 CF，检测血清中牛巴贝斯虫抗体，结果表明 IFAT 比 CF 更敏感、更有效。酶联免疫吸附试验也适用于抗体的检测，Barry 等（1982）指出，酶免疫法与 IFAT 有很高的阳性符合率（95%）。Montenegro 等（1981）首次利用牛巴贝斯虫体外培养源性抗原致敏胶乳，应用胶乳凝集试验（LAT）诊断本病，认为 LAT 简便易行、稳定性好，与 IFAT 比较有较高的阳性符合率（假阴性率 2.01 %，假阳性率 4.18%）。

国际上通用的诊断巴贝斯虫感染的酶联免疫吸附试验（ELISA）试剂盒有售，尽管一些调查者在不同的实验室进行多方努力，目前仍未找到国际上公认的诊断分歧巴贝斯虫足够敏感的方法，来区分分歧巴贝斯虫和牛巴贝斯虫。最近的研究表明，分歧巴贝斯虫抗血清与纤维蛋白原能发生非特异性反应。下列程序就是牛巴贝斯虫诊断试剂盒的雏形。在单独感染后至少 4 年，用酶联免疫吸附试验仍可检出抗体。对于牛巴贝斯虫免疫动物，阳性反应率应达 95%～100%，阴性血清中可能有 1%～2%的假阳性反应，对于双芽巴贝斯虫免疫动物，阴性血清中可能有 2%的假阳性反应。

其他血清学检验方法近几年来多有描述，其中包括斑点 ELISA，玻片 ELISA、乳液凝集试验。这些试验对于牛巴贝斯虫而言，其敏感性和特异性均达到了实用的水平，斑点ELISA也可用于双芽巴贝斯虫的检验。然而，除了原来就采用并已生效的一些试验外，上述这些试验无一在实验室的常规检验中被采用，因此对于常规诊断实验室的适用性尚不清楚。

15.6.5　疫病防治

对于牛巴贝斯虫病的治疗，应尽量做到早期诊断，早期治疗；同时要改善饲养，加强护理。治疗时除应用杀病原体的药物外，还需针对病情的不同给以对症治疗或辅助疗法，如注射强心剂、输葡萄糖液，便秘时投以轻泻剂等。下面介绍几种常用的杀病原体的药物。

(1) 锥黄素，剂量为3 mg/kg～4 mg/kg，配成0.5%～1%的溶液静脉注射，症状未减轻时，24 h后再注射1次，病牛在治疗后数日内，避免烈日照射。

(2) 阿卡普林，剂量为0.6 mg/kg～1 mg/kg体重，配成5%的溶液皮下注射。有时注射后数分钟出现起卧不安，肌肉震颤，流涎，出汗，呼吸困难等副作用(妊娠牛可能流产)，一般于1 h～4 h后自行消失，严重者可皮下注射阿托品，剂量为10 mg/kg。

(3) 贝尼尔(血虫净、三氮脒)，剂量为3.5 mg/kg～3.8 mg/kg，配成5%～7%溶液，深部肌肉注射。黄牛偶尔出现起卧不安，肌肉震颤等副作用，但很快消失；水牛对本药较敏感，一般用药一次较安全，连续使用易出现毒性反应，甚至死亡。

(4) 咪唑苯脲，剂量为2 mg/kg，配成10%的溶液，肌肉注射。

牛巴贝斯虫病的预防的关键在于灭蜱，其主要措施如下：

1) 牛体灭蜱：根据流行地区(包括隐伏地区)的蜱的种类、出现的季节和活动规律，实施有计划、有组织的灭蜱措施。应用灭蜱药物(喷洒或药浴)消灭牛体上的所有的蜱，做到一头不漏，要定为制度逐年进行。常用的灭蜱药有：1%马拉硫磷、0.2%辛硫磷、0.2%杀螟松、0.2%害虫敌、0.25%倍硫磷乳剂或25 mg/kg溴氰菊脂乳油剂。

2) 避蜱：放牧牛群应避免到大量滋生蜱的牧场放牧，必要时可改为舍饲。

3) 卫生管理：厩舍附近应经常保持清洁，并作灭蜱处理；有可能通过饲草和用具将蜱带入厩舍，应加强防范。

4) 药物预防：对在本病流行地区放牧的牛群，于发病季节可按2 mg/kg体重的剂量肌肉注射咪唑苯脲溶液，可保护牛只不受本病侵害。

5) 隔离检疫：在本病流行地区，输入或外运牛只应选择无蜱活动季节，并进行药物灭蜱处理2～4次。外运的牛还必须进行检查，发现血液内有虫体时，应用抗梨形虫药物进行治疗，以免将病原体传出；输入的牛最好也应用咪唑苯脲进行药物预防。

目前，有几个国家用感染牛的血液生产活的、致弱的牛巴贝斯虫、双芽巴贝斯或分歧巴贝斯虫疫苗。牛单次注射后产生长久、坚固的免疫力。澳大利亚、阿根廷、南非、以色列、乌拉圭等国政府都提供生产巴贝斯疫苗的设备，以扶持畜牧业。爱尔兰用分歧巴贝斯实验感染沙鼠，用感染血成功制备了疫苗。澳大利亚用感染分歧巴贝斯的犊牛血制备了灭活苗，但免疫水平和持续时间信息不清。也有使用虫体蛋白抗原在体外生产疫苗或生产虫体蛋白亚单位疫苗，但都未商品化。

15.7　牛病毒性腹泻(Bovine viral diarrhea，BVD)

15.7.1　疫病简述

牛病毒性腹泻是由牛病毒性腹泻病毒引起的以发热、黏膜糜烂溃疡、白细胞减少、腹泻、

免疫耐受与持续感染、免疫抑制、先天性缺陷、咳嗽、怀孕母牛流产、产死胎或畸胎为主要特征的一种牛的病毒性、接触性传染病。该病呈世界性分布，广泛存在于欧美等许多养牛发达国家。长期以来，该病一直严重影响畜牧业的发展。同时，BVDV 还是牛源生物制品的常在污染源，给畜牧业的相关商业领域也造成了巨大的经济损失。

1946 年，Olafson 等在美国纽约州首先报道一种牛的疾病，其特征是消化道溃疡和下痢，称为病毒性腹泻。1953 年，Ramsey 和 Chiver 观察到了一种疾病，该病与病毒性腹泻具有相似的临床和病理综合症，并且整个消化道黏膜呈现严重糜烂和溃疡性变化，许多病牛死于出血性肠炎，命名为黏膜病。1959 年，Gillespie 和 Baker 鉴定了美国的两株病毒：纽约(New York)株和印第安纳(Indiana)株，结果证明是同一个型的病毒。1960 年，Gillespie 等又分离到一个 Oregen C24V 毒株，此毒株可在牛肾细胞上产生细胞病变，被定为标准毒，用于牛病毒性腹泻/黏膜病的血清学和病毒学研究以及实验诊断。随后在世界各地相继分离到许多病毒株。对上述所有毒株进行比较试验，结果证明：Oregen C24V 毒株制备的抗血清可以中和美国和世界其他地区的各个分离株，这充分说明病毒性腹泻和黏膜病是同一种病毒引起的。1971 年，美国兽医协会将其统一命名为牛病毒性腹泻-黏膜病。

15.7.1.1　病原

牛病毒性腹泻病毒，也称为牛病毒性腹泻 黏膜病病毒(Bovinc viral diarrhea-mueosal disease virus，BVD-MDV)，分类学上属黄病毒科(Flaviviridae)，瘟病毒属(*Pestivirus*)成员，为瘟病毒属的代表病毒株，与猪瘟病毒(CSFV)和羊边界病病毒(BDV)密切相关。1991 年前 BVD-MDV 与猪瘟病毒及绵羊边界病病毒均属披膜病毒科(Togariridae)瘟病毒属(*Pestivirud*)。随着分子生物学的兴起，在基因结构与基因表达方面，瘟病毒属更接近黄病毒科。1991 年国际病毒学分类委员会第 5 次报告中，将黄病毒属上升为科，并把瘟病毒属归为黄病毒科。

本病毒对乙醚、氯仿、胰酶等敏感，pH3 以下易被破坏。在 56 ℃下即可灭活，$MgCl_2$ 不起保护作用，低温稳定，冻干－60 ℃～－70 ℃可保存 16 年之久。Coggins 测定病毒粒子在蔗糖密度梯度中的浮密度是 1.13 g/cm^3～1.14 g/cm^3，沉降系数为 80 s～90 s。

BVDV 可在多种牛源传代细胞、原代细胞上生长，有些毒株可以引起细胞病变，病变主要表现为细胞变圆、核固缩到边缘、胞浆内出现大量空泡、脱落、呈网状。王新华等(2002)在病变轻微的新生犊牛睾丸细胞上证明，病毒主要是在胞浆中复制，通过变性内质网膜出芽成熟。大多数学者认为 BVDV 没有血凝性，但也曾有些关于一些毒株能凝集恒河猴、猪、绵羊和雏鸡红细胞的报道。

根据病毒能否使细胞产生病变，把 BVDV 分成致细胞病变型(Cytopathic biotype，CP)和非致细胞病变型(Non-cytopathic biotype，NCP)两类。NCP 病毒在细胞培养中很少出现细胞病变，感染细胞一般表现正常；CP 病毒能引起细胞形成空泡、核固缩、溶解和死亡等。通常，非致细胞病变生物型是在牛群中循环，每种生物型在不同临床症候群——急性、先天性和慢性感染中具有其特殊作用。根据病毒基因组 5’非翻译区(5’UTR)的序列将 BVDV 分成Ⅰ、Ⅱ两个基因型，Ⅰ型还可以进一步分为Ⅰa、Ⅰb 和Ⅰc 3 个亚型。BVDV-Ⅰ普遍用于疫苗生产、诊断和研究，而 BVDV-Ⅱ 5’UTR 区缺乏 PstI 位点，且中和活性也不同于 BVDV-Ⅰ，在持续性感染牛、死于出血性综合征的急性 BVD 牛中主要分离到 BVDV-Ⅱ，临床上通常不出现两个基因型同时感染。

15.7.1.2 流行病学

BVD呈世界性分布，广泛存在于畜牧业发达的国家。患病动物和带毒动物成为本病的主要传染源。动物感染可形成病毒血症，在急性期患病动物的分泌物、排泄物、血液和脾组织中均含有病毒，感染怀孕母牛的流产胎儿也可成为传染源。本病康复牛可带毒6个月，成为很重要的传染源。另外，牛血清、冷冻胚胎、精液中均可能有病毒存在。本病可以通过直接接触或间接接触传播，主要传播途径是消化道和呼吸道，也可通过胎盘垂直传播，妊娠50～150天牛感染BVDV，经胎盘感染胎儿，由于此时胎儿免疫系统还未健全而引起免疫耐受，出生即成为持续性感染牛，这些牛死亡率很高，幸存牛通过鼻涕、唾液、尿液、眼泪和乳汁不断排毒，可造成本病的传播。垂直传播在其流行病学和致病机理中起到重要作用。食用隐性感染动物的下脚料，或通过被病原体污染的饲料、饮水、工具等可以传播该病。猪群感染通常是通过接种被该病毒污染的猪瘟弱毒苗或伪狂犬病弱毒苗引起，也可以通过与牛接触或来往于猪场和牛场之间的交通工具传播而感染。

本病毒可感染多种动物，特别是偶蹄动物，如黄牛、水牛、牦牛、绵羊、山羊、猪、鹿等。小袋鼠及家兔在实验条件下也可人工感染。牛不论大小均可发病，发病牛多为6～18月龄。猪感染后以怀孕母猪及其所产仔猪的临床表现最明显，其他日龄猪多为隐性感染。

本病发生通常无季节性，常年均可发生，牛的自然病例常年均可发现，但以冬春季节多发。新疫区急性病例多，但通常不超过5%，病死率达90%～100%，老疫区急性病例很少，发病率和病死率低，但隐性感染率在50%以上。

15.7.1.3 临床症状

根据疾病严重程度和病程长短，在临床上该病可分为MD和慢性BVD。即黏膜病型和病毒性腹泻型。BVDV引起的牛黏膜病(MD)是最严重的致死性疾病综合征，临床症状为口腔糜烂、严重腹泻、脱水、白细胞减少和高热。慢性BVD的特征是发病几周至几月后出现间歇腹泻，口鼻、趾间溃疡和消瘦。

15.7.2 OIE法典中检疫要求

无。

15.7.3 检测技术参考依据

(1) 国外标准

OIE：Manual of Diagnostic Tests and Vaccines for Terrestrial Animals：BOVINE VIRAL DIARRHEA(CHAPTER 2.10.6)

(2) 国内标准

GB/T 18637—2002 牛病毒性腹泻/黏膜病诊断技术

SN/T 1129—2007 牛病毒性腹泻/黏膜病检疫规范

SN/T 1905—2007 牛病毒性腹泻/黏膜病反转录聚合酶链反应操作规程

15.7.4 检测方法概述

随着养牛业的集约化发展和市场经济的进一步深入，牛只流动频繁，加快了BVDV的传播。给许多养牛业发达国家造成巨大经济损失。因此，建立快速、特异和敏感的检测方法对该病的防治、种牛的进出境检疫、淘汰持续感染牛是非常重要的。国内外报道的检测、诊断BVDV的方法很多，主要有抗体诊断方法和抗原(病原)诊断方法。病原检测方法是确诊持续感染牛和净化牛群中的病毒性腹泻/黏膜病的主要手段，也是出入境检验检疫中主要的

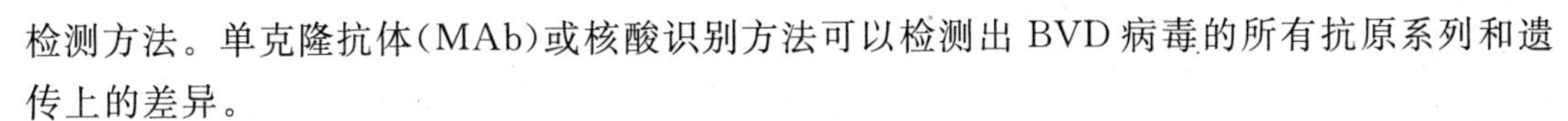

检测方法。单克隆抗体(MAb)或核酸识别方法可以检测出 BVD 病毒的所有抗原系列和遗传上的差异。

15.7.4.1 病原鉴定(国际贸易指定试验)

牛病毒性腹泻病毒有两种生物型,即致细胞病变型和非致细胞病变型,有两个抗原性不同的基因型(1 型和 2 型),其病毒分离株呈现相当大的生物和抗原差异。

先天性感染出生的持续病毒血症的健康动物,通过血液或血清经细胞培养分离非致细胞病变病毒很容易。须用免疫标记法检测培养物中的病毒繁殖。另外也可选用直接检测白细胞中的病毒抗原或病毒 RNA。确认病毒持续感染须在三周后再次取样检查,这些牛通常没有或只有低水平的 BVD 病毒抗体。

急性病例的病毒血症短暂而难以检测。在出血性致死性病例中,可从死后剖检的组织中分离到病毒。黏膜病可通过致细胞病变 BVD 病毒的分离,特别是来源于肠组织的分离来确定。非致细胞病变病毒则要通过血液来检测。

(1) 病毒分离

该病毒可用多种牛源的单层细胞培养物(如肾、肺、睾丸或鼻甲细胞)进行分离,这两种生物型的病毒在细胞上通常都生长良好。由于新鲜牛组织可能已污染非致细胞病变BVDV,所以细胞培养物必须用常规试验作无外源病毒检查。初代或次代细胞培养物可以制成细胞悬液置液氮保存。常规使用前可将细胞进行一系列传代,或接种其他敏感细胞进行检查后方可用于试验。这些问题可通过使用无 BVD 病毒污染的传代细胞来解决。用于细胞培养的犊牛血清不仅要无病毒而且也要无 BVD 病毒中和抗体。56 ℃热处理 30 min～45 min不足以杀死污染血清中的 BVD 病毒;辐照 25 Kilograys(2.5 Mrad)较为可靠。商品胎牛血清甚至在照射后仍可用 PCR 检出许多阳性,马血清虽然促细胞生长性能较差,但有时可代替犊牛血清。

取自活畜全血的白细胞层、全血或血清均适合分离病毒。母源抗体可干扰从犊牛血清中分离病毒。死后病牛组织悬液务必用标准方法制备。精液也可用来分离病毒,但如果获取方便,最好采用血液样品。有报导,没有病毒血症的公牛可通过精液非典型的持续排泄BVDV。原精液有细胞毒素,必须用培养液稀释。稀释的精液可直接接种到单层细胞上,但可能出现细胞毒性,为此,在培养期间应定期镜检细胞形态。

病毒分离有多种方法,但所有方法要在检测标准病毒制剂时出现最高敏感度,这包括在体外传 1 代以上。采用常规方法进行病毒分离时,为检测非致细胞病变病毒,增加一个免疫标记步骤(荧光素或酶)。试管培养应包含飞片,在飞片上可直接固定和标记培养物。

试管法用于检测组织、白细胞层或精液样品(注:本法也可用 24 孔塑料板,且很方便)。

1) 组织样品磨碎并以培养液制成 10%悬液并经离心除去碎片。原精液以培养液作 1∶10稀释;

2) 试管培养物(含盖玻片)上为新制备的单层敏感牛细胞,接种 0.1 mL 样品,37 ℃吸附 1 h;

3) 用 1 mL 培养液冲洗细胞,弃去后,加入 1 mL 维持液;

4) 在 37 ℃培养 4～5 天,镜检观察 CPE 或细胞毒性;

5) 将培养物冻融传代,或将盖玻片取出,在 20 ℃丙酮中固定,直接用 BVD 病毒的免疫荧光结合物染色,此时,在荧光显微镜下检查有瘟疫病毒属所共有的特征性散在的,细胞浆内荧光。

另外也可将培养物冻融后收获并在微量板上传代培养和进行免疫过氧化物酶染色(见上述筛选大宗血清样品的微量板免疫过氧化物酶法),或用免疫荧光法染色检查。

(2) ELISA试验检测抗原

检测抗原用的ELISA系列方法已经建立,并已有很多商品试剂盒问世。多数是根据夹心ELISA原理,即用一个捕获抗体结合到固相上和一个检测抗体结合到信号系统上,如辣根过氧化物酶。单克隆和多克隆抗体系统均有。本试验适用于检测持续性感染牛和外周血液白细胞溶解产物中的BVD抗原。新改进型抗原捕获ELISAs(ERNS捕获ELISAs)既能检测血液中的BVD抗原,同样也能检测血浆或血清样品中的BVD抗原。该方法敏感性相当于病毒分离,特别适用于持续病毒血症并伴有血清学阳性的少数病例。ELISA可能对BVDV隐性抗体敏感性很低,在这种抗体存在的状况下,反转录PCR(RT-PCR)应是最敏感的检测方法。检测抗原ELISA似乎很少用于急性BVD感染的病毒检测。

(3) 免疫组织化学法

酶标方法对检测组织切片中的BVDV抗原是实用的,特别是在可以获得适合的MAbs的地方。所使用的试剂和方法应全面检验合格,并应排除非特异性反应。对于持续性感染动物几乎所有组织都可使用,但是,以淋巴结、甲状腺、皮肤、脑、皱胃和胎盘为最好。皮肤活检被证明是对BDV体内持续感染诊断的最有效方法。

(4) 免疫荧光技术(IFA)

应用荧光抗体技术(通常用直接荧光法)可以检测感染细胞培养物以及病变组织冰冻切片中的病毒。荧光粒子出现于胞浆中,并可应用未标记抗体进行荧光抑制实验作进一步鉴定。J. R. Reddy等用BVDV-NADL毒株感染MDBK单层细胞,同时用杆状病毒表达的BVDV E2蛋白作为抗原做间接ELISA,对54份牛血清进行检测,两个实验检测结果是一致的,证明了IFA是一种可靠的实验室诊断方法,这种实验方法费用很高,而且要有荧光显微镜和数码相机才能把实验结果记录下来,所以此方法要条件好一些的实验室才能开展。

(5) 核酸检测

PCR是目前应用较广泛的分子生物学技术,应用PCR技术检测BVDV,可大大提高BVDV的诊断水平。反转录PCR技术可用于本病毒RNA诊断。这对怀疑为病毒低水平污染,如大批量胎牛血清或生物制品(如疫苗)的筛检有特殊价值。根据BVDV基因组序列合成一对或数对特异引物,应用RT-PCR可以高度特异、敏感地检测出器官、组织、培养细胞中的BVDV,并可与不同的BVDV株或猪瘟病毒、羊边界病毒相区别,其检出限为10^{-1} $TCID_{50}$～10^{-2} $TCID_{50}$,同时PCR也缩短了BVDV的诊断时间(24 h～36 h)内就可以检出结果。解释结果应该谨慎,因为检出病毒RNA并不意味就存在有感染性的活病毒。复合PCR能用于来自细胞培养物或直接来自血液中病毒的扩增和鉴定,产生不同大小的PCR产物。更新的方法是引入探针,验证PCR产物的鉴定,提供自动阅读并可区别瘟病毒。细胞接种后就不采用PCR检测病毒,因为,如果在生长培养基中使用了商业胎牛血清,也可能出现阳性。引物必须在基因组的保守区内选择,如5'非编码区或NS3(P80基因)。组织中的病毒核酸可通过酶联核酸探针原位杂交来检测。这种方法比较敏感,可用于检测福尔马林固定的石蜡包埋组织,因而可用来进行追溯分析。

分子生物学试验对于不熟练的操作者来说,污染机会更多,因此,在试验系统中务必采

取避免DNA污染的预防措施和设置严密的对照。

15.7.4.2 血清学试验

急性BVD的病毒感染可通过同群数个患畜连续的双份血样的血清阳转得到证实。检测的双份(急性期和康复期)样品应该至少间隔14天,并且两份样品同时作检测。ELISA和病毒中和试验是应用最广的方法。快速斑点试验可作为BVD控制和扑灭计划部分的初筛试验。

(1) 病毒中和试验

由于该试验比较容易判读,虽然免疫标记技术现在可用于非致细胞病变毒株的生长和中和的检测,但多数实验室采用BVD病毒高度致细胞病变适应毒株来作中和试验。没有对各种情况都理想的毒株,但在实际中,应选择在地方牛群检测中血清应答反应最高的毒株。广泛应用的两株致细胞病变毒株是"OregonC24"和"NADL"。用1型毒株作中和试验检不出BVD2型病毒低水平的抗体,反过来也是这样。在本试验中,同时使用BVD1型和BVD2型毒是很重要的,从诊断学考虑,只使用一个型毒株可能得不到准确的结果。

(2) ELISA试验

ELISA因其特异性强,敏感性高,重复性好,方法快速、简便,设备简单等优点,而得到日益广泛的应用,愈来愈受到人们的重视。目前,应用ELISA检测牛病毒性腹泻病毒已有不少研究,主要包括抗原捕获ELISA、间接ELISA、ABS-ELISA、双抗体夹心ELISA、单抗夹心ELISA、竞争ELISA以及M-ELISA等。间接法和阻断法均可使用,已有若干商品试剂盒问世。试验的主要困难在于制备高效价病毒抗原。病毒必须用高敏感的细胞,在最适条件下培养,培养液所用血清不能抑制本病毒的生长。每个培养系统的最佳收毒时间应通过试验确定。可用密度梯度离心法来浓缩和提纯病毒。用清洁剂(洗涤剂)如Nonidet P40、Mega10、TritonX100或1-辛基-β-D-吡喃葡萄苷(OGP)处理感染细胞培养物,以制备理想抗原。有人用固定的感染全细胞作为抗原,不久将来,可应用细菌或真核系统表达特异病毒基因制造的基因工程抗原。该系统应通过对广泛不同的病毒株作血清学特异性检测进行验证,在不久的将来,该技术应该能够生产亚单位产品或标记疫苗,使用相应的血清学试验,以达到区别注苗牛和自然感染牛的目的。

(3) 琼脂扩散试验

琼脂扩散试验是选取发炎或糜烂组织周围的黏膜,不经任何处理,直接与阳性血清进行琼脂扩散试验。此方法是群特异性的,没有株特异性,而且敏感性也不如血清中和试验。据统计,约有60%的病牛呈现阳性反应。这种方法准确性不高,但从我国目前基层兽医部门的设备条件实际出发,它可以作为生产实践中进行流行病学调查的手段之一。

15.7.4.3 鉴别诊断

诊断本病时应注意与类似病症鉴别,如传染性鼻气管炎、恶性卡他热、蓝舌病、水泡性口炎、传染性溃疡性口炎、牛瘟、口蹄疫、副结核病等。猪群感染时应注意与猪瘟、猪繁殖呼吸综合征、伪狂犬病等繁殖障碍性疾病鉴别诊断。

15.8 牛传染性鼻气管炎/传染性脓疱性阴户阴道炎(Infectious bovine rhinotracheitis/Infectious pustular vulvovaginitis,IBR/IPV)

15.8.1 疫病简述

牛传染性鼻气管炎/传染性脓疱性阴户阴道炎是由牛疱疹病毒1型(Bovine herpesvirus 1

,BHV-1)引起的家牛和野生牛的一种急性、热性、接触性传染病,以高热、呼吸困难、鼻炎、窦炎和上呼吸道炎症为特征。还能引起母牛流产和死胎、肠炎和小牛脑炎,有时发生眼结膜炎和角膜炎。本病为世界性分布,是造成养牛业经济损失的主要原因之一。

15.8.1.1 病原特征

疱疹病毒1型在分类上属于疱疹病毒科的甲疱疹病毒亚科(Alphaherpesvirinae)痘病毒属的一个成员。BHV-1系有囊膜的双股DNA病毒,病毒粒子呈球形,直径约为150 nm～200 nm。核衣壳为20面体,有162个壳粒,周围为一层含脂质的囊膜。基因组全长13.3 kb,其鸟嘌呤和胞嘧啶(G+C)的含量为72.3%。病毒对乙醚和酸敏感,于pH7.0的溶液中很稳定,4 ℃下经30天保存,其感染滴度几乎无变化。22 ℃保存5天,感染滴度下降10倍,−70 ℃保存的病毒,可存活数年。许多消毒药都可使其灭活。病毒粒子表面的糖蛋白在致病和免疫方面起重要作用。

根据DNA限制性酶分析的差异,牛疱疹病毒1型(BHV1)可区分为3个亚型:亚型1、亚型2a(类IBR)和亚型2b(类IPV)病毒。亚型2b病毒的毒力小于亚型1病毒,然而BHV1只有一个抗原型。BHV-1能在来源于牛的多种细胞(如肾、胚胎皮肤、肾上腺、甲状腺、胰腺、睾丸、肺和淋巴等)和仓鼠肺细胞(Hamster lung ,HmLu-1)中增殖,也可增殖于羔羊的肾、睾丸及山羊、马、猪和兔的肾细胞培养物,但要经过一段人工适应过程。

15.8.1.2 分布

本病于1955年最先发现于美国科罗拉多州的育肥菜牛,随后出现于洛杉矶和加利福尼亚等地。1956年Madin等首次从患牛分离出病毒,之后相继分离于病牛的结膜、外阴、大脑和流产胎儿。1964年Huck确认IBRV属于疱疹病毒。随后各大洲都有发生的报道,血清抗体检测表明,几乎所有国家的牛群都不同程度地检出的IBR抗体。目前只有丹麦、瑞典、芬兰、瑞士、挪威和奥地利消灭了本病,其他一些国家正在实施控制计划。我国于20世纪80年代发现了本病。并已分离和鉴定了病毒。

15.8.1.3 流行病学

(1) 传染源:病牛和带毒牛是主要传染源,病牛康复后可长时间排毒。病毒通过鼻腔进入体内,在上呼吸道黏膜和扁桃体处复制到很高的滴度。它随后传播到眼结膜,并通过神经轴突的传送到达三叉神经节,偶尔发生低毒血症。生殖器感染后,BHV1在阴道或包皮黏膜处复制并潜伏在骶神经节中。病毒的DNA可能在宿主的神经节的神经元中保持终身。应激因素,如运输和分娩可能使潜伏感染活化,因此,病毒可间歇性的被排到周围环境中。

(2) 传播途径:本病可通过空气、媒介物及与病牛的直接接触而传播,但主要为飞沫、交配和接触传播的。BHV1的最小感染剂量还不知道,感染后10～14天对鼻腔含病毒排泄物进行检测,每毫升鼻腔分泌物的最高滴度可达10^8 $TCID_{50}$～10^{10} $TCID_{50}$,空气传播BHV1很可能只有很短的距离,感染公牛的精液含有BHV1,病毒可通过自然交配和人工授精传播。

(3) 易感动物。本病主要感染牛,尤以肉用牛较为多见,其次是奶牛。肉用牛群的发病率有时高达75 %,其中又以20～60日龄的犊牛最为易感。本病毒能使山羊、猪和鹿感染发病。除哺乳动物外,没有其他BHV1储存宿主。

(4) 流行特征:动物感染病毒正常情况下在7～10天内产生抗体应答和细胞免疫应答。免疫应答被认为可持续终生。然而,感染后的保护性免疫并非是终生的,牛只可再次感染。

母源抗体可以通过初乳传给新生犊牛，保护犊牛免于因BHV1引发疾病。母源抗体大约有3周的生物学半衰期，但在动物达6个月时偶尔还可检测到，超过这个年龄则很难查到。在秋季、寒冷冬季较易流行，特别是舍饲的大群奶牛在过分拥挤、密切接触的条件下更易迅速传播。另外应激因素、社会因素、发情及分娩可能与本病发作有关。牛鼻气管炎发病率视牛的个体及周围环境而异。

15.8.1.4 临床症状

呈现上呼吸道的临床症状、从鼻腔排出黏液脓性分泌物以及结膜炎是本病的特征。病畜的一般症状是发烧、精神沉郁、食欲不振、流产和产奶量下降。病毒可以通过阴道传染，引起脓疱性阴户阴道炎和阴茎包皮炎。本病死亡率低，多数感染呈亚临床经过，继发细菌感染可导致更严重的呼吸道疾病。病的名称已经表明了疾病最突出的临床症状，接种2～4天后，明显地呈现出鼻腔有大量的分泌物、多涎、体温增高、食欲不振和精神沉郁。几天之后，鼻腔和眼的分泌物变为脓性黏液，鼻腔的坏死性损伤可以进一步引起脓疱和伪膜覆盖的溃疡。伪膜可阻塞上呼吸道，导致用口呼吸。传染也可以引起流产，使产奶量下降。在采用自然交配的地方，阴道传染可导致脓疱性阴户阴道炎和龟头包皮炎。特征是阴道或阴茎包皮黏膜轻度至严重坏死损伤。用感染精液进行人工授精能引起子宫内膜炎。用BHV1感染犊牛，可引起全身性疾病，可见局灶性的内脏坏死性损伤，也可能出现明显的胃肠炎。许多感染牛呈亚临床经过。通常出现的脑膜脑炎是由相关病毒感染的结果，它是一种截然不同的疱疹病毒，最近提出是牛疱疹病毒5型(BHV5)。由BHV1引起疾病的轻度症状持续5～10天，若继发细菌感染，如巴氏杆菌属感染，由于更深度的呼吸道被感染，可出现更严重的临床症状。

15.8.2 OIE法典中检疫要求

2.3.5节 牛传染性鼻气管炎/传染性脓疱阴户阴道炎

2.3.5.1条 本《法典》规定，牛传染性鼻气管炎/传染性脓疱性阴户阴道炎(Infectious bovine rhinotracheitis/Infectious pustular vulvovaginitis，IBR/IPV)的潜伏期为21天。诊断试验和疫苗标准参阅《手册》。

2.3.5.2条 无IBR/IPV国家或地区

1) 资格认可

一个国家或地区符合下列条件，可视为无IBR/IPV国家或地区：a)发生或怀疑发生本病时必须强制性申报；b)至少三年内没有动物接种过IBR/IPV疫苗；c)至少99.8%的牛群具备无IBR/IPV资格。

2) 维持无疫状态

一个国家或地区要保持无IBR/IPV状态，须符合下列条件：a)如果一个国家或地区的IBR/IRV流行率超过0.2%，每年要对牛群随机抽样进行血清学调查，血清学调查应使IBR/IPV检测的可信度超过99%；b)所有进境牛应符合2.3.5.4条规定；c)所有进境的牛精液、胚胎/卵应分别达到2.3.5.6条或2.3.5.7条和2.3.5.8条要求。

2.3.5.3条 无IBR/IPV牛群

1) 资格认可

牛群符合下列条件，可视为无IBR/IPV牛群：a)牛群中的所有牛须经两次IBR/IPV血液抽样诊断试验，结果阴性；间隔不少于2个月，但不超过12个月；或b)如果整个牛群中全部是奶牛，且至少四分之一正在产奶，则所有产奶牛须经三次随机奶液抽样诊断，各次间隔2个月，结果阴性；c)在a)段或b)段所述的第一次试验后，引进的牛须符合下列条件：ⅰ)一直在无IBR/IPV牛群饲养；或ⅱ)隔离饲养30天，隔离期间经两次IBR/IPV血液抽样诊断试验，间隔不少于21天，结果阴性；d)在进行过a)段或b)段所述试验后，该牛群引进的所有牛的精液和胚胎/卵，应分别符合2.3.5.6条或2.3.5.7条和2.3.5.8条的相关要求。

2) 维持无疫病状态

牛群要保持无IBR/IPV状态，须经下列试验，结果阴性：a)牛群所有牛只再经IBR/IPV血液抽样诊断试验，间隔不超过12个月；对于全部为育肥牛的牛群，血液抽样范围仅限于屠宰动物，或者b)所有产奶奶牛都要重复进行奶样诊断试验，间隔期为六个月；如果98%的牛群至少三年以上无此疫病，兽医行政管理部门在实施IBR/IPV扑灭计划时，可延长IBR/IPV检验的间隔时间(有待确定)；并且c)所有种用公牛应重复进行血液抽样诊断试验，间隔不超过12个月；并且d)对怀孕三个月后出现流产的所有牛只进行IBR/IPV血液抽样诊断试验。

牛群引进的动物须符合前面1)c)段规定，应用的精液和胚胎/卵必须分别符合2.3.5.6条或2.3.5.7条和2.3.5.8条相关要求。

2.3.5.4条　从无IBR/IPV牛群中引进活牛时，进境国兽医行政管理部门应要求出具国际兽医证书，证明动物：

1) 装运之日无IBR/IPV临床症状；

2) 来自无IBR/IPV牛群；或

3) 装运前置检疫站隔离30天，并经两次IBR/IPV血液抽样诊断试验，间隔不少于21天，结果阴性。

2.3.5.5条　从不具备无IBR/IPV资格的牛群中引进活牛时，进境国兽医行政管理部门应要求出具国际兽医证书，证明动物：

1) 装运之日无IBR/IPV临床症状；

2) 装运前1个月到6个月间接种过灭活苗。

2.3.5.6条　进境新鲜精液时，进境国兽医行政管理部门应要求出具国际兽医证书，证明：

1) 供精动物在采精时在无IBR/IPV牛群饲养；

2) 精液的采集、加工和贮存符合附录3.2.1规定。

2.3.5.7条　进境冷冻精液时，进境国兽医行政管理部门应要求出具国际兽医证书，证明：

1) 供精动物在采精时在无IBR/IPV牛群饲养；或

2) 供精动物在采精时及此后30天内一直隔离饲养，并于精液采集至少21天后经IBR/IPV血液抽样诊断试验，结果阴性；或

3) 如果供精公牛血清学诊断结果不清楚或者呈阳性状态，则对各批精液进行病毒分离，结果阴性；并且

4) 精液的采集、加工和贮存符合附录3.2.1相关规定。

2.3.5.8条　进境胚胎/卵时，进境国兽医行政管理部门应要求出具国际兽医证书，证明胚胎/卵的采集、加工和贮存符合附录3.3.1，附录3.3.2或附录3.3.3相关规定。

15.8.3　检测技术参考依据

（1）国外标准

OIE：Manual of Diagnostic Tests and Vaccines for Terrestrial Animals：INFECTIOUS BOVINE RHINOTRACHEITIS/INFECTIOUS PUSTULAR VULVOVAGINITIS (CHAPTER 2.3.5)

（2）国内标准

SN/T 1918—2007　牛传染性鼻气管炎聚合酶链反应操作规程

SN/T 1164.2—2003　牛传染性鼻气管炎微量血清中和试验操作规程

SN/T 1164.3—2006　牛传染性鼻气管炎酶联免疫吸附试验操作规程

SN/T 1164.1—2002　牛传染性鼻气管炎病毒分离操作规程

NY/T 575—2002　牛传染性鼻气管炎诊断技术

15.8.4　检测方法概述

根据临床、病理和流行病学症状，作为病因可怀疑 BHV1 感染。然而要做出确切的诊断，必须进行实验室检验。实验室中一个完整的诊断程序是检测致病性病毒（或病毒成分）和它们产生的特异性抗体。

15.8.4.1　病原鉴定

病毒可从传染急性期采取的棉拭子中分离到，也可从死后采集的各器官的病料中分离到。分离病毒可采用牛的各种器官细胞培养，例如继代肺和肾细胞或 Madin-Darby 牛肾细胞系。病毒在 2～4 天产生致细胞病变作用，它可采用特异性抗血清或单克隆抗体通过中和试验或者抗原检测的方法进行鉴定。牛疱疹病毒 1 型的分离物可采用 DNA 限制性内切酶分析的方法进一步鉴定到亚型。病毒的 DNA 检测方法已经有了很大发展，聚合酶链反应技术对于检测精液样品特别有用。

（1）样品的采集和处理

在感染的早期阶段从 5～10 头牛中采集鼻拭子病料，这些牛仍有浆液性分泌物，而不是黏液性鼻分泌物。如果发生阴户阴道炎或阴茎包皮炎，从生殖道采取棉拭子，将棉拭子用力在黏膜表面摩擦，包皮也可用盐水冲洗，然后收集洗液。样品置于运输培养基中（含有抗生素和 2%～10%胎牛血清的细胞培养基以保护病毒的活性），4 ℃保存，迅速送达实验室。尸体剖检时，采集呼吸道黏膜、扁桃体、肺小块及呼吸道淋巴结进行病毒检测，如果流产，检测胎儿的肝、肺、脾、肾和胎盘子叶。样品送达实验室后，摇动放有棉拭子的运输培养基洗提病毒，室温下放置 30 min。随后取出棉拭子，1 500 g 离心 10 min，使运输培养基澄清。组织块样品研碎用细胞培养基制成 0.1 kg/L～0.2 kg/L 悬液，然后 1 500 *g* 离心 10 min。上清液用于病毒分离。从精液分离病毒需要一些特殊的适合条件，因为精液中含有酶类和其他一些对细胞有毒性并抑制病毒复制的因素。

（2）病毒分离

分离病毒可使用多种细胞培养。原代或继代牛肾、肺或睾丸细胞，从胎牛肺、鼻甲骨或气管获得的细胞株和建立起来的细胞系，如 Madin-Darby 牛肾细胞系均适用。细胞能够在玻璃或塑料制的管、板或盘中生长。当使用 24 孔塑料板时，每个细胞培养孔接种上述上清液 100 μL～200 μL，吸附 1 h，漂洗培养物，再加入维持培养基，每天观察细胞培养物有无 CPE，其特征是细胞圆缩呈葡萄串样的聚集在细胞单层空洞的周围，有时可观察到多核巨细胞。如7天后未出现病变，必须进行盲传一代，方法是把细胞培养物冻融、离心、取其上清液接种于新鲜的细胞单层。

鉴定产生CPE的病毒是BHV1，应该用BHV1特异性抗血清或用单克隆抗体(MAb)对培养物的上清液进行中和试验。为此对用于试验的上清液作系列10倍稀释，每个稀释度分别加入BHV1特异性抗血清和阴性对照血清，随后37 ℃孵育1 h，然后分别将其接种于细胞培养物；3～5天后，计算中和指数。如果中和指数大于1.5，分离物被认为是BHV1。为了缩短病毒分离程序，可以将下面两种样品接种到细胞培养物上：一个样品已事先用特异性抗血清孵育，另一个样品已事先用阴性对照血清进行孵育。如果CPE被特异性抗血清抑制，则分离物被认为是BHV1。

另一种可供选择的鉴定病毒的方法是用特异性抗血清或单克隆抗体作免疫荧光试验或过氧化物酶试验，对CPE周围的细胞中的BHV1抗原直接进行确认。

从精液中分离病毒(规定用于国际贸易的试验)：至少对0.05 mL纯精液进行试验，在细胞培养物上进行两代盲传。对于处理过的精液，要进行认真计算必须确保有0.05 mL纯精液被检验。纯精液一般具有毒性，必须经过稀释之后再加到细胞培养物上。处理过的精液有时也有类似的问题。一个适合的试验程序如下：把200 μL新鲜精液加到2 mL含有抗生素的胎牛血清(无BHV1抗体)中。充分混合，室温下放置30 min。把1 mL精液混合物接种到一个6孔组织培养板上的敏感细胞单层上。37 ℃孵育1 h。移去孔中的混合液，用维持培养基洗两次单层细胞，然后，每孔中加入维持液5 mL。试验包括BHV1阴阳性对照。要高度注意避免BHV1阳性对照意外地污染试验孔。例如，总是最后处理对照试验并要使用单独的板。每天在显微镜下观察培养板，看有无CPE出现。如果出现CPE，采用特异的中和试验或免疫标记法作进一步的定性试验，确认BHV1。如果无CPE出现，7天后，将培养物置－70 ℃冻结，然后融化，离心澄清，将上清液再接种到新鲜单层细胞上。7天后如无CPE出现，该样品被认为是阴性。

(3) 病毒抗原的检测

鼻、眼和生殖道的棉拭子可以直接涂抹到盖玻片上，或者进行离心，把细胞沉淀物点涂到盖玻片上，对这些涂片进行标准的直接或间接荧光抗体试验。直接免疫荧光试验，是把特异性抗血清与异硫氰酸荧光素结合在一起。而间接免疫荧光试验则是把异硫氰酸荧光素标记在抗牛免疫球蛋白上，为了获得最好的结果，需要从患有发烧、有轻度黏液性排泄物的畜群，同时采取几头牛的样品。涂抹玻片应空气干燥，24 h之内丙酮固定。从有脓性或出血性鼻排泄物的牛采集的鼻拭子涂抹物检验结果常常是阴性。这种抗原检测技术的优点是可以当天做出诊断，然而，该试验的敏感性低于病毒分离。每项试验均应设阳性和阴性对照。

死后采集的组织，也可以用免疫荧光试验对冷冻样品进行BHV1抗原检验。也可以进行免疫组织化学检验。这种方法的优点是可以确定抗原的位置。单克隆抗体正日益广泛地用于BHV1抗原检测。它增强了试验的特异性。然而，必须对单克隆抗体进行仔细挑选，它必须含有所有BHV1分离物的抗原决定基。

直接快速检测病毒抗原的另一种可能性是采用酶联免疫吸附试验(ELISA)。抗原可被包被于微量板孔中的固相单克隆或多克隆抗体捕获。为了获得高阳性率，BHV1抗原的滴度需要达到10^4 $TCID_{50}$～10^5 $TCID_{50}$，这个滴度可能是不现实的，因为牛感染BHV1后3～5天排出的鼻液滴度高达10^8 $TCID_{50}$/mL～10^9 $TCID_{50}$/mL。放大系统可以增强检测的灵

敏度。

与病毒分离相比，检测抗原的方法的优点是不需要细胞培养设施，实验室诊断可以在 1 天内完成，缺点是直接抗原检测的敏感性较低；如果为了进一步研究需要分离物，还需额外进行病毒分离。

(4) 核酸检测

与病毒分离比较，PCR 的主要优点是更敏感、更快速，使用可在 1～2 天内完成。它也可以检测潜伏期感染的感觉神经节中的 DNA，缺点是易于污染，因此，必须采取预防措施，防止假阳性结果。目前，PCR 主要用于检测人为或自然感染的精液样品中的 BHV1 DNA。实验室工作人员认为优化 PCR 的条件至关重要，其中包括样品的准备、Mg^{2+} 浓度、引物和 Taq 多聚酶、以及循环程序。用于扩增的靶部位必须存在于所有的 BHV1 毒株，且其核苷酸序列必须是保守的。PCR 扩增用 TK、gC 和 gD 基因作靶。试验表明，PCR 比病毒分离更敏感，敏感性是病毒分离的 5 倍。此外，样品中有 3 个病毒粒子用 PCR 也可查出。然而，也不排除假阴性。为了鉴别出可能的假阴性，推荐增加一个内部对照模板到精液样品反应管中，以被同样的引物扩增，这样一个对照模板可以通过插入而被构建，例如 100 个碱基对片段进入靶位点，这个对照模板也使被检测的 DNA 的半定量成为可能。伴随有 Southern 斑点杂交的 PCR 是检测 BHV1 DNA 的最敏感方法。

(5) 牛疱疹病毒 1 型亚型的鉴别

采用单克隆抗体、ELISA、免疫荧光或免疫过氧化物酶试验能够鉴别出 BHV1 亚型 1 和亚型 2b，限制性核酸内切酶能鉴别出所有 BHV1 的亚型。方法是首先从病毒粒子或感染细胞中提取 DNA，然后用限制性核酸内切酶进行消化，再用琼脂糖凝胶电泳分离产生的片段，片段的数量和大小表示病毒的亚型。这项技术的诊断价值是有限的，但在流行病学研究方面是非常有用的。

(6) 结果解释

从动物体内分离到 BHV1 并不能肯定该病毒就是疾病暴发的原因，例如，可能由于应激条件的刺激使潜伏感染的病毒复活而引起。必须对全群动物做出诊断，必须伴有由血清学阴性向血清学阳性的转换过程和 BHV1 抗体滴度上升 4 倍或更高。采集过鼻拭子的牛必须间隔 2～3 周采血两次分离血清，对两次血清样品同时进行血清学试验。

15.8.4.2　血清学检验

检测血清中的抗 BHV1 抗体通常采用病毒中和(VN)试验和各种 ELISA 试验，也选用间接荧光抗体试验。因为病毒的潜伏是 BHV1 感染的正常结局，因此血清学阳性动物的鉴定对感染的状况能提供一个有用而可靠的证明。任何一头有病毒抗体的动物均可视为病毒携带者和潜在的间歇性的病毒排放者。从哺乳母牛和接种过灭活疫苗的非感染牛获得了被动初乳抗体的犊牛不在此例。用 ELISA 检测大量牛奶样品中的抗体日益增多，大量的阴性牛奶的检测结果表明 20%以下的成年泌乳牛群有 BHV1 抗体，许多单个的血清学阳性牛其奶中的抗体滴度小于 1/5，因此，以大量或全部牛奶的检验结果为基础宣布一个牧场牛群无 BHV1 感染是不可信的，对于大量的检测结果是阴性的牛奶还应该伴有该牛群中所有牛的单个血清样品的检验结果。为了监测目的，大量罐装牛奶的检验结果可以对一个地区或一个国家 BHV1 的流行做出估计。上述检测结果应辅以干乳期牛群(单个或全群的)牛的血清检验结果。

(1) 病毒中和试验(国际贸易中规定的试验)

病毒中和(VN)试验过程有许多修改,试验随着毒株、血清的起始稀释度、病毒/血清孵育时间(1 h～24 h)、使用的细胞类型、最终的判读的日期和终点(50%对 100%)的判读而变化。在上述可变因素中,病毒/血清的孵育时间对抗体的滴度影响最大,孵育 24 h 的抗体滴度比孵育 1 h 的抗体滴度高出 16 倍,因此,建议采用 24 h 孵育,因为国际贸易需要最大的敏感性。许多种牛细胞或细胞系都适用于 VN 试验,包括继代牛肾细胞或睾丸细胞,牛肺、气管细胞株或建立起来的 Madin-Darby 牛肾细胞系。

(2) 酶联免疫吸附试验(国际贸易规定的试验)

检测 BHV1 抗体的 ELISA 试验逐渐在取代 VN 试验。ELISA 的标准程序尚未建立,目前已有几种形式的 ELISA,包括间接 ELISA、阻断 ELISA、间接 ELISA 用得更普遍。各种 ELISA 试验用的试剂盒可以从商业部门购到,大部分试剂盒还可用于奶的检测。ELISA 试验的程序有许多影响因素,最普遍的是抗原的制备和包被,试验样品的稀释度、抗原和试验样品的孵育时间,底物染色溶液。在进行常规的 ELISA 试验之前,应对其敏感性、特异性和可重复性进行检测证明有效。为此,应对一组强阳性、弱阳性和阴性血清进行试验。

(3) 标准化

每一个血清学试验均应包括适当的强阳性、弱阳性和阴性血清对照,由欧洲联盟(EU)人工授精兽医小组创立的欧洲科学小组最近同意在从事对人工授精中心提供的样品进行检验的实验室使用强阳性、弱阳性和阴性血清对 BHV1 试验进行标准化。这些血清作为 OIE (国际兽医局)BHV1 试验的国际标准已经被采用并可从 OIE IBR/IPV 参考实验室得到。为国际贸易的目的规定的试验(VN 或 ELISA)必须有强阳性或弱阳性标准(或有能够评估潜伏性的国家标准)作为阳性对照。

15.8.5 本病防治

由于本病病毒导致的持续性感染,防制本病最重要的措施是必须实行严格检疫,防止引入传染源和带入病毒(如带毒精液)。具有抗本病病毒抗体的任何动物都应视为危险的传染源,应采取措施对其严格管理。发生本病时,应采取隔离、封锁、消毒等综合性措施。目前已有几种 BHV1 弱毒疫苗和灭活苗,弱毒苗的广泛使用的确降低了本病的发病率,减少了经济损失,但已有不少报道接种疫苗后并没有保护牛免于 IBR 病毒引起的呼吸道疾病以及与 IBRV 有关的结膜炎,而且此苗可进行肌肉接种,因减毒不充分而可能引起流产,因而不能用于怀孕动物。另外给自然带毒牛进行疫苗接种也不能阻止其排毒,其潜伏感染可能引起接种动物的免疫抑制导致对其他感染的易感性增加或对其他疫苗的反应性降低,且疫苗株在牛和牛群之间传播时能引起毒力返强,从而使免疫牛群成为该病潜在的传染源。

15.8.6 部分商品化试剂说明及供应商

IBR 商品化的试剂有两个,一个为法国 Institut Pourquier 生产,另一个为 IDEXX 生产。

法国 Institut Pourquier 产生的"serological diagnosis of infectious bovine rhinotracheitis by ELISA method"。原理:以 96 孔板的偶数列包被了疱疹病毒 1 型特异的抗原,奇数列未包被抗原,建立的间接 ELISA 方法。可以检测血清和牛奶样品。

美国 IDEXX 生产的 Infectious Bovine Rhinotracheitis Virus(BHV1)gB Antibody Test Kit。96 孔板包被 IBR 病毒抗原,建立的阻断 ELISA。可以检测血清和牛奶中的 IBR

抗体。

15.9 牛结核病(Bovine tuberculosis)

15.9.1 疫病简述

牛结核病是由牛分枝杆菌引起的一种慢性传染病。在很多国家仍然是牛和其他家畜以及某些野生动物的主要传染病,人类因消费牛奶、奶制品、肉等原因与牛接触较其他动物更为密切,据报道世界上结核病人中约有15%是通过饮用了结核病牛的奶而生病的。因此,牛结核病具有重要的公共卫生学意义,国际上规定从1996年起每年3月24日为世界结核病防治日。

15.9.1.1 病原特征

牛结核病的病原为分枝杆菌属(*Mycobacterium*)的牛分枝杆菌(*Mycobacterium bovis*, *M. bovis*)。分枝杆菌属包括结核分枝杆菌(*M. tuberculosis*),牛型分枝杆菌(*M. bovis*),禽型分枝杆菌(*M. avium*)等。该菌为专性需氧菌,对营养有严格的要求,最适pH(6.4~7.0),最适温度为37 ℃~37.5 ℃,在30 ℃~34 ℃可生长;低于30 ℃或高于42 ℃均不生长。在添加特殊营养物质的培养基上才能生长,但生长缓慢,特别是初代培养,一般需10~30天才能看到菌落。菌落粗糙、隆起、不透明、边缘不整齐,呈颗粒、结节或花菜状,乳白色或米黄色。在液体培养基中,因菌落含类脂而具疏水性,形成浮于液面而有皱褶的菌膜。常用的培养基为罗杰二氏培养基、改良罗杰二氏培养基、丙酮酸培养基和小川培养基。

结核分枝杆菌对湿热抵抗力弱,60 ℃30 min即失去活性。但分枝杆菌因富含类脂和蜡脂,对外界环境的抵抗力较强,3 ℃条件下可存活6~12个月,即使是盛夏,也能在粪便中可存活2~3天。在干燥的痰液中可存活6~8个月,在冰点下能存活4~5个月,在污水中可保持活力11~15个月。对紫外线敏感,波长265 nm的紫外线杀菌力最强,直射日光在2 h内杀死本菌。一般的消毒药作用不大,对4% NaOH、3% HCl、6% H_2SO_4 有抵抗力,15 min不受影响。对1∶75000的结晶紫或1∶13000的孔雀绿有抵抗力,加在培养基中可抑制杂菌生长。对常用的磺胺类及多种抗生素药物不敏感,对链霉素、异烟肼、利福平、环丝氨酸、乙胺丁醇、卡那霉素、对氨基水杨酸敏感,但长期应用上述药物治疗结核病易产生抗药菌株。

15.9.1.2 分布

牛结核病在世界各大洲均有报道。已经消灭该病的国家有:欧洲的丹麦、比利时、挪威、德国、荷兰、瑞典、芬兰、卢森堡。北美洲的美国、加拿大。大洋洲的澳大利亚。已经控制该病的国家有:亚洲的日本。欧洲的英国、法国。我国很早就有结核病的记载,与人的结核病呈平行关系,特别是在20世纪50—60年代的20年间,我国牛结核病一直呈缓慢上升的趋势。70年代,随着奶牛业的不断发展,奶牛养殖业规模的不断扩大,牛结核病的流行也达到了历史的最高峰,个别地区检出阳性率高达67.4%。虽然80年代牛结核病的流行有所缓和,但感染率仍然比较高,20世纪90年代中后期,随着畜牧业的发展,特别是牲畜流动和交易频繁等因素,奶牛结核病疫情又呈上升趋势。

15.9.1.3 流行病学

(1) 传染源:结核病患畜是本病的传染源,特别是通过各种途径向外排菌的开放性结核患畜。

(2) 传播途径:该病常常通过空气传播,也可以通过摄食污染的饲料、饮水等而经消化道传播。患结核病的牛咳嗽时,可将带菌飞沫排于空气中,人和牛及其他动物吸入即可感染。另外,病畜、病禽的排泄物也可带菌,养殖场如果对其管理不善,这些排泄物可能再度污染水源、流入田地,从而感染人和其他动物。食用带菌的乳汁或乳制品是人感染牛分枝杆菌的主要途径。因为患病奶牛的乳汁中带有大量牛分枝杆菌,从健康牛挤出的乳汁也可能通过牛舍中的飞沫和尘埃而被结核分枝杆菌所污染。如果饮用未经消毒或消毒不彻底的污染乳汁也会感染结核病。随着牛奶在人正常饮食中比重的加大,人的结核病发病率也在上升,流行病学调查显示二者呈明显的相关性。

(3) 易感动物:虽然认为牛是牛结核分枝杆菌的真正宿主,但所有家畜和非家畜的许多种动物都有该病的报道。已从水牛、非洲水牛、绵羊、山羊、马、骆驼、猪、鹿、羚羊、狗、猫、狐狸、水貂、獾、雪貂、老鼠、猿、美洲驼、捻角羚属、非洲旋角大羚羊、貘、麋、大象、捻角羚属、非洲直角大羚羊、曲角羚羊、犀牛、负鼠、地松鼠、水獭、海豹、野兔、鼹鼠和许多肉食猫科动物包括狮子、老虎、豹和山猫中分离到病菌。

(4) 流行特点:本病无季节流行性,一年四季均可发生,在农村主要以散发为主,规模化养牛场主要以区域性流行为主。

15.9.1.4　临床症状

潜伏期一般为10～45天,有的可长达数月或数年。轻度感染者,可能不出现临床症状。而重度感染者的特征为渐进性消瘦、淋巴结增大、咳嗽。特征性结核病变常见于肺、咽喉、支气管、纵膈淋巴结;病变也常见于肠系膜淋巴结、肝、脾、浆膜及其他器官。

15.9.2　OIE法典中检疫要求

2.3.3节　牛结核病(Bovine Tuberculosis)

2.3.3.1条　本章主要涉及与牛结核分枝杆菌有关的人与动物的风险管理,牛结核分枝杆菌感染家养牛(指圈养或放牧)(*Bos taurus*, *B. indicus and B. grunniens*),水牛(*Bubalus bubalis*)以及野牛(*Bison bison and B. bonasus*)。

进境或运输下列商品时,出境国家、地区或区域兽医主管部门应遵守本章有关牛结核状况的规定:活动物;精液、卵及在体内形成的胚胎,胚胎的采集和处理符合国际胚胎移植协会的要求;肉及肉制品;奶及奶制品。诊断试验标准参阅《手册》。

2.3.3.2条　无牛结核病的国家、地区或区域

一个国家、地区或区域符合下列条件,可确认为无牛结核病的国家、地区或区域:牛结核分枝杆菌感染家养牛(指圈养或放牧)(*Bos taurus*, *B. indicus and B. grunniens*)、水牛(*Bubalus bubalis*)以及野牛(*Bison bison and B. bonasus*)。有一项正在进行的提高结核病防范意识的项目,该项目着重于鼓励对结核病的所有疑似病例上报。定期检测所有的牛、水牛和野牛,本国、本地区或区域至少99.8%的牛群和99.9%的动物无结核病。连续3年畜群感染牛结核分枝杆菌的百分率每年不超过0.1%。有一个监控项目,通过屠宰时按照2.3.3.8条描述的方法检疫,检测一个国家、地区或区域牛结核病的状况。牛、水牛和野牛被引进一个无结核病的国家、地区或区域时,应该附有官方兽医证书,证明来源于无牛结核病的国家、地区或区域,或无牛结核病的牛群,或遵守2.3.3.4条或2.3.3.5条的相关规定。

2.3.3.3条　无牛结核病的牛群

符合下列条件的牛群,可确认为无结核病牛群:

1) 位于官方无牛结核病的国家、地区或区域。或

2) 牛群中的所有牛：a)无牛结核病临床症状；b)6周龄以上的牛，至少经两次牛结核菌素试验，结果为阴性，间隔6个月，第一次试验要在该牛群最后一例感染病牛扑杀后6个月时进行；c)每年进行一次牛结核菌素试验，结果阴性，保证持续无牛结核病；ⅰ)在过去的2年，如果一个国家或地区确认感染结核病的牛群的年百分率不超过1%，2年的结核菌素试验结果阴性，表明持续无牛结核病，或ⅱ)在过去的4年，如果一个国家或地区确认感染结核病的牛群的年百分率不超过0.2%，3年的结核菌素试验结果阴性，表明持续无牛结核病，或ⅲ)在过去的6年，如果一个国家或地区确认感染结核病的牛群的年百分率不超过0.1%，4年的结核菌素试验结果阴性，表明持续无牛结核病。或

3) 引进的牛来源于无牛结核病的牛群，可以不要求这些条件：引进牛首先进行隔离和至少2次，间隔6个月，结果为阴性的结核菌素试验。

2.3.3.4条 进境种用或饲养用牛时，进境国兽医行政管理部门应要求出具国际兽医证书，证明动物：

1) 装运之日无牛结核病临床症状；

2) 来自官方无牛结核病的国家、地区或区域，或

3) 来自官方无牛结核病牛群，且装运前30天经牛结核菌素试验，结果阴性；或

4) 进入牛群前被隔离，至少进行两次牛结核病诊断试验，间隔6个月，结果阴性。

2.3.3.5条 进境屠宰用牛时，进境国兽医行政管理部门应要求出具国际兽医证书，证明动物：

1) 来自无牛结核病的牛群，或装运前30天经结核菌素试验，结果阴性；

2) 不是在牛结核病扑灭计划淘汰的动物。

2.3.3.6条 进境牛精液时，进境国兽医行政管理部门应要求出具国际兽医证书，证明：

1) 供精牛：a)精液采集之日无牛结核病的临床症状；b)饲养于人工授精中心，该中心位于无牛结核病的国家、地区或区域；c)结核菌素试验，结果阴性，并且饲养于无牛结核病的牛群。

2) 精液的采集、加工和贮存符合附录3.2.1的规定。

2.3.3.7条 进境牛胚胎/卵时，进境国兽医行政管理部门应要求出具国际兽医证书，证明：

1) 供体母牛和所有原产群其他易感动物在胚胎采集前24 h内无牛结核病临床症状；来自无牛结核病的牛群，无牛结核病的国家、地区或区域；饲养于无牛结核病的牛群，供体动物在前往采集中心前30天，在原产地养殖场内隔离饲养，并经牛结核病结核菌素试验，结果阴性。

2) 胚胎/卵的采集、加工和贮存符合附录3.3.1、附录3.3.2和附录3.3.3的相关规定。

2.3.3.8条 进境新鲜牛肉和牛肉制品时，进境国兽医行政管理部门应要求出具国际兽医证书，证明生产该批鲜肉来自经宰前宰后检验的牛，检疫程序符合附录3.10.1的要求 。

2.3.3.9条 进境牛奶和牛奶制品时，进境国兽医行政管理部门应要求出具国际兽医证书，证明：来自无牛结核病的牛群，或进行了巴氏消毒，或采取与食品法典中描述的牛奶和牛奶制品卫生操作规程等效作用的综合控制措施。

15.9.3　检测技术参考依据

(1) 国外标准

1) 欧盟指令

Council Decision Introducing a Supplementary Community Measure for the Eradication of Brucellosis，Tuberculosis and Leucosis in Cattle(EU/EC 87/58/EEC-1986)

2) OIE：Manual of Diagnostic Tests and Vaccines for Terrestrial Animals，BOVINE TUBERCULOSIS(CHAPTER 2.3.3)

(2) 国内标准

GB/T 18645—2002　动物结核病诊断技术

15.9.4　检测方法概述

本病依据流行病学、临床症状、病理变化可做出初步诊断。确诊需进一步做病原分离鉴定或免疫学诊断。收集样品的容器应干净无菌，若容器污染了环境中的杆菌，则可能因为环境杆菌迅速大量繁殖而导致无法检测结核杆菌。送实验室的邮件，必须加垫、密封，以防溅漏。合适包装以防运送中破损。样品快速及时送到实验室，可大大提高培养牛分枝杆菌的分离机会。但是，如要不能及时送到，应将样品冷冻或冻结，防止污染菌生长，还可保护分枝杆菌，在温暖环境下，可加硼酸(最终质量浓度为 0.005 kg/L)作抑菌剂。牛结核杆菌是一种人畜共患致病微生物，在检查诊断期间，应视为Ⅲ级危害病原来对待，并采取预防措施以防人感染。

15.9.4.1　病原鉴定

细菌学检查包括：显微镜检查抗酸性杆菌(初步证实)；用选择培养基分离分枝杆菌，再通过培养和生化试验来鉴定，也可应用核酸探针和 PCR 试验进行鉴定；动物接种实验比培养要灵敏一些，但只有当病理组化实验阳性时进行动物接种试验。

(1) 显微镜检查

检查牛分枝杆菌临床样品和组织材料涂片可用显微镜直接观察。牛分枝杆菌的抗酸性，通常用古典萋-尼氏染色检查，也可用荧光抗酸染色。免疫过氧化物酶技术也可获得令人满意的结果。如果组织内有抗酸性微生物，并且具有典型的组织学病变(干酪样坏死、钙化、上皮样细胞、多核巨细胞和吞噬细胞)则可以做出初步诊断。

(2) 牛结核杆菌的培养

培养的样品，组织样品，首先置于加了酸或碱，如 5%草酸或 2%～4%氢氧化钠匀浆缸内制成匀浆除去污染物。不过，根据具体情况也可采用其他浓度的化学药品去污，混合物于室温振荡 10 min，然后中和。悬浮液以 3 000 g～5 000 g 离心 15 min，弃上清液，沉淀物上层用于培养和显微镜检查。

初步分离通常是将沉淀物接种于含鸡蛋的分离培养基，如 Lowenstein-Jensen，Coletsos 和 Stonebrink 氏培养基，这些培养基含丙酮酸钠或甘油或两者都有，同时也要接种到琼脂培养基上，如 Middlebrook 7H10 或 7H11 培养基。培养物在 37 ℃含或不含 CO_2 环境下至少孵育 8 周，培养基应放入密封管中，以防干燥。斜面间隔一段时间观察其生长情况，将可见的生长物制备涂片，按萋-尼氏技术染色。在不加丙酮酸的 Lowenstein-Jensen 培养基上生长良好，但加入甘油后生长不良。根据其特征性菌落和形态可以做出初步诊断。用 PCR 和分子分型技术如 Spoligotying(间隔区寡核苷酸分型)技术可进行确诊。特征性菌落

和形态可以做出牛结核杆菌的初步诊断，但每一分离株需做生化鉴定（烟胺和硝酸化），或 TB Gen 探针与复合 DNA 探针去确实分离株为牛结核杆菌。

将疑为分枝杆菌的生长物接种至鸡蛋培养基和琼脂培养基上，或其中之一的白蛋白肉汤培养基作继代培养，孵育到可见生长物出现。有些实验室，接种之前先加无菌牛胆汁以利菌块分散。

分离物的鉴定可通过测定其培养特性和生化特性进行。在丙酮酸盐固体培养基上，牛结核分枝杆菌的菌落光滑、灰白色。37 ℃下生长缓慢，22 ℃或 45 ℃不生长。该菌对联噻吩-2-羧酸酰肼（TCH），异碱酸酰肼（INH）敏感。这可以在含鸡蛋培养基或 Middlebrook 7H10/7H11 琼脂培养基上生长得以证实。鸡蛋培养基必须不含甘油，牛结核分枝杆菌生长良好，而且不含丙酮酸盐，因为丙酮酸盐能抑制 INH，对 TCH（INH 的类似物）也有类似影响，所以会产生假阳性结果。牛结核分枝杆菌对氨基水杨酸和链霉素也较敏感。有效的药物浓缩液对牛结核分枝杆菌的作用在琼脂或鸡蛋培养基上各不相同。此外，牛结核分枝杆菌不产生烟酸，不能使硝酸盐还原。在酰胺酶试验中，牛分枝杆菌为尿素酶阳性，烟酰酶和吡嗪酰胺酶阴性，微需氧，不产色素。鉴定还可用其他试验，包括 DNA 分析技术等。

将牛分枝杆菌与引起结核病的其他成员，如结核分枝杆菌（引起人类结核病的主要病原）、非洲分枝杆菌（为结核分枝杆菌和牛分枝杆菌中间型）和田鼠分枝杆菌（为野鼠类杆菌，极少遇到的病原）区分开十分必要。按上述提及的试验方法可以把牛分枝杆菌与其他分枝杆菌区分开。

有时可以从牛结核病样病变的牛中分离到禽分枝杆菌。对这样的病例，须仔细鉴定禽分枝杆菌，要排除与牛分枝杆菌的混合感染。结核分枝杆菌可引起过敏牛对牛结核菌素反应，但不出现明显的结核病变。

（3）核酸识别方法

聚合酶链反应（PCR）已被广泛的用于检测病人的疑似结核杆菌病的临床样品（主要是痰液），最近有报道用于动物结核杆菌病的诊断。很多商品化的试剂盒和各种自行新研制的方法已用于检测固定和新鲜组织中的结核杆菌病。各种各样的引物也已广泛应用，包括 16 s～23 s rDNA 的扩增序列，IS 6100 和 IS 1081 的插入序列，以及编码特异性结核杆菌复合体蛋白的基因，比如 MPB64 和 38kDa 抗原 b。已经用核酸探针杂交或凝胶电泳方法分析了扩增产物。商品化试剂盒和各科研部门研制的方法对新鲜样品、冷冻或硼酸保存样品的检测结果差异较大，而且很难获得满意的结果。假阳性和假阴性结果，尤其是含有少量细菌的样品降低了试验结果的真实性。

PCR 不仅可直接检测样品、染色分析或区分 TB 复合物，而且广泛应用于起源鉴定（根据菌落形态和 AF 染色做组织选择）。可买到成熟的商品化试剂盒，如 Gen 标记探针。尽管这些试剂盒区分品种的数量有限，检测牛结核杆菌的引物已在人医和兽医广泛应用。实验室研制出自己的“实验室”方法。污染是应用 PCR 最大的问题，这可解释为什么每一次扩增都需要合适的对照。PCR 技术被估计过高，通常需做一些生化试验来确证阳性。然而，PCR 现在已作为常规方法来对牛结核杆菌分类，并从福尔马林固定、石蜡包埋的组织中检测结核杆菌和区分禽结核杆菌，同时应用 PCR 和分离鉴定可得到优化的结果。

DNA 分析技术与区分牛结核杆菌和其他结核杆菌复合体的生化方法相比更加快速、可靠。到目前为止，已经发现 oxyR 基因在 285 核苷酸位点的突变在所有结核杆菌复合体中，牛结核杆菌是特异的。用于杂交、监测扩增片段的特异基因探针可以用生物素或地高锌标记而不用同位素是非常重要的。

15.9.4.2　迟发性过敏反应试验

结核菌素试验是测定牛结核病的标准方法，是国际贸易指定试验。即皮内注射牛结核菌素纯化蛋白衍生物(PPD)，并在3天后测量注射部位肿胀的程度。过去常常使用合成培养基热浓缩生产结核菌素(HCSM)，但目前大多数国家都用PPD代替HCSM。如果精确标化生物学活性，HCSM结核菌素具有很好的潜力，但其特异性较PPD结核菌素差。而且已经证明牛分枝杆菌株AN5制备的牛PPDs比结核分枝杆菌制备的人用PPDs在检测牛结核菌素方面更具特异性。

进行流行病学调查时不推荐使用该方法，因为该方法敏感性低，而且与感染动物接触的动物个体会出现假阳性反应。又因为在疾病早期阶段和急性感染病例会发生假阴性反应，故仅用单一的结核菌素试验进行根除计划十分困难。以前，用比较性皮内结核菌素试验区别因牛分枝杆菌感染的动物和因接触其他分枝杆菌而对结核菌素过敏动物。这种致敏作用是由分枝杆菌和有关属的大抗原交叉反应所引起。该试验是在颈部不同部位(通常在颈部的同一侧)注射牛结核菌素和禽结核菌素，3天后测其反应。

结核菌素试验一般在颈的中部进行，但在特殊情况下，可在尾褶处进行。但对于结核菌素，颈部皮肤要比尾褶处更敏感。为了补偿这一差异，用于尾褶的结核菌素剂量要大些。在尾皱处，用一短针头刃面向外插入皮肤的深层，至尾皱的后半部，中间沿着皱褶至毛发和皱褶的垂直面中部。

结核菌素效力必须用生物学方法测定，这种方法与标准结核菌素比较作为根据，并用国际单位(IU)来表示。在许多国家，牛结核菌素保证每头牛剂量达2000IU(±25%)，方可认为效力可靠。对于过敏性较差的牛，需要用高剂量的牛结核菌素，在扑灭牛结核病运动中，则推荐使用剂量为5000 IU，每次注射量不超过0.2 mL。

15.9.4.3　血液为检材的实验室试验

因为皮肤实验操作比较困难，对牛或其他动物正研制牛结核病的免疫学检测方法。然而，由于分枝杆菌主要诱导机体的细胞免疫，以细胞免疫为主的免疫学机制使得结核病不能和其他疫病一样用传统的免疫血清学方法有效地进行诊断。还没有一种被广泛认可的血清学试验方法。现在也有不少新的血样诊断试验问世，例如，淋巴细胞增生试验，r-干扰素试验和酶联免疫吸附试验(ELISA)。其敏感性和特异性需进一步证实，而材料准备和实验室操作可能是一种限制因素，而且需要大量在不同条件下与皮肤试验的对比试验。r-干扰素试验和ELISA是非常有效的试验方法，尤其对野牛，动物园动物和野生动物。

(1) 淋巴细胞增生试验

这种体外试验是比较外周血淋巴细胞对牛型结核菌素(PPD-B)和禽型结核菌素(PPD-A)的反应性。该方法可以用全血或外周血淋巴细胞纯化的淋巴细胞进行。通过去除与淋巴细胞的非特异反应或动物可能接触到非致病性的分枝杆菌的交叉反应，可以提高实验的敏感性。结果为PPD-B反应值减去PPD-A反应值。为最大限度增加诊断的特异性或灵活性，作为cut-off值的B-A值可以变化。该实验具有科学价值，但在常规诊断中并不采用，因为试验耗时而且前期准备以及试验操作都比较复杂(需要较长的培养期，并使用放射性核苷酸)。然而，这种试验可用于野生动物以及动物园动物的检测。据报道，血液检测包括淋巴

转化试验和ELISA在鹿的牛结核杆菌诊断中有很高的灵敏性和特异性。血液检测试验相对比较贵，且在实验室间不容易比对。

(2) r-干扰素试验

本试验是测定全血培养系统中淋巴因子(γ-干扰素)的释放，其原理是：在有特异抗原(PPD-结核菌素)条件下，全血培育16 h～24 h，测定致敏淋巴细胞释放出的γ-干扰素。比较牛型和禽型PPD刺激产生的γ-干扰素的量。本试验对牛γ-干扰素的定量测定是用对γ-干扰素的两种Mab，作夹心ELISA。血液样品必须在收集24 h～30 h内送到实验室进行检测。与结核菌素皮试相比较，其敏感性高，但特异性较低，然而，用特定分支杆菌抗原可以提高特异性。对于很难接触或接触有危险的动物，如有恶习的或其他牛科动物，这种方法较皮试方法优越之处在于只需抓捕一次动物。

(3) 酶联免疫吸附试验(ELISA)

对于建立临床测试结核病的血清学诊断试验，已有很多尝试但没有成功。ELISA似乎是最好的选择，它可作为细胞免疫试验的补充，但不能取而代之。它有助于检测无免疫反应的牛或鹿。ELISA的优点，在于它简单，但对牛的特异性和敏感性有限，多由于发病期牛的体液反应较晚而且不规则。鹿的抗体反应较早，更有预见性，有报道ELISA的敏感性可达85%。可以使用不同抗原，包括蛋白质(如MPB70，特异但缺乏敏感性)来进行改进。然而，此外，在感染牛分枝杆菌的动物中，有回忆性升高的报道，因此常规结核菌素皮试后2～8周，作ELISA结果会更好。用PPD-B和PPD-A引起的抗体水平比较，也表明ELISA的特异性可以增强。ELISA也适合于检测牛分枝杆菌感染的野生动物。在新西兰，ELISA作为检测农场鹿的辅助性平行试验，在颈中部皮肤试验后17～33天进行。

15.9.5　疫病防治

分枝杆菌感染致病机制复杂。主要诱导机体的细胞免疫，使得结核病不能和其他疫病一样按照传统的疫苗免疫手段有效地控制，合理的做法应是及时诊断并淘汰病畜。实践证明，对结核病的防治关键是对牛结核病的防治。主要采取兽医综合防疫措施，防止疾病传人，净化污染群，培育健康畜群。每年春、秋两季定期进行检疫，主要用结核菌素，结合临诊检查。发现阳性病畜及时处理，畜群则按污染群处理。污染牛群，反复进行多次检查，不断出现阳性病畜则应淘汰污染群的开放性病畜(即有临床症状的排菌病菌)及生产性能不好的、利用价值不高的结核菌素反应阳性病畜。病牛所产犊牛出生后只吃3天初乳以后则由检疫无病的母牛供养或吃消毒乳。小牛应在出生后1个月、6个月、7.5个月进行3次检疫、凡是阳性者必须淘汰处理。若都呈阴性反应，且无任何可疑临床症状，可放入假定健康牛群中培育。假定健康牛群，为向健康牛群过渡的畜群，应在第一年每隔3个月进行1次检疫，直到没有一头阳性牛出现为止。然后再在1～1.5年的时间内连续进行3次检疫。若3次均为阴性反应即可改称为健康牛群。加强消毒工作，每年进行2～4次预防性消毒，每当畜群出现阳性病性牛后，都要进行一次大消毒。常用消毒药为5%来苏儿或克辽林、10%漂白粉、3%福尔马林。

15.10　牛无浆体病(Bovine anaplasmosis)

15.10.1　疫病简述

牛无浆体病旧称边虫病，是由无浆体寄生于牛红细胞内，引起发热、贫血、黄疸和渐进性消瘦，甚至死亡的一种疾病。

20 世纪初，Theiler 报道非洲牛红细胞内的一种小点状的生物体，该生物体能引起牛患急性传染性贫血。由于该生物体姬姆萨染色后，看不到细胞浆，作者将这种没有细胞浆的生物体叫无浆体(Anaplasma)。

15.10.1.1　病原

无浆体属于立克次氏体目(Richettsiales)，无浆体科(Anaplasmataceae)，无浆体属(*Anaplasma*)，是一类专性寄生于脊椎动物红细胞中的无固定形态的微生物。最初认为无浆体是原虫，但随后的研究表明，它们没有本属的重要特征。1957 年，无浆体被划分为立克次氏体目的无浆体科。无浆体属中具有致病性且研究最多的有 3 种：边缘无浆体(*Anaplasma marginale*)，中央无浆体(*A. centrale*)和绵羊无浆体(*A. ovis*)。在一些分离的边缘无浆体上可见附属物，这种微生物被命名为尾形无浆体(*A. caudatum*)，但它不是一个独立的种。几乎所有暴发牛无浆体病的临床病例都是由边缘无浆体引起的。牛感染中央无浆体可产生中等程度的贫血，但田间暴发的临床病例很少。绵羊无浆体主要引起羊的无浆体病。

无浆体的主要表面蛋白有六种，分别为 MSP1a、MSP1b、MSP2、MSP3、MSP4、MSP5。MSP1a、MSP4 和 MSP5 由单基因编码，而 MSP1b、MSP2 和 MSP3 由多基因编码。编码 MSP4、MSP5 的基因序列保守。且已证实 MSP5 具有保护性免疫作用。

15.10.1.2　临床症状

牛边缘无浆体病潜伏期较长，一般需 20～80 天，人工接种带虫的血液，其潜伏期为 7～49 天，故无浆体与巴贝斯虫混合感染时，其临床症状与病理变化常出现在巴贝斯虫病的末期或其病程结束之后。牛边缘无浆体病大多为急性经过，高热、贫血、黄疸为本病的主要症状，病初体温升高达 40 ℃～41.5 ℃，呈间歇热或稽留热型。病畜精神沉郁，食欲减退，肠蠕动和反刍迟缓，大便正常或便秘，有时下痢，粪便呈金黄色，无血尿；眼睑、咽喉和颈部发生水肿；流泪，流涎；体表淋巴结稍肿大；有时发生瘤胃膨胀；全身肌肉震颤。因牛边缘无浆体可引起自身免疫抗体，故能造成自身免疫性溶血而发生高度贫血。贫血多出现在红细胞染虫率达到高峰后 1～3 天，但有时出现于只有临床症状而血液中尚不能发现无浆体的病例中。病畜的皮肤、乳房和可视黏膜十分苍白，尤其显著的是眼结膜呈瓷白色，并有轻度黄疸现象。有时在乳房皮肤上出现针头大的出血点。

中央无浆体致病性弱，牛感染后影响较小。绵羊和山羊的无浆体病常呈亚临床型，但有一些病例，特别是山羊，可呈严重的贫血症状，其临床症状与牛的相似。当山羊患有并发症时，此种严重反应最为常见。羔羊实验性病例的症状为：发热，便秘或腹泻，苍白，结膜黄染，在接种后 15～20 天发生严重的贫血，贫血在 3～4 个月不能恢复。

15.10.1.3　传播媒介

研究发现有 14 种不同的蜱能实验传播边缘无浆体。它们是：波斯锐缘蜱(*Argas persicus*)，拉合尔钝缘蜱(*Ornithodoros lahorensis*)，环型牛蜱(*Boophilus annulatus*)，消色牛蜱(*B. decoloratus*)，微小牛蜱(*B. microplus*)，白染革蜱(*Dermacentor albipictus*)，安氏革蜱(*D. Andersoni*)，西方革蜱(*D. occidentalis*)，变异革蜱(*D. variabilis*)，凿洞璃眼蜱(*Hyalomma excavatum*)，蓖子硬蜱(*Ixodes ricinus*)，囊形扇头蜱(*Rhipicephalus bursa*)，血红扇头蜱(*R. sanguineus*) and 拟态扇头蜱(*R. simus*)。推测囊形扇头蜱、凿洞璃眼蜱、拉合尔钝缘蜱还不能完全认定是无浆体的传播媒介。另外，埃沃茨氏扇头蜱(*Rhipicepha-*

lus evertsi)和赤足璃眼蜱(*Hyalomma rufipes*)在南非已列为可试验传播媒介。雄蜱作为传播媒介尤其重要。能实验传播并不暗示着在自然传播中的作用。然而,微小牛蜱属在澳大利亚、非洲等国已证实是无浆体重要的传播媒介。微小牛蜱对病原的传播是发育阶段性传播。有些革蜱在美国也是有效的传播媒介。在传播方式上,有三种途径:

1) 发育阶段性传播,这种传播方式是指蜱在吸入病原后,病原在蜱体内随着蜱的发育有一段发育的过程。这包括三种可能性:

①幼蜱感染,若蜱传播病原;

②若蜱感染,成蜱传播病原;

③幼蜱感染,成蜱传播病原。

2) 间歇性吸血传播,指蜱在已感染的动物体上吸血后,转移到健康动物上继续吸血时传播病原。

3) 经卵传播,指雌性成蜱吸血后产卵,经孵化后直接传播病原。

各种各样叮咬性节肢动物也可以进行机械传播,特别是在美国。实验证实,原虻属的许多种虻、鳞蚊属的蚊可传播该病。叮咬昆虫在自然传播无浆体的重要性还没有被证实。似乎地区与地区有很大的差异。在注射其他疫苗时,如果使用不洁针头或不是一针注射一头动物时,也可能传递边缘无浆体。未消毒的外科器械也引起相似传播。经胎盘垂直感染也有报道。

中央无浆体主要的生物传播媒介是多宿主蜱,在非洲包括拟态扇头蜱。而普通牛蜱(微小牛蜱)不是传播媒介。因此,在微小牛蜱流行地区使用中央无浆体作为疫苗是恰当的。

吕文顺等报道,我国西北广大养羊区有3种硬蜱为绵羊边虫的媒介蜱。甘肃和宁夏回族自治区为草原革蜱(*Dermacentor nuttalli*),内蒙古自治区西部地区为亚东璃眼蜱(*Hyalomma asiaticumkozlovi*)和短小扇头蜱(*Rhipicephaluspumilio*)。试验证明,上述3种蜱对绵羊边虫都不能经卵传递,也不产生发育阶段性传播,唯一的传播方式为蜱成虫间歇性吸血传播。

15.10.1.4 易感动物

无浆体的易感动物有黄牛、奶牛、水牛、鹿、绵羊、山羊等反刍动物。发病动物和病愈后动物(带毒者)是本病的主要传染源。无浆体病多发于夏季和秋季。由于传播媒介蜱的活动具有季节性,故本病6月出现,8～10月达到高峰,11月份尚有个别病例发生。各种不同年龄、品种的易感动物有不同的易感性。年龄越大致病性越高,幼畜易感性较低,但用带虫的血液作人工接种时,常能引起发病。本地家畜和幼畜常呈隐性感染而成为带虫者,成为易感动物的感染源。母畜能通过血液和初乳将免疫力传给仔畜,使初生仔畜对本病有抵抗力。三种无浆体都不感染家兔、海猪、小鼠、猫、和狗等试验动物。

15.10.1.5 分布

边缘无浆体主要分布于热带、亚热带国家和一些气候温和的地区。如非洲、南美洲、中美洲、北美洲、地中海沿岸、巴尔干半岛、中亚各国、印度、缅甸、东南亚地区、朝鲜半岛和澳大利亚北部均有分布。只有欧洲北部一些国家、加拿大和新西兰至今未发现有病原感染的动物。在中国主要见于广东、广西、湖南、湖北、江西、江苏、四川、云南、贵州、河南、山东、河北、上海、甘肃、北京、吉林、黑龙江、新疆等地。

中央无浆体于1911年首次在南非分离到,此后,澳大利亚、南美、东南亚和中东的一些国家引进中央无浆体,用于生产预防边缘无浆体的活疫苗。李树清等从分子水平上证明中央无浆体也存在于我国。

绵羊无浆体发现于非洲、法国、西班牙、土耳其、叙利亚、伊拉克、伊朗、中亚地区、俄罗斯和美国。中国的甘肃、青海、宁夏、新疆、陕西北部和内蒙古西部均有分布。

15.10.2 OIE 法典中检疫要求

2.3.7 节 牛无浆体病(Bovine Anaplasmosis)

2.3.7.1 条 诊断试验和疫苗标准参阅《手册》。

2.3.7.2 条 从被认为牛无浆体病感染国家进境牛时,无牛无浆体病国家兽医行政管理部门应要求出具国际兽医证书,证明动物:

1) 装运之日无牛无浆体病临床症状;并且

2) 自出生起,过去 2 年在无牛无浆体病的地区饲养;或者

3) 装运之日无牛无浆体病临床症状;并且

4) 装运前 30 天内,进行过牛无浆体病诊断试验,结果阴性;并且

5) 连续 5 天使用有效药物如氧四环素,剂量为 22 mg/kg(研究中);并且对于以上两种情况中的任一种:在装运前使用杀螨剂,必要时甚至使用抗叮咬昆虫类驱虫药,确保清除蜱类寄生虫。

15.10.3 检测技术参考依据

(1) 国外标准

OIE:Manual of Diagnostic Tests and Vaccines for Terrestrial Animals BOVINE ANAPLASMOSIS(CHAPTER 2.3.7)

(2) 国内标准

GB/T 18651—2002 牛无浆体病快速凝集检测方法

SN/T 1679—2005 动物无浆体病微量补体结合试验操作规程

牛无浆体病检疫技术规范(SN/T 待发)。

15.10.4 检测方法概述

实验室病原诊断主要是血涂片,姬姆萨染色镜检。但姬姆萨染色法只能在动物感染之后 16～26 天检出虫体,除了严重感染,一般在急性虫血症消失后就很难从血涂片检测出无浆体。而动物一旦感染了无浆体,一般将持续终生。为了检测潜伏感染,目前已经建立许多血清学试验,如间接荧光抗体试验(IFAT)、快速凝集试验(RCA)、补体结合试验(CF)、间接荧光抗体试验(IFA) 和酶联免疫吸附试验(ELISA)等。血清学试验虽具有特异性高、敏感性强、快速简便的优点,但仍存在某些局限性,给诊断和防治造成了许多困难,如抗体检测无法区分病愈康复动物与急性发病动物。研究者们为了解决这些问题,也展开了分子生物学诊断方法的研究,有些方法可以同时鉴别边缘无浆体、中央无浆体和绵羊无浆体。

15.10.4.1 病原鉴定

(1) 镜检鉴定病原

在洁净的载玻片 1/3 处蘸血一小滴,以一端缘光滑的载玻片为推片,将推片的一端置于血滴之前,待血液沿推片端缘扩散后,自右向左推成薄血膜。操作时两载片间的角度为 30 ℃～45 ℃,均力沿边推动,速度保持适宜。理想的薄血膜的末端呈火箭头样,前缘为单层红细胞膜,血膜中的红细胞呈均匀分布。空气干燥的血涂片可在室温保存至少一周。若

血涂片不满意，可用抗凝血来制备。与牛巴贝斯虫不同，无浆体不积聚在毛细血管，因此，从颈静脉或其他大的血管采血较好。由于无浆体无特殊形态，要求血片质量要高，没有杂质，因碎片会引起误诊。厚的血涂片适宜诊断巴贝斯虫，不适宜无浆体，因为无浆体一旦与红细胞分离就很难鉴定。死亡动物应使用肝、肾、心、肺和外周血制备薄血片。若死后不能立即解剖，推荐使用外周血制备血片。因细菌污染的器官制备的血涂片很难鉴定无浆体。脑涂片对牛巴贝斯虫的诊断是很有用的，对于无浆体无直接的诊断价值，但可以用于鉴别诊断。从组织收集血液用于制片比组织本身好，因显微镜下检查目标是完整红细胞中的无浆体。

血液或组织涂片，用姬姆萨染色进行镜检是最常用的鉴定无浆体方法。血液或组织涂片先用无水甲醇固定 1 min，用 10% 姬姆萨染色 30 min。染色后涂片用自来水冲洗 3～4 次，以除去附着的染料，但不要超过 5 s，否则样本会脱色。空气干燥。

在显微镜下先以低倍镜（10×10）观察涂片，调节视野，然后以油镜（10×100）观察。无浆体是寄生在红细胞内的一种圆球形生物，只有一个染色质团，无细胞浆。在姬姆萨染色的涂片中，无浆体在红细胞内为致密、圆形、深染的紫红色小体，直径约 0.3 μm～1.0 μm。边缘无浆体大多数位于或接近红细胞的边缘。这个特征可区分边缘无浆体和中央无浆体，后者大多数更接近红细胞的中央。

红细胞感染的百分率因疾病的不同阶段和严重程度不同。边缘无浆体的最大感染率可以超过 50%。在严重的菌血症期，多个无浆体感染一个红细胞是很普遍的。感染后 2～6 周显微镜下可见菌体。在发病期间，红细胞染菌率几乎随天数成倍提高，持续大约 10 天。然后，以同样的速度下降。血液涂片查不出菌体后，严重的贫血还会持续几周。初次感染康复后，大多数牛终身隐性感染。因此，涂片检测适用于急性感染期。

（2）套式 PCR 鉴定及检测无浆体

根据编码无浆体表面蛋白 MSP4 基因序列的保守区，设计了针对 *A. marginale*、*A. centrale* 和 *A. ovis* 三者通用的 2 对引物 AMOC9/AMOC5 和 AMOC3/AMOC4，及分别针对三者的特异引物 AM1/AM5、AC2/AC4 和 AO1/AO6。以 AMOC9/AMOC5 为套式 PCR 第一轮引物，以其他为第二轮引物，分别扩增出 716bp、431bp、310bp、584bp 的 DNA 片段。用于鉴定无浆体、边缘无浆体、中央无浆体和绵羊无浆体。套式 PCR 检测无浆体的最低 DNA 量为 0.2 pg（相当于 6 个感染红细胞），可以检测出红细胞感染率为 0.000 001% 的带菌牛。检测样品时，先用通用引物进行套式 PCR 反应，检测出阳性样品，然后以 PCR 第一轮产物为模板，用特异引物对阳性样品加以鉴别。

（3）动物鉴定病原

有一种昂贵的方法可以确诊感染牛，尤其是隐性感染牛。即将 500 mL 可疑动物的抗凝血静脉注射入去脾犊牛，然后至少每 2～3 天进行血涂片检查一次。阳性样品一般在 4 周内血涂片中可观察到无浆体，并可以持续 8 周。

15.10.4.2 血清学检测

动物一旦感染无浆体，通常持续终生。然而，除了偶尔有少数再复发外，急性菌血症消失后血液涂片中检测不到无浆体。因此，一系列血清学试验可用于测定隐性感染。一般来说，动物没有进行治疗或非感染的早期阶段（感染 14 天以后），用 ELISA 或卡片凝集试验进行血清学诊断是理想的方法。无浆体病血清学诊断的特点是随着不同实验室使用方法特异性和敏感性的不同，其结果有很大的差异。需要强调的是，血清学检测边缘无浆体和中央无浆体有高度的交叉。

血清学试验中，补体结合试验(CF)和卡片凝集试验(CAT)是最常用的方法。CF使用了很多年，但最近的资料证实CF在诊断持续感染牛时，敏感性仅20%，大部分的带菌牛不能被检测出。因此，CF试验对单个动物的确诊是不可靠的，不再推荐CF作为检测感染牛的可靠方法。CAT的优点是敏感、快速。既可在实验室也可以在田间进行，能在几分钟内得出试验结果。假阴性率很低，但非特异反应是个问题，推荐作为初筛方法。竞争ELISA方法在检测感染动物，其敏感性大大增加。间接ELISA、斑点ELISA和荧光抗体试验也可用于特异的抗体检测，但间接荧光抗体试验由于一名操作人员一天检测样品数量有限，而且有非特异性的荧光反应，通常都愿选用其他血清学检测方法。

(1) 竞争酶联免疫吸附试验(cELISA)

所有试验的边缘无浆体、绵羊无浆体和中央无浆体都可以表达MSP5，并且诱导产生可以被MSP5特异的单克隆抗体识别的抗原决定簇。用蜱或血液试验感染牛，cELISA方法早在第16天就可以检测到抗体，并且可以持续检测到第6年。在无浆体流行区用PCR检测持续感染牛，作为真阴性或真阳性，cELISA方法检测的敏感性为96%，特异性为95%。用rMSP5建立的竞争ELISA检测方法，2.5 h内可以得到试验结果。cELISA方法原理是：用MSP5重组抗原(rMSP5)包被ELISA板，加入血清样品，再加入辣根过氧化物酶标记的抗MSP5的单克隆抗体，再加入底物。通过测定吸光值计算样品抑制单克隆抗体与rMSP5结合的程度。已有商品化的试剂盒出售。

(2) 间接酶联免疫吸附试验(iELISA)

使用正常红细胞作为阴性抗原，边缘无浆体感染红细胞作为阳性抗原。分别将阴性抗原和阳性抗原包被酶标板，加入被检血清，再加入抗牛的酶标抗体，然后加入底物。根据净吸光值判定被检血清是否含抗无浆体的抗体。净吸光值高表明抗体含量高，样品为阳性，净吸光值低表明抗体含量低，样品为阴性。虽然这个方法比使用一种抗原要麻烦，但由于具有与正常红细胞成分相同的抗体，可以消除血清中较高水平的非特异反应，但仍然有些样品出现假阳性。

(3) 斑点酶联免疫吸附试验(dot-ELISA)

将抗原点于硝酸纤微素膜上，通过与相应的抗体和SPA(葡萄球菌蛋白A)标记的碱性磷酸酶的一系列免疫反应，形成酶标记抗原抗体复合物，加入底物后，结合物上的酶催化底物使其水解、氧化成另一种带色物质，沉着于抗原抗体复合物吸附的部位，呈现出肉眼可见的颜色斑点。试验结果可通过颜色斑点的出现与否和色泽深浅进行判定。与iELISA比较，dot-ELISA具有节省抗原、价廉等优点。

(4) 卡片凝集试验(CAT)

卡片凝集试验是国际兽医局在1991年颁布的推荐诊断技术指南中诊断牛边缘无浆体病的主要方法之一。该试验的优点是敏感，而且可在实验室又可在田间进行，并能在几分钟内得出试验结果。国内吴鑑三等报道了快速卡片凝集试验的改进及研究应用。CAT的抗原是边缘无浆体的菌体悬浮液。用感染无浆体的血液静脉注射去脾犊牛，当感染率超过50%时，抽血，洗涤感染红细胞，并破碎，收集红细胞碎片和无浆体颗粒。经超声波处理沉淀，洗涤，然后悬浮在染色溶液中作为抗原。张肖正等对快速卡片凝集试验(RCA)与补体结合试验(CF)进行了比较，结果显示，RCA检测IgM和IgG均较灵敏，而CF最适合检测

IgG，因而 RCA 的敏感性更好些，检出感染后的阳性反应持续时间更长。

试剂使用前平衡至 25 ℃～26 ℃（这步很重要）。取干净的有机玻璃或玻璃板，画直径 18 mm 的圆圈作为试验卡片，一个圈可以紧挨另一个圈，但不要连接。每圈加 10 μL 牛血清因子（BSF），10 μL 牛血清样品和 5 μL 抗原（美国和墨西哥使用 30 μL BSF，30 μL 牛血清样品和 15 μL 抗原，反应 4 min），每一个卡片均要设立阴性和弱阳性对照。BSF 取自已知具有较高凝集素水平动物的血清。如果凝集素水平未知，可以使用未患无浆体的健康牛的新鲜血清。娟珊牛较适宜。BSF 小瓶分装后储存于 −70 ℃，每次使用一瓶。BSF 可提高试验的敏感性。用玻棒混匀，每次混匀后，用干净纱布将玻棒擦干净以防交叉污染。将卡片放湿盒中，以 100 r/min～110 r/min 摇晃 7 min。立即背对光源读结果，抗原呈特征性凝集为阳性，否则为阴性。

（5）补体结合试验（Complement fixation test，CF）

补体结合试验具有良好的特异性，一直被一些国家作为口岸进出境种牛检疫的方法。美国农业部（USDA）颁布了无浆体补体结合试验（1958）和微量滴定技术的操作手册（1974）。我国吕文顺等（1988）报道了补体结合试验在牛边缘无浆体病中的研究和运用。补体结合试验虽然已广泛应用多年，但越来越多的例子证明该试验缺乏敏感性，具有自身难以克服的缺点，它要求抗原与抗体的量的比例适当，否则会出现假阳性或假阴性。

15.10.5 疫病防治

无浆体病应根据病情的轻重采取不同的治疗方案。轻的一般只使用抗无浆体药物，重的除用抗无浆体药外，还应对症治疗，如强心、补液、调理肠胃和补血等，并加强饲养管理。对无浆体病有效的药物有：四环素类抗生素、台盼蓝、黄色素、贝尼尔、砷化合物、抗痢疾的药物、锑的衍生物等。我国王修文等报道应用一次肌肉注射咪唑苯脲（IMDC）抗牛无浆体病和巴贝斯虫病合并感染，结果表明，咪唑苯脲对牛无浆体病早、中期病治愈率高达 100％。吕文祥等报道国产盐酸土霉素按 30 mg/kg 剂量，肌肉注射 1～2 次，对实验感染的绵山羊无浆体病具有明显疗效，治愈率达 80％。

要完全消灭无浆体病在大多数国家是不切实际的，这是因为能传播本病的媒介蜱和昆虫种类很多，活动范围广。而且带虫动物具有感染力的时间长，常规的检测方法又不能完全检测出所有的受感染动物等，所以本病的防治重点是预防为主。一方面通过制备高效、保护力强的疫苗来保护动物。另一方面，设法控制蜱的活动，从而切断该病的传播途径，以达到防治本病的目的。

15.10.6 部分商品化试剂说明及供应商

国外商品化的试剂盒有两种：美国 VMRD 生产的竞争 ELISA 试剂盒 Anaplasma Antibody Test Kit 和瑞典间接 ELISA 试剂盒。

（1）美国 cELISA

原理：无浆体抗原包被于 96 孔板，样品中的抗体与辣根过氧化物酶标记的抗无浆体的单抗竞争与板上的抗原结合，形成的竞争 ELISA 方法。

联系方式：Email：vtech@vmrd.com，电话：1-509-334-5815，传真：1-509-332-5356

（2）瑞典 SVANOVIR 生产的间接 ELISA 试剂

原理：该试剂也用于检测血清中的无浆体抗体。抗原包被于 96 孔微量反应板，加入血清或血浆样品后，用辣根过氧化物酶标记抗牛的抗体进行检测。

联系方式:Email:info@swanova. com，customer. service@svanova. com

电话:46-18-654900,46-18654915,传真:46-18-654999

15.11　泰勒虫病(Theileriosis)

15.11.1　疫病简述

泰勒虫病是由顶复器门(Apicomplexa)、孢子纲(Sporozoea)、梨形虫亚纲(Piroplasmia)、梨形虫目(Piroplasmide)、泰勒科(Theileriidae)、泰勒属(*Theileria*)的各种原虫寄生于牛羊和其他野生动物网状内皮细胞、巨噬细胞、淋巴细胞和红细胞内所引起的疾病的总称。泰勒虫最早于1897年由柯赫在非洲达累斯萨拉姆的牛体内发现，当时认为是双芽梨形虫的一个发育阶段。泰勒在1904年也发现这种虫体，把它当作另一种小梨形虫(*Piroplasma parva*)。1907年，贝坦科尔特等根据形态学上的差别，建议分为梨形虫属和泰勒属两个属，从而确立了泰勒虫在分类学上的地位。泰勒科虫体为小型虫体，具多形性，有圆点状、环状、卵圆形、不规则形或杆状。文献记载寄生于牛的泰勒虫有:环形泰勒虫(*T. annulata*)、瑟氏泰勒虫(*T. sergenti*)、中华泰勒虫(*T. sinensis*)、小泰勒虫(*T. parva*)、突变泰勒虫(*T. Mutans*)、斑羚泰勒虫(*T. taurotragi*)、附膜泰勒虫(*T. velifera*)等。我国共发现两种:环形泰勒虫和瑟氏泰勒虫。泰勒虫由硬蜱传播，在脊椎动物和无脊椎动物宿主体内有复杂的生活史。其中致病性强和经济上重要的有两种:一种是小泰勒虫，能引起东海岸热(East Coast fever)、科里多病(Cirridir Disease)、津巴布韦泰勒虫病(Zimbabwean theilenosis);另一种是环形泰勒虫，引起热带泰勒虫病(Tropical theileriosis)。其余的寄生虫种属，不致病或只引起轻微症状，但在牛泰勒焦虫病的流行病学调查中，经常见到这些寄生虫，使其流行病学复杂化。

在改善世界大部分国家畜牧业的过程中，牛泰勒虫属寄生虫是重要的制约因素。经济上非常重要的环形泰勒虫和小泰勒虫引起的动物死亡和产量下降，尽管只能通过猜测估计，但这两种泰勒虫一直被看作是主要的病原体。许多国家通过控制传播媒介来控制泰勒虫病，作为控制蜱传播疾病整体措施的一部分。由于杀蜱药价格昂贵，很多蜱产生了耐药性，有关牛迁徙和检疫的规定未严格执行，对浸泡消毒和喷雾消毒缺乏管理和支持，使得通过控制蜱来预防本病的作用正在减小。这就需要一种更加可靠的措施，免疫接种能为控制泰勒虫病起更好的作用。

15.11.1.1　病原

环形泰勒虫(*T. annulata*)，红细胞期虫体小，具多形性，有圆环形、卵圆形、梨籽形、杆形、逗点形、三叶形、圆点形、十字架形、不规则形，其中以圆环形和卵圆形为主，占虫体总数的70%～80%，圆环形虫体的直径为0.6 μm～1.6 μm，卵圆形虫体的大小为0.8 μm～1.8 μm×0.5 μm～1.5 μm。寄生于巨噬细胞和淋巴细胞内进行裂殖生殖所形成的裂殖体又称柯赫氏蓝体或石榴体，呈圆形、椭圆形或肾形，位于淋巴细胞或单核细胞浆内或散在于细胞外。用姬氏染色，虫体胞浆淡蓝色，其中含有许多紫红色颗粒状的核。裂殖体平均大小为8 μm，有的大到15 μ～27 μm，有大裂殖体和小裂殖体两种类型。

瑟氏泰勒虫(*T. sergenti*)，红细胞内的虫体除特别长的杆状形态外，其他形态和大小与环形泰勒虫相似，且具有多形性，其共同形态主要有圆环形、杆形、卵圆形、梨籽形、逗点形、小圆点形、三叶形、十字架形等。瑟氏泰勒虫主要以杆形和梨籽形虫体为主，占整个虫体总

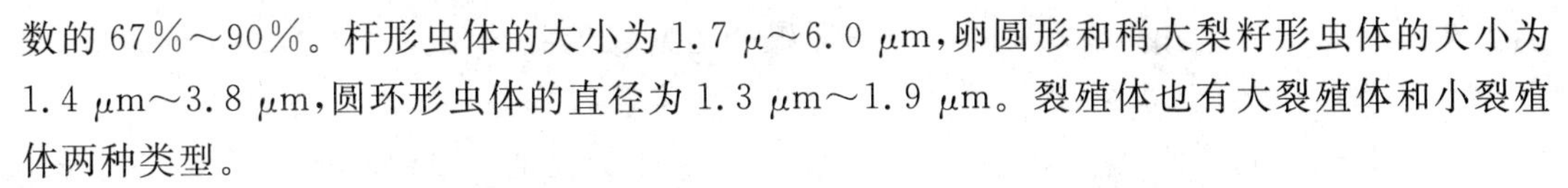

数的 67%～90%。杆形虫体的大小为 1.7 μ～6.0 μm，卵圆形和稍大梨籽形虫体的大小为 1.4 μm～3.8 μm，圆环形虫体的直径为 1.3 μm～1.9 μm。裂殖体也有大裂殖体和小裂殖体两种类型。

中华泰勒虫（*T. sinensis*），红细胞内的虫体形态特异，具有多形性：有梨籽形、圆环形、椭圆形、杆形、三叶形、圆点形、十字架形，还有许多难以描述的不规则形虫体。

小泰勒虫（*T. parva*），在红细胞内，梨形虫小杆状虫体占优势（80%以上），平均大小为（1.5 μm～2.0 μm）×（0.5 μm～1.0 μm）。其他也有类似于环形泰勒虫的圆环形、卵圆形、逗点形和十字架形。裂殖体也有大裂殖体和小裂殖体两种类型。

突变泰勒虫（*T. Mutans*），在红细胞内，梨形虫为圆形、卵形、梨形、逗点形、圆点形。圆形和卵形虫体占 55%。圆形虫体的直径为 1 μm～2 μm，卵形的大小为 1.5 μm×0.6 μm。红细胞内出现二分裂和四分裂。

15.11.1.2 分布

环形泰勒虫（*T. annulata*），分布于阿尔及利亚、埃及、利比亚、摩洛哥、苏丹、突尼斯、前苏联南部、伊拉克、以色列、伊朗、土耳其、巴基斯坦、印度、保加利亚、罗马尼亚、塞浦路斯、希腊、意大利、南斯拉夫。我国内蒙古、山西、河北、宁夏、陕西、甘肃、新疆、河南、山东、黑龙江、吉林、辽宁、广东、湖北、重庆、西藏等省、自治区曾有过报道。瑟氏泰勒虫（*T. sergenti*），分布于俄罗斯远东地区、朝鲜、日本，在我国的贵州、湖南、云南、吉林、辽宁、河北、河南、陕西、甘肃等曾有过报道。中华泰勒虫（*T. sinensis*），目前仅在我国甘肃省的临洮、渭源和临潭分离到病原。小泰勒虫（*T. parva*），分布于非洲，主要分布在中非、东非和西非。突变泰勒虫（*T. Mutans*），分布于非洲。

15.11.1.3 生活史

感染泰勒虫的蜱在牛体吸血时，子孢子随蜱的唾液进入牛体，首先侵入局部淋巴结的巨噬细胞和淋巴细胞内进行裂体增殖，形成大裂殖体（无性型），大裂殖体发育成熟后，破裂为许多大裂殖子，又侵入其他巨噬细胞和淋巴细胞内，重复上述的裂体增殖过程。伴随虫体在局部淋巴结反复进行裂体增殖的同时，部分大裂殖子可循淋巴和血液向全身播散，侵袭脾、肝、肾、淋巴结、皱胃等各器官的巨噬细胞和淋巴细胞进行裂体增殖。裂体增殖反复进行到一定时期后，有的可形成小裂殖体（有性型）。小裂殖体发育成熟后破裂，里面的许多小裂殖体进入红细胞内变为配子体。幼蜱或若蜱在病牛身上吸血时，把带有配子体的红细胞吸入胃内，配子体由红细胞逸出并变为大小配子，二者结合形成合子，进而发育成为棍棒形能动的动合子。动合子穿入蜱的肠管及体腔各处。当蜱完成其蜕化时，动合子进入蜱唾腺内变圆为合孢体（母孢子，sporont），开始孢子增殖，分裂产生许多的子孢子。在蜱吸血时，子孢子被接种到牛体内，重新开始其在牛体内的发育和繁殖。

15.11.1.4 流行病学

（1）传染来源

病患牛、隐性感染牛、康复牛均为本病的重要感染源。

（2）传播途径

本病主要由蜱传播，但不能经蜱的卵传播。环形泰勒虫的传播媒介为璃眼蜱属的数种蜱，已证实的媒介蜱有残缘璃眼蜱（*H. detritum*）、小亚璃眼蜱（*H. anatolicum*）、图兰璃眼蜱（*H. turanicum*）、边缘璃眼蜱（*H. marginatum*）、亚洲璃眼蜱（*H. asiaticum*）、嗜驼璃眼蜱

(*H. dromedaril*)。在我国,本种的主要传播媒介为残缘璃眼蜱。另一种为小亚璃眼蜱,报道仅见于新疆南部,虫体在蜱体内发育和增殖。残缘璃眼蜱是一种二宿主蜱,主要寄生在牛。璃眼蜱以期间传播方式传播泰勒虫,即幼虫或若虫吸食了带虫的血液后,泰勒虫在蜱体内发育繁殖,当蜱的下一发育阶段(成虫)吸血时即可传播本病。

瑟氏泰勒虫的传播媒介为长角血蜱(*H. longicornis*)、嗜群血蜱(*H. concinna*)、日本血蜱(*H. japonica*)。这三种蜱在我国都存在,但用试验证实的媒介蜱仅长角血蜱。

中华泰勒虫的传播媒介为青海血蜱(*H. qinghaiensis*)。已用试验证实,青海血蜱的若蜱和成蜱阶段对中华泰勒虫均有传播能力。

小泰勒虫的传播媒介主要为附尾扇头蜱(*R. appendiculatus*)、外翻扇头蜱(*R. evertsi*)、拟态扇头蜱(*R. simus*),还有其他扇头蜱和璃眼蜱可实验性传播。

突变泰勒虫的传播媒介为附尾扇头蜱(*R. appendiculatus*)和美丽扇头蜱(*R. pulchellus*)。

(3) 易感动物

在流行地区,1～3 岁牛发病者多,有外地调运到流行地区的牛,其发病不因年龄、体质而有显著差异。当地牛一般发病较轻,有时红细胞染虫率虽达 7%～15%,亦无明显症状,且可耐过自愈。外地牛、纯种牛和改良杂种牛则反应敏感。环形泰勒虫主要感染黄牛、水牛、瘤牛、牦牛;瑟氏泰勒虫主要感染黄牛、奶牛、牦牛;中华泰勒虫主要感染黄牛、牦牛、犏牛;小泰勒焦虫主要感染黄牛、水牛、非洲野生水牛;突变泰勒虫主要感染水牛、黄牛、瘤牛。

(4) 流行特征

本病的发生具有一定的季节性,在我国内蒙古及西北地区,本病于 6 月份开始发生,7 月份达最高潮,8 月份逐渐平息。由于璃眼蜱主要在牛圈内生活,所以环形泰勒虫病主要在舍饲条件下发生。而瑟氏泰勒虫病主要在放牧条件下发生,因为长角血蜱主要生活在山野或农区。

15.11.1.5　临床症状

环形泰勒虫病:潜伏期 14～20 天。轻症病牛普遍表现为体温升高,达 40 ℃～41.5 ℃,呈稽留热。体表淋巴结肿大,角根发热,呼吸加快达 80 次/min ～ 110 次/min,心跳 100 次/min～130 次/min。精神沉郁,食欲减退,被毛逆立。

瑟氏泰勒虫病:本病分急性和亚急性两种类型:急性型,病牛体温升高,可达 41.8 ℃,然后很快下降,在发病后的第 3～4 天突然倒毙,有的病牛高温可持续 2 周。病牛出现精神沉郁,食欲废绝,心跳和呼吸加快,可视黏膜充血,常有点状和片状出血,肩前和股前淋巴结肿大,随着病程的发展,可视黏膜苍白黄染,病牛很快消瘦,随后全身黏膜和皮肤黄染加重,少毛部位尤为明显,喜卧或卧地不起,对周围的反应极为迟钝,最终导致死亡;亚急性型,病程一般在 10 天以上,个别可拖延数十日之久。病初被毛逆立,精神稍差,可视黏膜潮红,食欲正常或稍减,心跳稍快,继之体温上升到 39.7 ℃～40.9 ℃,个别体温可达 41.1 ℃,稽留 1～2 天。病的中期,症状加重,病牛流泪、流涎,反应迟钝,瘤胃蠕动减弱,食欲减退,肩前和股前淋巴结明显肿大,可视黏膜苍白微黄,病牛咳嗽,呼吸浅表,40 次/min～80 次/min。后期精神沉郁,行走无力、喜卧,呈进行性消瘦,心跳加快,90 次/min～120 次/min,颈静脉怒张,波动明显。有的下颌、胸前水肿,异嗜(吃土舔墙),磨牙,粪便干燥或腹泻,粪便发黑有黏液或血液。血液稀薄。重剧者可恶化死亡。治愈的病畜长时间消瘦贫血,恢复缓慢,有的还会复发。

中华泰勒虫病:不切除脾脏的牛临床症状轻微,但可引起除脾牛只发病死亡。小泰勒虫病:对水牛病原性较弱,对黄牛有很强的致病性。可引起恶性泰勒虫病,被称之为东海岸热(非洲)、非洲海岸热、走廊热、罗得西亚蜱热、罗得西亚红尿病。受感染的动物淋巴结肿大、发热、呼吸频率逐渐加快,呼吸困难和/或腹泻。康复的动物,偶尔会有复发。有时能见到被称做"旋转病"(Turning sickness)的神经症状。突变泰勒虫病:无致病力或毒力很弱,无明显的临床症状。有时也可引起贫血。

15.11.2 OIE 法典中检疫要求

2.3.11 节 泰勒虫病(Theileriosis)

2.3.11.1 条 本法典规定,泰勒虫病为牛和水牛的高致死性疾病,病原为小泰勒虫(*Theileria parva*)和环形泰勒虫(*T. annulata*)。诊断试验和疫苗标准参阅《手册》。

2.3.11.2 条 从被认为泰勒虫病感染国家进境牛时,无泰勒虫病国家兽医行政管理部门应要求出具国际兽医证书,证明动物:

1) 装运之日无泰勒虫病临床症状;并且

2) 自出生起,过去2年在无泰勒虫病地区饲养;或者

3) 装运之日无泰勒虫病临床症状;并且

4) 装运前30天内,经过泰勒虫病诊断试验(研究中),结果阴性;并且

5) 血液涂片镜检,结果阴性;并且在上述任何一种情况下,须:在装运前使用过杀螨剂(研究中),确保彻底清除蜱类昆虫。

15.11.3 检测技术参考依据

(1) 国外标准

OIE:Manual of Diagnostic Tests and Vaccines for Terrestrial Animals :THEILERIOSIS(CHAPTER 2.3.11)

(2) 国内标准

无。

15.11.4 检测方法概述

泰勒虫是专性寄生于细胞内的原虫,可感染世界上大部分地区的野生和家养的牛科动物(一些种也可感染小反刍动物)。它们由硬蜱传播。在脊椎动物和无脊椎动物宿主体内有复杂的生活史。建立准确、快速、敏感的诊断技术方法可为彻底控制和消灭泰勒虫病奠定基础。诊断本病应综合临床症状,疾病和传播媒介的分布地域,姬姆萨染色的血涂片和淋巴结涂片检查结果进行。同时,结合血清学诊断方法及分子生物学方法进一步确诊。

15.11.4.1 病原鉴定(国际贸易指定试验)

淋巴结活组织或压片中观察到裂殖体(Schizont),对小泰勒虫和环形泰勒虫的感染具有特征性的诊断意义。感染这两种寄生虫的动物淋巴结肿大,发热、呼吸频率逐渐加快,呼吸困难和(或)腹泻,尸体剖检见多种病理变化。各种组织压片中都能见到寄生的虫体。环形泰勒虫的裂殖体引起的肉眼可见的病理变化与小泰勒虫裂殖体引起的相似,而且在虫体阶段也有致病性,引起贫血和黄疸。突变泰勒虫、瑟氏泰勒虫的裂殖体阶段很短,它们在虫体阶段可能有致病性。突变泰勒虫的裂殖体有较大、扁平、不规则的核体。如果能看到的话,容易与小泰勒虫区别开。小泰勒虫、环形泰勒虫和突变泰勒虫的虫体相似,但环形泰勒虫和突变泰勒虫的虫体比较大,看上去是分开的。

(1) 血涂片检查法

虽然将近100年前Dschunkowsky就是用血涂片检查的方法发现泰勒虫的。但至今，血涂片检查方法仍是泰勒虫急性感染最可靠的诊断方法。血涂片检查方法比较简单，一般只需用耳尖血制成血涂片，甲醇固定，姬姆萨染色后即可在油镜下检查。但是显微镜诊断带虫状态的牛时由于血液循环中梨形虫的数量下降到很低水平而显困难。为此，对带虫牛的检查也不能依赖于血涂片，因此进一步使用其他诊断法，尤其是分子诊断和血清学诊断是十分必要的。

(2) 淋巴结穿刺检查法

1906年，Koch首次证实了泰勒虫在淋巴细胞内裂殖体发育阶段，发现了"Koch蓝体"，即裂殖体。之后，穿刺淋巴结检查裂殖体也成为泰勒虫诊断方法之一。检查时，先触摸体表淋巴结，一般情况下选择肿大的淋巴结进行穿刺，用干燥注射器抽取淋巴内容物，涂载玻片，甲醇固定，姬姆萨染色检查，只要在淋巴细胞内或涂片中发现裂殖体即可确诊。因泰勒虫生活史中裂殖体寄生于淋巴结内的时间较短，环形泰勒虫裂殖体可在蜱感染后8～23天在淋巴结穿刺中出现，2～5天之后消失。因此，裂殖体检查呈阳性的时间很短，只能作为辅助性诊断方法。

(3) 动物接种法

在临床诊断中，如果被检动物的染虫率很低，看到的虫种又似是而非，需进一步确诊时可以使用动物接种法。但是动物接种需要本动物，且动物需进行除脾手术，因此该方法的成本相当高，并且诊断结果往往在接种后10～20天才能确定。因此，动物接种试验常用来确定某一地区是否存在某一种泰勒虫病原，很少作为临床诊断方法使用。

(4) 淋巴结组织切片检查法

该法是采取发病动物的肿大淋巴结制作成病理切片，显微镜下检查虫体或病理变化。该法较前两种方法复杂，很少用。

(5) DNA探针法

DNA探针最大的特点是具有很高的特异性。该方法是应用分子生物学技术合成环形泰勒虫特异性寡聚核苷酸探针，然后与检测的目的基因进行杂交来检测病原的一种方法。Mason等从用λgtll建立的环形泰勒虫的cDNA文库中，筛选出相对分子质量70000的热休克蛋白(hsp)基因，将该基因作为探针时能从子孢子、裂殖子和裂殖体寄生的细胞中检测到2.5 kb的RNA，同时发现环形泰勒虫的其他序列也与热休克蛋白基因结合。虽然这个试验还没有真正利用探针进行泰勒虫感染的诊断，但使用了DNA探针杂交技术，为环形泰勒虫DNA探针检测开辟了道路。

(6) PCR检测法

Bishop等(1992)首次将PCR技术应用于泰勒虫病(小泰勒虫)的诊断。D. Oliveira等使用了编码环形泰勒虫相对分子质量30000裂殖子主要表面抗原(Tamsl)的特异性引物，将来自带虫牛的血样进行了环形泰勒虫的PCR检测。据报道，PCR的灵敏度为1 μL血样中1个梨形虫。PCR不仅用于检测带虫牛体内的泰勒虫，还可用于检测泰勒虫传播媒介——蜱的感染情况。

(7) 反向线形印迹杂交(RLB)法

上述各种诊断方法虽然各有优缺点，但总体来讲，这些方法基本上都是针对某一种泰勒

虫的。然而，在大多数流行蜱传病的地区，动物不仅感染好几种泰勒虫，而且还同时感染有巴贝斯虫、无浆体等其他血液原虫病病原。因此，如果要确定一头动物究竟感染了几种血液原虫，就得使用好几种方法，在实践应用中将非常不便。Gubbels 等(1999)采用的 RLB 技术解决了这一技术难题。其基本原理是将特异性探针固化在膜上面，将 PCR 引物用放射物质或生物素标记，之后扩增靶 DNA，将扩增产物与膜上的探针特异地杂交，再通过放射显影或生物素显影，确定 PCR 产物中核苷酸的序列的差异。在实验中，Gubbels 等将环形泰勒虫、小泰勒虫、斑羚泰勒虫、附膜泰勒虫、东方泰勒虫、双芽泰勒虫、牛巴贝斯虫、分歧巴贝斯虫、大巴贝斯虫、活动锥虫、刚果锥虫、布氏锥虫、反刍可厥体、边缘无浆体、犬爱立氏体等多种病原的特异性探针固化在 Biodyne C 印迹膜上，用 RLB-F 和 RLB-R 引物扩增巴贝斯虫与泰勒虫 DNA，然后与印迹膜上的探针杂交，成功地检测上述虫体。在敏感方面，利用环形泰勒虫感染血液稀释后测定时，当染虫率为 10～8 时仍能检出，相当于每微升血液中含有 3 个虫体。这种方法的优点为：在不进行单独的 PCR 反应的情况下，在一次试验中能将多种虫体进行检测。这一特性在流行病学调查上具有重要的意义。此外，RLB 还可用来研究蜱体内蜱传病原的感染状况，这是传统的鉴别方法所无法比拟的。

15.11.4.2　血清学试验

用血清学试验对小泰勒虫的流行病学进行调查，不能将不同免疫原性的虫株区别开。诊断泰勒虫属使用最广泛的试验是间接荧光抗体试验(IFA)。IFA 试验所用的裂殖体和虫体抗原可以在玻片上或悬液中制备，低温冷冻保存。而虫体悬液应在 4 ℃下保存。用牛淋巴细胞裂解物稀释被检血清，与悬液中的抗原反应，然后加入抗牛免疫球蛋白结合物。用上述试验，致病性病原会产生特异性荧光。IFA 试验敏感性高，特异性强，操作简便。然而，由于泰勒虫属虫种间存在抗原交叉反应，在这些虫种同时感染的地区进行大规模的疫情普查时，这种试验就出现了局限性。

(1) 间接荧光抗体试验(国际贸易指定试验)

IFA 试验是诊断泰勒虫病应用最为广泛的一种试验。用于 IFA 试验的裂殖体抗原是用感染有裂殖体的成淋巴细胞制得的，−20 ℃或−70 ℃下保存的丙酮固定的抗原玻片和 4 ℃或−20 ℃下保存的丙酮固定的悬浮液抗原被许多实验室常规使用，这两种抗原的敏感性相当。在低温保存设施充足、电源稳定可靠的实验室，可使用玻片抗原。这种玻片抗原只能在干冰或液氮中运输。悬浮液抗原与玻片抗原相比，其优点是制备方法简单快速，一个容器中可大批量贮存这种抗原，如需制备用于 IFA 试验的新鲜涂片时，可从中取出一部分，这就省却了大型贮存设备。悬浮液抗原也能在 4 ℃下保存，并能在室温下运输而不降低其抗原性。

感染小泰勒虫和环形泰勒虫的子孢子后，用裂殖体抗原能查出抗体的最早时间在感染后的 10～14 天。用虫体抗原，能查出抗体的最早时间在感染后的 15～21 天。动物康复后，抗体在动物体内的持续时间受某些因素的影响，如带虫状态、化学疗法，有无重复感染。患东海岸热或热带泰勒虫病的动物，康复后 4～6 个月，用 IFA 试验能测到较低滴度的抗体，感染一次而康复的动物，其抗体可以持续一年以上。接种突变泰勒虫子孢子而诱发的感染，虫体出现后 10～15 天，才能首次测到抗体。较低滴度的抗体可持续至少 12～24 个月。

用 IFA 试验常规检查牛泰勒虫属某一虫种的抗体时，试验是敏感的，几乎不需要标化。然而，在不同泰勒虫混合感染的地区，用此试验检查抗体，对试验的特异性需仔细考虑。例如：环形泰勒虫和小泰勒虫有交叉反应，这些交叉反应比同源血清的反应低4～6倍。这种情况在野外是不重要的。因为这些疾病不会同时发生。小泰勒虫和突变泰勒虫之间或环形泰勒虫和突变泰勒虫之间好像不会发生交叉反应。小泰勒虫和哺乳泰勒虫之间交叉反应滴度很低，从泰勒虫分布的大部分地区，这两种虫可以同时感染，所以问题就突出一些。

(2) 补体结合试验

最早使用补体结合试验诊断环形泰勒虫的是 Lichtenheld。Shindler 等(1965)也使用补体结合试验来诊断环形泰勒虫感染。Konyukhov 等(1967)报道在环形泰勒虫感染的牛中存在与补体结合的抗体。

(3) 凝集试验

Ross 等(1972)利用毛细血管凝集试验，对环形泰勒虫和突变泰勒虫感染后的循环抗体的滴度进行了检测。结果表明，使用该方法可以区别这两种虫体的感染。小泰勒虫感染牛血清中的抗体在感染后300天消失，而突变泰勒虫感染的血清抗体可持续630天。以后又有多人对该方法进行了改进。

(4) 未来诊断泰勒虫的试验

IFA 试验敏感性好，特异性强，操作简便。然而由于存在交叉反应的问题，在多种泰勒焦虫同时存在的地区进行大规模的血清学普查时，该试验的应用就受到了限制。因此需要一种特异性更高、操作简便、适用于野外条件下使用的试验。酶联免疫吸附试验(ELISA)正越来越多地用于寄生虫特异性抗体、抗原和免疫复合物的检测。这种试验已用于诊断非洲锥虫病，与 IFA 相比有较多的优点。Katende 等人报道了诊断突变泰勒焦虫的 ELISA 试验。利用 ELISA 试验，用突变泰勒虫的两种特异性单克隆抗体(MABs)检测急性、亚急性、慢性感染病例的抗体和抗原。这种试验比 IFA 具有更高的特异性和敏感性。进行直接 ELISA 试验时，用重组抗原检测小泰勒虫和突变泰勒虫的抗原，正在取得明显的进展。研究表明，小泰勒虫的有效抗原成分是 p85，突变泰勒虫的有效抗原成分是 p32。这两种抗原在埃希氏大肠杆菌中均可表达(pGEX 作为表达的载体)，被表达的产品是谷胱甘肽-S-转移酶(GST)参与合成的融解蛋白质，可直接包被于 ELISA 板上。ELISA 试验比 IFA 试验敏感性高，特异性强，已被许多国家采用。应用探针技术对已知感染的牛进行泰勒虫属的检查，原理是：利用 RVA 基因序列与抗原的基因。小泰勒虫和突变泰勒虫的特异性 DNA 探针已建立。聚合酶链反应技术能使寄生虫的微量 DNA 扩增一百万倍，这就大大增强了 DNA 探针的敏感性。ELISA 和 DNA 探针技术的结合可增强我们诊断不同阶段感染的泰勒焦虫的抗体和抗原的能力，使我们有可能对泰勒焦虫属进行准确的血清学调查。最终目的是建立诊断所有媒介传播疾病的方法。

15.11.5　疾病防治

预防泰勒虫病应用最广泛最实用的方法是用杀蜱药对蜱进行化学药物控制。灭蜱杀螨剂、长效土霉素、萘醌类(parvaquone 和 buparvaquone)及溴氯哌喹酮(halofuginone)等药物的使用对控制牛泰勒虫病起到了相当大的作用。然而，病原体对这些药物抗药性的增加使药物防治的推广受到很大限制，并且杀蜱剂价格昂贵，对蜱类防制缺乏管理和许多国家牛的非法迁徙，使这一方法的可靠性也降低了。最近才研究出了一种已知效力的活疫苗。应用最广泛的是致弱毒力的环形泰勒虫裂殖体细胞培养苗。该疫苗的生产过程和安全试验已被报道，并在以色列、土耳其、印度、俄罗斯南部和中国广泛使用。

15.12　锥虫病(Trypanosomiasis)

15.12.1　疫病简述

锥虫病是由锥虫属的几种寄生性原虫引起的一种综合征，由纯粹的非洲舌蝇属(采采蝇)周期性传播，该病能够危害所有哺乳动物。1880 年首次在印度旁遮普邦发现寄生于家畜(骆驼)的伊氏锥虫(*Trypanosoma evansi*)，它引起的疾病称为苏拉病(Surran)。1885 年发现寄生于人和家畜的布氏锥虫(*T. brucei*)。1894 年在阿尔及利亚又发现寄生于马的马媾疫锥虫(*T. equiperdum*)，迄今已发现寄生于人和家畜的锥虫有 17 种。寄生于人的锥虫有：枯氏锥虫(*T. cruzi*)引起人的恰加斯病(Chiagas diease)，流行于巴西、阿根廷等南美洲地区。布氏锥虫(*T. brucei*)、冈比亚锥虫(*T. gmbinse*)和罗德西亚锥虫(*T. rhodesien*)引起人的睡眠病(Sleeping sickness)，流行于非洲。寄生于家畜的锥虫主要有：伊氏锥虫、布氏锥虫(*T. brucei*)、刚果锥虫(*T. congolense*)、活跃锥虫(*T. vivax*)和马媾疫锥虫，主要流行于亚洲、非洲和南美洲。流行于亚洲的家畜锥虫病主要是伊氏锥虫病，其次是马媾疫。此外还有泰氏锥虫(*T. theileri*)，寄生于牛，一般不致病，个别地区也曾引起牛发病，由蛇传播。我国的锥虫病主要是伊氏锥虫病，其次是马媾疫。

从经济角度看，锥虫对牛危害尤甚。20 世纪 80 年代至 90 年代初，在我国，伊氏锥虫病患牛 123 000 多头，引起耕牛死亡达 17 000 多头，经济损失高达 3 000 多万元，对畜牧业特别是养牛业造成极大的经济损失。伊氏锥虫可引起牛、马、猪、羊、骆驼、骡、兔等家畜的锥虫病，本文将以伊氏锥虫为例进行阐述。

15.12.1.1　病原

伊氏锥虫(*Trypanosoma evansi*)在分类上属于原生动物门(Protozoa)，鞭毛虫纲(Mastigophora)，动基体目(Kinetoplastida)，锥虫科(Trypanosomatidae)，锥虫属(*Trypanosome*)，为单形锥虫，细长柳叶状，长 18 μm～34 μm，宽 1 μm～2 μm，体前端尖锐，后端稍钝，中央部有一椭圆形的细胞核，靠近后端有一小点状的动基体。动基体由两部分组成；前方的小体叫生毛体，后方的小体叫副基体。由生毛体长出一根鞭毛，鞭毛沿着虫体一侧边缘向前伸延，最后由虫体前端伸出体外，成为游离鞭毛。鞭毛与虫体之间由一薄膜相联，鞭毛运动时，膜亦随之呈波浪状运动，故称此膜为波动膜。虫体随游离鞭毛的运动向前方推进。

15.12.1.2　分布

在所有致病的锥虫当中，伊氏锥虫分布最为广泛，分布于非洲、亚洲、中东地区、美洲中部、南美洲和欧洲的部分地区。在亚洲，东南亚一带是伊氏锥虫流行的主要地区。中国也是伊氏锥虫的流行国，主要分布于长江中下游、华南、西南和西北等地的 17 个省市自治区(河北、北京、河南、安徽、云南、江苏、浙江、广西、广东、新疆、贵州、四川、湖北、湖南、内蒙、宁夏等省、自治区等均有报道)，大致分为南方和北方两个疫区。一个在新疆、甘肃、宁夏、内蒙古、阿拉善盟和河北北部一带，主要以感染骆驼为主。另一个在秦岭—淮河一线以南，主要以感染黄牛、水牛、奶牛、马属动物和其他动物为主。

15.12.1.3　生活史

伊氏锥虫寄生在动物的血液(包括淋巴液)和造血器官中，靠渗透作用直接吸取营养，以纵分裂法进行繁殖。分裂时先由动基体的生毛体开始，鞭毛分裂，继而细胞核分裂，虫体随即向前向后逐步裂开，最后形成两个独立的虫体。

15.12.1.4　流行病学

(1) 传染源

传染源主要是带虫动物,尤其是黄牛、骆驼和水牛。由于本虫宿主广泛,对不同种类的宿主,致病性差异很大,一些感染而不发病的动物可长期带虫,成为传染源。此外,如骆驼、牛等,在感染而未发病阶段或药物治疗后未能完全杀灭其体内中的虫体时,亦可作为传染源。

(2) 传播途径

已证实锥虫的传播媒介有虻属、麻虻属、螯蝇属,血蝇属以及角蝇属等,这些吸血昆虫吸食病畜或带虫动物的血液后再叮咬其他易感动物时传播。锥虫在吸血昆虫体内不发育繁殖,并且仅能生存很短时间,一般 22 h～24 h。除了通过吸血昆虫机械传播外,注射或采血时消毒不严以及带虫的怀孕动物经胎盘感染胎儿均有传播可能。肉食兽在食入病肉时亦可通过消化道的伤口感染。人工抽取病畜的带虫血液,注射健畜体内,能成功地将本病传给健畜。

(3) 易感动物

本虫宿主广泛,能自然感染的有马、驴、骡、水牛、黄牛、猪、鹿、骆驼、犬、虎等,牛对锥虫的易感性比马属动物、犬等弱,虽有少数在本病流行初期因急性发作而死亡,但多数呈带虫状态而不发病。

(4) 流行特征

本病流行于热带和亚热带地区,发病季节和传播昆虫的活动季节有关。但在牛只和一些耐受性较强的动物,吸血昆虫传播后,动物常感染而不发病,待到气候变冷,枯草季节或劳役过度、抵抗力下降时,则开始发病。呈慢性经过,最后陷于恶病质而死亡。

15.12.1.5　临床症状

潜伏期为 4～14 天。人工感染时,黄牛的潜伏期为 6～12 天,水牛为 6 天。体温升高到 39 ℃以上,持续 1～2 天或不到 24 h,间歇期一般 2～6 天或更长时间,很不规则。病牛精神沉郁,嗜睡,食欲减少,瘤胃蠕动减弱,粪便稍干硬,结膜苍白稍黄染,有时有出血点,皮肤干裂,尤其耳、尾部分,先是被毛发黄、皮温下降,最后干燥坏死,甚至尾尖脱落,四肢下部,尤其腕关节与跗关节以下及腹下、前胸出现水肿、有时炎性肿胀,少数有大脑炎,步态强拘、拱腰,不明原因的跛行和类似风湿症的症状。

15.12.2　OIE 法典中检疫要求

无。

15.12.3　检测技术参考依据

(1) 国外标准

OIE :Manual of Diagnostic Tests and Vaccines for Terrestrial Animals:TRYPANOSOMIASIS (CHAPTER 2.3.15)

(2) 国内标准

SN/T 1350—2004　牛锥虫病补体结合试验方法

15.12.4　检测方法概述

伊氏锥虫病可根据流行病学、临床症状等做出初步诊断,如在本病流行地区的多发季节,发现有可疑症状的病畜,应进一步考虑是否为本病;家畜出现疑似症状时,首先应注意体

温变化，如同时呈现长期瘦弱、贫血、黄疸、瞬膜上常可见出血斑，体下垂部水肿，在牛只耳尖及尾梢出现干性坏死等。但临床症状和尸体剖检不能确诊锥虫病，必须进行病原鉴定或抗体检测进行确诊。

15.12.4.1　病原鉴定（国际贸易指定方法）

病原检查是诊断本病最可靠的依据，几种寄生虫检测法可以用于其病原鉴定，但寄生虫检测方法虽有特异性，但敏感性较低，假阴性多，这是因为寄生虫血症通常程度低且不稳定。因此，试验结果阴性并不意味动物未感染，建议作重复检查后再确诊。可用的寄生虫检测技术有好几种，其敏感性各不相同，可根据实验设备情况选择使用。

（1）直接检查法

湿血膜片、厚、薄层血涂片镜检法是最简单的检测方法，但其敏感性较差。

1）湿血膜检查法

将被检血液直接滴加载玻片上，加盖玻片，使用 40 倍的物镜进行显微镜检查，可在红细胞间观察到活动的锥虫。该法简单、成本低廉、能直接给出结果。但敏感性低，检出率与检测者的经验及感染的程度有关。检测前先溶解红细胞，可显著提高其敏感性。

2）厚层血膜检查法

滴被检血液于载玻片上，推成直径 2 cm 大小的血涂斑，快速摇动风干后，不须固定，用含 4%姬姆萨氏染色剂的缓冲液染色 30 min（染色时间和染液浓度可根据实际情况调整），然后用水冲洗、风干，置 100 倍油浸物镜下镜检，根据锥虫的形态特征很容易找到虫体。本方法在染色过程中可能会损坏虫体，因此会影响鉴别虫种。

3）薄层血膜检查法

在一块干净的载玻片，滴加一小滴被检血液，另取一载玻片，使其与滴有血液玻片成 30 ℃夹角，然后朝后拉与血液接触，血液便沿着玻片边缘流动，并随玻片的滑动而形成薄血膜，注意抹片过程中一定要保证血膜扩散均匀，在玻片滑动到血液玻片的另一端时不能有多余的血液。在空气中摆血膜片，使之迅速风干，经甲醇固定 3 min 后再置于含 4%姬姆萨染色剂的缓冲溶液中染色 30 min，染色后用自来水缓缓冲洗血膜片，干燥，最后用 100 倍的油镜检查。本法的另一操作程序是：固定 2 min 后以 May-grunwald 染色 2 min，然后加等体积的缓冲液再浸 8 min，最后沥干检查。经这种方法处理后，可以在显微镜下以不同种（型）锥虫的形态特征作鉴别诊断。

（2）集虫检查法

1）取 10 mL 离心管，加入 2%枸橼酸钠生理盐水 5 mL，加病牛血 5 mL，迅速混匀，以 2 000 r/min离心沉淀 20 min。管内液体分为 3 层：上层为血浆，下层为红细胞，上下两层之间的白色层即为白细胞、血小板和锥虫。吸去血浆后，吸出白色层制备涂片或压滴标本，镜检或接种实验动物。

2）毛细管集虫检查

以内径 0.8 mm，长 12 cm 的毛细管，先将毛细管以肝素处理，吸入病畜血液插入橡皮泥中，以 3 000 r/min 离心 5 min，而后将毛细管平放于载玻片上，在 10×10 倍显微镜下，检查毛细管中红细胞沉淀层的表面，即可见有活动的虫体存在。

（3）体外培养

目前已经建立了一种利用体外培养法从人或动物身上分离布鲁斯氏锥虫的方法。最初的报导表明，凡微血球比容计法结果阳性的检样，体外培养的结果也是阳性，而且，培养法甚至可以从微血球比容计法结果阴性的检样中检测虫体。这种方法敏感性与啮齿动物接种法相近，而且可以提供诊断布鲁斯氏锥虫更有用的信息。

(4) 动物接种

小鼠接种法是布鲁斯氏感染检测中最敏感的技术。将可疑患畜血液或浮肿液皮下接种小白鼠 0.5 mL～1.0 mL，腹腔 0.3 mL～0.5 mL，每周采三次血，并用湿膜涂片法检测锥虫虫体。一般以腹腔接种发病较快，小白鼠潜伏期 2～10 天，接种后每天采血镜检。剖检死亡动物，取心血制成血片镜检，如发现有锥虫即可诊断患畜为锥虫病。

(5) 免疫学方法鉴定抗原

酶联免疫吸附试验(ELISA)检测锥虫病抗原的方法已见报道。最初的报道表明，ELISA 方法要比锥虫虫体的确认方法敏感的多，并且对于布鲁斯氏锥虫、刚果锥虫及活跃锥虫感染的检测具有特异。但是采用本法对活跃锥虫引发的自然病例的检测分析中，出现不一致结果。有些实验结果很好，而也有一些敏感性比预想的差，另一研究亦表明其特异性低于预想的结果。总之，这是一种有前景的方法，但仍需进一步研究以找出结果不一致的真正原因。

(6) DNA 扩增检测核酸

有关学者已经能够利用 DNA 扩增技术——多聚酶链式反应(PCR)来检测刚果锥虫和布鲁斯氏锥虫的亚种。该法特别敏感且能检测样品中单一的锥虫，同时，其特异性也特别好。本方法需要特殊设备和经高度训练的人员，因而并不是所有实验室均可使用。该法可以同时检测大量样品，是实验室大量诊断及大规模普查时的理想方法。

15.12.4.2　血清学试验

当病原检查无法确诊时，可以用血清学的方法进行辅助诊断。用于诊断动物锥虫病的抗体检测方法有好几种，包括酶联免疫吸附试验、卡片凝集试验、间接血凝试验、琼脂扩散沉淀反应、补体结合反应等。这些方法检测锥虫抗体的敏感性通常都很强，但不足的就是缺乏特异性。有些还可与其他原虫发生交叉反应，并且往往很难鉴别锥虫的种。而且，这类血清学方法只能证明动物曾经受过锥虫感染，而不能反映经治疗动物目前感染状况。就目前发展水平而言，间接荧光抗体试验(IFA)是可供选择的方法，因为它可检测种特异性抗体。

(1) 玻片凝集试验(AR)

将活的或福尔马林固定的锥虫置于载玻片上，与待检血清混匀，置 37 ℃温箱中，经 20 min～30 min 后取出镜检，若活的虫体在血清稀释液中以后端相互靠拢成菊花状排列的判为阳性，保持原来活动的判为阴性。在家畜伊氏锥虫病上，Gill(1967)等在研究家兔时认为该法在早期具有特异性和敏感性，但对牛、马、骡等目前尚存在不同的看法。对于异株锥虫则结果不稳定，存在较高的假阳性和假阴性。

(2) 卡片凝集试验(CATT)

将福尔马林处理的锥虫悬液用 Coomassie 亮蓝染色后涂于塑料卡片上，与待检血清混匀，震荡后出现肉眼可见的蓝色颗粒者判为阳性。据报道，CATT 具有非常高的特异性(100%)，而且很适合现场调查。但有一点值得注意的是，在制备诊断卡片时选择怎样的克隆虫株很重要。

(3) 间接血凝试验(IHA)

将可溶性锥虫抗原固定于红细胞表面,然后与待检血清作用,出现肉眼可见的凝集现象者为阳性。IHA在伊氏锥虫病上研究得较早,真正的田间试验是从Jatkar等和Jou等开始。在中国,已有胡增堂等(1979,1955),黄德生(1981),颜立成(1982),牛丙亨(1983,1984),王溪云(1984),胡洪明(1985),廖胜法(1989,1988)等用微量IHA法对耕牛、马、骡及山羊的伊氏锥虫病作了诊断研究,一致认为IHA特异性强、敏感性高、结果可靠而且操作简便,所以IHA在我国被认为是目前最理想的家畜伊氏锥虫诊断方法,而且比较适合于基层使用。

(4) 间接免疫荧光抗体试验(IFA)

IFA是血清学试验中最为敏感的诊断方法之一。周宗安(1984)等在我国首先用于马骡锥虫病的诊断,检出率为97%。虽然IFA反应敏感,抗原制作简易,重复性好,但特异性较低,需要特殊的荧光显微镜,所以主要适于实验室诊断使用。现已用改良的抗原制备法代替旧的方法,即用80%冷丙酮和25%福尔马林的盐水混合液固定活锥虫制备抗原。

(5) 补体结合试验

该技术于20世纪50年代由军马卫生科学研究所郑策平、刘俊华、霍时德、雷振声等建立的,后来又建立了牛、骆驼等其他家畜伊氏锥虫病和马媾疫的补体结合试验,尽管当时也试验研究了一些其他免疫诊断技术,如凝集试验、变态反应、沉淀反应、溶血试验等,但均不及伊氏锥虫病补体结合试验。该诊断技术敏感性较高,对病马检出率达99.3%,骆驼87.1%、黄牛80.3%;该技术比从病畜血液中检出锥虫的病原学技术敏感,检出率高,对血液中不能检出锥虫、也无显著临床症状的亚临床病畜亦能检出。同时该技术的特异性也较高,对健康马、鼻疽马、血丝虫马、驴均无交叉反应。仅对泰氏锥虫和马媾疫锥虫呈类属反应。

此外,还有分子生物学技术诊断方法,如PCR技术,具有很高的敏感性(可检到1条锥虫DNA的量)。但血液中其他的生物材料容易对实验造成生物污染,造成假阳性的出现;同时,操作也需要昂贵的设备和专业的操作人员。因此该技术在锥虫的诊断研究上还有待进行深入研究,将条件进行优化。

15.12.5　本病防治

近百年来的锥虫病防治手段主要依靠化学药物杀虫,但随着给药次数增多锥虫渐渐产生抗药性,导致药物疗效降低,以致单靠药物难以控制锥虫病的广泛流行。但由于锥虫具有抗原变异逃避宿主免疫特性,迄今尚没有成功疫苗的报导。

第16章 重要羊病检疫技术

16.1 羊痒病(Scrapie)

16.1.1 疫病简述

羊痒病是绵羊的一种缓慢发展的致死性中枢神经系统变性疾病，能引起中枢神经系统退化变性，病羊具有中枢神经系统(CNS)变性、空泡化、星形胶质细胞增生等特点，表现为共济失调、痉挛、麻痹、衰弱和严重的皮肤瘙痒，病畜100%死亡。它是传染性海绵状脑病家族的一员，目前认为该类病是由朊病毒引起，又称为朊病毒病。羊痒病是传染性海绵状脑病的原型，可感染绵羊，鹿，山羊和野羊(摩弗仑羊)。大鼠、小鼠、田鼠、猴以及多种实验动物和野生动物都能被实验感染。

痒病可在全世界发现，欧洲(包括英国)、中东、日本、加拿大、美国、肯尼亚、南非、哥伦比亚和部分亚洲地区都报道过此病。在西欧一些国家中，已知在绵羊中发生本病至少有两个半世纪，因此，痒病被认为是最初的传染性海绵状脑病(BSE)或哺乳动物的朊病毒(Prion)病。还有许多国家没有对本国的痒病进行过监测，该病的状态尚不清楚。澳大利亚和新西兰由于采取了严格的预防措施，已无痒病。虽然这两个国家曾发生过痒病疫情，但是通过屠宰检疫进境绵羊以及同群羊，目前已消灭此病。1780～1820年，本病在德国流行严重，但现在已很少见。绵羊和鹿在不同国家感染率不同。山羊很少发生，只有散发病例。本病在英国羊群的发生率是2%，冰岛3%～5%，极个别的羊群发生率高达20%～30%。痒病一旦出现疾病症状会渐进发作并死亡。一般的，感染羊群的年死亡率为3%～5%。在严重感染羊群中，年死亡动物占20%。因为对痒病缺乏监测方法，在许多国家里，它们的痒病状况仍不清楚。在欧盟内部，从1993年起，痒病被规定为必须向卫生当局报告的疾病。

不同品种和年龄的绵羊对痒病的感染率不同。绵羊对该病的易感性随年龄增长而降低。羔羊特别是新生羔羊易感，公羊和母羊都可感染，但由于母羊在数目上占优势，故母羊的感染数多于公羊。羊群痒病病例多为3～5岁母羊，很少见于18个月以下的羊只。自然传播感染的母羊所产羔羊的发病率很高，并且在出生后60～90天发病的危险性更高。

本病在绵羊的潜伏期通常为2～5年，1岁以下的绵羊基本不发病，报道的痒病病例一般为2～8岁的山羊。实验感染山羊的潜伏期少于3年，变化范围从30～146周。在某种情况下，由于绵羊的商品生命期太短以致于不可能表现出临床症状。动物潜伏感染本病，甚至那些从来没有临床症状的动物可能仍旧是其他动物的传染源。虽然某些绵羊品种的遗传基础能抵抗或降低本病流行，但本病能感染大部分品种的绵羊。在绵羊的原始型摩佛伦羊(*Ovis musimon*)中也报道有痒病，家养绵羊的感染可能是在分娩到断奶期通过母羊传给羔羊，也可能在出生前感染。特别是在产羔区也可传染给无关的绵羊和山羊。有人认为胎膜是传染源。羊群记录表明，在绵羊中，本病与某些种系有关，但代表遗传敏感性或母系传播的影响程度，或者两者都有影响，尚不确定。只有在浸染中枢神经系统时，才发生临床疾病。

痒病病程的发展通常为隐性，特别是疾病的早期，临床症状可能类似于成年绵羊的某些

其他疾病。羊痒病病程很长，最终导致死亡。

感染动物可终生带毒，并且在无症状的情况下传播病毒。多数动物从母畜垂直感染或在出生后感染。遗传易感型感染的母羊可在生殖道，包括怀孕期的胎盘内发现朊蛋白。这些母羊可产生含朊蛋白的胎盘，也可产生不含朊蛋白的胎盘，这取决于胎儿的基因型。初生动物在舔食胎膜或吸入胎液后感染病毒。在集中产仔地区，病毒也可传染给健康绵羊的后代，健康成年母羊虽有抵抗力，也会感染病毒。不排除子宫内垂直传播的可能，但是现有的数据表明感染主要是发生在出生后。羊群之间也可通过接触传播。痒病病毒可存在于神经系统、唾腺、扁桃腺、淋巴腺、瞬膜、脾、回肠末梢和肌肉。

目前尚不能确定病毒能否通过环境传播，但有报告指出痒病病毒能在冰岛的羊舍里存活16年，用此病毒实验污染的土壤样品在三年后仍可分离到痒病病毒。理论上病毒也可通过污染物如刀子进行传播，有报道称可通过污染的疫苗传播。

16.1.2 病原特征

羊痒病的病原为痒病朊病毒(Provirus)，或称痒病朊蛋白(Prion)，不含核酸。对于羊痒病病原学因子的性质还不完全了解，已知它是一种传染因子，但分子特性还不清楚。只是认为宿主编码的、高度保守的、功能尚不清楚的膜糖蛋白(PrPc)的修饰结构体(PrPsc)与感染因子的大分了结构是一致的。假设，只要提供蛋白或 Prion，那么就可以形成完整的或主要的疾病特异的 PrP(Prion 蛋白)的异构体病原，改变了的形态有能力引起正常形态的转化。就病原的特性而论，就是核酸的一小部分伴随着 Prion 蛋白，或 Prion 蛋白只不过是引起感染的其他病原的一个副产品。

与普通病原微生物有不同的理化和生物学特性，对各种理化因素有极强抵抗力。将干燥的脑组织保存在0 ℃～4 ℃时，可以保持毒力2年。痒病其对各种理化因素抵抗力强，通常用于灭活细菌、孢子、病毒和真菌的处理方法对这类病原体不起作用。紫外线照射、离子辐射以及热处理均不能使朊病毒完全灭活，在37 ℃以及20%福尔马林处理18 h、0.35%福尔马林处理3个月均不完全灭活，在10%～20%福尔马林溶液中可存活28个月。感染脑组织在4 ℃条件下经12.5%戊二醛或19%过氧乙酸作用16 h也不能完全灭活。在20 ℃条件下置于100%乙醇内2周仍具有感染性。痒病动物的脑悬液可耐受pH(2.1～10.5)的环境达24 h以上。55 mol/L氢氧化钠，90%苯酚，5%次氯酸钠，碘酊，6 mol/L～8 mol/L的尿素，1%十二烷基磺酸钠对痒病病原体有很强的灭活作用。

近年来，在痒病监控过程中，欧洲许多国家以及美国发现了该病的一种非典型型，这种新型痒病最早是在1998年挪威报道，称为Nor98。Nor98痒病类似于羊痒病，但其传染性和危害性则不如痒病大。Nor98朊蛋白不同于典型朊蛋白，并且必须修改朊蛋白一些检测方法才能检测这一类型。2002年后，Nor98以及其他非典型痒病病原在欧洲许多国家相继被发现。2007年3月，Nor98首次在美国被确诊。

16.1.3 OIE法典中检疫要求

2.4.8.1条　痒病是山羊和绵羊的神经退行性疾病，其主要的传播模式是由母亲在生产后传给后代或其他接触感染动物胎液或组织的易感小羊。接触感染动物胎液或组织的成年动物的感染率很低。绵羊对本病的易感性有遗传特征。本病的潜伏期变化很大，通常以年计算。本病潜伏期长短受许多因素影响，包括宿主遗传学和毒株特征。

本节建议的目的不是或不足以用于管理目前小反刍动物中与牛海绵状脑病病原有关的

风险。诊断试验标准见《手册》

2.4.8.2条　国家、地区或饲养场的痒病状况根据以下标准确定：

1）确定痒病发生及其历史状况所有潜在因素的风险评估的结果，特别是：a）国家、地区或饲养场内所有动物BSE的流行病学状况；b）进境或引进可能感染痒病的小反刍动物或其胚胎/卵；c）对该国或地区内绵羊和山羊群结构及饲养管理的了解程度；d）饲养习惯，包括小反刍动物饲喂反刍动物源性肉骨粉或油脂情况；e）潜在污染动物BSE肉骨粉或油脂，或含有污染肉骨粉或油脂的饲料进境情况；f）小反刍动物胴体（包括死畜）、副产品及屠宰场废物的来源和使用情况，脂肪提取加工参数及动物饲料加工方法。

2）对兽医、农户及从事绵羊、山羊运输、销售和屠宰的人员进行培训，提高认识，并鼓励报告所有怀疑有痒病临床症状的动物。

3）监测监控系统内容包括：a）根据3.8.1节规定，实施官方兽医监测、报告及法规控制；b）兽医行政管理部门了解并监控全国所有绵羊、山羊饲养场；c）对所有疑似痒病临床症状的绵羊、山羊进行强制性报告并作临床调查；d）根据附录X.X.X（在研究）中的原则，所有疑似痒病临床症状、18月龄以上绵羊和山羊的相应病料应在批准的实验室内检测；e）调查次数和调查结果记录在案，至少保留7年。

2.4.8.3条　无痒病国家或地区

如果所述区域符合如下标准，就可认为无痒病国家或地区：

1）按2.4.8.2条1）款所述，进行风险评估，并且证明在相关时期内采取了相应的风险管理措施；并且

2）按照附录3.8.6的政策，该国家或地区证明历史上无痒病；或

3）2.4.8.2条所指的监测监控系统至少实施7年以上，并且在此期间没有报告过痒病病例；或

4）如果目前的流行率超过绵羊和山羊群中18月龄以上的、所有处于慢性消耗性状况的绵羊和山羊总数的0.1%，并且在此期间没有痒病病例的报道，为使探测痒病的可信度达到95%，每年都对充足数量的羊进行调查，不少于7年；假定18月龄以上绵羊和山羊群中，处于慢性消耗性状况的发生率至少1%；或

5）所有拥有绵羊和山羊的饲养场所按2.4.8.4条规定已认可为无痒病；并且

6）动物BSE潜在污染的肉骨粉或油脂绵羊和山羊禁止饲喂并在全国有效执行至少7年；并且

7）从非无痒病国家或地区引进绵羊和山羊、精液和胚胎/卵细胞，应符合2.4.8.6条、2.4.8.7条、2.4.8.8条或2.4.8.9条规定。

维持国家或地区无疫状态，应按上述第4）款规定每7年调查一次。

2.4.8.4条　无痒病饲养场

饲养场符合下列条件，可认定为无痒病饲养场：

1）饲养场所在国家或地区，符合如下条件：a）该病是法定通报疫病；b）实施2.4.8.2条所指的监测监控系统；c）扑杀感染的绵羊、山羊并彻底销毁；d）禁止饲喂绵羊和山羊潜在污染BSE的肉骨粉或油脂，并在全国有效实施；e）在兽医行政管理部门监督下，实施官方认证计划，包括以下2）款所述的措施。

2）饲养场符合下列条件至少7年：a）绵羊、山羊应做永久性标记，妥善保存记录以追踪

其原产场;b) 建立绵羊、山羊进出饲养场的记录并妥善保存;c) 仅从状况相同或更高的饲养场引进动物;符合第2.4.8.8条第2)款规定的公羊也可引进;d) 官方兽医检查饲养场内的羊群并审查记录,至少每年一次;e) 无痒病病例报告;f) 饲养场内的绵羊、山羊不应直接或间接接触较低状况饲养场的绵羊、山羊;g) 所有18月龄以上的淘汰动物,均经官方兽医检验及部分呈神经或消耗症状动物送实验室进行痒病检查。送检动物由官方兽医选定。18月龄以上死亡的或正常规定屠宰之外被宰杀的动物(包括死畜或急宰动物)也应送检。

2.4.8.5条 无论出境国的痒病状况如何,兽医行政管理部门应授权不加限制进境或经本土过境运输绵羊、山羊产的肉、奶、奶制品、毛及毛制品、内脏及毛皮、脂、脂制品及磷酸二钙(不包括2.4.8.11条所指的材料)。

2.4.8.6条 从非无痒病国家进境饲养用绵羊、山羊时,兽医行政管理部门应要求出具国际兽医证书,证明动物来自2.4.8.3条、2.4.8.4条所述的无痒病地区或饲养场。

2.4.8.7条 从非无痒病国家进境屠宰用绵羊、山羊时,兽医行政管理部门应要求出具国际兽医证书,证明:

1) 国家或地区:a) 痒病是法定报告疫病;b) 实施2.4.8.2条所指的监测监控系统;c) 屠宰并销毁感染绵羊、山羊;

2) 起运之日,进境绵羊、山羊无临床症状。

2.4.8.8条 从非无痒病国家进境绵羊、山羊精液,兽医行政管理部门应要求出具国际兽医证书,证明:

1) 国家或地区:a) 痒病是法定报告疫病;b) 实施2.4.8.2条所指的监测监控系统;c) 屠宰并彻底销毁感染绵羊、山羊;d) 绵羊和山羊禁止饲喂潜在污染BSE的肉骨粉或油脂,并在全国范围有效实施;

2) 供精动物:a) 有永久性标记,能够追溯其出生地;b) 自出生一直在同一饲养场饲养,在此期间该场没有确诊痒病病例;c) 采精时没有痒病临床症状;

3) 精液的采集、加工及贮存符合附件3.2.1规定。

2.4.8.9条 从非无痒病国家或地区进境绵羊、山羊胚胎/卵时,进境国兽医行政管理部门应要求出具国际兽医证书,证明:

1) 国家或地区:a) 痒病是法定报告疫病;b) 实施2.4.8.2条所指的监测监控系统;c) 屠宰并彻底销毁感染绵羊、山羊;d) 绵羊和山羊禁止饲喂潜在污染BSE的肉骨粉或油脂,并在全国范围有效实施;

2) 供精动物:a) 有永久性标记,能够追溯其出生地;b) 自出生一直在同一饲养场内饲养,在此期间该场没有确诊痒病病例;c) 采精时没有痒病的临床症状;

3) 胚胎/卵的采集、加工及贮存符合附件3.2.1规定。

2.4.8.10条 来自于非无痒病国家的含绵羊或山羊蛋白的肉骨粉,或者是含有这种肉骨粉的饲料,不应该在用这种原料饲喂小反刍动物的国家销售。

2.4.8.11条 从非无痒病国家或地区进境绵羊、山羊头颅(包括大脑、神经节和眼睛)、脊柱(包括神经节、脊髓)、扁桃体、胸腺、脾、肠、肾上腺、胰腺或肝及其蛋白质产品,进境国兽医行政管理部门应要求出具国际兽医证书,证明:

1) 该国家或地区内:a) 痒病是法定报告疫病;b) 实施2.4.8.2条所指的监测监控系统;c) 屠宰感染绵羊、山羊并彻底销毁;

2）生产这些材料的绵羊、山羊屠宰之日没有痒病临床症状。

2.4.8.12 条　进境制备生物制品的绵羊、山羊材料，进境国兽医行政管理部门应要求出具国际兽医证书，证明生产这些材料的绵羊、山羊是在无痒病国家、地区或饲养场内出生、饲养。

16.1.4　检测技术参考依据

（1）国外标准

Manual of Diagnostic Tests and Vaccines for Terrestrial Animals（Chapter 2.4.8 Scrapie）

（2）国内标准

SN/T 1317－2003　痒病组织病理学检查方法

16.1.5　检测方法概述

16.1.5.1　病原鉴定

通常用感染组织接种实验啮齿动物是检测感染性的唯一有效方法，潜伏期要 1～2 年。虽然证明小鼠是最实用的品种，但试图对其传染自然痒病总不成功。因此，实际上很少使用传染性这个标准作诊断，因此，根据分离或用培养检测病原，不可能达到实际上的确诊，使用免疫学或核酸识别方法也不能达到确诊。在假设证明 Prion 存在的条件下，PrP 病理学形态的检测将是病原鉴定方法。

已知痒病在家养绵羊中自然存在已有两个半世纪，许多研究都已证明痒病与人海绵状脑病克雅病（vCJD）之间没有任何流行病学联系，这就提供了一个有力的证据，即与病原有关的那些工作，风险不大。更明确的证明那些与病原有紧密接触的人不会比其他人群更容易发生克雅病，然而鉴于痒病病原有极大的理化抵抗力和注射后广泛的哺乳动物被试验性传染的事实，建议谨防人直接接触病原。因为最近的研究发现在牛海绵状脑病（BSE）和人的一个新的变异型 T5E 之间存在联系，考虑到有引起人的 BSEs 的生物危害，现在将克雅病、BSE 和相关病原分在同一类中。虽然痒病被排除在这一类之外，但是，当处理痒病自然病例的组织时，建议像对其他 BSEs 那样，采取限制性措施，这对那些在地方性牛群中有 BSE 病例的国家特别中肯，因为被暴露的绵羊可能污染饲料，而认为这些被污染的饲料又可能是牛的传染源。到目前为止，绵羊试验性感染的 BSE 从临床和病理上还很难与痒病区分开来。因此，那些直接操作感染组织的人员应该穿戴适当的防护服并遵循海绵状脑病病原的标准消毒方法。

虽然实验室诊断依据主要是空泡变化，但有些因素可能造成组织病理学诊断上的困难，痒病所见的神经元核周体空泡不是特征性的，因为该空泡偶尔也在表面健康绵羊脑中出现，不过空泡数量比临床痒病病例要少。此外，痒病没有独特的病理特征，可认为是高特异性的，但结合大量空泡变化，则无疑可以确诊。在痒病病例之间独特的病理特征差异也很大，临床症状的严重不一定表现为病理变化严重，据记载，痒病病例用光学显微镜检查确实没有发现神经元空泡，因此，临床诊断为痒病，不能因为在脑内未发现明显的空泡而予以否认，显然，缺乏病理损害不能完全说明不是痒病感染，因为实际上它可以在没有临床症状和病理变化存在的情况下存在。为此，对常规可疑病例应用组织切片的免疫组化法或新鲜组织的免疫印迹法进行检查 PrPc 的积聚。

尽管如此，延髓切片的组织学检查只能满足大多数临床疑似痒病的确诊。当这种方法成功的用于常规诊断时，如果结果模棱两可，应增加脑干切片的检查，当需要法律出证或进行无病监测时，应要求试验的敏感性和特异性的标准保持一致。检查全脑的所有代表区是确定无病理变化的最可信方法。

脑组织的组织学检查仍是死后确诊临床痒病的一个重要方法，但现在检测 PrPc 积聚的方法能为诊断提供独立的证据，没有固定的感染羊脑经去垢剂处理提取纯化后可以用于检测 PrP。用电泳和免疫印迹法可检查修饰蛋白，也可用免疫组化法和一种在常规福尔马林固定材料中进行的表位鉴别技术(epitope demasking techniques)以及使用适当的 PrP 抗体检测痒病感染脑中的 PrPc 的积聚。也可用免疫组化法检测淋巴样组织中的 PrP 和用活体采集的扁桃体或瞬膜淋巴样组织进行痒病的生前预临床诊断，应用 PrP 的检测对痒病的预临床诊断是有前途的，但仅是初步的。在根据潜伏期确定它们的敏感性之前，需根据疾病病理变化知识考虑改进。也可检查 PrP 的病理形态，即用负染电镜观察，在未固定的脑组织提取物中可见到痒病伴随纤维(SAF)的形态。当获得的脑组织由于死后变化而不适用于组织检查时，后者可能特别实用。免疫印迹法也可用于自溶病料。免疫印迹和 SAF 检查均适用于下列情况，即死后剖检。对固定的 CNS 病料和冻结过的组织检查病料，有时出现差错。改良的 SAF 方法也可满足于福尔马林固定的组织的检查。单独使用 SAF 时，要谨慎，它至少要与一个其他起确定作用的方法联合使用，这些方法为 PrPsc 的组织病理学检测方法或免疫化学检测方法。

在痒病死后诊断中，也可用免疫印迹法检查脾脏和淋巴结中的 PrPsc，但在大多数情况下对由外科采取的组织的生前诊断不实用，用免疫印迹法检测痒病感染绵羊胎盘(与存在组织感染性相关的)中的 PrPsc 可以提供生前诊断和羊群疾病监督的非侵袭平均数。

痒病常规实验室诊断方法概述和修正如下：应将临床怀疑为痒病的绵羊静脉注射巴比妥酸盐致死，在死后用标准的尸体剖检方法尽可能快的采取脑和一部分颈脊髓。根据每一个试验的最适敏感性，再将脑和脊髓细分为用于 PrP 检测的所需的新鲜组织和用于组织学检查的不同脑区以及不是用于这两种试验的更精确的相同区。提出下列模式，但可根据满足所采用的试验特殊程序进行修改。

为了检测 PrP(或 SAF)，应采取新鲜组织，提取前冰冻保存，样品必须包括大约 3 g 颈脊髓和/或脑门尾侧髓质，为了最大限度地防止试验出现假阴性，提倡使用补充样品，这些样品可取自小脑和大脑皮质，如果认为需要，也可从脑干区采取补充样品，但考虑到结果更为可靠，应先满足组织病理学检查。应用免疫组化法检查 PrP 时，选择使用新鲜脑和仅固定处理 3～5 天的组织块是可取的。如上述指出，对于形态学检查，单份脑门髓质块即可满足要求，并且结果确实。

剩余的脑组织放入福尔马林盐水中固定大约 1 周，随需要横切成组织块，石蜡包埋，开始仅采延髓部分或加脑干的其他部分。必要时，再增加所有主要脑区的有代表性的样块。切片切成 5 μm 厚，用苏木精和伊红染色，如上述作形态学检查。痒病的组织病理学诊断是以在灰质内发现特征性的通常是两侧对称分布的空泡病变来确诊，存在的这些病变即使是在严重的病例中也是轻微的并且认为是模棱两可的，所以，至少需要再增加一种方法(免疫组化法或免疫印迹法)才能确诊。同样，如果为了使用病理学检查方法获得快速鉴别诊断，组织固定应少于 1 周，也应使用 PrPsc 检查结果去解释那些可能无法解释的观察到的现象。依据蛋白印迹法检测 PrP，要求有一个宽的免疫染色带区，即经蛋白酶 K 处理的痒病样品仅存在分子量(27 kD～30 kD 和对照样品蛋白质相对应的染色带区。用 SAF 确诊需要在电子显微镜下样品格中仔细搜寻,鉴定特征性的纤维。用免疫组化学法确诊痒病,不仅取决于着染的免疫学特异性的 PrP 的存在,而且还取决于对着染的疾病特异模式的形态的识别。

用免疫化学方法检测 PrP 目前可用很多的抗血清和单克隆抗体,但对于羊的 PrP,并非都能完全令人满意。有些(MAb bH4 和 F89/160,1.5)已成为商品,需要改进抗血清的有效性和特性,以及方法学的进一步标准化和合法化。阳性和阴性对照是必不可少的,不过,许多实验室用于常规痒病诊断的免疫印迹和免疫组化法的近似情况,将能进一步评估每一个试验的相对执行情况,虽然缺乏可见的特征性组织学变化或检测 PrP/SAF 不能提供无病证据,但多种诊断方法结果一致时可确保诊断准确。很清楚,在监测时,目的是证明小反刍动物群中无痒病,就需要应用多种诊断标准,对于 CNS 组织至少要使用两种实验室方法(组织病理学和免疫组织化学,或免疫印迹法)以保持阴性结果的高度准确。

目前,痒病和其他 BSEs 更敏感和更特异的诊断方法的前景主要是倾向于检测 PrPsc。

16.1.5.2　血清学试验

还没有发现痒病病原有血清学免疫应答反应。

16.1.5.3　遗传学试验

在绵羊 PrP 基因蛋白编码区内,已证实密码子 136 丙氨酸/颉氨酸、154 精氨酸/组氨酸及 171 精氨酸/谷氨酰胺都有多态性,在不同绵羊品种中,痒病的发生率与这些多态性有关。在充满风险的检测中,密码子 171 的多态性对检测特别重要,因此,PrP 基因定型可作为控制痒病的一个辅助手段,选择适当的 PrP 基因型的种群,特别是种公羊,能培育出发病低风险的后代。这种基因定型服务对以商业为基础的北美和一些欧洲国家是实用的。本试验是用 DNA 进行的,该 DNA 是由乙二胺四乙酸处理的血液样品获取的白血细胞提取的。

16.2　小反刍兽疫(Peste des petits ruminants, PPR)

16.2.1　疫病简述

小反刍兽疫又称小反刍兽假性牛瘟或羊瘟,是由副黏病毒科麻疹病毒属小反刍兽兽疫病毒(Peste des Petits Ruminants Virus,PPRV)引起的一种急性接触传染性疾病。主要感染小反刍兽,尤其是山羊高度易感,偶尔感染野生动物。在易感动物群中,小反刍兽疫的感染率为 90%,死亡率为 50%～80%。目前还没有人感染 PPRV 的报道,对从事 PPRV 研究的人员尚无已知的危害。

1942 年在非洲象牙海岸首次发现了小反刍兽疫,2003 年有 25 个国家报告发生该病,主要流行于热带非洲中部、阿拉伯半岛和大多数中东国家。据 OIE 报道,位于大西洋和红海之间的大多数非洲国家已感染 PPR,感染地区向北扩展到埃及,向南扩展到肯尼亚,向东扩展到加蓬。在我国周边国家中,印度、尼泊尔、巴基斯坦、阿富汗、孟加拉国等都暴发过 PPR,周边国家的疫情对我国的养羊业构成了严重的威胁。2007 年 7 月在我国西藏地区发生不明山羊疫情,经国家外来动物病诊断中心对送检样品诊断,确诊为我国首例小反刍兽疫。

小反刍兽疫在疫区呈零星发生,当易感动物增加时,即可发生流行。本病主要通过直接接触,由鼻、口等途径进入动物体而传播,在密切接触的畜群间还可通过气溶胶传播。病畜的分泌物和排泄物都是传染源，处于亚临床型的病羊尤为危险。本病全年均可发生，但通常在雨季和干冷季节多发。

临床上小反刍兽疫分为最急性型、急性型、亚急性型和慢性型。最急性型常见于山羊，潜伏期约 2 天，体温高达 41 ℃以上，精神沉郁，食欲废绝，流浆液黏性鼻汁。常有齿龈出血，有时口腔黏膜溃烂。病初便秘，继而大量腹泻，最终因体力衰竭而死亡。病程一般为 5～6 天。急性型潜伏期为 3～4 天，表现发热，烦躁不安，食欲减退，口鼻腔分泌物由浆液性转为黏液脓性，堵塞鼻孔。口腔黏膜多处出现溃疡。后期血样腹泻，消瘦。出现咳嗽，呼吸异常。母畜常发生外阴阴道炎，伴有黏液脓性分泌物，有的孕畜发生流产。病程 8～10 天，有的痊愈或转为慢性。亚急性或慢性型常见于最急性和急性型之后。口腔和鼻孔周围以及下颌部发生结节和脓疱，是本型晚期的特有症状。

在 20 世纪 50 年代，有记录表明感染 PPRV 的组织可引起犊牛发病和死亡。1995 年，从类似牛瘟感染的印度野牛中分离到 PPRV。1995—1996 年，埃塞俄比亚单峰骆驼发生 PPRV 地方流行，并从病料中检测到 PPRV 抗原和核酸，但未分离到病毒。目前在野生动物瞪羚羊、野山羊、长角羚和东方盘羊已报道有死亡的临床病例。美国的白尾鹿可实验室感染。

16.2.2 病原特征

小反刍兽疫病毒（PPRV）属于副黏病毒科（Paramyxoviridae），麻疹病毒属（*Morbollivirus*），病毒粒子呈圆形或椭圆形，直径为 130 nm～390 nm，但是也有学者报道认为其直径在 150 nm～700 nm 之间。病毒颗粒的外层有 8.5 nm～14.5 nm 厚的囊膜，囊膜上有 8 nm～15 nm 长的纤突，纤突中只有血凝素（H）蛋白，而无神经氨酸酶，核衣壳总长约 1 000 nm，呈螺旋对称，螺距直径约为 18 nm，螺距在 5 nm～6 nm 左右，核衣壳缠绕成团。

PPRV 病毒粒子对外界环境敏感，37 ℃条件下，PPRV 感染力的半衰期为 1 h～3 h，在 50 ℃ 30 min 丧失感染力。病毒粒子在 pH（4～10）范围内稳定，对乙醚、酒精、甘油及一些去垢剂敏感，大多数的化学灭活剂，如酚类、2％的 NaOH 等作用 24 h 可以灭活该病毒。使用非离子去垢剂可使病毒的纤突脱落，感染力降低。

PPRV 病毒粒子虽然含有血凝素蛋白，但是不能对猴、牛、绵羊、山羊、马、猪、犬、豚鼠等大多数哺乳动物和禽的红细胞具有凝集性。也有研究表明，PPRV 抗体可以抑制麻疹病毒对猴红细胞的凝集作用。

病毒粒子内主要含有 6 种结构蛋白，即核蛋白（N）、磷蛋白（P）、多聚酶大蛋白（L）、基质蛋白（M）、融合蛋白（F）和血凝素蛋白（H），其中 N、P 和 L 三种蛋白构成病毒的核衣壳。N 蛋白是 PPRV 中含量最丰富和免疫原性最强的病毒蛋白，其分子量大约为 57.7ku；H 蛋白也称为附加蛋白，它和 F 蛋白都是 PPRV 上的一种糖蛋白，在感染细胞过程中起到粘附和穿透作用；M 蛋白位于病毒表面糖蛋白和 RNP 核心之间，形成病毒囊膜的内层。另外，病毒还含有 2 种非结构蛋白 C 和 V，其功能尚不清楚。

16.2.3 OIE 法典中检疫要求

2.4.9.1 条　本《法典》规定，小反刍兽疫（Peste des petits ruminants，PPR）的潜伏期为 21 天。关于诊断试验和疫苗的标准参阅《手册》。

2.4.9.2 条　无 PPR 国家

至少在过去 3 年内未发生过 PPR 的国家，可视为无 PPR 国家。

实施扑杀政策的国家，不论是否实施疫苗接种，最后一例PPR感染动物扑杀后6个月即可认为是无PPR国家。

2.4.9.3条　PPR感染区

某一区域应视为PPR感染区，直至：

1）最后一例病例确诊并完全实施扑杀政策和消毒程序后21天；或

2）不实施扑杀政策时，以最后一例感染动物临床康复或死亡后6个月。

2.4.9.4条　无PPR国家兽医行政管理部门可禁止进境，或经其领地过境运输从被认为PPR感染国家的下列物品：

1）家养和野生反刍动物；

2）反刍动物的精液；

3）反刍动物的胚胎/卵；

4）未经加工难以确保杀灭PPR病毒的家养和野生反刍动物的鲜肉；

5）未经加工难以确保杀灭PPR病毒的家养和野生反刍动物肉制品；

6）未经加工难以确保杀灭PPR病毒的动物饲料或工业用动物（反刍动物）源性产品；

7）未经加工难以确保杀灭PPR病毒的药用医用动物（反刍动物）源性制品；

8）未经加工难以确保杀灭PPR病毒的（反刍动物）病料和生物制品。

2.4.9.5条　从无PPR国家进境家养小反刍动物时，兽医行政管理部门应要求出具国际兽医证书，证明动物：

1）装运之日无PPR临床症状；

2）自出生或至少过去21天内一直在无PPR国家饲养。

2.4.9.6条　从无PPR国家进境野生反刍动物时，兽医行政管理部门应要求出具国际兽医证书，证明动物：

1）装运之日无PPR临床症状；

2）来自无PPR国家；并且，如果原产地国与被认为PPR感染国家具有共同边界，则：

3）装运前置检疫站隔离21天。

2.4.9.7条　从PPR感染国家进境家养小反刍动物时，兽医行政管理部门应要求出具国际兽医证书，证明动物：装运之日无PPR临床症状；自出生或至少过去21天一直在无官方报告发生PPR的饲养场饲养，且该饲养殖场位于非PPR感染区；并且/或装运前置检疫站隔离21天；未接种过PPR疫苗；或接种过PPR疫苗：a）繁殖或饲养用畜，接种时间于装运前不少于15天，但不超过4个月；b）屠宰用畜，接种时间于装运前不少于15天，但不超过12个月。

2.4.9.8条　从PPR感染国家进境野生反刍动物时，兽医行政管理部门应要求出具国际兽医证书，证明动物：

1）装运之日无PPR临床症状；

2）装运前置检疫站隔离21天。

2.4.9.9条　从无PPR国家进境家养小反刍动物精液时，兽医行政管理部门应要求出具国际兽医证书，证明供精动物：

1）采精之日及此后21天无PPR临床症状；

2）精液采集前在无PPR国家饲养至少21天。

2.4.9.10条 从被认为为PPR感染国家进境家养小反刍动物精液时，兽医行政管理部门应要求出具国际兽医证书，证明供精动物：

1）采精之日及此后21天无PPR临床症状；

2）采精前21天内一直在出境国饲养，此期间饲养场和AI中心无PPR发生的官方报告，且饲养场或AI中心位于非PPR感染区；

3）未接种过PPR疫苗；或

4）接种过PPR疫苗。

2.4.9.11条 从无PPR国家进境家养小反刍动物胚胎时，兽医行政管理部门应要求出具国际兽医证书，证明：

1）采集胚胎期间，供体母畜应在无PPR国家饲养；

2）胚胎的收集、处理和存储应符合附录3.3.1的规定。

2.4.9.12条 从PPR感染国家进境家养小反刍动物胚胎时，兽医行政管理部门应要求出具国际动物健康证书，证明：

1）供体母畜：a）在采集前21天，母畜饲养场没有新进动物；b）在采集及其后的21天内，母畜及同群其他动物没有PPR临床症状表现；c）采集前，21天至4个月内曾接种过PPR疫苗；或d）未接种过PPR疫苗，但在采集后至少21天内PPR检测阴性。

2）胚胎的采集、处理和存储符合附录3.3.1规定。

2.4.9.13条 从无PPR国家进境家养小反刍动物鲜肉或肉制品时，兽医行政管理部门应要求出具国际兽医证书，证明生产该批肉品的动物：

1）自出生一直在该国饲养，或从另一无PPR国家进境；

2）在批准的屠宰场屠宰，并接受宰前宰后PPR检验，结果合格。

2.4.9.14条 从PPR感染国家进境家养小反刍动物肉制品时，兽医行政管理部门应要求出具国际兽医证书，证明：

1）生产该批肉制品的动物是在批准的屠宰场屠宰，并接受宰前宰后PPR检验，结果合格；

2）肉制品经过加工，保证杀灭PPR病毒；

3）加工后密切注意，避免触及任何含有PPR病毒源的肉品。

2.4.9.15条 从无PPR国家进境动物饲料或工业用动物（小反刍动物）源性产品时，兽医行政管理部门应要求出具国际兽医证书，证明生产这些产品的动物，自出生或至少过去21天内一直在无PPR国家饲养。

2.4.9.16条 从无PPR国家进境药用或医用动物源（小反刍动物）性产品时，兽医行政管理部门应要求出具国际兽医证书，证明生产这些产品的动物：

1）自出生或至少过去21天内一直饲养在无PPR国家；

2）在屠宰场屠宰，并接受宰前宰后PPR检验，结果合格。

2.4.9.17条 从PPR感染国家进境血粉、肉粉、脱脂骨粉、蹄、爪及角粉时，兽医行政管理部门应要求出具国际兽医证书，证明这些产品已经经过热处理，确保杀灭PPR病毒。

2.4.9.18条 从PPR感染国家进境陈列用小反刍动物的蹄、爪、骨、角和捕猎品及制品，兽医行政管理部门应要求出具国际兽医证书，证明：

1）完全干燥，不留任何皮肤、肌肉或肌腱痕迹；和/或

2）经过充分消毒。

2.4.9.19条 从PPR感染国家进境小反刍动物的绒毛、粗毛及其他毛发时，兽医行政管理部门应要求出具国际兽医证书，证明这些产品：

1）来自非PPR感染区饲养的动物；或

2）在出境国兽医行政管理部门控制和认可的场所经过加工，确保杀灭PPR病毒。

2.4.9.20条 从PPR感染国家进境小反刍动物的生革、生皮时，兽医行政管理部门应要求出具国际兽医证书，证明这些产品：

1）来自非PPR感染区饲养的动物；或

2）经过充分消毒。

2.4.9.21条 从被认为PPR感染国家进境药用或医用动物（小反刍动物）源性产品时，兽医行政管理部门应要求出具国际兽医证书，证明这些产品：

1）经过加工，确保杀灭PPR病毒；或

2）来自非PPR感染区饲养的动物；

3）来自在屠宰场屠宰的动物，并进行过宰前宰后PPR检验，结果合格。

16.2.4 检测技术参考依据

（1）国外标准

Manual of Diagnostic Tests and Vaccines for Terrestrial Animals(Chapter 2.1.5 Peste des petits ruminants)

（2）国内标准

暂无。

16.2.5 检测方法概述

16.2.5.1 病毒分离与鉴定

小反刍兽疫病毒的鉴定可用对流免疫电泳（CIEP）、ELISA、琼脂免疫扩散试验、间接荧光抗体试验、动物试验、电镜试验、补体结合试验等。现在已有了特异性引物，故也可用PCR检测。间接荧光抗体试验用于检测感染山羊组织中PPR病毒抗原；动物分离试验比较费时，未广泛用于PPR病毒检测；补体结合试验不常用。

（1）样品采集

在适当的时机采集样品对分离PPR病毒非常重要。样品一般在临床表现明显的急性期采集。对于活体动物，采集结膜以及口、鼻黏膜分泌物拭子，以及发病早期抗凝血，用于病毒分离，PCR检测和血液学试验。也可在动物死后无菌采样作病毒分离。进行组织病理学检查时，病料组织应保存于10%福尔马林中。最具代表性的样品是肠系膜淋巴结、支气管淋巴结和脾、大肠、肺脏。剖解2～3头发病动物，在无菌条件下采集肠系膜淋巴结和支气管淋巴结，肺，脾，肠黏膜，样品低温保存冷藏运输，病理组织样品浸泡于10%的甲醛中。疫病后期可采集血样进行血清学诊断。

（2）琼脂凝胶免疫扩散试验

琼脂凝胶免疫扩散试验是一种非常简单、便宜的检测方法，在任何实验室甚至野外都可以操作。将肠系膜淋巴结和支气管淋巴结、脾、肺碾碎，加入缓冲盐水制备30%组织悬液，制备PPRV抗原。500 *g* 离心10 min～20 min，上清－20 ℃储存。用解剖刀刮下采集眼、鼻分泌物的棉拭子放入1 mL的注射器内，注入0.2 mL PBS，反复挤推吸，提取到Eppendorf

管内。得到的眼鼻拭子样品与上述制备好的组织碾磨液一样－20 ℃保存，可保存1～3年。阴性对照的抗原可从健康动物相应的正常组织获得。标准抗血清来自高免的绵羊，取1 mL滴度为10^4 $TCID_{50}$的PPRV免疫绵羊，每周一次，连续四周。最后一次免疫后的5～7天采血制备标准抗血清。用标准牛瘟高免抗血清检测PPR抗原，也很有效。琼脂凝胶免疫扩散试验可在一天内得出结果，但对于温和型PPR，由于从分泌物中提取的抗原质量较低，本试验的敏感性不足以检测病毒。

(3) 酶联免疫吸附试验

针对多种抗N蛋白的单克隆抗体ELISA，可对PPRV和牛瘟病毒做出快速诊断，因两者至今地理分布相似，可感染同种动物，本试验非常重要。也可应用夹心ELISA：样品首先与检测Mab反应，再应用吸附在ELISA板上的第二Mab捕获免疫复合物。本试验特异性和敏感性高，两小时就可获得试验结果。

(4) 核酸识别方法

32P标记的cDNA克隆已经用于PPR和牛瘟的鉴别诊断，但其应用因受到32P半衰期短、以及需要特殊防护装备的限制，故不推荐为常规方法。

基于扩增NP和F蛋白基因的PCR技术已发展为特异性诊断PPR的方法。与其他试验相比这种方法更加敏感，并且包括RNA提取过程在5 h内能够获得结果。OIE和FAO(联合国粮农组织)设在法国的PPR参考试验室可在该技术的使用方面提供相关建议。

(5) 对流免疫电泳

对流免疫电泳是病毒抗原检测中最快的检测方法。采用有双槽且有横桥连接的电泳槽进行水平电泳。电泳仪要接高压电源。用0.025 mol/L的乙酸巴比妥缓冲溶液配制0.01 kg/L～0.02 kg/L琼脂或琼脂糖，倾倒在载玻片上，每片3 mL。在凝固的琼脂糖凝胶上打6～9对孔。所用试剂与琼脂凝胶免疫扩散试验相同，电泳槽加入0.1 mol/L的乙酸巴比妥缓冲液，在琼脂上的每对孔中加入试剂：阳极孔中加血清，阴极孔中加抗原。然后将载玻片放在横桥上，两端通过湿滤纸与电泳槽中的缓冲液接触。盖上电泳仪，以每块载玻片10 mA～12 mA的电流量，作用30 min～60 min。然后切断电源，将载玻片置于强光下观察：如果在两个孔中出现1～3个沉淀带，则说明为阳性反应。阴性对照不出现反应。

(6) 组织培养和病毒分离方法

虽然已有多种快速诊断PPR的方法，但仍需要用组织培养方法从田间样品分离病毒以进行深入研究。PPRV可用羔羊原代肾细胞或者VERO细胞进行分离。将可疑病料(棉拭子，血沉棕黄层或10%组织液)接种单层细胞培养物，逐日观察细胞病变作用(CPE)，PPRV诱导的CPE可在5天内形成，CPE表现为细胞圆化，聚集，在羔羊细胞内最终形成合胞体；在VERO细胞，有时很难见到合胞体，或者合胞体极小，如果对感染的VERO细胞进行染色，就可以看到极小的合胞体；合胞体的核以环形排列，呈“钟盘样”外观；覆盖培养形成CPE的时间早于5天；有胞浆内包涵体和核内包涵体，有的细胞变空；组织病理检查也可以看到相似的细胞变化；因CPE的形成需要时间，一般在5～6天后进行盲传。

(7) 其他检测病毒技术

尽管其他的病毒检测技术具有潜在的优势，但未被广泛应用。病毒分离需要对病理样品进行冷藏，直到处理为止，可以用福尔马林固定液在常温下保存病理样品，随后直接用免疫荧光试验(IF)或免疫化学实验对样品进行分析，IF试验已成功地用于眼结膜涂片和尸检收集的组酮固定。业已证明，PPRV(如麻疹病毒而不是牛瘟病毒)具血凝活性，这一特点可用于建立特异性，快速和费用低的PPR诊断方法。

16.2.5.2　血清学试验

感染PPRV的山羊和绵羊可产生PPRV抗体，抗体的存在支持抗原检测试验的诊断。已报道的常规血清学试验包括：病毒中和试验(VN)，竞争酶联免疫吸附试验(ELISA)，和其他试验(如CIEP，AGID，沉淀抑制试验和间接荧光抗体试验)，相比之下VN和ELISA更重要。

(1) 中和试验(国际贸易指定试验)

病毒中和试验的敏感性和特异性较高，但耗时。标准的病毒中和试验应用羔羊原代肾细胞或VERO细胞(没有原代时)在管内进行。通常，用牛瘟病毒和血清做交叉中和反应在中和滴度大于牛瘟两倍时可认为是PPR阳性。

(2) 竞争酶联竞争免疫吸附测定法

已报道了有基于抗核蛋白的单抗和杆状病毒重组蛋白的竞争ELISA。基于应用抗血凝素(H)单克隆抗体的其他两种竞争ELISA方法也已经有报道。

16.3　山羊关节炎-脑炎(Caprine arthritis encephalitis，CAE)

16.3.1　疫病简述

山羊关节炎-脑炎是由山羊关节炎-脑炎病毒(Caprine arthritis encephalitis virus，CAEV)引起的山羊的一种慢性病毒性传染病。其主要特征是成年山羊呈缓慢发展的关节炎，间或伴有间质性肺炎和间质性乳房炎；2～6月龄羔羊表现为上行性麻痹的神经症状。本病最早可追溯到瑞士(1964)和德国(1969)，称为山羊肉芽肿性脑脊髓炎、慢性淋巴细胞性多发性关节炎、脉络膜-虹膜睫状体炎，实际上与20世纪70年代美国山羊病毒性白质脑脊髓炎在症状上相似。1980年，Crawford等人从美国一患慢性关节炎的成年山羊体内分离到一株合胞体病毒，接种SPF山羊复制本病成功，证明上述病是该同一病毒引起的，统称为山羊关节炎-脑炎。

本病呈世界性分布，特别是北美洲的美国和加拿大以及欧洲大陆。在法国、挪威、瑞典和英国感染率比较低；在意大利、西班牙的某些地区分布广泛；而在爱尔兰及北爱尔兰似乎无本病的存在。在非洲的南非、索马里和苏丹没有本病；在肯尼亚流行率很低，并主要局限于在进境用于改良品种的公、母山羊中；在尼日利亚不同地区，山羊血清阳性率在0%～18%之间。中国在从英国进境的萨能奶山羊发现过CAEV存在。

本病感染率很高，潜伏期长，感染山羊终生带毒，没有特异的治疗方法，最终死亡。山羊是本病的主要易感动物。山羊品种不同其易感性也有区别，安格拉山羊的感染率明显低于奶山羊；萨能奶山羊的感染率明显高于中国地方山羊。实验感染家兔、豚鼠、地鼠、鸡胚均不发病。CAE呈地方流行性，发病山羊和隐性带毒者为传染源。主要的传播方式为羔羊通过吸吮含病毒的初乳和常乳而进行的水平传播。感染性初乳和乳汁虽含有该病毒的抗体能被羔羊吸收，但抗体量不足以防止羔羊感染。其次，可通过感染羊的排泄物(如阴道分泌物、呼吸道分泌物、唾液和粪便等)经消化道感染。同样，饮水、饲料也能传播。易感羊与感染的成年羊长期密切接触而传播。群内水平传播半数以上需相互接触12个月以上，一小部分2个月内也能发生。呼吸道感染未能证实。医疗器械(如注射器等)通过血液传播的可能性绝不

能排除。已鉴定感染母羊子宫中的损害与其他靶组织一样，这可以解释在有许多临诊病例的严重感染群中，出现白质性脑脊髓炎的症状。目前还没有从公羊的精液中检测到CAEV的报道，感染的公羊与未感染的母羊交配而发生传染的结果看来可能性不大。

应激、寄生虫（线虫、球虫）侵袭等损害山羊免疫系统时，可诱使山羊感染本病并呈现临诊症状。CAEV感染能引起多种临诊症状，因年龄大小而有明显差别。不满6月龄的山羊羔主要表现为脑脊髓炎型症状，成年山羊主要表现为关节炎型，可见间质性肺炎和间质性乳房炎，多数病例常为混合型。关节炎主要发生于腕关节，可能并发关节囊炎和滑膜炎。

16.3.2　病原特征

山羊关节炎-脑炎病毒（CAEV）为RNA病毒，有囊膜，属反录病毒科慢病毒亚属，其基因组在感染细胞内由逆转录酶转录成DNA，再整合到感染细胞的DNA中成为前病毒，成为新的病毒粒子。CAEV病毒呈球形，直径70 nm～100 nm。分子量约为5.5×106道尔顿，在氯化铯中浮密度为1.14 g/mL～1.6 g/mL。本病毒在环境中相对较脆弱，56 ℃1 h可以完全灭活奶和初乳中的病毒。

16.3.3　OIE法典中检疫要求

2.4.4.1条　诊断试验标准见《手册》。

2.4.4.2条　进境种用山羊时，进境国兽医行政管理部门应要求出具国际兽医证书，证明：

1）动物装运之日无山羊关节炎-脑炎临床症状；

2）一岁以上动物在装运前30天经山羊关节炎-脑炎诊断试验，结果阴性；或

3）过去3年内，原产羊群的绵羊和山羊，既无山羊关节炎-脑炎临床症状，也无血清学迹象，且在此期间，原产羊群未从健康状况较差的羊群中引进过动物。

16.3.4　检测技术参考依据

（1）国外标准

Manual of Diagnostic Tests and Vaccines for Terrestrial Animals(Chapter 2.4.4/5 Caprine Arthritis Encephalitis & Maedi-Visna)

（2）国内标准

NY/T 577—2002　山羊关节炎-脑炎琼脂凝胶免疫扩散试验方法

SN/T 1171.1—2003　山羊关节炎-脑炎抗体检测方法　酶联免疫吸附试验

SN/T 1171.2—2003　山羊关节炎-脑炎抗体检测方法　琼脂免疫扩散试验

SN/T 1676—2005　山羊关节炎-脑炎病毒分离试验操作规程

16.3.5　检测方法概述

16.3.5.1　病毒分离

CAE病毒感染的活羊、末梢血、乳汁，还有可能无菌的关节液是最为适合作为提取白细胞的材料。用注射器穿刺可疑感染动物的感染关节腔，采集病料，必要时杀死感染动物，与滑膜细胞一起收集感染关节的软骨和滑膜，作为组织培养移植物接种到滑膜组织或软骨细胞培养单层。也可以用其他类型的细胞培养物，如脉络膜、胎儿睾丸或角膜。所有的培养物应当每2～4周传代数次直至出现多核细胞，或对培养物的上清液进行检测，证明病毒是否存在。也可无菌收集可疑组织如肺、软骨、滑液囊膜、乳等作为样品，接入灭菌的HBSS或细胞培养液，在平皿中用解剖刀充分搅碎，用巴氏吸管吸取搅碎的组织，接种到25 cm^2 的培

养瓶中，每个培养瓶接大约20～30个组织碎块，每个碎块上小心地滴一滴生长液。然后将培养瓶置于37 ℃，5%CO_2的潮湿的培养箱培养，几天内不动培养瓶，待碎片组织中细胞扩增并附着在培养瓶后，小心地加入新鲜的培养液，当细胞生长到足够数量后，用胰酶分散培养物进行细胞单层培养。怀疑有病毒生长时，可以用协同培养相同的方法进行确诊。

用直接荧光法可以鉴定细胞培养物中的CAEV病毒。在检测培养物介质中的病毒时，应当首先将上清液浓缩100倍。随后如果用其他试验检测培养介质时，任何合适的血清学试验都可以应用。负染的电子显微镜技术和石蜡包埋切片技术或另外的适当固定进行的超微切片技术可以作为以上试验的补充。CAE病毒的分离鉴定正常情况下不适合作常规诊断方法。由于这些感染的持续性，因此确定阳性抗体的存在足以证实为病毒携带者。

16.3.5.2　血清学试验

绵羊和山羊的慢病毒感染是持续存在，因此检测抗体是鉴定带毒的一种很有价值的血清学手段。OPP病毒在抗原性上不能使用多克隆抗血清来区别。

目前常用的方法为琼脂免疫扩散试验(AGID)和间接ELISA试验。AGID的特异性强，重复性强，简单易行，但是判定结果应具备一定的经验。间接ELISA试验比较经济，整个过程自动化，使用它可用于筛选大量的血清。然而间接ELISA的敏感性和特异性依靠抗原的质量。因此，制备满意的OPP和CAE病毒抗原限制了ELISA方法作为常规方法的应用。迫切需要改良的OPP和CAE的ELISAs方法，如使用蛋白结合抗原、双倍抗体夹心法、单克隆抗体，这将有可能最终导致本法的广泛应用。然而，一般来说，AGID仍然为最常使用的试验方法。上述血清学试验不能区分CAE病毒和其他慢性病毒。

16.3.5.3　核酸标记法

多数病毒病诊断实验室具备上述的基础细胞培养操作程序，然而更加专门化，以研究为基础的实验室，病毒鉴定可通过核酸标记方法完成。例如CAE病毒可采用PCR、Southern blotting和in-situ　hybridization方法诊断。所有这些方法都可以诊断和识别MV病毒和CAE病毒以及原病毒DNA中的核酸序列。一旦PCR能成为OPP和CAE病毒的常规诊断方法，可以将之用于严格根除计划，以确定那些通过血清学诊断不能确定是否感染的动物。

16.3.6　部分商品化试剂说明及供应商

(1) CAE抗原

来源：新疆畜牧科学院兽医研究所

1986年起该课题组率先在中国开展了CAE的研究，继从血清学上确诊了该病在中国的存在之后，相继分离出甘肃、陕西、四川、贵州四株CAE病毒，并研制出琼脂扩散沉淀反应诊断试剂，建立了中国的血清学论断系统及检疫方法。诊断抗原的特异性、敏感性和效价，经多次与国际最佳制品美国标准抗原对比，毫不逊色。

联系方式：新疆维吾尔自治区乌鲁木齐市克拉码依东路21号

(2) CHEKIT* CAEV/MVV抗体ELISA

来源：美国IDEXX

公司网站：http://www.idexx.com，http://www.idexx.com.cn

说明：CHEKIT-CAEV/MVV ELISA检测试剂盒是检测山羊和绵羊的血清、血浆和乳汁样品中的山羊关节炎-脑炎病毒(CAEV)以及梅地亚-维斯纳病病毒(MVV)抗体的酶联免疫检测。可检测多种类型的样品，包括血清、血浆和乳汁，流程简单，试剂即取即用（山羊、绵羊）。

16.4　接触传染性无乳症（Contagious agalactia）

16.4.1　疫病简述

接触传染性无乳症是一种以乳房炎、关节炎及角膜结膜炎为临床特征的绵羊和山羊疾病，最初发现此病仅由无乳支原体（*Mycoplasma agalactiae*，MA）引起。然而，另外三种支原体即山羊柱状支原体山羊柱状亚种（MCC）、丝状支原体丝状亚种 LC 亚种（MmmLC）和腐败支原体（MP）也会引起相似的症状，有时尚伴发肺炎。这些非典型的感染在山羊中较绵羊普遍。一些专家认为所有这些病原体引起的感染都是接触传染性无乳症，但仍有一些专家宁可认为本病是有无乳支原体引起。公羊、母羊及小羊都可患病。由于泌乳羊只患病时，乳汁发生改变和完全停止泌乳，而且可在发病牧场内迅速传播，故称为传染性无乳症。

接触传染性无乳症在前苏联，印度，巴基斯坦，近东和欧洲地中海地区，亚洲，南非都有流行，在南美洲，南非和澳大利亚也有发现。美国已报道有 3 株无乳支原体，但这些南美株都不引起重大疾病。接触传染性无乳症分为乳房炎型、关节型和眼型三种类型。有的呈混合型。根据病程不同又可分为急性和慢性两种。自然接触感染的潜伏期变化很大，一般为 7～56 天；人工感染时为 2～6 天。急性病例一般伴随短暂发热，病期为数天到 1 个月，严重的于 5～7 天内死亡。慢性病可延续到 3～5 个月以上。绵羊羔、尤其是山羊，常呈急性病程，死亡率为 30%～50%。乳房炎型泌乳羊的主要表现为乳腺疾患。炎症过程开始于一个或两个乳叶内，乳房稍肿大，触摸时感到紧张、发热、疼痛。乳房上淋巴结肿大，乳头基部有硬团状结节。随着炎症过程的发展，乳量逐渐减少，乳汁变稠而有咸味，呈黄绿色或蓝灰色。继因乳汁凝固，由乳房流出带有凝块的水样液体。以后乳腺逐渐萎缩，泌乳停止。有些病例因化脓菌的存在而使病程复杂化，结果形成脓汁，由乳头排出，剖检可以发现间质性乳房炎和卡他性输乳管炎。患病较轻的，乳汁的性状经 5～12 天而恢复，但泌乳量仍很少，大多数羊的挤乳量达不到正常标准。

关节型不论年龄和性别，可以见到独立的关节型，或者与其他病型同时发生。泌乳绵羊在乳房发病后 2～3 周，由于皮下蜂窝组织和关节囊壁的浆液性浸润，并在关节腔内具有浆液性-纤维素性或脓性渗出物，所以关节剧烈肿胀。关节囊壁的内面和骨关节面均充血。关节囊壁往往因结缔组织增生而变得肥厚，滑液囊（主要是腕关节滑液囊）、腱和腱鞘亦常发生病变。大部分是腕关节及跗关节患病，肘关节、髋关节及其他关节较少发病。最初症状是跛行逐渐加剧，关节无明显变化。触摸患病关节时，羊有疼痛发热表现，2～3 天后，关节肿胀，屈伸时疼痛和紧张性加剧。病变波及关节囊、腱鞘相邻近组织时，肿胀增大而波动。当化脓菌侵入时，形成化脓性关节炎。有时关节僵硬，躺着不动，因而引起褥疮。

病症轻微时，跛行经 3～4 周而消失。关节型的病期为 2～8 周或稍长，最后患病关节发生部分僵硬或完全僵硬。眼型最初是流泪、羞明和结膜炎。2～3 天后，角膜浑浊增厚，变成白翳。白翳消失后，往往形成溃疡，溃疡的边缘不整而发红。经若干天以后，溃疡瘢痕化，以后白色星状的瘢痕融合，形成角膜白斑。再经 2～3 天或较长时间，白斑消失，角膜逐渐透明。严重时角膜组织发生崩解，晶状体脱出，有时连眼球也脱出来。病羊和病愈不久的羊，能长期带菌，并随乳汁、脓汁、眼分泌物和粪尿排出病原体。本病主要经消化道传染，也可经创伤、乳腺传染。无乳支原体可以整个哺乳期进行传播。在非哺乳期，病原存活于乳腺淋巴结。隐性感染或慢性感染动物可带毒数月。接触传染性无乳症通常发生在分娩或分娩后，大部分感染病例是因为摄入了污染的羊奶或是被污染的饮水。动物也可能摄入尿液、粪便、鼻或眼分泌物，或吸入浸染的灰尘。无乳支原体也可在哺乳时进入开放的乳头进行传播。支原体通常不易在环境中生存，但有报道发现一些无乳支原体可以在土壤、粪便或分泌物中存活很长时间，温度越低，存活时间越长。

一般认为，无乳症的主要病型是伴发眼或关节疾患(有时伴发其他疾患)的乳房炎型。

16.4.2　病原特征

无乳支原体(*Mycoplasma agalactiae*)是引起接触传染性无乳症的主要病原体，是存在于欧洲绵羊和山羊中的主要支原体，对乳品工业具有重要的临床影响和经济影响。支原体(Mycoplasma)又称类菌质体，是介于细菌与立克次氏体之间的原核微生物。属膜体纲，与裂殖菌纲并列。革兰氏染色阴性，不易着色，常以姬姆萨染色法染色，细胞呈淡紫色，在光学显微镜下可见。通过电子显微镜观察和生化分析，细胞膜厚约 7 nm～10 nm，由三层组成，内层和外层均为蛋白质，中层为类脂及胆固醇。

这种微生物基因组较大多数原核生物小，没有细胞壁，细胞柔软，形态多变，具有高度多形性。在一昼夜培养物的染色涂片中，可以发现大量的小杆状或卵圆形微生物。有时两个连在一起呈小链状。在两天的培养物中，见有许多小环状构造物。在 4 天培养物内呈大环状、丝状、大圆形，类似酵母菌和纤维物的线团。无乳支原体对各种消毒药物抵抗力较弱，10%石灰乳、3%克辽林消毒时，都能很快将其杀死。

16.4.3　OIE 法典中检疫要求

2.4.3.1条　进境绵羊和山羊时，进境国兽医行政管理部门应要求出具国际兽医证书，证明动物：

1) 装运之日无接触传染性无乳症临床症状；

2) 自出生或装运前 6 个月内，一直在无官方报告发生过接触性无乳症的饲养场饲养；

3) 装运前置检疫站饲养 21 天。

16.4.4　检测技术参考依据

(1) 国外标准

Manual of Diagnostic Tests and Vaccines for Terrestrial Animals(Chapter 2.4.3 Contagious agalactia)

(2) 国内标准

暂无。

16.4.5　检测方法概述

16.4.5.1　病原鉴定

对于活羊，可选取乳汁、关节液和鼻腔渗出物作为培养材料。在解剖尸体时，则以乳腺和相关淋巴结、关节液和肺的病变部位为理想的样品。当出现败血症时，从肝、肾和脾都可分离到病原。通常分离支原体的方法适用于无乳支原体。含心浸液肉汤、酵母浸液(1%～2%)、马或猪血清(15%～20%)加抑菌剂，氨苄青霉素(150 mg/L)或环丝氨酸(250 mL/L)的培养基适用于无乳支原体、MCC，MmmLC 和腐败支原体的分离和生长。有些国家使用醋酸铊，但该物质具有极强的毒性，可造成环境污染，还可能抑制某些支原体的生长。

将无菌采集的病料接种于液体和固体培养基。固体培养基应放在 37℃含 5% CO_2 或放在烛缸中(含 3%CO_2)的潮湿空气中培养。液体培养基在 37 ℃培养后,当生长明显时,或即使不见生长,培养 5~7 天后移种于固体培养基上。所有这 4 种支原体都应生长良好,形成典型的荷包蛋样菌落。MCC 和 MmrnLS 根据生长条件,3~4 天内菌落直径可达 2 mm。

培养物在作进一步处理前,应先纯化。从固体培养上挑选单个的代表性菌落,接种于液体培养基进行培养。培养物充分生长后,用孔径 0.22 μm~0.45 μm 的滤膜滤过。将滤过液接种于固体培养基上培养,如此再重复两次。

肉眼只能观察菌落的外观,生化试验有助于菌落初步鉴定。

(1) 生化鉴定

在含有 1%葡萄糖、0.2%精氨酸和 0.01%二磷酸酚酞的液体培养基内和含有马血清或蛋黄的固体培养基上生长出菌膜或斑点,在酪蛋白琼脂或凝固血清琼脂上生长出现水解现象,是鉴别这四种支原体的最有效的试验。

四种支原体的生化特性如表 16-1。

表 16-1 四种支原体生化特性

病原	试验						
	G	A	F	P	C	S	O
无乳支原体	−	−	+	+	−	−	−
山羊支原体山羊亚种	+	+	−	+	+	+	−
丝状支原体丝状亚种	+	−	−	−	+	+	−
腐败支原体	+	+	+	+	−	−	+

注:G=葡萄糖代谢;A=精氨酸水解;F=产生菌膜和斑点;P=存在磷酸酶;
C=消化酪蛋白;S=凝固血清液化;O=培养物内腐败气味。

当每种支原体有多个菌株进行试验时,已发现有些菌株的生化结果有变化。例如:有些无乳支原体和腐败支原体菌种株不产生菌膜和斑点。有些菌株在其他方面类似 MmmLS,但不液化凝固血清,有些 MCC 菌株水解精氨酸可能迟缓,需要延长培养时间或通过数代培养基后,才能出现这种作用。在四种支原体中,培养物发出臭气是腐败支原体所特有的。尽管这些生化特征缩小了支原体鉴定的范围,但仍需要进行血清学试验作更精确的鉴定。

(2) 血清学鉴定

利用特异抗血清对分离物进行鉴定,常用滤纸片生长抑制(DGIT)试验、菌膜抑制试验和间接荧光抗体(IFA)试验。在试验过程中必须与标准菌株比较。

生长抑制试验(GIT):将液体培养物稀释接种到固体培养基上,让其吸收,以应用“倾滴”(running drop)法划线培养效果较好。再将特异抗血清浸湿滤纸片,等到干燥后放在琼脂表面上,或者在琼脂上打孔,直径为 4 mm,孔中加入抗血清,其反应更强。将平皿培养并观察,对适当的同源抗血清,则在滤纸片上或孔周围出现 7 mm~8 mm 宽的无菌生长带,表示菌的生长完全被抑制。如果用低效价的抗血清,则出现部分抑制。

间接免疫荧光法:将特异性抗血清加到培养基的菌落上,水洗;同源抗血清仍然吸附在菌落上,再加入荧光素结合抗球蛋白显现,水洗,用荧光显微镜观察菌落。也可应用生长沉淀试验。该法能检测生长支原体中释放出的抗原。一般认为它只有群特异性,而无种特异性。

这些血清学试验所用抗血清是按传统方法用各种支原体的典型菌株制备，大多数野外分离物可应用这些抗血清易于鉴定。但当待检菌株很多时，可发现有些菌株对某抗血清反应微弱，而对同种其他代表菌株的抗血清反应良好。抗原构造种内变异在腐败支原体中尚未发生，但在无乳支原体中有一定程度变异，在MCC中也不少见。因此，诊断人员必须掌握多种抗血清，以便鉴定种内各菌株。

由于种间或亚种间存在共同抗原，故将新分离物定位到种较困难，例如山羊支原体山羊肺炎亚种(F38)，和牛支原体7群。丝状支原体的野外分离物定位到亚种的困难是众所周知的。普通诊断室若对野外分离物鉴定种或亚种确有困难时，可向专业实验室求助。对首次分离物应交给参考实验室鉴定。

(3) 非免疫学鉴定技术

在专业实验室还可运用非免疫学技术对有问题的菌株进行分类。例如：同功酶成分的测定，和更复杂的测定支原体蛋白和DNA成分的方法，以及DNA探针。但一般诊断室还没有把这些技术作常规方法。

已建立了聚合酶链反应(PCR)鉴定法，并投入使用。检测目标的核酸，PCR相当稳定、检测能力强，而且敏感性极高。可用于血液、组织样品和奶的检测。

针对无乳支原体，已建立了几种特异的PCR方法，虽然基因序列设计的根据不同，但敏感性相同。用于检测乳样中的无乳支原体，PCR比细菌培养更敏感。PCR也应用于MmmLC和MCC的鉴定。至今还没有腐败支原体的PCR鉴定法。

16.4.5.2　血清学试验

(1) 补体结合试验

Perreau等报道了一种标准补体结合试验(CF)法，可用于诊断接触传染性无乳综合征相关的其他支原体。用洗过的菌体经比浊标化，用超声波或十二烷基硫酸钠裂解，然后透析制备CF抗原。试验血清均经60 ℃灭活1 h。试验在微量滴定板上进行，在低温条件下固定、过夜，然后加入溶血系统。当抗原对照孔完全溶血后判读结果。对无乳支原体、MCC及MmmLC，在1/40或以上稀释的血清完全结合时，即可判为阳性。CF是检测群的方法。每1羊群至少检查10份血清，其中最好有来自急性和恢复期病例的血清。

在CF试验中，健康羊群中有些血清稀释到1∶20时，能与无乳支原体反应，但很少与其他两种抗原有反应。在无乳支原体感染群中，1∶80稀释后出现同源血清反应，1∶40稀释时，可能与其他两种抗原发生交叉反应。用绵羊和山羊血清作CF试验通常有困难，若有可能，用酶联免疫吸附试验(ELISA)则更好。

(2) 酶联免疫吸附试验

据报道，检测无乳支原体抗体用ELLSA比用CF试验更敏感。ELISA的非特异反应可以用单抗或蛋白G结合物来克服。已有很多商品化的ELLSA试剂盒可供选用，这些试剂盒已大量在法国和英国应用于检测。ELLSA还没有广泛应用于其他3种病原的检测。

(3) 菌膜和斑点抑制试验

标准的和野外的菌株，在固体培养基上生长的菌膜和斑点，均可被含特异性抗无乳支原体抗血清抑制。这种试验在方法学上与支原体在固体培养基上抗生素的抑菌图相似：每份血清需用约20 μL加在空白纸片上，37 ℃培养4～6天后，沿纸片周围出现宽超过2 mm的

菌膜抑制圈为阳性。试验血清必须不含抗生素。

血清学试验尚未广泛应用于腐败支原体和山羊支原体的检测，但以上介绍的各种试验仍同样适用。

16.4.6 部分商品化试剂说明及供应商

(1) Mycoplasma Agalactiae ELISA Kit(Product code:VO008)

生产商：Immuno-Biological Laboratories, Inc.(IBL)；

公司网站：http://www.ibl-america.com/

说明：美国IBL公司于1997年开始销售高质量的实验室分析试剂，用于不同领域的科学研究和临床检测，其中包括自体免疫、内分泌、传染病、肿瘤学和神经学。本试剂盒用于检测无乳支原体，一个包装内含2块板，可检测192份样品。

代理商：上海天呈科技有限公司；联系电话：021-65535038

(2) 支原体无乳症酶联免疫诊断试剂盒

生产商：德国罗氏；代理：上海易扩仪器有限公司；地址：城中路20号#0607

电话：021-51096009；传真：021-59985030

16.5 山羊传染性胸膜肺炎(Contagious Caprine pleuropneumonia, CCPP)

16.5.1 疫病简述

山羊传染性胸膜肺炎俗称烂肺病，是一种山羊特有的，以高热、咳嗽、纤维素肺炎和胸膜炎为特征的高度接触性传染病。已报道的引起山羊传染性胸膜肺炎的病原有2种，分别是：山羊支原体山羊肺炎亚种(*Mycoplasma capricolum capripneumoniae*)和丝状支原体山羊亚种(*Mycoplasma mycoides capri*)。山羊支原体山羊肺炎亚种，我们通常知道的支原体F-38是其中最具传染性，也是最具危害性的。丝状支原体山羊亚种(PG-3株)可感染山羊。其他的支原体也可引起山羊肺炎，但不引发CCPP。

1873年Thomas首次报道阿尔及利亚发生山羊传染性胸膜肺炎，之后世界上许多国家和地区，如苏丹、印度、巴基斯坦、斯里兰卡、法国、瑞士、德国、意大利、希腊、土耳其、叙利亚、原苏联、墨西哥、中国等均报道有该病发生。我国于1947年首发于甘肃，继而在内蒙古、四川、山东、河北、湖北、云南、江西、江苏等地发现。

在自然条件下，山羊传染性胸膜肺炎疫情常呈地方性流行。阴雨连绵，寒冷潮湿，羊群密集、拥挤等因素利于疾病的传染和发生。旧疫区主要因冬季和早春枯草季节，羊只营养缺乏，机体抵抗力降低而发病。新疫区疫病的暴发几乎都是引进病羊或带菌羊引起，运输应激、饲养管理改变、草料更换，气候、水土差异都是发生本病的诱因。病情在羊群中传播迅速20天左右可波及全群，健康羊群可能由于混群而受害。冬季流行期平均为15天，夏季可维持2个月以上。旧疫区再度发病，疫势会相对缓和。据中国兽医药品监察所统计，旧疫区山羊人工感染发病率在76%左右，无疫情地区山羊人工感染发病率高达96%以上，这说明自然耐过的山羊可获得免疫力。

本病潜伏期平均为18～20天，短者为3～5天，长者可达40天以上。根据病程和临床征状，该病可分为最急性、急性和慢性三种类型。最急性，病初体温可达41 ℃～42 ℃，病羊极度萎顿，食欲废绝，呼吸急促伴有痛苦鸣叫，数小时后出现肺炎症状，随后浸出液充满肺，进入胸腔，不久羊即窒息死亡，病程一般为4～5天。急性最常见，病初羊体温升高，随后出现短而湿的咳嗽音,伴有浆液性鼻漏。4～5天后一侧胸膜出现肺炎变化,高热稽留不退,食欲锐减,呼吸困难和痛苦呻吟,腰背拱起,孕羊流产,最后病羊极度萎顿衰弱而死。幸而不死者转为慢性。慢性多见于夏季,病程可维持2个月以上。病羊全身症状轻微,间有咳嗽和腹泻,被毛粗乱无光。在此期间,如饲养管理不良、与急性病例接触或机体抵抗力减弱时,容易复发或出现并发症而迅速死亡。解剖时,病变多局限于胸部,胸腔常有淡黄色脓液,味恶臭,胸膜变厚、粗糙,并附着黄白色纤维蛋白层,肺肝变、坏死、化脓,甚至崩解。

16.5.2 病原特征

1980年McMartin确证了该病的病原,该病原后来被命名为丝状支原体山羊亚种(*Mycoplasma mycoides capri*),也称丝状霉形体山羊亚种,分类上属于支原体科,支原体属。其模式株为PG-3,是一种能独立生活的原核生物。它没有细胞壁,呈高度多形性,革兰氏染色阴性,常需特殊培养基才能生长。其主要是经空气-飞沫-呼吸道传播,多感染3岁以下的山羊,其中奶山羊比其他山羊更易感染。

但Edward Freundt指出另外两个支原体亚种(模式株分别为PG-1,PG-2)也能引发该病。除此外,绵羊肺炎支原体也能引起山羊传染性胸膜肺炎,但丝状支原体山羊亚种不会引起绵羊支原体肺炎。丝状支原体山羊亚型对理化因素的抵抗力弱,对红霉素高度敏感,四环素和氯霉素也有较强的抑菌作用,但对青霉素、链霉素不敏感;而绵羊肺炎支原体则对红霉素不敏感。

16.5.3 OIE法典中检疫要求

2.4.6.1条 本《法典》规定,山羊传染性胸膜肺炎(CCPP)是由山羊支原体山羊亚种引起的山羊疾病,本病的潜伏期为45天(慢性带菌者)。诊断试验和疫苗标准见《手册》。

2.4.6.2条 无山羊传染性胸膜肺炎国家

一个国家证明其不存在CCPP,而且当疫情发生后采取扑杀政策,最后一例感染病例扑杀满1年,可视为无CCPP国家。

2.4.6.3条 山羊传染性胸膜肺炎感染区

某一地区感染CCPP后,在最后一例病例确诊及实施扑杀政策和消毒措施后的至少45天内,该地区视为CCPP感染地区。

2.4.6.4条 无CCPP国家兽医行政管理部门可禁止进境,或禁止经其国土过境运输来自被认为CCPP感染国家的家养和野生山羊,并可禁止从被认为CCPP感染国家进境家养和野生山羊精液及家养山羊胚胎/卵。

2.4.6.5条 从无CCPP国家进境家养山羊时,兽医行政管理部门应要求出具国际兽医证书,证明动物:

1) 装运之日无CCPP临床症状;

2) 自出生或至少过去3个月内,一直在无CCPP国家饲养。

2.4.6.6条 从无CCPP国家进境野生山羊时,兽医行政管理部门应要求出具国际兽医证书,证明动物:

1) 装运之日无CCPP临床症状;

2) 来自无CCPP国家;并且,如果动物原产地与CCPP感染国家相毗邻,则:

3) 装运前在检疫站饲养至少45天。

2.4.6.7条 从被认为CCPP感染国家进境家养山羊时,兽医行政管理部门应要求出

具国际兽医证书，证明动物：

1）装运之日无CCPP临床症状；

2）装运前经两次CCPP补体结合诊断试验，结果阴性，间隔为21～30天，第二次试验在装运前14天内进行（正在研究中）；

3）自第一次补体结合试验至装运前一直隔离饲养；

4）自出生或至少过去45天内，一直在官方报告无CCPP饲养场饲养，且该饲养场不在CCPP感染区；

5）从未接种过CCPP疫苗；或

6）装运前4个月内接种过疫苗，这种情况下，无须进行上述2)项要求的试验（正在研究中）。

2.4.6.8条　从被认为CCPP感染国家进境立即屠宰山羊时，兽医行政管理部门应要求出具国际兽医证书，证明动物：

1）装运之日无CCPP临床症状；

2）自出生或至少过去45天内，一直在官方报告无CCPP的饲养场饲养，且该饲养场不在CCPP感染区。

2.4.6.9条　从无CCPP国家进境野生山羊时，兽医行政管理部门应要求出具国际兽医证书，证明动物：

1）装运之日无CCPP临床症状；

2）装运前至少45天内，一直在官方报告无CCPP的检疫站饲养，且该检疫站不在CCPP感染区；

3）从未接种过CCPP疫苗；或

4）装运前4个月内接种过疫苗（正在研究中）。

2.4.6.10条　从被认为CCPP感染国家进境新鲜山羊肉时，兽医行政管理部门应要求出具国际兽医证书，证明生产该批肉品的动物：

1）来自无CCPP饲养场；

2）在批准的屠宰场宰杀，经宰前CCPP检验，结果合格；并且

3）宰后检验，无CCPP病变。

16.5.4　检测技术参考依据

（1）国外标准

Manual of Diagnostic Tests and Vaccines for Terrestrial Animals(Chapter 2.4.6 Contagious Caprine Pleuropneumonia)

（2）国内标准

NY/T 1468—2007　丝状支原体山羊亚种检测方法

16.5.5　检测方法概述

16.5.5.1　病原鉴定

（1）肺渗出液、压抹片或切片镜检

用渗出液、病变部组织悬液或胸水，在暗视野显微镜下观察，可见到Mccp在活体内呈分枝丝状形态。也可切开病变肺部制成抹片，用梅-格鲁沃尔德-姬姆萨染色，用光学显微镜检查。其他山羊支原体的形态为短丝或球杆状。但是这技术不能用于确诊。

(2) 核酸识别方法

PCR可用于扩增丝状支原体群16SrRNA基因片段保守区，然后将PCR产物通过限制性酶切来分析检测支原体扩增物。该检测方法可直接用于临床材料的检测，如肺组织、胸膜液体等，但是，支原体的分离仍是最可靠的检测试验。

(3) 凝胶沉淀试验检测组织标本中抗原

支原体可释放出一种抗原性多糖，并对其制成一种特异性单克隆抗体(MAb)(WM-25)。这种MAb与支原体所释放的多糖在琼脂中反应，可出现特异性免疫沉淀，并已用于鉴定CCPP的病原，特别是当样品由于运输拖延而不适于作培养时，可用此方法。

(4) 支原体分离

1) 样品的选择

尸体剖检，样品选用肺病变部，特别是硬变部位和非硬变部位的交界处的样品以及胸水和纵隔淋巴结。如果不能立即进行微生物检查，可将样品或整个肺置－20 ℃冷冻保存。支原体的活力数月内不会有明显下降。由于支原体活力随温度增高迅速降低，样品运送时必须尽可能保持低温，肺样品可以冻干后运抵其他实验室；但冻干可使多种支原体，包括山羊支原体山羊肺炎亚种的滴度下降。

2) 样品处理

样品拭子可悬浮于2 mL～3 mL的培养基中。组织样品最好用剪刀剪碎，每1 g加培养基9 mL，强烈振荡；或在培养基内捣碎。病料组织不能研磨，一般用支原体培养基制备悬浮液，如果同时还要进行细菌学检查，则应用高营养的细菌培养基，例如营养肉汤，适宜作两种检验。胸水、组织悬液或拭子均须用支原体选择培养基至少作3个10倍系列稀释。将样品的各稀释液分别接种固体培养基进行培养。

3) 支原体培养基

麦克欧文和米内蒂氏培养Mccp所用培养基名为“山羊肉肝培养基(VFG)”，成分中含山羊肉肝汤和山羊血清，其他适合的培养基还有WJ，改良海费利克氏和纽因氏胰蛋白胨培养基。不管是初次分离还是生产Mccp抗原，使用富含0.2%(或达到0.8%)丙酮酸钠增菌培养基要好一些，这一点即成为Thiaucourt氏培养基和改良Thiaucourt氏培养基的基础。在肯尼亚OIE参考实验室采用常规改良纽氏(Newing's)胰蛋白肉汤和琼脂平板(Gourlay氏培养基)分离及维持Mccp。

4) 培养基制作、保存和质量控制

某些培养基成分，特别是血清、酵母浸膏和无离子水，必须在加入培养基前对其促进支原体生长能力进行常规测定。为了筛选这些培养基原料，应当使用低代次的野外分离株。肉汤培养基在－25 ℃下，至少可以保存6个月。青霉素等抗生素必须在培养基最后分装时加入。肉汤分装于小管(每管1.8 mL或2.7 mL)或带螺旋盖的试管中(每管4.5 mL)，4 ℃下可保存3周。固体培养基最好用琼脂糖(0.009 9 kg/L)，诺布尔(Noble)琼脂(0.015 kg/L)，或纯琼脂(0.006 kg/L)制作。平板厚6 mm～8 mm，最好现配现用，4 ℃保存不得超过2周。

5) 培养

培养基接种后放于37 ℃下培养。平板培养基最好放在含5%二氧化碳、95%空气或氮气下或在湿润烛缸中培养。

每天检查肉汤培养物生长情况即颜色变化和有无絮状物出现。肉眼观察出现混浊时，表示有细菌污染，应将培养物经孔径0.45 μm的滤膜过滤后再传代培养，用1/10量接种于肉汤培养基或用接种环在琼脂平板上划线培养。

平板培养物每1～3天用解剖镜(放大5～50倍)配以透射和入射光源检查一次。继代时切下带有孤立菌落的琼脂块，表面朝下，放在新鲜琼脂平板表面上并稍推动；或将其投入新鲜肉汤培养基内。也可用巴斯德氏吸管将带有单个菌落的琼脂块吸出，放进新鲜肉汤培养基中。14天后如果是阴性，废弃平板。

培养物的克隆或纯化是将可见各种形态的有代表性的菌落反复移植。菌落形态常随所用培养基种类，支原体属种，传代次数以及培养时间而变化。

在低代次中，多种支原体，包括山羊支原体山羊亚种(MCC)可产生畸形菌落，小型、无芯、形状不规则。这种情况常见于刚刚适用的培养基。经过传代，这些培养物出现正常的煎蛋样菌落。但绵羊肺炎支原体例外，仍保持无中芯菌落。丝状支原体丝状亚种大菌落型菌株及山羊支原体山羊亚种(MmmLC)的菌落直径可达3 mm。

肉汤培养物在继代之前，经孔径0.45 μm的滤器滤过，除去细胞聚集物，有利于纯化。

培养物怀疑为L型细菌时，必须用未加抗生素和醋酸铊的支原体固体培养基继代3～5代，观察是否恢复正常形态。作初次分离用的肉汤培养基培养到第7天，如果仍不见生长迹象，要进行盲传。每份样品的培养物，包括一次盲传继代物至少检查3周后，方可废弃。用肉汤10倍稀释滴定，培养3～4周时判读，用发生颜色变化的反应管与总试验管的比率表示滴度。平板上生长则以每毫升菌落形成单位(GFU)表示。

(5) 支原体鉴定

1) 聚合酶链反应

一旦此菌培养成功后，1天之内通过PCR可以确定Mccp。该试验基于基因16S rRNA片段扩增，扩增部分通常针对丝状支原体群。扩增产物被Pst I消化时，用琼脂糖凝胶电泳进行分析，可以观察到Mccp以一种独特的方式分为3个片段。

2) 生化试验

对试验鉴定的野毒株应该传代，最好克隆3次。

生化试验不能准确鉴定分离株；目前只有用血清学或遗传学的方法才能作确切鉴定。有些生化反应的种内差异很大，但有些试验有助于筛检和提供血清学检测的佐证。

最常用的生化试验是：葡萄糖分解、精氨酸水解、菌膜菌斑形成、氯化四唑还原(需氧的或厌氧的)、磷酸酶活性、血清消化和洋地黄皂苷敏感性试验。前3种试验是常规分离和培养支原体的试验。肉汤中酚红指示剂在葡萄糖降解时呈酸性变为黄色，精氨酸水解时呈碱性为红色。"菌膜菌斑"形成是在琼脂平板表面由于脂质沉积形成一层闪光的有显著皱纹薄膜；同时在陈旧菌落周边形成黑色斑点。小反刍动物的3种支原体的这种现象可见于含20%或以上马或猪血清的琼脂培养基，如补充10%的蛋黄乳剂可以提高试验的灵敏度。

其他生化试验需要特定的培养基或试剂。四唑还原试验可以为无乳支原体存在与否提供证据。这种支原体既不发酵糖也不水解精氨酸。血清消化试验可区别小反刍兽的其他支原体；磷酸酶的产生又可区别Mcc与同群中的其他成员。洋地黄皂苷敏感性试验则可鉴别支原体目与无胆甾原体目。

3) 血清学鉴定

生产高免血清时所用支原体抗原都会受到培养基成分的污染。这些污染物质刺激接种动物产生的抗体在血清学鉴定试验中可引起假阳性反应。为克服这一缺陷，可用生产抗原的培养基吸收抗血清(每 mL 抗血清加 10 mg 冻干培养基)。或者用含有同源动物成分的培养基培养支原体用作抗原。例如：用生长于山羊肉肝培养基的支原体去免疫山羊。

由于丝状支原体群中，支原体之间有很相近的血清学关系，从 CCPP 病例的分离物，最好要用下列 3 种试验中的两种进行鉴定：

生长抑制试验(GIT)是最简单、特异性高，但也是最不敏感的一种试验。这种试验是利用特异性高免血清在固体培养基上直接抑制支原体生长，主要检测表面(膜)抗原。

生长沉淀试验是检测生长培养物释放出的可溶性胞质和外膜抗原。在生长过程中抗原可经支原体固体培养基向支原体抗血清方向扩散。像凝胶沉淀试验一样，在丝状支原体簇内有强交叉反应。如果用单克隆抗体 WM25 进行此项试验，对 Mccp 有特异性，则可同时出现特异性抑制和生长沉淀线。

在多种鉴定支原体的血清学方法中，以直接和间接荧光抗体试验最为有效；简便、快速、敏感，又节约抗血清。在已报道过的多种试验方法中，最常用也可能是最好的就是对琼脂上未固定的菌落进行间接荧光抗体试验。单一菌株的抗血清即可以鉴定同“种”的野外分离株。抗血清在使用前应稀释。培养物不必克隆，只须在试验前继代数次；证明为纯“种”，并表现其生长特性。

(6) 其他鉴定试验

代谢抑制和四唑还原抑制试验有时也用于山羊支原体的鉴定，已有一种基因探针 F38-12，可以鉴别山羊支原体山羊肺炎亚种。

16.5.5.2　血清学试验

检测山羊和绵羊胸膜肺炎还没有广泛可用的血清学方法。丝状支原体丝状亚种大菌落型和丝状支原体山羊亚种可使一些外表明显健康动物呈地方流行性感染。山羊在试验条件下，对丝状支原体血清阳转，而无病症。急性 Mccp 病例很少在死前出现血清阳性滴度，可能是由于抗体被循环支原体抗原所遮蔽。人工感染山羊支原体山羊肺炎动物，用补体结合和间接血凝试验观察血清转阳，开始出现于有临床症状后 7～9 天，22～30 天达最高峰，然后急剧下降。这表明血清学试验实用于畜群检查，而不能作个体诊断依据。有条件时，应隔 3～8 星期采取双份血清进行检测。

(1) 补体结合试验(国际贸易指定试验)

各种形式的补体结合试验是诊断牛接触传染性胸膜肺炎应用最广的方法。对 CCPP，用补体结合试验测定 Mccp 感染，比用间接血凝试验检测特异性高，而敏感性较差。这项试验的主要缺点是需要有高水平的技术经验者进行操作。

试验方法之一。制备抗原：取每毫升含 109 以上菌落的培养物 2 L，在 5 ℃下 40 000 *g* 离心 1 h，沉淀物用生理盐水再悬浮，如上洗涤 3 次后，置于 0.5 mL～1.0 mL 分装，－20 ℃保存。

无菌肉汤同上处理，制成沉淀抗原，另用冻干肉汤恢复至每毫升含 200 mg，成第二对照抗原。抗原使用前，按 1/60 稀释，容器在冰浴条件下用低频率超声波裂解 30 min，裂解物以 1 250*g* 离心 30 min 以除去全部残屑，于－20 ℃保存。这种抗原如果保存时间超过 2～3 周，则应重新离心。微量滴定板补体结合试验是在 U 形底微量滴定板上进行的。

(2) 间接血凝试验(IHA)

IHA试验已用于CCPP的诊断。本试验最常用新鲜的经鞣化的或经戊二醛处理的红细胞。前者较敏感,但重复性较差;而且每次试验都要用抗原致敏红细胞。后者敏感性低,但十分实用;致敏细胞冰箱保存1年以上有效,试验前不须再处理。

已经有人用兔高免血清和经轻微超声波裂解的支原体菌体悬液致敏的戊二醛处理的红细胞,对间接血凝试验检测丝状支原体簇的特异性进行了评价。丝状支原体丝状亚种大菌落型和Mccp致敏细胞与其他三种支原体抗血清有交叉反应;但丝状支原体山羊亚种和Mccp羊亚种致敏细胞只与Mccp抗血清有交叉反应。

已发现Mccp产生的多糖结合于未处理的山羊红细胞,并被成功的应用于本试验,用于鉴别实验感染和自然感染的CCPP病羊。阿曼和苏丹都曾把4种主要山羊支原体致敏细胞,用于野外试验,两个国家的调查结果不一致。在阿曼,丝状支原体山羊亚种血清阳性分布广泛,而对MCC阳性反应主要局限于那些用培养方法证实有该亚种存在的羊群。相反,在苏丹具有CCPP症状的病例对丝状支原体丝状亚种大菌落型血清学阳性,比对其他任何支原体试验都高,仅有7%对MCC抗原反应。两地检查都有一部分羊对两种或以上的抗原呈阳性反应。

(3) 乳胶凝集试验(LAT)

用Mccp生产并存在于培养物上清液中的多糖致敏乳胶微粒,已用于玻片凝集试验。在肯尼亚,这种试验现已作为常规方法,在大规模发病时该方法更为方便,因为它用一滴全血就可以了。

补体结合试验和间接血凝试验作为CCPP血清学诊断的结果其固有的缺点是用全细胞和细胞膜作为抗原。应用更特异的抗原,Mccp分泌的多糖,与其他3种主要的山羊支原体血清不发生交叉反应,则具有更高的特异性。

(4) 竞争酶联免疫吸附试验

该试验的基础是山羊支原体抗原决定簇MAb以及MCC抗体的特异性。这两种抗体包被在平板竞争Mccp抗原决定簇。据报道该试验特别用于感染之后长期抗体监侧。但是,和其他血清试验相比,它不能检测所有反应者(在一个感染的羊群中检出率为30%~60%)。竞争酶联免疫吸附试验比CF试验操作简单,适用于一次检测多个样品,它适合于流行病学的调查。

16.5.6 部分商品化试剂说明及供应商

Mycoplasma reagents for rapid diagnostic testing

可用于检测乳汁中山羊传染性胸膜肺炎(CCPP)和牛传染性胸膜肺炎(CBPP)的检测。

来源:英国兽医实验所支原体组;地址:New Haw, Addlestone, Surrey KT15 3NB

电话:44 (0)1932 357379;传真:44 (0)1932 357423

16.6 梅迪-维斯纳病(Maedi-Visna disease,MV)

16.6.1 疫病简述

梅迪-维斯纳病,是由梅迪-维斯纳病毒(MVV)引起的绵羊的一种慢性病毒病,其特征为病程缓慢、进行性消瘦和呼吸困难。梅迪和维斯纳病最初是用来命名在冰岛发现的两种绵羊疾病,其含义分别是呼吸困难和消瘦,目前已知这两种病症是由同一种病毒引起的。美国的绵羊进行性肺炎(Ovine progressive pneumonia,OPP),荷兰的绵羊 Zwoegerziekte 病均由本病毒引起。1935—1951 年,MV 在冰岛广泛流行,由于没有有效药物治疗,死亡羊 10 万只。为了控制扑杀,冰岛扑杀病羊 65 万余只,造成巨大的经济损失。

梅迪-维斯纳病主要分布于欧洲大多数国家,包括丹麦、荷兰、希腊、奥地利、比利时、捷克、芬兰、法国、德国、匈牙利、挪威、波兰、瑞典、瑞士和英国,美洲的加拿大,亚洲的以色列、塞浦路斯等也有本病存在。1985 年 6 月中国从进境的绵羊后代中分离到梅迪-维斯纳病毒。

感染动物是主要传染源。目前已知的易感动物有绵羊和山羊,并且绵羊和山羊之间有交叉感染性。所有品种的绵羊对 MVV 易感,但只有某些品种的绵羊出现症状。MVV 主要通过初乳传给新生羔羊,羔羊接触感染母羊的时间越长,发生率越高;其次可以通过呼吸道水平传播,饲养密度过大有助于疾病的传播;另外,MVV 还可以通过污染的饮水、饲养和牧草传播。病毒可经过子宫传给胎儿,但比较少见。目前还没有从公羊的精液中检测到 MVV 的报道。无脊椎动物媒介传播尚无报道。

MVV 的潜伏期特别长,动物在接触病毒 1～3 年或更长时间后才出现临诊症状,继之呈进行性临诊经过。患畜呈现呼吸困难、衰竭和进行性消瘦,有的还表现出关节炎和间质性乳房炎症状。另外,某些病例还见到进行性瘫痪。感染绵羊可终身带毒,但多数羊不出现临诊症状和病变。基本的病变是淋巴组织增生,在肺、脑、滑膜和乳腺上均见到大量的淋巴样组织增生。脑、组织小动脉和关节出现变性退化。肺的重量为正常肺的 2～3 倍,体积增大充满整个胸腔,肺硬化并呈灰红色。关节病变为关节囊、滑膜、滑液囊增生和关节软骨及骨头的变性退化,主要发生于腕关节和跗关节,最终导致纤维性关节强硬。在肺部,常见的变化是化脓性支气管炎并伴有上皮组织增生,这常常是引起动物死亡的直接原因。

给绵羊脑内接种 MVV,可以引起人工感染,而鼻内接种则产生类似"梅迪"的损害。尽管患畜产生高浓度的中和抗体,但在潜伏期和出现症状的时期,各种组织包括脑、脑脊液、肺、唾液腺、鼻分泌物和粪便中都常存在低滴度的病毒。病毒易从脾脏和淋巴结分离到,因其对网状内皮细胞有特别强的亲和力。由抗凝血的沉淀白细胞层中也能分离到病毒。淋巴细胞可能携带病毒,而且可能是病毒的复制场所。在 MVV 感染中,中和抗体似乎没有阻止病毒在血液中传播的作用,尽管在血清中存在着中和、补体结合等抗体,但这种血液接种于易感羊,照样可以引起人工感染。这可能是因为在血液细胞内存在着前病毒 DNA,由于病毒基因组潜伏于感染细胞内,因而不能被宿主免疫系统识别,结果病毒得以长期存在于机体内。另外,如果病毒可以在机体内发生变异的说法成立,那么病毒变异株的出现为持续感染提供另一种机理。在 MV 实验病例,早期由于免疫抑制,损伤较轻,而当 MVV 特异性免疫反应升高后,损伤较为广泛。这说明病理损伤至少有一部分是由于免疫反应引起的。有人从维斯纳脑病炎症灶的神经胶质细胞的冰冻切片发现存在病毒蛋白质,表明病毒抗原在少数细胞的表达本身就是疾病发生的一种激发因素。另外从 T 淋巴细胞中找到一种可溶性的类似于干扰素的因子,它是在 T 淋巴细胞和感染 MVV 的巨噬细胞相互反应后被诱导出来的,其效应至少有两个方面:

(1) 它不仅能延缓单核细胞向巨噬细胞的成长过程,进而限制病毒的复制,更加重要的是它可诱导Ⅱ级主要组织相溶性抗原(Class Ⅱ MHC antigen)在局部巨噬细胞表面上表达出来;

(2) 识别病毒产物链同这种抗原在巨噬细胞上的表达，对某些 T 淋巴细胞后代的增生可能是一种有力的刺激。如果这种反应持续，那么所见到的慢性淋巴组织增生可能就是由它引起的。

16.6.2 病原特征

梅迪-维斯纳病毒(Maedi-Visna disease virus，MVV)在分类学上属于反转病毒科(Retroviridae)慢性病毒属(*Lentivirus*)。成熟的梅迪-维斯纳病毒呈球形，直径 90 nm～100 nm，具有单层的囊膜。病毒粒子的中央有电子致密的直径为 30 nm～40 nm 的核心。病毒在蔗糖溶液中的浮密度为 1.15 g/mL～1.16 g/mL。在 pH(7.2～7.9)之间最稳定，在 pH≤4.2 以下易于灭活，在 56 ℃经 10 min 可被灭活。4 ℃条件下可存活 4 个月。该病毒可被 0.04%甲醛或 4%酚及 50%乙醇灭活。对乙醚、胰蛋白酶及过碘酸盐敏感。以实验感染羊的血清进行交叉中和试验证明，MVV、OPP 病毒及 Zwoegerziekte 病毒在抗原性上一致或密切相关，不同株间可能有微小差异。

将蚀斑纯化的 MVV 接种绵羊，随后从绵羊分离病毒，发现分离病毒株在抗原性上与原接种病毒不尽相同。这种在体内发生的过程，也可以在组织培养物中病毒与抗体的作用后发生，这样的抗原变异现象被认为是持续感染的原因。MVV 可在绵羊的室管膜、脉络丛、肾和唾液腺的细胞内增殖，引起特征性的细胞病变(CPE)。CPE 扩展至整个单层培养物，产生大量多核巨细胞，每个巨细胞的中心有 2～20 个细胞核，随后发生细胞变性。细胞培养物中的 CPE 出现在接种后 2～3 个星期。当病毒经多次传代后，特别是在大量接种时，可在 3～15 天内出现 CPE。同样的病变出现于小鼠、大鼠和仓鼠肾传代细胞(BHK-21)培养物内。能支持 MVV 增殖的其他细胞培养物还有牛、猪、犬和人的脉络丛原代细胞及牛、猪源的传代细胞。持续感染的细胞培养物有细胞转化的特征：失去接触抑制，生长加快。病毒在被感染细胞的胞膜上以出芽方式释放。MVV 不能在鸡胚中生长，用其感染动物也未成功。

16.6.3 OIE 法典中检疫要求

进境种用绵羊和山羊时，进境国兽医行政管理部门应要求出具国际兽医证书，证明：

1) 动物装运之日无梅迪-维斯纳病临床症状；

2) 1 岁以上动物在装运前 30 天经梅迪-维斯纳病诊断试验，结果阴性；

3) 过去 3 年内，原产羊群的绵羊和山羊，既无梅迪-维斯纳病临床症状，也无血清学迹象，且在此期间，原产羊群未从健康状况较差羊群引进过动物。

16.6.4 检测技术参考依据

(1) 国外标准

Manual of Diagnostic Tests and Vaccines for Terrestrial Animals(Chapter 2.4.4/5 Caprine Arthritis Encephalitis & Maedi-Visna)

(2) 国内标准

NY/T 565—2002 梅迪-维斯纳病琼脂凝胶免疫扩散试验方法

16.6.5 检测方法概述

16.6.5.1 病原的分离和鉴定

由于血液循环的单核细胞和组织巨噬细胞带有 MVV 和 DNA 前病毒，因此从活动物分离病毒时，需要以无菌方法从外周血液或泌乳期的乳汁中分离白细胞，并与指示细胞一起培养。常用的指示细胞为绵羊脉络膜丛 (SCP)。可用无 MVV 感染的胎羊或新生羊羔的组织制备 SCP 细胞，繁殖 3～4 代后储存于液氮中，复苏的 SCP 细胞可用于协同培养，能传 10 或 15 代。15 代后，细胞虽能继续良好地生长，但对 MVV 的敏感性降低。白细胞可用外周血液来制备，即将含肝素的 EDTA 或柠檬酸盐的血样品离心 15 min 吸取淡黄色层分离细胞，并将其悬浮于 Hank's 平衡盐溶液（HBSS），再以 400 *g* 离心 40 min，作进一步纯化，收集界面的细胞，并用 HBSS 洗 1～2 次，每次 10 min。最后将细胞重新悬浮于培养液中，使其约含 10^6 细胞/mL。然后吸 10 mL 细胞悬浮液，接到已在 25 cm^2 培养瓶中初步成片的洗过的 SCP 细胞单层中。分离乳汁中的白细胞时，作同样处理，即离心沉积细胞，并经反复洗涤后，将细胞重新悬浮，最后接到 SCP 单层培养物中，这些培养物保持在 37 ℃，5% CO_2 培养箱中培养，必要时更换培养基和传代，检查细胞是否出现 CPE，其特征是出现有折光性的树枝状的星形细胞并有合胞体的形成。细胞培养物确定为未感染而被弃之前，应保存数周。一旦出现可疑的 CPE，应制备盖玻片培养物，经固定后，用免疫标记技术检查病毒抗原，通常用间接荧光抗体法或间接免疫过氧化酶方法。此外，任何可疑的单层细胞应经离心沉淀，并用透射电镜观察细胞，检查特征性慢病毒粒子。

从尸检组织分离病毒，以无菌操作采取可疑的组织样品，如肺、滑液膜、乳腺等，放到消毒的 HBSS 或细胞培养液中，并用解剖刀片将组织切碎置于培养皿中，再用巴氏吸管吸到 25 cm^2 的培养瓶中，每瓶大约 20～30 个组织碎块，在每个碎块上小心地加上一滴生长培养基。然后将培养瓶放在 37 ℃、5% CO_2 的潮湿环境中孵育，并静置数天，使组织碎块粘在塑料壁上，再小心加入新的培养液，这样会有大量细胞从组织碎块逐渐生长出来，当足够的细胞长出后，用胰酶将其分散，使之形成细胞单层。随后可以检查 CPE，而且可以用与协同培养相同的方法证实任何可疑的病毒生长物。

巨噬细胞培养物很容易用肺的冲洗物来制备，并在 1～2 周内通过血清学检查、电镜观察或反转录酶试验检查病毒的繁殖。病毒的分离可通过巨噬细胞和 SCP 细胞的协同培养来进行，方法和上述的白细胞一样。

16.6.5.2　琼脂免疫扩散试验（国际贸易指定试验）

常规血清学方法中 MV/OPP 和 CAE 病毒抗原主要有两种：一是病毒囊膜糖蛋白，常称 gp135；另一种是病毒核心蛋白 p28。两种抗原都是从感染细胞培养物中提取，经聚乙二醇透析 50 倍浓缩而得。经常采用的是 OPP 病毒 WLC-1 毒株。AGID 试验检测 CAEV 抗体的敏感性取决于所用抗原，现已证明用 CAEV gp153 比 p28 敏感。其次，与免疫沉淀试验相比，AGID 检测抗 CAE 病毒抗体，用 CAE 病毒抗原比用 OPP 抗原敏感性高 35%。这种差别很可能是免疫沉淀试验出现沉淀仅需要与一个抗原表位结合，但在琼脂凝胶沉淀中则需要与多表位抗原相互作用。虽然 OPP 和 CAE 病毒的抗原性紧密相关，但相关程度并不清楚；很可能在异种系统中，抗原抗体相互作用较小。如果抗原合适，AGID 试验的检出率很高。但与免疫沉淀法相比，做 AGID 用 CAE 抗原检测 CAE 病毒抗体的敏感性达 92%，特异性达 100%。在 MVV 感染的绵羊和 CAEV 感染的山羊，常规检出的沉淀抗体主要是针对 gp153 抗原，抗 p28 通常比抗 gp153 抗体水平要低。在某些 CAEV 感染山羊中，抗 gp153 抗体含量较高，而缺少抗 p28 抗体。也有部分个体与之相反。因此，为证实试验的准确性，与标准血清反应应该能产生抗 gp153 和抗 p28 的两条沉淀线。

16.6.5.3　酶联免疫吸附试验

已有多种 ELISA 试验报告。目前，多选用提纯全病毒作为 ELISA 的抗原为最适用的

常规诊断方法。现有一种全病毒抗原的商品化 ELISA 试剂盒用于检侧 CAEV 抗体。ELISA 也可用于乳汁的检测，但对乳中慢病毒抗体检出的滴度比较低（可能比血清低 10%），灵敏度也明显偏低。因为 CAEV 首要的传播途径为初乳和乳汁，乳汁中检测 CAEV、MVV 抗体就不能及时提供防止病毒传播的信息，尤其是妊振至分娩期间。

16.6.6　部分商品化试剂说明及供应商

CHEKIT* CAEV/MVV 抗体 ELISA：

来源：美国 IDEXX；公司网站：http://www.idexx.com，http://www.idexx.com.cn

说明：CHEKIT-CAEV/MVV ELISA 检测试剂盒是检测山羊和绵羊的血清、血浆和乳汁样品中的山羊关节炎/脑炎病毒（CAEV）以及梅地亚-维斯纳病病毒（MVV）抗体的酶联免疫检测。可检测多种类型的样品，包括血清、血浆和乳汁，流程简单，试剂即取即用（山羊、绵羊）。

16.7　内罗毕羊病（Nairobi sheep disease，NSD）

16.7.1　疫病简述

内罗毕羊病是由布尼亚病毒科内罗毕羊病病毒（Nairobi sheep disease virus，NSDV）引起的经蜱传播的病毒性非接触性传染病，以发热、胃肠道出血、流产和高死亡率为特征。主要感染绵羊和山羊，人也易感，但人感染的报道较少。绵羊或山羊发生死亡率达 40%～90%的疾病时，特别是从无病区进入疫区后发病，应怀疑此病。本病主要分布于非洲，肯尼亚、乌干达、坦桑尼亚、索马里、埃塞俄比亚、博茨瓦纳、莫桑比克和刚果都曾有报道。亚洲也有本病。

内罗毕羊病的潜伏期为 4～5 天。病初家畜持续高温 1～3 天，有时呈间歇性发热。临床上主要表现为精神萎顿，食欲减退，黏液脓性流涕，严重痢疾，动物表现衰弱，并经常导致怀孕动物流产。在疾病热毒血期或动物退热 2 天后发生动物死亡，死亡率高达 90%。实验室感染实验显示，波斯本土肥尾绵羊与欧洲种绵羊同样易感；但本地品种的死亡率为70%～90%，外来品种和杂交品种的死亡率为 30%。虽然山羊的死亡率有达 80%，但病症较轻。

本病的特征是发热（41.5 ℃），虚脱和腹泻，流产也是其特征之一。不同品系动物对 NSD 易感性不同，一些特别易感。山羊和绵羊的临床症状相似，体温维持在 41 ℃～42 ℃，表现为呼吸过度加快、精神严重沉郁、食欲减退和懒于运动，动物低头站立，结膜发炎，鼻腔分泌物混有血液。浅表淋巴结，如肩前淋巴和腿前淋巴可以摸到。发热反应后 36 h～56 h 内出现下痢，起初量大、多水和恶臭，后呈血样和黏液样，并伴有病痛和里急后重。流产是感染的常见结局。检查蜱的嗜好攻击点，如耳朵、头和身体，可以发现蜱的存在。

最急性病例可在发热后 12 h 内死亡，当动物疾病极度严重时，可在发热反应期内随时死亡。伴随着严重下痢和脱水，更多的死亡是发生在体温下降后 3～7 天。

死于内罗毕羊病病毒血症期早期的动物，死后病变没有示病性，表现为浆膜、淋巴结、脾脏和其他器官（如肾、肝、肺和肝）瘀血、点状或斑状出血。后期，胃肠道出血变得明显，并伴有皱胃、十二指肠、盲肠和结肠溃疡。本病的传播通过褐色耳残喙蜱（*brown ear tick*）的具尾扇头蜱（*Rhipicephalus appendiculatus*）传播（经卵传播或经代传播），并可在其体内存活达 800 天，当有这种寄生虫侵袭时，就可怀疑此病的存在。其他的扇头蜱属和彩饰钝眼蜱（*Amblyomma variegatum*）也可传播本病。病毒存在于尿液或粪便中，但是通过接触途径不能传染本病。

16.7.2　病原特征

内罗毕羊病病毒(Nairobi sheep disease virus,NDSV)属布尼亚病毒科(Bunyaviridae),内罗毕病毒属(*nairovirus*),它与克里米亚-刚果出血热(Crimean Congo hemorrhagic fever,CCHF)、道格比病毒(Dugbe virus)(引起人类轻度发热和血小板减少)同属内罗毕病毒属,是目前已知能够导致人类疾病的3种内罗毕病毒。

内罗毕羊病病毒与发生于印度的引起山羊和人疾病的Ganjam病毒(Ganjam virus)在血清学上有交叉反应,但是由于它们分布于不同的洲,并且通过不同的蜱传播,所以认为它们是两种不同的病毒。其sRNA基因组片段长1590个核苷酸,核苷酸差异仅为10%;编码核衣壳的蛋白长度为482个氨基酸,差异仅为3%。基因学和血清学数据证明Ganjam病毒为NSD病毒的一个亚洲变异种。这类病毒在系统发生上比道格比病毒更接近于哈扎拉病毒(Hazara virus)。

16.7.3　检测技术参考依据

(1) 国外标准

Manual of Diagnostic Tests and Vaccines for Terrestrial Animals(Chapter 2.4.10 Nairobi sheep disease)

(2) 国内标准

暂无。

16.7.4　检测方法概述

16.7.4.1　病原鉴定

发热动物的血浆、肠系膜淋巴结或脾脏都可分离内罗毕羊病病毒。实验饲养的绵羊,2～4日龄的乳鼠脑内接种或细胞培养物都可用于病毒的初次分离。绵羊是本病分离毒病最敏感的动物,BHK细胞系、羔羊或仓鼠细胞都是本病最敏感的细胞。另外,也可以将实验感染绵羊的血浆再接种小鼠或细胞培养物而分离病原。鉴定病毒可以用接种过病料的组织培养物或小鼠脑涂片直接免疫荧光法,另外,也可以用病料组织培养物或鼠脑悬液作为抗原,进行补体结合反应或酶联免疫吸附试验。

接触该病毒时应注意避免空气传染。感染动物的血浆可以直接用来接种,而淋巴结和脾脏则应在转移性培养液中均化成约0.1 kg/L的悬液。培养液可以是含0.5%水解乳蛋白或0.75%小牛血清及青霉素(500 IU/mL),硫酸链霉素(500 μg/mL)和制霉菌素(50 IU/mL)或两性霉素B(2.5 μg/mL)的HanK'S液。

先将样品接种一头隔离饲养的内罗毕羊病易感绵羊,接种羊出现任何发热或其他临床症状时,即可做内罗毕羊病的试验性诊断,同时发病羊亦提供了最佳分毒样品。这种方法对于在较热天气运送野外病料易造成部分病毒失活的地区尤其有价值。绵羊对内罗毕羊病病毒的敏感性比小鼠高10倍。

2～4日龄乳鼠脑内接种0.01 mL1∶10稀释的血浆或组织悬液,各用2窝小鼠,并按常规盲传一代。接种后的小鼠变得衰弱,5～9天内死亡,无菌采取死鼠的脑,混合后稀成1∶100悬液再传代。

细胞培养进行内罗毕羊病病毒初次分离时,与乳鼠脑内接种表现出相同的敏感性。BHK-21-C13细胞系特别理想,原代羔羊或仓鼠肾细胞也可用。内罗毕羊病病毒的大部分

毒株可以使原代BHK细胞产生细胞病变(CPE),少数毒株只在次代细胞接种后,才会产生明显的细胞病变。用羔羊睾丸细胞和肾细胞时,尽管第二代羔羊肾细胞也发生CPE,但不会出现有规律的CPE。细胞试管培养时应使用有飞片和无飞片两种,或如果用塑料瓶分毒,则应同时准备微量板培养。培养时病毒样品的接种量为0.2 mL左右,吸附时间为1 h~2 h。旋转培养时,BHK细胞病变的特征是在24 h~48 h后,粒圆形细胞聚结在一起,形成病变灶。而其他细胞还需24 h~48 h才发生病变。内罗毕羊病病毒引起的细胞病变不是特异的,可以在盖玻片上用免疫荧光或苏木精和伊红染色鉴定。后一种方法显现出一种特殊的胞浆内纺锤体,其他的包涵体是双极的或是围绕着一核。

免疫荧光染色能特异性鉴定内罗毕羊病病毒,在接种后24 h~48 h内就可得出阳性结果,这时尚无细胞病变,直接免疫荧光的结合物可以用高免小鼠的腹水,也可以取用标准方法制备的其他的内罗毕病毒出现交叉荧光反应,但这些病毒往往与绵羊和山羊疾病无关。

鼠脑悬液或感染性组织培养液都可在鉴定本病毒时用作补体结合反应的抗原,已证实这两种抗原用荧光碳(fluorocarbon)部分纯化后使用结果良好。另外,以硼酸缓冲液将鼠脑组织做成悬液后也可作为抗原使用。

另一种用于鉴定病毒的酶联免疫吸附试验(ELISA)所用抗原可用感染组织培养物来制备。当单层培养物大约有20%出现细胞病变时,用一支巴斯德管移出细胞,将其离心沉淀后用pH9硼酸盐缓冲液洗3次。再用SDS(十二烷基磺酸钠)和1%Triton100裂解并溶解细胞,然后用硼酸盐缓冲液按大约1∶5的比例稀释,经离心后就可制备出ELISA抗原,阴性对照抗原是用未经感染的细胞以同样的方法获得,将它们直接吸附于ELISA反应板上,再加内罗毕羊病免疫血清和正常动物血清就可进行ELISA试验。

16.7.4.2 血清学试验

免疫扩散、补体结合反应、间接荧光抗体、血凝反应及ELISA都已用于内罗毕羊病病毒的鉴定。首选间接荧光抗体试验。补体结合反应和间接血凝试验也可以确认内罗毕病在野外的暴发。病毒中和试验的结果不确定,可与内罗毕病毒群的其他病毒发生交叉反应。ELISA试验正在研究之中。以感染动物组织、培养液或鼠脑材料作为抗原也可进行免疫扩散试验。

间接荧光抗体试验:

本试验是内罗毕病毒所有成员均适合的最佳方法。该试验检测时也可能会出现一些交叉反应,尤其是与Dugbe病毒及其他成员如刚果-克里米亚出血热病毒。用本方法检测内罗毕羊病病毒,抗体效价可达1∶640到1∶10 240,其他内罗毕病毒属成员的免疫血清达不到这样的效价。间接荧光抗体法已用于流行病学研究及实验疫苗反应的研究。在已检测的40~50个分离毒株间没有发现任何血清学差异,1~34株病毒通常用来制备抗原,该病毒经几次传代后已适于在BHK-21-C13细胞上生长。试验用细胞病毒抗原可以在飞片、多孔载玻片、聚四氟乙烯(Teflon)面的载玻片或Nunc微量板上生长。

16.8 羊痘(Sheep pox and goat pox)

16.8.1 疫病简述

羊痘又名羊天花(Variola ovina)或羊出花,包括绵羊痘(Sheep pox)和山羊痘(Goat pox),分别是由痘病毒科羊痘病毒属的绵羊痘病毒(sheep pox virus)、山羊痘病毒(goat pox

virus)引起的绵羊和山羊的急性热性接触性传染病。其特征是有一定的病程，通常都是由丘疹到水泡，再到脓疱，最后结痂。该病的死亡率很高，羔羊的发病致死率甚至高达100%，妊娠母羊常发生流产，多数羊在发生严重的羊痘以后即丧失生产力，使养羊业遭受巨大的损失。

大多数绵羊山羊生产国均有流行。非洲的阿尔及利亚、乍得、埃塞俄比亚、肯尼亚、利比亚、马里、摩洛哥、尼日利亚、塞内加尔、苏丹、突尼斯和埃及均曾报道过绵羊痘和山羊痘。亚洲的阿富汗、印度、巴基斯坦、土耳奇、伊朗、伊拉克、以色列、约旦、科威特、黎巴嫩、尼泊尔和沙特阿拉伯也发生过本病。在1983年希腊、瑞典和意大利也都发生过本病。

在自然条件下，绵羊痘病毒只能使绵羊发病，山羊痘病毒只能使山羊发病，人也可感染。本病传播快、发病率高，不同品种、性别和年龄的羊均可感染，羔羊较成年羊易感，细毛羊较其他品种的羊易感，粗毛羊和土种羊有一定的抵抗力。绵羊易感性比山羊大，造成的经济损失很严重。除了死亡损失比山羊高以外，病后恢复期较长，影响到营养不良，使羊毛的品质变劣；怀孕病羊常常流产；羔羊的抵抗力较弱，死亡率更大。

羊痘可发生于全年的任何季节，但以春秋两季比较多发，传播很快。本病的主要传染来源是病羊，病羊呼吸道的分泌物、痘疹渗出液、脓汁、痘痂及脱落的上皮内都含有病毒，病期的任何阶段都具有传染性。当健康羊和病羊直接或间接接触时，很容易受到传染。本病的天然传播途径为呼吸道、消化道和受损伤的表皮。受到污染的饲料、饮水、羊毛、羊皮、草场、初愈的羊以及接触的人畜等，都能成为传播的媒介。本病一旦传播到无本病地区，易造成流行。但病愈的羊能获得终身免疫。

羊痘的潜伏期一般为6～8天，也有短至2～3天，天冷时可以长达15～20天。临床表现上绵羊和山羊基本相同，但也有不同之处。绵羊痘典型症状表现为病初体温升高至41 ℃～42 ℃，精神萎顿，食欲不振，脉搏及呼吸加快，间有寒战。手压脊柱时，有严重的疼痛表现，尤以腰部最甚。眼结膜及鼻黏膜充血，轻度发炎。此时称为疾病的前驱期，约持续1～2天。下一期的特征为在无毛区或少毛区(如头部、眼周围、鼻翼、口唇、口角、四肢的内侧、乳房区及胸腹部)发生红色圆形斑点，在斑点上很快形成结节，呈圆锥形(丘疹)。数日之后，丘疹内部逐渐充满浆液性的内容物变成水泡。水泡通常扁平，中间凹下，其内容物经过2～3天变为脓性(由于化脓菌的侵入)，即由水泡期转为脓疱期(此期体温重新升高)。脓疱再逐渐破裂，变为褐色的痂，称为结痂期。痂经过4～6天而脱落，遗留红色瘢痕，称为落痂期。欧洲某些品种的绵羊在皮肤出现病变前可发生急性死亡；某些品种的山羊可见大面积出血性痘疹和大面积丘疹，可引起死亡。

山羊痘在病程上和绵羊痘相似，但痘的病变常局限在乳房部，少数病羊可蔓延到嘴唇或齿龈，病程为10～15天。恶性型的山羊痘表现为体温升高达41 ℃～42 ℃，精神萎顿，食欲消失，脉搏增速，呼吸困难，喘息。结膜潮红充血，眼睑肿胀。鼻腔流出浆液脓性分泌物。经过1～3天，全身皮肤的表面出现黄豆、绿豆或蚕豆大的红色斑疹(痘疹)。这些斑疹经过2～3天形成水痘(痘泡)。由斑疹过渡到泡疹约持续5～6天。在第9～10天，与出现痘疹的同时，水痘的内容物即变为脓性。水痘变为脓疱后即干涸，数日以后脱落，留下红色的陷窝，最后形成瘢痕。在流行过程中，也可见到非典型症状，有些病例，病初的症状和典型痘相同，但病程多在丘疹期不再发展，结节仅稍增大而硬固，并不变成水泡，特称为“石痘”。随丘疹消失而痊愈。

16.8.2　病原特征

本病病原为绵羊痘病毒（Sheep pox virus）和山羊痘病毒（Goat pox virus），属痘病毒科、羊痘病毒属。痘病毒科有两个亚科：脊索动物病毒亚科和昆虫痘病毒亚科。脊索动物病毒亚科包括 6 个涉及所有动物痘病毒的属。痘病毒（Pox Virus）为最大型的病毒。分为 6 个属：正痘病毒属（*Orthopoxvirus*）、副痘病毒属（*Parapoxvirus*）、山羊痘病毒属（*Capripoxvirus*）、禽痘病毒属（*Avipoxvirus*）、野兔痘病毒属（*Leporipoxvirus*）和猪痘病毒属（*Suipoxvirus*）。痘病毒粒子呈砖形或卵圆形，大小约为（300 nm～450 nm）×（170 nm～260 nm）。有含类脂质和管状或球状蛋白质结构的外膜，包着 1 个或 2 个侧体（Lateral bodies）和 1 个双股 DNA 的核芯。在受侵害的细胞内繁殖时，于胞浆内形成包涵体，该包涵体直径比细胞核还大。在包涵体内有许多更小的颗粒，在普通显微镜下即可见到，这些小的颗粒称为原生小体或原质小体。

痘病毒含 5%～7.5%双链 DNA，其砖形或卵圆形粒子，具有排列不整齐的丝状亚单位的双层膜，圆筒形亚单位的双层膜组成并含有 DNA 的内体（芯髓）。某些痘病毒对乙醚有抵抗力。病毒的复制发生在细胞质内，主要在上皮细胞中。对热的抵抗力不强，55 ℃ 20 min或 37 ℃ 24 h 均可使病毒灭活。对寒冷及干燥的抵抗力较强。紫外线或直射阳光可将病毒直接杀死。0.5%福尔马林、3%碳酸、0.01%碘溶液、3%硫酸和 3%盐酸可在数分钟内使其死亡。绵羊痘病毒感染绵羊，山羊痘病毒感染山羊，不能相互传染。

病毒呈椭圆形，大小为 115 nm×194 nm，是一种亲上皮性的病毒，大量存在于病羊的皮肤、黏膜的丘疹、脓疱及痂皮内。通过病理组织学观察可以看到在细胞浆内有大小不一圆形或椭圆形的包涵体，在电子显微镜下可以观察到 150 nm～300 nm 大小，卵圆形、砖形，有囊膜的病毒颗粒。鼻黏膜分泌物也含有病毒，在血液内仅在发病初期，体温上升时有病毒存在。本病毒可在绵羊、山羊、犊牛等的睾丸细胞和肾细胞培养物以及 BHK21 细胞系培养物中生长繁殖，能使细胞产生 CPE。一般细胞培养物在接种病毒 3～4 天可在细胞内发现胞浆包涵体，电镜下可见病毒粒子。在发育的鸡胚绒毛尿囊膜上亦可繁殖。

病毒的抵抗力很高，3%硼酸、2%水杨酸钠、2%硫酸锌及 10%漂白粉都不能将其杀死。实践中常用的消毒剂为 3%石炭酸、2%福尔马林、2%火碱热溶液、30%热草木灰水或 20%石灰水。

16.8.3　OIE 法典中检疫要求

2.4.10.1 条　本《法典》规定，绵羊痘和山羊痘的潜伏期为 21 天。关于诊断试验和疫苗标准参阅《手册》。

2.4.10.2 条　无绵羊痘和山羊痘国家

至少在过去 3 年内未发生过绵羊痘和山羊痘的国家，可视为无绵羊痘和山羊痘国家。实施扑杀政策的国家，不论是否实施疫苗接种，最后一例绵羊痘和山羊痘病例扑杀 6 个月后视为无疫状态。

2.4.10.3 条　绵羊痘和山羊痘感染地区

某一区域被认为是绵羊和山羊痘感染地区，直到：

1）在最后一例病例确诊至少 21 天后，完成扑杀政策和消毒措施；

2）不实施扑杀政策时，以最后一例感染动物临床康复或死亡后 6 个月。

2.1.10.4 条　无绵羊痘和山羊痘国家兽医行政管理部门可禁止进境或过境运输来自

被认为绵羊痘和山羊痘感染国家的家养绵羊和山羊。

2.1.10.5条 从无绵羊痘和山羊痘国家进境家养绵羊和山羊时，兽医行政管理部门应要求出具国际兽医证书，证明动物：

1）装运之日无绵羊痘和山羊痘临床症状；

2）自出生或至少过去21天内一直饲养在无绵羊痘和山羊痘国家。

2.1.10.6条 从绵羊痘和山羊痘感染国家进境家养绵羊和山羊时，兽医行政管理部门应要求出具国际动物健康证书，证明动物：

1）装运之日无绵羊痘和山羊痘临床症状；

2）自出生后或至少过去21天中，一直在无官方报道发生绵羊痘和山羊痘的饲养场饲养，且该饲养场位于非绵羊痘和山羊痘感染区域；或

3）装运前置检疫站隔离21天；

4）从未接种过绵羊痘和山羊痘疫苗；或

5）于装运前15天到4个月间接种过符合OIE标准的疫苗（疫苗性质包括灭活/致弱活苗及疫苗毒型和毒株都应在证书中注明）。

2.1.10.7条 从无绵羊痘和山羊痘国家进境家养绵羊和山羊精液时，兽医行政管理部门应要求出具国际兽医证书，证明供精动物：

1）精液采集之日及此后21天无绵羊痘和山羊痘临床症状；

2）在无绵羊痘和山羊痘国家饲养；

2.1.10.8条 从绵羊痘和山羊痘感染国家进境家养绵羊和山羊精液时，兽医行政管理部门应要求出具国际兽医证书，证明供精动物：

1）精液采集之日及此后21天无绵羊痘和山羊痘临床症状；

2）精液采集前21天，供精动物一直在出境国饲养，此期间饲养场和人工授精中心无绵羊痘和山羊痘发生的官方报告，且饲养场或人工授精中心位于非绵羊痘和山羊痘感染区；

3）从未接种过绵羊痘和山羊痘疫苗；或

4）曾接种过符合OIE标准的疫苗（疫苗性质包括灭活/致弱活苗及疫苗毒型和毒株都应在证书中注明）。

2.1.10.9条 从绵羊痘和山羊痘感染国家进境动物源性（绵羊或山羊）皮、毛及绒性产品时，兽医行政管理部门应要求出具国际兽医证书，证明制品：

1）来自未曾在绵羊痘和山羊痘感染区域饲养过的动物；或

2）在出境国兽医行政管理部门控制和许可下的加工场内，经过加工，确保杀灭绵羊痘和山羊痘病毒。

16.8.4 检测技术参考依据

（1）国外标准

Manual of Diagnostic Tests and Vaccines for Terrestrial Animals (Chapter 2.4.10 Sheep pox and goat pox)

（2）国内标准

NY/T 576—2002 绵羊痘和山羊痘诊断技术

16.8.5 检测方法概述

16.8.5.1 病原鉴定

(1) 样品采集、运输和制备

病毒分离和抗原检测病料的采集应从活体组织或尸检的皮肤丘疹、肺部病变组织和淋巴结中采集，且需在中和抗体形成之前出现临床症状的第一个星期内采集。在病毒血症期间采集抗凝血(加肝素或 EDTA)作病毒分离。供组织学检查的样品周围应带有正常的组织，采集后立即加入 10 倍体积的 10%福尔马林。

经福尔马林处理的组织样品运输时无特殊要求。而用于病毒分离的抗凝血样品则应立即置低温保存。实际上，样品处理前可在 4 ℃保存 2 天，但不能冰冻或置室温。作病毒分离和抗原检测的组织样品应置 4 ℃，冰冻或－20 ℃保存。样品运输时若无冷贮条件，培养基中应加 10%的甘油。采集的样品大小要适中，不能让运输培养基渗入组织内，因组织块的中央部分要用于病毒分离。

组织学样品应按标准方法制备，用苏木素伊红染色。用于病毒分离和抗原检测的病料则需用无菌剪刀、镊子剪碎，然后用无菌的乳钵研棒和沙研碎，同时加入等体积含青霉素(1 000 IU/mL)，链霉素(1 mg/mL)，制霉菌素(100 IU/mL)或两性霉素(2.5 μg/mL)和新霉素(200 IU/mL)的磷酸盐缓冲液。混悬液冻融 3 次，以 600 *g* 梯度离心 10 min。抗凝血样品经 600 *g* 离心 15 min，小心地将白细胞层移入 5 mL 冷双蒸水内，30 s 后再加 5 mL 冷的 double-strength 生长培养液混匀，混合物于 600 *g* 离心 15 min 弃去上清液，其细胞碎片沉淀再混悬于 5 mL 生长液内，如 GMEM。然后，再用 600 *g* 离心 15 min，沉淀重新混悬于 5 mL GMEM。或用菲可(Ficoll)梯度离心分离抗凝血中的白细胞分离病毒。

(2) 培养

羊痘病毒可在牛、绵羊或山羊原代组织细胞中培养，而原代或次代羔羊睾丸细胞或肾细胞，尤其是产毛绵羊的细胞更为敏感。1 mL 白细胞混悬液(Buffy coat)或 1 mL 组织制备上清液接种于 25 cm^2生长有羊睾丸细胞(LT)或羊肾细胞(LK)的培养瓶内，37 ℃吸附 1 h，然后用温 PBS 液洗涤，再加入 10 mL 含抗菌素和 2%胎牛血清的培养基，如 GMEM，如果方便，培养基加入飞片，当有反应时，飞片上的细胞便可发生病变。

每日检查细胞瓶，观察有无细胞病变(CPE)，连续观察 14 天，其间如培养液出现混浊，需更换培养液。病变细胞典型的 CPE 变化为细胞膜皱缩，细胞圆缩和核染色质界限清晰。起初，仅见小范围的 CPE，有时需感染 4 天后才出现细胞病变。如 14 天仍无 CPE 则将培养液冻融三次，离心取上清液再次接种羊睾丸细胞(LT)或羊肾细胞(LK)培养，在出现 CPE 或培养瓶内加有飞片出现病变时则取出飞片，丙酮固定，苏木素伊红(HE)染色。显微镜下观察，见有大小不等，最大可致半个细胞核大的嗜伊红性胞浆包涵体时，可诊断为痘病毒感染。合胞体形成并不是羊痘病毒感染的特征，在含有特异性抗羊痘病毒血清的培养液中，包涵体可延迟或防止 CPE 的出现。

电镜观察：离心前，先用原始的混悬液在透射式电镜下观察，其样品制作用的六边形 400 目的电镜支持网由发热释放的戊胺蒸汽激活网上的毛细碳支持物(Pileoform-carbon substrate)，将网置于胶片或腊板上的一滴样品混悬液上，1 min 后置于一滴 Tris/EDTA 缓冲液内 20 s，然后再置于一滴 pH7.2 1%磷钨酸内染色 10 s，最后用滤纸吸干网边多余液体，空气干燥后进行电镜观察，羊痘病毒子外形呈砖形，外被复短管状小体。一些病毒子可能覆盖有宿主细胞膜。羊痘病毒较难与正痘病毒区分,但与痘苗病毒则有差异。正痘病毒不能引起绵羊和山羊的病变。引起绵羊传染性化脓皮炎的副痘病毒子形态较小,呈圆形,每一病毒子均覆盖有单排连续性的管状小体,使外观呈现纹状。

组织切片:用福尔马林固定采集的组织样品,按组织学方法切片染色,光镜下观察。羊痘病毒感染的特征是真皮内出现不同数量的绵羊痘细胞(sheep pox cells),这些细胞呈噬伊红性的星状细胞,很少显示有胞浆包涵体和空核。脉管炎症常伴有血栓形成和梗死,引起水肿和坏死。表皮变化表现为棘皮症,皮肤角化不全和过度角化。其他器官病变也主要表现为细胞浸润和脉管炎症。上呼吸道出现溃疡。

动物接种:清澈的组织样品上清液皮内接种于易感羔羊,并每日观察皮肤病变。

(3) 鸡红细胞吸附试验

检查痘病毒最快的方法是鸡红细胞吸附试验。将被检材料接种于适宜的细胞培养物上培养 24 h 后,吸出细胞维持液,加入含 1%鸡红细胞的生理盐水悬液 0.2 mL 于细胞表面,置室温 10 min~30 min 后,洗去红细胞,用显微镜检查,如被检材料中含有痘病毒,则可见到很多的鸡红细胞被吸附到组织细胞之上。不同鸡的红细胞对痘病毒的敏感性有差异,因此要选择对痘病毒有高度敏感性的鸡红细胞用于该项试验。

(4) 免疫电泳试验

选取两个成年健康羊,用 2 mL 含 $2\times10^{4\sim5}$ SID_{50}(绵羊半数感染量)的病毒悬液分多点进行真皮接种,5 周后发病,每只羊后臀肌肉接种 5 mL 完全佛氏佐剂乳化的病毒悬液(病毒先经聚乙二醇-甘醇浓缩),连续四次免疫,每次间隔 12 天,在最后一次免疫后 10 天,采血并分离血清,分离的血清加入硫柳汞(终浓度 1∶10 000),分装入小瓶并储存在 −20 ℃备用。高免血清用来检查被感染羊的皮肤、局部淋巴结、肺和肝脏等组织的病毒抗原。

(5) 吖啶橙染色

将待鉴定病毒和对照病毒接种于飞片的单层细胞,置 Carnoy 氏固定液中固定 15 min,通过 95%乙醇,70%乙醇,50%乙醇各 2 min,然后在 1%枸橼酸溶液中浸泡 3 min,用去离子水涮洗后,浸放枸橼酸-磷酸盐缓冲液中 5 min,置 0.01%吖啶液中(以枸橼酸-磷酸盐缓冲液由 1%吖啶橙溶液临时配制),染色 5 min,再在缓冲液内涮洗 5 min。于一载玻片上滴加 1 滴缓冲液,将飞片翻转,使标本向下,压在 1 滴缓冲液上,并迅速移置荧光显微镜下观察。绵羊痘病毒在细胞质内产生嗜酸性的包涵体并在细胞中增殖,经吖啶橙染色后,细胞质为红色,包涵体在核周围发出淡绿色荧光。阳性血清和阴性血清用作封闭之用以排除非特异性干扰。

(6) 其他方法

荧光抗体试验:山羊痘病毒抗原可用细胞病变的盖玻片或组织培养片用荧光抗体检测,其步骤包括冲洗,干燥和冷丙酮固定 10 min。用免疫绵羊或山羊的血清用于间接试验将引起较高的背景颜色和非特异性反应,不过,可用康复绵羊或山羊,或用纯化羊痘病毒高免兔血清进行直接免疫荧光试验。正常组织培养物作阴性对照。

琼扩试验:琼脂凝胶免疫扩散试验可用于检测羊痘病毒沉淀抗原,但这种抗原与副痘病毒有相似的缺点。

酶联免疫吸附试验:随着克隆高抗原性的羊痘病毒结构蛋白 P32 的出现,使可能用于表达重组抗原生产诊断试剂,如 P32 单一特异性多克隆抗体血清和单克隆抗体的生产。这

些试剂提高了酶联免疫吸附试验的特异性。高免兔血清可由纯化的羊痘病毒,活组织的羊痘抗原混悬液或组织培养的上清液接种兔而制备,用于ELISA试验。应用豚鼠抗群特异结构蛋白P32血清,辣根过氧化物酶联兔抗豚鼠免疫球蛋白和底物溶液可检测出抗原的存在。

酶核酸检测方法:应用血清学技术不可能区别出牛、绵羊或山羊痘病毒间的差异。不过用Hind酶消化纯化的DNA,比较其基因片段便可识别出其差异。这项技术已用于不同动物分离毒株的差异鉴别,不过结果并不始终一致,不同动物毒株间及野外毒株的重组都存在有活动性。

16.8.5.2 血清学试验

(1) 病毒中和试验

有两种方法可以计算中和指数。1是稀释待检血清固定病毒滴度,2是稀释标准病毒,固定待检血清。由于组织培养对羊痘病毒的敏感性不同,使用中和指数较为可靠。试验使用96孔平底孔微量培养板,但每孔在量上略有差异,据报道Vero细胞(非洲绿猴肾细胞)在病毒中和试验中结果较为恒定。

(2) 琼脂凝胶免疫扩散

该种试验方法对羊痘的诊断并不是一种很好的方法,因为其抗体与传染性脓疱性皮炎病毒存在交叉反应,所以检测时会引起假阳性结果。

(3) 间接荧光抗体试验

生长在盖玻片或载玻片上的羊痘病毒感染组织可用于间接荧光抗体试验。试验中应包括正常细胞、阴性、阳性血清对照。感染组织和对照组织均用−20 ℃丙酮固定10 min并在4 ℃贮存。被检血清用PBS从1∶5开始稀释,用一种抗绵羊的标有异硫氰酸荧光素的r-球蛋白检测确定阳性结果。

(4) Western blot分析

羊睾丸细胞感染羊痘病毒出现90%CPE时收获细胞,并冻融三次,离心,分离上清液,用SDS-聚丙烯酰胺凝胶电泳(SDS-PAGE)分离蛋白质。方法采用垂直不连续凝胶电泳系统,其浓缩胶由5%的丙烯酰胺溶于Tris(125 mmol/L),pH6.8和SDS(0.1%)组成;分离胶由10%~12.5%的丙烯酰胺溶于Tris液(560 mmol/L),pH8.7和SDS(0.1%)组成,电泳缓冲液为甘氨酸缓冲液。上清液样品加样前应先用适当的裂解缓冲液煮沸5 min。选择组织培养抗原既可选择纯化病毒,又可选择P32表达的重组抗原。

(5) 酶联免疫吸附试验

羊痘病毒抗体ELISA检测是不太可靠的,但用羊痘病毒P32表达的结构蛋白和抗P32的单克隆抗体(MADS)则可进一步研究开发。

第17章 重要马病检疫技术

17.1 非洲马瘟(African horse sickness, AHS)

17.1.1 疫病简述

非洲马瘟是马属动物的一种急性或亚急性虫媒传染病,呈地方性和季节性流行,以发热、皮下结缔组织和肺水肿以及内脏出血为特征,病原是非洲马瘟病毒(African horse sickness virus, AHSV)。斑马和驴感染后几乎不表现出临床症状,但是本病对马属动物的危害很大,致死率超过90%。

非洲马瘟在撒哈拉沙漠南部的非洲热带和亚热带地区呈地方性流行,范围很广,西边从塞内加尔至埃塞俄比亚,东至索马里,并且向南扩展至南非北部。撒哈拉沙漠是一道难以逾越的地理屏障,挡住病毒不向非洲北部扩散。病毒也可能在非洲之外的某个地方呈地方性流行,如阿拉伯半岛的也门,但是它在此地区的流行病学情况到目前为止还不很清楚。

斑马是AHSV的自然脊椎动物宿主和贮存宿主。斑马很少表现出感染的临床症状。所有其他的马属动物和其杂交种也对病毒易感。AHSV由昆虫的叮咬在易感动物之间传播。它的传播媒介是库蠓(*Culicoides*),其中拟蚊库蠓(*Culicoides. imicola*)是最重要的传播媒介。病毒进入脊椎动物宿主体内后,在局部的淋巴结增殖,然后通过血液散布到体内(primary viraemia,初级病毒血症)并感染靶器官和细胞,即肺、脾和其他淋巴组织,以及某些内皮细胞。病毒在这些组织和器官内增殖发生次级病毒血症(secondary viraemia),此时病毒血症的持续期和病毒滴度可变。虽然试验性感染的潜伏期在2～21天之间,但是自然状况下,在次级病毒血症发生之前,潜伏期少于9天。虽然在马匹中记录到的病毒滴度较高,但是病毒血症通常只持续4～8天,且超过21天就检测不到了。驴和斑马的病毒血症水平比马的要低,但是可能持续长达4个星期。

Wohlsein等发现极急性型试验性感染马的病毒多聚集在心血管和淋巴系统,较少散布全身。在患有马瘟热的动物体内,病毒聚集在脾中,其他地方数量较少。病毒主要存在于内皮细胞和脾脏红髓的大细胞上,说明这些细胞是病毒主要的靶细胞。病毒存在于大单核细胞、类吞噬细胞和外周淋巴滤泡中。

AHSV能引起4种疾病类型:马瘟热型、心型、混合型和肺型。马瘟热常常表现温和,通常是中等程度的发热和眶上窝水肿,无死亡。它经常发生在低毒力株病毒感染,或是在有一定程度的免疫力存在时感染的情况下,而且是非洲驴和斑马唯一能表现出来的疾病类型。心型或亚急性型以发热并持续几个星期为特征,主要的临床表现是皮下水肿,尤其是头部、颈部和胸部以及眶上窝,发生水肿的部位不会低于四肢。结膜可能充血,眼中可能有出血点,舌的腹侧面可能有出血斑。腹痛是常见的症状,致死率超过50%。混合型是AHS最常见的类型,它是心肺混合型的疾病,致死率约70%,死亡通常发生在发热开始后的3～6天内。肺型为极急性型,发展非常快,以致于动物可在没有任何症状的情况下突然死亡。通常有明显的精神沉郁和发热(39 ℃～41 ℃),随后出现呼吸窘迫和严重的呼吸困难。出现痉

挛性咳嗽，影响到头部和颈部，大量出汗，最终大量泡沫状液体从鼻孔流出。患此型疾病的马匹愈后极度不良，致死率常常超过95%。

肺型最显著的损伤是肺小叶间水肿和胸腔积水。胸膜下和小叶间组织充盈着黄色的凝胶状渗出液，整个支气管树充满坚硬的泡沫。腹部和胸腔有腹水，胃黏膜充血并水肿。心型最主要的损伤是皮下、筋膜下、肌内组织和淋巴结水肿。心包积水并心内膜和/或心外膜出血。

17.1.2 病原特征

非洲马瘟病毒(AHSV)属呼肠孤病毒科(Reoviridae)环状病毒属(*Orbivirus*)，在形态结构上与其他环状病毒如反刍兽的蓝舌病病毒(Bluetongue virus, BTV)和马脑炎病毒(Equine encephalitis virus,EEV)很相似。病毒粒子无囊膜，直径约75 nm，有两层20面体衣壳，呈立体对称，由32个壳粒组成。

病毒有9个抗原性不同的血清型。虽然在野外没有发现任何型内变异的证据，但通常认为血清型之间有某些交叉的亲缘关系，尤其是在AHSV-1和2；AHSV-3和7；AHSV-5和8；以及AHSV-6和9之间。AHSV-1～AHSV-8只存在于撒哈拉沙漠以南的有限地区，而AHSV-9的分布非常广泛，它是在非洲之外流行的血清型，唯一的例外是1987—1990年暴发在西班牙和葡萄牙的AHS，它是由AHSV-4引起的。病毒对酸敏感，pH小于6.0很易被灭活，尤其是在pH3.0时迅速灭活。在碱性pH(7.0～8.5)下保持相对稳定。病毒对脂溶剂有一定抵抗力，抗胰蛋白酶。60 ℃于30 min内可灭活。

血液和血清中的病毒可长期存活，在4 ℃甚至室温条件下可存活多年。若将其混入等量的草酸盐-石炭酸-甘油保存液中，保存时间更长。血液或血清即使腐败，也不明显影响病毒的存活。病毒用Parker Davis培养基培养后，以冻干或－70 ℃冷冻保存时病毒滴度损失最小，但是病毒在－20 ℃到－30 ℃之间非常不稳定。0.1%福尔马林能在22 ℃条件下在48 h内杀死病毒。在制备病毒的灭活抗原时，经常用0.1%～0.4%β-丙内酯。某些毒株感染鼠脑的抽提物能凝集马的红细胞，红细胞凝集的最适条件是pH6.4、37 ℃孵育2 h。病毒能在MS、Vero、BHK21等传代细胞株上增殖，其中以MS和BHK21最理想，可使细胞出现明显的细胞病变，在同MS细胞内增殖得最快，滴度最高，并呈特征性的细胞病变。因而用于测定病毒的滴度和做中和试验，也适于观察空斑的形成。

17.1.3 OIE法典中检疫要求

2.5.14.1条　本《法典》规定，非洲马瘟(African horse sickness, AHS)的感染期为40天。诊断试验和疫苗标准参阅《手册》。

2.5.14.2条　无AHS国家

某一国家，如果AHS为法定申报疾病，且过去两年内一直无AHS的临床、血清学(未免疫接种过的动物)或流行病学迹象，同时，该国家在过去12个月内一直未对家养马和其他马科动物进行过疫苗接种时，可视为无AHS国家。

2.5.14.3条　无AHS区

对于AHS为法定申报疾病的国家，如其某一区域在过去两年内一直没有发生AHS的临床、血清学(未免疫接种的动物)或流行病学迹象，且在过去12个月内一直未对家马和其他马科动物实施AHS免疫接种，则该区域可视为无AHS区。如果可能，无AHS区域范围须以实际存在的地理屏障做出明确界定。根据本《法典》1.1章1.1.2.4条规定，无AHS区须制定出防止感染国家或感染区域的家养马或其他马科动物进入该无 AHS 区域的动物卫生条款，将其通报给 OIE，并严格执行。无 AHS 区域内的马匹调运应予以定期检查和监督，确保做到无 AHS。

一个无 AHS 国家或区域从一个 AHS 感染国家或区域进境家养马和其他马科动物时，如根据 2.5.14.8 条实施进境，则该进境国或区域不应视为感染 AHS。

2.5.14.4 条　AHS 感染区

AHS 感染区应包含两个区域：疫点周围半径约为 100 km 的保护带；保护带外周至少 50 km 的监测带，监测带内不应实施免疫接种计划。感染区的维持时间为在最后一例疫情发生后 2 年。

AHS 感染区域与无 AHS 国家或区域间的界限不应以国界线划定，而必须在考虑到地理、生态及其他所有与本病有关流行病学因素的基础上，对其加以明确划分。必要情况下，感染区域的面积可根据下述因素的变化而有所增加或减小：

a）本病的流行病学

AHS 是一种非接触性传染病。可通过非肠道途径注射感染性血液或器官悬乳液而传播。本病最主要的自然传播方式是经库蠓属雌蠓传播，其中拟领库蠓（*C. imicola*）是最主要的传播媒介。在温带气候地区，本病在晚夏和早秋季节高发。其流行直接受有利昆虫繁殖气候条件的影响。严霜出现时，本病发生突然减少。

b）生态因素

严霜期有三个阶段，每个阶段又都有至少 2 h～3 h 的 −3 ℃持续期。在约 3 周的时间内（尚在研究中），严霜将会对该区域成年蠓及库蠓类幼虫产生毁灭性作用，使感染蠓的比率降低到很低水平。尽管一个感染库蠓可以携带相当数量的病毒，但通过这种方式远距离传播本病的可能性极低。

c）地理因素

库蠓媒介活性在高海拔地区显著降低，如感染区域边界有山脉包围时，则将成为阻止昆虫媒介流动的天然屏障。大面积干燥地带也可起到天然屏障的作用。

d）划定感染区域的影响因素：

ⅰ）是否全年存在昆虫媒介；ⅱ）是否存在消除媒介所必须的严霜条件；ⅲ）是否存在对昆虫媒介流动起到自然屏障作用的山脉或干旱地区。

感染区域内部及其边界必须存在对家养马和其他马科动物及其运输的有效兽医控制。相关规定必须颁布并严格执行。

除根据 2.5.14.8 条规定之外，感染区域家养马和其他马科动物一概不可外运。感染区域所有免疫家马和其他马科动物，在免疫接种时必须应用永久性记号做出明确标记。

符合下述条件的国家或国内一地区，可恢复无 AHS 状态：

1）至少在过去两年内，本病在全国范围内为法定申报疾病；

2）该国家或区域在过去两年内，一直没有发现 AHS 的临床、血清学（未免疫接种的动物）和/或流行病学证据；

3）该国家或地区在过去 12 个月内对马科动物没有实施 AHS 免疫接种；

4）除根据 2.5.14.8 条规定之外，不可从感染国家或地区进境马科动物；

5）至少在两年时间内有效实施马科动物死亡率的强制性报告系统，任何死亡马科动物

一经发现，必须证实无AHS；

6）上述条款实施情况的书面材料均应报OIE。

2.5.14.5条　兽医行政管理部门可禁止从被认为AHS感染国家或地区，进境或过境运输下列物品：

1）马科动物；

2）马科动物精液；

3）马科动物胚胎。

2.5.14.6条　从无AHS国家或地区进境家养马时，兽医行政管理部门应要求出具国际兽医证书，证明动物：

1）装运之日无AHS临床症状；

2）出境前2个月内未接种过AHS疫苗；

3）自出生或至少过去2个月内一直在无AHS国家或地区饲养。

2.5.14.7条　从无AHS国家或无AHS地区进境其他马科动物时，兽医行政管理部门应要求出具国际兽医证书，证明动物：

1）装运之日无AHS临床症状；

2）出境前两个月内未接种过AHS疫苗；

3）自出生或至少过去2个月内一直在无AHS国家或地区饲养；并且，如果动物原产国家或地区与被认为AHS感染国家或地区有共同边界，则：

4）装运前置检疫站隔离60天，并经AHS诊断试验，结果阴性；

5）检疫期间及运往装运地过程中，防止媒介昆虫叮咬。

2.5.14.8条　从被认为AHS感染国家或区域进境家养马时，兽医行政管理部门应要求出具国际兽医证书，证明动物：

1）仅在媒介昆虫活动能力低的季节出境；

2）装运之日无AHS临床症状；

3）置检疫站至少隔离40天，此后立即装运；

4）出境前至少2个月接种过AHS疫苗，并有永久性标记；或

5）未进行免疫接种，装运前10天经AHS诊断试验，结果阴性；

6）检疫期间及运往装运地过程中，防止媒介昆虫叮咬。

2.5.14.9条　从无AHS国家或无AHS地区进境家养马精液时，兽医行政管理部门应要求出具国际兽医证书，证明供精动物：

1）采精之日及此后40天无AHS临床症状；

2）采精前2个月内，未接种过AHS疫苗；

3）采精前40天内一直在无AHS国家或地区饲养。

2.5.14.10条　从被认为AHS感染国家或地区进境家养马精液时，兽医行政管理部门应要求出具国际兽医证书，证明供精动物：

1）采精前至少置检疫站隔离40天；

2）检疫期间免受媒介昆虫叮咬；

3）采精之日及此后40天内无AHS临床症状；

4）精液采集至少2个月前，作过AHS免疫接种；或

5）未进行过免疫接种，并于精液采集至少10天后进行AHS诊断，结果阴性。

2.5.14.11条 从被认为无AHS国家或地区进境家养马胚胎时，兽医行政管理部门应要求出具国际兽医证书，证明：

1）供体母畜：a）采集至少2个月前，未作过AHS免疫接种；b）采集胚胎前至少40天，及胚胎采集时在无AHS国家或地区饲养；

2）胚胎的采集、处理和存储符合附录3.3.3的规定。

2.5.14.12条 从被认为AHS感染国家或地区进境家养马胚胎时，兽医行政管理部门应要求出具国际兽医证书，证明：

1）供体母畜：a）采集胚胎前至少40天就在有防虫设施的检疫站饲养；b）采集时及采集之后的40天内没有AHS的临床症状；c）在采集前至少2个月接种过AHS疫苗；或d）未接种过AHS疫苗，但在采集后的10到40天间经AHS诊断，结果阴性；

2）胚胎的采集、处理和存储符合附录3.3.1的规定。

17.1.4 检测技术参考依据

（1）国外标准

1）欧盟指令：COUNCIL DIRECTIVE of 26 June 1990 on animal health conditions governing the movement and import from third countries of equidae(90/426/EEC)；

a）Competitive ELISA for the detection of antibodies to african horse sickness virus (AHSV)

b）Indirect ELISA for the detection of antibodies to african horse sickness virus (AHSV)

c）Blocking ELISA for the detection of antibodies to african horse sickness virus (AHSV)

2）Manual of Diagnostic Tests and Vaccines for Terrestrial Animals(Chapter 2.1.11 African horse sickness)

（2）国内标准

SN/T 1692.1—2006 非洲马瘟琼脂免疫扩散试验操作规程

SN/T 1692.2—2006 非洲马瘟血球凝集和血球凝集抑制试验操作规程

SN/T 1692.3—2006 非洲马瘟补体结合试验操作规程

17.1.5 检测方法概述

17.1.5.1 病原分离

尽管AHS具有独特的临诊症状和病变，但也经常出现误诊，因而必需作实验室确诊，疫区以外的地区暴发本病时，则必须进行病原分离，并对分离物作血清学定型。

AHS病毒很容易从早期发热采集的血液中分离到，但不能从血清和血凝块中分离到。所以采血时应加入抗凝剂（如肝素，10 IU/mL）。尸体剖检时，应采集一小块2 g～5 g脾、肺和淋巴结，保存于4 ℃，或放入甘油-生理盐水中。用含有适当抗生素的PBS或细胞培养液将组织块做成10%悬液后，再接种到细胞培养中。

（1）细胞培养

每一份样品接种4～6个刚长成单层的BHK21，猴稳定细胞（MS）或Vero细胞培养瓶。肝素抗凝的血液可不稀释接种，而用EDTA抗凝的样品应作5～10位稀释，以防止接种后

细胞脱落。吸附30 min～60 min后，洗涤细胞培养物，然后加细胞维持液。如有病毒，接种3～7天可出现细胞病变。盲传3代仍无病变，则判为阴性。

(2) 接种小鼠

每份样品脑内接种2窝1～3日龄的小鼠，接种后4～10天左右可能有1只或1只以上小鼠出现神经症状。取病鼠脑，制成乳剂上，再接种于6只以上新生小鼠。接种第二次继代的潜伏期将缩短至3～5天，感染率为100%。

(3) 接种鸡胚

每份待检样品至少静脉接种6只10～12日龄的鸡胚，并在33 ℃孵育，每天应照蛋观察鸡胚，特异性死亡发生在接种后3～7天。病毒感染后的鸡胚通常表现为全身性出血，呈现鲜红色。

(4) 夹心ELISA

目前至少已建立了2种夹心ELISA法，并用于检测田间病料和实验室感染组织培养物中的病毒抗原。一种方法是采用AHSV的多克隆抗体(PAb)，另一种方法是采用血清型间比较保守的结构蛋白VP7的特异性单克隆抗体(MAb)。这两种检测方法都高度敏感、特异，可于2 h～4 h内得到结果，适于诊断AHS。

(5) 聚合酶链反应(PCR)

已建立了特异性检测AHSV第4血清型RNA的PCR方法，引物分别位于RNA第8片段的5′端(1～21核苷酸)和3′端(1160～1179核苷酸)。

17.1.5.2　血清学方法

(1) 琼脂免疫扩散试验

第一次检查为弱阳性、可疑或非特异性沉淀线的样品，需重复试验。如重复试验结果仍为弱阳性、可疑，均终判为阳性；结果仍为非特异性反应，终判为阴性。

(2) 血球凝集和血球凝集抑制试验

被检血清和吸附剂(pH9.0硼酸盐缓冲液和25%白陶土溶液按4∶5混合)按1∶1混合后，在室温下充分振荡30 min，再经56 ℃灭活30 min，然后2 500 r/min离心30 min，取上清加入1倍体积的1%健康马红细胞生理盐水悬液，摇匀后在室温下静止30 min，再经1 000 r/min离心15 min，取上清，即为1∶4试验血清。血清的血凝抑制效价大于等于1∶8者为阳性。能完全抑制4HAU抗原的血清最高稀释度判为该血清的血凝抑制效价。

(3) 间接免疫荧光试验

先在试管内的小玻片(飞片)上培养猪肾细胞(PK15)，待其生成单层细胞后接种非洲猪瘟病毒，37 ℃孵育24 h后收获飞片，在磷酸盐缓冲盐水中冲洗并干燥后，用丙酮室温固定10 min，置−20 ℃保存备用。为防止非特异性反应，待检血清先用磷酸盐缓冲盐水作1∶10稀释，随后滴加于感染细胞飞片上，37 ℃感作30 min，充分冲洗后，再滴加荧光素标记的兔抗猪IgG抗体，染色30 min，再经充分冲洗后，滴加甘油，于荧光显微镜下检查。近年来大多改用细胞培养板，可以直接在显微境下检查荧光细胞。

(4) 补体结合试验(国际贸易指定试验)

对照标准溶血管对被检血清各管进行判定，待检血清1∶10稀释时小于50%抑制溶血判为阴性，大于50%判为阳性。

(5) 竞争酶联免疫吸附试验(ELISA)(欧盟规定方法)

以重组 AHSV-4 VP7 蛋白为抗原,检测 AHSV 抗体,具有较高的灵敏性和特异性,而且抗原稳定,无感染性,是欧盟委员会规定方法。

(6) 阻断酶联免疫吸附试验(ELISA)(欧盟规定方法)

当样品 OD 值低于阳性点时判为阳性;样品 OD 值高于阴性点判为阴性;如果介于两者之间,则判为可疑,应在 2～3 周后重新采血。

(7) 免疫印迹

该方法是将病毒蛋白以电泳分离,转移到硝酸纤维素膜上,再与抗体结合,用于检测 AHSV 抗体。通过比较阳性对照血清和阴性对照血清的条带模型来鉴定特异性病毒带,如可疑血清出现 2 个以上的这些特异性条带,则可判为 AHS 阳性血清。

(8) NS3-ELISA

以重组 NS3 蛋白为抗原的间接 ELISA,可用于区分 AHS 感染马和以纯化灭活 AHSV-免疫的马,该方法目前正在进行田间评估。能够区别自然感染和疫苗接种动物的重组 NS3 的实验结果表明,重组材料是一种重要诊断试剂,经检测若是免疫马就可允许流通运输。

选择 AHSV 纯化灭活苗是保证结果可靠的基础,应确实排除 NS3 的任何痕迹,如果存在,将在接种疫苗的马体中模仿自然感染的应答反应刺激产生抗 NS3 的抗体。

17.2　马传染性子宫炎(Contagious equine metritis,CEM)

17.2.1　疫病简述

马传染性子宫炎是由马生殖道泰勒氏菌(*Taylorella equigenitalis*)引起的具有高度接触传染性的良种马的一种性病。主要侵害良种母马,临床上以过早发情和数量不等的脓性或黏液脓性子宫分泌物为特征。公马感染后不呈现临床症状,但能传播本病。本病能降低怀胎率,严重阻碍良种马的正常流通和世界范围的商业贸易。

马传染性子宫炎最早发生于法国,但未被认识。1976 年作为一种新病首先发现于爱尔兰。1977 年英国 Newmarket 暴发了本病,196 匹母马和 23 匹种公马被传染,有 18 个种畜畜牧场受到影响,有的牧场母马感染率 30%。Crowhurst 于 1977 年第一个报道了 CEM,曾一度命名病原为马生殖器嗜血菌(*Haemophilus equigenitalis*),同年爱尔兰、澳大利亚,1978 年法国、美国等正式报道了本病。由于各国采取了有效的防制措施,本病的发病数明显下降。但是,由于国际间的良种马贸易,本病有不断扩散的趋势,1980 年日本也暴发了本病,有大约 200 匹母马和几匹种公马感染。

本病的潜伏期自然感染为 2～14 天,多为 3～10 天,实验感染为 2～4 天。本病主要临床症状是不同程度的宫颈炎和阴道炎,阴道有轻度翻脓性分泌物流出。病马可逐渐康复,但多数成为长期的无症状的带菌者。病马和带菌马是本病的主要传染源,尤其是无症状的带菌马是最危险的传染源。本病主要通过性交传播,通过与带菌种公马交配而感染,病菌主要定居于泌尿生殖道黏膜,特别是阴蒂窦、隐窝和子宫作部位的黏膜;也能通过冲洗或检查母马生殖道时操作不卫生而传播,或通过被该菌污染的物品、器械、场所以及接触过病马、带菌马和污染物的人员传播。带菌母马产下的马驹也可能成为带菌者。病菌不仅可侵害马,而且可以侵害其他马属动物,如驴。

感染母马多于交配后出现过早发情，见有数量不等的淡灰白色的黏液脓性或脓性子宫分泌物，分泌物量多时污染臀部、使尾毛缠结，并在会阴部皮肤上结块，量少时多沉积在阴道底部穹窿内，不呈现外部症状。同时并发宫颈炎和阴道炎。少数母马可成为阴性带菌者，而且能怀驹分娩。公马感染后不呈现临床症状而成为无症状带菌者。

Timoney 等人(1979)将 CEM 成功地传递到母驴。母驴感染后的临床症状与母马相似。感染母驴能自然临床康复。试验表明，驴、鼠、兔和豚鼠对 CEMO 均有易感性。

本病多发生于配种季节，呈散发或爆发。感染本病后可获得一定的免疫力。重复感染实验的结果表明有局部抗体的存在。

17.2.2　病原特征

马生殖道泰勒氏菌(*Taylorella equigenitalis*)，曾名为马生殖器嗜血菌(*H. equigenitalis*)，通常又称马传染性子宫炎菌(CEMO)，系嗜血杆菌属的一个新种，是一种革兰氏阴性球杆菌，有荚膜、无鞭毛，不能运动。

马生殖道泰勒氏菌是一种微需氧菌，在 Eugon 巧克力琼脂(ECA)和胰胨琼脂(TCA)平板上，37 ℃、含有 5%～10%二氧化碳、5%氧、85%氮或 90%氢气中生长良好。本菌生长不依靠 V 因子和 X 因子。能产生过氧化氢酶、细胞色素氧化酶和磷酸酶。其他细菌学试验阴性。

在 ECA 平板上培养马生殖道泰勒氏菌能见到三型菌落：

(1) 光滑型菌落，有凸圆而发亮的外观，并在孵化 15 天时达到最大(直径 5 mm～7 mm)，该型菌落最常见。

(2) 沙型菌落，与光滑型菌落相同，但菌落表面像撒了一层沙子。该型菌落也比较常见，并且也在孵化 15 天时达到最大(直径 5 mm～7 mm)。

(3) 极小型菌落，菌落很小(直径(0.15 mm～0.2 mm)，孵化 5～7 天后才能看见。该型菌落类似于 TCA 平板上生长的马生殖道泰勒氏菌菌落。这一型菌落又分三型：圆形的、扁平的和圆锥形的。前两型不透明，后者半透明。极小型菌落在 ECA 上通过几次之后，长得更快更大一些，孵化 3 天后既可看见，在第 7 天时菌落直径增大到 0.75 mm，看上去像光滑型菌落。

此外，还发现沙型菌落的后代通过 ECA 平板时能产生上述三型菌落，其中多数是光滑型和极小型菌落。菌落变异型的抗原性和毒力上的差异目前正在研究。

一般外用消毒药对本菌无效。平板扩散试验表明本菌对氨苄青霉素、红霉素、氯霉素、金霉素、土霉素、庆大霉素、新霉素、呋喃霉素，妥布霉素，丁胺卡那霉素、卡那霉素、多粘菌素 B、褐霉素等敏感；对青霉素中度敏感；对链霉素不敏感，但在美国分离到了链霉素敏感株。本菌存在于感染母马的子宫、宫颈、阴道、阴蒂凹、阴蒂窦及感染公马的尿道、尿道窝、阴茎鞘等部位，感染公马的精液中也带有细菌，阴垢可以长期存留细菌。

17.2.3　OIE 法典中检疫要求

2.5.1.1 条　本节规定：感染场是指养有感染马传染性子宫炎(CEM)的马科动物的场所。在最后一例病例确诊，且该饲养场经充分清洗和消毒两个月后，该场所可视为非感染场。诊断试验标准见《手册》。

2.5.1.2 条　进境无 CEM 种公马和母马(有官方监督机构的国家)时，进境国兽医行政管理部门应要求出具国际兽医证书，证明动物：

1）装运之日无 CEM 临床症状；

2）未接触过 CEM，包括：a）同感染动物交配的直接接触；b）通过感染场所造成的间接接触；

3）装运前 30 天，经 CEM 实验室检查，结果阴性。

2.5.1.3 条　进境曾表现 CEM 临床症状，或者与 CEM 有过接触的种公马和母马（有官方监督机构的国家）时，兽医行政管理部门应要求出具国际兽医证书，证明与感染动物交配的有直接接触史，或通过感染场所有间接接触史的动物：

1）经实验室试验证实无 CEM 感染；

2）自试验开始，就对动物实施保护，防止任何可能的接触感染。

17.2.4　检测技术参考依据

（1）国外标准

Manual of Diagnostic Tests and Vaccines for Terrestrial Animals（Chapter 2.5.1 Contagious equine metritis）（NB version adopted May 2005）

（2）国内标准

暂无。

17.2.5　检测方法概述

17.2.5.1　病原鉴定（国际贸易指定试验）

从泌尿生殖道黏膜上可分离到多种细菌，其中很多对马无害，但能干扰马生殖道泰勒氏杆菌的分离培养。这些细菌有的数量很少，但这些细菌能在拭子上生长，待进行培养时就可影响马生殖道泰勒氏杆菌的培养结果观察。因此，采样拭子应贮存于含有活性碳的运输培养基如 Amies 培养基内，以吸附掉细菌代谢产生的抑制因子。随着时间消逝，拭子中的马生殖道泰勒氏杆菌数不断减少，而且温度越高失活越迅速。因此，应在低温条件下运输样品，而且尽可能地在 24 h～48 h 内送到实验室。在采拭子前应至少停药 7 天。抗生素虽然不能杀灭马泌尿生殖道中的马生殖道泰勒氏杆菌，但却能影响在实验室内用培养基分离细菌。

每个拭子均接种到 2 个 5%巧克力培养基上。巧克力培养基为富含蛋白胨的琼脂，其中含半胱氨酸（0.83 mmol/L）、亚硫酸盐（1.59 mmol/L）和抗真菌素（5 μL/mL 两性霉素 B）。马生殖道泰勒氏杆菌也可在血琼脂中生长，但不如在巧克力琼脂中生长的好。有些厂家专门生产经过质量控制的马生殖道秦勒氏杆菌的蛋白胨培养基。所有良好的培养基均不含有可发酵的碳水化合物，这虽然也影响了马生殖道泰勒氏杆菌的生长，但其他细菌发酵后能抑制其生长。培养基中还应含有硫酸链霉素（200 μg/mL）。许多马生殖道泰勒氏杆菌分离株能抵抗这个浓度的硫酸链霉素，且能抑制杂菌的生长，从而有利于为数不多的生殖道泰勒氏杆菌的生长。用不含硫酸链霉素的培养基来分离对这种抗生素敏感的少数马生殖道泰勒氏杆菌时，一些杂菌例如奇异变形菌会大量生长，以致影响结果的判读。此时，实验室记录不应按阴性结果处理，而应重新采集拭子检验，并尽量避免此类问题出现。

有时泌尿生殖道黏膜上可能有另外某种细菌定居，并影响到本病的诊断，必须冲洗并用抗生素治疗消除此菌。停止用药至少再过 7 天，再采集拭子分离马生殖道泰勒氏杆菌。已经研制出一种含三甲氧苄二氨嘧啶（1 μg/mL）、洁霉素（5 μg/mL）和两性霉素 B（5 μg/mL）的培养基，马生殖道泰勒氏杆菌对这些抗生素均不敏感，应用结果表明，在多数情况下能克

服上述困难。因此，作为常规方法，在初次分离培养时应使用该培养基试验时，应同时设一个已知马生殖道泰勒氏杆菌培养对照，以检查每批培养基是否能支持其生长。

培养皿置于含 5%～10%CO_2 的烛缸内 35 ℃～37 ℃培养。马生殖道泰勒氏杆菌生长至少需要培养 48 h 才能形成菌落，48 h 后应每天观察。有时，需培养 13 天才能观察到菌落，但一般培养 7 天就可以了。最初 24 h 应检查是否有杂菌污染。本菌菌落很小，直经 2 mm～3 mm，边缘光滑，有光泽，呈灰黄色。

马生殖道泰勒氏杆菌革兰氏染色阴性，无运动性，杆状或球杆状，有时呈多形态(长达 6 μm)，并可表现两极着色。能产生过氧化氢酶和磷酸脂酶，氧化酶强阳性，其他生化反应不明确。如果所分离的细菌生长缓慢，符合上述细菌形态，氧化酶强阳性，则对这种细菌要用马生殖道泰勒氏杆菌特异抗血清进行鉴定。

用于鉴定的血清学方法很多，有简单的如玻片凝集试验，也有复杂的直接或间接免疫荧光试验，各种方法都有优缺点。玻片凝集试验的缺点是，有时分离株会发生自凝现象。如果置于含有 5%～10%瓶装 CO_2 的容器内而不是在烛缸内培养，则可消除自凝现象。免疫荧光试验可以用于能发生自凝现象的细菌的检测，但这种方法的缺点是能与诸如溶血性巴氏杆菌之类的细菌发生交叉反应，试验时需应用吸附过的血清作重复检测，现在已经有了单克降抗体，用它可克服该缺点。

现在市场上有一种乳胶凝集试验试剂盒可用于马生殖道泰勒氏杆菌抗原鉴定。其多克隆抗体是采用与上述相似的方法制备的。本试验已被常规检验室广泛地用于鉴别在选择性培养基上生长的、生化反应与马生殖道泰勒氏杆菌一致的可疑菌落。由于马生殖道泰勒氏杆菌抗原性相对独特，少量的交叉反应性抗体也易在制备过程中被吸收掉，所以本试验具有高度的特异性和敏感性。

在荷兰，聚合酶链反应(PCR)已被用于检测马生殖道泰勒氏杆菌，并且与细菌分离法作了比较。PCR 的检出率比细菌分离法高得多，甚至可以从没有感染史的国家进境的和没有临床症状的马中检测出来。马实际的带菌率可能比想象的高得多，而且菌株间基因发生了变异，导致致病性的差异。英国也使用 PCR 技术。PCR 的特异性很高，而且能从污染大量杂菌的标本中检出极少量的马生殖道泰勒氏杆菌；对近期培养阴性的马群，PCR 检测还未出现过阳性。然而，有待于对该技术进行更全面而广泛的评价。

17.2.5.2　血清学试验

至今尚无一种血清学方法能独立而可靠地用于诊断和控制，然而，血清学试验可以作为分离培养法的一种辅助方法，用于对最近曾与可疑带菌公马交配过的母马的筛检，但不可取代细菌培养。

Benson 等人(1978)用凝集试验(SAT)和抗球蛋白试验(AGT)证明患有 CEM 的母马血清中有与 CEMO 相应的抗体；之后 Croxto-Smith 等人(1978)发现用补体结合试验(CF)检测感染母马的 CEMO 抗体比 SAT 和 AGT 更灵敏，尤其是在慢性感染时。然而，在检查的标本中 26%发现了抗补体(AC)活性，因此。Fernie 等人认为 AC 活性可能严重妨碍使用 CF 发现 CEM。Dawson 等人(1978)应用 SAT、AGT 和 CF 检查了两匹实验感染 CEMO 母马的抗体产生情况，认为尽管 CF 是最简单的方法，但是，在急性期不如 SAT 和 AGT 灵敏。

Fernie 等人(1979)用被动血凝试验(PHT)检查了 299 匹母马和小马的血清样本，其中有 CEM 临床症状的 30 匹母马的标本的 CEMO 抗体滴度为 256～4 096；1977 年和 1978 年 CEM 流行期间采集的无 CEM 病史、临床上正常的 139 匹母马标本的 CEMO 抗体滴度均在 256 以下，多数（104 匹占 70.5%）滴度为 8 或更低，仅 1 例为 128；作为阴性对照，1976 年采集的 100 匹母马的标本和 1978 年采集的没有暴露给 CEMO 的 30 匹小马标本的 CEMO 抗体的最高滴度为 32，而且仅有 1 例，其余均在 32 以下。上述研究结果表明，PHT 检测 CEMO 抗体色灵敏的，它可以发现 CEM 早期阶段和晚期阶段的抗体，短期间孵化（2 h）便能读出结果，而且不受 AC 活性的影响，是一种比其他方法能更迅速、更灵敏发现 CEMO 抗体的血清方法，可用于 CEM 的常规检查。但是，能否通过 PHT 发现带菌马，目前尚在研究之中。

17.3　马媾疫（Dourine）

17.3.1　疫病简述

马媾疫是由于马媾疫锥虫（*Trypanosoma equiperdum*）寄生于马属动物的生殖器官而引起的的一种慢性原虫病。世界上许多国家和地区均有流行，例如哈萨克斯坦、吉尔吉斯斯坦、巴基斯坦、埃塞俄比亚、博茨瓦纳、纳米比亚、南非、巴西，意大利、德国。我国的西北、东北、内蒙古、陕西、河南、安徽、河北等省区均有发生。

自然情况下，仅马属动物对媾疫锥虫有易感性。马媾疫锥虫进入马体后，如果马匹抵抗力强，则不出现明显临床症状，而成为带虫马。带虫马匹是马媾疫主要的传染来源。驴、骡感染后，一般呈慢性或隐性型；改良种马常为急性发作，症状也较明显。媾疫锥虫主要在生殖器官黏膜寄生，产生毒素。本病主要是交配时发生传染。也可通过未经严格消毒的人工授精器械、用具等传染，所以在配种季节后发生的较多。

马媾疫锥虫侵入公马尿道或母马阴道黏膜后，在黏膜上进行繁殖，产生毒素，引起局部炎症。马匹在虫体及毒素的刺激下，产生一系列防御反应，如局部炎症和抗体形成等；如果马体抵抗力弱，锥虫乘机大量繁殖，毒素增多，被机体吸收，便出现一系列临床症状，特别是神经系统症状最为明显，因此认为马媾疫是一种多发性神经炎。

本病的潜伏期一般为 8～28 天，但也有长达 3 个月的，主要症状如下：

生殖器官症状　公马一般先从包皮前端发生水肿，逐渐蔓延到阴囊、包皮、腹下及股内侧。触诊水肿部，无热，无痛，呈面团样硬度，大小不一，牵遛后不消失。尿道黏膜潮红肿胀，尿道口外翻，排出少量混浊的黄色液体。阴茎、阴囊、会阴部等部位皮肤上相继出现结节、水泡、溃疡及缺乏色素的白斑。在半放牧的马匹中，白斑常不明显或缺乏。有的病马阴茎脱出或半脱出，性欲亢进，精液质量降低。母马阴唇肿胀，逐渐波及乳房、下腹部和股内侧，阴道黏膜潮红，肿胀、外翻，不时排出少量黏液性脓性分泌物，频频排尿，呈发情状态。在阴门、阴道黏膜不断出现小结节和水泡，破溃后成为糜烂面，但能很快愈合，在患部遗留下缺乏色素的白斑。病马屡配不孕，或妊娠后容易流产。

皮肤轮状丘疹　在生殖器出现急性炎症后的一个多月，病马胸腹和臀部等处的皮肤上出现无热、无痛的扁平丘疹，直径约 5 cm～15 cm，呈圆形或马蹄形，中央凹陷，周边隆起，界限明显。其特点是突然出现，迅速消失（数小时到一昼夜），然后再出现，因此不注意经常检查就不易发现，但亦有见骡的皮肤轮状丘疹持续时间长达 20 多天者，经用贝尼尔治疗后才消失。

神经症状　病的后期，随全身症状的加重，病马的某些运动神经被侵害，出现腰神经与后肢神经麻痹，表现步样强拘，后躯摇晃和跛行等，症状时轻时重，反复发作，容易误诊为风湿病。少数病马有面神经麻痹，如唇歪斜，一侧耳及眼睑下垂。

全身症状　病初体温升高，精神食欲无明显变化。随着病势加重，反复出现短期发热，逐渐消瘦，精神沉郁，食欲减退。最后，后躯麻痹不能站立，可因极度衰竭而死亡。

17.3.2　病原特征

马媾疫的病原为马媾疫锥虫（*T. eguiperdum*），属锥虫属（*Genus trypanosoma*）的唾液型（Salivaria）密单胞亚属（*Pycnomonas*）锥虫亚属（*Trypanozoon*），与伊氏锥虫在形态上相同，但其生物学特性则彼此不同。马媾疫锥虫呈单一形态，虫体细长，平均长 25 μm，宽 2 μm，扁平呈柳叶状而稍卷曲。细胞核位于虫体中央，呈椭圆形，动基体距虫体后端约 1.5 μm，呈圆形或短杆形。胞浆内含少量的空泡；核的染色质颗粒多在核前部。在压滴血液标本中，原地运动时相当活泼，而运动时比较迟缓。在姬姆萨染色涂片中，核与动基体呈深红紫色，鞭毛呈红色，波动膜呈粉红色，原生质呈淡天蓝色。宿主的红细胞则呈鲜明的粉红，且稍带黄色。

17.3.3　OIE 法典中检疫要求

2.5.2.1 条　本《法典》规定，马媾疫的潜伏期为 6 个月。诊断试验标准见《手册》。

2.5.2.2 条　无马媾疫国家

马媾疫感染国家符合下列条件时，可视为无马媾疫国家：

1）对感染动物实施扑杀政策；

2）过去 2 年中未发现马媾疫临床病例；

3）每年对种马进行马媾疫诊断试验，连续 2 年结果阴性。

2.5.2.3 条　从过去 6 个月无马媾疫国家进境马科动物时，兽医行政管理部门应要求出具国际兽医证书，证明动物：

1）装运之日无马媾疫临床症状；

2）自出生或装运前 6 个月，一直在至少 6 个月无马媾疫国家饲养。

2.5.2.4 条　从马媾疫感染国家进境马科动物时，兽医行政管理部门应要求出具国际兽医证书，证明动物：

1）装运之日无马媾疫临床症状；

2）装运前 6 个月，一直在官方报告无马媾疫的饲养场饲养；

3）装运前 15 天，经马媾疫实验室诊断，结果阴性。

2.5.2.5 条　从过去 6 个月无马媾疫国家进境马科动物精液时，兽医行政管理部门应要求出具国际兽医证书，证明供体动物自出生或采精前 6 个月，一直在至少过去 6 个月无马媾疫国家饲养。

2.5.2.6 条　从被认为马媾疫感染国家进境马科动物精液时，兽医行政管理部门应要求出具国际兽医证书，证明：

1）供精动物：a）采精前 6 个月，一直在报告无马媾疫的养殖场或 AI 中心饲养；b）经诊断试验，结果阴性；

2）精液显微镜检查阴性。

17.3.4　检测技术参考依据

(1) 国外标准

Manual of Diagnostic Tests and Vaccines for Terrestrial Animals(Chapter 2.5.2 Dourine)

(2) 国内标准

SN/T 1694—2006　马媾疫微量补体结合试验操作规程

17.3.5　检测方法概述

17.3.5.1　病原鉴定

根据临床症状和病原分离进行确诊的可能性很小,因为:

1) 尽管发病动物的临床症状和剖检病变具有诊断意义,但往往不易分辨,尤其早期阶段或隐性感染难以辨别,常与其他疾病,如水泡性媾疹相混淆,而且,在有些国家,如在南美,伊氏锥虫感染具有类似临床症状的情况在增加;

2) 这种锥虫仅仅少量存在,极难找到,即使在水肿部位都很难发现;

3) 该锥虫仅短暂地存在血液中,而且数量很少,很难检出。

实际上,马媾疫的确诊主要依赖于临床症状和血清学试验的结果。

在感染动物中,锥虫仅以很少的数量存在于外生殖器的淋巴液、水肿液以及阴道黏液和斑块的液体中。一般不易从血液中检出,但可以在感染4～5天后,从包皮或阴道的洗涤物或刮取物以及尿道或阴道黏液中找到虫体。此后,特别是在发疹后不久,还可以从水肿液和斑块液体中找到虫体。斑块上皮肤须清洗,刮毛,干燥,再用注射器吸取液体内容物,应注意避开血管。在显微镜下检查新鲜吸取物,可以找到活动的锥虫。这些锥虫只能存活短短的几天,因而须反复检查这些病变部位。厚血片中很少找到虫体,但是血液离心以后,血浆再离心,有时能检查出来。由于马媾疫锥虫是温带地区侵袭马的唯一锥虫,这个地区厚血片中查到虫体就可做出阳性诊断。但是,存在非洲的锥虫病和苏拉病的国家里,很难用显微镜检查法将马媾疫锥虫从形态学和运动性与涎传锥虫亚属中的其他种(伊氏锥虫,布氏锥虫)区别开来,尤其不能以形态学为标准来区别马媾疫锥虫和伊氏锥虫。因为,尽管可以见到多形态的、短粗的蛋白核型,但两者都是带有游离鞭毛的单形态纤细的锥鞭毛体。马媾疫典型虫株的体长在15.6 μm～31.3 μm之间。

17.3.5.2　血清学试验

无论动物是否表现临床症状,感染动物的血液中都会存在抗体。补体结合试验(CF)可用于检测动物的隐性感染。但健康马科动物特别是驴和骡,由于它们血浆的抗补体作用,通常会出现非一致性的或非特异性的反应干扰实验结果。间接免疫荧光(IFA)试验可以避免这个现象,但目前尚无国际公认的方法。由于在一些国家存在其他的锥虫,如枯氏锥虫(*T. cruzi*)和 伊氏锥虫(*T. evansi.*),可能存在交叉反应。也可使用酶联免疫分析(ELISA)检测。马媾疫锥虫与其他旧大陆锥虫非常近,包括枯氏锥虫和伊氏锥虫,该属成员都具有保守的细胞成分可引起强烈的血清学交叉反应。所有血清学检测中市售的诊断抗原和抗血清(单克隆和多克隆)都包含这些保守片段或抗体,因此,以下所述的血清学方法对马媾疫锥虫都不是特异的。马媾疫锥虫的诊断必需包括病史,临床症状,病理及血清学检测结果。

(1) 补体结合试验(国际贸易指定试验)

马媾疫的补体结合试验可采用标准的或微量滴定技术。以豚鼠血清作为补体,其他试

剂有绵羊红细胞(SRBCs)(以巴比妥缓冲液洗涤)以及兔溶血素血清。

(2) 间接荧光抗体试验(IFA)

马媾疫的 IFA 也用于定性试验，或用于 CF 试验中可疑结果的进一步检测。抗原:(同上述 CF 试验抗原制备方法)。锥虫数量仍在增长(低倍镜下每视野不少于 10 条锥虫)的动物采血，将其血液采集到加有肝素的真空容器或枸橼酸葡萄糖溶液内。

1) 将血液以 800*g* 离心 10 min。

2) 将压积红细胞加 1～2 倍体积 PBS，混匀，制备均匀覆盖整个载玻片的抹片。

3) 将抹片置空气中干燥后，以 4 张抹片为一束包扎，抹片之间用纸隔开。将包扎成束的抹片以铝箔纸包裹后，放在不漏气的容器中的硅胶上面，封口后于－20 ℃或－70 ℃保存。

4) 抗原片在－20 ℃下保存 1 年仍有活性，－76 ℃下保存更长时间仍可使用。

结合物:用荧光素标记的羊抗马免疫球蛋白。每批试验应设立标准阳性、阴性血清对照试验，判定待检血清的结果时，应考虑对照血清中的荧光形式。

(3) 酶联免疫吸附试验(ELISA)

马媾疫 ELISA 技术已经建立，而且与其他的血清学试验作了比较。

(4) 其他血清学试验

马媾疫的检测还用过其他一些血清学试验，包括放射免疫试验、对流免疫电泳和琼脂凝胶免疫扩散试验(AGID)。AGID 用于确诊阳性反应试验和检测抗补体血清。可以应用 0.8%Tris 缓冲液琼脂糖 7 孔型试验方法，将 CF 试验抗原加到中心孔，阳性对照血清和被检血清加入外周孔。最近报道了一种免疫印迹试验，它可以同时对马巴贝斯虫、鼻疽和马媾疫做出诊断。

17.4　马脑脊髓炎(Equine encephalomyelitis)

17.4.1　疫病简述

马脑脊髓炎是由马脑脊髓炎病毒引起的一种由节肢动物传播，季节性明显，主要侵害中枢神经系统的传染性疾病。本病主要侵害马，幼年马比成年马敏感，猪大多为隐性感染。本病也感染人。

马脑脊髓炎包括东方型(Eastern)和西方型(Western)两种，东方型马脑脊髓炎(Eastern Equine Encephalomyelitis，EEE)分布于美国东部地区以及中美和南美的一些国家和地区。西方型马脑脊髓炎(Western Equine Encephalomyelitis，WEE)分布于东海岸以外的美国所有地区和加拿大南部，并向南扩展至南美，直到阿根廷。南起南纬 14°的秘鲁南部，北至北纬 28°的美国得克萨斯州的中部。此外，马脑脊髓炎也发生于前苏联、德国、澳大利亚、加拿大等国家和地区。1912 年夏秋季节，美国发生了一次严重的马脑脊髓炎，死亡马 35 000 匹。1930 年又发病 6 000 多匹，死亡近半。在 1937 年和 1938 年的大流行中，又分别发病 173 000 多匹和 184 000 多匹，此间也报道过实验室工作者的严重感染和死亡。除马、驴、骡和人易感染本病外，下列各种动物都对两型病毒的脑内接种有易感性:猴、犊牛、山羊、狗、鹿、鸡、鸽、鸭、家兔、野兔、豚鼠、大鼠、小鼠、田鼠、仓鼠、棉鼠、沙林鼠以及许多野鸟。只对东方型病毒易感的有:猪、绵羊、猫、刺猬和各种鸟类。在多种野生动物都可以分离出马脑脊髓炎病毒，例如:雉、野鸽、野鸭、麻雀、松鼠、鹿、猴、蛇、蛙等。

本病潜伏期为1～3周，马群的发病率一般不超过20%～30%。病马发热，随后出现中枢神经症状，开始时兴奋不安，呈圆圈状运动，冲撞障碍物，拒绝饮食。随后嗜眠、垂头靠墙站立，但可能突然惊动，继而又呈错睡状。病马常呈犬坐等异常姿势，此后呈现麻痹症状。下唇下垂，舌垂于口外。步样蹒跚，最后倒毙，病程为1～2天。东方型马脑髓炎的死亡率有时高达90%，西方型马脑脊髓炎的死亡率为20%～30%，有时高达50%。

东方型和西方型马脑脊髓炎病毒呈蚊-鸟式传播。已证实病毒可在蚊体内的增殖。蚊在吸进病血后，其口器及前胃内可能携带病毒，如在短期内再行叮咬其他动物，就有可能使其发生感染。进入中肠的病毒则侵入肠上皮细胞，增殖达较高浓度，并终生存在。业已证明，东方型马脑脊髓炎病毒可以感染蚊唾液腺的腺泡细胞，并在这些细胞顶的胞浆膜上出芽而使唾液具有感染性。在感染后10天即开始由唾液腺释放出病毒。蚊在感染后本身不死亡，甚至不缩短其寿命。蚊的吸血习性不同，有的专嗜鸟血，例如黑尾毛蚊(*Culiseta melanura*)和长跗库蚊(*Culex tarsalis*)，分别是鸟类中东方型马脑脊髓炎病毒及西方型马脑脊髓炎病毒的主要媒介；有的兼嗜鸟血、马血和人血，则是鸟类和人畜中的病毒传播媒介。例如骚扰伊蚊(*Aedes vexans*)可能是将东方型马脑脊髓炎病毒由鸟类传播给人和马的主要媒介；而长跗库蚊，当其改变食性而叮咬人畜时，则可能是人和马感染西方型马脑脊髓炎病毒的主要媒介；有人证明埃及伊蚊是西方型马脑脊髓炎的媒介昆虫，但却不能传播东方型马脑脊髓炎病毒。也曾由蜱、虱和螨类分离到病毒，这些昆虫可能是东方型和西方型马脑脊炎病毒的机械传播者。

人与马可能是非固有的感染对象，发病的人和马发生病毒血症的时间极短，血液中的病毒浓度也低，不足以感染蚊，故在流行病学上似乎并不起重要作用，所以有人称其为“终点宿主”。但是Byrne氏(1972年)发现有些东方型马脑脊髓炎病马血液中的病毒浓度可能高达能够感染蚊的程度。许多家禽和鸟是无症状的带毒者，经常是病的扩大宿主。这里是指病毒在其体内大量增殖，从而可以借助媒介昆虫而扩大传播范围。鸡(雉)对东方型马脑脊髓炎病毒易感，经常发生致死性感染，而且可能因互相啄咬而直接传播。

Kissling氏等(1956年)认为病毒可自病马的鼻液和尿、乳等排出，并且可能发生接触感染。这种说法未被其他学者证实。也曾在越冬的小啮齿类，甚至爬行类和两栖类分离到东方型和西方病毒。这些动物可能是这两种病自然循环中的一个环节。Gebhardt氏等(1966年)发现长跗库蚊可将西方型马脑脊髓炎病毒传播给蛇。鼠类的互相啮食可能是鼠类中疾病传播的一个原因。但是，动物之间的直接接触感染，即使可能存在，也决不是主要的传播方式。东方型和西方型马脑脊髓炎病毒的传播环中蚊是其中的主要媒介，因为东方型和西方型马脑脊髓炎病毒不仅可在蚊体组织培养细胞内增殖，而且可在活蚊体内增殖。蚊的人工感染亦已成功。鸟类是重要的病毒储主，但除雉可因感染东方型马脑脊髓炎病毒而发病死亡以外，其他鸟类，包括鸡、鸭、鹅等家禽，大多不发生致死性感染，但是出现病毒血症，是蚊感染东方型和西方型马脑脊髓炎病毒的主要来源。

本病有明显的季节性。在美国除了最南部以外，它主要发生于6～11月；在气候暖和的一些州中，冬天也可能见到零星的病例。一般来说温带地区通常在夏初开始零星发生，夏秋流行，11月中旬以后停息。流行暴发与蚊的密度呈现明显的线性关系。11月后开始霜冻，蚊死亡，疾病也就停止发生。

17.4.2　病原特征

1931 年，Meyer 氏等在美国西部加利福尼亚州从一匹病马体内分离到一株病毒，1933 年，TenBroeck 氏等在美国东部的新泽西和马里兰等州从病马体内分离到病毒，在后几年内，又不断地从病人、病马和蚊体内分离到病毒。发生于美国东部地区的马脑脊髓炎与发生于美国西部地区的马脑脊髓炎，虽然症状相似，但前者的死亡率高达 90%，后者仅 50% 左右。1932—1933 年间，对东西部地区分离获得的马脑脊髓炎病毒进行了对比试验，发现它们在免疫学上是不同的。以东方型病毒免疫的动物对东方型病毒具有抵抗力，但不能抵抗西方型病毒的攻击；反之亦然。故分别正式定名为东方型马脑脊髓炎病毒和西方型马脑脊髓炎病毒。

马脑脊髓炎病毒属披膜病毒科，甲病毒属。病毒为等轴对称，有囊膜的球形粒子，大小为 25 nm～70 nm，衣壳为二十面体对称，病毒含 4%～6% 的单链 RNA，其分子量大约3×106。

RNA 中心芯髓有感染性。比重为 1.13，病毒粒子于 60 ℃经 10 min 灭活。此病毒能抵抗冻融，低温保存稳定。乙醚和脱氧胆酸盐能灭活病毒。死后病毒迅速在组织中消失。病毒易被甲醛溶液而不被苯酸破坏。有血凝素已被找到溶血素存在。通过补体结合试验和用小鼠脑内接种进行中和试验以及在组织培养物中进行空斑抑制试验，证明了此病毒与其他虫媒病毒截然不同。在血凝抑制试验中可找到一些与其他甲病毒共同的抗原成分。在来自不同地区的东方型马脑脊髓炎病毒株之间，有一些轻微的抗原差异。此病毒与某些其他虫媒病毒、粘病毒和小 RNA 病毒之间，有干扰作用。

西方型马脑脊髓炎病毒的大小基本上与东方型马脑脊髓炎病毒相同，其多数物理化学特征也相同。据估计，一个受了感染的细胞能释放出 100 个有感染性的病毒粒子，但每次只能释放出几个。空斑抑制试验确定，它与辛德毕斯病毒的亲缘关系比其他甲病毒更密切。血凝抑制试验也证实了这点，而且证明与其他甲病毒有一些交叉反应。此病毒也能产生可以检测出来的干扰素量，所以就常用它来研究许多病毒在组织培养物中产生的各种非特异性蛋白质。

17.4.3　OIE 法典中检疫要求

2.5.3.1 条　诊断试验和疫苗标准见《手册》。

2.5.3.2 条　进境马科动物时，进境国兽医行政管理部门应要求出具国际兽医证书，证明动物：

1）装运之日及装运前 3 个月，无马脑脊髓炎临床症状；

2）装运前 3 个月，一直在官方报告无马脑脊髓炎的养殖场饲养；

3）装运前置检疫站隔离观察 21 天，检疫期间及运往装运地过程中，防止媒介昆虫叮咬；

4）装运前 15 天至 1 年内作过免疫接种。

17.4.4　检测技术参考依据

（1）国外标准

Manual of Diagnostic Tests and Vaccines for Terrestrial Animals（Chapter 2.5.3 Equine encephalomyelitis（Eastern and Western））

(2) 国内标准

暂无。

17.4.5 检测方法概述

尽管本病具有特征性的临诊症状,流行病学特点和典型的病理变化,但确诊此病还需依赖于病毒分离和鉴定及特异性血清学诊断。

17.4.5.1 病毒分离

病毒分离的材料包括马和其他宿主的脑以及媒介昆虫组织。这些材料必须新鲜。由于在动物死后,病毒迅速消失,特别是在温暖季节,因此最为理想的方法是扑杀一个濒死期患畜,立即取出脑组织(大脑皮层和海马角各一块),立即冷藏,并尽快送至实验室。必要时割取几块1 cm^3大小的上述脑组织,浸泡于50%中性甘油盐水中。实验室在收到标本后,应立即用组织研磨器或乳钵在加入下列某种液体后研磨,即内含0.75%牛血清白蛋白的PBS(pH7.2),0.5%乳白蛋白水解物(以Hank's液配制),10%脱脂乳盐水或内含10%灭活正常兔血清的生理盐水,制成10%的乳剂,以2 000 r/min的速度离心沉淀15 min后,取上清液作接种用。为防止细菌污染,还可加入青霉素200 IU/mL~500 IU/mL及链霉素200 μg/mL~500 μg/mL。

在动物病毒血症时期(此时刚刚开始出现或者还未出现症状,但体温已经上升),全血和血清中含有病毒,可作病毒分离之用。但因病毒血症出现在疾病早期,而且持续时间不长,因此必须十分注意选择时机。用原血液(以少量肝素抗凝,切勿用枸橼酸钠或草酸钠,以免脑内注射时引起惊厥)接种小鼠、豚鼠、鸡胚、新生雏鸡或仓鼠肾原代细胞,鸡胚或鸭胚原代细胞以及BHK21等继代细胞株。

用3周龄小鼠(乳鼠更为敏感)作脑内接种(0.3 mL)或皮下脑内同时接种(0.2 mL),或脑内(0.02 mL~0.03 mL)和腹腔内(0.2 mL~0.3 mL)同时接种,效果更好。接种后每天观察1~2次,直至第10天。小鼠常在3~5天内发病,发病时被毛逆立、弓背、畏寒(钻入垫料中),离群、抽搐、痉挛并死亡。

选用150 g~200 g体重的幼豚鼠,脑内接种0.1 mL~0.2 mL待检材料,通常于3~4天内发病死亡。也可作皮下和腹腔注射,但接种剂量要大(1 mL以上),且病毒分离率不如脑内接种。

接种刚出壳的雏鸡,对东方型和西方型马脑炎病毒极为敏感,特别是在脑内接种时,可以用作分离极微量的病毒,是初次分离东方型和西方型马脑脊髓炎病毒的理想实验动物。近几年来应用新生雏鸡成功地多次从越冬动物血液和媒介昆虫体内分离到病毒。

鸡胚接种可将1~2滴待检材料直接滴加于9~10日龄鸡胚的绒毛尿囊膜上,也可取0.2 mL注入尿囊腔内。鸡胚通常在15 h~24 h内死亡,胚体和绒毛尿囊膜内经常含有大量病毒。

用细胞培养分离病毒,以原代鸭胚(鸡胚)细胞和仓鼠肾细胞为最敏感。可将待检材料直接在维持液内作成10^{-2}~10^{-5}的不同浓度稀释,当细胞已经或者即将生长成单层时换液加带有病毒的维持液。另一个方法是当细胞生长成单层时,倾弃营养液,加入约占原营养液量1/10的已稀释的待检材料,置37 ℃吸附30 min~60 min后,再加入维持液,继续置37 ℃培养,每天观察1~2次,共5天,发现有细胞病变时即可收获,供进一步传代或鉴定用。将原始病料作不同稀释后分别接种细胞培养物,是为了避免可能发生的病毒干扰现象,因在应用细胞培养物增殖脑炎病毒时,接种高浓度病毒有时反而不产生细胞病变。

由于披膜病毒对酸敏感，可在细胞培养过程中定期适量追加碳酸氢钠液于细胞培养液中，使其 pH 保持在 7.6～7.8 左右，如果接种材料中杂质较多，可以采用吸附 30 min～60 min的接种方法，吸附后用 Hank's 液或维持液将接种材料洗去，再加维持液。

Meyer，Haring 和 Howitt 发现，豚鼠对马源病毒的脑内接种有高度易感性，所以它们最适宜于用作诊断。死亡一般发生于接种后 4～6 天内，死前有早期发热反应，然后出现肌肉震颤，腹肌松弛，流涎等，到该豚鼠倒下后可表现跑步动作。兔子的易感染性小得多，有发烧反应，血液中有病毒，但症状很轻或者没有，一般能康复。小鼠很易感，可通过脑内接种，也可经过未受损伤的鼻黏膜而感染。据 Mediaris 和 Kebrick 报告，吃奶小鼠对此病毒甚至比鸡胚更易感，因而成为检出病毒的最敏感手段。犊牛可通过脑内接种，第 5 天左右开始表现明显的神经症状，据 Giltner 和 Shahan 报告，通常在第 14 天以前可以完全康复。这些作者们还发现绵羊、狗和猫对接种有抵抗力。西部各州的普通黄鼠（*Citellusrichardsoni*）容易通过颅内接种而感染。

东方型病毒在接种于雉、鹌鹑、鸽子、北美红雀、连雀、雪、鹈、小鸡、小鸭、松鸡和火鸡雏后，一般都能引起致死性的感染。成年的家鸡、火鸡和一些野鸟对接种有抵抗力。这些禽类平常并不表现可见的症状，但一般都能产生持续一两天的高滴度病毒血症，然后出现高效价的抗体。用西方型病毒对得克萨斯州乌龟（*Gopherus berlandieri*）皮下接种，能引起长达 105 天的持续病毒血症，此病毒血症的性质可受环境温度的明显影响。

东方型马脑脊髓炎病毒和西方型马脑脊髓炎病毒在鸡胚中生长良好。应用各种接种途径，甚至将少量病毒滴在绒毛尿膜上，均可使鸡胚在 15 h～24 h 内死亡。鸡胚组织内的病毒含量极高，每克鸡胚组织的含量可高达 3×10^{9} 个小白鼠感染剂量（东方型马脑脊髓炎病毒）和 3×10^{8}～3×10^{9} 个小鼠感染剂量（西方型马脑炎病毒）。

东方型和西方型马脑脊髓炎病毒易在多种动物的组织培养细胞内增殖，包括仓鼠肾细胞、猴肾细胞、鸭胚和鸡胚成纤维细胞和 Hela 细胞等，并迅速引起细胞病变，除鸡胚和鸭胚细胞外常用 BHK-21 细胞和 Vero 细胞株作东方型和西方型马脑脊髓炎病毒以及委瑞拉马脑脊髓炎病毒的蚀斑试验。

东方型和西方型马脑脊髓炎病毒可在蚊的组织培养细胞中增殖，但不产生细胞病变，病毒产量也较脊椎动物细胞低。

17.4.5.2　病原鉴定

新分离的病毒可按常规的方法进行鉴定。但因东方型和西方型马脑脊髓炎的症状，流行病学特点和病理变化都很有特征，特别是在病毒分离过程中已经初步了解其对实验动物或细胞培养细胞的致病特性，从而可以大致地确定病毒鉴定的范围，上述初步鉴定方法并不必须全部进行，可以选择其中几项。另外，东方型马脑脊髓炎病毒以及西方型马脑脊髓炎病毒各毒株之间（包括南北美州的各个毒株），可能存在细微的抗原性差异，但在实验室内多次传代之后，这种抗原性差异有消失的倾向。甲病毒共有 A 抗原，血凝抑制试验和补体结合试验经常在各成员中呈现交叉反应，通常只能鉴定到属，不能鉴别病毒的种。东方型马脑脊髓炎病毒与西方型马脑脊髓炎病毒的鉴别以及与委内瑞拉马脑脊髓炎病毒的鉴别，最好依靠中和试验，包括交叉保护试验和交叉蚀斑抑制试验。病毒的属（群）和种的鉴定，主要还应用免疫血清学方法。

(1) 琼脂免疫扩散试验

琼脂免疫扩散试验需要浓度较高的抗原，一般使用细胞培养毒(接毒后应用不含或仅含极少量血清或其他蛋白质的人工综合营养液)，再经聚乙二醇或氟碳等方法浓缩。使用这种抗原与标准阳性血清进行琼扩试验时必须注意与非特异沉淀线的鉴别，因此需要同时设立对照抗原，亦即接种正常材料的对照细胞培养物，按同样的浓缩方法制备的阴性抗原以及用标准毒株制备的阳性抗原。也可直接应用感染鼠脑悬液(以 pH9.0 的硼酸缓冲液作稀释液)作为琼扩抗原，但标准阳性血清的效价要高，且因沉淀线较淡，必须仔细观察。

(2) 病毒中和试验

鉴定毒种或毒型最好进行交叉中和试验，其中最简单的方法是用小鼠或豚鼠进行的动物中和试验，即用抗东方型马脑脊髓炎病毒的高度免疫血清和抗西方型马脑脊髓炎病毒的高度免疫血清分别与 100 个小鼠或豚鼠 LD_{50} 的待鉴定病毒混合，置 37 ℃感作 1 h 后，接种小鼠或豚鼠，被保护动物组的血清种类，就是待鉴定病毒的种或型。如果接种与抗东方型马脑脊髓炎病毒的高免血清混合的动物不死亡，而抗西方型马脑脊髓炎病毒的高度免疫血清没有保护作用，则即证明待鉴定病毒是东方型马脑脊髓炎病毒，反之亦然。

另外用东方型马脑脊髓炎病毒和西方型马脑脊髓炎病毒的标准毒株分别制备甲醛灭活疫苗，免疫两组豚鼠，每组至少 3 只，经半个月左右，以 100 个豚鼠 LD_{50} 剂量的待鉴定病毒进行攻击。根据被保护动物组所用的疫苗种类，即可决定待鉴定病毒的种或型。

也可应用细胞培养进行测定，如上将 100 个 $TCID_{50}$ 的待鉴定病毒分别与东方型和西方型马脑脊髓炎病毒的标准血清混合并感作后，接种细胞培养物，根据细胞培养物是否出现细胞病变，判定病毒的种或型。

17.4.5.3　血清学试验

血清学试验确证 EEE 或 WEE 病毒感染，要求间隔 10～14 天采集双份血清，且其抗体滴度增加或减少 4 倍或 4 倍以上。大多数感染 EEE 和 WEE 病毒的马在出现临床症状时，体内具有较高滴度的抗体。用 EEE 或 WEE 病毒感染的马，在急性期通常都有一定水平抗体滴度，因此，当一匹未免疫过的马出现 EEE 或 WEE 病毒抗体，且伴有某些神经症状时，则可做出初步诊断。在急性期用 ELLSA 试验检测到 IgM 抗体也可做出初步诊断。蚀斑减数中和(PRN)试验，最好是 PRN 试验和血球凝集抑制(HI)试验结合使用，是检测 EEE 和 WEE 病毒抗体的最常用的方法。在 CF 和 HI 试验中，EEE 和 WEE 病毒抗体存在交叉反应，这两种病毒的 CF 抗体出现得晚，而且持续期短，因此，有人不太喜欢采用 CF 诊断本病。

(1) 补体结合试验(CF)

虽然 CF 抗体存在时间不及 HI 和 PRN 抗体长，但还是常用 CF 来证实病毒抗体。抗原通常采用感染鼠脑的蔗糖/丙酮抽提液。这种阳性抗原要经 1%β-丙内醋灭活处理。

在缺乏国际标准血清的情况下，需要用当地制备的标准阳性血清对抗原进行滴定。正常抗原即对照抗原是经相同方法抽提和稀释的正常鼠脑组织。

血清用含 1%明胶的巴比妥缓冲盐水(VBSG)1∶4 稀释，56 ℃灭活 30 min。阳性血清 2 倍稀释，按照滴定阳性血清所确定的抗原量，用 VBSG 稀释 CF 抗原和对照抗原(正常鼠脑组织)，豚鼠补体用 VHSG 稀释至含 5 个 50%补体溶血单位(CH50)。血清、抗原和补体加入 96 孔圆底微量滴定板 4 ℃反应 18 h。绵羊红细胞(SRBC)浓度标定为 2.8%。滴定溶血素，确定所用的这批补体的最佳稀释度。用溶血素致敏 2.8% SRBC，并加入反应板的每

个孔中。37 ℃孵育 30 min。然后离心(200g),记录溶血的孔数。同时作如下对照：

1) 血清和对照血清,各加 5 个 CH50 和 2.5 个 CH50 补体；

2) CF 抗原和对照抗原,各加 5 个 CH50 和 2.5 个 CH50 补体；

3) 5 个 CH50、2.5 个 CH50 和 1.25 个 CH50 补体对照；

4) 仅加 SRBC 和 VBSG 稀释剂的细胞对照。

这些对照试验分别用于检查抗原抗补体作用、血清抗补体作用、试验中所用补体的活性以及无补体参与时 SRBC 指示系统的完整性。为避免抗补体作用,应尽快地从血液中分离血清,试验中须设阳性和阴性血清对照。

(2) 血凝抑制试验(HI)

HI 试验的抗原与上述的 CF 试验中的抗原相同,用于 HI 试验的东方型和西方型马脑脊髓炎病毒抗原是用蔗糖和丙酮提取的感染鼠脑组织制成的,经 0.3%β-丙内酯处理灭活。稀释抗原,使其每个血凝单位(HAU)中的含量为使试验体系中 50% RBC 凝集的抗原量的 4～8 倍。每批抗原的凝集价和最佳 pH 值,通过用 pH 值范围 5.8～6.6,间隔为 0.2 的 pH 溶液稀释的鹅红细胞来测定。

用 pH9.0 的硼酸生理盐水将血清作 1∶10 稀释,然后 56 ℃灭活 30 min,用白陶土处理以除去非特异血清抑制物,用前再用 0.05 mL 鹅红细胞泥于 4 ℃孵育 20 min 将血清吸附处理一次。

将经过热灭活、高岭土处理和红细胞吸附过的血清,用 pH9.0 含 0.4%卵白蛋白的硼酸生理盐水作 2 倍稀释,然后在 96 孔圆底反应板上再用 pH9.0 含 0.4%卵白蛋白的硼酸生理盐水将血清作倍比稀释(0.025 mL/孔)。在有血清的孔内加入抗原 0.025 mL。将反应板放在 4 ℃作用过夜。从健康白色公鹅采集的 RBC,用葡萄糖-明胶-巴比妥液(DGV)洗涤 3 次,再用 DGV 配成 7.0%红细胞悬液。然后将 7.0%红细胞悬液用相应的 pH 溶液作 1∶24稀释,并立即于反应板每孔加入 0.05 mL。将反应板 37 ℃孵育 30 min 后判读结果。每次试验设阳性和阴性血清对照。只有在对照血清出现预期结果时,才认为试验有效。滴度为 1∶10～1∶20 可疑;1∶40 以上为阳性。

HI 试验中,抗东方型和西方型马脑脊髓炎病毒的抗体有交叉反应。

(3) 蚀斑减少中和试验(PRN)

PRN 试验特异性较高,能用来鉴别东方型和西方型马脑脊髓炎病毒感染。CF 和 HI 试验中,抗 EEE 和 WEE 病毒的抗体有交叉反应。PRN 试验在鸭胚成纤维细胞、VERO 或 BHK-21 细胞进行。筛检血清时,血清作 1∶10 和 1∶100 稀释,用 PRN 或 HI 试验确定血清终点滴度。PRN 试验中所用的血清与 100 个蚀斑形成单位的病毒反应,病毒与血清混合物置 37 ℃下中和 75 min 后,接种到单层细胞培养物(25 cm^2 培养瓶)上,接种后吸附 1 h,再加入 6 mL 覆盖培养基。这种培养基由分别制备的两种溶液组成:溶液Ⅰ为不含酚红的 2× Earle 氏平衡盐溶液,含有 6.6%酵母浸出物乳白蛋白水解物、4%胎牛血清、800 单位/mL 青霉素、400 μg/mL 链霉素、200 μg/mL 制霉菌素、6%～7.5%碳酸氢钠溶液和 3.3%的 1∶1 500中性红溶液(1∶8 000)。溶液Ⅱ为无菌的 2%诺布尔(Noble)琼脂;用前将溶液Ⅱ加热融解并冷却至 47 ℃,然后取等体积的溶液Ⅰ(亦为 47 ℃)和溶液Ⅱ混合在一起。加完覆盖培养基后继续孵育 48 h～72 h,再判读结果。被检血清的终点滴度为蚀斑数比病毒对照瓶(应该大约有 100 个蚀斑)减少 90%的那一瓶。

(4) 酶联免疫吸附试验(ELISA)

ELISA试验在用包被了抗马IgM捕获抗体的平底酶标板上进行。抗体用0.5 mol/L、pH9.6的碳酸盐缓冲液作1∶400稀释,然后每孔加入50 μL,将反应板37 ℃孵育1 h,置4 ℃过夜。使用前,包被过的反应板用200 μL含0.05%吐温-20,3%牛血清白蛋白(BSA)的0.01 mol/LPBS洗液冲洗2次,再加入200 μL洗液置37 ℃下浸泡2 h,然后用洗液再洗涤3次。被检血清和对照血清用0.01 mol/L pH7.2含0.05%吐温-20的PBS作1∶100和1∶1 000稀释,每孔加入50 μL。反应板置37 ℃孵育2 h,然后洗涤3次。用含吐温-20的PBS液将病毒抗原作1∶20稀释,每孔加入50 μL。反应板置37 ℃孵育75 min,洗涤3次。然后,加入50 μL辣根过氧化物酶标记的脑脊髓炎病毒单克隆抗体。将反应板置37 ℃孵育60 min,然后冲洗3次。最后,加入50 μL新配制的ABTS[(2,2'-吖嗪-二(3-乙基苯并噻唑啉-6-磺酸)]底物和过氧化氢,然后将反应板置室温15 min～40 min。波长405 nm处测定被检血清的吸收。如果被检血清的吸收值是阴性对照血清平均吸收值的2倍,则判为阳性。

17.5　马传染性贫血(Equine infectious anemia,EIA)

17.5.1　疫病简述

马传染性贫血病简称马传贫,是由反转录病毒引起,经吸血昆虫传播的传染性疾病,只发生于马属动物,以反复发作、贫血和持续病毒血症为特征。临诊特征主要表现为高热稽留或间歇热,有贫血、出血、黄疸、心脏衰弱、浮肿和消瘦症状。发热期间症状明显,无热期间症状消失。急性暴发期,往往造成大批马匹死亡。耐过病马可转为慢性或隐性,病毒在马体内长期存在,呈持续感染,成为传染源,并且可因环境和条件的变化反复发病。

本病在1841—1843年间欧洲就有流行记载,1843年法国首次发生,并且流行严重,法国曾经因马传贫死亡马匹达13万匹之多。第一次世界大战期间有广泛传播。东亚洲最早病案在1895年记载于日本,在该地也有严重流行。以后经第二次世界大战几乎遍发于世界各国。现在,世界各大洲均已发现本病。1984年国际兽疫局公布,美国、阿根廷、奥地利、巴西、加拿大、德国、意大利、荷兰等国均有本病发生。

本病在马群中初次流行时在短时间内引起马匹大批死亡,遭受严重的损失。当形成地方性流行时能够广泛蔓延,使病马消瘦、衰弱、不能劳役,病马无论痊愈或病状消退均能长期带有病毒,随时成为健康马的重大威胁,给诊断与扑灭本病带来不少困难。因而成为马属动物最重要的传染病之一。

马传贫主要发生于马、驴、骡,其他家畜禽及野生动物均无自然感染的报告,但有人工感染的记载。本病主要通过吸血昆虫(虻、厩螯蝇、蚊及蠓)对健康马多次叮咬而传染。污染的针头、用具、器械等,通过注射、采血、手术、梳刷及投药等均可引起本病传播。此外,经消化道、呼吸道、交配、胎盘也可发生感染。病马和带毒马是本病的主要传染源。病畜在发热期内,血液和内脏含毒浓度最高,排毒量最大,传染力最强(慢性病马)。而隐性感染马则终身带毒长期传播本病。

本病主要呈地方流行或散发。一般无严格的季节性和地区性,但在吸血昆虫较多的夏秋季节及森林、沼泽地带发病较多。在新疫区以急性型多见,病死率较高,老疫区则以慢性型、隐性型为多,病死率较低。自然地理与气候条件在流行病学上有一定的意义。外界环境条件造成了发病的内部因素,如不良的土壤、营养不全的饲料、寒冷而潮湿的畜舍以及繁重

的劳役、长途运输及内外寄生虫侵袭等，都成为促进本病发生和流行的因素，马匹的流动(引进新马)将更扩大本病的蔓延。本病潜伏期长短不一，人工感染病例平均 10～30 天，长的可达 90 天。根据临诊表现，常将马传贫病马分为急性、亚急性、慢性和隐性 4 种病型。马传贫的发热，不论是初发还是再发，可能都是体内病毒大量增殖的结果。关于马传贫病毒持续感染的机理，学者们提出以下几种推测：具有感染性的病毒-抗体复合物的形成，网状内皮机能失常，无效的免疫反应，病毒抗原漂移，DNA 前病毒整合于畜主细胞 DNA 等，这些现象都存在，问题在于究竟哪一种是主要的，尚不清楚。

17.5.2 病原特征

马传染性贫血的病原是马传贫病毒(Equine infectious anemia virus，EIAV)，又称为沼泽热病毒，为 RNA 病毒。属于反转录(Retrovirus)病毒科，慢病毒亚高属。病毒粒子直径为 80 nm～140 nm。病毒粒子常呈圆形。有囊膜，膜厚约 9 nm。病毒粒子中心有一个直径 40 nm～60 nm，电子密度高的椎形或杆形类核体。类核的外周有壳膜，壳膜外被亮晕包绕，其外面是囊膜和纤突(球形突起)。病毒粒子存在于感染细胞的胞浆、细胞表面和细胞间隙。细胞核内无传马贫病毒粒子。病毒主要在胞膜上以出芽方式成熟和释放，也可由胞浆内的空泡膜出芽成熟。

马传贫病毒对外界抵抗力较强。病毒在粪、尿中可生存 2.5 个月，堆肥中 30 天，-20 ℃中保持毒力 6 个月至 2 年，日光照射经 1 h～4 h 死亡。2%～4%氢氧化钠、3%～5%克辽林、3%漂白粉和 20%草木灰水等均可在 20 min 内杀死病毒。病毒对温度的抵抗能力较弱，煮沸立即死亡，血清中的病毒，经 56 ℃ 1 h 处理，可完全灭活。病毒对乙醚敏感，5 min 即可丧失活性。对胰蛋白酶、核糖分解酶和脱氧核糖核酸酶有抵抗力。

马传贫病毒核酸型为 RNA，但病毒增殖有赖于 DNA。马传贫病毒有群特异性抗原(病毒内部可溶性核蛋白抗原)。用补体结合反应和琼脂扩散反应可以检出，它主要用于本病的诊断。另还有型特异性抗原(病毒表面抗原)。是各型毒株间不同的抗原，存在于病毒粒子表面，可用病毒-血清中和试验检出，它主要用于病毒型的鉴别。本病至少有 14 个型，表明马传贫病毒有多向性抗原漂移，这与病毒糖蛋白的结构改变有关。

马传贫病毒只在马属动物白细胞及驴胎骨髓、肺、脾、皮肤、胞腺等细胞培养时才可复制。用马属动物以外的其他动物人工感染和进行细胞培养均未获成功。但也有报道美国用狗、猫细胞培养本病毒获得成功。

17.5.3 OIE 法典中检疫要求

2.5.4.1 条　诊断试验标准见《手册》。

2.5.4.2 条　进境马科动物时，进境国兽医行政管理部门应要求出具国际兽医证书，证明动物：

1) 装运之日或装运前 48 h 无马传染性贫血(EIA)临床症状；

2) 种用动物，装运前 3 个月，原产饲养场无 EIA 病例；

3) 如果进境后长期饲养，装运前 30 天采集血样经 EIA 诊断结果阴性；

4) 如果是临时进境，在装运前 90 天采集血样经 EIA 检测结果阴性。

17.5.4 检测技术参考依据

(1) 国外标准

Manual of Diagnostic Tests and Vaccines for Terrestrial Animals(Chapter 2.5.4 Equine infectious anemia)

(2) 国内标准

GB/T 17494—1998　马传染性贫血病间接 ELISA 技术规程

SN/T 1358.2—2005　马传染性贫血琼脂凝胶免疫扩散试验操作规程

SN/T 1358.1—2004　马传染性贫血补体结合试验方法

NY/T 569—2002　马传染性贫血病琼脂凝胶免疫扩散试验方法

17.5.5　检测方法概述

17.5.5.1　马传染性贫血病琼脂扩散试验(国际贸易指定试验)

马感染马传贫后会迅速产生沉淀抗体,并能通过 AGID 试验检出,利用阳性标准血清和被检血清与抗原之间的特异性反应可以对被检血清做出鉴定。在感染后的最初 2~3 周内,AGID 常呈阴性反应。

17.5.5.2　马传染性贫血病补体结合试验

大量试验材料证明,补反抗体最早出现时间在感染后第 6 天,绝大多数在 30 天产生。抗体维持时间长,对人工感染马跟踪检查补反抗体最长可达 9 年以上。但有时,时隐时现,呈波浪式发展,但一般显现期较长,最长达 39 个月,隐没时间较短,一般为 1 个月,有时 2 个月.个别病例一次出现后经一年未重复出现。

由于补反抗体具有出现早,持续长,有波动三个特点,所以在采用补体结合反应检疫时,就应充分考虑其特点,以便有效发挥其作用。为此在检疫中,以间隔 1 个月采血一次,连续四次以上较为合适。

17.5.5.3　马传染性贫血病酶联免疫吸附试验(间接法)

美国农业部批准了 2 种 ELISA 方法用于诊断 EIA,即竞争 ELISA 和重组抗原 ELISA。竞争 ELISA 所检的是针对核芯抗原 p26 的抗体(与 AGID 试验中所用抗原相同)。重组抗原 ELISA 所检的是针对 gp45 抗原(病毒囊膜蛋白)的抗体。两方法中所用的技术都是常规的。以 p26 作抗原检测 EIA 抗体,由于其敏感性和快速性超过 AGID 而变得十分有用。

AGID 和两种 ELISA 所用的试剂可从几家公司购得。由于 ELISA 存在一定的假阳性反应,因此,ELISA 呈阳性反应的血清应该用 AGID 再检 1 次,也可用免疫印迹技术验证。免疫扩散用的标准抗血清(它含有可检出的最少量的抗体),可从 OIE 参考实验室获得。

17.5.5.4　免疫酶斑点法

用生物工程杂交瘤技术研制出马传贫疫苗抗原株系特异的酶联单克隆抗体试剂,以斑点试验与免疫扩散试验相结合的方法,用于马传染性贫血病与疫苗注射马血清抗体鉴别。此方法特异性好、灵敏、快捷,方法简便易行。目前已在进出境马匹马传贫检疫中广泛应用(已有商品化试剂盒出售)。

17.5.5.5　滤纸片标本间接荧光抗体试验

本方法适用于现场检疫,疫点净化等。用感染马传贫病毒驴胎传代细胞涂片制成抗原底物片,将被检马静脉血浸渍于滤纸片一端,放阴凉处风干。送检。将被检标本按规定大小剪下,浸于定量 PBS 溶液中,使血清溶下后取出滤纸片,加入抗原底物片,轻振荡水浴 30 min,取出底物片充分水洗,再用免抗马 IgG 荧光抗体染色、封裱、镜检。凡与阴性对照有明显差异,在胞浆内有亮绿色特异荧光者为阳性。

17.5.5.6 荧光抗体染色

马传贫耐过马血清中的抗体经提纯后，与异硫氰酸荧光结合，即得到马传贫荧光抗体。检验时可取病马脾脏制成冰冻切片，用冷丙酮固定10 min，用PBS洗10 min，然后滴加马传贫荧光抗体。在37 ℃湿盒中染45 min，然后用PBS反复冲洗15 min，碳酸缓冲甘油封裱，蓝紫光观察。阳性者细胞内可见有明亮鲜绿色特异荧光。这种方法特异性和敏感性都较高，是一种较好的马传贫快速诊断方法。

17.5.5.7 中和试验

部分马可产生型特异性中和抗体，人工感染马在接种后40～60天左右出现。60～130天达最高峰。以后变动不大，而长期持续存在，甚至终身。抗体效价很少波动，即使回归发热也不受影响。检查时应用小管或微量板培养马白细胞或驴胎继代细胞，将指示毒的传代毒作成200 $TCID_{50}$/0.1 mL的病毒稀液；被检血清以维持液作4倍稀释，然后56 ℃ 30 min灭活，随后将病毒稀释液及血清稀释液等量混合，混合物置37 ℃ 1 h～2 h。取混合物0.1 mL加入已培养单层的细胞培养物中，同时设不接种病毒的细胞培养物对照，只接入被检血清的血清对照，只接入指示病毒的病毒对照。培养7～10天后，如细胞培养物对照，被检血清对照无细胞病变，病毒对照出现明显CPE时，可进行判定。试验组细胞无病变。则判为中和试验阳性。对被检血清作中和抗体效价的测定时，可将被检血清作不同稀释度后进行中和试验。

17.5.6 部分商品化试剂说明及供应商

(1) 马传贫琼扩抗原

生产单位：哈药集团黑龙江省生物制品一厂；销售：哈药集团生物疫苗有限公司

联系人：韩云；联系电话：0451-86664929

(2) 马传染性贫血ELISA试剂盒(IDEXX)

来源：美国IDEXX；公司网站：http://www.idexx.com，http://www.idexx.com.cn

说明：主要用于检测马传染性贫血抗体，敏感性100%，特异性99.7%，检测样品为血清。

代理：农业部北京爱牧技术开发公司；联系电话：86-010-88461539

传真：86-010-88461550；地址：北京市海淀区蓝靛厂东路2号院金源时代商务中心A座9A；邮编：100097；公司主页：www.bjaimu.cn；E-mail：aimu@vip.sohu.com

17.6 马流行性感冒(Equine influenza，EI)

17.6.1 疫病简述

马流行性感冒简称马流感，是由正黏病毒科(Orthomyxoviridae)流感病毒属(*Influenzavirus*)马A型流感病毒引起马属动物的一种急性暴发式流行的传染病。马流感为高度接触性、呼吸道传染病。该病的临诊特征为发烧、结膜潮红、咳嗽、流浆液性鼻液、脓性鼻漏、母马流产等为主要症状。病理学变化为急性支气管炎、细支气管炎、间质性肺炎与继发性支气管肺炎。

马流感是一种高度接触性传染病，发病率高，造成的经济损失较大。迄今为止，引起马流感的病毒的主要是马甲1型(H7N7)和马甲2型(H3N8)两个亚型。马甲1型于1956年由Sovinovia首先在布拉格发现，后来在瑞典、罗马尼亚、捷克斯洛伐克、前苏联等一些国家及美国、墨西哥、澳大利亚等流行。马甲2型(H3N8)由Waddell等于1963年在美国迈阿密分离到,曾流行于美国、英国、巴西、乌拉圭、阿根廷、罗马尼亚、印度、瑞典、前苏联和日本。在1974年初,我国新疆地区暴发马甲1型流感病毒引起的马流感,到1974年冬向我国北方许多省蔓延,其流行范围之广,属我国建国后的首次,也是唯一的一次马甲1型马流感暴发流行。我国吉林、黑龙江、青海等地都暴发过马甲2型马流感。在1992年11月～12月,我国香港赛马群暴发马甲2型马流感。1994—1995年,在德国、迪拜、荷兰、波多黎各、菲律宾和瑞士等国家暴发H3N8马流感。

马流感一旦感染马群,极易大范围迅速传播。本病广泛存在于世界各国,给养马各国造成程度不同的经济损失。近几年,随着赛马业的发展,本病越来越受到人们的重视。EIV属A型流感病毒,与同型的人流感病毒和禽流病毒具有一定的亲缘关系。自然界中流感病毒存在着抗原漂移和变异现象,就有可能导致人和动物感病毒之间发生重组现象。

马流感病毒与其他流感病毒相比,相对比较保守,但也易发生变异,仅限于2个血清型。流感病毒通过两种机制即抗原性的漂移和抗原性的转换改变其抗原性,抗原性的漂移是病毒全部基因片段变化的积蓄,此变化对经常受到宿主防御机制选择压力的表面糖蛋白尤为重要。自20世纪80年代以来,H7N7型马流感病毒在世界各国均未分离到,而近年来H3N8型马流感病毒频繁暴发,这恰恰说明马流感病毒的抗原性转换作用。马流感病毒血凝素是其主要表面抗原,血凝素(HA)基因是决定其毒力强、弱的主要基因之一,也是EB基因组中变化频率最高的基因。血凝素基因的变异直接影响着病毒侵袭宿主细胞的能力和致病力。马流感病毒血凝素基因通常以点突变为主,正由于与其他流感病毒一样,基因组是分段的,且其RNA聚合酶缺乏校正功能,马流感的进化过程当中发生变异是必然的。

17.6.2　病原特征

马流感病毒属于正黏病毒科A型流感病毒,典型的病毒粒子呈多形态,多为球型,直径约为80 nm～120 nm。病毒具有脂质双层囊膜。其表面有致密排列的纤突,其中90%为血凝素(Haemagglutinin,H),其余10%为神经氨酸酶(Neumminidase,N),二者构成病毒的主要表面抗原。国际上根据流感病毒的H和N的不同,将H分成15个型,N有8个亚型。马甲1型和马甲2型分别属于H7N7和H3N8亚型。在迪拜举行的国际马流行感冒监测研讨会上,也有科学家根据与疫苗毒株的交叉反应性,将马流感病毒分为“欧洲样”毒株和“美洲样”毒株。

马流感病毒可在鸡胚中增殖,也可在鸡胚成纤维细胞、仓鼠肾细胞、猴肾细胞、犬肾细胞、牛肾细胞、仓鼠肺传代细胞等细胞生长,但效果不如鸡胚培养。马流感病毒对外界的抵抗力较弱,56 ℃数分钟即可使其丧失感染力。对紫外线、甲醛、稀酸等敏感,脂溶剂、肥皂、氧化剂等一般的消毒剂均可使其灭活。马流感病毒核酸为单股负链RNA,本身不具有感染性,可分为8个分子量不同的节段,分别至少编码10种蛋白质。聚合酶蛋白(PB2,PB1,PA)B2由RNA节段1编码,RNA节段1是凝胶电泳中移动最慢的一类。PB2作为一类蛋白复合物能够提供病毒RNA依赖性RNA聚合酶活性。PB2在蛋白识别和连接宿主细胞mRNA时,在起始病毒mRNA转录中起作用。PB2另一功能是使帽状结构与mRNA分开。PB1由RNA节段2编码,只有在RNA蛋白复合物中才能发挥作用。血凝素(HA)由RNA节段4编码,是马流感病毒主要表面抗原,负责病毒粒子和宿主细胞的连接。核蛋白(NP)是由RNA节段5编码,它被转运到感染细胞核,连接并包裹病毒。神经氨酸苷酸

(NA)由 RNA 节段 6 编码，是马流感病毒另一个主要表面抗原。

17.6.3　OIE 法典中检疫要求

2.5.5.1 条　本《法典》规定，马流感(EI)包括家马、驴和骡的感染。

本《法典》规定，本节不仅包括马流感病毒(EIV)引起临床症状的发病率，也包括出现临床症状时感染 EIV 的可能性。本《法典》规定，隔离定义为“为防止感染的传播，将马与处于非马流感卫生状况的马进行分离直至采取适当的生物安全措施”。本《法典》规定，马流感的感染期为 21 天。诊断试验和疫苗标准见《手册》。

2.5.5.2 条　符合下述条件的地区或养殖场，可视为马流感国家：

1）风险评估结果证实所有 EI 发生的潜在因子和历史展望；

2）无论在该国是否申报 EI，存在持续的 EI 知晓程序，并且所有申报的 EI 可疑病例是田间或实验室调查所得。

3）进行适当监测证明出现临床症状的马存在感染。

2.5.5.3 条　无马流感的国家、地区或养殖场

一个国家、地区或养殖场在全国通报本病，并按照附录 3.8.1 的总则计划并执行有效的监测程序，可认为无 EI。根据历史地理因素、工业结构、人口数据、进入本国、本地或本饲养场的马科动物、野生马科动物数量或近期暴发，部分国家、地区或养殖场需要进行监测。

一个国家、地区或养殖场成为无 EI，使用疫苗，还应按照附录 3.8.1 的监测，对于流行率达 1%的检出率在 95%以上，证明在过去的 12 个月里 EIV 没有在家马中传播。在没有使用疫苗的国家，使用血清学检测进行监测。在使用疫苗的国家，监测应包括病毒检测方法。

如果原无马流感国家、地区或养殖场暴发临床马流感，在最后一例临床病例消除 12 个月后，倘若在这 12 个月里实施对流行率超过 1%的检出率至少在 95%以上的监测，仍可认为无马流感状态。

2.5.5.4 条　无论输出国家、地区或养殖场 EI 状态如何，国家、地区或养殖场的兽医行政部门不能因为 EI 的原因限制以下商品进境：

1）精液；

2）按照附录 3.3.1 规定收集、加工和贮藏马胚胎体内衍生物。

2.5.5.5 条　如果进境屠宰用马，兽医行政部门需提供国际兽医证书，证明在运输当日无 EI 临床症状。

2.5.5.6 条　当进境不限移动马科动物时，兽医行政部门需提供国际兽医证书证明动物：

1）来自无 EI 国家、地区或养殖场，并在该处至少 21 天；如果是免疫马，在兽医证书中应注明免疫状况信息；或

2）来自 EI 状态不明的国家、地区或养殖场，在出境前隔离 21 天，在隔离期或装运当日无临床症状；且

3）在装运前的 21～90 天内按照生产说明书进行初免或加强免疫。

2.5.5.7 条　当进境马科动物后进行隔离(见第 2.5.5.1 条)，兽医行政部门需提供国际兽医证书证明动物：

1）来自无 EI 国家、地区或养殖场，并在该处至少 21 天；如果是免疫马，在兽医证书中

应注明免疫状况信息；或

2）在装运前21天和运输当日动物所在养殖场没有出现EI临床症状；且

3）按照生产说明书进行免疫。

2.5.5.8条　进境马、骡和驴的鲜肉时，兽医行政部门要求提供国际兽医证书证明鲜肉是来自根据附录3.10.1所述进行死前死后检疫的马、骡和驴。

17.6.4　检测技术参考依据

（1）国外标准

Manual of Diagnostic Tests and Vaccines for Terrestrial Animals（Chapter 2.5.5 Equine influenza）

（2）国内标准

NY/T 1185—2006　马流行性感冒诊断技术

SN/T 1687—2005　马流感血凝抑制试验操作规程

17.6.5　检测方法概述

17.6.5.1　病原鉴定

可用鸡胚或培养的细胞分离马流感病毒。用鸡胚或Madin-Darby犬肾细胞（MDCK）分离A/马/2病毒的比较试验表明，MDCK细胞只能选择性地分离出临床样品中并不代表优势病毒的变异毒株。因此，鸡胚更适用于分离病毒，特别是要用这些病毒作为疫苗毒株时。但是，在近几年内也分离到一些病毒，它们只在MDCK细胞而不能在鸡胚中增殖。因此，两者都应该使用。

（1）鸡胚

将受精胚放在温度为37 ℃～38 ℃的加湿孵化器内孵化，每日翻蛋两次。10～11天后，照蛋检查，选用活胚在气室部用酒精消毒后，在壳上打一个孔。每份样品接种3枚鸡胚，每胚经羊膜腔接种0.1 mL后，将注射器退回约1 cm，再向尿囊腔接种0.1 mL。或者只进行尿囊腔内注射。将针孔用石蜡或胶带封严，鸡胚置34 ℃～35 ℃孵化器内继续孵化3天。之后，将鸡胚转到4 ℃冰箱中4 h或过夜，使鸡胚死亡，在收获时减少出血。先将蛋壳表面消毒，然后用吸管分别收获尿囊液和羊水，每胚收获的液体要分开。用1%鸡红细胞PBS悬液或0.4%豚鼠红细胞PBS悬液检测收获液的血凝活性。未被凝集的红细胞，将试管或反应板倾斜后，可见沉淀的红细胞在管底形成“流线”。若无HA时，将各样品收获液收集在一起，再经鸡胚盲传。将所有HA阳性的样品作小量等份分装在小玻瓶内，－70 ℃冰箱内保存，并立即取其一份测定HA滴度。如果滴度为1∶16或更高，则分离物用1亚型和2亚型抗血清作进一步定型。如果滴度低，则要继续传代。要注意的是，为避免缺陷型病毒粒子产生干扰，要将接种物先作10倍、100倍、1 000倍稀释再行接种。选择最高稀释度呈HA阳性的样品作为种毒贮存。有时分离病毒需要经过多至5代的盲传，特别是从免疫过的病马分离病毒时更是这样。如果第5代还未发现病毒，则没有必要再盲传。

（2）细胞培养

如果无法得到鸡胚，可使用Marlin-Derby犬肾细胞系（MDCK，ATCC CCL34）分离马流感病毒。细胞在试管内长成单层后接种样品，每份接种3管，每管0.25 mL～0.5 mL。然后用含0.5 μg/mL～2 μg/mL胰蛋白酶的无血清培养基维持，每天检查细胞病变（CPE）。如果CPE阳性，或7天后不管情况如何，都应测定上清液的HA活性。HA滴度在1∶16

以上时，应立即进行定型。HA阴性或滴度低于1∶16时要再进行细胞传代。

另一种方法是检查细胞有无红细胞吸附现象。这种方法检测在细胞表面表达的病毒抗原。从培养管内移去培养液，用PBS轻洗培养管，往培养管内加1或2滴50%鸡或豚鼠红细胞悬液，轻轻转动管子，在22 ℃±2 ℃放置30 min，用PBS洗去未结合的红细胞后，在显微镜下观察培养的细胞周围有无红细胞吸附(HAD)现象。

(3) 血凝素

用特异性抗血清采用HI试验进行马流感病毒新分离株的定型。动物体内抗体的升高将会影响抗血清的交叉反应性，以用雪貂制备的抗体，毒株特异性最强。分离物先用吐温-80/乙醚处理，以破坏病毒的感染性和减少交叉污染的危险性，特别对A/马/2病毒，如此处理还能提高其HA活性。

(4) 神经氨酸酶

神经氨酸酶定型需要特异性抗血清，而且目前尚无常规技术可供使用。因此，这样的定型试验最好在参考实验室进行。

(5) 用ELISA检测病毒抗原

在无分离病毒的实验室条件时，可以采用核蛋白单克隆抗体(MAb)进行抗原捕获ELISA，直接检测鼻腔分泌物中的马流感病毒抗原。

这种方法能快速提供诊断结果，给决策管理提供依据。但不能替代病毒分离，因为分离新病毒送往参考试验室定型、监测抗原漂移和出现的新病毒是监测计划的重要组成部分。EL1SA结果阳性，有助于在病料来源受限时为分离病毒选择样品。

17.6.5.2　血清学试验

用血清学试验检测双份血清如有抗体滴度升高，表明被感染。不管病毒分离结果如何，都应作血清学试验。目前，应用广泛而又具有相同效果的血清学试验有两种简单方法，即血凝抑制试验(HI)和单向辐射溶血试验(SRH)。也可以使用补体结合试验，但尚未标准化，不常使用。为了尽可能降低试验误差，应将双份血清同时进行检测。

(1) 血凝抑制试验(HI)

标准抗原如上所述，如有可能，应包括近期分离的毒株。为提高反应的敏感性，这些抗原(特别是A/马/2病毒)应先用吐温－80/乙醚处理。可从欧洲药典获得马流感冻干抗原，从OIE参考实验室(纽马克特)获得冻干的A/马/2病毒抗血清。试验最好用适宜的稀释设计在微量滴定板上进行。待检血清应预处理，以消除非特异性血凝现象，并在56 ℃加热灭活30 min。血清预处理可用下列方法中的一种：

① 高岭土和红细胞吸附法；

② 过碘酸钾法；

③ 霍乱弧菌受体破坏酶(RDE)法。

3种处理方法效果相同。处理过的血清用PBS稀释，抗原滴度为1∶40。轻极混匀，在22 ℃±2 ℃放置30 min，加入红细胞，30 min后读取结果。完全抑制凝集的最高血清稀释倍数为HI滴度，双份血清的HI滴度上升4倍或4倍以上时，表明有近期感染。

(2) 单向辐射溶血试验(SRH)

本试验中，病毒抗原是与混悬在含有豚鼠补体(C')的琼脂糖中的已固定过的红细胞结合。在琼脂糖上打孔后，加入待检血清。马流感病毒抗体和补体能使抗原吸附的红细胞溶解，在孔的周围出现清晰的溶血环，环的大小可测量。

本试验可用特制的免疫扩散板进行，也可用简单的培养皿做。将绵羊红细胞采集到阿氏液中，洗涤三次。补体可购买，也可用普通的健康豚鼠血清。抗原是尿囊液或其纯化制品；所用毒株与HI试验用的相同，病毒借助于过碘酸钾或三氯化铬吸附到红细胞上，吸附了抗原的红细胞与1%琼脂糖（低熔级）PBS溶液中的补体混合。必须注意，温度始终不能超过42 ℃。将上述混合物倒入平板，4 ℃过夜。在凝固的琼脂板上距边缘6 mm处打孔，孔径为3 mm，孔距为12 mm。制好的板在4 ℃可保存1～2周。对每一种抗原都要分别制备反应平板，而且都要用已知的阳性和阴性血清作预试验。

所有待检血清置56 ℃灭活30 min，此后不必再处理，双份的血清样品应在同一反应板上测定。所有的血清要用含有全部成分（病毒除外）的对照反应板进行测试。或者用无相关性的病毒如H1N1病毒，在对照反应板上测试。凡对绵羊红细胞出现溶血作用的血清，都应用绵羊红细胞作预吸收处理。溶血环应清晰，不能模糊或半透明。应测量整个溶血环，并计算溶血面积。

17.7　马巴贝斯虫病（Equine piroplasmosis）

17.7.1　疫病简述

马巴贝斯虫病又称马梨形虫病，是由巴贝斯虫经媒介蜱传播，寄生于马属动物（马、驴、骡等）红细胞内所引起的一种血液原虫病。主要表现为急性、亚急性或慢性发病过程。本病呈全球性分布，以马发热、贫血、黄疸、血红蛋白尿为特征，如果诊治不及时易造成死亡，严重影响养马业的发展。因此，许多国家都十分重视该病的防治工作，均将本病列为重要监测的马属动物疫病之一。

马巴贝斯虫病可感染马、骡、驴和斑马。在非洲，斑马是该病的主要病原。目前在澳大利亚、加拿大、英格兰、爱尔兰、日本和美国没有马巴贝斯虫病流行。在1961年和1965年曾报道过美国佛罗里达州流行该病，但是通过10年的消灭计划，美国已无马巴贝斯虫病。澳大利亚也曾报道过马巴贝西虫感染病例，但是没有呈现地方性流行。我国新疆、内蒙古及南方各省都曾有该病散发或地方性流行。

马巴贝斯虫病是由驽巴贝斯虫（*Babesia caballi*，又称驽梨形虫、马焦虫）或马巴贝斯虫（*Babesia equi*，又称马纳脱原虫、马纳氏焦虫）引起的。这两种生物可以同时感染动物。驽巴贝斯虫或马巴贝斯虫的传播主要通过成年蜱或蛹。驽巴贝斯虫通过革蜱属、璃眼蜱属、扇头蜱属的蜱传播。我国已查明的驽巴贝斯虫的传播媒介蜱有草原革蜱、森林革蜱、银盾革蜱和中华革蜱。*Dermacentor nitens*，冬季扁虱，变异革蜱可在实验室传播本病。本病也可经卵传播。马巴贝斯虫也可通过革蜱属、璃眼蜱属、扇头蜱属的蜱传播，但它在西半球的媒介尚未确定。马巴贝斯虫不可经卵传播。

马巴贝斯虫病也可通过污染的针头和针管传播。幼驹在子宫内感染相当普遍，特别是马巴贝斯虫。幼驹耐过后可长期带毒。

马巴贝斯虫的潜伏期为12～19天，驽巴贝斯虫的潜伏期为10～30天。马巴贝斯虫病的临床症状呈多变型，并且常常是无特异性。在一些急性病例中会发生动物死亡。通常情况下，马巴贝斯虫病表现为急性感染，发热、食欲不振、不适、呼吸困难、黏膜充血，粪便小而干。同时伴有贫血、黄疸、血红蛋白尿、结膜点状出血，腹部肿胀，病后期虚弱或摇摆、体重下

降，四肢轻度疼痛和水肿。黏膜呈粉色、浅粉或黄色，并可能有出血点。在慢性病例中，常见症状包括食欲不振、运动耐受力减弱，体重下降，短暂发烧，脾脏增大（直肠检查明显）。在子宫内感染的幼驹通常在出生时表现虚弱，并快速发展成贫血和严重黄疸。病程一般为 7～12 天，病死率一般不超过 10%，有时可达 50%。由于临床症状表现为多样性和非特异性，巴贝斯虫病很难确诊。目前还没有疫苗可以治疗。

17.7.2　病原特征

驽巴贝斯虫为大型虫体，长 2 μm～5 μm，直径 1.3 μm～3.0 μm，成对裂殖子末端相连。马巴贝斯虫为小型虫体，长度不超过红细胞半径，裂殖子长度不足 2 μm～3 μm，呈圆形、椭圆形、单梨形、阿米巴形、钉子形、逗点形、短杆形等多种形态。典型的形状为 4 个梨形虫体以尖端相连排成四联体或“马尔他十字”形，每个虫体有一团染色质块。红细胞的染虫率达 50%～60%。主要的传播者有 6 种革蜱、8 种璃眼蜱和 4 种扇头蜱。

蜱传播本病为经卵传递，也可经蜱变态过程传递，染病母马也可经胎盘传递给驹。虫体侵入马体后在红细胞内以二分裂法或出芽生殖法繁殖。马耐过巴贝斯虫后，带虫免疫可长达 7 年之久，但免疫力随时间进展而逐渐下降。马巴贝斯虫与驽巴贝斯虫之间不产生交叉免疫。

17.7.3　OIE 法典中检疫要求

2.5.6.1 条　诊断试验标准见《手册》。

2.5.6.2 条　进境马属动物时，进境国兽医行政管理部门应要求出具国际兽医证书，证明动物：

1）装运之日无马巴贝斯虫病临床症状；

2）装运前 30 天，经马巴贝斯虫病（马巴贝虫和驽巴贝虫）诊断试验，结果阴性；

3）装运前 30 天，必要时进行驱蜱处理保证无蜱。

2.5.6.3 条　对于可能临时性进境 2.5.6.2 条 2）项试验检查阳性赛马，进境国兽医行政管理部门应考虑采取下述安全措施：

1）马匹携带符合附录 4.1.5 格式内容的通行证；

2）进境国兽医行政管理部门应要求出具国际兽医证书，证明动物：

3）装运之日无马巴贝斯虫病临床症状；装运前 7 天，动物经驱蜱处理；

4）马匹饲养地实施必要的控蜱措施，并接受兽医当局直接监督；

5）马匹在兽医当局直接监督下定期查蜱。

17.7.4　检测技术参考依据

（1）国外标准

Manual of Diagnostic Tests and Vaccines for Terrestrial Animals（Chapter 2.5.6 Equine piroplasmosis）

（2）国内标准

SN/T 1526—2005　马巴贝斯虫病检测方法　微量补体结合试验方法

SN/T 1695—2006　马焦虫病微量补体结合试验操作规程

17.7.5　检测方法概述

17.7.5.1　病原鉴定

马感染巴贝斯虫可通过其血液或器官组织染色涂片的虫体检查来诊断，为此用罗曼诺夫斯基氏染色法如姬姆萨染色，通常能获得最好的效果。

死亡动物的样品应包括薄的血液推片以及(按质量顺序)脑皮质、肾、肝、肺和骨髓的抹片。器官抹片的制法是：可在新鲜的器官切面上制成压印片，亦可取一小块组织放在两张清洁的显微镜玻片中间压碎，顺长边拖拉玻片，这样在每张玻片上均留下一薄膜，即压片。抹片风干，在无水甲醇中固定 5 min，在 10%姬姆萨染液中染色 20 min～30 min，这种方法特别适合于诊断牛巴贝斯虫感染，如果牛死亡已超过 24 h，用此法诊断不可靠。然而，在死亡 1～2 天内，从腿部血管的血液中常常可检出寄生物。

活动物样品应包括厚薄两种血片。用乙二胺四乙酸(EDTA)做抗凝剂(即 1 mg/mL)采取无菌的静脉血液，一般不用肝素作抗凝剂，因为它会影响涂片的染色特性。样品在送达实验室之前，最好保存在 5 ℃的冷凉环境下，在采血的几个小时内亦应如此。薄的血片，自然干燥，无水甲醇固定 1 min，10%姬姆萨染液中染色 20 min～30 min。血片制好后最好尽快染色，以确保适当的染色清晰度。带虫动物的低水平虫血症时，检查涂片中虫体就非常困难，特别是在感染驽巴贝斯虫的病例中，更是如此。用厚膜血液涂片技术，有时可查到虫体。厚膜血片的制备方法是，将一小滴血(约 50 μL)置于洁净的玻片上制备厚的血片，自然干燥，80 ℃加热固定 5 min，用 5%的姬姆萨染液染色 20 min～30 min。

所有抹片用 6 倍目镜(最小倍数)和 60 倍物镜油浸镜检。驽巴贝斯虫裂殖位于红细胞内，呈梨状，长 2 μm～5 μm，直径 1.3 μm～3.0 μm，成对裂殖子的后端相连，是驽巴贝斯虫感染的诊断特征。马巴贝斯虫的裂殖子相对较小，长度小于 2 μm～3 μm，呈圆形或阿米巴样，通常4 个裂殖子在一起，形成四联体或呈“马尔他十字”排列，这是马巴贝斯虫的特征。

在巴贝斯虫的生活周期中，裂殖体侵入红细胞，并在其中转变成滋养体。滋养体生长分裂成 2 个卵圆形或梨状裂殖子，成熟的裂殖子又感染新的红细胞。尔后重复上述分裂过程。

17.7.5.2　血清学检验

通过观察血涂片确定带虫动物体内的寄生虫非常困难，也无法大规模的进行样品的检测。因此认为血清学试验是诊断该病的较好的方法，尤其在马匹进境国尚无此病而存在传播媒介时，更有意义。血清采集和运送必须按照诊断实验室的要求进行。已作过血清学试验但表明没有感染的出境马匹，应饲养在无蜱的地方，以防发生意外感染。

目前，许多血清学技术已用于巴贝斯虫病的诊断，如补体结合试验(CF)、间接免疫荧光试验(IFA)和酶联免疫吸附试验(ELISA)。

(1) 补体结合试验(国际贸易指定试验)

补体结合试验(CF)在一些国家中作为进境马检疫的首选试验。但是 CF 试验不可能检出所有感染的动物，尤其是对经治疗的动物，而且一些血清会产生抗补体反应，所以目前在国际贸易中还采用 IFA 作为辅助试验。

(2) 间接免疫荧光试验(国际贸易指定试验)

间接免疫荧光试验(IFA)已成功地用于马巴贝斯虫和努巴贝斯虫感染的鉴别诊断。对强阳性反应的判定比较简单，但对介于弱阳性和阴性反应之间的鉴别，则需有很丰富的实际操作经验。

制备抗原的血液从虫血症正在加剧(理想的含虫量是 2%～5%)的马采集。带虫动物由于已产生抗体，不适合制造抗原。血液(约 15 mL)收集在 235 mL pH7.2 的 PBS 液中红

细胞用冷 PBS 洗 3 次(4 ℃,1 000g 离心 10 min),每次离心后弃去上清液和白细胞层末次洗涤后,沉积红细胞用含 4%牛血清白蛋白 PBS 配制至标准体积,即初始沉积红细胞体积为 30%,则红细胞占 1/3。如果初始红细胞体积为 15 mL,那么 5 mL 沉积红细胞加 10 mL 4%牛白蛋白 PBS 便构成抗原。充分混匀后,用加样器或注射器取该抗原加到专用的玻片孔内,或将其均匀地涂抹在载玻片上(保证厚度均匀适中),干燥后,用软纸或铝箔包好,放入塑料袋密封,-20 ℃贮存,可用 1 年。

(3) 酶联免疫吸附试验(ELISA)

ELISA 已用于检测实验感染马的两种巴贝斯虫抗体,国际上通用的诊断巴贝斯虫感染的酶联免疫吸附试验(ELISA)试剂盒有售。但是在马巴贝斯虫和驽巴贝斯虫间存在明显的交叉反应,因此,ELISA 试验尚不能用作鉴别巴贝斯虫的诊断方法。

马巴贝斯虫裂殖子重组蛋白和裂殖子表面蛋白单克隆抗体已被成功地用于竞争 ELISA(C-ELLSA)中。该 C-ELISA 解决了抗原的纯度问题,因为这个试验的特异性仅仅依赖于所用的 MAb。用 C-ELISA 和 CF 试验检测马巴贝斯虫抗体呈现 94%的相关性对检出不同结果的血清,则要测定它对 35S-蛋氨酸标记的巴贝斯虫裂殖子 mRNA 体外转译产物免疫沉淀能力。C-ELISA 阳性而 CF 阴性的样品可以明显地沉淀多种马巴贝斯虫蛋白。然而,用 C-ELISA 阴性和 CF 阳性的血清样品作的免疫沉淀反应结果不能得出明确的结论。这些有限的资料表明,C-ELISA 对马巴贝斯虫是有特异性的。用大肠杆菌制备重组抗原的优点在于制备抗原不再需要感染马,从而为国际分发和标化提供了稳定的抗原来源。

(4) DNA 探针

目前,敏感而特异的马巴贝斯虫和驽巴贝斯虫的 DNA 探针已研制成功。试验时,从血液中提取寄生虫 DNA,在尼龙膜上点样,然后用相关的放射性 DNA 探针检查。探针法可以检出一些带虫动物,而且在对那些指定出境且要求无寄生虫感染的马匹进行检疫时,探针法有可能会解决血清学试验中存在的问题,不过此方法在用于确诊马匹无巴贝斯虫或驽巴贝斯虫感染时,其敏感度尚有待于提高。

17.7.6 部分商品化试剂说明及供应商

(1) Babesia equi Antibody Test Kit(VMRD)

生产商:VMRD

VMRD 公司位于美国华盛顿,多年来一直致力于提供兽医学研究相关试剂和服务。公司业务领域包括:诊断试剂盒,荧光试剂盒,抗体,免疫试剂盒,免疫检测服务。为客户提供高质量、高效率的产品和服务是 VMRD 一贯的宗旨,网址:http://www.vmrd.com。

说明:竞争 ELISA(cELISA),每个试剂盒有 2 个或 5 个反应板(规格不同),可用于马巴贝斯虫(Babesia equi)抗体的检测。

代理:上海贝基生物科技有限公司,地址:上海市杨浦区延吉中路 25 弄泰鸿新苑 3 号 701 座,电话:021-65300698/65300268/29424038/29424039

(2) Babesia caballi Antibody Test Kit(VMRD)

生产商:VMRD

说明:竞争 ELISA(cELISA),每个试剂盒有 2 个反应板,可用于驽巴贝斯虫(Babesia caballi)抗体的检测。代理:上海贝基生物科技有限公司,地址:上海市杨浦区延吉中路25 弄泰鸿新苑 3 号 701 座,电话:021-65300698/65300268/29424038/29424039

17.8　马鼻肺炎(Equine rhinopneumonitis,ER)

17.8.1　疫病简述

马鼻肺炎又名马病毒性流产，是马的一种急性发热性传染病，病原为亲缘关系密切的两种疱疹病毒：马疱疹病毒1型(Equine herpes virus 1,EHV-1)和马疱疹病毒4型(Equine herpes virus 4,EHV-4)。EHV-1和EHV-4在全世界广泛分布，并对所有年龄和种类的马以及其他马科动物的健康构成普遍威胁。临诊表现为头部和上呼吸道黏膜的卡他性炎症以及白细胞减少。妊娠母马感染本病时，易发生流产。

马鼻肺炎于20世纪30年代初最早在美国发现，之后日本、印度、马来西亚均有报道，马鼻肺炎已在30多个国家或地区被发现。从对马群的特异性血清抗体调查看，阳性率一般都在30%以上，最高的有达90%，本病所引起的危害主要是引起妊娠母马流产，经济损失严重。由EHV-1或EHV-4引起的感染以原发性呼吸道疾病为特征，其严重程度随感染动物的年龄和免疫状况而不同。EHV-1感染可以引起比呼吸道黏膜炎症更严重的疾病，如流产、初生驹死亡或神经机能障碍。多数情况下，在EHV-1和EHV-4原发感染之后发生病毒潜伏感染。当遭遇某种应激因素(如断奶、运输、环境骚扰等)之后，潜伏在感染动物体内的病毒可能被激活并传播其他易感马匹。

在自然条件下，马鼻肺炎只感染马属动物，病马和康复后的带毒马是传染源，主要经呼吸道传染，消化道及交配也可传染。本病可呈地方性流行，多发生于秋冬和早春。先在育成马群中暴发，传播很快，1周左右可使同群幼驹全部感染，随后怀孕母马发生流产，流产率达65%～70%，高的达到90%。在老疫区，一般只见于1～2岁的幼马发病，3岁以上的马匹因有一定的免疫力，一般不再感染，即使感染也多为隐性经过，再次怀孕母马也较少发生流产。

马鼻肺炎自然感染的潜伏期为2～10天，幼驹人工感染的潜伏期为2～3天。幼驹发病初期高热，体温高达39.5 ℃～41 ℃，可持续2～7天。同时可见鼻黏膜充血并流出浆液性鼻液，颌下淋巴结肿大，食欲稍减，体温下降后可恢复正常。发热的同时白细胞数减少，而且主要是嗜中性白细胞减少，体温下降后可恢复正常。若无细菌继发感染，多呈良性经过，1～2周可完全恢复正常。若发病后调教或劳役过度，易引起细菌继发感染，发生肺炎和肠炎等，造成死亡。病理组织学变化可见急性支气管肺炎，支气管嗜中性粒细胞浸润，支气管周围及血管周围的圆形细胞浸润，局部肺胞有浆液性纤维素渗出物潴留。支气管淋巴结的生发中心见坏死及核内包涵体。

成年马和空怀母马感染后多呈隐性经过，怀孕母马感染后潜伏期很长，要经过1～4个月后才发病。母马的流产多数发生在怀孕后的8～11个月，流产前不出现任何症状，偶尔有类似流感的表现。胎儿一般顺产，未见胎盘滞留，生殖道能正常恢复，无恶露排出，也不影响以后配种和怀孕。流产的胎儿多为死胎，一般比较新鲜，呈急性病毒性败血症的变化，胎盘、胎膜有充血、出血和坏死斑，流产胎儿大多出现黄疸，黏膜有出血斑。胎儿皮下，特别是颌下、腹下、四肢浮肿和充血，脐带常因水肿而变粗。胸水黄色或血样，腹水增多。骨骼肌黄染。肝脏充血肿大，质脆，被膜下有多量白色或黄色粟粒大的坏死灶。脾肿大，脾滤泡突起，小梁不明显。肾脏瘀血，呈暗红色，被膜下可见小出血点。肾上腺未见明显异常。心脏的心冠沟及纵沟部外膜上有瘀血，两心室内膜下，尤其在左心乳头肌部可见瘀血或瘀斑。心肌暗

淡，无光泽。肺脏有水肿和点状出血。胃肠黏膜常见有瘀血和散在的小出血点。接近足月产出的马驹可能是活的，但衰竭，不能站立，呼吸困难，黏膜黄染，常于数小时或 2～3 天死亡。

17.8.2　病原特征

马鼻肺炎的病原为 EHV-1 和 EHV-4，它们是关系密切的甲群马疱疹病毒，核苷酸序列同源性为 55%～84%，氨基酸序列同源性 55%～96%，属疱疹病毒科，具有疱疹病毒的一般形态特征，位于细胞核内的无囊膜核衣壳呈圆形，直径约 100 nm，位于胞浆或游离于细胞外带囊膜的成熟病毒粒子呈圆形或不规整的圆形，直径为 150 nm～200 nm。病毒核芯直径 25 nm～30 nm，内衣壳厚 8 nm～10 nm，中层衣壳厚 15 nm，外层衣壳厚 12.5 nm，内层囊膜厚20 nm。在 CsCl 中的浮密度为 1.716 g/mL。

本病毒不能在宿主体外长时间存活。对乙醚、氯仿、乙醇、胰蛋白酶和肝素等都有敏感。能被许多表面活性剂如肥皂等灭活，0.35%甲醛液可迅速灭活病毒，pH4 以下和 pH10 以上迅速灭活。pH(6.0～6.7)最适于病毒保存。冷冻保存时以－70 ℃以下为佳。在 56 ℃下约经 10 min 灭活，对紫外线照射和反复冻融都很敏感。蒸馏水中的病毒，在 22 ℃静置 1 h，感染滴度下降 10 倍。在野外自然条件下留在玻璃、铁器和草叶表面的病毒可存活数天。粘附在马毛上的病毒能保持感染性 35～42 天。

马疱疹病毒 1 型(EHV-1)可分为 2 个亚型，即亚型 1 又叫胎儿亚型，主要导致流产；亚型 2 又叫呼吸系统型，主要导致呼吸道症状。来自流产胎儿的毒株在细胞培养物内增殖快速，细胞致病性强，感染细胞种类多。马体接种试验表明，来自流产胎儿的毒株较来自鼻肺炎病畜的毒株有更强的致病性，前者能在鼻咽部广泛增殖。

EHV-1 能在鸡胚成纤维细胞以及马、牛、羊、猪、犬、猫、仓鼠、兔和猴等多种动物的原代细胞上增殖，此外不能在牛胎肾、绵羊胎肾和兔胎肾等多种传代细胞内增殖。马肾细胞最适于 EHV-1 的分离培养，其次为猪胎肾。中国分离的毒株对乳仓鼠肾细胞的感受性很高。猪肾细胞与乳仓鼠细胞相同。由于来自不同马场的毒株之间有明显的差异，因此在作初代分离培养时，必须选择普遍易感的细胞种类。

初代分离毒株，随着在细胞培养物上传递代数的增加，出现细胞病变的时间明显缩短。当接毒量为 10%时，到第三代在 2～3 天开始出现细胞病变，3～5 天可收获。细胞层呈疏松的纱布状，继之网眼不断扩大，直至细胞层全部脱落，显微镜下观察，首先见细胞呈灶状圆缩，折光性增强，病变中心部的细胞首先脱落，随后逐渐形成葡萄状和带状的细胞集聚，细胞脱光的空隙逐渐扩大直至全部脱光。经 H.E. 染色的细胞培养物，可见核内嗜酸性包涵体和少量多核巨细胞。

17.8.3　OIE 法典中检疫要求

2.5.7.1 条　诊断试验标准见《手册》。

2.5.7.2 条　进境马科动物时，进境国兽医行政管理部门应要求出具国际兽医证书，证明动物：

1) 装运之日及装运前 21 天，无马疱疹病毒 1 型临床症状；

2) 装运前 21 天，在官方报告无马疱疹病毒 1 型的饲养场饲养。

17.8.4　检测技术参考依据

(1) 国外标准

Manual of Diagnostic Tests and Vaccines for Terrestrial Animals (Chapter 2.5.7

Equine rhinopneumonitis)

(2) 国内标准

暂无。

17.8.5 检测方法概述

17.8.5.1 病毒的鉴定

马鼻肺炎是高度传染性疾病，一旦暴发，流产或神经后遗症的发病率很高，因此马鼻肺炎的快速诊断很重要。一些快速而先进的诊断技术，如ELISA、PCR、免疫组化法、核酸杂交探针技术等都有报道，但因为它们的应用受实验室条件限制，所以常规的样品仍采用细胞培养分离病原后再进行血清型鉴定的传统方法。成功的EHV-1/4分离只有按严格的样品采集和试验操作标准进行试验，才能成功地分离病毒。

(1) 样品采集

马呼吸道病变早期的鼻咽排出物是最佳样品，可用拭子采集。在一长50 cm的有弹性的不锈钢线一端包5 cm×5 cm纱布拭子采集，挤出纱布上的排泄物，加入3 mL冷但不结冰的运输液(如含抗生素不含血清的MEM液)，马上运往实验室。

从可疑的流产死胎组织中最易分离成功，尤其是用肝、肺、胸腺和脾等病料。组织样品送到实验室后，应保存在4 ℃。如不立即进行试验应该保存在−70 ℃。从感染动物或暴露于病原的动物群的鼻咽中也能分离病毒，但成功率不高。处于EHV-1神经性疾病病例在死亡前从血液白细胞中分离病毒，可采集15 mL~20 mL无菌血做样品，加入柠檬酸或肝素抗凝剂，马上用冰送往实验室(注意不要使其结冻)，虽然偶尔可以从EHV-1神经性病畜的脑和脊髓中培养分离到病毒，但成功率也不高。

(2) 细胞培养物分离病毒

为了更有效地从呼吸道疾病的马中分离EHV-4，一定要用马源细胞培养物。EHV-1和EHV-4都可以采用马胎儿肾细胞、真皮成纤维细胞系(E-Derm)或肺组织成纤维细胞系等，从鼻咽样品中培养分离。方法是将收集了鼻咽液的拭子加3 mL运输液，放入10 mL的无菌注射器中，经0.45 μm薄膜滤菌器过滤到一无菌试管中，接种到细胞单层(每25 cm^2细胞接种0.5 mL)。接种病毒的细胞单层在37 ℃振荡吸附1.5 h~2 h，同时用无菌运输液作空白对照。

病毒吸附后，除去吸附物，用PBS冲洗细胞单层2遍，除去可能存在于鼻咽分泌物中的病毒中和抗体。加5 mL维持液(含2%胎牛血清的MEM)，在37 ℃培养。可设立阳性病毒对照以验证分离程序的正确性，但存在污染诊断样品的危险。可通过加强和改进实验室技术来降低。每天用显微镜检查细胞病变(CPE)(细胞圆缩、折光性增加和脱落)，若培养后无细胞病变现象，用新的细胞单层盲传一代。

也可用其他细胞从流产胎儿组织或神经性疾病病变组织分离EHV-1，如兔肾-13(RH-13)、乳仓鼠肾(BHK-21)、牛肾细胞(MDBK)。不过马源细胞最敏感，特别是在无EHV-4流产时进行检测一定要用马源细胞。可用约0.1 kg/L的流产胎儿的组织如肝、肺、胸腺和脾或神经性病畜的中枢神经组织来分离病毒。第一步是将样品在无菌平皿中用解剖剪剪至1 mm大小，加含抗生素但无血清的培养基于组织研磨器中研磨，1 200g离心10 min，移去上清液，取0.2 mL接种于2瓶16 mm×150 mm单层细胞上，37 ℃吸附1.5 h~2 h后用维持液代替培养液，培养1周或培养到出现细胞病变(CPE)。

对感染 EHV-1 引起麻痹的病例，在发病早期，采集外周白细胞进行分离培养，常能成功。试验可用一管加入柠檬酸或肝素抗凝剂混合后的血，在室温下放置 1 h 后，取最上层的白细胞，640g 离心 15 min，弃去上清液，将白血球留于管内，用少量残余的上清液搅动试管，再用 10 mL 无菌 PBS 洗涤并 300g 离心 10 min，重复洗涤和离心一次，后将沉淀白血球用含 2%FCS 的 1 mL MEM 液稀释，向 2 瓶 25 cm^2 细胞瓶的马成纤维细胞单层的添加 0.5 mL上述悬液，再每瓶加 8 mL～10 mL 维持液，35 ℃培养 7 天，因为在大量白细胞接种的情况下，可能很难发现细胞病变(CPE)，所以可不弃去培养物，培养 7 天后将每个瓶细胞进行冻融，移 0.5 mL 冻融的细胞培养液到新培养的细胞单层上培养，观察细胞病变至少 5～6 天，若仍无细胞病变，可判为阴性。

(3) 血清学鉴定病毒

鉴定病毒分离株的方法是从可疑的病畜中分离的疱疹病毒与特异性抗血清的免疫反应。用单克隆抗体(MAb)与感染细胞培养物进行的免疫荧光试验是一种快速简便的方法。这个试验具有特异性和可靠性，它可以应用来自临床或剖检材料的同一容器少量感染细胞进行试验。国际兽医局(OIE)指定的两个马鼻肺炎实验室提供的特异的 MAb 可用于区别 EHV-1 和 EHV-4。无 MAb 的实验室可用多克隆抗血清来检证分离的 EHV-1/4。

当接种了病毒的细胞有 75%以上发生细胞病变时，将其从瓶壁上吹打下来。离心沉淀收集细胞，再用 0.5 mL PBS 重新悬浮。吸取向多孔显微镜环片的两个孔中各吸 50 μL 细胞悬液，自然风干，用 100%丙酮固定。分别用未感染的细胞悬液、感染 EHV-1 的和感染了 EHV-4 的细胞悬液设三个对照组(对照细胞可提前准备好，分成小量，冰冻保存)，每组分别在板上各滴加 2 个孔，每孔 50 μL。每对细胞孔中的一孔各滴加最适稀释度的 EHV-1 特异的 MAb 液，向另一孔加一滴 EHV-4 特异的 MAb 液。在湿盒中 37 ℃温育 30 min，未吸附的抗体用 PBS 洗 10 min 除去。MAb 与病毒抗原的反应可用异硫氰酸盐荧光素(FITC)标记的羊抗鼠 IgG 检测。将稀释的标记抗体加入各孔，37 ℃温育 30 min 后，用 PBS 冲洗 2 次，用荧光显微镜观察，出现阳性荧光说明病毒类型与抗体有特异性。

(4) 直接免疫荧光试验

检测流产马胎儿组织样品中 EHV-1 抗原的直接免疫荧光试验是兽医临床实验室初步迅速诊断马疱疹病毒性流产的一种主要方法。用 100 份马流产样品同时进行直接免疫荧光试验(IF)和细胞分离试验，结果证明直接免疫荧光试验与病毒分离结论相近。在美国，兽医分析实验室所用的以 FITC 标记的 EHV-1 特异的猪多克隆抗血清，由农业部国家兽医服务实验室提供。抗血清与 EHV-4 有交叉反应，不能区分血清型，新采集的胎儿组织样品块(5 mm×5 mm)，在－20 ℃冰冻切片，贴于显微镜片上，100%丙酮固定。风干后，用适宜的稀释的猪 EHV-1 抗体在 37 ℃湿盒中温育 30 min。没反应的抗体用 PBS 冲洗两次洗去，接着用水溶性封固剂或覆膜将组织切片覆盖，检查荧光。每次试验都应该设一个阳性对照和一个阴性对照(EHV-1 感染或没感染和病变组织)。

怀疑为 EHV-1 感染的脑脊髓病病例，生前也可用本试验进行诊断，方法是取其外周血单核细胞泥涂片后，按上述程序进行免疫荧光染色。如白细胞检样中加入 T 细胞分裂素(如商陆丝裂素)，能增加病毒感染细胞出现的频率，再在体外培养 2～4 天后检查，可提高敏感性。

(5) PCR技术

聚合酶链反应(PCR)技术可对临床样品、保存的石蜡包埋组织和细胞培养物中EHV-1和EHV-4的核酸进行快速扩增,并做出诊断。研究人员为区别EHV-1和EHV-4,设计了各种型特异性引物。PCR和病毒分离技术用于诊断EHV-1或EHV-4,其符合率为85%。用PCR诊断ER,不但快速、敏感,而且不依赖于样品中是否存在感染性病毒。目前,它已与当前可被应用的ER诊断方法共同构成一个技术整体,当然,每一种方法都各有其优缺点。

为诊断活动型EHV感染,取流产胎儿的组织或幼驹的鼻咽拭子进行PCR检验是最可靠的途径,同样,对突发流产或呼吸道疾病的事件(在这些时候,为指导管理策略,必须对病毒进行快速鉴定)进行流行病学调查,也是最有用的。但是,由于成年马循环淋巴细胞和三叉神经节中普遍潜伏存在的EHV-1和EHV-4 DNA,而使得对这些马组织(淋巴结、外周血白细胞或CNS)中EHY-1或EHV-4基因组片段PCR扩增结果的解释更加复杂化。

(6) 组织学试验

流产胎儿或神经性感染马的组织经福尔马林固定和石蜡包埋后做成切片,进行组织学检查,是重要的诊断方法。流产胎儿的细支气管上皮或肝坏死灶周围细胞内存在典型的疱疹病毒包涵体是EHV-1的组织学特征。在脑或脊髓的小血管出退行性脉管炎(炎性细胞形成血管套、内皮细胞增生和血管栓形成)是EHV引起的神经组织产生病变的特征。

17.8.5.2　血清学试验

马鼻肺炎病毒到处存在,而且在世界各地马群中血清阳性率很高,因此目前在试图防止马传染病在国际间扩散和兽医条款中,未列出出境马EHV-1/4抗体滴度必须阴性的规定。然而血清学试验是诊断马鼻肺炎有效的辅助手段。马鼻肺炎的血清学诊断是根据疾病急性期和恢复期双份血清的抗体效价是否显著上升来确定。单份血清的试验结果对大多数病例往往不可信。临床症状(急性期)一出现应尽快采血,作为第一份血样,第二份血样应在3～4周后(恢复期)采集。血清学诊断EHV-1神经型疾病,采集脑脊髓液检查同样具有价值。自流产后母马和EHV-1神经型病马急性阶段采集的血清,其EHV-1抗体效价可能会最高,而以后采样检测时效价不会增高。对于这种情况,由同群中未发病马采集双份血清,观察EHV-1/4抗体效价上升情况,可为同群ER感染进行回顾性诊断提供一些有用的信息。最后,对极少数由EHV-1感染引起的但病毒学检查呈阴性结果的流产胎儿,通过血清学试验检测其心血、脐带血或其他体液中的抗体,也会有诊断价值的。

EHV-1/4血清抗体水平可通过酶联免疫吸附(ELISA)、病毒中和(VN)或补体结合(CF)等试验来测定。由于EHV-1/4型补体结合抗体滴度在康复后数月内转为阴性,所以如果仅有康复期一份血清,补体结合试验对诊断近期感染是最有用的方法。当偏要对EHV-1引起的麻痹型病例迅速做出诊断以建立控制本病扩散的适宜措施时,也可采用补体结合试验。因为国际上无公认的试剂或标准的技术用来测定马鼻肺炎抗体,故不同实验室对向一份血清抗体效价测定的结果,可能不尽相同。而且,以上介绍的所有血清学试验都存在EHV-1和EHV-2交叉反应问题。不过,任何试验,在有症状期间若EHV-1或EHV-2的抗体效价呈4倍或4倍以上增长则认为近期感染了EHV-1或EHV-4。酶联免疫吸附试验和补体结合试验的优点是能比较迅速地得出诊断结果而不需细胞培养设备。最近,一种能够区别EHV-1和EHV-2的型特异性ELISA业已建立并已投入市场。微量中和试验是一种广为应用的敏感的血清学测定方法。

(1) 病毒中和试验

血清学试验通常用定量的病毒和倍比稀释的被检马血清,在 96 孔平底微量平板上进行,每一血清稀释度样品至少要加两孔,全过程用无血清 MEM 作稀释液。在临用之前将已知滴度的病毒稀释到 25 μL 含 100$TCID_{50}$,E-Derm 或 RK-13 单层细胞用 EDTA/胰蛋白酶消化,悬浮使其细胞量为 5×10^5/mL。RK-13 细胞可用于 EHV-1,但用于 EVH-4 时不产生明显的 CPE。每次试验必须设阴性血清对照、阳性血清对照、正常细胞对照、病毒感染性对照和被检血清细胞毒性对照。抗体的最终中和滴度为能保护两孔培养细胞免于病毒感染的最高血清稀释度的倒数。

(2) 补体结合试验

此法系最常用的血清抗体调查和回顾性诊断方法。一般用马肾、仓鼠肾、兔肾和猪肾单层细胞培养物生产抗原。待大部分细胞病变后收获,冻融 3 次,3 000 r/min,离心 20 min,其上清液即为补结抗原。被检马血清放 56 ℃灭活 30 min 后,从 4 倍开始作倍比稀释直到 64 倍或 128 倍,加入抗原、补体后,放 4 ℃过夜,再加致敏红细胞,放 37 ℃水浴感作 30 min 后判定。发生 50%溶血的血清最高稀释倍数即为血清的效价。

(3) 琼脂免疫扩散试验

由于该法和马疱疹病毒Ⅱ型Ⅲ型有交叉反应,故一般不用。

17.9 马病毒性动脉炎(Equine viral arteritis,EVA)

17.9.1 疫病简述

马病毒性动脉炎又称马传染性动脉炎、流行性蜂窝织炎、丹毒,是由马动脉炎病毒(Equine arteritis virus,EAV)引起,在马属动物之间通过呼吸道和生殖器官传播的一种急性传染病,主要特征为病马体温升高,步态僵硬,驱干和外生殖道水肿,眼周围水肿,鼻炎和妊娠马流产。

1953 年,马病毒性动脉炎首先在美国被发现,Doll 等人从马流产胎儿中分离出病毒,并定为 Bucyrus 株。EVA 目前在世界许多国家存在,已报道分离出病毒的国家有瑞士、波兰、奥地利、加拿大,其抗原性均与 Bucyrus 株一致。还有一些国家如英国、日本、法国、西班牙、爱尔兰、葡萄牙、前南斯拉夫、埃及、埃塞俄比亚、摩洛哥、墨西哥、前苏联、德国、瑞士、伊朗、丹麦、荷兰、澳大利亚、新西兰、意大利等国经血清学调查已证实有本病存在。马病毒性动脉炎为二类传染病,迄今为止只有一个血清型,本病的危害主要是引起妊娠母马流产,世界各国在马匹的进出境检疫中十分重视。

马病毒性动脉炎主要是通过呼吸系统和生殖系统传染。患病马在急性期通过呼吸道分泌物将病毒传给同群马或与其相接触的马。流产马的胎盘、胎液、胎儿亦可传播本病。长期带毒的种公马可通过自然交配或人工授精的方式把病毒传给母马。通过饲具、饲料、饲养人员的接触也能将病毒传给易感马。人工接种病毒于怀孕母马及幼驹,可使 50%的幼驹死亡,母马则发生流产。在实验室内,马动脉炎病毒常用易感马传代来保持其对马的病原性。

患马可表现为临诊症状和亚临诊症状。大多数自然感染的马表现为亚临诊症状,实验接种马可表现为临诊症状。本病的典型症状是发热,一般感染后 3～14 天体温升高达 41 ℃,并可持续 5～9 天。病马出现以淋巴细胞减少为特征的白细胞减少症,临诊病期大约 14 天。表现厌食、精神沉郁、四肢严重水肿,步伐僵直,眼、鼻分泌物增加,后期为脓性黏液,发生鼻炎和结膜炎。面部、颈部、臀部形成皮肤疹块。有的表现呼吸困难、咳嗽、腹泻、共济失调，公马的阴囊和包皮水肿，马驹和虚弱的马可引起死亡。怀孕母马流产，其流产可达90%以上。流产通常发生在感染后的10～30天，出现在临诊发病期或恢复早期。动脉炎病毒可突破胎盘屏障而感染胎儿，胎儿常在流产前就死亡，易从流产胎儿特别是脾脏中分离出马动脉炎病毒。母马痊愈后很少带毒，而大多数公马恢复后则成为病毒的长期携带者。

17.9.2　病原特征

马病毒性动脉炎病毒是一种有囊膜的球形正链RNA病毒，属冠状病毒科，动脉炎病毒属。病毒粒子直径为50 nm～70 nm、核心平均直径为40 nm，表面纤突长3 nm～5 nm。病毒的浮密度为1.7 g/mL～1.24 g/mL，分子质量为(4.1×106)～(4.3×106)，基因组长度为13 kb～15 kb。病毒对0.5 mg/mL胰蛋白酶有抵抗力，但对乙醚，氯仿等脂溶剂敏感。50 ℃ 1 mol/L的$MgCl_2$溶液中加速病毒灭活。病毒在低温条件下极稳定，在－20 ℃保存7年仍有活性，4 ℃保存35天，37 ℃仅存活2天，56 ℃30 min能使其灭活。动脉炎病毒能在许多细胞培养物中增殖，产生细胞病变和蚀斑，并可用蚀斑减数实验等方法鉴定。马动脉炎病毒增殖最适细胞株为马的皮肤细胞株E. derm NBL-6，病毒的复制快，产量也高。电镜检查证明，病毒的形态发生与病毒的生长密切相关。细胞在感染后9 h～12 h，出现核蛋白体聚积及许多反常现象，例如细胞浆内出现特殊的膜样结构，但看不到病毒粒子，到18 h，即可初次看到病毒粒子，在感染后的24 h、30 h、34 h～43 h，随着病毒浓度的增高，成熟病毒粒子的数目也增加，并可看到这些病毒粒子是从胞资浆的空泡中芽生出来，聚集在空泡内和散在于细胞间的空隙中。细胞浆此时已完全损坏，细胞核内没有病毒复制的迹象。胞浆空泡病毒粒子的平均直径是43 nm。将病毒粒子从赤道线切开时，可测得其核心蛋白的平均直径是35 nm±2 nm。

17.9.3　OIE法典中检疫要求

2.5.10.1条　本《法典》规定，除成年公马的感染期为动物的整个生命周期外，马科动物的马病毒性动脉炎(EVA)感染期为28天。由于精液中病毒的感染期长，因此血清学阳性种公马应检验，确保精液无EVA病毒。诊断试验和疫苗标准见《手册》。

2.5.10.2条　临时或长期进境未去势种公马时，进境国兽医行政管理部门应要求出具国际兽医证书，证明动物：

1）装运之日及装运前28天无EVA临床症状。

2）按照陆生动物手册所述进行EVA检测，结果a）在装运前28天单次采集血样进行EVA诊断试验，结果阴性；或b)在装运前28天两次采集血样进行EVA诊断试验，间隔至少14天，结果稳定或抗体滴度下降。或

3）在6到12月龄间两次采集血样按照陆生动物手册所述进行EVA诊断试验，间隔至少14天，结果阴性或滴度下降，而后按照生产说明立即进行EVA免疫接种，并定期重复免疫。或

4）按照陆生动物手册所述进行EVA检测，结果阴性，而后立即进行EVA免疫接种，在之后21天与其他马科动物分离并按照生产说明定期重免。

5）按照陆生动物手册所述单次采血进行EVA检测结果阳性，且：a)或者，在装运前选择两匹母马进行试验性交配，并在交配时及此后第28天两次采集母马血样，作EVA诊断试验，结果阴性；b)或者，于装运前28天，精液作马动脉炎病毒分离试验，结果阴性。

2.5.10.3条 临时进境种用以外的未去势雄性马科动物和去势的马科动物时，进境国兽医行政管理部门应要求出具国际兽医证书，证明动物：

1）装运之日无EVA临床症状，装运前28天所在的隔离场无动物出现EVA临床症状；

2）按照陆生动物手册进行EVA检测，结果：a)在装运前28天内单次采集血样结果阴性，或b)装运前28天进行两次血样诊断试验，间隔至少14天，结果稳定或抗体滴度下降；或

3）在6～12月龄间两次采集血样按照陆生动物手册所述进行EVA诊断试验，间隔至少14天，结果阴性或滴度下降，而后按照生产说明立即进行EVA免疫接种和定期重免。

2.5.10.4条 进境精液时，进境国兽医行政管理部门应要求出具国际兽医证书，证明供精动物：

1）采精前28天所在养殖场无马科动物出现EVA临床症状；

2）采精之日无EVA临床症状；

3）在6到12月龄间采集血样按陆生动物手册进行EVA诊断试验，结果稳定或滴度下降，而后按生产说明立即免疫EVA并定期重复免疫；

4）按陆生动物手册所述进行EVA检测结果阴性，立即免疫EVA，免疫后与其他马科动物分离21天，并按生产说明定期免疫；或

5）在采精前14天内按陆生动物手册所述进行EVA检测血样结果阴性，采血后至采精期间与其他马科动物分离；或

6）按照陆生动物手册所述单次采血进行EVA检测结果阳性，且：a）或者，在装运前选择两匹母马进行试验性交配，并在交配时及此后第28天两次采集母马血样，作EVA诊断试验，结果阴性；b）或者，于装运前28天，精液作马动脉炎病毒分离试验，结果阴性。

17.9.4 检测技术参考依据

（1）国外标准

Manual of Diagnostic Tests and Vaccines for Terrestrial Animals(Chapter 2.5.10 Equine viral arteritis)

（2）国内标准

SN/T 1142—2002 马病毒性动脉炎微量血清中和试验操作规程(修订中)

SN/T 1377—2004 从精液中分离马病毒性动脉炎病毒试验操作规程(修订中)

17.9.5 检测方法概述

17.9.5.1 病毒鉴定

（1）病原分离

当怀疑为EVA或为确定亚临床感染时，采集鼻咽和结膜拭子、抗凝全血样品，以及认为是带毒种马的精液进行病毒分离。为提高病毒分离机会，应在感染马发热时尽快收集有关样品。肝素不宜用作抗凝剂，因为它可抑制EAV在RK-13细胞内增殖。怀疑死于EVA的马驹或老年马，应采取多种组织，特别是与消化道有关的淋巴腺和相关器官来分离EVA，也可选用肺、肝和脾。怀疑暴发流产与马动脉炎有关时，可采取胎盘和胎儿的体液与组织进行病毒分离。

虽然从自然病例分离病毒并非都能成功，但还是应该尽量用临床样品或尸检组织接种兔肾细胞、马肾细胞或猴肾细胞进行病毒分离。可供选用的细胞还有RK-13、LLC-MK2、

VERO等细胞系以及马和兔的原代肾细胞等，但早期传代以RK-13为首选细胞。有证据表明高代次的RK-13细胞不适合EVA初次分离，特别是从精液中分离病毒，也还有一些其他因子可以影响精液中病毒在RK-13细胞内初次生长。用3～5天的细胞单层、加大接种剂量和在培养基中添加羧甲基纤维素可大大提高分离成功率。值得注意的是，大多数RK-13细胞，包括ATCC CCL-37在内，都有牛病毒性腹泻病毒污染，而且，它的存在似乎能增强该细胞系统对EAV初代分离的敏感性。

接种后，每天观察细胞是否出现病变(CPE)，一般在2～6天内出现。若无CPE，5～7天后将培养上清液再次接种到新鲜的细胞单层上，大多数情况下经1～2代细胞培养可分离到EVA。然后，应用单向中和试验或免疫组织化学方法，即间接免疫荧光试验或亲和素-生物素-过氧化物酶复合物技术(ABC)对分离毒进行鉴定。多克隆兔抗血清已被用于鉴定细胞培养物中的EAV。针对病毒核衣壳(N)蛋白和囊膜GL蛋白的鼠单克隆抗体以及只针对囊膜(M)蛋白的多克隆兔抗血清也已研制成功，应用这些抗血清能够检出RK-13中培养的各个毒株，而且检出时间提前到感染后12 h～24 h。运用标记的针对全病毒马抗血清进行免疫荧光试验，或者用针对病毒N蛋白或GL蛋白鼠单抗进行ABC试验也可检出感染马组织中的病毒抗原。

从精液分离病毒(国际贸易指定试验)：有相当多的迹象表明，短期和长期携带病毒的种公马，不经呼吸道分泌物和尿液排毒，但可经精液不断排毒。另外，也未曾证实这种马的血液白细胞层是否含有病毒。先用病毒中和试验检测血清抗体，然后对血清阳性的又无良好免疫接种史的种公马取精液进行病毒分离。对引进的精液，当无法检测供精液马的血清时，也可运用本法对精液进行病毒分离。从精液中分离病毒，一般需取双份精液，可在同一天采集，也可连续两天采集，或者隔日或隔数日、数周后采集。至于样品采集的间隔时间与从种马分离病毒成功与否无直接证据。分离EVA最好使用一次射精量的部分精液，采精时可用假阴道、避孕套、试情畜或台畜。用这些方法收集不到精液时，可在配种时采集外漏精液。采集前清洗种马的生殖器时不能用抗菌药或消毒剂。样品应是一次射精时精子数量最多的部分，因为，这一部分含毒量大。不含精子的精清部分无EVA。样品采集后立即置于冰块上或冰袋上，并尽快送检。样品不能立即检测时，应将精液冻存在-20 ℃以下，数天或数周内送往实验室检查。精液冻存并不影响从带毒种马分离EVA。

对获得的所有病毒分离物用免疫标记或用上述羊特异抗血清或单克隆抗体病毒中和试验方法进行鉴定。

进行单向中和试验时，病毒分离物作连续10倍稀释，与用EAV Bucyrus原型毒株(ATCC VR 796)制备的单克隆抗体或单特异性抗血清和阴性血清进行试验，同时取Bucyrus原型病毒作相似稀释后与同上参考抗体反应作为试验对照。试验可在25 cm^2的培养瓶中进行，也可采用多孔培养板。已知阳性和阴性血清(抗体)用前于56 ℃水浴灭活30 min，用pH7.2磷酸盐缓冲生理盐水作1/4稀释，然后取5支试管(每一病毒分离株用试管5支)，于每支试管内分装0.3 mL。各病毒分别用Eagle's MEM(含10%胎牛血清、10%新鲜豚鼠补体和抗生素)作连续10倍稀释(10^{-1}～10^{-5})，每个稀释度吸取0.3 mL分别加至装有已知阳性和阴性血清的试管内，轻轻振荡混合，于37 ℃感作1 h，然后将此病毒/抗体混合物移种到3～5天的RK-13细胞单层上，每滴度病毒液接种2瓶/孔，每瓶0.25 mL，每孔接种的量需根据孔径来定。置37 ℃感作2 h，其间轻轻摇动一次以使接种物铺满细胞单

层。之后，不需移出接种物，不用洗涤单层，直接添加含 0.75%羧甲基纤维素的培养基，置有氧培养箱或 5% CO_2 培养箱中于 37 ℃继续培养 4～5 天。继而移出培养基，细胞单层用 0.1%福尔马林结晶紫溶液染色，蚀斑计数，用 Spearman-Kärber 氏方法计算有和没有抗体两者的病毒感染滴度。最后，根据与原型病毒相比较蚀斑减少的程度来确定该分离物的同质性。

用上述方法由带毒公马分离病毒，大多数通过一代培养即可获得病毒分离物。非病毒性细胞毒性或细菌污染并不是一个主要问题。即使有非病毒性细胞毒性，也通常是出现在 10^{-1} 稀释度，至 10^{-2} 稀释时极少出现。据称，在接种前先用聚乙二醇(Mol. wt 6000)处理精清，可以成功地克服这个问题。其方法是，在 10^{-1}～10^{-3} 稀释的精清液中加入聚乙二醇，使其最终浓度达 10%，于 4 ℃下轻轻搅拌过夜，然后 2 000g 离心 30 min，弃上清，沉淀物用细胞维持液按原量的 1/10 量稀释混匀，再以 2 000g 离心 30 min，取上清用于接种。至今尚未发现经过如此处理后的精清可以降低病毒分离率的敏感性。

某些带毒公马的精清中带有 EAV 抗体，但未发现这可妨碍对这些马带毒状态的检查。

(2) 核酸检测

反转录聚合酶链反应(RT-RCR)是检测 EAV 的一种辅助方法。业已建立的方法有单式 RT-PCR 和套式 RT-PCR，对它们检测细胞培养物中各毒株的作用也做出了评价。有的文献描述了反转录前一步法提取 RNA 和扩增的方法，扩增产物可借助于葡聚糖凝胶电泳或 ELISA-PCR 等方法检查。RT-PCR 也为鉴定临床样品(即鼻咽拭子滤液、白细胞层、精液、尿液)和剖检材料中的病毒特异性 RNA 提供了工具，与病毒分离法相比，套式 RT-PCR 法只需 2 天即可得出结果，另一个优点是，检测不需要活病毒。进行 PCR 检测时，要设立足够的阳性对照和阴性对照，有时候还要设立从未感染细胞的组织培养液中提取 RNA 的对照。

选择引物对 RT-PCR 的敏感性至关重要，最好根据病毒基因组最保守区来设计引物。据报道，从 EVA 聚合酶、核衣壳(N)或囊膜(M)蛋白基因选择序列进行单式或套式 RT-PCR，都易成功。然而，在一套完全满意的通用引物还没认可时，要最大限度地检出临床病料或剖检样品中存在的 EAV，RT-PCR 只能与病毒分离相结合应用，而不是取而代之。

需强调的是，由于 RT-PCR 不能区分感染性和非感染性即不完全病毒，因此，不能用于检测马的目前感染状况和精液样品，这也是国际商贸中特别关注的问题。

根据对囊膜(GL，GS，M)和核衣壳(N)蛋白基因的序列分析，将世界各地分离的 EAV 毒株分成若干不同的表型群。通过核苷酸测序证实各毒株间的亲缘关系，对于追踪 EVA 暴发的根源是一个有用的工具。

(3) 病理组织学检查

当怀疑马匹死亡由马病毒性动脉炎引起时，应广泛采集病料进行检查，以取得广泛脉管炎的组织学证据，尤其要检查盲肠、结肠、脾、相关淋巴结和肾上腺皮质等部位的小动脉。脉管内皮和中层细胞散在性坏死性动脉炎为 EVA 的典型变化。然而，在发生 EAV 流产的成年马，这种特征性病变并不明显。

不论有与没有病变，在 EVA 感染马的各组织中都可检出 EAV 病毒抗原。应用马多克隆抗血清或鼠单抗检查新鲜或固定的组织，都可以在感染细胞的胞浆内检查到 EAV。

17.9.5.2 血清学试验

有多种血清学试验，如中和试验（微量中和法和蚀斑减数法）、补体结合试验、间接免疫荧光试验、琼脂凝胶免疫扩散试验和酶联免疫吸附试验（ELISA）等，都可用于检测马动脉炎病毒抗体。

目前在诊断、调查和国际贸易中应用最广的是有补体参与的微量中和试验。此外，补体结合试验虽然敏感性低，也可用于近期感染的诊断，因为补体结合抗体的持续时间相当短。相反，中和抗体可持续数年之久。虽然ELISA已用于诊断和血清学监测，但它不如微量中和试验敏感和特异而未被广泛接受。而且，由于ELISA试验涉及到的是中和抗体和非中和抗体，因此其阳性反应不能反映对EVA的保护性免疫力，这一点与中和试验有所不同。

用常规方法免疫马和兔可制备未经纯化的EAV抗血清，现也已研制出了抗EAV核衣壳（N）、囊膜（GL、M、GS）和其他蛋白的鼠单抗和单特异性的兔多抗。OIE可提供EAV标准血清，有助于微量中和试验和ELISA国际标准化。

迄今为止，认定EAV只有一个血清主型，这就是说，所有血清学试验都是以原型病毒Bucyrus株（ATCC VR 796）为参考毒株。其种毒用RK-13细胞系繁殖，低速离心除去细胞碎片，分装后－70 ℃贮存。种毒的感染性通过取数份冻存的病毒，融化后在RK-13细胞上滴定。

（1）病毒中和试验（国际贸易指定试验）

病毒中和试验（VN）用于筛检种公马是否有EAV感染和决定是否需要采集精液分离病毒，也可用于确诊可疑病马。目前使用最为广泛的VN试验方法是由美国农业部国家兽医服务实验室建立的，该方法使用RK-13细胞，采用经检定认可的CVL-Bucyrus（卫桥）毒株作为参考病毒。来自于Bucyrus原型病毒的CVL-Bucyrus（卫桥）毒株其传代史资料不全。多种因素尤其是所用毒株的来源和传代史，可以影响VN试验检测EAV抗体的敏感性。当用于检测低效价阳性血清，特别是EVA免疫马的血清时，CVL-Bucyrus毒株的敏感性与高度致弱的疫苗毒株相当。

效价等于或大于1∶4视为阳性。阴性血清稍有CPE痕迹（低于25%），或者在最低稀释时无病毒中和作用偶尔可能出现由于一排数孔发生部分中和作用而难以界定抗体效价的情况。偶而可遇到一些血清在较低滴度时出现毒性反应。在这些情况下，都难以判定该样品是阴性还是弱阳性。此时，从可疑马匹另采一份血清检测可以解决这个问题。

（2）酶联免疫吸附试验（ELISA）

使用纯化的病毒或是重组病毒抗原已建立了检测EAV抗体的多种直接法或间接法ELISA。但在初期，这些方法的应用因频繁出现的假阳性而受到干扰，后来发现这与马血清中存在的针对各种组织培养物抗原的抗体有关，因为这些马都曾用组织培养疫苗免疫接种过。研究证实，病毒蛋白质GL可刺激机体引起体液免疫反应，这便导致产生了应用细菌或杆状病毒表达系统制备部分或整个重组蛋白作为包被抗原的ELISA方法。其中一些方法的敏感性和特异性似乎可与VN试验相媲美，而且在中和抗体出现之前即可检出EAV特异性抗体。然而，即使如此，也会出现假阳性结果。

应用重组杆状病毒表达的GL、M或N重组结构蛋白为抗原的ELISA，可以成功地检出自然感染马和实验感染马血清中存在的抗体，但检不出疫苗免疫马产生的抗体。任何以GL蛋白为基础的ELISA方法的敏感性，都会因本方法中所使用的这种病毒蛋白的外功能

区序列不同而异。已经发现，该区内氨基酸序列在不同的毒株之间有相当大的变异。因此，要最大限度地提高基于GL的ELISA敏感性，可能必须使用多个外功能区序列，它们能够代表所有已知基因表型不同的分离毒株，而不仅仅依赖于单一的外功能区序列。最近，又建立了应用GL蛋白单克隆抗体的阻断ELISA，据报道，与VN试验相比，其敏感性为99.4%，特异性为97.7%。应用EAV感染马的多克隆抗血清筛选随机噬菌体肽库，获得了与EAV抗体相匹配的配体，经过纯化，该配体已用作ELISA的抗原。然而，在本试验测得吸收值与中和抗体效价之间未发现有任何关联，表明所测到的抗体主要是针对病毒内部表位的。

17.10 马鼻疽（Glanders）

17.10.1 疫病简述

马鼻疽是马、骡、驴等单蹄动物的一种高度接触性的传染病，人也可以感染。以在鼻腔、喉头、气管黏膜或皮肤上形成鼻疽结节、溃疡和瘢痕，在肺、淋巴结或其他实质器官发生鼻疽性结节为特征。马鼻疽的病原为假单胞菌属（*Pseudomonas*）的鼻疽杆菌（*Pseudomonas mallei*）。马鼻疽分布极为广泛，全世界都有发生，法国、挪威、丹麦、英国、德国、前南斯拉夫、希腊、瑞典、土耳其、美国、加拿大、伊朗、日本等国都有许多发病报道，严重威胁农牧业生产。自第一次世界大战以后，美国、加拿大及大多数欧洲国家，已将鼻疽消灭或基本消灭了。

本病通常是通过患病或潜伏感染的马匹传入健康马群。新发病地区常呈暴发性流行，多为急性经过；在常发病地区马群多呈缓慢、延续性传播。鼻疽一年四季均可发生。自然感染是通过病畜的鼻分泌液、咳出液和溃疡的脓液传播的，通常是在同槽饲养、同桶饮水、互相啃咬时随着摄入受鼻疽菌污染的饲料、饮水经由消化道发生的。皮肤或黏膜创伤而发生的感染较少见。人感染鼻疽主要经创伤的皮肤和黏膜感染，经食物和饮水感染罕见。人和多种温血动物都对本病易感。动物中以驴最易感，但感染率最低；骡居第二，但感染率却比马低；马通常取慢性经过，感染率高于驴、骡。我国骆驼有自然发病的报道。反刍动物中的牛、山羊、绵羊人工接种也可发病，但狼、狗、绵羊和山羊偶尔也会自然感染本病。捕获的野生狮、虎、豹、豺和北极熊因吃病畜肉也得此病而死亡。鬣狗也可感染，但可耐过。

人工感染潜伏期为2～5天，自然感染约为2周至几个月之间。由于不少马匹在感染后不表现任何临诊症状，因此马鼻疽可分为临诊鼻疽和潜伏性鼻疽两种病型。临诊鼻疽又可分为急性鼻疽或慢性鼻疽两种。不常发病地区的马、骡、驴的鼻疽多为急性经过，常发病地区马的鼻疽主要为慢性型。

17.10.2 病原特征

鼻疽假单胞菌长2 μm～5 μm、宽0.3 μm～0.8 μm，两端钝圆，不能运动，不产生芽胞和荚膜，幼龄培养物大半是形态一致呈交叉状排列的杆菌，老龄菌有棒状、分枝状和长丝状等多形态。组织抹片菌体着色不均匀时，浓淡相间，呈颗粒状，很似双球菌或链球菌形状。革兰氏染色阴性，常用苯胺染料可以着色，以稀释在石炭酸复红或碱性美蓝染色时，能染出颗粒状特征。电镜观察，在胞浆内见网状嗜铖包含物而与其他革兰氏阴性菌有所区别。

鼻疽假单胞菌为需氧和兼性厌氧菌，最适宜生长温度为37 ℃～38 ℃，最适pH(6.4～7.0)。在4%甘油琼脂中生长良好，经24 h培养后，形成灰白带黄色有光泽的正圆形小菌落，48 h后菌落增大至2 mm～3 mm。开始为半透明，室温放置后逐渐黄褐色泽加深，菌落黏稠。在含2%血液或0.1%裂解红细胞培养基内发育更好，在鲜血琼脂平板上不溶血；在

硫堇葡萄糖琼脂上生长时，菌落呈淡黄绿色到灰黄色；在孔雀绿酸性复红琼脂平皿生长时，菌落呈绿色。在甘油肉汤培养时，肉汤呈轻度混浊，在管底可形成黏稠的灰白色沉淀，摇动试管时沉淀呈螺旋状上升，不易破碎。老龄培养物可形成菌环和菌膜。

在马铃薯培养基上 48 h 培养后，可出现黄棕色黏稠的蜂蜜样菌苔，随培养日数的延长，黄色逐渐变深。在石蕊牛乳培养基内培养 10～20 天后，可从管底部凝固，凝乳不胨化，石蕊变红。在通气条件下深层培养，生长旺盛，48 h～72 h 培养物，菌数可达(260～270)亿/mL，培养物的 pH 无显著变化，其中的细菌也不发生变异，而静止培养同样时间，活菌数不超过(1～1.5)亿/mL，培养基的酸碱度上升为 pH8.0 左右，其中的细菌也易发生变异。

生化反应极弱，部分菌株可分解葡萄糖和杨苷，产酸不产气；不能还原硝酸盐；产生少量硫化氢和氨，但不产生靛基质；不液化明胶；M. R. 和 V-P 试验阴性；不产生氧化酶；但精氨酸双水解酶试验为阳性。

本菌有两种抗原，一为特异性抗原，另一为与类鼻疽共同的抗原。与类鼻疽菌在凝集试验、补体结合试验和变态反应中均有交叉反应。

本菌仅有内毒素，内毒素对正常动物的毒性不强，若将同一剂量的内毒素注射已感染本菌的动物，则在 1～2 天内死亡，说明内毒素含有一种物质可引起感染动物出现变态反应。这种物质是一种蛋白质即鼻疽菌素(Mallein)，它与类鼻疽菌素均含有多醣肽的同族半抗原，是鼻疽马和类鼻疽马点眼都出现阳性交叉反应的原因。

本菌对外界因素的抵抗力不强，在腐败物质中能保持 14～24 天的生命力和毒力，在潮湿的材料中能生存 15～30 天，在胃液中于 30 min 内、在尿中最迟 40 h 死亡，在鼻汁中可生存 14 天。不耐干燥，对日光尤其敏感，24 h 可将之杀灭。55 ℃加热 5 min～20 min、80 ℃加热 5 min 即被杀灭，煮沸立即死亡。2%石炭酸、1%苛性钾和氢氧化钠、3%来苏儿、5%漂白粉等常用消毒液，在 1 h 内都能将其杀死。

本菌对抗生素和磺胺类药物均敏感。强力霉素、金霉素、甲烯土霉素、链霉素和磺胺噻唑均有较强的抑菌效力。

马皮下注射 1 000 个活菌就可发病，口服 1 500 个活菌也可感染。多在注射后 48 h～72 h呈现体温反应，局部肿胀化脓，颌下淋巴结肿大，日渐消瘦。驴以本菌的感受性更强，皮下注射 15～30 个活菌即可发病，呈急性经过，大部分在 10～14 天内死亡。实验动物中以猫、仓鼠和田鼠最敏感，豚鼠次之，大、小鼠易感性差。

17.10.3　OIE 法典中检疫要求

2.5.8.1 条　本《法典》规定，马鼻疽潜伏期为 6 个月。诊断试验标准见《手册》。

2.5.8.2 条　无马鼻疽国家

符合下述条件的国家可视为无马鼻疽国家：

1) 马鼻疽为法定报告疫病；

2) 过去 3 年里没有马鼻疽病例报告，或在最近 6 个月以上没有病例报告并且进行监测计划证明疾病状况与总则的动物健康监测(附录 3.8.1)一致。

2.5.8.3 条　从无马鼻疽国家进境马科动物时，兽医行政管理部门应要求出具国际兽医证书，证明动物：

1) 装运之日无马鼻疽临床迹象；

2) 自出生或装运前 6 个月，一直在出境国饲养。

2.5.8.4条　从马鼻疽感染国家进境马科动物时，兽医行政管理部门应要求出具国际兽医证书，证明动物：

1）装运之日无马鼻疽临床症状；

2）装运前6个月一直在官方报告无马鼻疽的饲养场饲养；

3）装运前30天内，按陆生动物手册所述进行马鼻疽检测，结果阴性。

17.10.4　检测技术参考依据

（1）国外标准

Manual of Diagnostic Tests and Vaccines for Terrestrial Animals（Chapter 2.5.8 Glanders）

（2）国内标准

GJB 3133—1997　军马鼻疽防制规范

NY/T 557—2002　马鼻疽诊断技术

NY/T 904—2004　马鼻疽控制技术规范

SN/T 1471.1—2004　鼻疽菌素点眼试验操作规程

17.10.5　检测方法概述

17.10.5.1　病原鉴定

在新鲜病灶的涂片中菌体较多，但在陈旧病灶中菌体稀少。细菌主要存在于细胞外，为直而两端钝圆的革兰氏阴性杆菌（长2 μm～5 μm，宽0.5 μm），着色不均匀，没有荚膜，不形成芽胞。可被亚甲蓝或革兰氏染色。与假单胞菌群中的其他细菌不同，它没有鞭毛，不能运动。在组织切片中，可成串珠状，但不易观察。在培养基中，细菌的形态随培养物培养时间的长短和培养基的类型而不同。在老龄培养物中本菌具多形性。在肉汤培养物表面形成丝状分枝。

未被污染的新鲜病料，可接种于甘油马铃薯培养基或含血液（血清）的甘油琼脂平板上，48 h后，根据菌落特征和平板凝集反应进行鉴别。被污染的病料，可用孔雀绿复红甘油琼脂平板或含抗生素的甘油琼脂平板分离培养，在前者呈现淡绿色小菌落，后者呈现灰黄色菌落，然后用平板凝集试验进行鉴定。

本菌为需氧菌，仅在硝酸盐存在时为兼性厌氧菌，最适宜在37 ℃中生长。在普通培养基上生长良好，但缓慢。在培养基中加入甘油有利于本菌生长。在甘油琼脂培养基上培养几天后，生长物融合成片，稍带奶油色，光滑，湿润，黏稠。继续培养时，生长物增厚且变成暗棕色，坚韧。在甘油土豆琼脂上和甘油肉汤中生长较好，表面形成黏性菌膜，而在普通营养琼脂上生长不佳，在明胶上生长更差。

本菌在体外培养后，其某些特征可能发生变化，所以必须用新鲜的分离物作生化鉴定。

石蕊牛奶轻度变酸，长时间培养后，可发生凝固。能还原硝酸盐。尽管有些人认为，葡萄糖是本菌可发酵的唯一的碳水化合物（缓慢且不规律），但其他的研究者表明，如选用适当的培养基和指示剂，则葡萄糖和其他碳水化合物（如阿拉伯糖、果糖、半乳糖和甘露糖），均可被本菌稳定地酵解。不产生吲哚，不溶解马血，不产生可扩散性色素。应用试剂盒〔如API系统（Analytical Profile Index），Analytab Products或BioMerieux生产〕可很容易地将本菌确定为假单胞菌属，然后根据其缺乏运动性而确定为本菌。

对已污染的样品，在培养基中应加入能抑制革兰氏阳性菌生长的物质（如结晶紫、原黄素),并用青霉素进行预处理(1 000 单位/mL 37 ℃作用 3 h))。有一种选择性培养基可供使用,其配制方法是:将 1 000 单位多黏菌素 E、250 单位杆菌肽和 0.25 mg 放线酮加入 100 mL含 4%甘油、10%驴或马血清和 0.1%绵羊血红蛋白的营养琼脂或胰蛋白胨琼脂中。

虽然豚鼠、仓鼠和猫均可用于诊断,但最常用的是公豚鼠。公豚鼠经腹腔接种可疑病料后,可引起严重的局部腹膜炎和睾丸炎(Strauss 反应)。菌的数量和毒力决定病灶的严重程度。由于本反应并不是鼻疽所特有的,其他细菌也可诱发,因此对严重污染材料引起的此类反应,应增加细菌学检查以可证实该反应的特异性。

通常用 250 g 左右雄性豚鼠 2～3 只,将纯培养或结节、溃疡病料制成 5～10 倍乳剂,腹腔或皮下注射 1 mL。污染材料可加青霉素 1 000 IU/mL,置室温 3 h 后,再行腹腔接种,2～5 天后可见睾丸发生肿胀、化脓为特征的 Strauss 反应,阴囊呈现渗出性肿胀,即可剖杀分离细菌。未经抗生素处理的污染病料,最好向左或右侧胸部皮下注射,3～5 日后同侧腋窝淋巴结肿胀、化脓时剖杀分离细菌。

近来已有应用分子生物学方法检测鼻疽,能够特异地检出鼻疽伯克霍尔德氏菌 DNA 的聚合酶链反应技术(PCR)已经建立,应用它可以将鼻疽伯克霍尔德氏菌和假鼻疽伯克霍尔德氏菌分开。免疫印迹方法,特别适用于检测那些在 CF 中呈现抗补体等虚假反应的血清。目前这些试验均未被完全认可或广泛接受。

17.10.5.2 血清学试验

(1) 鼻疽菌素点眼试验

鼻疽菌素点眼反应操作简便易行,特异性及检出率均较高,无论对急性开放性或慢性鼻疽马,都有较高的诊断价值,适合于大批马、骡的检疫,尤其是以 5～6 天的间隔反复点眼 3～4 次时,阳性检出率接近 100%。但应注意,骡对鼻疽菌素的敏感性较低,驴则阳性反应率极低,甚至完全无反应。

点眼前必须两眼对照详细检查眼结膜,单、双瞎等详细记录,眼结膜正常者方可进行点眼,点眼后检查颌下淋巴结,体表之状况及有无鼻漏等。规定间隔 5～6 日作两次点眼算一次检疫,每次点眼用鼻疽菌素原液 3～4 滴(0.2 mL～0.3 mL),两次点眼必须点于同一眼中,一般应点于左眼,左眼生病可点于右眼,须在记录上注明。点眼时间应在早晨实行,第 9 h 开始判定。点眼前固定马匹,试验者左手用食指插入上眼睑窝内使瞬膜露出用母指拨开下眼睑,使瞬膜与下眼构成凹兜,右手持吸妥鼻疽菌素之点眼器保持水平方向手掌下缘支柱于额骨之眶部,点眼器尖端距凹兜约 1 cm,母指按胶皮乳头滴入鼻疽菌素 3～4 滴。点眼后注意系栓。防止风沙侵入、阳光直射及被点眼睛动物自行摩擦眼部。在点眼后 3 h、6 h、9 h 进行判定,共检查三次,并尽可能在第 24 h 再检查一次。判定时先由马头正面两眼对照观察,在第 6 h 要翻眼。细查结膜状态,有无眼眦,并按判定符号记录结果。每次检查点眼反应时均应记录判定结果。最后判定应以连续两次点眼中反应高的判定。鼻疽菌素点眼反应判定标准:

1) 阴性反应:点眼后无反应者或轻微充血及流泪者,其记录符号为“－”。

2) 疑似反应:结膜潮红,轻微肿胀,及分泌灰白色液性及黏液性(非脓性)眼眦者,其记录符号为“±”。

3) 阳性反应:结膜发炎,肿胀明显,并分泌数量不等之脓性眼眦者,其记录符号为“＋”。

(2) 鼻疽菌素皮下注射(热反应)

皮下注射前一日需做一般临诊检查并测量早午晚三次体温,体温正常者始可做皮下注射。皮下注射前的三次体温其中如有一次超过39 ℃或三次平均体温超过38.5 ℃或前一次皮下注射后未满90天的,均不得做皮下注射。注射部位通常在左颈侧或肩胛前之胸部,注射前需将术部剪毛消毒。然后注射鼻疽菌素原液1 mL。注射后24 h内不得使役和饮冷水。注射时间通常在夜间12点进行。注射后6 h体温开始上升开始测温。每经2 h检温一次(即注射后6、8、10、12、14、16、18、20、22、24 h),连续测温10次,36 h测温一次,详细记录体温,并画体温曲线,记录局部肿胀程度。局部肿胀以手掌大(横径10 cm)为明显局部反应。皮下注射鼻疽菌素的马、骡、驴及驴骡可发生体温反应及局部或全身反应。

1) 体温反应:鼻疽病畜一般在皮下注射鼻疽菌素后6 h～8 h体温开始上升,12 h～16 h体温上升达最高峰,此后逐渐降低,有的30 h～36 h再度轻微上升。

2) 局部反应:在注射部位发热,肿胀疼痛,以24 h～36 h最为显著,直径可达10 cm～20 cm继而逐渐消散,有时肿胀存在2～3天。

3) 全身反应:在注射后精神不振,食欲减少,呼吸短促,脉搏加快,步态踉跄,战栗,大小便次数增加,颌下淋巴结肿大。鼻疽菌素皮下注射(热反应)判定标准如下:

1) 阴性反应:体温在39 ℃以下并无局部或全身反应。

2) 疑似反应:体温在39 ℃(不超过39.6 ℃),有经微的全身反应及局部反应,或体温升至40 ℃但不稽留,并无局部反应,认为疑似反应。

3) 阳性反应:体温升达40 ℃以上稽留及有经微局部反应,或体温在39.6 ℃以上稽留并有显著局部反应及全身反应者。

(3) 鼻疽菌素眼睑皮内注射操作办法

这是检查单蹄兽感染最敏感、可靠和特异性的一种试验,并已普遍取代点眼和皮下试验。试验方法是:将0.1 mL浓缩的马来因PPD皮内注射到下眼睑,并在注射后24 h和48 h观察结果。1 mL～2 mL注射器及针头用前煮沸消毒,注射前应检查结膜状况及眼睛是否单、双瞎等,注射后检查额下淋巴结及有无鼻漏,均应详细记录。注射部位通常在左下眼睑距眼睑边缘1 cm～2 cm内侧眼角三分之一处的皮肤实质内,注射前用硼酸棉消毒术部。

阳性反应的特征是眼睑明显肿胀,从内眼角或结膜流出脓性分泌物,同时伴有体温升高。阴性反应通常不出现变化或下眼睑轻微肿胀。

(4) 补体结合试验(CF)(国际贸易指定试验)

尽管这种实验不像鼻疽菌素试验那样敏感,但仍是诊断鼻疽准确的血清学试验,已使用多年。其准确率为90%～95%。感染后一周内就可检出血清阳性,慢性病例可长期保持血清阳性。CF抗原是用幼龄培养物制成,即将甘油琼脂斜面培养12 h的细菌,用生理盐水洗下,然后在65 ℃中加热1 h。

血清用含0.1%明胶的巴比妥缓冲液(VBSG)或不含明胶的补体结合试验稀释剂(CFD)作1/5稀释后,在56 ℃灭活30 min。除马以外的其他马属动物血清应在63 ℃灭活30 min。血清在96孔圆底微量滴定板上作倍比系列稀释。豚鼠补体用VBSG或CFD稀释,并用5个补体溶血单位(CH50)。血清、补体、抗原在板上37 ℃作用1 h后(一些实验室常用4 ℃保存过夜),加入洗过的2%致敏绵羊红细胞,并在37 ℃感作45 min,然后以600*g*离心5 min。1∶5稀释的血清样品出现100%溶血,判为阴性,25%～75%溶血判为可疑,不溶血(补体100%被结合)判为阳性。缺点是一些菌株与假鼻疽假单胞菌有交叉反应,因此会出现假阳性反应,以及健康马在马来因试验后,一定时期内也会出现CF滴度。

(5) 亲和素-生物素斑点酶联免疫吸附试验

亲和素-生物素斑点酶联免疫吸附试验(dot ELISA)是一种很有前途但尚未被广泛认可的试验。其抗原的制备方法是,将甘油葡萄糖琼脂上生长了5天的培养物,用无菌蒸馏水洗下,配成高浓度悬浮液,100 ℃灭活1 h,20 000*g* 离心1 h,加无菌蒸馏水将沉淀的菌体作5倍稀释,加入2 mmol/L苯甲基磺酰基氟化物抑制蛋白酶,在液氮中反复冻融6次,20 000*g*离心1 h,上清液再经0.23 μm微孔滤膜过滤,测定蛋白质含量,加硫柳汞(1∶10 000)防腐。抗原于−20 ℃下贮存。抗原使用浓度为每毫升含0.6 mg蛋白质。

在正常马群中可测出低滴度抗体,1∶100或更小。自然感染马和敏感马的斑点ELISA滴度在1∶400到1∶256 000之间。目前关于感染马的有关数据不多,血清1∶200稀释被推荐作为阳性阈值。在感染后4天可呈阳性反应,但也可于第6天出现并持续到11周,有的在11周仍呈阳性反应。在马来因试验之后的6周内,本试验的结果不可信。

(6) 凝集试验和沉淀试验

这两项试验用于鼻疽控制程序,其准确性不高。慢性鼻疽马和体质衰弱的马会出现阴性或可疑的结果。

17.11 苏拉病(Surra diease)

17.11.1 疫病简述

苏拉病亦称马伊氏锥虫病,是由伊氏锥虫(*Trypanosoma evansi*)寄生在马属动物、牛、骆驼的血液内的一种原虫病。主要以贫血、进行性消瘦、黄疸、高热、黏膜出血、体表浮肿和神经症状等为特征。本病通过虻、蚊等吸血昆虫叮咬而传播,发病地区和季节与吸血昆虫的出现及活动范围相一致。马属动物常呈急性经过,不经治疗几乎可全部死亡。而牛、骆驼等多呈慢性病程。

本病流行于热带和亚热带地区,传染来源是带虫动物,包括隐性感染和临床治愈的病畜。在我国南方主要的带虫动物是黄牛和水牛。据调查,过去广东当地黄牛及水牛带虫率为2%~25%。曾在内蒙古阿拉善旗调查骆驼的带虫率为15.07%。黄牛及水牛可带虫2~3年,骆驼可达5年之久,此外如狗、猪、某些野兽和啮齿动物等都可以作为保虫者。

伊氏锥虫主要由虻类和吸血蝇类机械性地传播。伊氏锥虫寄生在动物的血液(包括淋巴液)和造血器官中,以纵二裂法进行繁殖。由虻及吸血蝇类(厩螫蝇和血蝇)在吸血时进行传播。这种传播纯粹是机械性的,即虻等在吸食病畜血液后,锥虫进入其体内并不进行任何繁殖(生存时间亦较短暂),当虻等再吸其他易感染动物血时,即可虫体传入后者体内。

除了经吸血昆虫传播以外,消毒不完全的手术器械及注射用具也可传播本病,还可经胎盘感染或经过消化道的伤口感染。人工抽取病畜的带虫血液,注射入健畜体内,能成功地将本病传给健康动物。

马属动物常呈急性经过,病程一般1~2个月,死亡率很高,自然康复者极少;牛及骆驼多数呈慢性经过,少数成为带虫者。本病在易感动物表现为发热,这种发热与虫血症直接相关;并有渐进性贫血,消瘦和乏力。在整个病程中表现为与虫血症相关的"回归热"。常见水肿,特别是身体下部,荨麻疹块,浆膜点状出血。在亚洲曾报道过水牛流产,该病也可引起免疫缺陷。

锥虫在血液中寄生，迅速增殖，产生大量有毒代谢产物，宿主亦产生溶解锥虫的抗体，使锥虫溶解死亡，释放出毒素。毒素作用的结果首先是中枢神经系统受损伤，引起体温升高、运动障碍、造血器官损伤、贫血、红细胞的溶解，出现贫血与黄疸；血管壁的损伤导致皮下水肿；肝脏的损伤及虫体对糖的大量消耗，造成低血糖症和酸中毒现象。

苏拉病的临床症状和病变因各种家畜的易感性不同而表现各异。马属动物常呈急性发作，潜伏期5～11天，体温变化是本病的重要标志，病马体温呈间歇热型，体温突然升高到40℃以上，稽留数日后短时间间歇，再度发热，如此反复。发热期间，食欲减退，精神不振，呼吸急促，脉搏频数，间歇期则以上症状缓解或消失。反复数次后，病马逐渐消瘦，被毛粗乱，眼结膜初充血，后变为黄染，最后苍白，在结膜、瞬膜上可见米粒大至黄豆大的出血斑，眼内常附有浆液性到脓性分泌物。

体表水肿为本病常见症状之一。发病后6～7天，水肿多见于腋下、胸前。疾病后期病马精神沉郁，昏睡状，行走摇摆，步样强拘，尿量减少，尿色深黄黏稠。体表淋巴结轻度肿胀。末期出现神经症状至死亡。血液检查红细胞数急剧下降。锥虫的出现似有周期性，且与体温的变化有一定关系，在体温升高时较易检出虫体。

由伊氏锥虫引起的苏拉病广泛分布于世界各地，严重影响亚洲、非洲和中南美洲的畜牧业。由于地理位置不同，主要宿主种类亦有差异，水牛、黄牛、骆驼和马属动物特别易感，其他动物也有一定敏感性。本病的确诊依据是在血液中检出虫体，同时亦可采用血液学、生物化学和血清学等作为辅助检测方法。

17.11.2 病原特征

伊氏锥虫（*Trypanosoma evansi*），属锥虫属（*Genus Trypanosoma*），唾源型（Salivaria），密单胞亚属（*Pycnomonas*），锥虫亚属（*Trypanozoon*），与媾疫锥虫在形态上相同，但其生物学特性则彼此不同。形态与采采蝇传播的布氏锥虫、冈比亚锥虫和罗德西亚锥虫的细长形态相似。从亚洲、非洲和南美洲分离的不同虫株的分子特性表明，伊氏锥虫和马媾疫锥虫具有同一起源，而且，伊氏锥虫和马媾疫锥虫很可能为同一种。像所有致病性锥虫一样，伊氏锥虫由一个叫变异表面糖蛋白（VSG）的致密蛋白层所组成。它作为主要免疫原能诱发特异抗体形成。锥虫能通过改变VSG逃避免疫反应，这种现象称为抗原变异。

伊氏锥虫为单型锥虫，细长柳叶形，长18 μm～34 μm，宽1 μm～2 μm，前端比后端尖。细胞核位于细胞中央，呈椭圆形。距虫体后端约1.5 μm处有一小点状动基体。靠近动基体为一生毛体，自生毛体生出鞭毛1根，沿虫体伸向前方并以波动膜与虫体相连，最后游离，游离鞭毛长约6 μm。在压滴标本中，可以看到虫体借波动膜的流动而使虫体活泼运动。

伊氏锥虫寄生在动物的造血脏器和血液（包括淋巴液）中，以纵分裂方式进行繁殖，虻、螫蝇及虱蝇是其主要传播者。伊氏锥虫在吸血昆虫体内不进行任何形态改变和发育，生存时间亦很短，在螫蝇体内生存时间为22 h，3 h内有感染力，虻体内一般生存33 h～44 h。

17.11.3 检测技术参考依据

（1）国外标准

Manual of Diagnostic Tests and Vaccines for Terrestrial Animals（Chapter 2.5.15 Surra (Trypanosoma evansi)）

（2）国内标准

暂无。

17.11.4　检测方法概述

锥虫病的传统诊断方法是直接查到体内虫体。这种方法经常用于血液或淋巴结中虫体的检查，极少用于其他组织材料检测。在布氏锥虫和马媾疫锥虫的流行区发生伊氏锥虫病时，仅用显微镜检查，难以鉴别血涂片中不同种类的锥虫。因此，人们正在研究特异性的DNA探针，通过非放射性杂交的方法用于鉴定锥虫的种类。

17.11.4.1　病原鉴定直接法

(1) 常用的田间试验方法

1) 采血样

伊氏锥虫与唾传锥虫亚属中其他锥虫一样，寄生于血液和组织中。它特别喜欢寄生于深部血液，此时患畜处于低虫血症状态。因此，诊断用的血样必须同时采自外周血管和深部血管中的血液用于检验，否则，仅用外周血检验虫体，其检出率常常低于50%。

外周血可通过耳静脉或尾静脉穿刺获得，深部血则可用注射器从较大的静脉抽取。先用酒精把耳沿或尾尖擦净，待干后再用适当器械穿刺静脉。在采集不同个体血液时，应注意无菌操作，必须使用消毒过的器械，或使用一次性器械，以免残留在器械上的血液造成个体间的交叉感染和人为传播。

2) 新鲜血片检查

在干净载玻片上滴一小滴鲜血，盖上盖玻片，使血液扩散成为细胞单层，再用光学显微镜(200倍)观察活动的锥虫。

3) 厚血膜染色检查

在载玻片中央滴一大滴血，用牙签或另一载玻片角旋转摊开，使直径达1 cm～1.25 cm。晾干1 h以上，防止苍蝇等污染，不需特别固定，直接用姬姆萨液1 mL染色25 min，冲洗后，用光学显微镜高倍(500～1 000倍)观察。此法的优点是血液范围小，易于发现虫体；缺点是虫体易被破坏，也不适于在混合感染时作虫种鉴别。

4) 薄血膜染色检查

将一小滴血放在清洁载玻片一端约20 mm处，按常用方法推成薄血膜，迅速风干，用甲醇固定2 min，干燥后，再加姬姆萨液(同上)染色25 min，倾去染色液，自来水冲洗，干燥待检。另一种染色方法为：该血膜先加梅-格鲁沃尔德染液(May-Grunwald stain)染色2 min，然后加等量PBS(pH7.2)，3 min后倾去，再用姬姆萨液染色25 min，然后倾去染液，自来水冲洗，晾干。两种血片用高倍显微镜(400～1 000倍)检查。此法能够较详细地看到锥虫形态和鉴别虫种。另外，尚有其他快速染色技术(Field's染色 Difliquick)。

5) 淋巴结活组织检查

一般从肩胛骨前或股前(precrural)淋巴结取样，通过触摸选定适当的淋巴结后，用酒精清洗术部，用适当型号的针头刺入淋巴结内，将淋巴结内容物抽进注射器，然后滴到载玻片上，加上盖玻片，像新鲜血片一样进行检查。为了以后使用，也可将制片固定保存。

(2) 浓缩法

大多数伊氏锥虫宿主表现为轻微临床症状或亚临床带虫感染状态，呈低虫血症而不易发现虫体。因此，需要采用浓缩法。

1) 血细胞压积离心法

用肝素处理过的毛细管(75 mm×1.5 mm)采血70 μL，将未沾染血液的一端封闭，封闭

端朝下，3 000g 离心 10 min。将两片玻璃(25 mm×10 mm×1.2 mm)粘贴在一载玻片上，毛细管放在其间，将一盖玻片压在锥虫浓集的棕黄层边界，并在这部分毛细管周围充满水或显微镜油，然后用显微镜(×100～200)检查棕黄层。

2) 暗视野/相差技术

毛细管采取血样，离心同上。将毛细管在棕黄层下 1 mm 处用砂轮划痕切断(上部为顶层红血细胞、白细胞和血浆)，将其部分内容物加到载玻片上，盖上盖玻片，在暗视野、相差或普通光源下检查。

3) 溶血技术

十二烷基硫酸钠(SDS)能使红细胞溶解，可用于寄生虫血样中活动锥虫的检查。但应注意 SDS 有毒，必须避免与皮肤接触、吸入或食入(不可用嘴去吸管子直接吸取)。SDS 可在一般环境温度下保存数月，SDS 和血样使用温度都应在 15 ℃以上。如果温度较低，锥虫虫体有可能被破坏。Van Meirvenne 介绍的方法可广泛用于多种脊推动物的唾传(锥虫完成其发育史时在昆虫宿主的唾液腺或口器中完成它感染的亚循环，当采食时昆虫随唾液进入宿主血液中，这一群还包括伊氏锥虫)和粪传(锥虫完成其生活史时，在昆虫肠道的前部完成其循环，当昆虫采食时排泄出来，污染皮肤)锥虫感染。经过评价，这种溶血技术用于诊断人和动物的锥虫病结果颇佳。

另有两种常用的方法：新鲜血膜澄清法与溶血离心法。

① 新鲜血膜澄清法：此法是使红血细胞部分溶解，便于检查活动虫体。本法需用 0.01%SDS 溶液(SDS 溶解在 TGS 溶液中，pH7.5)、接种环(10 μL)、载玻片和盖玻片(24 mm×24 mm)、新鲜血液样或肝素化的血样。取 100 mg SDS 溶于 100 mL 等离子浓度的 Tris-NaCl-葡萄糖缓冲液(TGS)(pH7.5)中[Trizma base 14.0 g，NaCl3.8 g，葡萄糖 10.8 g溶解在 750 mL 蒸馏水中，加入 90 mL～100 mL 1 mol/L HCl 后调 pH 至 7.5，然后加蒸馏水至 1 000 mL]，此缓冲液可以分装小瓶中室温下放置几个月。取 10 μL 血滴于载玻片上。再用接种环加入 10 μL SDS 溶液，轻轻混合，覆以盖玻片。立即用低倍镜下(100 倍或 200 倍)观察。由于 SDS 的高黏性严重影响了显微镜的聚焦和锥虫的运动，敏感性较低。

② 溶血离心法：此法使 RBC 全部溶解。需要材料有：0.1% SDS 溶液(SDS 溶解于 TGS 溶液中，pH7.5)、锥形离心管、普通试管、锥形吸管、载玻片、盖玻片(24 mm×24 mm 或 24 mm×32 mm)，以及肝素化血。取 SDS 液 6.3 mL 放入普通试管中，然后加入 0.7 mL 血样，准确放在 SDS 溶液表面，快速完全混合，尽量防止泡沫出现，以免破坏虫体。静置 10 min，使血球充分溶解。将以上混合液体倒入锥形离心管，500g 离心 10 min。用洁净的吸管尽可能将上清液吸去，注意不要搅动沉淀物。再换用较尖细的吸管将上清液尽量吸净，留下 10 μL～20 μL 沉淀物于管底，小心其全都收集放在载玻片上，加盖玻片，立即在低倍镜下(×100 或×200)检查整个制片。

4) 微型阴离子交换离心法(mini-anion exchange centrifugation technique)

当感染唾源锥虫的人或动物的血样通过适当的阴离子交换柱时，由于宿主的血细胞比锥虫带有较少的负电荷，因此被吸附于阴离子交换剂上，锥虫就被洗脱排出，同时保留其活力和感染性。据此建立了一种可用于野外的检查低虫血症状态病畜的简单方法。

(3) 动物接种

家畜的亚临床寄生虫血症可采用实验动物接种方法来证实。伊氏锥虫对小啮齿动物有广谱感染性,因此常用大鼠和小鼠检查骆驼的伊氏锥虫感染。通过比较试验证明,用大鼠和小鼠接种方法比用厚血涂片的阳性结果分别高15.2%和17%。但并不是所有小鼠都易感。

将抗凝血样腹腔注射大鼠1 mL～2 mL,或小鼠0.25 mL～0.5 mL,每次至少用2只。每周3次从尾部采血检查寄生虫,锥虫出现在血液中的潜伏期和毒力因锥虫虫株、接种物浓度和实验动物的品种不同而异。应用免疫抑制的实验动物可增加锥虫体内培养法的敏感性,用环磷酰胺、醋酸氢化可的松药物或X射线或脾切除术都可达到此目的。

(4) 重组DNA探针

检查感染血液或组织中锥虫用的重组特异DNA探针尚在试验中。

17.11.4.2 病原鉴定间接法

所使用的间接法有血液学和生物化学方法,该类方法不是直接检测发现虫体,而是通过检验寄生虫对宿主的影响而做出推断。

(1) 血液学检验

贫血虽然不是锥虫感染的特征性症状,但是一种有力的证据。然而,有些处于轻度亚临床感染状态时,有虫血症但尚未表现贫血现象。贫血可根据测定红细胞压积进行判断,该法可用于易感家畜的早期检查,以毛细管内红细胞压积占总血量的百分比表示。

(2) 生物化学试验

生化试验包括絮状沉淀、甲醛凝胶、升汞沉淀和麝香草酚浊度等试验,有些陈旧的方法已经过时,但由于方法简单容易操作仍在野外检验中应用。所有这些试验都是根据病原感染后血清球蛋白增加而设计的。但这种现象并不是伊氏锥虫病所特有的。其中以甲醛凝胶和升汞沉淀试验较好。这些试验主要用于骆驼,其他家畜用的很少。目前尚无有关球蛋白作为阳性反应标准的数据。

甲醛凝胶试验:用干燥试管采血3 mL～5 mL,自然凝固。取纯净血清(不含红血球)约1 mL置一较小的试管内,加2滴福尔马林(0.4 kg/L甲醛)。血清迅速凝固并发白者为阳性;无变化或需30 min才能凝固者为阴性。

升汞试验:用干操试管采静脉血1 mL～2 mL,使其凝固析出血清。对早期伊氏锥虫感染病例,必须使用最佳浓度的升汞溶液,以保证正常血清不出现沉淀,一般稀释倍数为1∶20 000～1∶30 000。取以蒸馏水稀释的升汞溶液1 mL置于小试管中,边轻轻摇动边加入1滴待检血清(不含红血球)。出现混浊者为阳性;15 min内无变化者为阴性。有人认为这种试验仅对骆驼有效。

3) 抗原检测

ELISA方法已研究成功用于锥虫保守循环抗原的检测,且已在相当范围内使用。理论上讲,针对布氏锥虫而设计的检测方法,也对锥虫属的其他锥虫如伊氏锥虫有同样的检测效果。近来已研制出一种诊断苏拉病的商品胶乳硕粒凝集试验,但需进一步评估。

4) 锥虫DNA检测技术

近年来有些研究中心一直在开发研究聚合酶链技术检测微量锥虫DNA序列。Wuyts等最近报道了应用这种方法检验伊氏锥虫。能鉴定唾传锥虫的种特异性DNA探针目前还未问世。

17.11.4.3　血清学试验

检测锥虫抗原特异性抗体的方法包括:补体结合试验,间接血凝和沉淀试验。这些都没有在大规模调查中使用;近年则多采用间接荧光抗体、ELISA 和卡片凝集试验(ATT)。这些试验方法仍须要进一步研究和标准化。ELISA 和 CATT 的推广试验已在印度尼西亚进行。

(1) 间接荧光抗体试验

试验所用抗原为从小鼠或大鼠感染后 4 天内采取的,在 500 倍显微镜下每视野中有 5～10 条伊氏锥虫的血涂片,室温下干燥 1 h,丙酮固定 15 min,保持干燥,－20 ℃保存可达数月。一般来说,单一特异抗 IgG(γ-链)结合物能产生最特异性结果。

(2) 酶联免疫吸附试验

该技术的原理是抗锥虫的特异性抗体先与被覆于固相聚苯乙烯测定板上的可溶性抗原反应,然后用酶标抗免疫球蛋白结合物进行测定。所用的酶可以是过氧化物酶、碱性磷酸酶或其他适当的酶。这种酶结合物与抗原/抗体复合物结合,然后与适当的底物反应,使底物本身或掺进的指示剂(色原)产生特异性颜色变化。

包被反应板的抗原是来自患严重虫血症的大鼠。锥虫用 DEAE 纤维柱分离,用冷 PSG,pH8(PBS ＋ 1％葡萄糖 pH8.0)离心洗涤 3 次。最后,沉淀物用冷 PSG 悬浮,浓度为 3％～5％,在冰浴上短暂超声处理 30 s～120 s,直到虫体完全破裂。在 4 ℃下以 40 000g 离心 60 min,上清液用水稀释,使所含蛋白质浓度达 1 mg/mL。这种试剂可小量等份分装,－70 ℃保存数月,也可冻干后保存于－20 ℃条件下。

(3) 卡片凝集试验

在不同地区不同虫株的唾传锥虫具有某些共同的变异抗原(VATs)。比利时安特卫普热带医学研究所血清实验室根据这一原理,研制了对冈比亚睡眠病的野外诊断方法——卡片凝集试验(CATT/冈比亚布氏锥虫)。此试验利用确定为 VAT 的固定和染色锥虫。可变和不变表面抗原均参与这种凝集反应。同时研究出了使用于诊断伊氏锥虫感染的方法。CATT/伊氏锥虫是基于采用伊氏锥虫——RoTat 1/2 广泛分布的 VAT。此抗原最近被用于 ELISA 试验。此项试验需用:冻干抗原,PBS,pH7.4;塑料卡片,肝素化血液或血清和振荡器。冻干抗原 2 ℃～8 ℃保存 1 年。冻干抗原溶解后可在 2 ℃～8 ℃保存 2 天,但最好在 8 h 内用完。实地进行初检时,在试验卡片的圆圈内加入 1/4 或 1/8 稀释的待检血清 25 μL 和 1 滴(45 μL)抗原悬液,混合后,将试验卡片振动 5 min,肉眼见到蓝色颗粒沉淀者为阳性反应。

第18章 重要猪病检疫技术

18.1 古典猪瘟(Classical swine fever,CSF)

18.1.1 疫病简述

猪瘟又称猪霍乱(Hog cholera,HC)、烂肠瘟,欧洲称为古典猪瘟(Classical swine fever,CSF),是由猪瘟病毒引起的猪的急性、热性、败血性和高度接触性传染病。根据临诊症状可分为最急性、急性、亚急性、慢性、温和性、繁殖性、神经性7种。最急性型特征是发病急,高热稽留和全身性小点出血,脾梗死;急性型呈败血性变化,实质器官出血、坏死;亚急性和慢性型不但有不同程度的败血性变化,且发生纤维素性、坏死性肠炎;繁殖障碍型、温和型、神经型引起母猪带毒综合征,导致怀孕母猪流产、早产,产死胎、木乃伊胎、弱仔或新生仔猪先天性头部震颤和四肢颤抖等。本病是猪的一种最重要的传染病,往往给养猪业造成严重的经济损失。

猪瘟是起源于美国还是其他地方这一问题,仍然是一种推测。据报道,猪瘟样疫病最早报道于美国田纳西州,大约在1810年。后来大约在1830年的初期又在俄亥俄州暴发。猪瘟可能于1822年在法国,1833在德国暴发,但有的报道认为该病首先于1862年发生在美国以外的英格兰,随后扩散到欧洲大陆。1899年南美,1900年南非报道了猪瘟。目前,本病在亚洲、非洲、中南美洲仍然不断发生,美国、加拿大、澳大利亚及欧洲若干国家已经消灭,但在欧洲某些国家近年来仍有再次发病的报道。猪瘟造成的经济损失是巨大的。

按照欧盟条例规定,只有来自法定无猪瘟状态(即在过去的12个月未暴发猪瘟和未注射过猪瘟疫苗、不存在免疫猪)的国家或地区的猪和猪肉制品才能取得在共同体内自由贸易的许可证。因此,依赖出境猪和猪肉制品的国家和地区,不进行防疫而又要防制猪瘟的发生困难很大。为此,比利时1990年暴发113次猪瘟时,因不能采取防疫只好销毁了100万头猪,直接经济损失2.7亿美元。

本病在自然条件下只感染猪。不同品种、年龄、性别的猪均可感染发病,野猪亦可感染,而且与猪的年龄、性别、营养无关。人工实验证实,黄牛和绵羊接种病毒后,病毒在血液中可持续2~4周,有传染性,但无临床症状。

病猪和隐性感染的带毒猪为主要传染源。口猪感染猪瘟病毒后1~2天,未出现临诊症状前即向外界排毒,病猪痊愈后仍可带毒和排毒5~6周。病猪的排泄物、分泌物和屠宰时的血、肉、内脏和废料、废水都含有大量病毒,被猪瘟病毒污染的饲料、饮水、用其、物品、人员、环境等也是传染源。随意抛弃病死猪的肉尸、脏器或者病猪、隐性感染猪及其产品处理不当均可传播本病。带毒母猪产出的仔猪可持续排毒,也可成为传染源。猪场内的蚯蚓和猪体内的肺丝虫是自然界的保毒者,应引起重视。

猪瘟主要通过直接或间接接触方式传播。在自然条件下,病毒经口腔和鼻腔途径进入宿主。也可通过损伤的皮肤、眼结膜感染或伤口感染。病毒随病猪的分泌物和排泄物或污染的饲料和饮水进入机体。感染猪在潜伏期便可排出病毒。非易感动物和人可能是病毒的

机械传递者。生猪的运输交易是传染猪瘟的普遍途径，特别长途运输过程大量接触，传播机会更多。

受高毒力的病毒感染后，在猪的血液和其他组织中可产生高滴度的病毒。然后在唾液中排出大量的病毒，尿和鼻、眼分泌物也排病毒，一直到死亡为止。如果病猪能耐过而存活，则排毒时间至形成抗体为止。妊娠母猪感染猪瘟后，病毒经胎盘垂自感染胎儿，产出弱仔、死胎、木乃伊胎等，分娩时排出大量病毒。如果这种先天感染的仔猪在出生时正常并存活几个月，它们便成为病毒散布的持续感染来源，这种持续的先天性感染对猪瘟的流行病学研究具有极其重要的意义。试验证明，母猪在妊娠 40 日龄感染则发生死胎、木乃伊胎和流产；70 日龄感染者所生的仔猪 45%带毒，出生后出现先天性震颤，多于 1 周左右死亡；90 日龄感染者所生的仔猪可存活 2～11 个月，此种猪无明显症状但终身带毒、排毒，为猪瘟病毒的主要贮存宿主，有这些猪的存在即可形成猪瘟常发地区或猪场。

本病一年四季均可发生，一般以深秋、冬季、早春较为严重。急性暴发时，先是几头猪发病，突然死亡。继而病猪数量不断增加。多数呈急性经过并死亡，3 周后逐渐趋于低潮。病猪多呈亚急性或慢性，如无继发感染，少数慢性病猪在 1 个月左右恢复或死亡。流行终止。近年来猪瘟流行发生了变化，出现非典型猪瘟、温和型猪瘟，均以散发性流行。发病特点不突出，临诊症状较轻或不明显，病死率低，无特征性病理变化，必须实验室诊断才能确诊。

18.1.2 病原特征

猪瘟是由猪瘟病毒（Hog cholera virus，HCV）引起的。为避免与丙型肝炎病毒（Hepatitis C Virus，HCV）的缩写词 HCV 相混淆，用经典猪瘟病毒（Classical swine fever virus，CSFV）代替猪瘟病毒的趋势不断增加。猪瘟病毒属于黄病毒科（Flaviviridae）的瘟病毒属（*Pestivirus*）。由于其基因组、氨基酸序列以及蛋白质编码区的排列与披膜病毒有根本的不同且更似于黄病毒，故国际病毒分类委员会（ICTV）于 1991 年发表的第 5 次报告中已将猪瘟病毒归属为黄病毒科。这个属的成员还有在抗原性和结构上与猪瘟病毒密切相关的牛病毒性腹泻病毒（Bovine viral diarrhea virus，BVDV）和羊边界病毒（Border disease virus，BDV）。病毒粒子呈圆形，有囊膜，直径为 38 nm～44 nm，有 20 面立体对称的核衣壳。核衣壳直径约为 29 nm，病毒表面有 6 nm～8 nm 类似穗状的纤突。病毒浮密度为 1.15 g/cm^3～1.16 g/cm^3（取决于梯物质和增殖用的细胞）。沉降系数为 140 s～180 s。核酸为单股 RNA，具有感染性。猪瘟病毒的基因组 RNA 为 12 kb～13 kb，大约编码 4 000 个氨基酸。

猪瘟病毒对理化因素的抵抗力较强，血液中的病毒在 56 ℃经 60 min、60 ℃10 min 才能被灭活，但 64 ℃处理 60 min 或 68 ℃30 min 却不能破坏脱纤血中的 HCV。37 ℃可存活 10 天，在室温能存活 2～5 个月。在冻肉中能存活 6 个月之久。冻干后在 4 ℃～6 ℃条件下可存活 1 年，－70 ℃可保存数年，其毒价不变。腐败的尸体、血液和尿中的病毒 2～3 天可被灭活。日光直射 5 h～9 h 可被破坏，但在骨髓中的病毒能存活 2 个月，即使在腐败的情况下，仍能保持毒力达 15 天之久或更长。病毒在冷藏猪肉中可存活几个月，在结冻猪肉中存活时间可达数年之久。猪瘟病毒在按传统方法腌制加工的咸肉中至少可存活 27 天。病毒在用浓度高达 17.4%的盐腌制的火腿中尚能存活 102 天。通过国际或地区贸易方式，可将猪瘟病毒引入无猪瘟的国家和地区。敏感猪摄取未煮透的、污染的屠宰下脚料或厨房泔水后也能感染猪瘟病毒。

病毒对化学物质如苛性钠、漂白粉、煤酚等溶液中能很快使其灭活。2%克辽林、2%苛性钠、1%次氯酸钠在室温条件下，经 30 min 能杀死稀释 1%血液中的病毒。2%克辽林、3%苛性钠可杀死粪便中的病毒。但存在于以蛋白质为基质中的病毒则对升汞、甲醛、石炭酸等消毒药有较强的抵抗力。5%石炭酸不能杀死病毒，但可用于防腐。在病料(血液或组织)中加含有 3%～5%石炭酸的 50%甘油生理盐水，在室温可保存数周，适用于送检病料的防腐。

猪瘟病毒对乙醚、氯仿、去脂胆酸盐敏感，能使猪瘟病毒迅速灭活。病毒在 pH(5～10)条件下稳定，过酸或过碱均能使病毒灭活，迅速丧失其感染性。不能凝集任何动物的红细胞。猪瘟病毒能在猪源的原代细胞和传代细胞上生长。这些细胞包括骨髓、淋巴结、肺、白细胞、肾、睾丸、脾等组织细胞以及 PK-15，IBRS-2 等传代细胞，但不能使细胞产生病变。在不能使细胞产生病变的情况下，却能在细胞中长时间存活，并不断地复制。在猪源白细胞培养物内病毒至少可连续复制达 2 个月之久；在仔猪肾细胞上传 75 代，病毒仍然存活，每次换液，均可收获病毒。感染病毒的细胞，用电子显微镜观察，可见粗面内质网的膜距变宽，以至呈现空泡化，并能诱导产生簇状聚核糖体。因猪瘟病毒不能使细胞产生病变，通常用免疫荧光技术检查病毒在细胞内的复制。病毒抗原存在于细胞浆内，在接种后 6 h～8 h 即可检查出来。适应于细胞培养的病毒株，潜伏期短、毒价高。猪瘟病毒能在猪睾丸细胞上增强新城疫病毒的细胞病变，可用于检查猪瘟病毒是否增殖，在细胞上滴定猪瘟病毒和进行中和试验，称为 END 试验。然而，此法只能检查野毒，对兔化弱毒无效，也不是特异的。

猪瘟病毒没有型的区别，只有毒力强弱之分。目前仍认为本病毒为单一的血清型。自1976 年以来，美国、法国、日本一些学者根据中和试验证明猪瘟病毒具有不同的血清学变异株，不能完全被特异性抗血清所中和。如美国的 331 株和法国分离的几株低毒力毒株，对猪的免疫力与弱毒疫苗株不同，通常不能产生完全的中和抗体。尽管已分离到不少变异性毒株，但都在一个血清型之内。具有重大意义的是毒力的差异，在强毒株和弱毒株或几乎无毒力的毒株之间，有各种逐渐过渡的毒株。在每次猪瘟流行过程中都可以见到这种毒力变化的毒株。但目前还没有找出毒力强弱的抗原标志。近年来已经证实本病毒与牛病毒性腹泻病病毒群(BVDV，MDV)有共同抗原性，既有血清学交叉，又有交叉保护作用。

18.1.3　OIE 法典中检疫要求

2.6.7.1 条　猪是古典猪瘟(CSF)的唯一自然宿主，本节所指的猪包括所有种类的家养和野生的猪属动物。农场饲养和永久圈养猪与自由生活猪有所区别。农场饲养和永久圈养猪以下称家养猪，而自由生活猪以下称为野猪。粗放型饲养的猪既可归为家养猪，也可归为野猪。

猪在胎儿期一旦接触到 CSF 病毒就可能终身感染，通常在几个月的潜伏期后才出现临床症状。猪出生后接触病毒后潜伏期 7～10 天，通常在感染后 5～14 天具感染性，但慢性感染时，在 3 个月后才有感染性。

2.6.7.2 条　国家或地区的 CSF 状态必须在对家养猪和野猪按如下标准进行考察后才能决定：

1) 进行风险评估，明确所有发生 CSF 的各种潜在因素及其历史性考察；

2) CSF 在整个国家列为法定通报疾病，所有有可疑 CSF 临床症状的病例必须进行田间和实验室检查；

3) 制订动态的监测计划，适当地鼓励报告可疑 CSF 病例；

4）兽医行政管理部门应当了解并控制全国当前所有有猪的饲养场；

5）兽医行政管理部门应当了解国家当前野猪群及其栖息地。

2.6.7.3条　《法典》规定："CSF感染饲养场"指田间或实验室确诊家养猪感染CSF的饲养场。"家养猪CSF感染的国家或地区"指有CSF感染饲养场的国家或地区。CSF家养猪控制区的大小和界限必须根据所使用的控制措施和天然的行政边界，以及对疾病传播的风险评估来划定。

2.6.7.4条　家养猪和野猪无CSF的国家或地区。

1）历史无疫状态

如果某国家或地区符合3.8.1.2条的规定，则不必正式应用特殊的监测程序（历史无疫），只要在按照2.1.13.2条的标准进行风险评估后即可以被认为是家养猪和野猪无CSF感染的国家或地区。

2）实施根除计划后无疫状态

不符合上述(1)要求的国家或地区按2.1.13.2条进行风险评估后可被认为是家养猪和野猪无CSF感染国家或地区：a)该病是法定报告疫病；b)家养猪离开原产饲养场标上永久性的原猪场编号，可追溯到原产饲养场；c)严禁饲喂泔水，按照3.6.4.1条（正在研究中）描述的程序进行处理，确保杀灭CSF病毒除外；d)该国或地区至少2年实施了控制2.1.13.8条所列物品流动的动物卫生条例，以最大限度降低疫病传入饲养场的风险；e)实施扑杀又不接种疫苗政策的国家或地区，至少6个月没有发生疫情；或f)实施扑杀结合疫苗接种的国家或地区，CSF疫苗禁止使用至少1年；如在过去5年接种过CSF疫苗，则对6月龄到1岁的猪血清学监测至少6个月证明没有感染，且已至少12个月没有发生疫情；或g)实施疫苗接种而不扑杀政策的国家或地区，CSF疫苗禁止使用至少1年；如在过去5年接种过CSF疫苗，则对6月龄到1岁的猪血清监测至少6个月证明没有感染，且已至少12个月没有发生疫情；并且h)已知野生猪群中未发生CSF感染。

2.6.7.5条　家养猪无感染，但野猪感染CSF的国家或地区。

如果符合2.1.13.4条2)点的有关规定，但有野猪感染CSF的国家或地区符合下列条件，可视为无疫状态：

1）实施野猪CSF管理计划，在每次报告野猪发生CSF野猪病例4周要根据所实施的野猪群的疾病管理措施、天然屏障、野猪群生态和疫病扩散风险评估划出CSF野猪控制区；

2）实施生物安全措施阻止疫病从野猪传染给家养猪；

3）在家养猪中进行临床和实验室监测（正在研究中），结果阴性。

2.6.7.6条　恢复无疫状态

一旦无疫国家或地区（家养猪和野猪均无疫，或仅家养猪无疫）暴发CSF，实施了包括如下方法在内的扑杀政策至少30天后可恢复其无疫状态：

1）根据采用的控制方法、自然及行政边界及疫病扩散风险评估，在疫点周围划定CSF家养猪控制区（包括至少半径为3 km的内保护区和外围半径至少10km的监测区）；

2）扑杀饲养场内所有猪，销毁尸体彻底消毒；

3）CSF疫点四周保护区：对临近饲养场感染CSF的可能性进行风险分析，如分析结果表明存在明显风险时，则扑杀半径0.5 km内所有家养猪；对保护区所有饲养场的所有猪立即进行临床检查；

4）在疫点周围监测区内所有病猪立即送实验室诊断；

5）对控制区内与感染饲养场有直接或非直接接触的猪饲养场进行包括临床检查或血清学或病毒学检查在内的流行病学调查，证明这些饲养场没有感染；

6）实施防止病毒通过活猪、猪精液和猪胚胎、污染物、交通工具等进行传播的控制措施。

如在控制区内实施紧急疫苗接种，则在接种疫苗的猪被全部扑杀前不能恢复无疫状态，除非有区分疫苗接种猪和感染猪的确切方法。

2.6.7.7条　野猪无CSF国家或地区

符合下列条件的国家或地区，可视为野猪无CSF国家或地区：

1）国家或地区的家养猪没有CSF感染；

2）监测体系（正在研究中）对全国野猪群的CSF状况进行监测，并且在这个国家或地区：在过去12个月中没有野猪感染CSF的临床症状或病毒学证据；在过去的12个月中6～12个月龄野猪没有检测到血清学阳性；

3）至少12个月野猪没有接种疫苗；

4）严禁用泔水饲喂野猪，除非对泔水按照3.6.4.1条（正在研究中）规定的程序进行处理，确保无CSF病毒；

5）进境野猪应符合本节要求。

如将一个野猪群与其他野猪分开，只能实施区划制度。

2.6.7.8条　兽医行政管理部门在接受其他国家或地区，直接或间接地进境或过境运输下列物品时应确定是否有传进CSF的风险：

1）活猪；

2）精液；

3）猪胚胎/卵；

4）鲜猪肉；

5）猪肉制品；

6）动物饲料用或农业或工业用动物（猪）源性产品；

7）药用或医用动物（猪）源性产品；

8）病料和生物制品；

9）野猪源性装饰品。

2.6.7.9条　从无CSF国家或地区进境家养猪时，兽医行政管理部门应要求出具国际兽医证书，证明动物：

1）装运之日无CSF临床症状；

2）自出生或至少过去3个月内在无CSF国家饲养；

3）未接种过CSF疫苗，也不是接种疫苗母猪的后代。

2.6.7.10条　从家养猪无CSF国家或地区进境家养猪时，兽医行政管理部门应要求出具国际兽医证书，证明动物：

1）自出生或至少过去3个月在家养猪无CSF国家饲养；

2）未接种过CSF疫苗，也不是接种疫苗母猪的后代；

3）不是来自位于2.1.13.5条定义的CSF野猪控制区的饲养场，并经定期监测，确认没

有 CSF；

4）在过去的 40 天中没有接触饲养场新引进的猪；

5）装运之日无 CSF 临床症状。

2.6.7.11 条　从家养猪感染 CSF 国或地区进境家养猪时，兽医行政管理部门应要求出具国际兽医证书，证明动物：

1）未接种过 CSF 疫苗（对于仔猪，其母猪未接种过 CSF 疫苗）；

2）自出生或至少过去 3 个月内不在位于 2.1.13.5 条和 2.1.13.6 条规定的家养猪或野猪控制区的养殖场饲养；

3）装运前置检疫站隔离 40 天；

4）在进入检疫站至少 21 天后经 CSF 病毒学试验和血清学试验，结果阴性；

5）装运之日无 CSF 临床症状。

2.6.7.12 条　从家养猪或野猪无 CSF 国家或地区进境野猪时，兽医行政管理部门应要求出具国际兽医证书，证明动物：

1）装运之日无 CSF 临床症状；

2）在家养猪或野猪无 CSF 国家或地区捕获；

3）未接种过 CSF 疫苗；并且，如果捕获动物的地区临近野猪感染区的话，则

4）装运前置检疫站隔离 40 天，且在进入检疫站至少 21 天后经 CSF 病毒学试验和血清学试验，结果阴性。

2.6.6.13 条　从家养猪或野猪无 CSF 国家或地区进境家养猪精液时，兽医行政管理部门应要求出具国际兽医证书，证明：

1）供精动物：a)自出生或精液采集前至少 3 个月在无 CSF 国家或地区饲养；b)精液采集之日无 CSF 临床症状；

2）精液采集、加工和贮存符合附录 3.2.3 规定。

2.6.7.14 条　从家养猪无 CSF，但野猪感染 CSF 的国家或地区进境家养猪精液时，兽医行政管理部门应要求出具国际兽医证书，证明：

1）供精动物：a)在位于野猪 CSF 控制区内的 AI 中心饲养，经定期监测，确认无 CSF 感染；b)采精前至少在 AI 中心隔离 40 天；c)采精之日及此后 40 天内无 CSF 临床症状；

2）精液的采集、加工和贮存符合附录 3.2.3 规定。

2.6.7.15 条　从家养猪 CSF 感染国家或地区进境家养猪精液时，兽医行政管理部门应要求出具国际兽医证书，证明：

1）供精动物：a)采精当天及此后 3 个月无 CSF 临床症状；b)未接种 CSF 疫苗，且在采精后至少 21 天血清学检测结果为阴性；

2）精液的采集、加工和贮存符合附录 3.2.3 规定。

2.6.7.16 条　从家养猪或野猪无 CSF 国家或地区进境猪体内胚胎时，兽医行政管理部门应要求出具国际兽医证书，证明：

1）采集胚胎的当天，供体母畜无 CSF 临床症状；

2）胚胎的采集、加工和贮存符合附录 3.3.4 规定。

2.6.7.17 条　从家养猪无 CSF，但野猪感染 CSF 的国家或地区进境猪体内胚胎时，兽医行政管理部门应要求出具国际兽医证书，证明：

1) 供体母畜:a)至少采集前40天不是在家养猪或野猪CSF控制区的饲养场饲养,并经定期监测确保无CSF感染;b)胚胎采集当天无CSF临床症状;

2) 胚胎的采集、加工和贮存符合附录3.3.4规定。

2.6.7.18条 从家养猪感染CSF国家或地区进境猪体内胚胎时,兽医行政管理部门应要求出具国际兽医证书,证明:

1) 供体母畜:至少在采集前40天不是在家养猪或野猪CSF控制区的饲养场饲养,并经定期监测,确保无CSF感染;胚胎采集当天及此后21天无CSF临床症状;未接种CSF疫苗,且在胚胎采集后至少21天经血清学检测,结果阴性;

2) 胚胎的采集、加工和贮存符合附录3.3.4规定。

2.6.7.19条 从家养猪或野猪无CSF国家或地区进境新鲜家养猪肉时,兽医行政管理部门应要求出具国际兽医证书,证明生产该批肉品的动物:

1) 自出生或至少过去3个月在无CSF国家或地区饲养;

2) 在批准的屠宰场屠宰,经宰前宰后CSF检验,结果合格。

2.6.7.20条 从家养猪无CSF,但野猪有感染CSF的国家或地区进境新鲜家养猪肉时,兽医行政管理部门应要求出具国际兽医证书,证明生产该批肉品的动物:

1) 自出生或至少过去3个月在无CSF国家或地区饲养;

2) 不是在位于非CSF家养猪或野猪控制区的饲养场饲养,经定期监测确保无CSF感染;

3) 在位于非CSF感染区的屠宰场屠宰,经宰前宰后检验,结果合格。

2.6.7.21条 从家养猪或野猪无CSF国家或地区进境新鲜野猪肉时,兽医行政管理部门应要求出具国际兽医证书,证明:

1) 生产该批肉品的动物:a)在家养猪或野猪无CSF国家或地区屠宰;b)在指定的检测中心进行宰前检疫,未发现CSF感染的任何证据;并且,如果屠宰地与野猪感染CSF区接壤,则:

2) 从各批动物取样,进行病毒学和血清学检测,结果阴性。

2.6.7.22条 进境猪肉制品(无论是家养猪或野猪)、或动物饲养用或工农业用、或药用、或医用、动物源性产品(新鲜猪肉制成)、或野猪制成的装饰品时,兽医行政管理部门应要求出具国际兽医证书,证明这些产品:

1) 须达到:a)只有符合2.1.13,19条、2.1.13.20条或2.1.13.21条有关规定的新鲜猪肉制成;b)加工厂:ⅰ)兽医行政管理部门批准,专供出境生产;ⅱ)定期接受官方兽医检验;ⅲ)不位于CSF控制区;ⅳ)只加工符合2.1.13.19条、2.1.13.20条或2.1.13.21条等有关规定的肉。或

2) 在由兽医行政管理部门为出境而批准的加工厂加工,并由官方兽医定期检验确保按3.6.4.2条(正在研究中)规定的程序杀灭CSF病毒。

2.6.7.23条 进境动物饲料用或工农业用动物制品(猪源,但非新鲜猪肉制成)时,兽医行政管理部门应要求出具国际兽医证书,证明这些产品:

1) 须达到:a)只有符合2.1.13.19条、2.1.13.20条或2.1.13.21条有关规定的新鲜猪肉制品制成;b)加工厂:ⅰ)兽医行政管理部门批准供出境生产;ⅱ)定期接受官方兽医的检验;ⅲ)不位于CSF控制区;ⅳ)只加工符合2.1.13.19条、2.1.13.20条或2.1.13.21条相

关规定的肉。或

2）在由兽医行政管理部门为出境而批准的加工厂加工，并定期的接受官方兽医检查以保证是按3.6.4.2条（正在研究中）规定的程序破坏CSF病毒的。

2.6.7.24条 进境（猪）鬃时，兽医行政管理部门应要求出具国际兽医证书，证明产品：

1）来自无家养猪或野猪感染CSF国家或地区；或

2）在由兽医行政管理部门批准供出境生产的加工厂加工，并由官方兽医定期检查，确保无CSF病毒。

2.6.7.25条 进境铺草和（猪）肥料时，兽医行政管理部门应要求出具国际兽医证书，证明产品：

1）来自家养猪或野猪无CSF国家或地区；或

2）来自位于家养猪无CSF，但野猪有感染国家或地区，但不在CSF控制区内的饲养场；或

3）在由兽医行政管理部门批准的供出境生产的场所加工，并由官方兽医定期检查，确保无CSF病毒。

18.1.4 检测技术参考依据

（1）国外标准

1）欧盟指令：欧盟第2001/89/EC号指令《关于控制古典猪瘟的措施》

2）OIE手册：Chapter 2.1.13. Classical swine fever (hog cholera)

（2）国内标准

GB 16551—1996 猪瘟检疫技术规范

SN/T 1379.1—2004 猪瘟单克隆抗体酶联免疫吸附试验

SN/T 1379.2—2005 猪瘟免疫荧光技术操作规程

SN/T 1379.3—2006 猪瘟中和免疫荧光试验操作规程

18.1.5 检测方法概述

猪瘟病毒感染临床表现多样性，单纯依据临床和病理学资料难以诊断。因此，实验室试验对本病的确诊十分重要。对于活猪，进行全血病毒和血清中抗体的检测是CSF诊断的必选方法。因此，检测病死猪器官样品中的病毒或抗原是最适宜的诊断方法。由于经常在种猪中监测到抗反刍兽瘟病毒病原抗体，因此筛选试验后必须进行确诊，选用适当的方法鉴别BVD、边界病病毒和CSFV抗体的试验极为重要。过氧化物酶标中和试验（NPLA），荧光抗体病毒中和试验（FAVN）和酶联免疫吸附试验（ELISA）就特别适合。三种试验敏感性和特异性较高，NPLA和ELISA结果可用肉眼观察，也能通过仪器自动测定。

18.1.5.1 病原鉴定

（1）免疫学方法

1）荧光抗体试验

荧光抗体试验（FAT）快速、特异，可以用来检测扁桃体、脾、肾和回肠远端冰冻切片中的CSF抗原。应从几头患畜采取组织样品，并在无防腐剂的冷藏条件下运送，但样品不能冻结。直接用抗CSF免疫球蛋白结合的异硫氰酸荧光素（FITC）或用第二FITC结合物间接法对冷冻切片染色，再用荧光显微镜检查。扁桃体组织是最适合的样品，因为无论经何种途径感染，扁桃体都是病毒最先侵袭的部位。在亚急性和慢性病例中，回肠常呈阳性反应，

有时它是唯一显示荧光的组织。当 FAT 阴性结果时，不能完全排除 CSFV 的感染，应进一步取样，用细胞（如 PK-15）或其他无瘟病毒污染的敏感猪源细胞系做病毒分离。

FAT 中所用的抗 CSF 免疫球蛋白来自 CSFV 的多克隆抗体，不能区分不同瘟病毒抗原。作用于冰冻切片的 FAT 底物或培养的细胞必须来自抗 CSFV γ-球蛋白效价高的 SPF 猪。稀释的底物工作浓度（至少是 1/10 稀释）必须为最大亮绿色荧光和最小本底色。

人工致弱的活病毒疫苗株（MLV）主要在淋巴结和扁挑体的隐窝上皮中繁殖。猪接种这种疫苗 2 周后，FAT 检测呈阳性。用兔子接种来区分 CSFV 兔化弱毒和野毒，兔子经静脉注射兔化弱毒后引起发热，并诱发免疫应答。

感染 BVD 病毒的猪会出现假阳性 FAT 反应。猪先天性感染 BVD 后可产生与慢性 CSF 难以区分的临床症状和病变。鉴别试验检测来源于母猪、小母猪或与阳性 FAT 仔猪接触过的其他猪的血清中两种病毒中和抗体，可以区别是 CSFV 还是 BVDV 感染。区分这些病毒的另一方法是用可疑病料的悬浮液接种血清抗体为阴性的仔猪，5 周后采集接种猪血清做中和试验测定各自的抗体。然而，病毒中和试验需要几天时间，动物接种方法需要几周时间。

2）单克隆抗体免疫过氧化物酶鉴别瘟病毒

用三种辣根过氧化物酶（HRPO）或 FITC 结合特异性单克隆抗体（能够分别识别所有 CSFV 野毒株、CSFV 疫苗株和 BVDV/BDV）分别测定，一方面可以区分 CSFV 野毒和疫苗毒，也可以区分 CSF 病毒和其他瘟病毒。前提条件是 GSFV 单克隆抗体能识别所有野毒，而疫苗毒单克隆抗体能识别本国使用的所有疫苗毒。没有单一 BVDV 单克隆抗体能识别所有 BVD/BD 病毒。在未进行过免疫的地区可不使用能区分不同疫苗株的单克隆抗体。HRPO 结合的抗 CSFV 免疫球蛋白多克隆抗体作阳性对照。

3）抗原捕获试验

活猪早期诊断，建立了一种抗原捕获 ELISA（ELISAs）方法用于监测可疑感染猪群 CSF 的近期感染。这种 ELISAs 是一种双抗夹心 ELISA 方法，使用单克隆和/或使用抗各种病毒蛋白的血清，白细胞碎片或抗凝全血。这种方法相对简单，无须细胞培养条件，适合于自动化操作，并能在 36 h 之内得到结果。但该方法比病毒分离的灵敏度低，特别在成年猪以及临床表现温和型或亚临床病例，应对有发热症状可疑猪群进行补充性检测。但是，在检测中应考虑到该法特异性较低的事实。

（2）病毒分离

用细胞培养分离病毒诊断 CSF 比用冰冻切片作免疫荧光试验更灵敏，但所需时间更长。分离病毒最好是用接种在盖玻片上正迅速分裂的 PK-15 细胞进行，此时加入 2% 扁桃体悬液于培养液中。24 h～72 h 后用 FAT 法检查细胞培养物中的荧光灶。也可用猪的其他细胞系，但是，用于分离病毒的细胞对 CSFV 的敏感性与 PK-15 必须相同。

从病死猪或扑杀猪进行诊断时，扁桃体是分离病毒的首选器官，如果采集不到扁桃体，也可用脾脏、肾脏和淋巴结。

进行病毒分离时，可用平底微量滴定板或 24 孔板代替莱顿管。微量滴定板的固定和染色方法与过氧化物酶联中和试验（NPLA）方法相同。

采自临床发病猪的全血（用肝素或 EDTA 处理）是一种适宜的 CSF 早期诊断样品。此外，也可使用白细胞碎片或其他成分，但全血是最敏感、最简单的。

(3) 反转录聚合酶链反应检测猪瘟病毒

现在出现了一种替代抗原捕获 ELISA 和病毒分离技术的单管反转录套式 RT-PCR 技术，这项技术比抗原捕获 ELISA、病毒分离和 RT-PCR 方法快速、敏感。此外，该法由于在操作过程中无须打开管盖避免了传带污染的危险。

(4) 琼脂扩散试验

本方法主要是应用已知的猪瘟抗血清检测病料中的病毒抗原。

(5) 鸡新城疫病毒强化试验(END 试验)

1) 制备病料上清液：将猪瘟病毒材料做成 10 倍级进稀释的上清液。

2) 培养细胞中接种病料液：经胰酶分散的猪睾丸细胞分装时，接种入稀释的上清液，或在培养至第三天睾丸细胞形成单层后接种，培养 4 天后，再接种鸡新城疫病毒。

3) 检查：接种病毒再培养 4 天，检查。

4) 判定：如鸡新城疫病毒滴度达 $10^{7.5}$ PFU/mL，并出现明显细胞病变，为猪瘟(阳性)；如滴度在 10^{5} PFU/mL 以下，不出现细胞病变，为非猪瘟(阴性)。对照试验用抗猪瘟血清处理病猪材料，做同样试验，应为阴性。

18.1.5.2 血清学试验

检测病毒特异性抗体，对已感染低毒力病毒株的猪场特别有用。由于 CSF 病毒的免疫抑制作用，可能在感染后的 30 天内检测不到抗体。血清学调查的目的是确定感染残余的疫源地，特别是对种群的检测，对于 CSF 消灭计划最后阶段也极为有用。由于种群中 BVD 感染率可能很高，所以只有能区别 CSF 和 BVD 抗体的试验才有价值。为此，只有使用单克隆抗体的 VN 和 ELLSA，才能达到特异性和敏感性的要求。

中和试验是在细胞培养上进行的，采用固定病毒/稀释血清的方法。由于 CSF 病毒不产生 CPE，所以在病毒繁殖后，必须用一种指示系统检测未被中和的病毒。荧光抗体中和试验(FAVN)和过氧化物酶联中和试验(NPLA)都是最常用的方法。这两种试验都可在微量滴定板上进行。

有时，感染 BVD 病毒的猪血清在低稀释度时也会出现 FAVN 或 NPLA 阳性，似乎感染了 CSF 病毒。这种交叉反应的强度取决于所感染的 BVD 病毒株和感染时间。一般感染 CSF 病毒(包括低毒力株)后，都能达到较高的抗体水平，因而用 NPLA 试验检测 CSFV 抗体时，允许使用较高起点的稀释度，这样就避免了大部分交叉反应，但并不能完全消除交叉反应。对仍为可疑时，用 CSFVBVDV 和 BDV 的毒株对国家或地区作比较试验，比较中和试验是用终点稀释度按同一系列 2 倍稀释可疑血清样品进行试验，每个选用毒株的效价应双倍于 $200TCID_{50}$。竞争试验可以按照 FAVN 和 NPLA 试验方案进行。中和效价用阻止 50%孔的病毒生长的最高血清稀释度的倒数来表示。两个滴度终点稀释度之间差异为 4 倍或 4 倍以上，可确定野毒株感染引起了滴度升高。

检测 CSF 可用竞争、阻断及间接 ELISA，所用试验既要减少与 BVD 病毒和其他瘟病毒的交叉反应，又必须保证可以检测所有 CSF 感染和感染后各阶段的免疫应答。

抗原：应用推荐的 CSF 毒株的病毒或相应蛋白制备。用于制备抗原的细胞应没有任何其他瘟病毒感染。抗血清：用于竞争或阻断试验的多克隆抗血清可通过使用推荐的 CSF 毒株或兔化 C 株感染猪或兔来制备，单克隆抗体则可采用抗 CSFV 直接法或 CSFV 相应的病毒免疫显性蛋白间接法制备。间接法采用的抗猪免疫球蛋白试剂应能检测到猪 IgG

和 IgM。

ELISA 的敏感性要足够高，要能检出中和反应中所有的阳性血清。ELISA 法可检测单个猪的血清和血浆样品。如果所用的 ELISA 并非对 CSF 特异，则阳性样品应用其他方法进一步确认，以鉴别 CSFV 和其他瘟病毒。

有一种特殊的 ELISA 叫复合捕获-阻断(CTB-ELISA)，可用于大批量筛选抗 CSF 病毒抗体血清，其主要成分是两种单克隆抗体(MAb)，分别识别 CSF 病毒上囊膜蛋白及(gp55)的不同的抗原决定簇。抗原可用含 CSF E2 基因的杆状病毒感染昆虫细胞来生产。CTB-ELISA 是一种一步法，适宜于自动 ELLSA 系统，待检血清不必稀释，试验快速且容易操作，可以检测由低毒力 CSFV 引起早期感染。因为单克隆抗体对 CSFV 具有特异性，故 CTB-ELISA 不与 BVD 病毒抗体反应，对 CSF 是特异的。然而，BVD 抗体能引起较多的问题，可以采用 NPLA 试验对阳性样品作进一步的鉴定。更多有关商品化试剂盒的信息可从 OIE 参考实验室获取。

正向间接血凝试验是目前检测血清抗体比较常用的方法之一。

18.1.6 部分商品化试剂说明及供应商

(1) 美国 IDEXX 公司

1) The IDEXX HerdChek CSFV 抗体检测试剂盒

该试剂盒基于阻断 ELISA 方法，用于检测猪血清或者血浆中的 CSFV 抗体，非常适合用于猪瘟根除计划。可用于感染猪群的大规模快速筛选，疫点周围地区早期诊断。可检测到感染后 11～13 天的抗体。本试剂盒提供 2 h 和过夜操作方法，推荐使用过夜操作以提高敏感性。

2) The IDEXX HerdChek CSFV 抗原检测试剂盒

该试剂盒用抗原捕获 ELISA 方法设计的，用来检测猪外周血白细胞、全血、细胞培养物和组织培养物中的特异性的猪瘟病毒(CSFV)抗原。可快速特异性地确认 CSFV 感染，检测猪群的感染情况。本试剂盒采用瘟病毒高亲和力多克隆抗体作为捕获抗体，用针对 E2(gp53)蛋白保守表位的单克隆抗体作为检测抗体。确证单个动物的 CSFV 感染需要病毒分离；检测淋巴细胞的敏感性要稍微高于全血，感染后 6 天可在淋巴细胞样品检测到，而全血样品要在感染后 6～9 天检测到。

3) CHEKIT 猪瘟病毒血清抗体检测试剂盒

该试剂盒检测针对 E2(gp55)糖蛋白抗体，适用于区分猪瘟病毒感染与牛病毒性腹泻病毒和边界病病毒感染(温和性感染和自限性感染)猪群。

4) CHEKIT 猪瘟病毒抗原检测试剂盒

该试剂盒与抗体检测试剂盒联合使用可在感染后前两周检测到病毒抗原，可鉴别感染猪，将其从猪群里剔出除以防止病毒传播，适用于猪瘟根除计划。

5) CHEKIT 猪瘟病毒标记检测试剂盒

该试剂盒官方允许使用于欧盟成员国，用来区分 E2 亚单位疫苗(Erns 抗体阴性)接种猪于猪瘟病毒感染猪(Erns 抗体阳性)。

(2) 荷兰 Prionics Lelystad 公司(原荷兰 Cedi Diagnostics B. V.)

1) Ceditest®CSFV 抗体检测试剂盒

该试剂盒主要为大量检测猪血清而设计的，利用单克隆抗体直接结合 CSFV 蛋白膜 E2

的抗原决定部位，检测CSFV的抗体。一个单克隆抗体包被在酶标板上，另一个与HRPO形成酶标结合物，抗原表达在被杆状病毒感染的昆虫细胞中表达，就能插入CSFV的E2基因。

检测样品、酶标结合物和抗原分别加在适当的孔中，在室温中孵化。冲洗，加底物溶液，室温孵育后，颜色反应终止，测算。如果两个单克隆抗体都与抗原的特异位点结合，显色，表明样品中没有CSFV抗体。如果特异性抗体阻碍了抗原的特异性结合位点，那么单克隆抗体就不能与抗原结合，则不能发生显色反应，表明样品中有CSFV抗体。

试剂盒里有四个血清对照：

① 为强阳性血清对照(作为空白和其他样品的OD值减去的数)。

② 为弱阳性血清对照(检测时阳性的最低对照，PI＞50％)。

③ 血清的PI值＜50％。

④ 为OD值最大的参考血清。

Ceditest®CSFV有以下几个特点：高敏感性和特异性；方便简单的操作程序；有利于时间(两步测试决不多于3 h)；适用于大量反应；易应用于自动化ELISA系统。

2) Ceditest®CSFV2.0抗体检测试剂盒

该试剂盒基于阻断ELISA方法，特异性地检测CSFV E2蛋白A域抗体，这个区域比CSFV E2蛋白的B、C和D域更具特异性。本试剂盒一个重要的特点是与瘟病毒相关病毒BVDV和BDV没有交叉反应。该试剂盒可以检测高、中、低毒力CSFV感染早期抗体。检测低毒力CSFV感染抗体对于跟踪CSFV亚临床感染非常重要。

该试剂盒孔内包被CSFV E2膜蛋白。针对CSFV E2膜蛋白A域内表位的单克隆抗体对CSFV更加特异。标记酶的单克隆抗体产生颜色信号，样品中有抗CSFV抗体与单抗竞争，检测不到颜色信号，就是CSFV阳性。

Ceditest®CSFV 2.0有以下几个特点：简单，三步操作步骤；高度特异，排除与BVDV和BDV抗体交叉反应的可能性；有效检测CSFV亚临床感染；高度可靠，与NPLA100％符合率。

3) Ceditest®CSFV抗原检测试剂盒

该试剂盒可以检测全血、血浆、血清和组织样品中的猪瘟病毒。在CSF流行的国家，通常用其检测CSFV的残留，然后加以免疫。为了提供诊断的敏感性，样品的提取者应该相当熟练。而且，为了提高诊断的可信度，也要结合其他的CSFV-Ag的检测方法，如荧光抗体检测和直接和间接的免疫—过氧化酶检测。

该试剂盒基于双抗夹心法ELISA原理。在8孔的酶标条上包被CSFV特异性抗体，第一步，样品稀释，加待检样品(全血、血清、血浆、凝集白细胞或组织抽提液)到所有孔。第二步，洗涤，并加入高特异性的CSFV酶标结合物到所有孔内，一段时间孵化之后，再洗涤，能清楚的看见抗体与酶标结合物连接的产物，随后加底物，孵化。加终止液终止反应，用ELISA读书器测量450 nm的OD值。检测结果表明阳性率，显蓝色，表明阳性，无色，表明阴性。

4) Ceditest®CSFV Erns抗体检测试剂盒 The Ceditest®CSFV Erns

该试剂盒基于阻断ELISA方法，用两种针对CSFV E2蛋白不同表位的不同的单克隆抗体，使得本试剂盒有高度敏感性。当猪群接种CSFV E2亚单位疫苗时可以检测猪感染

CSFV 的抗体。样品中抗体先与 CSFV Erns 蛋白作用,然后抗原抗体复合物与孔内包被的抗 CSFV 单克隆抗体结合。然后加入标记有酶的第二个单克隆抗体(检测抗体)产生颜色信号。样品中抗体竞争到病毒蛋白,就没有颜色形成,信号可以检测到,这样,样品就是 CSFV 抗体阳性。该试剂盒只用于 CSFV E2 亚单位疫苗免疫猪群的血清学鉴别试验。可从每一个猪群中随机选出一定数量的猪做血清学检测。Ceditest®CSFV Erns 有以下几个特点:操作简单、快速得到结果;高特异性,高敏感性;区分 CSFV E2 亚单位疫苗免疫猪群。

(3) 西班牙海博莱生物大药房 CIVTEST SUIS HC/PPC

本试剂盒基于竞争 ELISA 方法,可以检测猪瘟病毒总抗体,仅用于猪瘟根除计划。

18.2 非洲猪瘟(African swine fever, ASF)

18.2.1 疫病简述

非洲猪瘟是由非洲猪瘟病毒(African swine fever virus, ASFV)引起的一种高度传染性、急性致死性传染病,发病急,病程短,死亡率极高,其临床症状和病理变化与猪瘟相似,全身各器官组织有明显的出血性变化,只有用实验室方法才能进行可靠的鉴别诊断。目前该病尚无有效的疫苗和药物进行防治,该病急性型发病率和死亡率几乎是 100%,1960 年以后出现的慢性型,死亡率也有 20%～30%,是公认的养猪业最危险的传染病。

非洲猪瘟 1909 年在东非的肯尼亚首次于欧洲移民带来的家猪群中被发现后,从1909 年到 1912 年共暴发了 15 次,死亡率达 98.9%。1933 年在南非西开普省的 1 100 头猪中发生了非洲猪瘟,1957 年该病在葡萄牙发生,这是首次在非洲大陆外发生,对全球形成了威胁。1960 年传到了西班牙,1964 又在法国暴发,1967 年该病侵入意大利,此后 1978 年又相继在马耳他和撒丁岛发现。葡萄牙和西班牙于 1993 年、1995 年相继根除该病,但在撒丁岛还有流行。至今非洲猪瘟欧洲及非洲的一些国家仍然时有发生。

非洲猪瘟给一些国家的养猪业带来了巨大经济损失。西班牙 20 世纪 60 年代起有 4 次非洲猪瘟的流行高潮,共有好几百个猪场受感染,仅 1977 年就急宰猪 30 多万头,补贴农户 700 多万美元。以后 3 年又急宰猪 60 多万头,补贴达 1 300 多万美元。目前我国尚无本病的报道,但本病是危害养猪业最危险的疾病,因此应当加强进境猪的检疫工作,严防本病侵入我国。

至今,仅发现猪和钝缘蜱属(*Ornithodoros*)可自然感染非洲猪瘟病毒。在非洲已多次从疣猪和丛林猪中分离到了非洲猪瘟病毒,但在野猪中传染时,并不呈现临床症状。除非洲之外,还发现其他野生猪科动物可感染非洲猪瘟病毒,如欧洲野猪(*S. Scrofa ferus*)和美国东南部野猪。西班牙有一个调查表明,因家猪接触野猪引起的非洲猪瘟暴发占 5.8%。现已证明,钝缘蜱可将非洲猪瘟病毒实验性地传播给健康易感猪,在疣猪洞穴里采集的毛白钝缘蜱(*Ornithodoros moubata*, Murry)或叫猪钝缘蜱猪亚种(*Ornithodoros porcinusporcmus*)中分离到了非洲猪瘟病毒,并明确了病毒在蜱体内的生长期以及在交配和卵中的传播方式。毛白钝缘蜱具有生物媒介的一切特性,在蜱中能水平传播和垂直传播。但在疣猪中不能水平传播和垂直传播。通过食入感染组织传播病毒已被证实。现已确认,经带毒毛白钝缘蜱的叮咬可将病毒传给家猪。有研究曾对小白鼠、鼷鼠、兔、猫、犬、山羊、绵羊、牛、马和鸽子等动物人工感染均未成功。传播途径最主要通过消化道感染,被污染的饲料、饮水、饲养用具、猪舍等是本病传播的重要因素。现已查明,吸血昆虫、非洲的鸟软壁虱和隐嘴蜱是传播媒介,病猪各种分泌物、排泄物、各

器官均含有病毒，是危险的传染源。

隐性感染带毒的野猪是本病的主要传染源。据报道在非洲，往往是由隐性带毒野猪，于夜间闯入猪舍偷食，而在家猪群中引起暴发流行。一旦非洲猪瘟发生于家猪就会通过家猪之间的直接接触而传播。因为病毒在血液、尿和粪中非常稳定，所以通过人、车辆、生产工具机械传播病毒是完全可能的。研究表明，病毒在短距离内可以发生空气传播。本病的远距离传播几乎总是因为感染猪的转移或饲喂含有感染猪的组织残羹而引起。由于这种病毒能保留在经加工的猪肉制品中，所以国际航班、轮船上的泔水和剩余食物常可成为本病的传染源。最近几年暴发的非洲猪瘟，其猪场大多在机场、码头附近，饲喂了航班上的泔水而引起。

18.2.2 病原特征

非洲猪瘟病毒过去在分类上属虹彩病毒科（Iridoviridae）的非洲猪瘟病毒属（*African swine fever virus genus*），原因是它们的形态相似，但是其DNA结构及复制方式则于痘病毒相似，因此从1995年起，国际病毒分类委员会（ICTV）第六次病毒分类报告将其归为痘病毒科的类非洲猪温病毒属，将其单列为非洲猪瘟病毒科，该科仅有ASFV。该病毒具有囊膜，病毒粒子是正二十面体对称，核心为80 nm，成熟的病毒粒子直径约为175 nm～200 nm，基因组双链DNA分子，对特定的毒株基因组大小为170 kb～190 kb，并且基因组末端有倒置重复序列。它是目前唯一的DNA虫媒病毒。至今还没有发现与非洲猪瘟病毒血清学相关的病毒。

非洲猪瘟病毒是一个很复杂的病毒。在细胞内病毒粒子中至少由28种结构蛋白和100种以上的病毒诱导蛋白被证实。其中至少有50种能与感染猪或康复猪的血清反应，40种能与病毒粒子相结合。这些蛋白中如VP73、VP54、VP30和VP12有很好的抗原性。尽管还不清楚这些蛋白在诱导保护性免疫反应中所起的作用，但它们是很好的抗原，并被用于血清学诊断。

非洲猪瘟病毒主要在单核吞噬细胞系统的细胞内复制，病毒在巨噬细胞内生长后，能吸附红细胞，这种红细胞吸附现象可被病毒的免疫血清所抑制，红细胞吸附试验用于病毒的分型和诊断。在非洲已分出了几个血清型。根据限制性内切酶分析能将病毒分为不同的基因型。病毒能在鸡胚卵黄囊、猪骨髓组织和白细胞及PK15、Vero、BHK21传代细胞内生长。初次分离病毒时，可用猪的白细胞和骨髓细胞培养，当适应后即可用一些传代细胞系。该病毒能在钝缘蜱中增殖，并使其成为主要的传播媒介。

病毒广泛分布于病猪体内各器官组织内、各种体液中，分泌物和排泄物都含有大量的病毒。血液内病毒室温下可存活数周，病料中室温干燥或冰冻下经数年不死；土壤中的病毒在23 ℃下经120天仍可存活。

非洲猪瘟病毒在自然环境中抵抗力很强，从放在室温下15周的腐败血清中及放在4 ℃ 18个月到6年的血液中能分离到此病毒，还从加工后贮存5个月的火腿和储存了6个月的火腿的骨髓中发现了非洲猪瘟病毒。暴发非洲猪瘟后全群扑杀的猪场，其栏舍中3个月后仍能发现病毒。病毒在低温下稳定，不耐高温，4 ℃保存在蛋白质存在的条件下，可存活数年，在室温中亦可存活数月。实验室应在－70 ℃保存，－20 ℃保存时，两年内按对数值逐渐灭活。60 ℃20 min内很快失去活性。56 ℃30 min无灭活作用。病毒对pH值的耐受幅度较广，对强碱有抵抗力，当有蛋白质存在时，病毒在pH13.4可存活7天。在pH4.0以下也可存活几小时。病毒对脂溶剂、福尔马林和次氯酸钠都敏感。2%苛性钠 24 h 灭活。

18.2.3　OIE 法典中检疫要求

2.6.6.1 条　本《法典》规定，非洲猪瘟（ASF）的感染期为 40 天（正在研究中），ASF 耐过猪可终生带毒，其排泄物可存在致病性病毒。

2.6.6.2 条　无 ASF 国家

一个国家至少在过去 3 年内未发生过 ASF，才可视为无 ASF 国家。无 ASF 国家进活猪、精液、胚胎/卵和猪源动物产品时应遵循本节有关条款。对于以前感染本病而采取扑杀政策的国家，经证实不再有家猪或野猪感染，12 个月后可视为无 ASF 国家。

2.6.6.3 条　无 ASF 地区

如果在一个国家，ASF 为法定申报疾病，其某一区域在过去 3 年内一直没有发现家猪和野猪 ASF 发生的临床、血清学或流行病学迹象，则该区域可视为无 ASF 区。

对于感染本病而采取扑杀政策的地区，经证实该区域没有任何家养或野生猪群发生此病后，12 个月后可视为无 ASF 地区。

无 ASF 区域的范围必须清楚划定，并根据法典 1.1 章 1.1.3.4 条规定，制定出防止感染国家或感染地区的家猪或野猪进入无 ASF 区域的动物卫生条款，并通报 OIE，并严格执行。无 ASF 区域内，猪只调运应定期检查和监督，确保无 ASF。

2.6.6.4 条　ASF 感染区

某一区域在最后一例 ASF 发生后 3 年内都应视为 ASF 感染区。对于采取扑杀政策的地区，经证实该区域没有任何家养和野生猪群发生此病后，12 个月内仍视为 ASF 感染区，ASF 感染区和无 ASF 区或无 ASF 国家的边界不应以国境线为界。

2.6.6.5 条　各国兽医行政管理部门同意进境，或同意经其领地过境运输下列物品时，应考虑是否存在 ASF 风险：

1）家猪和野猪，尤其是猪属、非洲野猪属、疣猪属和林猪属动物；

2）家猪和野猪精液；

3）家猪和野猪胚胎/卵；

4）家猪和野猪鲜肉；

5）未经加工，难以确保杀灭 ASF 病毒的家猪和野猪肉制品；

6）未经加工、难以确保杀灭 ASF 病毒的动物饲料或工业或农业用动物源（猪）产品；

7）未经加工，难以确保杀灭 ASF 病毒的药用或医用动物（猪）源性产品；

8）未经加工，难以确保杀灭 ASF 病毒的（猪）病料和生物制品。

2.6.6.6 条　从无 ASF 国家或地区进境家养猪时，兽医行政管理部门应要求出具国际兽医证书，证明动物：

1）装运之日无 ASF 临床症状；

2）自出生一直在无 ASF 国家或地区饲养。

2.6.6.7 条　从无 ASF 国家或地区进境野猪时，兽医行政管理部门应要求出具国际兽医证书，证明动物：

1）装运之日无 ASF 临床症状；

2）来自无 ASF 国家或地区；并且，如果原产国与被认为 ASF 感染国家或地区具有共同边界，则：

3）装运前置检疫站隔离40天；

4）经ASF诊断试验，结果阴性。

2.6.6.8条　从被认为ASF感染国家进境家养猪时，兽医行政管理部门应要求出具国际兽医证书，证明动物：

1）装运之日无ASF临床症状；

2）自出生或至少过去40天，一直在官方报告无ASF的饲养场饲养，且该饲养场位于无ASF地区。饲养场引进的动物不得来自ASF感染国家或地区；

3）经ASF诊断试验，结果阴性。

2.6.6.9条　从被认为ASF感染国家进境野猪时，兽医行政管理部门应要求出具国际兽医证书，证明动物：

1）装运之日无ASF临床症状；

2）装运前置检疫站隔离40天，该检疫站在此期间无ASF发生的官方报告，且检疫站位于无ASF区，该地区引进的动物只能来自无ASF国家或地区；

3）经ASF诊断试验，结果阴性。

2.6.6.10条　从无ASF区进境猪精液、胚胎或卵时，兽医行政管理部门应要求出具国际兽医证书，证明：

1）供体动物：a)采集之日无ASF临床症状；b)采集前40天内，一直在无ASF国家或地区饲养；

2）精液、胚胎或卵的采集、加工和贮存符合附录3.2.3和附录3.3.4规定。

2.6.6.11条　从被认为ASF感染国家进境猪的精液时，兽医行政管理部门应要求出具国际兽医证书，证明：

1）供精动物：a)精液采集之日无ASF临床症状；b)精液采集前40天一直在出境国饲养，此期间饲养场或人工受精(artificial insemination ，AI)中心官方报告无ASF，且饲养场或人工受精中心位于无ASF区，供精动物不是来自ASF感染区；c)经ASF诊断试验，结果阴性；

2）精液的采集、加工相贮存符合附录3.2.2规定。

2.6.6.12条　从无ASF区进境新鲜猪肉时，兽医行政管理部门应要求出具国际兽医证书，证明生产该批肉品的动物：

1）自出生一直在无ASF国家或地区饲养；

2）在位于无ASF国家或地区的屠宰场屠宰，且该屠宰场只接受来自无ASF国家或地区的动物；

3）经宰前宰后ASF检验，结果合格。

2.6.6.13条　从无ASF区进境猪肉制品时，兽医行政管理部门应要求出具国际兽医证书，证明这些制品：

1）所用的猪肉符合2.6.6.12条规定；

2）在位于无ASF国家或地区的肉品加工厂加工，该加工厂只加工来自无ASF国家或地区的动物的肉。

2.6.6.14条　从被认为ASF感染国家进境猪肉制品时，兽医行政管理部门应要求出具国际兽医证书，证明：

1）生产该批肉制品的动物在同一屠宰场屠宰，经受宰前宰后 ASF 检验，结果合格；

2）肉制品经过加工，保证杀灭 ASF 病毒；

3）加工后采取必要的措施，避免与任何含有 ASF 病毒源的肉品接触。

2.6.6.15条　从无 ASF 区进境动物饲料或工业用动物（猪）源性产品时，兽医行政管理部门应要求出具国际兽医证书，证明生产这些制品的动物：

1）自出生一直在无 ASF 国家饲养；

2）在位于无 ASF 国家或地区的屠宰场屠宰，且该屠宰场只接受来自无 ASF 国家或地区的动物；

3）进行了宰前宰后 ASF 检验，结果合格。

2.6.6.16条　从无 ASF 区进境药用或医用动物（猪）源性产品时，兽医行政管理部门应要求出具国际兽医证书，证明生产这些产品的动物：

1）自出生一直在无 ASF 国家饲养；

2）在位于无 ASF 国家或地区的屠宰场屠宰，且该屠宰场只接受来自无 ASF 国家或地区的动物；

3）进行了宰前宰后 ASF 检验，结果合格。

2.6.6.17条　从被认为 ASF 感染国家进境动物源性血粉、肉粉、脱脂骨粉、爪和蹄粉时，兽医行政管理部门应要求出具国际兽医证书，证明这些产品是在得到许可的加工厂内加工，确保杀灭 ASF 病毒，且加工后采取必要措施，避免与任何含有 ASF 病毒源的产品接触。

2.6.6.18条　从被认为 ASF 感染国家进境猪鬃毛时，兽医行政管理部门应要求出具国际兽医证书，证明这些产品是在出口国兽医行政部门控制和批准下加工，确保杀灭 ASF 病毒，且加工后采取必要措施，避免与任何含有 ASF 病毒源的产品接触。

2.6.6.19条　从被认为 ASF 感染国家进境药用或医用动物（猪）源性产品时，兽医行政管理部门应要求出具国际兽医证书，证明：

1）这些制品：a)经过加工，确保杀灭 ASF 病毒；或 b)来自未在 ASF 感染国家或地区饲养的动物；c)来自位于无 ASF 区屠宰场内屠宰的动物，且经宰前宰后 ASF 检验，结果合格；

2）加工后采取必要措施，避免与任何含 ASF 病毒源的产品接触。

18.2.4　检测技术参考依据

（1）国外标准

欧盟指令：第 2002/60/EC 号指令《制定控制非洲猪瘟的规定》

OIE 手册：Chapter 2.1.12. African swine fever

（2）国内标准

GB/T 18648—2002　非洲猪瘟诊断技术

SN/T 1559.1—2005　非洲猪瘟直接免疫荧光试验操作规程

SN/T 1559.2—2005　非洲猪瘟间接免疫荧光试验操作规程

SN/T 1559.3—2005　非洲猪瘟病毒红血球吸附试验操作规程

18.2.5　检测方法概述

非洲猪瘟病毒抗原的检测常用红细胞吸附试验、直接免疫荧光试验和琼脂扩散沉淀试验。一般认为红细胞吸附试验是非洲猪瘟确诊性的鉴别试验，是从野外样品分离病毒应用最广泛的方法。用直接免疫荧光试验可在组织抹片和冷冻组织切片上，在 1 h 内检出病毒。

非洲猪瘟病毒抗体检测常用的是间接免疫荧光试验、酶联免疫吸附试验、间接免疫过氧化酶蚀斑试验和对流免疫电泳试验。

疑似非洲猪瘟的样品送到实验室后，实验室通常是用直接免疫荧光试验来检测病毒抗原和用间接免疫荧光试验检测血清中或组织浸出液中的抗体。做这二种试验只需数小时，且此两种方法联用的检出率可达95%～98%。样品量很大时可用酶联免疫吸附试验或用间接免疫过氧化物酶蚀斑试验来检测抗体。检测出阳性结果后，如样品来自非疫区，还必须做动物接种试验。在任何情况下必须以两种或两种以上不同方法的结果为依据才能确诊。为此送实验室的样品必须有足够的量。初诊要送检肝、脾、淋巴结、全血和血清，并要妥善保存。无非洲猪瘟的国家，其检验结果，还应设法得到国际公认的非洲猪瘟参考实验室的确诊。

18.2.5.1 病原鉴定

怀疑ASF时，应采集下列样品送往实验室：抗凝血（用肝素或EDTA作抗凝剂）、脾、扁桃腺、肾和淋巴结。运送这些病料应尽可能低温，但不要冻结。采自野外可疑猪和实验室接种猪的组织，应用FAT来检测其涂片或冰冻切片中的特异性抗原，并通过每天观察血球吸附现象和细胞病变来检查接种的原代猪白细胞培养物，以确认病毒是否存在。来自阴性培养物的细胞，用FAT作抗原检查，并将其再次接种到新鲜的白细胞培养物中。

（1）血球吸附试验

1）用作血球吸附的样品制备

① 用研棒和加有灭菌砂的研钵将组织磨碎，加入5 mL～10 mL含抗生素的缓冲盐水或组织培养液，制成悬浮液。

② 1 000*g*离心5 min澄清悬液。

2）红细胞吸附（HAD）试验原理

猪的红细胞会吸附在感染ASF病毒猪单核细胞或巨噬细胞的表面，绝大多数的病毒分离株会产生这种红细胞吸附现象。极少数没有红细胞吸附能力的病毒也已被分离到，且多数是无致病性的，但也有一些确实能引起典型的急性ASF。这一试验可以用可疑猪的血液或组织悬液接种原代白细胞培养物，或用实验室接种猪和野外可疑猪的血液制备白细胞培养物。

（2）免疫荧光试验检测抗原

荧光抗体试验（FAT）可检测野外可疑猪或实验室接种猪组织中的抗原。此外，它还可用于检测无红细胞吸附现象的白细胞培养物中的ASF病毒抗原，即能够鉴定没有红细胞吸附能力的病毒株。此试验还可用于区分由ASF病毒和其他病毒、如伪狂犬病病毒或有细胞毒性的接种物引起的CPE。

（3）聚合酶链反应（PCR）检测病毒基因组

PCR技术已经成熟，用来源病毒基因组高度保守区的引物，可检测和鉴定所有已知病毒基因型的各种分离株，包括无红细胞吸附能力的病毒和低致病力的分离株。这一方法尤其适用于因腐败不适于做病毒分离和猪组织中的病毒DNA的抗原检测，也适用于实验室收到样品之前，确信病毒已被灭活。

18.2.5.2 血清学试验

感染后康复猪的抗体可维持很长时间，有时是终生，很多试验方法可用于检测抗体，但只有少数用作实验室常规诊断技术。最常用的是ELISA,此方法既可以检测血清,也可检测组织液。在一些严重病例,ELISA阳性样品的验证可用如IFA、免疫过氧化物酶染色或免疫印迹,这些可供选择的方法进行。通常感染了强毒ASFV的猪不产生抗体,只有感染了低致病力或非致死性毒株,才能产生高水平的抗体,但这些抗体不是中和抗体。

在ASF呈地方流行的区域,可疑病例的确诊最好用标准的血清学试验(ELISA),结合另一种血清学试验(IFA)或抗原检测试验(FAT)。有的国家,95%以上的阳性病例是用IFA和FAT相结合的方法鉴定的。当猪感染无致病力或低致病力的分离株时,血清学试验也许是检测感染动物的唯一途径。对流免疫电泳和ELISA均可用于大规模血清普查,尽管ELISA对检测单个阳性血清更敏感,但仍被广泛用作扑灭计划的一部分。

(1) 酶联免疫吸附试验(ELISA)(国际贸易指定试验)

ELISA是一种直接检测较低或中等毒力ASFV感染猪抗体的一种试验。用含猪血清的感染细胞制备ELISA抗原。用抗原包被ELISA微量滴定板。任何一种血清,只要它的吸收值超过同一块板中阴性对照血清平均吸收值的两倍,就可认为是阳性。

(2) 间接荧光抗体试验

此试验可用于无ASF流行地区的血清、ELISA试验阳性的血清以及来自呈地方性流行地区经ELISA没有确定结果的血清验证试验。

(3) 免疫印迹试验

免疫印迹试验可替代间接荧光抗体试验,确定个别血清的可疑结果。

18.3　猪水泡病(Swine vesicular disease,SVD)

18.3.1　疫病简述

猪水泡病又名猪传染性水泡病,是由猪水泡病病毒引起的一种急性、热性、高度接触性传染病。其主要临床特征是流行性强,发病率高,在蹄部、口腔、鼻部、母猪的乳头周围皮肤和黏膜产生水泡,该症状不能与口蹄疫(FMD)、水泡性口炎(VS)和猪水泡疹(VES)相区别,但牛、羊等家畜不发生本病。

1966年10月意大利的Lombardy地区发生了一种临诊上与FMD难以区分的猪病,1968年查明其病原为肠道病毒。进入20世纪70年代,亚洲的香港和日本,以及欧洲的许多国家相继发生了这种疾病。1973年,联合国粮农组织欧洲口蹄疫防制委员会召开的第20届会议和世界动物卫生组织(OIE)第41届大会,确认了这是一种新病,定名为“猪水泡病”。该病主要集中在欧洲和亚洲。70年代初期为流行的高峰时期,以后逐渐趋于缓和。到80年代末期只有个别暴发,但90年代SVD似乎有重新抬头的趋势。2007年6月,葡萄牙农业部向OIE紧急报告,贝雅区(BEJA)的1家种猪场发生猪水泡病。涉及的易感动物有1 812头猪,已全部销毁。SVD造成的经济损失包括掉膘、发育停滞、延长育肥期(平均延长20%)、母猪流产、仔猪死亡以及检疫和消毒等费用。若采取扑杀措施一次性损失更大,但有利于消除疫点。1972—1979年,英国暴发了446次SVD,仅屠宰的损失就近千万英镑。

SVD是养猪业的一大病害也是OIE名录中重要动物传染病。国内外均要求任何水泡性疾病的发生都要上报国家兽医主管部门,并采取等同于FMD的防制措施。比如日本于1973年11月23日发生第一次SVD流行,同年12月8日日本政府就颁布了控制SVD的内

阁法令，制定了一整套的检疫及处理措施。各国对生猪及猪肉产品的进出境检疫要求很严，因而 SVD 对国际贸易影响很大。另一方面，SVD 的暴发也不能排除使工作人员遭受感染的可能性。

SVD 潜伏期的活猪及猪肉产品和 SVD 病猪及猪肉产品是本病最主要的传染源，通过唾液、粪、尿、乳汁排出病毒。病畜的水泡皮、水泡液、血清、毒血症期所有的组织均含有大量病毒，是危险的传染源。牛和羊与受 SVDV 感染的猪混群后，可以从其口腔、乳和粪便中分离出 SVDV，而且羊体内可以发生 SVDV 的增殖，但它们无任何临诊症状。对于牛和羊能否成为传染源以及在传播中的作用尚无定论，但机械传播是可能的。在污染的猪场土壤中生活的蚯蚓体表及肠管中也可以分离到病毒。

在自然流行中，本病仅发生于猪，不分年龄、性别、品种均可感染。人偶可感染，水泡病病毒实验室操作人员可见血清阳性，但没有临床症状。SVD 的潜伏期为 2～6 天，接触传染潜伏期 4～6 天，喂感染的猪肉产品，则潜伏期为 2 天。蹄冠皮内接种 36 h 后即可出现典型病变。一般蹄冠皮内接种和静脉接种结果比较规律。处于潜伏期的猪，其皮肤和肌肉中已有高滴度的病毒。与病猪接触的猪 24 h 病毒即出现于鼻黏膜，48 h 出现于直肠和咽腔，第 4 天处于病毒血症状态，第 5 天出现初期水泡，经 2～3 天则破溃。大量排毒源是水泡液和水泡皮。10 日龄以上的破溃皮肤仍有很高的病毒滴度。其次是通过粪便和分泌物排毒。感染后鼻腔排毒 7～10 天，口腔排毒 7～8 天，咽腔排毒 8～12 天，直肠排毒 6～12 天。由于有病毒血症过程，所以所有组织均可成为传染源。

几乎所有 SVD 都与饲喂污染的食物（如泔水、洗猪肉污水）、与污染的场地接触及使用污染的车辆调运活猪，或引进病猪有关，只有个别次数的暴发原因不明。实验表明 SVD 与口蹄疫不同，通过空气传播的可能性很小。感染母猪有可能通过胎盘传染仔猪，因为有人发现康复母猪所产仔猪最早在出生后 5 h 即可发生 SVD，这显然在潜伏期之内。但胚胎移殖不引起 SVD 传播，即使是来自受感染母猪的卵和胚胎，也不会引起受体猪感染，受体猪所产仔猪也呈 SVD 阴性。但是人工使卵或胚胎污染上 SVDV，即使是采用蛋白酶或抗血清等方法处理以及反复冲洗，也不能完全消除 SVDV。普遍认为皮肤是 SVDV 最敏感的部位，小的伤口或擦痕可能是主要的感染途径。其次是消化道上皮黏膜。呼吸道黏膜似乎敏感性较差。

SVD 的暴发无明显季节性，夏季少发，冬季较为严重，尤其在养猪密度较高的地区传播速度快、发病率高，一般不引起死亡。发病率差别不大，从 20%～100%不等，有时与猪口蹄疫同时或交替流行。在养猪密集或调运频繁的单位和地区，容易造成本病的流行，尤其是在猪集中的仓库，集中的数量和密度越大，发病率越高。不同品种不同年龄的猪均易感，传播一般没有 FMD 快，发病率也较 FMD 低。

18.3.2　病原特征

国际病毒分类委员会（ICTV）第十五次报告（1991）将猪水泡病病毒（SVDV）归为小 RNA 病毒科（Picornaviridae）肠道病毒属（*Enterovirus*）。鉴于 SVDV 与人类柯萨奇病毒（Human Coxsackievirus）B5 型有非常相近的理化特性、生物学特性及血清学关系，分类报告未将 SVDV 单独列为肠道病毒属的一个成员，而是将其归为柯萨奇 B 型病毒之列。SVDV 无囊膜、不含脂类和碳水化合物。病毒的基本结构为单纯的结构蛋白包含着一个 RNA 及一个与 RNA 共价联接的小蛋白 3B（VPg）。病毒粒子呈二十面体对称，电镜下病毒粒子呈球形，直径为22 nm～32 nm，在感染细胞内常可见病毒呈晶格排列和环形串珠状排列。

SVDV中心为一条感染性的单股正链RNA，长度约为7.4 kb，其3’端含polyA，5’端非编码区与3B共价联接。该RNA本身兼有mRNA功能。病毒RNA的复制是通过两种复制中间体在细胞浆内进行的。即分别以正链RNA和负链RNA作为模版进行复制。病毒RNA首先复制负链RNA，再由负链RNA复制正链RNA，由正链RNA翻译病毒蛋白，并参与组装病毒粒子。病毒正链RNA编码着一条大的聚合蛋白，它是翻译后被切割成各个功能蛋白的。病毒在猪肾细胞系上的复制周期为3 h～4 h。

SVDV具有良好的免疫原性，并且相当稳定。目前的SVD灭活疫苗具有可靠的免疫效力。中和试验、琼脂免疫扩散试验及补体结合试验都证实了不同病毒分离株存在着抗原差异，但差异并不大。不同病毒株的聚丙烯酰胺凝胶电泳分析表明，结构蛋白之间的差异比较显著。据报道SVDV在细胞上传40代即可发生变异。不同毒株核酸全序列的分析比较也证实SVDV和其他小RNA病毒一样存在着毒株间的差异。不同毒株的致病力及诱导中和抗体的能力也表现不同，但是不同SVDV毒株间在猪体上能交叉保护，目前还没有发现SVDV有亚型分类的报道。尽管SVD与FMD、VS和VES有相似的临床症状，但其病原之间理化特性及生物学特性相差甚远。SVDV与FMDV分类地位相近，但病毒多肽之间没有任何血清学关系。SVDV与人类柯萨奇B5型病毒(CB5)具有非常相近的理化特性和生物学特性，并且其抗血清可以交互中和这两种病毒。CB5可以感染猪，但无临诊症状。尽管排泻物中可以分离出病毒，但不发生病毒血症。可能发生与SVD类似的脑损伤，但较轻微。猪感染CB5后可产生中和SVDV的血清抗体，但用SVDV攻击后仍可发病。一般可以显示出一定的保护率。从SVDV与人类柯萨奇B型病毒(CB1、CB3、CB4、CB5)在四个结构蛋白上的氨基酸序列比较上看，二者存在广泛的同源性，同源性甚至高于人类柯萨奇病毒B亚型之间的同源性。现大多数学者认为SVDV是CB5的变异株。

能够自然感染SVDV的只有猪(包括野猪)和人类。人类受感染后出现类似人类柯萨奇病毒感染的症状，但出现临诊症状很少见。新生小鼠可通过脑内、腹腔内或皮下接种而感染死亡，而7日龄以上小鼠则有抗性。实验室内一般通过IB-Rs-2细胞系及新生乳鼠(1～2日龄)来进行检疫工作和繁殖SVDV。在乳鼠体内以肌肉骨胳系统含毒量最高，其次是脑、肝、脾和肠。

SVDV不能凝集家兔、豚鼠、牛、绵羊、鸡、鸽等动物红细胞，也不能凝集人的红细胞。将病毒人工接种(1～2)日龄乳小鼠和乳仓鼠，引起痉挛、麻痹等神经症状，在接种后3～10天内死亡；接种成年小鼠、仓鼠和兔均无反应，仓鼠足踵接种不表现症状，但能产生中和抗体，可制备诊断用抗血清。

SVDV无类脂质囊膜，对乙醚不敏感。对pH(3.0～5.0)表现稳定，在低pH及4℃能存活160天，低温中可长期保存。对环境和消毒药有较强抵抗力，在50 ℃30 min仍有感染力，但80 ℃1 min和60 ℃3 min可灭活；病毒在污染的猪舍内存活8周以上，在泔水中可存活数月之久，在火腿中可存活半年。在香肠和加工的肠衣中可分别存活1年和2年以上，病猪肉腌制后3个月仍可检出病毒。猪尸体可带感染性活毒达11个月以上。从埋葬感染猪死尸周围的土质中的蚯蚓肠管中仍可分离到SVD活病毒。猪肉产品经69 ℃15 min方可杀灭SVDV。3%苛性钠在33 ℃24 h能杀死水泡皮中病毒，1%过氧乙酸60 min可杀死

病毒。

18.3.3　OIE 法典中检疫要求

2.6.5.1 条　《法典》规定，猪水泡病(SVD)的潜伏期为 28 天。

2.6.5.2 条　无 SVD 国家

至少在过去 2 年内没有发生过 SVD 的国家，可视为无 SVD 国家。采取扑杀政策的国家，期限为 9 个月。

2.6.5.3 条　SVD 感染区

某一区域应视为 SVD 感染区，直到：

1）感染 SVD 后实施扑杀政策和消毒措施时，至少在最后一例病例确认后 60 天，或

2）没有采取扑杀政策时，最后一例感染动物临床康复或死亡后 12 个月。

2.6.5.4 条　无 SVD 国家兽医行政管理部门可禁止进境，或禁止经其领地过境运输来自被认为 SVD 感染国家的下列物品：

1）家猪和野猪；

2）猪精液；

3）新鲜家猪和野猪肉；

4）未经加工难以确保杀灭 SVD 病毒的家猪和野猪肉产品；

5）未经加工难以确保杀灭 SVD 病毒的动物饲料或工业用动物(猪)源性产品；

6）未经加工难以确保杀灭 SVD 病毒的药用动物(猪)源性产品；

7）未经加工难以确保杀灭 SVD 病毒的(猪)病料和生物制品。

2.6.5.5 条　从无 SVD 国家进境家猪时，兽医行政管理部门应要求出具国际兽医证书，证明动物：

1）装运之日无 SVD 临床症状；

2）自出生或至少过去 6 周内一直在无 SVD 国家饲养。

2.6.5.6 条　从无 SVD 国家进境野猪时，兽医行政管理部门应要求出具国际兽医证书，证明动物：

1）装运之日无 SVD 临床症状；

2）来自无 SVD 国家；并且，如果原产国与 SVD 感染国家有共同边界，则：

3）装运前置检疫站 6 周。

2.6.5.7 条　从被认为 SVD 感染国家进境家猪时，兽医行政管理部门应要求出具国际兽医证书，证明动物：

1）装运之日无 SVD 临床症状；

2）自出生或至少过去 6 周内一直在官方报告无 SVD 的养殖场饲养，且产地饲养场位于非 SVD 感染区；

3）装运前置检疫站 28 天，并经 SVD 血清中和试验，结果阴性。

2.6.5.8 条　从被认为 SVD 感染国家进境野猪时，兽医行政管理部门应要求出具国际兽医证书，证明动物：

1）装运之日无 SVD 临床症状；

2）装运前置检疫站 28 天，并经 SVD 血清中和试验，结果阴性。

2.6.5.9 条　从无 SVD 国家进境猪精液时，兽医行政管理部门应要求出具国际兽医证

书，证明：

1）供精动物：a）采精之日无SVD临床症状；b）采精前，供精动物至少在无SVD国家饲养6周；

2）精液采集、加工和贮存严格按照附录3.2.3规定进行。

2.6.5.10条　从被认为SVD感染国家进境猪精液时，兽医行政管理部门应要求出具国际兽医证书，证明：

1）供精动物：a）采精之日无SVD临床症状，并经SVD血清中和试验，结果阴性；b）采精前28天，供精动物一直在出境国饲养，此间养殖场和AI中心无SVD发生的官方报告，且养殖场或AI中心位于非SVD感染区；

2）精液采集、加工和贮存严格按照附录3.2.3规定进行。

2.6.5.11条　从无SVD国家进境新鲜猪肉时，兽医行政管理部门应要求出具国际兽医证书，证明生产该批肉品的动物：

1）自出生或至少过去28天内一直在无SVD国家饲养；

2）在同一屠宰场屠宰，并经宰前宰后SVD检验，结果合格。

2.6.5.12条　从被认为SVD感染国家进境新鲜猪肉时，兽医行政管理部门应要求出具国际兽医证书，证明生产该批肉品的动物：

1）未曾在SVD感染区饲养；

2）在位于非SVD感染区的屠宰场屠宰，并经宰前宰后SVD检验，结果合格。

2.6.5.13条　从被认为SVD感染国家进境猪肉制品时，兽医行政管理部门应要求出具国际兽医证书，证明：

1）生产该批肉制品的动物在同一屠宰场屠宰，并经宰前宰后SVD检验，结果合格；

2）肉制品已经过加工，保证杀灭SVD病毒；

3）加工后采取必要的注意事项，避免与任何含有SVD病毒的肉品接触。

2.6.5.14条　从无SVD国家进境动物饲料或工业用动物（猪）源性产品时，兽医行政管理部门应要求出具国际卫生证书，证明这些产品的生产动物，自出生或至少过去6周内一直在无SVD国家饲养。

2.6.5.15条　从无SVD国家进境动物（猪）源性药用或医用产品时，兽医行政管理部门应要求出具国际兽医证书，证明生产这些产品的动物：

1）自出生或至少过去6周内一直在无SVD国家饲养；

2）在同一屠宰场屠宰，并经宰前宰后SVD检验，结果合格。

2.6.5.16条　从无SVD国家进境血粉、肉粉、脱脂骨粉、蹄及爪粉（猪）时，兽医行政管理部门应要求出具国际兽医证书，证明这些产品已经过加工，确保杀灭SVD病毒。

2.6.5.17条　从被认为SVD感染国家进境（猪）鬃毛时，兽医行政管理部门应要求出具国际兽医证书，证明这些产品在出口国兽医行政管理部门控制和认可的加工厂加工，确保杀灭SVD病毒。

2.6.5.18条　从被认为SVD感染国家进境动物（猪）源性肥料时，兽医行政管理部门应要求出具国际兽医证书，证明这些产品：

1）来自非SVD感染区的动物；或

2）已经过加工，保证杀灭SVD病毒。

2.6.5.19条　从被认为SVD感染国家进境动物源（反刍动物及家猪）性药用或医用产品时，兽医行政管理部门应要求出具国际兽医证书，证明这些产品：

1）经过加工，保证杀灭SVD病毒；

2）来自未在SVD感染区饲养的动物；

3）来自同一个屠宰场屠宰的动物，宰前宰后经SVD检验，结果合格。

18.3.4　检测技术参考依据

（1）国外标准

OIE手册，Chapter　2.1.3 Swine　vesicular　disease

（2）国内标准

GB/T 19200—2003　猪水泡病诊断技术

SN/T 1421—2004　猪水泡病病毒微量血清中和试验

18.3.5　检测方法概述

根据病毒株、感染的途径、感染量及饲养条件的不同，SVD可能是亚临床型、温和型或严重水泡型。在临床上，SVD很难与口蹄疫(FMD)相区别。对所有水泡性疾病必须要进行实验室确诊。实验室诊断包括两个方面，即病原的分离鉴定和特异性血清抗体的检测。

18.3.5.1　病原鉴定

（1）样品采集

猪出现任何水泡，有可能是FMD。如果FMD已被消灭，SVD的诊断需要有特殊的实验室设备，缺乏这些设备的国家应将样品送到OIE/FAO口蹄疫世界参考试验室检测。在美洲，还要作水泡性口炎病毒抗原的平行试验。

1）水泡液及水泡皮：只有当水泡完整时才能采集到水泡液。水泡一旦出现很快就会破溃，所以要不失时机地采集水泡液。首先用75%酒精轻轻消毒水泡表皮，尽量去掉污物，用灭菌生理盐水擦去酒精，然后用无菌注射器穿刺水泡吸取水泡液，置于灭菌瓶中，加入抗生素。水泡液采取后，将水泡皮以无菌术剪下，放入0.04 mol/L pH7.4的PBS配制的50%甘油缓冲液中，并加入抗生素。若水泡已经破溃，则只能采集破溃的水泡皮。这时用灭菌生理盐水涮洗掉水泡皮上的污物，尔后放入上述缓冲甘油中。水泡液和水泡皮均需低温冷冻或放入冰瓶中送检。

2）淋巴结：若从冻肉中分离病毒，可采集淋巴结。应尽可能地去净周围脂肪。保存方法同水泡皮。

3）全血：以无菌术采集全血，要尽快加入抗凝剂肝素。每毫升全血加0.1 mg～0.2 mg肝素。也可用EDTA代替抗凝剂，每20 mL全血加1 mL含30 mg EDTA的0.7%NaCl水溶液。全血不应少于10 mL。按剂量加入抗生素。密封后保存于4 ℃。

4）血清：以无菌术采集全血并分离血清。血清量应不少于4 mL。按同样剂量加入抗生素。密封后低温冷冻或保存于冰瓶中送检。

（2）细胞培养分离SVDV

一般当猪发生水泡性损伤时采集的水泡皮或水泡液足以直接进行鉴定实验，但若材料不足0.5 g或直接鉴定为阴性时，则应进行病毒分离，待病毒扩增后再进行鉴定实验。

1）从水泡液中分离病毒：新鲜水泡液不需要处理，可直接使用。若水泡液不清洁则需1 000g离心5 min～10 min，并加入抗生素。若水泡液太少，可加入细胞培养液稀释，稀释倍

数越小越好。接种细胞的方法是：当IB-RS-2细胞单层长满后，弃掉培养液，加入水泡液或水泡液的稀释液，以能淹没细胞单层为宜，于37 ℃感作60 min，后补加4倍于水泡液的细胞培养液，置37 ℃培养。每天在倒置显微镜下观察两次，48 h做最终判定。若细胞培养液对照成立，即细胞形态正常，而分离病毒的细胞出现变圆乃至脱落，则视为典型细胞病变(CPE)。若48 h之内不出现CPE，则盲传一代。若三代细胞均不出现CPE，则视为SVDV阴性。必要时应连续盲传10代。若出现了CPE，则需再做其他鉴定方可证实SVDV。

2）从水泡皮中分离病毒：将水泡皮用pH7.4的PBS漂去污物，用灭菌滤纸吸去水分，称重后按kg/L加入4倍的细胞培养液，加少许玻璃砂研磨，置4 ℃浸毒过夜。以1 000*g*离心5 min～10 min，取上清液用于病毒分离。

3）从淋巴结中分离病毒：淋巴结中病毒含量较少，特别是取自保存时间较长的白条肉中的淋巴结，均需浓缩处理。初级处理方法同上述水泡皮，按kg/L加9倍的细胞培养液或pH7.4的PBS研磨制成悬液，于4 ℃浸毒过液。以1 000*g*离心10 min，取上清液加入2倍体积的冷三氯乙烯，充分振荡，以1 000*g*离心5 min，取水相以130 000*g*超速离心90 min，以原淋巴悬液1/25体积的量加入细胞培养液，充分悬浮管底，用于接种细胞，方法同上。若没有超速离心条件，可用终浓度8%的聚乙二醇和4%NaCl沉淀浓缩组织浸出液中的病毒。首先使其充分溶解，静置4 ℃过夜，以6 000*g*离心40 min，弃掉液体，用原淋巴悬液1/25体积的量加入细胞培养液，充分悬浮离心管底，用于接种细胞，方法同上。

4）从全血中分离病毒：同从水泡液中分离病毒。

(3) 用乳鼠分离SVDV

病原材料的处理方法完全同细胞分离法，只是用1～2日龄吸吮小鼠取代IB-RS-2细胞。每份材料接种4只乳鼠，每只背部皮下接种0.1 mL～0.2 mL。在母鼠哺乳下观察5天，若5天内出现神经症状乃至死亡者，剥皮，去头及内脏，将肌肉及骨胳一起称重，按kg/L加9倍的细胞培养液，加玻璃砂研磨制成悬液，置4 ℃浸毒过夜。以1 000*g*离心10 min，取上清液用于进一步鉴定。若乳鼠在5天内无症状或有轻微症状但不引起死亡，则可用无症状或有轻微症状的乳鼠胴体按上述方法制成1∶10的悬液，盲传乳鼠，若传三代乳鼠仍无神经症状或死亡，则视为阴性。必要时需盲传10代。

(4) 间接血凝试验检测SVDV

这是利用一种将SVDV特异性IgG致敏到绵羊红细胞上而制备的诊断试剂以检测SVDV的方法，也是目前最简便、快速的方法。但如果含毒量较少的样品则需经过细胞或乳鼠增毒后方可用之检测。检测对象包括水泡液、水泡皮浸出液、组织(如淋巴结)浸出液的浓缩液、细胞毒液和乳鼠组织浸出液。

待检样品的稀释：将上述方法处理过的病原材料用专用稀释液[0.11 mol/L pH7.2的PBS，加入兔血清、聚乙二醇(MW12000)和叠氮钠，使之浓度分别为1%、0.05%和0.1%]做2倍连续稀释，既可常量稀释又可微量稀释。

观察滴定板上各排孔的凝集图形。如果只是滴加SVDV诊断试剂排凝集，且阴性对照孔不凝集、阳性对照孔凝集，其余排孔不凝集，则证明此种凝集是与SVD红细胞诊断试剂发生的特异性凝集，则该份待检样品即为SVDV阳性。以此类推。致红细胞凝集(凝集图形为"++"以上者)的抗原最高稀释度为其凝集效价。某排孔的凝集效价高于其余排孔的凝集效价2个对数(以2为底)滴度以上者即可判为阳性。若2排孔凝集效价均较高，即使这

2 排之间凝集效价相差 2 个对数滴度以上，也不能排除二种病原同时存在的可能性，还需其他诊断方法验证。

间接血凝诊断试剂的保存期不能一概而论，不同批号之间差距较大。因而每次使用之前必须滴定诊断试剂的效价，确认是否与瓶签上的效价一致。待检样品的效价判定应考虑滴定之前的稀释倍数，比如水泡皮在滴定前要先制成 1∶5 的悬液，然后做对倍稀释进行滴定，最终判定效价就应将这 5 倍计算进去。

(5) 酶联免疫吸附试验检测抗原

用间接夹心 ELISA 检测 SVD 病毒抗原，可代替补体结合试验。用兔抗 SVD 病毒的抗血清（捕获血清）包被 ELISA 多孔板上的双排孔。将被检样品悬液加到各排孔的每一个孔内，同时设对照。下一步是加豚鼠抗 SVD 病毒血清，随后加兔抗豚鼠血清辣根过氧化物酶结合物。在每步之间充分洗板，以除去未结合的试剂。如果在加底物（邻苯二胺和 H_2O_2）时出现颜色反应即表明是阳性反应。强阳性反应可用肉眼观察。也可用分光光度计在 492 nm波长条件下读取结果，光吸收值等于或大于背景 0.1 时，即表明为阳性反应。使用适宜的单克隆抗体（MAbs）可以代替豚鼠和兔抗血清，包被到 ELISA 板中作为捕获抗体或结合过氧化物酶作为示踪抗体。也可用单抗 ELISA 研究 SVD 病毒株抗原变异。用吸附到固相板上的兔抗 SVDV 高免血清捕获组织培养病毒抗原。当适宜的 MAbs 组与野毒株反应后，将亲本病毒株与 MAbs 的结合同野毒株与 MAbs 相比较。强结合揭示了亲本和野毒株之间共有表位的存在。

(6) 核酸识别方法

核酸识别方法是使用 PCR 技术检测临床材料和利用测定基因组核苷酸序列来确定各 SVDV 分离株之间的关系。对主要结构蛋白 VP1 编码基因组 1D 中测定了大约 200 个核苷酸序列，根据其片段的同源性，可将 SVD 病毒毒株分群，弄清在不同地区、不同时间引起发病毒株之间的流行病学关系。PCR 技术提高了诊断的敏感性。

18.3.5.2　血清学试验

经常采用血清学试验诊断 SVD。因为该病具有亚临床型和温和型的特点，所以经常在出境证明或常规血清学调查发生怀疑时需用血清学试验。SVD 病毒抗体的检测方法有病毒中和（VN）试验、双向免疫扩散试验、放射免疫扩散试验、对流免疫电泳试验和 ELISA 等方法。VN 试验和 ELISA 是最常用的方法，VN 试验是已被接受的标准试验方法，但它的缺点需要组织培养设备，并需要花费 2～3 天时间才能完成。ELISA 更快，并容易标准化。5B7MAb 竞争 ELISA（MAC-EL1SA）是最可靠的 SVD 抗体 ELISA 检测方法，用 MAC-ELISA 检测正常猪血清样品，可出现阳性或临界值结果，这些样品应该用 VN 试验重检。ELISA 阳性而 VN 为阴性的被认为是未感染。应该采集两个试验都为阳性并且是同期组群的血清进行重检。

(1) 病毒中和试验（国际贸易指定试验）

SVD 定量 VN 微量试验，是在平底组织培养板中用 IBRS-2 细胞（或合适的敏感的猪细胞）进行的。用 IB-RS-2 单层细胞培养繁殖的病毒，加等量甘油后保存于－20 ℃。SVD 病毒在这种条件下至少 1 年是稳定的。试验前，血清于 56 ℃灭活 30 min。最适合的培养基为含抗菌素的 Eagle's 完全培养基/LYH。本试验是 50 μL 等量的试验。

(2) 酶联免疫吸附试验

在 Brocchi 氏等建立 ELISA 中,用 MAb 5B7 将 SVD 抗原捕获到固相上,然后,评价被检血清抑制过氧化物酶结合的 MAb 5B7 捕获抗原能力,最后,加底物和色原检测结合 MAb 的数量。所有可疑或阳性结果的样品均需用 VN 试验重检。

(3) 免疫双扩散试验(DID)

DID 的敏感性不如血清中和试验,但特异性很好,而且既经济又简便。对待检血清的要求也不高,无须去除血清中的红细胞,即使发生溶血也不影响检测。若采用放射免疫扩散技术,敏感性则可超过血清中和试验。

18.3.6　部分商品化试剂说明及供应商

荷兰 Prionics Lelystad 公司(原 Cedi Diagnostics B. V.)Ceditest®SVDV 抗体检测试剂盒。

该试剂盒是世界上第一个商品化 SVDV ELISA 试剂盒。近 10 年成功用于荷兰的国家 SVDV 筛选计划,也用于欧洲其他暴发 SVDV 的国家,证明其有高度敏感性和特异性。检测血清 1∶5 稀释,室温孵育,3 h 内出结果。该试剂盒操作简单,易于自动化操作,非常适合于大量血清筛选。与病毒中和试验比较,该试剂盒有>99%特异性和>97%敏感性。

该试剂盒采用双抗夹心竞争 ELISA 检测血清血浆中 SVDV 特异性抗体,酶标板内包被有抗 SVDV 特异性单克隆抗体,灭活 SVDV 抗原加入包被好的酶标板,孵育。加入待检血清和酶标记第二个单克隆抗体(检测抗体),孵育。待检血清中的 SVDV 特异性抗体和酶标抗体竞争 SVDV 抗原。洗板,加底物,如果酶标结合物与抗原结合,有颜色反应,表明待测样品为阴性,没有 SVDV 抗体。如果血清样品中的抗体与抗原反应就会阻止酶标结合物和抗原反应,酶标结合物就会被洗掉,不发生颜色反应,表明血清样品为阳性,有 SVDV 抗体。

18.4　尼帕病毒脑炎(Nipah virus encephalitis,NiVE)

18.4.1　疫病简述

尼帕病毒病是由尼帕病毒(Nipah virus,NiV)引起的一种新的烈性人兽共患传染病,也是国际上重要的生物武器研究对象及生物反恐防范对象。尼帕病毒为副黏病毒科(Paramyxoviridae)副黏病毒亚科(Paramyxovirinae)的 *Henipavirus* 属成员,是新发现于蝙蝠的一种副黏病毒,与 1994 年在澳大利亚发现的亨德拉病毒(Hendra virus,HeV)在很多方面非常相似。尼帕病毒对蝙蝠不致病,对猪有一定的致病性,而对人的致病力很强。人感染尼帕病毒后病死率达 40%~70%。因此,尼帕病毒被列为最危险的生物安全 4(P4)级病原。近年来,在孟加拉国、印度、柬埔寨和泰国等国家均发现了尼帕病毒的存在,并且引起严重的疫情,进一步增加了人们对尼帕病毒的关注。

尼帕病毒首次造成的疾病出现在 1997 年。当时在马来西亚 Perak 省的猪场工人间有人罹患脑炎,其中一人死亡。由于当地为日本脑炎的流行地区,因而被认为是日本脑炎病毒感染所造成的。然而,由于患者多为成人而非孩童,患者多接种过日本脑炎疫苗,病例相当集中而非散发,患者大多数曾与猪只接触,患者畜养的猪只发病的时间与畜主有关联性,蚊虫防治与日本脑炎预防接种皆无法遏止疫情,这些迹象都与典型的日本脑炎疫情相左。1998 年 9 月,同一地区的成人发高烧与罹患脑炎的病例数急剧上升,并发现所有患者皆与

养猪业有关。至1999年5月为止，马来西亚卫生部在美国CDC协助下，鉴定出这是一种新的病毒引起的感染症。本病自1998年10月至1999年5月在当地共造成265个病例，105人死亡，致死率40%～50%。同一期间，1999年3月，新加坡处理自马来西亚进境猪只的屠宰场工人也罹患相同疾病，共有13人感染，1人死亡。马来西亚卫生当局以其初次自死亡病患分离到病原的村落为名，将此种病毒所引起的感染毒命名为尼帕病毒。本病也被称为猪呼吸系统与脑炎症候群(porcine respiratory and encephalitis syndrome，PRES)或猪吼叫症候群(barking pig syndrome，BPS)。这个疾病同时也使马来西亚近千个猪场超过一百万头猪只遭到扑杀的命运。当猪只大量扑杀后，疫情立即得到控制，也显示本病确实与猪只有密切的关系。Nipah病的暴发给马来西亚的养猪业造成了毁灭性打击，导致旅游业等间接损失难以估计。

2001—2005年，孟加拉国先后暴发过5次尼帕病毒病。此外印度的West Bengal地区(与中国、孟加拉国接壤)于2001年有66人感染尼帕病毒，病死率达74%以上，患者大多在医院工作，或者是照顾、看望住院病人的人，表明尼帕病毒可以由人传给人，还可以引发严重的医院内感染，但猪群没有感染尼帕病毒的报道。泰国和柬埔寨在人群和猪群中未发现NiV的感染，但这两个国家都从果蝠中检测到尼帕病毒的RNA。在马来西亚的疫情中，狐蝠携带的NiV可能以微小的概率感染了猪后，在猪体内大量增殖，并且迅速感染相互接触的其他猪，人通过密切接触这些病猪而受感染。然而，在孟加拉国的疫情中，NiV感染者大多数和猪没有密切接触史，并且该地区的猪也未见NiV感染的迹象，所以猪并没有在孟加拉国的疫情中发挥重要作用，但人感染NiV的最初途径还不清楚。在马来西亚的疫情中，经多方调查，未发现人和人之间相互传染的证据；而在孟加拉国，在人与人之间相互传播却有确凿证据。

最易感动物是猪和人，其次是犬、猫、马、山羊、老鼠、蝙蝠等。猪是病毒的主要宿主，在流行期间感染猪场的种母猪95%以上抗体阳性，仔猪90%以上抗体阳性(推测是母源抗体)，然而猪发病率和死亡率低。而与感染猪接触的人、犬、猫、马、山羊可被感染。据报道在马来西亚半岛上蝙蝠种群普遍发生了NiV感染，这些蝙蝠是否是NiV的自然宿主有待于证实。澳大利亚动物卫生实验室(Australian Animal Health Laboratory，AAHL)对猪只传播途径所做的研究显示，猪只仅能以经口或注射的方式造成感染，并能从口、鼻排毒。中和抗体可在感染后第14日测得。在马来西亚的尼帕病毒疫区也曾发现血清学呈现阳性反应的蝙蝠。马来西亚曾在两种食果蝙蝠(*Pteropusvampyrus*，*P. hypomelanus*)测得尼帕病毒的中和抗体，显示尼帕病毒可能与亨德拉病毒一样，以食果蝙蝠作为保毒动物。马来西亚大学的一个研究团队，更从蝙蝠的尿液与吃过的水果上分离出尼帕病毒，证明这种病毒的确存在于蝙蝠的尿液与唾液内。发病的猪只可能是经由接触含有病毒蝙蝠尿液或唾液而受到感染。

病毒在扁桃体呼吸道上皮组织和呼吸道受感染细胞碎片中繁殖，并通过咽喉部和气管分泌物传播的可能性较大。也有报道分析，脑炎及肺水肿，限制了病毒的传播，外排途径可能是通过泌尿系统，或与有病毒感染的体液接触。同一猪场内传播也可能是直接接触病猪的尿、体液、气管分泌物等而引起，此外也可能是通过使用同一针头、人工受精等方式传播。在尼帕病毒感染人的途径中，猪起了关键的作用。其他自然宿主如猎犬、猫、挽马、野猪和鼠类等虽然也可以被感染，但由于它们死亡很快，因此不会造成病毒传播。此外，掠鸟类如八

哥、九宫、掠鸟等在猪场觅食，常常啄食猪背上的蜱，并在不同猪群或同一猪场之间活动，这也可能是造成病毒在猪群间传播的一个途径。猪感染后，病毒可在猪体内大量繁殖，病毒血症持续时间较长，并且可以通过呼吸道、尿液、粪便等途径向外界散播病原。检验人员发现患者唾液和尿液中都带有 Nipah 病毒，虽然其家庭成员未受感染，但有 3 个医护人员被检出 Nipah 病毒抗体阳性，说明人与人之间也存在着低的传播机会。病人主要是通过伤口与感染猪的分泌液、排泄物及呼出气体等接触而感染。由流行病学上的特征显示，许多尼帕病毒脑炎的患者曾接种过日本脑炎疫苗，其同居之亲属若并未在猪场工作，也不会得到此一疾病，推测尼帕病毒不会经由人与人的接触传播，蚊子与其他媒介昆虫也不会传播这种病毒。病毒增殖的部位可能是在动物的扁桃腺与呼吸道上皮，透过咽喉与支气管的分泌物将病毒传播出去。食用猪肉或是照顾感染尼帕病毒的病患也不会受到感染。

猪潜伏期约为 7～14 天。哺乳期受尼帕病毒感染的致死率约为 40%（但不易界定是直接因疾病死亡或因母猪罹病无法哺育而造成死亡），主要的临床症状包括张口呼吸、软脚、肌肉震颤。断乳与肉猪的症状有急性发热（超过摄氏 39.9 ℃）、呼吸急促且吃力、干咳、张口呼吸，严重时咳血。除了呼吸系统的症状外，还会有后肢无力、步态不稳、全身性疼痛（后躯较显著）、颤抖、痉挛、肌阵挛（myoclonus）、偏瘫（paresis）等神经症状。在已感染过的猪场，超过 95%的母猪被检测出 Nipah 病毒抗体，90%以上的仔猪有抗体，但可能是母源抗体；在发病地区的牧场，47 匹马被检测出 Nipah 病毒抗体，啮齿类动物体内尚未检出抗体阳性。

18.4.2 病原特征

尼帕病毒与犬瘟热、牛瘟等病毒同属于副黏液病毒科（Paramyxoviridae），为有封套的单股 RNA 病毒。此病毒虽属于副黏液病毒，但就分子生物学与血清学的特性而言，尼帕病毒与副黏液病毒亚科（Paramyxovirinae）原有的三个属（即 *Rubulavirus*，*Respirovirus*，*Morbillivirus*）差异较大，但与 1994 年发现于澳大利亚的亨德拉病毒（Hendra virus）亲缘关系较近。比较亨德拉病毒抗血清中和亨德拉病毒与尼帕病毒的能力，该血清中和尼帕病毒的能力较前者低 8 倍至 16 倍，但该血清完全无法中和其他副黏液病毒。比较尼帕病毒与亨德拉病毒的核酸序列，亦可发现各基因的相似性颇高。在副黏病毒科副黏病毒亚科中，同一个病毒属中不同病毒 N 基因的核酸同源性在 56%～78%之间，不同病毒属的 N 基因的核酸同源性是 39%～49%。据核酸序列研究分析，尼帕病毒和亨德拉病毒的 N 基因的核酸同源性为 78%，而与其他副黏病毒科的其他成员的 N 基因的同源性不超过 49%。再者尼帕病毒和亨德拉病毒均具有感染很多种类动物的能力，这是在副黏病毒科各成员中不同寻常的显著特点。因此国际病毒分类委员会（ICTV）执行委员会已经同意，在 ICTV 的第七次报告（1999 年）所分类的动物病毒副黏病毒科副黏病毒亚科中，在已有的三个属的基础上，将增加第四个属，其命名为 *Henipavirus*（亨尼帕病毒）属，这第四属包括尼帕病毒和亨德拉病毒两种病毒。

尼帕病毒是单链 RNA 病毒，绝大多数为负链，也有正链。经电镜观察病毒呈圆形或多型性，病毒粒子差异较大，大小在 180 nm～1 900 nm，病毒粒子被蛋白质完全包裹，核衣壳呈各异的螺旋状和人字形，由病毒出芽所形成的来自细胞膜的膜所包被而成，直径平均为 21 nm，螺距为 5 nm，长 1.67 mm。副黏病毒外膜包含 2 种穿膜糖蛋白，一种是细胞受体结合蛋白[G（糖蛋白）、H（血凝素）或 HN（血凝素/神经氨酸酶）]和另一种融合蛋白（F）。

该病毒在体外不稳定，对温度、消毒剂及清洁剂敏感，56 ℃经 30 min 即可被破坏，常用消毒剂和一般清洁剂即可使其灭活。尼帕病毒可在任意一种哺乳动物的细胞系上生长，形

成合胞体样病变，但不能在昆虫细胞系中生长。病毒在Vero、BHK、PS等细胞上生长良好，24 h可出现病变，$TCID_{50}$可达到10^8个/mL以上。

18.4.3 检测技术参考依据

（1）国外标准

OIE手册；CHAPTER 2.10.10 HENDRA AND NIPAH VIRUS DISEASES

（2）国内标准

NY/T 1469—2007 尼帕病毒病诊断技术

18.4.4 检测方法概述

尼帕病毒（NiV）和亨德拉病毒（Hendra virus，HeV）非常类似，此两种病毒在各种免疫学检测中大多数都存在交叉反应，因此下面所述各种实验室检测技术中各种免疫学检测都不能作为尼帕病毒病确诊的依据。

18.4.4.1 病原学检测

尼帕病毒是生物安全4级病原，实验室工作人员感染的风险很高，必须采取适当的防护措施。然而，实验室人员感染的高风险性，P4实验室安全要求需要超过OIE4级防泄漏标准。

（1）病毒分离和鉴定

1）样品的采集、运输和保存

诊断用的样品采集和运输必须注意生物安全防护。将诊断用样品运送到国外时，必须遵守我国相关的出入境法律法规，以及国际航空运输协会的危险物品运输规定。

动物可能带有病毒的组织样品包括脑、肺、肾、脾、肝、淋巴结。这些脏器都应采样送检。采集的样品应该在冰上或4 ℃下运输，最好用干冰。在−20 ℃下保存不宜太久。

2）细胞培养分离病毒

病毒的分离需要在生物安全4级（P4）实验室进行。在无菌情况下处理待测样品。用密闭的匀浆器处理含10 g/100 mL组织样品的悬浮液，如在密闭的金属筒中用可以高压灭菌的玻璃砂进行研磨，或者在罩/袋式匀浆器中用塑料袋进行研磨。样品磨碎后，300g离心，将上清加入到培养的细胞体系中。NiV在很多种类的细胞中都容易生长，这有利于病毒分离。非洲绿猴肾细胞（Vero细胞）和兔肾细胞（RK-13）对NiV非常敏感。病毒感染细胞后的第3天出现CPE，如果没有出现CPE，应该再盲传2次，每次培养5天。在低感染复数情况下，NiV特征性CPE是出现细胞融合现象，经过24 h～48 h，有些融合的细胞可含有60个以上的细胞核。后期，NiV感染Vero细胞形成的融合细胞的细胞核分布在融合细胞的周围。

3）RT-PCR鉴定病毒

用RT-PCR方法可以达到快速简便地鉴定分离的病毒是否为NiV。NiV和HeV的鉴别诊断有两种常规方法，一种是澳大利亚的RT-PCR，采用套式引物扩增编码病毒基质蛋白的M基因，以检测病料中的病毒序列。另一种是美国CDC的PCR法，扩增编码核蛋白的N基因，但首先要对P基因进行PCR扩增和鉴定。如果发现RT-PCR检测阳性的病料来自以前没有报道过NiV疫情的地区，必须对RT-PCR阳性扩增产物进行测序，并核实序列后才达到病毒的鉴定目的。

4）病毒中和试验（VN）

VN采用引起50%细胞培养孔发生CPE的$TCID_{50}$判定法。标准的NiV样品以及待测的NiV样品稀释到每50 μL约含有100个$TCID_{50}$的病毒。然后把它们加到96孔细胞培养板(平底)中,然后加上等体积EMEM培养基、倍比稀释的NiV标准的抗血清,在37 ℃作用45 min后,每孔加上2.4×10^{4}个Vero细胞,最终每个孔大约200 μL。37 ℃培养3天后,观察CPE。那些只加有细胞的孔,以及只加有细胞和抗血清的孔都不应出现CPE。相反,那些加有细胞和病毒的孔都应该出现CPE(细胞融合、死亡)。如果分离的病毒可以被标准的阳性血清中和,则分离的病毒可以判定为NiV类似的病毒;如果分离的病毒不能被标准的阳性血清中和,则分离的病毒判定为不是NiV。

(2) RT-PCR检测NiV特异性核酸

RT-PCR检测NiV特异性核酸是一种安全的NiV实验室检测技术。NiV含有编码其遗传信息的核酸。这些核酸的序列有些既是NiV特有的,又是NiV保守的,用RT-PCR方法检测这些序列,可以达到检测样品中是否有NiV的目的。

样本采集、保存和运输:所用取样器材必须经高压或干热灭菌,采集新鲜的肺、脾、肾、肝、扁桃体、脑、脑脊液、血液、尿液、口腔棉拭子。采集的样品于2 ℃~8 ℃保存,应不超过24 h;-70 ℃以下,可长期保存,但应避免反复冻融(最多冻融3次)。样品采用冰壶或泡沫箱中加冰密封后进行运输。用美国Invitrogen公司生产的Trizol按照其说明书提取各样本中的RNA,或者用其他可靠的RNA提取方法提取各样本中的RNA。提取的RNA如在2 h内检测则于冰上保存,否则置于-70 ℃冰箱保存。

有两种扩增体系供用户选择。一种是普通RT-PCR扩增体系,一种是荧光RT-PCR扩增体系。每次检测设置标准阳性对照和标准阴性对照。标准阳性对照用阳性对照RNA作为模板,而标准阴性对照用DEPC水作为模板。扩增反应的条件如下:42 ℃,40 min;然后94.0 ℃,90 s;然后94.0 ℃,10 s;57.0 ℃,30 s;72.0 ℃,20 s;6个循环,然后94 ℃,10 s,60.0 ℃,90 s,40个循环,在此40个循环中60.0 ℃时于490 nm处收集荧光信号。对于普通RT-PCR检测模式,扩增反应后进行核酸电泳,电压100 V,电泳30 min后,观察扩增片段大小。如果发现RT-PCR检测阳性的病料来自以前没有报道过NiV疫情的地区,必须对RT-PCR阳性扩增产物进行测序,核实序列是NiV序列后才能最终确认RT-PCR阳性检测结果。

(3) 免疫组化检测NiV特异性抗原

在福尔马林固定的组织或细胞上进行操作免疫组化检测NiV特异性抗原是一种安全的NiV实验室检测技术。很多组织都可以用来进行免疫组化来检测NiV的抗原。用纯化的NiV免疫兔制备的兔抗血清和一些单克隆抗体进行免疫组化检测NiV特异性抗原。酶标第二抗体选用碱性磷酸酶标记的抗兔或者抗鼠的抗体。阳性样品的细胞内将看到棕红色颗粒沉积,它是病毒抗原存在的信号。细胞核是蓝色的,这便于观察组织细胞结构,并有助于识别病毒抗原在组织细胞中的位置。

18.4.4.2 血清学检测

实验室在进行血清抗体检测时,尤其是在发生疫情情况下,必须采取一些措施防止实验室操作人员感染NiV。血清可以用伽马射线(6kGy)照射或者用含有0.5%Tween-20和0.5%的Triton-X 100的PBS稀释后56 ℃作用30 min进行病毒灭活。

(1) 中和试验检测抗体

中和试验检测血清抗体采用引起 50%细胞培养孔发生 CPE 的 $TCID_{50}$ 判定法。将待测血清和标准 NiV 病毒液作用后再加到含有 Vero 细胞的 96 孔板中,3 天后进行观察。CPE 被彻底抑制的孔判为阳性孔。血清从 1∶2 开始稀释进行检测。由于血清本身也会引起 CPE,如果血清本身 CPE 干扰性太强,可以先让待测血清和标准的病毒液在 37 ℃作用 10 min,然后将此混合液和细胞在 37 ℃作用 45 min,再倾去此混合液,以减轻血清本身 CPE 的干扰。对于质量不好的血清,或者量少的血清(如蝙蝠等动物的血清)可以从 1∶5 开始稀释。被检血清在 10 倍以上稀释时能够完全抑制 CPE,判定为阳性;被检血清在 2～10 倍之间稀释时能够完全抑制 CPE 的,判为疑似;其他情况判为阴性。

(2) ELISA 检测抗体

美国 CDC 使用捕获 ELISA 来检测 IgM,该法是马来西亚国家猪病监督计划的有效方法。澳大利亚的 AAHL 做间接 ELISA,使用 γ 射线辐射 NiV 抗原,并使用一种 A 蛋白+HRPO结合物检测 NiV 抗体。国家外来动物疫病诊断中心和澳大利亚 AAHL 合作,利用大肠杆菌表达的病毒 N 蛋白和 P 蛋白也建立了抗 NiV 血清抗体检测技术,其步骤和 AARL 与马来西亚兽医研究所合作开发的 NiV 间接 ELISA 抗体检测的步骤完全相似。

18.4.4.3 病例确诊标准

(1) 疑似病例的判定标准

尼帕病毒病的疑似病例的判定标准是以下 3 项中任意 1 项,并且此阳性结果得到国家外来动物疫病诊断中心的确认。

第一项:NiV 特异性抗原免疫组化验检测阳性。第二项:抗 NiV 血清抗体的 VNT 检测阳性,或从病料中分离的病毒能够被标准的抗 NiV 抗血清中和。第三项:抗 NiV 血清抗体的 ELISA 检测阳性。此外,根据上述第二项,可以判定被检动物感染或曾经感染了 NiV 类似的病毒。

(2) 确诊病例的判定标准

尼帕病毒病的确诊病例的判定标准是以下两项中任意一项,并且此阳性结果得到国家外来动物疫病诊断中心的确认。第一项:临床病料中分离到 NiV。第二项:RT-PCR 检测出 NiV 特异性核酸。注意:上述第二项必须彻底排除实验室核酸污染的可能性。

18.5 猪传染性胃肠炎(Transmissible gastroenteritis of swine,TGE)

18.5.1 疫病简述

猪传染性胃肠炎又称幼猪的胃肠炎,是一种高度接触传染性肠道疾病,以引起 2 周龄以下仔猪呕吐、严重腹泻、脱水和高死亡率(通常 100%)为特征。不同年龄的猪对该病毒均易感,但 5 周龄以上的猪死亡率很低,感染耐过猪多成僵猪,饲料报酬低,给养猪业造成了较大的损失。1933 年美国的伊利诺斯州有本病的记载,但当时人们并没有认识到是一种新的传染病,此后 1946 年 Doyle 和 Hutchings 首次报道美国于 1945 年发生了本病。随后,日本在 1956 年,英国在 1957 年相继发生本病。以后许多欧洲国家、中南美洲、加拿大、朝鲜和菲律宾相继报道了本病。现在除了美国的阿拉斯加、丹麦、挪威、瑞典、芬兰等北欧各国以及澳大利亚等国之外,在北半球,特别是北纬 30°以北的温带至寒带地区,均有 TGE 发生。1953 年我国广东有 TGE 发生,1973 年得以确认。中国的四川、湖北、吉林、陕西、台湾、北京、广州等省市也有本病的发生。

TGE 对首次感染的猪群造成的危害尤为明显。在短期内能引起各种年龄的猪 100% 发病，病势依日龄而异，日龄越小，病情愈重，死亡率也愈高，2 周龄内的仔猪死亡率达 90%～100%。康复仔猪发育不良，生长迟缓，在疫区的猪群中，患病仔猪较少，但断奶仔猪有时死亡率达 50%。在 1977 年，法国仅由于应付 TGE 的暴发就耗用了 1 000 万美元的防治费用。各种年龄的猪均有易感性，10 日龄以内仔猪的发病率和死亡率很高，而断奶猪、育肥猪和成年猪的症状较轻，大多能自然康复，其他动物对本病无易感性。病猪和带毒猪是主要的传染源。它们从粪便、乳汁、鼻分泌物、呕吐物，呼出的气体中排出病毒，污染饲料、饮水、空气、土壤、用具等。主要经消化道、呼吸道传染给易感猪。健康猪群的发病，多由于带毒猪或处于潜伏期的感染猪引入所致。另外，其他动物如猫、犬、狐狸、燕、八哥等也可以携带病毒，间接的引起本病的发生。

本病的发生有季节性，从每年 12 月至次年的 4 月发病最多，夏季发病最少。这大概是由于冬季气候寒冷病毒易于存活和扩散，本病的流行形式有三种：在新疫区主要呈流行性发生，老疫区则呈地方流行性或间歇性的地方流行性发生，在新疫区，几乎所有的猪都发病，10 日龄以内的猪死亡率很高，几乎达 100%，但断乳猪、育肥猪和成年猪发病后取良性经过。几周以后流行终止，青年猪、成年猪产生主动免疫，50%的康复猪带毒，排毒可达 2～8 周，最长可达 104 天之久。在老疫区，由于病毒和病猪持续存在，使得母猪大都具有抗体，所以哺乳仔猪 10 日龄以后发病率和死亡率均很低，甚至没有发病与死亡。但仔猪断奶后切断了补充抗体的来源，重新成为了易感猪，把本病延续下去。

18.5.2 病原特征

猪传染性胃肠炎病毒(Transmissible gastroenteritis of swine virus，TGEV)属于冠状病毒科(Coronaviridae)冠状病毒属(*Coronavirus*)。电镜负染观察，TGE 病毒粒子呈圆形、椭圆形或多边形。病毒直径为 90 nm～200 nm，有双层膜，外膜覆有花瓣样突起，突起长约 18 nm～24 nm，突起以极小的柄连接于囊膜的表层，其末端呈球状，病毒粒子内部在以磷钨酸负染以后可见一个电子透明中心，也有人描述病毒粒子内部具有一个呈半球样的丝状物。

TGE 病毒核酸为单股 RNA，毒粒子由 3 种主要结构蛋白构成，一种是磷蛋白(N，即核蛋白)，它包裹着基因组 RNA；另一种是膜结合蛋白(M 或 E1)，主要包埋在脂质囊膜中；第三种为大的糖蛋白(S 或 E2)，它形成病毒的突起。据推测，E2 在决定宿主细胞亲嗜性方面起作用，还具有膜融合作用，使病毒核蛋白进入细胞浆，E2 还携带主要的 B 淋巴细胞抗原决定簇，在提高获得免疫力中可能起关键作用。用单克隆抗体竞争性放射免疫电泳证明：E2 糖蛋白存在三种水平的抗原结构，即抗原位点、抗原亚位点和抗原决定簇；抗原分 A、B、C、D 四个位点，A 位点可分为 a、b、c 三个亚位点，这些亚位点又可再分为抗原决定簇。E2 糖蛋白共有 11 个抗原决定簇，其中 8 个是与中和作用相关的重要抗原决定簇。

病毒存在于发病仔猪的各器官、体液和排泄物中，但以空肠、十二脂肠及肠系膜淋巴结中含毒量最高，在病的早期，呼吸系统组织及肾的含量也相当高。病毒能在猪肾、甲状腺及唾液腺、睾丸组织等细胞培养中增殖和继代，其中以猪睾丸细胞最敏感，可引起明显的细胞病变，在猪肾细胞上需经过几次传代，才看到细胞病变，在弱酸性培养液中，猪传染性胃肠炎病毒增殖的滴度最高。但是有些毒株始终不出现细胞病变，病毒对细胞的致病作用，常因毒株而异。据报道，应用胰蛋白酶处理猪胎肾原代细胞和传代细胞及兔肾原代细胞，可提高这

些细胞对病毒的敏感性，增加病毒的收获量。并使细胞出现明显的 CPE 和空斑。

TGE 病毒对乙醚、氯仿、去氧胆酸钠、次氯酸盐、氢氧化钠、甲醛、碘、碳酸以及季铵化合物等敏感；不耐光照，粪便中的病毒在阳光下 6 h 失去活性，病毒细胞培养物在紫外线照射下 30 min 即可灭活。病毒对胆汁有抵抗力，耐酸，弱毒株在 pH3 时活力不减，强毒在 pH2 时仍然相当稳定；在经过乳酸发酵的肉制品里病毒仍能存活。病毒不能在腐败的组织中存活。胰酶、胰酶制剂、肽酶、羧基肽酶对 MILLER 毒株活力没有或只有轻度影响，而对弱毒株（如 Purdue 毒株和弱毒疫苗毒株）的活力则影响很大。

病毒对热敏感，56 ℃下 30 min 能很快灭活；37 ℃下每 24 h 病毒下降一个对数滴度，4 天丧失毒力，但在冷冻储存条件下非常稳定，液氮中存放三年毒力无明显下降，−20 ℃可保存 6 个月，−18 ℃保存 18 个月，仅下降 1 个对数滴度。0.5 mol/L 的 $MgCl_2$ 可增强病毒对热的抵抗力。TGE 病毒能凝集鸡、豚鼠和牛的红细胞，不凝集人、小鼠和鹅的红细胞。

TGE 病毒只有一个血清型，各毒株之间有密切的抗原关系，但也存在广泛的抗原异质性。TGE 病毒与猪血凝性脑脊髓炎病毒和猪流行性腹泻病毒无抗原相关性，但与猪呼吸道冠状病毒有交叉保护。TGE 病毒与狗冠状病毒（CCV）和猫冠状病毒（FCoV）之间都有抗原相关性。通过血清中和试验和间接免疫荧光法证明，TGE 病毒与 CCV、TGE 病毒与 FIPV 之间存在双相交叉反应，只是同源病毒的中和滴度高于异源病毒。因此，这三种病毒有一定的关系。

18.5.3　OIE 法典中检疫要求

2.6.4.1 条　《法典》规定，传染性胃肠炎（TGE）潜伏期为 40 天。

2.6.4.2 条　进境种用或饲养用猪时，进境国兽医行政管理部门应要求出具国际兽医证书，证明动物：

1）装运之日无 TGE 临床症状；并且，或者

2）装运前 12 个月内，在官方报告无 TGE 养殖场饲养；并且

3）装运前 30 天经 TGE 诊断试验，结果阴性。在此期间，动物隔离饲养；或者

4）来自 TGE 为法定报告疫病的国家，该国家在过去 3 年内无 TGE 临床病例记录。

2.6.4.3 条　进境屠宰用猪时，进境国兽医行政管理部门应要求出具国际兽医证书，证明动物：

1）装运之日无 TGE 临床症状；

2）装运前 40 天内，在官方报告无 TGE 的饲养场饲养。

2.6.4.4 条　进境猪精液时，进境国兽医行政管理部门应要求出具国际兽医证书，证明：

1）采精之日，供精动物无 TGE 临床症状；且，或者

2）供精动物在 AI 中心至少饲养 40 天，且在采精前 12 个月内，该 AI 中心所有猪无 TGE 临床症状；并且

3）新鲜精液，供精动物在采精前 30 天经 TGE 诊断试验，结果阴性；

4）冷冻精液，供精动物在采精至少 14 天后经 TGE 诊断试验，结果阴性；或者

5）供精动物自出生起在 TGE 为法定报告疫病的国家饲养，该国在过去 3 年无 TGE 临床病例记录；上述所有情况下：

6）精液的采集、加工和储存符合附录 4.2.2.1 规定。

18.5.4　检测技术参考依据

(1) 国外标准

OIE手册,Transmissible gastroenteritis of swine(CHAPTER 2.6.4)

(2) 国内标准

NY/T 548—2002　猪传染性胃肠炎诊断技术

SN/T 1446.1—2004　猪传染性胃肠炎阻断酶联免疫吸附试验

SN/T 1697—2006　猪传染性胃肠炎病毒和猪呼吸道冠状病毒抗体阻断ELISA鉴别试验操作规程

SN/T 1446.2—2006　猪传染性胃肠炎血清中和试验操作规程

18.5.5　检测方法概述

猪传染性胃肠炎(TGE)是由一种冠状病毒科传染性胃肠炎病毒(TGEV)感染引起的猪的一种肠道疾病。自1984年以来,世界很多地方流行了一种呼吸道变异株(猪呼吸道冠状病毒或PRCV)。该病毒可能是TGEV的一种缺失变异株。PRCV虽然不是一种重要的病原体,但它使TGE的诊断、特别是血清学诊断变得复杂化。从可疑病料检出病原、病毒抗原或病毒核酸可作出实验室诊断,也可通过检测病毒特异性体液抗体而确定。

18.5.5.1　病原鉴定

可以通过组织培养分离病毒、电子显微镜观察、多种免疫学诊断试验及最近使用检测特异性RNA等方法鉴定病毒。免疫学诊断是最常用、最快速的诊断方法,特别是对粪便进行酶联免疫吸附试验和肠冰冻切片的荧光抗体试验。

(1) 组织培养分离病毒

除了用可疑病料接种易感猪外,组织培养分离病毒是最可靠的诊断方法。通常用粪便或尸体,尤其是小肠作为分离病毒的材料。把感染的小肠两端扎住其内容物是分离病毒的理想样品。由于病毒对热敏感,因此采集的所有样品都应是新鲜的或冷藏保存。

用含抗生素(青霉素1 000 U/mL、双氢链霉素1 000 μg/mL、制霉菌素20 U/mL)的pH7.2的磷酸缓冲盐水(PBS)或细胞培养液将样品制成匀浆,配成10%悬液。这种悬液可在没有阳光直接照射下的室温存放30 min。悬液再用超声波裂解,经低速离心澄清,取上清液与等量的灭活牛血清混合,以减少样品材料对细胞的毒性作用,然后将混合液接种易感的细胞上,如3～4天的原代或次代猪肾细胞。其他低代的猪细胞(如甲状腺或睾丸细胞)及某些细胞系也可用于初次病毒分离。培养物在37 ℃作用1 h后,在单层细胞培养瓶中加入如含碳酸氢钠、抗生素(青霉素100 U/mL、双氢链霉素100 μg/mL、制霉菌素20 U/mL)和1%犊牛血清的EYL(Earle's液酵母乳蛋白)平衡盐溶液培养液。同时应设立未接毒的正常细胞作对照。所有细胞均置37 ℃孵育。

细胞病变(CPE)通常在接种后3～7天出现,CPE的特征是细胞变圆、肿大、形成合胞体,细胞脱落到培养液中。TGEV野毒株不易在组织培养中生长,没有出现CPE,需盲传2～3代,才能使细胞发生病变。病变细胞的分离物需用免疫染色或用TGEV特异性抗血清进行病毒中和试验来证实是TGEV。如果有合适的单克隆抗体,那么可通过免疫荧光技术区别TGEV和PRCV。

(2) 免疫荧光检测病毒抗原

(3) 双抗夹心ELISA检测粪便中病毒抗原

(4) 核酸识别技术

原位杂交(ISH)和 RT-PCR 可直接检测临床样品中的 TGEV,并能区别 PRCV,套式 PCR 可大大提高检测灵敏度,PCR 产物测序或限制性酶切片段长度多态性(RFL P)分析可以区别不同 TGEV 毒株。

1) 核酸探针杂交技术检测 TGEV

TGEV 为单股正链 RNA 病毒,根据将病毒 RNA 反转录而来的一段 cDNA 用放射性同位素或非放射性标记物(如荧光素、生物素、地高辛等)标记的核酸探针被广泛的应用到 TGEV 分子生物学的研究中。原位组织杂交技术不但可检测到 TGEV 同时还可提供被感染细胞的信息。

2) PCR 技术检测 TGEV

设计 TGEV 保守基因的特异性引物,RT-PCR 扩增,通过 PCR 产物的片段的大小初步判定结果,确诊需要对扩增基因测序。多重 PCR 法使用了多对引物,可在一个反应中扩增多种的靶序列。多重 PCR 鉴定的优点是可以快速的鉴别诊断 TGEV 和猪流行性腹泻病毒(PEDV),并将 PCR 的敏感性和快速性结合起来,而且避免了逐一分离每个待测样品中病毒的麻烦。套式 PCR 方法是针对于鉴别 TGEV 和 PRCV 而专门设计的。

18.5.5.2　血清学试验

TGEV/PRCV 抗体检测包括病毒中和试验、间接 ELISA 试验和用 TGEV/PRCV 群特异性单克隆抗体的竞争 ELISA 都可检测血清中 TGEV 和 PRCV 抗体。

(1) 中和试验

病毒中和试验可采用各种细胞培养系统和病毒株,常用的细胞系有猪睾丸细胞和原代或传代猪肾细胞。将 $100TCID_{50}$ 的病毒和热灭活试验血清混合作用后,加入含有抗生素、10%胎牛血清和 1%谷氨酰胺的培养液在 A_{72} 细胞中(每孔的总体积为 150 μL)进一步培养,如果细胞不出现病变,即可判读结果。

(2) 阻断(竞争)ELISA 试验

特异性试验指利用可识别 TGE 病毒,而不能识别 PRC 病毒的单克隆抗体的 ELISA。来自感染过某一株被该单克隆抗体所识别的 TGEV 的猪血清中的抗体能与该株相同特异性的单克隆抗体竞争结合包被在酶标板中的 TGE 病毒抗原。ELISA 抗原可以用接种了适应于组织培养的 TGE 毒株或未接种 TGEV 的猪肾细胞裂解物制备,也可用感染或未感染 TGEV 的猪睾丸细胞用 80%的丙酮固定后制备。阴性和阳性抗原用 pH9.6 的碳酸盐缓冲液稀释后,交替包被在微量酶标板的不同行的孔中,加入稀释的待检血清、阳性和阴性对照血清,孵育过夜,然后每孔中加入稀释好的单克隆抗体。过氧化物酶-抗鼠抗体结合物在有合适的底物存在时会发生颜色反应来检测被结合的单克隆抗体。颜色的变化可由酶标仪测定。对每个试验样品来说,其结果“净值”就是阴性和阳性抗原孔之间的光吸收差值。也可以用与阴性对照血清的百分比来表示。阴性—阳性之间的临界值由已知的阴性、阳性血清样品在试验前的检测来确定。

18.5.6　部分商品化试剂说明及供应商

瑞典 SVANOVIR:

传染性胃肠炎病毒/猪呼吸道冠状病毒 ELISA 鉴别试剂盒可区分猪血清里 TGEV 和 PRCV 抗体。该试剂盒是基于阻断 ELISA(Blocking-ELISA)方法建立起来的。

该试剂盒采用无感染性 TGEV 抗原包被 96 孔板。如果抗 TGEV 或抗 PRCV 抗体存在于检测样品中，就会与孔内病毒结合，封闭这些抗原位点；如果不存在抗 TGEV 或抗 PRCV 抗体，这些位点就暴露在外面。当抗 TGEV 或抗 TGEV/PRCV 单克隆抗体加入，就会与病毒空余的特异性抗原位点结合。通过加入 HRP 酶标抗鼠 Ig 二抗与单克隆抗体结合，加入底物，阴性结果就会有强烈的颜色变化。通过酶标仪测定 450 nm 光密度值。判定检测样品的结果。

18.6　猪繁殖与呼吸综合征(Porcine reproductive and respiratory syndrome，PRRS)

18.6.1　疫病简述

猪繁殖与呼吸综合征是由猪繁殖与呼吸综合征病毒(Porcine reproductive and respiratory syndrome virus，PRRSV)引起的猪的一种繁殖障碍和呼吸道的传染病。其特征为厌食、发热、怀孕后期母猪流产，产死胎、弱仔和木乃伊胎，新生仔猪的死淘率增加，断奶仔猪死亡率高，母猪再次发情时间推迟。哺乳仔猪死亡率超过 30%，断奶仔猪的呼吸道症状明显，主要表现为高热，呼吸困难等肺炎的症状。

1987 年在美国中西部北卡罗来纳州，首先发现一种未知的猪繁殖系统急性流行性传染病，并分离到病毒，该病临床表现为严重的繁殖障碍，广泛的断乳后肺炎、生产性能下降、死亡率增加。其后在加拿大、德、法、荷兰、英、西班牙、比利时、日本、菲律宾等国家先后发生。目前在世界上的主要生猪生产国均发现了 PRRS。开始由于病原不明确，欧洲一些国家称为“猪神秘病”(Swine mystery disease，SMD)，因为部分病猪的耳都发紫，又称“猪蓝耳病”(Blue-ear disease)，曾命名为猪不孕与呼吸综合征(SIRS)。1992 国际兽疫局在国际研讨会上采用 PRRS 这一名称。我国于 1996 年郭宝清等首次在暴发流产的胎儿中分离到 PRRSV。近年来，美国流行一种严重的生殖道疾病称为“急性”或“非典型”PRRS，由新型毒力更强的 PRRSV 毒株引起，中国也出现了高致病性 PRRSV 毒株，引起猪只大批死亡，由此推断 PRRSV 正在不断变异。PRRSV 出现变异，对控制和扑灭措施将提出严重挑战。

猪是 PRRSV 的主要宿主，但不同年龄猪的易感性有一定差异。各种年龄猪均可发病，感染的猪龄很不一致，但主要危害种猪、繁殖猪及其仔猪，而育肥猪即便发病，症状也较缓和，造成生长率下降、死亡率增高、淘汰猪增多。对母猪的危害要比肉猪严重。性别和品种均无特异性。禽类(野鸡、珍珠鸡、康尼西鸡)间的易感程度有所不同，也可能会传播 PRRSV，在流行病学上占有一定潜在地位。病猪和带毒猪是该病的主要传染源，亚临床感染的猪群是 PRRSV 不明传播的潜在来源。病猪、无症状的带毒猪、康复猪、病母猪所产的仔猪，以及被污染的环境和用具等均具有传染性。感染猪在临床症状消失 8 周后仍可排毒，且 PRRSV 可在猪上呼吸道和扁桃体存活相当长的时间(≥5 个月)，因此带毒猪是病毒传播的重要来源。患病公猪的精液也是传播源。许多国家已经禁止从感染地区或猪场引进活猪及其精液。仔猪可成为自然带毒者。病猪分泌物和排泄物污染饲料和饮水、死产胎儿、胎衣及子宫排泄物含有 PRRSV，可污染环境成为传染源。最近报道鼠类也是带毒者，因此不排除它可能是传播者。

PRRSV 虽可通过多种途径传播，但主要传播途径为呼吸道等水平传播和垂直传播。高度传播性是 PRRS 的一个突出特征。该病传播呈多路线的特点，具有高度接触传染性。

呼吸道是 PRRSV 侵害的靶器官，鼻腔内接种病料可成功复制该病，母猪怀孕 30 日经口鼻感染会引起生殖衰竭。空气传播和猪调运是该病的主要传播方式，PRRSV 经空气传播、并可通过呼吸道感染。病毒的气溶胶是 PRRSV 传播的重要方式，目前尚无气溶胶传染的直接证据。该病可经子宫途径垂直传播给仔猪。人工接种母猪后所产的未吮乳仔猪的血液和腹水中，检测出 PRRSV 抗体，表明病毒可经胎盘传播。虽然怀胎中期胎体可直接接种支持病毒生长，PRRSV 在此时仍不能通过胎盘感染，怀孕后期（77～90 日）的初产或经产母猪可通过胎盘使胎儿感染。精液不是重要的传播途径，易感公猪感染后精液中带有 PRRSV，在未见病毒血症时也易出现精液带毒。人工感染公猪后，精液中带毒期长达 43 天，所以以人工授精方式也可将 PRRSV 传播给母猪。PRRSV 肌内注射不能引起感染。PRRSV 的传染性很强，鼻腔或注射途径感染所需的剂量极低。一旦感染后，病毒可出现于尿、唾液、精液，还可能在粪便中。PRRSV 在液体污染物（井水、自来水、磷酸盐缓冲液、生理盐水）中存活 3～11 日，故被排毒猪污染的饮水和污水也是易感猪染毒的主要来源。并且不能忽视鸟类、鼠类、人类及运输工具在该病传播中的作用。

该病没有明显的季节性，一年四季均可发生，PRRS 多呈地方流行性。PRRS 起始时呈大流行性的传播，但以后会在全球许多国家中呈地方性出现。PRRS 传播力很强，一旦感染可迅速传播。事实证明，PRRS 通常是随着主风向传播的，明显地呈“跳跃式”传播，距离可达 90km 以上。该病的显著特征是产前一周发生流产或早产，生产数量显著下降。在同一猪场内暴发该病停息后，又易再度暴发，其发病率显著增高。潜伏期因饲养环境的不同而有很大差异，不同毒株致病性的差异或许会造成不同的潜伏期。一般流行期为 70～100 日，最长可达 4～6 个月。青年猪感染后症状较为温和，母猪和仔猪症状则较严重，母猪的死亡率较低，乳猪的死亡率很高（7%～75%）。该病在仔猪之间的传播比成年猪之间的传播更为容易。大流行后隐性感染病例增多，无临床诊断症状的猪也能传播该病，并持续数月。未感染 PRRSV 的地区一旦发生该病，可迅速传播；PRRS 发病率较高，猪群一旦感染上 PRRSV，传播速度相当快，且常出现持续性感染。PRRS 的流行除与猪群调运密切相关外，还与猪舍的大小、猪群的密度、空气质量、健康状况等因素有关。环境因素（如温度低、湿度大、日照少等）也能促进该病传播。

18.6.2 病原特征

猪繁殖与呼吸综合征病毒（PRRSV）被分类为新建立的套式病毒目，属于动脉炎病毒科（Arteriviridae）动脉炎病毒属（Arterivirus）成员。同属的还有马动脉炎病毒（EAV）、小鼠乳酸脱氢酶增高症病毒（LDV）和猴出血热病毒（SHFV）。1991 年荷兰中央兽医研究中心，从人工和自然感染病猪分离到病毒，命名 Lelystad 病毒（LV），是欧洲型的代表株。美国分离株称为 VR-2332，是美洲型的代表株。

PRRS 的病原为一有囊膜的病毒，直径 50 nm～65 nm，表面相对平滑，立方形核衣壳，核心直径 25 nm～35 nm。偶尔在细胞外病毒粒子负染样品的表面可观察到短的 8 nm～12 nm颗粒状突起。在 PRRSV 感染的猪肺泡巨噬细胞超薄切片中，病毒呈球形，直径 45 nm～65 nm，核心 30 nm～35 nm，外有平滑的脂质双层膜。病毒粒子呈二十面体对称，为单股正链 RNA 病毒，病毒 RNA 全长约 15 kb，编码 8 个开放阅读框（ORF）。现已鉴定出 3 种主要的结构蛋白：14 kU～15 kU 的核衣壳蛋白（N；ORF7）；18 kU～19 kU 的膜蛋白（M；ORF6）；以及 24 kU～25 kU 的囊膜糖蛋白（E；ORF5）。另外还有不多的三种编码

ORF4、ORF3、ORF2 的结构蛋白。欧洲和美国分离的毒株在形态和理化性状上相似。但血清学试验、核苷酸和氨基酸序列分析，证实 LV 和 VR-2332 在抗原性上有差异。欧洲分离株(LV)仅能适应于猪肺巨噬细胞，并能产生细胞病变(CPE)，美国分离株(VR-2332)可在 CL-2621、MarC-145、MA-I04 细胞系培养，并能出现 CPE。PRRSV 病毒对乙醚和氯仿敏感，用脂溶剂乙醚和氯仿处理后，病毒丧失活性。大多数动脉炎病毒，包括 PRRSV，在含有低浓度去污剂的溶液里很不稳定，病毒囊膜破坏，同时释放出无感染性核心粒子，丧失感染性。PRRSV 病毒在pH(6.5～7.5)环境中稳定，pH 值低于 6 或高于 7.5 病毒很快失去感染性。在－70 ℃或－20 ℃可保存数月到数年，4 ℃保存 1 个月感染性降低 90%，37 ℃ 3 h～24 h，56 ℃ 6 min～20 min完全失去感染力。北美和欧洲 PRRSV 分离株以及其他动脉炎病毒不能凝集进行实验的各种红细胞。然而，有报道称有 2 株日本 PRRSV 分离株，抗原性与 VR-2332 有关，对小鼠红细胞表现出凝集性。用去污剂对这些病毒预先处理，其凝集活性增强，表明可能释放出一种与凝集性有关的囊膜糖蛋白。

18.6.3　检测技术参考依据

(1) 国外标准

OIE 手册，Chapter 2.6.5 Porcine reproductive and respiratory syndrome

(2) 国内标准

GB/T 18090—2000　猪繁殖和呼吸综合症诊断方法

NY/T 679—2003　猪繁殖与呼吸综合征免疫酶试验方法

SN/T 1247.1—2003　猪繁殖和呼吸综合征间接免疫荧光试验

SN/T 1247.2—2003　猪繁殖和呼吸综合征免疫过氧化物酶单层试验

SN/T 1247—2007　猪繁殖和呼吸综合征检疫规范

18.6.4　检验方法概述

根据 PRRS 发病的临诊症状、组织病理学变化、病毒分离、抗体检测等可进行准确诊断。

18.6.4.1　病毒分离鉴定

对 PRRS 的病原学诊断比较困难，这主要由于分离病毒需选用猪肺泡巨噬细胞，这种细胞来自 6～8 周龄的猪，而且最好是无特定病原体猪(SPF)，这种猪不是所有实验室都能方便地获得的。一般的传代细胞系对该病毒的易感性差，不能完全代替肺泡巨噬细胞，加之，不是每批巨噬细胞对病毒的易感性都相同，对其原因还欠了解，因此，这种细胞在使用前都须先进行检验。某些猴肾细胞系(如 MAI04)能较好地代替巨噬细胞。但不支持所有分离物，特别是对欧洲型毒株。本文所述病毒分离只是指应用肺泡巨噬细胞。已有用免疫组化和免疫荧光方法用来检测组织样品中 PRRS 抗原的报道。这两种检测方法比用病毒分离方法更迅速且无须细胞培养设施。免疫组化法可以对经福尔马林固定的病变组织进行病毒鉴定，并能对病毒进行追溯性分析。也有有关用原位杂交法能检测和区别 PRRS 病毒北美株及欧洲株基因型的报道。反转录聚合酶链反应(RT-PCR)以及套式 PCR 法检测病毒 RNA 的敏感性很高，现在已广泛用于包括血清在内的多种组织的检测。这些方法在难以进行病毒分离的情况下很有效，例如检测精液和组织部分进行自动化或加热检测转移性病毒分离的情况下。有一种多重 PCR 用于区别北美和欧洲型 PRRS 病毒分离株。最近，开发了 PCR 产物进行限制性片段长度多态性分析的方法，可用于 PRRS 野毒株以及疫苗分离株的

分子流行病学检测。

(1) 从肺收集肺泡巨噬细胞

应当从SPF猪或确证无PRRSV感染猪收集肺样，以8周龄以下的猪最好。巨噬细胞应采自当天屠宰的猪肺。采取的肺用约200 mL灭菌PBS灌洗3～4次，灌洗液1 000*g*离心10 min，所得巨噬细胞重悬于50 mL PBS，离心洗涤2次以上，沉淀悬浮于50 mL PBS，测算细胞浓度。所获新鲜巨噬细胞应立即应用或定量分装，终浓度为4×10^7细胞/1.5 mL，各批细胞用液氮保存，不可混合。

(2) 肺泡巨噬细胞批次检验

每批巨噬细胞应检验后再使用。用已知滴度的标准病毒滴定巨噬细胞，并在长成的新巨噬细胞平板上用已知阳性和阴性血清进行免疫过氧化酶试验(IPMN)。新巨噬细胞只有当标准病毒在其特定滴度内生长良好，方可使用。推荐使用肺泡巨噬细胞和含胎牛血清(FBS)的培养基应无瘟病毒。

(3) 用肺泡巨噬细胞进行病毒分离

把肺泡巨噬细胞接种于平底组织培养微量滴定板孔内，待细胞吸附后接种病料样品。样品可以是血清、腹水或扁桃体、肺、淋巴结、脾等10%组织悬液。一般培养1～2天后，巨噬细胞出现细胞病变(CPE)；有些病毒没有CPE，或需要重复传代后才能出现。一旦观察到CPE，即用特异性血清进行免疫染色鉴定。

4×10^7个/1.5 mL浓度的巨噬细胞小瓶解冻后，用50 mL PBS洗涤一次，细胞悬液在室温下300*g*离心10 min。收集细胞于40 mL含5%胎牛血清和10%抗生素RPMI1640培养基中。在微量滴定板每孔内加入100 μL细胞悬液。

第一代巨噬细胞出现CPE，认为是由于病料毒性引起的假阳性。第一代和第二代巨噬细胞都出现CPE，或仅第二代巨噬细胞出现CPE均认为阳性。所有不出现CPE的孔，需用PRRSV阳性抗血清免疫染色，证实为PRRSV阴性。CPE阳性样品则需将其悬浮样品或原样品稀释，用巨噬细胞培养24 h～48 h，随后用PRRSV阳性抗血清免疫染色。

18.6.4.2 血清学试验

血清学检测一般用吸附试验，如IPMA、IF和ELISA，已有不少相关报道。这些试验常应用某种抗原型的病毒进行，对其他抗原异型病毒抗体的灵敏度较低。在丹麦广泛使用阻断ELISA方法，并发展成为能使用欧洲型和美洲型病毒的双抗ELISA法，它能区别出欧洲型和美洲型的血清学反应。应用抗体结合试验，在病猪感染7～14天后检出抗病毒抗体，30～50天内抗体滴度达到高峰。有些在病猪感染后3～6月内血清转阴，有些病猪血清阳性维持较久。应用巨噬细胞分离病毒以及利用两类血清型病毒的IPMA在实验室容易操作，这种试验可用MARC-145细胞系增殖欧洲型和美洲型病毒。使用MARC-145细胞系作间接免疫荧光试验(IFA)能顺利进行PRRSV血清学反应，本文将有论述。现有一种灵敏度高、特异性强商品化的ELISA试剂盒供应，已有评述。

(1) IPMA检测抗体

将肺泡巨噬细胞加入微量滴定板各孔内，待细胞吸附后，接种PRRSV病毒，使每孔仅30%～50%细胞感染，以便能区别非特异性反应。经过孵育，固定细胞，血清学试验检测，每个反应板可检测11个双份血清。稀释被检血清，加入各孔中反应，如果待检血清中存在抗体，即与巨噬细胞胞质中的抗原结合。加入抗病毒抗体辣根过氧化酶(HPPO)结合物测定。

最后，细胞与显色液/底物溶液共同培养。用倒置显微镜判断结果。

(2) 间接荧光抗体试验(IFA)

尽管现在仍无适用的免疫荧光抗体检测方法，但在北美洲已有些实验室提出了一些方案并已在使用。可用MARC-145细胞系或适应MARC-145细胞系的PRRSV分离株，在微量滴定板或8孔载玻片上进行IFA试验。孵育一段时间后，固定感染PRRSV的细胞并作为血清学反应的细胞底物。据报道，选择1/20单一血清稀释度，在此稀释度下待检样品可能产生阴性或阳性结果。向固定有PRRSV感染细胞的孔内加入待检猪血清，如果待检血清中含有PRRSV抗体，感染细胞的胞质抗体就会与该抗原结合。紧接着加入抗猪IgG荧光素结合物，就会与感染细胞中存在的PRRSV结合物抗体结合。这一结果可用荧光显微镜观察到。微量滴定板也可做血清效价滴定之用。

荧光显微镜检测结果记录下在高稀释度条件下具有典型胞质荧光的血清效价。对双份血清，两周内血清滴度增加4倍意味着动物已被感染。在非感染对照细胞，用待检血清、阳性和阴性对照血清应检测不到特异性荧光。同样感染动物用阴性对照血清也观察不到。在适当稀释度的阳性对照血清可观察到感染细胞的特异性荧光。不同实验室其IFA判断标准也不同。由于抗原变化，试验中检测结果取决于所用的PRRSV毒株。

(3) 用ELISA检测抗体

已有商品化的ELISA试剂盒，便于分别检测欧洲和美洲两型或二者混合的PRRS病猪的血清学反应状况，具有迅速处理大批血清样品的优点。一些实验室又开发了ELISA这种血清学检测方法(间接或阻断ELISA)。此外，据报道有一种双阻断ELISA能区别欧洲和美洲型PRRSV血清学反应。用PRRS病毒接种PAM培养作为已知抗原，并用相同方法制备模拟抗原，当阳性抗原孔和模拟抗原孔的光密度比值大于1.5时，即可判样品为阳性。ELISA的特异性与IPMA相同，但敏感性更强。且能自动显示结果，适于进行大规模检测。

被检血清用含有10%胎牛血清的PBS稀释，稀释度要预先经过滴定来决定。包被板用PBS-吐温20(0.1%)洗3遍，将最适稀释度的试验血清100 μL加入阳性抗原孔和模拟抗原孔，阳性和阴性参考血清与试验血清做同样稀释，在37 ℃孵育1 h后，用PBS-吐温洗5遍，每孔加入兔抗猪辣根过氧化物酶结合物100 μL，37 ℃孵育30 min后，用PBS-吐温洗3次，每孔加邻苯二胺100 μL置室温15 min，加入50 μL 1 mol/L硫酸终止反应，490 nm波长判读OD值。

(4) 血清中和试验

SN抗体比IFA抗体出现晚，对急性感染敏感性较差，Yoon等人建立了改良中和试验，即加入20%的猪新鲜血清以增加补体的含量，提高了这一检测方法的敏感性，在感染后9～11天便可查出较高滴度的SN抗体。应用该方法可区别不同的PRRSV病毒株。由于SN对急性感染敏感性差，而且工作量大，判定具有主观性，目前仅限于实验室研究应用。其方法是：选择无PRRS病史，血清学检查抗阴性的3～8月龄的猪，采集血清，置－70 ℃作改良中和试验用。所有试验血清56 ℃灭能1 h，然后在96孔平底微量反应板上用含3%胎牛血清的MEM做2倍系列稀释，每个稀释度加入PRRSV 100$TCID_{50}$/mL(用含有20%新鲜猪血清的稀释液稀释)，混合后，将培养板置37 ℃孵育1 h后，每孔加入含3%胎牛血清的MEM制备的Marc145细胞悬液100 μL[浓度$(1\sim5)\times10^5$细胞/mL]，放入37 ℃ 5% CO_2培养箱孵育5天，能够抑制CPE形成的血清最高稀释度即为SN滴度。

18.6.5 部分商品化试剂说明及供应商

(1) 美国 IDEXX 公司:

抗体检测试剂盒(IDEXX HerdCheck 2XR PRRSV Antibody Test Kit)

该试剂盒可以同时检测美洲型和欧洲型 PRRSV 抗体,可用来快速筛选抗体阳性猪群,但不能区分自然感染猪与疫苗免疫猪。诊断猪繁殖和呼吸障碍综合征,评价猪群的免疫状态,检查后备种猪的免疫状态。

(2) 荷兰 Prionics Lelystad 公司。

(3) 西班牙海博莱生物大药房。

18.7 猪囊尾蚴病(Porcine cysticercosis)

18.7.1 疫病简述

猪囊尾蚴病又名猪囊虫病,是由寄生在人小肠内的带科(Taenldae)带属(*Taenia*)的有钩绦虫(*T. solium*,猪带绦虫、链状带绦虫)的幼虫猪囊尾蚴(*Cysticereus cellulosae*)寄生于猪体内而引起的一种绦虫蚴病。猪与野猪是最主要的中间宿主,犬、骆驼、猫及人也可作为中间宿主;人是猪带绦虫的终末宿主。猪囊虫大多寄生于猪的横纹肌内、脑、眼及其他脏器也常有寄生。此外,猪囊虫也可寄生于人体内,引起的人的囊虫病。猪囊虫病是一种危害极大的寄生虫病。严重危害猪体,造成国民经济巨大损失,同时也严重威胁人的身体健康,所以是肉品卫生检验的重点项目之一,也是我国农业发展纲要中限期消灭的疾病之一。本病广泛流行于以猪肉为主要肉食品的国家和地区,我国大多数省、自治区均有发生,尤其以北方较为严重。全国每年因囊尾蚴病造成的经济损失可达数千万元。20 世纪 80 年代以来,相继开展"驱绦灭囊"工作后,猪囊虫病检出率达到历史最低水平。本病的流行与不合理的饲养管理方式和不良的卫生习惯密切相关;人的感染与居民生活习惯有关。本病感染无明显季节性,但在适合虫卵生存、发育的温暖季节呈上升趋势。多为散发性,有些地区呈地方性流行。

18.7.2 病原特征

猪囊尾蚴俗称猪囊虫。成熟的猪囊尾蚴,外形椭圆,约黄豆大,为半透明的包囊,大小为(6 mm～10 mm)×5 mm,囊内充满液体,囊壁是一层薄膜,壁上有一个圆形黍粒大的乳白色小结,其内有一个内翻的头节,头节上有四个圆形的吸盘,最前端的顶突上有许多个角质小钩,分两团排列。

成虫寄生于终宿主(人)的小肠里,名猪带绦虫或链状带绦虫,因其头节的顶突上有小钩,又名有钩绦虫。成虫体长 2 m～5 m,偶有长达 8 m 的。整个虫体约有 700～1 000 个节片。头节圆球形,直径约 1 mm,顶突上有 25～50 个角质小钩,分内外两环交替排列,内环钩较大、外环较小。顶突的后外方有四个碗状吸盘。颈节细小,长约 5 mm～10 mm,幼节较小,宽度大于长度。成节距头节约 1 m,长度与宽度几乎相等而呈四方形,孕节长度大于宽度,约大一倍。每个成节含有一套生殖器官,生殖孔不规则地在节片侧缘交错开口。睾丸为泡状,约 150～200 个,分散于节片的背侧。卵巢除分两叶外,还有一个副叶。子宫为一直管,妊娠时,逐渐向两侧分枝;每侧数目在 7～16 之间,侧枝上可再分枝,内充满虫卵,每一孕节含卵 3 万～5 万。孕节逐个或成段随粪便排出,初排出的节片有显著的活力。在孕节脱离虫体前后,由于子宫膨胀结果,虫卵可以由节片的正纵线破裂处逸出。虫卵为圆形或略为椭圆形，直径为 35 μm～42 μm，有一层薄的卵壳，多已脱落，故外层常为胚膜，甚厚，具有辐射状条纹，内有一个六钩蚴虫。

成虫寄生于人的小肠前半段，以其头节深埋在黏膜内。虫卵或孕节随粪便排出后污染地面或食物。中间宿主（主要是猪）吞食了虫卵或孕节，在胃肠消化液的作用下，六钩蚴破壳而出，借助小钩及六钩蚴分泌物的作用，于 1～2 天内钻入肠壁，进入淋巴管及血管，随血循环带到全身各处肌肉及心、脑等处，两个月后发育为具有感染力的成熟囊尾蚴。猪囊尾蚴在猪体可生存数年，年久后即钙化死亡。人误食了未熟的或生的含囊尾蚴的猪肉后，猪囊尾蚴在人胃肠消化液作用下，囊壁被消化，头节进入小肠，用吸盘和小钩附着在肠壁上，吸取营养并发育生长。估计链体上出现睾九的时间约在 20 天左右，不到 48 天就出现成熟虫卵，50 多天或更长的时期始能见到孕节（或虫卵）随粪便排出。开始时排出的节片多，然后逐渐减少，每隔数天排出一次，每月可脱落 200 多个节片。人体内通常只寄生一条，偶尔多至 4 条，成虫在人体内可存活 25 年之久。

18.7.3　检测技术参考依据

（1）国外标准

OIE 手册：CHAPTER 2.3.9 Bovine cysticercosis

（2）国内标准

GB/T 18644—2002　猪囊尾蚴病诊断技术

SN/T 1937—2007　进出境辐照猪肉杀囊尾蚴的最低剂量

18.7.4　检测方法概述

猪患囊尾蚴病，由于病情轻时症状不明显，生前的诊断比较困难，严重感染的可根据不同部位所出现的临床症状，进行初步诊断。

18.7.4.1　活畜检查

1）临床症状观察：轻度感染时，病猪生前无任何表现，只有在重度感染的情况下，由于肩部和臀部肌肉水肿而增宽，身体前后比例失调，外观似亚铃形。走路时前肢僵硬，步态不稳，行动迟缓，多喜爬卧，声音嘶哑，采食、咀嚼和吞咽缓慢，睡觉时喜打呼噜，生长发育迟缓，个别出现停滞。视力减退或失明的情况下，翻开眼睑，可见到豆粒大小半透明的包囊突起。

2）触摸检查：即采用“撸”舌头验“豆”的办法进行检查，看是否有猪囊虫寄生。首先将猪保定好，用开口器或其他工具将口扩开，手持一块布料防滑，将舌头拉出仔细观察，用手指反复触摸舌面、舌下、舌根部有无囊虫结节寄生，当摸到感觉有弹性、软骨状感、无痛感、似黄豆大小的结节存在时，即可确认是囊尾蚴病猪，在舌检的同时可用手触摸股内侧肌或其他部位，如有弹性结节存在，其检出率为 30%左右。

18.7.4.2　病理观察

猪宰杀后，切开咬肌、舌肌、心肌、深腰肌等处，可见豆粒或米粒大小囊泡，椭圆形，白色透明，囊内含半透明状液体和米粒大的白色头节。以外科手术挑取皮下结节，剥去外层纤维被膜，将虫体直接在镜下观察，囊壁分两层，外为皮层，内为间质层，间质层有一处向囊内增厚形成向内翻卷收缩的头节，其构造与成虫的头节相似。必要时作压片、固定、脱水、透明、染色后鉴定。

18.7.4.3 病原分离与鉴定

(1) 病原分离

1) 样品采集:采集猪的咬肌、舌肌、内腰肌、膈肌、肋间肌、肩胛肌等,亦可采集脑、心脏、肝脏、肺脏等。

2) 样品分离:成熟的猪囊尾蚴为长椭圆形、半透明的囊壁内充满液体,上有一个黍粒大小的白色小结节即为头节(scolex)和颈节(neck),脑内寄生的则为圆球形 ϕ8 mm~10 mm。将上述任何部位的囊尾蚴,以手术刀和镊子剥离后,生理盐水洗净,并用滤纸吸干。

(2) 病原鉴定

1) 分离样品的压片制备:以剪刀剪开囊壁,取出完整的头节,再以滤纸吸干囊液后,将其置于两张载玻片之间并压片,于两张载玻片间加入 1~2 滴生理盐水后置于显微镜下镜检。

2) 镜检:以低倍(物镜 8 倍、目镜 5 倍)观察囊尾蚴头节的完整性。

3) 结果判定:低倍镜检,可见到头节的顶部有顶突,顶突上有内外两圈排列整齐的小钩,顶突的稍下方有四个均等的圆盘状吸盘,即判为猪囊尾蚴。

18.7.4.4 血清学方法

近年来我国有许多单位对猪囊尾蚴病的血清学免疫诊断方法进行广泛的试验研究,采用的方法有:间接血球凝集法(IHA)、炭凝抗原诊断法、皮肤变态反应、环状沉淀反应、SPA 酶标免疫吸附试验等,均取得一定的成果。但目前为止还不能排除与其他囊尾蚴(如棘球蚴和细颈囊尾蚴)感染的交叉反应,存在着敏感性低,特异性弱等问题,检出率还不理想。

第19章 重要禽病检疫技术

19.1 禽流感(Avian influenza,AI)

19.1.1 疫病简述

禽流感历史上又被称为真性鸡瘟(fowl plague)或欧洲鸡瘟,是由A型流感病毒引起的禽类的一种从呼吸系统到严重全身性败血症等多种症状的综合病征。1994年,美国动物卫生协会家禽和其他禽类可传播疾病委员会将AIV划分为高致病性、温和致病性、无致病性三种,但是习惯上还是将后两者统称为低致病性AIV。

1878年意大利暴发由高致病性禽流感引起的"鸡瘟"到现在已有130年的历史了,在此期间,对禽流感和禽流感病毒的认识不断增加,1902年首次从鸡体内分离到引起意大利"鸡瘟"的病原[A/chick/Brescia/1902(H7N7)],这也是人类首次分离到流感病毒,比首次分离到人流感病毒提前了30年,1936年Burnet报道用鸡胚增殖流感病毒获得成功,这一突破使流感病毒的分离更加容易而且也容易获得高滴度病毒,1941年Hirst发现了流感病毒的血凝活性,1955年Schafer证明禽流感病毒属于A型流感病毒。1957年和1968年人流感流行株的出现促使人们更广泛地研究动物中流感病毒的分布情况,以此来探求流感病毒流行株的来源。经过主动监测,从野禽、笼养鸟、家养鸭、鸡以及火鸡等各种禽类中分离到许多非致病性的A型禽流感病毒,这些分离株的发现使人们更有理由相信A型流感病毒广泛分布在鸟类中,特别是在水禽中可能所有亚型禽流感病毒都可分离到。毒株监测和分离还发现所有高致病性毒株全部属于H5和H7两个亚型,但并非所有H5和H7亚型禽流感病毒都是高致病性的,只有一部分具有高致病性。然而正是这很少一部分高致病性毒株,常常对养禽业造成毁灭性的打击,带来无法估量的经济损失。

禽流感病毒广泛分布于世界各地。在有记载的禽病史上,禽流感是一种毁灭性疾病,每一次严重的暴发都给养禽业造成巨大的经济损失。而目前H5N1亚型高致病性禽流感疫情在全球蔓延,造成的损失无法估计。然而,高致病性禽流感的危害远不止对养禽业毁灭性的打击,1997年5月,香港首次从一名死于流感性肺炎的三岁儿童体内分离到H5N1亚型流感病毒,到1997年年底,共确诊了18名感染H5N1亚型禽流感病毒患者,前后共有6名患者不治身亡。感染禽流感的患者都曾有与已感染H5N1亚型禽流感病毒密切接触的经历,基因序列分析发现,感染人的病毒来源于同期流行于香港家禽中的高致病性毒株。2004年亚洲暴发H5N1亚型高致病性禽流感,这次暴发在规模上,地域的广阔程度上以及对暴发国家农业经济损失上都是史无前例的。各国为了控制疫病杀死成千上万只鸡,并采取了相应的预防控制措施。在疫病暴发期间,疫区发生了感染人事件,据世界卫生组织最新资料,自2003年来,世界范围内共有300多例人感染H5N1亚型禽流感,其中200多人死亡,涉及亚洲、欧洲、非洲的14个国家。这些数字表明禽流感正不断获得感染人的能力,人类一旦感染死亡率非常高,同时也说明禽流感病毒还没有完全适应人类,在这些暴发的感染人事件中,仍然没有发生人与人之间传染,但是在家禽中持续不断的流行为病毒创造了进一

步适应人类并获得在人群中传播能力的机会，高致病性禽流感病毒一旦获得在人群中传播能力，人类健康就会面临严重的后果。

AIV 可以感染家禽（鸡、火鸡、珍珠鸡、竹丝鸡、鹌鹑、鹧鸪、家鸭、鹅等）、野禽（野鸭、野鹅、雉鸡、鸵鸟、鹰、燕鸥、天鹅、鹭、海鸠、海鹦、鸥等）、笼养鸟（鹦鹉、鸽子、编织鸟、燕雀等）等禽类，其中在家禽中火鸡最易感，其次是鸡。可用作禽流感病毒人工接种的实验动物有：雪貂、猫、仓鼠、猴、水貂及猪。水禽是流感病毒的主要储存者，禽的主要流感病毒株可在鸭肺中和肠道细胞中复制增殖。虽常不表现症状，但长时间排毒，可以感染超过一个型的病毒，且可产生可检测出的抗体免疫应答。疾病的严重程度取决于病毒的毒力及被感染禽的禽种、日龄、性别、并发症等因素，综合征可表现为从亚临床到轻度的呼吸系统疾病，从产蛋下降到急性致死性疾病等多种形式，其临床症状有咳嗽、喷嚏、流泪、窦炎、羽毛散乱、皮肤发绀（特别是冠和肉髯）、头面部水肿、神经紊乱、下痢等，这些症状可单独或同时出现，有些禽类发病迅速，甚至不表现出任何症状就突然死亡。

在水禽中，主要是野鸭、岸鸟和海鸥，可以分离到所有亚型的 A 型流感病毒，从新鲜的粪便到没浓缩的湖水都可分离到。在水禽中，AIV 是肠道分泌型病毒，优先在肠道中复制，分泌到粪便中，因此粪便中的病毒滴度非常高，造成水系污染，导致病毒在水禽中沿着粪便—水—口的途径传播，进而通过候鸟的南北迁徙将病毒进一步扩散开来。AIV 既可以直接传播，也可以间接传播，通过空气和其他污染病毒的材料感染岸基鸟，由于在感染鸟的粪便中有大量的病毒排放，因此包括食物、饮水、设备和笼子等许多饲养材料都会被污染，从而起到传播病毒的作用。通常认为，野生水禽是 AIV 的保存库，感染 AIV 的水禽在临床上几乎都不表现疾病症状，只是通过粪便将 AIV 排放到水中，为野生水禽提供了一个永久的 AIV 污染的疫源地。水禽中的 AIV 已演化到一种平衡状态，形成了 A 型流感病毒的自然保存库。在西半球，Ito 等（1995）从北美洲的阿拉斯加湖中可以很容易地分离到许多亚型的 AIV，因此他们认为阿拉斯加湖可以看作是北美洲迁徙水禽中 AIV 的繁殖基地。从东半球来看，我国的华南地区水域辽阔，是候鸟迁徙的必经之地，因此也是 AIV 重组、繁殖、扩散的主要地区。

自然情况下 A 型流感病毒感染的宿主范围有一定的特异性，人体分离株不能在鸡、鸭等禽类中复制，同样禽源分离株在灵长类动物体内的复制能力也极差，因此将 A 型流感病毒分为不同群，如人流感病毒、禽流感病毒、猪流感病毒等。但是流感病毒感染宿主范围的界限并不十分严格，已经发现流感病毒可在不同种属的动物之间传播。例如，禽流感病毒 H1N1 亚型和人流感病毒 H3N2 亚型毒株可以从猪分离到，H1N1 亚型猪流感病毒也可感染人；另外，禽流感病毒还可感染海豹、鲸鱼和水貂。人们普遍认为猪是流感病毒基因交换重组的混合器，是禽流感感染给人的中间宿主。而 1997 年香港流感事件使人们认识到，禽流感可跨越种间障碍直接感染人类，相关分子机制研究发现，多个基因在决定宿主范围方面起作用，但最主要的是细胞受体和 HA 基因上受体结合位点的识别对病毒宿主范围起决定作用，所有流感病毒都可识别含有唾液酸末端的寡糖链，但 HA 对这类分子的识别具有特异性，禽流感病毒偏爱结合唾液酸 α，2，3-半乳糖，而人流感却偏爱结合唾液酸 α，2，6-半乳糖。研究发现 HA 蛋白第 226 位起着关键的作用，禽流感病毒的 HA 位常为 Gln，228 位常为 Gly，而人流感病毒为 226 位为 Leu，228 位为 Ser，如 226 位为 Gln 和 228 位为 Gly，则易与唾液酸 α，2，3-半乳糖结合，如为 226 位为 Leu 和 228 位为 Ser 则易与唾液酸 α，2，6-半乳糖结合。原因是不同宿主流感复制位点的主要细胞受体上的唾液半乳糖是不同的，例如人的呼吸道上细胞主要含有唾液酸 α,2,6-半乳糖，而禽类消化道细胞上主要是唾液酸 α,2,3-半乳糖，而猪呼吸道含有以上两种类型的寡糖链，因而猪对禽流感和人流感都敏感。Harvey 等(2004)研究发现 228 位氨基酸，1997 年香港人体分离到的禽流感病毒 226 位点突变为 Met，此时 HA 对 SA-2,3-半乳糖及 SA-2,6-半乳糖均具有相同的结合能力，这也是禽流感可直接感染人的原因之一。

感染途径和传播方式家禽流感的传染来源较多，可来自感染或发病的家禽、其他种类的家禽，来自外来捕获的鸟、野生鸟类、移徙的水禽及其他动物。

病毒通过病禽的分泌物、排泄物和尸体等污染饲料、饮水及其他物体，通过直接接触和间接接触发生感染，呼吸道和消化道是主要的感染途径。人工感染途径包括鼻内、气管、结膜、皮下、肌肉、静脉内、口腔、腹腔、气囊、泄殖腔、颅内及气溶胶等途径均获成功。

由于感染能从粪便中大量排出病毒，污染一切物品，如饲养管理器具、设备、授精工具、动物、饲料、饮水、衣物、运输车辆等均可成为病原的机械性传播媒介。人员的流动与消毒不严可起着非常重要的传播作用。野外暴发时的传播比较复杂，难以断定是直接传播还是通过媒介引起的间接传播。高致病性毒株的传染性高于低致病性毒株，这是由其病原特性所决定的，高致病性毒株的 HA 易受外源蛋白酶的裂解，可促进传染性病毒粒子的产生。垂直传播的证据很少，但有证据表明实验感染鸡的蛋中有禽流感病毒的存在。因此，不能完全排除垂直传播的可能性。

禽流感的发病率和死亡率受多种因素影响，既与禽的种类及易感性有关，又与毒株的毒性有关，还与年龄、性别、环境因素、饲养条件及水平以及并发疾病有关。

19.1.2　病原特征

禽流感病毒(Avian influenza virus，AIV)属正黏病毒科流感病毒属，为单股负链 RNA 病毒，病毒粒子呈中等大小，螺旋对称，有囊膜，囊膜上有含血凝素和神经氨酸酶活性的糖蛋白纤突。流感病毒有 3 个抗原性不同的型：A、B 和 C 型。型特异性由核蛋白(NP)和基质蛋白(M)的抗原性质决定。B 型和 C 型一般只见于人类。所有的禽流感病毒都是 A 型。A 型流感病毒也见于人、马、猪，偶然还见于水貂、海豹和鲸等其他哺乳动物及多种禽类。禽流感病毒在电镜下呈近似椭圆形或长丝状，其直径大约为 120 nm 左右，病毒表面有两种突起 HA 和 NA，M2 蛋白镶嵌在来源于宿主细胞膜的脂质双层中，NP 蛋白和三种聚合酶蛋白(PB1、PB2 和 PA)与八段 vRNA 一起构成核糖核蛋白体(RNP)，M1 蛋白将病毒囊膜与 RNP 连接起来，而 NS2 蛋白通过与 M1 蛋白相互作用间接地与 RNP 发生联系，NS1 蛋白是 AIV 仅有的一种非结构蛋白质。禽流感病毒复制第一步是 HA 蛋白结合到细胞表面含有唾液酸的糖链上，然后进行受体介导的内吞。在吞噬小体中低 pH 值条件下，HA 结构发生变化，导致病毒囊膜与吞噬小体发生膜融合，将病毒核糖核蛋白体(vRNP)释放到细胞质中，vRNP 上的核定位信号引导其进入细胞核进行复制和转录。vRNA 作为模板既合成 mRNA，又合成正链互补 RNA(cRNA)，然后以 cRNA 为模板合成 vRNA。新翻译产生的 NP 及聚合酶蛋白进入细胞核与 vRNA 结合形成 vRNP。感染后期新合成的 vRNP 在 NS2 和 M1 蛋白的引导下从细胞核进入细胞质，在细胞膜周围，vRNP 被装配成病毒粒子并释放出去。

根据禽流感病毒 HA 和 NA 抗原性的不同，可以将其分为 16 个 H 亚型和 9 个 N 亚型，各种亚型都可从禽类中分离到。AIV 不仅血清型众多，而且变异性极强，低致病力或无致

病性的毒株可以在短时间内突变成高致病性毒株。A 型流感病毒的致病性与毒株和宿主均有很大关系，不同毒株对同一宿主或同一毒株对不同宿主的致病性差异很大，根据毒力强弱将禽流感病毒划分为高致病性、非致病性和低致病性毒株。高致病性禽流感病毒仅包括 H7 和 H5 亚型中的部分毒株，由于其传染性极强，可引起家禽全身性感染，造成多个组织器官严重病理损伤，致死率达 75%以上。

流感病毒对热比较敏感，56 ℃加热 30 min、60 ℃加热 10 min，65 ℃～70 ℃加热数分钟即丧失活性。灭活的顺序为：病毒颗粒的感染性，神经氨酸酶活性，红细胞凝集活性。病毒在 4 ℃～40 ℃条件下不稳定，只能短暂保存，否则感染性丢失。－10 ℃～－40 ℃保存两个月以上，常常使红细胞凝集活性丢失，－70 ℃可保存数年，冰冻干燥后置 4 ℃可长期保存。该病毒对冻融作用较稳定，但反复冻融多次，最终会使病毒灭活。病毒 pH3.0 以下或 pH10.0 以上感染力很快被破坏。pH5.0 左右能使流感病毒血凝素蛋白构型发生改变，其轻链 HA2 区溶血序列裸露，使红细胞发生溶解。实验室条件下，流感病毒一般可在鸡胚中生长，它在尿囊液中由于受到其中蛋白质保护而非常稳定。鸡胚中病毒的传染性、血凝素和神经氨酸酶活性在 4 ℃下可保持数周。在－70 ℃或冻干保存下可长期保持其传染性。福尔马林和 β-丙内酯可灭活病毒，但不损害其血凝素和神经氨酸酶的活性。

直射阳光下 40 h～48 h 即可灭活该病毒，如果用紫外线直接照射，可迅速破坏其感染性。紫外线直射可依次破坏其感染力、血凝素活性和神经氨酸酶活性。用胰蛋白酶处理流感病毒，其感染性不受影响，有时反而增强，这是因为胰蛋白酶能将 HA 降解为 HA1 和 HA2，这正是病毒感染所必须的一个过程，因此其活性不受影响，对某些感染力较低的病毒经胰蛋白酶处理可提高其感染力。流感病毒对乙醚、氯仿、丙酮等有机溶剂均敏感。常用消毒药容易将其灭活，如福尔马林、β-丙内酯、氧化剂、稀酸、去氧胆酸钠、高锰酸钾、羟胺、十二烷基硫酸钠和铵离子、卤素化合物(如漂白粉和碘剂)、重金属离子等都能迅速破坏其传染性。

1980 年 WHO 公布了流感病毒命名方法。这个命名方法不考虑宿主的因素，对所有 A 型流感病毒进行统一的亚型划分，该亚型划分的依据不是根据血凝抑制、中和试验及神经氨酸酶抑制试验的结果，而是根据基因分析和琼脂免疫双扩散的结果。

A 型流感病毒命名方法可用公式表示：型别、宿主、分离地点、毒株序号(指采样标本号)、分离年代(血凝素亚型和神经氨酸酶亚型)，如 A/Guangdong/duck/1/1996(H5N1)。但写宿主时应注意：

① 若宿主是人就不必写出；

② 若宿主是非生命物质就得写出非生命物质名称；

③ 从动物中首次分离到新类型的流感病毒，在第一篇文章中宿主必须写出拉丁双字分类和通俗名称，而后文章中只写出种的共同名称即可。B 型和 C 型流感病毒命名方法与 A 型流感病毒命名方法相同，但没有亚型划分。

19.1.3　OIE 法典中检疫要求

第 2.7.12.1 条　本《法典》规定，由 H5 或 H7 亚型 A 型流感病毒引发的感染，或由任何 AI 病毒引发的，其静脉接种指数(IVPI：静脉致病指数，即静脉内接种致病指数)大于 1.2 (或死亡率至少为 75%)的感染，均为须报告的禽流感(NAI)。须报告的禽流感(NAI)分为高致病性须报告禽流感(HPNAI)和低致病性须报告禽流感(LPNAI)。

第 2.7.12.2 条　一个国家、地区或养殖场的 NAI 状况可以根据以下标准进行判定：

1）在确定 NAI 发生的所有潜在因素和历史因素基础上的风险分析结果。

2）NAI 在整个国家是须报告的疾病，国家连续实施 NAI 监测计划，对报告的所有 NAI 可疑病情均进行田间调查，而且如有可能都进行实验室检测。

3）实施适当的监测，以确定家禽的隐性感染情况和由鸟类而非家禽传播疾病的风险。按照附录 3.8.9 要求进行 NAI 的监测可达到上述目的。

第 2.7.12.3 条　无 NAI 国家、地区或养殖场

如果按照附录 3.8.9 进行监测，在过去 12 个月内既无 HPNAI 又无 LPNAI 出现，则可认为是无 NAI 国家、地区或养殖场。监测需要适应一个国家、地区或养殖场由于历史、地理的因素、产业结构、禽类数量或与最近暴发过的 NAI 邻近等因素而导致有较高风险的部分。无 NAI 国家、地区或养殖场发生了 NAI 感染后，符合下列情况之一可重新获得无 NAI 国家、地区或养殖场地位：

1）如果发生的是 HPNAI，采取扑杀政策（包括对所有的感染场所进行消毒），此后 3 个月内按照附录 3.8.9 进行监测。

2）如果发生的是 LPNAI，对禽群按照特定的条件进行屠宰供人类食用或采取扑杀政策的情况下，对所有的感染场所进行消毒，此后 3 个月内按照附录 3.8.9 进行监测。

第 2.7.12.4 条 无 HPNAI 国家、地区或养殖场

一个国家、地区或养殖场按照附录 3.8.9 进行监测，如果在过去 12 个月内，未达到无 NAI 国家、地区或养殖场的标准，但检测到的 NAI 病毒经鉴定均不属于 HPNAI，尽管可能不知道其 LPNAI 状态，但可以认为这个国家、地区或养殖场是无 HPNAI 国家、地区或养殖场。监测需要适应一个国家、地区或养殖场由于历史、地理的因素、产业结构、禽类数量或与最近暴发过的 NAI 邻近等因素而导致有较高风险的部分。

无 HPNAI 国家、地区或养殖场发生了 HPNAI 感染后，如果采取扑杀政策，在对所有的感染场所进行消毒，此后 3 个月内按照附录 3.8.9 进行监测，可重新获得无 HPNAI 国家、地区或养殖场地位。

第 2.7.12.5 条　从无 NAI 国家、地区或养殖场进境活禽（非 1 日龄家禽），兽医行政管理部门应要求出具国际兽医证书，证明家禽：

1）装运之日无 NAI 临床症状；

2）自孵出之日起或于装运前 21 天，一直在无 NAI 的国家、地区或养殖场饲养；

3）装运前 21 日按照附录 3.8.9 开展了必须的检测；

4）如果禽类按照附录 3.8.9 进行过免疫接种，国际兽医证书上应包括有关输出禽类免疫状况的信息。

第 2.7.12.6 条　无论一个国家、地区或养殖场 NAI 的状况如何，当从该处进境活鸟而非家禽时，兽医行政管理部门应要求出具国际兽医证书，证明鸟类：

1）装运之日无 NAI 临床症状；

2）自孵出之日起或于装运前 21 天，一直在兽医部门认可的隔离区饲养，且在隔离期间，没有出现 NAI 的临床症状；

3）在装运前 7～14 天之间进行了诊断检测，且确诊为无 NAI 感染；

4）用新的容器进行运输。如果活鸟进行过免疫接种，国际兽医证书上应包括有关输出鸟类免疫状况的信息。

第2.7.12.7条 从无NAI国家、地区或养殖场进境1日龄活禽，兽医行政管理部门应要求出具国际兽医证书，证明家禽：

1）自孵出之日起，一直在无NAI的国家、地区或养殖场饲养；

2）在收集种蛋前21天，其种禽群一直在无NAI的国家、地区或养殖场饲养；

3）如果进境活禽或其种禽群按照附录3.8.9进行过免疫接种，国际兽医证书上应包括有关输出家禽和种禽群免疫状况的信息（免疫日期和所用疫苗）。

第2.7.12.8条 从无HPNAI国家、地区或养殖场进境1日龄活禽，兽医行政管理部门应要求出具国际兽医证书，证明家禽：

1）自孵出之日起，一直在无HPNAI的国家、地区或养殖场饲养；

2）在收集种蛋前21天，其种禽群一直在无NAI的国家、地区或养殖场饲养；

3）用新的容器进行运输；

4）如果进境活禽或其种禽群按照附录3.8.9进行过免疫接种，国际兽医证书上应包括有关输出家禽和种禽群免疫状况的信息。

第2.7.12.9条 从无NAI国家、地区或养殖场进境种蛋，兽医行政管理部门应要求出具国际兽医证书，证明种蛋：

1）产自无NAI国家、地区或养殖场；

2）在收集种蛋前21天，其种禽群一直在无NAI的国家、地区或养殖场饲养；

3）如果种禽按照附录3.8.9进行过免疫接种，国际兽医证书上应包括有关种禽群免疫状况的信息。

第2.7.12.10条 从无HPNAI国家、地区或养殖场进境种蛋，兽医行政管理部门应要求出具国际兽医证书，证明种蛋：

1）产自无HPNAI国家、地区或养殖场；

2）在收集种蛋前21天，其种禽群一直在无HPNAI的国家、地区或养殖场饲养；

3）种蛋已按照3.4.1.7条进行表面消毒，且用新的包装材料进行运输；

4）如果种禽按照附录3.8.9进行过免疫接种，国际兽医证书上应包括有关种禽群免疫状况的信息。

第2.7.12.11条 从无NAI国家、地区或养殖场进境人类消费的商品用蛋，兽医行政管理部门应要求出具国际兽医证书，证明商品用蛋产自无NAI国家、地区或养殖场。

第2.7.12.12条 从无HPNAI国家、地区或养殖场进境人类消费的商品用蛋，兽医行政管理部门应要求出具国际兽医证书，证明商品用蛋：

1）来自无HPNAI国家、地区或养殖场；

2）种蛋已按照3.4.1.7条进行表面消毒，且用新的包装材料进行运输。

第2.7.12.13条 从无NAI国家、地区或养殖场进境蛋制品，兽医行政管理部门应要求出具国际兽医证书，证明蛋制品来自无NAI国家、地区或养殖场，并在无NAI国家、地区或养殖场加工生产。

第2.7.12.14条 无论蛋原产国家、地区或养殖场的NAI状态如何，兽医行政管理部门应要求出具国际兽医证书，证明蛋制品：

1）所用的蛋来自符合2.7.12.9.条、2.7.12.10条、2.7.12.11条或2.7.12.12条；或

2）蛋制品按附录3.6.5加工以确保能够破坏NAI病毒；

3）加工过程采取了必要的防范措施，以避免产品与任何NAI病毒污染源接触。

第2.7.12.15条　从无NAI国家、地区或养殖场进境家禽精液，兽医行政管理部门应要求出具国际兽医证书，证明供精禽：

1）采精之日无NAI临床症状；

2）精液采集前21天，一直在无NAI国家、地区或养殖场饲养。

第2.7.12.16条　从无HPNAI国家、地区或养殖场进境家禽精液，兽医行政管理部门应要求出具国际兽医证书，证明供精禽：

1）采精之日无HPNAI临床症状；

2）采精前21天，一直在无HPNAI国家、地区或养殖场饲养。

第2.7.12.17条　无论一个国家NAI的状况如何，当从该国进境家禽以外的禽类精液时，兽医行政管理部门应要求出具国际兽医证书，证明供精禽：

1）采精前21天，一直在兽医部门认可的隔离区饲养；

2）在隔离期间无NAI的临床症状；

3）在采精前的第7～14天进行检测、确诊无NAI感染。

第2.7.12.18.条　从无NAI国家、地区或养殖场进境新鲜禽肉，兽医行政管理部门应要求出具国际兽医证书，证明所有生产禽肉的禽类：

1）自孵出之日起或在屠宰前的21天，一直在无NAI的国家、地区或养殖场饲养；

2）在认可的屠宰场进行屠宰，进行了针对NAI的宰前和宰后检验，且检验结果合格。

第2.7.12.19条　从无HPNAI国家、地区或养殖场进境新鲜禽肉，兽医行政管理部门应要求出具国际兽医证书，证明所有生产禽肉的禽类：

1）自孵出之日起或在屠宰前的21天，一直在无NAI的养殖场饲养；

2）在认可的屠宰场进行屠宰，进行了针对NAI的宰前和宰后检验，且检验结果合格。

第2.7.12.20条　从无NAI国家、地区或养殖场进境禽肉制品，兽医行政管理部门应要求出具国际兽医证书，证明：

1）禽肉制品由符合2.7.12.18条或2.7.12.19条的新鲜禽肉制成；或

2）禽肉制品按附录3.6.5加工以确保能够破坏NAI病毒；

3）加工过程采取了必要的防范措施，以避免产品与任何NAI病毒污染源接触。

第2.7.12.21条　无论一个国家、地区或养殖场NAI的状况如何，当从该国进境用于动物饲料、农业或工业用途的禽源产品时，兽医行政管理部门应要求出具国际兽医证书，证明：

1）用于生产禽产品的禽类自孵出之日起或在屠宰前的21天，一直在无NAI的国家、地区或养殖场饲养；或

2）产品加工程序确保能够破坏NAI病毒(研究中)；

3）产品加工过程中采取了必要的防范措施，以避免产品与任何NAI病毒污染源接触。

第2.7.12.22条　无论一个国家、地区或养殖场的状况如何，当从该国进境禽源的羽绒和羽毛时，兽医行政管理部门应要求出具国际兽医证书，证明：

1）用于生产这些产品的禽类自孵出之日起或在屠宰前的21天，一直在无NAI的国家、地区或养殖场饲养；或

2）产品加工程序确保能够破坏NAI病毒(研究中)；

3）产品加工过程采取了必要的防范措施，以避免产品与任何NAI病毒污染源接触。

第2.7.12.23条　无论一个国家、地区或养殖场NAI的状况如何，当从该国进境家禽以外的禽类肉或其他制品时，兽医行政管理部门应要求出具国际兽医证书，证明：

1）产品加工程序确保能够破坏NAI病毒(研究中)；

2）产品加工过程采取了必要的防范措施，以避免与任何NAI病毒污染源接触。

19.1.4　检测技术参考依据

(1) 国外标准

OIE手册，Chapter 2.1.14Avian influenza (NB：version adopted May 2005)

(2) 国内标准

GB/T 18936—2003　高致病性禽流感诊断技术

GB/T 19438.1—2004　禽流感病毒通用荧光RT-PCR检测方法

GB/T 19438.2—2004　H5亚型禽流感病毒荧光RT-PCR检测方法

GB/T 19438.3—2004　H7亚型禽流感病毒荧光RT-PCR检测方法

GB/T 19438.4—2004　H9亚型禽流感病毒荧光RT-PCR检测方法

GB/T 19439—2004　H5亚型禽流感病毒NASBA检测方法

GB/T 19440—2004　禽流感病毒NASBA检测方法

GB 19441—2004　进出境禽鸟及其产品高致病性禽流感检疫规范

GB 19442—2004　高致病性禽流感防治技术规范

SN/T 1182.1—2003　禽流感抗体检测方法　琼脂免疫扩散试验

NY 764—2004　高致病性禽流感　疫情判定及扑灭技术规范

NY/T 765—2004　高致病性禽流感　样品采集、保存及运输技术规范

NY/T 766—2004　高致病性禽流感　无害化处理技术规范

NY/T 767—2004　高致病性禽流感　消毒技术规范

NY/T 768—2004　高致病性禽流感　人员防护技术规范

NY/T 769—2004　高致病性禽流感　免疫技术规范

NY/T 770—2004　高致病性禽流感　监测技术规范

NY/T 771—2004　高致病性禽流感　流行病学调查技术规范

NY/T 772—2004　禽流感病毒RT-PCR试验方法

SB/T 10394—2005　流通领域高致病性禽流感监测技术规范

SN/T 1754—2006　出入境口岸人禽流感诊断标准及监测规程

SN/T 1182.2—2004　禽流感微量红细胞凝集抑制试验

19.1.5　检测方法概述

19.1.5.1　病原鉴定

(1) 样品采集和保存

采集死禽病料应包括肠内容物(粪便)或泄殖腔拭子和口鼻拭子，也可从肺、气囊、肠、脾、脑、肝和心采集病料，进行分别处理或者一起处理。采集活禽病料应包括气管和泄殖腔拭子，尤其是以采集气管拭子更好。小珍禽用拭子取样易造成损伤，可以收集新鲜粪便。为了提高病毒分离率，推荐至少有1g粪便或拭子涂层用于病毒分离。

病料应放入含有抗生素的pH值(7.0～7.4)等渗磷酸盐缓冲液(PBS)内。抗生素的选

择视当地情况而定，但组织和气管拭子悬液中应含有青霉素（2 000 U/mL）、链霉素（2 mg/mL），庆大霉素（50 μg/mL），制霉菌素（1 000 U/mL）。粪便和泄殖腔拭子所用的抗生素浓度应提高5倍。加入抗生素后pH值应调至（7.0～7.4）。粪便、研碎的组织用含抗生素的溶液配成0.1 kg/L～0.2 kg/L的悬液，在室温放置1 h～2 h后样品应尽快处理，没有条件的话，样品可在4 ℃保存数天。为了延长保存期，诊断样品和分离样品应在－80 ℃放置。

（2）鸡胚接种分离病毒

A型流感病毒繁殖的较好方法是将其接种无特定病原体（SPF）的鸡胚，或特定抗体阴性（SAN）的鸡胚。粪便或组织悬液经1 000*g*离心澄清，取上清液至少接种5枚9～11日龄的SPF或SAN鸡胚。

1）尿囊腔接种：通常选9～11日龄鸡胚，照检后画出气室边界和胎位，在胚胎面与气室交界边缘约1 mm处并避开血管作一标记此即为注射点。在点周围用75%酒精消毒，并用蛋钻机钻开一个约2 mm长小口，勿损伤壳膜。用注射器注入样品上清液0.1 mL～0.2 mL，然后用石蜡溶化封口，置35 ℃～37 ℃孵育4～7天，死亡鸡胚、濒死鸡胚以及孵育末期所有的鸡胚放在4 ℃冷却，检测尿囊液的HA活力。阳性反应说明很可能有A型流感病毒或禽正黏病毒，呈阴性反应的尿囊液至少应再接种一批鸡胚。于接种后24 h内死亡者为非特异性死亡应弃去。

2）羊膜腔接种：这个接种途径主要应用于临床材料（如患者咽嗽液等）分离病毒。这种接种可直接感染羊腹腔的内面胚层内，也可被鸡胚咽下或吸入，因此，病毒可感染多种组织，还可产生全胚胎感染。病毒通过胚胎机体后被排泄入尿囊腔，因此羊膜腔接种分离病毒时，除收获羊水外，还应收获尿液。羊膜腔接种法较多，以下介绍其中一种：选7～10日龄鸡胚经照视后，画出气室边缘及标记胚胎位置，在气室端靠近胚胎侧之卵壳上钻一长方形裂痕（约10 mm×6 mm），勿损伤壳膜，钻口处用75%酒精消毒，用消毒镊子除去长方形卵壳和壳膜外层（壁层），从孔中滴入一滴无菌液体石蜡，然后轻轻晃动鸡胚，让液体石蜡在壳膜内层（脏层）铺开，此时在照卵灯下即可清楚地看到鸡胚胎的位置。将注射针头刺入胚胎的颌下胸前，用针头轻轻拨动下额及腿，当进入羊膜腔时，能见到鸡胚随着针头的拨动而动，即可注射0.1 mL～0.2 mL接种物。以沾有碘酒通过火焰的小块胶布封口，置35 ℃～37 ℃恒温箱孵育。孵育72 h后，进行收获，方法和收获尿囊液相同。收获前应先冷冻，用75%酒精消毒气室部分的卵壳，用无菌镊子将消毒过的卵壳打碎，取走，再用无菌镊子将内面的壳膜及绒毛尿囊膜撕开，用无菌毛细吸管吸取尿囊液，然后左手持小镊子夹起羊膜成伞状，右手用毛细吸管插入羊膜腔吸取羊水，平均每胚可收获0.5 mL～1.0 mL羊水。如羊水过少，可用同胚少量尿囊液冲洗羊膜腔并吸取洗液。

从接种的鸡胚中获得的无菌尿囊液的HA活性很可能是由流感病毒或禽副黏病毒造成的（一些禽类呼肠孤病毒或尿囊液中可能含有细菌源性的HA，可能会造成类似的现象）。目前认为禽副黏病毒有9个血清型，大多数实验室有新城疫病毒（禽副黏病毒Ⅰ型）特异性抗血清，鉴于该病发生的普遍性和广泛使用活疫苗，最好用HI试验检测HA活性是否由新城疫病毒引起。

（3）细胞接种分离病毒

将已成片的MDCK细胞弃生长液，用Hank's液洗2遍，将残余的牛血清洗净，因牛血清中含有流感病毒的非特异性抑制素，会影响流感病毒的复制。接入样品上清液，置

35 ℃～37 ℃吸附 1 h～2 h,倒掉感染液,再用 Hank's 洗 1～2 遍,加入维持液(含 0.05 μg/mL TPCK 处理的胰蛋白酶),置 35 ℃～37 ℃培养。

流感病毒引起受感染细胞病理变化(CPE)出现时间随感染病毒的型别、甚至毒株的差异以及感染量的大小而异。进行病毒分离时,一般 7 天之内还不出现 CPE,多半为阴性标本。进行病毒传代和滴定时,一般在 72 h 之内会出现 CPE。大多数病毒株的复制高峰约在感染后 72 h。当 CPE 出现 75%以上时收获,收获之前将细胞冻融 1～2 次。收获的病毒应作血凝试验以确认病毒分离结果。

(4) 琼脂免疫扩散试验(AGID)检测流感病毒

用琼脂免疫扩散试验(AGID)检测流感病毒是一种切实可行的方法,因为它能证明 A 型流感病毒属所有成员抗原性相似的核衣壳和基质蛋白的存在,抗原可以用从感染的尿囊液中的病毒浓缩制成或采用感染绒毛尿囊膜的提取物,这些抗原用标准抗血清进行标定。将含毒尿囊液以超速离心或者在酸性条件下进行沉淀以浓缩病毒。酸性沉淀法是将1.0 mol/L HCl 加入到含毒尿囊液中,调 pH 值约 4.0,将混合物置于冰浴中作用 1 h,经1 000 *g* 4 ℃离心澄清,弃去上清液。病毒沉淀物悬于甘氨-肌氨酸缓冲液中[含 0.01 kg/L 十二烷基肌氨酸缓冲液,用 0.5 mol/L 甘氨酸调 pH 值至 9.0]。沉淀物中含有核衣壳和基质多肽。

也可以用富含病毒核衣壳的尿囊膜制备 AGID 抗原。具体的操作方法是:从尿囊液呈 HA 阳性的感染鸡胚中提取绒毛尿囊膜,将其匀浆或研碎,然后反复冻融 3 次,经 1 000*g* 离心 10 min,弃沉淀,取上清用 0.1%福尔马林处理制备抗原。

(5) 抗原捕获 ELISA 检测流感病毒

用亲和性和特异性好的单克隆抗体作为捕获抗体检测组织样品中的流感病毒,灵敏度较高,目前已有商品化试剂盒。

(6) PCR 检测病毒

流感病毒的存在可通过使用核蛋白或基质蛋白特异性保守引物通过反转录-聚合酶链反应(RT-PCR)来证实,目前型特异性 RT-PCR、实时荧光定量 PCR 已经研究成功,并成为国家标准。高致病力流感病毒可在 3 h 内得到确认。

(7) 流感病毒亚型的鉴定

WHO 专家委员会推荐的鉴定 A 型流感病毒亚型的方法是:使用直接抗 HA 或 NA 亚型的高特异性抗血清检测 H5, H7 亚型病毒,这种血清是从非特异反应最弱动物(如山羊)制备的。也可以用一组完整流感病毒颗粒制备的高免抗血清替代。多数非专门研究流感病的实验室没有能力用这种方法进行亚型的鉴定,OIE 参考实验室可提供这方面的协助。

19.1.5.2 致病性测定

1981 年召开的第一届禽流感国际研讨会决定废除“鸡瘟”这个术语,同时把经静脉、肌肉或气囊接种于至少 8 只 4～8 周龄的易感鸡,在接种后 8 天内能引起不低于 75 %死亡率的病毒定义为高致病性毒株。但 1983 年在美国宾夕法尼亚州及周围地区鸡群暴发的疾病,则表明这种定义并不确切,原因是经实验室检测认定为低致病性的毒株,在发生了某一点突变后,则表现为高致病性。有些国际组织经过进一步考虑,认为该定义应包括诸如“潜在性致病”的病毒。最终的建议基于发现大量 H5 或 H7 亚型分离株是低致病性毒株,迄今所有的高致病性禽流感病毒都带有 H5 或 H7 血凝素。关于其致病性或 H5 和 H7 亚型的潜在致病性可进一步从基因组序列获得,HA 裂解位点存在多个碱性氨基酸(甘氨酸或赖氨酸)

与致病性相关。对从鸟类分离的低毒性的 H5 和 H7 亚型的流感病毒分离株(如宾夕法尼亚病毒)的氨基酸序列分析后发现,当病毒的基因序列发生简单的突变即变成对禽类产生高致病性的毒株。1992 年 OIE 接受了基于鸡的致病性、细胞培养生长情况和相关肽的氨基酸序列判定禽流感病毒为高致病力禽流感病的标准,同年,欧盟也接受了类似的标准。

下列标准是从过去 OIE 操作中修改而来,OIE 接受其作为划分禽流感病毒为高致病性须报告禽流感病毒的分类标准。

(1) 下列两种方法的其中之一用来确定鸡的致病性。HPNAI 病毒就是:

1) 用0.2 mL 1∶10稀释的无菌的感染流感病毒的尿囊液,经静脉注射接种 8 只 4～8 周龄的易感鸡,在接种后 10 天内,能导致 6～7 只或 8 只鸡死亡,这些流感病毒属高致病性。或、

2) 静脉接种指数大于 1.2 的病毒。

(2) 所有低致病性的 H5 和 H7 毒株和其他流感病毒,在缺乏胰蛋白酶的细胞上能够生长时,则应进行与血凝素有关肽链的氨基酸序列分析,如果分析结果同其他高致病性禽流感病毒(HPAI)相似,这种被检验的分离物应被认为高致病性禽流感病毒。

OIE 为了确诊疾病和采取控制措施,采用了下列定义:

1) 符合上面标准的所有禽流感分离株列为高致病性须报告禽流感。

2) H5 和 H7 分离株对鸡不致死,HA0 裂解位点没有任何已知 HPNAI 相似的氨基酸序列,划定为低致病力须报告禽流感(LPNAI)。

3) 对鸡不致死的非 H5 或非 H7 禽流感分离株划为低致病力禽流感(LPAI)。

能成功地用于禽流感病毒 H5 和 H7 亚型的检测编码血凝素裂解位点的 HA 基因序列的技术和方法很多,从而氨基酸序列能够被推导出来。最常用的方法是 RT-PCR:采用相当于裂解位点基因两侧的寡核苷酸为引物,然后进行循环测序。在操作过程中,每个步骤都可方便地使用商品化的试剂盒和自动测序。

目前 HA0 裂解位点多个碱性氨基酸的存在被视为 H5 和 H7 流感病毒毒力和潜在毒力的准确标记。通过测序或其他方法来确定裂解位点将成为病毒毒力初步评价方法似乎不可避免,已写入定义。

尽管目前已证实的 HPAI 均为 H5 或 H7 亚型,但目前至少有两株都是 H10 亚型(H10N4 和 H10N5)符合 OIE 和 EU 规定的 HPAI 标准,静脉接种分别杀死 10 只鸡中的 7 只和 8 只,其 IVPI 值均大于 1.2,然而,鼻内接种时不致病,没有鸡只死亡,并且在 HA 的裂解位点没有多个碱性氨基酸。

19.1.5.3　血清学试验

(1) 琼脂免疫扩散试验

所有 A 型流感病毒都有抗原性相似的核衣壳和基质抗原,因此可以利用 AGID 试验检测任何 A 型流感病毒的存在与否。如上所述,浓缩病毒制剂含有基质和核衣壳抗原。基质抗原与核衣壳抗原相比扩散得较快。AGID 试验已作为常规方法广泛用于检测鸡和火鸡的特异性抗体,并可作为鸡群感染证据。通常是采用接种 10 日龄鸡胚绒毛尿囊膜制备的富含核衣壳浓缩制剂。将感染的鸡胚绒毛尿囊膜匀浆冻融 3 次,以 1 000g 离心,上清液加 0.1% 福尔马林或 1%β-丙内酯灭活,离心后可作为抗原。并非所有禽类感染流感病毒后都可产生沉淀抗体。试验常用 0.01 kg/L 琼脂糖或纯化琼脂和含 8% NaCl 的 0.1 mol/L 磷酸盐缓

冲液(pH 值 7.2),在培养皿中或者载玻片上铺成 2 mm～3 mm 厚的凝胶,然后依据模板上的孔样打孔,孔径约 5 mm,孔间距为 2 mm～5 mm,挑出孔中的琼脂。可疑血清孔邻近孔必须加阳性对照血清和抗原。这样可使阳性血清、可疑血清与核糖核蛋白抗原之间将出现连续的沉淀线,每孔加入约 50 μL 的试剂。大约 24 h～48 h 后可见沉淀线出现,这取决于抗体和抗原的浓度。观察沉淀线时,最好在暗背景下进行。当阳性血清与抗原间的沉淀线与待检血清与抗原间的沉淀线融合在一起时,即可判待检血清为阳性,交叉线的出现可解释为试验血清中缺乏对照血清孔中含有的特异抗体。

(2) 血凝和血凝抑制试验

各实验室所采用的 HA 和 HI 试验程序不同,本试验所用试剂为等渗 PBS(0.1 mol/L) pH(7.0～7.2)和采自至少 3 只 SPF 鸡的红细胞(RBC)(如果没有 SPF 鸡,可用常规试验证明体内无禽流感和新城疫抗体的鸡),将其与等体积的阿氏液混合,用 PBS 洗涤 3 次后配成体积分数为 1%红细胞悬液备用,每次试验必须设适当的阳性和阴性对照血清和抗原。只有当血清稀释 1/16(以倒数表示为 24 或 log24)或大于 4 个 HAU 时,血凝抑制滴度才可以认为有效。一些实验室更喜欢使用 8 个 HAU 进行 HI 试验。这是可容许的,但可影响结果解释。阳性滴度将是 1/8 (23 或 log23)或更多。

在该试验中鸡血清极少出现非特异性阳性反应,没有必要在试验前对血清进行处理。除鸡外有些禽的血清可能对鸡红细胞产生非特异性的凝集。这种特性一旦确定,用鸡红细胞对试验血清进行吸附,可以除去非特异凝集素或者选用在调查研究中的禽种红细胞。在每 0.5 mL 的抗血清中加入 0.025 mL 的鸡 RBCs,轻摇后静置至少 30 min;800*g* 离心 2 min～5 min,去掉吸附后的血清。也可以用被检禽种的 RBCs。

(3) ELISA 检测流感病毒核蛋白抗体

检测核蛋白(NP)抗体商品化 ELISA 试剂盒市面有售,运用了几种不同的检测和抗原制备方法。这些方法都经过厂家的评价和测试,因此仔细按照各自的方法操作尤显重要。

19.1.6　部分商品化试剂说明及供应商

(1) 法国 POURQUIER 公司 A 型禽流感 ELISA 试剂盒(POURQUIER® ELISA Avian Influenza Type A)

该试剂盒可通过 ELISA 方法检测 A 型禽流感病毒 NP 蛋白特异性抗体。试剂盒采用阻断 ELISA 方法检测家禽和野生鸟类 A 型流感病毒抗体。

(2) FlockChek * 禽流感抗体检测试剂盒

FlockChek 禽流感抗体检测试剂盒是用于检测鸡血清中禽流感病毒(AI)抗体的间接酶联免疫吸附试验(ELISA)。可检测的毒株包括:H7N2 、H1N7、H7N3 、H13N6、H5N9、H11N6、H3N8、H9N2 、H5N2、H4N8 、H10N7 、H2N9、H8N4、H14N5、H6N5、H12N5、H5N1。

19.2　新城疫(Newcastle disease,ND)

19.2.1　疫病简述

新城疫,又称鸡瘟、亚洲鸡瘟,假性鸡瘟,是由新城疫病毒引起的一种急性、热性、败血性和高度接触性传染病,其特征是高热、呼吸困难、下痢、神经紊乱、黏膜和浆膜出血。主要侵害鸡和火鸡,其禽类、人亦可受到病毒感染。该病死亡率极高,常呈毁灭性流行。我国各地所说的“鸡瘟”就是指鸡新城疫。

本病于1926年首次暴发于印度尼西亚的爪哇，同年发现于英国的新城，1927年分离到病毒，并根据发现地名而命名为新城疫。鸡、火鸡、珍珠鸡、鹌鹑及野鸡对本病都有易感性，其中以鸡的易感性最高，野鸡次之。不同年龄的鸡易感性有差异，幼雏和中雏易感性最高，两年以上的老鸡易感性较低。水禽如鸭、鹅等也能感染本病，并已从鸭、鹅、天鹅、塘鹅和鸬鹚中分离到病毒，但它们一般不能将病毒传给家禽。鸽、斑鸠、乌鸦、麻雀、八哥、老鹰、燕子以及其他自由飞翔的或笼养的鸟类，大部分也能自然感染本病或伴有临诊症状或取隐性经过。历史上有好几个国家因进境观赏鸟类而招致了本病的流行。

本病的传染源是病禽以及在流行间歇期的带毒禽，但对带毒野鸟在传播中的作用不可忽视。受感染的鸡在出现临诊症状前24 h，其口、鼻分泌物和粪便中已有病毒排出。而痊愈鸡带毒、排毒的情况则不一致，多数在临床症状消失后5～7天就停止排毒。在流行停止后的带毒鸡，常呈慢性经过，精神不好，有咳嗽和轻度的神经临诊症状。保留这种慢性病鸡，是造成本病继续流行的原因。

本病的传播途径主要是呼吸道和消化道，在一定时间内鸡蛋也可带毒而传播本病。创伤及交配也可引起传染。非易感的野禽、外寄生虫、人畜均可机械地传播本病。

新城疫的潜伏期为2～15天或更长，平均为5～6天，OIE《国际动物卫生法典》规定为21天。临诊症状受病毒毒株的致病型的影响。决定疾病严重程度的其他重要因素还包括宿主种类、年龄、免疫状况及其他病原的共同感染和环境应激、群体应激、感染途径和病毒剂量。本病一年四季均可发生，但以春秋季较多。这取决于不同季节中新鸡的数量、鸡只流动情况和适于病毒存活及传播的外界条件。购入外表健康的带毒鸡，并将其合群饲养或宰杀，可使病毒散播。污染的环境和带毒的鸡群，是造成本病流行的常见原因。易感鸡群一旦被速发型嗜内脏型鸡新城疫病毒所感染，可迅速传播至毁灭性流行，发病率和病死率可达90%以上。鸡场内的鸡一旦发生本病，可于4～5天内波及全群。

19.2.2 病原特征

新城疫病毒是副黏病毒科、副黏病毒亚科、腮腺炎病毒属的成员，为禽副黏病毒I型的代表株。完整病毒粒子近圆形，直径为120 nm～300 nm，有不同长度的细丝。基因组为单分子单股负链RNA，有囊膜，在囊膜的外层呈放射状排列的突起物或称纤突，具有两种糖蛋白：血凝素神经氨酸酶(HN)及融合蛋白(F)，能刺激宿主产生抑制红细胞凝集素和病毒中和抗体的抗原成分。病毒的基因组编码蛋白有6种：L蛋白——RNA指导的与核衣壳关联的RNA聚合酶；HN蛋白——决定血凝素和神经氨酸酶的活性，形成病毒颗粒表面的两大纤突；F融合蛋白——形成较小的表面纤突；NP核衣壳蛋白；P磷酸化蛋白；M蛋白。

本病毒存在于病鸡所有器官、体液、分泌物和排泄物，以脑、脾和肺含量最高，骨髓含毒时间最长。从不同地区和鸡群分离到的NDV，对鸡的致病性有明显变化。根据不同毒力毒株感染鸡表现的不同，可将NDV分为三种致病型：

1）强毒型(velogenic)或速发型毒株，在各种年龄易感鸡引起急性致死性感染；

2）中毒型(mesogeneic)或中发型毒株，仅在易感的幼龄鸡造成致死性感染；

3）弱毒型(lentogenic)即缓发型或无毒型毒株，表现为轻微的呼吸道感染或无症状肠道感染。

速发型病毒株多属于地方流行的野毒株及用于人工感染的标准毒株；中发型病毒株和缓发型病毒株多用作疫苗毒株。

NDV的毒力分型必须进行生物学实验，判断一株NDV属于哪一型，常需测定3个指数：即依据鸡胚平均死亡时间(MDT)、1日龄雏鸡脑内接种致病指数(ICPI)和6周龄鸡静脉注射致病指数(IVPI)来区别。近年来，研究者在用试管内试验进行NDV的毒力分型方面做了很大的努力，RT-PCR技术将NDV分为强毒和弱毒的方法已日趋成熟。单克隆抗体(MAb)可以检查NDV毒株间微小的抗原差异，用一组不同的MAb可以将NDV不同的毒株和分离物划分为不同的群，处在同一群中的病毒具有相同的生物学和流行病学特点，在流行病学研究中具有重要价值。NDV能在鸡胚中生长繁殖，以尿囊腔接种于9～10日龄鸡胚，强毒株在30～60 h死亡，弱毒株3～6天死亡。死亡的鸡胚，以尿囊液含毒量最高，胚胎全身出血，以头部、足趾、翅膀出血尤为明显。当鸡胚含有母源抗体时，弱毒株不能全部致死鸡胚，胚液的血凝滴度低，这可能是受抗体影响使病毒复制发生障碍，形成无囊膜缺损病毒，所以分离NDV的鸡胚，应来自SPF鸡群或未接种ND疫苗的鸡群。

NDV能在多种细胞培养上生长，可引起细胞病变。在单层细胞培养上能形成蚀斑，毒力越强蚀斑越大。在细胞培养中，可通过中和试验、血凝抑制试验来鉴定病毒。尽管用病毒中和试验和单克隆抗体检测发现不同NDV毒株间存在着微小的抗原差异，但NDV至今仍只有一个血清型。NDV一个重要的生物学特性就是能吸附于鸡、火鸡、鸭、鹅及某些哺乳动物(人、豚鼠)的红细胞表面，并引起红细胞凝集(HA)，这种特性与病毒囊膜上纤突所含血凝素和神经氨酸酶有关。这种血凝现象能被抗新城疫病毒的抗体所抑制(HI)，因此，可用HA和HI来鉴定病毒和进行流行病学调查。病毒感染鸡体后抗体迅速产生。HI抗体在感染后4～6天即可检出，可持续至少2年。HI抗体的水平是衡量免疫力的指标。雏鸡的母源抗体保护可有3～4周。血液中IgG不能预防呼吸道感染，但可阻断病毒血症，分泌性IgM在呼吸道及肠道的保护方面作用最大。NDV对消毒剂、日光及高温的抵抗力不强；对乙醚、氯仿敏感；对pH稳定，pH(3～10)不被破坏。病毒在60 ℃30 min失去活力，真空冻干病毒在30 ℃可保存30天，在直射阳光下，病毒经30 min死亡。病毒在冷冻的尸体可存活6个月以上。常用的消毒药如2%氢氧化钠、5%的漂白粉、70%酒精在20 min即可将新城疫病毒杀死。但多种因素都能够影响消毒的效果，如病毒的数量、毒株的种类、温度、湿度、阳光照射、储存条件及是否存在有机物等，尤其是以有机物的存在及低温的影响作用最大。

19.2.3　OIE法典中检疫要求

2.1.15.1条　本《法典》规定，新城疫(Newcastle disease, ND)潜伏期为21天。关于诊断试验和疫苗标准参阅《手册》。

2.1.15.2条　无ND国家

一个国家至少过去3年内未发生ND，可视为无ND国家。实施扑杀政策的国家，不论是否实施疫苗接种，期限为最后一例感染动物扑杀后6个月。

2.1.15.3条　ND感染区

某一区域应视为ND感染区，直到：

1) 最后一病例确诊并实施扑杀政策和消毒措施之后21天，或

2) 不实施扑杀政策，最后一例感染动物临床康复或死亡之后6个月。

2.1.15.4条　无ND国家兽医行政管理部门可禁止进境，或禁止经其领地过境运输来自被认为ND感染国家的下列物品：

1）家禽和野禽；

2）初孵雏；

3）种蛋；

4）家禽和野禽的精液；

5）家禽和野禽的鲜肉；

6）未经加工，难以确保杀灭ND病毒的家禽和野禽肉制品；

7）动物饲料或工农业用动物源（禽类）性产品。

2.1.15.5条 从无ND国家进境家禽时，兽医行政管理部门应要求出具国际兽医证书，证明这些家禽：

1）装运之日无ND临床症状；

2）自孵出或至少过去21天内，一直在无ND国家饲养；

3）未接种过ND疫苗；或

4）接种过符合OIE标准的ND疫苗（证书应注明疫苗性质及接种日期）。

2.1.15.6条 从无ND国家进境野禽时，兽医行政管理部门应要求出具国际兽医证书，证明这些野禽：

1）装运之日无ND临床症状；

2）来自无ND国家；

3）自孵出或于装运前至少21天，一直在检疫站隔离饲养。

2.1.15.7条 从被认为ND感染国家进境家禽时，兽医行政管理部门应要求出具国际兽医证书，证明这些家禽：

1）装运之日无ND临床症状；

2）来自接受兽医当局定期检查的饲养场；

3）来自非ND感染区域的无ND饲养场；或

4）自孵出或于装运前21天，一直在检疫站隔离饲养，经ND诊断试验，结果阴性；

5）未接种过ND疫苗；或

6）接种过符合OIE标准的疫苗（证书应注明疫苗性质及接种日期）。

2.1.15.8条 从被认为ND感染国家进境野禽时，兽医行政管理部门应要求出具国际兽医证书，证明这些野禽：

1）装运之日无ND临床症状；

2）自孵出之日或于装运前至少21天，一直置检疫站饲养；

3）进入检疫站前经ND诊断试验，结果阴性。

2.1.15.9条 从无ND国家进境初孵雏时，兽医行政管理部门应要求出具国际兽医证书，证明：

1）初孵雏来自无ND国家的孵化场；

2）初孵雏及其父母代都未接种过ND弱毒活苗。

2.1.15.10条 当从被认为ND感染国家进境初孵雏时，兽医行政管理部门应要求出具国际兽医证书，证明这些初孵雏：

1)来自经兽医当局定期检查的孵化场；

2）来自位于无ND感染区的无ND孵化场；

3）未接种过ND疫苗；或

4）接种过符合OIE标准的疫苗（证书应注明疫苗性质及接种日期）。

2.1.15.11条 从无ND国家进境种蛋时，兽医行政管理部门应要求出具国际兽医证书，证明种蛋来自无ND国家的养殖场或孵化场，且该养殖场或孵化场接受兽医当局的定期检查。

2.1.15.12条 从被认为ND感染国家进境种蛋时，兽医行政管理部门应要求出具国际兽医证书，证明这些种蛋：

1）按照附录3.4.1有关程序作过消毒；

2）来自兽医当局定期检查的养殖场或孵化场；

3）来自非ND感染区域的无ND养殖场或孵化场；

4）来自未接种过ND疫苗的禽类养殖场或孵化场；或

5）来自作过ND免疫接种的禽类养殖场或孵化场（证书应注明疫苗性质及接种日期）。

2.1.15.13条 从无ND国家进境家禽和野禽的精液时，兽医行政管理部门应要求出具国际兽医证书，证明供精禽：

1）精液采集之日无ND临床症状；

2）精液采集前至少在无ND国家饲养21天。

2.1.15.14条 从被认为ND感染国家进境家禽和野禽的精液时，兽医行政管理部门应要求出具国际兽医证书，证明供精禽：

1）精液采集之日无ND临床症状；

2）精液采集前未接种过ND活疫苗；

3）在出境国某一接受兽医当局定期检查的养殖场内饲养；

4）在非ND感染区的无ND养殖场内饲养。

2.1.15.15条 从无ND国家进境新鲜禽肉时，兽医行政管理部门应要求出具国际兽医证书，证明生产这批肉品的活禽：

1）自孵出或至少过去21天内一直在无ND国家饲养；

2）在批准的屠宰场屠宰，经宰前宰后ND检验，结果合格。

2.1.15.16条 从被认为ND感染国家进境新鲜禽肉时，兽医行政管理部门应要求出具国际兽医证书，证明生产这批肉品的活禽：

1）在非ND感染区域的无ND饲养场饲养；

2）在非ND感染区域的批准的屠宰场屠宰，经宰前宰后ND检验，结果合格。

2.1.15.17条 从被认为ND感染国家进境禽肉制品时，兽医行政管理部门应要求出具国际兽医证书，证明：

1）生产这批肉制品的禽在批准的屠宰场屠宰，经宰前宰后ND检验，结果合格；

2）肉制品已经过加工，保证杀灭ND病毒；

3）加工后已采取必要的措施，避免触及任何含有ND病毒源的肉品。

2.1.15.18条 从无ND国家进境动物饲料或工业用动物（禽）源性产品时，兽医行政管理部门应要求出具国际兽医证书，证明生产这些产品的供应禽，自孵出后或至少过去21天内一直在无ND国家饲养。

2.1.15.19条 从被认为ND感染国家进境肉粉和羽毛粉时，兽医行政管理部门应要求出具国际兽医证书，证明这些产品已经经过热处理，确保杀灭ND病毒。

2.1.15.20条　从被认为ND感染国家进境羽毛和绒毛（禽）时，兽医行政管理部门应要求出具国际兽医证书，证明这些产品已经经过加热处理，确保杀灭ND病毒。

19.2.4　检测技术参考依据

（1）国外标准

OIE手册，Chapter 2.1.15Newcastle disease

（2）国内标准

GB 16550—1996　新城疫检疫技术规范

SN/T 0764—1999　出口家禽新城疫病毒检验方法

SN/T 1109—2002　新城疫微量红细胞凝集抑制试验操作规程

SN/T 1110—2002　新城疫病毒分离及鉴定方法

SN/T 1686—2005　新城疫病毒中强毒株检测方法 荧光RT-PCR法

19.2.5　检测方法概述

由于鸡的临床症状差别很大，不同宿主对感染的反应也不一样，这可能使诊断更复杂。因此，单纯的依靠临床症状不能确诊ND。然而可以根据与强毒力病型有关的特有症状和病变怀疑本病的发生。根据流行病学、临诊症状和剖检变化（全身浆膜和黏膜卡他、充血、出血，腺胃出血，肠有纤维素坏死性溃疡，盲肠扁桃体肿大、出血、坏死）进行综合分析判断，一般可作出初步诊断。确诊本病需通过实验室方法。

19.2.5.1　病原鉴定

（1）分离病毒的样品

当认为鸡群发生ND，引发严重疾病导致高死亡率时，通常是从死亡不久的禽或人为杀死的濒死禽进行病毒分离。从死禽采集的样品有口鼻拭子、肺、肾、肠（包括内容物）、脾、脑、肝和心组织。这些样品可单独或者混合存放，但肠内容物常需单独处理。从活禽采集的样品应包括气管和泄殖腔拭子，后者需带有可见粪便，对雏禽采集拭子容易造成损伤，可采用收集新鲜粪便代替。在采集样品受到限制的地方，除了受感染的或者有相关临床症状的器官和组织外，主要的应是泄殖腔拭子（或粪便）和气管拭子（或者气管组织）。样品采集应在疾病初期进行。

样品置于含抗生素的等渗磷酸盐缓冲液（PBS）（pH7.0～7.4），抗生素视条件而定，但组织和气管拭子保存液中应含青霉素（2 000 U/mL），链霉素（2 mg/mL）；卡那霉素（50 μg/mL）和制菌霉素（1 000 U/mL），而粪便和泄殖腔拭子保存液抗生素浓度应提高5倍。加入抗生素后调pH值到7.0～7.4是很重要的。粪便和搅碎的组织，应用抗生素溶液制成0.1 kg/L～0.2 kg/L的悬浮液，在室温下静置1 h～2 h，样品应尽快处理，如没有条件，样品可在4 ℃保存，但不超过4天。

（2）病毒培养

粪便或组织的悬浮液在室温下（不超过25 ℃）1 000*g* 离心10 min，吸取上清液0.02 mL/枚，经尿囊腔接种至少5枚9～11日龄的SPF鸡胚，接种后，35 ℃～37 ℃孵育4～7天，收集死胚、濒死鸡胚和培养结束时存活的鸡胚，首先置4 ℃致冷，随后检测尿囊液的HA活性。阴性反应至少用另一批蛋再传代一次。

（3）病毒鉴定

在无菌收集的接种鸡胚尿囊液中能检出HA活性，可能是由于存在16种血凝亚型之一的流感病毒或者其他8个血清型之一的副黏病毒（未灭菌的尿囊液可能含细菌性HA）。用特异的抗血清，经HI试验可以证明NDV的存在。通常使用NDV毒株中的一个株制备鸡的抗血清。ND病毒和APMV-3在HI试验中有交叉反应带来麻烦，可以使用合适的抗原和抗血清对照解决此问题。

（4）致病指数

不同NDV分离株的毒力差异显著，而且由于新城疫活苗的广泛应用，仅从具有临床症状的病禽分离出病毒进行鉴定，还不能对ND作出确诊，因此，需要对分离毒株的致病性进行评估，根据公认的病原毒力与病原分子结构间的关系建立的体外毒力鉴定技术，已经用于世界范围内新城疫病毒的调查。尽管根据通用的OIE有关新城疫的概念，允许采用分子学的方法进行致病性评估，但是，目前常用的方法为体外试验，采用以下一种或多种方法对致病性进行评估：

1）鸡胚平均致死时间（MDT）测定：

① 将新鲜的感染尿囊液用灭菌的生理盐水连续10倍递增稀释成10^{-6}～10^{-9}。

② 每个稀释浓度经尿囊腔接种5枚9～10日龄的SPF鸡胚，每枚鸡胚接种0.1 mL，置37 ℃培养。

③ 余下的病毒稀释液于4 ℃保存，8 h后，每个稀释度接种另外5枚鸡胚，每枚鸡胚接种0.1 mL，置于37 ℃培养。

④ 每日照蛋两次，连续观察7天，记录各鸡胚的死亡时间。

⑤ 最小致死量是指能引起所有用此稀释度接种的鸡胚死亡的最大稀释度。

⑥ MDT是指最小致死量引起所有鸡胚死亡的平均时间（小时）。

⑦ 利用MDT可将NDV株分为速发型（死亡时间低于或等于60 h）、中发型（死亡时间在61 h～90 h之间）、温和型（死亡时间大于90 h）。

2）脑内致病指数（ICPI）测定：

① HA滴度24（＞1/16）以上的新鲜感染尿囊液，用等渗无菌盐水作10倍稀释，不加添加剂，如抗生素等。

② 脑内接种出壳2d～40 h的SPF雏鸡，共接种10只．每只接种0.05 mL。

③ 每24 h观察一次，共观察8天。

④ 每天观察应给鸡打分，正常鸡记作0，病鸡记作1，死鸡记作2，（每只死鸡在其死后的每日观察中仍记2）。

⑤ ICPI是每只鸡8天内所有每次观察数值的平均数。最强毒力病毒的ICPI将接近最大值2.0，而温和型毒株的值近于0。

3）静脉致病指数（IVPI）测定：

① HA滴度高于24（≥1/16）的新鲜尿囊液用灭菌等渗盐水作1∶10稀释。

② 由静脉接种6周龄的SPF小鸡；接种10只，每只鸡接种0.1 mL。

③ 每天观察1次，共10天，每次观察要记分，正常鸡记作0，病鸡记作1，瘫痪鸡或出现其他神经症状记作2，死亡鸡记作3（每只死鸡在其死后的每日观察中仍记作3）。

④ IVPI是指10天内每次观察每只鸡的记录的平均值。温和型毒株和一些中等毒性

型毒株 IVPI 值为 0，而强毒力型株可达到 3.0。这些试验也有一些改动，用未稀释的尿囊液擦拭 8 周龄鸡的泄殖腔和结膜代替 IVPI 试验，其目的在于区别嗜内脏速发型和其他速发型病毒。

4）致病指数的说明

在实施贸易、运输限制或其他政策方面，致病指数解释不大明确。目的是控制明显高出缓发型毒力的毒株的感染，比如 Hitchner-B1 或 LaSota。IVPI 若为 0 毒株可能引起严重疾病，所以 ICPI 最常用于这方面的评价。然而，在 ICPI 试验中，不同株致病指数在 0.00～2.00整个范围值内都可能表现。十分清楚，任何用于划定界限的数值须结合实际情况来考虑。

(5) 免疫荧光检测抗原

这种免疫荧光法对鸡新城疫病毒检查具有高度特异性和敏感性，而且具有快速的优点。作为荧光技术检查的材料以脾为首选，也可采肺和肝，按常规方法用冷冻切片制成标本，然后将新城疫荧光抗体稀释成一定工作浓度，滴加在经固定的切片标本上，在 37 ℃染色 30 min，取出立即用 PBS(pH8.0)反复洗 3 次，然后滴加 0.1%伊文思蓝，作用 2 s～3 s 后，再用 PBS 冲洗；然后用 9∶1 缓冲甘油封固，镜检。在荧光显微镜见荧光者为鸡新城疫病毒所在部位。

(6) 血清中和(SN)试验

SN 试验既可用已知抗 NDV 的血清来鉴定可疑病毒，又可用已知病毒来测定血清中是否含有特异性抗体，以确定鸡群是否感染过新城疫。

1）无菌小试管 2 支，各加 0.5 mL 待检的含病毒材料（例如含病毒的脾、肺浸出液、含毒尿囊液、含毒细胞培养液），其中 1 管加等量阳性血清，另一管加等量阴性血清，37 ℃水浴作用 60 min。

2）取两排无菌小试管，用细胞维持液将上述两管材料分别做 10 倍系列稀释。

3）将稀释后的材料接种 3～5 枚鸡胚或单层细胞，连续观察 24 h～48 h，记录鸡胚或细胞管的感染数，按 Karber 法计算鸡胚半数感染量（EID_{50}）或细胞半数感染量（$TCID_{50}$）。如果经阳性血清处理组的 EID_{50} 或 $TCID_{50}$ 较阴性血清组低，其差超过 21og2 时，则可定为新城疫病毒。

19.2.5.2　血清学试验

ND 病毒可作为各种血清学试验的抗原，可做中和试验和 ELISA 进行疫病诊断。目前，HI 试验应用最为广泛。

血清学诊断的价值同感染家禽的免疫状况密切相关。如果 1∶16(24)稀释的血清或者高于这个稀释度能抑制 4 HAU 的抗原，这种 HI 滴度被判为阳性。而有些实验室以 8 HAU为标准，这也是允许的，但会影响其结果计算，其阳性效价应为 23 (1/8)或更高。在所有的确诊试验当中，针对试验采用的 HAU 应设抗原滴度的追溯性测定。

HI 试验可用于鸡群免疫状况测定，当对免疫鸡群进行监测时，有可能检出比如野毒的感染引起的反应，但是，在解释时应特别注意其他不同原因引起的变化，例如已证明免疫 NDV 的火鸡再感染 APMV-3 病毒可引起对 NDV 的抗体滴度升高。

已有多种商品化的 ELLSA 试剂盒可供使用，这些试剂盒都是基于检测 NDV 抗体的不同方法，包括用单抗的间接、夹心、阻断和竞争 ELLSA。一个试剂盒至少有一种亚单位抗原。

19.2.6　部分商品化试剂说明及供应商

FlockChek * 新城疫病毒抗体检测试剂盒:新城疫病毒(NDV)的血清学鉴定和免疫状况的评估需要检测血清中的NDV抗体。酶联免疫吸附试验(ELISA)系统经证实对NDV抗体水平的定量检测是有效的,有利于监测大规模群体的免疫状况。FlockChek新城疫病毒抗体检测试剂盒是设计用来检测鸡和火鸡血清中新城疫病毒(NDV)抗体的酶联免疫吸附试验。

19.3　禽传染性喉气管炎(Avian infectious laryngotracheitis,ILT)

19.3.1　疫病简述

鸡传染性喉气管炎是由传染性喉气管炎病毒(ILTV)引起的鸡的一种急性接触性呼吸道传染病。该病以呼吸困难、咳嗽和咳出血样渗出物或黄色干酪样假膜为特征,受侵害的气管黏膜肿胀、水肿,导致糜烂和出血,发病率接近100%,死亡率10%～40%,蛋鸡产蛋量明显下降。本病自1925年由May和Tittsler首次报道发生于美国,当时定名为"气管喉头炎",以后又称"传染性支气管炎"、"支气管肺炎"等,几经更名。1930年Beaudettle首次证实本病由病毒引起。1931年美国兽医协会禽病专门委员会正式命名为"传染性喉气管炎"。

本病1925年首次报道于美国,1930年证实病原为病毒,1931年统一命名为传染性喉气管炎,现已广泛流行于世界许多养禽的国家和地区,尤其在美国、欧洲与澳大利亚等高密度养鸡地区;我国于1986年发生了血清学阳性病例,1992年分离到病毒。

鸡是ILTV感染的主要自然宿主,各种年龄的鸡均可感染,特征症状只有在成年鸡中才能观察到。野鸡、孔雀和幼火鸡也可感染。其他禽类和实验动物有抵抗力。病鸡的突出症状就是喘气和咳嗽,常呈伏卧姿势。病重者头颈卷缩,眼全闭,每次呼吸,突然向上向前伸头张口,呼吸时伴有罗音和喘鸣声。常有痉挛性咳嗽,咳出带血的黏液或血凝块。检查喉部,可见黏膜上附着有黄色或带血的浓稠黏液或豆渣样物质。部分病例有鼻炎和眼结膜炎,重者眶下窦肿胀,持续性地呈现鼻腔分泌物增多和出血性眼结膜炎。体弱,产蛋下降。

病鸡和康复后的带毒鸡(约有2%康复鸡可带毒,时间可长达2年)是主要传染源。病毒存在于喉头、气管和上呼吸道分泌液中,通过咳出血液和黏液传播。现已证实三叉神经节是ILTV潜伏感染的主要部位,受到应激的潜伏感染鸡,ILTV可以被激活,大量复制并排出。

人工感染以气管内接种或喷雾方法,可使30日龄的雏鸡在3～10天内发病。使用被污染的设施与垫料能引起机械性传播,目前尚未证实蛋内或蛋壳上病毒能经蛋传递,在37 ℃条件下24 h内可灭活ILTV。本病一年四季均可以发生,但以冬、春季节多发。本病在易感鸡群中传播迅速,通常在自然感染后6～12天出现症状,气管内感染的潜伏期为2～4天。感染率90%～100%,病死率5%～70%,平均在10%～20%,高产的成年鸡病死率很高。急性病鸡传播本病比临诊康复带毒鸡的接触性传播更为迅速。耐过本病的鸡具有长期免疫力。

19.3.2　病原特征

传染性喉气管炎病毒(Infectious laryngotracheitis Virus),属疱疹病毒科疱疹病毒甲亚科(Alphaherpesvirinae)类传染性喉气管炎病毒,属禽疱疹病毒Ⅰ型(Gallid herpesvirus Ⅰ),具有疱疹病毒的一般形态特征,有由162个中空的长壳粒组成的立方形20面体衣壳,核衣壳直径为80 nm～100 nm,中心部分病毒核酸为双股DNA,完整病毒粒子直径为

195 nm～250 nm,有囊膜。本病毒呈现高度宿主特异性,只能在鸡胚及其细胞培养物内良好增殖。对ILTV保护性抗原的研究集中于糖蛋白,已鉴定的糖蛋白有gB、gC、gD、gX、gK和一独特性糖蛋白gp60,经免疫沉淀实验、免疫转印试验和单克隆抗体技术,证实了5种主要糖蛋白其分子量分别为205kD,160kD,115kD,90kD,60kD。处于SU序列的糖蛋白(gp60)和其他A2疱疹病毒没有同源性,对ILTV是独特的,虽然gp60是传染性喉气管炎病毒感染鸡血清识别的主要蛋白,但它在ILTV发病机理中所充当的角色尚未弄清,使用单抗从整个糖蛋白中置换gp60并不降低疫苗的效率,同时发现感染鸡对gp60可产生体液和细胞免疫。

ILTV基因及其编码蛋白TK基因在UL区,第一个被鉴定的基因。TK基因高度保守,不同毒株之间更加保守,经证明欧美株之间仅相差3个连续的核苷酸。TK基因是非必需基因,但它是A2疱疹病毒的一个毒力基因。TK基因编码胸腺嘧啶激酶,在核酸代谢中起某种作用。疱疹病毒具有神经潜伏能力,而TK功能缺失的毒株在非分裂细胞中的复制能力相当低,使神经潜伏的病毒难以复发。因此,TK缺失株作为疫苗具有特殊意义。

病毒大量存在于病鸡的气管组织及其渗出物中,肝、脾和血液中较少见,病毒接种于鸡胚绒毛尿囊膜,使鸡胚在接种后2～12天死亡,胚体变小,绒毛囊膜增生和坏死,形成灰白色的豆斑样病灶。病毒易在鸡胚细胞培养上生长,引起核染色质变位和核仁变圆,胞浆融合,成为多核的巨细胞(合胞体),核内可见有包涵体,病毒还可以在鸡白细胞培养上生长,引起以出现多核巨细胞为特征的细胞病变。

传染性喉气管炎病毒对鸡和其他常用实验动物的红细胞无凝集特性。本病毒对乙醚、氯仿等脂溶剂均敏感。对外界环境的抵抗力不强。加热55 ℃存活10 min～15 min,37 ℃存活22 h～24 h;在死亡鸡只气管组织中的病毒,在13 ℃～23 ℃可存活10天,37 ℃44 h死亡;气管黏液中的病毒,在直射阳光下6 h～8 h死亡,但在黑暗的房舍内可存活110天;在绒毛尿囊膜中,在25 ℃经5 h被灭活。病毒在干燥环境下可存活1年以上。在低温条件下,存活时间长,如在－20 ℃～－60 ℃时,能长期保存其毒力。煮沸立即死亡。兽医上常用的消毒药如3%来苏尔、1%苛性钠溶液或5%石炭酸1 min可以杀死。甲醛、过氧乙酸等消毒药也有较好消毒效果。病毒在甘油盐水中保存良好,37 ℃可存活7～14天,22 ℃可存活14～21天,4 ℃可存活100～200天。

19.3.3　OIE法典中检疫要求

2.7.7.1条　本《法典》规定,禽传染性喉气管炎(ILT)潜伏期为14天(慢性携带者)。关于诊断试验和疫苗标准参阅《手册》。

2.7.7.2条　进境家禽时,进境国兽医行政管理部门应要求出具国际兽医证书,证明家禽:

1) 装运当日无ILT临床症状;

2) 来自经血清学试验确认无ILT的饲养场;

3) 未经ILT疫苗接种;或者

4) 经过ILT疫苗接种(证书应注明疫苗性质和接种时间)。

2.7.7.3条　进境初孵雏时,进境国兽医行政管理部门应要求出具国际兽医证书,证明初孵雏:

1) 来自兽医当局定期检查的饲养场和/或孵化场,并且/或者孵化场符合附录3.4.1所述标准;

2）未接种过 ILT 疫苗；或

3）接种过 ILT 疫苗（证书应注明疫苗性质和接种时间）；或

4）其父母代群：a）来自经血清学试验确认无 ILT 的饲养场和/或孵化场；b）来自不进行 ILT 免疫接种的饲养场；或 c）来自实施 ILT 免疫接种的饲养场；

5）用清洁的未用过的包装箱（笼）装运。

2.7.7.4 条 进境家禽种蛋时，进境国兽医行政管理部门应要求出具国际兽医证书，证明种蛋：

1）按附录 3.4.1 所述标准进行过消毒；

2）来自确认无 ILT 的饲养场和/或孵化场，且孵化场符合附录 3.4.1 所述标准；

3）用清洁的未用过的包装箱（笼）装运。

19.3.4 检测技术参考依据

（1）国外标准

OIE 手册，CHAPTER 2.7.7Avian infectious laryngotracheitis

（2）国内标准

NY/T 556—2002 鸡传染性喉气管炎诊断技术

SN/T 1555—2005 鸡传染性喉气管炎琼脂免疫扩散试验操作规程

19.3.5 检测方法概述

尽管 ILT 某些急性症状是特征的，但许多症状与禽的其他呼吸道疾病相似，单纯的观察症状与病变不能做出可靠的诊断，有待经实验室方法证实。

19.3.5.1 病原鉴定

病毒分离可用鸡胚肝、鸡胚肾或鸡肾细胞。其中，以鸡胚肝细胞对本病毒最敏感。也可以经 10～12 日龄的鸡胚绒毛尿囊膜接种分离病毒。气管分泌物中的疱疹病毒可以用电子显微镜直接观察。气管刮取物中的抗原检测可用免疫荧光试验、免疫琼脂扩散试验（AGID）、酶联免疫吸附试验（ELISA）。观察特异性的疱疹病毒核内包涵体，有助于本病的诊断。已有报道 PCR 检测 ILT 病毒比病毒分离敏感性更高。

（1）病毒分离

从活鸡采集病料，最好不用口咽拭子或结膜拭子，而用气管拭子，将拭子放入含抗菌素的运输液中。从病死鸡采集病料，可取整个病鸡的头颈部，为了尽量减少污染，也可以仅取气管和喉头送检。用于病毒分离，应将病料置含抗菌素的培养液内送检。而用于电镜观察的病料，则应将病料用湿的包装纸包扎后送检。若长期保存病料，应置－70 ℃以下保存，为防止病毒感染力的下降，应尽量避免反复冻融。刮取病鸡气管的分泌物和上皮细胞，用含青、链霉素的营养肉汤作 1∶5 左右的稀释，震荡混匀。低速离心去渣，取上清液 0.1 mL 接种于 10～12 日龄的鸡胚绒毛尿囊膜（CAM）上，鸡胚用石蜡封口，置 37 ℃继续孵育 7 天，每日照蛋，取 7 天内死亡的鸡胚和 7 天后仍存活的鸡胚绒毛尿囊膜，观察是否有痘斑出现。此外，也可以将病料接种于鸡胚肝或鸡胚肾细胞上进行病毒分离。取两瓶以上细胞，倾去培养液，接种病料后吸附 1 h～2 h，然后再换上新的培养液，培养 7 天，每天检查是否出现一种有合胞体细胞形成的细胞病变（CPE）。无论采用哪种方法分离病毒，均应进行三代以上的盲传后仍不出现病变，方能认为病毒分离阴性。鉴定所分离的病毒是否为 ILT 病毒应当用抗血清在鸡胚或细胞上进行中和试验。此外，可以用电镜技术快速观察细胞培养液或 CAM

中的病毒，也可以检测经丙酮固定的ILT病毒感染细胞或CAM冷冻切片中的病毒抗原。

(2) 电镜观察

取气管渗出物或气管上皮组织，涂于载玻片上，在病料上滴加几滴蒸馏水，混匀。取1滴混悬液，滴加到聚乙烯醇缩甲醛树脂(formvar)包被的喷碳铜网上，放置2 min，用滤纸吸取多余的液体，加pH6.4的4%磷钨酸1滴，染色3 min后，吸掉多余的染液。待铜网完全干燥后，电镜下放大30 000～45 000倍，观察是否有典型的疱疹病毒颗粒。

(3) 免疫荧光试验

用免疫荧光试验检查病毒抗原时，可将从气管上刮取的上皮细胞碎屑涂在玻片上，也可将气管制成5 μm厚的冰冻切片，在室温下用丙酮固定10 min，再用异硫氢酸荧光素(FITC)标记过的鸡抗ILT病毒的免疫球蛋白(FITC)直接染色1 h，然后用pH7.2磷酸盐缓冲盐水(PBS)将切片放在磁力搅拌器中搅拌漂洗15 min。也可以用间接法染色，即加适当稀释的鸡抗ILT血清作用1 h，如上所述用PBS洗涤15 min，再加FITC标记的抗鸡免疫球蛋白作用30 min，经最后漂洗，加盖玻片，用荧光紫外蓝光源检查切片的上皮细胞内是否存在特异性的核内荧光。试验应设对照组，包括无ILT病毒感染的病料和阴性血清对照。在判读间接IFA结果时应特别注意，存在于气管病料中的内源性鸡IgG与标记的FITC抗鸡IgG结合即会发生非特异性反应。

(4) 琼脂凝胶免疫扩散

用ILT病毒高免血清做AGID扩散，可检测出气管分泌物、感染的CAM或感染细胞培养物中的ILT病毒抗原。用蒸馏水将诺布尔(Noble)琼脂配制1.5%的浓度，其中含8%氯化钠和0.02%叠氮钠，高压灭菌15 min。5 mL融化的琼脂倒入直径5 cm的平皿内，按模型在琼脂上打孔，即一个中心孔、六个周围孔。孔径通常为8 mm，孔距为4 mm。中心孔加高免血清，周围孔加可疑的待检病毒样品，但至少要有一个孔加阳性病毒抗原。将平皿置湿盒内在室温或37 ℃下孵育，24 h～48 h后，用斜光检查，观察沉淀线。实验应包括未感染的材料作为阴性抗原对照，已知阴性抗血清做对照。为节约材料，该试验也可在微量玻板上进行，孔径为4 mm，孔距为2 mm。

(5) 酶联免疫吸附试验

单克隆抗体(MAb) ELISA测定病毒抗原时，将气管分泌物与等体积的含1%去污剂(如NP40)的PBS混合，然后旋涡搅拌30 s 10*g*离心1 min，取上清液。试验前，顶先将兔抗ILF病毒IgG用碳酸盐缓冲液(0.05 mol/L，pH9.0)稀释200倍，包被微量滴定板，取50 μL上清液滴加到微量滴定板的各孔内，作用1 h。将抗ILT病毒主要糖蛋白的MAb用PBS作50倍稀释，取50 μL滴加到酶标板各孔内；然后再加入50 μL 1 000倍稀释的经亲和层析提纯的辣根过氧化物酶标记的山羊抗鼠IgG。最后，每孔再加入经重结晶的氨基水杨酸(6.5m mol/L)10 050 μL。30 min后，将板放在分光光度计以450 nm，判读各孔OD值，并用稀释液代替病料作ELISA试验的对照孔校正OD值。阳性和阴性结果的判断是以数份阴性样品(如无ILT病毒的气管组织)的平均光吸收值+3倍标准误差作为临界值。

(6) 病理组织学检查

作病理组织学检查的气管组织，采取后应立即放入福尔马林生理盐水内，并用石蜡包埋。在苏木精伊红或姬姆萨染色的纵向气管切片中，可见到上皮细胞核内包涵体。它们都是典型的疱疹病毒的Cowdry A型包涵体，但只在感染后3～5天才出现。很多情况下，许

多感染细胞从气管上分离下来，在气管剥离物的完整细胞内，亦可见到包涵体。

(7) 分子生物学方法

应用于分子生物学方法鉴定临床样品中ILT病毒DNA已有报道，ELISA和病毒分离检测阴性时，斑点杂交和DNA片段扩增具有更高的敏感性。PCR对于临床样本的检测更敏感，尤其在其他病毒如腺病毒污染的情况下。ILT病毒检测方法中存在的问题是无法区分野毒株和疫苗毒株。Chang等人用PCR结合限制片段长度多态性(RFLP)分析，有可能更好地了解ILT病毒的流行病学和病毒进化。

19.3.5.2　血清学试验

可用病毒中和(VN)试验、AGID、间接荧光抗体(IFA)试验或ELISA检测鸡血清中ILT抗体。

(1) 病毒中和试验

VN试验用9～11日龄鸡胚经绒毛尿囊膜(CAM)接种进行，抗体能特异地中和ILT病毒，使病毒不能在CAM上产生痘斑。另外，试验也可以用细胞培养物进行，抗体能中和病毒，使病毒不能引起细胞病变(CPE)。试验时，将血清作倍比稀释，然后与等体积的固定病毒液混合，病毒浓度为100EID_{50}或100$TCID_{50}$。混合物在37 ℃孵育1 h，使其充分中和。

在用鸡胚做中和试验时，病毒—血清混合物接种到鸡胚CAM上，每一个稀释度至少接种5枚鸡胚。接种部位封口后，鸡胚置于37 ℃孵育6～7天。以鸡胚CAM上不出现痘斑的血清最高稀释度表示终点。用细胞培养物进行中和试验时，血清在96孔微量培养板上稀释，然后加病毒。中和一段时间后，加入刚消化的鸡胚肝或肾细胞。培养板加封后，在37 ℃孵育，每天检查CPE，病毒对照滴度表明，试验中使用的病毒为30 $TCID_{50}$～300 $TCID_{50}$时，则在大约4天后，以能使50%细胞出现病变的血清稀释度作为终点。

(2) 琼脂免疫扩散试验

用于AGID试验的抗原是用感染了病毒的鸡胚CAM或细胞培养物制备的。用CAM制备抗原时，取10日龄SPF鸡胚，经尿囊腔无菌接种至少104$TCID_{50}$的ILT病毒。孵育4天后，收集CAM，并将带有大量痘斑的CAM放入少量PBS (pH7.1)中制成匀浆，超声波裂解。用细胞制备抗原时，则将大量病毒接种于鸡胚肝、鸡胚肾或鸡肾细胞，置37 ℃孵育，直至观察到CPE，将贴在培养瓶壁上的细胞刮到培养基中，收获全部培养物，用聚乙二醇透析浓缩100倍(PEG20 000或PEG30 000)。进行AGID试验时，同抗原检测方法一样准备琼脂凝胶，与上述试验不同的是，用CAM或细胞制备的抗原放入中央孔，而周围孔加待检血清。试验应设标准阳性血清和标准阴性血清对照，置室温或37 ℃作用24 h～48 h后，观察结果。与其他试验方法相比，AGID试验简便、价廉、易行，适用于鸡群的净化，但敏感性较差。

(3) 间接荧光抗体试验

用生长在特氟隆包被多格载玻片上已感染ILT病毒的鸡肝细胞单层作为抗原，当细胞出现CPE后，用丙酮固定10 min。用PBS稀释待检血清，并加到各格的培养物中，再将玻片在37 ℃孵育1 h，用PBS冲洗数次，加适当稀释的市售FITC标记的兔抗鸡的免疫球蛋白。在37 ℃孵育1 h后，再次冲洗，用盖玻片封片，荧光显微镜检查。以出现特异性染色的最高血清稀释度来表示终点。这种试验比AGID试验更敏感，但解释结果可能存在一定的主观性。

(4) 酶联免疫吸附试验

当感染ILT病毒的细胞出现CPE最多时，将其收获，经超声波裂解，即成ELISA抗原将抗原包被在微量滴定板上，以同样方法处理未感染的细胞培养物作阴性抗原对照将1∶10稀释的待检血清加到两个已包被阳性或阴性抗原孔内，每孔 0.1 mL。在 37 ℃孵育 2 h，洗板 4 次，并加入 1∶400 的辣根过氧化酶标记的兔抗鸡 IgG 结合物，37 ℃孵育 1 h，再洗板 4 次，每孔加 5-氨基水杨酸底物后接着每孔加过氧化氢，终浓度为 0.000 5%，用分光光度计以 450 nm 判读各孔的吸收值，结果以阳性、阴性抗原与血清产生的平均吸收值之差来表示。阳性和阴性结果的判断是以数份阴性血清的平均光吸收值＋3 倍标准误差作为临界值。该试验很敏感，有可能成为流行病学调查的有效手段。禽传染性喉气管炎病毒 ILT 抗体检测试剂盒已经商品化。

19.4　禽传染性支气管炎(Avian infectious bronchitis，IB)

19.4.1　疫病简述

鸡传染性支气管炎是鸡传染性支气管炎病毒(Avian infectious bronchitis virus，IBV)引起的一种急性、高度接触传染性的呼吸道和泌尿生殖道疾病，以病幼鸡咳嗽、喷嚏、流涕、呼吸困难和气管罗音特征为主；产蛋鸡则表现产蛋减少，肾脏苍白、肿大，肾小管和输尿管内有尿酸盐沉积。

1931 年，Schalk 和 Hawn 首次报道了美国北达科他州发生的鸡传染性支气管炎；1936 年，Schalk 和 Sehalm 确定了 IB 的病原为病毒。目前加拿大、英国、法国、德国、荷兰、日本、朝鲜、韩国，俄罗斯、印度等 50 多个国家和地区均有 IB 发生和流行的报道。IBV 现已遍及各养鸡地区，特别是近年来肾型 IB 和腺胃型 IB 的广泛流行，给我国养鸡业带来巨大的经济损失。IB 的病型呈现多样化，重者病死率高达 40%～60%。本病主要感染鸡，还对雉、鸽、珍珠鸡有致病性。各种年龄的鸡都易感，但雏鸡和产蛋鸡发病最为易感。IBV 的人工发病试验表明：相对 4～6 周龄鸡而言，2 周龄的小鸡对 IBV 最易感、症状最严重、排毒时间最长，抗体滴度最低。有母源抗体的雏鸡有一定抵抗力。适应鸡胚的毒株，脑内接种乳鼠，可致其死亡。

病鸡和带毒鸡主要通过呼吸道和泄殖腔向外排毒，是主要的传染源，可持续排毒时间为5 周左右。病毒也可存在于感染鸡的精液和急性期病鸡所产的鸡蛋内，康复鸡可带毒35 天。本病的主要传播途径是呼吸道。病鸡从呼吸道和泄殖腔等途径排出病毒，经飞沫传染给易感鸡。此外，通过饲料、饮水等，也可经消化道传染。飞沫、尘埃、饮水、饲料、垫料等是最常见的传播媒介。本病一年四季均有流行，但以冬春寒冷季节最为严重。在鸡群中传播迅速，几乎在同一时间内有接触史的易感鸡都发病。过热、严寒、拥挤、通风不良和维生素、矿物质、其他营养缺乏以及疫苗接种应激等均可促进本病的发生，发病率和死亡率与毒株的强度和环境因素有很大关系。

19.4.2　病原特征

鸡传染性支气管炎病毒(IBV)是冠状病毒科(Coronaviridae)冠状病毒属(*Coronavirus*)的成员。病毒粒子为多形性，但大多略呈球形，直径约 80 nm～200 nm，有囊膜，表面有杆状纤突，长约 20 nm，呈放线状排列，核衣壳由螺旋结构的核糖核蛋白构成。分离提纯的离心力不宜超过 100 000*g*，以免丢失病毒的纤突。IBV 基因组为单股正链 RNA，对 RNA 酶敏感，含有三种病毒特异性蛋白：即大纤突(S 或 E2)糖蛋白、小基质(M 或 E1)糖蛋白、中心核衣壳(N)蛋白。S 蛋白包括两种糖多肽：S1 和 S2。血凝抑制(HI)抗体和多数病毒中和

(VN)抗体是由 S1 诱发的。

IBV 可适应于鸡胚、鸡胚气管环、鸡胚肾细胞以及来自鸡胚的多种细胞培养物内生长，分别引起鸡胚病变、气管环纤毛运动停止、纤毛上皮细胞变性脱落以及细胞病变。IBV 接种 10～11 日龄鸡胚，在 37 ℃下，经过 12 h 即可达到最高滴度。接种 IBV 的鸡胚发育受阻，中肾尿酸盐沉积，IBV 野毒株接种 10～11 日龄鸡胚时，90%的胚能存活。在鸡胚肾细胞或鸡肾细胞中 IBV 的休眠期为 3 h～4 h，培养物中病毒达到最高滴度的时间为 14 h～36 h。IBV 在鸡胚中的滴度比在鸡胚肾细胞或鸡肾细胞中培养物中要高。适应鸡胚及鸡肾细胞的 IBV 可在鸡胚成纤维细胞中增殖，但其滴度较鸡肾细胞中的低。IBV 接种到旋转培养中的 20 日龄鸡胚气管环上，3～4 天后可观察到气管环的纤毛运动停止。

用病毒中和试验和 HI 试验都可对病毒进行分型。但较为权威的分类应属 Hopkin (1974)应用固定病毒和不同量血清的交叉中和试验所进行的分类。Hopkin 氏将 19 个蚀斑纯化的毒株分为 7 个血清型：即马萨诸塞型、康涅狄格型(佛罗里达、克拉克 333、阿肯色 99)、佐治亚型、SE17 型、特拉华型(JMK、霍尔泰、格兰)、衣阿华 97、衣阿华 609 型和新罕布什尔。澳大利亚 T 株属第 8 个血清型。

IBV 突出的特点是血清型众多，且不同的血清型之间缺乏交叉保护性，并不断出现新的变异株，从而给 IB 的免疫预防带来很大困难。IBV 传统的分类方法是根据病毒 S 蛋白的特征用中和试验进行的。目前已建立针对多血清型的单克隆抗体，血清型特异性中和单克隆抗体已经用于北美新分离株的分类。20 世纪 60—70 年代，美国、澳大利亚报道了几个不同于 Mass 型的血清型，随后荷兰、英国又发现了许多新的血清型。

不同分离株的病毒学特性似乎不同，不同肾病 IBV 分离株对鸡胚的致病性、在 pH3 条件下的稳定性、滤过性、在中和试验中的交叉性等方面存在差异，而对热(56 ℃)及胰酶的敏感性没有差异。多数 IBV 分离株经 56 ℃15 min 或 45 ℃90 min 便被灭活，IBV 应避免在 −20 ℃下保存。感染组织能在 50%甘油中很好保存而且无须冷冻即可送递到实验室进行诊断。硫酸镁对 IBV 有稳定作用，但 IBV 对乙醚敏感，50%的氯仿，0.1%的去氯胆酸钠和其他脂溶剂能使 IBV 失去感染性；1%石炭酸能降低其毒价，对 0.01%高锰酸钾高度敏感。

19.4.3 OIE 法典中检疫要求

2.7.6.1 条　本《法典》规定，禽传染性支气管炎的潜伏期为 50 天。关于诊断试验和疫苗标准参阅《手册》。

2.7.6.2 条　进境鸡时，进境国兽医行政管理部门应要求出具国际兽医证书，证明鸡：

1) 装运当日无禽传染性支气管炎临床症状；

2) 来自经血清学试验确认无禽传染性支气管炎的养殖场；

3) 未经禽传染性支气管炎疫苗接种；或

4) 接种过禽传染性支气管炎疫苗(证书应注明疫苗性质和接种时间)。

2.7.6.3 条　进境初孵雏时，进境国兽医行政管理部门应要求出具国际兽医证书，证明初孵雏：

1) 来自兽医当局定期检查的养殖场和符合附录 3.4.1 所述标准的孵化场；

2) 未经禽传染性支气管炎疫苗接种；或

3) 曾接种过禽传染性支气管炎疫苗(证书应注明疫苗性质和接种时间)；

4) 其父母代群：a) 来自经血清学试验确认无禽传染性支气管炎的养殖场和/或孵化

场；b）来自不进行禽传染性支气管炎免疫接种的养殖场；或c）来自实施传染性支气管炎免疫接种的养殖场；

5）用清洁的未用过的包装箱（笼）装运。

2.7.6.4条 进境家禽种蛋时，进境国兽医行政管理部门应要求出具国际兽医证书，证明种蛋：

1）根据附录3.4.1所述标准进行过消毒；

2）来自确认无禽传染性支气管炎的养殖场和/或孵化场，且孵化场符合附录3.4.1所述标准；

3）用清洁的未用过的包装箱（笼）装运。

19.4.4 检测技术参考依据

（1）国外标准

OIE手册，Chapter 2.7.6Avian infectious bronchitis

（2）国内标准

SN/T 1221—2003 鸡传染性支气管炎抗体检测方法 琼脂免疫扩散试验

19.4.5 检测方法概述

19.4.5.1 病原鉴定

（1）样品采集

应根据疾病发生的类型进行样品的采集。对于急性呼吸道型的病鸡，应采取气管拭子或采取刚扑杀的病鸡的支气管和肺组织，将病料放在含有青霉素（10 000 IU/mL）和链霉素（10 mg/mL）的运输培养基内，置冰盒送实验室。对于肾型和产蛋下降型的病鸡，应采取发病鸡的肾脏或输卵管，但从大肠，尤其是盲肠扁桃体或粪便分离病毒成功率最高。但是，从消化道分离到的病毒未必与近期感染或临床疾病有关系，从呼吸道分离的病毒应进行全面的分析。用含抗菌素的培养液将病料制成组织悬液（0.2 kg/L）用于鸡胚接种，或者用组织培养液制备悬液，用于气管组织培养（TOCs）的接种。悬液在接种前应经低速离心，并通过细菌滤器处理。

（2）分离培养

鸡胚和TOCs常用来滴定病毒滴度或用于病毒的初步分离。由于初次分离的病毒必须经鸡胚传代后，才能在细胞培养物上产生可见的细胞病变（CPE），所以通常不使用细胞培养物作为病毒初步分离的材料。

1）鸡胚培养

用于病毒培养的鸡胚必须是来自无IB感染的鸡和未经免疫的鸡群所产的蛋，最好用SPF鸡胚。取病料上清液，接种于9～11日龄的鸡胚尿囊腔内，每胚0.1 mL～0.2 mL。每天照蛋，24 h内死亡的鸡胚弃去。接种1周后观察结果才较明显。初次分离常不能使鸡胚产生可见的病变，除非病毒已适应鸡胚。收集接种后3～7天的鸡胚尿囊液，将所有尿囊液混合，用含抗菌素的肉汤稀释5～10倍，继续在鸡胚内传代。典型的野毒株通常在鸡胚中传至第2或第3代时，可见鸡胚畸变，传至第3代，某些鸡胚可出现死亡。含毒尿囊液置－60 ℃以下可长期保存，也可以冻干后置4 ℃保存。

2）气管组织培养（TOCs）

用20日龄的鸡胚制备TOCs，可直接用于野外病毒的分离，已有自动组织切片机用于

大量制备适宜的气管横切片或气管环检测大量样品。气管环厚约 0.5 mm～1.0 mm，培养于含有 Eagl's-HEPES 培养基中，置 37 ℃的转瓶中培养(15 r/h)，病毒接种后 24 h～48 h 可见 TOCs 纤毛运动停滞。

3）细胞培养

细胞培养多用于鸡胚适应毒株的培养，而不适用于 IBV 的初次分离。IBV 可在 15～18 日龄鸡胚的肾细胞、肺细胞及肝细胞培养物上生长，其中以肾细胞最敏感，其次为肺细胞、肝细胞和鸡胚成纤维细胞。低代次的鸡胚分离株在细胞培养物上生长不良或不生长。6～10 代的鸡胚传代毒株，在肾细胞培养物上可产生常见的细胞病变，表现为合胞体和细胞坏死，一般于接种后 6 h，即可见到合胞体，18 h～24 h，出现几十至上百个核的巨大合胞体，细胞最后死亡，病毒浓度于 24 h～36 h 达到高峰。

(3) 鉴定方法

鸡胚病毒中和试验(VN)和免疫扩散试验均可用于病毒的鉴定，也可用免疫荧光试验检测感染鸡胚绒毛尿囊膜中的 IB 病毒，或用负相差电镜直接揭示经浓缩的含毒尿囊液和 TOC 培养液中的冠状病毒颗粒形态。用聚合酶链反应(PCR)扩增法和 DNA 核酸探针斑点杂交分析可以检测尿囊液中的病毒，感染 TOCs 直接免疫荧光试验染色可快速检测 IB 病毒。

(4) 血清型鉴定

IBV 的抗原性和生物学特性变异有大量报道，直到今天仍没有一项一致的分类鉴定方法。但病毒血清型的鉴定，对疫苗的研制是非常重要的，因为不同血清型的病毒相互交叉保护能力很差，因此，在一个区域内适用的疫苗，可能仅有部分保护或完全不能保护另一区域的鸡群免受变异毒株的侵袭。制备疫苗的毒株要求应及时地更换，以保障疫苗的免疫效果。用于血清型鉴定的试验方法包括用鸡胚、TOC 或细胞进行的 VN 试验，荧光素标记的中和试验用于毒株差异的鉴定。用早期感染的血清作 HI 试验，也是鉴定 IBV 的好方法。

以单克隆抗体进行的酶联免疫吸附试验(ELISA)，对 IBV 群或株的分类十分有用。单克隆抗体用于血清型的鉴定的缺陷是不可能生产出和与日俱增的 IBV 变异株同步变化的单克隆抗体和杂交瘤。

(5) 基因型鉴定

通常采用对编码纤突蛋白(S)的基因序列分析，尤其是对编码 S 蛋白 S1 亚单位的核酸序列分析来研究抗原变异的分子生物学基础，已发现 S1 有许多的中和抗体位点。研究表明，血清型差异较大的毒株，其 S1 氨基酸序列的差异也大(20%～50%)，而中和试验差异性较小的毒株其氨基酸序列的差异也较小(仅 2%～ 3%)。基因型和血清型间的这种相关性提示我们可以根据序列分析的结果选择疫苗株。

通过对病毒核酸序列的分析证明，病毒株间经常发生核酸杂交现象，因此可以通过 DNA 探针和限制性酶切图谱对 IBV 进行血清型的鉴定。对标准毒株进行限制性酶切图谱分析证明，该法结果可靠，可为分离株的血清型的鉴定提供快速试验方法。利用定型引物和扩增特定的血清型 S1 基因还可以用于灭活病毒的反转录 PCR。

19.4.5.2 血清学试验

定期对鸡群进行 IB 抗体滴度的测定可以反映疫苗的免疫效果。由于鸡血清(尤其是大鸡血清)通常包含了很多交叉性强、与感染病毒株无关的抗体，因此对暴发 IB 的可疑鸡群用血清学方法诊断的结果可信度是很差的。

(1) 病毒中和试验

在进行 VN 试验时，首先应将所有的血清经 56 ℃灭活 30 min。将病毒和血清在室温下感作 30 min～60 min。试验通常采用鸡胚进行，但进行抗体检测也可用细胞。试验有两种方法，一种为固定血清稀释病毒法(α 法)，另一种为固定病毒稀释血清法(β 法)。

所谓 α 法，即将鸡胚适应毒作 10 倍递增稀释，与固定血清(通常作 1∶5 稀释)混合，将各稀释度的抗原和抗体混合液接种鸡胚，每个滴度接种 5～10 枚胚，设病毒对照试验。以 Käber 法或 Reed-Muench 法计算中和效价。结果以中和指数(NI)来表示，即病毒对照组的滴度与中和试验滴度的差值，以 log10 表示。同源病毒的 NI 指数一般是 4.5～7.0，如小于 1.5则为非特异性结果，但异源病毒间的 NI 指数一般低于 1.5。

更广泛使用的以鸡胚进行抗体检测的中和试验方法是 β 法。将血清作 2 倍或 4 倍递增稀释，与每 0.05 mL，含 100 或 200EID_{50}(引起 50%的鸡胚感染的病毒滴度)的定量病毒等量混合，每一混合物以 0.1 mL 经尿囊腔接种于 5～10 枚鸡胚，设病毒对照，以确保病毒滴度在 101.5 EID_{50}～102.5 EID_{50}之间。以 Käber 法或 Reed-Muench 法计算中和效价，抗体滴度以 log2 的反对数表示。这种固定血清稀释病毒的方法也用于以气管环组织培养进行的中和试验，与其他病毒的常规方法一样，每个血清稀释度接种 5 个气管环组织培养物，根据 Reed-Muench 法计算结果。病毒滴度以每单位病毒能引起半数气管环纤毛运动停滞的剂量来表示，抗体滴度以 log2 的反对数表示。本法敏感性优于鸡胚中和试验，但要求较高，限制了推广应用。

(2) 血凝抑制试验

许多 IBV 毒株和分离物经酶处理后可凝集鸡红细胞(RBCs)，应根据诊断需要选用不同病毒制备抗原。当 HI 高于 24 时，判为阳性。但即使是 SPF 鸡血清，一小部分会出现 24 的非特异性血凝抑制现象，但一般出现在 1 年以上的鸡群。

(3) 酶联免疫吸附试脸

ELISA 试验是一种最敏感的血清学方法，与其他方法相比，出现反应早，所得的抗体滴度高，但没有型和株的特异性，可用于鸡群免疫后抗体的现场检测。在众多的 IBV 血清检测技术中，该法灵敏度最高，并且快速、简便，表现出较强的群特异性。已有商品的试剂盒出售，有几种不同的方式检测 IB 病毒抗体，而且供应商已根据疾病的特点进行了改进，应严格按照说明书使用。

(4) 琼脂免疫扩散试验

琼脂免疫扩散试验也能用于诊断 IBV。其抗原是用感染鸡胚的绒毛尿囊膜匀浆制备的，通常采用鸡胚致死性毒株 Beaudette 株。试验敏感性较差，而且由于鸡个体间出现沉淀抗体的时间及抗体持续时间不同，常常会产生不一致的结果。

19.5　传染性法氏囊病(Infectious bursal disease，IBD；Gumboro disease)

19.5.1　疫病简述

鸡传染性法氏囊病又称甘布罗病(Gumboro disease)，是由传染性法氏囊病毒(Infectious bursal disease virus，IBDV)引起幼鸡的一种急性、热性、高度接触性传染病。主要症状为发病突然，传播迅速，发病率高，病程短，剧烈腹泻，极度虚弱。特征性的病变是法氏囊水肿、出血、肿大或明显萎缩，肾脏肿大并有尿酸盐沉积，腿肌、胸肌出血，腺胃和肌胃交界处

条状出血。幼鸡感染后,可导致免疫抑制,并可诱发多种疾病或使多种疫苗免疫失败,是目前危害养鸡业的最严重传染病之一。

1957年美国东海岸特拉华州的盖姆波罗(Gumboro)镇的肉鸡群首先发生本病,故又称盖姆波罗(Gumboro disease)。1962年Cosgrove首先报道了此病,同年Hitchner把法氏囊病料接种于鸡胚,成功地分离到病原,称为"传染性法氏囊因子",1970年,在世界禽病会议上,根据Hitchner的提议,鸡传染性法氏囊病的病名得到公认,IBD的病原称为传染性法氏囊病病毒(IBDV)。本病1965年传入欧洲,流行于德国的西南部,1967年瑞士发生本病,1970年后,在法国、意大利、以色列、原苏联、黎巴嫩等国陆续发生;在亚洲,日本于1965年首次报告,以后印度、泰国、菲律宾、印度尼西亚等国都有发生。我国1979年,邝荣禄等在广州发现本病;1980年周蛟等在北京报道了此病,1982年周蛟等在北京从进境的鸡群中分离到IBD-CJ801株,同年程德勤等在上海从细胞培养物中也分离到一株IBD病毒;毕英佐从广州分离到2株IBD病毒,从而证实了本病在我国的存在,并证明是从国外进境鸡中传入的。目前此病遍布于世界养鸡业集中的国家和地区。1987年在比利时北部和荷兰南部均发现IBD超强毒株,英国、土耳其、南非也报道有超强毒存在,18周龄的鸡也可感染,死亡率高达70%。英国1989年因本病强毒力株的流行,每周死鸡达30万只,被称为鸡的"艾滋病"。近年来,本病被认为是与鸡新城疫、鸡马立克氏病并列在一起的危害养鸡业的三大传染病。本病造成巨大经济损失,一方面是鸡只死亡、淘汰率增加、影响增重等所造成的直接损失;另一方面是免疫抑制,使接种了多种有效疫苗的鸡免疫应答反应下降,或无免疫应答,也由于免疫机能下降,患病鸡对多种病原的易感性增加。

IBDV的自然宿主主要限于鸡和火鸡,各种品种的鸡都能感染,而火鸡呈隐性感染,土种散养鸡发生较少。本病的发生与日龄有密切关系,在自然条件下,IBDV可感染2～15周龄的肉鸡,尤以3～6周龄最易感染,且在同一鸡群里可重复发生;1～14日龄的鸡通常可以得到母源抗体的保护,易感性较小。成年鸡法氏囊退化,一般呈隐性过程。多数雏鸡在其母源抗体还高时,虽已接触感染,不过常以隐性型出现,而易感的3周龄以下的雏鸡受到感染后,并不表现临诊症状,但这种感染在经济上是重要的,其结果导致鸡严重的免疫抑制。鸽、鹌鹑、鹅接种IBDV后6～8周,既无症状也无抗体应答反应。实验感染鸭不致病,但也有从鸭子中分离出IBDV的报道,也有抗体应答。部分野鸟中也可查出抗体。也有人从麻雀中分离到病毒。本病在易感鸡群中发病率可达80%～100%,而死亡率一般为2%～5%,有时可高达30%～35%。当然,在卫生条件较差的鸡场,或并发其他疾病时,死亡率会高达60%～80%,肉鸡可降低增重5%～12%。病鸡和带毒鸡是主要传染源,其粪便中含有大量的病毒,它们可通过粪便持续排毒1～2周。病毒可持续存在于鸡舍中。

感染途径包括消化道、呼吸道和眼结膜等,带毒鸡胚可垂直传播。本病可直接接触传播,也可以经病毒污染的饲料、饮水、垫料、用具、空气、人员等间接传播。小粉甲虫蚴是本病传播媒介。本病的潜伏期很短,感染后1～3天出现临诊症状,人工接种后2～3天出现症状,病程一周左右,于感染后第3天开始发生死亡,4～6天达到高峰,8～9天停止。本病明显的特点是突然发病、发病率高、尖峰式死亡曲线和迅速的康复。初次暴发IBD的鸡场多呈最急性型,症状明显,死亡率也较高。而在流行后发病不太严重,这主要是由于鸡的日龄、感染无毒力的野外毒株以及母源抗体存在等因素的影响。本病主要经呼吸道、眼结膜及消化道感染,在感染后3～11天之间排毒达到高峰。IBDV在鸡舍中存活可达122天之久,清除病鸡后，污染的饲料、饮水和粪便至第52天仍有感染性。本病无明显的季节性和周期性，只要有易感鸡存在并暴露与污染的环境中，任何时候都可以发生。

19.5.2 病原特征

传染性法氏囊病毒(IBDV)，属于双RNA病毒科，禽双RNA病毒属。IBDV是禽双RNA病毒属的唯一成员。它的基因组由两个片段的双股RNA构成，故命名为双链RNA病毒。病毒是单层衣壳，无囊膜，病毒粒子呈球形，直径50 nm～60 nm，20面立体对称，基因组含A、B两个线形双链RNA分子。病毒无红细胞凝集性。

鸡传染性囊病病毒(IBDV)1986年已被归于双股RNA病毒科(Birnaviridae)，该科只有一个属，双股RNA病毒属，它的代表种是鱼传染性胰脏坏死病毒。在确定为双股RNA病毒科和详细研究IBDV有关的形态学、物理、化学特性之前，IBDV曾归属于小RNA病毒科或呼肠孤病毒科。IBDV已分离出两个血清型，鸡为IBDV血清Ⅰ型，火鸡源性为血清Ⅱ型，血清Ⅰ型和Ⅱ型的IBDV在抗原性上是不相同的，用交叉保护试验可以区别，而荧光抗体法无法区别，说明两者有相关抗原。近几年来，国内外不少学者已发现与IBDV血清Ⅰ型不同的IBDV变异毒株或称亚型毒株，他们从暴发IBD的鸡群中分离获得的IBDV，通过试验研究获得了IBDV血清Ⅰ型的六个血清亚型，而且证实了这些亚型与常规使用的血清Ⅰ型疫苗毒株的相关性仅为10%～70%。因此，血清Ⅰ型毒株与亚型毒株之间也存在着抗原性的差异。IBDV粒子没有囊膜，由核酸及衣壳组成。病毒粒子由32个壳粒组成，按5∶3∶2对称排列。病毒粒子直径分别为20 nm～62 nm。IBDV的大小和壳粒排列方式与蓝舌病病毒无法区别。病毒呈卵圆形，为20面体立体对称。IBDV在CsCl中浮密度为1.31 g/mL～1.34 g/mL，而不完全病毒粒子低于这个密度值范围。电镜下观察在受感染的细胞中病毒，呈晶格排列。

目前，血清Ⅰ型的IBDV有五种病毒蛋白质，分别为VP1、VP2、VP3、VP4和VP5，四种蛋白质的分子量分别约为90 kD～92 kD，41 kD～48 kD，32kD和28 kD～32 kD。除了以上蛋白质之外，也观察到附加蛋白质如VPx，VPx被认为是VP2的前体，它是不具感染性的缺陷抗原的主要多肽。血清Ⅱ型的IBDV含有相应于VP1、VPx、VP3和VP4的病毒蛋白质，但未发现相应的VP2。VP2有一个构型依赖性(不连续)中和抗原决定簇，VP3有一个构型依赖性(连续)抗原决定簇，已发现抗这些抗原决定簇的抗体，能够被动地保护鸡。但是，一些IBD的野毒株和变异毒株的分子特性与IBD血清Ⅰ型的病毒的分子特性有所不同。

19.5.3 OIE法典中检疫要求

2.7.1.1条 本《法典》规定，传染性法氏囊病(甘布罗病)潜伏期为7天。诊断试验和疫苗的标准参阅《手册》。

2.7.1.2条 进境家禽时，进境国兽医行政管理部门应要求出具国际兽医证书，证明家禽：

1) 装运当日无传染性法氏囊病临床症状；

2) 来自兽医当局定期检查的饲养场；

3) 未经传染性法氏囊病疫苗接种，且饲养场经AGP试验证实无传染性法氏囊病；或

4) 曾接种过传染性法氏囊病疫苗(证书应注明疫苗性质和接种时间)。

2.7.1.3条 从传染性法氏囊病感染国家进境初孵雏时，进境国兽医行政管理部门应要求出具国际兽医证书，证明：

1）来自兽医当局定期检查的饲养场和符合附录3.4.1规定的孵化场；

2）未接种传染性法氏囊病疫苗；或

3）接种过传染性法氏囊病疫苗（证书应注明疫苗性质和接种时间）；

4）其父母代禽饲养场：a）经AGP试验证实无传染性法氏囊病；b）父母代禽群没有接种传染性法氏囊病疫苗；或c）父母代禽群作了传染性法氏囊病免疫接种；

5）用清洁的未用过的包装箱（笼）装运。

2.7.1.4条　进境家禽种蛋时，进境国兽医行政管理部门应要求出具国际兽医证书，证明种蛋：

1）已按附录3.4.1所述标准进行消毒；

2）来自兽医当局定期检查的饲养场，及符合附录3.4.1标准的孵化场；

3）用清洁的未用过的包装箱（笼）装运。

19.5.4　检测技术参考依据

（1）国外标准

OIE手册，CHAPTER 2.7.1 INFECTIOUS BURSAL DISEASE（Gumboro disease）

（2）国内标准

SN/T 1554—2005　鸡传染性法氏囊病酶联免疫吸附试验操作规程

19.5.5　检测方法概述

19.5.5.1　病毒分离与鉴定

（1）IBD病毒的分离

1）病料的采取、运送：从死亡或扑杀的仔鸡（处于潜伏期或临诊症状出现后1～3天）采取法氏囊（BF）、肾、肝和脾。另外，能在鸡群中查出IBD沉淀抗体的鸡场，其鸡的病料可分离到IBDV。若病料送到实验室需6 h以上时，应将其置冰瓶中运送。采集或收到的病料来不及处理时，应置−40 ℃以下低温保存。

2）病料的处理：将病料剪碎后置于盛有灭菌玻璃砂的乳钵中研磨，用生理盐水或0.5 %水解乳蛋白液配成混悬液，3 000 r/min离心沉淀30 min，取上清液用20%氯仿处理，加入青、链霉素各1 000 IU/mL，置4 ℃作用6 h～10 h，细菌检阴性后使用。

3）分离物的接种：将处理过的病料上清液经绒毛尿囊膜（CAM）接种9～11日龄鸡胚，或口服、滴眼接种24～35日龄仔鸡。感染鸡胚常于接种后3～5天死亡，7天以后死亡者极少。

4）病变观察：鸡胚的肉眼病变可见腹部水肿性扩张；皮肤充血或点状出血，趾关节和大脑部偶有出血；肝有斑驳状坏死和出血（晚期）；心呈半煮熟样，心肌色淡；肾充血并有少量斑驳状坏死；肺极度充血；脾苍白，偶有小坏死灶；CAM上有时见有小出血区；BF无任何明显变化。仔鸡感染后第2天可见BF水肿和出血，体积和重量增大约两倍，第3～4天体积开始缩小，第5天恢复到原来的重量，以后迅速萎缩，至第8天时仅为原来重量的1/3左右。感染后第2～3天BF的浆膜上盖有淡黄色胶样渗出物，表面上的纵行条纹变得明显，BF由白色变为奶油黄色，在萎缩过程中变成深灰色。感染的BF常有坏死灶，有时黏膜面有出血斑或出血点，偶尔可见整个BF广泛出血。脾轻度增大，表面上有均匀散布的小坏死灶。腺胃和肌胃交界处的黏膜中偶见出血。

（2）IBD病毒的鉴定

1）分离物的鸡体与鸡胚传代：用仔鸡进行生物学试验，测定病毒的致病性。感染21～

35日龄的仔鸡，进行多次继代，仔鸡接种后观察2～8天，结合临诊症状、病理剖检和血清中特异抗体的有无等，来评价生物学试验的结果。当接种分离到毒力弱的病毒株时，临诊症状和组织器官可见的病理变化可能不会出现。此时，生物学试验的结果只能凭血清学的方法来评定。将分离物经CAM接种9～11日龄的鸡胚，每只0.1 mL～0.2 mL，连续传代。由于不同的IBDV的毒力差异，毒株在鸡胚继代时死亡不规律，但收获的胚毒回归鸡均能引起IBD典型的BF肉眼病变，或只出现较好的血清学反应。

2）病毒血清学鉴定:IBDV常用琼脂凝胶沉淀试验(AGID)和病毒中和试验(VN)方法滴定。

(3) 病毒的电镜观察

将人工感染的BF投入4%戊二醛和1%锇酸双固定后，再按常规乙醇的系列脱水，环氧丙烷过渡，618或812树脂包埋，超薄切片，乙酸铀和柠檬酸铅双染色，电镜观察。感染24 h～72 h，在淋巴细胞和异嗜性白细胞的胞浆中靠近细胞核处见有卵圆形的包涵体，在包涵体中有许多形态相似的病毒颗粒，常呈晶格状排列，近似六角形，病毒颗粒为典型的20面体立体对称结构。病毒粒子平均直径在20 nm～62 nm之间。在胞浆中还可见一些散在的病毒颗粒。在正常的BF和细胞核中不应出现有病毒颗粒。

(4) 免疫荧光技术鉴定病原

用法氏囊制作冷冻切片，室温风干，冷丙酮固定，用荧光标记的IBDV特异性血清覆盖切片，湿盒中37 ℃孵培育1 h，其后用PBS(pH7.2)浸洗30 min，然后用蒸馏水冲洗，甘油缓冲液封片，荧光显微镜下观察IBDV特异性荧光。

(5) 胶体金快速检测试纸条

我国张改平等(2004)以高亲和力和高特异性IBDV单克隆抗体为基础，成功的研制出IBDV快速诊断试纸条。IBD试纸条具有良好的特异性和敏感性，能够识别不同的IBDV毒株包括强毒和弱毒。应用IBD快速检测试纸和琼脂凝胶免疫扩散试验(AGID)，对不同疫苗免疫鸡检测结果均为阴性，对人工感染强毒鸡最早检出IBDV的时间，试纸检测法为感染后36 h，从检测到获得结果仅需要1 min～2 min，琼脂扩散检测法为感染后96 h。试纸检出的最低含毒量为800 ELD_{50}，ELISA检出的最低含毒量为400 ELD_{50}，琼扩检出的最低含毒量为104 ELD_{50}，试纸检出的敏感性比琼扩提高32～64倍。IBD试纸检测简便、快速、敏感、特异，是诊断鸡法氏囊病的有效方法。

(6) 分子技术鉴定病原

分子病毒学技术鉴定IBDV比病毒分离更快，使用反转录-聚合酶链反应(RT-PCR)，可检测不能在细胞培养中生长的IBDV，这是病毒不经生长就可扩增，但这种技术普遍使用还需要进一步研究和探讨。

19.5.5.2　血清学检测

(1) 琼脂糖免疫扩散试(AGID)

是检查血清中特异性抗体存在或检查法氏囊组织中病毒性抗原的最有效的血清学方法。在发病初期采取血样，3周后再次采血。因为病毒传播迅速，仅对少部分鸡采样即可，通常有20个血样足够。检查法氏囊中的病原时，以灭菌方法摘取约10个处于急性感染期的鸡法氏囊，用两把手术刀以剪式活动方式将法氏囊切碎，切碎的小块放在琼脂糖免疫扩散板的孔内同已知阳性血清反应。

(2) 病毒中和试验

病毒中和试验适用于细胞培养，它比琼脂免疫扩散试验费力且开销大，但对抗体检查更

为灵敏，常规诊未必要具备这种灵敏性，它对评价疫苗反应有很大作用。

(3) 酶联免疫吸附试验

酶联免疫吸附试验适用于传染性法氏囊病抗体的检查，包被反应板需提纯或至少半提纯的病毒制剂，抗原制备要求条件较高。现在市场上有商品试剂盒供应。

血清按要求稀释后，按量加入每孔，适宜条件下培育后，弃去血清，洗涤，加入酶标记抗鸡免疫球蛋白，培育后，板倒空并洗涤，再加入显色剂，适当时间后，再加终止剂，酶标仪测量每孔光密度，待检血清/阳性血清(S/P)的比率作为待检样品的评估数据。

(4) 荧光抗体试验

IBD 阳性病例的淋巴滤泡胞浆中呈现黄绿色荧光，荧光呈颗粒状，胞核内无荧光。根据荧光强弱、荧光细胞数量及荧光结构的清晰程度判为＋、＋＋、＋＋＋和＋＋＋＋。淋巴小叶结构完整而清晰，不发荧光样品为阴性。一般感染后 1～2 天均可见到 BF 髓质部淋巴滤泡的特异性荧光。

19.6　禽支原体病(Avian mycoplasmosis)

19.6.1　疫病简述

禽支原体病也称鸡败血支原体病，是由鸡败血支原体(*Mycoplasma gallisepticum*, *MG*)引起鸡的一种接触传染性慢性呼吸道病，也可感染火鸡，发生传染性窦炎。其特征是呼吸罗音、咳嗽、流鼻液。在火鸡常有窦炎。因病状发展缓慢、病程较长，故又称为禽慢性呼吸道病(CRD)。

禽支原体病呈世界性分布，目前，世界上受到支原体病危害的鸡只达 13%以上，使其体重减少 38%，饲料转化率降低 21%。在肉鸡中，MG 与其他致病菌可引起禽慢性呼吸道病 CRD，此病可导致死亡率、淘汰率及加工过程中废弃率上升；在产蛋母鸡，MG 的暴发除造成死亡率上升，其真正危害在于造成产蛋量下降 5%～10%。在火鸡中，MG 可引起窦炎、气囊炎和以高死亡率为特征的传染性窦炎。各种年龄鸡和火鸡都能感染，以 1～2 月龄雏鸡和纯种鸡最易感，发病率和死亡率都比成年鸡高。珍珠鸡、鹌鹑、松鸡、孔雀、野雉、鹧鸪、鹦鹉、鸽子、鸭、鹅等也易感。

病鸡和隐性感染的鸡是主要的传染源，其传播方式主要是接触感染和经蛋感染两种。可通过带菌鸡的咳嗽、喷嚏的飞沫传播，也可通过污染的器具、饲料、饮水、苍蝇等媒介传播。病鸡或带菌鸡所产的蛋含有病原体，带菌蛋孵出的雏鸡可以成为传播的媒介。病原体可存在于发病公鸡的精液和母鸡的输卵管中，因此也可通过受精卵和精液传播。

支原体的传播主要有两种方式。其一是直接接触方式，是感染禽呼出的带有支原体的小滴经呼吸道传染给同舍同笼的鸡或火鸡。另一种方式是经卵传播病原经过感染鸡的卵传染给下一代，这种方式更为重要。在一些地区，尤其是发展中国家，经常使用普通鸡蛋鸡胚培养制造禽用活疫苗，经卵传播的支原体在鸡胚中发育污染了疫苗，经过疫苗接种传染给被接种鸡，这种污染的疫苗的传染作用不可忽视。受其他病原体感染、长途运输、卫生不良、拥挤、突然更换饲料、通风不良、气候突变及气雾免疫等都可使鸡体抵抗力降低，诱发本病。

影响到鸡败血支原体感染流行的因素，除去支原体本身的致病性以外，鸡的年龄显然也是一个因素，鸡对支原体感染力随年龄的增长而加强。并发感染对鸡败血支原体感染有相当大的影响，即使是致病力不强的鸡败血支原体隐性感染，也常会因接种新城疫疫苗或传染

性支气管炎疫苗而暴发临诊的支原体病。这是由于这些病毒感染能促使支原体以百倍、千倍甚至更高的速度发育起来，终于导致疾病暴发。能促使鸡败血支原体感染加剧的病毒除上述二者外，还有传染性喉气管炎病毒、禽腺病毒、甲型流感病毒和呼肠孤病毒等。在细菌中，大肠埃希氏菌与鸡败血支原体的协同致病作用极为显著，单独鸡败血支原体感染，鸡群中少有或没有死亡，如果同时有大肠菌并发感染，病状异常严重，造成惨重死亡。绿脓杆菌和嗜血杆菌也能促进支原体感染的严重性。

环境因素也起着影响鸡败血支原体感染流行的重要作用。鸡群拥挤加剧了病原的传播，同时拥挤是一种应激，减低了鸡的抵抗力。鸡舍污浊、粪便集蓄，空气中氨的含量增高刺激呼吸黏膜，方便了支原体的发育。当空气中氨含量为 2×10^{-5} 时，鸡气管中鸡败血支原体含量为正常的 10 倍，当氨含量达到 5×10^{-5} 时，支原体数量增加千倍。环境温度对感染也有明显的影响，在 7 ℃～10 ℃中，实验感染鸡的气囊炎发病率为 31 ℃～32 ℃的 5 倍，气囊炎的严重性也大为加剧。营养的不足会导致支原体疾病的发生，曾有由于维生素 A 的缺乏，而招致支原体感染暴发的报道。本病一年四季都可发生，但以寒冷的冬春季节多发。在大群饲养的鸡中最容易发生流行，成鸡多为散发性。

19.6.2 病原特征

鸡败血支原体在分类学上属于软皮体纲(Mollicutes)支原体目(Mycoplasmatales)支原体科(Mycoplasmataceae)支原体属(*Mycoplasma*)。到目前为止，这个种只发现 1 个血清型，但各个分离株之间的致病性和趋向性并不一致。一般分离株主要侵犯呼吸道。但也有对于火鸡脑有趋向性的，如 S6 株；有的对火鸡足关节有趋向性，如 A514 株。

鸡败血支原体具有一般支原体形态特征，在发育的鸡胚中生长良好。接种 5～7 日龄鸡胚的卵黄囊内，于接种后 5～7 天鸡胚死亡，胚体短小，全身水肿，呼吸道有干酪样渗出物，皮肤、尿囊膜及卵黄膜出血，翅、腿、颌关节化脓性肿胀，肝、脾肿大，肝坏死。在死胚的卵黄、卵黄囊和绒毛尿囊中含量最高；在病死鸡则存在于呼吸器官、气囊及输卵管中，尤以上呼吸道中存在为多。

支原体对外界环境的抵抗力不强，离开鸡体后很快失去活力。在 18 ℃～20 ℃的室温下可存活 6 天。在 20 ℃的鸡粪中存活 1～3 天。在棉布中 20 ℃时存活 3 天或 37 ℃1 天，在卵黄中 37 ℃时存活 18 周或 20 ℃6 周。加热易杀死，加热 45 ℃1 h、50 ℃20 min 即可失去毒力。低温条件下存活时间长，在 5 ℃冰箱中经 21 天毒性丧失，－20 ℃下其传染性可保持 3 年，－30 ℃可保持 5 年之久。低温冻干的病鸡鼻甲骨中的支原体，在 4 ℃冰箱中可以存活 10～14 年之久，肉汤培养物－60 ℃保存 10 年之后仍可培养成功，冻干培养物在－60℃中存活时间更长。但各个分离株保存时间极不一致，有的远远达不到这么长的时间。兽医实际中，常用的消毒药可迅速杀死。

青霉素、新霉素、多黏霉素、磺胺类药物以及低浓度的醋酸铊(1∶4 000)对支原体没有作用，但对链霉素及其他广谱抗生素如土霉素、四环素、金霉素、氯霉素、红霉素、卡那霉素及泰乐菌素等敏感，可用于防治。鸡败血支原体致病力因株系不同而不一致。致病力又受到在无细胞培养基中传代次数的影响，一些原来有致病力的株经过培养基中传代会很快地失去致病力。即使是有致病力的株，在自然感染的鸡体上也经常引不起症状。火鸡比鸡更易感。有致病力的鸡败血支原体经过卵黄囊接种鸡胚可能导致鸡胚矮小、水肿、出血和死亡。

19.6.3　OIE 法典中检疫要求

2.7.3.1 条　关于诊断试验标准参阅《手册》。

2.7.3.2 条　无禽支原体病饲养场

无禽支原体病饲养场必须符合下列条件：

1）接受官方兽医监督；

2）没有接种过支原体疫苗的禽类；

3）该饲养场 5%，但总量不超过 100 只的不同年龄段的禽类，在 10 周龄、18 周龄和 26 周龄时应进行血清凝集试验，结果阴性；之后每隔 4 周进行一次试验（成年禽至少后两次试验结果为阴性）；

4）引进禽类必须来自无禽支原体病的饲养场。

2.7.3.3 条　进境鸡和火鸡时，进境国兽医行政管理部门应要求出具国际兽医证书，证明这些禽：

1）装运当日无禽支原体病临床症状；

2）来自无禽支原体病饲养场；并且/或者

3）装运前置检疫站隔离饲养 28 天，并分别于隔离开始和结束时进行两次禽支原体病诊断试验，结果阴性。

2.7.3.4 条　进境初孵雏时，进境国兽医行政管理部门应要求出具国际兽医证书，证明初孵雏：

1）来自无禽支原体病饲养场，及来自符合附录 3.4.1 标准的孵化场；

2）用清洁的未用过的包装箱（笼）装运。

2.7.3.5 条　进境鸡和火鸡种蛋时，进境国兽医行政管理部门应要求出具国际兽医证书，证明种蛋：

1）经符合附录 3.4.1 标准的方法消毒；

2）来自无禽支原体病的饲养场，及来自符合附录 4.3.4.1 所述标准的孵化场；

3）用清洁的未用过的包装箱（笼）装运。

19.6.4　检测技术参考依据

（1）国外标准

OIE 手册，Chapter 2.7.3 Avian mycoplasmosis (Mycoplasma gallisepticum)

（2）国内标准

NY/T 553—2002　禽支原体病诊断技术

SN/T 1224—2003　鸡败血支原体感染抗体检测方法 快速血清凝集试验

19.6.5　检测方法概述

鸡败血支原体病的症状并非是特有的，其他一些呼吸道疾病也能出现类似的症状。因此，这些症状的出现只能说明支原体感染的可能性，确实的诊断必须进行剖解检查、血清学检测和病原分离。将这些检查结果共同考虑分析，方能做出最后确诊。MG 可用作细胞培养基分离病原而证实，也可直接测定组织或拭子样品中的 DNA，但当分离不成功时，可接种鸡胚或鸡进行分离。血清学方法也广泛用于本病诊断。

19.6.5.1 病原鉴定

(1) 样品采集

从活禽、新鲜胴体或速冻胴体取样,也可以从蛋壳内的死胚或已经破壳的死胚取拭样。对于活禽可以从口咽、食管、气管、泄殖腔和交合器中取样。对于死禽,样品可取自于鼻腔、眶下窦、气管或气囊,也可以吸出眶下窦和关节腔中的渗出物。可以从鸡胚中取样,如从卵黄膜的表面、口咽及气囊中取样。

不论何种方法采取的样品应尽快进行检查。如果必须运输,小块组织应置支原体培养基中。拭子应在 1 mL～2 mL 支原体培养基中用力搅拌数次,然后弃去。或者在采集前把拭子在培养基中浸一下,采样后把拭子重新浸入培养基一同运输,应用冰瓶或其他制冷方法对样品进行系列稀释非常重要,如果不进行稀释,组织中含有的特异性抗体、抗菌素、抑菌性物质等能抑制支原体生长。

(2) 培养基制备

目前已经研制出多种培养基。这些培养基均含有蛋白水解液、浸出液、血清或血清成分、酵母因子、葡萄糖和细菌抑制因子。重要的是每批新培养基必须用新分离的 MG 试验,因为一些成分特别是酵母浸液和血清对生长影响变化较大。

将样品接种于支原体琼脂和肉汤培养基中,固体培养有助于分离生长较慢的菌株,在液体培养基中腐生菌会掩盖其生长。为提高分离率,可将样品稀释至 10^{-3}。接种后的平皿置密闭容器,37 ℃培养。据报道,提高湿度,增加空气中二氧化碳的浓度可促进支原体生长,容器内加入湿纸或湿棉球,充入含有 5%～10%二氧化碳的氮气,或用二氧化碳培养箱。

置 37 ℃培养之前,液体培养基容器应加盖密封,以防止 pH 变化。最初几天,每天都要用解剖显微镜检查固体平板上的菌落,以后可减少观察次数,病料培养时至少要观察 20 天,后才能视为阴性而弃之。

每天应检查肉汤培养基的酸度,指示剂会从红色变成橙色或黄色,一旦发现 MG 生长,就立即转到固体培养基上传代培养。即使无颜色变化,也可在 7～10 天后或更早的时间转接到固体培养基上,因为存在可水解精氨酸(产碱)的支原体时,会掩盖 MG 产酸所致酸性颜色的变化。

(3) 生化鉴定

生化试验(如:MG 可发酵葡萄糖、不分解精氨酸)有助于 MG 鉴定,但不具有特异性,菌落需经克隆纯化。生物测定是把可疑病料匀浆,至少接种 4 只 8～16 周龄未感染支原体的易感鸡,然后从鸡中分离 MG 或检测特异性抗体以做出诊断。这种方法很少采用,必要时可按下述程序进行。

采集样品如鼻甲骨、框下窦、气管、肺、气囊、输卵管或关节液等。用 5～10 倍的肉汤匀浆,并立即经鼻腔、结膜上侧或气管把匀浆接种到眶下窦和气囊内。至少接种 4 只试验鸡,将试验鸡隔离饲养。同样用肉汤接种两只鸡作为对照,隔离饲养。

接种后 14 天、21 天、28 天和 35 天,用快速血清凝集(RSA)试验检测全部试验鸡血清中的 MG 抗体,最后放血捕杀全部试验鸡,解剖并用肉眼和显微镜观察病变。对组织,特别是有眼观病变的组织进行支原体培养。如果从接种匀浆的禽体分离出 MG 或 RSA 滴度大于 1∶4 时,则证明原始样品 MG 阳性。抗体滴度低于 1∶4 为可疑,应进一步作血凝抑制试验(HI)或酶联免疫吸附试验(ELISA)。对照禽中不应分离出 MG,也不应有 RSA 滴度。试

验组和对照组都不应该与滑液囊支原体发生 RSA 反应。

免疫荧光和 IP 法大多用于可疑分离株鉴定，而较少直接用于组织和感染分泌物，因为菌体太小，光学显微镜下难以辨认，较难找到阴性和阳性组织或分泌物样品。

(4) 间接荧光抗体试验

推荐的 IFA 试验需要琼脂培养基上多个单独的待检菌落，用已知的 MG 培养物作阳性对照，其他支原体培养物如滑液囊支原体(*M . synoviae*)或鸡支原体(M. *gallinarum*)作阴性对照。同时需要兔抗 MG 血清、健康兔血清和荧光素标记的抗兔免疫球蛋白血清，血清可以用除兔以外的动物制备。先以 PBS (0.01 mol/L pH7.1)稀释抗 MG 血清标记物，用方阵滴定法选择标记物的最适稀释度。应用时，以 2～4 倍的最高稀释浓度作为工作浓度，按下述方法对琼脂平皿上培养物进行鉴定。

从培养皿上采取约 1.0 cm ×1.5 cm 大小的琼脂块，菌落面朝上置显微镜载玻片上。为了以后辨认方向，剪去琼脂块的右下角。在一个载玻片上放置一块待检分离物，一块已知 MG 培养物和一块已知的其他支原体培养物。在另一个载玻片上也放置一块待检分离物。在第一个载玻片上每一块琼脂块加一滴适当稀释的 MG 抗血清，第二个载玻片上加 1 滴正常兔血清。所有琼脂菌落块在室温和一定湿度环境下培养 30 min，每个琼脂块放入 1 个含有 PBS(pH7.2)试管内，试管作好标记，旋转冲洗 10 min，同法再洗 1 遍，然后将菌落块重新放置到原来的载玻片上，再用吸水纸从菌落块的边缘吸去多余的水分。再在每个琼脂块上各加 1 滴稀释好的荧光素标记物，感作、洗涤方法同前述。最后，将菌落块再放回各自原先的载玻片上，用荧光显微镜入射光检查菌落。

该试验结果判断具有主观性，需要有一定的经验，必须与对照进行比较，且对照必须成立。部分实验室用直接荧光法(直接 IMF)，试验时用牛津杯直接置于琼脂板上。尽管本法快且容易操作，但特异性不如间接法。

(5) 间接免疫过氧化物酶试验

试验原理与 IFA 相似，不同的是在原位将特异性抗体结合到菌落上，再加已经结合了过氧化物酶的兔抗免疫球蛋白进行测定。阳性反应是适宜的底物氧化显出有颜色的菌落。免疫结合过程也可将菌落置于硝酸纤维素膜上反应。本法的优点是不需要昂贵的荧光显微镜。

(6) 生长抑制试验

生长抑制试验是根据支原体的生长能被特异性血清所抑制，从而鉴定支原体。该方法灵敏度不高，必须有高滴度、单价特异性血清。用禽制备的血清不能有效地抑制支原体生长，因此必须用哺乳动物制备血清。供试验用支原体必须进行纯培养(克隆化)，而且须测试几个不同稀释度，10^4 CFU/mL 较为合适。支原体生长速度会影响生长抑制试验结果。为增强生长抑制效果，可先在 27 ℃培养 24 h 抑制 MG 的生长，再置 37 ℃培养。详细试验方法已经发表。

(7) 核酸鉴定法

应用特异性 DNA 检测技术可以取代传统的培养鉴定方法。DNA 探针杂交可以检测 MG，但是现在普遍采用的是 PCR 检测试验材料中特异性 DNA 片段。一种商品化 MG DNA 试剂盒可直接检测拭子提取物，通过非放射性标记探针直接检测扩增产物。有两种商品试剂盒，一种能检测 MG 野毒株，另一种能鉴定 F 株。Kempt 引述了几种 MG PCR 鉴定方法，1998 年出版的一本手册中也包括几种 MG 和其他禽支原体的鉴定方法。最近报道了一种套式 PCR 方法，可同时鉴定 4 种禽支原体，但还未用于临床样品的检测。

这些方法现在用于一些专业实验室，作为现阶段的一种辅助诊断方法，需要注意的是如何避免实验室 MG DNA 样品和以往阳性扩增产物的污染。上面提到的商品化试剂盒，目前已被美国农业部(USDA)认可，作为诊断方法批准在国家家禽改良计划(NPIP)中使用。

分子学方法也用于鉴别 MG 毒株，但也限于专业实验室使用。

19.6.5.2　血清学试验

常用的血清学试验缺乏特异性和/或敏感性，可用于禽的群体检测而不适用于个体诊断。最常用的方法是 RSA、ELISA 和 HI，尽管有报道放射免疫测定、微量免疫荧光试验和间接免疫过氧化物酶试验等方法。

(1) 快速血清凝集试验

从鸡群采集的血清样品，如果不立即试验，则置 4℃保存，不能冻结。血清样品的数量依测定水平和所需可信度而定。试验应于血清采样后 72 h 内在室温下进行，并应预先离心以减少非特异性反应。在一个白色瓷板上，滴 1 滴(约 0.02 mL)血清，接着再滴加等量的染色 MG 抗原，摇动瓷板使之充分混匀。血清在 2 min 内凝集成块，试验应设阴性和阳性对照。目前已有商品化的抗原，但不同生产厂家，不同批次抗原的特异性和敏感性是不一致的。凡发生凝集的血清经 56 ℃30 min 处理后，重复试验。如果还出现较强的凝集反应，特别是稀释后(1∶4 或更高)，则待检血清为阳性。如果一个鸡群中出现较高的阳性率(10%以上)，特别是经 HI 或 ELISA 试验证实，则更能说明鸡群感染 MG。为了证实所得结果，在 1 个月内，应采血清进行重复试验。如果结果难以确定，则必须进行病原分离。出现可疑时，应用滑液囊支原体抗原做凝集试验，因为感染了这种病原的鸡血清有时会与 MG 发生交叉反应。

本试验可以检测血清样品，亦可检测卵黄样品，卵黄须先行稀释或抽提。

(2) 血凝抑制试验

MG 能凝集禽红细胞(RBC)，且血清中的抗体有特异性抑制作用。要选择生长良好、血凝性可靠的菌株。HI 试验需要血凝性良好的 MG 抗原、经洗涤的新鲜鸡或火鸡 RBC 和试验血清。抗原既可以是新鲜肉汤培养物，也可以是经 PBS 洗涤，浓缩后的备液。长期提供高滴度肉汤培养物是困难的。应用浓缩抗原(常内含 25%～50%甘油，保存条件为－70℃)增加了试验的非特异性反应。

HI 试验按常规法进行。首先经倍比稀释法测定抗原血凝滴度(HA)。在试验中，能使抗原发生完全 HA 凝集的最小抗原量称为 1 个血凝单位。HI 试验用 4HA 单位按下述方法或者按照经阳性血清测试具有同等敏感性的方法进行。所有的 HA 效价测定和 HI 试验最好在 50 μL V 型板上进行，每次试验均没相应的阴性和阳性血清对照。轻轻振荡反应板使孔内容物充分混匀，置室温 50 min 后或当抗原出现 4EIA 单位时判定结果。判定时应将板倾斜。只有与只加 RBC 孔和稀释液＋RBC 孔有一致的“流动率”才被认为是被抑制。血清对照孔红细胞沉积清晰呈扣状。别的对照也应有相应的反应二血凝抑制价为能引起完全血凝抑制的最高血清稀释倍数。

有非特异性血凝作用的血清，必须进行吸附除去非特异性凝集因子。以便在无血凝抗原存在的对照孔呈现扣状沉积。吸附方法是 1mL 稀释的血清中滴加 6～8 滴洗涤的鸡或火

鸡压积红细胞,37 ℃作用 10 min 后,除去红细胞,检测上清液的血凝反应。

(3) 酶联免疫吸附试验 (ELISA)

市场上有几种检测 MG 抗体的 ELISA 试剂盒出售,某种程度上,这些试剂盒的敏感性取决于生产厂家推荐的阳性和可疑反应的临界值。为了尽量减少 MG 与滑液囊支原体之间的交叉反应,有时不得不降低试验的敏感性。近来,报道了一种用单克隆抗体进行的阻断 ELISA,所用单克隆抗体(Mab)是针对 MG 56kDa 多肽的。该试验是用全细胞 MG 抗原包被 ELISA 反应板,按常规间接 ELISA 方法加入血清进行试验,当加入 MAb 结合物后,引起阻断,根据阻断程度,评估反应结果。该方法的优点在于试验所用的血清无禽类动物品种的限制。

19.7 禽衣原体病(Avian chlamydiosis,AC)

19.7.1 疫病简述

禽衣原体病又名鹦鹉热(Psittacosis)、鸟疫(Ornithosis),是由鹦鹉热衣原体引起禽类的一种接触性传染病。在自然情况下各种禽类如火鸡、鸡、鸽、鸭、鹅和野禽等都能感染本病和互相传染。一般在鹦鹉科鸟类感染和人接触鸟类而发生感染时称鹦鹉热,而发生在各种非鹦鹉科鸟类时称鸟疫,或称为衣原体病。

该病通常呈隐性感染,也可出现症状,主要特征为眼结膜炎、鼻炎和腹泻。鸟类感染鹦鹉热衣原体产生全身性、偶尔是致死性的疾病。根据鸟类的年龄、品种和涉及的病原的种类的不同其临床症状差异很大。AC 可导致嗜睡、高温、异常排泄物、眼鼻分泌物和产蛋下降。死亡率可达 30%。观赏鸟类中最常见的症状有厌食、体重下降、腹泻、黄白色粪便、窦炎和呼吸抑制等。许多鸟类,尤其是老龄鹦鹉,感染后可能不出现临床症状,但会在一段相当长的时间内排毒。感染鸟剖解常发现脾、肝肿大,纤维性气囊炎、心包炎和腹膜炎。

本病分布地区相当广泛。目前世界上许多国家均发现本病。本病是包括各大洲及南北极在内的分布广泛的自然疫源性疾病。自然感染的鸟种达 190 种,证实野鸟在本病自然疫源性中的作用。不少种类的野鸟如候鸟和独联体境内的苍鹭、潜鸭、美国的三趾鹬等地理分布广,能远距离迁徙。它们对本病的世界分布,自然疫源地的形成、巩固、扩散以及维持病原体在自然界的循环等方面起主要作用。

由于鸟禽种、年龄和吸入病原体的数量、毒力不同,潜伏期、症状、发病率、死亡率也不同。在鸟类症状一般表现为厌食、高度委靡不振、鼻眼有分泌物及严重腹泻等。人工接种潜伏期为 3~10 天。依据禽的种类和地区不同,该病呈流行性或地方流行性,发病率变化也很大,潜伏状态是所有各种衣原体感染的普遍特征,而禽类、哺乳动物及人感染后很少出现明显发病。本病在禽类中规则周期性流行,可能是因为机体免疫状况或增加易感动物促使暴发。

本病在禽类中的感染相当普遍,但对火鸡、鹦鹉科鸟类、鸽子的危害严重,引起产蛋量的下降和较高的死亡率,导致严重的经济损失。有时还可引起禽类加工厂工人,饲养员、兽医检疫人员的感染。本病的感染范围较广。各种家禽鸟类、人类以及其他一些哺乳动物均可感染本病。幼龄禽类易感性大。各种鸟类和家禽呈隐性感染并携带病原体,是本病的特征,昆虫也可成为传染源。本病的传播主要是通过患病和带菌禽鸟类的排泄物、鼻腔分泌物、污染的食料和空气,吸入含有衣原体的飞沫和尘土等而感染。另一个传染途径是皮肤伤口感染。鸡螨、虱等吸血昆虫也可传播本病。本病不具有明显的季节性。痊愈的鸟禽动物一般成为长期带菌者。

19.7.2　病原特征

最早将衣原体属分为两种：沙眼衣原体和鹦鹉衣原体，此二种可以根据它们对磺胺嘧啶的敏感性、包涵体内糖元的聚集以及产生卵圆形空泡包涵体等区分开来。这种方法有效地将所有人分离株划分为沙眼衣原体，将所有动物分离株划分为鹦鹉衣原体，只有少数例外。鹦鹉衣原体分离株是一个异种群体，目前所知有6个禽血清变种，8～10个哺乳动物血清变种。

鹦鹉热的病原是一种寄生于动物细胞内的微生物，属于衣原体科、衣原体属。用光学显微镜可查到，比细菌小而比一般病毒大，直径300 nm～400 nm。具有由黏质酸形成的细胞壁，细胞质中具备DNA及RNA，并有不完全的酶系统。在宿主细胞质的空泡内增生，具有特异性包涵体，与病毒包涵体所在部位及性状不同。二分裂繁殖。对抗生素敏感。衣原体属中依据包涵体性状，对碘染色及对磺胺嘧啶敏感的差别分为二种，即鹦鹉热衣原体(*C. psittaci*)和沙眼衣原体(*C. trachomatis*)。前者的包涵体不含糖元，形状不规则，广泛散在于细胞质内，不压迫细胞核，不能被碘染色，对磺胺嘧啶敏感。

鹦鹉衣原体在形态上有两种独特形态：原生小体(EB)和网状体(RB)。原生小体是一种小的、致密的球形体，直径大约0.2 μm～0.4 μm，姬姆萨染色呈赤紫色，Machiavallo染色呈红色。同支原体一样原生小体是原核生物中最小的。EB是衣原体的感染形态，它附着在靶柱状上皮细胞上并侵入。由于缺少胞壁酸，EB膜的硬度主要是由于外膜大分子蛋白间二硫键的交叉连接引起，而广泛的古典黏肽基质间的交叉连接为次。衣原体细胞壁中氨基酸的分布同大肠杆菌细胞壁中氨基酸的分布相类似，细胞壁成分主要是蛋白质(70%)和类脂(5.1%)，其余部分大概是碳水化合物。原生小体不运动，无鞭毛和纤毛。网状体是细胞内的代谢旺盛形态，通过二分裂方式增殖，无感染性。网状体比原生小体大，直径大约0.6 μm～1.5 μm，姬姆萨及Machiavello染色呈青色，渗透性差。

所有衣原体株(实验突变株除外)均能被一定浓度的四环素、氯霉素和红霉素强烈抑制，青霉素抑制能力较差。所有沙眼衣原体可被磺胺嘧啶钠抑制。四环素、氯霉素和红霉素通过不同的机制抑制衣原体核糖体蛋白质的合成。青霉素干扰衣原体细胞壁的合成，导致RB二分裂受阻，从而形成异常大的RB，不能成熟为EB。

衣原体对季胺化合物和脂溶剂等特别敏感。对蛋白变性剂、酸和碱的敏感性较低。对甲苯基化合物和石灰有抵抗力。碘酊溶液，70%酒精、3%双氧水，几分钟内便能被杀死，0.1%甲醛溶液，0.5%石炭酸经24 h使其灭活。在干燥情况下，在外界至多存活5周，室温和日光下至多6天。60℃ 10 min失去感染性。20%的组织匀浆悬液中的衣原体56℃ 5 min，37 ℃ 48 h，22 ℃ 12天，4 ℃ 50天后被灭活。在50%甘油中于低温下可生活10～20天。－20 ℃以下可长期保存，－70 ℃下可保存数年，－196 ℃保存10年以上，冻干保存30年以上。

目前已知鹦鹉热衣原体具有下列三种抗原。

① 属共同抗原。所有衣原体都具有的共同抗原。存在于衣原体的细胞壁中，耐热，溶于乙醚，具有属特异性，而无种特异性。

② 种特异性抗原不耐热。

③ 型特异性抗原。此种抗原存在于外膜蛋白质中，Winsor和Grimes应用免疫斑点法

证明，在12个鹦鹉衣原体分离株存在2个血清型。

鹦鹉热衣原体能产生一种血凝素，能凝集小鼠和鸡红细胞。能产生内毒素，其化学成分可能是脂多糖。鹦鹉热衣原体按其自然致病力分为强毒株和弱毒株。强毒株能引起急性流行，死亡率为5%～3%。弱毒株引起慢性或进行性流行，在没有继发细菌和寄生虫感染时死亡率低于5%。

19.7.3 OIE法典中检疫要求

2.7.4.1条 关于诊断试验标准参阅《手册》。

2.7.4.2条 无禽衣原体病的国家的国家兽医行政管理部门可禁止进境或经其领地过境运输来自被认为禽衣原体感染国家的鹦鹉科鸟类。

2.7.4.3条 进境鹦鹉科鸟类时，进境国兽医行政管理部门应要求出具国际兽医证书，证明鸟类：

1）装运当日无鹦鹉热临床症状；

2）装运前45天内接受兽医监督，并用氯四环素作过治疗。

19.7.4 检测技术参考依据

（1）国外标准

OIE手册，CHAPTER 2.7.4 Avian chlamydiosis

（2）国内标准

NY/T 562—2002 动物衣原体病诊断技术

SN/T 1161—2002 衣原体感染检测方法 补体结合试验

SN/T 1395.1—2004 禽衣原体间接红细胞凝集试验方法

SN/T 1395.2—2005 禽衣原体病琼脂免疫扩散试验操作规程

SN/T 1395.3—2005 禽衣原体病间接补体结合试验操作规程

19.7.5 检测方法概述

19.7.5.1 病原学检测

禽衣原体病诊断最佳方法是作病原体的分离和鉴定。但因费时、对样品的要求高，对实验室人员具有一定的危险性，所以常用其他诊断技术包括用排泄物、粪便涂片和组织压片进行的组织化学染色、细胞和组织样品的免疫组织化学染色，还有最近建立的抗原捕获ELISA，PCR和PCR-RFLP。

（1）样品的采集和处理

根据临床症状，无菌采集样品。细菌的污染有碍衣原体的分离。急性病例的样品应包括表现出病变的器官内外的炎性和纤维性分泌物、眼和鼻分泌物，全血和肾、肺、心包、脾和肝的组织等样品。有腹泻症状的病例，还采集结肠内容物和排泄物进行培养。采集活禽病料时，比较适宜的样品为咽和鼻拭子。肠排泄物、泄殖腔拭子，结膜刮取物和腹腔渗出物。

临床所收集的样品必须做适当的处理，以防在运输和保存期内减低原体的感染性。立克次氏体的一种特殊改良培养基，即蔗糖-磷酸-谷氨酸盐（SPG），对衣原体野外采集的样品运输效果较好。推荐作为衣原体SPG缓冲液成分是：蔗糖（74.6g/L）、磷酸二氢钾（0.512 g/L）、磷酸氢二钾（1.237g/L）、L-谷氨酸（0.721 g/L）。混合后过滤或高压除菌。然后加入10%胎牛血清、万古霉素和链霉素（200 μg/mL～500μg/mL），以及制菌霉素和庆大霉素（50 μg/mL）。加入抗生素后，即使在常温中运输样品也可以减少污染。这种培养基也可作为实验室内稀释剂和衣原体冷冻剂。

污染的样品在接种动物和细胞前，必须作预处理。有3种基本方法:抗生素处理，抗生素处理和低速离心相结合和抗菌素处理后过滤。可选用许多不抑制衣原体的抗生素。用含链霉素(1 mg/mL)、万古霉素(1 mg/mL)、卡那霉素(1 mg/mL)。庆大霉素(200 μg/mL)的磷酸盐缓冲液(pH7.2)将样品制成匀浆。为阻止酵母和真菌的生长，可加入两性霉素B(50 μg/mL)。其他一些抗生素溶液也常使用，但禁用青霉素、四环素和氯霉素，因为它们能抑制衣原体的生长。当样品的污染轻微时则用抗生素溶液将其制成匀浆，一般在5 ℃放置24 h后再接种鸡胚、豚鼠、小鼠或组织培养物，污染严重的样品(如粪便)应用抗生素溶液制成匀浆后，以500 *g* 离心20 min，除去表层和底层，收集上清液，再离心，最后的上清液才能作接种用。如果处理不能消除污染，样品应用孔径为450 μm～800 μm的滤器过滤。

(2) 细胞培养分离

细胞培养是分离鹦鹉热衣原体最方便的方法。较常用的传代细胞为BGM，McCoy，HeLa，VERO和L细胞。用含5%～10%胎牛血清和不抑制衣原体的抗生素的标准组织培养基培养，使细胞长成单层。在选用组织培养时，要注意以下几点：

① 以直接免疫荧光或某些其他适宜的染色技术能鉴别衣原体；

② 为提高感染性，通常将接种物离心后加到单层细胞；

③ 为提高分离的敏感性，样品需在接种5～6天后盲传1次；

④ 样品每次传代需检侧2～3次；

⑤ 衣原体对人易感。

单层细胞上的接种物在37 ℃条件下经500 *g*～1 500 *g* 离心30 min～90 min后，可促进衣原体吸附细胞。而后除去接种物，加入含细胞分裂抑制剂的培养基，在37 ℃～39 ℃培养。应用一种适当的染色方法定期对培养物作衣原体检查，通常分别在接种后第2天、3天、5天、6天进行。在第6天检查为阴性的培养物，则收集后再传代。在衣原体的传代过程中，应尽量避免细胞冻融破碎，因为冻融的同时也会破坏衣原体。

细胞培养物染色之前，先去掉培养基，再用PBS洗涤后，以丙酮固定2 min～10 min，固定时间的长短可根据培养器皿不同而定。由干丙酮可软化大多数塑料器皿，所以最好用50%丙酮和50%甲醇混合物来固定。有许多染色方法用于衣原体包涵体的检测。最佳方法是直接免疫荧光染色法。先将结合了荧光素的衣原体抗血清作用于感染细胞，并放在湿盒中，在37 ℃培养30 min。再用PBS洗涤盖玻片3次，晾干，包埋，然后进行检查。衣原体包涵体荧光呈亮绿色。现已有商品化特异性的单克隆抗体(MAb)荧光素标记物。标记物也可用多克隆抗血清制备，但需要高特异性和高滴度的抗血清。多克隆抗血清可用兔、豚鼠、绵羊或山羊来制备。绵羊和山羊都是较好的来源，因为感染后较易产生大量的高效价抗血清，而后用标准技术制备荧光素结合物。

也可应用间接免疫荧光抗体技术和免疫过氧化酶技术检测衣原体的包涵体。也可用吉姆兹、姬姆萨、妻尔-尼尔森和马基维罗氏染色法直接染色。除免疫荧光外，其他各种染色法的优点是可用普通光学显微镜观察。

(3) 鸡胚分离

衣原体的最初分离仍使用鸡胚。标准程序是用6～7日龄鸡胚的卵黄囊途径接种0.5 mL接种物，由于衣原体在较高温度下繁殖更快，所以应39 ℃湿润环境、而不是37 ℃培

养。衣原体接种后通常在3～10天内引起鸡胚死亡。如不致死鸡胚，则在确定为阴性之前，应再盲传第二代。衣原体的感染使卵黄膜血管呈典型充血。收集鸡胚卵黄膜并用SPG缓冲液制成0.2 kg/L的悬浮液，并冷冻保存菌株或再接种鸡胚或细胞培养物。用感染的卵黄囊制备的抗原，可用于衣原体鉴定。用涂片染色或用抗原作血清学试验检测衣原体，单层组织培养物可接种卵黄囊悬液，并在48 h～72 h后用直接免疫荧光检查是否存在衣原体包涵体。典型包涵体是在细胞浆内，呈圆形、帽状。一些强毒株的包涵体迅速破裂，抗原分散在整个胞浆。

(4) 种/株的鉴别

如前所述，所有禽分离株都属于鹦鹉热衣原体。所有禽分离株，与其他衣原体可以通过MOMP基因或16S～23S rDNA操纵子进行PCR－RFLP来鉴别。鹦鹉热衣原体的临床鉴定方法也可以应用血清型特异性单克隆抗体进行判定。鹦鹉热亲衣原体禽分离株包括很多血清型。由不同菌株引起的症状表现不同。一些菌株自然宿主也有相当的特异性。至少有6个血清型可感染禽类，分别称为A-F型。从这些宿主分离的衣原体主要有：A型从鹦鹉中分离；B型从鸽子中分离；C型从鸭中分离；D型从火鸡中分离；E型从鸽子和鼠中分离；F型仅有一个分离株，是从鹦鹉中分离的。针对6个血清型的单克隆抗体已研制成功，而且已在部分实验室用于血清型的鉴定。最近建立的PCR-RFLP技术可用于菌株鉴定。但仍只有部分实验室使用PCR-RFLP或单克隆抗体，且主要使用于试验研究。血清型定型相对容易，需要的实验室很易建立一套程序。

(5) 组织化学染色

将组织切开，从切面制做涂片数张；如果是液体或分泌物则取一滴涂于载玻片上，涂抹面要小；卵黄囊则把生理盐水冲去卵黄后的卵黄囊膜用镊子分别将膜的基部涂抹于载玻片上。姬姆萨、吉姆兹、萋尔-尼尔森和马基维罗染色法是用于肝脾涂片检查衣原体的常用方法，一些实验室采用改良吉姆兹染色法。

(6) 免疫组织化学染色

免疫组织化学染色可检测细胞和组织培养物中的衣原体。该技术比组织化学染色法敏感，但因其能与一些细菌和霉菌发生交叉反应，需要有经验的人进行操作，而且要考虑其形态学特征。现已得到广泛应用的免疫组化加以改进后可以得到比较满意的检测结果。一抗的选择非常重要。单抗和多抗都曾做为一抗应用过，但是福尔马林对衣原体表面抗原有一定的影响，所以对于福尔马林灭活的衣原体推荐使用多克隆抗体。由于抗体主要是针对群反应性抗原，所用衣原体的菌株并不重要。单克隆抗体也可以用于检测福尔马林固定的衣原体。

(7) 酶联免疫吸附试验(ELISA)

ELISA是一种比较新的技术，在人医中以诊断试剂盒形式推广使用。该试剂盒检测脂多糖(LPS)抗原(群特异性)，能检测所有种类的衣原体。很多这样试剂盒已用于检测禽类的衣原体，但这些诊断试剂盒还不能用于鹦鹉热衣原体的检查。这些试验存在一个重要的问题是衣原体LPS与一些革兰氏阴性细菌LPS有相同的抗原决定位点，出现大量假阳性结果(通过选择单克隆抗体，最近研制的试剂盒已大大减少或消除了非特异反应，但这些试剂盒仍缺乏敏感性，仍有几百个衣原体菌株不能出现阳性反应。多数诊断人员认为只要临床症状明显，且ELISA为强阳性，可以判为AC；如果仅个别禽出现假阳性，但无临床症状，可以不予考虑。

(8) 聚合酶链反应(PCR)

PCR技术已开始用于动物衣原体检测。该技术是一种快速、廉价的诊断方法。然而常规应用还为时过早。PCR用于检测人的沙眼衣原体具有高度特异性和敏感性。该方法检测衣原体中的一种质粒,而该质粒在其他的衣原体中没有,因此该法不能用于检测禽类衣原体。正在研究的检测鹦鹉衣原体的种特异PCR是检测MOMP基因组靶序列,该方法特异性很高,但缺乏敏感性。要提高敏感性,就应扩增较短DNA片段或采用套式程序。测定16S与23S rRNA基因间间隔段区的方法也在研究之中。另外一个问题是改进程序以处理更多样品(粪样、拭子、组织等)。

19.7.5.2 血清学试验

感染鹦鹉热衣原体后,一般动物机体中会产生较高效价的属共同抗原的特异性抗体,其保护力不强。但可用来诊断疾病。动物衣原体的补体结合抗体在体内维持时间较长,故需在病初期及后期各采取血清标本做试验,血清抗体效价升高4倍以上即有诊断意义。

19.8 禽霍乱(Fowl cholera,FC)

19.8.1 疫病简述

禽霍乱又名禽巴氏杆菌病、禽出血性败血症,是由多杀性巴氏杆菌引起的一种侵害家禽和野禽的接触性疾病,危害多种家禽、野禽。其特征表现为急性败血过程,发病率和死亡率都很高。低毒感染或急性发病之后,可出现慢性的、局部性的疾病。法国学者Chabert(1782)和Mailet(1863)先后对其进行了研究,并首次采用了禽霍乱这一名称。1885年,Mitt对鸡霍乱菌,兔、猪、牛及野牛败血症菌进行了比较研究,提出了多杀性两极杆菌(*Bacterium bipolare multocidum*)。为了纪念Pasteur,1901年Lignieres首次使用巴氏杆菌病(*Pasteurellosis*)这一名称。1939年,Merchant将猪出血性败血症巴氏杆菌和其他出血性败血性巴氏杆菌一起通称为多杀性巴氏杆菌。

禽霍乱侵害所有的家禽及野禽,鸡、鸭最易感,鹅的感受性较差。实验动物如小鼠、兔、豚鼠等均可感染。雏鸡对巴氏杆菌病有一定的抵抗力,感染较少,3～4月龄的鸡和成年鸡较容易感染。本病的发生有时是由外地传入。有时可自然发生。外购病禽或处在潜伏期的家禽都可带入本病。禽霍乱的病原体在自然界分布很广,是一种条件性病原菌,在健康禽体的呼吸道中就有该菌,但不发病。当饲养管理不当,天气突然变化,营养不良,机体抵抗力减弱和细菌毒力增强时即可发病。特别是当有新鸡转入带菌的鸡群,或者将带菌鸡调入其他鸡群时,更容易引起发病流行。本病常发生于成鸡,雏鸡也有发生。发病季节性不明显,但以夏末秋初为最多。在潮湿地区也容易发生。禽霍乱造成鸡的死亡损失通常发生于产蛋鸡群,因这种年龄的鸡较幼龄鸡更为易感。16周龄以下的鸡一般具有较强的抵抗力。但临床也曾发现10天发病的鸡群。自然感染鸡的死亡率通常是0～20%或更高,经常发生产蛋下降和持续性局部感染。断料、断水或突然改变饲料,都可使鸡对禽霍乱的易感性提高。禽霍乱怎样传入鸡群,常常是不能确定的。慢性感染禽被认为是传染的主要来源。细菌经蛋传播很少发生。大多数家畜都可能是多杀性巴氏杆菌的带菌者,污染的笼子、饲槽等都可能传播病原。多杀性巴氏杆菌在禽群中的传播主要是通过病禽口腔、鼻腔和眼结膜的分泌物进行的,这些分泌物污染了环境,特别是饲料和饮水。粪便中很少含有活的多杀性巴氏杆菌。

禽霍乱的传染途径主要是通过呼吸道、消化道和黏膜或皮肤外伤。病鸡的尸体、粪便、分泌物和被污染的用具、运动场所、土壤、饲料、饮水等是传染的主要媒介,尤其是在鸡群密度大、舍内通风不良以及尘土飞扬的情况下,通过呼吸道传染的可能性更大。吸血昆虫、苍蝇、鼠、猫也可能成为传染的媒介。

自然感染的潜伏期一般为2~9天,有时在引进病鸡后48 h内也会突然暴发病例。人工感染通常在24 h~48 h发病。由于家禽的机体抵抗力和病菌的致病力强弱不同,所表现的病状亦有差异。一般分为最急性、急性和慢性三种病型。

禽霍乱一年四季均可发生和流行,但在高温、潮湿、多雨的夏、秋两季,以及气候多变的春季最容易发生。禽霍乱的发生可因从外购入病禽或处于潜伏期的家禽等引起,有时可自然发生。禽霍乱的病原体是一种条件性致病菌,在某些健康鸡的呼吸道存在该菌,当饲养管理不当,鸡舍阴暗潮湿拥挤,天气突然变化,营养不好,缺乏维生素、矿物质和蛋白质时,以及长途运输,有其他疾病等不利因素的影响下,鸡体抵抗力降低,细菌毒力增强时即可发病。特别是当有新鸡转入带菌鸡群,或者把带菌鸡调入其他鸡群时,更容易引起本病的发生。

19.8.2 病原特征

多杀性巴氏杆菌(*Pasteurella multocida*)是卵圆形的短小杆菌,少数近于球形,长约0.6 μm~2.5 μm,宽约0.2 μm~0.4 μm。无鞭毛,不能运动,不形成芽胞。病料组织或体液涂片用瑞氏、姬姆萨氏法或美蓝染色镜检,见菌体多呈卵圆形,两端着色深,中央部分着色较浅,很像并列的两个球菌,所以又叫两极杆菌。用培养物所作的涂片,两极着色则不那么明显。用印度墨汁等染料染色时,可看到清晰的荚膜。新分离的细菌荚膜宽厚,经过人工培养而发生变异的弱毒菌,则荚膜狭窄而且不完全。巴氏杆菌为需氧兼性厌氧菌。在普通培养基上可生长,37 ℃培养18 h~24 h,可见灰白色、半透明、光滑、湿润、隆起、边缘整齐的露滴状小菌落,直径约1 mm~2 mm。本菌在鲜血琼脂、血清琼脂或马丁琼脂平皿上培养,生长良好,不溶血。在肉汤中培养时,初期呈均匀混浊,24 h后上清清亮,管底有灰白色絮状沉淀,轻摇时呈絮状上升。该菌可利用果糖、甘露糖、蔗糖、产酸不产气;不能利用肌醇、鼠李糖、乳糖;靛基质、过氧化氢酶、氧化酶和硝酸盐还原阳性,尿素酶阴性,不液化明胶。

新分离的细菌接种在马丁琼脂平皿上,通过45°折光观察,可见菌落有荧光,菌落呈桔红色带金光,边缘有乳白色光带,菌落结构细致,边缘整齐,称为Fo型菌落,对鸡等禽类的致病力强;另一类菌落呈蓝绿色而带金光,边缘有红黄色光带,称为Fg菌落,对鸡等禽类致病力较弱。

多杀性巴氏杆菌的抗原结构比较复杂,分型方法有多种。Carter根据细菌的荚膜将多杀性巴氏杆菌分为A、B、D、E 4个型。禽巴氏杆菌多属A型,少数见于D型。经我国学者对禽源巴氏杆菌分型研究表明,我国流行的禽源巴氏杆菌大部分均为A型。

本菌对物理和化学因素的抵抗力比较低。在培养基上保存时,至少每月移植2次。在自然干燥的情况下,很快死亡。在37℃保存的血液、猪肉及肝、脾中,分别于6个月、7天及15天死亡。在浅层的土壤中可存活7~8天,粪便中可活14天。普通消毒药常用浓度对本菌都有良好的消毒力:1%石炭酸、1%漂白粉、5%石灰乳、0.02%升汞液数分钟至十几分钟死亡。日光对本菌有强烈的杀菌作用,薄菌层暴露阳光10 min即被杀死。本菌对热敏感,马丁肉汤24 h培养物加热60 ℃1 min即死。密封试管内的肉汤培养物,在室温下可存活

2年，但在2℃～4℃冰箱中只能存活1年，在－30℃低温条件下可保存较长时间。巴氏杆菌在粪中可存活1个月，尸体中可存活1～3个月。本菌对大多数抗生素、磺胺类药物及其他抗菌药物敏感。

19.8.3　OIE法典中检疫要求

2.7.11.1条　本《法典》规定，禽霍乱（FC）潜伏期为14天（慢性携带者）。关于诊断试验和疫苗标准参阅《手册》。

2.7.11.2条　进境家禽时，进境国兽医行政管理部门应要求出具国际兽医证书，证明家禽：

1）装运当日无FC临床症状；

2）来自兽医当局定期检查的饲养场；

3）来自确认无FC的饲养场；

4）未经FC疫苗接种；或

5）接种过FC疫苗（证书应注明疫苗性质和接种时间）。

2.7.11.3条　进境初孵雏时，进境国兽医行政管理部门应要求出具国际兽医证书，证明初孵雏：

1）来自兽医当局定期检查的饲养场和/或孵化场；

2）未经FC疫苗接种；或

3）接种过FC疫苗（证书应注明疫苗性质和接种时间）；或

4）其父母代群：a）来自确认无FC的饲养场和/或孵化场；b）来自不进行FC免疫接种的饲养场；或c）来自实施FC免疫接种的饲养场；

5)用清洁的未用过的包装箱(笼)装运。

2.7.11.4条　进境家禽种蛋时，进境国兽医行政管理部门应要求出具国际兽医证书，证明种蛋：

1）按附录3.4.1所述标准进行过消毒；

2）来自兽医当局定期检查的饲养场和/或孵化场；

3）用清洁的未用过的包装箱(笼)装运。

19.8.4　检测技术参考依据

（1）国外标准

OIE手册，Chapter 2.7.11 Fowl cholera (avian pasteurellosis)

（2）国内标准

GB 15984—1995　霍乱诊断标准及处理原则

NY/T 563—2002　禽霍乱（禽巴氏杆菌病）诊断技术

19.8.5　检测方法概述

禽霍乱（禽巴氏杆菌病）是一种常见的所有禽类均可感染的致病性疾病。最急性型禽霍乱是禽类的一种最烈性传染病，本病的诊断取决于从具有本病症状和病变的患禽中分离鉴定出病原菌——多杀性巴氏杆菌。如果病禽出现典型的症状和病变，镜检证实在血液、肝、脾及组织涂片中存在两极染色菌，即可做出推测性诊断。其他细菌性疾病，包括鸡沙门氏菌病、大肠杆菌病和李氏杆菌病，火鸡伪结核病、丹毒病和衣原体病，往往具有与本病相似的症

状和病变。鉴别诊断有赖于病原菌的分离鉴定。

19.8.5.1 病原鉴定

微生物学检查是确诊禽霍乱的可靠方法。

(1) 涂片镜检

取病死禽心血、肝、脾等组织涂片，用美蓝或瑞氏染色法染色，显微镜检查，可见两极着色的卵圆形短杆菌。

(2) 细菌培养

病料分别接种鲜血琼脂、血清琼脂、普通肉汤培养基，置37 ℃温箱中培养24 h，观察培养结果。在鲜血琼脂平皿上，可长出圆形、湿润、表面光滑的露滴状小菌落，菌落周围不溶血，表面光滑，边缘整齐。在普通肉汤中，呈均匀混浊，放置后有黏稠沉淀，摇振时沉淀物呈辫状上升。

菌落可作荧光特性检查。培养物作涂片、染色、镜检，大多数细菌呈球杆状或双球状，不表现为两极着色。必要时可进一步作培养物的生化特性鉴定。

多杀性巴氏杆菌是一种兼性厌氧菌，在35 ℃～37 ℃时培养生长最好。初次分离通常使用葡萄糖淀粉琼脂、血琼脂和胰酶解酪蛋白大豆琼脂，但加入5%热灭活血清有助于病原菌的分离，维持培养基一般不加血清，培养18 h～24 h后，菌落直径为1 mm～3 mm，通常为散在、圆形、凸起和奶油状，一般比无荚膜的细菌的菌落大，在哺乳动物呼吸道分离物中常见湿润而黏稠的菌落，在禽类分离物中却很少见。菌体呈球杆状或短棒状，大小一般为(0.2 μm～0.4 μm)×(0.6 μm～2.5 μm)，革兰氏染色阴性，常以单个或成双出现。初次分离的细菌用瑞氏或姬姆萨氏染色时，呈两极染色，而且通常有荚膜。

从死于本病急性型病禽的肝、骨髓、脾或心血等内脏器官以及从本病慢性型患禽的渗出性病灶中可分离出病原菌，通常容易成功。从无病症(除消瘦、昏睡外)的慢性型感染禽中分离病原菌往往困难，在这种情况下，或宿主已腐败时，可选择骨髓来分离病原。供培养用的组织表面应用烧热的解剖刀烧烙，并插入无菌的棉拭子或接种环采集样品，而后，将样品接种到已培养了数小时的胰蛋白胨或其他肉汤培养基，在转移接种到琼脂培养基上培养。

(3) 生化鉴定

病原菌的鉴定主要根据生化试验的结果。糖发酵反应是重要的，被发酵的糖有葡萄糖、甘露糖、半乳糖、果糖和蔗糖。不发酵鼠李糖、纤维二糖、棉子糖、菊糖、赤藓醇、侧金盏花醇、M-肌醇、水杨苷。一般能分解甘露醇，不分解伯胶糖、麦芽糖、乳糖和糊精，对木糖、海藻糖、甘油和山梨醇有不同程度的反应。巴氏杆菌不引起溶血，不能运动，在麦康凯琼脂上不生长。产生过氧化氢酶、氧化酶和鸟氨酸脱羧酯，但不形成尿素酶、赖氨酸脱羧酶、β-半乳糖苷酶或精氨酸二聚酶。磷酸酶的产生不稳定。能还原硝酸盐，可产生吲哚和硫化氢，甲基红和V-P试验均阴性。

多杀性巴氏杆菌与禽的其他巴氏杆菌和鸭疫利曼雷拉氏菌(*Riemercella anatipestife*)的鉴别，通常用生化试验(鸭疫巴氏杆菌最近又归类为鸭疫利曼雷拉氏菌)(见表19-1)。实验室经验表明，通过菌落形态和革兰氏染色观察，巴氏杆菌是很容易鉴定的。吲哚和鸟氨酸脱羧酶反应阳性是最有用的生化反应。

表 19-1 鉴别多杀性巴氏杆菌、禽种巴氏杆菌和鸭疫利曼雷拉氏菌的生化试验

试验	巴氏杆菌属			鸭疫利曼雷拉氏菌
	多杀性巴氏杆菌	溶血性巴氏杆菌	禽巴氏杆菌	
脂溶血	－	＋	－	v
麦康凯琼脂上生长	－	＋u	－	－
产生吲哚	＋	－	－	－
明胶液化	－	－	－	＋u
产生过氧化氢酶	＋	＋u	＋	＋
产生尿素酶	－	－	－	v
葡萄糖发酵	＋	＋	＋	－
乳糖发酵	－u	＋u	－	－
蔗糖发酵	＋	＋	＋	－
麦芽糖发酵	－u	－	＋	－
鸟氨酸脱羧酶	＋	－	－	－

注：试验反应结果：－无反应；＋反应；v 不同程度；－u 通常无反应；＋u 通常反应。

(4) 菌体血清型鉴定

多杀性巴氏杆菌菌株的抗原特性，可通过荚膜血清分群和菌体血清分型来确定。荚膜血清分群是用被动血凝试验确定的，已报道的血清群为 A、B、D、E 和 F，除血清群 E 外，均可从禽中分离到。已建立了非血清学板扩散试验，该试验是用特异的黏多糖酶鉴定血清群 A、D 和 F。菌体血清型常用琼脂凝胶免疫扩散(AGID)试验来确定。已报道的血清型有 1～16种，除了 8 和 13 外，其他各型都可以从禽类分离到。血清群和血清型的鉴定是最有效的鉴定，这些鉴定需要一个拥有适当诊断试剂的专业化实验室。

19.8.5.2 动物接种试验

取病料研磨，用生理盐水作成 1∶10 悬液(也可用 24 h 肉汤纯培养物)，取上清液 0.2 mL接种于小鼠、鸽或鸡，接种动物在 1～2 天后发病，呈败血症死亡，再取病料(心血、肝、脾等)涂片、染色、镜检，或作培养，即可确诊。

19.8.5.3 血清学试验

检测特异性抗体的血清学试验未被用于诊断禽霍乱。通过病原菌的分离和鉴定，即可做出诊断，一般不需做血清学诊断。血清学试验，如凝集试验、AGID 和被动血凝已实验性地用于测定禽血清中多杀性巴氏杆菌抗体，但它们的敏感性都不高。已有用 ELISA 检测抗体效价获得不同程度成功的报道，试图用来预测接种菌苗后禽的免疫性，但并非用于诊断。

19.9 马立克氏病(Marek's disease，MD)

19.9.1 疫病简述

鸡马立克氏病是由马立克氏病病毒(Marek's disease virus)引起鸡的一种高度接触传染的淋巴组织增生性肿瘤疾病，以各种内脏器官、外周神经、性腺、虹膜、肌肉和皮肤单独或多发的淋巴样细胞浸润，形成淋巴肿瘤为特征。本病不仅因其造成严重的经济损失而受到

兽医界的广泛重视，而且可作为研究肿瘤发生、发展和免疫的重要动物模型，是世界上第一个能用疫苗预防的肿瘤病，也受到了医学界的关注。病鸡常见消瘦、肢体麻痹，并常有急性死亡。在病原学上可以与鸡的其他淋巴样肿瘤病相区别。该病现已成为世界养鸡业的主要疾病之一，对蛋鸡、种鸡和肉鸡生产均构成极大威胁。

我国从20世纪70年代中期开始先后建立了大、中型机械化或半机械化养鸡场，在此期间因从国外引种和各地种苗的频繁转运，使得MD在国内广为传播。现在，虽然广泛采用疫苗来控制该病，但免疫失败却时有发生。

在1970年前后研制出预防本病的疫苗之前，MD造成的经济损失是巨大的。死亡率一般为10%～60%，低的10%以下，高的60%以上，鸡群全群发病以致全部应予淘汰。

鸡是最主要的自然宿主，其他禽类很少发生MD，没有多大实际意义。病毒分离和血清学调查表明鹌鹑、火鸡和山鸡可以发生自然感染。鹌鹑的自然发病已有报道，不仅分离到病毒，而且证实可发生鹌鹑-鸡之间的传播。包括雉、鸽、鸭、鹅、雀、雁等多种禽类都曾发现与MD相似的大体和显微病变，但都没有从病原学上得到进一步证实。在明显暴露的动物园禽类中，除鸡目中少数几个属外，未发现自然感染的病毒学和血清学证据。不同品种的鸡由于易感性不同，病毒毒力高低各异，死亡率差别也很大。人工感染试验证明，易感性高的洛岛红鸡感染了超强毒力MD毒株之后，死亡率可达100%，感染原型强毒株的死亡率为43.8%～68.8%。而抗病强的品种如N系鸡对超强毒株的死亡率为62.5%～87.5%，对原型强毒株几乎为0%。

对雉的实验感染曾有过报道。雀类对感染有抵抗力，但鸭在接种后被感染而不发病。各种哺乳动物对强毒MDV均没有感受性。

病鸡和带毒鸡是最主要的传染源。鸡只间的直接或间接接触显然是通过气源途径造成病毒的散布。在羽囊上皮细胞中繁殖的病毒具有很强的传染性，这种完全病毒随着羽毛和皮屑脱落到周围环境中，它对外界的抵抗力很强，在室温下至少在4～8个月内还保持传染性。病毒主要从呼吸道进入体内。经吸入感染后24 h肺内可查到病毒抗原，可能是吞噬性肺细胞摄取病毒并将其带到其他器官中去。很多外表正常的鸡是可以传递感染的带毒鸡，感染可能无限期持续下去，有些鸡从皮肤排出病毒的时间持续76周。感染鸡的不断排毒和病毒对外界的抵抗力强是造成感染流行的原因。

经口感染不是重要的传播途径。研究表明节足昆虫不能传播MD，而经卵的垂直传播即使存在也属罕见，对本病的流行无实际意义。

在现场条件下很难确定本病的潜伏期。最早的发病可见于3～4周龄的鸡，但以8～9周龄发病最严重，通常不可能确定感染的时间和条件。在蛋鸡群常在4月龄前后才表现出临诊症状，少数情况下直至6～7月龄才发病。

实验感染时的潜伏期受毒株的毒力、接种剂量、感染途径以及鸡的遗传品系、年龄和性别的影响。1日龄接种MDV，2周后开始排毒，3～5周为排毒高峰。接种后3～6天发生溶细胞性感染，6～8天出现淋巴器官的变性损害。2周龄时在外周神经和其他器官可发现单核性细胞浸润，但临诊症状和大体病变直到3～4周龄才出现。

各种环境因素如存在应激、并发感染其他疾病和其他饲养管理因素都可使MD的发病率和死亡率升高。鸡群中存在法氏囊病毒、鸡传染性贫血病毒、呼肠孤病毒、球虫等引起严重免疫抑制的感染均可加重 MD 的损失。

19.9.2 病原特征

马立克病病毒(MDV)是一种细胞结合性病毒,依据其嗜淋巴的生物学特性被列为 y-疱疹病毒,但是其分子结构和基因组组成则与 α-疱疹病毒相似,故目前已将其划分在 α 亚科。MDV 分 3 个血清型:1 型为致瘤的 MDV; 2 型为非致瘤的 MDV ;3 型为指火鸡疱疹病毒(HVT)。病毒核衣壳呈六角形,直径 85 mm～100 nm;带囊膜的病毒粒子直径 150 nm～160 nm,羽囊上皮细胞中的带囊膜病毒粒子 273 nm～400 nm,随角化细胞脱落,成为传染性很强的无细胞病毒。

MDV 的复制为典型的细胞结合病毒复制方式,感染方式是从细胞到细胞的传递,通过形成细胞间桥来完成这种传递。MDV 感染后,在体内与细胞之间的相互作用有 3 种形式:

1) 生产性感染:主要发生在非淋巴细胞,病毒 DNA 复制,抗原合成,产生病毒颗粒。在鸡羽囊上皮细胞中是完全生产性感染,产生大量带囊膜的、离开细胞仍有很强传染性的病毒粒子。在有些淋巴细胞和上皮细胞中以及大多数培养细胞中,是生产一限制性感染,有抗原合成,但产生的大多数病毒粒子无囊膜,因而无传染性。生产性感染都导致细胞溶解,所以又称溶细胞感染。

2) 潜伏感染:主要发生于激活的 CD4T 细胞,但也可见于 CDBT 细胞和 B 细胞。潜伏感染是非生产性的,只能通过 DNA 探针杂交或体外培养激活病毒基因组的方法检查出来。

3) 转化性感染:是 MD 淋巴瘤中大多数转化细胞的特征。转化性感染仅见于 T 细胞,且只有强毒的 1 型 MDV 能引起。与存在病毒基因组但不表达的潜伏感染不同,转化性感染以基因组的有限表达为特征。Meq 基因在转化细胞的核内恒有表达,也能在 S 期的胞浆中表达,该基因与亮氨酸拉链类致瘤基因同源,但其编码的蛋白质的特性尚未完全搞清楚。转化性感染常伴随着病毒 DNA 整合进宿主细胞基因组。转化细胞表达多种非病毒抗原,MD 肿瘤相关表面抗原(MATSA)即是其中之一。虽然已经证明 MATSA 是伴随细胞转化的宿主抗原,并非肿瘤特异,但它在 MD 鉴别诊断中仍有重要意义。

强毒 MDV 可在鸭胚成纤维细胞(DEF)和鸡肾细胞(CK)培养上生长,但经过继代的 3 种血清型的病毒均能在鸡胚成纤维细胞(CEF)上繁殖。感染的细胞培养出现由折光性强并已变圆的变性细胞组成的局灶性病理变化,称为蚀斑。受害细胞常可见到 A 型核内包涵体,并有合胞体形成。除圆形细胞在蚀斑成熟时可脱落到培养液中外,看不到大片细胞溶解。1 型病毒初次分离时 5～14 天出现蚀斑,继代适应后可缩短为 3～7 天。1、2、3 型病毒蚀斑形态有明显区别。

MDV 和 HVT 以细胞结合和游离于细胞外两种状态存在。细胞结合病毒的传染性随细胞的死亡而丧失,因此需按保存细胞的方法保存毒种。从感染鸡羽囊随皮屑排出的游离病毒,对外界环境有很强的抵抗力,污染的垫料和羽屑在室温下其传染性可保持 4～8 个月,在 4 ℃至少为 10 年。但常用化学消毒剂可使其失活。

19.9.3 OIE 法典中检疫要求

2.7.2.1 条　本《法典》规定,马立克氏病(MD)潜伏期为 4 个月。诊断试验和疫苗标准参阅《手册》。

2.7.2.2 条　进境鸡时,进境国兽医行政管理部门应要求出具国际兽医证书,证明鸡:

1）装运当日无MD临床症状；

2）来自兽医当局定期检查的饲养场；

3）未经MD疫苗接种且来自至少过去2年内无MD的养殖场；或经MD疫苗接种（证书应注明疫苗性质和接种时间）。

2.7.2.3条 进境初孵雏时，进境国兽医管理部门要求出具国际兽医证书，证明初孵雏：

1）来自兽医当局定期检查的饲养场和符合附录3.4.1规定的孵化场；

2）MD疫苗接种（证书应注明疫苗性质和接种时间）；

3）用清洁的未用过的包装箱（笼）装运。

2.7.2.4条 进境种蛋时，进境国兽医行政管理部门应要求出具国际兽医证书，证明种蛋：

1）按附录3.4.1标准进行消毒；

2）来自兽医当局定期检查的饲养场和符合附录3.4.1规定的孵化场；

3）来自实施MD疫苗接种的饲养场（证书应注明疫苗性质和接种时间）；

4）用清洁的未用过的包装箱（笼）装运。

2.7.2.5条 进境肉粉和羽毛粉时，进境国兽医行政管理部门应要求出具国际兽医证书，证明这些产品在加工过程中经热处理，确保MD病毒的清除；

2.7.2.6条 进境羽毛和绒毛时，进境国兽医行政管理部门应要求出具国际兽医证书，证明这些产品已经过加工，确保杀灭MD病毒。

19.9.4 检测技术参考依据

（1）国外标准

OIE手册，Chapter 2.7.2 Marek's disease

（2）国内标准

GB/T 18643—2002 鸡马立克氏病诊断技术

SN/T 1454—2004 鸡马立克氏病病毒分离与鉴定方法

NY/T 905—2004 鸡马立克氏病强毒感染诊断技术

19.9.5 检测方法概述

对鸡群的MD诊断不难，可从流行病学、临诊症状、病理变化、血清学检验和病原分离鉴定进行诊断。对接种过疫苗的鸡群，则主要对病鸡或死鸡的病变和组织作病理学和病原学的诊断。

19.9.5.1 病理学诊断

马立克氏病（MD）是一种由疱疹病毒引起的禽病，常发生于3～4周龄以上的禽只，多发于12～30周龄。古典型MD主要侵害神经组织，死亡率很少超过10％～15％，可持续数周至数月。急性型MD可使发病鸡内脏产生淋巴瘤，发病率一般为10％～30％，暴发流行时发病率可高达70％，死亡率可能在数周内迅速增加，然后死亡停止，也可能在数月内保持稳定的死亡率，并逐渐下降。目前最常见的是产生广泛内脏淋巴瘤的急性型MD。古典型MD常见的症状是腿和翅膀发生部分或完全麻痹，而急性型病鸡常常表现极度沉郁，有时不表现任何症状而突然死亡。

古典型病例的特征性病变是一条或数条外周神经肿大。剖检常可在肱骨神经丛、坐骨神经丛、腹部神经丛、腹部迷走神经和肋间神经见到病变。出现病变的神经往往比正常时粗2～3倍，正常的横纹和光泽消失，呈灰白色或淡黄色，有时发生水肿。淋巴瘤有时也能在古典型MD中见到，但肿瘤小而软、呈灰色，多发生于卵巢，有时也能在肺、肾、心、肝和其他组织中见到。

急性型MD的特征性病变是在病鸡的肝、性腺、脾、肾、肺、前胃及心脏出现广泛的弥漫性淋巴瘤。有时羽毛囊周围的皮肤和骨骼肌也可出现肿瘤。和古典型病变一样，病鸡常常可见到外周神经肿大。青年鸡的肝脏一般中度肿大，但成年鸡的肝脏肿得很大，外观与淋巴细胞白血病相似，因此必须注意这两种病的鉴别诊断。成年病鸡很少出现神经病变。

古典型和急性型MD在病初均发生淋巴细胞增生，有些病例是进行性的，有些则是退行性的外周神经可发生增生、炎症或轻度浸润等变化，分别称为A、B、C型病变。A型病变以淋巴细胞、大、中、小淋巴细胞及巨噬细胞的增生浸润为主，类似于正常的增生组织。B型病变表现神经水肿，以小淋巴细胞和浆细胞的浸润和许旺氏细胞增生为主，类似于炎症。C型病变主要由分散的小淋巴细胞组成，常见于无剖检病变或症状的鸡，是一种退行性的炎性病变。当神经出现A型和B型病变时，常发生脱髓鞘作用，这就是临床上出现麻痹的原因。

19.9.5.2　病原分离诊断

从病鸡甚至无症状的鸡体都不难分离到MD病毒。从病鸡材料分得的病毒有一定的致病性。从无症状鸡体分到的病毒则可能是低毒力的或无毒力的。一般血清I型病毒是有毒力的，但存在自然的无致病力的Ⅰ型病毒株。血清2型是自然无毒力株。接种过HVT的鸡群则能分离到HVT毒株。从病毒诊断意义的角度，只需从有MD症状或病变的鸡分离到MDV才可能具有诊断意义。

在病原分离的方法中，虽然对1日龄雏鸡腹腔接种的方法是敏感的，但如不具备无抗体的易感雏鸡，再由于自然毒株的毒力强弱不一，在不完全具备条件的情况下，此法不易成功。

1）鸡胚接种法是把病料接种到5日龄胚的卵黄囊内，接种后10～11天在绒毛尿囊膜上可出现MDV引起的痘斑。需要区别其他某些病原引起的类似痘斑。

2）细胞培养分离病原：常用被检病料为白细胞层、脾细胞或淋巴瘤细胞悬液。首先接种鸡肾细胞或鸭胚细胞单层，然后再转到鸡胚成纤维细胞。用病鸡羽毛囊挤出的羽髓作为接种材料，接种到鸡胚皮肤细胞单层，往往更容易分离出病毒。

3）分离毒株的鉴定：血清I型在鸭胚成纤维细胞和鸡肾细胞单层上生长较好，产生小的蚀斑。血清2型在鸡胚成纤维细胞上生长较好，产生大合胞体的中等大小蚀斑。血清3型(HVT)在鸡胚成纤维细胞上生长较好，较快，产生大蚀斑。MDV的血清型可用特异单克隆抗体染色作免疫荧光试验，或用限制性内切酶图谱分析可对不同血清型病毒进行鉴定和纯化。

从感染鸡组织中分离到MDV，可证明鸡群感染了本病。分离病毒用的材料可以是从肝素抗凝血样中分离的白细胞，也可以用淋巴瘤细胞或脾细胞悬液。因为MDV具有高度细胞结合性，所以这些悬液中的细胞必须是活的细胞。将细胞悬液接种在鸡肾细胞或鸭胚

成纤维细胞的单层(鸡胚成纤维细胞对初代分离的病毒不太敏感)。2型和3型MDV用鸡胚成纤维细胞比用鸡肾细胞更易分离,通常将含10^6~10^7个活细胞的细胞悬液0.2 mL分别接种于两个长满单层细胞的塑料细胞培养皿中(直径60 mm)。将接种病料的细胞皿和未接种病料的对照细胞皿均置于含有5%CO_2的加湿培养箱内,置38.5 ℃培养。也可用密封的培养瓶。每隔2天换1次培养液。细胞病变(即蚀斑)在3~5天内出现,可在7~10天左右计算蚀斑数。

此外,也可以用羽尖作为MDV分离材料,所分离的病毒为非细胞结合性的,但这种方法不常用于诊断目的。

据报道聚合酶链反应(PCR)可以用于鉴别致瘤性和非致瘤性MDV毒株,也可以用于鉴定2型和3型疫苗株。

19.9.5.3 血清学试验

大约4周龄起鸡群中出现马立克氏病毒抗体表明鸡群已被感染,在此之前出现抗体是存在经母体卵黄传播的母源抗体,并不说明受到真正的感染。病毒、抗原和抗血清通常从世界兽医卫生组织马立克氏病标准试验室获取,但目前仍无国际标准试剂。

(1) 琼脂凝胶免疫扩散

虽然没有规定作为指定的试验,但琼脂凝胶免疫扩散(AGID)试验已广泛用于抗体检查。试验是在玻璃板上覆盖一层8%氯化钠磷酸缓冲液配制的1%的琼脂糖,相邻两孔加满抗原或血清,在一定湿度及37 ℃温度下扩散24 h,已知阳性血清同抗原显示出一致的阳性反应,试验抗原以破裂的马立克氏病病毒感染的组织培养细胞、羽毛尖浸出物或感染马立克氏病毒鸡的羽毛囊皮肤组织。

琼脂免疫扩散试验的另一种方式是检查羽尖中马立克氏病病毒抗原,作为指征判定是否感染马立克氏病。在载玻片上覆盖以8%氯化钠缓冲液配制的0.7%的琼脂糖(同A37),并内含马立克氏病病毒抗血清,取被检鸡小羽毛尖垂直插入琼脂中,玻片按以上方法作用,在羽尖周围放射性沉淀带的出现表明羽毛中存在马立克氏病病毒抗原,从而证实鸡体受到感染。

(2) 病毒中和(VN)试验

VN试验主要用于监测感染鸡血清或血浆中的中和抗体。

(3) 间接血凝试验

将待检血清做1∶2、1∶4、1∶8...倍比稀释,在96孔血凝板板每个孔内分别滴加各个稀释度的血清0.1mL,再加入1%的抗原致敏红细胞0.1 mL。混匀后置37 ℃温箱中作用2 h观察结果。以红细胞能完全凝集的血清最高稀释倍数为该血清的滴度。凝集滴度在1∶16以上者判为阳性;不凝者判为阴性。

(4) 间接荧光抗体试验

首先在盖玻片上培养CK单层细胞,接种MDV,待其产生清晰的空斑时(CPE融合之前),盖玻片用PBS冲洗1次后。放入34 ℃的丙酮中固定5min〔此固定的盖玻片可在-20 ℃储存并能在几周内使用),滴加待检血清充分作用后,用适当稀释度的抗鸡Y球蛋白荧光抗体染色。如果在局灶性病变的圆形细胞中出现荧光,而对照材料中没有,即证明待检血清中存在MDV抗体。

19.10　鸡白痢和禽伤寒(Pullorum disease and Fowl typhoid)

19.10.1　疫病简述

鸡白痢是由鸡白痢沙门氏菌感染引起,禽伤寒是由鸡伤寒沙门氏菌感染引起.它们主要引起雏鸡和火鸡的败血病,但其他鸟类如鹌鹑、野鸡、鸭子、孔雀、珍珠鸡也易感。两种疾病都可通过种蛋垂直传播。鸡白痢沙门氏菌和鸡伤寒沙门氏菌具有高度宿主适应特性,除雏鸡和火鸡外,很少引起其他宿主明显的临床症状、发病与死亡。在世界上某些地区,包括欧洲的部分地区,鸡白痢沙门氏菌和鸡伤寒沙门氏菌被看成同一种细菌。

在1929年以前,鸡白痢曾被称为"杆菌性白痢",在此以后,鸡白痢这一名称得以广泛认可。美国自1980年以来,商业性养禽场中没有禽伤寒的报道。鸡白痢在世界上许多地区曾呈地方性流行,而美国却很少发生以至曾被认为本病在养禽业已经消除,但在1990年和1991年却连续暴发于集约化肉鸡生产场,波及到5个州(德拉华州、马里兰州、北卡罗来那州、阿拉巴马州和佛罗里达州)的19个种鸡群和261个设施完善的饲养场,由此,使人们认识到了该病的严重性。

1899年,Rettger对鸡白痢的病原作了描述,该病被称为雏鸡致死性败血症。后来,为了与雏鸡的其他疾病相区别,该病又被称为杆菌性白痢。那时本病在美国和许多其他国家都普遍存在,可使雏鸡的死亡率高达100%,对育雏业形成了严重威胁。在1900—1910年间,本病被证实可经蛋传播。1913年,报告了一种实用的常量试管凝集试验以检出本病的带菌者。北美动物疾病研究工作者会议制定出了对场院禽类白痢诊断的标准方法,后来在1932年被美国家禽协会[现称为美国动物健康协会(USAHA)]所采用。1931年,又发展了一种改良的应用染色抗原的全血凝集试验,由于其方法简便而被广泛应用。

全国家禽改进计划由州代理处和美国农业部合作制定,并于1935年起实施,其中有关于鸡白痢的控制部分。1928年,首次发现火鸡发生鸡白痢;到1940年,火鸡已普遍存在本病,并导致了严重的经济损失。1943年,颁布了一个相似于全国家禽改进计划的全国火鸡改进计划,这些计划通过数年不断的改进,有力推动了商业鸡场中鸡白痢的净化。

1888年,美国首次发现禽伤寒,该病非常近似于鸡白痢,病原为鸡伤寒沙门氏菌。最初该病原命名为鸡伤寒杆菌,后来易名为血液杆菌。1902年,采用禽伤寒这一名称。不久在世界上其他地区如德国、荷兰也使用该名称。1954年,禽伤寒的控制规程被列入于全国家禽改进计划,因而禽伤寒的处理方案与鸡白痢的方案相同,也使得禽伤寒在鸡场中基本上得以净化,从而使鸡群发病率非常低,这可以从每年的报道中清楚看到。

鸡白痢和禽伤寒呈世界范围分布。在美国,商业鸡场很少有鸡白痢发生,可能在其他国家也是如此。但是对庭院饲养的雏鸡仍较普遍,最近在美国公布了商业雏鸡中暴发了鸡白痢的案例。在加拿大、美国和不少欧洲国家,很少发生禽伤寒。但据报道,在墨西哥、中美、南美及非洲,禽伤寒发生率增长很快。最近,在丹麦和德国,又有几例禽伤寒暴发的报道。

雏鸡是鸡白痢沙门氏菌和鸡伤寒沙门氏菌的自然宿主,但在自然条件下,也有火鸡、珍珠鸡、鹌鹑、雉鸡、麻雀、鹦鹉暴发鸡白痢和禽伤寒的报道。另外,金丝雀、红腹灰雀也有鸡白痢的自然暴发。斑尾林鸽、鸵鸟、孔雀也有禽伤寒的自然发生。鸭、鹅、鸽对禽伤寒沙门氏菌的敏感性不确定,它们似乎对其有抵抗力。

不同品种的鸡对鸡白痢易感性存在着显著差异。近交品系鸡对鸡白痢沙门氏菌和鸡伤寒沙门氏菌的抵抗力也显示出不同。母鸡的带菌率比公鸡为高，这可能与卵泡局部感染的隐藏性有关。

鸡白痢的死亡病例通常限于2～3周龄的雏鸡。同时，也时有报道成年鸡的急性感染，尤其是产褐壳蛋的鸡品种。同样，亦有人观察到育成火鸡的死亡病例。感染存活的鸡和火鸡，有相当大部分可成为带菌者，有或无病变。尽管禽伤寒通常被认为是成年鸟类的一种疾病，但仍以雏鸡死亡率高的报道为多。禽伤寒可致1月龄内雏鸡的死亡率高达26%。鸡白痢、禽伤寒造成的损失始于孵化期，而对于禽伤寒，损失可持续到产蛋期。据报道，有些鸡伤寒沙门氏菌对雏鸡产生的病变与鸡白痢区分不开。

与其他细菌性疾病一样，鸡白痢和禽伤寒可通过几种途径传播。受感染的禽（阳性反应禽与带菌禽）是本病绵延与传播的最重要方式。在早期的调查研究中，人们即认识到被感染种蛋在这两种疾病的传播中起着主要作用。感染禽不仅将疾病传给同代禽，而且还经蛋传给下一代，其原因一是蛋在母禽排出时即污染本菌；二是在排卵之前，卵泡中即已存在鸡白痢沙门氏菌和鸡伤寒沙门氏菌。后者可能是经蛋传播的主要方式。

鸡白痢沙门氏菌的其他传播方式还有通过蛋壳进入蛋内和通过污染的饲料传播，但此二种方式似乎不太重要。感染鸡白痢沙门氏菌或鸡伤寒沙门氏菌的母鸡所产的蛋带菌率高达33%。感染雏鸡或小母鸡的接触传播是鸡白痢沙门氏菌和鸡伤寒沙门氏菌散发的主要途径。这种传播可发生于孵化期间，只能通过福尔马林熏蒸方法起部分防止作用。已有报道，因感染鸡伤寒沙门氏菌的鸡死亡率可高达60.9%。感染鸡互啄、啄食带菌蛋及通过皮肤伤口，均可使本病在禽群中传播。感染禽的粪便，污染的词料、饮水及笼具也是鸡白痢沙门氏菌和鸡伤寒沙门氏菌的来源。饲养员、饲料商、购鸡者及参观者，他们穿梭于鸡舍之间及鸡场之间，除非认真谨慎地将鞋、手和衣服进行消毒，否则就能够携菌传染。卡车、板条箱和料包也能被污染。野鸟、动物和苍蝇可成为机械传播者。

蛋黄中凝集素的水平可影响种蛋传播。鸡白痢沙门氏菌的凝集素对防止感染种蛋的胚胎死亡有着重要的作用，从而成为通过种蛋传递病原的促进因素。

19.10.2 病原特征

鸡白痢沙门氏菌和鸡伤寒沙门氏菌属肠杆菌科（Enterobacteriaceae）沙门氏菌属（*Salmonella*）成员。为革兰氏染色阴性的细长杆菌（1.0 μm～2.5 μm）×（0.3 μm～1.5μm），不形成芽胞，无运动性，兼性厌氧。细菌常呈单个存在，偶见两个或多个连在一起。鸡白痢沙门氏菌和鸡伤寒沙门氏菌在牛肉琼脂或牛肉汤或其他背养培养基上生长良好。需氧或兼性厌氧，最适温度为37 ℃。两种细菌可在具有丰富营养的选择性培养基如硒酸盐和四硫磺酸钠肉汤和鉴别培养基如麦康凯、亚硫酸铋和亮绿琼脂上生长。据报道，鸡白痢沙门氏菌有时在选择培养基如亮绿琼脂或志贺氏沙门氏菌用的琼脂上不生长，但在亚硫酸秘琼脂和麦康凯琼脂上生长良好。鸡白痢沙门氏菌比鸡伤寒沙门氏菌生长速度似乎慢一些，这是因为它不能氧化利用多种氨基酸的缘故。

鸡白痢沙门氏菌和鸡伤寒沙门氏菌的菌落形态几乎无差异。在肉提取物或肉浸液琼脂（pH7.0～7.2）上，呈细小、分散、光滑、蓝灰色或灰白色、闪光、均一和完整的菌落。在肝浸汤琼脂上，鸡白痢沙门氏菌生长旺盛，呈明显的半透明状。密集生长的菌落很小（1 mm或更小)，但分散菌落的直径可达 3 mm～4 mm 或更长。随着菌落的增大和培养时间的延长，菌落表面可出现纹状。通常而言，大量接种平板上的幼龄菌落不会随培养时间的延长而有多大改变。偶尔也可遇到特殊形态的菌落。明胶斜面接种，沿穿刺线生长，且不液化。在肉汤中生长表现混浊，并生长大量絮状物沉淀。

通常，这两种细菌与其他副伤寒沙门氏菌的抵抗力大致相同，在有利的环境条件下可存活数年。但是与副伤寒沙门氏菌相比，它们对热、化学药物和逆境的抵抗力要小。例如，鸡伤寒沙门氏菌经 60 ℃ 10 min 便可杀死，直接暴露于阳光下数分钟，0.1%的石炭酸、50 mg/L的升汞或1% 的高锰酸钾都可在3 min 将其杀死，2%的福尔马林 1 min 便可杀死。琼脂平板上的培养物很快便可能丧失其致病特性。将鸡伤寒沙门氏菌每天冻融，其活性可保持 43 天。肝脏中的细菌在－20 ℃条件下可存活 148 天，尽管在此期间偶然解冻过两次。

鸡舍内，患病鸡粪便中的禽伤寒沙门氏菌可存活 10 天以上，而在露天下要少活 2 天。

鸡白痢沙门氏菌与禽伤寒沙门氏菌在生化特性方面的相同点多于不同点。两种细菌都可发酵阿拉伯糖、葡萄糖、半乳搪、甘露醇、甘露糖、鼠李糖和木糖，产酸、产气或不产气。不发酵乳糖、蔗糖和水杨苷。两种细菌生化特性的重要区别是鸡伤寒沙门氏菌发酵卫矛醇，而鸡白痢沙门氏菌则不发酵。而且鸡白痢沙门氏菌偶尔可发酵麦芽糖。两种细菌的主要区别是鸡白痢沙门氏菌培养物可迅速使鸟氨酸脱羧，而鸡伤寒沙门氏菌则不然。另外，鸡伤寒沙门氏菌可利用枸橼酸盐、D-山梨醇、L-岩藻糖、D-酒石酸和盐酸半胱氨酸明胶。这些区别有助于两种细菌的鉴别;但是，有些菌株有时也会出现变异，特别是在有无气体产生方面上。

用标准凝集试验检测种禽的被感染后代，结果呈阴性，说明了鸡白痢沙门氏菌有抗原的变异。感染雏鸡的血清可凝集同源菌株抗原，但不凝集标准抗原。为了准确确定一个培养物的抗原型，必须对单个菌落做广泛的测定，有时需多次移植。多数分离物在人工培养基上的连续传代趋于稳定。标准形式的培养物虽经长期人工培养，一般仍有少数菌落以 122 抗原占优势。变异型培养物经常是 122 和 123 抗原的纯态或接近纯态的菌落。中间型菌株的菌落通常是以 122 和 123 占优势的菌落的混合物，很少是一致的，并在单个菌落中含有一定量的 122 和 123 抗原。菌株在 O-1 抗原的含量上也可有所变化。

本菌对干燥、腐败、日光等环境因素有较强的抵抗力，在水中能存活 2～3 周，在粪便中能存活 1～2 个月，在冰冻土壤中可存活过冬，在潮湿温暖处只能存活 4～5 周，但在干燥处则可保持 8～20 周的活力。该菌对热的抵抗力不强，60 ℃15 min 即可被杀灭。对于各种化学消毒剂的抵抗力也不强，常规消毒剂及其浓度均能达到消毒的目的。通常情况下，对多种抗菌药物敏感。但由于长期滥用抗生素，对常用抗生素耐药现象普遍，不仅影响该病防制效果，而且亦成为公共卫生关注的问题。随着多种抗药菌株的产生，该类病原菌对抗菌药物的敏感性也越来越低，多数菌株对土霉素、四环素、链霉素和磺胺类药物等产生了抵抗力，但目前大部分菌株仍对庆大霉素、卡那霉素、乙酰甲喹、硫酸黏杆菌素、喹诺酮类等药物敏感。

19.10.3　OIE 法典中检疫要求

2.7.5.1 条　关于诊断试验标准参阅《手册》。

2.7.5.2 条　进境家禽时，进境国兽医行政管理部门应要求出具国际兽医证书，证明家禽：

1) 装运当日无鸡伤寒和鸡白痢临床症状；

2）来自无鸡伤寒和鸡白痢的饲养场；并且/或者

3）经鸡伤寒和鸡白痢诊断试验，结果阴性；并且/或者

4)装运前置检疫站至少隔离21天。

2.7.5.3条 进境初孵雏时，进境国兽医行政管理部门应要求出具国际兽医证书，证明初孵雏：

1）来自无鸡伤寒和鸡白痢的饲养场和/或孵化场，且孵化场符合附录3.4.1标准；

2）用清洁的未用过的包装箱（笼）装运。

2.7.5.4条 进境家禽种蛋时，进境国兽医行政管理部门应要求出具国际兽医证书，证明种蛋：

1)按附录3.4.1标准进行过消毒；

2）来自无鸡伤寒和鸡白痢的饲养场和/或孵化场，且孵化场符合附录3.4.1标准；

3）用清洁的未用过的包装箱（笼）装运。

19.10.4 检测技术参考依据

（1）国外标准

OIE手册，Chapter 2.7.5 Fowl typhoid and Pullorum disease

（2）国内标准

GB/T 17999.7—1999 SPF鸡 鸡白痢沙门氏菌检验

NY/T 536—2002 鸡伤寒和鸡白痢诊断技术

SN/T 1222—2003 鸡白痢抗体检测方法 全血平板凝集试验

19.10.5 检测方法概述

鸡白痢是鸡白痢沙门氏杆菌（*Salmonella pullorum*）引起的，其急性病例仅见于雏鸡。与小火鸡发病有相关性。野禽和家禽通常为病菌的传染宿主，而野鸡则为病菌的传播宿主，这在该病的流行病学上是重要的。鸡和火鸡伤寒是由鸡伤寒沙门氏杆菌（*S. gallinarum*）引起，常见于育成鸡群和成年鸡群。其临床表现类似于败血症，伴随食欲缺乏，最终死亡。诊断则依赖于病原分离和特异性抗体检测。

19.10.5.1 病原分离鉴定

（1）样品采集

如要分离病菌，则鸡只在最近2～3周内不能用抗菌药治疗。样品可以从活鸡、新鲜胴体或冰冻新鲜胴体、蛋、新鲜粪便或者鸡舍、孵化室和运输工具的污染物中采集。从活鸡的泄殖腔、关节腔或尸体，也可以从肝、脾、胆囊、肾、肺、心、卵、睾丸、食道、关节病灶无菌采集样品。将器官表面用热刀片烧灼一下，然后用热灭菌的棉拭子或用接种环插入脏器采集病料。血清学反应阳性而外观正常的鸡，需要直接或非直接拭子采样做大量的组织匀浆，进行细菌培养，可从多只鸡的组织匀浆混合后取样。当从地面废物收取样品时，应知道从粪便以及污染物样品中提取的鸡白痢沙门氏菌和鸡伤寒沙门氏菌比其他沙门氏菌更难区分。该样品应包含潮湿的和干燥的污染物。

如果要检验家禽饲料中是否含沙门氏菌，应从各个部位来取样，以求有代表性。可能的话，应该包括最好的细颗粒性材料。样品必须采用无菌方法从饲料库及运输工具上提取。应采取几等份的样品，总量为25 g～100 g。

(2) 培养基

鸡白痢沙门氏杆菌和鸡伤寒沙门氏杆菌在普通培养基上均能很好的生长。目前常使用抑制外源微生物生长的选择性培养基和增菌培养基。分离沙门氏杆菌的效果因情况不同而有所变化。某些复合培养基对这两种细菌可能有抑制作用,所以应该提倡同时使用普通培养基和增菌培养基进行分离培养。固体培养基和液体培养基都可以使用。由于选择性培养基的毒性可能不同,最好用不同类型的培养基的生长结果对比来监测其毒性。抑制性培养基的菌落数,至少应是相应的非抑制性培养基上的75%。非抑制性培养基包括营养琼脂和鲜血琼脂,在非抑制性培养基上,可见到沙门氏杆菌菌落光滑、半透明、微凸,直径大约2 mm。液体培养基包括营养肉汤和肉浸汁。

1) 选择性培养基

麦康凯琼脂:对非肠道细菌有抑制作用,可以将发酵乳糖的细菌(粉红色菌落)和不发酵乳糖的菌落(无色菌落)区分开。不加NaCl可以限制变形杆菌菌落的扩散。沙门氏杆菌菌落光滑而无色,鸡白痢沙门氏杆菌的菌落比其他沙门氏杆菌菌落小。脱氧胆酸钠-柠檬酸琼脂:对非肠道细菌有抑制作用,鸡白痢沙门氏杆菌生长成很小的、稀疏的无色菌落;鸡伤寒沙门氏杆菌生长成中间有一黑点的隆起菌落,菌落直径2 mm~3 mm。变形杆菌和绿脓杆菌都易于生长。

亮绿琼脂:对大肠杆菌和大多数变形杆菌菌株均有抑制作用,在区别肠道菌方面有用。沙门氏杆菌生长形成低而隆起的淡红色半透明菌落,菌落直径1 mm~3 mm,与柠檬杆菌相似变形杆菌形成针尖大的菌落,绿脓杆菌呈小的红色菌落,而发酵乳糖的细菌菌落表现为绿色,鸡白痢沙门氏杆菌比其他沙门氏杆菌菌落小。

亮绿磺胺吡啶琼脂:对大肠肝菌和变形杆菌有抑制作用。加入磺胺吡啶是为了稳定氮类物质存在时的选择性,鸡白痢沙门氏杆菌产生小菌落。

2) 液体增菌培养基和选择培养基

亚硒酸盐F增菌液:对大肠杆菌有抑制作用,但对变形杆菌无抑制作用。加入亮绿会提高效果,24小时失去活性。亚硝酸盐半胱氨酸增菌液更稳定些。

四硫磺酸钠亮绿增菌液:对大肠杆菌和变形杆菌有抑制作用。但也可抑制鸡白痢和鸡伤寒沙门氏杆菌。

R-V大豆蛋白胨肉汤(Rappapon-Vassiliadis Soya Peptone Broth):用于选择性增菌,1份样品加100份培养基。

(3) 沙门氏杆菌的分离

分离鸡白痢沙门氏杆菌和鸡伤寒沙门氏杆菌的方法因样品的来源而异。从泄殖腔拭子和粪便中分离还不现实,而从鸡的尸体中采取的组织进行分离通常成功率较高。现分别介绍如下:

1) 活鸡泄殖腔拭子和新鲜粪便:棉拭子应浸在肉汤中,雏鸡使用小的棉拭子,棉拭子划线接种到普通培养基和选择性培养基上,并将其置于营养肉汤中。培养皿和肉汤置37 ℃培养。在这个温度下,变形杆菌和绿脓杆菌将被抑制。有的肉汤温度可能要高一些,例如R-V需要41.5 ℃,但是要注意选择这样的温度必须谨慎,因为有些增菌培养基抑制性太强。24 h~48 h后,再在选择性培养基上继代培养。

2）胆囊内容物：胆囊内容物拭子可直接在普通培养基上和选择培养基上划线接种，并同时接种于增菌肉汤和普通肉汤中，37 ℃培养，经 24 h～48 h，在抑菌培养基上继代。

3）器官和组织：从单个组织和病灶中采集拭子样品，接种在普通培养基、选择性培养基及类似的肉汤中，并在 37 ℃培养 24 h～48 h 后，再在选择营养琼脂上作继代培养。肠道材料应接种在抑制性液体培养基中，在 40 ℃条件下培养。在此温度下，鸡伤寒沙门氏杆菌生长良好，但对鸡白痢沙门氏杆菌有一定抑制作用。

4）带菌鸡：这需要大量的材料。用卵检查鸡白痢沙门氏杆菌，用肝脏和胆囊检查鸡伤寒沙门氏杆菌。将组织用少量肉汤制成匀浆并直接接种培养。取大约 10 mL 样品放入100 mL的增菌液中（如亚硒酸盐 F 增菌液），于 37 ℃下培养 24 h 后，再用普通和选择琼脂培养基作继代培养。

5）消化道包括肠内容物：先在少量肉汤中磨碎或制成匀浆，取 10 mL 接种到 100 mL 增菌培养液中，在 40 ℃下培养 24 h～48 h 后，再用选择性琼脂培养基作继代培养。

6）蛋壳表面：将蛋放入一个盛有 25 mL～50 mL，增菌肉汤（如亚硒酸钠 F 肉汤）的塑料袋内，并将蛋与袋表面摩擦。然后置 37 ℃培养，24 h～48 h 后在选择性培养基上继代。

7）鸡蛋内容物：将新鲜的鸡蛋内容物与 100 mL～200 mL 营养肉汤混合制成匀浆，置37 ℃培养 24 h～48 h 后，在普通琼脂和选择性琼脂（如亚硒酸 F 培养基）上作继代培养。孵化的鸡蛋（无论是白蛋还是发育鸡胚）可以用相同的方法处理，也可以将 10 mL 鸡蛋内容物匀浆与 100 mL 增菌营养肉汤混合，置 37 ℃培养 24 h～48 h，再在选择性琼脂上作继代培养。

8）鸡胚：从发育良好的鸡胚卵黄囊中采取拭子样品，划线接种到普通琼脂和选择性琼脂上，并将 1 个拭子置于 10 mL 普通和增菌肉汤（如亚硒酸盐 F 培养液）中，37 ℃培养24 h～48 h 后，再在普通琼脂和选择性琼脂上作继代培养。

9）孵房绒毛和尘埃：取数克这类物质与 50 mL～100 mL，普通和增菌营养肉汤（如亚硒酸盐 F 培养液）混合，置 37 ℃培养 24 h～48 h 后，再在普通和选择性琼脂上作继代培养。

10）地面和垫草：取其 2 g～3 g 与 50 mL 增菌肉汤（如亚硒酸盐 F 培养液）混合，置40 ℃培养 24 h～48 h 后，再在选择性琼脂上作继代培养。

11）家禽饲料：取 25 g 样品与 225 mL 缓冲蛋白胨水混合，37 ℃培养过夜. 在增菌肉汤中进行继代培养，24 h～48 h 后在选择培养基上进行继代培养。家禽饲料也可通过电导方法进行检测。

（4）病原鉴定

在非抑制性培养基上，培养 24 h～48 h 小时后，典型的沙门氏杆菌菌落为圆形、有光泽、隆起、光滑的菌落，直径 1 mm～2 mm。在选择性培养基上的菌落形态，因培养基而异。可疑菌落可以用血清学和生化方法，以及运动性进行鉴定。

在营养琼脂、血琼脂或选择性琼脂继代培养 20 h～24 h 后，仔细检查是否有典型的鸡白痢和鸡伤寒沙门氏杆菌菌落。如 24 h 生长较差，则继续培养 24 h，再检查典型菌落。每一个平皿应选择 5 个典型或可疑菌落进行生化和血清学的进一步检验。如果已有 5 个典型菌落或可疑菌落，所有菌落都应进一步检验。选择的菌落应在营养琼脂上划线，分离出单个菌落。只有纯培养物才可做生化鉴定。通常接种下列培养基进行测定：三糖铁（TSI）琼脂；赖氨酸铁琼脂（或脱羧基 L-赖氨酸培养基）；尿素琼脂（按 Christensen 法制备）；蛋白胨/蛋白培养基测定吲哚反应；倒置 Durham 葡萄糖发酵管测定酸和气的产生；用作运动性检测的卫矛醇、麦芽糖和鸟氮酸羧基固定和半固体培养基。各项反应的结果如表 19-2 所示。

表 19-2　鸡白痢沙门氏菌和鸡伤寒沙门氏菌的生化试验

	鸡白痢沙门氏菌	鸡伤寒沙门氏菌		鸡白痢沙门氏菌	鸡伤寒沙门氏菌
三糖铁葡萄糖（产酸）	＋	＋	分解尿素	－	－
三糖铁葡萄糖（产气）	V	－	赖氨酸脱羧作用	＋	＋
三糖铁乳糖	－	－	鸟氨酸脱羧作用	＋	－
三糖铁蔗糖	－	－	麦芽糖发酵	先－，或后＋	＋
三糖铁硫化氢	V	V	卫矛醇	－	＋
葡萄糖产气（Durham 培养基管）	＋	－	运动性	－	－

注：＋ 表示在 1～2 天内有 90％以上为阳性，－ 表示 90％以上没有反应；V 表示有不同反应。

鉴定试剂盒已商品化，如肠道细菌检侧系统（API）。但是，在利用该检侧系统时必须慎重，因为在这种情况下鸡白痢沙门氏杆苗容易被误认为哈夫尼属（Hafnia spp），已经建立了分子学试验方法，该方法利用核酸探针和 PCR 技术。

进行血清学检测时，可采用普通培养基（营养或血琼脂）上的菌落进行。首先去除自凝菌株，即取纯培养单个菌落移到载玻片上，用 1 滴生理盐水混匀，轻摇 30 s～60 s，在暗背景观察，最好借助放大镜观察，如果细菌结合成较大甚至稍小的单位，则认为该株有自凝现象，不能再进行下列试验。如果为非自凝，用多价抗“O”（A-G）抗原血清检测，检测时，材料来自单个菌落，用多价 O 抗血清混匀悬液，轻摇 30 s～60 s，在暗背景下观察凝集，如出现凝集反应则为阳性，并进一步以同样方法进行鸡白痢沙门氏杆菌和鸡伤寒沙门氏杆菌用（D 抗血清）群特异血清的鉴定。按照血清学方法分组之后，将分离物送到实验室去进行血清型分类。

19.10.5.2　血清学试验

最常用的血清学试验包括快速全血凝集试验、快速血清凝集试验、试管凝集试验和微量凝集试验。鸡白痢沙门氏杆菌和鸡伤寒沙门氏杆菌都具有 1 型、9 型、12 型的“O”抗原，但对于鸡白痢沙门氏杆菌来讲，12 型抗原中存在 121、122、1233 种，且 3 种比例不一样，标准株含 123 比 121 多，但变异菌株的情况正好相反，而且也存在有中间形式（在鸡伤寒沙门氏杆菌中不存在这样的变化）。由于这些变化的存在，所以在作凝集试验时应使用多价抗原。

可使用相同的抗原来测定鸡白痢和伤寒沙门氏杆菌。

(1) 快速全血凝集试验

快速全血凝集试验可以用于对鸡白痢沙门氏杆菌和鸡伤寒沙门氏杆菌的实地诊断，可以立即得出检测结果，但此法对火鸡不可靠。尽管有的机构规定该方法只可检 4 月龄以上

的鸡,而实际上能用于检测所有年龄的鸡。

如果试验没有出现阳性反应,那么对可疑反应只能结合鸡群以前的沙门氏杆菌试验记录进行解释。如果鸡群以前为阳性群,那么,可疑反应就应判为阳性。新近感染的鸡,还需在3～4周之后重新作试验,才能出现典型的阳性反应。

(2) 快速血清凝集试验

除用血清代替全血之外,快速血清凝集试验的操作方法与快速全血凝集试验相同。

(3) 试管凝集试验

将鸡、火鸡或者其他鸟类的血清稀释成1∶25的浓度。即0.04 mL血清与1.0 mL抗原混合,每次试验都要设阴性和阳性血清对照。用鸡白痢沙门氏杆菌和鸡伤寒沙门氏杆菌制备不染色抗原,并按McFarland比浊法将未染色的抗原稀释至第一管浊度,将混合液置50 ℃下培养18 h～24 h后判定结果。阳性反应呈现为颗粒状白色沉淀,上清液清亮;阴性反应则表现为均匀一致的混浊。在稀释度为1∶25的条件下呈阳性反应的血清将被稀释成更高重新检验,通常情况下认为1∶50的滴度为阳性。

(4) 微量凝集试验

本法与试管凝集试验一样,只是反应物的量很少,试验在微量反应板上操作。将1μL血清加到100μL生理盐水中,再加标化过的染色抗原100 μL,这样血清即稀释成1∶20的浓度。将反应板封好,置37 ℃培养18 h～24 h或48 h。阳性反应会出现明显的絮状沉淀,上清液清晰;而阴性反应则呈现钮扣状沉淀。滴度为1∶40通常被认为是阳性。

其他的血清学试脸包括微量抗球蛋白试验(Coombs)免疫扩散试验,血凝试验和酶联免疫吸附试验(ELISA)。一旦间接ELISA标准化,结果解释认识一致,该法可能是目前最敏感的方法。本试验用脂多糖作为包被抗原,是测定鸡群中鸡白痢和鸡伤寒沙门氏杆菌的最特异的方法,检测血清和卵黄都易操作,并可用于抗体的定量检测。

第20章　水生动物疫病检疫技术

20.1　鱼样品的采集

在被检渔场采集鱼样品时可能遇到两种情况:鱼出现某种疾病或其他疾病的临床症状,或者鱼临床表现正常。因此检查/采样的目的可能是不同的:或者确认鱼场的健康状况,或者证实,实施鱼监督程序满两年后仍能保持原先已达到的状态。

(1) 有临床症状的受感染鱼的采样

必须最少挑选10条濒死鱼或10条有可疑为某种疾病临床症状的鱼。采样时鱼应当是活的。鱼应当活着或杀死后分别包装放在密封防腐冷藏容器或冰块中送到实验室。所采集的鱼必须严格避免冰冻。最好是在鱼场取样后立即采集器官样品并按要求保存和处理样品。样品上一定要附有写明采样地点和时间的标签。

(2) 无症状鱼(健康鱼)的采样

渔场有怀卵鱼时,必须每年在产卵期采集一次精液或卵液。如果怀卵鱼群由不同年龄的鱼组成,应选取较大龄的鱼采样。样品必须包括该地所有的易感品种,一批只能是一个品种。一批的定义是养在同一供水中并是同一产卵鱼群的后代的鱼。对于封闭渔场,例如不与其他池塘水联通的鲤鱼池塘养殖,所产的鱼群为一批。对于在封闭池塘储存收获后或拣选后的鱼,在这里的鱼群可以考虑作为一批,要从每个贮藏池中采集鱼的样品。如果在待采样鱼群中有濒死鱼,应首先选取这些鱼。其余样品从待检的所有容器随机抽取。在有临床感染鱼的情况下,用采集器官和体液样品并采样后尽早处理。必须避免样品冰冻。必须在两年内每年对该养殖场检查2次。检查时间应选在一年中最能观察到临床症状并能分离到病原体的温度与季节。每次采集鱼样的数量要能在感染率等于或大于2%时检出的可信度有95%。每次最常见的情况是必须采集150条鱼,或两次检查中有一次要取150条,如果有怀卵鱼则必须从该鱼场采集150份卵巢液样品。

一旦生产单位包括池塘的鱼及其设施经实验室检测2年,无任何法典所列的所有或某些疾病,也无任何可疑临床症状之后,每年还须继续检疫2次。不过采集的样品可以减少到30条鱼,并尽可能包括怀卵鱼。但在检疫中发现有濒死鱼时必须采样做进一步的实验室检查。如果在监测期间,被测样品的稀释液接种的细胞培养物出现细胞病变(CPE),必须立即进行病毒鉴定。对于产生病毒阳性样品的渔场和/或地区(如果以前已批准为健康状态),必须撤销已批准的健康状态。一直到证实上述病毒并不是原先规定所禁止的病毒为止。

按照鱼大小的取样要求:幼鱼和带卵黄囊的鱼取整条鱼,但如有卵黄囊则需除去。4 cm～6 cm的鱼采集包括肾脏在内的所有内脏,在鳃盖后缘外侧割下头可获得脑。超过6 cm的鱼采肾脏、脾脏和脑。

按照临床状态的取样要求:在有临床感染症状的情况下,除了取整条幼鱼或全内脏外,如供病毒检测要取头、肾、脾脏和脑,供细菌学检测要取肾和脾。因此,如取10条病鱼样品,

最多每5条鱼的组织放在一起。其5条鱼组织数量不应超过1.5 g。对于检测无症状带毒鱼,可将不超过5条鱼的组织混合在一起,总重量约1.5 g。5条产卵鱼的卵巢液的总量须不超过5 mL,即每条怀卵鱼1 mL。卵巢液样品必须从每条鱼单独采集后混合,不能混合后再从中采集。组织和/或卵巢液从鱼体中无菌取出后要将每个样品分成2份,1份做病毒学检测,另一份做细菌学检测。用于细菌学的样品,最好用活鱼、刚死(冰鲜)的鱼或新鲜的组织/卵巢液。

20.2 用于病毒学检测的组织/体液样品的一般处理

20.2.1 样品的运送与抗菌素处理

在实验室进行病毒提取前,将组织或卵巢液的混合物置于无菌瓶中4 ℃下保存。最好在采样后24 h内提取病毒,不过48 h内也行。可将组织样品放入有细胞培养基或Hank's基础盐溶液(HBSS)并加有可抑制细菌生长的抗菌素的小瓶中运送到实验室中(1份组织至少要加5份的运送液)。抗菌素浓度一般是1 000 μg/mL庆大霉素或800 IU/mL青霉素和800 μg/mL双氢链霉素。还可向运送培养液中加终浓度为400 IU/mL的抗真菌剂Mycostatin或Fungizone。如果运送时间可能超过12 h,可加5%~10%血清或白蛋白以稳定病毒。

20.2.2 病毒提取

在15 ℃以下,最好是在0 ℃~4 ℃提取病毒。从组织样品中去掉含抗菌素的培养液。用研钵、研杆或电搅拌器将样品匀浆成糊状。再按1∶10的最终稀释度重悬于培养液中。如果在匀浆前未用抗菌素处理过样品,则须将样品匀浆后再悬浮于含有抗菌素的培养液中,于15 ℃下孵育2 h~4 h或4 ℃下孵育过夜。同样地,卵巢液也要用抗菌素处理以防污染。不必匀浆并稀释2倍以上。2 000*g*离心15 min澄清稀释的匀浆液,收集上清液。用相同的方法离心卵巢液样品并在以后的步骤中直接用其上清液。

20.3 传染性胰脏坏死病(IPN)

在有些国家,鱼常常是水生双片断RNA病毒(如传染性胰脏坏死病毒,即IPNV)的无症状携带者,这会引起敏感细胞出现细胞病变(CPE),因而会妨碍其他病毒的分离并使对其他病毒的进一步鉴定变得复杂。在这种情况下,必须在检测法典中所列其他病毒前把样品中可能存在的IPN病毒中和掉。但如果检测是否存在IPNV很重要时,必须做双份试验,即分别用中和抗体处理和不用中和抗体处理的样品进行试验。

为了中和双片段RNA病毒,将等体积抗IPNV中和抗体(NAb)溶液与待测上清液混合。将混合物于15 ℃下反应1 h,然后接种于易感细胞单层。所用的NAb溶液(可能是一种多价血清)抗该地区IPNV血清型的滴度,用50%蚀斑减少试验测定时至少要在2000个以上。当样品来自无双片段RNA病毒感染的国家、地区、鱼群或生产单位时,这种处理可省略。

在高密度饲养条件下传染性胰脏坏死病对鲑、鳟鱼种的幼鱼是一种高度传染性的病毒病。本病常发生于虹鳟、溪红点鲑、鳟、鲑鱼和太平洋的几个大麻哈鱼种。在一些饲养的海水鱼种,例如五条狮、大菱鲆、庸鲽,也有IPNV和与IPNV血清学相关的一些病毒引起生病的报道;另外,对区域广泛的近海鱼和淡水鱼,即鳗鲡、银汉鱼、鲆、参鱼、杜父鱼、丽鱼、石脂鱼、牙鲆、鲈、胎将、石首鱼、鳎鱼、茴鱼等科、属，虽不显示临床感染，但能检出病毒。

病原即IPNV是两个片断的双股RNA病毒，属于双片断RNA病毒科。IPN的监测建立在组织培养分离病毒和免疫学鉴定的基础上。临床病例的诊断通常依据典型病理变化，特别是胰脏的变化(用标准组织学的方法作检测)，和/或用免疫学方法直接检测感染组织中的IPN抗原，以组织培养分离病毒和免疫学鉴定IPN病毒来确诊该病。

目前对本病的控制方法，依赖于在鲑科鱼饲养过程中的防治和卫生措施的执行。即禁止从有IPNV的种鱼场引进受精卵，鱼场的水源(如泉水或地下水)要保护好，防止被鱼、特别是无症状带毒鱼污染。在本病暴发时，降低饲养密度可以减少总死亡率。本病地理分布十分广泛，北美、南美、欧洲和亚洲国家的主要鲑鳟鱼场，虽不是全部，但绝大部分时常发生本病。本病的暴发，首先表现为鲑鱼苗的日死亡率突然上升，并且死亡率逐日增加，特别是对生长较快的个体。临床症状出现体色变黑，腹部明显膨胀，作螺旋状运动，但累积死亡率可能有所不同，根据不同因素的综合作用，如毒株、宿主和环境，从10%以下到90%以上不等。

最为常用的临床诊断是以内部器官(特别是胰脏)的组织学检查，并结合组织培养作病毒分离，然后通过血清学方法如血清中和试验、ELISA或荧光抗体试验(FAT)鉴定病原。对无临床症状的带毒者，用组织培养分离病毒是常用的标准方法。本病可经水源的水平传播和经鱼卵的垂直传播。鱼卵的表面消毒不能完全有效地防止垂直传播。

(1) 诊断程序

IPN的监测是以细胞分离IPNV再用免疫学方法进行鉴定为基础的。临床病例的诊断通常基于组织学检查，和/或从病鱼组织中用免疫学方法检测IPNV抗原(在以组织培养作分离病毒，并用免疫学方法加以确诊)。由于缺乏有关鱼感染病毒后的血清学反应的知识，所以迄今还没有一种可接受的常规诊断方法用于检测鱼的抗病毒抗体，来评估鱼群感染病毒的状况。但不久就会建立一些有效的血清学诊断方法，并将被广泛接受用于诊断。

用于病毒学检查的病鱼材料是：发病期整条鱼苗(体长4 cm)包括肾在内的内脏；大鱼则取肝、肾、脾。潜伏感染期(无症状的带毒鱼)：肝、肾、脾(不论大小)，以及处于产卵期怀卵鱼的卵巢液。

(2) IPN的标准检测方法

细胞培养分离，所用的细胞系：BF-2和CHSE-214。

20.4 流行性造血器官坏死病(Epizootic haematopoietic necrosis，EHN)

流行性造血器官坏死病(EHN)是由虹彩病毒感染河鲈和虹鳟所引起的疾病，该病发生的地理范围目前仅限于澳大利亚大陆。临床疾病显示与水质差有关。虹鳟自然感染发生于11 ℃～17 ℃，实验性感染可在8 ℃～21 ℃。天然情况下河鲈在12 ℃以下不会生病。人们发现下列鱼类经水接触EHNV后易感：河鲈、虹鳟、澳大利亚河鲈、食蚊鱼、金尾贝氏石首鱼(*Bidyanus bidyanus*)和南乳鱼(*Galaxias olidus*)、河鲈的幼鱼和成鱼在EHNV暴发时都会受影响，但幼鱼对该病更易感。虽然从刚出生到125 mm长的虹鳟感染后会出现死亡，但从刚孵化的稚鱼到商品鱼都可检测到被感染者。

EHNV的诊断方法是用细胞培养分离病毒、ELISA、IFA和电子显微镜。抗原捕获

ELISA 法检查感染了 EHNV 的虹鳟和河鲈的组织，在不同的感染阶段其敏感性达 60%～80%。抗原捕获 ELISA 是用来证实细胞培养中 CPE 的一种方法，但 IFA 和电镜检查也有用。IFA 或免疫过氧化物酶染色也可用于经福尔马林固定的组织的诊断，SDS-PAGE 和 PCR 能用来特异性地鉴定 EHNV。EHN 的诊断以直接方法为基础，即从细胞培养物中分离 EHNV，然后用免疫学方法(常规方法)鉴定或者在感染鱼组织中用免疫学方法检查 EH-NV 抗原。

适合作病毒学检查的感染鱼的材料是：

显性感染时期：整条幼鱼(体长≤4 cm)，内脏包括肾(体长在 4 cm～6 cm 之间)，或者较大鱼的肾、脾、肝脏。

隐性感染时期(无症状病毒携带鱼的检测)：肾、肝、脾、心、产卵期种鱼的精液和卵液。

(1) EHNV 的标准监测方法

在细胞上分离 EHNV，采用细胞系：BF-2 或 FHM。细胞应在 22 ℃可控温培养箱培养以保证成功地分离 EHNV，如不注意接种了病毒后细胞的培养温度，使之过高或波动太大都会降低细胞对病毒的敏感性。

(2) 病毒鉴定

1) 中和试验

由于通过免疫兔所产生的免疫血清很少有抗 EHNV 的中和抗体，因而 EHNV 不能用中和试验鉴定。

2) 间接荧光抗体试验

这一鉴定病毒的试验可于细胞培养分离病毒之后直接使用。

3) PCR 扩增及测序

EHNV 有很长约 125 kb 的 DNA。有一对引物被用来 PCR 扩增其中 580 bp 的片断。反向引物是：5'-AAAGACCCGTTTTGCAGCAGCAAAC-3'。正向引物是：5'-CGCAGT-CAAGGCCTTGATGT－3'。这个方法能从红鳍河鲈、虹鳟、鲇鱼、鲶鱼、孔雀鱼等中检测到虹彩病毒和各种鲑病毒(ranavirus)。鱼样品按 Gould 等介绍的方法处理。约 1 μL 的核酸加到 Tag 酶缓冲液中(含有引物各 0.1 μmol/L、2.5 单位的 Tag 酶、2.5 mmol/L $MgCl_2$)。混合物在 PCR 仪里经 95 ℃1 min、55 ℃1 min、72 ℃1 min 反应 35 个循环，最后 72 ℃15 min。扩增的 580 bp DNA 用琼脂糖电泳分析。切下 DNA 带并用专用试剂盒作序列分析。每个病毒株都有独特的 DNA 序列加以区别。

值得注意的是通过 10%的琼脂糖电泳就能将 EHNV 和其他虹彩病毒区别开。EHNV 的主要衣壳蛋白(约 51 kb)总是比其他虹彩病毒的(49 kb)要稍微大一些。

20.5　传染性造血器官坏死病(Infectious haematopotietic necrosis，IHN)

传染性造血器官坏死病 (IHN) 是由弹状病毒感染虹鳟鱼或硬头鳟、几种大麻哈鱼属包括红大麻哈鱼(*O. nerka*)、大鳞大麻哈鱼(*O. tshawystcha*)、大麻哈鱼(*O. kete*)、马苏大麻哈鱼(*O. masou*)、玫瑰大麻哈鱼(*O. rhodurus*)，以及最近还感染银鳟(*O. kisutch*)和大西洋鲑(*Salmo salar*)的鱼类传染病。过去 IHN 流行地区还仅限于北美洲的太平洋沿岸，但现在已扩散到欧洲大陆和远东。由于临床和经济方面的重大影响，IHN 对于鲑鳟鱼场和野生鱼群已成为值得注意的事。由于渗透压平衡被破坏，在临床上表现为水肿和出血，使这种传染常常是致死的。病毒在毛细血管的内皮细胞、造血组织和肾细胞上繁殖是出现这些临床症状的原因。

感染 IHN 病毒后残存的鱼能产生很强的免疫保护力，并合成抗 IHNV 的抗体。有些个体也会变成无症状的带毒者，这种带毒状态会在产卵期导致病毒由精、卵散播。以兔抗血清的抗原性研究为基础的结果显示 IHNV 的分离株均为同一组病毒。但用鼠单克隆抗体研究发现有许多和糖蛋白有关的中和亚型，和由核蛋白决定的一群非中和亚型。IHNV 毒力变异株在自然界和在实验室感染中已有记载。

IHNV 主要存在于有临床症状的和无症状带毒的野生及人工养殖的鱼体内。在临床感染期间，肾、脾、脑和消化道中病毒量最丰富，所以病毒常由粪便、尿液、精卵液和外黏膜散播。IHNV 是水平传播的，也可能存在垂直的或更为准确地讲是“附在卵上”的传播。水平传播可能直接或通过一种媒体，其中水是主要的无生命的媒体。有生命媒体和污染物在 IHNV 传播中也起作用。消毒鱼卵表面能明显减少附卵传播的现象。但附卵传播是唯一能解释消过毒的鲑鱼卵在无病毒的水环境中所孵出的鱼苗仍会发生 OMV 病的理由。一旦 IHNV 进入渔场，或由于被感染的洄游鱼在河道产卵或形成栖息地时，这种病就在带病毒鱼之间传播。

除鲑鱼种对自然界 IHNV 易感外，狗鱼苗(*Esox Lucius*) 容易在实验条件下感染。每种鱼对 IHNV 的易感度有很大的个体差异。鱼的年龄十分重要：鱼越年轻对该病越敏感。如同和 VHS 一样，鱼群总体健康状态较好时似乎可减少对 IHNV 的易感性，而运输和其他类型的应激反应常使亚临床感染变得症状明显。影响 IHNV 最突出的环境因素是水温，在自然状态下 8 ℃～15 ℃出现临床症状。IHNV 的诊断程序以直接检测为基础。最广泛采用的是常规方法，包括细胞培养分离病毒，然后用免疫学方法如中和实验，免疫荧光或 ELISA 鉴定。

防治方法在于制定防疫政策隔离和执行较好的卫生措施。对受精卵彻底消毒、在无病毒的水中孵化，喂养鱼苗的场地要和可能携带病毒的鱼彻底分开以及不与污染物接触，对一个养殖场能否防止 IHN 流行是至关重要的。免疫接种在当前仅处于实验阶段。

(1) 诊断程序

IHN 的监测和诊断建立在直接方法基础上，即在细胞培养上做 IHN 病毒分离，然后做免疫鉴定(常规方法)，或用免疫学方法直接检测受感染鱼组织中的 IHNV 抗原。由于在鱼感染病毒后的血清学反应的知识有限，对检测鱼抗病毒抗体的方法还不能作为评价鱼群病毒感染状态的常规方法。但是检测鱼感染病毒后血清反应的某些方法在不久将会被确认，这会使得以诊断为目的的鱼类血清学应用被更广泛地接受。适宜做病毒学检验的被感染鱼材料是：

在发病期间：整条幼鱼(体长≤4 cm)，内脏包括肾(4 cm≤体长≤6 cm)或者较大鱼的肾、脾和脑。

在潜伏期(隐性携带病毒的鱼)：脑(任何大小)和/或者种鱼产卵时的卵液。

(2) 用细胞培养分离病毒

所采用的细胞系：EPC 或 BF-2。病毒鉴定采用中和试验和间接荧光抗体试验。

20.6　鲤春病毒血症(Spring viraemia of carp,SVC)

鲤春病毒病(SVC)一种由弹状病毒引起,能感染四大家鱼和其他几种鲤科鱼的传染病。在下面几种鱼中可发生明显的症状:鲤鱼(*Cyprinus carpio*)、草鱼(*Ctenopharyngodon idellus*)、鲢鱼(*Hypophthalmichthys molitrix*)、鳙鱼(*Aristichthys nobilis*)、黑鲫(*Carassius carassius*)、鲫鱼(*Carassius auratus*)、丁岁(*Tinca tinca*)和欧鲇(*Silurus glanis*)等。目前,本病的发病地区仅限于欧洲大陆一些冬季水温低的国家。像其他鱼类弹状病毒感染一样,SVC 病毒(SVCV)感染是致死的。由于破坏了体内盐水平衡,在临床上表现为水肿和出血症状。这些临床症状的出现是病毒在体内增殖,尤其是在毛细血管内皮细胞、造血组织和肾细胞内增殖所致。

SVCV 感染后剩下的鱼会产生很强的免疫保护力并出现循环抗体。可以通过病毒中和试验、免疫荧光和 ELISA 等方法检测到这些抗体。这些残存下来的鱼中有一些会成为无症状的病毒携带者。用兔多克隆抗血清做中和试验对 SVCV 做抗原性研究时只发现一种血清型,而用免疫荧光和 ELISA 试验则表明 SVCV 与狗鱼苗弹状病毒(PFR)有共同的抗原区域。在天然发病和实验性感染中都有病毒株毒力变异的报道。

SVCV 可储存在有临床症状的病鱼,以及人工养殖或野生的无临床症状的带毒鱼中。强毒力的病毒通过粪便、尿液和精、卵,甚至鳃、皮肤黏液排出体外。当病鱼出现显性感染时,其肾脏、脾脏、鳃、脑中含有大量病毒。SVCV 通过水平方式传播,但并不排除“附卵传播”(通常称作垂直传播)。水平传播可以是直接进行的,也可以通过媒介传播,其中水是主要的非生物性媒介。生物性媒介和污染物也能传播 SVCV。在生物性媒介中,寄生的无脊椎鲺、蛭等也能将 SVCV 从发病鱼传播给健康鱼。一旦在鱼塘或养殖场中发生了 SVCV,如果不消灭养殖地所有的生物,很难根除该病。

除了上述鲤科鱼对 SVCV 易感外,在不同鱼塘的各种鱼种中,似乎不论水温如何,在实验条件下幼鱼都易感。狗鱼很容易通过浸泡感染就是一个明显的例子。同一鱼种中的不同个体之间对 SVCV 的易感性差异很大。除了鱼体生理状态外,其他对鱼体易感性因素尚不明。年龄特别重要:鱼年龄越小就越易发生显性感染。水温是 SVCV 感染关键的环境因素,水温在 15 ℃以上时很少发生显性感染。SVCV 的诊断方法是采用直接方法,最常用的是先细胞培养直接分离病毒,然后用中和试验、免疫荧光或 ELISA 等免疫学方法进行确诊。目前,该病的可行的防治方法仅仅是实行卫生管理和控制措施。该病的免疫疫苗仅处于实验阶段。

(1) 诊断程序

监测和诊断该病的方法是采用细胞培养直接分离 SVCV,然后用常规免疫学方法确诊,或者通过免疫学方法直接检测病鱼组织中的 SVCV 抗原。

由于对鱼类感染病毒后的血清学反应了解不够,还不能把检测鱼体内抗病毒的抗体当作诊断鱼群感染状态的有效方法。但是,在不久的将来,一些诊断鱼抗病毒血清的技术被证实有效后,检测鱼血清抗体的方法将会广泛地应用于诊断。

用于检测病毒的病鱼病料是:显性感染期体长≤4 cm 的幼鱼取整条鱼,体长 4 cm～6 cm的鱼取包括肾脏在内的脏器,或者对较大些鱼取肾、脾和脑组织。潜伏感染期(无症状的带毒鱼):脑组织(不论大小),和/或在产卵时亲鱼的卵液。

(2) SVC 标准检测方法

细胞培养分离 SVCV，采用的细胞系：EPC 或 FHM。病毒鉴定采用中和试验或间接免疫荧光试验。

(3) 对可疑发生 SVCV 的确诊程序

1) 间接荧光抗体试验：

① 放尽鱼血。

② 将肾在清洁的载玻片上或在塑料细胞板的孔底印片。

③ 将肾碎片连同病毒分离所需的其他器官一起保存以备日后需要。

④ 让印片在空气中干燥 20 min。

⑤ 用丙酮或酒精-丙酮固定和干燥。

⑥ 再水化上述标本并用含 5% 的脱脂奶或 1% 牛血清白蛋白的 PBST 37 ℃ 封闭 30 min。

⑦ 用 PBST 洗 4 次。

⑧ 用抗 SVCV 的抗体处理印片及漂洗。

⑨ 像前面所述一样封闭和漂洗。

⑩ 用适当的 FITC 标记物反应、漂洗和观察。如果免疫荧光试验是阴性，处理在 4 ℃ 保存的组织样本并在细胞培养中分离病毒。

2) ELISA：

① 每份匀浆材料留取 1/4，以备将来需要在细胞培养中分离病毒。

② 用 2%Triton X100 或 Nonidet P-40 和 2 mm 的 PMSF(苯甲基磺酰氟)处理余下的匀浆，轻轻混匀。

③ 完成其余步骤。

20.7　病毒性出血性败血症(Viral haemorrhagic septicaemia, VHS)

病毒性出血性败血症(VHS)是一种由弹状病毒引起的传染病。能感染虹鳟(*Oncorhynchus mykiss*)、褐鳟(*Salmo trutta*)、茴鱼(*Thymallus thymallus*)、白鲑(*Coregonus sp.*)、白斑狗鱼(*Esox lucius*)和大菱鲆(*Scophthalmus maximus*)等。感染太平洋鲑鱼、太平洋鳕鱼和太平洋鲱鱼的 VHS 病毒 (VHSV，又名 Egtved virus)毒株在遗传特性上和前者明显相关，但这些毒株对虹鳟的致病性似乎较低。目前，VHS 病毒已经从大西洋和 Baltic 海中的大西洋鳕鱼、黑线鳕、黍鲱和其他鲱鱼分离到。这些分离株通常和从淡水中分到的 VHSV 没有什么区别，而且流行病学研究也表明是一致的。VHS 病毒(VHSV)感染通常是致死性的，由于病鱼体内盐水平衡受到破坏，临床上出现水肿和出血症状。这些临床症状的出现是由于病毒在毛细血管内皮细胞、白细胞、造血组织和肾细胞内增殖所致。

采用一组多克隆和单克隆抗体已识别出 VHSV 有三种中和亚型。VHSV 除具有前述变异性外，VHS 群似乎在糖蛋白(G 蛋白)上有一个共同的中和抗原决定簇和几个非中和性的抗原决定簇。在自然发病和实验感染中均有病毒毒力变异的报道。

VHSV 的宿主有临床感染鱼，以及人工养殖或野生无临床症状的带毒鱼。强毒力病毒通过粪便、尿液和精卵液排出，在病鱼的肾、脾、心、肝和消化道中含有大量病毒。养殖场一旦出现 VHSV，其水系统内由于存在带毒鱼，可引起 VHS 流行。鱼类对 VHS 的易感性受

到若干因素的影响。在每种鱼中对 VHSV 的易感性有较大的个体差异。年龄似乎十分重要,鱼的年龄越小就越容易出现显性感染。

水温是重要的环境因素。显性感染在水温 14 ℃～18 ℃发生。低水温(1 ℃～5 ℃)会导致病程延长,每日死亡率较低但积累死亡率仍很高。高水温(15 ℃～18 ℃)会使病程变短,呈急性大批死亡,总死亡率一般。VHS 能在一年四季流行,但通常发生于春季水温上升或波动时。VHSV 的诊断是用直接和经典的方法,最常用的是先通过细胞培养直接分离病毒,然后用中和试验、免疫荧光和 ELISA 等免疫学方法进行确诊。但是对于显性感染的病鱼,用如免疫荧光、ELISA、酶染色等快速诊断方法直接检测病鱼脏器印片或匀浆物中的病毒抗原更为合适。鱼类血清学试验(中和试验、ELISA)对检测鱼群中带毒状况很有用,但仍需加以证实。目前,该病的防治方法取决于官方卫生监测计划结合防治措施,这些措施已经从欧洲几个地区清除了该病。遗传途径如选择抗病品种、种间杂交以及疫苗均处于实验阶段。

(1) 诊断程序

VHS 病毒的监测和诊断是采用细胞培养直接分离 VHSV,然后进行免疫学鉴定(常规方法),或者通过免疫学方法直接检测病鱼组织中的 VHSV 抗原。由于对鱼感染病毒后的血清学反应了解不够,尚不能把检测鱼体内抗病毒抗体状况作为判断鱼群感染状态的常规诊断方法。但是,在不久的将来,一些诊断鱼抗病毒血清的技术被证实有效后,检测鱼血清抗体的方法将会广泛地应用于诊断。

用于检测病毒的病鱼病料是:显性感染期体长≤4 cm 的幼鱼取整条鱼,体长 4 cm～6 cm的鱼取包括肾脏在内的脏器,或者对较大些鱼取肾、脾和脑组织。潜伏感染期(无症状的带毒鱼)脑组织(不论大小),和/或者在产卵时的亲鱼卵液。

(2) VHS 标准检测方法

细胞培养分离 VHSV,采用的细胞系:BF-2 或 EPC 或 RTG-2。病毒鉴定采用中和试验或间接免疫荧光试验。

(3) 在怀疑有 VHSV 暴发地区的确诊程序

常规病毒分离后进行血清学鉴定、病毒分离与血清学鉴定同时进行。

1) 通过中和实验进行病毒鉴定:

① 用细胞培养液稀释组织匀浆液至 1∶100,1∶1,000,1∶10,000。

② 用等体积的抗 IHNV 抗体混合,在 15 ℃孵育,接种细胞单层。监测感染细胞的状况。

③ 传代培养:如果一周后还没有 CPE 出现,对没有经抗体处理的细胞培养液进行传代培养。

2) 间接荧光抗体试验:

① 放尽鱼血。

② 将肾在清洁的载玻片上或在塑料细胞板的孔底印片。

③ 将肾碎片连同病毒分离所需的其他器官一起保存以备日后需要。

④ 让印片在空气中干燥 20 min。

⑤ 用丙酮或酒精一丙酮固定和干燥。

⑥ 再水化上述标本并用含 5%的脱脂奶或 1%牛血清白蛋白的 PBST 于 37 ℃封闭

30 min。

⑦ 用 PBST 洗 4 次。

⑧ 用抗 IHNV 的抗体处理印片及漂洗。

⑨ 像前面所述一样封闭和漂洗。

⑩ 用适当的 FITC 标记物反应、漂洗和观察。如果免疫荧光试验是阴性，处理在 4 ℃保存的组织样本并在细胞培养中分离病毒。

3）ELISA：

① 每份匀浆材料留取 1/4，以备将来需要在细胞培养中分离病毒。

② 用 2%Triton X-100（体积/体积）和 2 mmol/L 的 PMSF（苯甲基磺酰氟）处理余下的匀浆，轻轻混匀。

③ 完成其余步骤。

20.8　灭鲑气单胞菌（*Aeromonas salmonicida*）

灭鲑气单胞菌要求用标准的细菌学方法，要从皮肤坏死处（如果有的话）、肝、脾和肾培养细菌。可以用标准的非选择性培养基如胰酶水解大豆琼脂或者肉汤、脑心肉汤、考马斯亮兰琼脂。分离物按照标准细菌学方法鉴定。检测的频率和采样数量同 SVC 检疫。该病是危害养殖的淡水鲑科鱼的一种细菌性流行病。流行于欧洲、北美、日本等地，流行范围较广。主要危害鲑科鱼成鱼。鱼苗较少见。多有外伤。

病原：灭鲑气单胞菌（*Aeromonas salmonicida*）是革兰氏阴性杆菌。大小为（0.8 μm～1.2 μm）×（1.5 μm～2.0 μm），无鞭毛、芽孢和荚膜。在 PBG 培养基上形成黄色菌落，在 FA 培养基中 20 ℃～25 ℃培养 3～4 天后产生褐色水溶性色素，菌体不运动，V-P 反应大多数是阴性。该病无明显流行季节。

临床症状：病鱼离群独游，活动缓慢。体色发黑，在鱼体躯干部，通常在背鳍基部两侧的肌肉组织上出现数个小范围的红肿脓疮向外隆起，柔软浮肿。隆起处逐渐出血坏死，溃烂而形成溃疡口。特点：溃疡范围小，不成片，红肿隆起，常发生在背鳍两侧。肠道充血发炎，肾脏软化、肿大呈淡红色或暗红色。肝脏退色，脂肪增多。

分三型：急性型鱼急性死亡，尚无外部症状。亚急性型病情发展较慢，在躯干肌肉形成疖疮。因而有外部症状，陆续死亡。慢性型病鱼长期处于带菌状态。无症状也不死亡。

鱼感染后先在躯干肌肉内形成感染病灶，随着细菌繁殖增多，细胞溶解，组织软化、膨出。隆起的皮肤充血，继而出血、坏死溃烂。中心部位溶解成红色液体，其中有大量细菌、组织崩解物和红血球等。最容易侵犯肝、脾、肾。肠道感染时会引起卡他性炎症，肠内常混有血液。最后发展为败血症。

细菌分离和鉴定方法如下：

如果鱼体有红肿溃疡，用解剖刀切开患部（或溃疡部），将干净的载玻片贴紧病灶并挤压，加 1～2 滴无菌水后盖上盖玻片，400～600 倍镜检菌体形态和运动状态。并做革兰氏染色。若鱼体表无任何症状，则需从肾中分离细菌。接种到 TSA 或 PBG 培养基，25 ℃培养 72 h。

取菌落做革兰氏染色和形态观察：革兰氏Ⅰ液（结紫酒精饱和液 20 mL 和 1%草酸铵水溶液 80 mL 混合）染色 1 min→水洗→革兰氏Ⅱ液（碘 1 g，碘化钾 2 g 溶解在 300 mL 蒸馏

水中)媒染5 s~10 s→水洗→革兰氏III液(95%酒精)脱色→革兰氏Ⅳ液(2.5%沙黄酒精溶液10 mL加蒸馏水90 mL)染色2 min→水洗→晾干→镜检，观察细菌的菌体形态。菌体呈红色表示革兰氏阴性;菌体呈紫色表示革兰氏阳性。结果:应为革兰氏阴性菌,短杆状。排除所有的革兰氏阳性菌(如鲑鱼肾细菌、鱼乳酸杆菌、链球菌等)和革兰氏阴性长杆菌(如柱状曲挠杆菌、嗜冷噬胞杆菌等)和短杆但两端浓染的巴氏杆菌。

运动性观察:取干净的载玻片,滴1～2滴无菌水。用接种环从斜面上挑培养12 h～24 h的菌落涂抹在水滴中,盖上盖玻片。400～600倍镜检菌体形态和运动状态。细菌能快速运动或产生位移的,为有运动性;细菌在原地来回颤动的(即布朗运动),为没有运动性。

氧化酶试验:用接种白金耳环挑取少量菌苔涂于氧化酶试纸上,5 s内观察结果。菌苔呈红色表示氧化酶试验阳性,不变色表示氧化酶试验阴性。结果:应为氧化酶阳性,不运动(排除氧化酶阴性的柠檬酸杆菌、爱德华氏菌、耶尔森氏菌等和运动性的假单胞菌、气单胞菌和弧菌等)。

水杨苷产酸试验:能利用水杨苷产酸(但慢)者是灭鲑亚种,不能利用者是金鱼亚种。

降解明胶试验:能降解明胶者是灭鲑亚种,不能降解者是金鱼亚种。

凡检出灭鲑气单胞菌灭鲑亚种者,不论是从鱼体红肿、隆起、局部软化、组织坏死等处分离到，还是鱼外观正常但可从肾中分离到该亚种者,即可判定为阳性。

第 21 章 其他动物重要疫病

21.1 兔黏液瘤病(Myxomatosis)

兔黏液瘤病是由黏液瘤病毒引起的一种高度接触传染性、高度致死性传染病,以全身皮下特别是颜面部和天然孔周围皮下发生黏液瘤性肿胀为特征。

21.1.1 地理分布及危害

兔黏液瘤病是一种自然疫源性疾病,最早于 1896 年在乌拉圭发现,随后不久即传播到南美的巴西、阿根廷、哥伦比亚和巴拿马等国家,那里至今仍然散发。1930 年,此病经墨西哥传入美国加利福尼亚州,目前在美国西部各州呈地方性流行。为消灭野兔在澳大利亚所造成的危害,1950 年,人为地将黏液瘤病毒引入澳大利亚。1952 年传入欧洲,在 18 个月内传遍了法国、比利时、德国和荷兰等国,并越过英吉利海峡传到英伦三岛,同时斯堪地那维亚和北非国家也发生流行。到目前为止已发生过本病的国家和地区至少有 56 个。

黏液瘤病是高度接触传染的并有极高死亡率的疾病,常常给养兔业造成毁灭性损失。试验证明,本病对中国饲养的家兔感染率和致死率均为 100%。如果传入中国,其危害和造成的经济损失将无法估量。

21.1.2 病原

黏液瘤病毒(Myxoma virus)属痘病毒科(Poxviridae)野兔痘病毒属(*Leporiuirusgenus*)。病毒颗粒呈卵圆形或椭圆形,大小 280 nm×250 nm×110 nm。负染时,病毒粒子表面呈串珠状,由线状或管状不规则排列的物质组成。黏液瘤病毒的理化特性和其他痘病毒相似,病毒颗粒的中心体对蛋白酶的消化有抵抗力。病毒对干燥有较强的抵抗力,在干燥的黏液瘤结节中可保持毒力 3 个星期,8 ℃～10 ℃潮湿环境中的黏液瘤结节可保持毒力 3 个月以上。病毒在 26 ℃～30 ℃时能存活 10 天,50 ℃ 30 min 被灭活,在普通冰箱(2 ℃～4 ℃)中,以磷酸甘油作为保护剂,能长期保存。病毒对石炭酸、硼酸、升汞和高锰酸钾有较强的抵抗力,但 0.5%～2.2%的甲醛 1 h 内能杀灭病毒。黏液瘤病毒对乙醚敏感,这一点与其他痘病毒不同。

黏液瘤病毒能在 10～12 日龄鸡胚绒毛尿囊膜上生长,并产生痘斑,南美毒株产生的痘斑大,加州毒株产生的痘斑小,纤维瘤病毒不产生或产生的痘斑很小。病毒在欧洲兔的肾、心、睾丸、胚胎成纤维细胞上生长良好,还能在鸡胚成纤维细胞、人羊膜细胞、松鼠、豚鼠、大鼠和仓鼠胚胎肾细胞上生长繁殖,在中国兔肾原代细胞上生长良好。

黏液瘤病毒的抗原性与兔纤维瘤病毒关系密切,这可被沉淀试验、补结体合试验、中和试验、免疫攻毒试验证实。兔纤维瘤病毒可使热灭活的黏液瘤病毒重新活化。到目前为止,黏液瘤病毒只发现一个血清型,但不同的毒株在抗原性和毒力方面互有差异,毒力弱的毒株引起的死亡率不到 30%,毒力最强的毒株引起的死亡率超过 90%。黏液瘤病毒毒力及致病性的差异与病毒核酸大小有关,强毒株如 Lausanne 株的 DNA 为 163 kb,并有大约 10 kb 的末端重复系列(TIR),而弱毒株缺失一些基因片断,尤其是疫苗株能缺失 10 kb 以上的 DNA。

Mossman K. L 等发现黏液瘤病毒能编码蛋白酪氨酸磷酸酯酶(MPTP),MPTP 使病毒得以快速增殖。黏液瘤病毒还能编码产生下列蛋白质,一是可溶性的杀伤细胞受体类似物(M-T7 蛋白,约 37 kD),与 γ-干扰素受体相类似,能特异性的阻断兔子干扰素的功能;二是孤立的、位于黏液瘤病毒感染细胞表面的多肽(MIIL);三是丝氨酸蛋白酶抑制物(SERP1,一种糖蛋白),能抑制这种酶的活性,影响杀伤感染细胞的细胞免疫反应;四是类似宿主单核细胞和巨噬细胞产生的肿瘤坏死因子(TNF)的蛋白质(T2 蛋白),能特异地抑制兔子 TNFa 的功能,实验表明如将 T2 蛋白激活,就能使病毒的毒力减弱;五是多肽类的表皮生长因子(EGF),结合兔子的 EGF 受体,使受体磷酸化,增加酪氨酸特异性激酶的活性,刺激细胞增生、分化,这与病毒感染的嗜表皮细胞特性有一定联系,也与病毒引起的增生性病理过程有关。

21.1.3 流行病学

兔是本病的唯一易感动物,其他动物和人没有易感性。家兔和欧洲野兔(*Oryctolagus cuniculus*)最易感,死亡率可达 95%以上,但流行地区死亡率逐年下降。美洲的棉尾兔(*Sylvilagus brasiliensis*)和田兔抵抗力较强,是自然宿主和带毒者,基本上只在皮内感染部位发生少数单在的良性纤维素性肿瘤病变,但其肿瘤中含有大量病毒,是蚊等昆虫机械传播本病的病毒来源。直接与病兔接触或与被污染的饲料、饮水和器具等接触能引起传染,但接触传播不是主要的传播方式。自然流行的黏液瘤病主要是由节肢动物口器中的病毒通过吸血从一个兔传到另一个兔,伊蚊、库蚊、按蚊、兔蚤、刺蝇等有可能是潜在的传播媒介,实验证明,黏液瘤病毒在兔蚤体内可存活 105 天,在蚊子体内能越冬,但不能在媒介体内繁殖。在美国、澳大利亚和欧洲大陆,蚊子是主要的传播媒介,在英国主要传播媒介是兔蚤,蚊子只起次要作用,因此,英国的兔黏液瘤病毒没有明显的季节性,因为兔蚤的生存受季节性影响较弱。另外,兔的寄生虫也能传播本病。

21.1.4 临诊症状

黏液瘤病一般潜伏期为 3~7 天,最长可达 14 天。人工感染试验表明,接种野毒后 4 天,接种部位出现 1.5 cm、软而扁平的肿瘤结节,第 7 天原发肿瘤增大到 3 cm,出血,次发肿瘤结节遍布全身,到第 10 天时,原发肿瘤增大到约 4cm,坏死,次发肿瘤少数也出血坏死,病兔头部肿胀,呼吸困难,衰竭而死。兔被带毒昆虫叮咬后,局部皮肤出现原发性肿瘤结节,5~6 天后病毒传播到全身各处,皮肤上次发性肿瘤结节散布全身各处,较原发性肿瘤小,但数量多,随着子瘤的出现,病兔的口、鼻、眼睑、耳根、肛门及外生殖器均明显充血和水肿,继发细菌感染,眼鼻分泌物由黏液性变为脓性,严重的上下眼睑互相黏连,使头部呈狮子头状外观,病兔呼吸困难、摇头、喷鼻、发出呼噜声,10 天左右病变部位变性、出血、坏死,多数惊厥死亡。感染毒力较弱毒株的兔症状轻微,肿瘤不明显隆起,死亡率较低。在法国,由变异株引起的"呼吸型"黏液瘤病,特点是呼吸困难和肺炎,但皮肤肿瘤不明显。

21.1.5 诊断

本病的症状和病变都有一定的特征,结合流行病学不难做出诊断,但确诊和检疫以及对症状不明显的病例需要进行实验室诊断。

(1) 病理组织学诊断

采取病变组织,用 10%中性甲醛溶液固定,石蜡包埋,切片,H-E 染色,光镜观察,看到黏液瘤细胞及病变部皮肤上皮细胞胞浆内包涵体,是组织病理学诊断黏液瘤病的重要佐证。

(2) 病原学诊断

用剪刀取一部分病变组织,用PBS清洗,最后按1∶5～1∶10比例用研磨器或组织捣碎器制成匀浆,反复冻融3次,或以超声波处理,使细胞裂解,释放出病毒粒子和病毒抗原,悬液经1 500 r/min离心10 min,上清液用于实验室诊断。

1) 琼脂免疫扩散试验

1%琼脂糖PBS高压溶解后倒成琼脂板,打直径6 mm间隔5 mm的小孔,分别在小孔内加入参考阳性血清和被检的上述病料悬液抗原,如在48 h内出现2～3条沉淀线,表明有黏液瘤病毒抗原存在。在与Shops纤维瘤病毒发生异源性反应时,只出现一条沉淀线。

2) 细胞培养分离病毒

病料接种兔肾原代细胞或RK13传代细胞单层,24 h～48 h后,出现典型的痘病毒细胞病变:一些细胞融合形成合胞体,有些细胞核发生变化,染色质呈嗜碱性凝集。有时出现嗜伊红的细胞浆包涵体,呈散在性分布。感染细胞变圆,萎缩和核浓缩,溶解脱壁,甚至单层完全脱落。

与黏液瘤病毒形成的CPE相比,Shops纤维瘤病毒首先形成界限清晰的大量圆形细胞,聚积成团,并出现许多嗜酸性胞浆包涵体,几天后细胞层被破坏。

(3) 血清学诊断

兔在感染后8～13天内可产生病毒抗体,抗体滴度在20～60天时最高,然后逐渐下降,若不再感染,则在6～8个月后消失。琼脂免疫扩散试验,按常规方法进行试验,并设阴、阳性血清对照,24 h～48 h后观察结果,可出现2～3条沉淀线。诊断兔黏液瘤病的血清学检查方法还有补体结合试验、血清中和试验、酶联免疫吸附试验等。

21.1.6 处理

本病为一般传染病,检出阳性动物,作扑杀销毁或退回处理,同群动物继续隔离检疫。对进境兔毛皮等产品要实施熏蒸消毒。试验表明,干热可以很好地杀灭兔皮中污染的黏液瘤病毒:60 ℃16 h可以灭活干皮中的病毒;50 ℃24 h可以灭活新鲜皮中的黏液瘤病毒。

21.1.7 研究进展

20世纪50年代以前,主要依靠临诊和病理学试验方法来诊断本病。1957年Fenner建立了琼脂免疫扩散试验,此法简便、准确,因而广泛应用于黏液瘤病的诊断和流行病学调查。1981年Chantal建立了ELISA方法,试验表明ELISA法比补体结合试验能更早地测出兔血中的抗体,与间接免疫荧光试验有100%的符合率。1989年Gilbert建立的dot-ELISA方法,进一步提高了诊断的敏感性,但设备要求先进,操作复杂。1983年Strayer和Sell报道从接种纤维瘤病毒的兔子中分离出一种新的野兔痘病毒,命名为恶性兔纤维瘤病毒(maligant rabbitfubroma virus),因为这种新病毒引起兔免疫抑制,发生广泛的致死性恶性肿瘤。恶性兔纤维瘤病毒感染早期发生的纤维瘤类似纤维瘤病毒感染,但随后转移的肿瘤类似黏液瘤病。对这种病毒我们也要提高警惕。

21.2 兔出血病(Rabbit haemorrhagic disease)

兔出血病又名兔病毒性出血症、兔出血性肺炎和兔瘟。是由兔病毒性出血症病毒(RHDV)所致的兔的一种急性、败血性、高度接触传染性、致死性和以全身实质器官出血为主要特征的传染病。

21.2.1 地理分布和危害

在意大利、德国、捷克、俄罗斯、西班牙、匈牙利、保加利亚、朝鲜、日本和墨西哥等国家均有本病流行的报道。1984年初在我国江苏无锡市郊曾暴发过此病。该病主要危害兔，目前还未见其他动物发病的报道。

21.2.2 病原

有关病毒的核酸还存在争论。1991年在北京召开的兔出血症国际会议上，德国动物病毒研究所Thiel教授提出RHDV核酸为单股RNA，在分类上应归属于嵌杯病毒属(*Calicivirus*)，称为兔嵌杯病毒(RCV)。而当时国内杜念兴教授认为RHDV为单股的DNA病毒，应归于细小病毒科(Parvoviridae)，但由于病毒形态较大，幼畜不致病，具有明显而稳定的血凝性以及病毒子带正电、泳向负极等特性不同于细小病毒，故暂定为类细小病毒(Parvolike Virus，PLV)。杜念兴等就RHDV核酸是DNA还是RNA？是一种病毒还是两种病毒的问题开展研究，取得了突破性的进展，揭开了本病病原之谜。有关RHDV的结构多肽报道很多，但均认为VP1为RHDV的主要结构多肽，分子量为60kD。现已证实，欧洲流行的兔病与我国流行的是同一种病原引起的，病毒在血清学上完全一致。RHDV成熟的病毒粒子为球形颗粒，无囊膜，是20面体立体对称。病毒外径一般为32 nm～34 nm，核衣壳厚4 nm～6 nm，表面有直径约4 nm的壳粒32～42个。在氯化铯中的浮密度为1.29 g/mL～1.34 g/mL，沉降系数为85 s～162 s。

21.2.3 流行病学

本病的主要传染源是病兔和带毒兔。传播途径主要由病兔或带毒兔与健康兔接触而感染，也可通过被排泄物、分泌物等污染的饲料、饮水、用具、空气、兔毛以及人员来往间接传播。经口腔、皮下、腹腔、滴鼻等途径人工感染均可引起发病，但没有由昆虫、啮齿动物或经胎盘垂直传播的证据。本病只发生于家兔，毛用兔的易感染性略高于皮用兔，其中长毛兔最易感，青紫蓝兔和土种兔次之。主要发生于二月龄以上的青年兔，成年兔和哺乳母兔病死率高，而哺乳期仔兔则很少发病死亡。将本病毒人工接种于小鼠、大鼠、豚鼠、金黄地鼠、毛丝鼠、鸡、鸭、犬、猫、牛、羊、鸽、鱼等均不发病，不在其体内繁殖，也不造成损害。一年四季均可发生，北方以冬春季多发，可能与气候寒冷、饲料单一导致兔体抵抗力下降有关。本病发病急，病死率高，常呈暴发性流行，传播迅速，几天内危及全群。发病率和病死率均高达95%以上。

21.2.4 临诊症状

潜伏期自然病例为2～3天，人工感染为1～3天。根据病程长短可分为三种病型。最急性型：多见于非疫区或流行初期。常发生于夜间。无任何前兆或仅表现短暂兴奋，而后突然倒地，抽搐，尖叫数声而死。急性型：病兔表现食欲减少或拒食，精神沉郁，被毛粗乱，结膜潮红，体温升高达41 ℃以上，稍稽留后急骤下降，临死前病兔瘫软，不能站立，但不时挣扎，撞击笼架，高声尖叫，抽搐，鼻孔流出泡沫性液体，死后呈角弓反张。慢性型：多见于老疫区或流行后期。潜伏期和病程较长，精神不振，采食减少，迅速消瘦，衰弱而死。有的可以耐过，但生长缓慢，发育较差。

据报道，病兔中约有90%的急性型病例，其特征症状为，临死前15 min至2 h内出现典型的神经症状；许多病例临死前肛门排出淡黄色的稀薄液状粪便；约有15%的病例死后鼻孔流出鲜红色的血液。

21.2.5 诊断

根据流行病学特点,临诊症状和剖检病变可获初诊。要确诊必须进行病原学和血清学检查。

21.2.5.1 病原学检查

(1) 标本采取:主要是采取病死兔的肝、脾和肾。

(2) 病毒提纯:病料以 1∶10 加入缓冲液,匀浆,低温反复冻融,氯仿处理,PEG 浓缩,可获得抽提的病毒。采取 Sepharose-4B 柱层析或甘油-酒石酸钾混和梯度离心可获得纯净的病毒。

(3) 分离培养:目前 RHDV 已能在 DJRK 细胞上传代。而常规采用将病料接种兔原代细胞培养物和试验用兔分离病毒。

(4) 动物试验:无论是自然还是人工方法,RHDV 都只感染兔并引起发病死亡。

(5) 血凝特性:本病毒能凝集人的红细胞,但对禽类及其他哺乳动物的红细胞不凝集。可用微量血凝试验检测标本中的病毒抗原。

21.2.5.2 血清学检查

目前已知用本病毒活毒或灭活毒接种家兔后可诱导产生中和、血凝抑制和沉淀抗体,这些抗体可分别利用中和、HI 和琼脂免疫扩散试验定量测出,从而用于本病的诊断、免疫监测、流行病学调查及其他方面的研究。

血清学检查常用的方法为细胞凝集试验和细胞凝集抑制试验

(1) 材料准备

1) 病兔及正常兔肝组织悬液的制备:将肝脏剪碎,按 1∶10 加入生理盐水后磨碎,再以 4 000 r/min 离心 30 min,取上清液做血凝试验。

2) 阳性血清的制备:取健康兔 4 只,肌肉注射本病疫苗 1 mL,然后分别在 15 天和30 天时接种强毒 1 mL 和 2 mL,最后一次接种后 10 天试血,当 HI 效价为 1∶128 时,采血分离血清。

3) 病毒血凝单位的测定:试验当日测定提纯病毒的血凝效价,如病毒的血凝效价为 1∶1280,则将病毒稀释成 1∶320,即为 4 个病毒的血凝单位。

4) 被检血清的处理:被检血清进行 HI 试验前,先用 56 ℃30 min 灭活处理。

5) 人“O”型血红细胞悬液:从医院购买新鲜人“O”型红细胞,用 20 倍量的生理盐水洗涤细胞,重复 3~4 次,最后以 2 000 r/min 离心 15 min,吸取压积细胞,用生理盐水配成 1% 溶液。

(2) 试验方法

1) 微量细胞凝集试验

① 在 96 孔 V 型微量滴定板上,从第 2 孔至第 11 孔,每孔加入生理盐水 0.025 mL,然后在第 1、2 孔加入 1∶10 的病兔肝悬液 0.025 mL,第 12 孔加 1∶10 的正常兔肝悬液 0.025 mL,从第 2 孔开始,用标准滴管作等量倍比稀释至第 10 孔,最后一滴稀释液弃去。

② 每孔加生理盐水 1 滴,第 11 孔是生理盐水对照,第 12 孔是正常兔肝悬液对照。

③ 每孔各加 1% 人“O”型红细胞 0.025 mL,立即在微型混合器上摇匀,置 37 ℃温箱 45 min,待对照完全沉淀后观察结果。

④ 结果判定和细胞凝集效价表示方法:

(++++) 符号为 100% 凝集,无红细胞沉积;

（+++）　符号为75%以上凝集，有少于25%的红细胞沉积；

（++）　符号为50%～75%凝集，有少于50%的红细胞沉积；

（+）　符号为少于50%凝集，有多于50%的红细胞沉积；

（-）　符号为100%的红细胞沉积。

2）微量α法HI试验

① 病兔肝组织悬液稀释方法同上，一个样品作相同的2排。

② 第一排每孔加生理盐水一滴，第二排每孔加诊断血清一滴，摇匀，37 ℃温箱放置10 min。

③ 每孔加入1%人"O"型红细胞1滴，立即在微型混合器上摇匀，37 ℃温箱作用45 min，待对照孔红细胞沉降后观察结果。

④ 判定结果：细胞凝集试验和α法HI试验两排孔的血凝效价相差2个滴度以上则为阳性。

3）微量β法HI试验

① 在96孔V型微量滴定板的第2～11孔每孔加入生理盐水0.025 mL，然后，在第1孔、2孔、12孔加入1∶5稀释的待检血清0.025 mL，从第2孔开始，用标准滴管作倍比稀释至第9孔，最后1滴稀释液弃去。

② 在第1～10孔，每孔加4个细胞凝集单位0.025 mL，第11～12孔加生理盐水0.025 mL，摇匀，37 ℃温箱作用10 min。第10孔是4个细胞凝集单位对照，第11孔是生理盐水对照，第12孔是血清对照。

③ 每孔加入1%人"O"型红细胞1滴，立即在微型混合器上摇匀，置37 ℃温箱作用45 min，待对照孔红细胞沉降后观察结果。

④ 结果判定：结果观察和记录同细胞凝集试验，以完全抑制细胞凝集的血清最高稀释度为终点计算HI效价。

21.2.6　处理

兔病毒性出血症仅在兔产生高度的接触性、传染性和致死性的结果，因此，一旦发生该病，必须要对发生本病的兔场或地区做出严格隔离检疫的措施。对检验阳性反应和患病的动物，要采取严格的无害化扑杀销毁处理。对污染的有关场地及地区要采取有效时间的封锁消毒处理期，经过对上述有关污染场地及地区验证彻底消毒为止，方能恢复使用作为动物饲养的场地。

21.2.7　研究进展

目前，兔病毒性出血症病毒尚未能够广泛适应于在多种动物传代细胞中增殖，因此，给该病在免疫、防治和诊断等方面都带来了一定的困难。所以，积极开展对RHDV在分子生物学和免疫原性方面的研究是十分迫切需要的，特别是建立多种的敏感性、特异性、准确性和快速简易的诊断方法尤其重要。

21.3　蜂螨病（Acariasis of bees）

蜂螨病是由大蜂螨和小蜂螨引起的蜂的疾病。大、小蜂螨对蜂群危害很大，给养蜂生产造成严重损失，甚至引起全群死亡。西方蜜蜂和杂交种蜜蜂对蜂螨病的易感性远高于东方蜜蜂（中蜂）。

21.3.1　地理分布和危害

大蜂螨最早(1904)发现于印度蜂体(*Apis cerana indica*),小蜂螨最早发现于菲律宾。大、小蜂螨现已遍布亚洲、欧洲、非洲和大洋洲,包括日本、独联体国家、德国、英国、法国、意大利、尼日利亚等三十余个国家都有本病发病记录。我国蜂螨病早期无准确记录,1956年前后在南方外来蜂种上首次报道大蜂螨病,1960年前后广东发现小蜂螨病,此后,大、小蜂螨迅速蔓延至全国。1962年以后,蜂螨病基本得以控制。

21.3.2　病原

引起蜂螨病的病原有两种,即大蜂螨(*Varroa jacobsoni*)和小蜂螨(*Tropiladaps clareae*)。二者可以单独致病,也可以同时致病。大蜂螨雌虫呈椭圆形,棕褐色,长1.17 mm,宽1.77 mm;雄虫较雌虫略小,呈卵圆形,长0.88 mm,宽0.72 mm。小蜂螨雌虫体为卵圆形,棕黄色,长1.06 mm,宽0.59 mm;雄虫虫体为长卵圆形,浅棕色,长0.98 mm,宽0.59 mm。大蜂螨卵为卵圆形、乳白色,卵膜薄而透明,长0.6 mm,宽0.43 mm,产出后可见四对肢芽;小蜂螨卵近似于圆形,分有肢芽和无肢芽两种卵,有肢芽卵长0.66 mm,宽0.54 mm,中间下陷、卵膜薄而透明。大蜂螨和小蜂螨都只能依赖盖子繁殖,发育周期中都要经过卵、若虫和成虫(螨)三个不同的虫态。大蜂螨雌虫在子脾即将封盖时潜入幼虫巢房,封盖后两天开始产卵,封盖后第3天开始出现前期若虫,封盖后第7天开始出现后期若虫,封盖后第10天开始出现第二代成虫,到封盖后第12天新长成的蜂螨随幼蜂的出房而出房。据推算,大蜂螨的卵期为1天,若虫期为7天,成虫在繁殖期间的寿命为43.5天,最长55天,而越冬时期的大蜂螨成虫寿命可长达3个月以上。小蜂螨的发育周期比大蜂螨短,但繁殖力强。在34.8 ℃培养条件下,接种后1天即可产卵,也有4 h～5 h产卵的,一个雌虫产卵一次需要5 min,每个雌虫可产1～5粒卵,产卵持续1～6天,多为4天。前期若虫经46 h～58 h进入静止时期,经蜕皮即为后期若虫。后期若虫经44 h～53 h进入静止时期,活动停止,蜕皮而成为成虫。由卵到成虫需5天时间。

21.3.3　流行病学

由于各地气温、蜜粉源和蜂王开始产卵的时间等情况不同,大、小蜂螨的成长规律也不一样。一般说,大蜂螨自春季蜂王开始产卵起,就可开始繁殖,4月至5月份蜂螨的寄生率较高,夏季蜂王产卵后,蜂群进入增殖盛期,这时蜂螨的寄生率则保持相对稳定状态。秋季,群势下降时,蜂螨仍继续繁殖,并集中在少量子脾和蜂体上,因而寄生率急骤上升,9月至10月份达到高峰,直到蜂王停止产卵、群内无子脾时,大蜂螨才停止繁殖。大蜂螨成螨可在蜂体上越冬。大、小蜂螨常并存危害外来蜂种,中蜂虽可发现有大蜂螨寄生,但对繁殖和采蜜无明显影响。大、小蜂螨可通过异群蜜蜂因盗蜂、错投,或管理上抽调、合并等途径而传播。

21.3.4　临诊症状

寄生大蜂螨的蜜蜂发育不良,体质衰弱,采集力下降,寿命缩短;寄生大蜂螨的幼虫,有的在幼虫期死亡,有的在蛹期死亡,幸而羽化成蜂的,也常是翅足残缺不全,出房后不能飞翔。因此,受大蜂螨侵害的蜂群常常会死蜂、死蛹遍地,幼蜂到处乱爬,群势迅速衰退。小蜂螨可以使蜜蜂的幼虫和蛹严重受害,它不但可以使幼虫大批死亡,腐烂变黑,而且也可使蛹和新出房的幼虫变得残缺不全,蜂群中可见子脾上有不少的巢房盖被咬破,有的幼虫未化成蛹就死去,有的化蛹后不能羽化,有的羽化出房时,翅膀残缺不全,幼蜂发育不良,在巢门前或场地上乱爬。螨病严重的蜂群,由于新蜂不能产生,成年蜂大批死亡,蜂群迅速削弱,甚至全群覆灭。

21.3.5　诊断

常用诊断方法有三种：

1）箱体外观察：典型表现为箱外踏板发现有蜂螨；地上爬有卷翅蜜蜂；工蜂飞翔无力。

2）直接检验法：从蜂群中随机抓取 50～100 只工蜂，检查其腹面环节处是否有蜂螨寄生。同时，用镊子挑取蜂盖幼虫房（主要是雄蜂房）30～50 个，再用放大镜仔细检查蛹体上、蜂房内是否有蜂螨寄生，最后根据检查的蜂数，计算寄生百分率。小蜂螨寄生于蜜蜂幼虫的房内，检查时要特别注意对封盖子脾的检查，可利用小蜂螨具有惧光性的特点，只要将子脾上的蜜蜂抖落，放在太阳光或灯光下检查，如有小蜂螨，很快就会从巢房内爬出来。

3）熏蒸检验法：用一个 500 mL 量杯，放入从蜂巢中间巢脾上取出的 50～100 只工蜂，再放入浸有 0.5 mL～1 mL 乙醚的棉球，加盖密闭熏蒸 5 min～10 min，待蜜蜂全部昏迷以后，轻轻摇动，再将蜜蜂倒回原箱的巢门口，蜜蜂苏醒后即回巢内。如有蜂螨寄生，就会粘在量杯壁上，然后按蜂数计算出寄生百分率。

21.3.6　处理

蜂群发生螨病后很难根除。常用的防治方法可以分成物理方法，化学方法和生物技术方法三种：物理方法主要指蜂群的“热处理”和给蜂群的“热吹风”。化学方法是使用最广的治螨方法。联合国粮农组织列举了 146 种不同类型的杀螨剂和杀虫剂的使用方法和效果。化学方法有一定的效果，但也造成了一系列问题，如对蜂群毒性、蜂产品药物残留、引起蜂螨的抗药性等。生物技术方法是蜂螨防治的新领域和未来发展方向，主要是使用某些蜜蜂饲养管理新技术、选用抗螨新蜂种等。据报道，关于蜂螨的生物防治研究已有突破性进展，一旦在蜂场应用，会大幅度降低蜂螨的危害。对进境的蜂群，经检疫一旦发现此病存在，应作无害化、退回或销毁处理。

21.3.7　研究进展

研究蜂螨病的主要目的是有效地防治，目前和今后一段时间蜂螨病研究的重点是快速诊断技术和简便、省时、省力的控制方法。具体讲有五个方面的内容：

1）生物学研究，包括生殖、生活史和发育；营养、取食需求；与近似种的实验室分类学。

2）生物化学研究。

3）生物防治研究，主要包括蜂螨的天敌和致病微生物的研究；蜜蜂抗螨基因筛选；蜂螨人工饲养技术；生化手段驱散、引诱螨；生物技术防治（含蜜蜂饲养管理技术）。

4）化学防治研究。

5）蜂螨与蜜蜂病害关系研究。

21.4　瓦螨病（Varroosis）

瓦螨病（简写 V. Jacobsoni 或 Varroa）又名雅式瓦螨，大蜂螨，是由雅式瓦螨引起的蜜蜂体外寄生虫。

21.4.1　地理分布和危害

瓦螨病起源于亚洲，原为东方蜜蜂的寄生螨。在 20 世纪上半叶，它主要分布在广大的亚洲地区，目前除南非及大洋洲等少数地区尚未发现雅氏瓦螨外，世界上大多数养蜂国家都程度不同的遭受这种蜂螨的侵害。

我国是雅氏瓦螨发生较早的国家之一。1956 年，在浙江省杭州郊区的意大利蜜蜂

(*Apismellifera ligustica spin*)群内最早发现了这种蜂螨，以后该螨由此逐渐向南北方传播蔓延。1964年以后，全国普遍大规模暴发螨害。目前，在我国饲养的500多万群西方蜜蜂群内几乎都有雅氏瓦螨的存在，只是由于防治水平的提高以及蜜蜂对该螨抗性的普遍增强，它们的危害程度相对减轻。

雅氏瓦螨在不同地区，对不同蜂种的危害截然不同。一般在感螨最初的2～3年，它们对蜂群的产量无明显影响，蜂群亦无明显的临床症状，从第4年起，由于蜂群内蜂螨基数较大，繁殖速度急剧增加。蜂群的生产力、繁殖力将受到严重的影响，以致在越冬期或早春整群蜜蜂死亡。

在欧洲，雅氏瓦螨和急性麻痹病毒混合感染带来的损失更大。通常这些病毒感染蜜蜂而未引起明显的损害，然而，当雅氏瓦螨攻击这些蜜蜂时，便活化了这种病毒，然后传播它并杀死更多的个体，许多幼虫和蛹都表现出症状，特别是在发病严重的蜂群，急性麻痹病和欧幼病及美幼病混在一起，带来了严重的后果。雅氏瓦螨也是囊状幼虫病和黑色王台病毒的一个传播媒介。

21.4.2　病原

雅式瓦螨属寄螨目(Parasitiforms)、瓦螨科(Varroadae)，瓦螨属(*Varroa*)，是蜜蜂的体外寄生螨之一。雅氏瓦螨的个体发育分为五个虫态：即卵、幼虫、前期若虫、后期若虫和成螨，卵期为1天，前期若虫4天，后期若虫3天，然后发育为成虫。其形态特征如下：

卵乳白色，卵圆形，长0.60 mm，宽0.43 mm，卵膜薄而透明。卵产出时即可见4对肢芽，形似紧握的拳头。少数卵无肢芽，其外为三层长0.47 mm～0.65 mm、宽0.36 mm～0.56 mm的卵膜，无孵化能力。

幼虫在卵内发育，卵产出时已具雏形，6只足，约经1～1.5日破卵形成若虫。前期若虫(第一若虫)圆形，乳白色，体表生有稀疏的刚毛，具4对粗壮的足。随时间的推移，虫体变成卵圆形。前期雌性若虫螯肢动趾末端尖锐，具有两个齿的穿刺性结构，已能刺吸蜂蛹的血淋巴。经1.5～2.5日蜕皮成后期若虫。

后期若虫(第二若虫)雌性呈心脏形，体长0.87 mm，宽1.00 mm，足末端有肉突。到后期随横向生长加速，虫体变成横椭圆形，体背出现褐色斑纹，体长增至1.10 mm，宽1.40 mm，腹面骨板形成，但未完成几丁质化。约经3～3.5天蜕皮，变为成虫。成虫雌性与雄性形态不同。雌螨呈横椭圆形，宽大于长。体长1.1 mm～1.2 mm，宽1.73 mm～1.8 mm，棕褐色。背部明显隆起，腹面平，略外凸，侧缘背腹交界处无明显界线。板上密布刚毛，胸板略呈新月形，螨颚体着生于身体腹面的前端，颚体具须肢一对，位于颚体前端两侧，呈长棒状。

雄螨躯体卵圆形，长0.8 mm～0.9 mm，宽0.7 mm～0.8 mm，有背板一块，覆盖体背全部及腹面边缘。刚毛排列无次序。在体背两侧最宽处有10～14对短棘状刚毛。腹板由数块骨片组成，各板除肛板明显外，其余各板几丁质化弱，界限不清。雄性生殖孔位于第2对足基节之间胸殖板前缘。肛板盾形，肛孔位于肛板后半部。

21.4.3　流行病学

实验证明，蜂螨在蜂群间的传播主要是通过携螨蜜蜂与无螨蜂相互接触传染，其感染率随着时间的延续以及接触几率的增加而增高。因此蜂群间的互盗、迷巢和雄蜂的无界性是雅氏瓦螨自然传播的主要途径。此外，一些人为因素也为蜂螨的传播创造了条件，例如：在

合并蜂群以及蜂群间相互调脾时，将携螨的蜜蜂或子脾合并或调置到无螨群中，往往也会造成蜂螨在蜂群间的传播。

21.4.4 临诊症状

雅氏瓦螨是蜜蜂的主要外寄生物之一，它主要潜入大幼虫房内进行繁殖，一般繁殖于封盖子脾（大幼虫及蛹）内，吸取幼虫、蛹的体液及成蜂的血淋巴液。尤其在晚秋为害更严重，可使许多蜂群不能越冬而死亡，严重影响蜂群的生产力，影响蜂产品的质量和产量。被雅氏瓦螨寄生的蜂群，成蜂往往发育不良，体质衰弱，采集力下降，寿命缩短，蜂群逐渐减弱。严重时大批幼虫死亡，有的甚至化蛹以后不能羽化，有的虽然能羽化出房，但翅膀残缺不全，这些幼蜂常在巢门前或场地上乱爬。螨害特别严重的蜂群，由于新蜂不能及时接替，成年蜜蜂因劳累而大批死亡，蜂群群势迅速削弱，甚至全群死亡。

螨害严重的蜂群，封盖子蜱内常有大量正在繁殖的蜂螨存在，雄蜂房比工蜂房在数量上更多，用镊子等挟取幼虫或蛹，常可观察到蜂螨的存在。另外，由于蜂螨的存在，往往引起许多严重的并发症，如麻痹病、白垩病以及囊状幼虫病等，一方面是由于蜂螨削弱了蜜蜂个体的免疫力和抵抗力，另一方面由于蜂群群势的急剧下降，使其在取食、营养、保温调湿等方面的能力锐减，这样必然为许多其他疾病的发生、蔓延创造了条件。

21.4.5 诊断

瓦螨暗棕红色，其直径差不多为 1.50 mm，它是蜜蜂群内肉眼可看见的寄生物之一，可在放大镜下对其形态、性别等进行鉴别。

雅氏瓦螨主要寄生于东方蜜蜂雄蜂封盖子和西方蜜蜂的封盖雄蜂子及工蜂封盖子蜱内，或部分地附着于成蜂的腹节间，但雅氏瓦螨必须依赖于封盖子蜱繁殖。尽管由于蜂螨的保护色及个体的微小，一般难于被养蜂人发现，但在受螨害的蜂群内，常可以十分容易地从蜂箱底部的残屑中找到蜂螨的躯壳。在检查前，最好先将一张用于收集死蜂螨的白纸板放在蜂箱底部数周，甚至整整一个冬天。通过将收集的蜡渣及其他残屑放于酒精中进行提取，蜂螨就会漂浮于酒精中而从杂质中分离出来。当然，收集蜂螨的速度能够加快，在深秋的傍晚或清晨，当蜂群无花蜜可采，且巢内无幼虫时，可用喷烟器将 2 g～3 g 烟通过巢门吹入箱内，然后再关闭巢门，次日晨再清除蜂箱底部残屑，会发现成蜂体上的蜂螨被烟熏死而掉到纸板上。

对蜂群内蜂螨感染与否及感染程度的诊断，可采用如下有效方法：

(1) 药物诊断

在所在蜂场内随机选取 3～5 群蜜蜂（强、中、弱皆有），先将一张白纸板放于箱底，然后按照防治蜂螨的方法处理蜂群，24 h 后，检查蜂群内白纸板上是否落螨及落螨的数量，从而确定蜂场内感螨与否及感螨程度，进而采取必要的防治措施。

(2) 成蜂诊断

抓取 100～200 只刚羽化不久的新幼蜂，对其体表蜂螨附着情况仔细查看，并记录其寄生数量和寄生率。

(3) 子蜱诊断

由于大蜂螨更多地寄生于雄蜂封盖子蜱内，故在检查子蜱时，首先找到封盖雄蜂子蜱，用镊子小心挑开封盖房，并将大幼虫或蛹慢慢挟出，详细检查其体表上有无大蜂螨附着，然后再仔细查看蜂房内是否有蜂螨存在，如蜂群内无雄蜂子蜱，可检查工蜂子蜱，记录其寄生数量，推算其寄生率。

(4) 抖蜂观察法

由于大蜂螨在其生命周期中有一个重要阶段，即寄生于成蜂体的阶段，而且绝大多数蜂螨都寄生于幼年蜜蜂腹节腹面的节间膜中，可以将一脾蜂抖落于一玻璃观察箱内，然后盖上盖，不让蜜蜂外出，大量蜜蜂将爬到玻璃箱壁上，仔细观察其腹部腹面，看是否有蜂螨存在。由此可粗略地推断蜂群内有无蜂螨寄生以及寄生率的高低。

21.5 利什曼病(Leishmaniasis)

利什曼病又名利什曼原虫病。是由利什曼原虫(*Leishmania*)寄生在人和犬、野生动物、爬行类动物中的一种常见的寄生虫病。该病能引起皮肤或内脏器官的严重损害甚至坏死。该病在大多数地区是人兽共患病。

21.5.1 地理分布和危害

在不同国家与地区流行的利什曼病，其利什曼原虫有四种：

1) 杜氏利什曼原虫(*Leishmaniadonovani*)，是内脏利什曼病或黑热病(Kala-azar)的病原。该病主要分布于欧洲南部地中海地区，亚洲的东部、西部，非洲的北部、东部以及拉丁美洲。该病原虫常常感染野犬类和野生动物，而白蛉为该病的昆虫宿主。

2) 热带利什曼原虫(*Leishmania tropica*)，仅寄生于皮肤的巨噬细胞内引起皮肤病变，不侵犯内脏。该病主要分布于亚、欧、非洲地区。传染源为野鼠类，称为动物源型。热带利什曼原虫有两个亚种，即热带利什曼原虫大型亚种(*Leishmania tropica major*)和热带利什曼原虫小型亚种(*Leishmania tropica minor*)。

3) 巴西利什曼原虫(Leishmania braziliensis)为巴西或美洲黏膜皮肤利什曼病的病原。广泛分布在中、南美洲，但智利及阿根廷尚未发现本病。巴西利什曼原虫保虫宿主为森林啮齿类、灵长类、食虫类动物、树獭及犬类动物。

4) 墨西哥利什曼原虫(*Leishmania mexicana*)为墨西哥胶工皮肤溃疡的病原。分布于墨西哥、伯利兹、危地马拉地区。保虫寄主为森林啮齿类动物如树鼠、袋鼠、棉鼠等。

21.5.2 病原

利什曼原虫与锥虫同属一个科，即锥虫科(Trypanosomatidae)。目前，已报道具致病性的利什曼原虫多达16种或亚种。利什曼原虫随着生活史的不同阶段而表现出不同的形态。按其生活史的共同特点有前鞭毛体(Promastigote)和无鞭毛体(amastigote)两个时期，前鞭毛体寄生在无脊椎动物的消化道内，其宿主为白蛉(*Phl ebotomus Spp.*)。无鞭毛体寄生在脊椎动物的网状内皮细胞内，其宿主为哺乳类和爬行类动物。无鞭毛体多见于感染动物的巨噬细胞内，但在涂片上常因巨噬细胞破裂而游离于细胞外，有时可散落于红细胞上。

21.5.3 流行病学

内脏利什曼病或黑热病病原贮藏在家犬体内。再由犬类传给人类，成为人兽共传的传染病。在国外主要流行犬内脏利什曼病或犬黑热病的地区，与当地人类黑热病的传播有密切关系。利什曼病的传播媒介是白蛉属(东半球)和罗蛉属(西半球)的吸血昆虫。

本病的流行发生与气候环境关系密切。如在亚洲的一些地区、中东、地中海盆地以及南美洲，利什曼病主要发生在海拔不低于609.6 m(2 000 ft)，平均年相对湿度不低于70%，气温在7.2 ℃～37.2 ℃的热带和亚热带地区。这些地区的气候和植被适于利什曼原虫传播

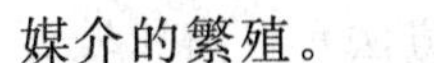

媒介的繁殖。

21.5.4　临诊症状

人和犬利什曼病的临诊症状具有许多相似之处。可分为嗜内脏型和嗜皮肤型两种，并且又须有曾经在该病流行地区生活的历史。由于该病的慢性性质，临诊症状的出现通常是在3～5个月或更长的潜伏期之后。

犬内脏利什曼病病犬早期没有明显症状，晚期主要表现为脱毛、皮脂脱落、结节和溃疡，以头部尤其是耳、鼻、脸面和眼睛周围最为显著。并伴有食欲不振、精神委靡、嗓音嘶哑、消瘦等症状，最后死亡。有些病犬还会出现有鼻出血、眼炎和慢性肾功能不良的症状。从病犬的骨骼抽取骨髓、或刮取耳部的皮肤组织作涂片检查，可查见利什曼原虫。

大多数感染利什曼原虫的其他动物，一般没有临诊症状，主要是成为该病的保虫宿主。因此，在黑热病流行病学上大致分为三种不同的类型，即人源型、犬源型和野生动物源型（或自然疫源型）。爬行动物感染利什曼原虫不会危及宿主的生命，但会成为终生带虫宿主。从蜥蜴感染利什曼原虫研究的结果表明，蜥蜴内的血小板寄生虫血症率仅达0.1%～0.8%。但从巴基斯坦与阿富汗接壤的边界小蜥蜴中发现血小板寄生虫血症率高达2.7%～8.5%。

21.5.5　诊断

凡是生活在利什曼病流行区域，临床上见有长期贫血、高蛋白血症，持续体重下降或者有溃疡性皮炎的犬只可怀疑患有利什曼病。该病的临床症状不典型，而且容易与白血病、淋巴瘤、浆细胞瘤、弓形体病、美洲锥虫病以及败血症混淆。因此，利什曼原虫的分离和鉴定是诊断动物感染利什曼病的基本依据。确诊必须通过组织压片、血液涂片、寄生虫的分离培养、动物接种等实验室技术来完成。

对嗜内脏型利什曼病病例，可采用骨髓、脾、或淋巴结穿刺物试样直接涂片检查或用适宜的培养基培养，或用试验动物接种的方法分离。皮肤型利什曼病病例既无典型的全身性临床特征，又无血清学方法，因此必须用皮肤病变周围的刮取物作为病料试样进行涂片培养、分离虫体试验。

骨髓穿刺的部位一般取用髓骨、脊突和胸骨，阳性检出率在85%左右。脾穿刺检出原虫率最高，达90%以上，但操作不慎可造成脾损伤，有内出血的危险。脾穿刺失败后不宜立即再行穿刺。皮肤丘疹或结节等疑似利什曼原虫感染时，可以用左手拇、食指捏住病变部位，用无菌手术刀刮取皮肤组织作涂片检查。进行以上操作时必须注意严格避免采血和采集组织样品的锐物偶伤操作者皮肤，以免造成人为的感染事故。

将试样压片或捣碎后在载玻片上制备薄膜，甲醇固定，通常取姬姆萨法或瑞氏法染色。在油镜下观察。此时无鞭毛体的胞质染为淡蓝色。可见核一个，为红色圆形团块；动基体一个，呈细小杆状，深紫红色。如果染色效果好，可在虫体内看到一根红色丝状物的根丝体，也有人称为内鞭毛（Internalflagellum）。鞭毛着生在一个红色粒状物上，此粒状物即基体。前鞭毛体经染色后，胞质亦为淡蓝色。可见基体为一红色颗粒，位于虫体前端。鞭毛由此发出后伸出体外，鞭毛染为红色。动基体明显可见，亦为杆状，呈紫红色，在虫体前部，横位于基体之后，与基体相距很近。细胞核一个，为红色团块，位于虫体中部。在虫体前端有时可见鞭毛空泡，在泡质内有时会出现一些嗜苯胺蓝颗粒。

另外，可将试样皮内接种豚鼠，豚鼠对利什曼原虫特别敏感。一般于接种后2～4周发生感染，最后可在其肝、脾组织压（涂）片中发现无鞭毛体。

尽管对于利什曼原虫来说，脾、骨髓穿刺和组织活检等寄生虫学检查方法是目前比较可靠的诊断方法之一，但并非对所有感染动物都能查出虫体。由于该病程呈慢性发展，对动物检疫尤其在临床诊断方面，要及早确定动物是否正在感染或感染过利什曼病很困难。仍然需要依赖血清学诊断技术来做出判定。

酶联免疫吸附试验（用已知抗原检测血清中的抗体），是相当敏感的，特异性良好。与病原检查的阳性符合率高达 100%。微量 ELISA 方法如下：

1）抗原：用杜氏利什曼原虫前鞭毛体的可溶性抗原。取培养 7～12 天的利什曼原虫，用生理盐水洗涤干净，5 000 r/min 离心 15 min 反复离心沉淀，按前鞭毛体的压积量加 4 倍的生理盐水，在冰浴中超声波裂解后，反复冻融 3 次，再离心沉淀 5 000 r/min 10 min，所得上清液即为抗原原液，分装小瓶置冰箱－25 ℃保存备用。使用时通过滴定，选择最适宜的抗原稀释度用于试验（一般取用约 20 g/mL 蛋白）。

2）取被检动物的血清用 PBS-Tween 稀释，根据试验的需要，选定用于试验的最终稀释度。同时，备好对照试验用的阳性、阴性血清。

3）先每孔加入 0.2 mL 稀释的抗原包被反应板，放湿盒中置冰箱过夜，次日取出，用 PBS-Tween 洗涤 3 次，每次 5 min。每孔加入待检的稀释血清 0.2 mL，在湿盒中于室温静置 2 h，复按上法洗涤 15 min。然后加辣根过氧化物酶结合的抗体，每孔 0.2 mL，放湿盒内于室温静置 2 h，再洗涤 15 min。加邻苯二胺溶液每孔 0.2 mL，在 37 ℃静置 30 min，最后每孔加 2 mol/L 硫酸 0.05 mL 以终止反应。每次试验均应设已知的阳性和阴性血清对照。

4）判断结果，可用 PBS 作空白对照，并于每孔内加适量的 PBS 进行稀释，用分光光度计读取 492 mn 波长的 OD 值。血清试样 OD 值在 0.3 以上者判为阳性反应。如用肉眼观察，可根据颜色的深浅，在阳性和阴性血清的对比下，将结果区分为“－”、“＋”、“＋＋”或“＋＋＋”。

21.5.6 处理

对于来自疫区进境的犬、野生动物（尤其是啮齿类和爬行类动物）应采用血清学方法检测利什曼原虫的抗体效价，对于阳性反应动物或疑似阳性反应的动物，应结合动物临床的表现，需要进一步作组织压片或血液涂片检查利什曼原虫。凡被检查利什曼原虫阳性反应的动物应作严格的隔离、拒绝入境或无害化处理。隔离动物检疫的环境，应设立防范昆虫媒介传播利什曼原虫的措施，尤其是在白蛉生长旺盛的季节，根据白蛉生态的习性，加强防治白蛉的措施。扑灭白蛉以药物杀灭白蛉为主。常用的方法是对住屋、畜舍、厕所等场所内部墙壁喷洒杀虫剂。进境动物中检出利什曼病，阳性动物退回或扑杀销毁处理。其他同群动物在检疫机关指定的地点隔离观察。

21.5.7 研究进展

目前对利什曼病的研究主要集中在该病流行区的界定、病理变化，包括对血液和其他器官的影响、治疗药物的选择、发展快速准确的免疫学诊断方法以及采用新技术来鉴定利什曼原虫种和亚种等。在虫种鉴定方面，目前使用的方法包括同功酶特性分析，动基体 DNA 限制性内切酶分析，DNA 杂交探针技术以及单克隆抗体技术和超微结构研究。以上技术在利什曼原虫分类鉴定上的应用，打破了单凭形态和生活史进行分类鉴定的局限性，为利什曼原虫的分类鉴定提供了科学、准确、快速的方法。在血清学研究方面，用斑点酶联免疫吸附试验检查病犬血清试样，该方法敏感性较高，与病原检查的符合率几乎达 100%。有人将 FAST-ELISA（Falcan assay screening test-ELISA）用于犬的利什曼病的诊断，具有特异性良好、灵敏度高、快速的特点。

参考文献

[1] 于大海,崔砚林.中国进出境动物检疫规范[M].北京:中国农业出版社,1997.

[2] 密苏里州农业部动物健康实验室.实验室安全手册.2004.

[3] 美国兽医诊断实验室协会(AAVLD).兽医诊断实验室认可基本要求.2004.

[4] IOWA 州立大学兽医诊断实验室(VDL).质量手册.2004.

[5] GB 19489—2004 实验室　生物安全通用要求[S].

[6] GB 50346—2004 生物安全实验室建筑技术规范[S].

[7] ISO/IEC 17025:1999 检测和校准实验室能力的通用要求[S].

[8] 世界动物卫生组织.哺乳动物、禽、蜜蜂 A 和 B 类疾病诊断试验和疫苗标准手册[M].2006.

[9] 国家质检总局.检验检疫工作手册　动物检疫分册[M].2006.

[10] 世界动物卫生组织.国际动物卫生法典.2004.

[11]《中国出入境检验检疫指南》编委会.中国出入境检验检疫指南[M].北京:中国检察出版社,2000.

[12] Nigel Perkins, Mark Stevenson.动物及动物产品风险分析培训手册[M].北京:中国农业出版社,2004.

[13] 张凡建,陈向前,汪明.国外进口动物及动物产品风险分析现状[J].黑龙江畜牧兽医.2006(3):32-35.

[14] 唐京丽,杨承谕.新西兰、澳大利亚动物及动物产品风险分析运作情况及对我国的借鉴意义[J].中国动物检疫.2003,10(22):37-39.

[15] Disney WT,Mark A. Peters MA: Simulation modeling to derive the value-of-information for risky animal disease-import decisions[J]. Preventive Veterinary Medicine, 2003, 61:171-184.

[16] Horst HS,Huime RBM,Dijkhuizen AA. Eliciting the relative importance of risk factors concerning: contagious animal diseases using conjoint analysis: a

preliminary survey report[J]. Preventive Veterinary Medicine 1996 (27): (1996) 183-195.

[17] Murray, N. Import risk analysis: Animals and animal products[M]. Wellington, NZ:MAF NZ, 2002.

[18] Vose, D. Risk analysis: a quantitative guide[M]. 2nded. NY, USA: John Wiley and Sons, 2000.

[19]《重大动物疫情应急条例学习读本》编委会.重大动物疫情应急条例学习读本[M].北京:中国法制出版社,2005.

[20]《禽流感防治技术与突发性动物疫病诊治及疫情监控实用手册》编委会.禽流感防治技术与突发性动物疫病诊治及疫情监控实用手册[M].合肥:安徽文化音像出版社,2004.

[21] SN/T 1861—2007 出入境口岸突发公共卫生事件应急处理规程总则[S].

[22] 王志亮,陈义平,单虎,等.现代动物检验检疫方法与技术[M].北京:化学工业出版社,2007.

[23] 吴志明,刘莲芝,李桂喜,等.动物疫病防控知识宝典[M].北京:中国农业出版社,2006.

[24] 马兴树.禽传染病实验诊断技术[M].北京:化学工业出版社,2005.

[25] 中国农业科学院哈尔滨兽医研究所.动物传染病学[M].北京:中国农业出版社,1999.

[26] 陈溥言等.兽医传染病学(第五版)[M].北京:中国农业出版社,2006.

[27] (美)斯特劳.猪病学(第八版)[M].赵德明,张仲秋,沈建忠,译.北京:中国农业大学出版社,2000.

[28] 宣长和.猪病学(第二版)[M].北京:中国农业科学技术出版社,2003.

[29] 甘孟侯.中国禽病学[M].北京:中国农业出版社,1999.

[30] (美)卡尔尼克.禽病学(第十版)[M].高福等译.北京:中国农业出版社,1999.